国家出版基金项目
NATIONAL PUBLICATION FOUNDATION

“十三五”国家重点出版物出版规划项目
矿山医学系列丛书

实用矿山创伤医疗救治

PRACTICAL MEDICAL TREATMENT OF MINE INJURIES

国家出版基金项目
NATIONAL PUBLICATION FOUNDATION

"十三五"国家重点出版物出版规划项目
矿山医学系列丛书

实用矿山创伤医疗救治

PRACTICAL MEDICAL TREATMENT OF MINE INJURIES

丛书主编　袁聚祥
分册主编　李建民　白俊清
分册主审　程爱国　张　柳
分册副主编　王志强　刘　刚　张国志　付爱军
分册编委　（按姓名汉语拼音排序）

白俊清（华北理工大学附属医院）
曹凤宏（华北理工大学附属医院）
陈建立（华北理工大学附属医院）
陈乃耀（华北理工大学附属医院）
付爱军（华北理工大学附属医院）
顾定伟（华北理工大学附属医院）
李建民（华北理工大学附属医院）
李晓强（华北理工大学附属医院）
梁春雨（华北理工大学附属医院）
刘　刚（华北理工大学附属医院）
刘铁军（华北理工大学附属医院）
王国臣（华北理工大学附属医院）
王林红（华北理工大学附属医院）
王志强（华北理工大学附属医院）
杨杉杉（唐山市眼科医院）
张国志（华北理工大学附属医院）
张树波（华北理工大学附属医院）
张　岩（华北理工大学附属医院）
赵文国（华北理工大学附属医院）
赵晓燕（唐山市妇幼保健院）
朱　军（华北理工大学附属医院）

北京大学医学出版社

SHIYONG KUANGSHAN CHUANGSHANG YILIAO JIUZHI

图书在版编目（CIP）数据

实用矿山创伤医疗救治 / 李建民，白俊清主编．—北京：北京大学医学出版社，2021. 11

（矿山医学系列丛书 / 袁聚祥总主编）

ISBN 978-7-5659-1225-2

Ⅰ．①实…　Ⅱ．①李…②白…　Ⅲ．①矿山救护　Ⅳ．① TD77

中国版本图书馆 CIP 数据核字（2015）第 216436 号

实用矿山创伤医疗救治

主　　编：李建民　白俊清
出版发行：北京大学医学出版社
地　　址：（100191）北京市海淀区学院路38号　北京大学医学部院内
电　　话：发行部 010-82802230；图书邮购 010-82802495
网　　址：http://www.pumpress.com.cn
E-mail：booksale@bjmu.edu.cn
印　　刷：北京金康利印刷有限公司
经　　销：新华书店
策划编辑：许　立　陈　奋
责任编辑：许　立　**责任校对：**靳新强　**责任印制：**李　啸
开　　本：889 mm × 1194 mm　1/16　**印张：**33.75　**字数：**943千字
版　　次：2021年11月第1版　2021年11月第1次印刷
书　　号：ISBN 978-7-5659-1225-2
定　　价：290.00 元

矿山医学系列丛书
编审委员会

丛书主编简介

袁聚祥，曾任华北煤炭医学院院长，华北理工大学校长、党委副书记。现任华北理工大学公共卫生学院教授，华北理工大学和中国医科大学博士生导师。享受国务院政府特殊津贴专家，原煤炭部部级专业技术拔尖人才，河北省省管优秀专家，匈牙利佩奇大学名誉教授。任中华预防医学会煤炭系统分会主任委员，中国煤炭教育协会副理事长，河北省健康管理学会副主任委员。

长期从事公共卫生与预防医学领域科学研究、人才培养和社会服务工作。已培养硕士研究生 156 名，博士研究生 12 名。发表论文 170 篇，其中被 SCI 收录 36 篇。主编国家规划教材 3 部，出版专著 5 部，承担国家级项目、行业项目和地方项目 20 余项，获得各级科技进步奖 10 余项。

主要研究方向为职业流行病学，包括对煤矿工人健康危害严重的职业病和工作有关疾病的防治工作。首次提出了尘肺流行病学的概念，创建了尘肺流行病学学科，培养了第一批尘肺流行病学专业硕士研究生。在此基础上，针对行业和地方的需要，对钢铁、煤炭和石油行业的职业病和工作有关疾病进行了职业流行病学研究，出版了我国第一部煤矿职业流行病学专著，为我国煤炭等行业制定职业病防治策略，预防职业病的发生，延缓职业病患者的病情，保护工人健康提供了可靠的科学依据和一手资料。

分册主编简介

李建民，医学博士、神经外科主任医师、教授、硕士研究生导师；华北理工大学附属医院院长、临床医学院院长；全国优秀教师、全国教育科研先进工作者、享受国务院政府特殊津贴专家、河北省省管优秀专家、河北省教学名师、河北省师德标兵。兼任中国康复医学会康复医学教育专业委员会常务委员、中国康复医学会脊髓损伤与康复学组委员、河北省医学会神经外科学分会常委、河北省医学会医疗事故技术鉴定专家库成员；《现代微创神经外科学》副主编、《中华实用医药杂志》专家编辑委员会常务编委、《中国临床康复》杂志第七届编委会编委、《河北联合大学学报》医学版编委。

多年来从事神经外科临床、科研、教学工作，在弥漫性轴索损伤等重型颅脑损伤的治疗，高血压脑出血的手术治疗，颈椎病、脊髓肿瘤、颅内肿瘤等疾病的治疗方面具有丰富的临床经验。获得全国教育科研成果一等奖 1 项，国家教学成果二等奖 1 项，省部级科技进步二等奖 9 项，三等奖 7 项。先后完成国家、省市级科研项目 20 多项。获国家发明专利 9 项。发表学术论文 100 余篇，其中 SCI 收录 6 篇；出版医学专著 13 部。

白俊清，教授，现任华北理工大学冀唐学院院长。

兼任国家矿山医疗救护中心培训基地副主任、中国中西医结合学会灾害医学专业委员会“灾害院前急救专家委员会”全国专家组组长、《中华卫生应急杂志》编委、《中国煤炭工业医学杂志》副主编、《华北理工大学学报（医学版）》编委。

长期从事煤矿创伤基础与临床救治研究，研究成果在瓦斯爆炸伤害基础研究与临床救治研究领域处于国内领先水平。获省部级二等奖 2 项、省级科学技术成果奖 2 项、市科技进步奖 1 项，在国内外学术刊物上公开发表论文 50 余篇，出版医学著作 6 部，获得国家专利 5 项。

丛书序

从中华人民共和国成立后组建的中国煤炭工业部，到现在的国家矿山安全监察局，都充分体现了党中央国务院一直以来对矿山安全生产、矿工职业病防治和矿山创伤救治的高度重视。1963 年在原有的开滦高级护士学校、阜新卫生学校、唐山卫生学校基础上合并成立了本科类的唐山煤矿医学院，并于 1984 年更名为华北煤炭医学院，这是专门服务于煤炭行业的高等医学院校。随着国家体制改革的进行——中国煤炭工业部的撤销以及原国家安全生产监督管理总局的建立，华北煤炭医学院也实行了省部共建，以地方管理为主的模式，隶属河北省。2010 年 5 月，经教育部批准，华北煤炭医学院与河北理工大学合并组建了河北联合大学，并于 2015 年 2 月更名为华北理工大学。不管体制如何变化，我们始终担负着矿工职业病防治和矿山创伤救治的培训和科研任务。为此，原国家安全生产监督管理总局与河北省人民政府专门签署了省部共建协议书，明确了省部共建人才培养、科学研究、智力支撑和服务行业的协议内容。

50 多年来，华北理工大学在矿工职业病防治和矿山创伤救治教学、科研方面取得了世界领先且具有中国特色的成绩，为煤矿的安全生产做出了巨大的贡献，曾经出版过《煤矿创伤学》《实用矿山医疗救护》《瓦斯爆炸伤害学》《脑外伤新概念》《煤工尘肺病理图谱》《煤矿职业危害预防控制指南》等专著，都是针对我国作为煤炭生产和消费大国、矿山安全和健康形势严峻的特点而编著的。

为了适应我国职业卫生与安全工作的需要，提高我国职业卫生与安全水平，创造生产安全、对矿工健康有利的环境，创建我国职业卫生与安全的医学防治体系，普及科学知识，在北京大学医学出版社领导的支持下，华北理工大学组织多个专业的医学专家和学者编写了这套“矿山医学系列丛书”，并成功申请到国家出版基金的资助。

本丛书共分 3 卷 14 册：第一卷为“矿山基础医学”，包括《矿山创伤基础医学》《矿山尘肺基础医学》《矿山职业病基础医学》和《煤工尘肺病理学》；第二卷为“矿山临床医学”，包括《矿山创伤应急救援与医疗技术》《实用矿山创伤医疗救治》《实用瓦斯爆炸伤害救治》《矿山创伤心理救援》《矿山救援与自救互救》；第三卷为“矿山公共卫生学”，包括《矿山职业流行病学》《矿山化学中毒》《矿山企业健康教育与健康促进》《矿山职业病危害预防与控制》《矿工营养健康指南》。

为了编写好本套丛书，我们专门成立了丛书编审委员会，在统一风格的基础上，各司其职，创新性地完成编写任务。另外，我们还邀请原国家安全生产监督管理总局副局长杨元元、原中国煤炭工业协会副会长赵岸青等担任顾问；邀请程爱国、李世波教授等知名专家审稿，以保证丛书质量，在此一并表示衷心感谢！

此套丛书系国内首创，虽然已针对丛书的理论体系、章节内容、涵盖范围进行了多次讨论，广泛征求各位专家的意见，但由于作者的水平有限，仍感不能完全充分满足国家职业卫生与安全形势发展的需要，有不当之处，敬请斧正！

2020 年 10 月于唐山

前　言

近年来，我国矿山称之为“矿难”的事故原因有冒顶塌方、瓦斯爆炸、井下透水，由此而继发的特殊性创伤包括瓦斯爆炸伤害、自体性挤压伤、井下多种气体中毒、透水事故伤、矿山应激性损伤等。因此对这些矿山创伤的救援、救治与研究都是非矿山医学所不及的。

随着社会的进步、经济投入的增加、医疗水平的提高、救治经验的总结，我们曾经先后出版了《煤矿创伤学》《实用矿山医疗救护》《瓦斯爆炸伤害学》《脑外伤新概念》等书籍，在学习国内外先进经验的基础上，全面总结了我国矿山创伤医疗救治的经验和成绩。作为矿山医学系列丛书的一个分册，《实用矿山创伤医疗救治》实际上是《煤矿创伤学》《实用矿山医疗救护》的再版。但本书结构有所改变，也增添了许多新的学术成果、技术和方法，力求使其成为全国矿山创伤高级培训班的教科书、全国矿山创伤医务工作者的必备参考书，以及全国矿山安全生产管理者的案头参考书。

本书共 17 章，对煤矿创伤外科发展史、损伤概论、创伤 - 失血性休克、严重多发伤的救治、创伤手术的麻醉、急性肺损伤与急性呼吸窘迫综合征、急性肾损伤与挤压综合征、创伤后凝血功能障碍及弥散性血管内凝血、创伤后脂肪栓塞综合征、颅脑损伤救治、眼外伤的救治、胸部损伤的救治、腹部损伤的救治、泌尿生殖系统损伤、脊柱脊髓损伤、骨折的救治、骨盆骨折的救治做了详细的介绍。

在编撰本书的过程中，得到了国家矿山安全监察局、国家安全生产应急救援中心、华北理工大学领导的支持与指导；周志道、王湘洲、李世波等专家多次审阅本书，在此表示衷心的感谢！

在编撰过程中，尽管三易其稿，也难免有失误和不足之处，望同行专家斧正。

主编

2021 年 5 月

目　录

第一章

煤矿创伤外科发展史

骨外科或矫形外科研究对象为骨、关节、肌肉，及其被支配的血管和神经；导致障碍的因素有先天性疾患、发育障碍、代谢异常、感染、肿瘤等。随着社会的发展，特别是第一次、第二次世界大战以来，外伤、假肢，以及康复越来越受到了医学界的重视；国际矫形外科学会改成了国际矫形与创伤外科学会（Société Internationale de Chirurgie Orthopedique et de Traumatologie，SICOT）。在较长时间的和平年代里，产业医学和灾害医学中所导致的运动系统障碍与外伤的救治又上升到了突出的地位。煤矿创伤外科正是为了适应我国煤炭产业的需要应运而生的。

从古到今，人们一提到“煤矿”两个字，给人的第一印象就是“危险”。下井时工人如忽视防护极易受伤，有时可致残甚至伤亡。为此，国家投入了大量的人力、物力和财力，用于加强安全生产、改善劳动条件、提高医疗卫生的救治水平。就煤矿创伤外科而言，走过了从不定期到定期召开全国性的煤矿创伤外科学术会议；由无到有，再到逐步健全成立“中国煤矿创伤学会”；从无到有，再到不断出现高水平的科研成果；从无到科普，再形成学术著作等的发展里程。早在 1999 年前，由于全国煤矿是实行纵向性的行业管理，安全生产条件比较完善，安全生产规章制度也较严格，三级急救网和三级医院已成程序化管理，形成了煤矿创伤救治中的优势——院前急救、院内和创伤 ICU 救治。随着我国社会发展，经济水平不断提高，院前急救、院内救治、身心康复的一体化创伤救治新模式在矿山创伤救治中已经得到了充分的应用，达到了提高救治率、减少死亡率、降低伤残率的目的。

以下内容综合全国煤矿创伤外科学术会议的学术活动、科研成果、学术著作等，反映了中国煤矿创伤外科的产生与发展。

第一节　学术活动

一、首届全国煤矿创伤外科学术交流会

首届全国煤矿创伤外科学术交流会是 1954 年 6 月在中国煤炭工业部办公厅的主持下于北京市召

开的。当时参会代表只有 50 多人，但都是致力于煤矿创伤救治事业的先驱。主要是围绕骨折、关节损伤、腹部损伤的诊断与处理进行了经验交流。最后提出了面向基层、面向生产、面向工人、深入实际、不断提高创伤救治水平、努力赶超世界先进水平的奋斗目标。

二、第二届全国煤矿创伤外科学术会议

时隔 26 年后的 1980 年 8 月，在黑龙江省鹤岗市矿务局召开了第二届全国煤矿创伤外科学术会议[1]。出席会议的代表有来自全国 26 个省（市）自治区的煤矿系统的外科专家、教授及外科医务工作者 300 余名，收到学术论文 400 余篇。虽说这些文章并不能完全囊括全国煤矿系统创伤外科近 30 年来的全部成就，但涉及创伤外科的各个领域，即从煤矿创伤的特点到创伤原因的分析，从颅脑损伤到四肢骨折，从一般创伤救护到显微外科技术的应用等，基本上反映了我国煤矿创伤外科的发展面貌。总的来说有如下 4 个特点。

1．明确了 5 个第一　煤矿工业性外伤是煤炭系统疾病谱中的第一位；外伤患者中采煤工占第一位；煤矿外伤的直接原因中片帮冒顶占第一位；煤矿外伤的类型中骨折占第一位；颅脑外伤占死亡率的第一位。

2．有许多大型矿务局总医院开展了断肢再植术，总成功率为 59.62%。

3．以唐山煤矿医学院创伤研究室为代表，开始注重基础性研究。

4．提出了今后的研究方向

（1）充分发挥病例多、病种全的优势，加强领导，广泛开展协作，各医院都要建立以外、内科为主的抢救小组。

（2）集中重点、集中优势，开展联合科研攻关。

（3）重视创伤外科的队伍建设，同时也应重视护士人员的培养。

（4）开展经常性的、不同形式的学术活动。

【煤矿创伤的特点及原因】 煤矿工业性创伤具有“三高三多”的特点：发生率高、致残率高、死亡率高；多发伤多、复合伤多、合并症多。据一些煤矿医院的调查，因创伤住院的病例占同期外科住院病例的 50% 以上。吉林省蛟河煤矿统计了 1954—1974 年收治外伤患者有较完整的记载 5 733 例，占同期外科住院患者总数的 56.3%；其中以 20 ～ 40 岁者为最高，占 66.3%；井下采煤工占 40.5%，掘进工占 14.9%；煤矿工业外伤的直接原因——顶板脱落伤占 30.83%，片帮伤占 9.92%，煤车挤压伤占 17.64%，机械伤占 6.16%。另有 15 篇关于严重多发伤和复合伤的论文，既分析了死亡的原因，即伤情过重、失血过多、重要生命脏器损伤，以及转运过晚等，也总结了近 500 余例救治经验，对早期救护、扩充血容量、维护心肺功能、预防急性肾衰竭、预防呼吸窘迫综合征、纠正代谢性酸中毒等方面的认识和处理都有了很大的进步。

【骨盆与四肢骨折】 骨折的发病率在煤矿创伤中最高，占 40% ～ 60%。据 1979 年全国 15 个煤矿统计，外伤骨折患者数为 18 815 人，其中治愈 15 212 人，好转 3 083 人，残疾 406 人，死亡 14 人。治疗骨折都分别采用了钢板、髓内针、螺丝钉、加压钢板、骨折内闭式穿钉等手术和中西医结合小夹板、活页石膏等治疗方法，均收到了良好的效果。大同矿务局平旺医院用 20 cm 宽胶布环形用力固定骨盆治疗骨盆分离性骨折、用髂内动脉结扎治疗骨盆骨折，取得了比较成熟的经验。内蒙古平庄矿务局等用人工关节治疗股骨颈骨折，是属当时国内外都堪称先进的技术。

【颅脑损伤】 颅脑损伤在煤炭系统占有重要的地位，是创伤后死亡的重要原因之一。该次大会共收到有关颅脑损伤方面的论文 33 篇，报道的病例有 6 988 例，其中重型颅脑损伤 1 433

例，死亡率占总例数的 5.7%，占重型颅脑损伤的 27.84%。虽然该死亡率与国内各家报道的死亡率 20% ～ 30% 相差不多，但煤矿系统的颅脑损伤大多是以颅脑损伤为主的多发伤。全国煤炭系统的医院都设立了脑神经外科或配有脑外科医生，对颅脑损伤的分型、早期诊断、手术适应证、外伤性后遗症等都基本上可以掌握，做到了“三早”：早期就诊、早期诊断、早期抢救治疗。唐山煤矿医学院神经外科在对 105 例重型颅脑损伤的救治经验的报道中指出：急性颅内血肿时的意识障碍并不一定遵循“昏迷—清醒—再昏迷”或“持续昏迷进行性加重”的规律演变，其中有 3 例根本就没有原发昏迷，就诊时对答如流，但不久进入昏迷状态而死亡。当时认为这可能是一种特殊类型的颅脑损伤，即现代称之为“弥漫性轴索损伤”。

【脊椎骨折合并截瘫】 煤矿外伤性截瘫的发生率比较高，就该次会议收到的 31 篇论文统计，共有 525 例之多，这在国内是罕见的。尽管诸家都采用了手术或非手术的方法，但效果都不理想。不过，从实验性研究或临床实践中体会到，早期手术、彻底减压和脊柱内固定是非常积极的措施。淄博矿务局中心医院对 Harrington 棒加以改进，试制成功了脊柱支撑器，经临床应用效果良好。有些矿医院分别进行了周围神经 - 脊髓吻合的实验性研究，唐山煤矿医学院解剖教研组就肋间神经 - 马尾神经解剖进行了基础理论性研究。唐山煤矿医学院创伤研究室对唐山地震后 22 例晚期外伤性截瘫患者施行了脊髓探查、减压松解手术，结果发现多数病例脊髓并无横断，但均在损伤段硬化变性，并与周围硬脊膜粘连，不见脊髓有波动。为此，随即开展了“实验性外伤性截瘫的形态学观察”，证明脊髓损伤后即使不完全横断，也会在很短时间内（2 ～ 4 小时）发生微循环障碍，结果因缺血、缺氧、代谢产物堆积、酸中毒等致使脊髓变性、坏死、萎缩、硬化。如果能在早期控制微循环障碍，将定会是有益的。另据不完全统计，煤矿系统脊椎骨折合并截瘫的恢复率占 30% 左右，而大多数是低位不完全性截瘫。从而提示，今后在对陈旧性外伤性截瘫姑息治疗的同时，重点应放在对急性脊椎骨折合并截瘫的抢救上，在基础理论研究指导下，若能像对待颅脑损伤的治疗那样及时而有条理，必将会取得显著效果。

【断肢（指）再植与显微外科】 断肢（指）再植与显微外科是 20 世纪 60 年代才开始的一门新兴学科。煤矿系统继 1963 年上海市第六人民医院成功地完成了第一例前臂离断再植手术后，于 1963 年 7 月、1964 年 6 月和 11 月，先后成功地完成了不全断掌再植、胸肩胛完全离断再植、上臂完全离断再植、大腿完全离断再植手术。此后，全国各煤矿医院都相继开展了断肢（指）再植手术，取得了一定的成绩。据不完全统计，到 1979 年底，以全国煤矿断肢（指）再植手术为例，其中完全离断者 131 例，成活 77 例，占 58.9%；不完全离断者 167 例，成活 127 例，占 77.43%；总成活率平均为 69.12%，比 1972 年全国统计的平均成活率 59.62% 高 9.5%。另外，还开展了双下肢离断同体移植 7 例，全部成功；肢体肿瘤段切除后再植病例，全部成活；带血管蒂的足背皮瓣移植、足趾移植修复拇指缺损等也获得较好的临床效果。

【胸腹部损伤】 煤矿工人的胸腹部损伤，尤其是闭合性胸腹部伤，一个重要的特点就是约有 56% 的病例伴有其他脏器和组织的多发性损伤，从而使伤情复杂化和严重化。11 篇有关胸部损伤的学术论文中，总结的病例报道有 1 217 例，其中胸部软组织损伤 197 例、肋骨骨折 594 例、血气胸 135 例、血胸 183 例、气胸 108 例；合并急性呼吸窘迫综合征（湿肺）71 例、外伤性窒息 42 例、连枷胸 21 例、气管断裂 2 例、心脏损伤 16 例；平均死亡率为 4.38%。有关腹部损伤的 39 篇论文中，共报道病例 2 312 例，其中脾破裂 385 例、结肠破裂 53 例、膈肌损伤 87 例、胃损伤 21 例、小肠破裂 493 例、肾损伤 63 例、十二指肠损伤 42 例、肝破裂 309 例、膀胱破裂 38 例、胰腺损伤 30 例，包括腹膜后血肿、肠系膜损伤等 385 例，两个以上脏器的多发伤 406 例，平均死亡率为 7.74%。

三、第三届全国煤矿创伤外科学术会议

1987 年 10 月，在河北省唐山市召开了第三届全国煤矿创伤外科学术会议[2]。会议有来自全国 26 个省、市、自治区的煤炭系统代表 386 名，共收到学术论文 684 篇，参加交流的论文 394 篇。论文内容丰富，质量较高，反映了我国煤矿创伤外科发展的现况与水平，在创伤救治过程中应用了显微技术、生物工程技术、现代急救器材、电子医学技术、电生理技术等。

【煤矿创伤】 通过流行病学调查，进一步证实了“三多两高”的煤矿创伤的特点：发生率高、死亡率高、致残率高；多发伤多、合并症多。据河南省新密矿务局医院对 1978—1980 年 3 年内收治的外伤患者 1 800 例分析，骨关节损伤占 69%、开放性损伤占 33%、多发伤占 12.7%。本次会议专题论述有关多发伤的文章很多，病例报道共 1 647 例，急性呼吸窘迫综合征（ARDS）发生率为 3.8% ~ 4.3%，死亡率为 4.3%；急性肾衰竭的发生率为 3.8%。本次会议共报道各型颅脑损伤 2 383 例，经过治疗，死亡 347 例，死亡率为 14.56%。另外，共报道断肢（指）301 例，再植成活 259 例，成活率为 72% ~ 79%，其中断指 214 个，再植成功率平均为 94.84%。单纯血管损伤或合并骨折、脱位的血管损伤 194 例，采用端 - 端吻合、静脉移植重建、人造血管修复等方法，使肢体成活率达 83.3% ~ 91.6%。

【院前急救】 创伤发生后，缩短院前时间，提高救治水平是降低创伤死亡率和伤残率的首要环节。我国的院前急救工作虽较国外先进国家有很大差距，但正在急起直追，努力研究。鹤岗矿务局 1983 年建成煤矿三级急救网，使井下急救站的反应时间＜ 20 秒，从井下保健站到现场的时间由 52 分钟 3 秒降低到了 20 分钟，从井口保健站到达现场的时间由 70 分钟 2 秒降低到了 31 分钟 36 秒，院前急救的成活率也达到了 96.2%，无一例运输途中死亡的。

【血管、显微外科】 血管显微技术有了进一步的提高。峰峰矿务局总医院用腓肠肌内侧头肌肉 - 皮瓣修复胫前组织缺损、华北煤炭医学院附属医院首次在我国用带血蒂的多根自体游离肋骨 - 肌肉复合组织瓣修复大面积颅骨缺损等，都已达到了国内先进水平。

CT、MRI、彩色超声波、自体血回输、椎弓根螺钉、骨盆外固定器、ICU 监测的临床应用，为提高创伤救治水平提供了良好的手段。

四、第四届全国煤矿创伤外科学术会议

1991 年 10 月在山东省泰安市召开了“第四届全国煤矿创伤外科学术会议”[3]。参加会议的有来自 25 个省、市、自治区的 164 家煤矿医院的代表共 487 人。会议共收到学术论文 1 155 篇，其中有 534 篇参加了会议交流。论文的内容包括：院前急救、伤情评分、创伤 ICU、骨折外固定器、显微外科以及 CT、MRI、SEP、颅内压监测、血液透析等在创伤外科中的应用。全国的煤矿在试用“煤矿创伤急救工作规范”的过程中，有 80% 的大、中型统配煤矿都建立了煤矿创伤急救领导小组以及井下或井上、矿和局医院三级急救网。有许多医院成立了煤矿创伤急诊科和创伤 ICU。还有的医院使用简明损伤定级标准 - 损伤严重程度（abbreviated injury scale-injury sevenity score，AIS-ISS）方案进行创伤评分，特别是北京矿务局医院总结出的“煤矿创伤院前评分”呼吸、脉搏和运动（respiration，pulse and motor，RPM）法具有使用价值。华北煤炭医学院附属医院利用自行研制的自控式头颅物理降温仪和音乐刺激疗法等，对重型颅脑损伤的恢复具有促进作用。另外，首次集中颌面外伤、眼外伤、创伤护理的论文进行专题讨论，为煤矿创伤救治学的研究增添了新的内容。

【院前急救】 煤炭工业自成体系，历来重视院前急救，各矿务局配备的通信工具、交通工具、

急救器材以及一元化的领导是取得院前急救成功的优势之所在。近几年，在“煤矿创伤急救工作规范”的贯彻执行中，80% 的大、中型统配煤矿都建立了煤矿创伤急救领导小组以及井下或井口、矿或局医院三级急救网，使危重伤员救治成功率得以提高。淮北矿务局岱河矿医院和华云山局创伤急救中心的体会都说明了坚持边救边送的原则、积极开展院前急救的重要意义。据鹤岗矿务兴安矿医院统计，近年来院前急救的成功率可达 96.3%。另外，还有设计、制作竹板帘子担架和装备有急救器材的组合担架的报道，引起了与会者的关注。

【伤情评分】 国内外虽有多种创伤评分方案，但在我国临床工作中尚未普及。开滦矿务局总院用 AIS-ISS 方案对 212 例多发伤伤员进行伤情分析，结果发现 AIS-ISS 对不同部位和颅脑伤的伤情不能科学地进行评定，是其缺陷所在。肥城矿务局中心医院将 TRISS 法进行了简化，并经回顾和前瞻性检验证明本法的临床使用价值。

【多发伤】 本次会议报道多发伤的文章有 15 篇，病例报道共 1 156 例。由这些病例反映出现阶段我国煤矿多发伤的特点，即：①致伤原因以煤石砸压、矿车撞挤为最多，其次为重物撞击、高处坠落和爆炸致伤；②损伤部位以四肢骨折为最多，但死亡率最高者还是以颅脑损伤为主的多发伤；③肢体伤中以下肢为多，1/3 为开放伤，且软组织损伤均较重；④伤情重，院前死亡率高，达 72.7%。为此，提出了以预防为主、加强院前急救、强化急诊科复苏救治、早期诊断、及时手术和 ICU 监护治疗等对策。鹤岗矿务局总医院报道了 84 例瓦斯爆炸后多发伤的救治，其经验值得推广。

【颅脑伤】 煤矿外伤中颅脑伤的死亡率最高。攀枝花矿务局医院报道原发性脑干损伤的死亡率高达 68.4%。对此，华北煤炭医学院附属医院提出了用自行研制的自控式头颅物理降温仪和音乐刺激疗法等综合疗法，对原发性脑干损伤为代表的重型颅脑损伤的恢复具有促进作用。许多矿务局医院使用 CT、MRI、脑干诱发电位、颅内压监测仪等，从而提高了颅脑损伤的诊断率和治愈率。另外，一些作者指出，颅内血肿非手术治疗的指征不能单靠 CT 或 MRI 测定的血肿大小和占位效应做出决定，应根据伤员的意识、体征、血肿部位和全身状况等综合判断和动态性观察做出决定。

【颌面伤】 本次会议有关颌面伤的文章共 24 篇，病例报道 3 308 例，其中下颌骨折 1 341 例，由此说明下颌骨折是矿区创伤中的常见伤。据郑州矿务局医院报道，在 625 例颌面伤中，伴发颅脑、胸、腹、四肢或脊柱伤者占 66.08%。对下颌骨折，多数作者主张用夹板、钢丝环扎、钢板等单颌固定法。

【眼外伤】 会议报道眼外伤文章 24 篇，病例报道 1 139 例。综合分析资料表明矿区眼外伤的特点是：①发生率高，占眼科住院患者的 23.2% ～ 31.3%，有个别报道竟高达 59.2%。②致伤原因有爆炸伤、铁屑、木屑、碎石等造成的异物伤或刺伤，还有化学或其他烧伤等。其中爆炸伤最多，占 23.2%。③伤情重，据鹤岗矿务局医院统计，眼球贯通伤占眼外伤中的 61.2%；另据双鸭山矿务局医院的统计，角膜和巩膜裂伤占 10.5%，眼内异物占 45.9%。④眼外伤后遗症严重，致盲、视力下降和其他后遗症使许多矿工不能恢复井下工作。⑤井下工人的眼外伤发生率高，占 57.9%，年龄在 21 ～ 40 之间者占 74.3%。⑥从 1980 年至 1990 年逐年统计来看，眼外伤的发生率有增加的趋势。

【胸外伤】 会议共收到有关胸部伤的文章 54 篇，病例报道共 3 539 例，其中闭合伤 3 447 例，开放伤 92 例。在闭合性胸部伤中，多发性肋骨骨折占 21.8%，支气管断裂占 0.9%。合并气胸者 1 003 例，有肺挫伤者 626 例，血气胸者 269 例，血胸者 254 例，膈疝 274 例，心脏及大血管伤 87 例。北京矿务局医院用硬膜外镇痛法综合治疗严重胸外伤取得了较好的效果。

【腹部伤】 矿区腹部伤以闭合性为主。会议共报道 3 449 例，其中肝伤 905 例，脾损伤 1 039 例，肠道损伤 1 414 例（包括十二指肠伤 55 例），胰腺伤 72 例。在闭合性腹部伤的诊断中，腹腔穿刺阳性率达 97%；腹腔诊断性灌洗阳性率达 99%，但有 16% 为假阳性。55 例十二指肠损伤中术前确诊的只有 5 例，24 小时内和 24 小时后手术的死亡率分别为 11% 和 40%。因此，强调十二指肠损伤的早期诊断和早期处理是非常重要的。根据脾损伤的类型分别采取修补术、部分脾切除或全脾切除脾移植的手术方法，移植的脾组织成活率为 98%。

【泌尿系统损伤】 会议报道肾损伤 545 例，输尿管伤 21 例，膀胱损伤 104 例，尿道损伤 389 例。在诊断过程中，除采用常规方法外，还应用 B 超、CT、MRI、肾动脉造影和放射性核素肾扫描，使诊断率大为提高。开滦矿务局总医院用人工肾治疗挤压综合征，取得了满意的效果。

【脊柱骨折与截瘫】 北京矿务局医院报道了用椎弓根螺钉内固定治疗脊柱骨折的体会；峰峰矿务局第一医院用 CT 判断脊柱骨折和脱位的类型与脊髓损伤的关系；阳泉矿务局总医院用 SEP 判断脊髓损伤的程度，这些都为早期处理提供了科学依据。轩岗矿务局医院用低温药物灌注和手术综合治疗急性脊髓损伤，取得了良好的效果。

【骨盆骨折】 骨盆骨折是煤矿中的多发性损伤。本次会议共报道 2 515 例，其中属多发伤者占 65%。华北煤炭医学院附属医院用 CRAMS 评分回顾分析了 486 例骨盆骨折，认为分值≤ 6 者应作为重伤员的界线。北京矿务局医院通过对骨盆骨折的类型与输血量的相关研究发现，稳定型者输血量少于 600 ml，不稳定型者则在 600 ml 以上。大同矿务局第一医院用经皮加压螺钉内固定治疗骨盆骨折、骶髂关节脱位，具有简单、安全、固定牢靠等优点。

【四肢骨折】 四肢骨与关节损伤是煤矿系统最多见的外伤，其中小腿开放性骨折发生率高且治疗困难。对此，北京矿务局医院对开放性小腿骨折进行了量化分类；峰峰矿务局第一医院用多种皮瓣、肌瓣、皮肌瓣修复小腿开放性骨折合并软组织缺损，获得了优良的效果。另有一些作者用外固定器治疗严重开放性小腿骨折，也都取得了良好的效果。开滦矿务局赵各庄矿医院将普通钢板改造成自动加压型用于临床，具有取材方便、经济实用和固定牢靠等优点。

【创伤护理】 护理工作是创伤救治中的重要组成部分，由会议上交流的有关创伤护理文章来看，均反映出了现代护理的趋向，即责任制护理、心理护理和护理教育。阳泉矿务局总医院对重症烧伤患者进行责任制护理时，建立了急救护理、收集资料、制订计划、实施记录、护理小结和出院宣传教育等内容。华北煤炭医学院附属医院经过多年的研究，总结出多发伤、截瘫等伤员心理护理经验，并提出了四大护理要点：提高护士素质、加强生活护理、重视家属心理护理和危重或死亡伤员对同病区患者的影响。

五、第五届全国煤矿创伤外科学术会议

1995 年 4 月在湖南省长沙市召开了“第五届全国煤矿创伤外科学术会议”[4]。会议共收到学术论文 503 篇，与会代表近 300 名。会议邀请国内外专家做了专题讲座，入选大会发言的论文在《煤矿创伤》杂志上全文刊载。

本次会议反映出的我国煤矿创伤外科发展的主要特点是：煤矿基层医院的创伤救治水平有了一定的提高，新老煤矿医院之间的差距在逐渐缩小，几乎所有的论文都使用了规范化的名词，临床病例分析也都能运用医学统计学方法进行处理，并采用了国际上通用的标准。充分发挥了煤矿企业综合科技的优势，医、工、理合作研制成功了许多获得国家专利的医疗器具，在临床应用中获得了较好的效果。

【煤矿创伤的流行病学调查】 在本届大会所交流的论文中，井陉矿务局一矿医院对 1985—1994 年 10 年间的 1 669 例伤亡事故、平顶山矿务局医院对 10 年间 100 例胸部外伤、铁法矿务局医院对 1982—1986 年 5 年间的 100 例多发伤、淮南矿务局医院对 1987—1989 年 3 年间的 354 例伤工和前

10 年的伤亡事故、平顶山矿务局总医院对 1990—1993 年的 512 例伤工、平顶山矿务局七矿医院对 1993 年全年的 128 例伤工、峰峰矿务局二矿医院对 1980—1994 年 15 年间的煤矿井下骨折与关节脱位、开滦矿务局医院对唐山矿 1992 年度伤病休工情况、山西平朔煤炭工业公司医院对 1989—1993 年 5 年间的 103 例伤工进行了统计分析，他们的结论几乎都是一致且明确的，即现阶段煤矿创伤的发生与多因素有关。

与工种的关系：井下工种外伤的发生率占绝对的比例，为 87.5%（邢台），而且越靠近一线的工种发生外伤的概率越大，其中采煤工分别报道为 30.4%（邢台）、78.3%（峰峰）、50.3%（峰峰）、51.9%（焦作），平均 55.5%；掘进工分别报道为 21.1%（邢台）、22.3%（峰峰），平均为 21.7%；其次为运输工、机电工等。

与年龄的关系：由统计数字来看，20 ～ 30 岁组和 40 岁以上组的外伤发生率为最多，20 ～ 30 岁组发生率分别为 73%（邢台）、44.8%（峰峰）、66.4%（井陉），平均为 61.4%；40 岁以上组为 22.1%。这是因为现在的农村轮换工的入矿年龄在 20 ～ 30 岁不等，他们对井下巷道和作业场地不熟悉，看不出潜在的危险，经验不足，情绪不稳定。而 40 岁以上的工人又因过于自信，麻痹大意，对操作过程掉以轻心，违背操作规章而酿成事故。据井陉矿务局统计，在伤亡事故中有 56.5% 是因违章而造成的。

与文化素质的关系：据邢台矿务局统计，初中或小学文化程度工人的伤工发生率为 80%。由此说明，矿工也需要一定的文化知识，文化素质低不适宜现代化综合开采的大生产。因为他们对安全规程难以理解和接受，特别是随着井下机械化设备的增多，他们难以使用和操作很多设备。

与受伤时间的关系：就季节而言，1、2、3 月份伤工的发生率为最高，其次为 7、8、9 三个月。这可能与井下多为农村轮换工有关。2、3 月份是我国的传统节日——春节，多数轮换工精力不集中，想家，或刚探家回矿后情绪不稳定，工作麻痹。8、9 月份又要进入农忙季节，不能安心工作，盼望回家抢农活，精神涣散。露天矿的夏季炎热和冬季寒冷也是造成外伤的一个环境因素。在一天的 24 小时中，伤工多发生在凌晨的 4 ～ 6 点钟，而很少发生在中班的下午 4 ～ 6 点，这可能与人体的生物钟有关。开滦矿务局采取不倒班的办法，诸多矿务局采取分班住宿的方法，均对防止外伤的发生具有良好的效果。

与伤因的关系；由 8 个矿务局医院的统计数字表明，造成煤矿外伤的原因依次为机械伤、瓦斯爆炸伤、坠落伤、电击伤等，因片帮、冒顶、支柱、矿车等造成的砸伤、挤压伤、撞击伤占 88%，其中砸伤就占 44.3%。

与受伤部位的关系：煤矿创伤的好发部位依次为：四肢（63%）、头颈（25.1%）、胸腹（6%）、脊柱（4%）、骨盆（1.9%）。

与环境的关系：煤矿井下作业场地狭窄、巷道不平坦、作业条件复杂且变化多端，是造成外伤的环境因素之一。而照明不好、煤尘、粉尘、炮烟、机械或其他噪声等均会影响工人的视力和听力，可以说这也是造成外伤的另一个环境因素。

【院前急救】“全国煤矿创伤急救工作规范”在全国诸多煤矿推广应用过程中，各煤矿根据实际情况又增添了新的内容，使之更加完善和实用，如：盘江矿务局将矿山救护队纳入了一级急救网管理，更加缩短了院前急救的反应时间；邢台矿务局强化互救自救教育，为院前急救的专业人员赢得了时间；准格尔煤炭工业公司医疗急救中心设立了“120”急救电话，专人看守，并分别于露天矿、电厂、矿区、车站设立了分点救护站，从而使急救半径缩短在 2 千米以内；邢台矿务局下属各矿医院的急救医生在接到调度的通知之后 2 分钟可做好准备，5 分钟即可到达井口，伤员可在 60 分钟内到达医院；平朔煤炭工业公司是我国现代化的露天矿，在接到呼救后专业人员可在 3 ～ 5 分钟内到达现场，在边救边送的同时，30 ~ 40 分钟之内即可到达公司医院；鹤岗矿务局兴安煤矿医院在一次瓦斯爆炸事故的抢救过程中，成功地实行了三级急救网，只用了 1 小时 25 分钟就使 114 名伤员安全脱险；峰峰矿务局总医院在接到呼救后立即赶赴邯郸矿务局的一级急救网站，对 1 例肩胛带完全离断伤者成功地施行了断肢再植术。以上报道说明：煤矿创伤急救工作规范是实用的、有效的。

【基础研究】 华北煤炭医学院附属医院骨外科为了了解长时间石膏固定对肌肉的影响，进行了肌纤维萎缩程度与恢复期的实验研究。其结果表明：四肢石膏固定 8 周、10 周后，固定肢体的肌肉萎缩，肌纤维发生空泡、透明样变，从而导致不可逆性变化。该院脑神经外科对脑外伤后甲状腺激素、C 肽值、催乳素等的动态性研究，提示脑外伤后 12 小时内催乳素、C 肽值与脑外伤的严重程度呈正相关。平顶山矿务局总医院也在早期蛛网膜下腔药物灌注治疗兔急性脊髓损伤的实验研究的基础上，采用德国产微量输入泵，经蛛网膜下腔留置管连续灌注的方法，临床应用 6 例，发现术后 16 周时患者的截瘫指数可较术前恢复 3 ~ 5 级不等。

【创伤救治器具】 晋城矿务局医院研制的“骨折快速内固定装置”具有缩短内固定时间、减少出血量的优点。靖远矿务局红会医院研制的 OT- Ⅱ型外固定器、华北煤炭医学院附属医院骨外科研制的小腿外固定器均采用组合式立体固定的原理，可起到牵引、加压、防止侧方移位和成角的作用。义马矿务局总医院研制的自动加压黏合器对长骨干粉碎性骨折临床应用 206 例，显示术后不用外固定，从第二天起即可循序渐进地恢复患肢活动功能的优点。华北煤炭医学院附属医院脑神经外科研制的“高分子人工颅板”，具有组织兼容性好、不老化、不导热、易塑型、透 X 线等优点，是目前人工颅板中最好的人工材料。

【煤矿创伤救治技术】 孙致升报道应用带髌骨骨瓣的髌腱重建前交叉韧带损伤，将髌骨瓣正好埋置在准备好的股骨外髁隧道内，使呈“静力重建”的髌前腱 - 骨性愈合的形式固定其上，临床治疗 8 例，平均随访 3.5 年，7 例为疗效优良。平朔煤炭公司医院外科成功地抢救了 1 例以心包破裂、心脏脱入右胸腔、心脏主干血管顺时针转位 45° ~ 60° 为主的严重多发伤患者，其诊断、监测及救治都达到了相当高的水平。四川省南桐矿务局医院是一所基层医院，他们用自体回输腹腔血抢救 24 例失血性休克的患者，均获得了成功，这是煤矿基层医院解决血源困难而应当借鉴的办法。孙即晓等报道了 1 例带有股骨头和全膝关节的人工股骨置换术的经验，体现了医、理、工协作研究的成果。方绍孟等报道用外固定支架、小腿皮瓣转移、带血管蒂的皮肌瓣移植、带血管蒂的腓骨移植等方法修复陈旧性难治性小腿皮肤缺损合并骨质外露或胫骨缺损，使许多看似需要的患者恢复了患肢功能。

煤炭工业部撤销后，煤炭实业步入市场经济大潮，煤炭生产事故的发生也经历了曲折的过程。不过，总的趋势是煤矿事故死亡率逐渐下降。表 1-1、图 1-1 均显示了我国 2003—2012 年以来煤矿死亡人数呈现下降的态势，特别是 2012 年我国原煤产量 36.5 亿吨，煤炭事故死亡人数为 1 300 余人，全国煤矿百万吨死亡率为 0.374%，首次下降至 0.5 以内。

表 1-1 2003—2012 年全国煤矿死亡人数

年份	2003	2004	2005	2006	2007	2008	2009	2010	2011	2012
死亡人数	6993	6434	6027	5986	4746	3786	3200	2631	2433	1300

同时，煤矿创伤的特点也由原先的“发生率高、死亡率高、残废率高、合并症多、多发伤多（三高两多）”演变成了“群体伤多、高能量伤多、复合伤多、危险瞬间多、死亡率高（四多一高）”[5]。煤矿创伤的疾病谱也发生了变化，比如既往矿难的顺序是瓦斯爆炸伤、透水事故伤、冒顶塌方伤等，现在呈现了透水事故伤、瓦斯爆炸伤、冒顶塌方伤的趋向。创伤救治一体化和“两个三

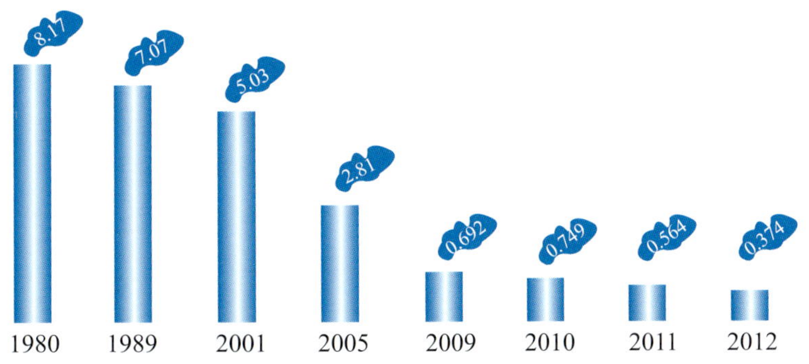

图 1-1　各年份全国煤矿百万吨死亡率

级急救网”的医疗救治体系正在发挥着积极的作用。

第二节　组织机构

全国煤矿系统只有建立一个关系煤矿创伤救治的学术团体，才能有计划、有组织地进行学术交流，有目的、有方向地进行联合科研攻关。为此，1987 年在中国煤炭工业部卫生处的主持下，组成了由孙锡孚、邢士镰、程爱国参加的 4 人筹备小组。经较周密的准备，于 1987 年在唐山市召开的“第三届全国煤矿创伤外科学术会议”上正式成立了“全国煤矿创伤外科协作组”，构建了组织机构，建立建全了有关章程，制订了工作目的；1989 年更名为“全国煤矿创伤学会”，1993 年被中华创伤学会接纳为中华创伤学会煤炭学组，又正式更名“中国煤矿创伤学会”，下设 6 个分会：分别命名为“中国煤矿创伤学会东北分会”“中国煤矿创伤学会华北分会”“中国煤矿创伤学会华东分会”“中国煤矿创伤学会中南分会”“中国煤矿创伤学会西南分会”“中国煤矿创伤学会西北分会”。在学会的组织和领导下，先后举办了“煤矿创伤急救现代知识讲座”“全国煤矿创伤重症监护学习班”“严重多发伤研讨会”“第三、四、五、六届全国煤矿创伤外科学术会议”及每年一次的全国煤矿创伤工作会议，为煤矿创伤救治水平的不断提高起到了积极的推动作用。

现在中国煤矿创伤学会挂靠在应急总医院，并且成立了国家矿山医疗救护中心，依然服务于矿山事故的医疗救护并开展瓦斯爆炸伤害、井下透水事故医疗救援的基础与应用研究。

《煤矿创伤》杂志是中国煤矿创伤学会的杂志，是全国煤矿从事创伤专业的医务工作者进行学术交流的园地，1977 年经国家科技部批准改为《中国煤炭工业医学杂志》，现在是由河北省教育厅主管，华北理工大学主办的医药卫生科技期刊。

中国煤矿创伤医学研究所始建 1990 年，是挂靠在华北煤炭医学院的一个研究基地，从 1994 年起开始招收硕士学位研究生，现已具备可以从事分子生物学水平研究的规模，并将随着医学的进步越来越显示出重要性。虽然原华北煤炭医学院与河北理工大学合并成为了河北联合大学，2015 年又更名为华北理工大学，但在与国家安全生产监督管理总局省部共建的协议下，依然承担着矿山医疗救护培训任务与医学高端科学研究。

1999 年后随着国家体制改革的深入，煤炭工业部撤销及煤炭企业集团的建立，中国煤矿创伤学会的学术会议虽然还定期召开，但实际功能逐渐消减，仅仅是以学术交流会议的形式不定期召开。2012 年在峰峰煤业集团召开了中国煤矿创伤学会重新组建会议及学术报告会，对于新时期矿山创伤的特点与救治方法进行了经验交流，这对矿山创伤救治起到了一定的指导作用。2013 年在山西省大同煤业集团召开了第25次中国煤矿创伤学会工作会，2014年在湖北省宜昌市召开了第26次中国煤矿创伤学会工作会，重新选举产生了以王明晓为理事长的新一届学会理事会。为了表彰长期以来为煤矿创伤救治做出突出贡献的专家，先后授予了周志道、邢士濂、杨宝贺、王祥洲、李世波、程爱国终身成就奖；为长期从事煤矿创伤救治工作并做出突出成绩的专家——李树峰等颁发了“特别贡献奖”。

第三节　著作与成果

经验在于总结，总结的目的还在于指导后人。煤矿有煤矿的特殊性，煤矿创伤有煤矿的特点，比如集中领导、统一调度的管理原则，瓦斯爆炸复合伤、煤矿工人滑囊炎[6]、井下矿车挤压伤等[7]，都是其他产业所没有的。因此，将不同时期的煤矿创伤救治经验成书出版，对于知识的普及、更新和提高都是非常重要的。著作和研究成果的质与量，代表着学科的发展水平，也是衡量一个人、一个学术群体业务素质的高低、事业是否在不停进步的标志。以下是不完全统计的有关煤矿创伤的著作和科研成果。

一、科技进步奖

淄博矿务局中心医院．脊柱支撑器的研制与应用．中国煤炭工业部科技进步二等奖（项目编号　85—2—30）

程爱国，黄绍光，周仁恕，梁克勤，陈思爆．煤矿工人滑囊炎的研究．中国煤炭工业部科技进步二等奖（项目编号　87—2—17）

孙锡孚，沈全根，郭强苏．骨盆骨折外固定器生物力学的实验研究．中国煤炭工业部科技进步二等奖（项目编号　88—2—18）

寇用礼，程爱国，卫少怀，张宝兴，董学仁．实验性家兔脊髓损伤的病理变化研究及临床应用．中国煤炭工业部科技进步二等奖（项目编号　92—2—03）

杨宝贺，付玉海，王久珠，郑大力．颅脑损伤CT追踪扫描的临床价值．中国煤炭工业部科技进步二等奖（项目编号　93—2—24）

郑大力，阚志生，杨宝贺，孟祥靖，付玉海，崔永鹏，王久珠，张玉顺，高文静．同种异体硬脑膜移植的超微结构研究与临床应用．中国煤炭工业部科技进步二等奖（项目编号　94—2—22）

程爱国，周志道，邢士镰，钟明，方绍梦，杨宝贺．煤矿创伤急救的研究．中国煤炭工业部科技进步二等奖（项目编号　95—2—21）

张键，秦怀海，许希海，任印斌，刘志文，染宝衍．人类颅骨成形术的新方法．中国煤炭工业部科技进步二等奖（项目编号　96—2—25）

刘宝印，刘志和，沅秀贞，杨兆奇，王爱民．带瓣通气道急救呼吸器．中国煤炭工业部科技进步三等奖（项目编号　89—3—34）

张健．KSL型可调式安全手摇颅钻头（系列）．中国煤炭工业部科技进步三等奖（项目编号　91—3—62）

孙锡孚，周志淳，樊世录．骨盆骨折后路固定治疗．中国煤炭工业部科技进步三等奖（项目编号　91—3—62）

方绍梦，王淑玉，孟素芹，宋玉芹，张增芳．一次手术治愈创伤性胫骨外露骨不连及骨缺损．中国煤炭工业部科技进步三等奖（项目编号 91—3—62）

孙宝玉，李军，张济．煤尘瓦斯爆炸伤的临床特点及创伤严重度评分临床应用研究．中国煤炭工业部科技进步三等奖（项目编号 95—3—66）

陶智路，程守先，李东辉，于占校，程爱国．吻合血管的游离肋骨——前锯肌皮瓣颅骨成形的研究．中国煤炭工业部科技进步三等奖（项目编号 96—3—55）

刘敏，崔忠宁，牛志勇等．血管长段桥接腓骨皮瓣移植修复小腿复合组织缺损的研究及临床应用．中国煤炭工业协会科技进步三等奖（2006 年）。

张柳，程爱国等．股骨近端骨折发病率及人工髋关节置换术假体周围骨丢失的分析．中国煤炭工业协会科技进步二等奖（2006 年）。

张小平，程爱国等．完全饥饿状态下大鼠肠屏障功能变化及谷氨酰胺干预作用的实验研究．中国煤炭工业协会科技进步二等奖（07-2-44-01）

任文杰，王桂芝，秦祖瑄等．重度成批瓦斯爆炸伤临床救治研究．中国煤炭工业协会科技进步二等奖（2009 年）。

李建民等．重度弥漫性颅脑损伤后学习记忆与运动功能障碍基础和临床研究．中国煤炭工业协会科技进步二等奖（2009 年）。

许建强，吴志强，田小运等．院前救治对重型颅脑损伤患者治疗结局的影响．中国煤炭工业协会科技进步三等奖（2010 年）。

吴占勇，孔建军，魏运栋等．脊柱急救外固定支架的研制和临床应用．中国煤炭工业协会科技进步三等奖（2010 年）。

卢建民，刘怀清，刘平祥等．煤矿瓦斯爆炸烧冲伤患者的围术期救治．中国煤炭工业协会科技进步三等奖（2011 年）。

李树峰，杨大明，田树文等．煤矿井下突发事故院前医疗救援应急体系的研究与应用．中国煤炭工业协会科技进步三等奖（2011 年）。

徐亚茹，袁小东等．急性脑损害患者易发感染的部位和类型及其预防策略研究．中国煤炭工业协会科技进步二等奖（2012 年）。

李建民，赵亚宁等．缺血性脑血管病神经功能障碍的基础与临床研究．中国煤炭工业协会科技进步二等奖（2012 年）。

二、著作

1．寇用礼，等．临床创伤外科．北京：煤炭工业出版社，1984.
2．中国统配煤矿总公司．矿山创伤急救手册．北京：地质出版社，1992.
3．中国统配煤矿总公司．矿工急救须知．北京：地质出版社，1992.
4．程爱国，等．创伤急救图解手册．北京：中国科学技术出版社，1992.
5．程爱国，等．中国煤矿创伤救治．北京：中国科学技术出版社，1996.
6．张兴倜，等．胸腹部损伤．北京：中国医药科技出版社，1994.
7．张兴倜，等．创伤外科实践．济南：山东科学技术出版社，1993.
8．张兴倜，等．实用创伤骨科与断肢再植．北京：中国医药科技出版社，1996.

（二）按致伤部位、组织器官分类

如分为颅脑伤、胸部伤、腹部伤、肢体伤等。诊治中可进一步按组织器官区分，如心脏挫伤、软组织损伤、肠破裂等。

（三）按致伤原因分类

如刀剑等冷兵器所致的刃器伤（bayonet injury）；枪弹、弹片等投射物所致的火器伤；冲击波所致的冲击伤；锐器所致切割伤、刺伤；钝性暴力作用组织发生挤压伤（crush injury）；机动车辆撞击所致的交通事故伤等。

（四）按伤情轻重分类

依据对组织器官损伤程度及对全身的影响划分轻、中、重。轻度伤无内脏伤，仅体表轻微擦伤和挫伤或小的开放性软组织伤；重度伤多为重要脏器和部位的严重损伤，呼吸、循环、意识等重要生理功能发生障碍，伤员有生命危险。

四、损伤机制

主要体现在细胞膜的破坏、活性氧类物质和胞浆内游离钙增多、缺氧、化学毒害和遗传物质变异等几方面，它们互相作用或互为因果，导致细胞损伤的发生与发展。

（一）细胞膜的破坏

机械力的直接作用、酶性溶解、缺氧、活性氧类物质、细菌毒素、病毒蛋白、补体成分、化学损伤等都可破坏细胞膜结构的完整性和通透性，影响细胞膜的信息和物质交换、免疫应答、细胞分裂与分化等功能。细胞膜受到破坏的机制在于进行性膜磷脂减少、磷脂降解产物堆积，以及细胞膜与细胞骨架分离使细胞膜易受拉力损害等。细胞膜破坏是细胞损伤特别是细胞不可逆性损伤的关键环节。

（二）活性氧类物质的损伤

活性氧类物质（reactive oxygen species，ROS）又称反应性氧类物质，包括处于自由基状态的氧（如超氧自由基 和羟自由基·OH）以及不属于自由基的过氧化氢（H_2O_2）。自由基（free radicals）是原子最外层偶数电子失去一个电子后形成的具有强氧化活性的基团。细胞内同时存在生成 ROS 的体系和拮抗其生成的抗氧化剂体系。正常小量生成的 ROS，会被超氧化物歧化酶、谷胱甘肽过氧化物酶、过氧化氢酶及维生素 E 等细胞内外抗氧化剂清除。在缺氧、缺血、细胞吞噬、化学性放射性损伤、炎症及老化等的氧化还原过程中，ROS 生成增多，脂质、蛋白质和 DNA 过氧化，分别引起膜相结构膜质双层稳定性下降，DNA 单链破坏与断裂，促进含硫蛋白质相互交联，并可直接导致多肽破裂。ROS 的强氧化作用是细胞损伤的基本环节。

（三）细胞质内高游离钙的损伤

磷脂、蛋白质、ATP 和 DNA 等会被胞质内磷脂酶、蛋白酶、ATP 酶和核酸酶等降解，此过程需要游离钙的活化。正常时细胞内游离钙与钙转运蛋白结合贮存于内质网、线粒体等贮钙库内，胞质处于低游离钙状态。细胞膜 ATP 钙泵和钙离子通道参与胞质内低游离钙浓度的调节。细胞缺氧、中毒时，ATP 减少，Na^+/Ca^{2+} 交换蛋白直接或间接激活胞质内游离钙使之继发增多，促进上述酶类活化而损伤细胞。细胞内钙浓度往往与细胞结构和功能损伤程度呈正相关，大量钙的流入导致的细胞内高游离钙（钙超载）是许多因素损伤细胞的终末环节，并且是细胞死亡最终形态学变化的潜在介导者。

（四）缺氧的损伤

细胞缺氧会导致线粒体氧化磷酸化受抑，ATP 形成减少，细胞膜钠 - 钾泵、钙泵功能低下，胞浆内蛋白质合成和脂肪运出障碍，无氧糖酵解增强，造成细胞酸中毒，溶酶体膜破裂，DNA 链受损。缺氧还使活性氧类物质增多，引起脂质崩解和细胞骨架破坏。轻度短暂缺氧可使细胞水肿和脂肪变，重度持续缺氧可引发细胞坏死。在一些情况下，缺血后血流的恢复会引起存活组织的过氧化，反而加剧组织损伤，称为缺血再灌注损伤。

（五）化学性损伤

许多化学物质包括药物都可造成细胞损伤。化学性损伤可分为全身性或局部性两种类型，前者如氯化物中毒，后者如接触强酸、强碱后对皮肤黏膜的直接损伤。一些化学物质的作用还有器官特异性，如四氯化碳（CCl_4）引起的肝损伤。化学性损伤的途径有：

1．化学物本身具有直接细胞毒作用。例如氰化物能迅速封闭线粒体的细胞色素氧化酶系统而致猝死；氯化汞中毒时，汞与细胞膜含硫蛋白结合而损害 ATP 酶依赖性膜转运功能；化学性抗肿瘤药物和抗生素也可通过类似的直接作用伤及细胞。

2．代谢产物对靶细胞的细胞毒作用。肝、肾、骨髓、心肌常是毒性代谢产物的靶器官，如 CCl_4 本身并无活性，其在肝细胞被转化为毒性自由基 $\cdot CCl_3$ 后，便可引起滑面内质网肿胀，脂肪代谢障碍。

3．诱发过敏反应等免疫损伤，如青霉素引发 I 型变态反应。

4．诱发 DNA 损伤（见“遗传变异”相关内容）。化学物质和药物的剂量、作用时间、吸收蓄积和代谢排出的部位以及代谢速率的个体差异等，分别影响化学性损伤的程度、速度与部位。

（六）遗传变异

化学物质和药物、病毒、射线等均可损伤核内 DNA，诱发基因突变和染色体畸变，使细胞发生遗传变异（genetic variation），导致结构蛋白合成低下，细胞缺乏生命必需的蛋白质；阻止重要功能细胞核分裂；合成异常生长调节蛋白；引发先天性或后天性酶合成障碍等环节，使细胞因缺乏生命必需的代谢机制而发生死亡。

五、创伤严重程度评价

对创伤伤员生理和（或）解剖参数进行数学计算，通过定量评分显示伤情的方法为创伤评分。创伤评分又可分为院前评分和院内评分。院前评分系指从受伤现场至医院确定性诊断、治疗这段时间内，对创伤伤员主要采用呼吸、脉搏、血压和意识等生理参数评分，择重优先急救、快速转运。常用的有院前指数（prehospital index，PHI）、创伤指数（trauma index，TI）、Glasgow 昏迷分级（Glasgow coma scale）、CRAMS 分级（circulation，respiration，abdomen，motor，speech scale）等。院内评分是指伤员到达医院后，主要依据损伤的解剖学特征对伤员严重度定级，从量化角度对伤员预后进行预测。常用的有简明损伤定级（abbreviated injury scale，AIS）、损伤严重度评分（injury severity score，ISS）等。

创伤严重程度评价是一项重要工作，不但可以评价创伤的严重程度，还可以评价治疗效果，估计预后，评价医院和医师治疗水平。

（一）创伤伤情评估的办法与生命支持

对创伤伤员伤情的准确评估是制订正确治疗决策的前提，在一个伤员的治疗过程中至少要进行三次伤情评估：在现场进行的初次评估，伤员到达医院后在创伤抢救室进行的全面的二次评估和在抢救治疗过程中的反复评估。在进行评估的同时，对伤员积极处理。与初次评估相对应的是基本创伤生命支持，与二次评估相对应的是高级创伤生命支持，与反复评估对应的是治疗方案的修改和补充。

1．初次评估与基本创伤生命支持 急救医师在受伤现场用数分钟时间快速判定有无直接威胁伤员生命的情况。

（1）评价伤员意识状态。

（2）确定气道是否通畅，判定气道梗阻的性质，开放气道。注意颈椎制动，防止加重脊髓损伤。

（3）判定有无自主呼吸，呼吸频率和深度。给予吸氧、人工呼吸，处理张力性气胸。

（4）评价心跳与脉搏，有无明显外出血，末梢循环状况。给予输液等抗休克治疗。

2．二次评估与高级创伤生命支持 二次评估是对创伤伤员从头到脚的全面检查和评估，包括伤员生命体征（血压、脉搏、呼吸和体温）的再评估。应按照解剖部位的顺序和诊断学的要求全面检查，尤其是无反应和不稳定的伤员，要注意有存在多发伤的可能，不可满足发现一处损伤而忽略其他部位的检查。

详细了解受伤过程和损伤机制的分析对完整准确的医学评估非常重要。创伤医师应具备进行创伤机制分析的物理学知识，这在创伤的判断中非常重要。如在压埋伤中，压埋位置、压埋时间、压埋物、解脱方法都可帮助判断受伤类型和程度。询问病史时要注意这方面的问题。

经过受伤史采集、损伤机制分析和全面体格检查后要回答以下问题：

① 伤员的全身情况是否稳定（血流动力学和意识状态）？

② 损伤的部位和严重程度？治疗方案能否确定？

③ 是否需要和允许进一步的辅助检查如 X 线、超声、CT 等？

医师根据检查和评估的结果决定治疗和进一步的检查方案，而不能单纯依赖于特殊检查。特别是在当前各种先进的诊断仪器广泛应用的时代，决不可忽视最基本的物理诊断技术。

对危重濒死伤员，不允许进行耗时的辅助检查，创伤医师需靠过硬的物理诊断技术和简单的胸穿、腹穿等操作即能判断伤员状况。

高级创伤生命支持是一个广博的概念，不但指创伤伤员的心肺脑复苏，还包括创伤休克的复苏、创伤的紧急救命手术和创伤 ICU 的监护治疗。非颅脑损伤的创伤性心肺骤停应采取非常积极的复苏措施，早期采用开胸心脏按压，心脏复苏与手术止血同时进行。

3．再次评估与反复评估 在创伤救治过程中，随时对新情况或原有伤情的变化进行评估，调整诊断治疗方案。对创伤伤员反复评估是十分重要的，特别是多发伤、复杂伤伤员，创伤对生理扰乱大，变化复杂，须随时修正诊断，调整治疗方案。对是否急诊手术的判断也会随着病情变化而改变，评估必须反复进行。对二次评估后遗留的问题，如由于伤情不稳定而未进行的检查也要及时补充。

（二）创伤严重度评价方法

参见本系列丛书第二卷《矿山创伤应急救援与医疗技术》第五章。

六、创伤后机体反应

创伤后机体会发生局部和全身反应。局部损伤表现为炎症反应和细胞增殖，全身反应包括神经内分泌、细胞因子和炎症介质、代谢和器官功能变化。创伤后机体局部和全身反应与创伤严重程度有关，本质上是机体动员自身能力，尽可能保存生命和恢复结构功能完整性的自限性过程，然而，较重创伤引起的急剧反应常可能损害机体自身，如目前认为创伤后过度炎症反应是导致多器官功能障碍综合征的重要原因，因此需要在治疗时加以调整。

（一）局部反应

组织损伤后，破损小血管通过神经轴突反射立即收缩，血小板在受损血管局部黏附、聚集，凝血系统活化生成的纤维蛋白与血小板、其他血细胞组成栓子阻塞伤口以止血。随后收缩的小血管扩张，毛细血管壁通透性增加，血浆蛋白渗出至组织间隙，从而发生肿胀。中性粒细胞是最先进入伤口吞噬细菌的炎性细胞，继而由单核细胞代替，后者在纤维结合蛋白和细胞因子的作用下分化为巨噬细胞，以吞噬和消化细菌、组织碎片和衰老的中性粒细胞，释放大量生长因子和细胞因子，趋化炎性细胞在伤口聚集，刺激内皮细胞、成纤维细胞迁移、增殖。损伤局部可出现红、肿、热、痛、功能障碍。伤员也可出现发热、循环血白细胞增多等全身症状。

损伤组织的炎症反应取决于局部的炎症介质和细胞因子代谢。损伤组织以及侵入细菌的毒素可激活凝血、补体和激肽系统，释放补体碎片（C3a、C5a）、缓激肽等，活化血小板、组织细胞以及趋化至损伤组织的中性粒细胞、巨噬细胞，释放组胺、5-羟色胺、花生四烯酸代谢产物、血小板激活因子、氧自由基、肿瘤坏死因子、白介素等，从而引起炎症反应的病理变化。

创伤炎症反应是机体对创伤的自限过程，浸润伤口的免疫细胞可吞噬细菌和清除失活组织，局部渗出物能稀释存在于局部的毒素与有害因子，血浆抗体能中和毒素，激活的巨噬细胞释放生长因子与细胞因子，调控炎症反应与伤口愈合。例如，在创伤救治中如果使用大量肾上腺皮质激素过度抑制炎症反应，则会使伤口愈合延迟并易发生感染。

（二）全身反应

1．神经、内分泌反应　创伤时，疼痛、失血、缺氧可通过神经通路和多种感受器（压力、容量、化学）传导至中枢神经系统，兴奋交感神经-肾上腺髓质、下丘脑-垂体系统。伤后交感神经兴奋，其轴突释放去甲肾上腺素进入血液循环，同时交感神经促使肾上腺髓质释放儿茶酚胺（肾上腺素、去甲肾上腺素），与组织器官 α 受体、β 受体结合可调节心血管功能，提高心率，加强心肌收缩，使皮肤、骨骼肌、肾、胃肠道血管收缩，以保证心、脑、肺等生命器官的血流供给；刺激肝和骨骼肌糖原分解，增加糖异生和游离脂肪酸氧化。

伤后下丘脑-垂体系统释放促肾上腺皮质激素（adrenocorticotropic hormone，ACTH）、促甲状腺素释放激素（thyrotropin releasing hormone，TRH）、生长激素（growth hormone，GH）、抗利尿激素（antidiuretic hormone，ADH）增加。ACTH 促进肾上腺皮质合成和释放糖皮质激素，糖皮质激素协同儿茶酚胺发挥对心血管的调节作用，抑制炎症反应，参与机体能源的动用。TRH 具有促进甲状腺分泌甲状腺素（T_4），增加机体氧耗量和糖酵解、糖异生，增强交感神经的作用。GH 可增加机体对氨基酸的摄入和肝蛋白质的合成，减少肝葡萄糖的输出。ADH 可加速肾远曲小管和集合管对水分的重吸收。

伤员血容量下降可引起的肾动脉血流量和肾小管钠离子浓度的下降，以及 β 肾上腺素能神经冲动增加，刺激肾动脉的球旁器分泌肾素，促使血管紧张素Ⅰ转化为血管紧张素Ⅱ，后者调控肾上腺皮质分泌醛固酮，与 ADH 协同发挥维持血容量的作用。

此外，创伤时胰高血糖素和胰岛素释放增加，血糖水平升高。

2．炎症介质、细胞因子的变化　损伤组织、侵入细菌毒素、异物可刺激机体组织细胞和免疫细胞释放大量的炎症介质和细胞因子，不仅可以引起局部的炎症反应，同时可进入血液循环引起全身反应。氧自由基有显著的细胞毒性作用，补体系统活化产生的补体片段可导致白细胞黏附、激活，损伤内皮细胞，细胞因子可引起发热、急性时相反应（acute phase reaction，APR）等。严重创伤时全身炎症反应剧烈，炎症介质和细胞因子的大量释放对机体组织细胞产生直接性损伤，机体抗感染能力减弱，易出现全身炎性反应综合征（systemic inflammatory response syndrome，SIRS），并发感染可发生多器官功能障碍综合征（multiple organ dysfunction syndrome，MODS）的严重后果。

3．代谢变化 伤后的自主神经张力、激素、细胞因子的变化，参与创伤后机体代谢改变的调控。创伤后立即发生氧耗量抑制、心输出量低于正常、体温降低，血中葡萄糖、乳酸、游离脂肪酸水平升高，但葡萄糖生成无明显改变。上述变化在创伤后立即发生，由于创伤程度不一，可持续数小时至数天不等，这是机体在低血容量和组织灌流不足时的代偿反应。在成功地采用复苏措施后，伤员机体分解代谢加强，体温升高，葡萄糖生成增加，血中葡萄糖、游离脂肪酸浓度升高，这一期可持续数天至数月。分解代谢亢进一方面可以提供能量，提供氨基酸重新组成修复创伤所需的蛋白质；另一方面可导致细胞群减少、体重减低、肌力下降、免疫力降低等，这显然不利于机体，为此需要适当的营养支持。

七、损伤的修复

损伤愈合可分为两种基本形式，一是由结构与功能相同的组织再生来完成，修复后的组织与原来的完全相同或基本相同，称为完全再生（修复），如肝、骨骼；二是由成纤维细胞、毛细血管构成的肉芽组织充填伤口，继而转变为瘢痕组织，称为不完全再生（修复），这是创伤愈合常见的形式。

胎儿创伤愈合不同于成人，伤口愈合中无炎症反应和瘢痕形成，损伤的组织可完全再生。

1．创伤愈合的类型

（1）一期愈合（原发愈合）：为切缘对合良好的闭合性伤口，如缝合的清洁皮肤切口，肉芽组织少，形成极小的瘢痕。愈合后功能良好。

（2）二期愈合（瘢痕愈合）：多发生于组织创面范围较大，坏死组织较多，伤口感染明显，初期外科处理不及时或不正确的伤口，需经肉芽组织填充组织缺损。瘢痕化明显是该期愈合的重要特征。

（3）延迟愈合：在临床上，伤口愈合后拆线的基本规律大致如下：头面部 4 ~ 5 天拆线，胸腹部 7 ~ 8 天拆线，腰背部 10 ~ 12 天拆线，四肢关节 14 天拆线。若患者的伤口在上述时间内未能完全愈合，这在医学上被称为伤口延迟愈合。延迟愈合的原因有感染、异物存留、营养不良、创口缺血等。

2．创伤修复的过程 此过程可分为 3 个阶段。

（1）炎症期：损伤组织的止血与炎症反应是此期的重要特征，由于凝血和炎症反应，损伤组织中沉积的纤维蛋白和糖蛋白、骨连接素或玻基结合素（vitronectin）、纤维结合蛋白为修复细胞移行进入损伤部位提供了临时性基质，血小板脱颗粒和移入损伤组织的巨噬细胞释放各种因子，启动了修复细胞的迁移和增殖。

（2）增殖期：成纤维细胞、血管内皮细胞在血小板、巨噬细胞释放的生长因子刺激下，迁移进入伤口，这一进程在伤后 2 ~ 3 天已较明显。成纤维细胞和由内皮细胞分化和移行形成的毛细血管网构成肉芽组织，充填组织裂隙。位于伤缘、表皮基底层和皮肤附属器的上皮细胞，也以每天 1 mm 的速度迁移，一期愈合的伤口在伤后 24 ~ 48 小时形成上皮层。

在各种生长因子的刺激作用下，迁移至损伤组织的成纤维细胞开始合成并释放胶原蛋白、黏连蛋白和蛋白多糖等细胞间质成分。胶原蛋白在细胞外形成胶原纤维。随着细胞间质胶原纤维的增加以及成纤维细胞和毛细血管减少，肉芽组织最终转化为瘢痕组织。伤后 4 ~ 5 天肉芽组织中出现肌成纤维细胞，这是由成纤维细胞、平滑肌细胞以及血管周细胞分化而来的。肌成纤维细胞收缩会使伤口面积缩小。

（3）重塑期：最初形成的瘢痕组织由于胶原过多，排列紊乱，因而硬度和张力都不适应生理需要，需要经过较长时间的改建、重塑，胶原酶和其他酶降解多余的胶原纤维，最终形成按应力方向排列的胶原纤维束，这一过程将持续 12 ～ 18 个月，但瘢痕组织难以恢复到未损伤组织的强度和弹性。

3．影响创伤修复的因素

（1）感染：损伤组织感染后，细菌的外毒素、内毒素和蛋白水解酶都可损伤细胞和基质，使局部组织成为化脓性病灶，肉芽组织生长缓慢。严重贫血、低蛋白血症、血管疾患、糖尿病等代谢疾病以及全身免疫功能抑制，均可继发造成感染的发生和加重。引起感染的局部因素包括伤道内异物存留、残存的坏死组织、血肿与凝血块以及关闭伤口后形成的无效腔等。

（2）血液循环障碍：损伤组织氧分压低于 30 mmHg 时，成纤维细胞合成和分泌胶原蛋白的功能被抑制，休克，伤前患有闭塞性脉管炎、静脉曲张、闭塞性动脉硬化症、结节性多动脉炎等周围性血管疾患和静脉功能不全，以及伤口包扎过紧都可能引起局部灌流障碍，组织修复延迟。

（3）营养状况：营养不良者伤口愈合延缓。维生素 C 以及铁、钙、镁、锌等离子的缺乏，也会影响胶原和其他蛋白合成。

（4）免疫抑制：艾滋病患者免疫功能缺陷，组织创伤后易发生感染或出现多发性特发性出血性肉瘤（卡波西肉瘤）。患糖尿病、肝硬化、尿毒症、白血病时，机体功能被抑制，会影响组织的愈合过程。

（5）药物及其他物理、化学因素：糖皮质激素、吲哚美辛等抑制炎症反应的药物、细胞毒性药物、放射线等均可抑制创伤性炎症反应和修复细胞合成蛋白。

八、损伤的临床表现及诊断

（一）临床表现

由于损伤的原因、部位和程度不同，其临床表现也各不相同，各部位性损伤请参考有关章节的叙述。损伤的一般临床表现可分为全身、局部和并发伤或并发症 3 个方面。

1．全身表现 严重者可发生外伤性休克。一般有代谢功能改变。由于出血损伤组织分解产物的吸收，体温可增高，如并发感染，体温可更高。脉搏、呼吸、血压均可有改变。尿量常减少，并有疲乏、精神萎靡及食欲缺乏等表现。

2．局部表现 常有疼痛、肿胀、淤斑、压痛和功能障碍。开放伤者则有伤口，可有出血，如并发感染，局部疼痛、肿胀、压痛等炎症征象更为显著，伤口还会出现分泌物。

3．并发伤或并发症 不同部位可以并发各部位的重要脏器伤、血管伤和神经损伤。常见的并发症有休克、感染、肾衰竭等。

（二）诊断

对创伤实施正确的治疗，需了解创伤的部位、性质、程度、全身病理生理变化以及并发症，应迅速完成对危重伤员的病史询问和初步检查，了解循环呼吸、神经系统的功能状况和损伤特点，以便及时开展复苏治疗，待伤员生命体征基本稳定后，再进行较详细的后续检查，以了解是否存在其他合并损伤，确定下一步治疗计划。

1．病史询问

（1）致伤原因、机制、作用部位、受伤时的体位：如火器伤时由于投射物飞行速度快、动能大，因而击中机体造成的损伤远较刀伤重。高处直立位坠落时，可造成跟骨、股骨和脊柱压缩性骨折。

又如高速行驶的汽车前端撞击时，驾驶员膝部与车内仪表盘相撞，可能发生髌骨骨折、膝关节后脱位、腘动脉损伤、股骨干骨折、髋臼后缘骨折等。

（2）伤后症状：运动障碍、感觉障碍、排尿障碍是判定损伤部位或合并症的重要线索。头部受伤后出现意识障碍时，常存在脑实质损伤，寒战、发热伤员常有较严重的感染，大量体液缺失的伤员常主诉口渴。

（3）了解经过的处理和既往史、药物过敏史。

2．检查

（1）初步检查：对危及生命的创伤患者的初步检查，按照检查气道（airway，A）、呼吸（breathing，B）、循环（circulation，C）、神经功能障碍（disability，D）和暴露（exposure，E）伤员身体，完成体检的流程（ABCDE），以便及时开展复苏治疗。存在大批量创伤患者时，尤其应注意那些不出声者，这些伤员常因窒息、深度休克或昏迷而不能呻吟。

具体的操作方法是：

首先查明患者气道是否通畅，有无呼吸道阻塞。出血、异物吸入、舌后坠、呼吸道水肿都可能引起呼吸道阻塞。听诊判定肺有无异常的呼吸音，观察胸壁运动状况。如呼吸音消失、叩诊时过度回响、心尖搏动，气管偏向健侧或胸壁反常运动，可能是危及生命的张力性气胸或连枷胸。血、气胸时肺呼吸音减弱或消失。观察动脉收缩压、脉率、皮肤温度、毛细血管充盈时间、颈静脉显露的变化，以了解全身血液循环情况。如发现皮肤苍白、温度低、脉率快、血压降低，应检查有无活动性出血。监测中心静脉压、每小时尿量，以了解血容量不足和（或）心功能不全。神经功能的评估依据为意识状态、瞳孔大小、对光反应以及对疼痛刺激的运动反应、肌张力等，如受伤人员不能完成简单的自主动作、双侧瞳孔不等，肢体对疼痛刺激反应不对称是神经系统受损的表现。在完成上述对生命体征的评估后，应在保暖的情况下脱去患者的衣物，认真检查包括背部、会阴、腋下等体表各部位，以免遗漏损伤。

（2）后续（二期）检查：在危及生命的情况得到初步处理后，应认真进行全面系统的体检和其他辅助检查，以确定损伤部位、性质。如对开放性损伤，应详细检查伤口或创面形状、大小、污染、出血、异物、外露组织的性质，伤道走向；头部伤需要观察头皮、颅骨、瞳孔、耳道、鼻腔、反射、肢体运动和肌张力，进行X线、CT检查等；腹部检查需要了解有无腹肌紧张、压痛、反跳痛，观察移动性浊音、肝浊音区、肠鸣音是否存在等，开展CT、B超检查，进行腹腔灌洗和其他实验室检查。

（3）辅助检查：对创伤诊断有一定意义，但切记不能因此延误救治。实验室检查有血常规，尿常规，凝血功能，动脉血气分析，血电解质和pH，肝、肾功能等，了解创伤对血液系统和脏器功能的变化，评价复苏效果。体检后尚不能明确的组织损伤，可进行影像学检查，X线平片或透视检查可明确骨折、血胸、气胸、纵隔扩张、膈下游离气体等。CT检查可辅助诊断颅脑损伤，发现硬膜外和硬膜下血肿。有条件的医院使用多层螺旋CT加三维成像可以发现多发性肋骨骨折。对腹部创伤采用CT检查可确定腹腔实质器官、腹膜后损伤。超声波检查可发现胸、腹腔的积血和肝、脾包膜破裂等。

九、损伤的处理原则

（一）处理原则

1．把保存伤员生命放在第一位。

2．尽可能保存或修复损伤的组织与器官，并恢复其功能。

3．积极防治全身与局部各种并发症。

（二）现场急救

1．除去致伤因素避免继续损伤，如衣服着火应立即灭火；对因隧道塌方或建筑物倒塌受挤压的伤员应立即移去挤压的物体，并迅速搬离现场至较安全的地方等。

2．优先抢救心搏骤停、窒息、大出血、开放性气胸、休克、内脏脱出等，以挽救生命。

3．伤口包扎与止血　对开放伤用消毒敷料或干净布类覆盖包扎伤口，以防进一步污染。对一般伤口出血，用较多敷料加压包扎即可，只有在四肢大动脉损伤用加压包扎无效时才慎重采用止血带止血。

4．临时固定　对有骨折或关节损伤的肢体用夹板或就便器材做临时固定。

5．止痛　注射或口服止痛剂。

6．后送　根据伤情采用适当运输工具，迅速送到就近的医疗单位进行治疗。

（三）全身治疗

着重维持伤员的循环及呼吸功能，补充血容量，保持呼吸道通畅，维持体液及电解质平衡和能量代谢，保护肾功能等。

（四）局部处理

1．闭合伤处理原则　除合并有重要脏器伤或血管伤需紧急手术处理外，一般采用对症处理，如局部休息，抬高患肢，制动，早期用冷敷以减轻肿胀，1 ～ 2 日后用热敷、理疗等，以促进消肿和损伤愈合。可口服或局部外敷活血化淤、消肿止痛的中草药等。

2．开放伤处理原则　对新鲜污染伤口主要是早期彻底清创，使之转化为闭合伤。对感染伤口主要在于保持引流通畅，根据需要换药，直到愈合。

（五）特殊情况处理

如多发伤、复合伤、放射伤、化学伤等，应分清主次，统筹兼顾，妥善处理。战伤则要适应战伤实际，实行分级救治。

（六）防治并发症

包括全身和局部的并发症，如休克、肾衰竭、感染等。

第二节　开放性损伤的处理

开放性损伤在煤矿创伤时尤为多见，因伤口多有污染，如处理不及时或不当，易发生感染，影响愈合和功能恢复，严重者可造成残疾，甚至危及伤员的生命。

一般暴力所致的开放性损伤其病变可分为三区，第一区为表面或中心部直接接触区，可有异物存留和组织坏死；第二区为周围区域，各层组织损伤可引起坏死，如不切除，易引起感染；第三区为外周组织震荡反应，有水肿、渗出、血管痉挛、细胞活力下降，如不发生感染，可以恢复正常，如发生感染，则使反应加重。由火器伤所致的伤道由内而外也可分为三区，原发伤道区系直接损伤，有失活组织、异物、血块及渗出。紧靠伤道外周为挫伤区，组织可发生部分或全部坏死。再外为震荡区，可有血循环障碍、水肿、渗出、淤血等改变。

开放性损伤的处理，目的在于改善修复条件，促使及早愈合。根据伤情，分别处理清洁、污染、感染的伤口。

一、清洁伤口的处理

系指未被细菌沾染的伤口，包括无菌手术切口，一般经对合缝合后，都可达到一期愈合。

二、污染伤口的处理

系指沾染细菌但未发展成感染的伤口。污染伤口的处理主要是清创术。

（一）清创术的目的

在伤口未发生感染前，清除坏死或失活组织、异物、血块和彻底止血，将污染伤口转变为清洁伤口，预防感染，争取伤口达到一期愈合。

（二）清创术的时机

一般应争取在伤后 6 ~ 8 小时以内进行清创。但在头面部损伤、切割伤，清创时间可延至 8 ~ 12 小时。

（三）术前准备

1．对伤员全身和局部做全面检查以及必要的辅助检查，以明确诊断和对伤情做出准确估计，制订初步处理方案。

2．对有休克或重要脏器伤的伤员，应优先处理休克和脏器损伤，待伤情稳定后尽早行清创术。

3．早期使用有效广谱抗生素，对未做破伤风预防注射者，给予肌内注射破伤风抗毒素 1500 ~ 3000 U。

4．对伤情严重复杂的清创术，要配备足够的全血，准备术中使用。

5．选用适当的麻醉。

6．对四肢损伤的清创可在充气止血带下进行，使手术野清晰，便于辨认解剖关系，减少出血。在完成清创和彻底止血后，在修复组织时即可停用止血带。

（四）清创术的步骤与方法

1．皮肤清洗和伤口冲洗 先用无菌纱布覆盖伤口，然后剃去伤口周围毛发，如有油污，可先用汽油或乙醚擦去，再用肥皂水刷洗皮肤，冲洗干净后擦干。第二步：去掉覆盖伤口的纱布，先用肥皂水（加双氧水）反复多次蘸洗伤口，后用生理盐水冲洗创面及伤道，清除明显的异物、血块和脱落的坏死组织。经上述处理后，用碘伏按常规消毒皮肤和铺无菌手术巾，术者换手套准备进行伤口扩大和彻底清创。

2．伤口扩大和清创 对较深的伤口需扩大伤口，以便充分显露伤道深部。伤口延长的方向应与皮纹方向一致，在四肢一般可沿其纵轴切开；经过关节部位的切口应做 S 形切开，以免瘢痕挛缩影响功能。要尽可能彻底切除失去活力的组织，清除异物和血块。操作要由浅入深，先外而内，分片分层切除，有次序进行，以免遗漏。要彻底止血。对贯通伤应在入口和出口两处分别进行处理。对较深的非贯通伤，必要时可从侧面切开进行清创或引流，以便清除所有异物和坏死组织。对离开伤道较远较小的金属异物，如取出有困难，可暂不取出，以免过多地损伤健康组织。在清创过程中用生理盐水反复冲洗伤道，最后再彻底冲洗一次。

医用脉冲冲洗器具有有效清除创面上的微生物、污物、坏死组织的作用，对减少手术感染、术后粘连，促进伤口愈合、防止脂肪栓塞等有明显效果，值得推广使用。

3．各种组织处理原则

（1）皮肤：可切除皮缘 2 ~ 3 mm，头、面、手和外阴部皮肤可不切除。

（2）皮下组织和筋膜：凡失活的均应切除，筋膜切开要够大，必要时可用“+”或“I”形切开，或做菱形切除，以减少筋膜腔压力。

（3）肌肉：要彻底切除一切失活的肌肉组织，凡见颜色暗红、失去正常张力、刺激肌纤维不收缩、切开时不出血的肌肉组织均应切除。

（4）骨骼：对完全游离的小骨片应去除，较大的游离骨片清洗后放回原位，以免发生骨缺损；一切与骨膜或软组织相连的骨片均应保留，彻底清创后即将骨折断端复位，并可应用简单有效的内固定。但对火器伤骨折不宜做内固定，术后采用牵引或石膏固定。

（5）肌腱：在平时，对伤口整齐的切割伤，如污染不重，在伤后 6 ~ 8 小时内获得彻底清创者，可做肌腱初期缝合术，否则留待做二期缝合。火器伤一律不做肌腱初期缝合术。

（6）神经：处理原则与肌腱相同。

（7）血管：对四肢主要动脉伤，清创后应将主要血管修复，以免肢体坏死或缺血。对非主要血管要妥善结扎止血。

4．伤口缝合　在平时，对伤后 6 ~ 8 小时内得到彻底清创的伤口，可做初期缝合。如皮肤有缺损，可做植皮覆盖创面。对创面大、渗血多、污染重、处理较晚的伤口，应置引流 48 小时。在战时，火器伤的伤口在清创后，除头、面、手、外阴部做定点缝合外，一律不做初期缝合，留待做延期缝合或二期缝合。

（五）清创术后处理

1．对有骨与关节损伤，血管、神经、肌腱伤修复术后和植皮术后，均应用石膏固定肢体。

2．维持适当体位如伤肢适当抬高，以减轻肿胀；胸腹部脏器伤术后取半卧位等。

3．使用抗生素与破伤风抗毒素。对未注射过破伤风类毒素的，清创应注射破伤风抗毒素 1500 ~ 3000 U，常规使用广谱抗生素预防感染。

4．密切观察全身情况，预防及治疗并发症。

5．密切观察伤肢血循环及伤口情况，注意预防伤口感染和继发性出血。

三、感染伤口的处理

伤口感染是严重并发症，最常见的为化脓性感染，也可发生特殊感染如破伤风和气性坏疽等。感染伤口处理的目的在于迅速控制感染和促进伤口愈合。

对伤口一般化脓性感染的措施包括：①局部休息、制动、理疗；②全身应用有效抗生素，开始时使用广谱抗生素，待伤口分泌物细菌培养及药物敏感试验后再行调整；③伤口处理主要是保持引流通畅，如引流不畅应将伤口扩大以利引流。换药的种类和次数根据伤口情况而定，如伤口坏死组织和分泌物多，可用生理盐水纱布湿敷，每日更换敷料 3 ~ 4 次，每次换药时可将坏死组织逐步清除。如伤口较干净，分泌物较少，则可用凡士林纱布换药，每日或隔日 1 次。如有铜绿假单胞菌感染，可用 0.1% 苯氧乙醇、磺胺嘧啶银软膏或 1% 醋酸液换药；如伤口较小，可换药直至伤口愈合；如伤口创面大，在感染完全控制、创面肉芽新鲜和无明显分泌物后，可行二期缝合或植皮闭合伤口。

对破伤风和气性坏疽等特殊感染的处理见有关章节之叙述。

第三节 创 伤 病

一、概述

损伤，尤其是严重损伤，伤情多较复杂，多发伤、复合伤发生率高，组织破坏严重，人体内环境失常更加显著，往往不容易做到及时诊断、纠正或恢复，并会导致一系列综合病症，即统称为创伤病。常见的有：筋膜间室综合征、成人呼吸窘迫综合征、脂肪栓塞、消化道应激性溃疡、多脏器功能衰竭等。

二、骨筋膜隔室综合征

（一）定义

在骨和筋膜形成的间室内，各种原因造成组织压升高，由于间室容量受筋膜的限制，压力不能扩散而不断升高，致血管受压损伤，血液循环由此遭受阻碍，供应肌肉、神经组织的血流量减少，严重的则发展为缺血性坏死，最终导致这些组织功能损害，由此而产生的一系列症候群称为骨筋膜隔室综合征（osteofascial compartment syndrome，又称筋膜间室综合征）。当病情进一步发展，并有肌红蛋白血症和肌红蛋白尿、高血钾及急性肾衰竭时，则称为挤压综合征。挤压综合征参看第七章。

（二）解剖学基础

筋膜间室是由深筋膜、肌间隔和骨三部分组成的骨纤维鞘，内含肌肉、血管和神经等组织。由于筋膜间室在组织上是封闭的，又缺乏扩张性，室内容积不能有伸展性，在组织高压的情况下，容易造成缺血，引起综合征。四肢肌肉、神经、血管等软组织均位于筋膜间室中，但上臂与前臂和大腿与小腿的筋膜间室有较大差别。上臂分为前、后两组，大腿分为前、内及后 3 组，都是单一骨，间室内肌肉肿胀时，有向周围扩散的余地，压力增高不会太多，发生缺血机会少。前臂及小腿为双骨，骨间膜坚厚，筋膜也较厚，形成较强韧的筋膜鞘管。前臂分为掌侧和背侧两个间室，小腿分胫前、外侧、胫后深及浅 4 个间室，其中尤以胫前及胫后深与前臂掌侧间室由骨间膜与筋膜所形成的鞘管更坚韧，无扩展余地，前臂与胫后肌层又较厚，故伤后很容易发生筋膜间室综合征。而小腿外侧间室为单骨，胫后浅间室离双骨及骨间膜较远，故发生机会较少。三角肌筋膜间室、臂筋膜间室、手和足筋膜间室均有类似的解剖特点，故也可发生此综合征。

（三）病因

筋膜间室内组织压力升高的原因：一是间室容量减少，二是间室内容物体积增加。前者包括开放性损伤后关闭缝合过紧、外敷料包扎过紧（绷带、石膏、夹板等）、局部外加压力（重物、自身、牵引支架等压迫）；后者包括筋膜间室内容物体积增加（骨折、软组织损伤、血管伤等出血）、血凝机制紊乱（如血友病）、缺血后肿胀（外伤压迫、损伤缺血、医源性）、操练过度（长时间或剧烈运动后疲劳性损伤）、创伤（直接损害毛细血管和毒性分解产物刺激）、灼伤、药物和毒物刺激、矫形手术、输液、输血外渗等。

（四）发病机制

不论筋膜间室综合征的病因及部位如何，间室内压力增高是基本因素。

正常筋膜间室内的压力经测定为 0 ~ 8 mmHg，有研究表明，组织内压力较动脉舒张压低

10 ~ 30 mmHg 时，即已达小动脉闭合的临界压力，如伤员血压低，则组织内压力稍有升高，即可影响组织灌注。实验表明，当血压和血管张力正常，使组织内血液循环停止的压力在前臂为 64 mmHg，小腿 55 mmHg，即组织内压力升到 40 ~ 60 mmHg 时，即可使组织微循环减慢或停止。

当肢体筋膜间室内组织损伤时，由于肌肉神经及血管等处于闭合的筋膜间室内而受累，当外部压力解除后，较大的血管可能恢复血循环，局部血循环可以重建，但毛细血管和微循环可能遭到损害，组织间隙内通透性增加，肌肉组织发生缺血、水肿，筋膜间室内压力升高，当压力升高到一定程度时，肌肉组织的循环发生障碍，毛细血管压增加，小静脉回流受阻，小动脉灌注压力降低，进一步发展则小动脉闭塞，组织液大量渗出，筋膜间室内压力更进一步升高，形成一个恶性循环，筋膜间室内的肌肉、神经及小血管造成缺血性坏死。这就是急性筋膜间室综合征发生的病理机制。随着血浆丢失，筋膜间室内钾离子释出，肌红蛋白同时亦释出，酸性产物及有毒性物质亦大量释放。这些有毒物质通过局部循环的再建和侧支循环，进入全身循环的血液中，使血液中 pH 降低，而尿液亦发生酸性化，使肌红蛋白沉淀，肾小管发生阻塞，而造成急性肾功能损害，称之为挤压综合征。

造成急性肾衰竭的机制除上述肌肉缺血和坏死因素外，还有肾本身的缺血和坏死，其主要原因为创伤后全身应激状态下反射性血管痉挛的全身反应。挤压伤的特点是肌肉坏死后，通过垂体、交感神经的反射，使肾上腺素、乳酸等亲血管活性物质对肾微循环调节产生重要影响，使肾微血管发生强烈而持续的反射性痉挛收缩，导致肾缺血、肾实质水肿、肾小球滤过降低，同时又使肾缺血加重。由于液体和尿液酸度增加，肌红蛋白更易于在肾小管内沉积，造成阻塞和毒性作用，尿量减少甚至尿闭，最后促使向肾衰竭发展。

挤压伤后是否出现筋膜间室综合征与挤压综合征，与受压的部位、面积、强度、受压肌群多少及受压时间长短有密切关系。一般缺血 30 分钟即可出现神经功能异常，完全缺血 12 ~ 24 小时则发生永久性神经功能障碍。肌肉缺血 2 ~ 4 小时可以出现病理改变，完全缺血 12 小时则出现坏死。

（五）临床表现

1．局部表现

（1）疼痛：早期因损伤部位和程度不同而各有差异，随着病情发展疼痛加剧，甚至呈现持续性难以忍受的剧痛。但是，当筋膜间室内压力进一步上升，感觉神经纤维麻痹时，疼痛随之减退或消失。

（2）肿胀：外部压迫解除后会迅速出现受压区局部肿胀，并有压痕、皮肤微红，伤部边缘出现红斑，或皮下淤血及水疱。进一步加剧时，肿胀肢体发凉，皮肤发亮，有光泽，张力增高，肌肉变硬，局部广泛性压痛。

（3）牵拉试验：被动牵拉受累区远端肢体时，产生剧烈疼痛，这是该综合征早期的可靠体征。

（4）运动和感觉功能障碍：先出现肌肉无力，进一步发展则可致完全丧失收缩力。受累神经支配区的感觉异常，表现为感觉过敏、减退或消失。

（5）脉搏：肢体远端脉搏在早期可不减弱，因此脉搏的存在与否并不能否定挤压综合征的存在。脉搏消失和肌肉坏死挛缩为筋膜间室综合征的晚期表现。

2．全身表现 挤压综合征的临床经过一般可分为少尿期和多尿期两个阶段。

（1）少尿期：自伤后起持续 4 ~ 6 天。在此期间，伤员感觉极度不适，口干唇燥，极度口渴，缺乏食欲。少尿（尿量少于 400 ml/d）或无尿（少于 100 ml/d），尿比重升高，呈酸性，并出现肌红蛋白尿。代谢产物如尿素、尿酸、肌酐、非蛋白氮等蓄积于血液中，达一定程度时可引起尿毒症。同时可出现水电解质紊乱和代谢变化。

①水中毒：主要由于入水过多，其次为代谢产生的水，由此引起周围水肿、肺水肿以至心力

衰竭。

②高钾血症：损伤后组织发生严重破坏，细胞内钾移向细胞外液，向血液中释放大量钾离子，肾又不能排出，以至此期血钾可以每日 2 mmol/L 的速度上升，如不能及时降低血钾，伤员可死于高血钾、心律失常和心肌中毒。如同时有高血磷、高血镁、低血钙、低血氯和代谢性酸中毒，则钾对心肌的危害更严重。

③低钠血症：钠的总量并不低，因被水稀释而浓度降低。因而血浆低钠造成的低渗性可引起颅内压增高和脑水肿，最后可形成低渗性昏迷。

④酸中毒：因肌肉缺血坏死及损伤后分解代谢旺盛，使大量的硫酸根、磷酸根和中间代谢产物释放，造成代谢性酸中毒。

⑤血酶升高：谷草转氨酶、肌酸磷酸激酶（CPK）由于肌肉缺血坏死而大量释放，谷草转氨酶可达 2000 U 以上，肌酸磷酸激酶高达 5 万 U 以上。

（2）多尿期：伤后 5 ~ 7 天进入多尿期，这是肾小管功能恢复的第一个指征。尿量多少与体内蓄水量有关。利尿初期有利于消除水肿，后期则可造成缺水。在利尿过程中，大量钠、钾和钙排出可形成低血钠症、低血钾症和低血钙症，应及时纠正。

（六）诊断与鉴别诊断

1．筋膜间室综合征主要依据受伤史和伤部的临床表现即可确定。筋膜间室内压测定对诊断和预后有较大帮助，目前比较一致的看法是，正常筋膜间室内压力为 0 ~ 8 mmHg，30 mmHg 是急性筋膜间室综合征的临界值，如能及时切开减压，肌肉、神经多能恢复正常。如压力超过 40 mmHg 以上，微循环和细小动脉闭塞，即使彻底切开减压，往往已发生部分肌肉变性或坏死，最终将有肌肉或神经损伤的并发症或后遗症。

2．鉴别诊断的注意事项

（1）多发伤或合并伤，伤情复杂，可能掩盖了挤压综合征。

（2）注意发现非少尿型挤压综合征。此型的临床表现是尿量逐日增加，至第 7 ~ 8 天达高峰，以后尿量逐渐降至正常；随着尿量增多，血中氮质有所增高，说明肾小球滤过率下降的同时，肾小管的浓缩功能亦受到损害。

（3）对挤压伤伤员出现少尿或无尿，要快速做出功能性少尿或肾性少尿的鉴别。功能性少尿是因休克、血容量不足或肾微血管发生强烈而持久的反射性痉挛使血流减少所致；而肾性少尿主要是由肾小管阻塞及肾小球坏死等因素所致。其鉴别方法如下：

①输液负荷试验：若伤员无心肺功能不全时，可给予静脉注射 5% 葡萄糖液 500 ml，30 分钟内输完，如尿量增加，尿比重下降，可能为血容量不足或肾血管痉挛所致的功能性少尿。如仍无尿或少尿，则表示肾性少尿可能性大。

②利尿试验：若患者有心肺功能不全，或估计补液已较充分或经输液负荷试验后，可用呋塞米（速尿）100 ~ 400 mg 或依他尼酸 100 ~ 200 mg 静脉注入。尿量超过 400 ml/h，可认为是功能性少尿。如仍少尿或无尿则确诊肾性少尿。

（七）治疗

1．局部处理

（1）解除压迫，伤肢制动：尽快解除外力的压迫，避免加重肌肉缺血坏死。伤肢予以制动，以免伤员因大量吸收组织分解产物而引起严重中毒症状；伤肢禁止抬高、按摩或热敷。

（2）筋膜间室早期切开彻底减压：这是伤肢处理的重要措施，它可缓解间室内压力，防止肌肉坏死及毒性物质进入血流，并有利于伤肢功能的恢复。减压必须彻底，可采取皮肤深筋膜全切开减压术，从上到下，将各受累筋膜间室都逐一切开，进行充分减压；并将已坏死的肌肉彻底清除。

（3）截肢：早期截肢应慎重，除非肢体肌肉已几乎完全坏死，一般不应过早地考虑截肢。若伤肢大部分肌肉已发生缺血性坏死，且全身中毒症状严重，为了挽救生命，即应尽早在适当平面施行截肢术。

2．全身治疗

（1）少尿期治疗

①限制液体输入量，总的原则是量出为入。所谓量出，是指伤员当天的不显性失水量，加前一天的尿量，加当天的异常失水量，减去体内自生水量，总的算起来就是当天的入量。

②透析疗法：透析疗法在治疗急性肾衰竭中起着重要作用，能迅速消除体内水钠潴留；能很快降低血钾，是防止高血钾最有效的措施；能于数天内改善尿毒症症状。挤压综合征是透析治疗的绝对适应证。

透析疗法目前应用主要有两种，一种是腹膜透析，另一种为血液透析。腹膜透析简便易行，不用特殊设备和仪器，在基层医疗单位也可施行。有条件时争取血液透析（人工肾）效果更好。一旦有肾衰竭的证据，应及早进行透析，可明显减少由于急性肾衰竭和高血钾造成的死亡。

③营养：采用脂肪、高碳水化合物、高热量、低蛋白、低盐、低钾饮食。碳水化合物最好用葡萄糖或乳糖，每天 100 g，这样可使体内蛋白分解代谢率降低一半左右。

④防治感染：据统计，90% 的肾衰竭患者死于感染，因此在挤压综合征时，特别要注意防治感染。有些抗生素对肾有毒害作用，应避免使用。

（2）多尿期治疗：在此期间要注意补给适量的体液和电解质，补液量要少于尿量，尽量采用口服。一般对 1000 ml 的尿液应补充氯化钠 3 ~ 5 g，每日口服氯化钾 5 ~ 10 g。

（3）恢复期治疗注意以下几点：促进肾功能恢复，肾损害完全恢复需半年至两年时间；加强营养和体质的恢复，促进伤肢的功能恢复。

三、腹腔间室综合征

腹腔间室综合征（abdominal compartment syndrome，ACS）一词由 Kron 等在 1984 年用来描述腹腔主动脉瘤术后腹内高压所致的病理生理学改变[2]。1995 年 Schein 对 ACS 进行较系统的论述后，才引起医学界的广泛关注[3]。目前认为，ACS 是指由诸多因素引起的渐进性或急性腹内压（intra-abdominal pressure，IAP）升高，IAP 升高到一定程度时，可影响腹腔血液供应及胃肠、肺、心、肾、颅脑等功能，甚至可导致多器官系统的功能障碍。ACS 并非一种疾病，而是由多种因素造成的症候群，其发病急骤、病情危重，病死率极高。由于 ACS 诊断和治疗的诸多方面尚未被临床医师充分认识，即使当患者发生呼吸、循环障碍时，临床医师常常认为是原发病所致，而很少考虑是 ACS 所致。

（一）相关概念

IAP 指腹腔内潜在的压力，受腹腔内容积和腹壁顺应性的影响。腹腔是一个封闭式腔隙，由腹壁、膈肌、后腹膜和盆底包绕而成。正常情况下，IAP 为零或接近零，吸气时升高，呼气时下降。腹腔内高压（intra-abdominal hypertension，IAH）指持续或反复的 IAP 病理性升高（≥ 12 mmHg，1 mmHg = 0.133 kPa）。

IAH 分级：

Ⅰ级 IAH 为 12 ~ 15 mmHg；Ⅱ级 IAH 为 16 ~ 20 mmHg；Ⅲ级 IAH 为 21 ~ 25 mmHg；Ⅳ级

IAH 为＞ 25 mmHg。

ACS 可分为原发性 ACS、继发性 ACS、复发性 ACS，IAP 持续大于 20 mmHg ［伴或不伴腹腔灌注压（APP）＜ 60 mmHg］，同时合并有新的器官功能不全 / 衰竭。

（二）常见病因

临床常见病因有：严重的腹部创伤、腹腔感染、腹腔或腹膜后出血、肠腔缺血 - 再灌注损伤、腹腔手术如腹主动脉瘤破裂术后、张力性关腹、腹外挤压、大量腹水、气腹、腹腔肿瘤、肠梗阻、肠系膜静脉栓塞、腹腔填塞、急性胃扩张、重症胰腺炎、肝功能不全、肝移植术后、过量输液、大面积烧伤、脓毒血症、毛细血管渗漏综合征、急性呼吸衰竭、产科出血、羊水栓塞、过度肥胖、药物因素等。临床上 ACS 的发生往往是多种危险因素共同作用的结果。

（三）病理生理

ACS 的发病机制尚未完全阐明，目前研究认为与直接压迫、血管渗漏、缺血 - 再灌注损伤、血管活性物质、炎症细胞、炎症介质、细胞因子及氧自由基释放、细胞内三磷腺苷合成减少、胃肠道菌群移位等综合作用引起受损脏器水肿、细胞外液大量增加有关。ACS 的产生涉及多个器官和系统，可以直接或间接地影响机体，使之产生一系列的临床表现。研究表明：IAH 时除肾上腺外，腹腔内其他器官的血流量均有不同程度的减少[4]。

1．胃肠功能 肠黏膜血流量是维持肠上皮细胞正常生理功能及黏膜屏障功能的重要基础。腹内压升高，造成小肠黏膜及黏膜下血流灌注下降，导致组织无氧代谢增加、酸中毒出现，同时氧自由基、细胞炎性因子的释放，使器官进一步受损；胃肠缺血、缺氧造成肠壁通透性增高，胃黏膜 pH 下降，内毒素及肠道菌群移位，从而诱发或加重多器官功能障碍综合征（MODS）。研究显示：当 IAP ＞ 20 mmHg 时，肠黏膜层及黏膜下层的血液灌注明显受损；当 IAP ＞ 40 mmHg 时，肠黏膜血流量减少 67%[5]。

2．呼吸系统 腹内压升高，膈肌上抬，胸腔容积减少，胸腔内压力随之升高，肺扩张受限，顺应性降低，肺通气量下降；气道阻力增加，肺毛细血管楔压增加、肺通气 / 血流比值失调和肺死腔量增加；持续的胸膜腔内压升高和缺氧性肺血管收缩会引起肺动脉高压。当 IAP 达到 16 ～ 30 mmHg 时，由于膈肌上抬及胸腔内压力升高造成肺实质受压，出现低氧血症和 CO_2 蓄积，常表现为呼吸增快、呼吸困难、高碳酸血症、气道压力升高等。

3．循环系统腹内压升高，直接压迫下腔静脉，致使回心血量减少，膈肌上抬导致胸腔内压力升高，进一步减少下腔静脉和上腔静脉的回心血量，心脏前负荷降低；胸膜腔内压增高后静脉回流障碍，心脏受压，心室舒张末期容积减少，心室顺应性下降，室壁运动减弱；腹内压升高，压迫毛细血管床和小动脉，使心脏后负荷增加。结果是心输出量减少，心率代偿性加快，外周阻力增加，肺毛细血管楔压和中心静脉压升高。当 IAP 达到 10 mmHg 时，就有回心血量减少；当 IAP 达到 20 mmHg 时，可直接压迫下腔静脉和门静脉使回心血量进一步减少；当 IAP 达到 30 mmHg 时，出现心肌收缩力降低，心输出量下降 27%，同时 IAH 导致大量血管内容量丢失，胸腔内血量和全身循环血量分别下降 55% 和 67%，而中心静脉压增加 40%[6]。

4．肾 腹内压升高，心输出量减少，肾灌注量下降，肾小球滤过率减少；肾动静脉直接受压，肾血流下降，肾血管阻力增加；肾素 - 血管紧张素 - 醛固酮系统激活、分泌增加，加重肾损害，导致急性肾小管坏死和肾衰竭。腹内压在 15 ～ 20 mmHg 时会发生少尿，＞ 30 mmHg 时会发生无尿，且扩容及利尿剂治疗无效[7]。

5．肝 腹内压升高，由于心输出量下降，肝动脉血流减少；IAH 使肝机械性受压以及由于肝静脉穿过膈肌处的解剖性狭窄，从而使肝静脉和门静脉血流量降低。临床表现血乳酸清除率下降，葡萄糖代谢减少，肝线粒体和细胞色素 P450 功能下降。采用近红外分光镜法测定血流，发现 IAH 情况下肝动脉、门静脉和肝静脉血流量均下降，而肝血管及门脉血管的阻力却显著增加 [5]。

6．大脑 腹内压升高，导致胸腔内压和中心静脉压升高，颅内静脉回流受阻，引起颅内压升高；心输出量减少，脑灌注不足。

7．腹壁 腹内压升高，腹壁血流量降低、紧张度增加、顺应性下降，腹壁几乎无缓冲能力，当 IAP 增高到一定限度后，较小的体积改变就会引起 IAP 的显著增高。

（四）临床诊断

ACS 的诊断主要依靠 IAP 监测和临床表现。

（1）IAP ＞ 20 mmHg（1 mmHg = 0.133 kPa）。

（2）进行性器官功能不全：氧分压与吸氧浓度比值（PaO_2/FiO_2）＜ 150，气道压＞ 45 cmH_2O（1 cmH_2O = 0.098 kPa），二氧化碳分压（$PaCO_2$）＞ 50 mmHg；心脏指数＜ 3 L/（min · m^2）；尿量＜ 0.5 ml/（kg · h）。

（3）采用腹腔减压术治疗有效。但一些特殊情况，IAP 正常，但不能完全排除 ACS，如部分患者结肠上区水肿、渗出严重，上腹张力很高，而下腹张力基本正常；胰腺炎病变局限，腹膜后血肿，游离腹腔内压升高不明显，必须结合临床和其他检查结果才能明确诊断。

（五）处理原则与程序

1．补充血容量 充分的液体复苏扩容对器官功能的维护是十分重要的。利尿药对 ACS 有害而无益。在 ACS 情况下，通常循环血容量是减少的。要求给予液体输入，而不是利尿。大量输液的同时应注意酸碱平衡和电解质监测，有助于防止再灌流综合征的发生。

2．气道开放、正压通气 ACS 常并发呼吸功能衰竭，需要及时给予强有力的呼吸支持。患者由于腹腔内高压、膈肌上抬等导致有效通气不足。此时给予压力支持通气有助于改善机体氧合，并避免容量控制通气带来的气压伤和胸腔压力过高带来的不利影响。

3．血液净化 产生腹腔高压的主要原因是全身炎症反应综合征引发毛细血管渗漏综合征导致的后腹膜和腹膜腔大量渗出和腹膜本身水肿、肠麻痹和肠腔内液体潴留。近年来，多提倡积极采用床边血液滤过技术，目的：①在保证容量充足的前提下通过超滤减轻组织间隙水肿；②通过血液滤过清除炎症介质，减轻机体炎症反应。

4．腹腔减压 手术治疗开腹减压术（decompressive laparotomy，DL）是治疗 ACS 的有效手段，能减轻 IAP，增加腹腔容量和顺应性。但早期开腹手术不仅增加了腹腔感染的机会，而且大量肠管、内脏长时间暴露使内脏水肿，IAP 进一步升高。尽管大多数学者认为对于 IAP ＞ 25 mmHg，出现新的或进展性脏器功能衰竭的患者可实施 DL，但考虑到 DL 的实际预后，很多临床医师不愿意施行 DL。ACS 不予处理是致死性的，即使行腹腔减压手术，术后死亡率仍高达 28% ~ 39%[8]。病情危重时可考虑在 ICU 直接实施手术。术前精心准备，术中预防恶性心律失常、心脏骤停。同时注意减压术后处理，预防腹腔减压综合征，如调整机械通气参数、补充血容量、使用缩血管药物等 [9]。

（1）腹腔减压原则：当尿道膀胱内压力（urethral bladder pressure，UBP）＞ 35 mmHg，无论是否出现临床症状均是减压治疗指征。有时尽管 UBP 为 10 ~ 20 mmHg，但出现肠道缺血、对氧治疗无反应及器官功能不全进行性加重时也可予以减压。在剖腹手术中，打开腹腔减压时可见肠管、大网膜、壁腹膜高度水肿，肠管、积液和坏死组织涌出切口，分离切开后腹膜时亦有大量积液和坏死组织涌出，此时心肺功能不全迅速逆转，甚至在手术过程中就可立即出现。

ACS 时直接压迫腹壁肌肉和血管，引起腹壁血流量减少，局部缺血、水肿、腹壁弹性降低，加剧 IAH 的发展。另外，腹壁肌肉和筋膜缺血又与伤口感染、伤口裂开、疝、坏疽性筋膜炎等并发症直接相关。因而不应在高度张力的条件下行一期关腹术，以避免切口愈合不良。更为重要的是避免继发性 ACS 的发生。实际上，严重的患者经腹腔减压术后，由于腹膜后血肿、内脏水肿、严重腹腔感染或者腹腔内纱布填塞止血，腹腔几乎无法关闭或全部关闭。Offner 等曾对创伤后行剖腹探查术的患者采用不同关腹方法所致 ACS 的发生率进行过统计分析，结果发现术后一期关闭后 ACS 发生率达 80%，开放组为 24%，因此建议创伤患者尽量避免一期缝合筋膜。

（2）剖腹减压手术的步骤

第一步，敞开腹腔，采用网片、无菌塑料袋等暂时关腹措施保护肠管。腹腔开放虽可避免 ACS，术后易发生肠瘘、腹内脏器膨出形成腹壁疝，甚至伤口裂开等并发症。敞开腹腔减压后有多种暂时关腹的方法，包括筋膜开放法，用网片（mesh）、手术巾钳夹关闭、自体皮片移植或“Bogota”袋（一种 3 L 塑料袋）缝合固定于腹壁切口两侧的筋膜上暂时关腹。大片聚丙烯网眼补片行腹部切口敞开覆盖较塑料袋具有强度高、引流通畅等优点和效果差等缺点。显露的肠管在补片上仍需用生理盐水湿纱垫或凡士林油纱布覆盖，以减少渗出液丢失。

第二步，2 周后考虑行切口二期缝合、创面植皮。腹腔开放后确切关腹指征通常是在腹内压降到正常水平，血流动力学稳定后，如尿量增多、水肿开始消退、凝血障碍纠正、止血彻底后，一般在术后 2 周内关腹。在关腹后仍应密切监测膀胱压，以避免继发性 ACS。严重的患者不必勉强早期关腹。

第三步，部分患者需术后 6 个月左右去除植皮及补片，松解切口两侧筋膜缘和腹壁肌肉，予以缝合修补腹疝。

也有研究表明，ACS 患者采用腹腔减压治疗后的病死率与确诊到手术的时间呈反比，在 3 小时内确诊治疗组均存活，而间隔 25 小时组病死率达 67%。因此，ACS 早期诊断、早期施行腹腔减压术对提高 ACS 患者生存率有着重要意义。

（3）微侵袭技术的应用：减压腹腔开放后应实施腹部临时关闭（temporary abdominal closure, TAC），然而，手术后大量的体液丢失、体热散发、感染和肠瘘风险等，对外科医师来说是一个巨大的挑战。因此，近年来国内外的一些学者致力于探索微侵袭减压的可能性。由于微侵袭减压的指征还过于局限以及在救治 ACS 时特别强调的是腹腔高压持续的时间比腹腔压力本身更具威胁，所以关注高危患者、及时发现并合理处理腹腔高压，是降低 ACS 致病率和病死率的关键因素。

5．抗感染 ACS 的患者通常肠道屏障功能降低，容易发生肠道菌群易位，需要及时采用针对性的广谱抗生素。当同时实施了气道开放、血液滤过，及腹腔开放手术形成较大创面时抗感染尤为重要，抗感染治疗的效果直接影响到患者整个治疗的成败。

6．营养支持 如果患者能够耐受，强调肠道营养支持。过幽门的鼻饲管及胃肠动力药、泻药的合理应用，可改善患者的肠道功能，提高患者对肠内营养的耐受性。耐受性差的患者，早期可经胃肠外给予营养支持，同时给予生长抑素减少消化液的分泌，减轻肠壁水肿，促进肠功能恢复。一旦患者能够耐受，应立即使用肠内营养并减少肠外营养用量。

（六）预防措施

ACS 患者即使行腹腔减压手术治疗，死亡率仍高；且许多内科危重患者多合并多种基础疾病，手术耐受性差，手术易产生多种并发症。因此，ACS 重在预防，在 IAH 阶段及时采取干预措施。

1．积极治疗原发病，避免诱发因素 原发病及感染的有效控制，避免 ACS 的高危因素，是阻断形成 IAH 和 ACS 的基础。对顽固性腹胀者，要警惕深部真菌感染，必要时早期经验性抗真菌治疗。早期使用血管活性药物如多巴胺、去甲肾上腺素，维持腹腔灌注压（APP）≥ 60 mmHg，可以避免内脏低灌注和酸中毒，减少液体输入，可以降低急性肾衰竭的发生率，避免继发性 ACS。

2．动态监测 IAP 对于有腹内高压倾向的患者应将 IAP 监测作为常规项目。IAP 的监测[7]包括直接测定和间接测定。直接测定为有创性监测，且腹部情况复杂，临床上应用很少；间接测定包括膀胱、胃、直肠、下腔静脉、子宫等的压力测定，其中 UBP 测定与 IAP 直接测量有很高的相关性，加上技术操作简便，创伤小，目前被认为是间接测量 IAP 的“金标准”[10]。UBP 测定的具体操作是：患者取仰卧位，保持腹肌松弛，留置 Foley 尿管，排空膀胱，接三通管，向膀胱内注入温度为 37.0℃的无菌 0.9% NaCl 25 ml（25 ml 的灌注量时膀胱内压和腹内压相关性最好），注入时间＞ 1 分钟；通过三通连接水压计，以腋中线为“0”点，等水柱波动平稳时，于呼气末测定，水柱高度即为 IAP(所测数字单位为 cmH_2O)。由于一些重症患者必须采取特定体位，要注意排除不同体位测量对膀胱内压的影响。但对于小型膀胱、神经源性膀胱、腹腔粘连、膀胱创伤、排尿异常、张力性盆腔血肿等情况，UBP 监测可靠性不高，可使用经胃测压法。某些状态，如病态肥胖、怀孕等，可能会合并慢性 IAP 升高；危重病患者的 IAP 通常会高于正常基线水平（5 ～ 7 mmHg）[11]；近期腹部手术史、机械通气、体位改变等也可伴 IAP 升高。动态监测腹内压是早期发现 ACS 的有效手段。

3．液体复苏 过量输液是 ACS 发生的独立危险因素。对于发生 ACS 的高危人群，应采取限制性液体复苏，控制液体总入量，尤其是控制晶体液的输入量。对于已输入大量晶体液的患者，应密切监测腹内压，防止 ACS 的发生；对于 IAH 患者应给予高渗晶体和胶体补液；对于大面积烧伤患者，Ivy 等[12]建议晶体液输入量不能超过 0.25 L/kg 体重。

4．对于行腹部手术治疗的患者，当具有 IAH 的多项危险因素时，可临时关腹，待 IAH 的诱发因素解除后再最终缝合腹腔。

5．其他检测 观察和监测患者意识、呼吸频率、血氧饱和度、血气分析、心率、平均动脉压、中心静脉压、每小时尿量、出入量，胃黏膜 pH（pHi）、乳酸，肌酐、尿素氮，及早发现 ACS 的征象，及时对症处理。由于 IAH 违背了 Starling 定律，常反映心脏充盈压的指标如肺动脉楔压（PAWP）、中心静脉压（CVP），不仅不能反映血管内容积状况，还会给人以误导。一般情况下，PAWP、CVP 升高，心输出量下降，意味着液体过多，应快速利尿，但在 IAH 情况下则相反，应积极实施液体复苏，此时快速利尿只会加快患者死亡。右心室舒张末期容积指数（RVEDVI）是该情况下反映血管内容积状况的较好指标。

6．预防栓塞 IAH 可直接压迫下腔静脉、门静脉，导致静脉回流受阻，血液淤滞，极有可能形成下肢深静脉血栓；栓子一旦脱落，可导致肺栓塞。因此，对于 IAH 患者，排除出血因素后，可给予常规抗凝治疗。

（白俊清　李建民）

主要参考文献

[1] 白俊清，张柳．瓦斯爆炸伤害学．北京：北京大学医学出版社，2011，1-21.

[2] Kron IL，Harman PK，Nolan SP. The measurement of intra-abdominal pressure as a criterion for abdominal re-exploration. Ann Surg，1984，199（1）：28-30.

[3] Schein M，Wittmann DH，Aprahamian CC，et al. The abdominal compartment syndrome：the physiological and clinical consequences of elevated intra-abdominal pressure. Am Coll Surg，1995，180(6)：745-753.

[4] Joynt GM，Ramsay SJ，Buckley TA. Intra-abdominal hypertension—implications for the intensive care

physician. Ann Acad Med Singapore，2001，30（3）：310-319.

[5] Varela JE，Cohn SM，Giannotti GD，et al. Near-infrared spectroscopy reflects changes in mesenteric and systemic perfusion during abdominal compartment syndrome. Surgery，2001，129（3）：363-370.

[6] Schachtrupp A，Graf J，Tons C，et al. Intravascular volume depletion in a 24-hour porcine model of intra-abdominal hypertension. Trauma，2003，55：734-740.

[7] Sugrue M，Jones F，Deane SA，et al. Intra-abdominal hypertension is an independent cause of postoperative renal impairment. Arch Surg，1999，134（10）：1082-1085.

[8] Fenn CH，Butler PE. Abdominoplasty wound-healing complications：assisted closure using foam suction dressing. Br J Plast Surg，2001，54（4）：348.

[9] de Waele JJ，Hoste EA，Malbrain ML. Decompressive laparotomy for abdominal compartment syndrome：a critical analysis. Crit Care，2006，27（10）：R51.

[10] Bertram P，Schachtrupp A，Rosch R，et al. abdominal compartment syndrome. Chirurq，2006，77：573-579.

[11] Berger MM，Revelly JP，Carron PN，et al. Pre-and intra-hospital over-resuscitation in burns：frequent and deleterious. Rev Med Suisse，2010，6（275）：2410，2412-2415.

[12] Ivy ME，Afweh NA，Palmer J，et al. Intra-abdominal hypertension and abdominal ompartment syndrome in burn patients. Trauma，2000，49：387-391.

第三章

创伤失血性休克

第一节　概　述

休克[1]不是一种疾病，而是由多种疾病继发的一种并发症。如果早期急救不当，会导致一个或多个脏器的损害乃至衰竭。特别是外伤性休克，提高现场急救质量、缩短急救反应时间、准确认识早期症状、及早确认休克原因、采取抗休克措施得当等，是提高救命率、减少伤残率的关键。

据1980年Maxell报道，呈现有休克的外伤患者中大部分都是出血性的，约占95%，其余的5%为张力性气胸、心包填塞等的泵衰竭。因此，临床上常常遇到的是失血性休克和泵衰竭性心源性休克。理论上讲，脊髓损伤后也可以发生神经源性休克，但临床上却不是常见的。

外伤性休克的早期治疗旨在救命，应该从有限的病史、症状、体征、检查中迅速而正确地做出休克的判断和决定需要紧急处置的事项。

休克的概念用在医学上是在1743年，当时发现受到枪击伤的士兵，尽管伤情很轻，但生命现象却呈现进行性崩溃，人们将这种不可理解的状态称作为休克（shock）。19世纪后叶，根据各种刺激后发生血压下降的实验性研究，休克的主要原因是血管运动受到抑制的见解开始受到了重视。1899年，Cvile在动物实验中发现，给外伤性休克的动物体内注入温生理盐水后，伴随着全身状况的改善，静脉压和心排出量均有增加。他就是论述循环血量减少性休克的第一位学者。

20世纪初，随着第一次世界大战的爆发，休克患者也在增多，关于休克的临床研究也在不断深入，并且认识到血压低并不是休克的本质。以欧美为中心，其研究已涉及循环血量、血管紧张性、静脉淤血性、血液酸碱平衡障碍。第二次世界大战中，又发现损伤部位继发细菌感染后可以出现细菌性休克。1950年的朝鲜战争中，年轻的战伤士兵通过输血、输液治疗，死亡率大大下降了，但作为脱离休克后的合并症——急性肾功能不全却使许多士兵死亡，特别是大量地使用代血浆后常常会发生肾功能不全。其后，为了达到补充功能性细胞外液减少的目的，采用了大量补充乳酸林格液的方法，结果在越南战争时又发生了补液后的肺内水潴留。对因肺内水的潴留曾冠以许多种病名，诸如丹纳肺（Da Na lung）、创伤后湿肺（post traumatic wet lung）、成人呼吸窘迫综合征（adult respiratory distress syndrome，ARDS）等。1968年，Hardaway发现休克患者具有一种出血倾向，这种出血倾向乃因微小血管内凝血异常所致，而且与休克的不可逆性密切相关，称之为弥散性血管内凝血（disseminated intravascular coagulation，DIC）。

近年来，对于休克的研究又更加关注多器官功能障碍综合征（multiple organ dysfunction sydrome，MODS）和多脏器功能衰竭（multiple system organ failure，MSOF）。前者是指机体在各种感染、炎症、创伤、缺血、缺氧等刺激后，同时或序贯地发生两个或两个以上脏器功能不全以至衰竭的一种综合征。由于又引进了一个新的概念，即全身炎性反应综合征（system inflammatory response syndrome，SIRS），对 MODS 定义的阐述可以认为，SIRS 是 MODS 的早期表现并持续存在于 MODS 的全过程，是 MODS 的实质内容。后者是指严重感染、脓毒血症、严重创伤、大面积烧伤、长时间心肺复苏术，及病理产科等疾病，在发病 24 小时后出现的多脏器衰竭综合征。由于 MODS 的病死率可高达 60%，4 个器官以上受损几乎 100% 死亡，故 MODS 高危患者应进行严密监测，以做到早期发现、早期治疗。

第二节　休克的病理生理

一、循环系统变化

休克是各种原因导致的有效循环血量减少、组织灌流不足，从而引起代谢改变与细胞损伤的临床综合征。正常血液循环的维持依赖于心输出量、血容量，及血管阻抗三个主要的生理参数，不管任何原因引起上述三个参数的改变均会导致有效循环血量的减少，最终引起休克。

在临床上，如果不考虑休克的严重程度和可逆性与否，通常最重要的体征就是血压降低，收缩压低于 90 mmHg 即可作为诊断标准的一个指标。然而，有的人收缩压降至 70 mmHg 左右仍可充分维持脏器的正常功能，而高血压患者血压在 100 ~ 120 mmHg 也可以引起脏器功能障碍。因此有的医院是将收缩压下降 1/3 作为诊断标准的一项指标，但这需要有一个前提，即患者或家人原来就知道自己的日常血压。事实上，由于知道自己血压的人并不多，所以华北理工大学附属医院是以如下的指标作为诊断标准的（表 3-1）。

表 3-1　休克的诊断标准

1．收缩期血压	90 mmHg 以下
2．脉压	30 mmHg 以下
3．心脏指数	2.5 L/kg 以下
4．尿量	0.5 ml/（kg · h）以下
5．具有休克的临床症状	
只要满足以上 2 项即可诊断为休克	

机体对低血压的反应是通过压力感受器，引起交感 - 肾上腺系统兴奋，促进儿茶酚胺分泌增加导致血管收缩，小动脉阻力增加，以提升收缩压；静脉容量血管收缩促进血液回流；心率与心肌收缩相应增加，以恢复血流动力学的稳定。作为代偿机制，内脏血管血流出现重新分布，皮肤、肌肉、肾血管血流减少，而冠状动脉、脑血流维持不变。

内分泌系统亦参与调节，在应激情况下，肾上腺素、去甲肾上腺素、多巴胺等分泌增加；肾小球滤过减少，促进肾素 - 高血压素的灭活，均能起到血管加压的作用。另外，血容量与渗透压的改变使抗利尿激素、醛固酮分泌增加，减少尿量排除，促进肾小管钠、水的重吸收以维持血容量。对于肾来说，血管收缩的结果，尿量会随着血压的下降而减少。在休克状态下，各重要脏器循环血量的不均一性也会继发出现许多严重的问题。比如在内脏血流降低的情况下，由胰腺产生一种心肌抑制因子（myocardial inhibition factor，MIF），而 MIF 正是造成不可逆性休克的重要因子。由肠管产生的网织内皮系统抑制因子也正是与成人呼吸窘迫综合征（adult respiratory distress syndrome，ARDS）相关联的肺损害因子。

二、微循环变化

休克初期，由于交感 - 肾上腺系统兴奋，儿茶酚胺分泌增加，使得小动脉与毛细血管前括约肌收缩，动静脉短路开放，使微循环灌注血流明显减少，能源底物与氧供应明显减少，微循环出现缺血缺氧；随着微循环缺血缺氧的加重，细胞无氧代谢增加，乳酸等代谢产物积聚。在酸性环境下，前毛细血管括约肌开放，毛细血管后静脉持续收缩，使微循环处于缺血缺氧的状态。又由于毛细血管的内皮损伤、血浆外渗、血流缓慢，使得红细胞出现聚集现象，此期即为微循环扩张期。当微循环状况不能很快得到进一步改善，组织代谢障碍不断加剧，血小板、红细胞聚集在微循环中形成血栓，情况进一步恶化而出现弥散性血管内凝血，从而导致微循环衰竭。

三、细胞病理生理改变

休克时细胞氧供与能量供应减少，导致细胞膜转运功能的改变，膜电位下降，细胞外钠离子及水进入细胞，钾离子流出。因无氧代谢旺盛以及腺粒体功能障碍，ATP 生成减少，cAMP 水平下降，细胞膜对各种激素反应下降，细胞能源供应障碍以及细胞水肿使得溶酶体膜受损，溶酶体酶释放，细胞内膜结构与核苷酸被分解，内质网的破坏使钙离子大量释放成为细胞毒素，最终导致细胞结构功能的破坏、组织细胞坏死。

四、促使休克从可逆向不可逆转化的因素

1．炎性细胞因子　在机体发生休克时，血液中的某些因子如 TNF、IFN-r、IL-1、IL-6 、IL-8 等的水平明显升高，这些细胞因子参与了休克的发展过程。正常情况下，这些细胞因子参与机体的免疫防御功能，当机体发生创伤、感染、休克时，这些因子就会大量地生成，对机体产生不利影响。TNF-α、IL-1、IL-6 是促使休克从可逆向不可逆转化的最主要的炎性因子，它们与患者的预后密切相关。如果患者血液中 TNF-α、IL-6 持续高水平存在，则患者发展至多脏器功能衰竭以至死亡的可能性就很大。在机体产生的各种细胞因子中，TNF-α 起着关键性的作用，它可以促使中性粒细胞从骨髓释放，促使中性粒细胞趋化、聚集、黏附于血管内皮细胞并脱颗粒，释放溶酶体酶，产生氧自由基等。TNF-α 还能激活单核 - 巨噬细胞释放其他细胞因子。IL-6 多在细胞受到 TNF-α、IL-1 刺激后产生，能促使中性粒细胞的趋化、聚集。IL-8 是由巨噬细胞和内皮细胞产生的，对粒细胞有强大的趋化性，能使中性粒细胞脱颗粒，产生氧自由基，同时还能加强其他因子的作用。

2．肠道细菌与内毒素移位　肠源性内毒素血症是促使休克向不可逆发展的重要原因之一，也是

上述细胞因子生成增加的主要原因。许多研究都证明，失血性休克发生后出现了明显的内毒素血症，但休克纠正后内毒素血症仍持续存在，而且血浆中内毒素的水平与休克的预后明显相关。目前认为，失血性休克后的内毒素血症是由于肠道细菌和内毒素大量侵入机体内造成的。主要的依据有：

（1）肠道是体内与外界相沟通的最大空腔脏器，所含细菌种类可达 400 多种，其中革兰氏阴性杆菌可释放出大量的内毒素。

（2）休克时门静脉的内毒素水平可显著升高，峰值高于外周血。

（3）给动物饲服 14 C 油酸标记的细菌，发生失血性休克后，外周血中 14 C 活性明显升高。

（4）口服肠道不吸收的抗生素或内毒素拮抗剂（如多黏菌素 B、乳果糖等）清洁肠道，休克动物外周血内的内毒素下降。

在正常情况下，肠黏膜具有完好的屏障功能，可防止各种致病微生物及毒素侵入，即使有少量的细菌、毒素通过了肠道屏障，这些细菌、毒素也会被肠道的淋巴组织、脾、肝的网状内皮系统所清除。而当机体发生失血性休克后，肠黏膜缺血和缺血后的再灌注损伤，可以直接损害肠道屏障功能，造成肠黏膜通透性增加，使细菌、毒素透过肠道屏障发生移位，而且休克后机体的网状内皮系统也受到抑制，不能有效地清除侵入机体的细菌、毒素，最终出现肠源性菌血症、内毒素血症。另外，失血性休克时，机体的细胞、体液免疫功能受到抑制，也是促使细菌、毒素发生移位的重要因素。

3．一氧化氮（NO） NO 是生物体内重要的信使分子和效应分子。它是由 L- 精氨酸通过一氧化氮合酶（NOS）合成的。NOS 有三种亚型：神经元型 NOS（nNOS）、内皮型 NOS（eNOS）、诱导型 NOS（iNOS）。nNOS 和 eNOS 合称为结构型 NOS（cNOS）。正常情况下，eNOS 合成和释放 NO 是血管张力的主要调节因子。iNOS 的基因正常情况下是不表达的，在创伤、休克、感染等病理情况下，iNOS 的活性增加，合成大量的 NO。过量的 NO 具有细胞毒性，可以作用于巯基，使与能量代谢或抗氧化有关的酶失活，可以抑制非血红铁 - 硫酶，干扰能量代谢 DNA 合成，大量的 NO 还可以与超阴离子反应生成具有强氧化性的过氧化亚硝酸根（$ONOO^-$），对组织细胞造成损害。

目前认为，NO 在休克从可逆向不可逆发展过程中起着极为重要的作用。过量的 NO 是造成顽固性休克低血压的重要因素。失血性休克后，机体内诱导型 NOS 活性增加，生成大量的 NO，通过松弛血管平滑肌和对细胞毒性的作用，产生一系列的病理损害；还通过负性肌力作用，使心功能受到抑制，最终可引起顽固性低血压和多脏器功能衰竭。另外，休克时内皮型 NOS 活性受到抑制，使内皮依赖性的 NO 释放减少，从而影响 NO 对正常生理功能的调节作用，加重了组织的缺血。

第三节　休克的临床表现

不管休克的原因是什么，其临床症状是相似的。通常休克的五个主要症状是苍白（pallor）、虚脱（prostration）、冷汗（perspiration）、脉搏触及不清（pulselessness）、呼吸困难（dyspnea）。从 19 世纪起主要表述为三主症：①表情淡漠，呈无欲状；②皮肤湿冷而苍白；③脉频而弱。1967 年，Shoemaker 又根据休克的临床症状和所见，总结出了简单易懂的 3 条：①主诉自觉症状：眩晕、失神、无欲状、虚脱、具有休克的原因；②望诊所见：皮肤苍白、烦躁不安、出冷汗、反应迟钝；③临床所见：血压降低，脉压小，脉频，初期呼吸急促、继而呼吸变慢，体温低，四肢发凉，指压甲床毛细血管充盈缓慢，肌无力，反射降低。

表情淡漠、无欲状是脑循环障碍引起的精神机能低下的一种状态，考虑原因还是脑血管扩张、血流缓慢、低氧血症。

皮肤苍白是由于交感神经兴奋导致血管收缩的结果，为了保证重要脏器的血供，各脏器的血供就要再分配，最初牺牲的脏器则是皮肤，皮肤血流量锐减，就会因苍白而发凉。另外，因汗腺受交感神经的支配，交感神经兴奋时出汗就要增加。由于皮肤发冷，则会感到是出冷汗。

在临床所见中不可忽视的是少尿和无尿。通常流经肾的血流 80% 在肾皮质，20% 在肾髓质。一旦陷入休克状态肾皮质的血流就会锐减，而肾髓质的血流量却没有大的变化。由于肾小球分布在肾皮质内，肾皮质内血流量的减少则会导致尿量的产生减少。

通常在临床上将休克分为 3 期：休克早期、休克进展期和休克晚期。这 3 期的临床表现是不同的。

休克早期由于交感神经兴奋，血管代偿性收缩，血压可能稍有升高，尤其是舒张压。患者有出汗、面色苍白、无力、口渴、血压降低＜ 12/8 kPa（90/60 mmHg），心率加速＞ 100 次 / 分，尿量减少。

休克持续进展期，收缩压降至 8 kPa（60 mmHg）以下时，患者面色苍白、烦躁不安、口唇发绀、四肢厥冷、皮肤潮湿或干燥、脉搏细速、脉压缩小、呼吸急促、尿量明显减少，甚至无尿。

休克进入晚期，收缩压低于 5.5 kPa（40 mmHg）时，脉压更小，患者表情淡漠乃至昏迷，皮肤可出现斑纹状发绀，呼吸困难，脉搏无法触及，心音低弱，无尿，此时休克往往已呈不可逆性改变。

第四节　休克的分类及其特征

一、循环血量减少性休克

造成循环血量减少的原因有三种：失血（blood loss）、血浆减少（plasma loss）、水分丢失（water loss）。起因于失血的称为失血性休克，起因于血浆减少的称为烧伤性休克，水分丢失的起因有中暑、腹泻等，引起脱水性休克。其中最有代表性的是失血性休克。

早在第一次世界大战时期，法国学者 Cannon W. B 就报道了 17 例出血性休克："所有的患者都呈现脉搏频而弱，呼吸浅，皮肤苍白，出冷汗，情绪不稳。收缩期血压均在 75 mmHg 以下，没有一人被救活。其中大部分患者都输入了含有一种明胶的生理盐水，另有 3 人输了 450 ~ 750 ml 的全血，全身状况还是未能得到改善。"现在，血压 75 mmHg 以下的出血性休克患者，只要输 500 ml 全血就可以达到预期的目的。这是为什么呢?

人体的血液占体重的 1/3，是进行生命活动所不可缺少的物质。如果血液缓慢丢失，生物体维持生命机能的造血系统多数是不会产生什么临床症状的。对于急性出血，机体也是具有代偿作用的，即在收缩皮肤、肌肉等组织小动脉的同时动员组织内的体液进入体循环。如果出血超过了这种代偿作用就会出现休克。单纯由出血量去判断休克的程度是很难有一个尺度的，不用说准确地判断出血量是困难的，就是出血速度、个体差异等也很难有一个量化的规定。不过，临床医学工作者经过若干年不懈地深入研究，得出了许多估计出血量的方法以及休克严重程度的参考标准。

1．钝性损伤出血量的估计 参见 Grunt & Reeve 表（表 3-2）。

表 3-2 挫灭组织大小与出血量

挫灭组织的大小（手掌面积）	失血量（ml）
1 以下	1000 以下
1 ~ 3	1000 ~ 20 000
3 ~ 5	20 000 左右
5 以上	30 000 左右

2．四肢骨折与出血量的估计 参见 Noble & Gregersen 表（表 3-3）。

表 3-3 四肢骨折与出血量

一处骨折	1000 ml
二处骨折	1000 ~ 20 000 ml
三处骨折	2000 ~ 2500 ml

3．骨折部位与出血量的估计 参见杉本侃等的表（表 3-4）。

表 3-4 骨折部位与出血量

单纯股骨干闭合性骨折	500 ~ 1000 ml
单纯股骨干开放性骨折	1000 ~ 2000 ml
双侧股骨干闭合性骨折	2000 ~ 3000 ml
骨盆骨折（无尿路损伤）	3000 ~ 4500 ml
骨盆骨折（有尿路损伤）	2000 ~ 4000 ml

4．根据闭合性骨折部位估计出血量（表 3-5）

表 3-5 闭合性骨折与出血量

骨折部位	出血量（ml）
骨盆骨折	2000 ~ 2500
一侧髂骨	500 ~ 1000
一侧股骨	800 ~ 1200
一侧胫骨	350 ~ 500
一侧肱骨	200 ~ 500
一侧尺桡骨	300
一侧肋骨	100 ~ 150

5．血压、脉搏测定值与出血量的估计　参见 Grunt & Rceve 表（表 3-6）。

表 3-6　血压、脉搏与失血量

血压	脉搏	丧失的循环血量
100 mmHg 以上	100 次 / 分以下	30% 以下（1500 ml 以下）
80 ～ 100 mmHg	110 次 / 分以上	30% 以上（1500 ml 以上）
80 mmHg 以上	140 次 / 分以上	50% 以上（2500 ml 以上）

6．休克指数与出血量的估计　参见田中范明表（表 3-7）。

表 3-7　休克指数与失血量

休克指数	循环血量减少（%）	失血量（L）
0.54	正常值	正常值
1.0	23	1.0
1.5	33	1.5
2.0	43	2.0

7．根据休克程度、临床症状估计失血量　参见迟田和之的表格（表 3-8）。

表 3-8　休克程度、临床症状与出血量

休克程度	临床症状	循环血量丢失（%）
无	无	10%（400ml）
轻度	脉搏略快，血压轻度下降，手足发凉	10% ～ 25%（650 ～ 1050 ml）
中度	脉频（100 ～ 120 次 / 分），压差减小收缩压 90 ～ 100 mmHg，烦躁，出冷汗，皮肤苍白，尿少	25 ～ 35%（1050 ～ 1450 ml）
重度	脉频 > 120 次 / 分，收缩压 < 60 mmHg，表情淡漠，四肢厥冷，面色苍白，无尿	50% 以上，（2100 ml）

8．出血性休克的严重度分类　参见 Shoemaker，W.C. 的表格（表 3-9）。

表 3-9　出血性休克严重度的分类

1．代偿性休克	10% ～ 15% 的出血（体重）
2．轻度休克	20% ～ 25% 的出血（体重）
3．中度休克	30% ～ 35% 的出血（体重）
4．重度休克	40% ～ 50% 的出血（体重）

9．输血、补液成功的标志 参见日本医大救命中心的表格（表 3-10）。

表 3-10 输血、补液成功的标志

收缩期血压	≥ 100 mmHg
心率	≤ 100 次 / 分
时间尿量	≥ 1 ml/（kg · h）
中心静脉压	5 ~ 10 cmH_2O
Ht 值	30% ~ 35%
意识状态得到改善	

通常，对于成人来说，出血量不超过 500 ml 是不会有什么临床症状的。如果出血量超过了体重的 10% ~ 15%（500 ~ 750ml），只有脉搏加快而血压往往不能发现有明显的改变。如果出血量超过了体重的 20% ~ 25%，收缩期血压就会下降，临床上称作休克。由于临床上准确的测定出血量是比较困难的，所以测定脉搏、血压则显得非常重要。例如，血压在 80 mmHg，脉搏为 30 次 / 分，则可推断出血量在 20% ~ 40%。对于骨盆骨折应该充分估计到失血性休克的存在。如果既未发现肿胀，又没有骨折，而贫血又呈进行性，且不久陷入了休克状态，则必须考虑有胸腔或腹腔内出血。

对于急性出血来说，在出血开始后的 2 ~ 3 小时内，组织间液是来不及向血管内转移的，因此参考的指标之一为尿量，有必要下一个 Foley 导尿管以测定时间尿量，这样会更准确。另外，插入 Swan-Ganz 导管测定肺动脉压、肺毛细血管楔压、心搏出量等也是比较准确的，但需要特殊的医疗器具和条件。相对来说，插入中心静脉压导管既操作简单，又可判定输血、补液的指标。

二、神经源性休克

有的脊髓损伤在伤后 12 ~ 24 小时之内出现的血压下降称为神经源性休克。其基本的发生机制是由于传导功能被阻断后，血管张力消失，末梢血管处于扩张状态，循环血液滞留在毛细血管床内，静脉灌流减少，因而出现休克。另外，由于自主神经功能的紊乱，由于皮肤调节体温的功能丧失，体温则不能保持在恒定状态，会受到周围气温的影响。但神经源性休克状态下的皮肤温度是正常的，末梢静脉很容易触及，尿的产生也充分，只是因机体抵抗力下降而容易合并感染，甚至发生败血症，应加以预防和治疗。

三、细菌性休克

细菌性休克不仅仅是发生在腹膜炎、胆道感染等，外伤后感染、烧伤均可继发引起休克。80% ~ 85% 的致病菌为革兰氏阴性菌，由于细菌内毒素进入血液，蛋白质、三酰甘油、前列腺素等化学介质的游离，使动态循环发生了变化。这种细菌内毒素性细菌性休克极易发生于全身状况不佳的情况下，特别是肝功不良、阻塞性黄疸、恶性肿瘤、免疫功能低下等，具体的致病菌多为大肠埃希菌、铜绿假单胞菌、变形杆菌等。

临床上，细菌性休克起始于高热、寒战，它呈现一种热休克（heat shock）。即，休克的初期皮肤温暖而干燥，动态循环过盛（hyperdynamic state）。检查所见为白细胞数升高，但随着休克的进展会逐渐降低。血小板也会减少，血 pH 下降导致代谢性酸中毒。另外，GOT、GPT、LDH 也会增加。

可以说，这种休克是在败血症或严重细菌感染的过程中所发现的由于急剧末梢循环障碍所造成的休克症候群。但其中如果是原发性细菌感染，则会出现心搏出量减少、血压下降等，如果是伴随着感染的进行性加重出现的继发性休克，则多伴有肺、肝、肾功能的损害和消化道出血等，即所谓的多脏器功能不全综合征。而 MODS 正是休克治疗中所首先应该预防的重要问题。

四、心源性休克

在骨外科领域内，外伤患者中合并心肌梗死的报道日趋增多，这是因为老年性外伤的患者在增多，患有隐性心脏病者也在增多。对于那些出血不多、创伤并不太严重的患者，一旦发现血压急剧下降、皮肤苍白、出冷汗、尿少、呈虚脱状等，则应想到心源性休克的可能。

从发生机制来看，心源性休克可分为两大类：心搏出量不足性休克和回心血量不足性休克。前者有代表性的疾病则为心肌梗死。发生心肌梗死时，由于心肌局限性坏死而导致心肌收缩的量减少，从而引起心脏泵功能的下降、心搏出量的减少，心脏射血率的多少因梗死灶的大小而不同。

循环血量减少性休克（出血性休克，创伤性休克）作为休克的一种类型，与其他类型的休克既有共性，又有特性，有时可能合并其他的休克，应该加以鉴别（表 3-11）。

表 3-11 创伤性休克与其他类型休克的鉴别

指标	创伤性休克	细菌性休克	心源性休克	神经源性休克
伤后出现	早	晚	晚	早
皮温	苍白、厥冷	有时红、暖	苍白、厥冷	红润、温暖
外周静脉	收缩萎陷	不定	收缩苍白	充盈
动脉血压（kPa）（16.0/10.6）	↓	↓	↓	良好
脉率（次 / 分）80	↑	↑	↑或↓	正常或↓
中心静脉压（kPa）（0.58 ~ 1.18）	↑	↓或↑	↑	正常
有效血容量	↓	正常或↓	正常或↓	正常
尿量（ml/h）	↓	↓	↓	正常或↓
对输血反应	良好	一般不良	一般不良	良好
心脏指数 [3.21/（min · m^2）]	↓	↑或↓	↓	正常或↓
周围血管阻力（1600 dyn.s/cm）	↑	↓	↑	↓
PaO_2（kPa）（10.6 ~ 13.6）	初期↑晚期↓	↓	↓	正常
$PaCO_2$（kPa）5.3	↓	↓	初期↓	正常或↓
动脉血压 pH（7.40）	↓	↓	↓	不稳
动脉血乳酸盐（2 mmol/L 以下）	↑	↑	↑	↓
Het（0.35 ~ 0.45）	↑或↓	正常	正常	正常
动静脉血氧分压差	加大	减少	加大	正常或减少

第五节　休克的诊断与监测

一、休克的诊断

创伤后，由于剧痛、大量出血、大面积软组织损伤、骨关节及胸部损伤等，血液或血浆丢失、组织缺血、缺氧而发生循环障碍，导致休克。Shiree 等用同位素标记法证明出血量超过原血量的 25% ～ 30%，都会引起休克。根据失血量和全身微循环的变化情况，休克分为四度：

（一）轻度休克

失血量 10% ～ 20%（500 ～ 1000 ml），早期病理生理变化相当于微循环的痉挛期。

1．一般状态为面部、口唇、手掌、足掌和甲床等呈苍白色，轻度发绀，全身皮肤发凉或微湿、干燥或潮湿。

2．神志一般清醒或略有兴奋，辗转反侧，东张西望或不安，可有恶心、呕吐。

3．脉搏增快，心率 100 次 / 分左右；血压正常，收缩压低于 12.0 kPa。

4．眼底动脉痉挛，四肢静脉轻度萎陷。

5．口唇、甲床毛细血管充盈时间正常（1.25 ～ 1.5 秒）或稍有延长。

6．口渴，口唇、舌体干燥，呼吸深而快。

7．尿量少于 30 ml/h。

8．中心静脉压为 0.784 ～ 1.18 kPa。

（二）中度休克

严重创伤或大量失血，失血量为 20% ～ 30%（1000 ～ 1500 ml），病理所见相当于微循环血管扩张期的早期。

1．面色、口唇苍白或轻度发绀，四肢皮肤湿凉或微温，有时指压呈斑纹状。

2．神志淡漠，呈无欲状，有时不安或躁动。

3．脉搏细弱，收缩期血压为 9.33 ～ 12.0 kPa，心率快，100 ～ 120 次 / 分。

4．口唇、舌体干燥，口渴，呼吸快而浅。

5．眼底动脉痉挛或间有扩张。

6．口唇、甲床毛细血管充盈时间延长（1.5 秒以上）。

7．少尿或无尿。

8．中心静脉压为 0.588 ～ 0.784 kPa。

（三）重度休克

严重创伤或大出血，失血量为 30% ～ 50%（1500 ～ 2500 ml）。病理所见为循环血管扩张期的晚期。

1．面色或口唇苍白、灰白或发绀，全身湿凉，肢端厥冷或呈斑纹状。

2．意识不清、瞻妄、不安。

3．体温上升，脉搏细弱，心率在 120 ～ 160 次 / 分，收缩期血压为 6.67 ～ 9.33 kPa。

4．口唇干燥，烦渴，呼吸浅而快、急促，时有鼻翼翕动。

5．眼底动脉扩张、淤血，动静脉比例失常。

6．口唇、甲床毛细血管充盈时间延长（2.0 秒以上）。

7．无尿或少尿。

8．中心静脉压为 0.294 ～ 0.588 kPa。

（四）严重休克

1．口唇、面部和全身皮肤、黏膜明显发绀，四肢厥冷，有时出冷汗，皮肤呈斑纹状。

2．意识不清，烦躁不安或昏迷。

3．体温上升，脉搏细弱、不能触及，收缩期血压在 6.67 kPa 以上。

4．呼吸衰竭或出现 Kussmaul 呼吸。

5．口鼻黏膜、皮肤和内脏有出血倾向或明显出血，呕吐咖啡样物。

6．口唇、甲床毛细血管充盈时间明显延长（2 ～ 3 秒以上）。

7．四肢静脉萎陷，眼底动静脉扩张、淤血或有片状出血。

8．无尿。

9．中心静脉压为 0 或测不出。

二、休克的监测

近年来，监测技术不断发展，可以对休克患者心、肺、肾功能，及代谢情况进行连续监测，这样不仅加深了对休克病理生理改变的了解，而且有助于依据监测结果随时调整治疗措施。

（一）心血管的监测

1．血压　通常用无创血压进行监测，但为了更准确地获得血压监测参数，需要反复进行血气监测时，可用有创血压监测的办法，即采用 18 ～ 20 号套管针行桡动脉穿刺置管，连接压力换能器。但在置管前应压迫桡动脉，以明确有无足够的尺动脉血流，导管也应用生理盐水冲洗，以减少指端坏死或血栓形成的危险。

2．中心静脉压（central venous pressure，CVP）　可经颈外、颈内、锁骨下、股静脉等途径穿刺，这几乎已成了常规的监测方法。正常 CVP ＜ 10 cmH_2O（98.07 kPa），在无心、肺疾患的休克中，对 CVP 的监测可指导液体治疗。在一般情况下，中心静脉压低时，应改善前负荷；当 CVP 接近 15 cmH_2O（147.1 kPa）时则应根据临床情况加以判断，在给予 250 ml 左右的液体后再观察 CVP 的变化，如 CVP 无明显改变而血压有改善，则应继续适当补液；如果 CVP 迅速上升，则须考虑使用强心药物或利尿剂等。

3．肺毛细血管楔压　采用气囊漂浮导管（Swan-Ganz）经锁骨下、颈内静脉或股静脉的途径插入肺动脉。采用穿刺的方法置入引导套管，再插入漂浮导管，连接压力转换器，由压力监视屏观察右心室、肺动脉、肺动脉终末支等一系列的压力曲线变化。当气囊充盈时，嵌入肺动脉终末支即为肺毛细血管楔压（pulmonary capillary wedge pressure，PCWP）。PCWP 的正常值为 0.8 ～ 1.2 kPa（6 ～ 12 mmHg）。PCWP 可以反映左心室舒张压的情况。PCWP 监测左心室前负荷并指导液体治疗。当 PCWP 达到 2 ～ 2.4 kPa（15 ～ 18 mmHg）时左心室负荷最高，超过 2.4 kPa（18 mmHg）时则会出现肺水肿。Swan-Ganz 导管监测可以为休克患者的治疗提供极有价值的资料，包括肺动脉压、肺毛细血管嵌压、混合静脉血气，及心输出量等。

4．心输出量　使用带热敏探头的三腔 Swan-Ganz 导管及热稀释技术，即，经导管注入一定量的冷盐水至右心，位于肺动脉处的热敏头可测得温度时相曲线，经计算机处理后可直接算出心输出量。结合肺毛细血管嵌压的测定，也可描出反应心肌收缩的心功能曲线。

（二）肺动脉监测

1．动脉血气 采取抗凝注射器采集动脉血，以用于血气的测定。动脉血气分压（PaO_2）正常值为 10.6 ~ 13.3 kPa（80 ~ 100 mmHg），在呼吸室内空气时临界低血氧是 8 ~ 9.3 kPa（60 ~ 70 mmHg）。低于此时须考虑吸氧或呼吸支持。动脉血二氧化碳分压（$PaCO_2$）正常值为 4.65 ~ 6 kPa（35 ~ 45 mmHg），休克早期可出现低二氧化碳血症［$PaCO_2$ 2.6 ~ 4 kPa，（20 ~ 30 mmHg）］。休克晚期或合并出现 ARDS 时 PaO_2 可明显增高＞ 6 kPa。

动脉血氧梯度（A-aDO_2）是反映通气灌流失衡或肺内分流增加的参数。A-aDO_2 可依据大气压、吸入氧浓度，及二氧化碳分压计算：

$$A\text{-}aDO_2 = PAO_2 - PaO_2$$

$$= (Pb - PH_2O) \times FiO_2 - PaCO_2 - PaO_2$$

在吸入 100% 氧 20 分钟后，正常血氧分压（PaO_2）应在 77.3 ~ 81.3 kPa（580 ~ 610 mmHg），A-aDO_2 应小于 13.3 kPa（100 mmHg）。在无明显的心输出量异常时，A-aDO_2 的增宽提示肺内分流的增加，即肺血流灌注无通气的肺泡。

2．肺分流 在安置 Swan-Ganz 管后，可获得混合静脉血样，并测定肺分流：

$$Q8/QT = \frac{CcO_2 - CaO_2}{CcO_2 - CvO_2} \times 100\%$$

式中 CcO_2 是指肺泡毛细血管氧含量，CaO_2 与 CvO_2 分别为动脉血与混合静脉血氧含量。氧含量可依据 $CaO_2 = 1.34 \times Hb \times SuO_2 + 0.0031 \times PaO_2$ 计算。在正常人中 Q8/QT 为 3% ~ 5%。严重创伤或休克情况下，肺分流可增至 12% ~ 15%。分流量达 30% ~ 35% 时，常需某种形式的呼吸机辅助呼吸，而当分流量超出 50% 时几乎无一存活。

3．生理无效腔 / 潮气量（VD/VT） 生理无效腔是潮气量中不与肺血液交换的部分，可用 Bohr 公式计算：

$$VD/VT = \frac{PaCO_2 - PECO_2}{PaCO_2} \times 100\%$$

式中 $PECO_2$ 是指混合呼出气中 CO_2 分压，正常的 VD/VT 为 0.3 左右，VD/VT 升高提示呼吸效率降低。

（三）肾功能监测

1．尿量 是反映肾灌流的重要指示，在休克阶段尿量常明显减少，在休克复苏时应争取尿量在每小时 30 ml 以上。在患者休克时可采用“1 小时肾功能试验”来估计肾功能。

2．肾小球滤过率（GFR） 收集 24 小时尿，测尿量及尿肌酐浓度，同时测定血肌酐水平，即可计算肾小球滤过率：GFR=（尿肌酐 / 血肌酐）× 每小时尿量。正常情况下，GFR 约为 100 ml/min，休克时可显著减低，GFR ＜ 30 ml/min 提示肾衰竭。

3．肾小球的功能 肾小球的重要作用是重吸收肾小球滤出液中的钠，尿钠 / 血浆的比值可以精确地反映出肾小管的功能。正常值为 0.1，休克时明显增高。肾小球功能的改变可提供肾损伤的早期证据。

4．浓缩功能 尿渗透压 / 血渗透压比反映了肾的浓缩能力。在正常情况下，Uosm/Posm=1.3，低于此值提示肾浓缩功能减低，多数继发于肾小管损伤，肾衰竭时可低于 1.1。相反，在休克早期该比例升高，提示为肾前性少尿。

（四）代谢监测

动脉血酸碱度的改变反映了体内内环境的改变，pH 在 7.35 ~ 7.45 之间。在休克早期常可见呼吸性碱中毒；随着休克的进展，可演变为代谢性酸中毒；休克晚期合并 ARDS 时则可表现为代谢性酸中毒合并呼吸性酸中毒。

休克时由于低灌流使组织厌氧代谢增强，血乳酸水平明显升高。血乳酸水平与病情的危重程度及预后相关，乳酸＞ 7 mmol/L 则预后甚差。

第六节 休克的治疗

一、休克患者的急救处置

1．止血 创伤是 5 ~ 44 岁人群的主要死亡原因，30% ~ 50% 的创伤患者死于创伤大量出血。患者受伤出血后应尽量缩短患者受伤到手术止血的时间[2]，从出现失血性休克到接受手术止血的这段时间，为保证患者组织器官的氧供，液体复苏无疑是重要的治疗策略，对于创伤失血性休克患者，复苏的主要环节一是止血，二是维持或恢复患者的能量供应，且复苏过程中有 3 个重要的因素：①维持氧气从肺到组织的运输；②破损血管形成血凝块；③逆转内皮渗透率并维持血浆胶体渗透压[3]。但是如果出血未加控制，早期进行积极的大量液体复苏会导致伤口表面静态压力增加、血凝块移动、稀释凝血因子，从而不利于患者伤口止血并增加患者的出血风险[2]。

2．液体复苏

（1）输液渠道的选择：静脉液体复苏为创伤 - 失血性休克患者早期救治的重点，其根本目标在于维持机体血流动力学的稳定，保证组织器官的有效灌注，纠正机体的代谢紊乱[4]。因此，能否有效、快速、安全地建立输液通道，进行及时有效的液体复苏，直接关系到急诊救治的成功与否。然而，对于创伤失血性休克患者，由于有效循环血量急剧减少，四肢浅静脉循环不良，外周静脉收缩塌陷，常造成穿刺困难，而难以建立外周静脉通路。中心静脉穿刺置管（central venous catheterization，CVC）是临床上建立有效的深静脉通路常用的有创性操作之一。其操作有一定的难度，需要具有丰富临床经验的医师来完成，且在穿刺过程中可能发生严重甚至致命的并发症。静脉切开则耗时长、损伤永久，并且只能使用一次。为此，在静脉通道无法快速建立时，紧急采用骨髓腔内输注技术，建立有效的输液通道进行液体复苏。骨髓腔内输注技术作为现代急诊医疗体系中的一种重要技术方法，具有丰富的发展历程。近年来，随着科学技术的不断进步和医疗水平的不断提升，骨髓腔内输注技术重新引起了人们的兴趣和关注[5]。与外周静脉不同，在休克状态下，骨髓腔内的静脉丛并不塌陷，通过骨髓腔通道输注的液体能迅速进入血液循环，并且与经静脉给药具有相同的给药剂量与输液速度，骨髓腔输液已经成为急救复苏的新方法[6]。与中心静脉穿刺置管相比，骨髓腔输液更加安全快捷，且骨髓腔输液所能达到的药物浓度与经静脉输液是一致的[7]。连新宝等[8]的临床回顾性研究进一步表明：①骨髓腔输液的急救输液通道建成时间明显缩短，为抢救赢得了时间；②骨髓腔输液的一次穿刺成功率及救治成功率明显提高，具有明确的复苏效果与安全性；③骨髓腔输液通道可作为静脉输液通道的有效替代途径，能够满足患者的补液、扩容的需要，为创伤失血性休克患者提供生存的机会，有效地提高了复苏的成功率。

（2）限制性液体复苏

①限制性液体复苏的机制：大容量液体复苏可造成循环血液稀释，并有可能因此造成机体重要器官的缺血 - 再灌注损伤，而限制性液体复苏所引起的肺、肾，及小肠组织内丙二醛的产生明显低于大容量复苏，且总抗氧化能力较大容量复苏明显提高，提示限制性液体复苏的策略并不会造成严重的缺血 - 再灌注损伤[9]，这为限制性液体复苏策略的推广提供了支持。

②限制性液体复苏的提出：首次出现限制性液体复苏的概念是 Cannon 等[10]于 1918 年发表在 JMAM 上的一篇文献中，Spinella 等[11]将其总结为将血压控制在正常血压偏低的范围，可促使血栓的形成并提供足够的终末器官组织灌注压，并指出限制性液体复苏的目的是防止血压升高到一定程度以至于无效血栓形成及再次出血。也可认为其目的是寻求一个复苏平衡点，既可通过液体复苏适当恢复组织器官的血液灌注，又不至于过多扰乱机体内环境和代偿机制[12]。随着失血性休克的治疗策略不断进展，限制性液体复苏逐渐发展为“损伤控制复苏”（damage control resuscitation，DCR）中一个不可或缺的组成部分[13]。

③限制性液体复苏适用人群：学者普遍认为限制性液体复苏适用于出血尚未控制、生命体征不稳定的创伤失血患者。创伤类型可以是腹部穿透性损伤、腹部多发伤，及爆炸伤等。欧洲最近出台的一项关于创伤出血性休克患者的治疗指南中建议对于尚未控制出血的创伤出血休克患者，应将心室收缩压（SBP）控制在 80 ~ 100 mmHg，但并不适于颅脑损伤的患者。因为颅脑损伤患者采用低压复苏可能会使脑部血流灌注不足，致二次脑损伤[14]；而且根据《院前创伤生命支持》（*PHTLS：Pre～Hospital Trauma Life Support*）第 7 版的战场伤员护理指南（TCCC 指南）[15]建议，不论伤者是否存在创伤性脑损伤，液体复苏均适于出现神志异常且桡动脉搏动无力或消失的出血性休克患者。

④限制性液体复苏压力：虽然动物实验中建议将复苏压力控制在 50 ~ 60 mmHg，但此建议并没有在临床研究中广泛应用。有研究表明，对于创伤活动性出血休克患者采用低压复苏（SBP 70 mmHg）的策略可能并不会降低患者院内病死率，但研究者同时也指出，由于创伤损伤的异质性及观测指标的不精确性，可能导致了研究结果有所偏倚[16]。Morrison 等[17]对临床需要急诊手术的失血性休克 90 例随机分组，一组在术中接受低压复苏（MAP 50 mmHg），另一组在术中接受常压复苏（MAP 65 mmHg），术后观察 30 天发现低压复苏组输注的液体量比常压复苏组少，且其术后早期的病死率低，不易形成凝血障碍。Morrison 的临床研究在一定程度上肯定了限制性液体复苏的效果，并提示将 MAP 控制在 50 mmHg 的低压复苏策略对于创伤出血性休克患者安全有效。而根据美国军方在战场液体复苏会议上的建议[18]，收缩压应控制在 80 ~ 85 mmHg 以下。最新的 TCCC 指南也建议[14]对于没有创伤性脑损伤的伤者，应将收缩压控制在 80 ~ 90 mmHg；如果怀疑伤者存在创伤性脑损伤，则应将收缩压控制在 90 mmHg 以上。

3．血管活性药物 在扩容治疗后，如果休克仍未改善则应针对心脏与外周血管采取相应的措施。影响心肌收缩力的药物可使心功能曲线左移，在相同的前负荷时心输出量增加，血管收缩药可增加外周阻抗，提高血压，在紧急情况下保证冠状动脉血流及脑血流；血管扩张药是为了降低外周阻抗及改善组织灌注。

常用的药物有：多巴胺、异丙肾上腺素、多巴酚丁胺、去甲肾上腺素、间羟胺等。

二、肾功能的支持治疗

在休克治疗的早期即应注意对肾功能的维护。因此，对休克患者均应留置导尿管，记录每小时尿量，并做必要的肾功能监测，如尿量低于 25 ml/h 即有肾功能不全的可能。由于血容量不足，肾灌流量减少所致的少尿，在扩容治疗增加肾灌流后，尿量可增加。如扩容后尿量仍不增加则可使用利尿剂。

目前临床上常用的襻利尿剂：呋塞米，可抑制 Na^+、Cl^- 在亨利襻的吸收。在少尿的情况下可静脉注射呋塞米 40 mg，在肾前性少尿时可见尿量增加；如无反应则在 30 分钟后加倍剂量重复注射，最大单次剂量可用至 0.5 g；当大剂量注入后尿量仍无增加，则可认为有肾衰竭的存在。

渗透性利尿剂：甘露醇，由于可引起肾小管损伤或渗透性肾病，所以已不再推荐使用用于肾功能的支持疗法。肾功能表现为少尿或无尿，在血容量恢复后对利尿剂不再起反应；临床监测有肾小球滤过率下降、肾小管功能及浓缩能力降低、进行性氮质血症，治疗上应注意纠正酸中毒、高血钾及氮质血症，严格限制水、钠的摄入，防止水潴留；注意避免使用有损伤肾功能的药物，必要时可行透析治疗。

三、酸碱平衡的维持

休克时组织器官的低灌流常导致无氧代谢旺盛，酸性代谢产物的积聚造成了休克中最常见的代谢性酸中毒。但在休克的最初阶段可因过度通气而造成了呼吸性酸中毒，随着休克的进展酸血症几乎均会出现。pH 可降低至 7.20 ～ 7.35，偶可低至 7.10。酸中毒时心肌受到抑制，减弱心脏及血管系统对血管活性药物的反应。在容量得到补充、组织灌流得到改善后，乳酸可在肝得到代谢，使酸血症得到缓解。如果 pH 仍低于 7.30，可以补充碳酸氢钠，通常用量为 50 ～ 100 mmol。反复测定动脉血气及酸碱度有助于指导碱剂的使用。必须注意不同类型的休克及休克的不同阶段，酸碱失衡的类型也不完全相同，应根据酸碱失衡的类型和程度，采取相应的治疗措施。

四、抗生素的使用

在合并创伤的低灌流量性休克中，抗生素仅用于预防及控制感染，只有在对感染性休克的治疗中才占据重要地位。因此，在外伤的早期用广谱抗生素即可收到预防感染的效果。当有感染时，最理想的是根据血液培养及药敏试验结果给予相应的抗生素。

五、皮质激素的使用

肾上腺皮质激素具有膜稳定的作用，可以保护溶酶体膜，减少溶酶体酶的释放，缓解休克时的组织损伤；保护血管的稳定性，降低毛细血管的通透性，逆转已增强的血管对肾上腺素的敏感性，保存肝的吞噬功能，恢复充分的能量底物；大剂量的皮质激素可以促进乳酸代谢，使机体氧耗量得到改善；降低血管阻抗以及改善心肌收缩性。尽管对使用皮质激素还存有争议，但多数临床医师仍主张在感染性休克中使用药理剂量的皮质激素。以甲泼尼龙 30 mg/kg，或地塞米松 2 ～ 6 mg/kg 静脉滴注，单次或重复使用 2 ～ 3 次。皮质激素的使用一般认为早期、大剂量、短程治疗为宜，在使用皮质激素的同时加用抗生素以防止感染的扩散。

六、凝血机制的维持

休克患者特别是重症患者可出现凝血障碍。当凝血时间（PT）超出正常的 2 秒时，应给予维生素 K 及血浆；如果血小板计数低于 5 万时应输注血小板或新鲜血。如怀疑有血管内弥漫性凝血

（DIC）时，应测定纤维蛋白原水平以及纤维蛋白分解产物，以明确诊断。治疗上主要是纠正诱发因素。

七、其他

以失血性休克为代表性的休克的发生与发展是一个很复杂的病理过程，有许许多多的因素参与其中，依靠单一因素来解释其全貌是不可能的。由于休克引起了各脏器血流灌注不足，从而诱发了肠道细菌、内毒素移位。大量炎性细胞因子、NO 的合成与释放等在内的诸多不良反应，最终导致各脏器功能不全，以至发展成不可逆性休克。因此，在失血性休克的治疗过程中，应采取具体的针对性措施来对抗上述不良因素，这可能是将来预防和治疗顽固性失血性休克的一个突破口。

1．应用 TPA 方案 联合应用黏菌素 E、妥布霉素、两性霉素 B 等，以起到选择性地去污染作用。

2． 补充肠道正常菌群，如乳酸杆菌，因为正常的肠道菌群对革兰氏阴性致病菌有抑制作用，可防止细菌移位。

3． 用抗内毒素血清等中和内毒素的方法，也可使用黏菌素 B，因为它能特异性地与内毒素分子中的类脂 A 部分结合而中和或灭活其毒性，从而减轻内毒素血症。

4． 应用细胞因子抗体以中和细胞因子，如 TNF-α 单抗、IL-1 受体拮抗剂、IL-6 单抗、IL-8 单抗等，从而减轻细胞因子对机体的损害，防止多脏器功能衰竭的发生。

5．NOS 抑制剂 对结构型 NOS 和诱导型 NOS 具有抑制作用的有 L- 单甲基 - 精氨酸（L-NMMA）、L- 硝基 - 精氨酸（L-NNA）、L- 硝基 - 精氨酸甲脂（L-NAME）等；仅对诱导型 NOS 具有抑制作用的有氨基胍（aminoguanidine）、L- 刀豆氨酸（L-canavanine）、S- 甲基 - 异硫脲（S-methyl-isothiourea）等。目前也有一些学者认为，NO 的 L- 精氨酸也能促进内皮源性 NO 的合成，改善休克机体的脏器血供，有助于休克的纠正。

（张树波　刘铁军）

主要参考文献

[1] 程爱国．煤矿创伤学．北京：中国科学技术出版社，2002：77-93.

[2] Rossaint R，Bouillon B，Cerny V，et al．Management of bleeding following major trauma：an updated European guideline. Crit Care，2010，14（2）：52.

[3] Mc Swain NE，Champion HR，Fabian TC，et al．State of the art of fluid resuscitation 2010：Prehospital and immediate transition to the hospital．J Trauma，2011，70（5）：2-10.

[4] 田利华，孙大炜，白祥军等．创伤早期液体复苏终极标准的监控与探讨．中华急诊医学杂志，2010，19（5）：464-465.

[5] 王立祥，郑静晨．骨髓腔穿刺驱动器：快捷建立循环通路的好推手．中国危重病急救医学，2010，22（8）：450.

[6] Moen TC，Sarwark JF．Compartment syndrome following intraosseous infusion．Orthopedics，2008，31（8）：815.

[7] 郑明琼，钱素云．骨髓输液在儿科的应用进展．中华急诊医学杂志，2010，19（4）：445-446.

[8] 连新宝，杨清江．骨髓腔输液在创伤 - 失血性休克急救中的应用．2012 年吉林大学中日联谊医院硕士

研究生论文.

[9] Nan X，Wang XC，Diao YF，et al. Effect of initial fluid resuscitation on subsequent treatment in uncontrolled hemorrhagic shock in rats. Shock，2004，21（3）：276-280.

[10] Cannon W，Fraser J，Cowell E. The preventive treatment of wound shock. JAMA，1918，70（9）：618-621.

[11] Spinella PC，Holcomb JB. Resuscitation and transfusion principles for traumatic hemorrhagic shock. Blood reviews，2009，23（6）：231-240.

[12] 刘红梅，孙海晨. 创伤性休克复苏的研究进展. 创伤外科杂志，2011，13（1）：78-81.

[13] Holcomb JB，Nunez TC. Damage control resuscitation. Martin JM，Beekley AC. Front Line Surgery. New York：Springer，2011：47-58.

[14] Stahel PF，Smith WR，Moore EE. Hypoxia and hypotension，the "lethal duo" in traumatic brain injury：implications for prehospitalcare. Inten Care Med，2008，34（3）：402-404.

[15] Mc Swain NE，Salomone J，Pons P，et al. PHTLS：Prehospital trauma life support. 7th ed. Amsterdam：Elsevier，Int，2011：640.

[16] Dutton RP，Mackenzie CF，Scalea TM. Hypotensive resuscitation during active hemorrhage：impact on in-hospital mortality. J Trauma，2002，52（6）：1141-1146.

[17] Morrison CA，Carrick MM，Norman MA，et al. Hypotensive resuscitation strategy reduces transfusion requirements and severe postoperative coagulopathy in trauma patients with hemorrhagic shock：preliminary results of a randomized controlled trial. J Trauma，2011，70（3）：652-663.

[18] Champion HR. Combat fluid resuscitation：introduction and overview of conferences. J Trauma，2003，54（5）：7-12.

第四章

严重多发伤的救治

第一节　概　述

多发伤（multiple trauma）是平时和战时均很常见的一种创伤，虽然发生部位和组合情况各不相同，但伤情大都很严重，休克发生率高，低氧血症严重，易发生感染和脏器功能紊乱，治疗难度大，死亡率也较高。多发伤的严重性及对社会的危害引起了人们的高度重视，并已成为急诊医学和创伤医学的重要课题。

多发伤的防治是一项极其复杂的系统工程，只有对多发伤的病理生理学、发生发展的流行病学规律，及特征性临床表现经过充分的认识，才能使其危害减少至最低限度。因此有必要分析总结多发伤的病情特点，为临床上此类患者的病情评估、治疗，及预后等方面提供初步依据。但现在多发伤的病情评估、治疗时机的选择还存在很多问题，评分系统也不统一，即使是同一种评分系统内部也存在较多的争议。因此，就评分系统进行研究，对于多发伤的病情评估及治疗方案指导有较大的临床意义。

一、多发伤临床救治过程中存在的问题

由于多发伤损伤重，病理生理复杂，合并症多，治疗决策复杂而且往往存在着矛盾，显著影响着治疗决策和效果。多发伤的救治，目前存在以下问题：①院前急救：患者伤势严重来不及抢救；急救中心数量不足，反应时间较长。②院内急救：专科医师专科化，片面注重本专科问题，缺乏综合急救能力，导致诊断不明或漏诊，或因暂不必要的检查耽误手术时机；多科会诊往往耽搁创伤急救的黄金时间。③后续治疗：专科医师常在处理好局部伤后，缺乏完善合理的整体治疗计划。④病情危重：严重创伤并不是单一损伤的简单叠加，多发伤部位数目的增加会成倍提高病死率；后期继发的严重感染多器官功能不全或衰竭等并发症，加重病情，降低生存质量。

二、提高诊断率

多发伤常累及多个系统和器官，伤情不是多个系统损伤的简单叠加，而是多器官损伤相互影响，病理生理反应的相互加剧，次要症状掩盖主要症状，造成误诊、漏诊的比例极高，据加拿大迈克尔创伤研究中心统计表明，多发伤漏诊的发生率为 8.19%，在所有漏诊病例中 43.8% 是不可避免的。我国多发伤院内救治过程中专科间相互推诿现象较为普遍，也是造成漏诊的重要原因，其他漏诊原因有意识障碍、休克和镇静治疗影响症状表现，影像学检查不完善，或患者、家属不遵从医嘱等。急诊医生应牢记 CRASH PLAN，以指导检查。其意义是：C=cardiac（心脏），R=respiratory（呼吸），A=abdomen（腹部），S=spine（脊髓），H=head（头颅），P=pelvis（骨盆），L=liob（四肢），A=arteries（动脉），N=nerves（神经）。如果能够熟记上述英文单词，在紧急情况下，可在几分钟内根据伤情，对呼吸、循环、消化、泌尿、脑、脊髓，及四肢骨骼各系统进行必要的检查，然后按各部位伤情轻重缓急安排抢救顺序。CRASH PLAN 只能作为检查时防止漏诊的参考，而不能完全按此顺序进行。降低漏诊率的关键是遵循标准化、高效率的评估策略，包括致伤机制、影像学、CRASH PLAN、重点及动态评估。

三、完善创伤急救体系

与西方发达国家相比，我国多发伤抢救成功率和康复质量存在较大差距，可能与下列因素有关：①创伤急救网络不健全，通讯、运输工具落后；②缺乏专业化创伤救治中心，没有固定的创伤急救从业人员；③创伤急救模式不完善，救治缺乏整体性和连续性；④高新技术含最低，远程医学、电子技术和计算机技术尚未普及。基于多学科外科医师组成的多发伤急救团队制订的多发伤院内救治规范可显著缩短院内救治时间，是降低死亡率的重要原因。由多学科外科医师组成的团队全程负责多发伤患者的急诊复苏、紧急手术、ICU 复苏、稳定后的确定性手术的整体化救治，应该是多发伤院内紧急救治的标准救治模式。而另一数据则显示由多科协作救治多发伤患者的死亡率为 1.95%，而创伤中心建立前为 13.82%。

四、手术策略的选择

（一）急诊手术的适应证

严重多发伤急诊手术的首要目的是保命而不是彻底解除病因，全身麻醉和外科的过度干预会进一步加重创伤反应，故对出血量少，中线结构没有明显移位的脑外伤患者可随访观察；除心脏、大血管和气管支气管断裂的胸部创伤患者外，其余胸部创伤患者均可行保守治疗。由于高分辨 CT 的使用不仅可以精确地定位诊断腹部实质脏器的损伤，还可以进行损伤严重度的评分和腹腔积血量的测定，所以，只要血流动力学稳定，非手术治疗几乎是所有外伤的首选方法。非手术治疗得以顺利进行，必须依赖于有效的监护和先进的检查设备，而需要急诊手术者仅仅是血流动力学不稳定或合并其他脏器损伤者。

（二）损伤控制

损伤控制（damage control，DC）与损伤控制外科（damageeontrol surgery，DCS）理念应用于多发伤的综合治疗，是近年来提高严重多发伤患者抢救成功率的有效尝试之一。

限制性容量复苏是骨科损害控制的重要手段之一，在急救复苏过程中，对伴有失血性休克的骨盆型严重多发伤患者进行限制性复苏，能使输液量更少，控制出血更好，复苏效果更显著，且能降低患者的死亡率和并发症的发生率，应用高渗液体能降低休克患者 MODS 的发生率，且不会引起明显的肾功能恶化。

损伤控制性手术（damagecontrol operation，DCO）主要是指在救治严重创伤患者时改变以往早期进行复杂、完整手术的策略，而采用快捷、简单的操作，及时控制伤情的进一步恶化，保留进一步处理的条件，使患者获得复苏的时间，有机会再进行完整、合理的再次或分期手术。DCS 公认的适应证是出现致死三联征：①凝血障碍；②体温不升；③代谢性酸中毒，pH ≤ 7.20。DCO 主要步骤：多发伤的出血控制期和早期临时固定；初始简化手术完成，患者送至外科重症监护室（SICU）后，应立即开始复苏治疗。复苏的重点为迅速恢复血容量而纠正酸中毒，复温、改善凝血功能和给予通气支持。许多学者运用损伤控制理论指导多发伤救治取得了显著的效果，明显降低了严重多发伤患者 MODS 的发生率和死亡率。

（三）二次手术的时机

尽管 DCO 是一项有吸引力的技术，但它仍有不利的一面，即应用 DCO 的患者仍需要二次手术，一旦伤害控制被应用，就必须要考虑到二次手术的时机。对于二次确定性手术时机，什么时候实施最恰当，PaPe 等认为对于 IL-6 > 500×10^{-10} mg/L 的患者，将最初骨折临时固定和二次骨折确定性治疗间隔期延迟 4 天以上是有益的。Harwood 等建议 DCO 治疗患者外固定转二期髓内钉固定应尽早进行，一期救命手术后 24 ~ 48 小时是实施二期确定性手术的最佳时机。

五、多发伤预后的影响因素及判断指标

正确判断多发伤患者的创伤严重程度和预后是目前危重病医学领域创伤诊治方面所面临的一个重要课题，亦是进一步降低多发伤患者死亡率的关键。据有关研究统计，受伤严重程度、炎症因子、伤后呼吸机的规范使用、镇痛镇静剂的合理使用、凝血功能的改善、肠内外营养的应用等都和疾病预后密切相关。

目前认为 IL-6 是创伤后反映患者生理状态最好的指标，不仅和患者损伤程度（一次打击）有关，甚至可以作为患者手术大小（二次打击）的衡量指标。多发伤患者血清中的 IL-6、IL-8、TNF 升高与重症感染和预后呈正相关。创伤发生后 3 ~ 5 天是治疗的关键，及时监测 IL-6、IL8、IL-10、TNF 的变化，同时监测生命体征、多项生化指标，可更敏感地观察多发伤患者的治疗效果，预测病情发展。血管内皮细胞是炎症介质的作用靶点，也是它的来源，有研究发现，脓毒症与内皮活性标记物可溶性的细胞间黏附分子（SICAM）和炎症标记物、C- 反应蛋白、原降钙素、IL-6 等的血液水平升高有关。

多发伤救治的研究目前仍是创伤急救领域的重点课题，黄金 1 小时与白金 10 分钟、损伤控制（DC）、限制性液体复苏等概念的提出有助于创伤救治水平的提高。创伤专业化一体化治疗是今后的发展方向，将院前 - 急诊室 - 手术室 -ICU 或创伤病房的急救一体化，确保创伤患者在受伤后 1 小时“黄金时间”内得到有效的治疗，提高创伤治疗质量。而有关多发伤各种基础研究正由器官、细胞水平向分子领域发展，采用新的方法和新的思路，希望不久有新的突破。

第二节　多发伤的定义与临床特征

一、定义

多发伤（multiple trauma）的定义有着不同的说法，因而统计数据的差异很大。

目前较公认的定义为：多发伤为多发性损伤的简称，是指单一因素造成的2个或2个以上解剖部位的严重损伤。国内外对其严重程度尚无统一的标准，有以AIS分值来界定的观点。AIS手册将某损伤部位按程度分为6度，其中AIS值≥4的为严重伤，但得到更广泛认可的是以ISS分值界定严重多发伤。首届全国多发伤学术会议建议[1]，凡创伤严重度评分（injuried severity score，ISS）≥16分为严重多发伤，而经典的AO学派将严重多发性损伤标准定为ISS≥17。目前国内外运用最广的为AIS-90版（1998年修改），促进了损伤的比较性研究。但随着新的AIS-2005的使用，也有的学者建议使用AIS-2005评价多发伤时，以ISS＞20界定为严重多发伤可能更为合理，也有建议以ISS值25分为界线。

多发伤还应避免与其他的创伤定义相混淆：

1．多处伤　同一部位或同一脏器的多处损伤，例如腹部肝脾损伤、小肠多处穿孔等。多系统伤：两个以上重要生命系统同时遭到损伤，严重的创伤仍属多发伤。

2．合并伤　两处以上的损伤，除主要较重的损伤外尚有其他部位较轻的损伤称为该主要损伤的合并伤。

3．复合伤　两种以上不同的致伤因素同时或相继作用于人体造成的损伤，例如机械性损伤合并有辐射、烧伤、化学和生物武器伤等。

4．混合伤　两种以上的机械致伤因素，例如弹片、枪弹、刃器等所引起的损伤。

5．联合伤　是指同一致伤因素引起的两个相邻解剖部位的连续性损伤，常见的有胸腹联合伤、眶颅联合伤等。

二、临床特征

现代创伤特点主要是致伤因子具有惊人的高能量，同时或先后作用于人体多个部位、不同系统、多个器官，导致直接与间接损伤，造成既有局部直接损伤又有全身反应、不停演变且进行性发展的临床表现。尤其是在局部伤害的同时可并发心、脑、肺等诸多脏器的远处伤，加之应激反应和内毒素的释放、细菌移位、免疫机制遭受激惹引发介质及细胞内外环境失衡，神经-内分泌-免疫网络紊乱，出现全身炎性反应综合征（SIRS），严重休克还可发展为多器官功能障碍综合征（MODS）乃至死亡。多发伤作为特殊的一类创伤，有如下临床特征：

1．多发性创伤的发生率高。从我国死亡原因来看，1957年创伤占第9位，到1975年上升到第7位，1995年仅次于心脑血管疾病和肿瘤的死亡，占第四位，20世纪90年代初，世界上每年就有70万人丧生车轮下，在美国34岁以下人群中，创伤死亡占首位。

2．发病者大多为年轻、健康、有劳动力的青壮年，18～60岁的约占75%。

3．多发性创伤病情复杂，容易漏诊，其原因如下：

（1）未能按多发伤处理程序重点进行。

（2）多发伤者伤后有意识障碍。

（3）接诊的临床医师专业知识的局限性。

（4）被表面的或易于观察到的伤情所左右。

（5）只知局部受伤，而不知局部所引起的并发症。

（6）闭合性损伤或内脏损伤在伤后短期内缺乏明显的症状和体征。

4．多发性创伤处理复杂，常易顾此失彼。如颅脑外伤可有血压升高，在伴有内脏损伤时，可出现血压下降，此时严密观察伤情，仔细进行检查尤为重要。

5．受伤脏器对机体的打击不是简单的 1+1=2 的影响，而是严重影响全身状况，甚至危及生命。

6．应激反应严重 由于神经 - 内分泌反应调控机制，机体处于高代谢、高动力循环、高血糖、负氮平衡状态，内环境严重紊乱。

7．休克发生率高 易发生低血容量性休克，尤其是胸腹联合伤。

8．早期发生严重低氧血症 合并严重胸外伤者常见。

9．感染发生率高 创伤应激引发 SIRS（全身炎症反应综合征），导致机体免疫功能，特别是细胞免疫功能受到抑制，机体易感性增高，伤口污染严重，肠道细菌移位，及侵入性导管的使用，感染发生率高，易产生耐药菌和真菌的感染。

10．易发生 MOF（多器官功能衰竭） 衰竭的脏器数量越多，死亡率越高。

故针对多发伤的病理发展特点，尽早采取防治措施，选择有效抗生素、呼吸支持、早期诊断并积极调控 SIRS，加强全身营养和代谢支持，保护重要脏器功能，增强患者抵抗力等，是降低患者后期病死率和致残率的关键。

三、病理生理改变

1．机体处于应激状态 多发伤对机体是一种强烈的、有害的刺激，致使机体产生了一系列的神经、内分泌变化。

（1）心率加快、心肌收缩加强、心排量增加、外周血管收缩以保证冠状血管和脑血管的循环血量。

（2）胰高血糖素分泌的增加，促进糖原分解，外周组织对葡萄糖利用减少，使机体呈现高血糖。生长激素分泌增加，促进了脂肪分解，抑制葡萄糖的利用，血浆游离脂肪酸增加，蛋白分解减少。

（3）抗利尿激素和醛固酮分泌增加，减少了水分的排出、尿量减少、保钠排钾，有利于维护血容量。

（4）β- 内腓肽合成增加，可产生镇痛作用和降低血压的作用。

2．机体呈高代谢率 高血糖、脂肪动员分解加强、血中游离脂肪酸和酮体明显增高，蛋白分解加强，合成减少，机体呈现负氮平衡。

第三节　多发伤的诊断

一、迅速判断有无威胁生命的征象

1．休克　常为大失血所致的临床表现，有神志淡漠、烦躁不安、皮肤湿冷、心率加快、血压下降、血红蛋白降低、尿量减少、中心静脉压下降，在无严重外出血可见时必须考虑胸、腹内脏的损伤，骨盆骨折、四肢长骨骨折等。

2．呼吸困难　头、面、颈部的损伤，多发肋骨骨折，连枷胸，血气胸均有可能引起呼吸困难。

3．意识障碍　常由于颅脑外伤所致。

脑震荡：意识丧失数秒至半小时，继而清醒（进行性健忘），有头痛头晕、恶心、反应迟钝等。

脑挫裂伤：昏迷时间长、昏迷程度深浅不一，可有肢体偏瘫、失语，出现病理反射和生命体征的改变。

脑疝：昏迷加重，呼吸、心率变慢，血压增高（二慢一高），但是意识障碍伴有休克者，首先应考虑颅脑外伤合并其他部位的出血，单纯的颅脑外伤很少出现休克。

二、病史的采集

1．受伤机制　它能有利于发现一些"隐蔽"部位的创伤，例如高空坠落者，必须要了解跟骨、踝部、胸部和脊柱的损伤。如未系保险带的驾驶员有可能导致脸部、胸部、膝部的受伤。

2．有无昏迷史　有短暂昏迷史，应考虑有脑震荡。有昏迷 - 清醒 - 昏迷的要考虑脑内血肿的存在。持续昏迷的有脑挫裂伤的可能。

3．使用药物史

三、全身系统检查或 CRASH PLAN 反复检查

一般情况：意识状况、呼吸、脉搏、血压、体位、皮色、皮温等。

头部：摸头皮、头颅骨（血肿、骨擦音）；耳鼻有无出血、脑脊液；眼球活动及瞳孔大小的改变；口腔内有无异物、出血、血块、脱落的牙齿等；脸面部的骨折。

颈部：活动受限、压痛，及动静脉情况。

胸部：胸廓挤压试验、胸廓畸形、伤口、呼吸运动、反常呼吸、呼吸音等。

腹部：腹式呼吸、腹部伤口、腹部隆起、压痛、反跳痛。

脊柱骨盆：棘突压痛、棘旁肿胀、脊柱叩痛、骨盆分离挤压试验阳性。

四肢：四肢疼痛、肿胀、畸形。

CRASH PLAN 是一种便于记忆、重点突出、疏而不漏、快而简单的快速检查方法，容易在严重多发性创伤的急救中被采纳。

四、必要的特殊检查

各种穿刺术、B 超、CT、血管造影、内镜检查等。

相关文献报道[2]，CT 能清楚地显示实质性器官受损的情况，还能根据 CT 影像改变，结合临床表现决定是否需要手术治疗，这可让大部分患者避免不必要的手术探查。但严重多发伤患者常因血流动力学不稳，而不能完善相关检查（如 CT、彩超、胸腹部 X 线片等），因此诊断性腹腔穿刺具有重大意义。对于闭合性腹部损伤，相关文献报道[3]，诊断性腹腔穿刺阳性率高，适应证宽，并发症少，是一种科学、经济、实用的诊断方法。床旁 B 超对血流动力学不稳定的闭合性腹部损伤患者的伤情诊断有较大帮助。患者不宜行 CT 等辅助检查，腹部创伤为主、严重多发伤患者的入院首次诊断力求全面、正确，避免误诊、漏诊，诊断需随着病情的变化进一步完善。

五、主要器官系统损伤的诊断

1．颅脑损伤 多发伤中颅脑损伤的发生率较高，占 2/3 ~ 3/4，休克发生率高达 26% ~ 68%，单纯颅脑损伤伴休克的占 2% ~ 3%。

（1）必须仔细分析病史、受伤机制、伤后意识，及瞳孔变化。

伤后意识变化：伤后有持续昏迷史，应考虑脑挫裂伤可能；有昏迷后清醒再昏迷者，应疑有颅内血肿存在；伤后有昏迷，以后转为清醒的，脑震荡诊断可成立。

临床上常用 Glasgow 意识障碍程度量表来判定程度和预后，量分最高为 15 分，最低分 3 分，分数越高意识状态越好。

瞳孔大小变化：双侧瞳孔缩小的应该考虑中、延脑损伤。

单侧瞳孔大，提示同侧有硬膜下、外血肿。

椎体束征存在（失语、痉挛性瘫痪、腱反射亢进、引出病理反射）脑挫裂伤、颅内血肿。

去大脑强直：脑干损伤。

（2）有下列情况者应疑有多发伤存在：

① 颅脑外伤出现休克，尤其在外伤后 6 小时再逐渐出现休克，都应怀疑多发伤的存在；

② 肢体出现肿胀、畸形、假关节、骨擦音，及功能障碍；

③ 急性颅脑损伤可有短暂呼吸变慢，如有持续呼吸时间延长，出现呼吸窘迫或呼吸困难时应考虑有胸腔脏器或呼吸器官的损伤；

④ 伤后很快出现腹部膨胀、腹部肌肉紧张或伴有呼吸困难，此时应疑有腹内脏器出血的可能；

⑤ 颅脑损伤后，同时有四肢运动功能障碍，则要考虑脊柱或脊髓损伤的可能；

（3）颅脑外伤的预后判断：

① 意识障碍程度：GCS 小于 4 分预后不良，大于 8 分预后良好。

② 颅内压：大于 60 mmHg（8 kPa）预后不良，21 ~ 44 mmHg（2.8 ~ 5.33）治疗率下降 1/4，小于 20 mmHg（2.67 kPa）预后良好。

③ 损伤部位：脑干（桥、延脑）预后最差，死亡率大于 90%；中、脑桥较前稍好，死亡率在 90% 上下；中脑部位的死亡率在 60% 上下。

④ 颅内血肿范围：多发血肿、双侧血肿、脑内外者，预后差。

⑤ 年龄：老年人预后差。

2．胸部损伤的诊断　多发伤中胸部损伤的发生率仅次于四肢和颅脑损伤，约占 52.3%；因胸部损伤而死亡的占创伤的 1/4，其中 2/3 是到医院以前就死亡，单纯胸部损伤的死亡率为 4% ～ 8%，胸部损伤合并单脏器损伤的死亡率为 10%，合并多脏器损伤时死亡率为 35%。胸部损伤的特点是容易发生呼吸和循环功能障碍，体征明显，容易被发现。胸部损伤的诊断主要依靠物理学检查结合其他检查。

（1）症状与体征

① 胸部外伤史；

② 胸痛：胸部挫伤、骨折；

③ 呼吸困难：气道梗阻、血气胸、连枷胸、肺挫伤致低氧血症；

④ 休克：胸内出血、肺实质出血、肋间血管出血造成低血容量的症状与体征；

⑤ 心泵衰竭：胸部损伤、穿透伤、瓣膜破裂。

（2）体格检查

视诊：注意开放伤口的部位、大小、胸壁塌陷，反常呼吸提示连枷胸存在，大伤口容易引起纵隔扑动，小伤口可能有张力性气胸。

触诊：创伤局部压痛，并触及骨擦音提示肋骨骨折；在注意皮下气肿捻发音的同时，如发生在颈部皮下的，应高度怀疑食道破裂的可能。

叩诊、听诊：可以判明有无肺萎缩、血气胸等。

（3）辅助检查

胸腔穿刺：迅速、简单、可靠、用于血气胸的诊断。

胸片：用于明确损伤部位、性质和严重程度，X 线检查可诊断胸部骨折、血气胸、肺萎缩、气管纵隔移位，及膈肌破裂等。

胸腔镜：在用于诊断的同时可兼用于治疗，现已更多地被临床接受。

CT 和 B 超：无创、敏感、正确、可动态观察。

3．腹部损伤的诊断　多发伤中的腹部损伤发生率为 29% ～ 63.9%。诊断较单纯的腹部损伤困难，尤其在有颅脑损伤时诊断更为困难，随着医学影像诊断技术的发展，对腹部损伤伤情的判定有了较为确切的评估，加上重症监护技术的应用和发展，使腹部损伤的诊治有明显观念上的转变，改变了传统上的一些诊治方案，如实质性脏器损伤可观察一段时间后再决定是否手术，并非一确立诊断就必须手术，而伤情严重的伤员先控制损伤后再行确定性的治疗等。

（1）腹部损伤的特点

① 闭合性腹部损伤以实质性脏器损伤为主；

② 伤情变化快，易发生重度失血性休克、感染、肾衰竭、呼吸衰竭和 MODS，后果严重，死亡率高；

③ 腹内脏器损伤常合并两处或两处以上器官损伤；

④ 易遗留腹内损伤脏器的诊断。

（2）腹部损伤的诊断：

① 受伤史：获知确切的致伤原因、致伤部位、致伤方式和伤后表现，有助于正确诊断。

② 体格检查：应包括意识、神志、皮肤、血压、脉搏、呼吸等，以了解有无内出血和休克等情况的存在，认真仔细的腹部视诊、触诊、叩诊、听诊是发现腹部损伤的重要措施。

③ 腹部损伤的实验室检查

腹腔穿刺：快速、有效、正确率高。

腹腔灌洗：用于创伤早期的小量出血。

B 型超声检查：是一种敏感、正确、特异，并可行动态观察的检查手段。

腹部 CT 检查：能正确判断伤情和出血量，可行动态观察。

腹腔镜检查：可用于检查、诊断、治疗，但需麻醉和制造气腹，在血流动力学不稳的情况下，有加重伤情之忧，慎用血管造影和栓塞，因为这种方法能正确判断出血部位，同时也可行出血的治疗。

剖腹探查：判断正确、诊治结合、措施得力，有加重伤情之忧。

4．多发伤中骨盆骨折的诊断 多发伤中骨盆骨折的发生率较高，占 40% ~ 60%。

骨盆骨折主要表现为骨盆变形及髂骨部压痛，会阴部可见淤斑、血肿、撕脱伤，阴道出血常伴腹腔内脏的损伤，如膀胱、直肠、阴道、尿道等，骨盆骨折。诊断依靠 X 线检查。

5．多发伤中四肢骨折的诊断 多发伤中四肢骨折是最多见的合并伤，占 60% ~ 90%，四肢骨折大多有明显的临床症状和体征，如伤肢的功能障碍、肿胀、压痛、伤肢畸形、骨的异常活动和骨擦音等，X 线检查可明确诊断，及时的骨折固定、伤口无菌敷料遮盖，可以减少并发症和血管神经损伤。

6．多发伤中泌尿系统损伤的诊断 多发伤中泌尿系统的损伤是多见的，骨盆骨折合并膀胱破裂有 15%，肾挫伤合并其他脏器的损伤为 60% ~ 80%。血尿是诊断泌尿系统损伤的重要依据，多发伤中泌尿系统损伤约有 80% 的伤员出现不同程度的肉眼或镜下血尿，但需注意的是，并非依据血尿的多少来衡量肾损伤的严重程度。全身检查时有腰部淤血斑、压痛及腰大肌刺激征，在膀胱破裂时有下腹压痛和腹膜刺激征，尿道口见血迹可推断有尿道损伤。

六、按照 CRASH PLAN[4] 顺序进行快速的详细检查

值得关注的是，在国外研究中[5-7]，颈椎损伤中颅脑损伤的发生率在 6% ~ 63% 之间。在 Ryan 等[8]进行的一项大型回顾性分析中，颈椎损伤合并颅脑损伤的发生率为 40.2%。邹秋平等[9]的临床分析发现，本组病例中有 473 例发生漏诊，占 17.74%。颅脑、颈椎和胸部损伤常合并发生的机制可能是因为现代损伤多为高能量损伤，由于头、颈、胸部解剖部位相邻，外力导致 1 个部位损伤时，常可能同时造成其他器官损伤。如头部损伤合并颈部损伤时，多为上段颈椎损伤；而下段颈椎损伤则常与胸部损伤合并存在。尤其值得注意的是，颈椎损伤患者中，颅脑损伤和胸部损伤的发生率都很高。这就提示我们，对创伤患者，尤其是道路交通伤、高处坠落伤等高能量损伤患者，要高度警惕多种损伤可能合并存在，不要因满足于发现 1 处损伤而忽略了可能合并存在的其他部位损伤。

七、多发伤诊断时易犯的错误

1．为表面现象所迷惑 肢体的畸形、体表的出血往往易引起注意，而隐匿的出血和神经、血管的并发症极易漏诊。

2．伤情彼此交错、互相影响，不利于正确诊断 颅脑损伤在出现脑疝时，常有血压升高，从而掩盖了失血性休克时的低血压，影响了正确诊断，而颅脑损伤在治疗上要限制补液量，而失血性休克则需快速补充血容量，这就构成治疗上的一对矛盾。

3．不当的辅助检查加重病情 在威胁生命的征象未得到控制、血液动力学不稳定的情况下，进

行各种检查均可加重病情，因此必须把握伤情，经过适当处理后才能按情况做各种检查。

4．检诊与急救关系处理不当失去抢救时间 正常疾病处理程序是检查——诊断——治疗，而在严重多发伤时，应急救——检诊——确定性治疗，在休克时，应抗休克——寻找原因——治疗，呼吸道梗阻时，应清除呼吸道梗阻——寻找原因——治疗。如在严重多发伤伤员中，按正常疾病处理顺序进行，往往由于未及时开放气道、未及时抗休克而增加死亡率。

5．对创伤早期并发症注意不够

第四节 严重多发伤的救治

一、急救

原则：首先考虑挽救生命、积极救治，不放弃任何救治可能，先处理威胁生命的窒息、严重出血和胸部开放伤，后处理休克和骨折，急救时必须操作轻柔、细致正确，避免增加创伤。

1．快速接诊、伤情评估，及诊断 速度是救治多发伤患者的灵魂。严重多发伤患者病情危重，常存在一个或多个危及生命的脏器损伤[10]，相关文献提出的伤后“黄金 1 小时”[11]和“白金 10 分钟”[12]提示我们速度对严重多发伤的早期救治尤为重要，快速伤情评估及诊断是救治成功的关键。

2．VIPC（ventilation infusion pulsation control bleeding，VIPC）急救程序 多发伤患者诊断困难甚至漏诊的主要原因有：①颅脑损伤、休克、镇静导致意识障碍；②颌面部创伤、气管插管或者气管切开导致交流困难，患者损伤重，循环与呼吸情况不稳定，需要呼吸机辅助或者处于持续抢救状态，而床边的辅助检查灵敏度低，这些都是容易导致多发伤漏诊的原因[13]。

VIPC 是适用于严重多发伤伤员的快速、易记、不遗漏的急救内容。

Ventilation：保持呼吸道的通畅、给氧和支持通气，在颅脑损伤、昏迷、颌面、颈部、颈椎损伤、胸部张力性气胸时，显得尤为重要。

Infusion：补液、输血扩充血容量，补偿细胞外液，严重多发伤的失血性休克，在充分估计失血量的前提下，予以快速大量的补充液体。

Pulsation：心脏监护，维护心房功能，心脏复苏。严重多发伤伤员，除可能发生失血性休克外，也应考虑心源性休克的可能，如心包填塞张力性气胸等。

Control bleeding：控制出血。

二、治疗

1．保持呼吸道的通畅 包括清除口腔内异物、血块和堵塞物，托起下颌、人工呼吸、环甲膜穿刺、气管内插管和及时处理血气胸和连枷胸等。

2．止血 明显出血可用加压包扎，一般均能控制出血，除非有大血管出血才须使用止血带止血，隐匿性出血主要是找到出血处，才能有效控制出血。

3．封闭胸部开放伤口 胸部开放伤口、连枷胸应及时予以遮盖敷料，可减少缺氧，避免死亡。

4．抗休克治疗 严重多发伤性休克，补充血容量是成功的关键，因此可在半小时内输入 1000 ~ 2000 ml 液体，包括平衡液、代血浆和右旋糖酐。为防止发生间质水肿，可输入血、血浆和白蛋白，而在有活跃出血的情况下，延迟液体复苏优于即时液体复苏。高渗溶液使用时，注意会增高血压，加重出血。

5．各器官系统损伤处理原则 良好的急救体系建设、控制性液体复苏和有效的损伤控制外科理论临床应用，可以显著提高多发伤的抢救成功率。

6．创伤的再审定 为防止遗漏诊断，应反复检查伤员的伤情，以便及时诊治，减少并发症，降低死亡率。

7．严重多发伤的营养问题 在创伤后机体发生了内分泌和代谢的改变，呈现高代谢，蛋白分解大于合成，机体呈负氮平衡，无足够的能量、氮源和其他营养物质来修复创伤，此时的营养支持实际上是治疗的一部分。

8．并发 MODS 问题 多发伤损伤严重度对伤后早期发生 MODS 具有临床预测价值。文献报道，一个腹腔内脏器损伤的病死率为 10%，2 ～ 3 个腹腔内脏器损伤的病死率为 30%，4 个脏器损伤的病死率则可高达 90% 以上。

9．严重多发伤的手术治疗问题 多发伤的病情严重，发病机制错综复杂，病变相互影响，形成恶性循环，如及时手术可阻断恶性循环，使患者摆脱危重状态，处理不当，手术能加重病情，因此，严格掌握手术适应证甚为重要。及时掌握手术时机，合理安排手术先后顺序，一般按抢救、急诊和择期手术顺序进行，先颅脑、后胸腹，最后四肢脊柱；先无菌、后有菌；有时也可急诊手术与择期手术同时进行，其优点是免受再次手术的痛苦，减少术后牵引和卧床的并发症，减轻伤痛，方便术后护理，便于早期功能锻炼，减少医疗费用，缩短住院时间。抢救手术指必须立即进行，不能拖延，如大、中血管和实质脏器的出血，有血流动力学的不稳定等；急诊手术，如实质脏器的出血，但血流动力学尚稳定等；择期手术可安排在生命体征完全稳定后，如闭合性骨折的内固定等。

10．损伤控制性手术在严重多发伤中的应用 损伤控制性手术是一种对于复杂外科手术问题进行简化及分期处理的一种策略，旨在提高患者的救治率，主要包括运用简单可行而有效，同时以损伤较小的处理方式对于一些危害较大的疾病进行急救，再采用进一步的复苏和确定性手术对患者进行进一步的处理[14]。对于损伤较为严重的患者，特别是具有复合型损伤的患者，按照传统的手术方式虽然可以进行，手术也可以完成，但是患者并不能耐受长时间的手术治疗，同时，传统手术进行治疗，患者的死亡率及并发症都比较严重，此时，对于如何提高患者生存率，减少患者痛苦及术后并发症的探讨显得尤为重要，而采用损伤控制性手术恰恰可以改善上述状况。DSC 主要的理念是进行分期手术，是在患者生理状态较为平稳时进行确定性手术，这就有别于传统手术的一次性时间较长的治疗，对患者的救治更为有利[15]。

损伤控制性手术主要包括 3 个不同的阶段[16]：①进行简单的手术：主要包括急性止血、抗感染治疗，同时对于出现休克的患者进行抗休克治疗，预防患者出现致死三联征（低体温、酸中毒、凝血障碍），操作完毕后，快速关闭腹腔；② ICU 复苏：对于致死三联征的进一步纠正和改善，主要包括对患者进行保温，防止体温过低，纠正患者代谢性酸中毒和凝血障碍，避免并发症的发生；③进行确定性手术：根据患者损伤脏器及损伤程度的不同，采取不同的手术方式进行治疗，对损伤的脏器进行修补，同时对坏死组织进行清除；对腹腔进行关闭等。与传统手术相比，损伤控制性手术主要在于其更注重患者的生理功能稳定，是在机体状态稳定的情况下进行手术治疗，提高了患者对于确定性手术的耐受能力，有利于提高患者的生存率，降低死亡率及并发症的发生。

（王志强　梁春雨）

主要参考文献

[1] 陈维庭．首届全国多发伤学术会议纪要．中华创伤杂志，2004，10（1）：30-31.

[2] Soto J A，Anderson S W. Multidetector CT of blunt abdominal trauma. Radiology，2012，265（3）：678-693.

[3] 马贯成，王月锋．诊断性腹腔穿刺术的临床应用．临床医学，2012，32（5）：51-52.

[4] Lian-yang Z. Emergent evaluation strategy of polytrauma. Journal of Traumatic Surgery，2010，1：3.

[5] Sanchez B，Waxman K，Jones T，et al. Cervical spine clearance in blunt trauma：evaluation of a computed tomography- based protocol. J Trauma，2005，59（1）：179 -183.

[6] Elahi MM，Brar MS，Ahmed N，et al. Cervical spine injury in association with craniomaxillofacial fractures. Plast Reconstr Surg，2008，121（1）：201-208.

[7] Roccia F，Cassarino E，Boccaletti R，et al. Cervical spine fractures associated with maxillofacial trauma：an 11-year review. J Craniofac Surg，2007，18（6）：1259-1263.

[8] Ryan PM，Jonathan AF，Raman CM. A nationwide review of the associations among cervical spine injuries，head injuries，and facial fractures. J Trauma，2010，68（3）：587-592.

[9] 邹秋平，胡嵩，李占飞，等．多发伤中颅脑颈椎胸部损伤三者之间的联系．创伤外科杂志，2011，13：309-311.

[10] 张连阳．努力提高多发伤救治速度．中华创伤杂志，2007，23（4）：234-243.

[11] Russo A. Negative and positive prognostic factors in polytrauma，especially referring to golden hour. Annali italiani di chirurgia，2008，80（5）：337-349.

[12] 张建波，马俊勋，何忠杰，等．创伤急救白金十分钟——快速判断伤情启动创伤小组．中国急救医学，2006，26（5）：339-341.

[13] 杨帆，胡嵩，白祥军，等．多发伤早期诊疗中漏诊原因分析．创伤外科杂志，2010，12（1）：15-18.

[14] 孙培龙，王宏升，胡静波．损伤控制性手术．世界感染杂志，2008，8（2）：184-187.

[15] 黎介寿．腹部损伤控制性手术．中国实用外科杂志，2006，26（8）：561-562.

[16] 朱化强，代文杰，姜洪池．损伤控制理念在非创伤性外科疾病中的应用．中国实用外科杂志，2008，28（9）：767-769.

第五章

创伤手术的麻醉

第一节　创伤患者的麻醉前准备

一、创伤患者的特点

创伤的原因多种多样，伤情的程度轻重不等；且可发生于任何人群和身体的任何部位。因此，创伤患者的伤情不定使得手术麻醉[1]的处理难度难于预测。为便于了解在创伤患者的麻醉处理中应注意的重点和难点，下面概括地叙述关于创伤患者所具有的一般特点。

（一）创伤机制

绝大多数创伤的发生均由一个明显的外界因素引起，并在特定的场合发生，如交通伤、矿井塌陷、溺水、高空坠落等。了解创伤的发生机制有助于分析判断身体受损的部位和性质，以及由于这些直接损伤所引起的间接重要脏器损害和合并症的发生；而正确、全面估计伤情则是选择采取及时、恰当的急救与处理措施的前提条件。比如：对于溺水的伤员，首要须解决的问题是改善由于窒息所致的缺氧和二氧化碳蓄积，而窒息的发生机制是由于呼吸道充满水或液体而无法进行通气所致。因此处理原则为首先清理呼吸道液体，保持呼吸道干燥、通畅；尽快改善缺氧和二氧化碳蓄积，以保证心、脑等重要脏器的氧供。损伤的性质亦很重要。如对于胸部创伤患者，如为钝性胸部损伤，常发生于车祸中未系安全带的司机，胸部被撞到方向盘上所致。应监测有无气体交换功能障碍，以除外肺组织挫裂伤的可能，并尽快排除心肌挫伤和外伤性胸主动脉瘤的可能性；而对穿透性胸部损伤者，则应首先放置胸腔闭式引流管以解决血气胸问题。

（二）急症手术

需手术处理的创伤病例几乎均为急诊手术。从简单的清创缝合到开胸、开颅等大型复杂手术，均需在尽量短的时间内完成手术麻醉前的各项准备工作。这就使手术与麻醉的风险性大大增加。这种风险表现在：

1．现病史、既往史、术前诊断了解不全。

2．术前各项辅助检查欠缺。

3．多为饱胃状态。

4．多在夜间、节假日发生，由值班人员独立进行抢救及处理。

5．可发生于各种人群，包括高龄老人、婴幼儿、孕妇，及合并心、脑、肺等重要脏器功能不全的患者等。

上述这些危险因素的存在，则可能在围麻醉手术期内发生意想不到的呼吸、循环功能异常等严重合并症。如不及时进行预防和处理，则可导致不可逆性损害，甚至死亡。这无疑对手术和麻醉处理增加了难度。

（三）多器官损伤

严重创伤患者多合并多处或多器官损伤。体表皮肤、肌肉，及骨骼损伤显而易见，但钝性创伤所致的潜在的胸、腹，及颅内脏器挫裂伤易被忽视。现代化影像诊断手段可为临床提供损伤脏器的明确定位，但并不是所有急救中心或当地医院都拥有磁共振、CT、彩超等高分辨率先进设备。而且，对合并急性活动性大出血、进行性脑疝等危及生命的问题时，须争分夺秒，迅速手术切开止血、引流降颅压等紧急处理。因此，在紧急情况下，没有时间或条件进行影像学和其他详细检查时，则可能存在着未被发现的脏器损伤。另外，由于手术与麻醉人员业务素质较差或工作责任心不强，只见明显的或本专业范围内的创伤问题，忽视了可能发生的复合损伤，以至在手术处理已发现损伤的同时出现了不可解释的神志或生命体征改变，使伤情迅速恶化。这种情况在临床上并不少见。因此对严重复合伤患者，如果时间和条件允许的话，术前应做详尽的查体和辅助检查，以除外可能受累的器官损伤，并在术中、术后严密观察患者呼吸、循环功能的改变，根据损伤的轻重缓急，及时处理新发现的创伤合并症，以保证患者生命安全和重要脏器功能正常。

（四）疼痛与应激反应

疼痛常伴随着创伤的发生而出现，其程度与受伤部位、损伤轻重有关。不管创伤与疼痛对人体的生理损害程度如何，对伤员的心理、精神上的打击是不容忽视的。然而，这种中枢神经系统的情绪反应和疼痛刺激常伴随着全身自主神经系统的应激反应而出现。这种以血液循环和呼吸功能亢进为主要表现的应激反应是机体对外来伤害刺激的保护性防御反应。随着应激反应的持续，可能出现一系列的副损伤和合并症，如心脏负荷加重、消化道黏膜缺血性损害（应激性溃疡），及肺、肝、肾血管收缩所致的功能及结构改变等。大面积皮肤、肌肉、骨骼及中枢神经系统损伤所致的严重疼痛可导致虚脱或疼痛性休克。因此，对于创伤患者所伴有的疼痛与应激反应应给予足够的重视和及时的对症处理。

（五）群体受伤

这在创伤病例中并不少见，如矿山、房屋坍塌事件，交通伤、意外爆炸、溺水等。此种群体受伤情况多，来势紧急，伤情不等。医疗抢救单位应全力以赴，在最短的时间内组织人力、物力进行抢救处理。在抢救工作中，按照抢救生命、维持重要器官功能、保护机体组织器官结构和功能完好、预防并发症等抢救原则，根据伤员伤情的轻重缓急，分别给予及时的抢救与积极稳妥的处置。

二、创伤患者的麻醉前评估和准备

对于创伤患者来讲，按部就班地询问病史、全身查体、辅助检查，及诊断处理的程序一般不太适用。急诊而来的创伤病例多伤情紧急，并伴有生命体征不稳定，须进行紧急抢救处理。通常用短暂的时间（30 ~ 45 秒）了解判断受伤机制和伤情后，即可开始对伤员进行处理。心肺脑复苏常为首要采取的抢救措施，以保证伤员生命安全和良好的预后。然后，则是对创伤患者的进一步较详细的检查，以除外可能潜在的损伤。

对于麻醉医生来讲，最关心的是伤员中枢神经系统功能的维护、正常进行气体交换的呼吸功能和满意的循环内环境的稳定。三者功能的保证是相辅相成的。足够的富含氧气的脑供血量是中枢神经系统功能维持正常的前提和保证。轻度的过度通气对于减轻脑水肿所致的创伤后脑损害有明显作用。因此，对所有昏迷患者均应在药物治疗之前首先气管插管，给予轻度过度通气（$PaCO_2 \approx 35$ mmHg）。

（一）气管内插管的实施

气管插管可保证气道通畅和有效通气，并可防止口腔和食管的分泌物、血液，及食物误吸入气管。因此，对难以保证气道通畅和有误吸可能的危重患者应首先考虑行气管插管术。

创伤患者气管插管的指征：

1．头部损伤并伴有 Glasow 昏迷评分（GCS）＜ 9。

2．休克。

3．气道梗阻。

4．躁动患者需使用镇静药者。

5．须全身麻醉者。

6．复苏后有缺氧表现者。

7．心脏骤停者。

（二）气管插管时的注意事项

1．头部体位 对于头颈部不稳定性骨折的伤员，在搬动头部时应动作轻柔，并密切观察生命体征改变。颈椎骨折者应制动或用夹板等固定，不可勉强摆头后仰体位。因体位造成的声门暴露困难，可在充分表面麻醉下做清醒插管。但最好使用纤维支气管镜引导插管，以减少盲目性。使用喉镜盲探试插，常给患者增加痛苦，且插管成功率较低，不提倡应用。反复试插引起的呛咳可增加颅内压，形成脑疝的危险。此时应做气管切开。

2．肌肉松弛剂的使用 做气管插管和全身麻醉的患者需要应用肌肉松弛剂。去极化类肌肉松弛药琥珀胆碱是常用的插管时用肌肉松弛药。但因其具有肌颤、眼内压和颅内压增高，及可引起一过性血钾升高等副作用，对于有上述倾向的创伤患者应慎用或禁用，如大面积软组织损伤、肾输尿管损伤、颅脑损伤、挤压综合征等。随着新型中短效非去机化类肌肉松弛药的出现，已有取代长期以来作为唯一气管插管用的肌肉松弛药——琥珀胆碱的趋势。我国目前使用的维库溴铵（vecuronium）和阿曲可林（atracurium），作用起效时间均小于 3 分钟，作用峰值时间 3 ～ 5 分钟，且无肌颤和血钾升高等副作用，尤其适用于上述创伤患者和伴有严重心、脑、肾等合并症的患者。插管用剂量维库溴铵（0.08 ～ 0.1）mg/kg 体重，阿曲可林（0.3 ～ 0.5）mg/kg 体重。近年来又生产出一种短效非去极化类肌肉松弛药 mivacurium，为迄今为止起效最快、作用时间最短的药物。

3．防止误吸 急诊创伤手术患者多为饱胃状态。对不能了解禁食时间的患者亦应按饱胃对待。对于创伤较严重的患者，尤其是伴有颅脑损伤和腹腔脏器损伤者，胃肠功能紊乱，胃排空时间延长。因此，应充分考虑到误吸的可能。在插管过程中，防止误吸的常用方法有：

（1）在快速麻醉诱导过程中，使用面罩加压通气时，助手用拇指、示指向下按压环状软骨，使食管闭塞；或用手掌压迫剑突下贲门处，亦可起到防止胃内容反流和加压气体进入胃腔的作用。但应注意的是，此压迫动作应持续至气管导管置入并气囊充气完毕。

（2）麻醉诱导前放置胃管进行胃肠减压，诱导时持续负压吸引。

（3）静脉给予抗酸药，或 H_2 受体阻断剂，减少胃酸的分泌和 pH。

（4）气管插管后，立即将套囊打气，关闭导管周围间隙，防止食管或口腔内液体流入气道；并认真检查套囊是否漏气。

对于上述气管插管适应证的患者，如合并有上呼吸道严重损伤或解剖异常，不能行经口、鼻气管插管者，应行紧急气管切开术。

（三）休克的治疗

见第三章创伤 - 失血性休克的救治。

（四）麻醉前访视

对于生命指征稳定，需要急诊手术并实施麻醉者，麻醉医生在接到手术通知单后，应立即前去进行麻醉前访视。在访视过程中，应着重了解如下内容。

1．询问伤情　应着重了解受伤机制、受伤部位，是否有潜在的颅内或胸、腹腔内脏器损伤，及这些损伤组织器官所致的合并症，如胸部创伤所致的血气胸、纵隔器官损伤，腹部创伤所致的腹腔实质脏器破裂出血、空腔脏器穿孔、血管损伤出血，头部创伤所致颅内血肿或出血、脑实质挫裂伤等。如时间允许的话，应对明显的和可能存在的损伤做详尽的询问和了解。充分考虑这些损伤可能带来的不良或危险后果。

2．既往史　对伤员创伤伤情以外的健康和疾病状况的了解往往是容易忽视的，这种忽视与麻醉诱导和维持中所出现的各种意外往往是相关联的。尤其是既往有慢性心、脑、肺严重疾患的患者，其呼吸、循环的代偿能力非常有限，在麻醉、手术、疼痛等多种因素造成心肺做功负荷增加时，则会突然导致这些重要脏器功能衰竭，以致呼吸心跳停止。因此，了解伤员的既往病史（包括治疗过程）、药物过敏史、家族史、烟酒嗜好等，对于调整麻醉方案和用药的选择，麻醉监测、预防和正确处理麻醉过程中出现的各种意外和并发症，都具有重要的指导意义。在询问既往史时，还应注意对病历中各项辅助检查的异常结果的分析判断，发现患者可能忽视的慢性病史。

3．查体　包括患者的一般情况，如身高、体重、神志、生命体征（体温、脉搏、呼吸、血压）等。在时间和病人情况允许下，全身物理检查应尽量做到全面、系统、详细，以防遗漏潜在的损伤和原有疾患。除此之外，还应检查与麻醉操作相关的部位情况，如口腔颌面和颈部解剖、牙齿有无松动、张口程度等，以了解插管难度。需要椎管麻醉者，应检查穿刺部位局部情况和患者能否侧卧等。

4．麻醉前用药　一般情况较好的患者，可给予常规术前药，包括镇静药、镇痛药、抗胆碱药等。对生命指征不稳定，或颅脑损伤患者伴有神志淡漠、中枢性呼吸抑制等重症创伤患者应慎用或禁用镇痛药和镇静药，以免发生呼吸循环抑制现象。对已做气管插管或气管切开，行控制性呼吸者，因已给予一定量的镇静和肌肉松弛药以耐受导管刺激，不必术前给药。急诊手术患者常来不及在病区或急诊室做麻醉前给药，可在进入手术室后静脉补用抗胆碱药。饱胃患者应给予抗酸药和组胺受体 H_2 拮抗剂，以减少胃液分泌，降低胃液酸度，从而减少反流机会。

5．监测手段　对于创伤患者来讲，生命体征的监测对于观察病情变化和抢救治疗效果是非常必要的。伤员入院后，应根据伤情轻重选择各种监测指标。随着电子技术和现代监测学科理论的相互结合和飞速发展，临床监测方法不断更新和普及。尤其是无创性监测手段，可提供方便、快捷、无损伤性的各项生命体征的监测。常用的无创监测手段监测动脉压、动脉血氧饱和度、呼气末二氧化碳分压、脑电生理监测等已普遍用于临床麻醉和手术中的监测和危重患者的抢救与复苏。对于循环呼吸功能不全的危重症患者则需要更精确的有创性监测手段，如直接动脉压持续监测、中心静脉压、肺动脉压、心输出量、外周血管阻力、混合静脉氧饱和度等。

第二节　创伤患者的麻醉处理原则

对于创伤患者的麻醉方案的制订，需根据患者的受伤情况和手术要求选择适当的麻醉方法和用药。麻醉方法包括：全身麻醉、椎管麻醉、神经阻滞麻醉、局部麻醉等。

一、全身麻醉

全身麻醉是指通过各种给药途径（吸入、静脉、肌内注射等），使药物作用于中枢神经系统而产生意识消失，从而使机体对疼痛等刺激缺乏反应的过程。

（一）麻醉方式

根据给药途径和作用方式可分为吸入麻醉、静脉麻醉、分离麻醉等。

1．吸入全身麻醉　吸入全身麻醉是通过肺通气将麻醉气体或麻醉蒸气吸入体内而产生的全身麻醉。其优点是麻醉深度容易控制，比较安全、有效，是目前临床麻醉中常用的全麻方法。吸入性麻醉药种类较多，但其共同的特点是对心脏功能的抑制作用和外周血管的扩张作用。这对正常血容量和心脏功能的患者来讲，可能不产生血流动力学方面的改变，但对于失血较多的创伤患者来讲，则可能出现循环功能抑制的表现，如血压下降、心率加快、周围循环供血不足等。因此，在选择吸入麻醉方法时，应充分考虑到其循环系统的副作用。并且，吸入麻醉药可扩张颅内血管，增加脑血流量和颅内压，对颅脑损伤患者和原有颅内压增高患者应慎用。吸入麻醉方法对麻醉机要求较高，需要高精确度的麻醉气体挥发罐，以保证气道内麻醉气体百分比例的准确性。

2．静脉全身麻醉　静脉全身麻醉是将全麻药注入静脉，经血液循环作用于中枢神经系统而产生全身麻醉的方法。静脉麻醉方法具有方法简便、起效迅速、作用可靠等优点。静脉麻醉用药种类较多，包括全麻药、神经安定药、镇静催眠药、镇痛药等。目前常用的静脉麻醉方法为静脉复合麻醉法，即采用多种麻醉药和辅助药的复合用药方式，使之做到镇痛、催眠、肌肉松弛和抑制不良神经反射的基本要求。随着静脉全麻药的不断改进和更新，药物的安全性、有效性，及满足手术要求等方面有了长足的进展。近年来使用的新型药有异丙酚、咪达唑仑、苏芬太尼、雷米芬太尼等，这些新药的共同特点是起效快，半衰期短，苏醒完全，麻醉深度易控制，副作用小等，目前已在临床麻醉中广泛应用。由于吸入麻醉方法所造成的空气污染日益受到人们的关注，使吸入麻醉药的使用受到挑战和限制。因此，以异丙酚为主的全身静脉麻醉方法逐渐受到人们的青睐。特别是异丙酚所具有的独特的苏醒迅速完全和麻醉深度的易调性，增加了麻醉安全系数，减少了麻醉恢复期的并发症；并且，尤其适用于创伤患者的短小手术和有痛操作，比如清创缝合术、手法骨折复位或关节复位等。

此外，对于颅脑创伤合并烦躁、谵妄等神经兴奋症状的患者，需要镇痛、镇静治疗。鉴于静脉麻醉药异丙酚具有减少脑组织代谢率、降低颅内压等脑细胞保护作用，临床已被用作中枢神经系统镇静药和脑保护用药，而越来越广泛地在ICU病房和危重症患者的抢救治疗中使用。临床报道证明，异丙酚对危重患者抢救的预后有明显改善作用。其他传统静脉麻醉药如γ-羟基丁酸钠、硫苯妥钠等也因存有自己的优势而仍然在临床麻醉和镇静治疗中占有一席之地。

3．分离麻醉　分离麻醉是静脉麻醉中的一种。因为它具有与一般静脉麻醉方法不同的特点，并且除静脉给药以外，也可肌注给药。分离麻醉意指此种麻醉方法所产生的麻醉效果为感觉消失，意识和部分生理反射尚存的感觉与意识分离状态。这种效果的出现与所用的全身麻醉药氯胺酮的药理作用相关。氯胺酮的麻醉作用机制较复杂。它具有抑制中枢神经系统中兴奋性氨基酸受体NMDA

的活性作用，NMDA 为吗啡受体的一个亚群。氯胺酮还作用于中枢神经系统的去甲肾上腺素受体、5- 羟色胺受体和 M 型胆碱能受体。它兴奋中枢交感神经，促进神经元内儿茶酚胺的释放和抑制神经元对儿茶酚胺的吸收，这种作用往往拮抗了其直接的心肌抑制作用。其血流动力学改变表现为体循环和肺循环压力增高，心率加快，心输出量增加。这种与其他麻醉药截然相反的心血管药理作用使其更适用于血流动力学不稳定的患者，如创伤患者伴有血容量不足、心包填塞、心功能不全等。氯胺酮还具有支气管平滑肌扩张作用，适用于支气管哮喘患者和术中出现支气管痉挛的麻醉处理。

（二）全麻的管理

严重创伤如多发骨折，头颈、躯干损伤等都宜在全麻下手术，但必须避免深麻醉，实际上休克患者对疼痛的反应已经比较迟钝，一般无须深麻醉，只需维持浅麻醉结合肌肉松弛药即可。

1．麻醉诱导 麻醉诱导的关键之一是必须首先控制呼吸道，防止胃内容物反流、呕吐和误吸，可采取下列措施：

（1）放置粗胃管吸引，虽不能完全吸净胃内容物，但因胃管刺激有时诱发呕吐，有助于将部分胃内容物吐出。

（2）西咪替丁为 H_1 组胺受体阻滞药，有降低胃液酸度，减少胃液分泌，减轻酸性液误吸综合征严重程度的功效。

（3）表面麻醉清醒下气管插管是保证呼吸通畅，避免误吸最安全的方法。

（4）静脉诱导插管应结合压迫环状软骨法进行，并由技术熟练者操作。具体步骤如下：①抽吸胃管尽量吸尽胃内容物；②吸纯氧去氮；③静脉注射阿托品 0.5 mg；④静脉注射小剂量非去极化肌肉松弛药，如阿曲库铵或阿曲可林 1 ～ 2 mg，以防止琥珀胆碱诱发的肌震颤；⑤静脉注射异丙酚、乙咪脂 3 ～ 5 mg/kg 体重或氯胺酮 1 ～ 2 mg/kg 体重诱导，继以琥珀胆碱 1 ～ 1.5 mg/kg 体重；⑥术者施行控制呼吸，助手向脊柱方向压迫环状软骨以压瘪食管上口，防气入胃；⑦迅速暴露声门。插管，并充气于导管套囊。患者于急诊科抢救时如已插入气管导管，入手术室后应检查导管的位置、粗细、通畅度，及有无漏气，若不够理想，应予更换。

2．麻醉维持 休克低血容量患者对全麻药的耐量减小，无论吸入、静脉或静吸复合麻醉仅需小量就足以维持。如辅助用肌肉松弛药用量可减少。创伤患者的麻醉方法必须掌握多种麻醉药复合的平衡麻醉原则，以尽量减轻机体对麻醉的负担。尤其是长时间的麻醉，不宜使用单一的吸入麻醉药，否则麻醉药在组织中过饱和，易招致术后肺部并发症。有人认为长时间麻醉的固定体位，可致身体的下侧部位血流减慢，血液淤滞。例如侧卧位时，上侧肺的 V/Q 比值增大，下侧肺则减少。由此可致下侧肺萎陷或肺不张。另外，长时间的麻醉中，为减少全麻药的用量，应尽量采用全麻辅助局麻或阻滞麻醉，例如胸、腹合并上肢损伤时，宜在浅全麻基础上同时施行臂丛神经阻滞，以完成上肢手术。

二、椎管内麻醉

椎管内麻醉包括硬膜外阻滞和蛛网膜下腔阻滞两种方法。

1．硬膜外阻滞 局麻药在硬膜外间隙作用于脊神经根使其分配的区域产生暂时的麻痹，使感觉和交感神经完全被阻滞，运动神经纤维部分丧失功能，这种麻醉方法称为硬膜外间隙阻滞麻醉，简称硬膜外阻滞。硬膜外间隙是一潜在腔，内充满脂肪、血管，及淋巴管。硬膜外阻滞的主要作用部位是硬膜外间隙向椎间孔的延伸部分，又称根间隙，含有脊神经的前根和后根，是局麻药渗透入神经组织最快而且量最多的部位。硬膜外穿刺为盲探性，须熟悉椎骨的骨性标志，棘间韧带、神经组织、硬膜与骨性结构的关系，以提高穿刺成功率，减少并发症的发生。硬膜外阻滞的范围呈节断性，即有上下界限，或称上下麻醉平面。硬膜外麻醉范围的影响因素有：穿刺部位、局麻药容积、注药速度、身高、年龄、妊娠，及其他因素，如休克、脱水的患者，阻滞神经节段有所减少，糖尿病及动脉硬化的患者所需的局麻药用量比正常人少。根据一组患者统计资料，用等量局麻药时，被阻滞的神经节段比正常人增加 40% ～ 50%，而起效时间却延缓 35%。体位对阻滞范围的影响尚有争论。

随着全麻技术和药物的不断改善，过去常选用硬膜外麻醉的手术，如腹部、乳腺手术等越来越多地被全麻所代替。除了由于硬膜外穿刺技术难度大，有误入蛛网膜下腔，造成全脊麻的危险以外，更重要的是硬膜外阻滞对自主神经、运动神经功能的影响，造成血压下降、呼吸抑制、恶心呕吐，使麻醉安全系数降低，及阻滞不全给麻醉医生带来的被动局面等。据统计，硬膜外麻醉发生的严重并发症比例明显高于全麻。因此，椎管麻醉的使用范围有逐渐缩小趋势。

2．蛛网膜下腔阻滞　将局麻药注入蛛网膜下腔，主要作用于脊神经根所引起的阻滞称为蛛网膜下腔阻滞，简称脊麻或腰麻。由于将局麻药注入蛛网膜下腔脑脊液中，要在很短的时间内调节和控制麻醉平面即达到手术所需要的范围，又不能麻醉平面过高，引起呼吸循环功能明显抑制。因此，腰麻仅适用于下腹部以下部位的手术。与硬膜外麻醉相比，腰麻具有穿刺技术相对简单、效果确切、全脊麻发生率较低等优点。但两者都具有阻滞范围内交感神经、运动神经麻痹引起的血管扩张，呼吸抑制等副作用，因此对于合并出血性休克的患者，应禁用腰麻或硬膜外麻醉。

单纯下肢或腹部损伤，估计失血量不大，也无任何低血容量表现，经输血、输液治疗，血压脉搏稳定者，尚可慎用连续硬膜外阻滞，但必须做到：①保证静脉输注通畅；②小量分次注射局麻药，尽量控制最小的有效麻醉阻滞范围，局麻药的浓度和剂量必须尽可能减少。对休克前期，或休克初步纠正，但仍遗有明显低血压症状，或改变患者体位仍出现血压下降，或严重下肢创伤使椎管穿刺有困难的患者，不应勉强采用硬膜外阻滞，因极易出现心血管意外，不如选用全麻更为稳妥。

三、神经阻滞麻醉

神经阻滞也称传导阻滞，是将局麻药注射至神经干（丛）旁，暂时阻滞神经的传导功能，使手术无痛的方法。神经阻滞是一种盲探操作方法，要求患者清醒合作，能及时说出穿刺针触及神经时的异感，并能辨明异感放射的部位。若阻滞成功，麻醉效果优于局部浸润麻醉。神经阻滞的成功在于对神经走行解剖的熟悉、正确的定位和安全剂量的用药。神经阻滞的优点是全身干扰小，方法简便，不需要特殊麻醉设备。因此，在基层医院应用较普遍。但在施行神经阻滞时，神经干旁常有伴行的血管，穿刺针经过的组织附近可能有体腔及脏器，穿刺损伤可以引起严重并发症。如局麻药误注入血管可引起局麻药中毒，椎旁穿刺误入蛛网膜下腔可造成全脊髓麻醉。锁骨上路臂丛阻滞损伤肺组织可造成血、气胸等。因此，在实施神经阻滞之前，应充分考虑到可能发生的意外，备好各种抢救用品和药物，以防不测。常用的神经阻滞麻醉有颈丛阻滞、臂丛阻滞、上肢神经阻滞、下肢神经阻滞、肋间神经阻滞等。

四、局部麻醉

局部麻醉有广义和狭义之分。广义是指患者神志清醒，身体某一部分的感觉神经传导功能暂时被局麻药阻断，运动神经或保持完好，或同时有不同程度的被阻滞状态。广义的局部麻醉包括表面麻醉、局部浸润麻醉、神经阻滞麻醉和椎管阻滞麻醉 4 类；而狭义的局部麻醉，也就是临床常说的

“局麻”，是指前两种，即表面麻醉和局部浸润麻醉。将渗透性能强的局麻药喷洒、涂抹在黏膜表面，使局麻药与局部黏膜接触所产生的无痛状态，称为表面麻醉；如眼内，鼻内、咽喉，及气管内的表面麻醉。局部浸润麻醉是指沿手术切口线分层注入局麻药，阻滞组织中的神经末梢达到无痛效果。局麻在创伤患者手术中应用的机会较少，只适合于小范围表浅软组织清创缝合和简单的骨折闭合整复。垂危患者对应用全麻有顾虑者，亦可选用局麻，但烦躁、谵妄或不合作的患者应避用。局麻常被用作阻滞麻醉的补充和全身麻醉的辅助麻醉方法而广泛采用，以产生满意的麻醉效果和减少全麻药用量和其产生的副作用。常用局麻药剂量见表 5-1。

表 5-1　常用局麻药剂量表

局麻药	用法	浓度（%）	一次性最大剂量（mg）	起效时间（min）	作用时间（min）	产生 NS 症状的阈剂量（mg/kg）
普鲁卡因	局部浸润	0.25 ~ 1.0	1000			
	神经阻滞	1.5 ~ 2.0	600 ~ 800			19.2
	蛛网膜下腔阻滞	3.0 ~ 5.0	100 ~ 150		45 ~ 90	
	硬膜外腔阻滞	3.0 ~ 4.0	600 ~ 800			
丁卡因	眼表面麻醉	0.5 ~ 1.0		1 ~ 3	60	
	鼻咽气管表面麻醉	1.0 ~ 2.0	40 ~ 60	1 ~ 3	60	
	神经阻滞	0.2 ~ 0.3	50 ~ 75	15	120 ~ 180	2.5
	蛛网膜下腔阻滞	0.33	7 ~ 10	15	90 ~ 120	
	硬膜外腔阻滞	0.2 ~ 0.3	75 ~ 100	15 ~ 20	90 ~ 180	
利多卡因	局部浸润	0.25 ~ 0.5	500	1.0	90 ~ 120	
	表面麻醉	2.0 ~ 4.0	200	2 ~ 5	60	
	神经阻滞	1.0 ~ 2.0	400	5	120 ~ 180	7.0
	蛛网膜下腔阻滞	2.0 ~ 4.0	40 ~ 120	2 ~ 5	90	
	硬膜外腔阻滞	1.0 ~ 2.0	400	8 ~ 12	90 ~ 120	
甲哌卡因	局部浸润	0.25 ~ 0.5	400 ~ 500			
	神经阻滞	1.0 ~ 2.0	300 ~ 400	3 ~ 10	90 ~ 180	7.0
	蛛网膜下腔阻滞	1.5 ~ 2.0	300 ~ 400	5 ~ 7	90 ~ 120	
丁哌卡因	局部浸润	0.25				2.0
	神经阻滞	1.0 ~ 2.0	200		300 ~ 420	
	蛛网膜下腔阻滞	0.5	1.5 ~ 2.5			
	硬膜外腔阻滞	0.5 ~ 0.75	150 ~ 225	16 ~ 18	120 ~ 210	
依替杜卡因	神经阻滞	0.5 ~ 1.0	300		240 ~ 360	4.0
	硬膜外腔阻滞	2.0 ~ 3.0	140 ~ 225	10 ~ 18	170	
丙胺卡因	神经阻滞	1.5 ~ 2.0	400	5 ~ 7.5	120 ~ 180	
	硬膜外腔阻滞	2.0 ~ 3.0	600	5	90 ~ 120	8.0
地布卡因	表面麻醉（软膏）	0.3 ~ 0.5				0.4
	蛛网膜下腔阻滞	0.3	12	10 ~ 20	180 ~ 240	

第三节　麻醉药物及应用新认识

临床麻醉中应用了诸多的新药，涉及不同种类的药物。

一、局麻药

罗哌卡因是近年来研制的新型长效酰胺类局麻药。与丁哌卡因相比具有心血管系统、中枢神经系统低毒性，低浓度时产生感觉 - 运动神经阻滞分离等特点，该特性使其更适合用于术后硬膜外镇痛和分娩硬膜外镇痛。

二、吸入麻醉药

吸入麻醉药在全身麻醉中始终占主导地位，近年来，由于吸入麻醉药消耗费用及对环境的污染问题越来越受重视，因此吸入麻醉有从高流量到低流量的发展趋势。七氟醚、地氟醚是近年来开发的短效吸入麻醉药。它们具有低溶解特性，该特性使药物吸收、排泄对流量的依赖变小，更适合低流量技术的应用。七氟醚、地氟醚的问世提高了吸入麻醉的可控性和安全性，为门诊手术麻醉增加了新手段，减少了留院观察时间。

三、苯二氮䓬类

咪达唑仑是 1979 年合成的新型苯二氮䓬类受体激动剂，其作用时间短、安全，术后残余作用可被其特异性拮抗剂氟吗西尼有效拮抗，广泛应用于临床麻醉，包括门诊手术。

四、新型阿片类镇痛药

阿芬太尼、舒芬太尼和雷米芬太尼是新型阿片类镇痛药，它们具有起效快、药效强、毒性低、安全范围广的特点。这三种药起效时间、药物作用时间，及苏醒时间均短于芬太尼，反复用药后很少有蓄积作用。单次静注或加快滴注能迅速控制麻醉和手术中突然出现的应激反应。对循环、呼吸、神经系统作用呈剂量依赖型，对肝、肾功能无损害作用。与芬太尼相比，麻醉后呼吸恢复迅速，降低了术后呼吸管理难度。适用于各类手术，特别是门诊手术。芬太尼透皮贴剂由 ALTA 公司于 1991 年研制而成。由背膜、药物存储器、释放膜、粘贴层和保护层组成。释放膜控制存储器中的芬太尼以一定速度释放，每贴可持续 72 小时药效。多次给药试验显示，使用第二贴即可达到稳定的治疗效果。该制剂不良反应发生率低，是较理想的癌症止痛药物之一，也是治疗非癌性慢性持续性疼痛的较安全的药物之一。曲马朵具有弱阿片样激动作用，并且可通过作用于去甲肾上腺素、5- 羟色胺等单胺类神经递质缓解疼痛。它具有镇痛作用强、持续时间长、药物依赖性低、滥用潜力小、治疗剂量不抑制呼吸的特点，可用于缓解临床各种中度疼痛。

五、静脉麻醉药

异丙酚被称为“跨世纪”的新型静脉麻醉药，它起效快，血浆清除率高，血药浓度降低快，极适合连续输注给药。麻醉后苏醒迅速、平稳，无精神症状，极少引起术后恶心、呕吐。异丙酚适于幼儿至老年各类手术患者，广泛应用于诱导、维持和全身静脉麻醉，在 ICU 及门诊手术麻醉中也成为首选药物之一。

六、新型肌肉松弛药

肌肉松弛药的使用极大地促进了麻醉学的发展，为寻求更理想的肌肉松弛药，满足临床需要，不断有新的肌肉松弛药推向临床。罗库溴铵是一种中等时效非去极化肌肉松弛药，其起效速度快于目前所得到的任何非去极化肌肉松弛药，如采用较低剂量（0.3 ~ 0.45 mg/kg)，其插管的理想时间在给药后 90 秒。罗库溴铵对心血管系统影响小，很少引起组胺释放，不升高眼压及颅内压，肌肉松弛作用易被新斯的明或嗅吡斯的明逆转。米库氯铵是目前临床上可得到的短效非去极化肌肉松弛药，主要通过血浆假性胆碱酯酶灭活，体内代谢迅速。使用新斯的明将延长肌张力恢复的时间，任何原因的血浆胆碱酯酶活性降低都将延长其作用时间。米库氯铵可引起一过性的与剂量和注射速度相关的组胺释放。顺式阿曲库铵是阿曲库铵 10 种同分异构体中的一种，效价是阿曲库铵的 3 ~ 5 倍，无组胺释放，对心血管影响小，较阿曲库铵更安全，适用于肝肾功能不全的患者。

七、非甾体类抗炎药

非甾体类抗炎药（NSAIDS）抑制环氧化酶（COX)，从而减少前列腺素合成来产生消炎、解热、镇痛作用。近年来的研究表明，COX 有两种异型，即 COX 1 和 COX-2。COX-1 参与生理过程，而 COX-2 负责炎症或病理情况下前列腺素的产生。经典 NSAIDS 由于对 COX 的抑制无选择性，在临床应用的同时导致不良反应的发生。目前 NSAIDS 正在向高选择性发展。正在研制的新型特异性 COX-2 抑制剂中，口服制剂塞来昔布、罗非昔布和静脉制剂泮来昔布已成功应用于临床。COX-2 选择性抑制剂的优点是胃肠道毒性小，对血小板凝聚功能无影响，药物间相互作用少，对肝肾功能影响小，应用于急、慢性疼痛的治疗。

八、目标浓度控制输注

目标浓度控制输注（target controlled infusion，TCI）是由药代动力学理论与计算机技术相结合而产生的静脉麻醉方法，是目前静脉麻醉药应用较多、较方便和精确的麻醉给药方法。目前 TCI 技术除应用于异丙酚外，尚用于巴比妥类、阿片类、咪达唑仑等药物的诱导和维持。TCI 临床应用发展方向体现在：①效应室 TCI：效应室 TCI 比血浆 TCI 能更精确地产生随时间变化的药物效应。目前在 EEG 分析的基础上，BIS、EP 已开始用于测定麻醉药物在血浆和效应室达到平衡时间的研究。② TCI 与镇静、镇痛：将 TCI 与患者自控镇静 / 镇痛系统联合使用可在提供足够镇静 / 镇痛的同时，进一步完善系统安全性和灵活性。③ TCI 在老年、儿童患者中的应用。④反馈控制系统：目前许多研究将效应信息反馈给靶控系统，并自动完成对靶浓度的调节。TCI 技术有广泛的应用前景，近年来，有作者开始利用生理药代动力学模型研究麻醉药物的药理特性，这一新模型的应用将使静脉麻醉的给药更精确、合理。

九、老年人麻醉用药问题

人口的老龄化对麻醉医学的发展具有深远的影响。据统计，65 岁以上的老年人中，半数以上在死亡以前至少要经受一次以上的手术治疗。随着人类寿命的不断延长，需外科手术治疗的老年患者将逐渐增加，手术范围也将逐渐扩大，对麻醉科医生的要求也就越来越高。2003 年在老年人麻醉方面取得如下共识：对老年人异丙酚的靶控输注（TCI）麻醉诱导时，注药的速度过快，即使给予常规范围内诱导剂量（1 ~ 2.5 mg/kg），也可导致呼吸抑制和血流动力学的改变，增加麻醉的危险性；老年人异丙酚静脉麻醉诱导以 0.7 mg/（kg · min）为宜；老年人静脉麻醉应警惕呼吸和循环的变化，即便对循环、呼吸影响小的药物亦不容忽视。全麻联合硬膜外阻滞在老年人上腹部手术时对循环和应激反应影响比单纯全麻小，是一种可行的麻醉方法。

地氟烷和异氟烷一样具有剂量依赖性循环抑制作用，表现为外周血管阻力、平均动脉压，及心肌收缩力下降，这种抑制作用在老年人更明显。在吸入地氟烷后，当呼气末浓度快速增加达 1 MAC 以上时，可出现短暂的交感神经介导的心血管刺激表现（即心动过速、高血压、肾上腺素，及加压素水平上升）。如预先使用芬太尼、艾司洛尔、可乐定等可减弱这一反应。异氟烷组未见交感神经兴奋现象。麻醉结束后，地氟烷组咳嗽反射恢复时间、指令反应恢复时间、拔管时间均短于异氟烷组（$P < 0.05$）。地氟烷的低溶解性使其从肺及脑内排出的速度较快，给老年人恢复期增加了安全性。

总之，地氟烷与异氟烷相比，在老年人吸入麻醉中更具有优势，但仍会出现一定的心血管功能抑制表现。

第四节　日间手术的麻醉

日间手术麻醉（anesthesia for day case）又称门诊手术麻醉或非住院手术麻醉（ambulatory anesthesia），在 20 世纪末占美国择期手术的 70%，已成为一个亚麻醉专业，并确定为毕业后正规培训项目之一[2]。日间手术能大大缩短患者等候手术的时间，使患者可尽早接受手术治疗并且不受医院住院病床的限制；减少患者医院内交叉感染的机会；使手术台周转快、利用率高；与住院患者比较，降低治疗的费用。

一、术前病情评估

原则上日间手术的病种应选择创伤小、对生理影响少，术后不会发生严重并发症的手术。患者病情不十分复杂，美国麻醉医师协会（American Society of Anesthesiologists，ASA）评级为Ⅰ级和Ⅱ级，手术时间不超过 1 小时，年龄选择在 6 月龄～ 70 岁之间较合适，但这些不是绝对的。如患有脆性糖尿病、不稳定心绞痛、未缓解的支气管哮喘等均不宜安排非住院手术。此外，年龄＜ 60 周的早产儿、术后无成人照顾的老年人、服单胺氧化酶抑制剂、吸毒成瘾、合并有循环和呼吸问题的过度肥胖患者也不适合。

术前访视非常重要，由于麻醉医师与患者接触时间短，要对众多患者的全身情况做出正确评估比较困难。理想的模式应设立麻醉科门诊，所有门诊手术患者术前均经专职麻醉医师体格检查，并制订出严格、统一、具体的术前评估方法。目前，在我国还做不到所有医院都达到这种理想的模式，因此在门诊主要安排询问病史、体格检查和实验室检查。

二、麻醉前准备

术前同样需要禁食禁饮，禁食时间不能少于 6 小时，而禁饮时间可放宽为 3 ～ 4 小时，但对消化道梗阻、食管裂孔疝、糖尿病、过度肥胖、孕妇，及胃内压增高患者和易发生胃内容物反流误吸的患者要更加警惕，其禁食时间还应适当延长。

术前用药应根据住院患者术前用药的原则并结合非住院患者手术的特点，起到抗焦虑、镇静、镇痛、遗忘、对抗迷走神经的作用，预防术后恶心呕吐和反流误吸。术前常选用短效苯二氮䓬类和抗交感类药。苯二氮䓬类较巴比妥类术后不良反应少，常被应用，咪达唑仑较地西泮作用时效短，效果好，可在术前静注 1 ～ 3 mg。右旋美托咪啶为 A2- 肾上腺素受体激动剂，对其选择性强，有较好的镇静作用，可减少麻醉药和镇痛药的用量，可惜目前国内尚无此药。由于全麻术后有一定恶心呕吐的发生率，会大大影响术后离院时间，严重者需留院观察，因此可适当给予 H_2- 受体拮抗药和甲氧氯普胺，减少残留胃液量 [2]。

三、麻醉方法

日间手术患者的麻醉在麻醉的设备条件选择及麻醉方法选择的基本原则等方面都与住院患者的麻醉一样。全身麻醉、局部麻醉和局部麻醉复合静脉麻醉均可用于日间手术。

考虑到非住院手术的特点，要求高效率、费用低，麻醉作用要迅速，过程平稳，麻醉后苏醒早，恢复快、不良反应少，使患者能较快地安全离院。由麻醉医师参与监测管理的局部麻醉辅助静脉镇静药称为监测下麻醉管理（monitored anesthesia care，MAC）[3]，是近年来使用较多的方法，可避免全麻常见的不良反应，减少术后护理，还有利于术后早期镇痛 [4]。

局部麻醉复合静脉浅麻醉的要求，包括术前评估、术中监测和术后恢复应与全麻完全一样。其常用的药物为咪达唑仑 2 mg 和丙泊酚 25 ～ 75 μg/（kg・mg），有明显增强顺行性遗忘和抗焦虑作用，且不延长苏醒期。局部麻醉相对简单安全，但要患者能合作。它能避免全麻时的反流误吸，减少全麻术后常见的恶心呕吐、头晕和嗜睡等不良反应。在硬膜外麻醉时选用短效的局麻药，以便患者下肢运动功能的恢复；蛛网膜下腔阻滞宜尽量选用细针穿刺（如 25 ～ 27 号），以减少头痛的发生率，其控制目标为 0 ～ 2%。

全身麻醉仍是最常用的麻醉方法。10 余年来出现的快速显效、能精确预测作用时间、无蓄积和不良反应小的麻醉药、肌肉松弛药，及镇痛药有丙泊酚、米库氯铵等，用于门诊短小手术，安全方便，有利于苏醒。正是由于这些麻醉药的临床应用，及麻醉设备更新和麻醉操作进步，以致现在非住院患者应用全麻逐渐为外科医生和患者接受，全麻的病例数量在不断增加。全麻主要考虑的问题有维护气道通畅、维持呼吸、循环平稳、麻醉药物的选择和麻醉后恢复。丙泊酚作用迅速、时效短、苏醒快、清醒质量好，其在体内代谢清除较硫喷妥钠快近 10 倍，且术后恶心呕吐发生率低 [5]，因此是目前临床最常用的静脉麻醉药。瑞芬太尼是能被血浆中的非特异性酯酶分解的超短效的阿片类药，其静注实时半衰期为 3 ～ 5 分钟，不论静脉滴注时间多长，一旦停止用药，4 分钟后其有效作用部位浓度即降低 50%[5]，首都医科大学附属北京妇产医院 [6] 无痛人流术由丙泊酚和瑞芬太尼合用完成，几乎可达到“零”苏醒。吸入全麻药摄入和排出迅速，容易调节麻醉深度，麻醉后苏醒快，可较早离院，故在全麻维持中仍占有重要地位。较新的卤化醚化合物七氟醚、地氟醚临床作用迅速、消失快，在门诊手术中已被广泛应用，但恶心、呕吐显著高于丙泊酚用后的发生率，仍为一个主要的恢复期问题。在门诊手术中，气管插管和腹部手术需要良好肌肉松弛的患者常用中短效非去极化肌肉松弛药阿曲库铵、维库溴铵和短效的非去极化肌肉松弛药米库氯铵。有试验显示气管插管也可不用肌肉松弛药，静注丙泊酚 2 mg/kg 和瑞芬太尼 3 ～ 4 μg 时可提供良好的气管插管条件，呼吸停止时间短于 5 分钟 [7]。

近年来，喉罩的优点已被大家公认，其在临床的应用范围也越来越广。

四、麻醉恢复和离院标准

非住院患者的麻醉恢复可分为 3 个阶段，即早期、中期和晚期。早期：麻醉结束至患者从麻醉中苏醒，本阶段为麻醉后并发症的高发期，患者平卧需严密的生命体征监护；中期：清醒后至达到出院标准，中期恢复在院内完成，即在麻醉后恢复室（PACU）经生命体征的监护、吸氧、镇静、镇痛，及止吐等处置后，直至患者能独立饮水、行走和活动，如果患者在手术室即达到恢复中期，称为快通道；晚期恢复是指能进行正常的日常活动，需离院后回家继续恢复，直至完全恢复正常生活并能重新开始工作 [8]。需在院内恢复的两个阶段尤为重要，因为术后剧烈疼痛、恶心、呕吐、头晕、嗜睡、呼吸抑制等并发症在这两个时期为高发期，会延长患者离院时间，恰当地预防和处理这些并发症可有效缩短术后患者的院内恢复时间 [9]，增加床位周转率。

对于接受日间手术麻醉的患者离院标准应该比住院患者离开手术室或麻醉后恢复室（PACU）的标准更严格。患者离院时应达到相应的离院标准 [10]，其具体要求为：

1．意识和定向能力恢复正常。

2．下肢的感觉、运动功能、本体觉和反射以及排便功能恢复正常，尤其是硬膜外麻醉和蛛网膜下腔麻醉的患者。

3．呼吸、循环稳定。

4．无手术和麻醉相关并发症。

5．无出血、渗血。

6．坐立或走动无眩晕，且无恶心、呕吐。

7．使用止血带或石膏固定远程肢体无肿胀，感觉正常，血运良好。

8．膀胱镜检查后尿液清澈。

9．切勿自驾车或最好能有人护送。

10．改良 Aldrete 评分法是判定患者能否进入快通道的一种新的评分系统，包括：①清醒程度；②活动能力；③血流动力学稳定程度；④氧合状态；⑤术后疼痛评估；⑥呼吸稳定与否；⑦术后恶心呕吐症状。每项评分 0 ～ 2 分，最高分 14 分，任何一项不得低于 1 分，如高于 12 分可进入快通道。

尽管日间手术的麻醉有种种优点，但也存在着客观风险。首先，麻醉医生作为麻醉的主体，其综合素质及能力的高低在一定程度上决定了患者在麻醉过程中是否安全和平稳，麻醉医生对患者的安全保障起着至关重要的作用。麻醉医生如果接受过良好的教育和专业训练，规范操作，态度认真负责，患者的安全性就会得到较大提高。其次，麻醉设备也是尤为重要的因素，对包括 SpO_2 在内的麻醉监护仪器的研究 [11] 表明：加强监护能够明显改善监测效果，而且可以及早发现和处理可能对患者造成伤害的危险情况。当然，手术因素也是不容忽视的。随着外科技术、麻醉技术和其他诊疗技术的不断发展与进步，日间手术麻醉量将逐年增加，但麻醉医生仍然应该把患者的安全和舒适放在首位，对于接受门诊手术的患者要严格掌握适应证，重点强调麻醉前访视、麻醉方法和药物选择，及术后恢复和离院标准的判断，确保患者安全。

第五节 几种创伤患者的麻醉处理

一、创伤失血性休克的麻醉处理

失血性休克是临床常见的急危重症。创伤后虽可发生多种休克，但其原发因素常为严重创伤后大出血，两者有相同的麻醉处理原则。

（一）积极适当的麻醉前准备是麻醉和手术成功的基础

创伤失血性休克病情危急，应抓紧时间进行积极全面的准备，争取纠正休克或使病情向好的方面发展。麻醉医师面对休克患者应冷静对待，切忌在毫无抗休克措施下贸然开始麻醉。对于休克不是不可控制的出血造成的，特别是期望麻醉方式选择非全麻者，尤应作好充分准备，待病情趋向稳定后麻醉。对于某些外科紧急情况，则不能单纯着眼于病情的好转，而应在准备手术的同时及早开始麻醉手术，解除病因。

（二）液体复苏，纠正血容量不足

创伤失血性休克的主要矛盾是血容量不足，因此液体复苏是早期抢救成功的关键。液体输注的原则是：早期、及时、快速、足量和先快后慢、先盐后糖、先晶后胶、晶胶结合、必要时输血，需要多少补多少、需要什么补什么[12]。平衡液因其电解质浓度、碱酸度、渗透压、缓冲碱均与细胞外液相应，是应用于治疗创伤失血性休克的最有效溶液。5% 葡萄糖液或偏低渗盐水一般不宜输注，不仅扩容效果差，还可能加重细胞水肿。对于Ⅰ、Ⅱ级的患者，一般先输入晶体液 1000 ~ 2000 ml，视休克纠正情况输入贺斯 500 ~ 1000 ml。对于Ⅲ、Ⅳ级患者，则除输入晶体液（补充量可达估计失血量 3 倍）外，还应输血。输血指征：HCT ＜ 25% 或 Hb ＜ 70 g/L，应使 HCT 维持在 30% ~ 35% 或 Hb90 ~ 100 g/L，以改善贫血和组织缺氧。

（三）麻醉方法及药物选择

总的原则应选择对循环抑制轻又能满足手术需要的麻醉方法和药物。气管内插管全麻具有适应范围广、能确保呼吸道畅通和充分供氧、对循环抑制轻等优点，是休克患者的最好选择[13]。但失血性休克患者脏器功能障碍程度往往轻，因此对于Ⅰ、Ⅱ级失血患者，多选择非全麻手段。硬膜外的指征是：病情较轻，术前治疗已使血容量得到一定程度的纠正，血流动力学比较平稳。原则是：术前准备后，收缩压在 90 mmg 以上，脉率 100 次 / 分左右，组织血流灌注尚好者，按手术部位要求穿刺成功后以 1% ~ 1.5% 利多卡因 3 ml 试平面，根据平面及血流动力学反应，以 3 ml、3 ml、4 ml 小量多次谨慎给药，若循环变化明显，则改为全麻，绝不勉强坚持。在休克未得到纠正前，绝对禁止持续硬麻。失血量大的Ⅲ、Ⅳ级患者，呼吸循环已经临床失代偿、上腹部大手术、小儿等患者，常规选择全麻，原则是浅全麻加肌松药。选择安定、r-oH、芬太尼、可万松等对血流动力学抑制小的药物诱导和维持；硫喷妥纳、异丙酚、氟哌利多等对循环影响大的药物，应常规弃用[14]。氯胺酮因对重症休克有心肌抑制作用，除小儿做基础麻醉外，一般不宜选择。

二、颅脑创伤患者的麻醉

颅脑创伤可产生急性硬脑膜外血肿、硬膜下血肿、脑内血肿、出血性脑挫裂伤，及弥漫性脑肿胀等。颅脑外伤患者多病情危重，呈昏迷状态，10% ～ 40% 合并其他部位损伤，包括颈椎骨折脱位、四肢骨折、肋骨骨折或腹腔内出血等，可导致低血压和严重脑缺血。如并存呼吸困难，可加重脑水肿和颅内压增高症状。脑外伤的全身并发症亦很凶险，包括呼吸道阻塞、休克、急性呼吸窘迫综合征（ARDS）、神经源性水肿（neurogenic edema，NGE）、非酮性高渗性高血糖昏迷（nonketoic hyperosmolar hyperglycemic coma，NHHC）、胃肠道出血，及心律、心电图改变等。

麻醉处理：颅脑外伤治疗应在入院前就开始，包括预防缺氧、高碳酸血症、低血压，及颅内血肿引起的继发性损害。若患者的昏迷评分低于 7 分，应立即控制气道、过度通气，及给予脱水药甘露醇、激素，及脑细胞保护药等。麻醉药的选择应首选异丙酚，因其具有减轻脑水肿和脑细胞保护作用。硫喷妥钠虽然也有降低脑血流和脑代谢率的作用，但因其对循环抑制明显，不宜用于失血较多、血压偏低者。深度昏迷的患者不需用全麻药，或给予小量异丙酚（1MGLG）加肌肉松弛剂即可行气管插管。约 10% 的脑外伤并发颈椎骨折或颜面部骨折，故气管插管较困难。不必反复经口试插，可做气管切开，以避免气管插管引起的颅内压升高和循环反应。应注意患者的饱胃情况，所以尽快保护气道是关键问题。不论患者的神志清醒与否，均应采用气管内全麻为宜。由于此类患者多处于中枢抑制状态，因此对全麻药较为敏感。麻醉维持可选用异丙酚、异氟醚或氟芬合剂浅全麻加肌肉松弛剂。术中可行控制性过度通气。术中注意液体出入量平衡，严格计算失血量、纠正失血性休克的同时，防止扩容过量过快加重脑水肿和颅内高压状态。补充血容量最好选用白蛋白、羟乙基淀粉或血液。对于创伤失血量较少、生命体征正常者可做控制性降压，以减少术野渗血。患者颅内高压时常伴发血压显著升高，可超过 200 mmHg，脉压增宽，但一旦掀开颅骨瓣时，血压又骤降至测不到的水平。因此必须做好快速输血输液准备，以防进一步脑缺氧。麻醉医师应随时关注手术操作过程，与手术医师密切配合。麻醉维持过程力求平稳，安全，防止血压上下波动，保持良好肌肉松弛状态和轻度呼碱状态。手术结束后送入 ICU，继续给予呼吸支持和临床监测，直至病情稳定。

三、颈部创伤患者的麻醉

颈部严重外伤可引起喉、气管、食管、动静脉和神经的损伤。开放性损伤可发生大出血、空气栓塞、纵隔气肿，及误吸血液入喉或气管，发生窒息。某些闭合伤可引起血肿或皮下气肿，发生休克或呼吸困难。因此，颈部外伤的手术处理包括紧急治疗，如窒息的气管切开术、动脉损伤的结扎术等，一般在局麻下施行。麻醉方面主要配合手术进行复苏抢救，如气管插管人工通气、输血输液纠正休克。对于创伤复杂、病情严重的患者，需要一方面进行复苏急救，另一方面积极准备进行清创缝合手术或血管修补吻合手术。施行动脉修补手术或血管移植等手术时，因手术时间较长，宜采用全身麻醉。麻醉维持中应注意血压的变化，尽量维持平稳，充分给氧，进行辅助呼吸。麻醉后应注意患者的神志及肢体运动感觉恢复的情况，尽早使患者恢复意识，以便观察有无结扎动脉后遗留的中枢神经症状。

颈部大静脉的损伤，虽然也可以引起出血，但以发生空气栓塞较为危险。由于颈部静脉壁与颈筋膜密切相连，在损伤后静脉腔不易收缩，而继续张开促使吸入空气。空气进入静脉时常有吸吮声，大量空气被吸入心脏，心跳可立即停止而死亡。如少量空气进入肺动脉，则可以引起患者呼吸急促、胸痛等症状。在发生严重空气栓塞时，立即试行右心室穿刺吸出空气有可能挽救患者的生命。大静脉出血的紧急处理为用手指或敷料压迫，然后静脉结扎或行血管缝合移植术，可以采用全身麻醉。麻醉应维持平稳，防止发生呛咳，保持术野平静。

颈椎损伤患者的麻醉关键在于保持颈椎固定位，防止脊髓损伤。尤其是气管插管和摆体位时，可用颈托或专人双手固定颈椎。暴露声门困难者可考虑做气管切开。

四、胸部创伤患者的麻醉

据统计，送到医院之前即已死亡的创伤患者中，约 30% 为胸部创伤。可见其严重性。胸部损伤如合并颅脑、腹、四肢损伤，则处理更加困难。胸部损伤无论是开放型或是闭合型，通气功能都将受到影响。即便单纯肋骨骨折，亦可因疼痛而妨碍呼吸交换。多发肋骨骨折，因胸壁塌陷可出现明显的反常呼吸。胸部伤合并颅脑外伤者，因中枢抑制，可进一步削弱通气而致严重低氧血症。气胸是胸部创伤常见的并发症。可因纵隔移位，而严重干扰呼吸和循环。如系张力性气胸则影响更甚。麻醉前需先施行胸腔闭式引流，否则可因正压通气而加剧胸腔积气和纵隔移位，甚至猝死。并存颈部皮下气肿和纵隔增宽者，要怀疑大气管破裂。胸内大血管破裂，往往因失血急剧而病情危重，多处于严重休克、神志不清的状态。必须立即手术止血。麻醉须紧密配合，不能延误。心脏挫伤可致心律失常，心功能骤减。胸部损伤患者中约 5% 伴有心肌挫伤，38% 伴有心电图改变。

肺实质损伤者多伴有咯血，诱导时要避免呛咳，要警惕大量血液涌出造成窒息意外。心音弱，失血量与低血压不相符，心影增宽变大，CVP 增高者，需想到有心包填塞，其麻醉处理存在困难，心包腔积血越多，心排血量越减少，麻醉诱导后越易出现严重低血压或心搏骤停。疑有心包填塞者，术前应先在局麻下心包穿刺减压，然后麻醉诱导，可用氯胺酮以减少循环抑制。

胸部创伤常需在气管内插管静脉复合或静吸复合麻醉下急诊开胸手术。麻醉处理原则为浅麻醉辅助肌肉松弛药，控制通气。术中加强呼吸循环功能管理监测血气及血流动力学参数。亦可辅助用局麻或肋间神经阻滞，以减少全麻药用量。并存肺挫伤者，应严格限制术中输血输液量，充分估计失血量，谨防过量造成肺水肿。输血输液过程中，应密切观察临床表现，连续监测 CVP、脉搏血氧饱和度 SpO_2 和 ECG。

五、脊柱、脊髓损伤患者的麻醉

脊柱骨折脱位致脊髓损伤较为常见。有的采取保守疗法，有的须手术解除脊髓压迫和稳定脊柱。脊柱骨折常合并其他部位损伤。出现休克时应鉴别系失血还是脊髓休克所致。颈椎 5 以上骨折脱位，常合并高位截瘫，应注意下列处理：

1．因肋间肌、膈肌麻痹可出现呼吸困难，必须保证通气量和维持呼吸道通畅，有无气管造口、呼吸器治疗的指征。

2．合并面颈部软组织损伤者，应谨防血块、异物堵塞呼吸道。

3．高位截瘫患者的咳嗽、排痰能力已丧失，可因分泌物堆积造成呼吸道梗阻，也可因胃内容物反流致误吸，均应随时吸引。

4．脊髓损伤急性期，因椎管腔出血或水肿，可使脊髓病变往上、下蔓延而致病情恶化，循环衰竭，应予警惕。

5．高位截瘫易并发肺水肿和肺栓塞。肺栓塞是患者猝死的原因。截瘫致肺功能障碍时，容易出现输液相对过量肺水肿；伤后早期因交感神经忽然刺激而静脉回流骤增，加重右心负荷，极易导致肺水肿。

6．高位截瘫可出现心功能减退和心电图异常，如窦性停搏、多元性室性早搏、室速等，可能系自主神经功能失调所致。心血管功能减退表现在不能耐受失血或体位变动，容易出现严重低血压。

7．截瘫患者可出现自律性反射亢进，表现为高血压、心动过缓、肌痉挛等副交感神经兴奋征象；因体温调节能力丧失可出现高热。

8．高位脊髓损伤患者可出现气管反射异常，系交感与副交感神经平衡失调所致，可出现心动过缓。若并存缺氧，可致心搏骤停。因此，对高位截瘫患者吸引气管时须特别慎重。

单纯椎板切除减压可在局麻下进行。颈椎骨折脱位需切开复位减压时应用全麻。麻醉实施中需注意保持脊柱的稳定性。麻醉诱导和手术中强调保持颅骨牵引以维持头部稳定，防止脊髓损伤加重。气管插管有时较困难，宜用经鼻清醒盲探插管，或借助纤维光导支气管镜插管。避免用琥珀胆碱快速诱导插管，以防血钾升高性心搏骤停意外。上述多取俯卧体位，注意胸腹部垫衬物勿干扰呼吸动作，密切观察呼吸，施行辅助呼吸，避免用呼吸抑制剂。手术失血往往较多，需及时补充，避免低血压。术后拔管时，要避免咳嗽躁动，可在拔管前静注 1 ～ 1.5 mg/kg 体重利多卡因。

六、腹部创伤患者的麻醉

腹部闭合伤的早期症状往往不明显，有时较难确诊或被误诊，尤其是伴昏迷的患者，因较难得到有价值的诊断材料，易被漏诊。近年来，腹部闭合伤的诊断已有较大进展，如利用腹腔穿刺、同位素扫描、血管造影、腹腔镜检查和 CT 检查等，漏诊或误诊已有减少。腹腔实质性脏器损伤以肝、脾破裂居多，且以脾破裂为常见。严重肝、脾破裂的出血量一般都在 2000 ml 以上。肠系膜血管破裂出血亦较多见。下腔静脉破裂出血往往来不及抢救即死亡。腹部创伤伴内出血者，治疗应越早越好。同时应有效纠正失血性休克。血压开始下降，脉压变窄，脉搏增快，提示失血量已达 1000 ～ 1500 ml。出血尚未止住前，宜尽量输注平衡液，出血止住后再输以全血，以节省血液。休克有初步改善后，应立即在气管内浅全麻下手术，用静脉复合或静吸复合并用肌肉松弛药维持。切开腹膜时，谨防腹腔积血一涌而出，导致血压骤降，应缓慢放出并做好快速输血准备。单纯胃肠道损伤，一般无明显失血症状，情况较好，可选用连续硬膜外阻滞。低血容量休克前期患者，经输血、输液血压回升且趋于稳定者，可考虑用连续硬膜外阻滞，但必须慎重掌握以下要点：

1．正确判断循环功能。

2．根据手术要求选择最低穿刺点，如胸 11 ～ 12 或胸 12 ～腰 1 椎间隙，向头端置管。

3．置管后改平卧位，测血压、脉搏无变化者才注射试验量，一般用 2 ～ 3 ml。

4．低血容量休克患者对麻药的耐量极小，极易扩散过广，有时仅试验量即可手术切皮，故应严格掌握分次、小量用药。如果仍有痛感，宜适当结合局麻。当进腹控制出血点后，再酌情追加维持局麻药。

5．阻滞平面应尽量控制不超过胸。

6．警惕血压骤降意外。尽管已执行上述要点，有时仍以不勉强用硬膜外阻滞为妥。

七、挤压综合征患者的麻醉

四肢或躯干严重创伤常合并挤压综合征，系肌肉长时间受压致大批肌肉缺血坏死所致，死亡率很高；近年来应用人工透析治疗，死亡率已明显下降。临床上除表现为皮肤肿胀、变硬、张力增加、水泡形成、皮下淤血、小血管阻塞和肢体缺血外，尚可因坏死组织释出毒素，吸收后出现严重全身中毒症状和肾功能不全，表现为神志恍惚、呼吸深快、躁动、恶心、少尿或尿闭、脉快、高热、心律失常等，化验检查有无肌红蛋白尿、高血钾、贫血、酸中度和氮脂血症。为阻止挤压综合征继续发展和促进受伤肢体功能恢复，需施行手术治疗，早期行筋膜间隔切开减压以缓解症状；肢体感染坏死，全身中毒严重者，需行截肢手术。因常并存肾功能不全，麻醉处理须极慎重。麻醉选择及术中处理均应以不影响肾功能为前提。如果不存在休克，下肢截肢可选用硬膜外阻滞；如为多发损伤或伴低血容量休克，需采用气管内全麻，可用静脉异丙酚，乙咪脂诱导，氯胺酮复合神经安定镇痛合剂。辅吸安氟醚或异氟醚维持。伴高血钾者避免用琥珀胆碱。合理掌握输液量，维持出入平衡，避免大量输液；尽量不予输血，必须时应输新鲜血。有高血钾者，可输高张葡萄糖液加胰岛素（按 3 ～ 4 g 加 1 单位计算）；10% 葡萄糖酸钙 40 ～ 80 ml 静脉滴注；应用降血钾药如苯丙酸诺龙等。有酸中度者，用 5% 碳酸氢钠纠正，同时可碱化尿液，防止肌红蛋白堵塞肾小管。维持一定的尿量，必要时用利尿药以保护肾功能。

八、烧伤患者的麻醉

小面积烧伤患者的麻醉处理无特殊性。烧伤总面积超过 50% 以上，或头部、面部、呼吸道等特殊部位烧伤患者的麻醉处理，有相当大的困难性。

1．烧伤麻醉的特点

（1）大面积深度烧伤常伴有严重全身反应及重要脏器并发症。在治疗烧伤的同时，需兼治并发症。

（2）大面积烧伤病程长，需施行多次手术和麻醉，患者负担重，病程越长，体力消耗越大，全身情况越差，手术麻醉的危险性亦越大。

（3）患者常伴有低血容量、低蛋白血症，贫血和水电解质紊乱，术前须积极纠正，以提高机体抵抗力。对头部、面部、颈部、呼吸道烧伤患者，麻醉前需估计呼吸道通畅情况及其对呼吸功能的影响，需备妥呼吸管理器械。面颈部组织肿胀者，气管插管常遇困难，可行气管造口插管。要求全麻后迅速清醒，以减轻术后反应，加快术后恢复，注意营养摄入。

烧伤患者对疼痛多较敏感，要求阻滞麻醉止痛安全。由于创面广泛，再加敷料包扎，常使静脉穿刺无法进行，术前需做好静脉切开准备。肢体烧伤有时无法测量血压和脉搏，需借助听心音、中心静脉压、创面渗血、心电图和尿量来判断循环情况。

2．大面积烧伤早期切痂植皮的麻醉 早期切痂植皮手术在伤后 4 天左右施行。一般休克期已度过。因此，极易再出现低血压或休克，要严加防止。头颈部烧伤致组织肿胀，常限制患者张口和颈部活动，导致气管插管和呼吸管理困难，应考虑在麻醉前先施行气管造口。大面积烧伤需经多次扩创、取皮、植皮术以消除创面，患者负担重，往往处于慢性消耗病容，呼吸、循环代偿能力减退，故不能耐受深麻醉。氯胺酮静脉复合麻醉用于烧伤患者较为理想，因呼吸道容易保持通畅，有时可免于气管插管，但偶尔可引起一过性呼吸抑制，为确保安全，俯卧位手术仍以插管为妥。

第六节 创伤患者麻醉恢复期处理

创伤患者的麻醉恢复：手术结束停止麻醉后，创伤患者进入麻醉恢复期。由于创伤手术多为急诊手术，术前诊断与准备不尽完善，或手术时间过长，麻醉苏醒期可能会出现不平稳、苏醒期延长，及严重意外和麻醉并发症。因此应特别注意麻醉恢复期的监测与管理。

一、严格掌握气管拔管指征

创伤患者多有术前饱胃史，并且受创伤后胃排空时间延长。在麻醉恢复期如出现呛咳、恶心呕吐时，易造成误吸。尽管术中放置胃管引流，但不能保证排空胃内容物。为避免拔管后误吸，在拔除气管导管前一定确认患者完全苏醒，各种保护性生理反射存在，无误吸可能性后方可拔管。一般认为，创伤等急症手术较择期手术应延长拔管时间。

（一）肌力的完全恢复

术中使用肌松剂者拔管前应认真检查肌力恢复状况，如通过肌力监测、脱离麻醉机后血氧饱和度的监测、患者头部抬高的高度和持续时间、感觉患者手的握力等指标进行判定。对残存有肌松作用者应给予肌肉松弛拮抗剂新斯的明。无论肌力恢复正常与否，均常规给予肌肉松弛拮抗剂的观点尚有异议。

（二）患者完全清醒

对创伤患者术后清醒程度要求较高，以防不测。但在使用麻醉药拮抗剂时，如纳洛酮、多沙普仑等药物，应注意防止患者苏醒过程中因疼痛或中枢兴奋引起的躁动、挣扎、谵妄，继而造成的活动性出血、颅内压升高、肺水肿等严重合并症。因此，对于严重多发创伤患者应慎用吗啡拮抗剂和中枢兴奋剂。

二、气管导管的保留

创伤患者因情况紧急，有可能未发现潜在的组织器官损伤。这些隐患可能在麻醉恢复期或术后逐渐出现严重的合并症，如颅脑损伤、肺损伤所致的中枢神经抑制、呼吸功能不全等，易造成拔管后呼吸衰竭。因此，对于可疑有重要脏器损伤者应保留气管导管，继续观察和确定诊断，直至排除危险隐患的可能后方可拔管。

转入重症监护病房（ICU）：对于生命指征不稳定，有严重创伤合并症的患者，停止麻醉后，不必应用拮抗麻醉药和肌肉松弛药、诱导自主呼吸，及催醒等促进麻醉恢复的措施。在呼吸支持和生命体征监测下直接送入 ICU 进一步观察，抢救治疗，以保证病情平稳，尽量减少不良刺激，防止苏醒期合并症的发生。对于转入 ICU 的适应证范围应适当放宽，避免可能发生的各种危险因素。各医疗抢救单位应加强 ICU 的建设，不断提高监测和治疗水平。

第七节　创伤患者的术后处理原则

严重创伤患者经过手术和麻醉处理，多数病情可逐渐好转，并趋于稳定；但仍然危重，因易出现复杂并发症。因此，术后仍需积极治疗，直至患者完全康复。

一、维持循环功能

根据术前术中的失血量和术后的渗血量，及时恢复有效循环血量，维持血压、脉搏稳定。估计血容量已基本恢复而仍有脉频和低血压时，须认真检查心功能，必要时用强心药。创伤早期因组织灌注不足，细胞缺血，部分液体存留于第三间隙，至伤后 2 ~ 3 天血管功能逐渐恢复，第三间隙积液可再回收入血管，由此可造成血管内液超负荷，出现所谓“复苏后高血压综合征”。如果并存肾功能不佳，高血压可持续较长时间。此时，必须限制输液量，避免用胶体，用利尿药或血管扩张药治疗。

二、维护呼吸功能

创伤后较易出现呼吸功能不全，主要原因有两个：

1．胸部直接损伤，包括呼吸道损伤。

2．成年呼吸困难综合征（ARDS） 休克、败血症、脂肪栓塞、大量输血、脑外伤、误吸、弥散性血管内凝血（DIC）均为 ARDS 的主要发病因素。对 ARDS 须及时作出诊断，延误时间则很难救治。早期仅表现过度通气和 PaO_2 降低。虽然积极治疗，PaO_2 仍低于 70 mmHg，并有继续下降趋势，肺泡动脉血氧差（A-ADO_2）> 200 mmHg，无效腔量和潮气量比（VD/VT）> 0.4，继之呼吸困难，呼吸阻力增加，胸部 X 线片呈弥漫性片状阴影，诊断可肯定无疑。治疗包括保持呼吸道通畅、应用 IPPV + PEEP 改善通气、提高氧合、积极防治肺部感染等，但预后甚差。胸部手术后，要积极预防肺部并发症，术毕要求迅速清醒，良好止痛，施行胸部理疗，包括深呼吸和有效排痰。术后伤口止痛可用肋间神经阻滞或患者自控镇痛法（PCA）。PCA 技术不仅安全、简便、镇痛效果确切，还可调整药物配方，具有镇静、神经安定、止吐等作用，是目前常用的术后镇痛技术。

三、维护肾功能

创伤后急性肾衰竭较为常见。虽然血液透析治疗已逐渐推广，但死亡率仍然很高。早期症状为尿少，但须与肾前型少尿做鉴别。预防肾衰竭须从抢救之初即开始，避免长时间低血压和肾缺血，保持一定的尿量。尿量减少或尿检异常时，应测定肌酐清除率、尿血钠比、尿血渗透压比，以分别了肾小球滤过功能、肾小管功能和肾浓缩功能，同时测定血尿素氮、血钾、血钠，以明确诊断，及时治疗。

四、预防脂肪栓塞

为骨折后常见并发症，发生率约 7.7%，死亡率达 16.3%。

1．发生原因

（1）机械或血管外源说：创伤局部的脂肪细胞破坏，脂肪滴侵入血流，阻塞肺毛细血管。

（2）化学或血管外源说：创伤反应使血脂乳化状态不稳定，脂类代谢异常，脂肪颗粒堆聚，形成脂肪球而阻塞肺血管。

2．脂肪栓塞分型

（1）暴发型：发病急，病情重，常可在数小时内死亡。

（2）非暴发型：多发病于伤后 1 ～ 2 天。

（3）亚临床型：多发生于伤后 1 ～ 6 天。临床上典型脂肪栓塞较少见，多为亚临床型。

3．诊断要点

（1）呼吸困难和意识障碍，PaO_2 下降。

（2）皮肤和黏膜出血。

（3）肺部 X 线片呈现不均匀的密度增高。

（4）血红蛋白降低，血小板减少，血沉增快。

（5）尿中脂肪滴、血游离脂肪酸增加。

（6）发热、脉快。

4．脂肪栓塞的治疗原则

（1）维持有效循环血量，补足胶体液，输新鲜血、白蛋白，以保证血液携氧能力和维持血浆胶体渗透压。但要防止液体过多，维护肺功能，预防肺水肿。

（2）纠正低氧血症，施行呼吸治疗以维持足够的 PaO_2，必要时用呼吸机支持。

（3）应用皮质激素，有利于改善低 PaO_2 和预防肺水肿。

（4）防治脑缺氧。

（5）治疗骨折。

术后的其他治疗还包括补充足够营养、防治感染，及中枢神经功能的恢复等。

（张树波　刘铁军）

主要参考文献

[1] 张小平．创伤手术麻醉．程爱国．煤矿创伤学．北京：中国科技出版社，2002，188-213.

[2] Gupta A. Strategies for outpatient anaesthesia. Best Pract ResClin Anaesthesiol，2004，18（4）：675.

[3] 李德馨．关注非住院病人麻醉．国外医学麻醉与复苏分册，1999，20（3）：132-133.

[4] 于颖群．监测的麻醉处理进展．国外医学麻醉与复苏分册，1999，20（3）：134-137.

[5] 庄心良，曾因明，陈伯銮．现代麻醉学．3 版．北京：人民卫生出版社，2004，1646.

[6] 王玥，徐铭军．日间手术麻醉新进展．中国误诊学杂志，2009，9（1）：16-17.

[7] Stevens JB，Wheatley LD. Tracheal intubation surgery patient：Using remifentanyl and propofol without mnscle relaxants. Anesth Analg，2004，86：45-49.

[8] 杨天德．门诊患者的麻醉管理．重庆医学，2006，35（7）：577-578.

[9] Chung F，Mezei G. Factors contributing to a prolonging stay after rambulatory surgery. Aesth Analg，2004，89（6）：1352.

[10] 赵素珍，邓硕曾．门诊手术麻醉进展．临床麻醉学杂志，2003，19（2）：127-128.

[11] Ecoffey C. Paediatric perioperative anesthesia environment. Curropin Anaesth，2000，13（3）：313-315.

[12] 孙增勤．麻醉失误与防范．北京：科学技术文献出版社，1998.

[13] 杨拨贤．感染性休克病人的麻醉处理．中华麻醉学杂志，1999，7：4451.

[14] 彭强，徐孝碧，罗红霞．67 例失血性休克病人的麻醉管理．重庆医学，2003，32（12）：1715.

第六章

急性肺损伤与急性呼吸窘迫综合征

第一节　定义和病因

早在第一次世界大战期间，已有严重创伤引起急性呼吸衰竭的记载。后来报道越来越多，由于引发急性呼吸窘迫综合征（ARDS）的原发病多达 100 多种，有些病与呼吸系统无关，却出现呼吸窘迫症状，导致命名十分混乱。据统计有 30 多个同义词，最有代表性的还是急性肺损伤和 ARDS。2000 年中华医学会呼吸病学会正式启用急性呼吸窘迫综合征这一名词。

一、定义

急性呼吸窘迫综合征（acutc respiratory distress syndrome，ARDS）是指肺内、外严重疾病导致以肺毛细血管弥漫性损伤、通透性增强为基础，以肺水肿、透明膜形成和肺不张为主要病理变化，以进行性呼吸窘迫和难治性低氧血症为临床特征的急性呼吸衰竭综合征。ARDS 是急性肺损伤发展到后期的典型表现。该病起病急骤，发展迅猛，预后极差，死亡率高达 50% 以上。ARDS 曾有许多名称，如休克肺、弥漫性肺泡损伤、创伤性湿肺、成人呼吸窘迫综合征。其临床特征为呼吸过速和窘迫，进行性低氧血症，X 线检查呈现弥漫性肺泡浸润。本症与婴儿呼吸窘迫综合征颇为相似，但其病因和发病机制不尽相同，为示区别。

二、病因

急性肺损伤（acute lung injury，ALI）/ARDS 是由诸多因素造成的急性进行性缺氧性呼吸衰竭。此病患者常可出现肺泡上皮细胞和内皮细胞的损伤，其肺内分流可明显增加，通气血流比值可发生失调，其发生的病变可被视为一种肺内过渡性、失控性炎症反应[1]。ALI/ARDS 的诱发因素较复杂，淹溺、毒性物质吸入、肺挫伤、肺炎等直接因素和脓毒症、多发挫裂伤、休克、子痫、头部创伤、急性胰腺炎等间接因素都有可能诱发此病。1983 年，Fowler 对 936 例 ARDS 进行回顾性分析，以败血症、烧伤、骨折、体外循环、肺炎伴呼吸衰竭、误吸、弥散性血管内凝血（DIC）和输血过量 8 种为常见的致病因素。目前强调感染是 ALI 的最常见病因之一，占 25% ～ 40%。各种严重创伤，如感染、炎症、坏死组织、大手术、组织缺血和再灌注损伤等均可引发 SIRS。此时机体处于高代谢状态（如高氧耗量、高通气量、高血糖、蛋白质分解增加、负氮平衡和高乳酸血症等）、高动力循环状态（如高心输出量、低外周血管阻力等），及过度炎症反应。过度炎症反应具有下列条件中两条以上的表现：①体温＞ 38℃或＜ 36℃ ；②心率＞ 90 次 / 分；③呼吸＞ 20 次 / 分或 $PaCO_2$ ＜ 4.3 kPa；④白细胞总数＞ 12.0 × 10^9/L 或低于 4.0 × 10^9/L，杆状核细胞＞ 0.1%。

ALI/ARDS 的高危因素可分为直接肺损伤因素，如严重肺感染、胃内容物吸入、肺挫伤、吸入有毒气体、氧中毒等；间接肺损伤因素，如脓毒症（SEPSIS）、严重的非胸部损伤、重症胰腺炎、大量输血、体外循环、弥散性血管内凝血（DIC）等。

（一）直接原因

1．外伤 在许多情况下，创伤者可发生呼吸损害。多发性肋骨骨折、肺挫伤、肺破裂、血胸和气胸等造成胸廓及胸腔内的直接损伤是常见的原因。

2．吸入有毒气体 吸入有毒气体如 NO_2、SO_2、NH_3、氯气和光气等，均可引起 ALI。吸入浓度高于 50% 的氧，时间过长如超过数日也可能发生 ALI。

（二）间接原因

1．休克创伤者由于大量失血造成的低血容量，可致心输出量降低，同时也造成肺血流量减少。由于肺血容量的减少和源源不断地接受体循环而来的微型栓子，可堵塞肺血管床，阻碍气体交换的进行。破坏的血细胞和组织分解产物引起的支气管和肺小血管收缩，可使毛细血管通透性增加，引起肺间质充血、水肿，使呼吸阻力加大。因而在持久性休克的基础上，加上其他因素，如大量输液、输血等，即可导致呼吸窘迫综合征。

2．脂肪栓塞是多发骨折后常见的并发症。大的脂肪滴可阻塞肺小动脉并使之扩张。小脂肪滴可弥散于很多微小血管，造成广泛性微循环栓塞。同时中性脂肪在脂酶的作用下，分解成游离脂肪酸，它造成的化学性炎性反应可导致肺水肿和肺出血，临床上表现有低氧血症，是肺功能损害的一个重要指标。

3．输液过多 在严重创伤者中，由于应激反应，水和盐潴留的反应时间较为持久，常超过 72 小时。因此，伤后大量输液可使几升水潴留在体内，扩大了细胞外液量。同时大量电解质溶液还可稀释血浆蛋白质，降低血浆的胶体渗透压，促使肺水肿加重。此外，如果肺本身又直接受到各种不同原因的损害，例如挫伤、误吸、休克或脓毒症等，则较正常肺更易潴留水分。因此，即使是轻微的输液过量，也易造成肺水肿。所以，输液过量在发生急性呼吸窘迫综合征的诸多因素中，占有相当重要的地位。有作者研究狗发生肺水肿时的四肢、小肠和肺毛细血管静水压的差别，发现四肢毛细血管压为 16 mmHg，小肠毛细血管压为 15.4 mmHg 时，才发生水肿；而肺毛细血管压为 7.6 mmHg 时，即发生肺水肿。

4．感染 化脓性感染可使细菌毒素或细胞破溃产物进入肺循环。在内毒素作用下，体内释放出血管活性物质，如组胺、乙酰胆碱、儿茶酚胺等，使毛细血管通透性增加。感染还可以转移至肺部，从而并发肺衰竭。存在休克、多发性创伤和大量输液等因素，则容易使患者发生脓毒症。

5．颅脑创伤 严重颅脑创伤常并发肺水肿。这是因为脑创伤可以激发强烈的交感神经冲动，导致显著的末梢血管收缩，随即迅速发生急性心力衰竭和肺水肿。若预先应用 α 肾上腺素能阻滞药，可防止此种损害。最近发现创伤后肺水肿的积液内蛋白质含量很高，故除高压性水肿外，还可能有通透性水肿因素的存在。

6．误吸 误吸作为引起呼吸窘迫综合征的原因之一，近来受到重视。误吸大量的酸性胃内容物是非常严重的情况，小量 pH 低于 2.5 的酸性分泌物，也能造成严重后果，引起化学性肺炎和肺部感染，从而导致呼吸衰竭。

7．氧中毒　呼吸衰竭时，常用高浓度氧治疗，但长期使用反而造成肺损害。决定氧中毒的主要因素是吸入氧的压力和吸氧时间，吸入氧压力越大，时间越长，氧对机体的可能损害就越大。肺氧中毒时，支气管的纤毛运动可受到明显抑制。100% 氧吸入 6 小时，即可产生无症状的急性支气管炎。Sevitt 通过大量尸检所见，认为透明膜和增生性肺炎为人肺氧中毒的特征。其主要的病理生理改变是通气 - 灌流比例失调，大量血液流过肺水肿、肺不张、突变和纤维变的区域，致使肺内生理分流显著增多，形成静脉血掺杂增加，于是产生持续性的低氧血症。晚期则有气体弥散障碍，二氧化碳排出受阻，此时即使吸入高浓度氧，并不能提高动脉氧分压，只能加重对肺的毒性损害，实验中可见动物常死于严重缺氧性心脏停搏。

ARDS 的病因各异，但是病理生理和临床过程基本上并不依赖于特定病因，共同基础是肺泡 - 毛细血管的急性损伤。肺损伤可以是直接的，如胃酸或毒气的吸入、胸部创伤等导致内皮或物理化学性损伤；而更多见的则是间接性肺损伤。虽然肺损伤的机制迄今未完全阐明，但已经确认它是系统性炎症反应综合征的一部分。在肺泡毛细血管水平由细胞和体液介导的急性炎症反应，涉及两个主要过程即炎症细胞的迁移与聚集，及炎症介质的释放，它们相辅相成，作用于肺泡毛细血管膜的特定成分，从而导致通透性增高。

第二节　发病机制与病理

一、急性肺损伤的发病机制

ALI 的发病机制错综复杂，至今尚未完全阐明。1985 年 Deitch 提出二次打击学说，严重创伤、烧伤、严重感染、大手术、脓毒性休克、肠道细菌移位（translocation）、失血后再灌注、大量输血（液）等均可构成第一次打击，使机体免疫细胞处于被激活状态；如再出现第二次打击，即使程度并不严重，也可引起失控的炎症反应。巨噬细胞首先大量释放促炎症细胞因子（proinflammatory cytokines，PIC），再激活中性粒细胞、多形核白细胞（polymorphic nucrear leukocyte，PMN）等效应细胞，引发瀑布（级联）效应（cascade effect），全身炎症反应不断放大，因而导致或加速单个或多个器官功能不全或衰竭的发生，由 SIRS 发展为 MODS。目前认为，ALI 实际上就是 MODS 在肺部的表现。在此过程中，过度炎症反应激活的效应细胞，释放炎性介质参与了肺损伤。此外，肺表面活性物质（pulmonary surfactant，PS）的异常也参与 ALI 的发病。现已证实，胃肠道也是早期受损伤的器官之一，黏膜屏障损伤后，导致胃肠道内细菌移位和内毒素的吸收，激发效应细胞释放大量炎症介质，这些也在 ALI 的发病中起一定作用。

（一）参与发病的细胞

1．多形核白细胞　在人体中，能够进行非特异性防御的中性粒细胞是抵抗外来病原体的重要屏障。临床研究发现，中性粒细胞是 ALI/ARDS 病理过程中发生细胞损害和肺损伤的主要效应细胞。在发生肺损伤的短时间内，中性粒细胞会在毛细血管中聚集停留并被激活，然后转移至肺泡腔里。在被激活后，它会释放弹性蛋白酶、氧自由基、防御素和各种炎性因子。动物实验和临床观察结果都证明，在人体内中性粒细胞弹性蛋白酶的水平升高时，若是人为地提高该水平可使肺损伤进一步加重；若是人为地抑制其水平可使肺损伤得到一定的保护和改善。有学者在对急性肾损伤导致的肺损伤进行研究后发现，特异性中性粒细胞蛋白酶抑制剂西维来司钠（ONO-5046）可对中性粒细胞弹性蛋白酶的活性及肺损伤的发展产生较大的抑制作用[2]。

PMN 在 ALI 的发生发展过程中，发挥着主要作用。正常情况下，肺内白细胞较为罕见，其中 PMN 仅占 1.6%。ALI 的发病早期，以大量 PMN 向炎症部位的定向游走和聚集为特征。活化的补体 C5a、血小板活化因子（platelet activating factor，PAF）、白三烯（leukotrienes，LTs）、细菌、免疫复合物、脂多糖、肿瘤坏死因子 α（tumor necrosis factor-α，TNFα）、甲酰寡肽（FNLP，一种革兰阴性杆菌分泌出的肽类）等均能激活 PMN。PMN 在靠近损伤部位的肺毛细血管内皮细胞（pulmonary capillary endothelial cell，PCEC）附近迅速增加，并使之在肺微血管内被扣押（sequestration）、聚集，同时外周血 PMN 减少。PMN 被激活后，通过释放氧自由基（oxygen free radical，OR）、蛋白溶解酶（protein dissolving enzyme，PE）、花生四烯酸代谢产物（arachidoric acid metabolites，AAM）等损伤 PCEC；PMN 还可通过诱导释放炎症介质，激活其他介质的释放，产生瀑布效应，出现恶性循环。PMN 释放的蛋白溶解酶如弹性蛋白酶、胶原酶、组织蛋白酶和丝氨酸蛋白酶等，均能破坏细胞外基质，其降解产物对炎症细胞和成纤维细胞也具有趋化作用，可导致炎症反应时间延长和肺损伤进一步加剧。被活化的 PMN 具有黏附性，可使其黏附在肺微血管内皮细胞上，与活化的巨噬细胞共同作用引起呼吸爆发（respiratory burst），释放大量 OR，可导致严重的肺组织损伤。人们注意到 PMN 是导致 ALI 的重要效应细胞，但有关 PMN 作用的细节，尤其 PMN 的量化作用，尚需进一步探讨。

2．单核 - 吞噬细胞系统 巨噬细胞（macrophages）主要来自骨髓内单核细胞，为多功能细胞，在机体的防御中起重要作用。肺内巨噬细胞根据所在部位不同，分为不同亚群，包括肺泡巨噬细胞（alveolar macrophage，AM）、肺间质巨噬细胞（pulmonary interstitial macrophage，IM）、肺血管内巨噬细胞（pulmonary intravascular macrophage，PIM）、胸膜巨噬细胞、血管壁巨噬细胞、支气管壁巨噬细胞，及树突状细胞等。

（1）肺泡巨噬细胞：AM 主要在肺泡腔内，是在肺泡表面的游离细胞，也是肺泡腔内的常驻吞噬细胞（resident phagocyte I cell）；位于肺泡上皮表面的一层衬液中，是体内唯一直接与空气接触的细胞群，组成肺组织的第一道防线。AM 产生抗病原微生物炎症介质的能力较强，如产生和释放适量的 TNFα、INF、OR 和 NO 等，这些炎症介质与 AM 的吞噬功能相辅相成，有效杀灭侵入机体的病原体。当严重感染时，细菌或毒素侵入机体，激活 AM 等炎症细胞，释放大量前炎症细胞因子，包括 TNFα、IL-1、IL-2、PAF、γ-INF、PLA2 等，其中最主要的是 TNFα，从而诱导 ALI 甚至 ARDS。

（2）肺间质巨噬细胞：IM 存在于肺间质内，其吞噬功能和产生炎症介质的能力均低于 AM，它可能具有更大的调节功能，有较强的分泌 IL-1、IL-6 的能力，形成肺防御的第二道防线。

（3）肺血管内巨噬细胞：PIM 是近几年发现的参与 ALI 的发病过程的细胞，在介导肺微血管损伤和肺部炎症反应过程中，发挥一定作用。

3．肺泡上皮细胞 肺泡上皮细胞（pneumocyte，PC）分为 PC-Ⅰ型、PC-Ⅱ型两种。PC-Ⅰ是高度分化的细胞，自身已丧失再生能力，又易受到许多有害物质的损伤。吸入有害气体后，首先受损伤的是 PC。AM 和 PMN 等被激活后释放大量炎症介质，使 PC-Ⅰ受损、坏死，从而使肺泡的细胞屏障作用被破坏，这对 ALI 患者的预后很重要。PC-Ⅰ受损伤、坏死后，PC-Ⅱ参与肺损伤后肺泡上皮的修复与更新过程，有丝分裂活跃、增生、分化、覆盖肺泡表面，最终分化成 PC-Ⅰ，完成肺泡上皮的修复。此过程的调节比较复杂，目前尚不完全清楚。

PC-Ⅱ总数为 PC-Ⅰ的 2 倍，但 PC-Ⅱ体积较小，按所占面积计算仅占肺泡总面积的 5%，而 PC-Ⅰ占肺泡总面积的 95%。PC-Ⅱ是一种分泌细胞，胞浆内含有细胞器，如线粒体、高尔基体和典型的板层小体。肺泡表面活性物质（PS）主要在PC-Ⅱ的胞浆内合成，储存在板层小体内。板层小体形成后，向细胞表面移行，通过细胞膜融合及胞吐作用，将PS分泌到肺泡表面。体外实验发现，鼠肺上皮PC-Ⅱ含有丰富的钠-钾ATP酶，将肺泡液中的钠离子转达到肺间质，同时把氢离子泵入肺泡液，使其呈酸性（pH为6.8）。

严重ALI发病后期肺纤维化形成，多见于肺泡上皮广泛损伤的重症患者。由于PC-Ⅱ大量坏死，而成纤维细胞活跃，合成和沉积大量胶原，导致肺纤维化的形成。若发现能促进PC-Ⅱ增殖的因子，用于治疗ALI，有望在防止发病后期的肺纤维化方面产生较好疗效。

4．血管内皮细胞和肺毛细血管内皮细胞 肺血管是全身最大的血管床，肺是含血量最丰富的器官。肺毛细血管内皮面积大，是接受全部心输出量的唯一器官。因肺循环解剖部位特殊，使肺血管内皮细胞（pulmonary vascular endothelial cell，PVEC）在生物活性物质的代谢方面具有特殊意义。PVEC是肺组织的重要组成部分。肺血管内皮呈连续性完整结构，通透性较低，发挥选择性通透屏障作用。PVEC是整个肺循环的内衬，面积大、数量多、代谢活跃、功能复杂，在ALI的发病过程中，PVEC受损最早，结构、形态和功能均发生变化。当内毒素等有害物质进入血液循环后，首先损伤肺毛细血管内皮细胞（PCEC），使内皮细胞单层（monolayer）的通透性增加、收缩、死亡。PCEC损伤后2小时后，可出现肺间质水肿，12～24小时后，便出现肺泡水肿；产生TXA2、PAF和LTs等，可趋化更多的PMN和血小板进入肺组织。由于解剖结构的特点，肺不仅是创伤后受损伤的首位靶器官，而且PVEC也是最早损伤的靶细胞，又是活跃的效应细胞，有着复杂的代谢功能。

（二）参与炎症反应的介质

1．氧自由基（OR） OR是重要的炎症介质之一，它所诱导的肺损伤为目前研究ALI的一个焦点。OR主要包括超氧阴离子（superoxide radical，O^{2-}）、单线态氧（singlet oxygen，$1O_2$）和羟自由基（hydroxyl radical，OH.）。OR对机体的损伤作用颇为广泛，损伤的机制较为复杂，可简略归纳如下（图6-1）：①对膜脂质的氧化；②对蛋白质（酶）的破坏；③对核酸的破坏；④OR损害作用的产物：大量丙二醛（MDA）和次氯酸的危害作用。

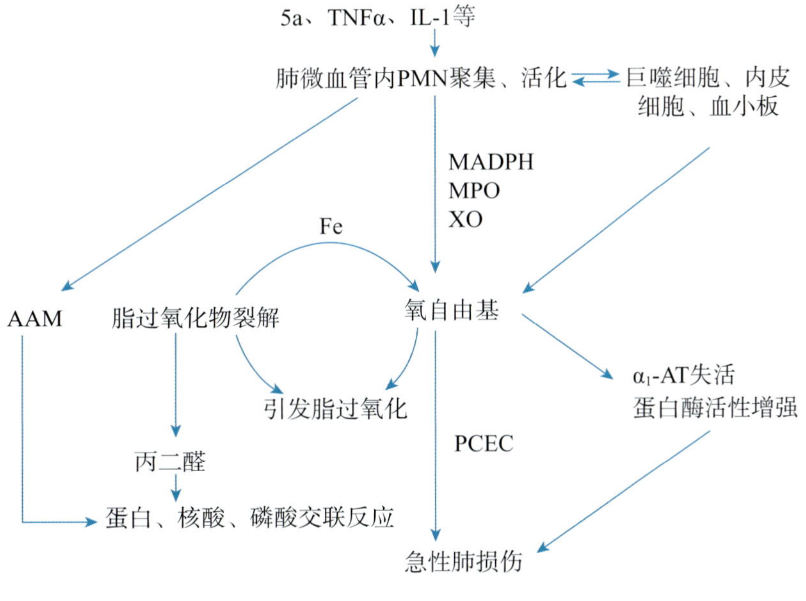

图6-1 氧自由基损伤机制

2．花生四烯酸代谢产物（AAM） AA存在于所有的细胞膜磷脂中，经磷脂酶A2（PLA2）催化而释放。AA 主要在 ALI 发病早期起重要作用，经两个途径代谢为氧化产物（图 6-2）。一是经脂氧酶催化代谢过程，产生白三烯类物质；二是经环氧合酶途径代谢过程，产生前列腺素类物质。

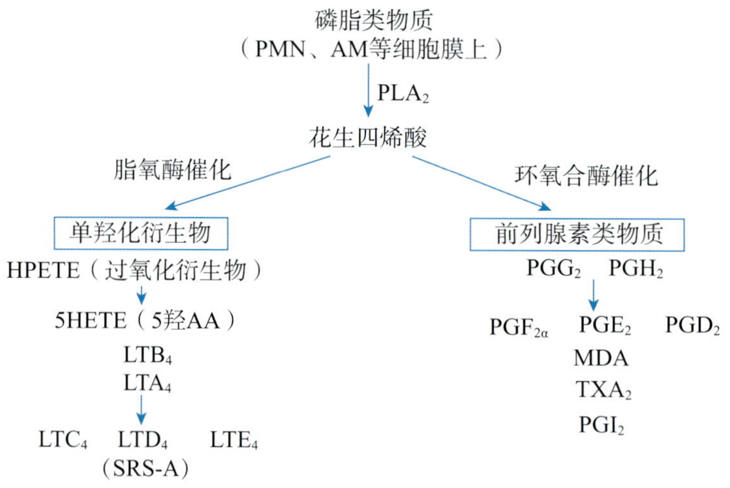

图 6-2 花生四烯酸代谢

（1）白三烯（leukotriene，LTs）：肺内各种细胞都具有合成 LTs 的能力，AA 经脂氧酶催化，通过一系列的代谢转化而成的。LTB4 是由 AM 产生的 PMN 趋化物质，具有很强的 PMN 趋化活性，是一种不属于补体成分的局部产生的趋化因子，AM 的趋化活性几乎全部来源于 LTB4。LTC4 和 LTD4 均具有收缩支气管平滑肌和毛细血管的作用，增加血管通透性，可直接引起肺水肿。

（2）前列腺素（prostaglanolin，PG）：肺是合成 PG 的主要器官之一，已证明肺组织中约 40 种类型细胞均能合成 PG，因细胞内酶体系的不同，生成 PG 的类型有所不同。经环氧合酶（cyclooxygenase）途径代谢为 PGF2a、PGE2、PGD2、MDA、TXA2 和 PGI2。TXA2 主要来源于血小板、白细胞和肺成纤维细胞，是引起肺损伤的重要炎症介质之一，具有收缩血管、聚集血小板和降低细胞内环磷酸腺苷（cAMP）的作用。PGI2 主要来源于血管内皮细胞，具有对抗 TXA2 的损伤作用，是机体的一种保护性介质。TXA2 与 PGI2 两者的产生和释放失调，是引起肺损伤的重要因素之一。

3．蛋白溶解酶（PE） PE 种类较多，如弹性蛋白酶、胶原酶和组织蛋白酶等；其中弹性蛋白酶更为重要。虽然很多细胞可以合成和释放蛋白溶解酶，但还是以中性粒细胞为主。弹性蛋白酶的破坏力最强，约占总活力的 80%。α_1- 抗胰蛋白酶（α_1-antitrypsin，α_1-AT）可对抗 PE 的作用。PE 主要损伤肺血管基底膜、内皮细胞、弹性蛋白、胶原蛋白等，引起血管扩张和毛细血管通透性增加。正常情况下，α_1-AT 和 PE 系统保持动态平衡。ALI 早期，白细胞释放少量的 PE，可被 α_1-AT 所抑制；随着病情的发展，PE 释放增多，α_1-AT 保护性抑制受到破坏，可致急性肺水肿。

4．肿瘤坏死因子（TNF-α） 近年来认为，TNF-α 是导致包括 ALI 在内的 SIRS、MODS 的重要介质之一，主要是由单核 - 吞噬细胞产生和释放。如释放小量 TNF-α 可提高吞噬细胞、PMN 对病原体的清除能力，促进组织修复。但在 ALI 时是吞噬细胞释放大量 TNF-α，激活 PMN、血小板等在肺内聚集、黏附在 PCEC 上，并使之受损。激活的 PMN 又释放多种炎症介质，促使微血栓形成，加重肺毛细血管通透性肺水肿。释放的 OR、脂质代谢产物、溶酶体酶等介质，可呈逐级放大效应，出现所谓的瀑布样连锁反应，诱发组织细胞损伤，引发 ALI 或 ARDS。有的学者认为 TNF-α 是重要的前炎症细胞因子，是肺损伤的启动因子，如能阻断 TNFα 的效应，可能对 ALI 具有一定的治疗价值。

5．核转录因子（NF-κB）和 ALI/ARDS NF-κB 广泛存在于人体各种细胞之中，具有调节基因转录的功能，能对参与炎症反应的细胞因子发挥调节作用[3]。在大多数情况下，NF-κB 会与对其有抑制作用的因子（IκB）结合，在细胞质中呈现出无活性的状态。致病原及 TNF-α、IL-1b、活性氧等可破坏 IκB 抑制 NF-κB 的作用，从而使 NF-κB 发生活化。活化的 NF-κB 可在细胞质内促进多种促炎性因子和黏附分子的转录，延缓 PMN 的凋亡。因此，在治疗 ALI/ARDS 时，抑制 NF-κB 的活性是一种可行的思路。Naoyuki Matsuda 等通过施行盲肠结扎穿孔（CLP）诱骗脱氧寡核苷酸（ODN）技术成功实现了对 NF-κB 活化的控制，使患者肺部损伤的严重程度得到有效的控制和改善。

6．凝血和炎症交叉活化与 ALI/ARDS　目前，医学界的研究成果普遍表明，凝血反应和炎症反应的交叉活化是 ALI/ARDS 病理过程中不可忽略的一部分。在发病的早期，ALI/ARDS 患者的体内可出现较强的促凝机制，抑制纤溶的发展，造成血栓和纤维蛋白的沉积[4]。在发生 ALI/ARDS 过程中，患者会出现全身炎症反应综合征。这是人体在受到严重刺激时发生的一种全身失控性炎症免疫反应。在发生 SIRS 后，患者体内的活性细胞、补体、凝血纤溶系统都会进一步活化，促进炎症介质的释放，使肺泡腔呈现促凝、抗纤溶的特点。ALI/ARDS 患者体内凝血反应的发生和增强可促使炎症反应进一步加剧，加剧其肺损伤。大量的临床研究发现，为 ALI/ARDS 患者进行抗凝、抗感染治疗可取得一定的疗效[5]。

7．细胞凋亡途径和 ALI/ARDS　细胞的凋亡是一种由基因掌控的，程序性、主动性的细胞死亡过程，在正常状态下不会引起炎症反应。但是，如果细胞凋亡的过程受到不良的刺激或抑制，就可能导致病态化的发展。研究发现，中性粒细胞的凋亡途径或功能发生异常，会对 ALI/ARDS 的发生、发展产生一定的影响。多型核中性粒细胞（PMN）的凋亡率可受到炎症环境中可溶性介质的调节，凋亡的 PMN 被周围吞噬细胞吞噬清除的过程及结果可对炎症消退产生影响，吞噬细胞吞噬凋亡的 PMN 后其功能可从促炎转变为抗炎[6]。

8．离子稳态和 ALI/ARDS　铁离子是细胞发挥正常功能必需的金属元素，几乎每种生物的正常生命活动都离不开铁离子。人体正常的生理功能有赖于血液中适当的铁离子浓度，而在罹患肺部疾病时常可出现肺细胞内铁离子浓度升高的情况。在发生感染时，微生物可破坏宿主的肺组织，与宿主竞争铁离子，因此肺炎患者可出现痰和支气管灌洗液中铁离子浓度升高的情况。铁离子稳态的改变可增高人对感染性疾病的易感性。ALI 患者可出现血清铁水平升高的情况，其血清铁水平可作为预测其病情发展为急性呼吸窘迫综合征和多器官功能障碍综合征的指标。在 ARDS 患者的下呼吸道支气管灌洗液中可发生铁及铁相关蛋白水平升高的情况。铁离子浓度升高可导致肺损伤，其导致肺损伤的途径是：参与氧自由基的代谢，催化脂质过氧化物裂解，引发链式反应和支链反应。输血相关性肺损伤（transfusion related lung injury，TRALI）是输血常见的临床综合征，是导致急性肺损伤和急性呼吸窘迫综合征的常见原因，其临床特点是：患者在输血 6 个小时内发生急性呼吸衰竭和双侧肺部浸润，并排除了发生心脏病变的可能。研究表明，输血相关性肺损伤患者血液中存在较高的铁离子浓度及氧自由基状态。Till 发现，患者在发生体表 30% 烧伤 3 个小时后其病情可进展为急性肺损伤，其血中脂质过氧化物的水平可显著升高，若为其预防性应用去铁胺和一种铁离子螯合剂也可导致明显的肺损伤。在 ALI/ARDS 的病理过程中，发挥较大作用的离子主要是 Zn^{2+} 和铁离子。Zn^{2+} 缺陷可直接影响上皮细胞，增加高氧诱导，诱导人体生成硫蛋白。补充外源性锌离子可对肺损伤起到一定的积极作用。Zn^{2+} 的浓度过高可杀死细胞，而 Zn^{2+} 过少也会对细胞造成不良影响，故需将其浓度保持在恰当的范围内。ALI 患者常会出现血清铁水平上升的情况，ARDS 患者通常会在进行下呼吸道支气管灌洗时出现铁及铁相关蛋白水平上升的情况。铁离子的浓度升高可能会造成催化脂质过氧化应激支链反应，进一步加剧肺损伤[7]。

9．凝血和纤溶系统　微血栓形成是 ALI 病理 特征之一，凝血和纤溶功能紊乱与 ALI 发病有密切关系。开始是多种炎症介质激活凝血系统，使机体处于凝血阶段，在肺小血管内形成弥漫的微血栓，它不仅直接损伤PCEC，进一步激活PMN和AM释放大量炎症介质，加重肺损伤，而且也干扰肺表面活性物质功能，引起肺不张。微血栓又可刺激血管内皮细胞，释放纤溶酶原刺激物，使纤溶酶原转化为纤溶酶，溶解纤维蛋白为FDP，使血管通透性增加。这些在促发ALI及ARDS中有重要作用。

10．表面活性物质（pulmonary surfactant，PS） PS是由肺泡Ⅱ型上皮细胞分泌的，它在肺泡腔内面形成一薄层，其功能至关重要：①降低表面张力，防止肺泡萎陷；②维持肺顺应性，减少呼吸功；③防止肺微血管内成分渗入肺泡，减少肺水肿发生；④增强肺抗感染防御能力和直接杀菌作用；抑制AM内的氧化，防止大量OR产生；⑤下调特异性免疫反应，减轻变态反应性肺损伤；⑥抗弹性蛋白酶的损伤。

诸多炎症介质可损害Ⅱ型肺泡细胞，使PS合成减少，PS的正常功能丧失，致使肺泡萎陷，大量血浆渗出肺泡内，出现肺泡水肿和透明膜形成。此外，在ALI发病中，白细胞介素、补体系统、血小板活化因子、一氧化氮等诸因子也都参与其中。

所有上述炎症反应的介质，组成了一个十分复杂的“网格”。在ALI及ARDS发生发展的全过程中，各种不同介质的生成、分布、消长，彼此的相互作用以及在促成ALI及ARDS方面所发挥的确切作用等问题，已经引起了很多学者的关注。而且炎症介质的拮抗药物的研究也很热门，有些已在临床上试用，但目前还不很成熟。

二、急性肺损伤的病理改变

从已报道的急性肺损伤（acute long injury，ALI）的尸解资料可以看出，ALI的致病原因可能各不相同，临床表现上可能也有若干差别，但其肺的基本病理改变是一致的，总的来说是弥漫性肺泡损伤。Murray等根据ALI的肺病变特点及演变规律，将其分为急性期和慢性期。急性期以渗出性病变为特点，包括肺泡上皮及PCEC变性、血浆蛋白渗出、肺间质及肺泡水肿伴出血等。慢性期以增生及渗出物机化为主要特征。

（一）急性期病变

1．肺间质及肺泡水肿 肺间质水肿是ALI最早期的改变。单纯肺间质水肿在光镜下可见肺泡间隔及小叶间隔加宽，支气管和血管周围结缔组织纤维肿胀、疏松，以致管周结缔组织间隙加大，形成支气管或血管周围的“袖套样水肿”。进一步发展可出现肺泡水肿，开始见于肺脏层胸膜下或肺的低垂部的肺泡，可见肺泡内有少量水肿液。严重时，大片肺泡全被水肿液充填。

肺间质水肿使血-气屏障距离加大，气体弥散能力下降；另一方面又使血管受压，肺循环阻力增加；而肺泡水肿则使肺表面活性物质变性、失活，大片的肺泡水肿使该处的肺通气、换气功能丧失，从而构成了ALI之晚期ARDS时的严重低氧血症、呼吸窘迫的病理基础。

2．肺间质及肺泡出血 早期常无明显出血，轻度的肺间质出血也不易检出。肺间质及肺泡出血合并水肿，是ARDS特征性病变之一。

3．肺血管血栓栓塞或血栓形成 这一病变既可为诱发ALI的原发性病变，亦可为ALI过程中的继发性病变。这一病变一旦形成可迅速促进ALI的发展，这不仅是由于血流动力学方面的作用，造成肺循环高压，加重肺损伤，而且血栓或栓子中血小板和白细胞可释放TNF-α、AAM、PE和OR等多种生物活性物质，引起支气管及肺小血管痉挛，加重肺损伤。

这种病变在肺内分布可能很广泛，形成的速度也较快，发病 12 小时即可检见。在光镜下可见肺内较大的动静脉血管内血栓形成或栓塞。电镜下可见毛细血管淤血和微血栓形成。微血栓可为血小板、白细胞或红细胞在肺毛细血管内聚集，亦可为纤维蛋白血栓。

4．透明膜形成 这是 ARDS 较典型的病变之一，故 ARDS 又称为成人型肺透明膜病。其形成机制为血浆蛋白质渗入肺泡腔，形成一层紧贴于肺泡、肺泡管及呼吸性细支气管壁，染色深红、均一的蛋白性膜状物，即为透明膜。虽然透明膜是 ARDS 典型的具有诊断意义的病变，但是未发现透明膜也不能排除 ARDS 的诊断。因为发病初期可能查不到透明膜，而且其分布有时在呼吸性细支气管、肺泡管或肺泡管与肺泡交界处。透明膜严重损害了肺通气和换气功能。

5．灶性肺不张和代偿性肺水肿 这种灶性肺不张的发生可能与支气管痉挛及表面活性物质失活有关。灶性肺不张的周围常见肺泡过度膨胀，实际上是代偿性肺气肿。

灶性肺不张和代偿性肺气肿，进一步加剧了通气 / 血流比值失调，是 ARDS 顽固性低氧血症的重要原因之一。

6．肺内炎细胞聚集、浸润 肺内炎细胞聚集发生较早。可见到 PMN 在肺毛细血管中聚集和颗粒排空的现象，及 PMN 在肺间质和肺泡腔中浸润。同时也可见到 AM 在肺内的浸润，其胞浆溶酶体有明显排空现象。上述炎性细胞释放大量细胞因子，在 ALI 的发生、发展中起着重要作用。

7．肺泡上皮、毛细血管内皮细胞变性 在电镜下，PC-Ⅰ、PC-Ⅱ型上皮细胞及毛细血管内皮细胞的亚细胞结构变性明显。

8．脂肪栓塞 肺脂肪栓塞是严重创伤、多发性骨折并发 ARDS 的主要病理改变之一。广泛的肺脂肪微栓塞不仅可导致通气 / 血流比值失调，而且脂肪在肺局部被脂酶分解后释放出的油酸等物质，及其引起的继发性炎症反应，可进一步诱发和加重肺损伤。

（二）慢性期病变

1．PC-Ⅱ型增生 这是对 PC-Ⅰ严重损伤的反应，以修复因 PC-Ⅰ变性脱屑而留下的“肺泡溃疡”。有的人认为 PC-Ⅱ是 PC-Ⅰ的干细胞或储备细胞。这种增生反应对恢复肺泡上皮的完整性、保持或在恢复期重建肺泡功能有重要意义。

2．纤维细胞增生、肺间质，及终末气道纤维化 初期的纤维细胞增生，常在发病后 7 日左右开始。最初多见于肺泡隔内。较晚期可见肺泡及气道内渗出物机化中的成纤维细胞增生。由于此种纤维化进展很快，有人称之为急性肺纤维化。呼吸性细支气管、肺泡管较快发生纤维化，及灶性肺泡纤维化是 ARDS 特异的病变之一。随着纤维化的进一步加重，肺可呈蜂窝状，称为末期蜂窝肺。若肺纤维化范围广泛，可继发严重的肺功能不全及肺动脉高压。

上述介绍的 ALI 的急性期和慢性期病变并不能截然分开。特别是在发病后 3 ~ 7 日的病例，常可以见到两期病变同时存在。另外，1982 年我国第一个 ARDS 诊断、分级标准，将肺的病理改变分为轻、中、重 3 级，简述如下。①轻度：以间质水肿、出血为主，肺重量较正常增加 25% ~ 50%，一般无透明膜形成。不但可临床治愈，肺内形态结构亦可完全恢复正常。②中度：肺泡水肿、出血，纤维素渗出；肺重量增至正常的 2 倍以上；有少量透明膜形成。透明膜及渗出的纤维素类物质易产生机化，往往难以完全恢复，但仍可达到临床治愈，只是要留下不同程度的肺功能障碍。③重度：肺水肿明显而广泛，肺重量接近或超过正常的 3 倍；间质血管广泛扩张，微血管或较大血管血栓形成；肺泡群萎陷；肺泡腔内纤维素沉着，透明膜形成；常伴发细支气管炎和肺泡炎症，死亡率极高，即使临床治愈也常残留肺结构的严重破坏和肺功能严重损害，最终发生肺、心功能衰竭。

第三节 急性肺损伤的临床表现

一、症状和体征

急性肺损伤除去相应的发病征象外，当肺在受损的数小时内，患者可无呼吸系统症状。随后呼吸频率加快，气促逐渐加重，肺部体征无异常发现，或可听到吸气时细小湿啰音。X 线胸片显示清晰肺野，或仅有肺纹理增多模糊，提示血管周围液体聚集。动脉血气分析示 PaO_2 和 $PaCO_2$ 偏低。随着病情进展，患者呼吸窘迫，有胸部紧束感，吸气费力、发绀，常伴有烦躁、焦虑不安，两肺广泛间质浸润，可伴奇静脉扩张，胸膜反应或有少量积液。由于明显低氧血症引起过度通气，$PaCO_2$ 降低，出现呼吸性碱中毒。呼吸窘迫不能用通常的氧疗使之改善。如上述病情继续恶化，呼吸窘迫和发绀继续加重，胸片示肺部浸润，阴影大片融合，乃至发展成“白肺”。呼吸肌疲劳导致通气不足，二氧化碳潴留，产生混合性酸中毒，心脏停搏。部分患者出现多器官衰竭。

早期体征可不明显。随着病情的进展，出现吸气“三凹征”，唇甲发绀进行性加重。晚期肺部可闻及支气管呼吸音、干性啰音、捻发音，及水泡音。有时有胸腔积液。

二、实验室检查

（一）外周白细胞计数与分类

在 ALI 起病初，白细胞在肺内聚集、浸润，故外周白细胞常有一过性短暂的下降，但分类时杆状核细胞比例增高＞ 10%。随着病情的发展，外周血白细胞很快回升至正常，若合并感染或其他应激因素可显著增高。

（二）X 线检查

早期：患者有明显的呼吸频数和呼吸窘迫症状；X 线检查可无异常表现或仅见肺纹理增多，呈网状，边缘模糊，提示有一定程度的间质水肿。

中期：发病 1 ～ 5 天。胸片可见两肺散布大小不等、边缘模糊、斑片状密度增高影，且可融合为大片。其分布以中下肺野和肺外带居多，这与心源性肺水肿的影像分布不同。

晚期：发病多在 5 天以上。随着临床病情的加重，X 线检查见两肺或其大部原有阴影密度增加，范围扩大，含气支气管征明显，心缘不清或消失，甚至严重时可出现“白肺”。当病情好转时，上述病变逐步吸收，首先从肺泡病变开始，其次为间质，以至完全恢复，少数可残留不同程度的肺纤维化。

（三）血气分析

血气分析是诊断 ALI 及判定病情轻重的十分重要的指标。本病既有血气（氧和二氧化碳）的改变，也有酸碱平衡的改变。低氧血症是最突出的表现，PaO_2 多＜ 8.0 kPa，若进行性下降时，首先要想到 ALI 的可能。

PaO_2 降低是 ARDS 诊断和监测的常用指标。根据动脉血氧分析可以计算出肺泡动脉氧分压差（$PA\text{-}aO_2$）、静动脉血分流（Qs/Qt）、呼吸指数（$PA\text{-}aO_2/PaO_2$）、氧合指数（PaO_2/FiO_2）等派生指标，对诊断和评价病情严重程度十分有帮助。呼吸指数参照范围 0.1 ～ 0.37，＞ 1 表明氧合功能明显减退。＞ 2 常需机械通气。氧合指数参照范围为 53.2 ～ 66.7 kPa（400 ～ 500 mmHg），ARDS 时降至 26.7 kPa（20 mmHg）。

ALI 的病因各异，临床病情错综复杂，严重程度又千差万别，酸碱平衡紊乱的类型也很复杂。一般常见的酸碱失衡类型有：

1．呼吸性碱中毒　是 ALI 最常见的酸碱失衡类型。由于低氧血症，机体代偿性加深加快呼吸，呼出过多的 CO_2，这是发生呼吸性碱中毒的主要原因。

2．呼吸性碱中毒合并代谢性碱中毒　此型酸碱失衡主要是在原有呼吸性碱中毒的基础上，不适当使用碱性药、排 K^+ 利尿剂和肾上腺皮质激素等医源性因素诱发了代谢性碱中毒。这时患者的碱血症可能很严重，碱血症的危害要远大于酸血症，若不及时纠正可危及患者生命。

3．呼碱型三重酸碱失衡　此型酸碱失衡多见于多脏器功能障碍的危重患者，系指呼吸性碱中毒 + 代谢性碱中毒 + 高阴离子间隙（AG）代谢性酸中毒。重型 ARDS 患者往往由于严重缺氧等刺激引起呼吸性碱中毒，在治疗中不适当应用碱性药物、排 K^+ 利尿剂、肾上腺糖皮质激素等医源性因素又引起代谢性碱中毒，而严重低氧血症、休克、肾功能损害又可并发高 AG 代谢性酸中毒，于是形成此种三型紊乱。除此之外，其他各种类型的酸碱紊乱均可能发生，在临床实践中必须认真识别和处理。

（四）肺功能测定

1．肺量计测定　肺容量和肺活量、残气、功能残气均减少。呼吸无效腔增加，若无效腔量 / 潮气量（VD/VT）＞ 0.6，提示需机械通气。

2．肺顺应性测定　在床旁测定的常为胸肺总顺应性，应用呼气末正压通气的患者，可按下述公式计算动态顺应性（cdyn）。顺应性检测不仅对诊断有帮助，而且对监测有无气胸或肺不张等合并症均有实用价值。

肺顺应性（cdyn）= 潮气量 ÷（最大气道压 – 呼气末正压）。

（五）肺血管通透性和血流动力学测定

1．肺水肿液蛋白质测定　ARDS 时，肺毛细血管通透性增加，水分和大分子蛋白质进入间质或肺泡，使水肿液蛋白质含量与血浆蛋白质含量之比增加，若比值＞ 0.7，考虑 ARDS，＜ 0.5 为心源性肺水肿。

2．肺泡毛细血管膜通透性（alveolar capillary membrane permeability）测定　应用双核素体内标记技术，以 ^{113} 铟（^{113}In）自体标记转铁蛋白，用以测定肺的蛋白质积聚量，同时以 ^{99}m 锝（^{99}mTe）自体标记红细胞，校正胸内血流分布的影响。分别算出 ^{113} 铟、^{99}m 锝的肺心放射计数比值，观察 2 小时的变化得出血浆蛋白质积聚指数。健康人参考值为 0.138×10^{-3}/min。

3．血流动力学监测　通过通入四腔漂浮导管，可同时测定并计算肺动脉压（PAP）、肺动脉毛细血管楔压（PCWP）、肺循环阻力（PVR）、PVO_2、CVO_2、Qs/Qt，及热稀法测定心输出量（CO）等，不仅对诊断、鉴别诊断有价值，而且对机械通气治疗，特别是 PEEP 对循环功能的影响，亦为重要的监测指标。ARDS 患者平均脉动脉压增高＞ 2.67 kPa，肺动脉压与肺毛细血管楔压差（PAP-PCWP）增加（＞ 0.67 kPa），PCWP 一般 1.57 kPa（16 cmH_2O），则为急性左心衰竭，可排除 ARDS。

4．肺血管外含水量测定　目前用染料双示踪稀释法测定，由中心静脉或右心导管管注入 5 cm 靛氰绿染料葡萄糖液 10 ml，然后在股动脉通过与热敏电阻连接的导管记录热稀释曲线，并用密度计检测染料稀释曲线，再通过微机处理计算肺水量，可用来判断肺水肿的程度、转归和疗效，但需具备一定的设备条件。

三、诊断和鉴别诊断

（一）诊断

1．有诱发 ARDS 的原发病因

（1）直接肺损伤因素：严重肺感染、胃内容物吸入、肺挫伤、吸入有毒气体、淹溺、氧中毒等。

（2）间接肺损伤因素：脓毒症（sepsis）、严重的非胸部创伤、重症胰腺炎、大量输血、体外循环、弥散性血管内凝血（DIC）等。

2．先兆期 ARDS 的诊断应具备下述 5 项中的 3 项

（1）呼吸频率（20 ~ 25）次 / 分。

（2）（$FiO_2$0.21）PaO_2 ≤ 9.31 kPa（≤ 70 mmHg），> 7.8 kPa（60 mmHg）。

（3）PaO_2/FiO_2 ≥ 39.9 kPa（≥ 300 mmHg）。

（4）PA-aO_2（$FiO_2$0.21）3.32 ~ 6.65 kPa（25 ~ 50 mmHg）。

（5）胸片正常。

3．早期 ARDS 的诊断应具备 6 项中的 3 项

（1）呼吸频率> 28 次 / 分。

（2）（$FiO_2$0.21）PaO_2 ≤ 7.90 kPa（60 mmHg）> 6.60 kPa（50 mmHg）。

（3）$PaCO_2$ < 4.65 kPa（35 mmHg）。

（4）PaO_2/FiO_2 ≤ 39.90 kPa（≤ 300 mmHg）> 26.60 kPa（> 200 mmHg）。

（5）（$FiO_2$1.0）PA-aO_2 > 13.30 kPa（> 100 mmHg）< 26.60 kPa（< 200 mmHg）。

（6）胸片示肺泡无实变或实变≤ 1/2 肺野。

4．晚期 ARDS 的诊断应具备下述 6 项中的 3 项

（1）呼吸窘迫，频率> 28 次 / 分。

（2）（$FiO_2$0.21）PaO_2 ≤ 6.60 kPa（≤ 50 mmHg）。

（3）$PaCO_2$ > 5.98 kPa（> 45 mmHg）。

（4）PaO_2/FiO_2 ≤ 26.6 kPa（≤ 200 mmHg）。

（5）（$FiO_2$1.0）PA-aO_2 > 26.6 kPa（> 200 mmHg）。

（6）胸片示肺泡实变≥ 1/2 肺野。

5．中华医学会呼吸病学分会 1999 年制定的诊断标准如下

（1）有 ALI/ARDS 的高危因素。

（2）急性起病、呼吸频数和（或）呼吸窘迫。

（3）低氧血症：ALI 时动脉血氧分压（PaO_2）/ 吸入氧分数值（FiO_2）≤ 300；ARDS 时 PaO_2/FiO_2 ≤ 200。

（4）胸部 X 线检查显示两肺浸润阴影。

（5）PAWP ≤ 18 mmHg，或临床上能除外心源性肺水肿。

同时符合以上 5 项条件者，可以诊断 ALI 或 ARDS。

（二）鉴别诊断

本病必须与表现为呼吸困难和肺水肿的某些疾病相鉴别：

1．心源性肺水肿　实为临床常见的心脏病如冠心病、高血压心脏病、心肌炎、心肌病、风湿性心瓣膜病等引起的急性左心功能不全的表现。主要是肺循环静脉压升高，液体自肺毛细血管漏出所致，水肿液为漏出液。而 ARDS 是毛细血管膜的损伤，通透性增加，水肿液为渗出液，蛋白质含量高。根据病史、临床表现、X 线胸片和血气分析等鉴别诊断多不困难。

但要注意的是 ARDS 有时可合并心功能异常，此时必须具体分析，不可绝对化，要客观地判明两种原因所致水肿的可能比例，分别给以适当处理。

2．非 ARDS 非心源性肺水肿　除 ARDS 以外，在临床上还可以遇到一些非心源性肺水肿，如输液过快过多，血浆胶体渗透压低如肝硬化、肾病综合征等，抽胸水或抽气过多、过快，或抽吸负压过大，使胸膜腔负压骤然增大而形成的复张性肺水肿。其他少见的情况有纵隔肿瘤、肺静脉纤维化等引起的肺静脉受压或闭塞等所致的压力性肺水肿。此类患者的特点是：有明确病史；肺水肿的症状、体征，及 X 线征象出现较快，治疗后消失也快；低氧血症一般不重，吸氧较易纠正。

3．急性肺栓塞　由于本病发病率高、误诊率高、死亡率高而备受临床医生关注。患者常突然发病，呼吸急促，烦躁不安，咯血和发绀，血气分析 PaO_2 与 $PaCO_2$ 均降低，与 ARDS 颇为相似。但急性肺栓塞的患者多有深静脉血栓形成、肿瘤、羊水栓塞病史，多有较剧烈的胸痛、发热，查体可发现心动过速、肺部湿啰音、胸膜摩擦音或胸腔积液体征，及肺动脉第二音亢进伴分裂和黄疸等。胸部 X 线检查肺内可见典型的楔形或圆形阴影或局部区域肺纹理稀疏，有时可见肺动脉高压的表现。典型的心电图可出现 Ⅰ 导联 S 波加深，Ⅲ 导联 Q 波变大、T 波倒置，或右心前 Ⅱ 、Ⅲ 、AVF 导联出现深倒 T 波。做加强螺旋 CT、肺动脉造影或肺通气灌注检查扫描可确诊。

第四节　急性呼吸窘迫综合征的治疗

急性呼吸窘迫综合征（acute respiratory distress syndrome，ARDS）治疗的关键在于原发病及其病因，如处理好创伤，尽早找到感染灶，针对病菌应用敏感的抗生素，制止炎症反应进一步对肺的损伤；更紧迫的是要及时纠正患者严重缺氧，赢得治疗基础疾病的宝贵时间。在呼吸支持治疗中，要防止挤压伤、呼吸道继发感染和氧中毒等并发症的发生。根据肺损伤的发病机制，探索新的药物治疗也是研究的重要方向。

早期诊断、早期应用合理的机械通气干预是降低此类患者病死率的关键。

一、早期发现急性呼吸窘迫综合征

ARDS 早期缺乏特异性表现，待出现十分典型的临床症状时为时已晚。尽最大可能将 ARDS 控制在萌芽阶段，是对其有效治疗的最重要原则。对于严重多发性创伤患者，尤其存在胸外伤的患者，应提高对患者可能出现 ARDS 的警惕性，需严密观察血氧饱和度并进行血气动态监测，若出现不能用原发病解释的呼吸频数、三凹征、低氧血症 $PaO_2 < 60$ mmHg，经高浓度吸氧后仍不缓解，在排除通气不足或通气灌注配合不均情况后即可诊断为 ARDS。此外，监测氧合指数（PaO_2/FiO_2）仍是较早发现 ARDS 的有效方法，一旦发现氧合指数进行性下降，特别当氧合指数 ≤ 200 mmHg、呼吸频率增快（> 24 次 / 分）时，即使 $PaO_2 > 60$ mmHg、胸片无异常，在排除左心功衰竭后，可判定为急性肺损伤，应积极进行有效的干预和治疗，防止 ARDS 的进一步发展。

二、机械通气

机械通气是治疗 ARDS 的主要手段，假如没有呼吸机的支持，ARDS 的治疗将无从谈起。机械通气的原则是“早上机、早撤机、个体化”。

1．机械通气方式 可选择无创和有创通气，有创通气又可分为经鼻气管插管、经口气管插管和气管切开通气 3 种方式。如患者神志清楚、血流动力学稳定，并能够得到严密监测和随时可行气管插管时，可进行无创通气治疗。但应严格把握适应证。有创通气方式可根据患者病情具体对待。

近年来研究发现，俯卧位通气可通过肺内通气 / 血流的再分布，促进萎缩肺组织的复张，减少肺内分流，有效改善肺内通气 / 血流比值。随着对 ARDS 研究的深入，尤其是计算机断层（CT）扫描技术应用于临床研究，发现 ARDS 患者存在重力依赖区的影响。ARDS 对肺泡损伤不是均匀的，通常因重力影响在下肺区存在肺水肿和肺不张，而上肺区则是通气较好的肺泡。正是由于 ARDS 这种肺损伤分布的“不均一性”为俯卧位通气治疗提供了理论依据。俯卧位吸氧改善血氧饱和度的机制，近年来认为主要是改善通气血流比值（V/Q）和减少分流（QS/QT），促使各部分肺的通气趋向均匀，及俯卧时改善膈肌的运动。通过临床观察发现，间歇改变 ARDS 患者体位，可明显改变血氧饱和度，对血流动力学无不良影响，而且还可以防止肺不张和肺损伤加重，促进气道分泌物的清除。此外，俯卧位吸氧一般不引起严重的并发症，主要有皮肤黏膜压迫受损及各种导管的压迫、扭曲、移位和脱出，加强护理和观察是可以避免的。因此，该方法是 ARDS 重要的呼吸治疗措施。当然，对血流动力学不稳定、蛛网膜下腔出血、胸骨骨折、肺脓肿、不稳定型脊柱骨折、骨盆骨折，及广泛皮肤损伤的患者，俯卧位可能导致严重的后果，应属相对禁忌。

2．呼吸机参数设置 根据患者病情选择 A/C 或 PSV 通气模式。发生 ARDS 时，能保持正常通气、换气功能的肺泡单位不足健康时的 50%，如采用正常水平的潮气量，会使肺泡过度膨胀，容易引起气压伤。因此采用小潮气量（4 ～ 8 ml/mg），控制气道峰压＜ 30 cmH_2O，通过增加呼吸频率（一般＜ 25 次 / 分）来代偿分钟通气量的下降，可以避免气压伤。

吸氧浓度（FiO_2）应先调到 100%，同时设置 PEEP，从 2 ～ 3 cmH_2O 开始，逐渐增加，以求迅速纠正缺氧。同时监测 SpO_2 和血压，使 SpO_2 保持在 95% 以上水平，在血压不变的条件下，将 FiO_2 缓慢降至 50% ～ 60%。当 PEEP 调至 10 ～ 15 cmH_2O 时，SpO_2 仍不满意，应考虑提高 FiO_2 50% ～ 60% 以上水平。

当缺氧纠正后，倘若 FiO_2 在 50% 甚至 60% 以上，应首先考虑降低 FiO_2 至 50% 水平，然后再逐渐降低 PEEP，如 PEEP 还在较高水平（＞ 10 cmH_2O），则应首先降低 PEEP，然后再降低 FiO_2。FiO_2 和 PEEP 应用合理可以避免小气道闭陷及肺不张、增加功能残气量、改善呼吸顺应性、预防肺水肿；应用不合理会使心输出量降低，肺泡过度膨胀而破裂，造成医源性气胸，肺血分流加重缺氧。

三、肠道功能的保护

胃肠道不仅是消化器官，还是危重病的病理生理过程的积极参与者。严重多发性创伤患者卧床少动，胃肠道功能障碍或衰竭，导致大量细菌、毒素淤积于肠腔内，胃肠道黏膜糜烂、水肿，屏障功能破坏，细菌和毒素侵入，导致全身白细胞系统持续激活并释放大量炎性介质和细胞因子，促使 ARDS 的发生和发展。

中药大黄具有保护胃肠黏膜屏障、促进胃肠蠕动，及减轻炎症反应的作用，可改善患者胃肠道功能；尽早开始肠内营养，有助于保持肠黏膜屏障，防止毒素及细菌移位，减少肺部感染，避免引起 ARDS 恶化，降低病死率。

四、控制感染

积极治疗原发病，是 ARDS 治疗的首要原则。而感染，不论是原发性感染还是继发性感染都是 ARDS 的首位高危因素，而且是高病死率的主要原因。ARDS 患者经常采用多种插管：气管插管、导尿管、中心静脉压监测管、胃管、各种不同的外科引流管等。这些都极大地增加了院内感染的机会，呼吸道的感染几乎是难以避免的。有针对性地合理使用抗生素是十分关键的。

五、调控全身炎症反应

由于全身炎症反应是 ARDS 发病的重要环节，所以对其进行药物干预，以期减轻肺和全身损伤。

1．糖皮质激素　由于其药理作用广泛，对全身炎症反应有一定抑制作用，所以很早就用于 ARDS 的治疗，但最近有人对此药治疗的效果作了前瞻、随机对照的研究发现，皮质激素既不能预防也不能治疗 ARDS，反而增加感染和并发症。因此，除脂肪栓塞综合征和晚期肺纤维化外，并不主张常规用激素。急性期用则宜足量、快撤，一般不超过 48 小时。

2．非皮质醇类抗炎药物　非皮质醇类抗炎药（nonsteroidal anti-inflammatory drug，NSAI）主要包括前列腺素（PG）代谢的脂氧合酶和环氧合酶通路抑制剂。应用 NSAI 治疗 ARDS 的机制是通过对上述两种酶的抑制而减少血栓素（TX）和白三烯（LT）的产生，从而减少对肺血管的收缩作用，降低肺动脉压和肺水肿。但是第一代 NSAI 除胃肠道副作用外，其酶抑制作用没有选择性，在抑制 TX 产生的同时也抑制前列腺素（PGI）生成，而 PGI 对 ARDS 病理过程有对抗作用。近年来又发展了新一代选择性更高、胃肠道副作用小的 NSAI，有望会产生更好的疗效。

3．细胞因子或其受体特异性抗体　在 ARDS 发生机制中已经介绍了若干细胞因子的作用，故有人试图研制这些细胞因子或其受体的特异性抗体等用以治疗 ARDS。动物实验显示了一定作用，但是临床试用效果并不太理想，故有待于进一步研究。

4．其他　不少学者试用若干氧自由基清除剂和抗氧化剂等，目前尚无肯定疗效。

六、血管扩张剂

是否用血管扩张剂治疗 ARDS，一直有争议。因为血管扩张剂能降低肺血管阻力，改善肺灌流，但由于它降低了生理性肺血管低氧性收缩，也可能加大肺内分流，加重乏氧。近年来，一氧化氮（NO）吸入为 ARDS 的治疗带来希望。

1．吸入 NO　NO 正常可由血管内皮细胞合成，可激活鸟苷酸环化酶，使 cGMP 增加，从而舒张肌性动、静脉。采用吸入法给药，只会使通气好的区域肺血管扩张，而对通气不好的部位肺血管影响不大，从而改善通气 / 血流比值，显著提高动脉氧合。但吸入 NO 也要注意必须有专门的设备，严格控制吸入浓度，若浓度高对人体有毒性。

2．山莨菪碱　许多动物实验及临床资料证明此药对 ARDS 确有疗效，但要尽量早用，量不宜过大，一般 10 ～ 20 mg，每 6 小时静点一次。病情改善后酌情减量或停用。

七、表面活性物质替代治疗

表面活性物质（pulmonary surfactant，PS）质与量的异常在 ARDS 的发病中占有重要地位，故针对 PS 异常的治疗对 ARDS 的转归有重要影响。

1．促进 PS 的合成和分泌 虽然已报道一些药物，如糖皮质激素、肾上腺素能和胆碱能受体激动剂可能有效，但由于其副作用较大，又无确实可靠的证据，临床应用不多。近来报道沐舒坦是一种有效的药物，可用 30 mg 2 ～ 3 次 / 日静注。

2．采用适度 PEEP 的通气模式，把萎陷的肺泡张开，也可改善 PS 的功能

3．表面活性物质替代疗法 国外用天然表面活性物质制剂，如猪肺表面活性物质、牛表面活性物质等，通过气管内滴入或雾化吸入方法治疗 ARDS，取得较好疗效，国内报道不多。但确实是一项值得深入研究的很有前途的疗法。

八、机械通气与乌司他丁治疗急性呼吸窘迫综合征

急性呼吸窘迫综合征（acute respiratory distress syndrome，ARDS）是由严重疾病引起肺毛细血管弥漫性损伤及通透性增强，肺泡受损，导致进行性呼吸窘迫和难治性低氧血症状出现[8-10]。ARDS 是急性肺损伤后期的表现，具有起病急骤、发展快、预后极差，及病死率高等特点，如何及时、有效地治疗 ARDS 患者成为研究的重点[11-14]。机械通气是借助呼吸机装置来代替、控制或改变自主呼吸运动的一种通气方式，是目前治疗 ARDS 的有效措施。乌司他丁能有效抑制纤溶酶、胃蛋白酶，及激肽释放酶等的活性，进而抑制多种炎症介质的释放，保护组织器官功能[15-16]。

ARDS 的发病机制较为复杂，其病理特征主要是富含蛋白质的液体从肺泡渗出，形成透明膜，肺出现水肿，伴肺间质纤维化、肺容积缩减、通气 / 血流比例严重失调[10-12]。ARDS 临床症状主要为呼吸窘迫、顽固性低氧血症和非心源性肺水肿，如果不能及时治疗，直接导致患者死亡[12-13]。尽早控制和纠正 ARDS 所致的低氧血症、通气和换气功能障碍，成为治疗 ARDS 的关键，也直接影响到预后的恢复情况。有相关文献报道，机械通气治疗 ARDS 效果甚佳，它能较好地改善 ARDS 患者的缺氧症状，减少患者呼吸肌做功，可使增大气道压力和胸腔内压力的效果显著提高，抑制肺泡逐渐萎缩，调节 SpO_2 水平到正常，减少耗氧量，缓解组织缺氧，这就使氧气相对充足，进而有利于减慢心率，降低升高的血压，改善血流通气比值，进一步降低心肌耗氧量，挽救患者的生命，提高治愈率[14-15]。大量报道证实，机械通气中呼吸力学变化及肺组织的氧化应激能改善低氧血症，为进一步治疗争取了宝贵的时间，所以说机械通气治疗 ARDS 有一定的效果。但机械通气治疗 ARDS 有个致命的缺点，就是容易引发患者产生呼吸机依赖及呼吸机相关性肺炎等并发症的发生[16]。

乌司他丁是一种广谱的蛋白水解酶抑制剂，过度地将抑制炎症介质释放出来，阻止细胞炎症因子与白细胞之间的相互作用，防止白细胞过度激活，从而改善微循环、组织灌注，保护肺器官功能；另外，还能抑制中性粒细胞弹力蛋白酶活性，阻止其抗氧化过程，减轻白细胞对组织的损伤，将肺损伤程度降到最低，降低肺功能损害的程度。

曾柏伦等[17]的研究表明，经过治疗后，治疗组患者的呼吸频率明显降低，PaO_2 / FiO_2 明显增高，与对照组相比，$P < 0.05$，有显著性差异，这就表明乌司他丁能减轻了肺炎症程度，减轻渗出程度及肺水肿程度，改善呼吸力学状态，减轻其氧化应激水平，保护肺组织。从呼吸机相关性肺炎发生率及病死率情况分析，治疗组的情况明显优于对照组，说明乌司他丁能有效降低机械通气导致的并

发症发生率，提高了安全性能。本次研究结果表明：机械通气联合乌司他丁的治疗组在肺功能改善、呼吸机相关性肺炎发生率和病死率上都优于对照组。

综上所述，机械通气与乌司他丁治疗急性呼吸窘迫综合征的临床疗效较好，能够较好地改善肺功能，缓解 ARDS 症状，提高安全可靠性，控制死亡率，值得在急性呼吸窘迫综合征的治疗中更广泛地应用与推广。

（王国臣　李建民）

主要参考文献

[1] 姚尚龙. 急性肺损伤 / 急性呼吸窘迫综合征的研究进展. 2009 国际麻醉学基础与临床研究论坛资料汇编. 2009：8.

[2] 韩旭东，黄晓英，葛志华，王亚东，张素燕，任轲，孙维维. 持续小剂量肝素治疗脓毒症患者急性肺损伤 / 急性呼吸窘迫综合征的临床研究. 临床肺科杂志，2010，12：1730-1732.

[3] 钱桂生. 全身炎症反应综合征、急性肺损伤与急性呼吸窘迫综合征. 解放军医学杂志，1999，5：313-316.

[4] 张剑锋，李超乾. 急性肺损伤与急性呼吸窘迫综合征临床研究进展. 医学综述，2009，16：2482-2486.

[5] 顾云，孙冬青，陈桂明，施乃明，高文闯. 重症胸部外伤致急性肺损伤和急性呼吸窘迫综合征的临床治疗. 实用临床医药杂志，2009，21：102-103.

[6] 钱桂生. 急性肺损伤与急性呼吸窘迫综合征的诊治现状——呼吸系统疾病. 新医学，2005，8：483-485.

[7] 王丽娟，江少容，刘惠玲. 急性肺损伤 / 急性呼吸窘迫综合症患者临床护理路径研究. 临床肺科杂志，2005，1：69-71.

[8] De Luca D，Lopez-Rodriguez E，Minucci A，et al. Clinical and biological role of secretory phospholipase A2 in acute respiratory distress syndrome infants. Crit Care，2013，17（4）：163.

[9] 顾金萍，于健，王俊松，等. 乌司他丁在急性呼吸窘迫综合征的临床应用研究. 现代生物医学进展，2012，12（14）：2695-2697，2705.

[10] Natalini G，Minelli C，Rosano A，et al. Cardiac index and oxygen delivery during low and high tidal volume ventilation strategies in patients with acute respiratory distress syndrome：a crossover randomized clinical trial. Crit Care，2013，17（4）：146.

[11] Azad A K，Rauh R，Vermeulen F，et al. Mutations in the amiloridesensitive epithelial sodium channel in patients with cystic fibrosis-like disease. Hum Mutat，2009，30（7）：1093-1103.

[12] 黄永婵，庞晓军，曾红，等. 大剂量氨溴索联合乌司他丁治疗急性呼吸窘迫综合征的临床观察. 广西医学，2011，33（9）：1124-1126.

[13] Huang Yong-chan，Pang Xiao-jun，Zeng Hong，et al. Clinical Observation of Combination of Large Doses of Ambroxol and Ulinastatin in Treating Acute Respiratory Distress Syndrome. Guangxi Medical Journal，2011，33（9）：1124-1126.

[14] McGuire JK. Impaired mobilization of endothelial progenitor cells in acute lung injury/acute respiratory distress syndrome：inhibition of an endogenous mechanism of lung repair. Pediatr Crit Care Med，2013，

14（5）：555-556.

[15] 王春波，唐颖，李佳，等. 乌司他丁治疗急性肺损伤 / 急性呼吸窘迫综合征的疗效观察. 中国医药导报，2011，8（29）：71-72.

[16] 周美辉，任国亮，焦芳芳，等. 乌司他丁对急性呼吸窘迫综合征患者的临床应用研究. 滨州医学院学报，2011，34（2）：122-124.

[17] 曾柏伦，彭文鸿，王瑞娟，等. 机械通气与乌司他丁治疗急性呼吸窘迫综合征的疗效观察. 现代生物医学进展，2014，14（2）：287.

第七章

急性肾损伤与挤压综合征

第一节　急性肾损伤

肾的基本功能为排泄体内的代谢废物，因此，其功能的急剧恶化对健康的影响极为严重，有时甚至是致命性的。随着人口老化的加剧，肾急性损害的发生也随之增加，仅以美国为例，与 20 年前相比，其发生率已增加了 3 倍多[1]，重症死亡率已高达 50% ~ 60%，医疗开支更明显增加，这种因肾急性损害所带来的影响已成为世界性的医疗和社会难题[2]，引起了世界各国普遍关注。

一、经典定义及判断

百余年来，临床一直以是否出现“急性肾衰竭（acute renal failure，ARF）”作为有无肾急性损害的判断标准，但 ARF 的病因及机制十分复杂，常互相交织，比如“肾前性”与“肾性”这两个如此不同的 ARF，从病理生理学的观点来看，也可能属一时序性的变化过程，或为同一疾病谱（disease spectrum），因而两者的临床分界常较模糊，既可为因果关系，亦可同时并存；而肾性肾衰竭仅临床分型至少又可分为若干亚型，因此，ARF 的判断标准多达 30 余种，即便同一指标，对变化幅度的判别标准亦不一致，缺乏共识。既往曾简单地根据有无少尿（< 400 ml/24 h）判断是否发生 ARF，但实践证明，少尿并非 ARF 的早期表现，最快亦需致病因素作用数十小时（如低灌注），有的甚至在致病因素作用数周（如急进型肾小球肾炎）后方出现，无助于早期诊断。近 20 年来，随着肾前性 ARF 防治水平的提高，50% 以上的 ARF 已转变成非少尿型急性肾衰竭（nonoliguric acute renal failure，NOARF），故以是否发生少尿判断有无 ARF 的概念已逐渐被淘汰。由于肾的基本功能是排泄体内废物，故认为肾小球滤过能力似为肾功能最佳反映指标，采用外源性标志物（如菊粉、^{51}Cr-EDTA、^{99}mTc-DTPA、^{131}I 标记的泛影酸盐或脑影酸盐、碘海醇等）进行肾小球滤过率（glomerular filtration rate，GFR）测定虽然准确，但操作复杂，且需特殊药品及器材，难以在临床普及。多年以来，临床多以血清肌酐水平（serum creatinine，Scr）或内生性肌酐清除率（endogenous creatinine clearance，Ccr）作为肾小球滤过功能的反映指标，用于肾功能的判断，肌酐是肌酸的体内代谢产物，每日生成的速率较恒定（约为 1 mg/min），只从尿排出，且不被肾小管重吸收，故认为其排泄情况可

较精确地反映肾功能状况[3]。但多年来大量的临床实践显示，肌酐除经肾小球排泄外，亦由肾小管排泌，且随着肾功能的下降，后一排泄途径更为突出，直到肾排泄功能降低 70% 左右，Scr 和 Ccr 才逐渐呈现异常，与肾损伤的实际情况相比明显滞后。此外，尚有不少因素可影响 Scr 值，从而进一步干扰 Ccr 值，如横纹肌溶解可使肌酐生成增加；原有慢性肾病患者发生 ARF 时，肾小管上皮细胞排泄肌酐能力下降，其 Scr 上升幅度又远较 Gcr 的真实减退程度明显等[4]。上述这种对于肾急性损害的传统判断方法，主要是着眼于有无“急性肾衰竭”发生，实际上这是一种静态的、终点性定义，其后果是使临床上对这种病理过程陷入了“有或无”的判断中：在疾病未发展至严重阶段前，皆被视为“无”急性肾损伤，而一旦确诊，疾病往往已达极期或末期，多已错过临床最佳干预时机或治疗期。大量临床和流行病学研究亦显示，在肾功能轻度损伤阶段如未得到确认而延误治疗，常可导致 ARF 的发病率和病死率明显增加。

二、现代概念

2002 年，美国匹兹堡大学医学院由肾科与急重症科医师组成的“急性透析质量导向组（acute dialysis quality initiative，ADQI）”建议为肾急性损害规定一个新的统一的定义，以为临床工作提供一个公共平台，使研究结果容易整合比较，进而促进流行病学对该病的认识及临床治疗的进步[5]。他们提议直接用“急性肾损伤（acute kidney injury，AKI）”一词来表述肾功能的急性受损，并把急性轻度肾功能减退也包含其中，因为研究指出，即使轻度肾功能减低对患者的预后及死亡率也有显著的影响。这个新的定义标准就是 RIFLE，它主要根据血清肌酐及尿量的动态变化情况采取了分层诊断原则，将病情分为三等[6]：“风险（risk）”“损伤（injury）”“衰竭（failure）”，再将患者的预后分成“功能受损（loss）”与“终末阶段（end stage renal disease，ESRD）”两类，此 5 种情况英文首字母的组合即为“RIFLE”。后续研究进一步显示，RIFLE 的定义对死亡率及肾功能预后有良好的预测能力，它除能提醒临床及时介入干预外，还体现了急性肾损伤不断发展变化的动态特性，颇似“急性呼吸窘迫综合征（acute respiratory distress syndrome，ARDS）”定义之向“急性肺损伤（acute lung injury，ALI）”的改动。但 RIFLE 未能明确 Scr 和尿量的具体观察时限，故该标准的灵敏度和特异度仍不够理想。2005 年 9 月，ADQI 组织更多学者在荷兰阿姆斯特丹建立“急性肾损伤工作网络（acute kidney injury network，AKIN）”[5]，他们基于肾功能的轻度异常如未得到及时纠正亦可明显影响预后这一事实，重申建立“AKI”概念的必要性和科学性，并制订了 AKI 新的判定标准，即 AKIN 标准（表 7-1）。该标准废除了已在临床应用多年的肾功能判断指标———内生性肌酐清除率（Ccr），正式确定以单位时间内 Scr 增高幅度、尿量减少程度和持续时间作为 AKI 的判定标准，并明确规定以 48 小时作为观察上述变化的具体时限，淡化了年龄、慢性肾病等因素对正确判断的干扰，并将 AKI 病情分级简化为 3 期：Ⅰ期指 48 小时 内 Scr 升高 1.5 倍或升高值达到 26.5 μmol/L（3 mg/L），或尿量持续＜ 0.5 ml/（kg · h）达 6 小时；Ⅱ期指 48 小时内血 Scr 升高 2 倍，或尿量持续＜ 0.5 ml/（kg · h）达 12 小时；Ⅲ期指 48 小时内 Scr 升高达 3 倍，或 Scr 已经高达 353.3μmol/L（40 mg/L）后仍继续升高，48 小时升高幅度已超过 44.2 μmol/L（5 mg/L），尿量持续＜ 0.3 ml/（kg · h）达 24 小时或无尿持续 12 小时以上。AKIN 提出的这一 AKI 新的诊断分期标准使用更为准确、快捷，能使临床医师更为早期地发现 AKI。

此标准的最大优点是将判断 AKI 的时间范围明确定义为 48 小时，且将 Scr 上升值达到 3 mg/L 这样的轻微肾功能损伤也纳入诊断视野，明显提高了诊断敏感度。不足之处是肾功能改变尚不明显之 AKI 仍未纳入其视野，此外，尚存在假阳性概率较高的可能，使一些并非 AKI 的患者被误诊为

AKI，但此缺点远比 AKI 患者被贻误诊断从而错失治疗时机所造成的后果为好。这样的诊断标准在提出后已快速且广泛地为公众接受，目前已经有临床研究开始探讨 AKIN 有关急性肾损伤定义的科学性，并比较其与 RIFLE 在诊断及预测预后方面的差别。

表 7-1 急性肾损伤 AKIN 和 RIFLE 诊断标准之比较

RIFLE 标准（2002）			AKIN 标准（2005）		
分级	肾小球功能指	尿量	分级	血清肌酐	尿量
风险阶段（risk）	Scr ↑ ×1.5，或 GFR ↓ > 25%	< 0.5 ml/（kg · h）×6h	Ⅰ	↑ ≥ 0.3 mg/dl，或增高 150% ～ 200%	< 0.5 ml/（kg · h）× 6h
损伤阶段（injury）	Scr ↑ ×2，或 GFR ↓ > 50%	< 0.5 ml/（kg · h）×12h	Ⅱ	↑ > 200% ～ 300%	< 0.5 ml/（kg · h）× 12h
衰竭阶段（failure）	Scr ↑ ×3 或 > 4 mg/dl，或 GFR ↓ > 75%	< 0.3 ml/（kg · h）×24 h	Ⅲ	↑ > 300%，或 ↑ ≥ 0.5 mg/dl；（透析治疗者 ↑ ≥ 0. 3 mg/dl，或增高 50%）	< 0.3 ml/（kg · h）× 24 h 或无尿达 24 h < 0.5 ml/（kg · h）×6 h
功能丢失（loss）	功能完全丧失 4 周以上				
终末期肾（ESRD）	功能丧失持续 3 个月以上				

注：Scr 正常参考值男性为 53 ～ 106 μmol/L（0.6 ～ 1.2 mg/dl），女性 44 ～ 97 μmol/L（0.5 ～ 1.1 mg/dl）；> 1.5 mg/dl 可视为异常

2013 年在重新修订我国《职业性急性中毒性肾病的诊断》时，课题协作组发现原标准（1995 年完成）的诊断思维和诊断起点竟与 SKIN 概念十分接近，比如它也并非以 ARF 为诊断依据，而是放低诊断起点，尽量涵盖急性中毒性肾损伤的整个过程，疾病名称亦定为“急性中毒性肾病（acute toxic nephropathy）”，而非“中毒性急性肾衰竭（toxic acute renal failure）”，而且它是以尿常规检查出现异常作为轻度 AKI 的诊断起点，因而更具前瞻性，在临床提前诊断方面似更优于 AKIN 标准。

三、病因与诊断

（一）急性肾损伤新病因

随着经济的迅速发展和科技的不断进步，新化学物质的肾毒性已引起医学界的广泛警觉。近些年除有机溶剂（如汽油、乙二醇、二氯乙烷、三氯丙烷、氯乙醇等）报道增多外[7]，一些兽用抗生素聚醚酯类以及甲苯、乙醇、海洛因等化合物引起肌溶解综合征的临床报道也不断出现，并有继发 AKI 的报道[8]；此外，还出现抗生素类、含碘造影剂、某些违法的食品添加剂（如三聚氰胺）引起肾急性损伤的临床报道[9]。近 10 年更发现一些中草药也具有直接或间接的肾毒性，尤其是含马兜铃酸类草药（马兜铃、关木通、广防己、青木香、细辛、天仙藤等）或中成药（龙胆泻肝丸、分清五淋丸、妇科分清丸、耳聋丸、排石颗粒、冠心苏合丸、双香排石颗粒等）；此外，雷公藤、马钱子、蓖麻籽、鸦胆子、山茨菇、苍耳子、白果、泽泻、商陆等药用植物，及蛇毒、蜂毒、海马、斑蝥、水蛭、蜈蚣等药用动物成分引起的 AKI 也有临床报道[10-11]，临床实践中应予警惕。

（二）影像学诊断技术

近些年影像学技术发展迅速，尤其是腹部超声检查用于腹腔内脏器官病变的动态观察已渐趋普

遍，提示此技术在 AKI 临床诊断应用的可能性已经逐渐成熟，如肾 B 型超声即可清楚显示肾大小、外形、肾皮质厚度等，而超声增强造影检查尚可清楚地显示肾皮质、髓质等不同部位血流量，从而有助于肾急性损伤的早期诊断。此外，使用微泡超声造影剂，更可探测肾微血管状况，其血流成像的敏感度比普通彩超提高了 1 000 倍，更有利于肾损伤的及时检出；这种造影剂的代谢产物可很快由呼吸道排出体外，不经过肾代谢，尤其适合急性肾损伤检查使用[12-13]。

腹部平片及静脉尿路造影是泌尿系统阳性结石的首选检查方法，尤其适合尿路梗阻所致肾损伤的检查；肾 CT 和 MRI 检查具有更好的分辨率，先前由于观察肾血流使用的造影剂具有一定肾毒性，使临床应用受到很大限制，目前已研发出一些新的 MRI 造影剂，如超小氧化铁颗粒（USPIO）[14]，基本无毒；此外，还开发出血氧依赖性磁共振成像技术（BOLD-MRI）——即以去氧血红蛋白作为内源性造影剂检测肾血流量，均有利于 AKI 检查的临床使用。核医学显像因具有一定量电离辐射，不适宜短期内重复观察肾功能改变，在急性肾损伤中应用尚少。

（三）临床诊断思路

我国的临床工作者在多年临床实践中，对于 AKI 已逐步建立起精炼科学的诊断思维，总结出如下 3 个层次的序贯诊断程序，即首先要判别“有无急性肾损伤”，其次需判断是“何种急性肾损伤”，最后再确定“损伤程度”，以便采取合理有效的治疗。

1．急性肾损伤的判断 警觉性是早期发现 AKI 的重要条件，故凡有毒物或药物过量接触史或经化验证实其工作、生活环境过量存在某种肾毒性物质者，或有明显失血、缺氧、外伤、感染等病情者皆应进行肾的医学观察。最简便有效的检测方法为尿液检查，内容包括 24 小时尿量（每小时记录 1 次），尿液的色泽、pH、渗透压或比重、蛋白、沉渣涂片观察，及以 48 小时为间隔的血清肌酐检测等。上述任何指标之异常皆提示有肾损伤可能，应做进一步追踪检查；有肾慢性疾病史者尤需重点监测。

2．急性肾损伤类型的判断 根据病因和发病机制的不同，可大致将 AKI 分为以下 3 种临床类型。

（1）肾后性（post-renal）AKI：乃尿路梗阻引起，起病较急；一旦梗阻解除，肾功能多可完全恢复，故应首先予以确诊或排除。下列几点有助于此型 AKI 的判断：腰部疼痛或向腰部、会阴部的放射痛，此为梗阻性肾病（obstructive nephropathy）的最常见症状，物理检查可见肾大或膀胱明显充盈；突然出现的少尿或无尿也有提示意义；仅存单肾或肾原患慢性疾病者出现前述表现，尤需排除肾前性 ARF 的可能。B 型超声波检查（B type ultrasonic examination，B-USE）、放射性核素检查（radioisotopic examination），以及泌尿系影像学检查如 X 线平片（roentgenogaphy）、电子计算机断层扫描（computer tomography，CT）或磁共振成像（magnetic resonance imaging，MRI）等可提供图像，便于观察肾形态、软组织阴影、结石，及肾盂或输尿管扩张、积液等现象，有助于早期判断有无梗阻性肾病发生。

（2）肾前性（pre-renal）AKI：主要由肾灌流不足引起，尽快补足血容量、改善肾灌注后，氮质潴留情况可很快消失，可逆性很强，故也称为“肾前性氮质血症（pre-renal azotemia，PRA）”，并非真正 AKI；但 PRA 若持续较久，也可因肾小管缺血导致急性肾小管坏死（acute renal necrosis，ATN），而使预后明显恶化。PRA 与肾性 AKI 鉴别最常用指标为：①尿渗透压，由于不受尿中溶质分子量、密度等影响，且系仪器测定，故可较准确地反映肾的浓缩功能；PRA 时，血容量不足、抗利尿激素分泌增加，使肾浓缩功能加强，导致尿液浓缩，尿渗透压升高；ATN 时大量肾小管受损，使肾浓缩能力严重受损，尿渗透压明显降低。②尿钠，也是反映肾小管重吸收功能的重要指标，PRA 时，由于肾小管收钠功能基本正常，故尿钠可基本保持正常；ATN 时，大量肾小管坏死使肾收钠能力明显受损，故其尿钠显著升高。③滤过钠排泄率，其定义为单位时间内经肾小球滤出而未被肾小管重吸收的尿钠含量占总滤出钠的百分比，其意义与尿钠相近，但指标中尚包含肾小球滤过功能，故较尿钠更为细致全面；正常及PRA多在1%以下，ATN时则多> 1%。④尿肌酐与血浆肌酐比值（UCr/PCr），PRA时由于尿液高度浓缩，故使此值明显增高；ATN时肾浓缩功能受损，尿液稀释，故此值下降。⑤血尿素氮与血清肌酐比值（BUN/PCr），正常时肾小球滤出的BUN有30% ~ 40%被肾小管重吸收，此比值约为10 : 1，PRA时肾小管重吸收功能未受影响，由于发生氮质血症反使此值更为升高；ATN时由于肾小管重吸收功能明显下降，故使此值显著降低。

（3）肾性AKI：其乃肾实质损伤的直接后果，可逆性差，预后也远较其他两种类型的AKI为差。根据其发病机制及病理特征又可分为4个亚型，即急性肾小管堵塞（acute tubular obstruction，ATO）、急性肾小管坏死（acute tubular necrosis，ATN）、急性肾小球肾炎（acute glomerulonephritis）、急性肾间质肾炎（acute interstitial nephritis），每型的临床特点均较突出，容易鉴别。

3．急性肾损伤程度的判断 近些年肾病的临床进展已清楚表明，尿量不是判断ARF的科学标准，“氮质血症（azotemia）”也并非ARF的标志，脱水、高蛋白饮食、高热、严重感染、体腔或软组织出血、各种高分解状态、有效血容量降低、充血性心力衰竭等，均可使血中尿素氮升高，引起氮质血症，而血中存在醋磺已脲、四环素、磺胺、氨基水杨酸、硫脲、游离血红蛋白、右旋糖酐等成分亦可使测定值升高。此外，BUN敏感性较低，ARF早期阶段，即便肾小球滤过功能已丧失75% ~ 80%，其仍可维持正常水平。目前公认的是，血清肌酐和尿量的动态变化最能客观反映急性肾功能损伤状况。

4．急性肾损伤标志物 尽管目前一直主张以血清肌酐水平来反映肾小球滤过率的变化，然而此指标极易受到营养状态、感染、体液容积分布、肌肉活动和损伤状况等众多因素影响，且其上升也不与肾小球滤过率的下降同步，常造成临床发现Scr上升而确诊AKI的情况下，最佳治疗时机已经错失。因此，近十年来，努力探索AKI新的生物标志物已成为不少学者的关注重点，并从基因组学、蛋白组学、代谢组学、元素组学等不同层面开展了工作，力求这些标志物能像心肌酶诊断心肌梗死那样，临床上能在肾小球滤过率下降前即可早期侦测到AKI的发生，并能提供预后评估[15]。

目前值得关注的有如下几个：

（1）中性粒细胞明胶酶相关脂质运载蛋白（neutrophil gelatinase-associated lipocalin，NGAL）：其分子质量25 kD，是脂质运载蛋白家族（lipocalin family）的一个新成员，主要与嗜铁载体（siderophore）结合而参与细胞铁转运路径来调控肾细胞再生、修复，及凋亡，在缺血性及中毒性肾损伤动物模型，都发现无论在基因调控或是本身量的增加上都是最早参与反应的蛋白质之一。临床观察证实在败血症、体外循环下心脏手术、显影剂所致肾损伤、肾移植等情况下比血清肌酐更能早期发现AKI；然而，若患者已有慢性肾病（CKD），则NGAL上升幅度并不大。

（2）白介素18（interleukin-18，IL-18）：这是一种致炎细胞因子，参与AKI中的炎症反应，在肾近端小管被诱发分泌至管腔中，由尿液分析即可监测其浓度变化，可作为急性肾小管损伤和细胞死亡的早期指标。对缺血性肾小管损伤有很好的特异性，对急性肾损伤病因的鉴别诊断应有帮助，还可用于判断日后患者是否需要长期肾替代疗法及死亡预后等。

（3）肾损伤分子1（kidney injury molecule-1，KIM-1）：属跨膜蛋白（transmembrane protein），与肾再生有关，在许多缺血性及肾毒性肾损伤之动物模型中均发现其在肾近端小管过度表达，尿检也能监测其浓度变化。临床观察显示与IL-18的作用十分相似。

（4）血清胱抑素C（cystain C）：分子质量13 kD，为血清半胱氨酸蛋白抑制剂（cysteine protease inhibitor），由人体中有核细胞所合成并以相对稳定的速率释放至血液中，正常情况下能自由地从肾小球滤出，再从肾近端小管回收分解，但肾小管不会分泌此蛋白。因此，其在血清的浓度主要由肾小球滤过率决定，且不受年龄、种族、性别，及病患肌肉量等因素影响，比血清肌酐更早地反映肾小球滤过率的改变，除有助于 AKI 早期诊断及预后判断外，对 CKD 诊断亦有一定帮助。

（5）其他：近年还有不少类似标志物的研究问世，如富半胱氨酸蛋白 61（cystein-rich protein 61，Cyr61），其主要在近端小管直部合成，在缺血性 AKI 时尿中表现升高；如钠 / 氢交换蛋白 3（Na^+/H^+exchanger3，NHE3），主要位于近曲小管及襻升支厚壁段腔面，与钠的重吸收有关，正常人不能测到，但在缺血性 ATN、肾后性 ARF 患者尿中均见升高，且与病情相关；如谷胱甘肽 - 硫 - 转移酶（glutothione-S-transferase，GST），存在于近曲小管（α 型）及远曲小管（π 型），与多种病因引起的 AKI 均有关，但距临床应用仍有相当距离。

除前述各种生化指标外，目前影像学技术的进步也为此早期诊断技术领域的进展提供了重要助力，如近些年除一般 MRI 技术外，正电子发射断层成像术（positron emission tomography，PET）可在活体上显示生物分子的代谢状况，实现受体及基因显像，使疾病早期尚处于分子水平变化阶段，MRI、CT 检查还不能明确诊断时，PET 即可获得三维影像，并进行定量分析，有助于达到早期诊断的目的。另外，多光子显微镜（multi-photon microscopy）技术亦渐成熟，可通过发射的多光子荧光，深入肾内部进行细致观察。上述进展表明，在不久的将来，必能依靠实验室手段的进步，使 AKI 的早期诊断、有效治疗，及可靠预防有重大突破。

四、治疗措施

（一）中毒性急性肾损伤的主要治疗原则

1．及时清除毒物，防止毒物持续吸收，尽快中断毒物对肾的继续损伤。

2．合理输液，及时补足血容量。

3．适当利尿，加速毒物及体内代谢废物排出。

4．使用微血管扩张剂，解除肾血管痉挛，改善肾微循环。

5．早期应用血液净化治疗。

6．早期足量使用糖皮质激素和各种细胞干预措施，如自由基清除剂等。

7．对于色素蛋白尿者早期使用碱性药物。

8．慎用肾毒性抗生素及其他药物，防止加重肾损害。治疗的核心在于防治急性肾衰竭，故在疾病早期，即应尽早阻断病情发展；在进展过程中，则应密切监测各项肾功能指标（尿常规、尿量、血清肌酐等），随时掌握变化趋势，及时治疗处理。但有的治疗措施在实践中似缺乏效果，值得进一步斟酌。

（二）补液

近年的临床研究显示，在患者的体液容积不足的情况下，体液状态（fluid status）俨然成为重症患者的第 5 项生命要征（vital sign），在败血症、大量胃肠道出血、大面积烧烫伤等情况下，早期给予静脉输液可以减少急性肾损伤的发生[16]。对于输液种类，建议败血症患者避免使用代用血浆，宜用等张晶体及血清白蛋白（albumin），以降低可能因输注代用血浆而产生的凝血功能异常及诱发急性肾损伤的危险[17]。但如积极补液造成体液过剩（volume overload），反而会导致病患死亡率增加，此在 AKI 的支持性治疗中尤为重要。

（三）利尿剂

利尿剂虽能增加尿量，但并无助于改善 ARF 进程及预后，若利尿剂使用后仍无法达到改善体液容积过多的目的，更需及早停药以减少副作用的产生；渗透性利尿剂如甘露醇等更不宜在中毒性AKI使用，否则反有加重之虞[18]。

（四）血管活性药物

临床常用去甲肾上腺素维持肾灌注压，但如不适时减低外周阻力，长期使用此药并不利于AKI病情；而多巴胺类药物，即便早期小剂量使用所谓“肾剂量”［1 ~ 3 μg/（kg・min）］，临床亦未见对改善ARF预后有何效果，且常有心律失常、心肌缺血等副作用，目前多不主张应用[19]。

（五）AKI的治疗药物

尽管已有红细胞生成素（erythropoietin）、活性C反应蛋白（activated protein C）、胱冬肽酶抑制剂（caspase inhibitors），及抗炎类药物等治疗AKI的研究报道，但距离临床应用尚有一段距离，AKI发生后仍主要依靠肾自身康复。期望对急性肾损伤病理生理机制的深入认识，能为研发急性肾损伤的治疗药物带来新的契机。

（六）血液净化治疗

目前已公认该法对清除血中有害物质有显著作用，包括内源性代谢产物和外源性毒物，并有助于纠正水电解质紊乱，维持机体内环境稳定，尤其对于中毒性肾损伤，它既是对症处理也是对因治疗，关键是要建立预防性透析概念。有资料显示，ARF患者若早期进行血液净化治疗，不仅可更好地控制水、电解质和酸碱平衡，缩短少尿期，促进肾功能恢复，且有助于预防并发症的发生，从而可大大提高生存率[20]。血液净化措施包括血液透析、血液滤过、血浆置换、血液灌流、腹膜透析等，由于毒物的分子量、半衰期、蛋白结合率、脂溶性、分布容积等特性不同，不同净化方式对不同的毒物清除效率也不同，应灵活采用，如血液灌流（HP）可以吸附进入血液中的毒物，尤其是分子量较大、脂溶性较高、在体内易与蛋白结合的化合物，但对体内产生的毒素吸附能力则较差；血液透析或腹膜透析可清除分子量较小的毒物和代谢产物，有助于保持体内水、电解质和酸碱稳定；血液滤过可清除分子量较大的物质及体内过多水分；血浆置换能清除分子量大、蛋白结合率较高的毒物或药物，补充血液中的有益成分（如有活性的胆碱酯酶）等，但缺点是用血量太大，实际应用困难较多。连续性肾替代治疗（continuous renal replacement therapy，CRRT）可以缓慢、等渗、持续地清除水、溶质和毒素，并能随时调整体液平衡，有效维持营养状况和保持水、电解质平衡，似更有利于病情的恢复。但有研究指出，和间歇性肾替代疗法相比，两者在患者存活率上并无差别。

（七）间充质干细胞治疗急性肾损伤现状

间充质干细胞（mesenchymal stem cells，MSC）具有自我更新、多向分化潜能，及免疫调节等功能，在治疗肾病方面有广泛的应用前景，尤其是在AKI方面，目前许多学者都证实MSC可以改善AKI，并对其机制进行了深入的研究。

MSC最早由Friedenstein[21-22]在骨髓中发现，是一类来源于骨髓及某些特定器官和组织（包括脂肪、脐带血，及肾等）的具有异质性的成纤维细胞，包括不成熟但自我更新较快的小细胞、相对成熟但更新相对慢的大细胞，及在某些培养基下呈立方形的细胞。在标准的细胞培养基下MSC贴壁生长，并呈成纤维细胞样形态。在特定的条件培养基下，MSC可以分化成脂肪细胞、软骨，及骨细胞等。还可跨胚层分化为内胚层及外胚层细胞。在通常情况下，MSC表达膜抗原CD73、CD90、CD105，不表达造血细胞的膜抗原CD45、CD34、CD14、CD11b、CD79a、CD19和主要组织相容性复合体Ⅱ分子；同时表达少量的主要组织相容性复合体Ⅰ分子，但不表达共刺激分子CD40、CD80、CD86；然而，在干扰素-γ等炎症条件刺激下，MSC表达的主要组织相容性复合体Ⅰ、Ⅱ分子水平会增加。MSC主要来源于中胚层，虽然含量极少，只占骨髓细胞的0.001% ~ 0.01%，但是这类细胞在体外很容易扩增到所需要的治疗数量，使其用于科学研究及临床治疗成为可能。然而，体外过度扩增可能会导致 MSC 表型和功能的改变。目前尚不清楚体外扩增的干细胞和体内的干细胞有什么不同。

1．MSC 治疗 AKI 的基础研究

（1）MSC 的转分化：尽管目前诸多的研究均表明 MSC 具有保护 AKI 的作用，但其具体的保护机制尚不清楚。Morigi[23] 和 Herrera[24] 将外源性的 MSC 注射到 AKI 模型，MSC 可以通过转分化为小管上皮细胞减轻肾结构及功能的损伤；而且在缺血再灌注损伤后 24 小时仍存留 MSC 的肾局部比无 MSC 存留的区域凋亡程度明显减轻。Qian 等 [25] 从大鼠骨髓分离出干细胞与受损肾组织共培养，结果显示骨髓 MSC 转化成肾小管上皮样细胞，且高表达肾标志物细胞角蛋白 18、磷酸化水通道蛋白 1。Yokoo[26] 等发现向发育早期的肾直接注射外源性 MSC，可以观察到 MSC 掺入到肾小球、肾小管，及肾间质，这个结果提示 MSC 有转分化为肾细胞的可能。但更多的研究表明，外源性 MSC 虽然对肾损伤具有保护作用，但很少或没有掺入到肾小管，只有 2.0% ～ 2.5% 的外源性干细胞转化为小管上皮细胞，而不是先前报道的 22%。Duffield[27] 在小鼠肾缺血再灌注损伤模型中发现 MSC 可以保护肾。他们用 3 种方法（绿色荧光蛋白，Y 染色体，β- 半乳糖苷酶）标记供体的细胞，在全骨髓移植的肾小管中并没有发现被标记的 MSC，仅仅看到少量被标记的 MSC 表达内皮细胞的表面标记；而注射 MSC 的小鼠肾中，却找不到 MSC 来源的细胞，这些实验结果说明，标记阳性的内皮细胞不是来源于骨髓中的 MSC，MSC 虽然能够保护缺血性损伤的肾小管，但不是通过直接分化成肾小管上皮细胞实现的。Vogetseder[28] 认为在未受伤的肾小管上皮细胞能通过分裂增殖的分化细胞量很少。Lin[29] 提出了肾损伤后肾小管上皮细胞增殖的初步证据。两者均观测到，肾损伤修复的细胞来源于肾本身。因此，虽然早期的研究表明 MSC 的转化对小管再生贡献很大，但这种百分比过少，且掺入到肾小管的 MSC 是否参与小管修复也不明确，因此 MSC 在肾局部的直接转分化可能不是 MSC 对 AKI 发挥保护作用的主要机制。

（2）MSC 的旁分泌：Eliopoulos 等 [30] 在大鼠 AKI 模型中，通过腹腔注射人骨髓 MSC，明显改善肾功能，降低炎症因子的表达，肾免疫组化显示细胞凋亡明显减少而细胞增殖增加，说明 MSC 可以通过调控炎症、抑制凋亡并促进肾小管恢复等机制保护 AKI 的肾。但 Bi[31] 等发现给顺铂所致的 AKI 模型注射 MSC 培养基同样可以具有保护作用。MSC 通过定植到肾发挥作用的机制更加受到大家的质疑，再次证明 MSC 的转化不是主要作用，其机制可能主要通过旁分泌及内分泌功能。另有学者报道 [32]，给小鼠肾缺血再灌注损伤模型注射外源性的 MSC 可以降低 AKI 小鼠 24 小时促炎因子白介素（interleukin，IL）-1β、肿瘤坏死因子 -α、干扰素 γ 的表达并抑制诱导性一氧化氮合酶的表达，同时升高 IL-4、IL-10、成纤维细胞生长因子，及 B 细胞淋巴瘤 / 白血病 -2 基因水平，减轻肾损伤，促进肾小管上皮细胞的增生修复。这些结果均证实 MSC 在 AKI 模型可以通过调控免疫炎症反应，使机体由促炎性状态转化为抗炎性状态，从而发挥保护作用。另外，在 MSC 培养基中可以检测到肝细胞生长因子、胰岛素样生长因子 -1，及血管内皮细胞生长因子等诸多细胞因子。肝细胞生长因子和胰岛素样生长因子 -1 在小鼠肾缺血再灌注损伤模型均具有抗凋亡和促进有丝分裂等加速细胞修复的作用。另外，血管内皮细胞生长因子除了具有减轻凋亡和促进内皮细胞和上皮细胞增生的作用外，还可以调控血管舒张、基质重塑、单核细胞趋化，及血管再生等。Imberti[33] 在体外验证了 MSC 分泌的胰岛素样生长因子 -1 是其肾修复功能的主要调控因子。注射抗胰岛素样生长因子 -1 的抗体到 MSC 和近端肾小管上皮细胞的共培养体系可以抑制近端肾小管上皮细胞增生并促进其凋亡。体内给顺铂诱导的 AKI 模型注射沉默胰岛素样生长因子 -1 的 MSC 可以削弱 MSC 的肾保护功能。而高表达肝细胞生长因子的人脐带血来源的 MSC 可以增强其对小鼠肾缺血再灌注损伤的保护作用。在体外共培养过表达血管内皮细胞生长因子的MSC和顺铂刺激的小管上皮细胞，可以增强MSC对损伤肾小管上皮细胞的保护作用。在体内验证同样可以抑制损伤肾小管上皮细胞的凋亡并促进其增生，从而增强肾的修复功能。

（3）MSC的免疫调节：MSC对不同的T细胞亚群表现出不同的免疫调节功能。大量体内和体外实验表明，MSC能上调调节性T细胞水平，该作用呈剂量依赖性且无MSC限制性，有研究证实，MSC可能通过调控辅助性T细胞17与调节性T细胞的转换从而调节机体的免疫；MSC还能抑制细胞毒性的杀伤性T细胞、B细胞、自然杀伤细胞，及树突状细胞等，近年来的研究还发现[34]，MSC在体外能抑制γδT细胞的增殖，但不抑制其细胞毒功能。这些可能是MSC发挥免疫调节效应的重要机制。但目前这些研究主要在免疫性疾病及体外开展，在AKI方面研究还比较少见，HU等[35]初步证明MSC可以通过定植于脾诱导调节性T细胞产生IL-10而发挥肾保护作用，且切除脾后保护作用消失。由此可见MSC对T细胞的免疫调节可能在肾损伤保护机制方面发挥了重要作用，但仍需进一步研究。

（4）MSC对巨噬细胞的影响：巨噬细胞是机体固有免疫的重要组成部分，同时还具有较强的抗原处理和递呈能力。作为免疫辅佐细胞，其在机体正常生理过程和病理过程中发挥了重要的功能。研究发现，MSC可以分泌前列腺素E2，并通过前列腺素E受体2及前列腺素E受体4，作用于巨噬细胞，促进IL-10的表达，减少组织氧化损伤；Nemeth[36]发现给盲肠结扎穿刺诱导的脓毒症小鼠模型注射MSC，可以提高脓毒症小鼠的生存率及改善肾在内的器官损伤，静脉注射的MSC主要聚集在肺且其周围包绕着巨噬细胞，为了进一步证实巨噬细胞在MSC发挥作用中的地位，他们给清除巨噬细胞的小鼠做盲肠结扎穿刺脓毒症模型，再给此模型小鼠注射MSC后无治疗作用。另外，巨噬细胞根据激活方式和免疫功能可分化成M1型和M2型两类，M1型巨噬细胞主要产生致炎的细胞因子，参与抗原提呈、炎症反应；M2型巨噬细胞主要分泌炎症抑制因子、抑制炎症反应。最近的研究[37]发现MSC在体外与巨噬细胞共培养后可使其具有M2型巨噬细胞的特点，CD206表达上调，增加IL-10的合成，降低IL-12和干扰素-α的水平，并抑制辅助性T细胞17的生成能力，从而减轻炎症反应。Maggini等[38]的研究显示，MSC能通过抑制巨噬细胞中IL-12p70和干扰素-γ的产生，从而抑制IL-12p70和干扰素-γ诱导的免疫炎症反应；不仅如此，MSC培养基也能减轻巨噬细胞促炎因子的分泌并增强IL-10的分泌和吞噬功能。巨噬细胞在AKI模型发病中的作用逐渐被证实，MSC可诱导巨噬细胞转型为M2，增强其抑制免疫反应的能力，但MSC在这些AKI模型中的保护机制是否和巨噬细胞的转型等效应有关需进一步研究证实。

2．MSC的定植 MSC促进肾修复的机制仍不清楚，但一个重要治疗机制就是MSC有明显归巢到受损组织的能力。在稳态条件下，静脉注射的MSC定植到骨髓。在炎症损伤的情况下，MSC有向炎症趋化并定植在损伤器官的倾向。标记右旋糖酐铁的外源性骨髓MSC给缺血再灌注损伤大鼠注射后，磁共振成像定位发现这些细胞主要在肾皮质。而且这些细胞在肾缺血再灌注后第3天仍然存在，组织学上它们定位于肾小球毛细血管。有很多趋化因子的受体可以协助MSC进入炎症损伤区域。在缺血损伤后，肾内的基质细胞衍生因子-1表达增加，而MSC表达基质细胞衍生因子-1的受体趋化因子受体4，其表达量在低氧条件即缺血损伤后明显增加，因而增加MSC到缺血肾的定植。而且当MSC用肿瘤坏死因子-α预处理后可以增强其通过基质细胞衍生因子-1/受体趋化因子受体4趋化至损伤部位的功能。Liu[39]等通过体内及体外实验均证实过表达趋化因子受体4的MSC可以增强肾小管细胞修复以MSC在损伤肾的定植。同时这个团队还证实低氧预处理以及同时注射促红细胞生成素和MSC也可以增加其在AKI模型的定植。不过近期也有研究表明，通过MSC过表达受体趋化因子受体4和受体趋化因子受体7并不能增强其在AKI模型肾的定植。Ponte[40]等报道血小板衍生生长因

子 -AB、前列腺生长因子 -AB 和胰岛素生长因子 -1 也是重要的趋化 MSC 定植的因子。CD44 是另一个在 MSC 定植中发挥重要作用的趋化因子了，CD44/ 透明质酸之间的相互作用是趋化 MSC 定植到损伤肾的重要因素 [41]。CD44 即透明质酸受体的缺陷小鼠分离的 MSC 不能迁移到肾，没有肾保护作用。CD44 中的抗体以及转染小 RNA 的 MSC 均不能向肾迁移。目前的观点 [42] 认为，注射方式可能是影响定植的重要因素，如静脉注射 MSC 时，由于其自身大小和黏附性等原因绝大多数会被肺截留，向肾归巢的数量就很少，所以目前并不推荐采用静脉注射方式进行 MSC 移植；由于静脉注射方式损伤小、操作简单、容易掌握等优点而成为目前应用较多的途径。采用动脉注射的方式，MSC 主要定植在肾小球内，肾间质有极少数定植，定植时间一般不超过 24 小时。与静脉注射相比，动脉注射被认为是更好的一种移植途径，然而该注射方式操作难度大，且有一定损伤及易出血等因素，导致其应用相对少一些。局部注射是将 MSC 直接注射到目标区域的一种移植方式，理论上应该是归巢效率最高的途径。但 Cheng[42] 等通过不同的注射方式包括静脉、腹腔，及肾被膜下注射，均未发现 MSC 在顺铂所致 AKI 肾的定植。因此对于干细胞是否通过定植于肾局部发挥保护作用还需要进一步研究，包括注射方式、注射剂量及时间、检测方法等均有待进一步完善及统一。

3．MSC 治疗 AKI 的临床研究 第一个用 MSC 治疗 AKI 的 I 期临床试验已经开始 [43]。I 期试验研究人群为具有 AKI 高危因素的心脏手术患者，用以评价 MSC 治疗的安全性。患者入组标准是：慢性肾病 1 ～ 4 期，年龄＞ 65 岁，伴有以下疾病之一：糖尿病、充血性心衰、慢性阻塞性肺病、高血压，体外循环超过 2 小时。目前得到的初步结果是：MSC 移植组 16 个月肾功能良好，无须依赖肾替代治疗，而对照组约 20% 发展为 AKI；且住院天数及再住院率较对照组降低 40%；在目前的观察期间未发现 MSC 的明显副作用。由于自体 MSC 需要在体外扩增，大部分手术需要择期进行。急救手术可回输异体 MSC。杜兰大学建立了 MSC 细胞库，其细胞特性已经 Prockop 研究组阐明，可作为研究人员重要的治疗细胞来源。随着 AKI 早期诊断标志物的研究进展，将来可以选择早期确诊 AKI 的患者，并在 MSC 细胞库中进行配型，筛选合适的细胞进行扩增，在肾损伤的 24 小时内回输给患者。

4．MSC 治疗的不良反应 目前研究发现 MSC 在人类疾病治疗应用具有良好的安全性，不像多能胚胎干细胞，MSC 回输不会在动物体内形成畸胎瘤。截止到目前的临床试验研究，尚未发现 MSC 回输的严重副作用，但是这些研究缺乏长期临床随访资料。Kunter[44] 最近在大鼠实验发现，肾内注射 MSC 治疗肾小球肾炎虽然可以取得良好的效果，但 60 天后，约 20% 的肾小球出现大脂肪细胞，这些细胞来自分化不良的 MSC，周围有纤维组织包绕。在冷冻消融心肌损伤模型中，MSC 可向成骨方向分化。这些现象可能是由于注射 MSC 过多所致，Kunter 等注射的细胞数仍较多，MSC 细胞数达 2×10^6，从而致局部 MSC 浓度过高，易向其他方向分化。

综上所述，多数基础研究证实 MSC 移植可以减轻 AKI 损伤并加快其修复，目前已开始临床试验。随着 MSC 疗法的安全性、有效性进一步提高以及保护机制的明确，将给 AKI 的临床治疗带来新的希望。

第二节　挤压综合征

一、定义

挤压综合征（crush syndrome，CS）是由于肌肉丰富的肢体长时间受挤压所致创伤性横纹肌溶解，并由此引起全身性损害为表现的创伤性综合征，也叫创伤性横纹肌溶解症（traumatic rhabdomyolysis）。1910 年由德国作者首先报道 CS，他们发现埋在建筑废墟下的士兵被救出后通常出现以下症状：肌肉疼痛、四肢无力，及棕色尿。直到 20 世纪 40 年代，针对在伦敦遭受空袭后四肢被压的伤员所表现出的症状，肾病学家 Bywaters 和 Beal 才提出了挤压综合征的明确定义：休克、肢体肿胀、茶色尿，及伴随出现的肾衰竭。现在比较公认的定义为：四肢或躯干遭受重物长时间挤压，在挤压解除后出现的一系列与骨骼肌坏死相关的损害效应，包括肢体肿胀、肌红蛋白尿、高血钾和急性肾损伤（acute kidney injury，AKI）等。其临床特征除受挤压的局部肌肉损伤外，主要表现为全身性病理生理改变及由此造成的损害，包括低血容量休克、肌红蛋白尿、代谢性酸中毒、高钾血症，及急性肾衰竭[1-2]。挤压综合征常发生于地震、战争和建筑物或山体倒塌的灾害性事件中；特别是地震伤中，挤压综合征占地震伤员比例的 3% ～ 20%，在高层建筑倒塌中发生率高达 40%[3-4]。挤压伤和挤压综合征作为机体病理生理变化的两个阶段，挤压综合征往往意味着更差的预后和更高的病死率，有报道挤压综合征的病死率为 15% ～ 20%[5-6]。由于挤压综合征在灾难性事件的高发生率和病死率，深入了解其病理生理改变及早期系统的全身治疗尤为关键。

二、煤矿创伤后挤压综合征的流行病学特征

据统计，煤矿事故中挤压伤的发生率可高达 20%，而且常被漏诊，如果处理不当，将会导致一系列严重后果甚至死亡。因此，对于提高治疗效果来说，早期识别和积极治疗是很有必要的。所以参与煤矿创伤抢救的临床医生必须对以下人群中可能出现挤压综合征的伤员提高警觉。其流行病学特征如下：有现场中毒昏迷史，长时间肢体自压后被人救出，入院后逐渐出现肢体肿胀、茶色尿，及伴随出现肾衰竭的患者；而实际情况是常被漏诊，直到伤员尿量减少、茶色肌红蛋白尿甚或无尿等症状出现后，才引起医务人员的注意，影响了早期的诊断和治疗，也增加了后期治疗的难度以及导致残疾和死亡的危险性。

临床抢救中导致诊断困难、漏诊、误诊和延误治疗的原因可能有：

1．缺乏关于瓦斯爆炸复合伤的知识，煤矿瓦斯爆炸伤害发生后，大量伤情不同的伤员涌入医院并被收入不同科室住院，因瓦斯爆炸伤为典型的复合伤，其他科室医师对此可能没有经验和认识。

2．急救医师人手不足，多被安排去处理那些有明显损伤或危重的患者，而有一部分早期挤压综合征伤员在事故发生时，远离爆炸现场，甚至不知道井下发生瓦斯爆炸，除在井下有 CO 中毒昏迷史外，可能没有烧伤、骨折，在救出后不久即可以行走及正常饮食，甚至脱离现场自行去洗澡后才来住院，常被误认为是“健康的患者”，易被忽视。

3．在早期缺乏典型的临床症状，难以诊断，有些隐蔽的症状和体征易被忽视。

4．伤员入院后常有精神损害表现，恍惚、狂躁、不愿说话或喋喋不休，无法正确主诉，不易得到完整的病史资料。

三、病理生理

创伤性横纹肌溶解的经典三联征为“肌肉疼痛、无力、棕色尿”。Bywaters 等[7]在 1941 年首次应用“挤压综合征”一词。当地震灾害、战争，及恐怖袭击发生时，挤压综合征患者常常大量出现。当肢体受到挤压时，可以引起骨筋膜室综合征和（或）挤压综合征，两者可以独立发生，也可以同时发生，相互转化，而挤压综合征往往是致命的[8]。挤压综合征的主要特点是横纹肌溶解引起的低

血容量休克和肌红蛋白尿，导致急性肾衰竭。其发生主要有 3 个条件：①大量肌肉受累；②长时间的挤压（通常＞ 4 ～ 6 小时，＜ 1 小时也有可能）；③局部循环受损。挤压时间的长短并不能反映损伤的严重程度，挤压综合征的并发症往往与挤压力的大小及受压肌肉大小相关[9]。

挤压综合征主要病理生理改变是肌肉组织的直接损伤及缺血再灌注损伤。持续的机械挤压力引起微血管损伤，从而引起组织低灌注[10]。当破坏了肌细胞的容积调节机制时，肌细胞水肿，细胞缺氧。当细胞水肿时，肌组织压力升高，可以引起骨筋膜室综合征，同时进一步造成低灌注、细胞缺氧，形成恶性循环。随着时间的延长，大量肌细胞发生不可逆性坏死。组织缺氧时，引起细胞代谢异常，细胞利用 ATP 下降，使钠钾泵失效，细胞膜完整性受损[11]。肌红蛋白、钾、磷、嘌呤、乳酸、肌酸激酶，及炎症介质从细胞中释放，进入血循环。释放的炎症介质引起血小板聚集，血管收缩，血管通透性增加，又进一步加剧了组织缺氧[12]。细胞的代谢异常引起低血容量休克、电解质紊乱和代谢性酸中毒。当肌红蛋白进入血循环后，被肾小球滤过，在肾小管内形成管型，阻塞肾小管，导致近端肾小管上皮细胞损伤[10,13]。肾活检显示肾水肿及缺血性梗死，近端肾小管有不同程度的损伤和坏死，远端肾小管有肌红蛋白管型。血容量降低及酸性物质的释放可以引起尿液的 pH 下降，酸性环境使肌红蛋白形成凝胶状而进一步阻塞肾小管，引起少尿、无尿，造成急性肾衰竭（ARF）[14-15]。据报道，近 40% 的挤压综合征患者发展成为急性肾衰竭，是伤后 3 ～ 7 天死亡的主要原因[16]。当压迫解除后，缺血肢体恢复血供，体液会淤滞在受损的组织中，一方面引起有效循环血量下降，造成低血容量性休克，挤压综合征再灌注后，损伤在“第三间隙”体液量大约与一个体重 75 kg 的成人总的细胞外液量相当；另一方面，血供恢复将启动缺血 - 再灌注损伤机制，造成细胞内钙超载，自由基、钾离子、肌红蛋白等进入血循环，造成心、肾损伤。伤后的前 3 天，休克是死亡的主要原因，而高钾血症引起的心律失常和心搏骤停是早期死亡的第 2 个原因[1]。

四、诊断

（一）挤压综合征急性肾损伤（AKI）危险因素

1．被挤压的肢体的范围 1 个肢体遭受挤压后，AKI 的发生率为 50%，2 个肢体挤压后，AKI 的发生率为 75%，3 个及以上肢体挤压后的发生率为 100%。

2．挤压时间

3．年龄

4．血清肌酐、尿酸、肌红蛋白、LDH 和肌酸激酶水平

5．是否合并慢性疾病

（二）临床表现

常分为局部表现和全身表现。

1．挤压综合征局部表现——骨筋膜室综合征 主要表现为

（1）挤压解除后受伤肢体远端肿胀迅速加重，逐渐出现缺血、坏死（图 7-1）。

（2）肢体表面逐渐出现坏死、破溃（图 7-2）。

（3）深层肌肉坏死重于浅层肌肉（图 7-3）。

（4）肌肉坏死区分布不规则。

（5）伤道出血变化多端（图 7-4）。

2．全身表现 挤压综合征的临床表现严重程度与受压时间、挤压物体重量、受压部位和范围有关。有些挤压时间不长、肢体损伤表现不重的伤员依然可以出现挤压综合征，应予以高度重视。

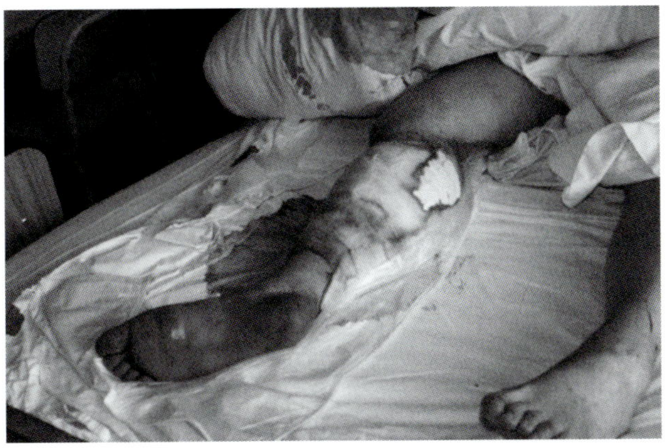

图 7-1　肢体缺血坏死

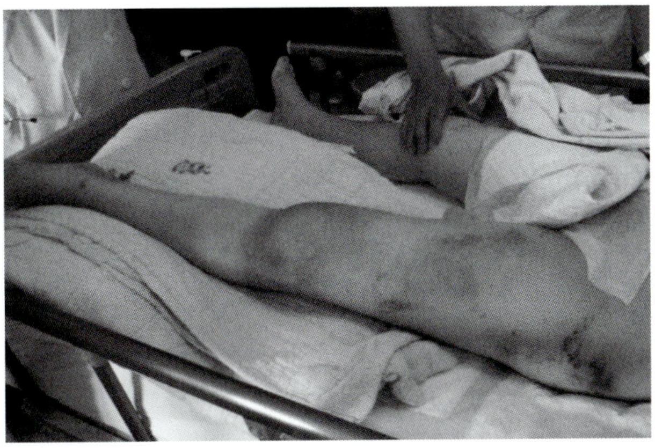

图 7-2　肢体表面坏死、破溃

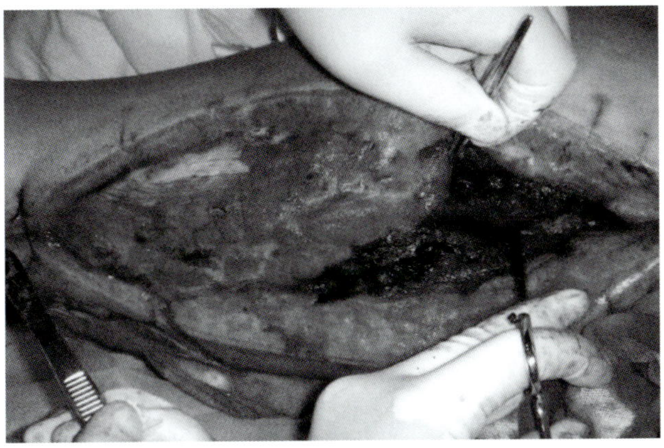

图 7-3　深层肌肉坏死重于浅层肌肉

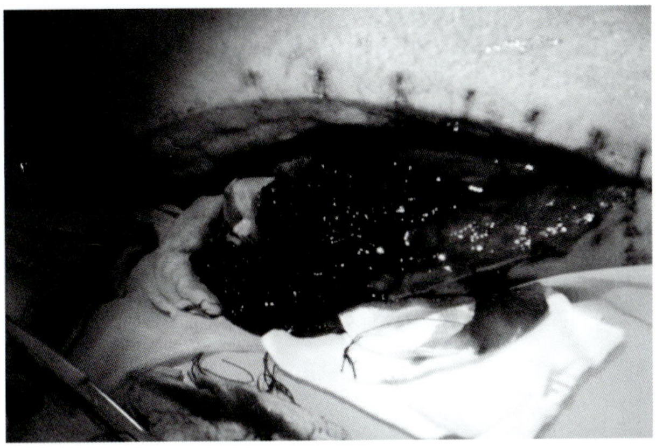

图 7-4　伤道出血凝固

（1）急性肾损伤（acute kidney injury，AKI）：近年来确认，急性肾损伤与肾功能不全是两个不同的概念，AKI 诊断标准为：肾功能急剧下降，48 小时内 Scr 增加到损伤前 1.5 倍或增加 6.4 μmol/L，和（或）尿量少于 0.5 ml/(kg·h)，且持续 6 小时以上。

（2）易发生致死性高钾血症：挤压部位因有大量肌肉坏死而释放大量钾离子，再加上肾衰竭排钾困难，故在少尿期血钾可迅速上升，甚至达致命水平。日本的岛崎修次指出，高钾血症是引起被救出时“健康的患者”在获救后猝死的主要原因。

需要特别注意的是：在紧急生化检测困难的情况下，心电图是发现高钾血症最佳的手段，但心电图未发现上述征象并不能排除高钾血症（表 7-2）。

（3）易合并低血容量和中毒性休克：早期因大量体液进入组织间隙致有效循环不足，可出现低血压甚至休克，在发生急性肾衰竭的少尿期，血容量增多，血压可升高。

表 7-2　血钾水平与心电图表现

血钾水平	心电图表现
6 ~ 7 mmol/L	T 波尖陡
8 mmol/L	P 波消失或 P 波与 QRS 波群关系消失
10 mmol/L	增宽、异常的 QRS 波群
11 mmol/L	双相变异（QRS-ST-T 波融合）
12 mmol/L	室颤或心脏停搏

（4）严重水电解质失衡，代谢性酸中毒：肌肉缺血坏死后，有大量酸性物质释出，使体液 pH 降低。创伤后组织分解代谢加速，大量中间代谢产物积聚，非蛋白氮、尿素氮迅速增高。临床上常有头痛、恶心、烦躁等酸中毒、尿毒症表现。

（5）易出现低蛋白血症、营养不良。

（6）易合并凝血功能紊乱。

（7）易合并 DIC、ARDS，及 MODS。

（8）易合并重症感染、脓毒血症。

（三）诊断依据

1．有外伤史。

2．持续少尿或无尿 48 小时以上，尿色在 24 小时内呈红棕色、深褐色，于 12 小时达到高峰，1 ~ 2 天后自行转清。

3．尿中出现蛋白、红细胞、白细胞，及管型。

4．经补液及利尿剂激发试验排除肾前性少尿。

5．血肌酐和尿素氮每日递增 44.2 μmol/L 和 3.57 mmol/L，血钾每日上升 1 mmol/L。

6．血气分析显示代谢性酸中毒。

7．肌红蛋白血清值正常低于 85 ng/ml，由于瓦斯爆炸伤害后挤压综合征肌肉损伤常常比较隐匿，可未被发现，但化验结果可超过 150 000 ng/ml。血清肌红蛋白的水平在起初可高于尿肌红蛋白指标，随着肌红蛋白在体内被清除，尿中的肌红蛋白量将会高于血清。同时追踪观察血清和尿肌红蛋白值是分析挤压伤进展与情况的最好方法。

8．肌酸磷酸激酶（CPK）是肌肉损伤的另一个标志物，CPK 可随着肌肉的破坏而释放。横纹肌溶解症患者的 CPK 水平异常增高，通常超过 30 000 U/L，与受损肌肉量有关。当 CPK 值达到 5000 U/L 时，肾衰竭发生率会显著增加。此时应当对患者采取积极的评估与干预治疗。

CPK 和肌红蛋白的半衰期大约分别是 115 天和 3 小时，在制订治疗方案时，应同时追踪 CPK 和肌红蛋白的水平变化，并区别分析。

五、预防与治疗

（一）防治原则

1．严密观察

（1）对伤员的病情进行综合评估和必要的检查。

（2）准确记录尿量、尿常规检查。

（3）挤压伤严重的患者，首先查心电图，确定有无高血钾表现。

（4）查血常规和血生化，包括尿素氮、肌酐、尿酸、肌酸激酶、转氨酶、白蛋白、总蛋白，及电解质、血和尿肌红蛋白。

（5）在入院的第 1 周，血生化和酸碱状态应每天多次检查。

2．分级预防 挤压综合征后的 AKI 及高钾血症是可预防、可治愈的，早期给予水化和碱化治疗是关键。

一级预防：在开始接诊后 6 小时之内早期实施水化（液体复苏）和碱化治疗，是防止挤压综合征急性肾损伤的关键。对心脏病或老年患者，应避免补液过量引起容量负荷过重。

多学科协作、妥善处理受伤肢体是防治急性肾损伤和其他严重并发症的关键。切忌等到患者已少尿、无尿或心律失常，甚至心脏停跳才被动抢救。

二级预防：早期发现轻、中度血钾异常（< 7 mmol/L）、血肌酐水平升高（< 8 mg/dL）的患者，及时给予综合治疗，以防止发展至肾衰竭。

得到医疗救治 3 ～ 4 天后，是急性肾损伤、脓毒血症和多脏器衰竭等严重并发症的高发时段，可以间断进行血液透析，特殊血液净化技术如连续性血液滤过 / 滤过透析（连续性肾替代治疗：continuous renal replacement therapy，CRRT）应作为挤压综合征的救命措施。腹膜透析疗法不作为首选。对无尿和少尿的患者，水电解质酸碱平衡以及能量等应给予精细管理。

3、救治步骤　矿难发生后挤压综合征急性肾损伤救治的主要步骤应参考 1989 年成立的“肾脏灾难援救特遣队”（Renaldisaster Relief Task Force，RDRTF）所制订的《重大灾害后挤压伤者处理指南》进行。

4．液体复苏

（1）现场可以先用等渗盐水，补液速度是每小时 1 L [10 ～ 15 ml/（kg・h）]。

（2）救出后立刻输注低渗盐水，在每次第 2 或第 3 L 低渗盐水中，加入 50 mEq 碳酸氢钠溶液（通常第一天给予总量为 200 ～ 300 mEq 碳酸氢钠溶液），保持尿液的 pH > 6.5。

（3）每天补液 6 ～ 12 L，理想尿量应当超过 300 ml/h。

（4）为降低室腔压力，如果尿量超过 20 ml/h，在每升液体中再输入 50 ml 的 20% 甘露醇 [1 ～ 2 g/kg（总量 120 g）]，输液速度为 5 g/h。

（5）密切监测救治后患者的液体摄取量和尿量。

（6）根据临床病程或中心静脉压测定值确定补液量。

由于液体在受损伤肌肉中的蓄积所致（可能超过 4 L），对于腔室综合征和其他原因引起体液丢失的患者，尿量可能显著低于补液量。

5．纠正电解质紊乱

（1）高钾血症是常见的致死原因，避免经验性给予含钾液体，在转运前给予患者钾结合剂。

（2）低钙血症应仅在引起症状时再纠正。

（3）任何其他电解质紊乱（高磷血症、高钙血症、高钠血症、低钠血症、甚至是低钾血症）均可出现，且应给予治疗。

（二）挤压综合征的治疗

瓦斯爆炸伤害后挤压综合征的治疗涉及多个学科，其中主要涉及 ICU、心肾内科、骨科、整形外科等专业，需要所有以上科室的协同工作，才能保证伤员获得及时有效的治疗和良好的预后。

1．内科治疗

（1）水电解质紊乱的治疗：通过补液及血管扩张来防止肾衰竭，血管扩张有助于改善由于血流灌注不足引发的酸中毒。可选择大孔径外周血管穿刺置管、中心静脉留置导管或者锁骨下静脉留置插管来建立血管通路，同时要监测血压、中心静脉压。在使用快速血管扩张法来纠正心动过速或低血压时应当以初期输液疗法为指导，输液应采用等渗氯化钠溶液或乳酸林格液并控制输液速度为 1 ～ 1.5 L/h，进行连续输注，并密切观察每小时尿量的变化，争取达到尿量 300 ～ 400 ml/h，扩充血容量过程中防止肺充血。根据具体情况，可补充部分血液或血液制品。在给患者输入新鲜冷冻血浆或血小板时注意可能出现凝血功能障碍。如果扩充血容量在超过损伤后 6 小时才开始，可以通过在每升补液中加入 50 mmol 当量的碳酸氢钠来使尿碱化，尿碱化将有助于防止肾衰竭。在碱性尿环境中，肌红蛋白产生的毒性作用会更小。维持尿 pH 为 6 ～ 7 为止；尿的正常 pH 范围是 4.6 ～ 8。当尿 pH > 7.5 时会造成患者碱中毒。可以用注射 20% 甘露醇溶液的方法进行强迫利尿，初始注射剂量为 25 g/h，以后逐渐减到 5 g/h，一旦患者有了足够的尿液排出量，由此形成的“拉力”就能增强血管扩张所形成的“推力”。甘露醇的渗透压性利尿作用能增加尿量并促进消除肌红蛋白。甘露醇还能通过使液体由血管外向血管内流动来降低筋膜间区压力，这样既可以促进组织灌注，还可以像自由基清除剂一样保护肾免受氧化剂的损伤。注射甘露醇时应当化验监测电解质紊乱的情况，当低血钾和渗透压升高时提示脱水。受损的肌肉组织会释放大量的钾形成高血钾，使用利尿剂后，可有效降低钾的浓度。应当避免使用可导致尿酸性化的髓袢利尿剂如呋塞米。但是，当创伤性横纹肌溶解症患者 CPK ＞ 5000 U/L 或更高时，碳酸氢钠或甘露醇等治疗手段对肾衰竭、血液透析或死亡等的总体发生率无明显影响。

（2）肾功能不全：初始血清肌酐值超过 17 mg/L、对输液无反应，及通过利尿每天不超过 400 ml 尿量的患者，必须采用血液透析治疗。血浆的 CO_2 浓度、血尿素氮含量、钙离子浓度、血肌酐含量，及血尿是诊断急性肾衰竭进展或是否需要进行血透治疗的重要辅助检查。对于血容量依赖型患者，连续性静脉 - 静脉血液滤过治疗可能是最佳血透方案。肾损伤会加剧血钾显著增高的风险，应对挤压伤患者进行连续心脏监测并将心电图作为评估高钾血症的指标，高钾血症患者的心电图中会出现高尖状 T 波，PR 间隔期延长、P 波减少、QRS 波增宽并复合形成一个正弦波是心脏停搏的前兆。高钾血症的标准治疗方法中，血液透析应作为首选确定性治疗方案，其他方案如静脉注射钙剂、胰岛素、葡萄糖，及口服离子交换树脂亦可延缓症状的发生。

（3）高血钾的治疗：常用的治疗方法包括：氯化钙、胰岛素、聚磺苯乙烯、沙丁胺醇，及血液透析。其作用机制见表 7-3。

表 7-3　高钾血症的治疗

血钾的拮抗	钙与钾有对抗作用。当患者出现循环衰竭的症状时，氯化钙作为首选药物，每 10 ml 10% 的氯化钙溶液中所含的钙离子是相同体积的葡萄糖酸钙溶液中所含钙离子的 3 倍
细胞转运	静脉滴注 1 mmol/L 胰岛素和葡萄糖能使钾离子移入细胞内。用药量：静脉注射 10 U 胰岛素和 25 g 葡萄糖
离子交换树脂	作为一种离子交换树脂——聚磺苯乙烯能跨越消化道黏膜增强钾的消除。用药量：口服 30 g
沙丁胺醇	在低血浆水平可以连续雾化吸入沙丁胺醇来刺激胞内钾的摄取，不过目前不再广泛使用
血液透析	将钾离子从血液中透析出来

（4）将肾替代疗法作为一种救命程序对待，临床治疗 AKI——早期应用 CRRT 可以维持血流动力学稳定、提高溶质清除率、进行营养支持、清除炎性介质，及提供多器官支持。其原则为：

① 充分透析是抢救成功的关键所在。

②当出现下列任何指征时即开始透析。

- 肾衰竭症状，少尿或无尿，容量超负荷，持续恶心、呕吐，意识丧失等。
- 生化指标异常，如高钾血症和严重代谢性酸中毒。
- 可考虑对高钾血症高危的患者开始行预防性透析。

③ 透析模式：应采用分子截留量 200 00 ～ 40 000 D 的高通量透析器实施透析或透析滤过，这对肌红蛋白（肌红蛋白分子量 17 500 D）清除更有效。

④透析剂量：视病情而定，3 次 / 周，甚至每天透析，避免血钾突然升高。

⑤ 连续性肾替代治疗（CVVH、CVVHD、CVVHDF）适应证：

- 合并多器官功能衰竭。

- 全身炎症反应重。
- 严重酸中毒。
- 高容量负荷、血流动力学不稳定。
- 不宜搬动的危重患者。

2．外科治疗

（1）骨折治疗：肢体处理是治疗挤压综合征的另一个重要内容，对合并骨折的肢体的治疗不同于单纯肢体骨折的治疗，肢体肌肉和组织由于长期受压和循环障碍已经有部分坏死和严重的炎症和水肿，进行深部手术操作极易引起感染、坏死、水肿加重，甚至骨髓炎等灾难性后果，加重全身症状，有时为保证生命必须进行截肢；由于必须保证后期治疗的需要如减张创面的换药、护理，及人工肾治疗，使用石膏或小夹板固定肢体均不能提供足够的稳定性，故必须对骨折肢体进行相对坚固的固定手术；解决这个矛盾的关键在于兼顾固定强度和减少手术创伤，利用微创技术完成内固定手术，临床可采用外固定架和髓内钉固定，缩短手术时间，减少手术创伤和出血，并获得骨折的稳定。

（2）肢体减压与创面治疗：

① 受压严重肿胀的肢体，筋膜间区综合征可以通过在筋膜间区插入传导针直接测量筋膜内的压力来诊断。通常筋膜压力范围在 0 ～ 15 mmHg，当筋膜压力超过 30 mmHg 时就应当采取外科手术将筋膜切开来减压。

② 肿胀肢体在切开减压引流后，需要较长时间的暴露和换药处理，创面巨大，渗出多，水肿和坏死组织往往导致创面严重感染，感染严重可导致菌血症、败血症，更加重肾衰竭引起的一系列症状，而创面的早期闭合负压封闭引流技术作为一种简单、有效的治疗方法，自 20 世纪 90 年代以来，已广泛应用于创伤后急性和慢性软组织无损修复，创面彻底清创后，将医用泡沫材料按创面大小或略小于创面修剪后覆盖创面，距创面 2 ～ 3 cm 正常皮肤处戳孔，将泡沫材料上的引流管引出，创缘周围与泡沫材料边缘间断缝合，将生物透性薄膜粘贴密闭整个创面，皮肤引流口确保不漏气。术后引流管 24 小时不间断接 50 ～ 60 kPa 负压。5 ～ 7 天后拆除医用泡沫，观察创面肉芽组织生长情况，并取肉芽组织送病理检查及细菌培养，创面不新鲜可更换新的泡沫覆盖并继续同前持续灌洗引流，肉芽生长良好后行二期减张缝合、手术植皮或皮瓣转移覆盖创面。

医用泡沫材料可在泡沫与创面间形成一个良好的接触面，持续负压吸引能彻底清除创面及腔隙内的渗液，保证创面洁净，避免局部渗液积聚，加速组织消肿，改善局部循环，在维持创面清洁的同时刺激局部肉芽组织增殖，加快创面的愈合，有利于感染创面早期植皮闭合创面，同时大大减轻了医护人员的工作量，改善了患者的生活质量，更为简单、经济。由于创面用生物透性薄膜覆盖，更便于观察创面的愈合情况。

使用医用泡沫应注意：①早期合理应用：对有明显适应证的患者早期使用可起到事半功倍的疗效，而对创面小、无明显感染或无严重感染威胁的损伤，则要权衡利弊，不应盲目滥用。②强调彻底清创的重要性，负压封闭引流不能代替清创手术，清除污染坏死组织，必要时反复清创仍然是必须遵循的原则。③术后管理不可忽视，生物透性薄膜的透氧及透湿性能有限，而且毛囊、皮脂腺的细菌会逐渐移至皮肤表面，故需定期更换和消毒。同时生物透性薄膜可被渗液浸湿而失去封闭作用，使得负压隔离作用减弱，要注意检查和更换。注意保持负压引流通畅，可持续冲洗泡沫材料，必要时及时更换。④预防性应用抗生素必不可少，由于创口内为相对厌氧环境，抗厌氧菌治疗不应忽视。手术前后的反复多次细菌培养和药敏试验是必需的。⑤加强营养，同时注意监测患者水、电解质的变化。每天吸出的渗出物中含大量蛋白，应注意监测、计算并及时补充营养。

六、挤压综合征的血液净化治疗现状

挤压综合征（crush syndrome，CS）的治疗除了传统的补液、碱化尿液、利尿等保守治疗外，血液净化治疗对防治危及生命的体液、电解质和酸碱平衡失调、AKI、降低病死率至关重要[45-46]。近年来连续性血液净化（continuous blood purification，CBP）技术在危重症救治领域的应用为CS救治提供了宝贵经验，但目前对于CS患者如何选择血液净化治疗时机、治疗模式，及治疗剂量尚无统一标准。本研究就血液净化治疗CS的进展综述如下。

1．血液净化治疗时机的选择 血液净化在治疗CS中的重要作用是人们所公认的，但血液净化治疗CS的最佳时机应如何掌握至今未有定论。众所周知，挤压伤导致AKI的主要机制是坏死的横纹肌细胞释放肌红蛋白进入血液循环，经肾小球滤出后，沉积在肾小管中造成急性肾小管坏死。血浆肌红蛋白在肌肉损伤后30分钟至2小时即可升高，5 ~ 12小时达高峰。故对循环血液中肌红蛋白进行清除以防止进一步的损伤是救治CS相关AKI的关键所在。

一项对神户地震的挤压伤伤员的分析表明，13个可在野外进行评价的危险因素中，如患者的一般特征（年龄、性别）、时间（营救的时间、后送的时间）、受伤的位置（上肢、下肢、四肢、躯干、骨盆骨折）、体格检查（血压、脉搏、呼吸频率、尿液的颜色），仅3个变量（脉搏≥ 120次/分、营救时间≥ 3小时、尿色异常）对预测是否需要血液净化治疗或是否死亡非常重要[46]。王质刚等[47]提出，只要确认患者有重度挤压伤史，解压后出现酱油色尿，可不必等待肌红蛋白、肌酸激酶和肾功能的检验结果，即可开始血液净化治疗。Shiao等[48]多中心前瞻性研究观察分析了98例AKI患者，根据RIFLE（risk，injury，failure，loss，and endstage kidney disease）分类进行治疗分组，将O-R期定义为早期治疗组，I-F期定义为晚期治疗组，发现早期治疗组的患者病死率（41. 2%）明显低于晚期治疗组（68．1%）。朱艳姬等[49]也认为，早期进行血液净化治疗是AKI抢救成功的关键。Karvellas等[50]系统回顾了15项关于AKI患者早期和晚期开始行血液净化治疗的研究，同时对临床预后影响进行meta分析，发现早期行肾替代治疗可以改善患者存活率。但Elseviers等[51]新近的1项研究结果显示，重症AKI患者中，积极行早期肾替代治疗组病死率反而大大高于保守治疗组。Vinsonneau等[52]认为，临床工作中最实际的问题是区分哪些患者适合行早期肾替代治疗而哪些患者不适合。在有效诊断标志物缺乏及前瞻性临床实验验证结果未明时，大范围地早期开展血液净化治疗反而会导致并发症增加和病死率升高。

AKI的早期诊断是目前临床研究的热点，早期诊断标志物的应用有利于AKI的治疗，但目前大部分标志物尚处于评估阶段，确切的临床价值还有待更大样本量及多中心的临床研究进一步证明。目前具有代表性的AKI早期诊断标志物有中性粒细胞明胶酶相关载脂蛋白（neutrophil gelatinase-associated lipocalin，NGAL）[53]、肾损伤分子-1（kidney injurymolecules-1，KIM-1）、血清胱抑素C[54]等。Yang等[55]建议条件允许时将尿NGAL作为AKI患者可靠的临床结局预测因子。尿KIM-1的定量检测也有可能成为评估AKI的一种无创、灵敏的方法，还可能应用于AKI治疗效果的监测[56]。AKI早期诊断标志物的运用可能会对血液净化治疗开展的时机确定提供很好的依据。

欧洲肾最佳实践和国际肾学会的肾灾难救助工作小组指出，考虑到潜在的并发症，对CS患者应给予更宽松的开始透析治疗的指征[57]。CS绝对的透析指征包括：①血钾≥ 6.5 mmol/L，或对其他治疗无反应的血钾快速升高；②酸中毒：血pH ≤ 7.1；③血尿素氮≥ 10 g/L（30 mmol/L）或血肌酐≥ 0.8 g/L（700 μmol/L）；④尿毒症症状，如容量负荷过重、心包炎、出血或不能解释的精神状态改变；⑤给予足够的液体复苏后仍持续存在的少尿或无尿。由于CS绝大多数发生于地震后，如汶川地震时，医学救援人员到达重灾区的时间为震后48小时甚至更晚[58]，在后送过程中，血液净化治疗的最佳救治时机延误，有的患者甚至还未进行血液净化治疗之前已死亡。如能在 CS 患者获救后立刻对其进行血液净化治疗，将会为灾害现场的抢救争取时机，最大限度地挽救患者生命并改善预后。目前上市的血液净化机由于机器本身对平稳性要求较高，不能在地震现场等特殊环境实施 CBP 治疗，延迟了血液净化的时机。因此，研制一种体积小且重量轻、方便携带至震后救援现场、治疗过程不受震动等恶劣环境影响，且适应现场救援需要的便携式 CBP 机成为最迫切的需求。

2．血液净化治疗模式的选择　CBP 的治疗模式包括连续性动 - 静脉血液滤过、连续性静 - 静脉血液滤过（continuous veno-venous hemofiltration，CVVH）、连续性高流量透析、高容量血液滤过、连续性血浆分离吸附、分子吸附再循环系统，及部分血浆分离吸附系统等。Naka 等 [59] 提出使用超高流量透析膜行持续血液滤过，筛选系数可达 0.69 ～ 0.72，清除量为 4.4 ～ 5.1g/d，清除率为 30.5 ～ 39.2 ml/min，均超过普通量滤器，对于肌红蛋白的清除优于任何以前的报道。采用超高通量血液滤过进行治疗 48 小时后血肌红蛋白从＞ 100 000 g/L 降至 16 542g/L。谢红浪等 [60] 应用高通量滤器行 CBP 治疗，虽达不到超高通量血液滤过的清除效果，但也可以得到理想的效果。且 CS 患者中 AKI 的发病原因还包括炎性介质、氧化自由基等，而只有高通量的滤过膜才能把这些大分子物质清除。Zhang 等 [61] 应用不同的血液净化模式对 15 例 CS 相关 AKI 患者进行救治，并分别记录了应用 CVVH 后 2 小时、6 小时、12 小时、24 小时，3 天、7 天时血肌红蛋白和血肌酐的浓度，7 天后患者均进入多尿期，结果证明，CVVH 较其他模式更能有效清除肌红蛋白。近期提出的高容量血液滤过、连续性血浆滤过吸附等新型技术已逐渐开始在临床应用，由于 CS 患者损伤程度、面积、持续时间、机体代谢状态，及本身健康情况等方面均不同，故建议根据患者病情及病程的不同，可以灵活应用连续性肾替代治疗的不同模式进行救治，以期达到最好的治疗效果。

3．血液净化治疗剂量的选择　关于 CS 相关 AKI 患者的理想透析强度（频率和剂量）仍存在争议。以目标肌酐和尿素氮水平决定透析剂量较片面，因为它们受到很多肾外因素的影响，如年龄、性别、营养、肝病、脓毒血症、肌肉损伤，及药物等。因此，在设置透析参数时，除了溶质的清除外，液体平衡、电解质紊乱、酸碱状态，及营养状态均需考虑。

在 AKI 患者中，平均透析治疗周期为 12 ～ 13 天 [62]。这个周期同横纹肌溶解综合征相关 AKI 患者的透析期（平均 14.6 天）及大型灾害 CS 相关 AKI 病例相似（如马尔马拉地震平均是 13．4 天）[63]。有研究表明，采用每日透析治疗代替隔日透析治疗，可更好地控制尿毒症，防止透析中低血压，降低病死率 [64]。然而在一些 AKI 的研究中发现，强化的肾替代治疗与非强化治疗相比，未能改善肾病变及患者的预后 [65]，尽管疾病及并发症的严重性可能是混杂因素。测量每次透析治疗实际剂量对于下一次透析处方的制订有帮助 [66]。董伟 [67] 的研究发现，CVVH 对 CS 患者有显著的疗效。在设定置换量 4 L/h 和 2 L/h 的条件下，计算对肌红蛋白的清除率分别为 9.5 ml/min 和 59 ml/min。Ronco[68] 的研究表明，CVVH 模式下置换液剂量从常规剂量 20ml/（kg・h）增加到 35 ml/（kg・h），AKI 患者的生存率可以从 41% 增加到 57%。Palevsky 等 [69] 比较了 1 124 例应用 CRRT 治疗 AKI 的置换液流量为 35 ml/（kg・h）与 20 ml/（kg・h）的两组患者，结果显示，两组患者之间在病死率（60 天）、肾功能恢复情况，及其他脏器功能衰竭上无明显差别。Palevsky 等 [69] 指出，这些结果并非意味着 CRRT 剂量不重要（已有众多研究显示剂量与预后的关系），而是意味着可能存在一个阈值剂量，当达到这一阈值后再提高剂量意义不大。但是目前如何评价剂量及如何确定阈值剂量还未可知，期待后续的研究能给出一个明确的答案。

综上所述，CBP 是目前治疗 CS 的最有效措施之一。但在具体应用过程中仍有诸多争议，包括 CBP 开始治疗的时机、治疗剂量的选择、治疗模式的选择，乃至治疗中评估指标等均需进一步实验阐明。大批量的 CS 患者往往出现在大灾难（如地震）后，很多 CS 患者运送至后方医院开始 CBP 治

[29] Lin F, Moran A, Igarashi P. Intrarenal cells, not bone marrowderived cells, are the major source for regeneration in postischemic kidney. J Clin Invest, 2005, 115 (7): 1756-1764.

[30] Eliopoulos N, Zhao J, Bouchentouf M, et al. Human marrowderived mesenchymal stromal cells decrease cisplatin renotoxicity in vitro and in vivo and enhance survival of mice postintraperitoneal injection. Am J Physiol Renal Physiol, 2010, 299 (6): F1288-1298.

[31] Bi B, Schmitt R, Israilova M, et al. Stromal cells protect against acute tubular injury via an endocrine effect. J Am Soc Nephrol, 2007, 18 (9): 2486-2496.

[32] Togel F, Hu Z, Weiss K, et al. Administered mesenchymal stem cells protect against ischemic acute renal failure through differentiation-independent mechanisms. Am J Physiol Renal Physiol, 2005, 289(1): F31-F42.

[33] Imberti B, Morigi M, Tomasoni S, et al. Insulin-like growth factor-1 sustains stem cell-mediated renal repair. J Am Soc Nephrol, 2007, 18 (11): 2921-2928.

[34] Morigi M, Benigni A. Mesenchymal stem cells and kidney repair. Nephrol Dial Transplant, 2013, 28(4): 788-793.

[35] Hu J, Zhang L, Wang N, et al. Mesenchymal stem cells attenuate ischemic acute kidney injury by inducing regulatory T cells through splenocyte interactions. Kidney Int, 2013 84 (3): 521-531.

[36] Nemeth K, Leelahavanichkul A, Yuen PST, et al. Bone marrow stromal cells attenuate sepsis via prostaglandin E-2-dependent reprogramming of host macrophages to increase their interleukin-10 production. Nat Med, 2009, 15 (1): 42-49.

[37] Kim J, Hematti P. Mesenchymal stem cell-educated macrophages: A novel type of alternatively activated macrophages. ExpHematol, 2009, 37 (12): 1445-1453.

[38] Maggini J, Mir kin G, Bognanni I, et al. Mouse bone marrowderived mesenchymal stromal cells turn activated macrophages into a regulatory-like profile. PLos one, 2010, 5 (2): e9252.

[39] Liu N, Patzak A, Zhang J. CXCR4-overexpressing bone marrowderived mesenchymal stem cells improve repair of acute kidney injury. Am J Physiol Renal Physiol, 2013, 305 (7): F1064-F1073.

[40] Ponte AL, Marais E, Gallay N, et al. The in vitro migration capacity of human bone marrow mesenchymal stem cells: comparison of chemokine and growth factor chemotactic activities. Stem Cells, 2007, 25 (7): 1737-1745.

[41] Karp JM, Leng-Teo GS. Mesenchymal stem cell homing the devil is in the details. Cell stem cell, 2009, 4 (3): 206-216.

[42] Cheng K, Rai P, Plagov A, et al. Transplantation of bone marrowderived MSCs improves cisplatinum-induced renal injury through paracrine mechanisms. Exp Mol Pathol, 2013, 94 (3): 466-473.

[43] Gooch A, Doty J, Flores J, et al. Initial report on a phase I clinical trial: prevention and treatment of post-operative acute kidney injury with allogeneic mesenchymal stem cell in patients who require on-pump cardiac surgery. Cell Ther Transplant, 2008, 1 (2): 31-35.

[44] Kunter U, Rong S, Boor P, et al. Mesenchymal stem cells prevent progressive experimental renal failure but maldifferentiate into glomerular adipocytes. J Am Soc Nephrol, 2007, 18 (6): 1754-1764.

[45] Sever M S, Vanholder R, Lameire N. Management of crush-related injuries after disasters. N Eng J Med, 2006, 354 (10): 1052-1063.

[46] Aoki N, Demsar J, Zupan B, et al. Predictive model for estimating risk of crush syndrome: a data

mining approach. J Trauma，2007，62（4）：940-945.
[47] 王质刚．挤压综合征血液净化时机、模式、剂量的探讨．中国血液净化，2008，7（9）：498-500.
[48] Shiao C C，Wu V C，Li W Y，et al. Late initiation of renal replacement therapy is associated with worse outcomes in acute kidney injury after major abdominal surgery. Crit Care，2009，13（5）：R171-R175.
[49] 朱艳姬，孙书珍，李倩，等．急性肾衰竭临床特点的变迁．实用儿科临床杂志，2012，27（17）：1334-1336.
[50] Karvellas C J，Farhat M R，Sajjad I，et al. A comparison of early versus late initiation of renal replacement therapy in critically ill patients with acute kidney injury：a systematic review and meta-analysis. Crit Care，2011，15（1）：R72-R77.
[51] Elseviers MM，Lins RL，Van der Niepen P，et al. Renal replacement therapy is an independent risk factor for mortality in critically ill patients with acute kidney injury. Crit Care，2010，14（6）：R221-R224.
[52] Vinsonneau C，Monchi M. Too early initiation of renal replacement therapy may be harmful. Crit Care，2011，15（1）：1-2.
[53] Haase M，Bellomo R，Devarajan P，et al. Accuracy of neutrophil gelatinase-associated lipocalin（NGAL）in diagnosis and prognosis in acute kidney injury：a systematic review and meta-analysis. Am J Kidney Dis，2009，54（6）：1012-1024.
[54] 曹龙翎，黎雪英，林梓波，等．尿微量白蛋白和血清胱抑素 C 联合检测对评估 2 型糖尿病患者早期肾损伤的价值．新乡医学院学报，2013，30（4）：304-305.
[55] Yang HN，Boo CS，Kim MG，et al. Urine neutrophil gelatinaseassociated lipocalin：an independent predictor of adverse outcomes in acute kidney injury. Am J Nephrol，201031（6）：501-509.
[56] Bonventre JV. Kidney injury molecule-1：a urinary biomarker and much more. Nephrol Dial Transplant，2009，24（11）：3265-3268.
[57] Sever MS，Vanholder R. Recommendation for the management of crush victims in mass disasters. Nephrol Dial Transplant，2012，27（4）：4231-4237.
[58] He Q，Wang F，Li G，et al. Crush syndrome and acute kidney injury in the Wenchuan earthquake. J Trauma，2011，70（5）：1213-1218.
[59] Naka T，Jones D，Baldwin I，et al. Myoglobin clearance by super high-flux hemofiltration in a case of severe rhabdomyolysis：a case report. Crit Care，2005，9（2）：R90-R95.
[60] 谢红浪，刘志红，季大玺，等．连续性血液净化在地震致挤压综合征伴多器官功能障碍综合征救治中的应用．肾病与透析肾移植杂志，2008，17（3）：206-215.
[61] Zhang L，Kang Y，Fu P，et al. Myoglobin clearance by continuous venous-venous haemofiltration in rhabdomyolysis with acute kidney injury：a case series. Injury，2012，43（5）：619-623.
[62] Palevsky PM，Zhang JH，O'Connor TZ，et al. Intensity of renal support in critically ill patients with acute kidney injury. N Engl J Med，2008，359（1）：7-20.
[63] Sever MS，Erek E，Vanholder R，et al. Renal replacement therapies in the aftermath of the catastrophic Marmara earthquake. Kidney Int，2002，62（6）：2264-2271.
[64] Saudan P，Niederberger M，De Seigneux S，et al. Adding a dialysis dose to continuous hemofiltration increases survival in patients with acute renal failure. Kidney Int，2006，70（7）：1312-1317.

[65] Weisberg L S. Management of severe hyperkalemia. Crit CareMed，2008，36（12）：3246-3251.

[66] Cano N J，Aparicio M，Brunori G，et al. ESPEN Guidelines on Parenteral Nutrition：adult renal failure. Clin Nutr，2009，28（4）：401-414.

[67] 董伟．连续性静 - 静脉血液滤过在挤压综合征中的治疗作用．临床医学，2005，25（11）：18-20.

[68] Ronco C. Extracorporeal therapies in acute rhabdomyolysis and myoglobin clearance. Crit Care，2005，9（2）：141-142.

[69] Palevsky P M. Renal support in acute kidney injury：how much is enough. N Engl J Med，2009，361（17）：1699-1701.

第八章

创伤后凝血功能障碍及弥散性血管内凝血

正常的凝血功能是由血管、血小板和血液的凝固性来完成的，三者相互联系，协同作用，保持血液在血管内不断地循环流动，预防出血和血栓的形成。严重创伤的患者，由于损伤重，常合并休克，极易继发一系列的生理功能紊乱，出现有效循环血容量减少，外周血管收缩，血流速度减慢，导致低体温、酸中毒，早期可出现凝血功能紊乱和障碍，晚期则常发生弥散性血管内凝血（disseminated intravascular coagulation，DIC），并发多脏器功能衰竭（MODS）。

第一节　创伤后凝血功能障碍

一、概述

创伤后的死亡原因：严重的颅脑外伤、大出血、脓毒血症或全身多脏器功能衰竭。创伤后的凝血功能障碍各项指标类似于 DIC，但不是 DIC，可发展成 DIC。

二、病因

1．组织因子过度激活

2．凝血因子耗竭　出血后启动凝血机制，消耗凝血因子。

3．大量输血（成分血）稀释　单纯补充红细胞血液，止血作用有限，且院内基本为库存血，其中无凝血底物，并加用枸橼酸盐和稀释性生理盐水。故单独输红细胞（无血浆的情况下）会进一步引起或加重创伤后凝血功能障碍。

4．低温　低灌注、低氧耗、麻醉剂、冷液输注、躯干暴露、大量输血等都是造成低体温的原因。重度低温提示预后不良。

5．酸中毒　低血容量、低组织灌注、乳酸酸中毒、高氯血症等均可导致纤维蛋白原下降，血小板减低。

三、创伤性凝血病的高危因素

首先要排除肝素的影响，符合下列一条或一条以上：

1．APTT 值大于正常 1.5 倍以上。

2．PT 值大于正常 1.5 倍以上。

3．凝血因子减少 25%。

4．纤维蛋白原小于 1.0 g/L。

以上为传统的指标（化学性指标）。近年来，在军队医院血栓弹力图（物理性指标）应用较广泛。

四、防治原则

（一）防治创伤后大出血

1．及时有效地控制严重创伤后大出血。

2．采取损伤控制性复苏，减少医源性损害。

3．复温措施

（1）止血、关腹（暂时性）。

（2）纠正乳酸血症。

（3）ICU 的病室预温至 30℃。

（4）保持身体干燥。

（5）温化呼吸系统。

（6）所有输入液体应保持 40℃。

（7）应用温度控温毯在 40℃。

（8）4 小时体温应保持在 37℃。

（9）若体温低于 35℃，可持续胸腔循环灌注 35℃温水。

（10）若体温低于 33℃应用血液灌注（A-V），加温装置（CRTT 替代）。

4．纠正酸中毒

（1）纠正酸中毒，缺氧后酸血症多自能纠正。

（2）pH 小于 7.2 可给予碳酸氢钠。

如果创伤患者乳酸血症 24 小时得到纠正，成活率达 100%；不能纠正的话成活率仅为 14%。

5．合理输液治疗

（1）量：①允许性低血容量；②限制性液体复苏策略。

（2）种类：①晶体；②胶体。

6．纠正凝血障碍，目前仍有局限性

（1）预防性使用血浆、血小板，及纤维蛋白原治疗策略，开始就试图补充凝血底物，而未考虑凝血机制所涉及的复杂过程（自发抗凝——保护重要组织免受血栓影响）。

（2）替代治疗无客观证据支持，存在新鲜冰冻血浆血小板滥用风险。

（3）大量紧急输血方案

①目前多数人推荐：伤后 24 小时内输入红细胞，新鲜血浆与血小板比例为 1∶1∶1，但也有的使用 3∶2∶1 或者 2∶1∶1。

②凝血酶原时间大于 15 秒，血小板小于 10 万 / 立方毫米，输血浆或者补充血小板；纤维蛋白原

小于 100 mg/dl 的冷沉淀。

③重组活化凝血因子（Ⅶ）治疗创伤性难治性出血。

重组活化凝血因子（Ⅶ）（费用昂贵）可有效治疗创伤性难治性凝血障碍，并可在血栓弹力图的指导下适用，并且血栓弹力图可以指导血制品的管理。

第二节　创伤后弥散性血管内凝血

一、概述

弥散性血管内凝血（disseminated intravascular coagulation，DIC）是一种由多种基础病变所致的临床综合征，以全身凝血系统的激活、纤溶系统的紊乱、纤维蛋白沉积，及多器官内微血栓形成等为特征，最终可出现广泛出血和多器官功能障碍综合征（multiple organ dysfunction syndrome，MODS）。感染、肿瘤、创伤、病理产科、严重肝病等是常见的病因，该病预后差，死亡率高，属临床重症[1]。

（一）分期

根据 DIC 的病理生理特点和发展过程，典型的 DIC 可分为：

1．高凝期　各种病因导致凝血系统被激活，凝血酶生成增多，微血栓大量形成，血液处于高凝状态。

2．消耗性低凝期　凝血酶和微血栓的形成使凝血因子和血小板因大量消耗而减少，同时因继发性纤溶系统功能增强，血液处于低凝状态，有出血表现。

3．继发性纤溶亢进期　凝血酶及Ⅻa 等激活了纤溶系统，使大量的纤溶酶原变成纤溶酶，加上 FDP 形成，使纤溶和抗凝作用大大增强，故此期出血十分明显。

（二）分类

据病情进展速度，DIC 可分为急性、亚急性和慢性。

1．急性 DIC　在几小时或 1 ～ 2 天内发生，病情凶险，进展迅速；症状明显，以休克和出血为主，常表现出败血症休克、异型输血、移植后急性排斥反应等。

2．亚急性 DIC　在数日到几周内逐渐发生，常表现在恶性肿瘤转移、宫内死胎等。

3．慢性 DIC　病程可达数月至数年，症状轻微，轻度出血，少见休克，以器官功能障碍为主。常表现在恶性肿瘤、胶原病、溶血性贫血等。

创伤后 DIC 均为急性血管内弥散性凝血。

二、病因

造成 DIC 的病因很多。根据资料分析，在我国以感染最常见，恶性肿瘤（包括急性白血病）次之，两者占病因的 2/3。国外报道则以恶性肿瘤，尤其是有转移病变的占首位。广泛组织创伤、体外循环，及产科意外也是 DIC 发病的常见病因。

DIC 的病因有涉及血液本身的及血液以外的因素，可以归纳如下：

（一）血管内皮损伤和组织创伤

1．感染　各种严重的细菌感染（如金黄色葡萄球菌、革兰氏阴性杆菌、痢疾志贺菌、伤寒沙门菌等）均可导致 DIC。细菌本身及其毒素均可损伤组织及血管内皮细胞，激活因子Ⅻ激肽释放酶及缓激肽，由此进一步激活凝血系统，后者还有强烈的舒血管作用，能使血管扩张、血压下降，引起休克。激肽系统对凝血过程有强化作用。补体与凝血、纤溶，及血浆激肽系统也有密切关系，也是血栓形成的因素之一。最近发现，白细胞在激活凝血的机制中也占重要地位，它受内毒素影响，可释放组织因子，与因子Ⅶ合在一起能激活因子 X，促进凝血。病毒感染（如流行性出血热、重症乙型脑炎等）、恶性疟疾、钩端螺旋体病、立克次体病，及立克次体感染也均可引起 DIC。其发病的机制与细菌感染大致相似。

2．抗原 - 抗体复合物的形成　各种免疫反应及免疫性疾病能损伤血管内皮细胞，激活补体，也能引起血小板聚集及释放反应，激活凝血机制，如系统性红斑狼疮、移植物排斥反应或其他免疫性疾病。

3．其他　如体温升高、酸中毒、休克或持续性低血压、缺氧等均可损伤血管壁内皮细胞。

（二）大量促凝物质进入血液循环

常见于产科意外，如羊水栓塞、胎盘早期剥离、死胎滞留等。由于羊水、胎盘等释放的组织因子大量进入血循环，诱发 DIC。严重创伤也是常见的 DIC 病因，如严重烧伤、广泛性外科手术、挤压综合征、毒蛇咬伤等均可由受损的组织中释放出大量组织因子进入血液，促发凝血。此外，在癌肿广泛转移及组织坏死（尤其是胰、胃、前列腺，及支气管癌），肿瘤细胞含有的组织凝血活性物质，激活外源性凝血系统，产生大量凝血酶而促发凝血。肿瘤细胞中的蛋白酶类物质也可以激活凝血因子，起促凝作用。化疗及放疗杀灭肿瘤细胞释出其中促凝物质，DIC 更容易发生。

（三）组织因子

大量红细胞、血小板，及白细胞的破坏或损伤后释放类似组织因子的磷脂类物质，红细胞破坏后还释出红细胞素，有类似组织凝血活酶活性，血小板破坏后也可释出一系列促凝活性物质。最近发现中性粒细胞的损伤也是 DIC 发病机制中重要一环，还可能是形成微血栓的必要条件。中性粒细胞参与 DIC 的发生可能与因子Ⅻ a 激活补体的作用有关。补体被激活后可损伤粒细胞，从中释出蛋白酶类凝血活性物质，促进血液凝固。

（四）其他因素

1．单核巨噬细胞功能受损可促进 DIC 的发生　在正常情况下，单核 - 巨噬细胞系统包括肝的库普弗细胞能吞噬或清除进入血液中的促凝物质，如凝血酶、纤维蛋白颗粒，及内毒素等。急性重型肝炎或肝硬化等有肝功能损害，其吞噬及清除功能减弱，易发生 DIC。长期使用大量肾上腺皮质激素容易诱发 DIC，这与单核 - 巨噬细胞系统受阻有关。

2．患者原来的健康状态也有重要影响　如妊娠妇女常有高凝倾向、营养不良，尤其是糖代谢紊乱，容易发生 DIC。

3．纤维蛋白溶解系统受抑制　如长期大量使用抗纤溶药物，如 6- 氨基己酸、氨甲环酸、对羧基苄胺，可诱发 DIC。

还有血流淤滞、体内酸碱不平衡、电解质紊乱和内分泌失调等，均与 DIC 的发生有关。

三、DIC 的发病机制

（一）凝血与抗凝的平衡

当人体受到某些致病因子的作用时，体内凝血系统被激活，血液的凝血活性增高，在微循环内发生血小板聚集及纤维蛋白沉积，形成播散性微血栓。本征也称为：①去纤维蛋白综合征；②消耗性凝血病；③血管内凝血——纤维蛋白溶解综合征。目前统称“弥散性血管内凝血”。正常人体内有完整的凝血、抗凝，及纤维蛋白溶解系统。凝血及抗凝，既对立又统一，保持着动态平衡。在正常人的血液中，如果有少量活性凝血中间产物形成，就迅速被单核-巨噬细胞系统消除，或被血液中的抗凝物质中和。纤溶系统能不断溶解在小血管破损处所形成的少量纤维蛋白。DIC 的发生是由于在各种致病因素的作用下，血循环内出现了促动和激活凝血的过程，产生过量的凝血酶。血液的凝固性过高，破坏了体内凝血与抗凝的平衡（图 8-1）。其病理变化包括：

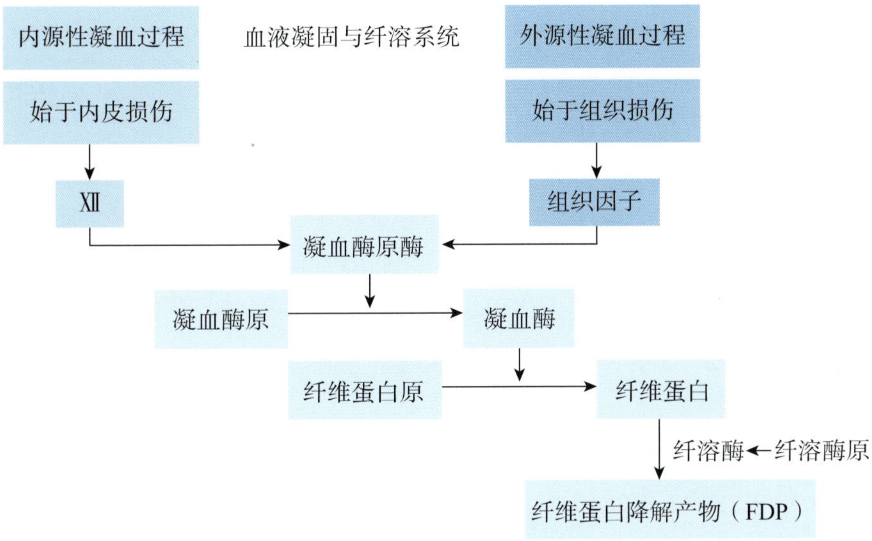

图 8-1　血液凝固与纤溶系统

1．全身微血管内有广泛的纤维蛋白沉着，形成微血栓，造成微循环障碍、红细胞机械性损伤，及溶血。

2．当微循环内发生凝血时，大量血小板和凝血因子被消耗，从而使高凝状态转变为低凝状态。

3．体内的继发性纤维蛋白溶解产生大量纤溶酶，使纤维蛋白原裂解为 X 和 A、B、C 裂片，再进一步裂解为 Y、D、E 裂片。这些纤维蛋白（原）降解产物的抗凝作用可加重出血。除大量出血外，微循环内的血栓可引起微循环阻塞，导致肺、肾、肝、脑、心等器官的功能衰竭。

（二）内、外源性途径

既往将 DIC 的启动机制重点放在内源性凝血途径上，近年的研究则认为，外源性凝血途径主导了凝血系统的激活，而内源性凝血途径可能更多地在 DIC 的进展及纤溶激活中发挥作用。人体的各组织、器官（如内皮细胞、白细胞、肺、脑、胎盘等）内广泛存在着组织因子（TF），即凝血因子Ⅲ，当各种病因致组织、血管损伤，及白细胞激活后释放大量组织因子入血，凝血因子Ⅲ通过激活Ⅶ因子而启动了外源性凝血途径。在灵长类动物实验中，抗组织因子单克隆抗体和抗组织因子Ⅶa 可完全抑制脓毒症或内毒素引起的 DIC 过程并降低其死亡率；另一方面，在动物实验与临床试验中，基因重组的组织因子途径抑制物（TFPI）可减轻脓毒症 DIC 的病理损伤并降低死亡率，它是外源性凝血途径的主要抑制剂。相反，在内毒素血症或给志愿者注入内毒素后没有接触系统即内源性凝血途径的活化，抑制接触因子也不能预防凝血过程。上述研究表明，DIC 的凝血活化主要是由外源性凝血途径介导的，而接触系统不起主要的作用[2]。虽然 TF 和外源性凝血途径在 DIC 的启动中扮演了重要角色，但凝血酶的持续产生和弥散尚须依赖于其他因素的作用：内源性凝血途径的激活使凝血酶得以持续生成，继而导致了内生性抗凝因子（如抗凝血酶Ⅲ、蛋白 C、蛋白 S、TFPI）的大量消耗，带阴电荷的磷脂表面的暴露增加亦推动了凝血过程的发展[3]。

（三）细胞因子的参与

在败血症和内毒素血症时，单核-巨噬细胞和淋巴细胞等分泌的多种细胞因子可促进凝血过程及微血栓的形成，其中主要的有白细胞介素1（IL-1）、白细胞介素6（IL-6）和肿瘤坏死因子α（TNF-α）。IL-1增加组织因子的释放，下调内皮细胞凝血酶调节蛋白（TM）的表达，并影响PAI-1的分泌。在体外实验和临床肿瘤患者的治疗上，TNF-α可引起与DIC相同的凝血与纤溶系统的激活。而且，一旦DIC的过程被启动后，其间所产生的凝血酶、纤维蛋白（原）降解产物（FDP）、D-二聚体（D-dimer）等可诱导单核-巨噬细胞进一步释放IL-1、IL-6、TNF-α、PAI-1等，使血管收缩、痉挛，内皮细胞损伤，纤溶受抑，促进了微循环内血栓的形成。

（四）DIC和系统性炎症反应综合征（SIRS）

SIRS发生后，促炎因素与机体相互作用产生细胞因子与炎症介质，使炎症反应加剧。同时这种失控的炎症反应可损伤自身组织、器官，致器官功能障碍并可诱发凝血过程。而一旦DIC启动后所产生的凝血酶及其他丝氨酸蛋白酶反过来也推动了炎症的发展。炎症与凝血两者相互作用，相互促进，构成了一个恶性循环。现认为DIC是SIRS整个过程的一部分，当发展到SIRS或MODS时均可诱发DIC。

（五）DIC与多器官功能障碍

创伤后危重患者发生DIC引起出血的特征是凝血途径的激活，加速了凝血因子和血小板的消耗、生理性抗凝途径的抑制和纤溶系统的损害。随着纤溶系统的损害，凝血过度激活导致了纤维蛋白的生成和沉积，在不同的脏器引起微血管血栓，易发生MODS[4]。近年来观察认为，除了因为弥散性纤维蛋白沉积引起缺血器官功能障碍外，DIC还通过凝血和炎症途径之间的相互作用引起器官衰竭。DIC在创伤患者MODS的发病机制中有重要作用，因此认为DIC通过严重的出血和器官衰竭明显影响着创伤患者的病死率[3]。在DIC中微血管内大量的闭塞性血栓引起缺氧，导致DIC患者的MODS和死亡。Taylor等[5]证实在DIC时伴随有激活部位的FXa受抑制，使止血反应被抑制，但并不能避免器官衰竭和死亡，认为自身纤维蛋白的形成不会完全影响DIC的结局。近年来的实验提出，凝血和纤溶链中的蛋白酶除了止血作用外，还通过蛋白酶和蛋白酶激活的受体介导细胞内信号传导和调节免疫炎症反应[6]。凝血和炎症之间的相互作用促进组织损伤和器官功能障碍的形成，特别是凝血蛋白酶活化的受体-1（coagulation protease activated receptor-1, CPAR-1）系统在炎症内皮细胞损伤中，通过促炎细胞因子和黏附分子表达而起着重要作用，提示炎症反应通过炎症和凝血途径的相互作用是创伤后DIC患者发生MODS的关键[7]。

促炎因素与机体相互作用产生细胞因子与炎症介质，使炎症反应加剧；同时这种失控的炎症反应可损伤自身组织、器官，致器官功能障碍并可诱发凝血过程，而DIC启动后所产生的凝血酶及其他丝氨酸蛋白酶反过来也推动了炎症的发展。炎症与凝血两者相互作用，相互促进，构成了一个恶性循环，形成一种自动放大的级联效应，如不干预，可能会导致弥漫性的血管内皮损伤，脏器功能障碍，最终可造成死亡[8]。

（六）前DIC（Pre-DIC）

DIC是SIRS或MODS整个病理过程中的一部分，无论是感染还是非感染因素，当疾病发展到SIRS或MODS都有可能引发DIC。Pre-DIC是指在DIC基础疾患存在的前提下，体内与凝血及纤溶过程有关的各系统或血液流变学发生一系列病理变化，但尚未出现典型的DIC症状或尚未达到DIC确诊标准的一种亚临床状态，也被称为非显性DIC（non-overt disseminated intravascular coagulation, non-overtDIC）[9]。在这一阶段，凝血因子的消耗仍可由肝合成补充，因此又被称为代偿期DIC[10]。

其病理特点是血液呈高凝状态，凝血因子及血小板并不降低。目前对创伤合并感染过程中发生的凝血紊乱仍不能及早诊断和处理，主要是因为前 DIC 过程在疾病的发生发展中易被忽略。前 DIC 的及时诊治对于阻止 DIC 病程进展、改善预后、降低病死率极为重要。

四、临床表现

DIC 的临床表现主要为出血、多脏器功能障碍、休克和贫血，其中最常见者为出血。急性 DIC 时以前三种症状为多见：

（一）出血

DIC 患者有 70% ～ 80% 以程度不同的出血为初发症状，如紫癜、血泡、皮下血肿、采血部位出血、手术创面出血、外伤性出血和内脏出血等。出血的机制与下述 4 方面因素有关。

1．凝血物质大量消耗　广泛微血栓形成使各种凝血因子包括 Fbg、FⅤ、FⅧ、FⅨ、FⅩ和血小板大量消耗，故 DIC 又称为消耗性凝血病（consumptive coagulopathy）。

2．继发性纤溶功能增强　纤溶功能增强产生大量 PLn，PLn 不但能降解 Fbn/Fbg，还能水解各种凝血因子，使凝血因子进一步减少，加剧凝血功能障碍并引起出血。

3．纤维蛋白（原）降解产物的抗凝作用　PLn 降解 Pbs/Fbn 生成各种分子大小不等的多肽组分，总称为纤维蛋白（原）降解产物（fibrin/fibrinogen degradation products，FgDP/FDP），其中多数成分有强大的抗凝作用。

（1）X、Y 片段可与纤维蛋白单体（FM）形成可溶性 FM 复合物（soluble fibrin monomer complex，SFMC），阻碍 FM 相互间交联以形成可溶性纤维蛋白；D 片段对 FM 交联聚合有抑制作用。

（2）片段 Y、E 有抗凝血酶作用。

（3）大部分成分能抑制血小板黏附和聚集。FgDP/FDP 各种成分的这类作用，使机体止、凝血功能明显降低，是 DIC 时引起出血的重要机制。

4．血管损伤　DIC 发生发展过程中，各种病因引起的缺氧、酸中毒、细胞因子和自由基等多种因素的作用可导致微小血管管壁损伤，也是 DIC 出血的机制之一。

（二）多系统器官功能衰竭

由于 DIC 发生的原因和受累脏器及各脏器中形成微血栓的严重程度不同，故不同器官系统发生代谢与功能障碍或缺血性坏死的程度也可不同，受累严重者可导致脏器功能不全甚至衰竭。临床上常同时或相继出现两种或两种以上脏器功能障碍的不同症状，如呼吸困难、少尿、无尿、恶心、呕吐、腹部或背部疼痛、发热、黄疸、低血压、意识障碍（严重者发生昏迷），及各种精神神经症状。DIC 时引起多器官功能衰竭（MSOF）的机制，与微血栓形成和微循环灌流障碍、缺血再灌注损伤、白细胞激活和炎症介质的损伤作用，及器官功能障碍作为后果对其他脏器产生的影响等有关。MSOF 常是 DIC 引起死亡的重要原因。

（三）休克

某些病因既可引起 DIC 也可引起休克，如内毒素血症、严重烧伤等：由于不同个体内在条件的差异和病因性质、作用对凝血 - 抗凝血平衡或微循环功能影响的严重程度不同，可以首先出现 DIC 或者休克的特征性病理变化，也可几乎同时出现这两种病理变化。DIC 或休克在发展过程中也能产生一些因素分别引起休克或 DIC。如前述由暴发型脑膜炎球菌败血症引起休克时，可伴有皮肤大片淤斑等体征，其本质属于典型的 DIC。

DIC 病理过程中有许多因素与休克有关：①微血栓形成，使回心血量减少。②出血可影响血容量。③ DIC 时可引起肾上腺素能神经兴奋；也可通过激活激肽和补体系统产生血管活性介质如激肽和组胺，使外周阻力降低，引起血压下降。④ FDP 小片段成分 A、B、C 能增强激肽和组胺的作用，使微血管扩张，通透性增高，血浆外渗。⑤心功能降低。除心内微血栓形成直接影响心泵功能外，肺内微血栓形成导致肺动脉高压，增加右心后负荷；DIC 时组织器官缺血、缺氧可引起代谢性酸中毒，酸中毒可使心肌舒缩功能发生障碍。由于前述的因素使血容量减少、回心血量降低、心功能降低和心输出量减少，加上血管扩张和外周阻力降低，则血压可明显降低。

（四）微血管病性溶血性贫血

DIC 时红细胞可被阻留于微血管内。当红细胞通过沉着的 Fbn 细丝或 VEC 裂隙处时受到血流冲击、挤压，引起对红细胞的机械性损伤，因而在循环中出现各种形态特殊的变形红细胞或呈盔形、星形、多角形、小球形等不同形态的红细胞碎片，称为裂细胞（schistocyte）。这些红细胞及细胞碎片的脆性明显增高，很易破裂，发生溶血。DIC 早期溶血较轻，不易察觉，后期易于在外周血发现各种特殊形态的红细胞畸形。外周血破碎红细胞数大于 2% 对 DIC 有辅助诊断意义，但这种红细胞碎片并非仅见于 DIC。慢性 DIC 及有些亚急性 DIC 往往因出现溶血性贫血的临床症状，被称为微血管病性溶血性贫血（microangiopathic hemolytic anemia）。

五、辅助检查

DIC 的检查项目繁多，但缺乏特异性、敏感性高而又简便、快速的方法。有些实验比较精确，但花费时间太多，难以适合急症诊断的要求。由于 DIC 病情发展快，变化大，化验结果必须及时准确，必要时还要反复检查，作动态观察，因为在 DIC 的不同阶段其检验结果不尽相同，这是由于机体代偿功能强弱不同所致。当检验结果与临床表现不一致时，要恰当评价检验结果的意义。有时临床表现可能比阳性的检验结果更为重要。DIC 的实验室检查主要分以下几种：

（一）有关消耗性凝血障碍的检查

1．血小板减少　95% 的病例都有血小板减少，一般低于 10 万 /mm^3。如在动态观察中发现血小板持续下降，诊断的意义较大。如 DIC 未经彻底治疗，虽经输鲜血或血小板，血小板计数仍不增加。反之，如血小板数在 15 万 /mm^3 以上，表示 DIC 的可能性不大。有些肝病或白血病患者，血小板在 DIC 发生前已有明显降低，因此血小板计数无助于 DIC 的诊断。

2．凝血酶原时间延长　当外源系统因子Ⅱ、Ⅴ、Ⅶ、Ⅹ大量消耗，血浆中纤维蛋白原降解产物及抗凝物质增多，凝血酶原时间即明显延长，阳性率可达 90% 以上。除非在 DIC 发生的极早期，凝血酶原时间测定正常，一般不支持 DIC 的诊断。正常凝血酶原时间为 12.0±0.1 秒，延长 3 秒以上则有意义。

3．纤维蛋白原减少　70% 左右的 DIC 病例，纤维蛋白原低于 200 mg/dl。在原有较高纤维蛋白水平或 DIC 的早期阶段，纤维蛋白原降低不显著，定量测定正常，动态观察就可见到纤维蛋白原有持续减少的倾向，一般低于 150 mg/dl 时，即有诊断意义。纤维蛋白原滴定度半定量的方法简便，有实用价值。

4．其他　如出血时间延长、凝血时间延长、血块退缩不良、部分凝血时间延长，对诊断也有参考意义。

（二）有关纤维蛋白溶解亢进的检查

1．凝血酶时间延长　纤维蛋白原明显减少或纤维蛋白（原）降解产物（FDP）增多时，均使凝血酶时间延长，但测定结果可受到肝素治疗的影响。采用连续凝血酶时间是诊断 FDP 的一项较敏感的指标。

2．血浆蛇毒致凝时间 用从蛇毒中提取的酶（reptilase）代替凝血酶进行凝血酶时间测定。当FDP增多时，凝血时间延长，本方法的优点是不受肝素的影响。

3．纤维蛋白降解产物的检查 正常人血清中仅有微量FDP。如FDP明显增多，即表示有纤维蛋白溶解亢进。测定的方法很多，包括免疫法Fi试验（即乳胶颗粒凝集试验，正常滴度（1∶8），FDP絮状试验、放射免疫扩散法、葡萄球菌猬集试验（正常FDP值为0.57±0.1 μg/dl，DIC时可高达60 μg/dl）、鞣酸比红细胞间接血凝抑制试验（正常血清FDP值< 10 μg/dl，DIC时超过20 μg/dl）、酶膜免疫吸附技术等。如果FDP增多，表示有急性DIC的可能。

4．血浆鱼精蛋白副凝固试验（简称3P试验）及乙醇胶试验 这是反映血浆内可溶性纤维蛋白复合体的一种实验。当血管内凝血时，FDP与纤维蛋白的单体结合形成可溶性复合物，不能被凝血酶凝固。鱼精蛋白可使复合物分离，重新析出纤维蛋白单体。结果发生纤维蛋白单体及FDP的自我聚合，形成肉眼可见的絮状沉淀，称为副凝固试验。乙醇胶试验与3P试验的原理相同，国内资料报道，3P试验阳性率为72.6% ~ 88.2%，乙醇胶的阳性率低。两种方法均可有假阳性或假阴性结果。相比之下，乙醇胶试验敏感性差，但较可靠；而3P特异性差，假阳性多，如FDP裂片分子量较小时，3P试验也可为阴性。最好能把两者相互参考比较，意义就更大。

5．优球蛋白溶解时间 优球蛋白是血浆在酸性环境中析出的蛋白成分，其中含纤维蛋白原、纤维蛋白溶解原，及活化素，但不含纤维蛋白溶解抑制物，可用以测定纤维蛋白溶酶原激活物是否增加。正常值应超过2小时。如在2小时内溶解，表示纤维蛋白溶解亢进。纤溶亢进时，纤溶酶原减少，纤溶酶增多，优球蛋白被大量纤溶酶加速溶解。国内资料报道阳性率为25% ~ 42.9%。

（三）有关微血管病性的溶血检查

在血清中可见到畸形红细胞，如碎裂细胞、盔甲细胞等。血涂片检查见破碎及变形的红细胞比例超过2%时，对DIC的诊断有参考价值。

（四）其他

最近一些新的实验方法包括：

1．抗凝血酶Ⅲ（ATⅢ）的含量测定 DIC中，ATⅢ大量消耗，早期即有明显减少，测定结果不受FDP的影响，其测定方法有凝血活性及琼脂扩散法免疫活性两种。

2．用 ^{51}Cr标记血小板或用 ^{125}I标记纤维蛋白原测定血小板寿命是否缩短

3．血小板β球蛋白（β-TG）及血小板第4因子（PF4）含量的测定 血小板聚集时β-TG及PF4可被释放至血循环中。β-TG及PF4增高反映血管内血小板功能亢进，消耗时则见降低。

4．纤维蛋白分解产物的测定 当血管内有凝血及凝血酶活性增高时，纤维蛋白原的分解增加，纤维蛋白肽A（FPA）增加。可用放射免疫法测定。在色谱分析中可发现有纤维蛋白单体、双体，及多聚体增加。

六、DIC的诊断

（一）DIC诊断的一般标准

1．存在易致DIC的基础疾病。

2．有以下4项中2项以上的临床表现：

（1）严重或多发出血。

（2）原发病无法解释的休克。

（3）不明原因的器官功能障碍。

（4）抗凝治疗有效。

3．有以下实验室检查3项异常 ① PLT < 100×10^9/L 或进行性下降（肝病、白血病的 PLT < 50×10^9/L）；②纤维蛋白原水平（Fib）< 1.5 g/L 或进行性下降（肝病 Fib < 1.0 g/L，白血病及其他恶性肿瘤 Fib < 1.8 g/L）；③ 3P 试验阳性或血浆 FDP > 20 mg/L（肝病 FDP > 60 mg/L），或血浆 D- 二聚体水平较正常增高 4 倍以上（阳性）；④ PT 延长或缩短 3 秒以上，激活的部分凝血活酶时间（APTT）延长或缩短 10 秒以上；⑤抗凝血酶 - Ⅲ（AT- Ⅲ）量减少或活性< 60%；⑥血浆纤溶酶抗原< 200 mg/L；⑦血浆Ⅷ：C 活性< 50%（肝病必备）；⑧血浆内皮素 -1 > 8 ng/L 或凝血酶调节蛋白（TM）高于正常 2 倍以上。

（二）多种分子标志物检测的意义 [10-11]：

1．反映血管内皮细胞损伤的标志物 ①内皮素 -1（ET-1）：由血管内皮细胞合成和分泌，为最强的缩血管物质，亦是重要的促凝、抗纤溶因子，用于估计 DIC 的预后；②凝血酶调节蛋白（TM）：是存在于血管内皮细胞表面的一种凝血酶受体，为内皮细胞受损的特异性分子标志物。

2．反映血小板激活的标志物 血小板活化也是 DIC 重要的始动机制，血小板被激活后释放和代谢产物增多，主要包括 β- 血小板球蛋白（β-TG）、血小板第 4 因子（PF4）、血小板颗粒膜糖蛋白 -140（GMP-140）、血小板凝血酶致敏蛋白（TSP）、血栓烷 B2（TXB2）。

3．反映凝血因子激活的标志物 ①组织因子（TF）：是存在于全身组织脏器的一种跨膜糖蛋白，是外源性凝血途径的启动因子；②凝血酶原片段 1+2（F1+2）：为 Xa 蛋白水解凝血酶原形成凝血酶过程中的降解产物，有 1/5 的肝素抗凝活性，抑制 Xa 复合物激活凝血酶原作用，反映凝血酶的生成；③纤维蛋白肽 A（FPA）：是纤维蛋白原在凝血酶作用下转变为纤维蛋白单体过程中最先释放出的肽链片段，反映凝血酶的生成；④纤维蛋白单体（FM）：纤维蛋白原经凝血酶水解释放出 FPA 和 FPB 后转变成纤维蛋白单体，其水平的升高提示了凝血途径的激活和凝血酶的产生；⑤可溶性纤维蛋白单体复合物（SFMC）：FM 与纤溶酶作用生成的 FDP 结合形成 SFMC，SFMC 是凝血酶和纤溶酶同时存在的可靠证据。

4．反映抗凝系统活化的标志物 ① TFPI：主要由血管内皮细胞产生，是存在于体内的一种天然抗凝物质，抑制依赖 TF 的外源性凝血途径；②凝血酶 - 抗凝血酶Ⅲ复合物（TAT）：当体内凝血系统激活导致凝血酶生成增加时，AT- Ⅲ即与凝血酶以摩尔比 1：1 相结合成 TAT，从而使 80% 的凝血酶灭活，故 TAT 水平不仅反映了凝血酶生成的状况，而且较为准确地反映抗凝系统激活的状况；③蛋白 C 活化肽（PCP）：系蛋白 C 激活成活化蛋白 C（APC）的直接标志，也是凝血酶产生的间接标志。

5．反映纤溶系统活化的标志物 ① FDP：是纤维蛋白或纤维蛋白原经纤溶酶降解的产物，血浆 FDP 的水平升高仅反映纤溶酶的存在；② D-D：是纤溶酶水解交联的纤维蛋白所形成的特异性降解产物，是直接反映凝血酶和纤溶酶生成的理想指标；③组织型纤溶酶原激活物（t-PA）、纤溶酶原激活物抑制物 -1（PAI-1）：对评价 DIC 预后有价值；④纤溶酶 - 抗纤溶酶复合物（PIC 或 PAP）：是直接反映纤溶酶生成的分子标志物。

上述标志物中，SFMC、TAT、F1+2、D-D 和 PIC 对识别 pre-DIC 最具价值 [11-13]。其中血浆纤维蛋白（Fib）、D- 二聚体（D-D）是血液发生血栓及血栓前状态的凝血及纤溶系统活性改变的分子标志物，可反映体内凝血和纤溶过程的变化，是血栓或溶解的标志 [14]。D-D 是凝血酶及因子Ⅻ作用的交联纤维蛋白经纤溶酶降解作用后的终末产物，可以作为无创伤性的体内血栓形成的指标。同时由于非交联的纤维蛋白和纤维蛋白原在纤溶酶的降解作用下所产生的降解产物为非交联的碎片 E、D、

X、Y，而不形成交联的 D-D，因此，D-D 的检测又可以作为原发性纤溶与继发性纤溶的鉴别实验。D-D 的降解产物还是血小板激活的特异性物质。检测 D-D 比鱼精蛋白副凝试验、纤维蛋白裂解产物（FDP）更为敏感，更具有可靠性 [15]，是体内血浆凝血因子活化和纤维蛋白溶解系统作用启动的首选指标。诊断 DIC 时，其特异性和阳性预测值可达 100%，故被视为 DIC 早期诊断的首选分子标志物 [16]。大面积烧伤后机体凝血机制紊乱是烧伤救治中的并发症之一，临床表现为活化部分凝血活酶时间（APTT）、凝血酶原时间（PT）延长，Fib 浓度异常变化。

凝血机制异常还可引起 DIC 等严重并发症，及时监测凝血系统的变化对预防 DIC 有重要意义。

6．前 DIC 的诊断　2001 年国际血栓止血学会 DIC 专业委员会提出人类非显性 DIC 的诊断标准为：血小板＞ $100 \times 10^9/L$，PT 延长＜ 3 秒，除了血浆缺乏可溶性纤维蛋白或纤维蛋白降解产物外，血浆 Fib ＞ 1.0 g/L[17]。DIC 是一动态的病理变化过程，当出血症状明显及实验室指标出现血小板降低、APTT、PT 与 TT 延长、纤维蛋白原降低、纤维蛋白降解产物（FDP）增多，及 D- 二聚体阳性时，就提示 DIC 已发展到中晚期，此时已往往失去最佳的治疗时机。因此建立非显性 DIC 的概念在临床工作中至关重要。及早诊断和及时治疗是提高 DIC 抢救成功率的关键 [18-19]。在非显性 DIC 时，多数常规的实验室诊断标准（APTT、PT、TT、Fib、血小板计数）无明显改变，但 D- 二聚体、抗凝血酶（AT）、可溶性纤维蛋白单体、凝血酶 - 抗凝血酶复合物（TAT）、纤溶酶 - 抗纤溶酶复合物（PAP）可明显升高，因此非显性 DIC 的诊断主要依靠这些敏感的实验室指标。其中 AT 是反映凝血系统激活和凝血酶生成的敏感标志物。DIC 时，AT 敏感性可达 91%，其在 DIC 的早、中、后期均降低，但以前期和早期最为明显，故对非显性 DIC 诊断更具意义。

除了上述所列的标准外，日本厚生省对非显性 DIC 诊断标准还增加了血栓弹力图显示高凝状态（R、K 值缩短，MA 增大）、D- 二聚体升高、组织因子（tissue factor，TF）活性增加等。如临床疑为 DIC，但尚未达 DIC 诊断标准，符合上述列出的项目 3 项以上者，可确诊为非显性 DIC[20-21]（表 8-1）。

表 8-1　前 DIC 实验诊断（日本厚生省）

1．TF 活性增强	7．D- 二聚体升高
2．sFMC 阳性	8．AT- Ⅲ降低
3．FPA 升高	9．数日内血小板或纤维蛋白原急剧下降或 FDP 骤升
4．TAT 升高	10．应用肝素后，上列 1 ～ 9 项指标改善或转为正常
5．纤溶产物 Bp15 ～ 42 升高	11．血栓弹力图显示高凝状态（r、k 值缩短，Ma 增大）
6．纤溶酶 /a2- 抗纤溶酶复合物升高	12．APTT 缩短

结果判断：临床疑为 DIC，尚未达 DIC 诊断标准，如符合列出的项目 3 项以上者，可确诊为前 DIC

七、鉴别诊断

1．重症肝病　因有多发性出血、黄疸、意识障碍、肾衰竭、血小板和纤维蛋白原下降，凝血酶原时间延长，易与 DIC 混淆。但肝病无血栓表现，3P 试验阴性，FDP 和优球蛋白溶解时间正常。

2．血栓性血小板减少性紫癜　本病是在毛细血管广泛形成微血栓。具有微血管病性溶血、血小板减少性紫癜、肾及神经系统损害，极似 DIC。但本病具有特征性透明血栓，血栓中无红、白细胞，不涉及消耗性凝血，故凝血酶原时间及纤维蛋白原一般正常，有时亦可异常，病理活检可以确诊。

3．原发性纤溶亢进　本病极罕见。链激酶和尿激酶治疗是典型实例。本病和 DIC 极难鉴别，因为①两者可由同一病因同时诱发；②两者均有纤溶特点：出血，FDP 升高。两者区别主要是纤溶部位，DIC 继发纤溶是对血栓形成生理性反应，典型部位局限于微循环；原发纤溶是在大血管，内皮细胞释放致活因子。

八、DIC 的预防和治疗

DIC 的治疗主要包括四大原则：去除潜在病因，补充消耗的凝血因子以恢复止血，终止血管内凝血过程；针对纤溶系统的治疗。

（一）基础疾病的治疗和诱因的消除

治疗原发病是终止 DIC 病理过程的关键措施。防治休克、纠正酸中毒、改善缺氧、保护和恢复单核 - 巨噬细胞系统功能，可预防或阻止 DIC 的发生、发展，促进机体凝血 - 抗凝血、凝血 - 纤溶平衡的恢复。

（二）补充凝血因子

DIC 的代偿期（即 Pre-DIC）时，病因去除后无须补充凝血因子。但若进入失代偿阶段，机体因大量的凝血因子消耗而存在活动性出血的情况下，应予补充凝血因子。Fib 水平和 PLT 是两个重要的判断参数。低纤维蛋白原水平时可输注纤维蛋白原。PLT 低于 50×10^9/L 时则应输注浓集的血小板。当纤维蛋白原水平和 PLT 改善后机体仍在出血或准备行侵入性操作时或同时患有严重肝病的情况下，应及时给予新鲜冰冻血浆，以补充凝血因子和抑制物。若 DIC 病因尚未去除，输注血浆可能会使病情恶化，故需合用肝素抗凝，可按每毫升血中加入 5 ～ 10 U 肝素避免 DIC 复发。上述替代治疗可能增加纤维蛋白的沉积并引发 MODS 的发生，特别在纤溶受抑时 [2,10,22]。约 80% 的急性 DIC 患者抗凝血酶Ⅲ（AT-Ⅲ）水平下降。当 AT-Ⅲ的活性低于 50% 时，肝素治疗效果不满意；低于 30% 时，肝素治疗无效。研究显示，AT-Ⅲ不仅具有抗凝作用，还能通过使内皮细胞释放前列腺素Ⅰ起到抗炎作用，尚可减少血管通透性和血栓的形成。故目前强调在肝素治疗的同时须补充 AT-Ⅲ，使其在体内的活性达到 100%，而低分子肝素的作用则不依赖于 AT-Ⅲ。AT-Ⅲ的用量是 30 U/（kg · d），持续静脉滴注或 1 U/（kg · h）。AT-Ⅲ存在于血浆中，也可以输新鲜冰冻血浆进行补充。

（三）肝素的应用

肝素是主要的抗凝药物，通过激活 AT- Ⅲ发挥抗凝作用，早期应用可防止纤维蛋白形成和凝血因子的消耗；但在 DIC 的失代偿期，肝素将增加出血的机会。过去所谓的“大量、维持足够时间”的用药方案因增加了出血的危险且不能提高生存率已被摒弃。现认为小量的肝素已有足够的抗凝活性，故主张在 Pre-DIC 时即可予小剂量肝素治疗，3000 ～ 6000 U/24 h 静脉滴注即可改善出血症状，仅在暴发性紫癜、急性早幼粒细胞白血病、输血错误和羊水栓塞等情况时才需较大剂量，而在严重创伤或某些病理产科（如胎盘早剥）等情况时肝素易加剧出血 [2]。因此，肝素的应用需依具体情况，并且遵循“个体化”原则。

（四）针对纤溶系统的治疗

由于 DIC 的过程中多存在纤溶活性降低，因此不主张用抗纤溶制剂。只有在确实存在纤溶亢进的特殊病例时才给予抗纤溶药，并应与肝素合用，常用 6- 氨基己酸（或氨甲环酸）及抑肽酶。多年来，研究者们对 DIC 的发病机制及诊治方案做了大量的研究，有了新的认识和更深入的了解，相信在短时间内随着临床研究的不断拓展，创伤后 DIC 的问题将得到进一步解决。

（陈乃耀）

主要参考文献

[1] Levi M, de Jonge E, van der Poll T, et al. Disseminated intravascular coagulation. Thromb Haemost. 1999, 82 (2): 695-705.

[2] 王兆钺. 弥散性血管内凝血发病机制和治疗研究的进展. 临床血液学杂志, 2001, 14 (6): 273-274.

[3] Toh CH, Dennis M. Disseminated intravascular coagulation: old disease, new hope. BMJ, 2003, 327 (7421): 974-977.

[4] Gando S. Disseminated intravaseular coagulation in trauma patients. Semin Thromb Hemost, 2001, 27 (6): 585-592.

[5] Taylor FB Jr, Chang AC, Peer GT, et al. DEGR-factor Xa blocks disseminated intravascular coagulation initiated by Escherichia coli without preventing shock or organ damage. Blood, 1991, 78 (2): 364-368.

[6] Choi G, Schultz MJ, Levi M, et al. The relationship between inflammation and the coagulation system. Swiss Med Wkly, 2006, 136 (9-10): 139-140.

[7] Cicala C, Cirino G. Linkage between inflammation and coagulation: an update on the molecular basis of the crosstalk. Life Sci, 1998, 62 (20): 1817-1824.

[8] Vincent JL. Microvascular endothelial dysfunction: a renewed appreciation of sepsis pathophysiology. Crit Care, 2001, 5 (Suppl2): S1-S5.

[9] Taylor FB, Wada H, Kinasewitz G. Description of compensated and uncompensated disseminated intravascular coagulation (DIC) responses (non-overt and overt DIC) in baboon models of intravenous and intraperitoneal Escherichia coli sepsis and in the human model of endotoxemia: toward a better definition of DIC. Crit Care Med, 2000, 28 (9 Supple): S12-S19.

[10] Mammen EF. Disseminated intravascular coagulation (DIC). Clin lab Sci, 2000, 13 (4): 239-245.

[11] 姚春, 宋善俊. 相关分子标志物在前 DIC 诊断中的意义. 临床血液学杂志, 1998, 11 (6): 279-281.

[12] Yamamoto K, Saito H. Diagnosis of predictive state of disseminated intravascular coagulation. Nippon Rinsho, 1993, 51 (1): 74-78.

[13] Kajima K, Uchiba M, Murakami K, et al. Determination of plasma soluble fibrin using a new ELISA method in patients with disseminated intravascular coagulation. Am J Hemato1, 1996, 51 (3): 186-191.

[14] 熊长明. D 二聚体在深静脉血栓形成和急性肺栓塞中的诊断价值. 中国医药导刊, 2002, 4 (2): 104-105.

[15] Monye W, Sanson BJ, Bullet HR, et al. The performance of two rapid quantitative D-dimer assays in 287 patients with clinically suspected pulmonary embolism. Thromb Res, 2002, 107 (6): 283-286.

[16] 杨锐, 魏文宁, 杨焰, 等. 血浆二聚体与抗凝血酶活性在血管内凝血诊治中的应用价值. 中华内科杂志, 2004, 43 (2): 131.

[17] Levi M, De JE, Vander PT. New treatment strategies for disseminated intravascular coagulation based on current understanding of the pathophysiology. Ann Med, 2004, 36 (1): 41-49.

[18] Gando S, Kameue T, Morimoto Y, et al. Tissue factor production not balanced by tissue factor pathway inhibitor in sepsis promotes poor prognosis. Crit Care Med, 2002, 30 (8): 1729-1734.

[19] Hoffman M. A cell-based model of coagulation and the role of factor Ⅶa. Blood Rev, 2003, 17 (S1):

S1-S5.
[20] Randolph MM，White GL，Kosanke SD，et al. Attenuation of tissue thrombosis and hemorrhage by ala-TFPI does not account for its protection against E．coli-a comparative study of treated and untreated non-surviving baboons challenged with LD100 E．coli. Thromb Haemost，1998，79（5）：1048-1053.
[21] 宋善俊，方峻．弥散性血管内凝血及其前期的诊断．诊断学理论与实践，2002，1（2）：67-69.
[22] 孙洁，凌斌，顾云帆．弥散性血管内凝血的临床及进展．中国急救医学，2003，23（8）：556-557.

第九章

创伤后脂肪栓塞综合征

第一节　脂肪栓塞综合征

一、概念

脂肪栓塞综合征（fatembolism syndrome，FES）是指脂肪颗粒阻塞血管腔而引起的一系列病理生理改变的临床综合征。其主要症状为呼吸困难、低氧血症、无头部外伤的神经症状和皮肤黏膜出血点。关于 FES 的发生率，各家报道不一，但总的来说，与骨创伤的严重程度和长骨骨折的数量呈正比。

二、病因

（一）原发因素

1．骨折　主要发生在脂肪含量丰富的长骨骨折，尤以股骨干为主的多发性骨折发病率最高。且闭合性骨折的发病率是开放性骨折发病率的 15 倍，闭合性骨折为 30%，开放性骨折仅为 2%。脂肪栓塞在儿童中发生率较低，其可能的原因是：儿童的骨髓腔内造血组织相对占优势，而脂肪组织较少[1]。

2．骨科手术　在髋和膝的人工关节置换术中，由于髓内压骤升，可导致脂肪滴进入静脉。有报道发生率为 6.8% ~ 8%。Berman 等[2]研究表明，全膝置换术中发生 FES 与止血带的释放有关。

3．软组织损伤　各类手术累及脂肪含量丰富的软组织时均可发生脂肪栓塞综合征，但远远低于骨折后的发生率。

4．脂肪肝挤压伤　脂肪肝挤压伤时，游离的脂滴可经破裂的小静脉进入血管；烧伤患者的皮下脂肪可经损伤血管进入血液。

5．非创伤因素　包括心肺复苏术后胃肠营养中脂肪剂的输入，抽脂术，急性胰腺炎、糖尿病、高原病、镰形红细胞病、输血、体外循环、骨髓炎等，但极为罕见。

（二）临床表现

1．呼吸系统 胸闷、胸痛、咳嗽、气促等肺炎、肺不张、肺梗死症状；发绀、呼吸困难进行性加重等肺水肿、呼吸窘迫综合征症状。肺脂肪栓塞具有典型的 X 线表现，胸片肺呈“云雾状”“暴风雪状”影像。要注意再灌流损伤和肺栓塞损伤的区别：再灌流损伤导致的肺水肿和呼吸衰竭，常伴有两肺广布湿啰音和血性泡沫痰。而脂肪栓塞引起的呼吸困难是以肺小动脉痉挛引起肺动脉高压为特点。

2．神经系统 脑脂肪栓塞多呈弥漫性，因此极少出现定位体征，可有斜视、双侧瞳孔不等大、偏瘫体征，及尿崩症出现。主要表现为烦躁不安、谵妄、朦胧、嗜睡、昏迷等进行性意识障碍。并伴有头痛、头晕、呕吐、尿失禁、抽搐、痉挛、去大脑强直、体温调节障碍（高热）等脑缺氧和自主神经功能紊乱症状。意识障碍持续时间达数小时至数天不等，清醒后尚遗留不同程度的失语、反应迟钝、痴呆、精神分裂或变态人格。重症者可于数日内死亡。要注意创伤性休克被纠正且神志清醒后，再次出现颅脑创伤以外的脑症状，常表明脑脂肪栓塞的存在，但应与颅内血肿鉴别诊断。脑脂肪栓塞可引起脑电图典型改变，表现为正常节律消失，代之以弥散性高波幅多形 θ 波和 δ 波，于额颞部更为明显。

3．循环系统 常表现为脉搏突然增快（每分钟增加 20 ~ 100 次），继而心律不齐、心音遥远、血压骤降并伴有心绞痛，心电图表现为 Q-T 间期延长，S-T 段电压低，T 波低平、倒置，束支传导阻滞，及心律失常等心肌缺血性改变，要注意肺动脉高压及冠状循环脂肪栓塞引起的心率、心律变化和低血容量性休克引起的变化的区别。

4．泌尿系统 肾脂肪栓塞时可在尿内检出直径 10 ~ 20 μm 的脂肪滴（在血液及痰液中也能检出）。由于脂肪比重小而具有悬浮性，故应留取终末尿提高阳性率。严重的肾脂肪栓塞可引起肾衰竭。

5．发热和出血点 这是诊断脂肪栓塞综合征的两个重要依据。发热多在 38℃以上，发生在创伤后 48 小时内，并与脑症状同时出现。凡超出创伤应激和创伤后感染范围的难以解释的突发性高热，常提示有脂肪栓塞发生。出血点多发生在伤后 24 ~ 72 小时或 7 ~ 8 天，但发生率不一，最低 20%，最高 50% 以上。多出现于肩、颈、前胸、腋、腹、前大腿等部位皮肤，尤以下眼睑结合膜和眼底明显。出血点呈针尖大小，形圆，色红，且逐渐变色。持续几小时或数天后消失，不融合成片，可呈一过性或分批出现。

（三）发病人群特点

脂肪栓塞综合征的发病年龄自婴儿至 80 岁老人均有报道，但以青壮年居多。因为男性受到创伤的机会多于女性且发病的男女比例为 3 ∶ 1。在致死的患者中老年人占较大比例。本病 80% 在伤后 48 小时内发病，而伤后 1 周发病者较罕见。过去认为 14 岁以下儿童因骨髓内脂肪含量不高及脂肪成分与成人不同而不易发生脂肪栓塞，目前认为儿童 3 ~ 11 岁时，骨髓内脂肪已趋向成熟。有报道儿童尸检脂肪栓塞发病率分别为 70% 和 90%，几乎与成人相仿。

六、诊断标准

（一）主要指标

1．点状出血 可在伤后 2 ~ 3 天，双肩前部、锁骨上部、前胸部、腹部等皮肤疏松部位出现，也可见于结膜或眼底，伤后 1 ~ 2 天可成批出现，迅速消失，可反复发生。因此，对骨折患者入院数天内应注意检查。

2．呼吸道症状及胸片 主要症状为呼吸困难、咳嗽、咳痰（经常有血性），但湿性啰音不是特有症状。典型肺部 X 线可见全肺出现“暴风雪”状阴影，并常有右心负荷量增加的特点。但这种阴影不一定都能发现，而且如无继发感染，可以很快消失。因此，对可疑病例，可用轻便 X 线机反复检查。

3．头部外伤以外的脑症状 主要表现为头痛、不安、失眠、兴奋、谵妄、错乱、昏睡、昏迷、痉挛、尿失禁等症状。虽然很少出现局灶性症状，但偶然可有斜视、瞳孔不等大，及尿崩症等，因此，当有些骨折病例出现难以解释的脑症状时，应怀疑脂肪栓塞。

（二）次要指标

1．动脉血氧分压低于 8.0 kPa 以下。

2．血红蛋白低于 100 g/L。

（三）参考指标

1．脉搏＞ 120 次 / 分。

2．体温＞ 38℃。

3．血小板减少。

4．血中有脂肪滴并伴有血脂肪酸升高和血清脂酶升高。

5．血沉＞ 70 mm/h。

6．尿中出现脂肪滴。

上述指标中，如主要指标超过 2 项或仅 1 项，而次要或参考指标超过 4 项即可确诊。如无主要指标成立，仅有次要指标 1 项或参考指标超过 4 项者应疑为非典型脂肪栓塞。

七、预防方法

（一）早期预防

1．骨折断端的活动能加剧脂肪向髓内静脉的释放，加重或诱发 FES，骨折制动能预防 FES 的发生。Robinson[11] 的系统评价分析表明单纯骨折或 ISS ＜ 18 时，早期手术（包括钢板或髓内钉）内固定较延迟手术或不手术能减少 FES 的发生。

2．对于伴多发伤的骨折患者，生命体征的维持比处理骨折更重要，早期临时对骨折迅速外固定手术作为“二次打击”可能触发 ARDS[10]。关于治疗方案及手术时间选择的问题，有学者给出了具体的处理程序，值得参考。值得一提的是骨折伴胸部损伤的患者 FES 发病的情况，Robinson[11] 的系统评价的结论是单纯骨折与单纯胸部损伤比较，单纯胸部损伤的胸部并发症（包括 ARDS、API、FES 等）发病率较高（$P < 0.001$）；单纯骨折与胸部损伤合并骨折比较，胸部损伤合并骨折的胸部并发症发病率较高（$P < 0.0001$）；单纯胸部损伤与胸部损伤合并骨折比较，两者胸部并发症发病率无统计学意义（$P < 0.4$）。

（二）手术预防

1．钢板与髓内钉的选择 Neudeek[12] 以羊作脂肪栓塞模型的实验结果是：扩髓髓内钉、不扩髓髓内钉、钢板 3 组髓内压峰值和平均值分别为：425 mmHg（mean 205 mmHg）、330 mmHg（mean 203 mmHg）、67 mmHg（mean 37 mmHg），但 3 组间肺动脉压差异不明（$P < 0.08$），髓内固定比髓外固定产生了更多脂肪栓塞。张毅敏等 [13] 研究显示，肺部脂肪栓子来源于骨髓脂肪，而且过度急速的扩髓可使髓内压升高，从而引起严重的肺部脂肪栓塞。早在 20 世纪 90 年代 Pell 等 [14] 经食管超声心动图（TEE）就探测到了在扩髓过程中有 1 ~ 10 mm 回声物并伴有 1 ~ 8 cm 的栓子的患者中，有

3 例发生了 FES，并推断这些大栓子的成分可能是脂肪。所以临床上应根据实际情况尽可能选用非扩髓髓内钉。

2．骨髓腔开孔加髓内真空技术 Pitto 等[15]前瞻性随机的临床实验显示，骨水泥在髋关节置换术中，传统骨水泥固定组发现 94% 的患者有长时间的经心房的栓塞，而骨髓腔开孔加髓内真空技术组仅有 14% 的患者出现暂时性的微小栓子。

髓腔塞的应用：在全髋关节置换的骨水泥技术中加压技术是非常重要的，骨水泥与松质骨之间的交锁程度决定了人工关节的使用寿命，因此它要求压力应足够大；另一方面，加压过大会使远端髓腔髓内压过大，产生 FES，这是一个矛盾，髓腔塞就是一个解决方案。Wenda 等[16]临床实验证明，无髓腔塞组血压明显下降，而有髓腔塞组血压无改变，但这个实验没有测远端髓内压。

3．关节假体、髓腔钻、锉刀设计 髋关节假体、髓腔钻、锉刀等纵轴中央可钻孔，当插入髓腔时，髓内组织会由此排出，避免髓内压增高，从而降低术中脂肪栓塞的发生率，还可以考虑在假体顶部接负压的设计，相关研究尚未开展。Ries 等[17]研究发现，全膝关节置换时插入柄表面有槽的假体时髓内压较插入圆形柄假体时明显降低，肺分流现象显著改善。

4．髋关节置换翻修技术 Woo 等[18]的动物实验显示，与骨凿、高速钻相比，超声能明显增加脂肪栓塞，骨凿、高速钻之间无显著差异。Porseh 等[19]的实验证明，取出骨水泥时，传统骨凿所致髓内压压力最高为 45 mmHg，超声所致压力最低为 7.5 mmHg，气钻所致压力位于二者之间。

5．手术操作技巧 尽可能选用较细的髓内钉；扩髓时应缓慢轻柔；扩髓后，尽可能冲洗血凝块、骨髓、骨渣等，避免“活塞效应”。

6．药物预防 理论上，甲泼尼龙是人工合成的中效糖皮质激素，其优点有：

（1）易渗透肺组织。

（2）无肾上腺皮质激素活性。

（3）无氟化作用，肌肉对该药降解作用小。

（4）对肾上腺垂体抑制作用小。

（5）生物半衰期短，其药代动力学表现为一级动力学。而地塞米松与甲泼尼龙相比：①地塞米松属于长效激素，首先必须经过肝代谢成泼尼松后才发挥作用，起效慢，较甲基强的松龙延后半小时；②地塞米松连续应用数日，其生物学作用将逐日递增，易带来严重副作用；③甲泼尼龙受体亲和力是地塞米松的 2 倍，而且具有更为突出的局部抗炎作用，是地塞米松的 5 倍，甲泼尼龙易渗透肺组织，静脉用 5 分钟即达血浆浓度高峰，快速减轻充血，降低血管通透性，抑制炎性细胞向炎症部位移动，阻止炎性介质产生，抑制吞噬细胞功能，稳定溶酶体膜，阻止补体参与炎症反应及免疫抑制作用[20]；④地塞米松价格较甲泼尼龙低得多。据此推理，甲泼尼龙联合低分子右旋糖酐防治 FES 效果应优于地塞米松联合低分子右旋糖酐。

吴璐锋[21]通过对糖皮质激素联合低分子右旋糖酐预防脂肪栓塞综合征的实验研究证明：①糖皮质激素联合低分子右旋糖酐具有预防 FES 的作用，其中，甲泼尼龙联合低分子右旋糖酐预防 FES 效果优于单用甲泼尼龙、低分子右旋糖酐；地塞米松联合低分子右旋糖酐预防 FES 的效果优于单用地塞米松、低分子右旋糖酐；②糖皮质激素联合低分子右旋糖酐预防 FES 的机制可能是两者共同稳定巨噬细胞和中性粒细胞的细胞膜，从而减少相应细胞因子 TNF-α、MPO 的生成或低分子右旋糖酐减轻白细胞聚集，糖皮质激素稳定巨噬细胞和中性粒细胞的细胞膜，从而分别阻断了不同的病理过程。

八、治疗方法

治疗重点应放在提高动脉血氧，使患者安然渡过急性期。

（一）纠正休克

在休克未纠正前应妥善固定骨折伤肢，切忌进行整复。扩容时应警惕再灌流损伤。

（二）支持呼吸

按照 Murray 意见，每个病例均按轻、重两型治疗方案进行。

1．轻型 轻型为心动过速、发热与动脉血氧降低，但无意识障碍与肺水肿 X 线表现。治疗方案为经鼻导管或面罩给氧，维持动脉血氧于 9.31 kPa 以上。每日做动脉血气分析 3 ～ 4 次，每日摄胸片 1 次，直至不需再吸氧为止。如鼻管或面罩给氧不能维持动脉血氧于 9.31 kPa 以上，或出现肺水肿 X 线表现者则应再列入重型处理。

2．重型 列入重型的应有意识改变（往往为第一出现症状）与动脉血氧低于 6.65 kPa。早期不一定有肺水肿 X 线表现，数小时后再发生。重型的病死率高。治疗原则为提高动脉血氧（务必维持于 7.98 kPa 以上）。

可按下述要点使用机械性辅助呼吸：

（1）镇静剂：地西拌 10 ～ 15 mg 或吗啡 10 ～ 15 mg 静脉注射，或合用。

（2）插管：有气囊的气管内插管。

（3）呼吸：用容量控制呼吸器，频率 12 次 / 分，潮气量 1 L。

（4）呼气末期正压：控制在 0.98 kPa。

（5）给氧：吸入 40% 氧最为合适。

（6）利尿剂：依他尼酸 50 mg 或呋塞米 40 mg 静脉注射。

（7）目标：维持 $PaO_2 > 7.98$ kPa。

以吸入 40% 氧最为合适。如果动脉血氧仍低于 7.98 kPa，可用正压终末呼吸辅助，使压力高至 0.98 kPa。Murray 认为液体积聚于肺泡壁与肺泡内可以使肺泡 - 动脉氧递减度下降。容量控制辅助呼吸辅以呼气末期加压可以抑制肺水肿形成，还可使原已形成的肺水肿减轻，Ashbaugh 等的动物实验已证实了这一点。

治疗后 4 日如仍需控制呼吸，应做气管切开，插入有囊的气管插管以防损伤声带。动脉血氧已恢复正常而患者仍处于昏迷状态，提示有外伤后脑水肿或脑脂肪栓塞。Gossling 主张最先应试用 50% 氧气面罩给氧。如果能维持动脉血氧于 9.31 kPa，而无 CO_2 滞留和明显呼吸频率增加，单纯吸氧和间歇性正压呼吸已经足够。

已有呼吸衰竭者上法已不能奏效，应采用持续性机械性扶助呼吸。Gossling 认为使用辅助呼吸时，肺泡内压力不可超过 0.34 kPa，高于此水平，气体即进入间质内，在此种情况下最好用容量循环呼吸器。如果动脉血氧低于 7.98 kPa，Gossling 亦主张于呼气末期时正压给氧，但如果肺内出现炎症过程时，正压终末呼吸辅助的压力应减少 0.196 kPa。

辅助呼吸时间应尽量缩短，以防止出现肺部感染并发症。应该从呼吸器应用中寻找呼吸功能已恢复的指标。这些指标是：呼吸频率降至 20 次 / 分以下，肺泡 - 动脉氧递减度下降，胸片情况有好转。此时患者可暂时脱离呼吸器 15 ～ 30 分钟，但仍应继续从气管内插管吸入 40% 湿化氧气。呼吸率转快与 CO_2 滞留（$PaCO_2$ 增高）提示仍有呼吸功能不全。如果增加离开呼吸器的时间而患者仍能耐受，即可以拔管，吸入 40% 湿化氧气并间断加压呼吸，逐渐延长间歇期。

（三）液体

为了减少肺内液体的堆积，最初 24 小时内入水量应限制于每日 20 ~ 25 ml/kg 体重（即成人为 1000 ~ 1500 ml/24 h）。钠的进入量也应限制，可用 5% 葡萄糖水或 5% 葡萄糖液和 0.25% 氯化钠混合液。

（四）利尿剂与皮质激素

参见本章的预防方法。

（五）有肺部感染时，使用敏感抗生素

（六）有充血性心力衰竭与心律不齐者用洋地黄类

（七）支气管痉挛有呼吸道阻力时可用支气管扩张剂

至于其他方法，诸如白蛋白、降血脂类药物（氯贝丁酯）、肝素、乙醇、胰岛素 + 高渗葡萄糖、山莨菪碱等，都曾有报道，但未进行深入研究，现已弃用。

（八）持续血液净化在脂肪栓塞综合征中的应用

其理论基础是：

1．连续清除炎性介质、中小分子毒素、代谢产物，有效控制体温。FES 患者尤其是并发肺部损伤都存在 SIRS 的过程。SIRS 时各种炎性介质对局部与全身血管张力及通透性产生显著影响，造成微循环紊乱、全身内皮细胞，及实质细胞损伤，最终导致机体发生不可逆性休克及 MODS 等，其中最易受累的是肺，可发生急性肺损伤或 ARDS。而 SIRS 及 MODS 发生发展过程中出现的促炎及抗炎介质多具有水溶性，以中大分子物质为主，多数能被 CBP 清除。此外，当 FES 患者合并 SIRS 或 MODS 时常有高热，应用多种药物治疗亦难以奏效。而 CBP 可通过大量置换液的应用使机体迅速降温，体温下降本身即可减轻机体的应激水平和改善心肺等器官的功能。

2．改善氧合功能，纠正水电解质及酸碱平衡紊乱，维持机体内环境稳定。CBP 可通过清除炎性介质，清除肺间质水分，改善肺氧合，减少对呼吸机的依赖。另一方面，在 CBP 过程中可以适当补充胶体，将间质、细胞内水分持续、缓慢地“拉”入血管，治疗细胞内、间质内水肿，从而在稳定循环的同时减轻机体的水负荷。

3．迅速降低血浆三酰甘油，削弱游离脂肪酸（FFA）对组织的毒性。毛恩强等报道 31 例高脂血症胰腺炎患者接受 CBP 治疗，三酰甘油从（13.1 ± 8.1）mmol/L 降至（4.25 ± 2.3）mmol/L。可见对 FES 患者实施 CBP 治疗有望降低血浆三酰甘油，削弱游离脂肪酸（FFA）对组织的毒性。

4．肝素可激活脂肪酶的活性而清除血清脂质，还可抑制血小板聚集，曾被用来治疗 FES，但直接应用有引起出血的危险。在 CBP 过程中，可以适当应用肝素抗凝，减少直接应用肝素引起的出血危险。

（九）血必净注射液对脂肪栓塞综合征患者的保护作用

宋樱花等研究提示，FES 患者早期应用血必净注射液，可以减少炎症因子和 CRP，降低炎症反应，延长 APTT，降低 D- 二聚体，改善高凝状态，降低乳酸水平，改善微循环。从而改善 FES 患者的预后，血必净注射液对 FES 患者具有保护作用，值得临床推广。

九、护理

（一）患者问题

患者在刚刚经历了突如其来的严重创伤打击之后，又陷入脂肪栓塞所引起的呼吸窘迫、低氧血症、意识障碍等各种痛苦的折磨。日趋危重的病情不仅加剧了躯体生理性痛苦，同时，使已经发生

剧烈的应激心理反应向更消极方向转化，加重了临床治疗护理的难度。

（二）护理目标

1．判断、去除创伤后脂肪栓塞的病因。

2．掌握创伤后脂肪栓塞综合征的防治救护原则。

3．明确创伤后脂肪栓塞综合征的临床表现分型和发病机制。

4．密切观察病情变化，在严密监护的同时给予心肺支持疗法并提供救治护理的翔实依据。

（三）病情观察

1．意识水平 如无脑外伤的骨折患者，突然出现昏迷、抽搐、复视、颈项强直、偏瘫或肌力下降、瞳孔大小不等、括约肌麻痹等，均提示脂肪栓塞引起脑缺氧、脑水肿的可能。

2．呼吸 脂肪栓塞发生于肺部的占 100%，均存在缺氧症状。无胸、脑外伤的患者如发现呼吸困难，呼吸频率为每分钟 25 次以上并伴有胸痛、胸闷、咳嗽者提示脂肪栓塞的可能。

3．出血点 脂肪栓塞患者因皮肤毛细血管被脂肪栓堵塞，血小板减少、毛细血管脆性增加，可引起皮肤点状出血。在护理操作时应重点观察下眼睑、颈、前胸、腋等部位。

4．体温、脉搏 如患者无其他感染迹象，而体温突然升至 38℃以上，脉搏达 120 ~ 200 次 / 分，即提示脂肪栓塞的可能。

（四）患者的一般护理

1．严密观察病情变化并根据临床表现提示鉴别诊断的依据。及时测量体温、脉搏、呼吸、血压并联系其他病变综合分析，在条件较好的医院及时送入 ICU 监护。

2．注意骨折肢体安全有效的制动，正确固定、牵引伤肢。在搬运翻身、更换床单、皮肤护理时动作须轻柔。经常观察伤肢血运情况，及时处理过紧的石膏夹板及包扎物，抬高肿胀肢体。

3．保持呼吸道通畅，按病情需要分别给予吸痰、给氧、高压氧疗、气管切开、人工呼吸器等护理，加强口腔、会阴，及皮肤护理，防止吸入性肺炎、泌尿系感染、褥疮等并发症。

4．准确及时采取并送检各化验标本。

5．给予低脂饮食，禁食脂肪餐，昏迷患者应禁食。

（五）常见护理问题及措施

1．气体交换障碍

护理措施：

（1）正确执行抗脂酸医嘱，注意配伍禁忌，以确保疗效。

（2）建立口腔、呼吸道、肺部卫生措施，防止继发感染。

（3）采取积极有效的改善组织缺氧措施如给氧、吸痰、高压氧、人工呼吸器等。

2．组织灌流异常 由脂肪滴入血引起。

护理措施：

（1）在 24 小时内补足血容量以纠正休克。

（2）正确使用抗脂栓药物并注意合理配伍。

（3）保暖、抬高伤肢，减少各压力点压力，以促进血液循环。

（4）严格 24 小时液体出入量统计，应根据病情和各项监测指标掌握输血输液速度，制订输液计划，防止再灌流损伤。在血流动力学稳定后，早期达到出入量的负平衡。

3．高热 由脑缺氧体温中枢失衡引起。

护理措施：

（1）给予冰枕、冰帽或冬眠疗法，以降低脑细胞耗氧。

（2）保持室内清洁、安静，及合适的温度和湿度。

（3）及时更换汗湿被褥，定期口腔及皮肤护理，防止继发感染。

4．有发生营养失调的可能

护理措施：

（1）正确使用抗脂栓药物。

（2）注意防止因再灌流和药物反应引起的水、电解质失衡。

（3）合理制订营养配膳计划，满足身体营养元素的摄入。

（4）昏迷患者禁食期间应及时给予鼻饲，神志清晰的患者应争取经口进食。

5．躯体移动障碍 由骨折及并发脂肪栓塞引起。

护理措施：

（1）运送、搬动、固定患者时切忌动作粗暴。

（2）维持伤肢与各管道之间的良好功能关系。

（3）抬高伤肢，减轻肿胀及各种增加压力的因素。

（4）定时翻身、拍背、协助排痰。定时按摩受压部位，防止褥疮发生。

（5）对昏迷、癫痫持续状态的患者，应加强特殊护理。安设床栏、约束带等，防止坠床或其他意外伤害发生。

6．烦躁、恐惧、依赖 由脂肪栓塞引起

护理措施：

（1）脂肪栓塞发病极为突然，患者往往在短暂的烦躁和恐惧后迅速昏迷，护理人员往往因实施急救措施而顾不上安慰患者即病情恶化，护理人员应迅速调整，适应病情突变，集中精力，镇定自若地投入到抢救中。以自己紧张有序、沉着自信的工作行为影响患者的心理情绪。

（2）脂肪栓塞的昏迷期较创伤后其他并发症引起的昏迷长。患者在昏迷期间，完全处于人事不知的依赖状态，应严格按昏迷常规处理。

（3）病情转归后，往往因为脑部后遗症使患者限于依赖之中不能自拔，应研究患者个性发展的背景及过程，帮助患者重新树立战胜疾病的信心，并逐渐完成自我护理。

第二节 脑型脂肪栓塞综合征

脑型脂肪栓塞综合征是指长管状骨骨折或多发伤后，脂肪细胞被破坏，游离脂肪被挤到静脉内形成栓子，造成脑部循环障碍，导致脑缺血、意识障碍、神经功能缺失为主要临床表现的综合征[22]。

一、病因

（一）创伤因素

骨折后髓腔内的脂肪滴破坏进入受损的髓内血管，特别是高能量损伤，同时伴有休克的多发骨折患者处于高危状态。有研究表明，单纯股骨骨折有 4% 发生 FES，而同时合并休克时，则 FES 的发生率高达 10%[23]。闭合性骨折时 FES 较开放性骨折多见，这可以解释为伤口开放时，骨折端及髓腔内压力较低，髓腔释放的脂肪大多被排出体外，进入静脉循环的脂肪量减少[24]。据统计，闭合性骨折的 FES 发生率约占 30%，而开放性骨折的 FES 发生率约 2%。

（二）手术因素

早期内固定手术虽然可以有效防止骨折端活动及组织再损伤，限制髓腔内脂肪的持续释放，但研究表明，在髓内钉固定时，髓腔内打入及插钉时有大量脂肪栓子进入血循环；特别是扩髓可使髓腔内压力升高，造成二次损伤，引起较多的脂肪栓子进入血液循环，激发炎性反应、凝血等级联反应，增加 FES 的发生率。创伤后凝血因子的改变至少持续 36 小时，在 FES 的发生机制中，单纯肺部血管栓塞不可能引起非常严重的肺功能改变，脂肪栓子引起的级联反应可能起着关键作用[25-26]。因此，在 FES 潜伏期或高峰期进行髓内钉内固定手术有增加 FES 的可能。

二、发生机制

长管状骨骨折、多发伤，及手术后，脂肪栓子由静脉吸收、变形，通过肺循环后经主动脉引起 FES，最常见的部位是肺和脑，脑约占 1/3。Jacobsen[27] 报道，脑部症状在 FES 中占 86%。其发生机制为创伤骨折后，一方面脂肪组织破坏后释放出脂肪颗粒进入血循环，另一方面在机体应激状态下，儿茶酚胺分泌增加，动员大量的外周脂肪入血，又可以活化脂肪酶，活化的脂肪酶将三酰甘油分解为甘油和游离脂肪酸（FFA），从而在血管内形成脂肪栓子，脂肪栓子经过血循环大部分停留在肺，主要引起肺部病变，根据测量，一根成人股骨有足够的脂肪含量（120 ~ 170 g），能使肺的血管系统充分阻塞。肺中大量脂肪栓子的机械阻塞是患者出现肺部症状，进而发展为 ARDS，并导致患者死亡的重要原因；而没有肺部症状的脑型脂肪栓塞则可能是少部分直径较小（< 7 ~ 20 μm）的脂肪颗粒穿过肺毛细血管或开放的心脏卵圆孔进入体循环，导致体循环栓塞，若脂肪栓子停留在脑部血管就形成脑栓塞[28]。在正常人群中大约有 35% 的人存在开放的卵圆孔[29]。国外有学者将有放射标记的中心体注入鼠的颈内动脉，结果发现 44% 以上滞留在脑，43% 滞留在头和颈颅外血管，仅 7% 在肺组织。绝大多数放射性标记的三酰甘油分布在同侧大脑半球，而对侧大脑半球、脑干，及小脑较少。栓子可在脑内持续几天，引起脑组织和血脑屏障的损伤。脂肪栓塞在脑部造成的组织缺氧以及缺氧所产生的异常代谢产物对丘脑的非特异性投射系统和大脑颞叶皮质感觉联络区的影响，可能是骨折并发脑型脂肪栓塞综合征患者出现幻觉的主要原因[30]。兴奋性神经递质耗尽后，患者转入嗜睡、昏迷。

三、诊断

1970 年，Gurd[31] 提出了脂肪栓塞的临床诊断标准：参考本章第一节。而脑型脂肪栓塞的专门临床诊断标准尚未明确，主要依靠临床表现和相关检查确诊。

（一）临床表现

FES 的典型症状包括呼吸功能不全、脑功能障碍，及皮肤淤斑三联征[32]。脑型脂肪栓塞患者没有呼吸系统表现，且一般无颅脑外伤史，无昏迷、休克，于早期（12 h ~ 3 d）出现淡漠、嗜睡、惊厥、昏迷、四肢肌张力增高。血压一般正常，常伴有发热，心率、呼吸增快，同时可伴有颈胸部散在出血点；部分患者出现中枢性面瘫或一侧肢体偏瘫，极少数患者可出现幻觉，主要表现为兴奋、幻听、性幻觉和攻击行为等，常会误以为精神分裂症或反应性精神障碍，从而给诊断带来困难，贻误治疗。

（二）一般检查

与一般 FES 患者相同，大多数脑型脂肪栓塞患者可出现红细胞比容和血红蛋白降低，部分患者血小板降低，血中游离脂肪酸、脂肪酶升高，红细胞沉降率增快。血气分析多有低氧血症（PaO_2 < 60 mmHg）。患者早期有低碳酸血症，后期 $PaCO_2$ 可增高。肺功能测定常发现肺泡动脉氧差增大。高分辨 CT 可见双肺毛玻璃样阴影。与一般 FES 不同的是，脑型脂肪栓塞患者的胸部 X 线片没有典型的、暴风雪样改变，有时可表现为肺纹理增多。

（三）特殊检查

1．眼底检查 脂肪栓子通过肺毛细血管或开放的卵圆孔进入体循环，可引起脑、心、肾、眼等脏器的栓塞，其中脑脂肪栓塞最常见。眼底检查十分重要。在脑型脂肪栓塞患者中，眼底检查常能发现视网膜血管脂肪栓塞引起的淡黄色斑及玫瑰花样的微小梗死，有助于脑型患者的临床确诊。

2．头颅 MRI 检查 有报道最早于病后 4 小时行头颅 MRI 检查，T1 加权像正常，而在 T2 加权像上见到异常信号改变。这种变化可持续 2 周，因此，头颅 MRI 检查是脑型脂肪栓塞早期诊断较为敏感的诊疗手段。常显示为双侧额叶、顶叶、枕叶、颞叶，及基底节区广泛、散在、对称性分布的点、片状的长 T1、T2 异常信号灶。而在脑脂肪栓塞的临床症状和体征消失后，复查头颅 MRI 均发现原有的病灶完全消失。

3．弥散加权成像检查（DW-MRI） DW-MRI 主要是建立在流动效应的基础上，以图像来反映水分子的微观运动。在脑梗死后 2 小时即可发现病变，分辨率为 0.4 cm。其诊断急性期脑梗死的敏感性和特异性分别达到 88% ~ 100% 和 86% ~ 100%，对超急性期脑梗死的诊断价值极高。有人认为 DW-MRI 可显示脑脂肪栓塞后早期出现的细胞毒性水肿，尽早检查可赢得救治患者的宝贵时间。

四、预防

首先要妥善有效地实施骨折部位的制动，防止脂肪滴继续进入血循环。Goris 等 [33] 认为，长骨骨折早期开放复位和固定可以减少 FES 的发生。因为早期开放手术使骨折端脂肪随血肿被排除，减少了脂肪栓子进入静脉循环。而鉴于在 FES 潜伏期或高峰期内施行髓内扩髓插钉术有增加 FES 发生的危险，故非扩髓髓内钉内固定及钢板内固定手术显得相对安全。

五、治疗

（一）激素冲击疗法

治疗上常用激素冲击疗法：如地塞米松 20 ~ 30 mg/d 甚至 60 mg/d，或甲泼尼龙 500 ~ 1000 mg/d，连用 3 ~ 5 天，直至脑水肿消退。激素对脂肪栓塞综合征有明显的防治作用，可以保持细胞微粒体膜的稳定性，阻止由脂肪酸引起的炎性反应，降低毛细血管通透性，减少组织水肿。另有学者通过实验动物证明 [20]，应用地塞米松后，血浆游离脂肪酸进行性下降，静脉血凝块冰冻切片“O”染色脂肪滴数量明显减少，其机制可能是地塞米松对脂肪的乳化作用。

（二）呼吸支持

纠正低氧血症是最基本的措施，应通过脉搏血氧计或血气分析对血氧分压进行早期、连续性监测。出现低氧血症即应鼻导管或面罩供氧，PaO_2 维持在 70 ~ 80 mmHg 以上。若供氧后 PaO_2 持续低于 60 mmHg，应给予气管插管和机械通气。

（三）溶血脂药物

这类药物主要有以下几种：5% 碳酸氢钠可与脂肪结合成可溶性皂苷，而逐渐将脂肪栓子溶解；白蛋白可与游离脂肪酸结合而降低其毒性；5% 乙醇 - 葡萄糖溶液可抑制脂肪滴的形成；小剂量肝素既可降低血液黏滞性，防止应激反应物质的释放，改善局部微循环灌注，还可以使血浆脂肪乳化，起到清除血内脂肪的作用。此外，20% 去氢胆酸钠、抑肽酶、低分子右旋糖酐等也可应用于临床治疗。

（四）保护脑功能

应用脱水剂、头部降温等措施，对于减轻脑水肿、降低脑细胞代谢、改善脑组织缺氧和保护脑细胞功能有益。应用健脑药物及镇静安神药物对改善脑功能有一定意义。早期高压氧治疗对脑脂肪栓塞的疗效已经得到证实，其作用机制为：提高血氧分压和氧含量；增加脑组织内毛细血管氧弥散半径，改善微循环；刺激病灶区毛细血管新生，以促进侧支循环建立；恢复缺血半暗区的脑细胞功能；增加吞噬细胞的吞噬能力；改善脑干网状激活系统功能，促进昏迷患者觉醒。

（付爱军　李建民）

主要参考文献

[1] Papagelopoulos PJ，Apostolou CD，Karachalios TS，et al. Pulmonary f at embolism after tot al hip and total knee arthroplasty. Orthopedics，2003，26（5）：523-529.

[2] Berman AT，Parmet JL，Harding SP，et al. Emboli observed with use of transesophageal echocardiography immediat ely after t ourniquet release during total knee arthroplasty with cement. J Bone Joint Surg Am，1998，80（3）：389-396.

[3] Van Besouw JP，Hinds CJ. Fat embolism syndrome. Br J Hosp Med，1989，42（4）：304-311.

[4] Edmonds CR，Barbut D，Hager D，et al. Intraoperat ive cerebral arterial embolization during total hip arthroplasty. Anesthesiology，2000，93（2）：315-318.

[5] Parvizi J，Holiday AD，Ereth MH，et al. Sudden death during primary hip arthroplasty. Clin Orthop，1999，(369)：39-48.

[6] Nakata Y，Dahms TE. Triolein increases microvascular permeability in isolated perfused rabbit lungs：role of neutrophils. J Trauma，2000，49（2）：320-326.

[7] Kiyokawa H，Utsumi K，Minemura K，et al. Fat embolism syndrome caused by vegetable oil inject ion . Intern Med，1995，34（5）：380-383.

[8] Tsokos M，Paulseu F，Petri S，et al. Histologic，immunohistochemical，and ultrastructural findings in human blast lung injury. Am J Respir Crit Care Med，2003，168（6）：549-555.

[9] Harper CM. Fat embolism and postoperative coagulopathy. Can J Aneasth，2002，49（1）：108-109.

[10] Crowl AC，Young JS，Kahler DM，et al. Occulted hypoperfusion is assoeiated with inereased morbidity in Patienis undergoing early femur fracture fixation. Trauma，2000：48（2）：260-267.

[11] Robinson CM. Current concepts of respiratory insufficiency syndromes after fracture. J Bone Joint Surg Br，2001：83（6）：781-791.

[12] Neudeek FWG，Obertaeke U，Thurnher M，et al. Nailing versus plating in thoracic trauma：an experimental study in sheep. Trauma，1996，40（6）：980-984.

[13] 张毅敏，梁国穗，冯国培，等. 扩髓对髓内压和肺部脂肪栓塞的影响. 中华骨科杂志，1999，19（8）：494-497.

[14] Pell AC，Christie J，Keating JF，et al. The detection of fat embolism by transoesophageal

echoeardiography duling reamed intramedullary nailing. A study of 24 patients with femoral and tibial fraetures. J Bone Joint Surg Br，1993，75（6）：921-925.

[15] Pitto RPKM，Draenert K. The John Charnley Award. Prophylaxis of fat and bone marrow embolism in cemented total hip arthroplasty. Clin Orthop，1998，（355）：23-34.

[16] Wenda KDJ，Runke lM，Ritter G. Pathogenesis and Prophylaxis of circulatory Reactions during total hip replacement. ArchOrthoPTraumaSurg，1993，112（6）：260-265.

[17] Ries MDRL，Hoskins S，Lott D，et al. Intramedullary pressure and pulmonary funetion during total knee arthroplasty. Clin Orthop，1998（356）：154-160.

[18] Woo RMG，Fitzgerald RHJr，Mason LD，et al. The Frank Stinchfield Award. Pulmonary fat embolism in revision hip arthroplasty. Clin Orthop，1995，（319）：41-53.

[19] Porseh MSJ，Brimmers P，Menne A，et al. Intrafemoral pressure measurement in different cement removal procedures during hip prosthesis replacement operations experimentals tudy with cadaver femora. Biomed Tech（Berl），1998，43（3）：53-57.

[20] 李明华，殷凯生，朱栓立. 哮喘病学. 北京：人民卫生出版社，1998：233-234.

[21] 吴璐锋，蔡贤华. 糖皮质激素联合低分子右旋糖配预防脂肪栓塞综合征的实验研究. 2010 年广州军区武汉总医院硕士研究生论文.

[22] 冯光，陈善成，明立功. 骨折并发脑脂肪栓塞的临床诊治研究. 骨与关节损伤杂志，2004，19（6）：385-386.

[23] 周智勇，高富贵，卫小春. 脂肪栓塞综合征的早期诊断和治疗进展. 中国矫形外科杂志，2000，6（7）：581-583.

[24] 赵志芳，陶惠民. 髓内钉内固定与脂肪栓塞综合征. 国外医学骨科学分册，2004，25（4）：207-209.

[25] Smith RM，Giannoudis PV，Bellamy MC，et al. Interleukin-10 release and monocyte human leukocyte antigen-DR expression during femoral nailing . Clin Orthop，2000，373：233-240.

[26] Lindstrom T，Gullichsen E，Riutta A. The effect of undreamed and reamed intramedullary nailing on the culinary excretion of prostacy clin and thromboxane Azmetabolites in patients with tibial shaft fractures. J Trauma，1998，45（4）：743-746.

[27] Jacobsen DM. The neurology manifestations of fat embolism. Neurology，1996，36（2）：847.

[28] James PB. Hyperbaric oxygenation in fluid microembolism . Neurol Res，2007，29（2）：156-161.

[29] 李大刚. 脂肪栓塞综合征的发病机制和诊治进展. 国外医学呼吸系统分册，2004，24（5）：309-311.

[30] 王韬，袁霆，马童. 以幻觉症为表现的骨折并发脑型脂肪栓塞三例报告. 中华骨科杂志，2007，27（3）：230-231.

[31] Gurd AR. Fat embolism：an aid to diagnose. J Bone Joint Surg（Br），1970，52（3）：732-734.

[32] AI-Khuwait ir TS，AI-Moghairi AM，Sherbeenism SM. Traumatic fat embolism syndrome. Saudi Med J，2002，23（12）：1532-1536.

[33] Goris RJA，Gimbrere JSF，Niekerk JLM，et al. Early osteosynthesis and prophylactic mechanical ventilation in the multitrauma patient. J Trauma，1982，22（11）：895-903.

第十章

颅脑损伤救治

第一节　颅脑外伤某些概念的新认识

颅脑外伤是神经外科中最常见的疾病，有着较高的致残率和死亡率。随着颅脑伤基础研究不断进展，不少新概念、新理论、新技术和新疗法已应用于临床救治工作中。

一、意识障碍与昏迷的新概念

意识是指一个人处于觉醒状态并能认识自己和周围的环境。

意识障碍是指患者对周围的事物反应迟钝、意识模糊或完全无反应、丧失知觉。意识障碍严重程度可分为4类：

1．意识模糊　对周围事物反应迟钝，缺乏思维和计算力。

2．昏睡或嗜睡　沉睡状态，可以唤醒睁眼，很快又进入沉睡状态。

3．谵妄　胡言乱语，躁动不安。

4．昏迷

昏迷是脑功能严重障碍的一种临床表现，主要表现为意识丧失，任何刺激不能使其唤醒。昏迷是意识障碍最严重的程度，患者对语言无反应，各种反射（如吞咽反射、角膜反射、瞳孔对光反射等）均有不同程度的丧失。

格拉斯哥昏迷评分法（Glasgow coma scale，GCS）昏迷指数总分小于8分者，算是昏迷。

根据长期的实验与临床研究，已明确如下事实：①脊髓病变不会引起意识丧失；②除广泛性双侧大脑皮层病变，一般局灶性皮层病变不会引起昏迷，大脑之脑叶切除，甚至半球切除亦不会使意识丧失；③脑干的基底面病变、顶盖部四叠体病变、颅神经核病变均不会引起意识丧失。

二、急性颅内血肿的早期诊断

外伤性急性颅内血肿是一种危急情况，不及时发现，颅内压便会不断增高，形成脑疝，造成死亡。以往诊断外伤性颅内血肿常依赖于进行性意识障碍加重，一侧瞳孔散大，对光反应消失，一侧肢体的瘫痪和生命体征的显著改变，其实，这已是颅内血肿的晚期表现。

现在大多认为颅内血肿的早期诊断标准应是：

1．颅脑损伤后处于中间意识好转期或伤后障碍不深者。

2．两侧瞳孔等大，对光反应灵敏。

3．可出现某些病灶体征，但并非脑疝所引起。

4．生命体征无变化或仅有轻微变化。

实验研究和临床实践证明：及时手术很重要。比如：伤后 3 小时内发生的特急性颅内血肿并伴发脑疝的伤员，如果确诊 1 小时内开颅排出血肿，解除脑受压，多数患者能获得恢复，并且生存质量也较好。如在 2 小时以上手术，患者多难存活或处于植物人状态。

三、格拉斯哥昏迷评分法与 CT 结合判定脑损伤严重度

早在 20 世纪 60—70 年代，颅脑损伤仅被分类为脑震荡和脑挫伤，随着格拉斯哥昏迷评分（Glasgow coma scale，GCS）的发展，患者的意识通过睁眼、语言，及动作所得 GCS 来评定，GCS 已经成了颅脑损伤分类的最常用指标，并沿用至今，GCS ≤ 8 分被定义为重型颅脑损伤，9 ~ 12 分为中型，> 13 分为轻型。然而，GCS 在使用中发现中型颅脑损伤的死亡率 11%，显然与其定义不符。在发达国家，许多颅脑损伤在入院时已被使用镇静剂或已气管插管，这进一步削弱了 GCS 评分的可用性。有统计表明，所有颅脑损伤患者只有 77% 在入院时可以得到正确的 GCS 评分，因此 CT 成了重要的判断因素。然而，CT 对诊断单纯硬膜外或硬膜下血肿价值较高，对弥漫性脑损伤却仍不适用；美国有学者提出对这类患者再结合颅内压（ICP）加以判定。比较实用的做法是 GCS 与 CT 结合，简便且迅速。

四、迟发性颅内血肿与慢性颅内血肿

（一）迟发性颅内血肿

1891 年，Bollinger 首先提出了迟发型颅内血肿的概念，此后人们一直在不断地应用这个概念。1977 年，French 和 Bublin 根据 CT 首先提出了迟发型颅内血肿的概念：慢性颅内血肿是脑部受伤后 3 周以上出现症状的颅内血肿，迟发性外伤性颅内血肿（delayed traumatic intracranial hematoma，DTIH）是指头部外伤后首次头颅 CT 检查未见血肿，经过一段时间后重复 CT 扫描，或手术或尸检发现血肿；或在首次头颅 CT 检查证实有血肿的其他不同部位又出现血肿者。

1979 年 Diza 提出了如下诊断标准：

1．头部在运动中损伤，有短暂或持久的意识丧失，有局限性神经症状或颅骨骨折。

2．头外伤距出现颅内血肿的时间少于 2 周。

3．多次 CT 发现首次 CT 扫描无血肿区发生了血肿。

1984 年，Ninchoji 提出了迟发性颅内血肿具有以下特点：

1．头部在运动中损伤。

2．损伤不一定很重。

3．症状和体征逐渐发生，并具有隐袭性。

4．极大多数患者具有颅骨骨折。

5．促进血肿发生的因素不肯定，但 60% 的患者出现过低血压。

6．大部分发生于伤后 72 小时内，少数发生在 4 天以内。

7．脑挫裂伤是主要的作用因素。

8．经临床和 CT 证实诊断。

9．治疗结果不良。

迟发性外伤性颅内血肿的临床意义在于引起临床医师高度重视，伤后早期首次 CT 扫描未发现颅内血肿不等于不会再发生颅内血肿。要根据患者的病情变化定期做 CT 扫描、随访，若病情恶化应立即行 CT 扫描，以尽早诊断和处理迟发性外伤性颅内血肿。迟发性颅内血肿可发生在脑内、硬膜下、硬膜外。起病方式可为急性、亚急性和慢性，依据形成时间的不同并入其他各类血肿内。形成机制可能是外伤当时血管受损，但尚未全层破裂，因而 CT 检查未见出血；伤后由于损伤所致的局部二氧化碳蓄积、酶的副产物释放，及脑血管痉挛等因素，使得原已不健全的血管壁发生破裂而出血，形成迟发性血肿。临床表现为伤后经历了一段病情稳定期后，出现进行性意识障碍加重等颅内压增高的表现，确诊需依靠多次 CT 检查的对比。迟发性血肿常见于伤后 24 小时内，而 6 小时内的发生率较高，14 小时后较少。

（二）慢性颅内血肿

1．慢性硬膜外血肿　诊断慢性硬膜外血肿（chronic epidural hematoma，CEH）的时间标准目前尚不统一。

1972 年，Sparacio 报道，CEH 发生于伤后 48 ～ 72 小时。Kach 则认为在伤后 3 天内可诊断为 CEH，其发生率为 17%；Sipos 进而提出了伤后 4 天的时间段，其发生率为 14%；Iwakuma 根据组织学发现认为以头外伤后 13 天为诊断界限；1994 年，Bradley 利用 MR 对脑外伤进行研究，根据血红蛋白存在及其是否有溶血，在 MRI 上将血肿精确分期，认为出血 14 天后即可诊断 CEH；Tatagiba，Drujicic，及 Zuccarello 等认为以头外伤 12 ～ 14 天以上诊断 CEH 最为合理，因为此时显微镜下才能发现血肿的机化或钙化。

2．慢性硬膜下血肿　慢性硬膜下血肿（chronic subdural hematoma，CSH）是 1857 年 Virchow 首先报道的，到目前为止其发生机制有：渗透学说、急性硬膜下血肿演变学说、血肿外膜出血学说。其诊断标准如下：

（1）现在头部外伤后 3 周之后。

（2）血肿 CT 值大于 20 Hu。

（3）CT 表现为呈新月形混杂、等、低密度影，一侧出血时中线和结构移位明显，可出现包膜强化。

（4）MRI 早期 T1、T2 加权像上均为高信号，后期在 T1 加权像上高于脑脊液的低信号，T2 加权像为高信号。

3．慢性硬膜下积液　慢性硬膜下积液（chronic subdural effusion，CSE）是 1894 年由 Maya 首先报道的，一般分为急性和慢性两型。急性常发生在伤后 72 小时内，无包膜形成；慢性发生在伤后数月，有包膜包裹。其发生机制有蛛网膜破裂学说、蛛网膜活瓣形成学说、血脑屏障破坏学说、脑萎缩学说等。临床表现无特异性。诊断标准为：

（1）积液出现在伤后 10 天内，硬膜下腔有与脑脊液相类似的均匀的低密度区。

（2）病变区 CT 值小于 20 Hu。

（3）没有硬膜的强化。

慢性硬膜下积液可以演变为慢性硬膜下血肿：自 1979 年 Yamada 等首次报道后，此类报道逐渐增多，一般文献报道其概率为 11.6% ～ 58.0%。目前多数认为与下列因素有关：

（1）硬膜下长期积液形成包膜并且积液逐渐增多，导致桥静脉断裂或包膜壁出血，并且积液中纤维蛋白溶解亢进，出现凝血功能障碍，使出血不止而形成慢性血肿，这也就解释了为什么外伤性硬膜下积液演变为慢性硬膜下血肿常发生在积液 1 个月后（包膜形成后）。

（2）硬膜下积液形成后，由于蛛网膜破裂口活瓣样作用或脑搏动性作用或渗透压增高，使积液不断增加，范围逐渐扩大，从而使蛛网膜与硬脑膜的分离加剧，从而就有可能撕裂蛛网膜颗粒所突入的静脉陷窝壁，引起出血。由于积液腔隙形成，后期止血作用消失，血液即可渗入积液腔内，受血液的刺激，硬膜下胶原纤维增生，血肿包膜形成，新生的毛细血管壁不健全而不断破裂出血或被撕裂的蛛网膜颗粒持续少量出血，导致血肿逐渐增大，这就可以解释 CSDH 在 CT 上表现不同。外伤性硬膜下积液演变为慢性硬膜下血肿具有以下临床特点：发病年龄两极化，常发生在保守治疗的慢性病例中。致病方式常为减速性损伤合并颅脑轻微伤。慢性硬膜下血肿原则上均应行钻颅引流术治疗，但是对于症状不明显的少量慢性硬膜下血肿，可在动态 CT 的观察下保守治疗。

五、脑挫裂伤与脑弥漫性轴索损伤

闭合性颅脑损伤常被分为原发性与继发性两种，近十年来，又有学者将其分为局灶性和弥漫性脑损伤，前者包括脑挫裂伤、颅内血肿，及由于脑疝或颅内高压所引起的损害；后者包括以下 4 种基本类型的损伤：①弥漫性轴索损伤；②弥漫性脑肿胀；③弥漫性血管损伤；④缺氧性脑损害。

弥漫性轴索损伤（diffuse axonal injury，DAI）是一种闭合性、原发性弥漫性脑损伤。目前认为 DAI 是一种由轻到重、不同程度的连续性病理改变。轻者为脑震荡，重者为脑干损伤，一般认为很难存在孤立的原发性脑干损伤，所谓的原发性脑干损伤，实质上是重型 DAI。弥漫性轴索损伤是颅脑创伤患者死亡和致残的主要原因，也是导致颅脑伤患者长期昏迷的唯一确切因素。近二十年来，DAI 的发病过程得到广泛研究，但至今仍缺乏突破性成果以有效地指导临床治疗。

六、脑肿胀与脑水肿

脑水肿（brain edema）是指头外伤后诱发脑内含水量的增加，结果引起脑的容积增大。病理学中“脑水肿”指体积增大而湿润的脑组织即“湿脑”：脑表面色泽正常或苍白，脑组织极软，切面有液体渗出，容易出血。主要为细胞内水肿。对脱水剂处理比较敏感。

脑肿胀（brain swelling）是由外伤后下丘脑和脑干血管运动中枢受损，脑内血管运动功能麻痹，脑血管急性扩张，脑内循环血液增加所致。用“脑肿胀”表示体积的增大，而较干的组织即“干脑”：脑表面灰暗无光，血管发黑，有血停滞，脑质地坚韧，切面无液体渗出，不易出血。主要为细胞外水肿。对脱水药物及冬眠疗法几乎不起反应。大多数学者认为脑肿胀可出现在脑损伤后的数小时，24 小时或 48 小时达到高峰，以后逐渐消退。

“脑肿胀”一词随着医学的进展其内涵也在改变。脑肿胀最初用于病理学，20 世纪 70 年代，CT 与 MRI 扫描术相继问世，临床上也可借影像学变化观察到脑肿胀形态方面的改变，主要表现为脑室或（和）脑池系统受压或封闭，从此创伤后脑肿胀在临床诊断中也经常应用。但初期在病因方面脑充血为脑肿胀，以示与脑水肿区别。急性脑损伤继发性损害是脑肿胀与脑水肿两种病理改变，在伤后 24 小时前以脑肿胀为主，以后逐渐演变为脑水肿，72 小时脑水肿达高峰。因此，急性继发性脑损害的病理过程是先出现脑肿胀，后出现脑水肿，而并非单纯的脑水肿过程。近十年来则较一致地认为脑肿胀既可以是脑充血，也可以是脑水肿，或两者兼而有之。

七、颈项强直与强迫头位

颈项强直是最常见的一种脑膜刺激征，是病变刺激上节段脊神经后根所致，表示蛛网膜下腔有刺激现象，为脑膜炎及蛛网膜下腔出血的指征。其特点是：颈项部肌肉强硬，对被动运动抵抗，并见其后颈部肌肉紧张或伴疼痛，一般左右转颈不受限。

强迫头位表现为患者常保持一种特殊的姿势，即所谓的强迫性头位，患者可将头部屈曲向前或向后，也可向两侧屈曲以减少发作。多数因基底动脉供血不足治疗无效后可出现强迫性头位，第四脑室肿瘤也常引发强迫性头位。

八、小脑幕裂孔疝与大脑后动脉梗死

小脑幕切迹疝是由于病变侧颞叶钩回疝入小脑幕切迹孔，使中脑变形、移位、缺血，同侧动眼神经受牵扯及压迫，造成同侧动眼神经麻痹，致同侧瞳孔扩大。疝入的脑组织还可直接挤压病变同侧的大脑脚，由于大脑脚是皮质脊髓束下行纤维聚集部，再加上锥体交叉的原因，故出现对侧锥体束征（脑疝时对侧肢体偏瘫、腱反射亢进，及病理征）。

大脑后动脉起始于基底动脉，起始段在环池内绕中脑走行，穿过小脑幕裂孔缘至幕上，供应枕叶脑组织。当颅内压增高致小脑幕裂孔疝时，大脑后动脉最易受累。一方面受到小脑幕游离缘的直接压迫，另一方面因脑干移位，使大脑后动脉扭曲、拉长，造成血管的狭窄、闭塞。大脑后动脉及其分支如距状裂动脉、颞后动脉的闭塞，造成同侧枕叶梗死。

外伤后大脑后动脉梗死多发生于重型颅脑损伤，症状常被掩盖，临床不易发现，首次 CT 检查多为阴性，多数发生于伤后 1 小时至伤后 48 小时。脑血管造影是有价值和最可靠的诊断检查方法。但临床多通过 MRI、CT 扫描做出间接诊断。

小脑幕裂孔疝是临床上一种非常危急的征象。大脑后动脉梗死是小脑幕裂孔疝最为严重的并发症之一，其发生可以直接影响到患者的预后。因此，小脑幕裂孔疝致大脑后动脉梗死应引起广大医务人员重视。

九、大骨瓣减压在手术中的应用

对于严重脑挫裂伤合并脑内血肿患者，长期以来临床医生采取颅内血肿清除术后行去大骨瓣减压术。理由是去大骨瓣减压术能使脑组织向减压窗方向膨出，以减轻颅内高压对重要脑结构的压迫，尤其是脑干和下丘脑，以挽救患者生命。但越来越多的临床实践证明去大骨瓣减压术非但不能降低重型颅脑伤患者死亡率和致残率，而且可能会增加重型颅脑伤患者的死亡率和致残率。其理由包括：①去大骨瓣减压术会导致膨出的脑组织在减压窗处嵌顿、嵌出的脑组织静脉回流受阻、脑组织缺血水肿坏死，久之形成脑穿通畸形；②去大骨瓣减压术不缝合硬脑膜会增加术后癫痫发作；③去大骨瓣减压术会导致脑室脑脊液向减压窗方向流动，形成间质性脑水肿；④去骨瓣减压术不缝合硬脑膜，使手术创面渗血进入脑池和脑室系统，容易引起脑积水；⑤去大骨瓣减压术不缝合硬脑膜会导致脑在颅腔内不稳定，会引起再损伤；⑥去大骨瓣减压术不缝合硬脑膜会增加颅内感染、切口裂开机会等。因此，正确选择去大骨瓣减压术的适应证和确切且有效的方法是发挥此技术的关键。

十、脑灌注压和颅内压的监护与控制

目前普遍认为神经重症监护是有益的，在神经重症监护室（NICU）中ICP和血压（BP）的监测必不可少，通过对ICP和BP的监测可以得出更加重要的指标：脑灌注压（CPP），它的计算是将平均动脉压减去颅内压（CPP = MAP–ICP）。ICP通常＜10 mmHg（1.3 kPa），可接受的上限为20 mmHg（2.6 kPa）。CPP的控制非常重要，因为只有维持适当的脑灌注压，才能够保证脑血流（CBF），以达到防治区域性或全脑性的缺血，从而保证脑氧代谢水平，这与以往单纯追求降低颅内压有所不同，因此临床上须注意只有在保证患者血容量恢复的情况下才能使用甘露醇、CPP处理方案包括维持血容量、降低血液黏滞度、控制颅内压等。

十一、脑保护和并发症的防治

（一）药物治疗

临床上至今尚缺少较好的脑保护药物。多中心的双盲对照研究表明，钙拮抗剂尼莫地平对脑外伤的确切疗效和其他神经营养药物一样还不肯定。

（二）亚低温治疗

亚低温治疗已被证实有效，它能降低脑细胞耗氧量、减少乳酸堆积，保护血脑屏障、减轻脑水肿，抑制内源性产物的毒害作用及减少神经细胞钙内流、阻断钙超载。主要方法是使用冰毯和冰帽、传感器肛温监测、使用冬眠肌松剂并有效控制呼吸。

（三）控制血糖

高血糖在重型颅脑损伤中普遍存在，且伤情越重，血糖升高越明显，预后越差、早期监测血糖、使用胰岛素可改善此类患者的预后，通常应将血糖控制在8.1 mmol/L以下，伤后应尽量减少糖水的输入。

（四）应激性溃疡

急性上消化道出血是重型颅脑损伤的常见并发症，发生率高达40% ~ 80%，出现明显的应激性溃疡出血者死亡率达30% ~ 50%。奥美拉唑是首选制酸剂。

十二、颅脑伤后高血糖与补液原则

长期以来，临床医师一直采用不同浓度葡萄糖溶液治疗重型颅脑伤，并且使用50%高渗葡萄糖渗透性脱水治疗创伤性脑水肿，平衡液或生理盐水被视为治疗重型颅脑伤脑水肿患者的禁忌。但经过数年大量实验和临床研究证明上述观点是错误的。恰恰相反，近代观点认为重型颅脑伤患者早期应该首选平衡液，不应使用5%或10%葡萄糖溶液，禁忌使用50%高渗葡萄糖溶液。其依据包括：

1．脑伤后血糖越高，死亡率和致残率越高。

2．平衡液与葡萄糖溶液治疗颅脑伤对比研究发现葡萄糖溶液动物死亡率和致残率高于平衡液。

3．胰岛素治疗能提高颅脑伤救治效果。

4．颅脑伤后葡萄糖溶液治疗会增加脑组织内乳酸堆积，加重脑水肿和神经元损害。

但是，多数人还是主张使用 10% 葡萄糖液为主，单纯输注生理盐水既缺少热量，又会加重脑水肿，因此，临床医生应根据患者血糖和血浆电解质含量动态监测及时调整补液种类和补液量。

十三、糖皮质激素治疗创伤性脑水肿的疗效评价

糖皮质激素一直被临床医生用于治疗创伤性脑水肿患者，但其疗效至今有争议。经典观点主张采用地塞米松或氢化可的松治疗重型颅脑伤脑水肿患者，现仍广泛应用于临床。但不少学者认为糖皮质激素对创伤性脑水肿疗效不确切。20 世纪 80 年代人们发现甲泼尼龙的疗效较地塞米松或氢化可的松好。由于糖皮质激素存在众所周知的副作用，人们已研制出非糖皮质激素——21- 氨基类固醇，它不但具有很强的抗脂质过氧化反应和降低脑水肿的效能，而且无任何糖皮质激素副作用。21- 氨基类固醇及其衍生物已开始应用于临床治疗重型颅脑伤患者，并且已经取得显著疗效。

至于糖皮质激素应用剂量也有争议。经典方法是采用常规剂量糖皮质激素，如：氢化可的松 100 ～ 200 mg/d，地塞米松 20 ～ 40 mg/d，甲泼尼龙 40 ～ 100 mg/d。国内外有人主张采用大剂量糖皮质激素，如：地塞米松 5 mg/（kg · 6h）×2 次，1 mg/（kg · 6 h）×6 次，随后逐渐减量。但大多数国内外临床大宗前瞻性随机双盲对照研究表明，大剂量糖皮质激素并不能改善重型颅脑伤患者治疗效果。所以，目前国内外大多数学者不主张采用大剂量激素治疗重型颅脑伤患者，甚至不提倡用激素。

十四、脑外伤的预后

脑外伤的预后因人而异，有的完全恢复，有的致残，有的死亡。影响预后的因素主要取决于损伤哪些脑组织，及损伤严重程度。许多大脑功能由脑组织的不同区域共同承担，未受到伤害的脑组织可以代偿部分受损的功能，因此可以部分恢复。然而随着年龄增长，这些大脑区域功能相对固定。例如，儿童的语言由大脑的几个功能区控制，但成年人语言功能区常局限于一侧大脑半球；8 岁以前左半球的言语中枢被破坏，右侧半球几乎可以完全代偿其功能。但在成年人，言语中枢损害以后可以导致永久性失语。

某些功能，如视觉和肢体运动功能，是由一侧大脑半球的某些区域控制的，所以这些区域损害后常引起永久的功能缺失。但通过康复治疗，可以把不利的后果减至最低。

严重的脑外伤患者有时会导致遗忘，患者不能回忆意识丧失前后的事情，而一周内清醒的患者往往可以恢复记忆。有些脑外伤（即使很轻微）会引起脑外伤后综合征，在相当长一段时间内，患者表现为头痛和记忆障碍等。

慢性植物状态是非致死性脑外伤后最严重的后果。患者长时间处于完全无意识状态，但睡眠觉醒周期几乎与常人无异。大脑上部的结构与复杂的精神活动有关，而下部的丘脑和脑干控制着睡眠、体温、呼吸和心跳。当大脑上部结构弥散性损害而丘脑和脑干保持完好时，常会出现植物状态。如果植物状态长达数月，重新恢复的可能性不大，但植物人如果护理得当，可以存活数年之久。

美国外伤性昏迷数据库（TCDB）的目的是研究分析导致外伤性昏迷的神经学原因，研究患者恢复预后的影响因素并详细记录脑损伤的历史资料等。通过对 TCDB 的研究发现：

1．年龄与预后 在可比条件下，年龄较大的患者较年轻患者有更高的死亡率和致残率，其危险性在 45 岁开始增高，超过 55 岁则明显增高。

2．颅外并发症与预后 TBI 患者时常伴有颅外并发症的发生，TCDB 研究表明并发症有低血压（发病率 29.3%）、肺炎（40.6%）、凝血病（18.4%）和败血症（10%），如果这些并发症能去除，有 17.4% 的患者可以从较差的预后转为较好的预后，早期伴有低血压者死亡率几乎加倍。另外，还发现 6 个月并非是观察恢复的终点，有的植物生存状态患者能在 2 年后恢复意识。

十五、植物生存状态与“植物人”

植物生存状态的定义及临床诊断标准：

1．无意识，对外界无反应。

2．对视、听、触，及有害刺激无精神行为反应。

3．无交流、表达能力。

4．睡眠 - 睁眼周期存在。

5．下丘脑、脑干功能尚保留（呼吸、心跳、血压等）。

6．大小便失禁。

7．颅神经及脊髓反射存在但易变动，同时脑电图活动、脑干诱发电位存在。

国际上又把“植物生存状态”分为 3 型：

1．时间在 1 个月之内的称为“暂时性植物生存状态”。

2．持续时间在 1 个月至 1 年的称为“持续性植物生存状态”。

3．超过 1 年的称为“永久性植物生存状态”。

所谓“植物人”，即患者持续性处于植物状态。

“植物人”诊断标准：

国内著名神经内、外科和急诊医学专家 1996 年 4 月中旬在南京首次制订植物状态患者——“植物人”诊断标准：

1．功能丧失，无意识活动，不能执行指令。

2．保持自主呼吸和血压 。

3．有睡眠周期。

4．不能理解或表达语言。

5．能自动睁眼或在刺激下睁眼。

6．可有无目的性眼球跟踪运动。

7．丘脑下部及脑干功能基本保存持续植物状态，应与昏迷、闭锁综合征、功能性不反应状态、脑死亡等鉴别。昏迷患者无睡眠 - 醒觉周期，也不能自动睁眼或刺激下睁眼。

闭锁综合征见于脑桥基底部病变，患者虽然眼球不能向两侧转动，不能说话，但实际上意识尚清，能理解问话，而以垂直的眼球运动和瞬目来表达意识心理活动，与植物状态貌似清醒而毫无意识内容是不同的。

功能性不反应状态由精神因素所致，是对外界环境刺激不发生反应的精神抑制状态。患者有情感反应（如眼角 噙泪）以及主动抗拒，扒开双眼时，眼睛反而闭合更紧。

与脑死亡鉴别关键在于脑干反射是否存在，持续植物状态患者可自发睁眼转动眼球，瞳孔对光反射和角膜反射存在，并有咀嚼 、吞咽等反射。脑死亡时这些脑干反射全部消失。

应指出的是不要把昏迷较长时间的患者误以为是植物人，昏迷由脑的局部损害引起，其意识恢复是可逆性的。植物人则是脑的大面积毁损，仅残存脑干的功能，因而不能维持醒觉状态。对于这种脑损害，现在因有先进诊断手段，检查也就更准确了。昏迷是医学上常见的临床表现，每年有数以百万计患者的死亡与昏迷有直接或间接关系。近年来，随着医疗技术水平的提高，一些过去认为不可能救活的患者得到了挽救，但同时也带来了一个新的医学和社会问题，即出现大量的“植物人”患者———随着外伤、脑出血、脑血管梗死或栓塞等脑部疾病等发病率上升，“植物人”的发病率也呈逐年上升趋势。

十六、重型颅脑损伤的预后因素与救治中的注意点

临床经验已经证明，充分认识与特重型脑损伤预后有关的因素，及时予以纠正，可大大提高救治的成功率。以下 12 点在救治中应加以注意：

1. 尽量缩短外伤后急救时间　绝大多数颅脑外伤患者均有不同程度的原发性昏迷，尽量保持呼吸道通畅呼吸道梗阻造成缺氧、窒息，从而加重缺氧性脑损害。

2. 尽早明确伤情　争取缩短入院前检查及入院准备时间，密切注意患者生命体征变化情况，明确是否同时合并其他部位损伤。

3. 根据患者情况尽早决定治疗方案　如患者生命体征相对稳定，能耐受手术，符合手术适应证的，可积极手术治疗，清除颅内血肿。弥漫性轴索损伤是脑损伤患者死亡、植物生存状态和严重致残的重要原因，虽然目前尚无治疗弥漫性轴索损伤的有效方法，但近年来有学者提出，如颅内压监测提示颅内高压，可行单纯单侧或双侧去骨瓣减压（缓解颅内压），并辅以亚低温治疗，不失为一种有效治疗方法。

4. 缩短术前准备时间　患者意识状态进行性恶化，多有颅内继发性损害，应及时 CT 复查和手术治疗。脑疝形成至手术时间也是影响预后的因素之一，缩短伤后至手术时间则有明显改善预后的趋向。对急性硬膜下血肿，应及早手术。

5. 尽早纠正低血压，扩充血容量

6. 积极控制颅内压　有条件的可以使用颅内压监测。

7. 维持水、电解质及酸碱平衡，镇静，控制体温，必要时可给予人工冬眠疗法。注意预防各种颅外并发症发生。各种并发症可相互叠加，加重对脑损伤的损害。另外，脑水肿、弥漫性脑肿胀、脑损伤后高血糖、癫痫亦是影响预后的因素，应注意防止并纠正。

8. 选用合适抗生素治疗　昏迷患者很容易合并感染，一般均使用抗生素治疗；严重感染者可先做必要的细菌培养。

9. 重视扩张脑血管，防止痉挛及外伤后脑梗死。

10. 应用脑保护剂，促进细胞代谢，应用苏醒剂。

11. 后期辅助高压氧、理疗等康复手段，有助于尽量恢复肢体等功能。高压氧能提高脑血管含氧量和储氧量，改变血 - 脑屏障渗透性，有利于预防和治疗脑水肿，降低颅内压。

12. 昏迷患者能否得到良好的护理直接关系到患者的预后。护理工作中必须严密观察病情并详细记录（如生命体征和脑功能的观察），每天进行呼吸道、口腔、眼睛、皮肤和褥疮、排泄道的定时护理，肢体的功能护理锻炼和营养调理等，这些都是预防并发症和康复的重要措施。

第二节　脑外伤的生物力学机制及病理学特征

颅脑损伤始于致伤外力作用于头部所导致的颅骨、脑膜、脑血管和脑组织的机械形变（mechanical distortion）。损伤类型则取决于机械形变发生的部位和严重程度。就时间而言，起初仅为原发性部分性损伤，依脑损伤程度的不同，以后数小时至数天内会有许多继发性损害。原发性脑损伤主要是神经组织和脑血管的损伤，表现为神经纤维的断裂和传出功能障碍、不同类型的神经细胞功能障碍，甚至细胞死亡。继发性脑损伤包括脑缺血、颅内血肿、脑肿胀、脑水肿、颅内压升高等，这些病理生理学变化是由原发性损伤所导致的，反过来又可以加重原发性脑损伤的病理改变。Graham 等发现，有 90% 的创伤性脑损伤死亡患者的继发损伤的主要机制是缺血性改变。在没有血肿形成的情况下，脑损伤后 24 ~ 36 小时内的急性期颅内压（ICP）增高的原因大多为细胞毒性水肿，少数为血脑屏障损害引起的血管源性水肿，而血管充血所引起的脑肿胀的作用比较小；在急性损伤的后期，或在第 3 天终末或第 4 天开始，ICP 升高的原因又可能是血管充血，因为脑血流（CBF）第 2 或第 3 天已有所增加，而血脑屏障的完整性在损伤后 12 ~ 24 小时之内也已经恢复。当 ICP 升高时，颅内缓冲最快的是脑内血液体积，其次是脑脊液。当缓冲能力耗竭时，ICP 就会急剧增加。当 ICP 增加到 20 ~ 25 mmHg（1 mmHg = 0.13 kPa）以上时，便可以迅速升高至很高的水平。如果 ICP 增加超过平均动脉血压（MAP），就会对脑灌注产生液体静力学性阻塞，数分钟便可引起脑死亡。

一、颅脑损伤的力学原理

在所有分析闭合性或钝性（非穿透性）脑外伤机制的尝试中，一个突出的事实是——一定有一个相当程度的作用力施加到头部。Newman 等在实验研究和模拟计算的基础上，认为当大脑 Von mises 应力（基于剪切应变能的一种等效应力）超过 0.07 MPa 时，大脑就有可能发生轻微伤害。Willinger 等的研究认为，17 kPa 是中等脑神经损伤发生的应力限值，33 kPa 是严重脑神经损伤的限值。但是，并不是只有头部受到外力引起颅脑损伤，颈部猛力屈曲伸直（挥鞭）样损害以及胸部挤压或爆震伤使肺内的压力急剧上升也会造成脑组织损伤。

在脑外伤中，特别重要的因素包括头部及脑组织的不同运动、上脑干区大脑位置固定，及灰白质的不同密度。正像下面提到的一样，所有震荡性损伤与施加到静止的头部或运动中的头部时触及坚硬表面而中止的作用力有关，这是大多数普通头部损伤的发生基础。在两方面值得注意：①常引发至少暂时性意识丧失；②尽管颅骨未穿透，而脑组织可发生广泛损害，即脑挫伤、撕裂、出血及水肿。仅仅最近几年才有理论将这些宏观神经病理变化与暂时性意识丧失或昏迷病史相结合，并归类。相比而言，高速子弹可贯通颅骨及颅腔，几乎不存在两对抗力挤压颅骨，并不压迫脑组织而伴有明显的头部或脑的移位。在这种情况下，患者可发生严重的，甚至致命性的损伤而不发生即刻意识丧失。出血、脑组织结构破坏，并且假若患者尚存活一段时间，则脑膜炎或脓肿可为本类型损伤所产生的主要病理变化。

（一）开放性颅脑损伤

开放性脑损伤分为火器伤与非火器伤两类。平时以后者为多见，如刀、斧砍伤等，战时由各种火器造成，两者处理原则基本一致。唯火器性脑损伤的伤情一般更复杂，更严重。其中火器性颅脑损伤依损伤结果不同而分为以下 3 类：

1. 非穿透伤　占火器伤总数的 70%，包括头皮软组织损伤、开放性颅骨骨折，但硬脑膜完整，少数亦可合并脑挫伤或颅内血肿。

2．穿透伤 占火器伤总数的30%左右。头皮损伤、颅骨骨折、硬脑膜破裂、脑组织损伤较严重，常合并血肿，其死亡率在第一次世界大战初期为49.3%～60.6%，后期约30%。第二次世界大战时降至15%。近年的死亡率仍在10%以上，死亡原因为：①脑部重要区域损伤；②并发颅内血肿；③合并伤与休克；④颅内感染等。

依据伤道形状可分为（图10-1）：

（1）盲管伤：弹片或枪弹等射入物停留在颅腔内，一般在射入口或伤道近段常有许多碎骨片，而金属异物存留的伤道远端。伤道长短不一，短者1～2 cm，长者相当于颅腔的纵径或横径，甚至异物至对侧内板折回，形成反跳性伤道。

（2）贯通伤：多系枪弹致伤，有入口和出口，颅内可无金属异物，出口处骨折范围广，脑挫伤和血管损伤常较入口处损伤严重。碎骨片多留在出口外的头皮软组织内。脑损伤广泛而严重，是穿透伤中死亡率最高者。

（3）切线伤：枪弹切线擦过头部，造成头皮、颅骨和脑组织沟槽形创伤。金属异物已飞逸，碎骨片分散于脑浅部，脑损伤区狭长，脑膨出和癫痫的发生率较高。

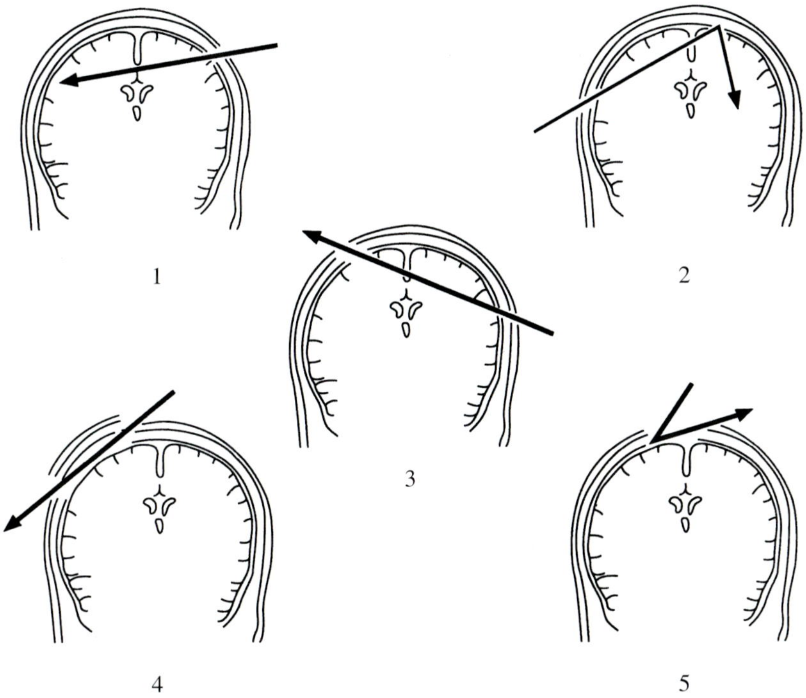

图10-1 几种不同的火器性颅脑损伤的形式
1．盲管伤，2．颅内反跳伤，3．贯通伤，4．切线伤，5．颅外反跳伤

（二）闭合性颅脑损伤

造成闭合性颅脑损伤的暴力分为直接暴力和间接暴力。

1．直接暴力损伤 外力直接作用于头部，又分为：

（1）加速性损伤（injury of acceleration）：指头部静止时，突然受到外力打击，头部由静止状态转而进行加速运动，从而造成的颅脑损伤（图10-2）。

（2）减速性损伤（injury of deceleration）：指运动中的头部突然撞到静止的物体，头部由动态转为静止时造成的损伤（图10-3）。

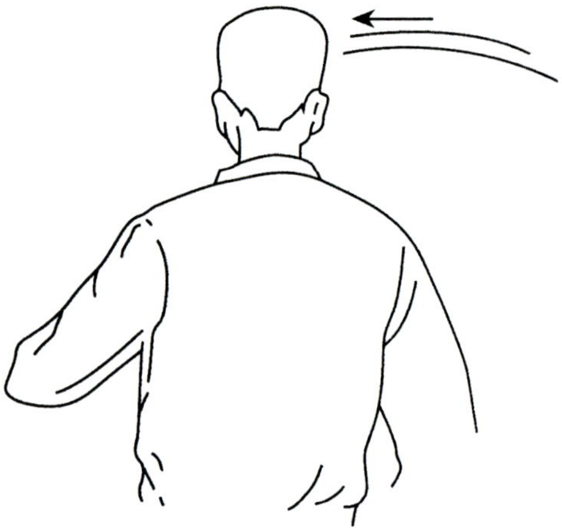

图 10-2　加速性损伤

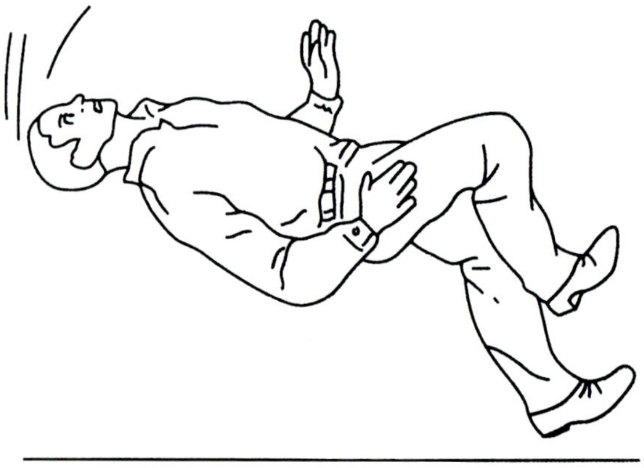

图 10-3　减速性损伤

图 10-4　挤压性损伤

（3）挤压性损伤（crush injury）：2 个以上方向不同的外力同时作用于头部，头部在相对固定的情况下受到挤压变形造成的损伤（图 10-4）。

2．间接暴力损伤　外力作用于身体其他部位，传递到颅底及邻近神经结构造成的损伤。常见的有：

（1）传递性损伤：如高处坠落时双足或臀部着地，外力通过脊柱传递到颅底，造成枕骨大孔和邻近颅底骨折，导致延髓、小脑，及颈髓上段损伤；胸部挤压伤时易并发脑损伤：胸部受到猛烈挤压时，骤然升高的胸膜腔内压沿颈静脉传递到脑部致伤（图 10-5）。

（2）挥鞭样损伤：外力作用于躯体，躯体产生加速或减速运动，由于惯性，头部运动落后于躯体，引起颅颈交界处发生强烈过伸或过屈，造成脑干和颈髓交界处损伤（图 10-6）。

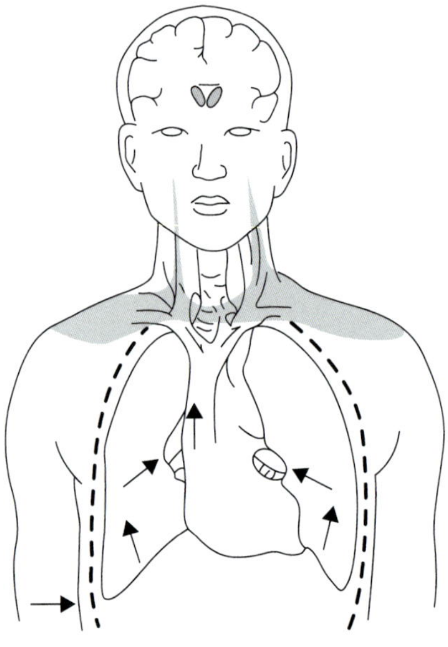

图 10-5　胸内压增加所致的脑损伤

图 10-6　挥鞭性损伤

二、颅脑损伤的生物力学机制

（一）机械负荷的概念

人脑处于仿佛是度身打造的颅骨中，远离躯体的其他部位，其黏稠度与半熟的鸡蛋相似，而且没有任何部分是运动着的。显然，脑注定无法承受任何物理的张力，或参与大幅度的机械性动作。

能导致脑部发生机械形变的作用力称为机械负荷，根据其作用时间分为静态负荷与动态负荷。静态负荷是指作用力缓慢施加于脑部，作用时间＞200毫秒，而动态负荷是指作用力突然施加于脑部，作用时间＜200毫秒。静态负荷所致脑损伤较为少见，由于颅骨被缓慢挤压导致形变，造成脑损伤，通常只发生在受力局部。动态负荷较为常见，又可以根据负荷的性质分为接触负荷，即外界致伤物直接与头部接触；惯性负荷，即由头部运动方式改变而导致头部受力。

（二）脑损伤的生物力学机制

机械负荷主要包括接触负荷与惯性负荷两方面的生物物理学机制。接触负荷是致伤力直接作用于头部，损伤主要包括颅骨弯曲变形、颅腔容积改变、冲击波向脑组织各部分的传导；而脑组织的移位、旋转和扭曲主要由惯性负荷所致，具体性质视头部运动的方向、方式、速度和时间而定。

以上作用最终导致受累脑组织的应变或变形，其性质包括压缩、伸展和剪切3种。脑组织损伤性质取决于应变的类型、部位和受累组织（头皮、颅骨、脑血管和脑组织）。在接触负荷所致损伤中，颅骨的突然弯曲会导致颅骨骨折，颅腔的容积也会改变，从而导致受力点损伤和对冲损伤。另外，冲击波会沿颅骨和脑组织传导，在某些部位集中，造成小灶的脑内血肿。在惯性负荷所致的损伤中，如应变发生于脑组织表面，则会发生脑挫裂伤和硬膜下血肿；如应变发生于深部组织，则表现为脑震荡和弥漫性轴索损伤。

三、颅脑损伤发生机制

（一）开放性颅脑损伤机制

高速的弹片或枪弹等投射物穿透脑膜入颅后，在脑内形成伤道。伤道脑的病理改变为：

1. 原发伤道区 指伤道中心区，内含毁损与液化的脑组织碎块、出血和血块、颅骨碎片、头发、泥沙，及弹片或枪弹等。碎骨片常位于伤道近端，弹片或枪弹则位于伤道远侧。损伤的脑膜、脑血管和脑组织出血，易在伤道形成硬膜外、硬膜下、脑内或脑室血肿。伤道内血肿的部位，可位于近端、中段和远端。

2. 其外周为脑挫裂伤区 是由于高速投射物穿入颅腔后的瞬间，在脑内形成暂时性空腔，产生超压现象，冲击波向周围脑组织传递，使脑组织顿时承受高压和相继的负压作用而引起脑挫裂伤。病理征象表现为点状出血和脑水肿带。

3. 位于脑挫裂伤区周围为脑震荡区 脑组织在肉眼或一般光学显微镜下无明显病理改变可见，但可出现暂时性功能障碍。在脑伤后尚可迅速出现脑血循环和脑脊液循环障碍、脑水肿和血肿，并可合并颅内感染，引起颅内压增高等，使病理改变复杂化。上述病理改变大致分为急性期、炎症反应期和并发症期3个时期。

（二）闭合性脑损伤机制

比较复杂，其主要致伤因素有两个：①由于颅骨变形、骨折造成的脑损伤；②由于脑组织在颅腔内呈直线或旋转运动造成的脑损伤。

1. 颅骨变形及或骨折的作用 在外力直接作用于头部的瞬间，除了外力可引起凹陷骨折并同时引起脑损伤外，还可导致颅骨变形即颅骨局部急速内凹和立即弹回的变化过程，使颅内压相应地急骤升高和降低，在颅骨内凹、外力冲击和颅内压增高的共同作用下造成脑损伤；当内凹的颅骨弹回时，由于颅内压突然下降而产生一种负压吸引力，使脑再次受到损伤。

2．脑组织在颅腔内运动的作用 常见的有直线和旋转运动两种。

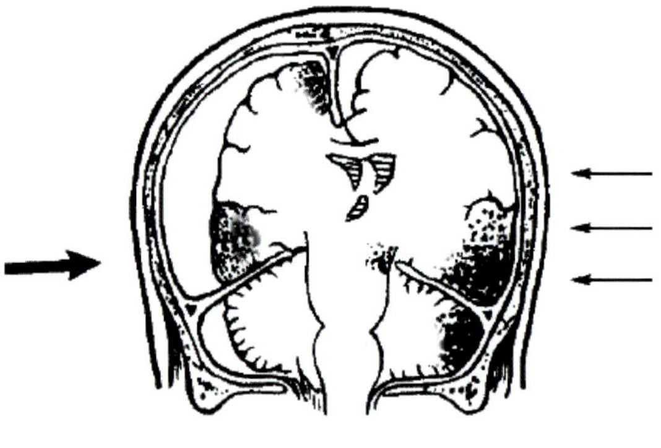

图 10-7 头部作减速运动时的脑损伤原理
（粗箭头表示头部运动的方向，细箭头表示头部受到外界物体的抵抗）

（1）直线运动：在加速和减速运动时，由于脑和颅骨运动的速度不一致，脑的运动常落后于颅骨的运动，产生了局限性颅内压骤升和骤降，使脑被高压冲击到受力点对侧的颅壁，接着又被负压吸引到受力点的同侧并与颅壁相撞，于是在两侧都发生脑损伤（图 10-7）。发生在受力侧者称为冲击伤，对侧者称为对冲伤。任何方向外力作用引起的脑损伤，总易伤及额极和额底、颞极和颞叶底面，这是因为脑组织移位时与凹凸不平的前颅凹、中颅凹壁、底面相撞击和摩擦所致。而对冲伤很少发生在枕极和枕叶底面，这是因为枕部颅壁光滑，小脑幕既光滑且有弹性。冲击伤与对冲伤的严重程度不一，两侧可一轻一重或同样严重，或只有冲击伤而无对冲伤，或者相反。这与外力作用的强弱、方向、方式与受力部位等密切相关（图 10-8）。

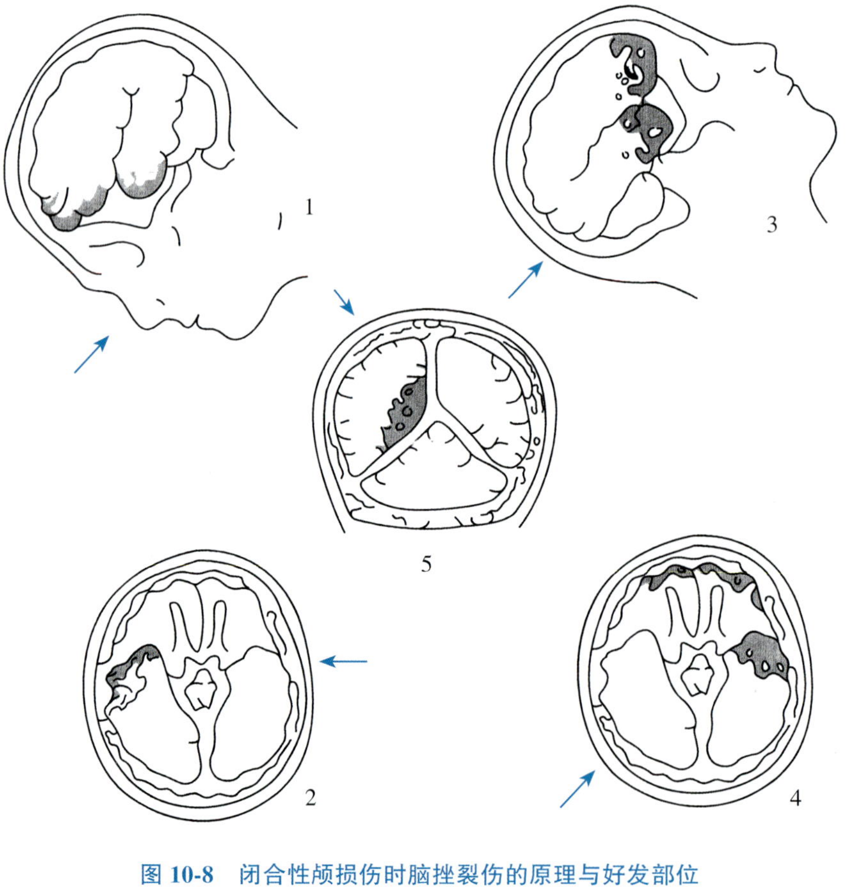

图 10-8 闭合性颅损伤时脑挫裂伤的原理与好发部位
（箭头示外力的方向和作用部位，黑区示脑伤）
1．前额受力所致的额颞叶伤灶；2．颞部受力所致的对侧颞叶伤灶；3．枕部受力所致的额颞叶伤灶；4．枕部受力所致的额颞叶伤灶；5．顶盖部受力所致的颞枕部叶内侧伤灶一般而言，加速性损伤多发生在外力直接作用的部分，极少对冲性损伤。减速性损伤既可发生冲击伤，又可发生对冲伤，且较加速性损伤更为广泛和严重。

（2）旋转运动：当外力作用的方向不通过“头的圆心”，头部则沿某一轴线做旋转运动。此时除了上述因素外，高低不平的颅底、具有锐利游离缘的大脑镰和小脑镰幕将会对脑在颅腔内做旋转运动时起阻碍作用并产生应切力，使脑的有关部分产生摩擦、牵扯、扭曲、碰撞、切割等，故而损伤。

绝大多数颅脑损伤不是单一的损伤机制造成的。而常常是几种机制和许多因素共同作用的结果。这些机制和因素，在开放性颅脑损伤时的情况也一样。

四、脑损伤的原因及病理学改变

（一）脑震荡

脑震荡是由于钝性暴力引起脑功能障碍。临床表现为短暂意识丧失、呼吸浅慢、脉搏徐缓，及反射消失，恢复期一般先觉察到刺激，然后是感觉和运动的恢复，但仍伴有或长或短时间的逆行性遗忘。以上临床改变已为所有学者所公认。过去不少学者认为，脑震荡虽有功能紊乱，但无脑器质性损害，因此症状短期内可以恢复。若尸检发现灶性改变，如点状出血或灶性坏死，则应诊断为脑挫伤而非脑震荡。但近来由于许多尸检的详细研究，结合动物实验确认脑震荡为闭合性脑弥散性损害波及脑灰质及白质。

1．原因 脑震荡的原因不外乎 3 种：

（1）固定的和不固定的头颅受钝性暴力冲击，如石块和木棒击伤。

（2）头颅在加速运动中突然受阻，如从高处跌下。

（3）鞭击伤：如在高速公路上飞驰的汽车突然受阻，患者头颅虽未受暴力直接冲击，但前后摆动过快与过剧，亦可引起损伤。

上述暴力向脑四处发散，引起整个脑组织受损，这种损害决非由血管功能紊乱引起，而是由于暴力直接冲击脑所致，因为症状的出现与外伤的发生有密切的时间关系，即脑功能紊乱与外伤之间没有潜伏期。有些学者认为，由于脑干的网状结构受损不能维持皮质的兴奋状态为本病的主要原因。但是，多数学者更强调整个脑白质受损的重要意义，虽然他们也不否认脑干网状结构在发病机制中的作用。

2．病理变化 有一例脑震荡后女性患者，38 岁，从自行车上跌下后有短暂意识丧失，很快即清醒，说话、行走正常，13 小时后死于药物过敏性休克。尸检发现除在右侧大脑半球的硬膜下腔有很薄一层血液约 10 ml 外，未发现任何大体异常。但镜下显示弥散性神经细胞有局部缺血改变，浅层较深层为重，未见水肿及其他异常。若该患者不死于过敏性休克，很可能不会患有任何脑震荡后遗症或仅留很轻的后遗症。

（二）脑挫伤

1．原因 通常，当暴力与头颅接触面积较大，而单位面积所受的暴力较小的情况下，因这种直接的机械性力量传导至脑组织而引起损害，不会有硬脑膜的破裂，甚至皮肤及颅骨也无损伤。当外力撞击头部，引起脑在颅内运动时，可以引起远离冲击点处的损伤（contrecoup injury）。如枕部受击时，额极出现更严重的创伤。这种创伤出现非常迅速，许多学者都认为系由于暴力的直接影响而非血循环紊乱所引起，故又可称为原发性损伤。

2．病理变化

（1）肉眼观察：病理常见的部位为额、颞叶的外侧面，颞极和额叶的眶面等。这些部位的蛛网膜下腔脑脊液较少，不如脑基底部有较多的脑脊液池，可以保护脑皮质免于撞击颅骨板。对冲伤较直接伤更为常见，最显著的早期改变为出血。切面上可发现在脑回凸起部分有大小不一的圆形、椭圆或长条形出血点，有时亦可延伸至白质。这些出血点在因受伤立即死亡的患者尸体上发现，说明系原发性而非继发性。经过一段时期（1 ～ 2 天后）出血的颜色逐渐模糊，组织坏死渐为明显，常为楔状，底部向上，尖部伸入白质，其范围可为一至数回。约 5 天后液化即开始，5 ～ 6 周后达到最高峰。最初该区呈凹陷状，继后逐渐变为囊腔，含黄色或棕黄色液体。小的坏死灶可能为瘢痕所填充，但大者只能维持其囊肿形态。覆盖病灶的蛛网膜及硬膜皆因出血机化而变厚，并与脑组织粘连。

（2）显微镜下观察：蛛网膜下有出血，皮质内有大小不等的出血灶，血管内常不含血，可能受周围组织压迫所致。当出现坏死时，红细胞开始破坏，神经细胞有大片消失，残余的细胞常呈局部缺血性改变，胶质细胞亦有变性，血管壁有玻璃样改变。同时亦可见白细胞浸润及血浆渗出。细胞周围及血管周围水肿亦为常见的现象。液化期的特点为大量格子细胞（被激活了的小胶质细胞）的出现。修复期的特征为结缔组织增生，胶质细胞增生占次要地位。

挫伤与软化之区别：

①挫伤有硬脑膜下及蛛网膜下腔出血，而软化一般没有；

②挫伤的损害往往在脑回的凸起部分；

③挫伤的表层坏死而使囊腔与蛛网膜下腔相通，而软化灶的表层往往保留，而且有胶质细胞增生。

根据上述几点，诊断挫伤并不困难。

（三）脑穿通伤

由于尖锐的暴力直接引起脑组织的破坏。这种损害往往比较局限，只限于暴力所经过的区域，除脑组织损伤外，头皮、颅骨，及硬脑膜都有破损。

1．原因 最常见的原因为尖锐暴力如子弹、刀，及斧等，有时亦可为钝性暴力如高处跌伤、车撞击等，损伤头皮、颅骨、硬脑膜，及脑。小脑幕切迹将中脑底切断或大脑镰将胼胝体切开。

2．病理变化

（1）肉眼观察：暴力的性质不同可引起不同的改变。子弹引起的穿通伤，在它经过的部位脑组织受到完全破坏，组织的连续性消失，此处称为坏死区；其周围虽亦有损伤及出血，但组织的连贯性尚能保存，此区常称为裂伤区。由此逐渐向正常组织过渡，其他组织如皮肤、骨，及脑膜当然都有破坏。几天后坏死可能液化。如遇感染（多由葡萄球菌或链球菌）常可引起化脓性改变，最后形成脓肿；如无感染且损伤不大者可由瘢痕组织代替。创伤较大、不能由瘢痕组织填充而形成囊腔。囊腔可分为单房或多房，有时可与脑室系统相连，可含黄色、富于蛋白质的液体或脑脊液。瘢痕接近表面时常与硬脑膜粘连。

（2）显微镜下观察：在坏死区主要为出血及白细胞浸润，残存的神经细胞、胶质细胞极少。在裂伤区可见神经细胞变性（多为局部缺血性改变），血管壁有肿胀及玻璃样变，这种血管的改变可能为白细胞渗出的原因。胶质细胞的反应多来自裂伤区外围的较正常组织，小胶质形成格子细胞，星形胶质细胞亦有增生肥大，有的为肥胖细胞，有的核有分叶而成多核较大的细胞，即 Alzheimer 细胞。以后格子细胞逐渐减少，星形胶质细胞产生胶质纤维而形成瘢痕组织。成纤维细胞及毛细血管在反应早期亦有增加，后来亦逐渐变为胶原纤维，组成瘢痕的一部分。若同时有感染则间叶组织的反应更为明显。

（四）脑挫裂伤

1．原因 暴力作用于头部，在冲击点和对冲部位均可引起脑挫裂伤。脑实质内的挫裂伤由脑组织的变形和剪性切力造成，见于脑白质和灰质之间，以挫伤和点状出血为主，如脑皮质和软脑膜仍保持完整，即为脑挫伤；如脑实质破损、断裂，软脑膜亦撕裂，即为脑挫裂伤。严重时均合并脑深部结构的损伤。

对冲性脑挫裂伤的发生部位与外力的作用点、作用方向和颅内的解剖特点密切相关。以枕顶部受力时，产生对侧额极、额底和颞极的广泛性损伤最为常见，而枕叶的对冲性损伤却很少有。这是由于前颅底和蝶骨嵴表面粗糙不平，外力作用使对侧额极和颞极撞击于某部位，产生相对摩擦而造成损伤。而当额部遭受打击后，脑组织向后移动，但由于枕叶撞击于光滑、平坦的小脑幕上，外力得以缓冲，很少造成损伤。

2．病理学改变

（1）病理学特点：经典的概念认为，脑挫裂伤（contusion and laceration of brain）是脑表面散在的出血灶，通常位于额极、额下、颞极、颞下和颞叶的外侧面。镜下显示，出血主要位于脑回表面，但也不同程度累及皮质下白质。脑挫裂伤具有固定的好发部位，提示脑挫裂伤是脑组织与粗糙的颅底骨质结构作用产生的接触性损伤。然而，这一经典概念并不能完全反映脑挫裂伤的复杂机制。出血可能来源于动脉、静脉和毛细血管。脑挫裂伤必须与位于大脑半球近中线处皮质下的局灶出血及其他组织断裂所导致的出血相鉴别。

病理改变包括脑挫伤和脑裂伤，挫裂伤的区分以软膜 - 神经胶质膜（pial-glial membrane）是否断裂为准，通常二者并存。脑挫裂伤位于皮质，肉眼可见局部脑组织出血、水肿，存在脑裂伤者可见蛛网膜下腔出血（subarachnoid hemorrhage，SAH），病变呈楔形深入脑白质。镜下早期表现为神经元呈典型的中央性尼氏（Nissl）体溶解改变，轴突肿大断裂，毛细血管充血、出血，周围脑组织细胞明显水肿，及胶质细胞肿胀。脑皮质分层结构消失，灰白质分界不清。数日至数周后，挫伤脑组织液化，局部出现泡沫细胞，胶质细胞增生和纤维细胞长入，最终与脑膜纤维细胞增生融合形成脑膜脑瘢痕。

从病理学角度讲，脑挫裂伤病灶至少包含两种成分，位于中央的是出血灶和发生不可逆损伤的神经元，位于其周边的是发生可逆的缺血性损伤的神经元和反应性增生的星形细胞。对该部分进行镜检显示神经元肿胀和透明变性、血管周围星形细胞增生，这一变化在伤后 3 小时明显，但可持续至伤后 3 天。通过神经影像学检查（CT、MRI）也可得到同样结果。有时影像学资料只显示组织水肿而未见明显的出血灶，但仍可能存在影像学不易检出的镜下出血灶。

外伤后发生脑皮质结构损伤的程度存在明显差异。严重者皮质广泛严重出血，患者很快死亡；轻者只存在组织水肿而无明显出血灶。典型的病灶介于两者之间，一段时间后出现局部占位表现。

病理学描述：脑挫裂伤的病理改变，轻者可见脑表面淤血、水肿，有片状出血灶，脑脊液血性重者脑实质挫碎、破裂，局部出血，甚至形成血肿。受损组织缺血坏死。显微镜下可见神经元胞质空泡形成，尼氏体消失，胞核碎裂、溶解，神经轴突肿胀。

（2）脑挫裂伤的分布：脑挫裂伤的分布与其发生机制有关。颅骨骨折所致脑挫裂伤通常位于骨折处，尤其与凹陷骨折有关，颅前窝骨折通常导致额叶底面脑挫裂伤。着力点脑挫裂伤发生于颅骨内板在外力作用下内陷时，而当颅骨复位时，脑组织受到伸展应力的作用，血管结构最易受损。对冲性脑挫裂伤发生于着力点对侧，其发生原因是脑组织在外力作用下向着力点移位，从而在着力点对侧颅骨与脑组织间产生负压，脑组织和血管在伸展应力作用下发生损伤。

动物实验和生物力学模型研究表明，在无接触性也即惯性负荷作用于脑部，只产生加速性负荷作用时，才可以造成脑挫裂伤病变。因此，有必要重新认识对冲性作用在导致脑挫裂伤病变中的作用。事实上，较为准确的说法应将所有着力点损伤以外的脑挫裂伤病灶统称为远隔部位脑挫裂伤，而不论其具体部位在哪里。一般来说，头部加速运动，多是由于受运动的、体积小而且坚硬物体的打击所致，例如用锤子击打头部，因此接触性损伤成分占优势，病变以着力点损伤为主。而当头部进行减速运动时，例如从高处跳下，头部撞向某些大的物体，如地面、木板等，着力面积大，局部脑损伤轻，而以减速损伤（对冲伤）成分占优势，也即远隔部位脑挫裂伤多见。

（3）脑挫裂伤的病情演变：脑挫裂伤多有进行性加重趋势，最终形成占位效应，导致脑受压和神经功能障碍。连续 CT 和 MRI 扫描显示，病灶可在伤后 24 ～ 48 小时甚至 7 天后明显增大，主要由于损伤周围脑水肿加重，也可伴有病灶的继续出血。通常临床症状与影像学表现相符。显微镜检查显示，伤后 5 天时，坏死神经元数量增加，对该现象的发生机制尚存在争论。为阐述方便，根据上述发生时间，可将脑挫裂伤病变划分为早期立即损伤和晚期损伤。

早期立即损伤是指伤后即刻或极早期发生的病理损伤。主要表现为细胞肿胀。当外力作用于细胞膜时，导致膜功能障碍，以细胞膜去极化和神经递质释放为特征。钠通道的过度激活和电压敏感钙通道的开放，导致钠和钙离子的内流以及兴奋性氨基酸释放，此时细胞外发生钾离子、兴奋性氨基酸（EAA）等毒性介质的堆积。钠离子内流增加还导致水和氯离子内流增加，细胞发生肿胀。细胞内钙的聚集会引发一系列反应，最终导致细胞死亡。同时，细胞内钙的聚集还会引起神经细胞释放兴奋性氨基酸，从而使相邻细胞发生类似的损伤。实验证明，向脑组织培养液加入或直接向脑皮质中注入属于 EAA 的谷氨酸，所造成的神经元肿胀和星形细胞增生，与脑挫伤的病理表现极为相似。

同位素扫描显示，对于晚期损伤，局部脑损伤发生后，出血灶和周围水肿区脑组织血流量明显减少，其原因主要是水肿或局部血肿、微血管周围星形细胞肿胀造成血管腔变窄、血管内皮损伤导致血栓形成等。缺血会加重神经损伤、加速脑水肿发生。研究表明，脑挫裂伤病灶周围水肿区脑组织血脑屏障通透性升高，发生时间在伤后 2 ～ 4 天。具体机制可能与氧自由基释放有关，也可能与受损的细胞膜磷脂释放活性介质有关。血脑屏障通透性增高是导致伤后病灶周围脑水肿的主要原因，并可使血液内一些血管活性物质渗出至脑实质，在局部引起类似急性炎症反应，进一步加重脑水肿。

脑挫裂伤是局部脑损伤，虽然某些部位的病灶可以导致明显定位体征，广泛的脑挫裂伤也会引起原发性意识障碍，但多数情况下，颞极和额极等部位脑挫裂伤在伤后早期并不引起明显临床症状，但往往引起严重的迟发性反应，如脑缺血、脑水肿和脑内血肿等，它也是引起伤后迟发性昏迷以及某些情感、精神和智能障碍的主要原因。

脑震荡和脑挫裂伤分别代表了两类脑损伤，即弥漫和局部性脑损伤。在脑损伤患者中，两者通常并存，共同构成传统意义上的原发性脑损伤。但最近的研究表明，无论是脑震荡还是脑挫裂伤，脑组织发生损伤是一个渐进的过程，而非受伤当时立即形成。这样，我们不仅应重新理解原发性脑损伤的概念，更重要的是，这意味着早期应用适当的药物可以避免和减轻继发性脑损伤的发生，从而提高脑损伤的疗效。

（五）外伤性出血

1．硬脑膜外出血 硬脑膜外出血是指硬脑膜与颅骨之间有出血。多由颅骨骨折引起脑膜动脉破裂，偶然亦可因上矢状窦破裂而来。因此，常见的部位在颞叶，其次在额顶部、颞顶部或顶枕部等。由于动脉破裂，出血既多且快，在短期内形成较大血肿而压迫脑组织。临床上凡有头部外伤的患者，在短暂昏迷（多因脑震荡）苏醒后，只经较短的中间清醒期或无中间清醒期而继续昏迷者，必须考虑有硬脑膜外出血的可能。血肿压迫脑组织引起颅内压升高而昏迷，压迫中央前回而有对侧肢体瘫痪，压迫颞叶引起海马沟疝而有同侧瞳孔散大。这种较大的血肿，若不治疗，多导致死亡。小的血肿如脑膜中动脉的一支破裂而引起出血者，可以逐渐被吸收；硬膜外侧面常呈现绛赤色片形或条形出血，来自硬膜的肉芽组织从各处侵入血块而逐渐使其机化，但并不形成囊肿，更不会逐渐长大。

2．硬脑膜下出血 硬脑膜下出血是指硬脑膜与蛛网膜之间有出血。常见的原因为钝性暴力。伤势可轻可重，轻者可无皮肤破裂或骨折，但同样可使脑移位而牵引某些浅静脉造成破裂，尤其是静脉进入静脉窦，如矢状上窦处。静脉窦破裂虽常引起硬脑膜外出血，但亦可引起硬脑膜下出血。如产伤时，因小脑幕受牵引而破裂，直窦或大脑大静脉往往亦被撕裂，这种硬脑膜下出血是新生儿死亡的常见原因。硬脑膜下出血常可由轻伤引起，所以较硬脑膜外出血为多。常见的部位为大脑半球的外侧面，可为单侧或双侧。很大一部分因破裂的静脉较小，出血不多，临床上并未出现症状。血液逐渐分解为含铁血黄素被巨噬细胞吞噬，肉眼只可见硬脑膜内侧面有棕赤色区域；或出血略多而引起硬脑膜内的纤维组织和毛细血管增生，最后纤维化，肉眼可见硬脑膜有局限性增厚。若破裂的静脉较大，形成的血肿可引起脑压迫症状。临床上可分为亚急性与慢性：①亚急性，多因较大的静脉或多数静脉破裂而引起。经过数小时的中间清醒期后患者复呈现昏迷，原因是血肿在短期内达到较大的体积而引起颅内压升高，若压迫大脑半球可能有局部症状如肢体瘫痪，若不及时施行手术治疗，患者常可死亡。②慢性，最为常见。由于破裂的静脉较小，血肿形成较慢，形成后又为硬脑膜内侧面的成纤维细胞及毛细血管所包围，形成一外表光滑的包囊，与蛛网膜并无粘连，只有部分血肿与硬脑膜内面相通。囊壁的外侧为富于胶原纤维的结缔组织，内层含无数扩张的毛细血管的肉芽组织。因此，当囊内血红蛋白水解后渗透压逐渐增加，囊壁内血管浆液大量被吸入囊内，再加上囊壁内毛细血管不断出血，血肿逐渐长大，最后变成含大量黄色液体的硬脑膜下水囊瘤（subdural hydroma），压迫脑组织。在临床上既有局部受压症状如肢体瘫痪、癫痫等，又有慢性颅内压升高等症状如头痛、呕吐，及视神经乳头水肿，往往不易与其他占位性病变区别，若不及时施行外科治疗，预后很差。

3．脑实质内出血 脑实质内出血是指由于暴力引起脑内健康血管破裂或改变而出血。这种脑实质内出血又可分为两类：早期出血为外伤后即刻出血；晚期出血为经过数天或数周后始出现。

（1）早期脑内出血：比较常见。出血由于暴力直接引起脑组织及血管同时损坏或单独血管破裂所致。其范围较大，破裂血管若为动脉则范围比静脉广泛。暴力有时可引起循环功能紊乱而发生点状出血。所以大片出血在外伤发生时即可出现，而点状出血常需一段时间才能出现。大片出血常发生于暴力所冲击的部位如大脑白质、底节与脑干。这种大片出血与血管病变所引起者相同，可引起颅内压增加及死亡。外伤性脑内血肿常合并蛛网膜下腔出血（图 10-9）；或在脑干引起网状结构的破裂而有深度昏迷，最后患者死亡。若不死亡则血块逐渐被吸收。小者为瘢痕组织所填补，组织中常有不少吞噬含铁血黄素的格子细胞，所以瘢痕呈黄棕色，这说明系出血而非软化的结果。大者则无法由瘢痕组织弥补而后成囊肿，内含黄色液体。点状出血多在大脑白质，一般不造成严重后果，多数可以完全被吸收而不遗留痕迹。

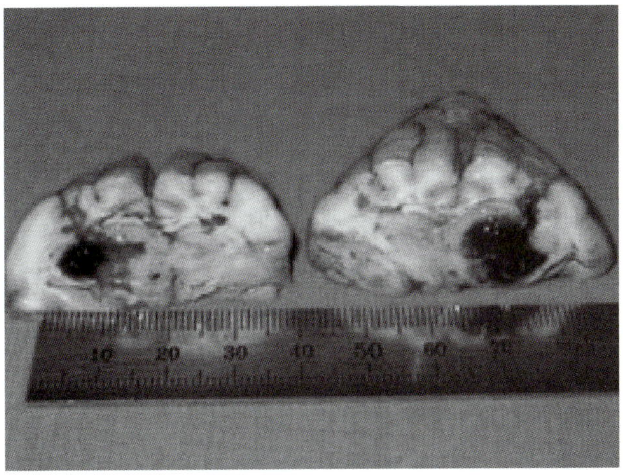

图 10-9 脑内血肿合并蛛网膜下腔出血

（2）晚期脑内出血：比较少见。出血乃为暴力引起脑内血管循环紊乱而后出现血管壁的变性、局灶软化，及水肿等情况，以后这些情形继续发展，而遇血压增高时受损血管即破裂，导致髓内大片出血。所以这种晚期出血常发生于外伤后数天或数星期。部位亦在大脑白质及底节，常可能为多数，亦易侵入脑室系统而造成死亡。尸检除发现大片出血外，尚可见较弥散的血管壁变性及微小的局灶性软化。

（六）弥漫性轴索损伤的发生机制及病理学特征

DAI 病变好发于神经轴索集聚区，如胼胝体、脑干头端背外侧、脑白质、小脑、内囊，及基底节。根据受伤程度、受伤动物种类、组织处理和观察方法，及检测时间不同，DAI 病变在脑内分布不同。DAI 越重，损伤部位越趋于脑深部或中线结构。DAI 尸检标本中病变分布密度依次为胼胝体＞脑干＞皮质下白质＞基底节。组织间隙的血管撕裂性出血灶是 DAI 肉眼所见的病理变化，尸检病例中见严重 DAI 数时或数日内的胼胝体区及脑干上端背外侧常有局限性出血灶，数周后出血区形成棕色颗粒状结构，数月后瘢痕收缩，囊泡形成；轴缩球是 DAI 光镜下诊断依据，其 HE 染色呈粉红色，为圆形或卵圆形小体，平均直径 5 ～ 20 μm。轴缩球是由轴索断裂后近端轴浆溢出膨大所致，临床上于伤后 12 小时出现，2 周逐渐增多，持续可达 64 天。轴索断裂不是外伤即刻由剪力造成，而是伤后病理生理变化的结果。Maxwell 等证实轴索受牵拉 15 分钟内，朗氏节处由轴浆外突而成膜大泡，6 ～ 12 小时细胞器及神经纤维丝断片在节处轴索内集聚。12 小时后轴索于该部位断裂轴缩球形成并发育。DAI 数周后轴索及髓鞘多节段断裂，吞噬细胞侵入，特征性地出现小胶质细胞群落，但也可弥散存在非特异性的星形细胞。数月后轴索远端发生 Wallerian 变性，胶质增生，瘢痕收缩，此时缺乏光镜下 DAI 典型征。关于 DAI 病理的分级，Adams 等提出了 DAI 三级分类法。Ⅰ级：显微镜下见轴缩球，分布于全脑轴索集聚区；Ⅱ级：除具Ⅰ级特点外，胼胝体出现局灶性出血坏死；Ⅲ级：除具有Ⅰ、Ⅱ级特点外，脑干也出现局灶性出血坏死。122 例尸检证实的 DAI 中Ⅰ、Ⅱ、Ⅲ级分别占 8.2%、23.8%、68%。弥漫性轴索损伤的发生机制有以下几种：

1．机械应力学说 一般认为 DAI 是由于头部遭受旋转暴力即由角加速度损伤所致。因颅内各种组织质量不同，尤其是灰白质之间质量的差异，在外力作用下头部产生旋转加速或减速运动时，运动速度不一而产生剪应力，造成神经轴索的断裂，甚至撕裂毛细血管引起局灶性出血。因此脑内剪力形成是 DAI 的启动环节。Gennarelli 等依照该理论成功复制了 DAI 动物模型并发现其病理学检查结果与人类 DAI 基本相同，说明 DAI 的发生与旋转暴力有关。Arbogast 从生物力学角度阐明纤细的脑干作为中枢神经系统的桥梁在旋转暴力作用下最易受损。Nishimoto 等研究发现，直线加速运动也会造成 DAI，剪应力集中在深部的胼胝体和脑干。故目前多数学者认为，只要头部遭受具有一定加速度的暴力打击，均可引起神经纤维损伤而发生 DAI。DAI 是一种原发闭合性颅脑损伤，几乎是脑损伤的基本病理改变。

2．沃勒（Waller）变性学说 Smith 等认为轴索回缩球并非是外力直接作用所致，而是轴索变性形成。脑外伤时，轴索局部肿胀，其近端与神经元胞体保持整体联系。其远端与胞体中断联系，发生沃勒变性，轴索局部肿胀的远端与近端轴索及胞体分离，同时神经元胞体内产生的轴浆流至轴索肿胀分离部位，再反流至细胞体，由此进一步加重轴索局部肿胀，继而形成轴索回缩球。

3．钙离子内流学说 正常生理神经细胞外的 Ca^{2+} 不能通过轴索膜进入轴索内。颅脑损伤瞬时产生的剪切力和张力可牵拉轴索骨架，造成轴索膜通透性增加，启动 Ca^{2+} 通道，致 Ca^{2+} 大量内流，激发依赖 Ca^{2+} 的多种酶促反应，从而造成轴索骨架功能和结构的破坏。有研究表明，将离体神经轴索暴露于高浓度 Ca^{2+} 中，可以引发轴索内不可逆转的微管、微丝排列紊乱、内质网肿胀、线粒体空泡形成。研究证实，实验性脑损伤中，伤后 30 分钟即出现 Ca^{2+} 超载，伤后 6 ～ 7 小时 Ca^{2+} 超载达到高峰。DAI 早期钙颗粒细小，以后其数量逐步增多，并出现粗大钙颗粒，Ca^{2+} 超载越明显，轴索损伤越重。

五、临床诊断

（一）临床表现

DAI 占重型颅脑损伤的 20%，在死亡患者中占 29% ～ 43%，是仅次于继硬膜下血肿的致死性颅脑损伤，最常见于交通事故。DAI 可以单发，也可和其他颅脑损伤并发；伤后原发昏迷是 DAI 典型临床表现。近年来研究发现 DAI 患者有中间清醒期，甚至可以表现为完全清醒。Adams 等治疗的 122 例 DAI 患者中，部分或完全清醒者 17 例。瞳孔变化及眼球运动障碍在 DAI 中缺乏特异性。

（二）影像学特征

CT 及 MRI 不能直接显示轴索损伤，常以 DAI 中组织撕裂性变化作为间接诊断依据。根据相关文献，早期 CT 图像特征如下：

1．弥漫性脑肿胀是其最常见的 CT 表现，主要表现为双侧大脑半球灰白质呈境界不清的广泛低密度区，脑组织呈饱和状，脑沟、脑裂减少或消失，脑室、脑池受压减少或闭塞，且多脑叶同时受累。

2．脑组织多发或单发点状斑片状出血灶也较为常见，多分布在大脑灰白质交界区，其次见于基底节内囊区及胼胝体、脑干等部位，以多发性为主，直径＜ 2 cm，均不构成血肿，无占位效应。

3．蛛网膜下腔出血多见于脑干周围，特别是幕切迹、四叠体池、环池及纵裂、侧裂池；脑室内出血多见于侧室及三脑室。

4．部分患者颅脑 CT 早期可未发现异常，但临床症状却很严重，这可能是 CT 对一些病变不灵敏造成的，对于这些患者，应短期内复查颅脑 CT，并建议使用薄层 CT，必要时使用增强对比剂以期发现病变。MRI 与 CT 相比其灵敏度较高，能清晰显示脑干和胼胝体等结构的小局灶性病变，尤其对非出血性 DAI 检查更明显优于 CT 扫描。DAI 急性期在 MRI T1 加权像中，组织撕裂出血点（灶）呈高强信号，为卵圆或线状结构，多见于皮质下区及胼胝体；T2 加权像中则呈低信号。组织撕裂非出血性损害在 T1 加权像中呈低强信号，T2 加权像中则呈高强信号。梯度回波成像比自旋回波成像对显示出血点更敏感。依组织撕裂损伤的影像表现作为诊断 DAI 的依据，尚存在许多问题。DAI 愈重，依其影像学证据的诊断就愈可靠。CT 或 MRI 示脑干出血，则确诊的把握最大。在 DAI 预后评估上，也有研究指出影像学诊断的不可靠性。目前国内外已有学者采用检测血浆或脑脊液中碱性髓鞘蛋白（MBP）水平对 DAI 进行评价，以更早更准确地诊断 DAI，弥补影像学及临床特征诊断 DAI 的不足，同时判断其预后。

（三）诊断标准

目前推崇的论断标准为：

1．创伤后持续昏迷（＞ 6 h）。

2．CT 示组织撕裂出血或正常。

3．颅内压正常但临床状况差。

4．无颅脑明确结构异常的创伤后持续植物状态。

5．创伤后弥漫性脑萎缩。

6．尸检可见 DAI 病理征象。有学者认为，脑外伤后 6 小时内死亡，死亡原因并非脑外其他合并伤所致，头部 CT 示颅内无明显占位性病灶，GCS ＜ 6 分，同时伴有明显的脑干损伤症状也应归入 DAI。近年来，有学者认为 DAI 与脑震荡及原发脑干损伤致伤机制相似，均属于病理程度不同的连续体。脑震荡属轻度 DAI，原发脑干损伤属 DAI 分级最重一类，病损达脑中轴部位。

六、治疗方法

临床迄今无治疗 DAI 的有效药物或措施。目前主要采取应用脱水剂、巴比妥类药物、钙离子阻滞剂、自由基清除剂，脑疝危象时行开颅减压术，防治并发症及应用神经营养药物等综合治疗措施。随着对 DAI 超早期病理生理过程认识的加深，许多有可能干预病变进展的药物及措施已在动物实验中证实并开始应用于临床。

（一）高压氧治疗

研究表明，早期高压氧治疗对于改善 DAI 患者的神经功能和意识有肯定且明显的疗效。高压氧对 DAI 的作用机制有：

1．提高血氧浓度，增加组织间氧的弥散度。

2．加强脑血管收缩，降低血管的通透性，减少渗出，促进脑水肿的吸收。

3．早期促进可逆细胞的恢复，晚期促进毛细血管的形成和侧支循环的建立，改善急性期的病理变化，打破脑缺氧 - 脑水肿恶性循环，从而保护和促进神经功能恢复。

4．促进神经轴突的再生和神经纤维的生长速度。

5．改善脑干功能，激活网状上行系统，从而促进患者早日苏醒。

6．脑功能的整体改善，有利于各种药物发挥作用。但高压氧的治疗时机、压力大小的选择，及疗程等仍需在临床中进一步研究探索。

（二）亚低温治疗

近年来，亚低温（33℃ ~ 35℃）的脑保护作用得到广泛支持，在治疗重型脑外伤、缺血性脑损伤，及脑复苏方面已取得较好的效果，尤其是对于弥漫性轴索损伤患者以及颅内压控制在 25 ~ 60 mmHg 之间的脑外伤患者。其机制主要是降低细胞代谢率，减少耗氧量，减少兴奋性氨基酸的释放和减少氧自由基、一氧化氮（NO），及炎性介质的产生等。同时，轴索损伤后轴突细胞骨架结构的机制目前认为 Ca^{2+} 内流是一个重要因素。Mitanl 等发现，亚低温能显著抑制缺氧所造成的 Ca^{2+} 内流，降低神经细胞内 Ca^{2+} 浓度，能有效地使脑损伤动物脑组织内微管相关蛋白含量恢复至正常水平。亚低温可能通过稳定轴膜结构，保护 Ca^{2+} 泵活性，维持了细胞内外的 Ca^{2+} 平衡：通过促使神经元表达和合成细胞结构蛋白而发挥神经保护作用。另外，亚低温还对细胞代谢产生影响，对于脑外伤患者正常脑组织具有保护作用。

（三）镁制剂治疗

据报道用镁制剂治疗，能明显改善脑外伤后神经细胞能量代谢，促使动物伤后神经功能恢复，并指出最佳给药时间为伤后 20 分钟至 24 小时，且存在明显的剂量 - 效应依赖关系。大剂量镁 750 μmol/kg 较小剂量效果更佳，能减轻脑水肿及显著改善脑外伤后记忆功能障碍。

（四）环孢素 A 治疗

近年来，大量实验表明环孢素 A（CSA）对神经元及轴索损伤有着显著的保护和治疗作用，能有效预防颅脑伤后神经轴索继发性损伤。有学者通过对加速性脑损伤的大鼠在 30 分钟鞘内注射 CSA 证实，伤后给 CSA 能明显减少 76% 的皮质脊髓束及内侧束轴索内钙介导的血影蛋白水解及神经丝的收缩，这两者都是轴索损伤及裂解的病理变化过程中至关重要的一步，同时还发现脑组织中 DAI 标志物淀粉样蛋白前体物质显著减少，这些都证实了 30 分钟内给予 CSA 能显著减少中枢轴突损伤的密度，从而防治随之发生的轴索断裂分离。

（五）基因治疗的潜在可能性

基因治疗是一种新的研究方向，动物研究证明，各种神经营养因子对中枢神经系统损伤的治疗有作用，利用转基因技术，使中枢神经系统、神经营养因子表达达到治疗水平。基因治疗的基本原理为外伤后血脑屏障开放，为基因转染提供了特异的治疗窗，创伤性脑损伤不必要求持久的基因转移。近年来发现使用阳离子微脂粒介导的神经营养因子基因的转移提高了转染效率，已被认为是具有潜在前途的治疗新方法。

第三节　脑外伤后继发性脑损害的分子生物学机制

近年来的研究发现，颅脑外伤后的继发性脑损害最值得继续关注的病理机制有：①炎性介质释放；②自由基生成和脂质过氧化；③ NO；④兴奋性氨基酸（EAAs）大量释放引起 Ca^{2+} 通道开放；⑤神经元凋亡等，这些机制既同时发生作用又互相关联，构成连锁反应，最终导致神经细胞的死亡。

一、炎性细胞介质的释放

继发性的脑损伤过程相当复杂，其中有多种炎性细胞因子参与，它们相互作用、相互调节，又有着各自独特的作用。通过这些因子直接或间接的影响，使血管壁通透性增加，形成血管源性和细胞源性脑水肿，加重了继发性脑损伤。炎性因子在急性出血性脑血管病中的激活，介导了脑组织的继发损伤，参与脑损伤、脑出血后脑水肿的形成。

细胞因子（cytokines）是机体的免疫细胞和非免疫细胞合成和分泌的多肽类因子，近年来研究表明，多种细胞因子如肿瘤坏死因子（TNF）、白细胞介素（IL）等介导炎症反应，参与继发性脑损伤的病理生理过程，在脑出血后水肿形成、发展和消退，及脑出血恢复期发挥着重要作用。Rosenberg 等研究发现，脑出血后 6 ～ 12 小时血肿周围出现中性粒细胞浸润，渗出的中性粒细胞能够释放各种细胞因子，加重脑损伤。其中研究最多的是 TNF-α、IL-1、IL-4、IL-6、IL-8、IL-10、IL-11、IL-18。

（一）白细胞介素 -1（IL-1）

IL-1 是一个有力的炎性介质，也是炎性反应中的一个共同因子，主要来源于单核 - 巨噬细胞和活化的淋巴细胞，在出血和炎症的刺激下血管内皮细胞、星形细胞、小胶质细胞也可大量表达 IL-1。IL-1 分为 IL-1a 和 IL-1β 两种构型，与细胞膜上受体 IL-R 结合通过 G 蛋白发挥作用。李玮等发现脑出血急性期患者血清、脑脊液中 IL-1 水平明显升高，且与病情严重程度有显著的相关性，初步提示 IL-1 变化与脑出血急性期神经细胞损伤有关。IL-1 主要作用是：参与 T 和 B 细胞的增殖和分化；促进白细胞黏附于毛细血管或小血管壁并渗透至脑组织中起重要作用；直接作用于血管内皮细胞影响其通透性而致脑水肿；引起脑血肿周围的多核白细胞聚集和激活炎症介质，诱导黏附分子的合成与释放，加重脑水肿；引起炎性反应，导致局部血管痉挛甚至血栓形成，引起脑血肿周围脑组织缺氧，可能促进脑水肿的形成；诱导一氧化氮合成酶的表达，使一氧化氮合成增多，再通过刺激花生四烯酸的代谢，使氧自由基释放增加而导致血管源性脑水肿形成。另外，IL-1β 是一种神经保护因子，它的升高对脑出血的预后具有重要意义。

（二）白细胞介素 -4（IL-4）

IL-4 是具有多种生物功能的一种细胞因子，参与机体多种组织细胞的生长分化和功能调节，在免疫和炎症反应中发挥重要作用，可诱导外周血单核细胞分泌粒细胞刺激因子和巨噬细胞刺激因子，增强中性粒细胞介导的吞噬、杀伤活性和抗体依赖的细胞介导的细胞毒性作用。直接促进中性粒细胞向病灶区聚集，也可诱导白细胞、受损组织细胞释放更多细胞因子，其中趋化因子可促使白细胞自血管内向缺血区脑组织迁移。Katsuno 等研究发现，在脑损伤患者、蛛网膜下腔出血，及脑出血患者发病 4 小时，IL-4 开始升高，且与病情的严重程度呈正相关。IL-4 可抑制炎性细胞、炎性因子产生和释放；也具有免疫调节作用，从而减轻组织损伤。

（三）白细胞介素 -6（IL-6）

IL-6 是一种在机体防御、急相反应、免疫反应和造血反应等过程中起重要作用的多效细胞因子。中枢神经系统 IL-6 主要源于神经内皮细胞、有活性的星形细胞、小胶质细胞，及巨噬细胞等，是一种有广泛生物活性的细胞因子。IL-6 参与机体多种组织细胞的生长、分化和调节，在免疫和炎症反应中发挥重要的作用，是机体神经 - 内分泌网络调节的主要因子。脑损伤出血后 IL-6 升高可能是脑出血缺氧及脑组织损伤、坏死引起的急性应激反应，产生大量抗原，刺激免疫系统，大量炎性因子浸润和激活，引起强烈的免疫应答，致单核 - 巨噬细胞、T 细胞等激活从而产生大量的 IL-6。此外，脑损伤部位的小胶质细胞、星形细胞、内皮细胞等被激活，也释放大量的 IL-6，使血清和脑脊液 IL-6 含量增高。Dziedic T 等发现，ICH 患者血清 IL-6 水平升高，其变化与患者 Glasgow 昏迷量表（GCS）评分呈负相关，与血中体积和占位效应呈正相关。王文胜等也发现血肿液中的 IL-6 含量与脑水肿程度呈正相关。Ott. L 等将多种炎性因子注入实验动物的脑组织内，发现炎性因子可增加血脑屏障的通透性，引起脑水肿，阻断细胞因子信号系统或减少细胞因子的活力，脑水肿的程度减轻，这提示 IL-6 参与脑水肿的形成。同时，高浓度的 IL-6 能增加内皮细胞表达 ICAM（细胞间黏附分子），使白细胞与内皮细胞的黏附性增加而阻塞微血管；另外，还能激活补体系统产生细胞毒性损伤，进而加重脑水肿的形成。

（四）白细胞介素 -8（IL-8）

IL-8 主要由单核 - 巨噬细胞产生，其他如成纤维细胞、上皮细胞、内皮细胞、肝细胞等也可在适宜的刺激条件下产生 IL-8。IL-8 的主要生物学活性是吸引和激活中性粒细胞。中性粒细胞与 IL-8 接触后发生形态变化，定向游走到反应部位并释放一系列活性物质；这些作用可导致机体局部的炎症反应，达到杀菌和细胞损伤的目的。各种刺激信号如缺血、缺氧、损伤等，均可启动各种炎症反应基因转录，生成各种炎症反应蛋白 mRNA。IL-8 是重要的中性粒细胞趋化因子，能促进白细胞浸润、聚集、细胞黏附，产生活性物质、酶类，及自由基等，并促进脂质过氧化和细胞因子的释放失调，导致脑毛细血管内皮细胞及基底膜损害，诱发血管源性水肿的发生和神经元损伤。黄帆等用 ELISA 方法对急性脑出血患者血清中的 IL-8 水平进行测定，结果脑出血患者血清中 IL-8 水平明显高于对照组。当 IL-8 在血管内皮上时，使 PMN 与内皮细胞作用加强，并且细胞形变而游走；当 IL-8 在血液中时，IL-8 使 PMN 表面的 L- 选择素脱落，从而丧失了黏附的基础，因而抑制了黏附的发生。有研究认为，IL-8 的存在位置以及与受体结合状态决定 IL-8 在炎症中的作用。因此血液中的 IL-8 起抗炎作用，内皮细胞上的 IL-8 起促炎作用。Brambrink 等认为急性脑出血时机体处于应激状态可出现全身炎症反应综合征（SIRS），IL-8 作为炎症介质表达增高。Barone 等证实 TNF-α 诱导 IL-8 的产生，TNF-α、IL-1、IL-6 诱发的炎症反应在很大程度上是通过诱导产生的以 IL-8 为代表的趋化因子所介导的。

（五）白细胞介素 -18（IL-18）

IL-18 是一种主要由活化的单核巨噬细胞产生的多效性细胞因子，在中枢神经系统中，IL-18 可以由小胶质细胞、星形胶质细胞、神经元和室管膜细胞产生，其中主要由小胶质细胞产生，能够诱导产生 IL-6 及 TNF-α 等前炎症细胞因子。中枢神经系统损伤后首先造成脑组织缺血、缺氧、水肿、坏死等广泛损坏，受损的小胶质细胞、星形胶质细胞、神经元和室管膜细胞释放 IL-18，血液中活化的单核巨噬细胞也分泌 IL-18，并通过受损的血脑屏障进入脑脊液和血液中，从而一方面可能通过增强免疫细胞的细胞毒作用直接引起脑损伤，另一方面亦可通过引起神经细胞炎性反应而间接导致脑损伤。

（六）肿瘤坏死因子-α（TNF-α）

TNF-α 是由活化细胞产生的小分子多肽类物质。TNF-α 可出现在中枢神经系统内许多类型的细胞中，包括小胶质细胞和星形胶质细胞。人体内 TNF-α 主要是介导抗肿瘤及调节机体的免疫功能，在机体起疾病防御和损伤修复作用。TNF-α 的产生和作用是依赖于巨噬细胞和 T 淋巴细胞的激活完成的，任何原因导致的组织应激都伴随 TNF-α 生成和释放。但是 TNF-α 产生过多在中枢神经系统中具有神经毒性作用。其通过介导炎性反应、直接的细胞毒性作用参与出血性脑损害的发生发展，其表达增加可加速神经元死亡。TNF-α 可上调血管内皮细胞和白细胞上的黏附分子（ICAM）表达，加速活化的淋巴细胞进入脑内，加剧炎症。TNF-α 还可增加兴奋性氨基酸、NO，及自由基等多种神经毒性物质的生成和释放，从而对继发性脑损伤起到关键的促发作用，因此，通过拮抗 TNF-α 抑制脑出血后的炎症和免疫反应可以有效防治脑出血。

二、自由基生成和脂质过氧化

（一）自由基生成

脑组织特别容易受到自由基的攻击。大量的实验证据表明，TBI 后早期即已出现氧自由基的大量形成和细胞膜的脂质过氧化，产生自由基的机制包括源于细胞膜的花生四烯酸级联反应的激活以及细胞内 Ca^{2+} 浓度的升高，后者可诱导自由基从线粒体中释放，而且还会触发一些蛋白酶和脂酶的激活，继而导致花生四烯酸降解成具有活性的磷脂酶 A2、脂加氧酶和环加氧酶，并产生血栓烷 A2、前列腺素和白三烯。TBI 后这些物质的释放通常都伴有多种类型的细胞损伤，脑组织氧化代谢率增高、活性氧代谢产物增大、抗氧化能力相对较低、修复能力差、神经元不可复制且细胞膜与胞浆比例较高、脑组织的细胞膜脂质中多不饱和脂肪酸浓度较高等都会成为脂质过氧化的重要来源，很容易产生自由基对邻近分子的破坏。此外，脑组织中还含有较多的过渡金属，比如铁，这些具有氧化还原活性的金属能通过调节 Haber-Weiss 反应催化形成大量的毒性自由基。

（二）脂质过氧化

活性氧中间体（reactiveoxygen species，ROS）包括超氧化物、羟基、一氧化氮（nitricoxide，NO）、过氧化氢等自由基，及非自由基类氧代谢产物如过氧化氢、脂质氢过氧化物、单线态氧，及次氯酸等。在脑组织中，绝大部分的氧分子被用来以 ATP 的形式产生能量，只有很小一部分（约 5%）最终会成为 ROS。当机体保护性的抗氧化机制健全的时候，可通过将 ROS 转化为毒性较小的中间体来防止氧化损伤。为了维持组织氧化还原状态的稳定，机体内的氧化和还原机制是保持平衡的。

Marklund 等通过微透析技术研究发现受损的脑组织周围有大量的 ROS 形成。创伤性颅脑损伤（traumafic brain injury，TBI）后有许多因素能使 ROS 形成增加：① TBI 之后细胞外谷氨酸的大量增加本身就能使 ROS 增加，而 ROS 反过来又能促使谷氨酸的大量释放。再者，谷氨酸诱导的细胞内 Ca^{2+} 升高激活了磷脂酶 - 环加氧酶途径，并使黄嘌呤脱氢酶转变成黄嘌呤氧化酶，使一氧化氮合酶（nitricoxidesynthase NOS）活性增加，这些都能使 ROS 增加。② TBI 后线粒体损伤后，其电子传递链失效致使 ROS 自线粒体细胞器漏出，血红蛋白崩解释放出游离铁等也使 ROS 大量增加。③ TBI 后炎性细胞的激活也能产生大量的 ROS。脑组织中丰富的多不饱和脂肪酸是 ROS 诱导的氧化损伤的主要生物学靶点，脂质的过氧化将导致细胞膜磷脂的降解，对细胞膜和髓鞘造成损害，并且还会产生一些继发性的活性产物（即乙醛）；ROS 还会攻击蛋白质，既可以是直接的损伤，也可以通过像脂质过氧化类似的连锁反应造成损伤。DNA 也是 ROS 诱导的氧化损伤的主要攻击目标。ROS 能改变基因和基因产物，此外 ROS 还能影响线粒体的功能，影响脑血流。也有实验研究发现，在急性 TBI 的动物实验中发现 ROS 清除剂能减少血脑屏障（BBB）的通透性、减轻脑水肿、改善脑血流并影响凋亡过程。

三、NO 在外伤性脑损伤的继发性损伤过程中的作用

NO 是一种常见的神经递质，它是通过三种不同形式的一氧化氮合酶作用，由精氨酸产生的。

1．神经元一氧化氮合酶（neuronal nitric oxide synthase，nNOS） 主要分布在大脑中动脉供应区，较容易受到缺血损害，缺血时 nNOS 表达上调，所诱导形成的 NO 与 ROS 发生反应产生大量对神经存活不利的高活性自由基、nNOS 在脑外伤时也是上调的，使一些有害的自由基增加，加重了神经损伤。

2．诱导型一氧化氮合酶（inducible nitric oxide synthase，iNOS） 在创伤等多种状况下都会上调，由巨噬细胞、中性粒细胞和其他一些细胞产生，iNOS 所产生的 NO 会导致线粒体和细胞的功能障碍，因此对创伤和缺血后神经元的存活起着负面的作用。

3．内皮一氧化氮合酶（endothelial nitric oxide synthase，eNOS） 则与上述两种 NOS 不同，它有扩张血管改善脑灌注的作用。因此，在脑缺血时有脑保护的作用。有研究者发现，当用非特异性抑制剂同时阻滞 eNOS 和 nNOS 的活性时脑梗死的体积增大。而用特异性的抑制剂仅阻滞 nNOS 时，脑梗死的体积缩小，TBI 时，eNOS 的作用也是相似的。TBI 发生后 eNOS 迅速上调，保护脑组织免受进一步损伤。

eNOS 的脑保护作用主要通过以下一些途径来实现：

（1）其诱导产生的 NO 有扩张血管的作用，这些小分子的 NO 能弥散至周围的缺血半暗带，抑制血小板在半暗带的聚积和白细胞的浸润。

（2）半暗带血管内皮生长因子（VEGF）产物能诱导 eNOS 表达，继而促进新生血管的形成。

（3）NO 能对抗内皮素 -1（ET-1）对 Ca^{2+} 的调节作用和对细胞骨架 F- 肌动蛋白丝的重组作用，因而，起到调节微血管功能、改善脑循环的作用。

（4）eNOS 产生的 NO 能修正导致 GABA 释放增加的突触前信号，这对神经元的形成和恢复都非常重要。eNOS 还可以通过一种与 cGMP 相关的机制保护运动神经元免于凋亡。

四、兴奋性氨基酸的过量释放与 Ca^{2+} 失衡

自从 Rothman 和 Olney 在一些研究中发现了谷氨酸潜在的神经毒性作用后，首先提出了“兴奋毒性”的假想，此后许多作者通过研究发现，包括外伤在内的各种损伤因素可导致谷氨酸和天冬氨酸等兴奋性神经递质的失控性的过量释放。这些兴奋性氨基酸（excitatory amino acid system，EAAs）大量集聚导致 Ca^{2+} 大量内流，继而激发一系列复杂的细胞损伤过程，最终引起细胞死亡。Bullock 等在一组临床研究中发现脑挫伤患者的 EAAs 水平明显升高，与无挫伤区相比，挫伤区的细胞外氨基酸水平升高了 10 ～ 20 倍，在 4 天的实验期内持续升高而少有波动，这种 EAAs 的升高既不取决于挫伤灶的大小，也不依赖于颅内压（ICP）的改变和附加的缺血因素。有学者推测，在脑挫伤区存在着一些非特异性毁损过程，导致细胞膜上出现了许多微孔，使氨基酸得以漏出，细胞的脂质层里有许多电压调控的 Ca^{2+} 通道和结构类似的 Na^{+} 通道，它们的过度激活将严重损害细胞的稳定性神经元，

接触 EAAs 后几分钟即可激活离子型 AMPA 和 NMDA 受体，前者有利于 Na^+、K^+ 和 H^+ 非选择性地透过细胞膜，导致细胞的去极化，而后者则主要促进 Ca^{2+} 和单价阳离子进入细胞膜。轴突和神经末梢上的 Na^+ 通道开放可以将去极化传递至突触内的小泡，触发谷氨酸的释放，同时在去极化的作用下，突触前的 Ca^{2+} 通道开放，使胞浆内的 Ca^{2+} 浓度增高，继而启动了谷氨酸的出胞作用，这样就形成了 EAAs 不断释放、离子平衡严重紊乱的恶性循环。EAAs 通过两种机制引起细胞损伤，一方面 Na^+ 和 Ca^{2+} 大量内流可直接导致神经元水肿，与此同时重新建立细胞内外的 Na^+/K^+ 梯度又进一步消耗了能量储备；另一方面细胞内 Ca^{2+} 的大量增加不仅可通过加强细胞氧化应激造成细胞损伤，还会激活各种脂肪酶、蛋白酶和核酸内切酶，损伤 DNA、胞蛋白和脂质，从而导致细胞死亡。

五、神经元凋亡

传统观点认为创伤性颅脑损伤之后的神经元死亡是由于创伤部位或颅内压升高、缺氧，及微循环紊乱等继发性损伤引起的细胞坏死。近些年来诸多研究发现，TBI 后的神经元缺损也可以是由细胞凋亡引起。凋亡引起的细胞死亡与坏死引起的细胞死亡的比例则取决于缺血的严重性和持续时间等多种因素。有研究表明，在 TBI 早期的中心部位，主要表现为细胞肿胀坏死，而在外力打击相对较轻的损伤灶周边部位，伤后一段时间内表现为细胞凋亡，在创伤的中心部位，脑创伤直接作用的神经细胞膜功能严重受损、膜电位逆转、膜离子转运功能丧失、线粒体呼吸功能被破坏，致细胞内 Ca^{2+} 集聚、EAAs 大量生成、细胞肿胀坏死，在损伤的周边部位，细胞处于相对静止状态，离子传递受到抑制，能量生成减少，细胞内 Ca^{2+} 缓慢升高，使内源性凋亡促进基因激活后活化核酸内切酶，继而发生凋亡。

TBI 后一系列的细胞外和细胞内的信号都可启动凋亡过程，其中细胞内凋亡启动信号是由线粒体功能障碍触发的，细胞外的启动信号则涉及 TNF 超家族的受体。TBI 后导致凋亡的机制较为复杂，涉及多种可能的途径，包括依赖核因子 κB（NFκB）的途径、依赖 P53 的途径，及 bcl 家族中能诱导凋亡的成员（比如 bad/bax）激活途径等。这些因子的诱导可导致 caspase 的形成。caspase 在程序性细胞死亡（PCD）中的很多环节都起着很重要的作用。现在已知的 caspase 至少有 14 种，其中 caspase-3、6、7、8、9 对 PCD 分别有促进和抑制的作用，尤其是 caspase-3 的激活能导致 DNA 修复蛋白、细胞骨架蛋白，及 caspase 激活的 DNA 酶抑制蛋白的蛋白酶裂解，最终导致 DNA 的崩解和细胞死亡。

综上所述，TBI 后的继发性神经元损伤在很大程度上决定了 TBI 的最终结果，其主要的病理机制包括 EAAs 的大量释放及 Ca^{2+} 通道开放、自由基生成和脂质过氧化、炎性细胞介质释放和凋亡等。这些机制既同时发生作用又互相关联，构成连锁反应。

第四节　颅脑损伤的分类

一、按照损伤部位与性质结合分类

（一）头皮损伤

1．头皮挫裂伤。

2．头皮血肿。

3．头皮撕脱伤。

（二）颅骨损伤

1．颅盖骨骨折。

2．颅底骨折。

（三）脑的损伤

1．原发性脑损伤

（1）脑震荡。

（2）脑挫裂伤。

（3）原发性脑干损伤。

（4）下丘脑损伤。

（5）弥漫性轴索损伤。

2．继发性脑损伤

（1）脑水肿。

（2）颅内血肿：①硬膜外血肿；②硬膜下血肿；③脑内血肿。

二、解剖分类法

颅脑损伤的解剖分类法，包括颅骨骨折、脑膜损伤和脑实质损伤。

（一）颅骨骨折

按照骨折线情况分为线形骨折、凹陷骨折、粉碎性骨折、穿入性骨折 4 类，还有一种特殊的骨折形式是颅缝哆开或者称为颅缝分离，属于线性骨折。在儿童还有特殊的生长性颅骨骨折和分离性线状骨折两种特殊形式，但比较少见。

按照部位分为颅盖骨折、颅底骨折。

按照是否和外界相通分为开放性颅骨骨折和闭合性颅骨骨折。开放性颅骨骨折系指和外界空气相通；位于颅底的开放性骨折通过颅底部的孔、腔等自然通道和外界相通，一般称为内开放损伤。骨折线经咽鼓管（鼓膜未破裂）依然是内开放性骨折。

颅盖的开放性骨折并非和硬脑膜的破损相关，头皮完整不和外界相通，仍然归类于闭合性骨折。但如果颅底骨折的同时硬脑膜破裂，即使和外部不相通，临床也多诊断为内开放性颅脑损伤。

（二）脑膜损伤

脑膜损伤主要引起出血。

1．硬脑膜外出血（epidural hemorrhage，EDH） 以颞部较多见。多由于创伤局部或颞骨骨折导致脑膜中动脉撕裂出血所致。血肿常引起颅骨与局部硬脑膜分离，压迫局部脑组织，形成平整而边界不清的压迹。典型的临床表现是患者在创伤所致的短时意识丧失后，有 6 ~ 8 小时的清醒期，随着血肿的形成和发展，患者再次陷入进行性昏迷状态。患者常因脑疝、呼吸衰竭死亡，因此应及时确诊并进行手术处理。

2．硬脑膜下出血（subdural hemorrhage，SDH） 多因桥静脉（连接脑皮质和上矢状窦）撕裂所致，因此出血位置多在大脑背侧部，在硬脑膜和蛛网膜之间。血肿大小与机体的凝血功能和出血次数等有关。由于血肿直接压迫脑组织，致使局部大脑受压的压迹凹陷呈不规则状，轮廓分明（图 10-10）。

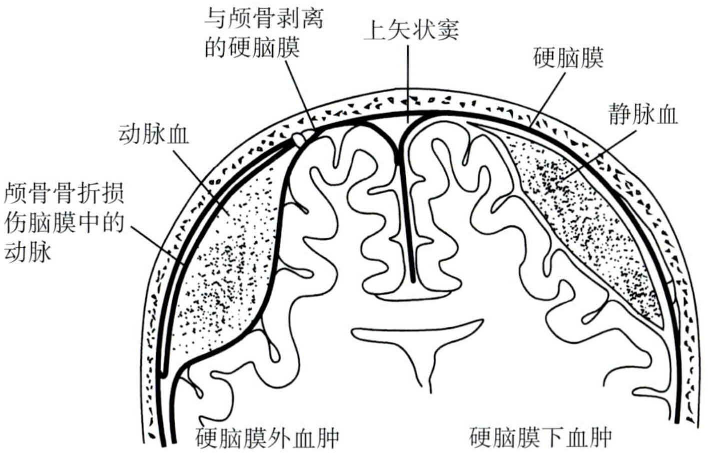

图 10-10 硬脑膜外血肿与硬脑膜下血肿示意图

急性硬脑膜下血肿可伴有脑挫伤或撕裂。临床症状出现较缓慢，有不同程度的意识障碍。其后果取决于出血程度及局部脑损伤等因素。

慢性硬脑膜下血肿常发生在轻微脑损伤后，多见于患有脑萎缩的老年人。起病缓慢，往往到血肿发展至相当体积后才出现症状。可表现为精神错乱，注意力不集中，偶可出现癫痫和缓慢进行的昏迷。血肿表面有起源于硬脑膜的肉芽组织包围。轻微损伤又可使其中的毛细血管破裂导致少量出血，这种出血和机化的过程可反复进行，使肉芽组织机化呈层状增厚，并使血肿进行性增大。未经治疗者多死于颅压升高所致的脑损害。

3．蛛网膜下腔出血（subarachnoid hemorrhage，SAH） 可伴发于脑挫伤，也可单独存在。通常出血范围有限，少数可为广泛、弥漫的出血。如果广泛弥漫的蛛网膜下腔出血、机化，可引起脑积水。

（三）脑实质损伤

脑实质损伤有下列五种。

1．脑震荡（concussion） 是头部创伤后暂时性意识丧失。其发生可能与中脑旋转所致网状系统一过性功能障碍有关。一般无明显的结构变化。必须指出的是，临床医生单凭症状作脑震荡的诊断须相当慎重。不少有脑震荡脑史的患者，在其尸检时可发现程度不同的脑挫伤。

2．脑挫伤（brain contussion） 和裂伤是最常见的局限性脑损伤。脑损伤发生在直接受外力冲击之处称为冲击伤（coup lesion），发生在其对侧者称为对冲伤（contra coup）。后者的发生和脑在受损过程中的旋转和位移有关。对冲伤易发生在额叶、颞叶，而枕叶甚少见。此与颅底不规则骨性粗糙面有关。

脑挫伤多累及脑回之冠，脑沟深部大多完好。病变呈楔形，底朝表面，尖端位于深层。局部软脑膜和皮层全层坏死（皮质分子层坏死是与脑梗死相区别的特征），并伴皮层血管撕裂出血。挫伤灶最后由增生的星形胶质细胞和软脑膜成纤维细胞增生形成的纤维胶质瘢痕加以修复，病灶和硬脑膜粘连。

3．脑裂伤（brain laceration） 乃由头部重度钝器伤造成，除脑皮质外病灶还累及深部脑组织。

4．弥漫性轴突损伤（diffuse axonal injury） 患者在颅脑损伤后即出现深昏迷和植物状态。肉眼观脑无明显病变。镜下，轴突广泛肿胀，以大脑白质、胼胝体和脑干上部最为显著。继之出现髓鞘变性、灶性出血坏死和小胶质细胞增生。本病的发病机制可能与加速或减速过程中对脑造成的剪切力（shearing force）损伤轴突有关。多见于车祸。约有 20% 患者经治疗可恢复正常意识。

5．脑出血 损伤性脑出血常伴发于脑挫伤、撕裂伤和急性轴突损伤。一般为点状或灶性出血。如大血管撕裂可导致大出血或血肿形成。

三、临床分类法

急性闭合性颅脑损伤的临床分型是一个重要而复杂的课题，多年来一直缺乏世界通用的统一分型体系，给有关颅脑损伤的科学研究和临床工作造成了相当的困难，也影响了相关的国际学术交流。1960 年我国首次制定了“急性闭合性颅脑损伤的分型”标准，并于 1964 年和 1978 年两次进行修订。该标准参照原苏联的临床病理分型体系，为我国在颅脑损伤工作中统一标准、促进学术交流做出了重要贡献。1974 年和 1976 年英国格拉斯哥大学的 Jennett 及 Teasdale 等提出格拉斯哥昏迷分级法，以此为基础对急性颅脑损伤进行分型。尽管存在一些不足之处，但很快被各国学者接受并推广应用至今，大大方便了国际学术交流。

（一）临床应用分类

该方法主要应用于临床诊断，以颅脑损伤部位和损伤的病理形态改变为基础。首先根据损伤部位分为颅伤和脑伤两部分，二者又分为开放性和闭合性损伤。脑损伤依据硬脑膜是否完整，分为开放性颅脑损伤（open craniocerebral injury）和闭合性颅脑损伤（closed craniocerebral injury）。前者的诊断主要依据硬脑膜破裂、脑脊液外流、颅腔与外界交通。颅底骨折合并脑脊液漏者又称之为内开放性脑损伤。闭合性脑损伤又可以分为原发性和继发性两类。

（二）根据病情轻重分类

临床应用分型只能对颅脑损伤患者进行受伤部位和病理类型做出诊断和分型，而无法对患者病情的轻重进行判断。我国于 1960 年首次制定了“急性闭合性颅脑损伤的分型”标准，按昏迷时间、阳性体征和生命体征将病情分为轻、中、重 3 型，经两次修订后已较为完善，现已成为国内公认的标准。

1．轻型

（1）伤后昏迷时间 0 ~ 30 分钟。

（2）有轻微头痛、头晕等自觉症状。

（3）神经系统和 CSF 检查无明显改变。主要包括单纯性脑震荡，可伴有或无颅骨骨折。

2．中型

（1）伤后昏迷时间 12 小时以内。

（2）有轻微的神经系统阳性体征。

（3）体温、呼吸、血压、脉搏有轻微改变。主要包括轻度脑挫裂伤，伴有或无颅骨骨折及蛛网膜下腔出血，无脑受压者。

3．重型

（1）伤后昏迷 12 小时以上，意识障碍逐渐加重或再次出现昏迷。

（2）有明显神经系统阳性体征。

（3）体温、呼吸、血压、脉搏有明显改变。主要包括广泛颅骨骨折、广泛脑挫裂伤，及脑干损伤或颅内血肿。

4．特重型

（1）脑原发损伤重，伤后昏迷深，有去大脑强直或伴有其他部位的脏器伤、休克等。

（2）已有晚期脑疝，包括双侧瞳孔散大、生命体征严重紊乱或呼吸已近停止。

（三）根据昏迷程度分类（GCS 昏迷指数）

1．概念 一般常听到的昏迷指数指的就是“格拉斯哥昏迷指数”（Glasgow coma scale，GCS），起初是为了评估头部外伤患者的状态及预后而定的，之后则被广泛运用于任何有意识变化的患者，例如：头部外伤、脑血管障碍（脑卒中）等。以往在描述意识状态的时候可能会用昏迷、半昏迷、痴呆等词来形容，不过不同的人用词的定义不同，往往会造成沟通困难。使用昏迷指数的好处在于用分数判定意识状态，使每位医护人员看到分数后可以客观地大概了解病患的昏迷程度，并可作后续的追踪和评估。

2．评估方法 测定时要保持室内安静，患者取仰卧位，暂停心电监护和床边治疗（输液不停），测定时刺激强度与部位应相对固定，言语尽量适中，并尽量用患者能够听懂的话。

GCS 的评估有 3 个方面，3 个方面的分数相加的总和即为昏迷指数。记述以 E、V、M 3 方面：

睁眼反应（E，eye opening）

4 分：自然睁眼（spontaneous）。

3 分：呼唤会睁眼（to speech）。

2 分：有刺激或痛楚会睁眼（to pain）。

1 分：对于刺激无反应（none）。

C 分：因肿胀睁不开眼。

说话反应（V，verbal response）

5 分：说话有条理（oriented）。

4 分：可应答，但有答非所问的情形（confused）。

3 分：可说出单字（inappropriate words）。

2 分：可发出声音（unintelligible sounds）。

1 分：无任何反应（none）。

E：气管插管无法正常发声。

T：气管切开无法正常发声。

运动反应（M，motor response）

6 分：可依指令动作（obey commands）。

5 分：施以刺激时，可定位出疼痛位置（localize）。

4 分：对疼痛刺激有反应，肢体会回缩（withdrawal）。

3 分：对疼痛刺激有反应，肢体会弯曲（decorticate flexion）。

2 分：对疼痛刺激有反应，肢体会伸直（decerebrate extension）。

1 分：无任何反应（no response）。

3．昏迷程度判定 昏迷程度以 E、V、M 三者分数相加的总和来评估，正常人的昏迷指数是满分 15 分，昏迷程度越重者的昏迷指数越低分。

轻度昏迷：13 ～ 14 分。

中度昏迷：9 ～ 12 分。

重度昏迷：3 ～ 8 分。

低于 3 分：因插管气管切开无法发声的重度昏迷者会有 2T 的评分。

注：

1．将三类得分相加，即得到 GCS 评分（最低 3 分，最高 15 分）。选评判时的最好反应计分。注意运动评分左侧、右侧可能不同，用较高的分数进行评分。改良的 GCS 评分应记录最好反应 / 最

差反应和左侧 / 右侧运动评分。

2．一般来说，GCS 只适用于成年人，由于婴幼儿语言表达能力的限制，关于儿科的昏迷指数有所修正：

（1）用言语反应判定 best verbal response：2 ～ 5 岁

5 分　微笑，声音定位，注视物体，互动（smiles，orientated to sounds，follows objects，interacts）

4 分　哭闹，但可以安慰，不正确互动（cries but consolable，inappropriate interactions）

3 分　对安慰异常发音，呻吟（inconsistantly inconsolable，moaning）

2 分　无法安慰（inconsolable，agitated）

1 分　没有语言反应（no verbal respone）

（2）用言语反应判定（best verbal response）：2 ～ 5 个月

5 分　微笑或动作适当（smiles or coos appropriately）

4 分　哭闹，但可以安慰（cries but consolable）

3 分　长时间的不当躁动和或尖叫（persistent inappropriate cryning & or screaming）

2 分　打呼噜或躁动不安（grunts or is agitated or restless）

1 分　无语言反应（no respone）

（3）1976 年重新修订时，从重型中分出特重型（3 ～ 5 分）。这一分型已在国内外广泛应用，其优点是简明科学，易于掌握，便于临床应用，基本上能反映出脑损伤程度。不足之处是未能包括脑干反射、瞳孔大小，及光反应、眼球位置及活动、颅内压等内容。

3．GCS 对预后的判定见后文。

（四）急性闭合性颅脑损伤分型的建议

此建议是在 1997 年 9 月天津召开的全国第二次颅脑损伤学术研讨会上提出的：

1．轻型

（1）伤后昏迷时间在 30 分钟以内，GCS 13 ～ 15 分。

（2）临床症状有伤后头痛头晕、恶心呕吐、逆行性健忘，神经系统检查无明显阳性体征，腰穿压力及 CSF 化验正常。

（3）CT 检查无异常发现。

2．中型

（1）伤后昏迷＜ 12 小时，GCS 9 ～ 12 分。

（2）伤后症状有头痛、恶心呕吐、有或无癫痫，神经系统检查有肢体瘫痪及失语，有脑受压及生命体征改变。

（3）CT 检查可有局限性小出血及血肿，脑水肿，中线结构移位＜ 3 mm。

（4）腰穿压力中度增高，血性脑脊液。

3．重型

（1）伤后昏迷＞ 12 小时，GCS 6 ～ 8 分。

（2）临床表现有偏瘫、失语或四肢瘫，有生命体征改变。

（3）CT 检查有蛛网膜下腔出血及颅内散在出血灶，血肿＞ 60 ml，脑池变窄或封闭，中线结构移位＞ 3 mm。

（4）腰穿压力显著增高＞ 3.43 kPa（350 mm H_2O），脑脊液为血性。

4．特重型

（1）伤后昏迷＞ 12 小时或持续昏迷，GCS 3 ～ 5 分。

（2）临床表现：发生脑疝在 3 小时以上，四肢瘫痪，脑干反射消失。

（3）CT 检查有蛛网膜下腔出血，颅内血肿或大面积梗死，环池封闭，中线结构移位＞ 10 mm。

（4）腰穿压力严重增高＞ 4.9 kPa（500 mmH_2O），CSF 为血性。

（五）轻微型和轻型分类

1993 年 Stein 和 Ross 首次提出，将轻型颅脑损伤进一步分为轻微型和轻型，目的是将危险性增加的患者鉴别出来并给予有效处理，这样可以为很多国家减少严重的资源负担。

1. 轻微型患者　没有意识丧失或健忘，GCS 为 15 分，机敏反应和记忆力正常，没有局灶性神经系统功能障碍，且没有可触摸到的凹陷性骨折。一般可以在告知有关颅脑损伤注意事项后，准其回家。但应收住院的适应证为：有颅脑以外损伤；年龄很小或很大；家中没有可靠的照看人；有潜在严重的内科性疾病需要治疗等。

2. 轻型患者具备下述一个以上特点　小于 5 分钟的短暂意识丧失；对出事情况有健忘；GCS 为 14 分；机敏反应和记忆力受损；可触摸到凹陷骨折。轻型患者都应迅速获取 CT 扫描结果。 CT 扫描未见颅内病变且没有其他住院适应证时，告知患者有关颅脑损伤注意事项后，可准许回家；CT 扫描发现颅内病变，或还有上述住院适应证时，应迅速进行是否手术的评价。另外，还特别提出，住院时 GCS 为 13 分的患者，都应按中型颅脑损伤处理收住院，因为这些患者中，有 40% CT 扫描可见颅内异常；约 10% 需神经外科手术。

（六）轻型和高危性轻型颅脑损伤分类

1997 年，Hsiang 等进一步提出将原来认为的轻型颅脑损伤再分为两型：轻型和高危性轻型颅脑损伤。

1. 轻型患者　GCS 为 15 分，头颅 X 线检查无骨折。

2. 高危性轻型颅脑损伤　包括 GCS 为 13 分和 14 分的所有患者，及 GCS 为 15 分中头颅 X 线检查有骨折者。按这种新分类，前者没有接受任何手术处理（包括 ICP 监测器的安置和开颅血肿清除术）；而后者约 10% 接受了手术。用 X 线检查有无头颅骨折更切合实际。

四、医学分级

颅脑损伤在医学上共分 3 个等级：

一级——称为颅脑损伤 I 级，即轻度颅脑损伤。指受伤当时有昏迷，昏迷时间在 30 分钟以内，且颅脑螺旋 CT 多次扫描均无异常发现者。

临床上根据其表现，又人为划分 3 级：

一级——轻型脑震荡；

二级——中型脑震荡；

三级——重型脑震荡：

一级：一般为轻型，无后遗症表现；中型及重型脑震荡者依据个体差异可有程度不同的后遗症表现（即颅脑损伤后综合征范畴），如头痛、头晕、恶心、呕吐、记忆力下降，甚至智力下降等。以上表现可为连续性或间断性发作，且长期不能完全缓解。一般颅脑损伤 I 级即应系统治疗，以防后遗症发生。

二级：称为中度颅脑损伤。指当时有昏迷，昏迷时间大于 30 分钟，而小于 1 小时，颅脑螺旋 CT 检查提示有出血或水肿区者。这一级一定要住院正规治疗，因出血可能随时会有变化，导致转为重度颅脑损伤，甚至死亡。视情况而决定是否手术治疗，一般常规药物治疗，严密观察病情变化。

三级：重度颅脑损伤。指昏迷时间大于 1 小时以上甚或持续昏迷，伴生命体征紊乱；颅脑螺旋 CT 检查提示：有出血或水肿或脑干区低密度影像（脑干损伤）。这一类患者死亡率较高，如若脑干损伤，死亡率可达 50% 或以上。治疗同中度。

一级内也包括脑震荡伴颅底骨折者。颅底骨折表现最多见的是前、中颅底骨折。需抗感染治疗，防止颅内感染死亡。每级均有 GCS 评分标准。

五、定位、定性、定量分类法

李景斌教授根据 1997 年标准草案思路，以《现代颅脑损伤学》（第 2 版）的分型标准为基础，结合临床应用的实际经验提出以下可操作性的定位、定性、定量方案，具有参考意义。

（一）轻型颅脑损伤

1．基本条件

（1）GCS 15 分。

（2）意识程度：清醒，有时嗜睡（小儿多见）。

（3）颅内压检测：80 ～ 199 mmH_2O。

2．定位、临床表现，及 CT 影像特点

（1）轻型脑挫裂伤

① 临床表现：清醒有时嗜睡、头痛、头昏等；

② CT 影像特点：脑内有小片状混杂密度。

（2）轻型颅内血肿（硬膜外、硬膜下、颅内）

① 临床表现：无任何不适或轻度头痛；

② CT 影像特点：幕上血肿量 9 ml 以下，幕下血肿量 2 ml 以下。

（3）轻型外伤性蛛网膜下腔出血

① 临床表现：无不适或轻度头痛；

② CT 影像特点：纵裂后半有出血。

（4）轻度大脑镰疝

① 临床表现：无不适或轻度头痛；

② CT 影像特点：中线移位 3 mm 以下。

（5）颅骨线型骨折

① 临床表现：无不适或轻度头痛；

② CT 影像特点：示线型骨折。

（6）轻型头皮血肿

① 临床表现：可查到小的头皮血肿 4 cm 以下（帽状鞘膜下、骨膜下、头皮血肿）；

② CT 影像特点：头皮肿胀直径 4 cm 以下。

（7）头皮挫裂伤或切割伤

① 临床表现：面部裂伤 2.9 cm 以下，头皮裂伤 4.9 cm 以下；

② CT 影像特点：头皮肿胀。

（8）脑震荡

① 临床表现：原发昏迷，逆行健忘等；

② CT 影像特点：未见异常。

（二）中型颅脑损伤

1．基本条件

（1）GCS 9 ～ 14 分。

（2）意识程度：烦躁→嗜睡→清醒。

（3）颅内压检测：200 ～ 350 mmH_2O。

2．定位、临床表现，及 CT 影像特点

（1）中型脑挫裂伤

① 临床表现：烦躁、嗜睡、清醒，有时有定位体征；

② CT 影像特点：脑挫裂伤明显，面积限于一个脑叶。

（2）中型颅内血肿（硬膜外、硬膜下、颅内）

① 临床表现：颅内压增高表现：头痛、呕吐；

② CT 影像特点：幕上血肿量 10 ～ 30 ml，幕下血肿量 3 ～ 10 ml。

（3）中型外伤性蛛网膜下腔出血

① 临床表现：脑膜刺激征（+）；

② CT 影像特点：纵裂全程出血，侧裂单侧少量出血等。

（4）中型大脑镰疝

CT 影像特点：中线移位 4 ～ 9 mm。

（5）单侧前颅凹骨折

① 临床表现：单侧熊猫眼；

② CT 影像特点：线型骨折，眶部骨折等。

（6）粉碎型、凹陷型颅骨骨折

① 临床表现：骨折处有头皮挫裂伤，有压痛或血肿；

② CT 影像特点：粉碎或凹陷型骨折。

（7）头皮大血肿

① 临床表现：头皮可触及 5 cm 以上骨膜下血肿或帽状鞘膜下血肿；

② CT 影像特点：切线位测出直径 > 5 cm。

（8）头皮开放损伤大于 5 cm，面部损伤大于 3 cm 的挫裂伤或切割伤

① 临床表现：颅骨可有损伤，但无脑管液漏出；

② CT 影像特点：可有骨折、软组织肿胀等。

（三）重型颅脑损伤

1．基本条件

（1）GCS 6 ～ 8 分。

（2）意识程度：朦胧状态，烦躁→浅昏迷。

（3）颅内压检测：350 ～ 499 mmH_2O。

2．定位、临床表现，及 CT 影像特点

（1）重型脑挫裂伤

① 临床表现：朦胧状态，烦躁→浅昏迷，一般有神经系统障碍定位体征的表现；

② CT 影像特点：双侧脑挫裂伤，一侧两个脑叶以上挫裂伤。

（2）无昏迷的原发脑干损伤

① 临床表现：朦胧烦躁，有脑干损伤体征及交叉瘫；

② CT 影像特点：环池、四叠体池受压消失等。

（3）重型颅脑血肿（硬膜内，硬膜下，颅内血肿）

① 临床表现：颅内压增高的表现；

② CT 影像特点：幕上血肿量 31 ～ 79 ml，幕下血肿量 11 ～ 19 ml。

（4）重型蛛网膜下腔出血

① 临床表现：明显脑膜刺激征；

② CT 影像特点：双侧或单侧裂池出血及下腔出血（纵裂）。

（5）重型大脑镰疝

CT 影像特点：中线移位 10 ～ 15 mm。

（6）内开放型颅脑损伤

① 临床表现：脑管溢耳漏，鼻漏，双侧熊猫眼；

② CT 影像特点：颅内积气，颅底或颅骨骨折。

（7）开放型颅脑损伤

① 临床表现：脑组织外漏颅外，颅骨缺损或粉碎，头皮哆开；

② CT 影像特点：颅内积气，颅骨粉碎，脑组织外漏头皮肿胀等。

（8）头皮撕脱伤

（四）特重型颅脑损伤

1．基本条件

（1）GCS 3 ～ 5 分。

（2）意识水平：浅昏迷→昏迷→深昏迷。

（3）颅内压测定 500 mmH_2O 以上。

2．定位、临床表现及 CT 影像特点。

（1）原发性脑干损伤

① 中脑及脑桥以上损伤

A．临床表现：瞳孔时大时小，浅昏迷以上，双侧椎体束征（+）；

B．CT 影像特点：环池，四叠体池受压、消失及出血。

② 脑桥下部、延髓损伤

A．临床表现：瞳孔极度缩小，高热，生命征变化，以呼吸变化为常见；

B．CT 影像特点：小脑幕区出血，第四脑室变小或消失。

（2）丘脑下部损伤

① 临床表现：体温过高，过低，应激性溃疡，尿崩症等；

② CT 影像特点：小脑幕区出血，鞍上室变小或消失。

（3）小脑幕裂孔疝

① 临床表现：同侧瞳孔散大对侧肢体偏瘫为最常见；

② CT 影像特点：中线移位，腔室不对称，环池、四叠体池受压或消失。

（4）枕骨大孔疝

① 临床表现：生命体征变化呈现“二慢一高”，呼吸变化是疝前期变化的主要观察项目，临床要高度重视。推荐：后颅窝颅内压监护可靠，可使用之。

② CT 影像特点：后颅窝高压表现：亨氏区消失，四脑室变小或消失。如果有前后两张片对照，表现更明显。

（5）弥漫性脑肿胀：以颅内压监护为主，CT 检查为辅

① 临床表现：颅内压逐渐增高表现：出现二慢一高，瞳孔逐渐散大等；

② CT 影像特点：脑室变小，脑沟脑裂消失，皮层下小出血点等。

（6）特重型颅内血肿（包括硬膜外、硬膜下，及腔内血肿）

① 临床表现：颅内压增高及脑疝表现（镰下疝，小脑幕疝或枕大孔疝）；

② CT 影像特点：幕上血肿量超过 80 ml 以上，幕下血肿量超过 20 ml 以上。

（7）特重型蛛网膜下腔出血（包括脑室内出血）

CT 影像特点：脑室出血，环池、四叠体池、鞍上池出血等。

（8）特重型大脑镰疝

CT 影像特点：中线移位 16 mm 以上。

（9）特重型内开放性颅脑损伤（包括失血性休克）

临床表现：口鼻喷出大量脓血性脑脊液。很快出现休克，抢救不及时数小时内死亡。

（10）特重型开放性颅脑损伤

① 临床表现：脑组织外溢，生命体征明显变化者；

② CT 影像学特点：粉碎性颅骨折，颅内积气，脑组织外溢及脑挫裂伤等。

（11）继发性脑干损伤（上段型→下段型）

① 临床表现：昏迷程度逐渐加深，脑干症状由上向下进展，最后呼吸停止死亡；

② CT 表现：环池、四叠体池受压或消失，最后出现第四脑室缩小或消失。

第五节　颅脑损伤的症状与体征

颅脑损伤后，由于不同病例的致伤机制、受伤部位、伤情轻重、就诊时机等不同，临床表现差异较大。如考虑到继发性颅脑损伤的存在，则病情更为复杂。本节只介绍伤后常见的症状体征，既包括神经系统本身的异常情况，也描述继发于颅脑损伤的全身系统性改变。

一、意识障碍

意识障碍是颅脑损伤患者伤后最为常见的症状，伤后立即出现的意识障碍通常称为原发性意识障碍。如患者伤后存在一段时间的清醒期，或原发性意识障碍后意识一度好转，病情再度恶化，意识障碍又加重，称为继发性意识障碍。原发性意识障碍通常由原发性颅脑损伤所致，其病理生理机制为广泛皮质损伤、弥漫性轴索损伤。以往认为，脑干损伤是导致持续原发性意识障碍的主要原因；现在许多学者认为，单纯脑干损伤所致意识障碍远较弥漫性轴索损伤少见，多数所谓的脑干损伤只是弥漫性轴索损伤的一部分。继发性意识障碍的出现往往提示颅内继发性损伤的发生，包括脑水肿、脑缺血，及全身系统性并发症的存在，但颅内血肿却是继发意识障碍的最常见原因。典型的意识障碍 - 清醒 - 意识障碍病程，提示硬膜外血肿的存在，而对于硬膜下血肿来说，由于通常伴有较重的脑损伤，故中间清醒期不明显，但有些病例通过仔细观察可以见到意识障碍 - 好转 - 再次加重的病情变化，此时应及时行 CT 检查，以免延误治疗。

不同程度的意识障碍往往预示伤情的轻重程度，而意识障碍程度的变化又提示病情好转或恶化。因此，了解不同程度意识障碍的表现非常重要。

根据意识障碍的程度，可以由轻到重分为4级：

1．嗜睡 表现为对周围刺激的反应性减退，但患者可被唤醒，能基本正确地回答简单问题，停止刺激后很快又入睡。各种生理反射和生命体征正常。

2．昏睡 对周围刺激的反应性进一步减退，虽能被较响的言语唤醒，但不能正确回答问题，语无伦次，旋即又进入昏睡。生理反射存在，生命体征无明显改变。

3．浅昏迷 失去对语言刺激的反应能力，但疼痛刺激下可有逃避动作，此时浅反射通常消失，深反射减退或消失，生命体征轻度改变。

4．深昏迷 对外界的一切刺激失去反应能力，深浅反射消失，瞳孔光反射迟钝或消失，四肢肌张力极低或呈强直状态，生命体征也出现紊乱，患者病情危重，预后不良。

二、头痛和呕吐

头痛一般见于所有神志清楚的颅脑损伤患者，可以由头皮或颅骨损伤所致，也可由颅内出血和颅内压升高引起。头痛可为局限性的，通常多见于外力作用部位，是由于局部组织损伤及其继发的炎症反应造成的；也可为弥漫性的，常由于脑组织损伤或颅内压升高所致。头痛与病情严重程度并无一定的关系，患者诉头痛，但疼痛位置表浅而局限，且神志清楚，CT未见明显异常，通常是由于颅外组织创伤所致。除对症止痛治疗外，无须特殊处理。如患者全头剧烈胀痛，且逐渐加重，并伴有反复的呕吐，应高度警惕颅内血肿的发生。伤后早期呕吐可以由迷走或前庭结构受损伤引起，但颅内压升高是颅脑损伤患者伤后头痛的主要原因。反复的喷射性呕吐是颅内高压的特征性表现。

三、瞳孔改变

瞳孔由动眼神经的副交感支和交感神经共同支配。伤后立即出现一侧瞳孔散大，光反应消失，而患者神志清楚，可能为颅底骨折导致动眼神经损伤所致的动眼神经原发性损伤。若伤后双侧瞳孔不等大，一侧瞳孔缩小，光反应灵敏，同时伴有同侧面部潮红无汗，眼裂变小（Horner综合征），在排除颈部交感神经受损的可能后，应考虑是否存在脑干的局灶性损伤。如双侧瞳孔缩小，光反应消失，伴有双侧锥体束征和中枢性高热等生命体征紊乱症状，表示脑干受损范围较广，病情危重。如伤后头痛、呕吐加重，意识障碍逐渐加深，伴有一侧瞳孔逐渐散大，光反应迟钝或消失，应考虑颅内血肿和小脑幕切迹疝的存在。若双侧瞳孔散大，光反应消失，则已属于脑疝晚期。一般来说，患者清醒状态下，双侧瞳孔均等地扩大和缩小，而光反应正常，并无病理意义。

四、眼底改变

颅脑损伤后早期眼底改变不常见，如存在明显脑挫裂伤、蛛网膜下腔出血时，眼底检查可见到玻璃体下火焰状出血。当出现脑水肿、颅内血肿或脑缺血时，颅内压显著增高，可以见到双侧视盘水肿，表现为视盘生理凹陷消失或隆起，边界不清，动静脉直径比例$<2:3$。头痛、喷射性呕吐和视盘水肿是颅内压增高的表现。

五、锥体束征

锥体束一部分发源于中央前回和旁中央小叶（第4区）的皮质运动神经元，另一部分起源于附加运动区（第6、7、8等区），它们的纤维聚集成束，经放射冠、内囊、大脑脚下行；部分在脑干终止于脑神经运动核，称为皮质脑干束。其余部分在延髓的锥体中交叉，下行于对侧脊髓侧索中，中止于不同节段的前角运动神经元，通常所称的锥体束即指该部分纤维。

锥体束行程中任何部位的损伤都会表现出锥体束征。位于中央前回的脑挫裂伤可以导致对侧肢体程度不等的瘫痪，如病变局限，可以只表现为单瘫，可伴有病理征（+）。位于脑干部位的损伤，如部位局限，会引起对侧肢体完全瘫痪，病理征（+）；如脑干广泛受损伤，则患者出现昏迷，伴有双侧肢体瘫痪，去大脑强直，双侧病理征（+）。颞叶沟回疝发生早期，会出现典型的患侧瞳孔散大，光反应消失，伴有对侧锥体束征阳性，对病情判断具有重要的提示作用，此时及时手术清除血肿，有可能使病情逆转，待双侧瞳孔散大、病理征（+）、伴有发作性去大脑强直时，病变已属晚期。

六、脑疝

脑疝（brain herniation）是指颅内压升高后，颅内各腔室间出现压力差，推压部分脑组织向靠近的解剖间隙移位，引起危及患者生命的综合征。常见的有小脑幕切迹疝和枕骨大孔疝。

（一）小脑幕切迹疝

小脑幕切迹疝（transtentorial herniation）包括小脑幕切迹上疝（小脑蚓部疝）和小脑幕切迹下疝，最常见的为小脑幕切迹下疝（又称颞叶钩回疝）。正常情况下，颞叶内侧的结构靠近小脑幕缘，包括海马回、沟回、海马旁回（内侧为海马回和齿状回）。当出现幕上血肿或严重脑水肿时，幕上压力升高，推移小脑幕缘旁的上述结构向幕下移动。移动过程中压迫行经脚间池的动眼神经、同侧大脑脚和大脑后动脉，出现明显的临床症状。脑疝发生早期，由于动眼神经的副交感支位于神经表面，最先受累，表现为同侧瞳孔最初缩小，旋即扩大，光反应迟钝或消失。随着脑疝进一步发展，同侧大脑脚受压，表现为对侧肢体偏瘫，病理征（+）。大脑后动脉受压，引起枕叶皮质梗死。由于中脑受压，影响网状结构上行激活系统功能，患者出现昏迷。脑疝晚期则表现为双侧瞳孔散大，固定，深度昏迷伴有双侧病理征（+）和阵发性去大脑强直。脑干由于长期移位和受压，发生继发性损伤，患者生命体征出现紊乱。

（二）枕骨大孔疝

在压力差的作用下，小脑扁桃体向下移动，疝入枕骨大孔，形成枕骨大孔疝（transforamen magnum herniation，TMH）。由于枕骨大孔前部容纳延髓，脑疝发生时小脑扁桃体向前挤压延髓，导致延髓腹侧的呼吸和心血管中枢受累。故小脑扁桃体疝病情发展较快，而意识障碍多不明显，临床上并无特殊表现和先兆，突然发生呼吸衰竭，患者往往因抢救不及时而死亡。因此，对颅后窝血肿患者，应适当扩大手术指征，并密切观察病情变化，最好在ICU病房中进行监护。

七、全身性改变

颅脑损伤后，患者不仅表现为头痛、呕吐、意识障碍，及局灶性神经功能缺损等中枢神经系统损伤的症状和体征，还会出现全身各器官系统的功能异常。临床上患者可以以脑部损伤表现为主，但严重颅脑损伤患者还可出现全身脏器功能紊乱，以致威胁生命。因此，在救治严重颅脑损伤患者时，一定要注意其全身情况，对可能出现的并发症做到早期预防，早期发现，及时治疗。颅脑损伤患者常出现的全身性功能紊乱包括生命体征的改变，水、电解质代谢紊乱，脑性肺水肿，应激性溃疡，凝血机制障碍等。

（一）生命体征的改变

脑外伤发生后，患者可暂时出现面色苍白、心悸、出汗和四肢无力等症状，此时监测生命体征，可以发现呼吸浅快、心动过速、节律异常、脉搏微弱、血压下降，如损伤程度不重，伤后半小时内上述症状体征都可以恢复正常。一般来讲，单纯颅脑损伤很少在伤后早期出现休克，否则应怀疑伴有其他脏器损伤如气胸、内脏大出血等情况。伤后早期生命体征紊乱，已经恢复正常，但随即出现血压升高、脉压加大、脉搏和呼吸变缓，说明存在颅内压进行性增高，应高度怀疑继发颅内血肿。脑干损伤后，呼吸、血压和脉搏等生命体征紊乱程度较重，持续时间较长，应予密切监护和治疗。脑的血供与脑血流量（CBF）有关，而 CBF 又与脑灌注压（CPP）呈正比，与脑血管阻力（CVR）呈反比。通常计算 CPP 用平均体动脉压（SAP）与颅内压（ICP）之差，故得出公式 CBF=CPP/CVR，也即 CBF=（SAP–ICP）/CVR。本公式说明，脑血流灌注与动脉血压关系密切。当颅脑损伤发生后，颅内压通常增高，此时如患者血压持续较低或伴有休克，将显著降低脑血流灌注，加重继发性颅脑损伤。

（二）水、电解质代谢紊乱

颅脑损伤尤其是重症颅脑损伤患者出现水、电解质代谢紊乱者并不少见。严格地说，由于创伤后的应激反应，垂体前叶 ACTH 分泌量增加，对水盐排泄均会造成一定程度的影响，但一般表现为亚临床过程，只有对患者进行尿钠排泄检查时才会发现。少数情况下，尤其对于重型颅脑损伤患者，可以出现明显的水盐代谢紊乱，进一步加重继发性颅脑损伤，甚至危及生命。最常见的水盐代谢异常包括以下两种。

1．低钠血症 颅脑损伤时，直接或间接影响下丘脑功能，而会导致有关水盐代谢激素的分泌异常。目前关于低钠血症发生的病因有两种理论，即抗利尿激素异常分泌失调综合征（syndrome of inappropriate antidiuretic hormone，SIADH）和脑性耗盐综合征（cerebral salt wasting，CSW）。SIADH 理论是 1957 年由 Bartter 等提出的，该理论认为，低钠血症产生的原因是各种创伤性刺激作用于下丘脑，引起抗利尿激素分泌过多，肾远曲小管和集合管重吸收水分的作用增强，体液潴留，血钠被稀释。但 20 世纪 70 年代末以来，越来越多的学者发现，发生低钠血症时，患者多伴有尿量增多和尿钠排泄量增多，而血中抗利尿激素（ADH）并无明显增加。这使得脑性耗盐综合征的概念逐渐被接受。该理论认为，手术和创伤刺激影响了神经和体液调节，通过某种激素或神经传导作用于肾，导致肾排泄水钠增多。该理论可以很好地解释一些临床现象，如低血钠时伴有尿量增多，钠排泄量增多，循环血容量降低等，因此，被越来越多的学者所接受。但究竟是何种机制影响了肾功能，仍是未解之题。治疗以对症补充氯化钠和盐皮质激素为主，伴有尿量增多者，可予垂体后叶素治疗。如患者表现为高血容量的 SIADH，则应限制水的摄入量。

2．高钠血症 颅脑损伤后，高钠血症（hypernatremia）远较低钠血症少见，可以分为高血容量性高钠和低血容量性高钠两类。前者一般因补液时输入较多高渗液体，如甘露醇，而患者又处于昏迷状态，不能对血液的高渗作出反应，主动饮水所致。及时复查血电解质，可以早期发现，调整输液成分即可予以纠正。低血容量性高钠较为多见，主要见于严重颅脑损伤患者，因患者常处于昏迷状态，无法主动饮水，同时伤后因高热、大量出汗、呼吸急促等因素，机体丧失水分较多，导致患者脱水、血钠升高、血浆渗透压升高，继而引发神经细胞内脱水，还可伴有广泛的脑血管损伤。典型的临床表现有烦躁、震颤、肌张力增高和知觉减退，严重时有抽搐、角弓反张、昏迷。如患者已出现血压降低、高热、全身肌张力降低，则已属晚期，预后不良。治疗以补充低渗液为主，补水应多于补钠，但应注意，调整补液速度，以防因过快补入低渗液而发生脑水肿。

（三）脑性肺水肿

脑性肺水肿（cerebral pneumonedema）可见于严重颅脑损伤患者。主要是由于创伤的直接作用，或颅内高压、脑水肿、脑缺血等因素的影响，导致下丘脑自主神经功能中枢功能障碍，主要为交感神经兴奋，大量儿茶酚胺类物质释放入血。肺血管对儿茶酚胺反应较敏感，易发生血管痉挛；同时周围血管收缩，肺血流量增加。在上述两方面因素作用下，发生急性肺水肿。患者临床上表现为急性起病，早期出现呼吸困难，伴有大量血性泡沫痰，肺部听诊可闻及双肺广泛的湿啰音，及时行胸片检查可以确诊。治疗原则应以支气管解痉治疗为主，不宜过分降低血压，以免加重脑缺氧。为观察神志改变，也不宜应用镇静剂。一旦出现本症，患者预后不良，死亡率很高。

（四）应激性溃疡

应激性溃疡（stress ulcer）在重型颅脑损伤后发生率很高，其发病原因与脑损伤后下丘脑释放过多的儿茶酚胺和交感神经兴奋有关，在上述因素的作用下，胃十二指肠黏膜血管强烈收缩，抗酸能力减弱，黏膜缺血坏死，病理检查见到类似浅表性胃炎的表现。临床上表现为呕吐咖啡色胃内容物，如出血较迅猛，也可呕吐鲜血，同时伴有失血性休克。病理检查发现，严重颅脑损伤患者胃黏膜都存在不同程度的病变，因此，应常规对严重颅脑损伤患者给予抑酸药。一旦发生黏膜出血，应静脉输入强力抑酸药，并使用凝血酶和冰盐水进行胃内灌洗，同时纠正低血容量。

（五）凝血机制障碍

根据文献报道，重型颅脑损伤后约半数患者可出现凝血机制障碍，但多为亚临床型。这是由于脑组织富含组织凝血活酶（tissue thromboplatin），伤后释放入全身循环中，通过外源性途径激活凝血机制并致级联反应。严重者表现为弥散性血管内凝血（DIC）。检查可见凝血时间和凝血酶原时间延长，及血清纤维蛋白降解产物（FDP）水平增高。如能及时发现，并积极输注新鲜血浆及其他血液成分，可望获得较好疗效。

第六节 颅脑外伤的现场救治

据创伤性昏迷资料库的研究表明，重型颅脑损伤的死亡率从20世纪70年代后期的50%左右下降到近期的36%，重要原因就是采用了一种“加强处理方案”。医院前的“创伤性高级生命支持系统”、医院中的“重型颅脑损伤的处理指南”，及“欧洲脑损伤联合体成人重型颅脑损伤处理指南”，都是创伤系统的典型代表。虽然各自阐述的内容和侧重面有所不同，但均试图采用切实可行的方案，保证稳定而充分的通气和循环，以达到防治脑继发性损害的目的。在每一系统中，对早期气管插管、迅速将患者转运到条件适宜的治疗单位、进行迅速而及时的复苏、早期CT扫描、及时清除颅内血肿或挫伤等占位病变，及最后在ICU环境内接受极为具体的处理等方面，都给予了特别强调。

一、伤情鉴别

在抢救现场中除了大出血的伤员之外，应首先把头部有伤的伤员挑出来。值得注意的是：刚发生车祸后，昏迷的伤员一般是头部受伤，脉搏微弱的伤员是休克伤员，休克也会意识不清，但休克伤昏迷稍晚于头部伤。

现场脑外伤严重度评价，通过呼叫、让伤员抬高肢体、压眶反应快速进行 Glasgow 昏迷计分。

二、现场抢救与转送流程

颅脑损伤的患者急救能否取得效果的关键，在于急救人员能否进行正确和及时的现场抢救，急救人员应在快速、简洁地了解患者的受伤时间、地点、原因，及过程后，立即对头部和全身情况做认真的检查，在综合病史及初步检查情况做出病情判断后随即开始现场急救。

急救人员：一般 4 人，最好医生 2 人，护士 2 人。由 1 名医生进行操作，另一名医生进行记录和帮助施救操作；2 名护士输液、下尿管和观察生命体征。

急救项目：伤情评估、静脉注射或输液、心电监护、颈托固定、搬运。

急救器械：颈托、心电监护仪、血压表、输液器、留置针、20% 甘露醇、止血药物、生理盐水、软担架、担架车。

急救流程：

医生：判断现场环境的安全性，通过呼叫、让伤员抬高肢体、压眶反应快速地进行 Glasgow 昏迷计分，同时报告给记录员。

护士：粘贴心电贴片，连接心电监护并开启心电监护仪，报告血压、脉搏、呼吸和血氧饱和度，并记录。

医生：边检查边报告“瞳孔大小、形状、光反应”。

护士：打开气道，清理口腔，鼻导管吸氧。然后根据需要建立 1 ~ 2 个静脉通道，按照医嘱输注液体或甘露醇等。

医生：边检查边报告“头皮挫裂伤情况、有无出血和畸形；压迫眶上神经有无反应；观察双眼周有无淤血呈‘熊猫眼’，鼻孔有无流血，口腔有无呕吐物，双耳是否有出血，双耳后是否有淤血青紫，颈部软硬度，胸、腹、四肢有无外伤和畸形，四肢有无瘫痪，双膝腱反射及病理反射征”。

医生和助手：上颈托。

急救人员：将伤者头部抬高 45°，用保险带固定侧卧位，然后边输液、吸氧，边抬担架车进入急救车内。

（1）头部出血：压迫面动脉或颞浅动脉可以给头面部止血（图 10-11，图 10-12）。

（2）加压包扎：对一些小的挫裂伤应用无菌纱布覆盖、网罩包扎即可（图 10-13）；如果为大的裂伤，可用消毒急救包或其他清洁质软的布料，压迫伤口，再用绷带风帽式或“8”字形包扎方法缠扎（图 10-14）。

（3）脑膨出的包扎：发生脑膨出的一般都是严重的颅脑外伤，伤员大部分都处于昏迷状态。因此，首先应使伤员侧卧或侧、俯中间位，解开领口和腰带，保持呼吸道通畅。对于脑膨出，先用纱布、手帕、衣服条等做成一个大小适中的保护圈，放在膨出脑组织的上面，再用清洁的敷料、布单等覆盖脑组织，然后再用干净容器（如小饭碗）扣在上面，再用三角巾或其他材料包扎。注意包扎时动作要轻柔，以免损伤脑组织（图 10-15）。

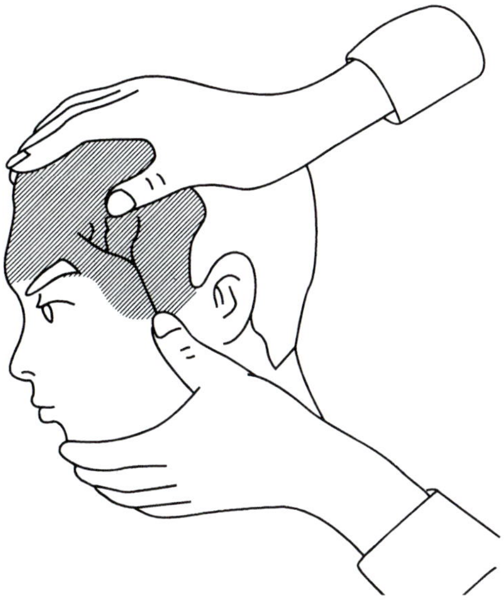

图 10-11　颞浅动脉指压止血

图 10-12　颈总动脉指压止血

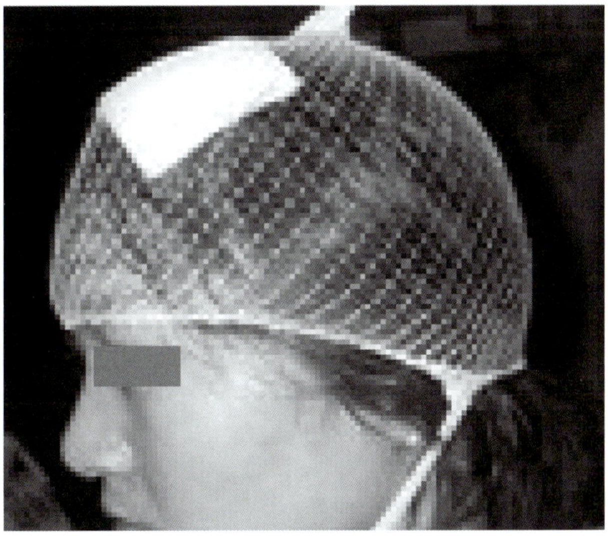

图 10-13　网罩包扎

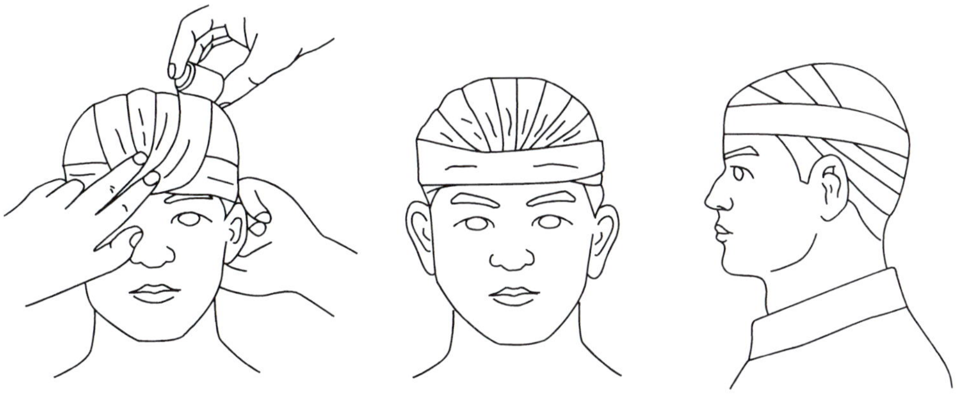

额枕部包扎法

图 10-14　帽式包扎法

图 10-15 脑膨出的包扎

三、现场急救的重点与方法

现场急救的重点是呼吸与循环功能的支持，及时纠正伤后发生的呼吸暂停与维持血压的稳定。有条件的可使用高级生命支持的急救方法（参见本章第二节）。

（一）保持呼吸道通畅

急性颅脑损伤患者由于出现意识障碍而失去主动清除分泌物的能力，可因呕吐物或血液、脑脊液吸入气管造成呼吸困难，甚至窒息。故应立即清除口、鼻腔的分泌物，调整头位为侧卧位或后仰，必要时就地气管内插管或气管切开，以保持呼吸道的通畅，若呼吸停止或通气不足，应连接简易呼吸器做辅助呼吸。

（二）制止活动性外出血

头皮血运极丰富，单纯头皮裂伤有时即可引起致死性外出血，开放性颅脑损伤可累及头皮的大小动脉，颅骨骨折可伤及颅内静脉窦，同时颅脑损伤往往合并其他部位的复合伤，均可造成大出血，引起失血性休克，从而导致循环功能衰竭。因此制止活动性外出血，维持循环功能极为重要。现场急救处理包括：

1．对可见的较粗动脉的搏动性喷血可用止血钳将血管夹闭。

2．对头皮裂伤的广泛出血可用绷带加压包扎，暂时减少出血。在条件不允许时，可用粗丝线将头皮全层紧密缝合，到达医院后需进一步处理时再拆开。

3．静脉窦出血现场处理比较困难，在情况许可时最好使伤员头高位或半坐位转送到医院，再做进一步处理。

4．对已暴露脑组织的开放性创面出血可用明胶海绵贴附，再以干纱布覆盖，包扎不宜过紧，以免加重脑组织损伤。

（三）维持有效的循环功能

单纯颅脑损伤的患者很少出现休克，往往是因为合并其他脏器的损伤、骨折、头皮裂伤等造成内出血或外出血从而致失血性休克，引起循环功能衰竭。但在急性颅脑损伤时为防止加重脑水肿而不宜补充大量液体或生理盐水，因此及时有效的止血、快速输血或血浆是防止休克、避免循环功能衰竭最有效的方法。

（四）局部创面的处理

以防止伤口再污染、预防感染、减少或制止出血为原则，可在简单清除创面的异物后用生理盐水或凉开水冲洗后用无菌敷料覆盖包扎，并及早应用抗生素和破伤风抗毒素。

（五）防止和处理脑疝

当患者出现昏迷及瞳孔不等大，则是颅脑损伤严重的表现，瞳孔扩大侧通常是颅内血肿侧，应静推或快速静脉点滴（15 ~ 30 分钟内）20% 甘露醇 250 ml，同时用呋塞米 40 mg 静脉推注后立即转送，并注意在用药后患者意识和瞳孔的变化。

四、转送

（一）转送前的准备

1．强调“急”“快”“救”的原则，特别是对成批伤员更要做到忙而不乱、快而有效。

2．确保转运途中抢救器材齐全和功能完好、抢救药品足够。

3．转送前对病情做正确的评估，对途中可能发生的变化和应急措施应有足够的认识。

4．确保良好的通讯设施，途中与目的地医院保持联系，将病情和抢救信息提前告知，以便目的地医院提前做好抢救准备。

（二）在转送过程中应遵循以下原则

1．对有严重休克或呼吸困难疑有梗阻者应就地就近抢救，待病情有所稳定后再转送，切忌仓促搬动及远道转送。

2．转送过程中，为防止昏迷患者因误吸入呕吐物、血液、脑脊液引起窒息，应将头转向一侧，对确认无颈椎骨折者可托起颈部，另一只手压前额使之尽量后仰。必要时先行气管插管后再转送。并注意途中随时清除口腔和呼吸道的分泌物。

3．对于烦躁不安者，可予以适当的四肢约束，在烦躁的原因未解除前，慎用镇静剂。

4．四肢和脊柱有骨折的患者应用硬板担架运送，在转送前应做适当固定，以免在搬运过程中加重损伤。

5．陪送的医护人员在转送过程中应密切注意患者的呼吸、脉搏，及意识的变化，情况紧急时随时停车抢救处理。

6．到达目的医院后，陪送的医护人员应向接受单位的医护人员分别详细地将所了解的受伤时间、原因、初步的体检及诊断、现场和途中的病情变化，及处理情况进行介绍。

7．转送就近医院抢救的原则 颅脑损伤的抢救重要的是快速及时，就近治疗。有的人迷信大医院，误认为昏迷的患者只有大医院才能救治，不惜代价将伤员送往大医院，而不是就近抢救，耽误了时间。实际上，中等医院日常工作不很忙，能及时抢救伤员，抢救成功的机会可能会更高。尤其是交通事故多发生于郊外或交通发达地区，这些地区的医院常抢救颅脑损伤伤员，许多医院有神经外科医生，有能力完成颅脑手术。即便是就近的医院神经外科治疗技术欠缺，也应该在病情稳定后再转往上级医院进行救治。

第七节　急诊室脑外伤的诊断和急救

急诊室的诊断包括两个方面：颅脑损伤的诊断和合并伤的诊断。颅脑损伤的诊断须在最短时间内明确：有无需要立即手术的颅内血肿；鉴别原发性脑干伤和继发性脑干伤；为伤员的伤情进行分类；决定是否收入院或留在观察室或可以回家。急诊室的急救必须包括正确的合并伤的诊治。

医院急诊室的值班医生应先联系做头颅 CT 扫描，出现脑疝的要立即在急诊室做术前准备。有实力的医院可在急诊科设置手术室，颅脑损伤手术做完后，然后再将伤员送回神经外科做进一步的治疗。

一、加强处理方案

目前公认的是，建立并采用一种创伤系统（trauma system）是降低重型颅脑损伤死亡率的重要措施。每一系统内容，涉及医院前的现场、住院前的医院内转运、和（或）医院内 ICU 环境下等几个环节，均根据当时研究结果而形成，由当时认为最为合理的具体处理步骤和方法所组成。每一处理方法，都是下述近年来形成的颅脑损伤脑灌注压处理理论中某一方面的具体体现。一般认为，通过对当时创伤系统的认识，可以了解重型颅脑损伤系统处理的步骤，具有重要意义。具体参见本章第六节。

二、脱水、镇静、肌肉松弛药物使用的理论基础

重型颅脑损伤患者在转运中，可以给予镇静和肌肉松弛性药物，及通气方面的处理。不应常规预防性使用甘露醇，因为低血压患者有低血容量危险；也不应常规使用过度通气降低 PCO_2，这样可加重脑的缺血。但在小脑幕切迹疝临床体征出现时，就应该使用过度通气和甘露醇。还应注意，有低血容量的颅内高压患者，仅在血容量复苏（volume resuscitation）充分的情况下才能使用甘露醇，以防血压的骤然剧降。

世界上主要颅脑损伤治疗中心目前都在使用颅内压（intracranial pressure，ICP）监测进行指导治疗，已成为重症治疗措施中不可缺少的组成部分。患者来院时，颅内压高低决定病情的严重程度是临床医生的共识。但入院时腰穿测定颅内压很危险，也不适用，应该将此标准换成颅内压监护仪测定法，这既符合时代的要求，又降低了医生实行腰穿的风险性及患者的危险性。其标准为：特重型颅内压大于 500 mmH_2O，重型 350 ～ 499 mmH_2O，中型为 200 ～ 350 mmH_2O，轻型 199 ～ 80 mmH_2O。

在重型颅脑损伤治疗中，ICP 监测的目的在不断发展。在 1977—1982 年以后一段时间内的治疗注意力，几乎都集中在 ICH 本身的处理上。一般认为正常 ICP 在 0 ～ 10 mmHg（0 ～ 136 mmH_2O）之间；认为正常 ICP 的绝对上限值为 15 mmHg、20 mmHg 或 25 mmHg 的作者都有，但多数认为 20 mmHg“合理”，且当 ICP 超过上限值时，应给予处理。但实际上，在治疗颅内高压（intracranial hypertension，ICH ）的各种情况下，不可能使用一个固定的数值，应该参考临床特点和 CT 扫描来对 ICP 进行解释。例如在有颅内占位改变的情况下，ICP 在 20 mmHg 时可以引起小脑幕切迹疝，可是在弥漫性脑肿胀的情况下，ICP 高达 30 mmHg 时仍能维持足够的脑灌注。以往对不同严重程度的 ICH，降颅内压的方法以及使用降颅内压的条件等都不加选择，而单纯追求降颅内压的效果，比如过度通气、巴比妥盐药物和低温治疗等，反而常常引起病情的恶化。1990 年以后的近期研究，开始强调脑灌注压（cerebral perfusion pressure，CPP）处理的重要作用。根据 ICP 和血压监测确定 CPP（CPP= MAP–CPP）（平均动脉压，mean arterial pressure，MAP），是保证脑血流量（cerebrospinal fluid，CBF）的最重要因素之一。将各种降低 ICP 的方法作为改善 CPP 的必要手段，以改善 CBF 为目的。1993 年 Rosner 根据理解 ICP 各种现象必需的基本生理和病理生理概念，结合以往 Poiseuille 法则，重新限定了 CBF 是 CPP、血管半径（r）和血液黏滞度（n）的函数，其关系即为：CBF =

CPPr4/n。脑血管自动调节机制的完整性或部分保留，是使用 CPP 处理方案的前提。影响 CPP 处理的因素分析，也是重型颅脑损伤其他治疗方法的重要理论基础。

ICP、MAP、CPP、CBF 与脑内血容积之间，具有相互影响作用。因为颅脑损伤后的脑血管自动调节曲线右移，所以在多数情况下升高 CPP，可以增加 CBF，引起血管收缩，降低脑内血容量，达到降低 ICP 和改善脑缺血的目的。适度升高血压或有效降低颅内高压，或两者结合，都是增加 CPP 的重要途径。增加 CBF、改善脑缺血，除用升高 CPP 之法外，还可考虑使用降低血液黏滞度和药物解除血管痉挛等手段。前期的经典 CPP 处理方案，都建立在损伤后脑血管自动调节机制没有功能障碍的脑缺血处理基础之上。这与实际情况不符，要想进一步完善，还需要在脑血管自动调节功能状态、脑缺血和脑充血的鉴别，及 CBF 对脑氧代谢供应的满足程度等方面作出准确的监测和处理。持续并同时多参数的监测，对潜在有害现象的早期认识和治疗具有重要意义。理想的监测应包括 ICP、MAP、CPP、CBF、颈静脉血氧饱和度（jugular venous oxygen saturation，$SjvO_2$）和动静脉血氧差（arteriovenous oxygen difference，$AVDO_2$）、脑电活动，及经颅多普勒（transcranial Doppler，TCD）的几项参数。在不发达国家和地区，至少也应监测 ICP、MAP、CPP，及 $AVDO_2$，这些都是低价而容易监测的技术。使用多参数监测，可以准确鉴别 ICH 的原因是脑缺血还是脑充血。对监测出来的一部分患者具有脑血管自动调节机制部分性损害的脑充血，通过平均动脉血压的适度调整，及控制性过度通气的使用，能因其血管收缩效应而得以改善，达到降低 ICP 的效果。

在上述处理后的 CBF，仍不能满足损伤后脑氧代谢需要时，可以考虑采用降低脑氧代谢的措施，减少 CBF 需求，从另一方面保证 CBF 与脑氧代谢率需求之间的适宜关系，达到降低 ICH、脑保护目的。据统计，10% ~ 15% 严重颅脑损伤的住院患者使用常规的降颅内压方法不能奏效，死亡率为 84% ~ 100%。镇静药物对弥漫性脑肿胀引起的 ICP 升高较为有用，对儿童尤其如此。使用异丙酚或硫喷妥钠时，一定要注意不要使血压出现更大程度的下降，对 CPP 产生负效应。

现在认为，巴比妥盐类药物发挥作用的机制可能有几个方面：血管张力的改变；代谢的抑制；以及自由基中介的脂质过氧化。随着代谢需要的下降，CBF 及其相关的脑血容量也减少，对 ICP 和整个脑灌注都可产生有益的效应。在苯巴比妥药物剂量的确定和效应监测方面，观察脑电活动变化比血清浓度可靠：脑电中有暴发性抑制（burstsupp ression）出现时，脑氧代谢率几乎减少 50%。密切监测并及时处理低血压是使用此类药物的关键。因心肌收缩性受抑制而引起低血压，可通过维持正常的血管内容积而得以避免。

在严重创伤性脑损伤后立即使用体表冷却，进行中度低温治疗，并维持 24 小时，能够降低 ICP，改善治疗结果。产生此效应的原因，一是引起严重创伤性脑损伤后炎症反应的减轻，二是引起脑代谢的减少。应注意，此治疗的时间如超过 48 小时，或温度降在 30° 以下，都有增加感染和心律失常的危险。

三、神经保护性药物在颅脑损伤中的作用

应注意的是，常规使用的皮质类固醇，即使大剂量也没能改善患者的结果，因此已不再推荐使用。钙离子通道拮抗剂、谷氨酸受体拮抗剂和抗氧化剂等，虽然在动物实验表明有效，但至今没有得到临床研究的证实，原因可能是入选患者的标准不合适等。神经节苷脂、神经妥乐平、神经生长因子已经在临床普遍应用，具有保护神经元免受神经毒的损害，也具有促进神经再生的作用，有条件的在急诊室就应尽早使用。

第八节　脑外伤的规范化手术治疗

一、急性脑外伤外科治疗指南

脑外伤是年轻人死亡和重残的主要原因，其最重要的并发症为颅内血肿。颅内血肿发病率在重型脑外伤中为 25% ～ 45%，在中型脑外伤中为 3% ～ 13%，在轻型脑外伤中为 1/500。如不给予有效的外科治疗，颅内血肿很可能使可以恢复的良性临床过程演变成死亡和持续植物生存状态，对颅内血肿诊断和治疗的延误也会产生相似结果。

根据传统文献分类方法对创伤后占位病变进行分类，即分成急性硬膜外血肿、急性硬膜下血肿、脑实质内损伤（脑挫裂伤和脑内血肿）、急性后颅窝血肿和凹陷性颅骨骨折等。当然，大多数重型脑外伤和部分中型脑外伤患者可同时存在一种以上的外伤后占位病变，例如，大多数急性硬膜下血肿患者行 CT 扫描时发现还同时存在脑挫裂伤。有些患者可存在多处脑实质内占位病变，如双额叶挫裂伤、双颞叶挫裂伤或颞叶和额叶的同时损伤。对于体积较大的病变（> 50 cm），比较容易选择治疗方法，一般都倾向于手术治疗，而体积较小的病变（< 25 cm）通常不予手术治疗。然而，对于介于大与小之间的病变，治疗决策可能非常困难，此时，相关因素如移位、脑池形态和 Glasgow 昏迷评分（GCS 评分）变得尤为重要。

（一）颅内血肿的外科治疗原则

1. 急性硬膜外血肿的外科治疗

【手术适应证】 不管患者的 GCS 评分如何，只要急性硬膜外血肿量超过 30 cm，就应手术清除血肿。血肿量少于 30 cm、血肿厚度薄于 15 mm 且中线移位小于 5 mm 的患者，若 GCS 评分高于 8 分，没有局灶性功能缺失，则可在动态影像学观察和神经外科中心严密观察下予非手术治疗。

【手术时机】 强烈建议出现昏迷（GCS 评分小于 9 分）和瞳孔不等大的急性硬膜外血肿患者尽早行血肿清除术。

【术式】 尚无充分证据支持哪一种术式效果更好。然而，开颅手术能更彻底地清除血肿。

2. 急性硬膜下血肿的外科治疗

【手术适应证】 不管急性硬膜下血肿患者的 GCS 评分如何，只要 CT 扫描显示血肿厚度超过 10 mm 或中线移位超过 5 mm，就应手术清除血肿。所有处于昏迷状态（GCS 评分小于 9 分）的急性硬膜下血肿患者，均应监测颅内压。血肿厚度薄于 10 mm、中线移位小于 5 mm 且处于昏迷状态（GCS 评分小于 9 分）的急性硬膜下血肿患者，若出现入院时的 GCS 评分比受伤时下降 2 分或更多和（或）瞳孔不等大或瞳孔固定散大和（或）颅内压超过 20 mmHg，则应手术清除血肿。

【手术时机】 有手术适应证的急性硬膜下血肿患者，应尽早行外科血肿清除术。

【术式】 具有手术指征的急性硬膜下血肿的昏迷患者（GCS 评分< 9 分），应该采用去骨瓣减压加硬膜成形或不去骨瓣减压的开颅手术。

3. 外伤性脑内血肿的外科治疗

【手术适应证】 脑实质内血肿、进行性神经功能减退、难治性颅内高压，及 CT 显示占位效应的患者应接受手术治疗。GCS 评分为 6 ～ 8 分且 CT 扫描显示额叶或颞叶脑挫裂伤的血肿量超过 20 cm、中线移位≥ 5 mm 和（或）脑池受压的患者，及任一部位的血肿量超过 50 cm 者，都应接受手术治疗。脑实质内血肿患者若没有神经损害征象，且控制了颅内压，CT 扫描也未显示明显占位效应，则可在密切监护以及动态影像学观察下给予非手术治疗。

【手术时机和术式】 局限性血肿患者和符合上述手术适应证的患者，推荐行开颅血肿清除术。伤后48小时内实施的双额叶减压术是弥漫性、难治性脑水肿，及导致颅内高压患者的一种治疗选择。对于难治性颅内高压和弥漫性脑实质损伤且有即将形成小脑幕切迹疝的临床和放射学证据的患者，减压手术（包括颞肌下减压、颞叶切除和半球开颅减压）是其治疗选择。

4．后颅窝血肿的外科治疗

【手术适应证】 CT扫描显示占位效应，或出现神经功能障碍或减退的患者，应接受手术治疗。CT扫描所示占位效应定义为第四脑室变形、移位或消失，基底池受压或消失，或出现梗阻性脑积水。CT扫描未示占位效应且未出现神经功能障碍的患者，可以在严密观察下和动态影像学观察下给予非手术治疗。

【手术时机】 对于有手术指征的患者，应尽早行血肿清除术，原因在于这些患者的病情可迅速恶化，并最终导致预后不良。

【术式】 枕下开颅术是清除后颅窝血肿的主要方法。

（二）凹陷性颅骨骨折的外科治疗

【手术适应证】 开放性（复合性）凹陷性颅骨骨折患者，若凹陷程度大于颅骨厚度，则应接受手术治疗，以免感染。开放性（复合性）凹陷性颅骨骨折患者，若没有硬脑膜破裂、明显颅内血肿、凹陷程度＞1 cm、额窦破裂、严重的容貌毁损、伤口感染、气颅或严重伤口污染的临床或影像学证据，则可予非手术治疗。闭合性（单纯性）凹陷性颅骨骨折患者可接受非手术治疗。

【手术时机】 提倡早期手术，以减少感染危险。

【手术方法】 推荐骨折片撬起和伤口清创作为外科手术方法。若不存在伤口感染，则原骨折片的复原是一种外科治疗选择。开放性（复合性）颅骨凹陷性骨折患者，应给予抗生素治疗。

附录Ⅰ 脑外伤患者创伤后占位体积的测量

1．使用现代电子计算机断层扫描机成像软件直接测量脑出血的体积是金标准。但已很少应用。

2．Kothari等已描述过使用“ABC”方法测量脑内出血，并且也是基于测量椭圆体体积的概念。椭圆体的体积公式：

$$Ve=4/3\pi\,(A/2)\,(B/2)\,(C/2)$$

此处的A、B和C是3个直径。因为$\pi \approx 3$，所以公式可变为：Ve=ABC/2。

按下列步骤可以近似计算脑出血的体积：

确定出血区域最大的CT层面（层面1）。

A：测量层面1最大直径，为A。

B：测量垂直于A的最大直径，为B。

C：计数厚度为10 mm的层面数。

将每一个层面与层面1进行比较。

若层面的出血量超过层面1的75%，则将此层面记作1。

若层面的出血量在层面1的25%～75%之间，则将此层面记作0.5。

若层面的出血量小于层面1的25%，则不计算此层面。

将所有层面累加起来为C。

3．近年来，引入了一种名为“Cavalieri直接测算术”的方法。该方法将CT扫描上的病变分解为相应的点数，病变体积则是病变点数的总和，病变点数等于与每一点数相关的面积乘以扫描层面之间的距离。用来确定点数的网格可以通过影印原文的模板或通过计算机预制均一的空间点状网格来获取。

附录Ⅱ　对相关 CT 扫描所见的评估

由于其快速成像时间、相对低费用和安全性，CT 扫描成为广泛用于评估颅脑损伤的成像方式。为使成像程序标准化，从枕大孔到蝶鞍应行 5 mm 层厚扫描，蝶鞍以上应行 10 mm 层厚扫描，扫描平行于听眦线。与转归相关的早期 CT 扫描所见包括基底池的形态、中线移位和基底池内蛛网膜下腔出血。

【中脑水平的基底池】 基底池受压或消失提示颅内压增高的危险增至 3 倍，且基底池的形态与转归相关。占位效应的程度通过中脑水平的脑池来评价。中脑周围池被分成 3 肢，一个后肢和两个侧肢（图 10-16）。脑池是否开放或受压，可以通过每肢分别去评价。基底池可以是：①开放（三肢全部开放）；②部分闭塞（一或两肢消失）；③完全闭塞（三肢全部消失）。

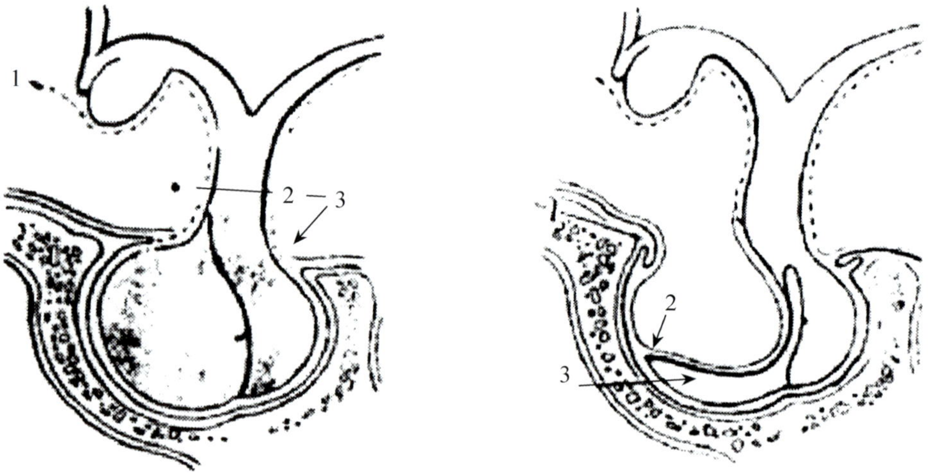

图 10-16　基底池的三个肢

【室间孔水平的中线移位】 中线移位的出现与转归呈负相关。在判定室间孔水平的中线移位时，应首先通过测量脑内空间的宽度来决定中线（“A”），然后再测量颅骨至透明隔的距离（“B”），最后按下列公式计算中线移位：

$$中线移位 = (A/2) - B$$

【外伤性蛛网膜下腔出血】 26% ～ 53% 的重型颅脑损伤患者可发生外伤性蛛网膜下腔出血。发生蛛网膜下腔出血时，患者死亡率加倍。若基底池出现外伤性蛛网膜下腔出血，则其对转归不良的阳性预测值约为 70%。

二、开放性颅脑损伤的处理原则

1．头皮损伤

（1）头皮裂伤清创缝合：头皮裂伤清创前要剃发，头皮裂伤边缘不宜多切除，分层缝合帽状腱膜及头皮，皮下放置橡皮条，如有头皮缺损，可将创缘皮下组织游离，或用减张切口、整形手法，使创缘对合（图 10-17）。

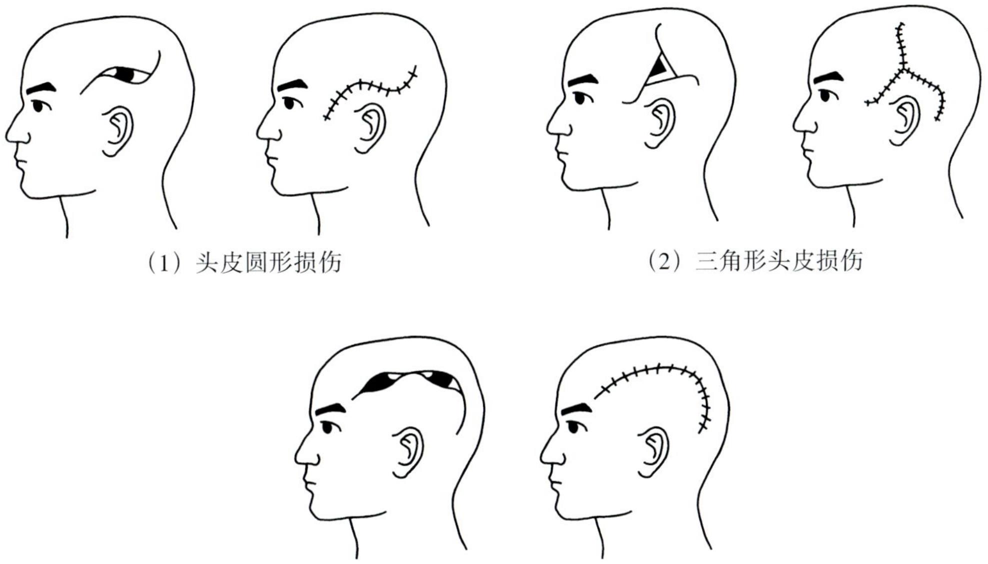

（1）头皮圆形损伤　（2）三角形头皮损伤　（3）两次头皮损伤

图 10-17　头皮损伤缝合

（2）头皮缺损的减张缝合：头皮分为 5 层，皮肤层、皮下组织层、帽状腱膜层、帽状腱膜层下层和骨膜层（图 10-18）。减张缝合方法如图 10-19 所示。

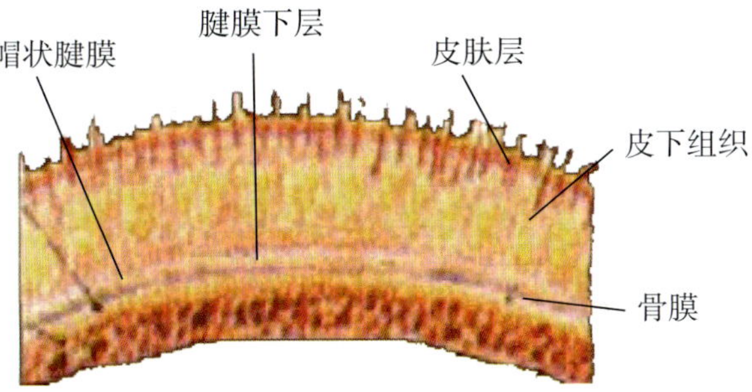

图 10-18　头皮组织结构

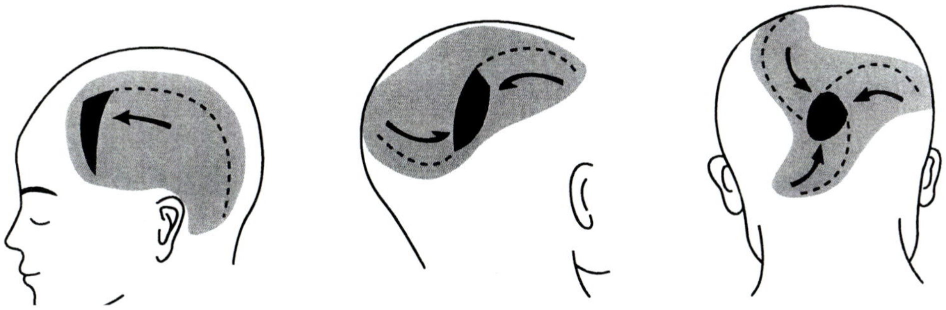

(a)　(b)　(c)

图 10-19　减张缝合方法

2．开放性脑损伤

（1）急救和后送：①保持呼吸道通畅，防止窒息，患者宜取侧俯卧位；②迅速包扎头部和其他部位伤口，减少出血，有脑膨出时，用敷料绕其周围，以免污染脑组织和增加损伤；③防止休克：对休克伤员，应查明原因，及时急救处理；④紧急处理危及生命的颅内血肿；⑤应用抗生素，并常规注射破伤风抗毒素。

（2）颅脑清创：颅脑火器伤不论是穿透伤或非穿透伤，原则上均应早期彻底清创。其目的是将污染的开放伤口经清创后变成清洁的闭合伤，从而减少脑脊液漏、脑膨出与颅内感染的机会，并减少脑瘢痕形成与日后发生癫痫的机会。

①分期处理：按清创处理的时限分：早期、延期和晚期。

A．早期处理（伤后 3 日内），创伤尚无明显感染，一般按彻底清创的原则进行。

B．延期处理（伤后 4 ～ 6 日），创伤尚无明显感染者，仍适于彻底清创，已有明显感染者，应清理伤道并予引流。待感染局限后再行二期手术。

C．晚期处理（7 日以上），创伤多已有明显感染或化脓，宜于扩大骨窗，清除碎骨片，引流伤道，以后再行二期处理。

②清创术原则与方法（图 10-20）：A．头皮软组织予以切除不整齐与挫烂的部分，按“S”形扩大原伤口，将头皮下层组织中的头皮、污物予以清除，电凝止血，间断缝合帽状腱膜及头皮，皮下置引流 1 ～ 2 日。头皮缺损可采用整形方法修复。B．颅骨处理时需显露骨折中心部分及其周围区，逐块摘除游离的和凹陷的碎骨片，清除污物、异物和血块，使之成为整齐的圆形或卵圆形骨窗。如存在硬膜外血肿，需扩大骨窗血肿清除，同时应检查硬脑膜有无破损，内在有无血肿，以决定是否切开硬脑膜探查。C．穿透伤，将硬脑膜破损边缘修理，或切开扩大显露，以脑压板或牵开器扩大伤道，吸除伤道内和伤道壁失活的脑组织、血块，及异物，止血。对过深难以取到的金属物，不强求在一期清创中摘除，对可达到的金属异物可直接或用磁性导针吸出。经清创后脑组织应较术前塌陷并出现脑搏动。如清创后，脑组织仍然膨出，无脑搏动，可能清创尚不彻底，伤道远端可能还有血肿或异物，需查明原因处理。彻底清创后，原则上严密缝合硬脑膜。

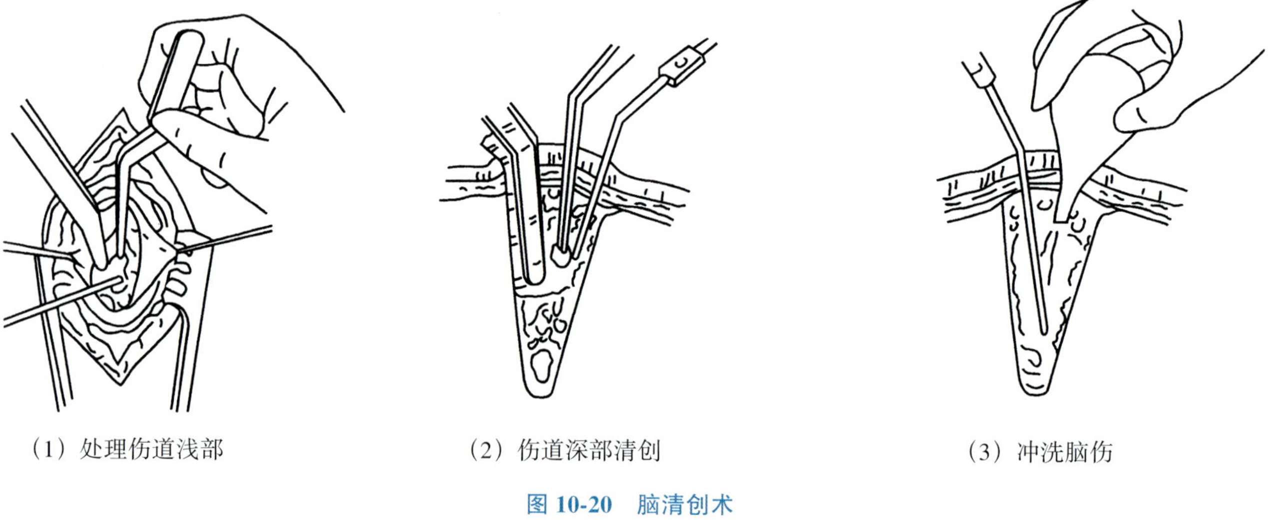

（1）处理伤道浅部　　（2）伤道深部清创　　（3）冲洗脑伤

图 10-20　脑清创术

三、特殊类型伤的处理原则

1．静脉窦损伤　以上矢状窦损伤最多，横窦、窦汇次之，可分部分撕裂和完全断裂两种。术前充分准备，备血至少2000～3000 ml。手术时，应在骨折周边钻孔，将其四周咬除一圈骨质，在窦两侧作牵引线，并准备好肌肉或筋膜片，然后将刺入窦内的骨片或金属异物摘除，在吸引下看清伤情，小破口可行缝合，难以缝合者可用肌肉或筋膜片覆盖压迫5～10分钟，如不再出血可将其缝合固定于硬脑膜。上矢状窦前1/3断裂，不易修补时可以结扎；中或后1/3段断裂，尽可能修复，可用人造血管或自体大隐静脉吻合，处理确有困难，且有出血致死危险时，不得已才结扎。横窦最好避免结扎。

2．颅面伤　其主要并发症是脑脊液漏和颅内感染。颅底入口处颅内血肿发生率高。各气窦中以额窦损伤机会多。乳突窦、筛窦、蝶窦，及上颌窦也可受累。X线摄片颅内未见骨折片，临床又无急需手术指征者，应严密观察病情。如颅内有骨片，需经头盖部开颅，探查颅底入口处，清除颅内血肿、骨片，及失活的脑组织。取出窦内骨片，刮尽窦壁黏膜，用肌片填塞窦腔，缝合硬脑膜。蝶窦伤时多经鼻入路刮除窦壁黏膜，以肌片填塞。面部伤道亦同时清创。

3．脑室伤　常有大量脑脊液从创口流出，脑室内有出血、深昏迷、持续高热、颈强直，伤情多较重。清创时应清除脑室内血块，摘除移动的金属异物，反复以生理盐水冲洗，术后脑室持续引流，一般3天左右拔管。

4．外伤性颈内动脉海绵窦漏　由颅底骨折或异物直接损伤颈内动脉海绵窦段及分支，动脉血由破口直接注入海绵窦内所致。典型症状：①波动性突眼；②颅内杂音，压迫颈动脉杂音减弱或消失；③眼球运动障碍；④球结膜水肿、充血。治疗：目前采用可脱离性球囊导管栓塞漏口，保持颈内动脉通畅的治疗为最佳方法；也可采用肌片“放风筝”法、弹簧栓塞法等以达到栓塞漏口，保持颈内动脉通畅的目的。

5．外伤性动脉型鼻出血　颅底骨折伤及颈内动脉、蝶颚动脉或筛动脉，可以引起难以制止的鼻出血。①颈内动脉海绵窦段破裂引起的鼻出血表现为头部伤，一眼或双眼失明和鼻出血，紧急处理：鼻腔填塞止血，对有休克者给予输血、输液补充血容量。严重者需行手术治疗：可用颈动脉结扎术或颈内动脉假性动脉瘤孤立术或蝶窦填塞术。②蝶颚动脉或筛动脉损伤引起的鼻出血，也可行蝶颚动脉或筛动脉结扎术。术前均需根据临床表现和颈内动脉造影明确部位才能进行有效处理。

6．脑膨出　一般可以分为早期脑膨出和晚期脑膨出。①早期脑膨出（一周内），多由广泛脑挫裂伤、急性脑水肿、颅内血肿或颅内感染等因素引起。经对症治疗，解除颅内压增高后，膨出的脑组织可回复到颅腔内，脑功能不致明显损害，可称良性脑膨出。②晚期脑膨出（一周以上），多由初期清创不彻底，颅内骨片异物存留，引起脑部感染、脑脓肿或亚急性、慢性血肿等，使得颅内压增高所致。膨出的脑组织如果发生嵌顿、感染、坏死，亦可影响邻近未膨出的脑组织发生血液循环障碍，形成恶性脑膨出或顽固性脑膨出。处理时应将脑膨出部分以棉圈围好，妥善保护并用脱水药和抗生素治疗，如因血肿或脓肿所致则应手术清除之。

7．脑脓肿　系脑穿透伤常见并发症和后期死亡原因之一。清创不彻底者，脑脓肿的发生率为10%～15%，所以早期彻底清创是预防脑脓肿的关键措施。处理：应及时手术治疗，早期脓肿应将伤道扩大引流，清除异物。重要功能区的脓肿先行穿刺抽脓。晚期脓肿可连同异物及窦道一并切除。

8．颅骨骨髓炎　常由颅骨开放骨折、清创不及时或不彻底所致。早期表现为红、肿、热、痛、脓性分泌物，晚期形成慢性窦道、硬膜外炎性肉芽组织或脓肿，X线显示有死骨形成或骨缺损，边缘有破坏。处理：急性期使用抗生素使感染得到控制或局限，晚期则应切除窦道，摘除死骨，清除硬膜外炎性肉芽组织或脓肿。

四、现代神经外科手术新概念

（一）模拟神经外科手术的模拟教学

手术是现代医学高度发展的一面镜子。因为大脑是复杂而独特的组织，人们无法判断手术后会发生什么，所以脑外科手术仍然是一件令人头疼的事。

大脑是一个非常精密的结构，细小的神经从中穿过。如果手术中出了错，哪怕一点点小错，患者就有可能出现严重的问题，像瘫痪、昏迷、失语或者听不懂别人说话。为了降低脑外科手术的风险，世界上顶尖的神经外科专家和计算机科学家一起，应用虚拟现实技术，开发了模拟神经外科手术的奇妙系统。它最简单的应用是帮助实习医生测试，并锻炼手和眼睛之间的协调性，非常逼真。利用功能强大的计算机，虚拟现实工作台把三维影像和手的运动结合在一起，使医生如临实境。

如果把这个系统和三种不同的医学扫描仪结合起来，工作台就会建立精确的脑部图像，和实际的一模一样。这时，工作台就成了虚拟的手术台。在这个系统中，外层的网状架构显示的是皮肤。借助 CT 图像，医生首先能够看到颅骨的结构。然后，磁共振的图像会被添加上去，显示出手术中感兴趣的关键区域，比如肿瘤的位置。最后，再扫描患者脑部的主要血管，医生就得到了完整的患者脑部三维图像：血管、肿瘤、骨骼和它们的空间关系。尽管这个虚拟系统仍处于研究阶段，但仍然显示出了巨大的作用，为年轻专科医师快速、熟练掌握脑室穿刺手术技巧，提供了安全、有效的训练手段。

（二）微创手术

微创是专门与外科及手术相连接的词语，如微创手术、微创外科等。微创，目前没有一个准确的定义。但不少外科医生认为，微创应该是相对传统手术而言，主要具有四大特点：切口小、创伤小、恢复快、痛苦少。

微创手术，顾名思义就是微小创伤的手术，是指利用腹腔镜、胸腔镜、脑室镜等现代医疗器械及相关设备进行的手术。

微创外科的出现及在医学领域的广泛应用是最近十几年的事。微创概念的形成是因为整个医学模式的进步，是在“整体”治疗观带动下产生的。微创手术更注重患者的心理、社会、生理（疼痛）、精神风貌、生活质量的改善与康复，最大限度地体贴患者，减轻患者的痛苦。 微创手术无须开刀，只需在患者身上开 1 ～ 3 个 0.5 ～ 1 cm 个的孔，患者不留瘢痕、无疼痛感、只需 3 ～ 5 天便可完成检查、治疗、康复全过程。这降低了传统手术对人体的伤害，极大地减少了疾病给患者给来的不便和痛苦。微创手术具有创伤小、疼痛轻、恢复快的优越性。

1．手术器械的改进

（1）有一种新型手术剪刀，其特点是两个手柄都是绝缘的，手术中，电流从一个刀口流到另一个刀口，加热并凝固了人体组织中的血液，从而封住了伤口，并减少了血液流失，而伤口仅仅是变白了。它的另一个好处是缩短了手术时间，由于医生不用在手术刀和止血钳之间频繁地换来换去，手术时间大约可以减少 2/3 以上。对一些长时间的大手术来说，这是非常重要的。

（2）氩气刀（图 10-21）：切割过程中，氩气刀比起普通高频电刀具有如下优点：

当氩气刀的高频高压输出电极输出切割电流时，氩气从电极根部的喷孔喷出，在电极周围形成氩气隔离层，将电极周围的氧气与电极隔离开来，从而减少了工作时和周围氧气的接触以及氧化反应，降低了大量产热的程度。由于氧化反应及产热的减少，电极的温度较低，所以在切割时冒烟少，

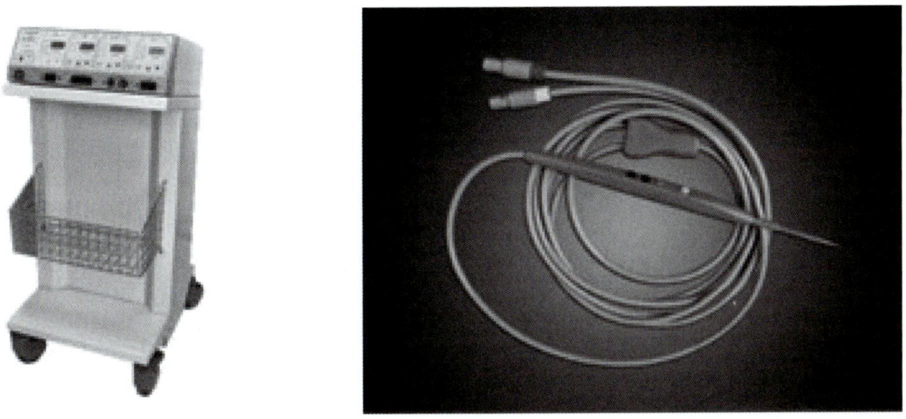

图 10-21　氩气刀

组织烫伤坏死层浅。另外，由于氧化反应少，电能转换成无效热能的量减少，使电极输出的高频电能集中于切割，提高了切割的速度，增强了对高阻抗组织（如脂肪、肌腱等）的切割效果，从而形成了氩气覆盖的高频电切割。

（3）ViewSite 脑手术系统（图 10-22）：是一种新型神经外科设备，能够进行微创脑外科手术，对周边脑组织损伤最小。

图 10-22　ViewSite 脑手术系统（VBAS）

ViewSite 脑手术系统（VBAS）包括一个导入器和工作通道端口，允许外科医生无缝进入目标，360° 均匀地分散脑组织。充裕的工作通道允许多台仪器同时使用，同时能够深入观察脑组织。其优越性还包括比双眼更能观察到手术部位和周围，不同的宽度和长度满足所有的手术需要，及与许多外科手术臂有兼容性，避免意外移动。VBAS 有 4 种宽度可供选择：12 mm、17 mm、21 mm 和 28 mm，及 3 cm、5 cm、7 cm 和不同的长度。

该 VBAS transcortical（TC）的系统可以在任何颅部手术，包括颅内或皮质下使用，治疗脑内血肿、动静脉畸形、海绵状血管瘤、转移性和原发性脑肿瘤、脑囊肿、脑室肿瘤。TC 模型消除大脑的变化，允许直接路径到达大脑横向位移或目标。

2．脑内镜　20 世纪 90 年代神经外科进入微创时代。微创神经外科（minimally invasive neurosurgery）是神经影像学、微导管、超声、激光技术、放射医学、光学和计算机科学迅速发展的产物，是现代神经外科技术的尖端，是现代科技成果在神经外科疾病治疗中的综合体现，已成为神经外科发展的前沿，与传统神经外科手术及显微外科手术治疗相比，其最大优势在于能以最小的创伤治疗神经系统疾病，给患者提供了神经功能保全最好、效果最佳、安全性最大、创伤及痛苦最小的治疗，真正达到微创的目的。

脑室镜技术是微侵袭神经外科的核心内容，它以极少的创伤（头皮切口 2.5 cm，颅骨钻孔仅 8 mm）完成了脑内疾病的治疗，其优点是小切口，手术对患者痛苦小，康复快，费用低，副损伤及并发症发生率明显降低，疗效显著。近年来，由于内镜技术的快速发展，利用脑室镜技术治疗脑内疾病成为新的治疗手段并日益得到推广和运用。目前这项全新的技术可以应用到脑积水、胶性囊肿、脑囊肿、蛛网膜囊肿、脑室内肿瘤、胆脂瘤、脑脓肿、囊虫病，及经蝶显微外科手术治疗垂体瘤等脑内常见疾病的诊治，安全、快速，效果显著。

（1）第三脑室底造瘘治疗梗阻性脑积水：正常人颅内有一定量的脑脊液，这些液体在颅内自行循环，保护和营养脑组织。当循环通路受阻时，脑脊液就会积聚在颅内，发生“脑积水”。传统的治疗方法是将一根管子埋在体内，管子的一端放入颅内积水处，另一端放在腹腔内，经脏器吸收排出体外，以减轻颅脑压力。这种手术方法创伤较大，且易引起不同程度的感染，同时，由于脑脊液流入腹腔内，不符合人的生理特点，故只能起缓解症状的作用。现在采用脑室镜治疗脑积水只需在患者头皮上轻轻划开一条约 3 cm 长的口子，将 0.5 cm 粗的脑室镜管子插入颅内，同时，在患者的脑室底部打一个直径约 4 mm 的小孔，使梗阻的脑脊液重新流通。这种新的手术方法简便、创伤小、术后恢复快，且更符合人体生理特点。

运用神经导航制订手术计划，设计理想的手术切口和入路，实时、动态地监测内镜的操作轨迹，内镜下行颅内开窗术，结合神经导航技术，用以弥补病理情况下脑室内局部解剖变异导致内镜操作中定位困难的缺陷，使脑室内复杂手术的精确性更高，手术安全有效。神经导航辅助脑室镜技术在微创神经外科手术中具有广阔的发展前景。

（2）脑室镜下治疗脑室内血肿（图 10-23）：在全麻下患者仰卧，头取正中位。常规消毒铺巾盖单，侧脑室额角穿刺，切开头皮 3 ~ 4 cm，钻颅后扩大骨孔成直径 2 cm 的小骨窗，“+”形剪开硬脑膜，用脑针穿刺侧脑室前角成功后，沿穿刺道将脑内镜置入脑室。在电视图像指示下，用内镜吸引器吸除同侧侧脑室的部分血肿，边吸引边用温生理盐水冲洗。对不能吸出的血凝块，在内镜直视下

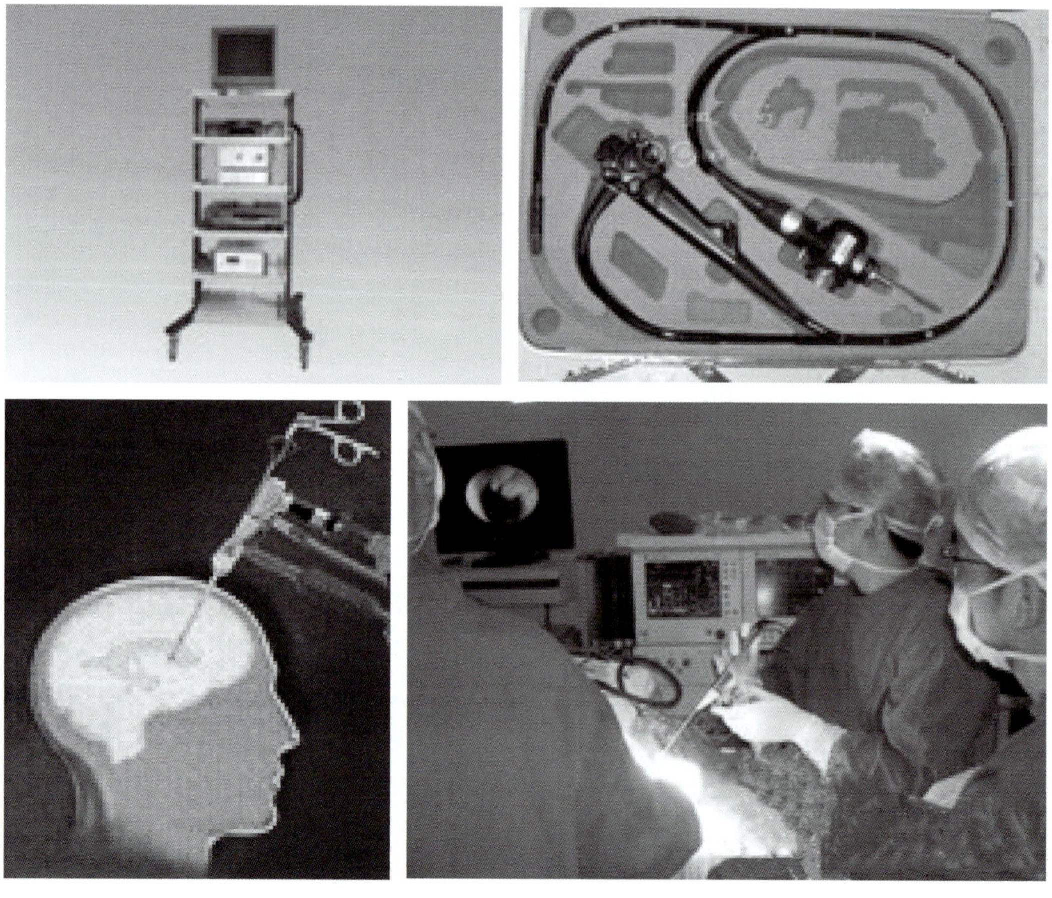

图 10-23　脑室镜下治疗脑室内血肿

用肿瘤钳、活检钳夹碎后清除，活动性出血可用双极电凝或激光止血，持续冲洗至术野清晰。如遇出血，先要加快冲洗速度，小的渗血常可止住。若有活动性出血，待术野清晰后，用双极电凝止血。调节内镜方向，适当清除脑室壁的血肿。然后经室间孔进入第三脑室及对侧脑室探查并清除血肿。如对侧脑室血肿量较多，清除困难，改对侧额角入路径，进入对侧脑室清除血肿。行第三脑室底造瘘，造瘘部位在双侧乳头体前方中央最薄无血管区，以扩张球囊直接穿破底部，然后球囊缓慢充盈进行扩张，小体积反复操作，直到将瘘口扩大至 4 ～ 5 mm。最后，边冲洗边观察边退出内镜。内镜导引下侧脑室留置脑室外引流管两根，一根用于微量泵入尿激酶，另一根引流脑脊液。

此方法有如下优点：①脑室镜下清除脑室内积血迅速彻底，特别是对铸型脑室内血肿（图 10-24）；②超早期手术清除脑室内血肿，可以防止急性梗阻性脑积水的形成；③脑室镜能清除脑室旁基底节区的部分血肿；④对脑室内出血患者行单纯脑室外引流可有效控制颅内压，但预防脑积水作用不显著。

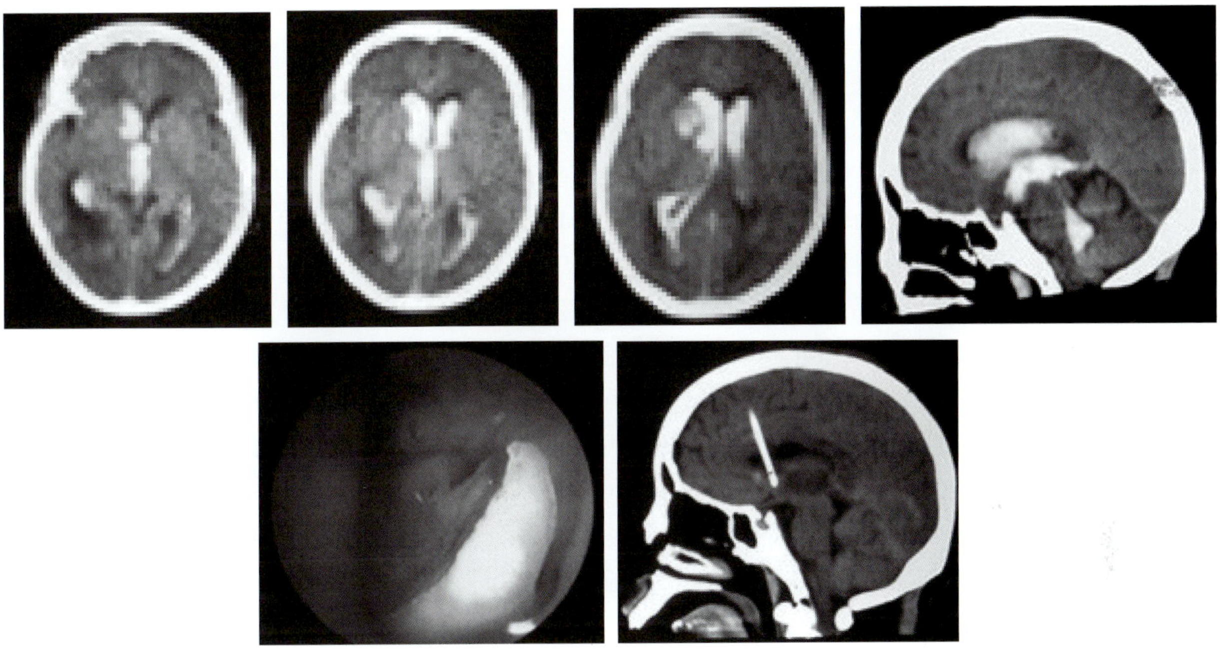

图 10-24　脑室镜下治疗脑室出血
上面术前所见为脑室出血，脑室铸型
左下图为内镜探查见脑室内的凝血块，右下图为术后次日复查见脑室内积血消失

五、重型颅脑创伤的去骨瓣减压术

现如今，重型颅脑创伤患者死亡率仍然较高，平均为 30% ～ 40%，其中约 80% 的患者死于发病 1 周以内，死亡的主要原因是伤后各种因素所导致的难治性的颅内高压。对于这类患者，开颅清除颅内占位病变，去除骨片，最大程度降低颅内压，是急性期挽救患者生命的最后希望。对于颅内压调节失代偿者，当常规治疗方法失效时，很多学者认为去骨瓣减压术（decompressive craniectomy，DC）是可采用的唯一外科手段。据资料显示，对于外伤后出现颅内高压脑疝的患者，施行紧急开颅手术治疗死亡率为 32%，而未进行手术的患者死亡率高达 97%。从理论上讲，去骨片的面积越大，可使颅腔代偿的容积越大，降颅内压的效果越好，但不能无限制地扩大，否则会有加重病情和增加

并发症的危险。究竟开多大的骨瓣最好？如何制订手术方案和进行有效的操作？目前在国内尚缺乏相主尖的规范，治疗效果也不尽相同。

根据多数学者共识，去骨瓣减压术应用于重型颅脑创伤患者的适应证、禁忌证、时机、疗效评定和影响因素都是神经外科医生所必须掌握的。

（一）大骨瓣开颅的理论基础

1．颅脑创伤后的颅内压增高 众所周知，在颅脑创伤后的急性期，最主要的临床表现就是由于伤后脑组织继发的肿胀、水肿，和颅内出血所导致的颅内容物体积增加。由于颅腔的容积能力是固定不变的，在一定范围内，通过脑血容量和脑脊液的自身调节，可以代偿部分颅内容物体积的增加，从而保持颅内压的相对稳定。当颅内容物体积增加明显，超出脑组织自身的代偿能力时，就会导致颅内压增高，而严重的颅内高压是急性期患者死亡的主要原因。因此清除颅内血肿等占位病变和（或）去除骨片以增加颅腔的代偿空间就是该手术的目的。

2．提供较广阔的视野 对于创伤性脑损伤或出血范围广泛的患者，大骨片开颅可以提供比较广阔的手术视野。

（二）分类

根据去骨瓣减压术的目的，有学者将其分为Ⅰ期去骨瓣减压术和Ⅱ期去骨瓣减压术。

Ⅰ期去骨瓣减压术是指在切除颅内病灶的同时，为防止术后可能发生的颅内压增高而采取的预防性去骨瓣减压术，也称之为预防性减压手术（prophylactic decompression）。该手术的目的不是控制已经发生的顽固性颅内压增高，而是术者根据术前影像和（或）术中所见（如脑肿胀、脑实变或骨瓣复位困难），经验性地采取预防性治疗。

Ⅱ期去骨瓣减压术是指对最大限度内科治疗无效的顽固性颅内压增高者所实施的去骨瓣减压术。手术目的在于控制已发生的顽固性颅内压增高，可为伤后非手术治疗中出现病情恶化、监测显示颅内压持续增高者；也可为已接受开颅手术后出现病情恶化，CT 检查和颅内压监测提示非手术治疗不能控制的顽固性颅内压增高者。

对于重型颅脑创伤者，是早期积极采用Ⅰ期去骨瓣减压术，还是根据颅内压监测结果行Ⅱ期去骨瓣减压术治疗，目前还存在争议，需要更多的临床研究来评估。

（三）临床适应证

关于去骨瓣减压术的指征，目前尚无统一的规范。

Taylor 等报道的儿童颅脑创伤者指征为：颅内压 20 ～ 24 mmHg 持续 30 分钟、25 ～ 29 mmHg 持续 10 分钟、≥ 30 mmHg 持续 1 分钟，或有脑疝表现者（一侧瞳孔散大或心动缓慢）。Rutigliano 等报道的病例中，指征为包括脑室外引流、巴比妥疗法、高渗盐水和利尿剂等治疗仍然无效的顽固性颅内高压、GCS ＜ 9 分者。

Skoglund 等报道的指征为：①经规范化神经监护处理仍不能维持颅内压 / 脑灌注压在理想状态（颅内压＜ 20 mmHg，脑灌注压＞ 60 mmHg）；②伤后立即出现急性神经状态恶化，而 CT 扫描为弥漫性脑水肿且无占位性出血。Stocchetti 等报道的 18 例中，14 例为给予巴比妥疗法后 2 小时仍不能有效控制颅内压而采取去骨瓣减压术者，余 4 例是采取Ⅰ期去骨瓣减压治疗者。

Salvatore 等报道 80 例去骨瓣减压术联合沟回切除内减压治疗重型颅脑创伤的指征为：①有急性或进展性颅内压增高伴天幕裂孔疝者；② CT 扫描有天幕裂孔疝，如中脑受压和移位、桥前池闭塞、对侧颞角扩大；③ GCS 为 3 ～ 8 分。

Morgalla 等报道的指征为：①保守治疗颅内压持续＞ 30 mmHg（脑灌注压＜ 50 mmHg）不能得到控制；②经颅多普勒提示患者状态恶化，仅有收缩期血流或收缩期峰波；③无其他严重合并伤；

④年龄 < 60 岁。

我国多数学者共识是：①严重广泛脑挫裂伤或脑内血肿，占位效应明显；②急性硬膜下血肿出现脑疝者；③弥漫性脑水肿 / 脑肿胀；④外伤性颅内占位病变所致双瞳散大者。

尽管迄今为止尚无随机的临床研究证实去骨瓣减压术改善成人重型颅脑创伤预后方面，要比最大限度内科治疗更有效，但回顾性总结、非随机前瞻性研究以及和以往对照研究的结果显示，及时去骨瓣减压可改善一部分患者的疗效。在期待前瞻、随机、对照研究结果的同时，多数学者主张对颅脑创伤后弥漫性脑肿胀和顽固性颅内高压者，在常规治疗措施不能有效控制颅内高压时，应该早期、大骨瓣地进行去骨瓣减压术治疗。

（四）禁忌证

去骨瓣减压术作为重型颅脑创伤继发顽固性颅内高压者的二线治疗中可选择的方法之一，并非适合所有伤者。大多数学者认为下列情况应视为去骨瓣减压术的禁忌证：

1．双侧瞳孔散大、对光反射消失、GCS 3 分、脑干损伤和中心型脑疝。

2．对伤后有严重神经损伤和有迹象提示预后差者（如影像学检查有脑干损害或者严重弥漫性轴索损伤者）。

（五）手术方法

目前临床上采用的去骨瓣减压术方法存在很大的差异，包括单侧还是双侧减压、颅骨去除的部位和范围、硬脑膜的处理方式、是否采用其他辅助技术等。

1．单侧还是双侧 多数学者认为单侧去骨瓣减压术适用于伤后 CT 扫描显示脑肿胀主要位于一侧大脑半球、中线结构向对侧偏移者；而双侧去骨瓣减压适用于伤后 CT 扫描显示双侧大脑半球弥漫性脑肿胀、中线结构无明显偏移者。

2．切口和颅骨去除的范围 目前临床上常用的有标准外伤大骨瓣（standard large trauma flap）、双额骨瓣和半颅去骨瓣减压术，个别采用双枕去骨瓣减压术。

（1）标准外伤大骨瓣（美国 Becker）：一侧额颞顶大骨瓣开颅操作技术：①体位：仰卧，头偏对侧位约 45°，手术侧肩下垫高 20°。②头皮切口：起自颧弓向上——耳屏前 1.5 cm 绕过耳郭——绕顶结节后——至矢状线中点沿中线向前——至前发际——形成大“？”形瓣。③骨窗：向前平皮缘，向下平颧弓上缘，向上距离中线 2 cm，其余部分紧邻皮缘下开窗，范围相当于一侧幕上颅骨的 2/3 以上面积，平均 12 cm × 15 cm 大小（图 10-25）。④硬膜：十字或放射状剪开硬膜，大小接近骨窗，并有利于行硬膜减张成形缝合。⑤颅内操作：仔细检查，彻底清除血肿及挫裂 / 坏死组织，止血。⑥术后要进行硬膜扩大减张成形缝合，以恢复颅腔的生理密闭性。硬膜修补材料可以是自体骨膜、颞浅筋膜、阔筋膜或人工硬膜补片。⑦术后逐层缝合颞肌、筋膜或骨膜、帽状腱膜及头皮。术后因创面较大，渗血较多，通常放置皮下和（或）硬膜下残腔引流管。引流袋的高度一般与头部同一水平即可。

若需双侧减压时，可一侧完成后再行对侧去骨瓣减压术，或患者仰卧位，双侧头皮切口在中线处汇合成一个切口，再双侧分别按上述方法操作。若切口绕过耳轮向后至枕部再转向上，达中线后向前至额部发际内，可显露一侧大脑半球，即为半颅去骨瓣减压术。

（2）双额骨瓣：冠切双额大骨瓣开颅操作技术：①体位：患者平仰卧位，头正中位，垫高 15° ~ 30°。②头皮切口：冠状瓣切口，起止于双侧耳屏前发际内。颞肌翻向侧方后，双侧颞部钻孔，去除颞骨鳞部行颞肌下减压后，再双额骨瓣开颅。③骨窗：向下至眉弓上缘，向上紧邻皮缘，两侧至翼点，骨瓣后缘为冠状缝后 3 ~ 5 cm，平前颅窝底水平，整块取下骨瓣（图 10-26）；也有学者主张两侧额骨瓣开颅而保留矢状窦上骨桥，避免静脉窦损伤的同时，有利于硬脑膜悬吊后压迫止血。

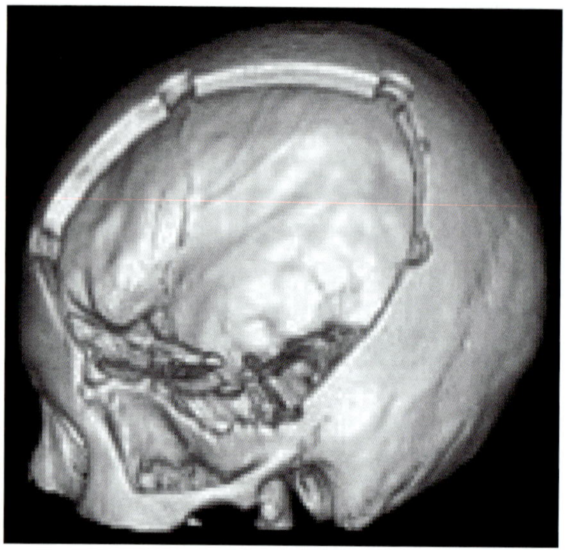

图 10-25 左侧标准外伤大骨瓣术后颅骨三维 CT 像

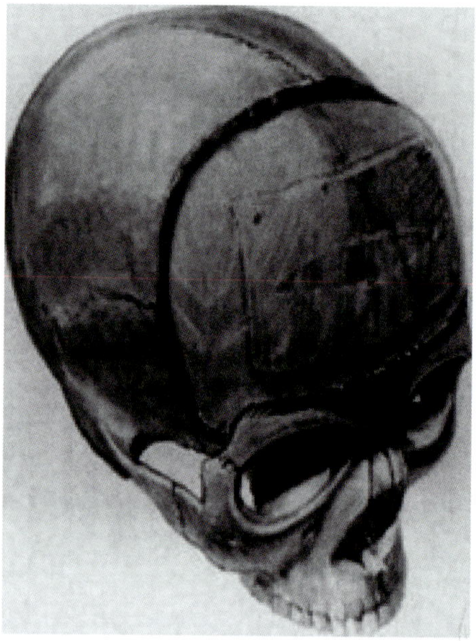

图 10-26 双额去骨瓣减压术示意图

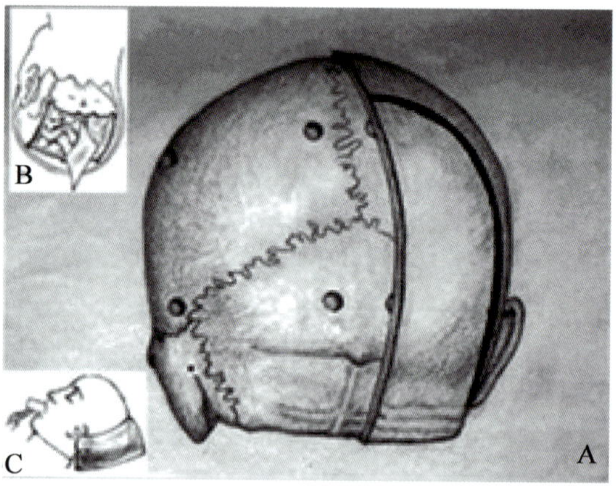

图 10-27 双枕去骨瓣减压术示意图

A：头皮切口（仅显示右侧）和颅骨钻孔处（仅左侧显示）；B：切开硬脑膜，翻向中线侧；C：术后体位

④前端十字过矢状窦切开硬膜，并结扎矢状窦和剪开大脑镰。硬膜剪开的范围接近骨窗大小，并有利于行硬膜减张成形缝合。⑤颅内操作：仔细检查，彻底清除血肿及挫灭 / 坏死脑组织，止血。⑥术后要进行硬膜扩大减张型缝合或硬膜直接缝合（当预计术后颅内压不会再次升高和硬膜足够松弛时），以恢复颅腔的生理密闭性。硬膜修补材料可以是自体骨膜、颞浅筋膜、阔筋膜或人工硬膜补片。⑦术后逐层缝合两侧颞肌、筋膜或骨膜、帽状腱膜，及头皮。术后因创面较大，渗血较多，通常放置皮下和（或）硬膜下残腔引流管，引流袋的高度一般与头部同一水平即可。

（3）双枕骨瓣：Stefini R 等首次报道 1 例采用双侧枕部去骨瓣减压术治疗颅脑创伤的经验（图 10-27）。与双额部去骨瓣减压术相比较，他们认为该术式有 3 个明显的优势：①避免了额窦开放后脑脊液漏和颅内感染危险；②上矢状窦后 1/3，无来自皮层的桥静脉回流，硬脑膜切开后肿胀的脑组织外膨不会引起静脉牵拉损伤；③术后患者仰卧状态，借助重力的作用，更有利于脑组织的减压。他们认为对于血肿偏后者，该术式较双额部 DC 更快和更有效地降低颅内压。

Skoglund 等报道骨瓣的大小和降低的颅内压之间有明显的相关性。多数学者主张单侧骨瓣的直径至少＞ 12 cm，且强调必须去除颞骨基底部，达中颅窝底。

3．硬脑膜的处理

（1）切开与否：有单纯颅骨去骨瓣减压，或者硬脑膜部分切开，也取得了较好疗效的报道。但多数学者认为，此种术式虽在儿童患者中可能有效，但不推荐这样做。如 Cushing 所说，因硬脑膜缺乏足够的弹性，单纯颅骨去除不能称为减压治疗，硬脑膜切开前不能保证充分的减压效果。Yoo 等报道硬脑膜切开后才最大限度降低颅内压。

（2）切开方式：采用标准外伤大骨瓣者，多数主张放射状切开硬脑膜。为避免术中脑膨出，Alves 等提出沿额底、蝶骨嵴和颞底方向行基底部硬脑膜切开，也有人主张硬脑膜开窗式切开。但二者显露范围有限，限制了对损伤灶的确切处理。

双额去骨瓣减压术时，有学者主张双侧硬脑膜垂直于中线切开，至中线后缝扎矢状窦，将大脑镰切开，这样可使脑组织向前扩张，并有利于双侧压力的平衡；也有采用双额分别“十”字切开减压方法，避免处理矢状窦的操作。

（3）减张缝合与否：为减少术后脑脊液漏、切口疝和继发性脑损害等并发症，多数学者主张取自体组织［骨膜和（或）颞肌筋膜］和（或）异体材料行硬脑膜减张缝合。若脑膨出明显，可将颞肌瓣和骨缘硬脑膜减张缝合。

4．其他辅助技术

（1）脑叶切除：对于顽固性颅内高压或者术中发现脑肿胀明显者，有学者主张采用脑叶部分（额叶或颞叶）切除以利于术后颅内压的控制。Oncel 等报道一组 183 例重型颅脑创伤者采用脑叶切除治疗的结果（其中额叶、颞叶、其他脑叶或联合脑叶切除分别为 48.1%、36.6% 和 15.3%），恢复良好率为 48%，不良率为 51.9%。他们统计分析认为最初 GCS 低、闭合性伤和额叶切除与预后不良密切关联，对有局灶性损害病灶或弥漫性颅内高压或脑疝者，选择性脑叶切除是有效方法。

（2）天幕游离缘切开和颞叶沟回切除：颅内高压引起颞叶沟回疝后，受压过久的脑干组织可发生永久性缺血性损害。有学者主张 DC 的同时，选择性切除部分颞叶沟回和切开天幕游离缘。Salvatore 等认为该术式对急性及进展性颞叶沟回疝者，能有效解除对脑干的直接压迫并降低幕上下的压力梯度，年轻者若治疗及时其疗效更好。

（3）血管隧道技术：Csókay 等报道的血管隧道（vascular tunnel）技术，是在骨窗缘下皮层主要回流静脉的两侧垫上明胶海绵和可吸收缝线制成的垫片，使得回流静脉在骨窗缘不受卡压，从而避免静脉淤滞和继发性水肿的产生。

（4）腰池引流：有学者将腰池引流作为颅脑创伤后颅内高压处理的辅助方法之一，Tuettenberg 等总结 100 例采用腰池引流作为辅助治疗方法的资料，结果显示可明显降低颅内压并改善临床状态，但有 7% 的患者发生致命性脑疝。为避免引流过度导致幕上下压力梯度过大，应限定在环池明显可见者中采用此种方法，同时有颅内压监测作为前提。

5．骨瓣的去留 虽然大部分这类患者手术需要去骨片，但应当明确这样一个概念，大骨瓣开颅不等于去大骨片减压，不是所有的患者都需要去骨片。是否需要去除骨片，要在颅内操作完成后视脑组织的状态而定，此外还要参考术前的病情程度。

通常在有如下情况时，可以考虑去除骨片：

（1）单纯的硬膜外或硬膜下血肿，脑组织严重受压，表面苍白无血运，无脑搏动，预计可能会出现术后大面积脑梗死。

（2）在清除血肿和坏死组织后，脑组织肿胀或水肿导致脑膨出。如果术后颅内减压充分，脑压不高者可以行骨瓣复位。

六、颅骨缺损与修补

（一）颅骨缺损对颅脑的影响

通常颅骨缺损小于 3 cm 者多无症状；施行颞肌下减压术或枕下减压术后有肥厚的肌肉及筋膜覆盖，并在缺损区可以形成坚韧的纤维性愈合层，起到原有颅骨对脑的保护作用，在临床上亦无任何症状。大片颅骨缺失可造成患者头颅严重畸形，直接影响颅内压生理性平衡，直立时塌陷、平卧时膨隆，早上凹入晚上凸出；或因大气压直接通过缺损区作用在脑组织上，久而久之势必导致局部脑萎缩，加重脑损伤症状，同时患侧脑室也逐渐向缺损区扩张膨出或变形。此外，小儿颅骨缺损可随着脑组织的发育而变大，缺损边缘向外翻，凸出的脑组织也逐渐呈进行性萎缩及囊变。所以小儿更需要完整的颅骨保证脑的正常发育。

（二）临床表现

通常颅骨缺损小于 3 cm^2 者多无症状；施行颞肌下减压术或枕下减压术后，有肥厚的肌肉及筋膜覆盖并在缺损区可以形成坚韧的纤维性愈合层，起到原有颅骨对脑的保护作用，在临床上亦无任何症状。颅骨缺损的临床表现：

1．直径 3 cm^2 以上的缺损，特别是位于额部有碍美观和安全的缺损。

2．常见症状有头昏、头疼、局部触痛、易激怒、不安等。

3．患者对缺损区的搏动、膨隆、塌陷存在恐惧心理，怕晒太阳、怕震动，甚至怕吵闹声，往往有自制力差、注意力不易集中和记忆力下降；或有忧郁、疲倦、寡言，及自卑。

4．因大片颅骨缺失造成患者头颅严重畸形，直接影响颅内压生理性平衡，直立时塌陷、平卧时膨隆，早上凹入、晚上凸出。

5．因大气压直接通过缺损区作用在脑组织上，久而久之势必导致局部脑萎缩，加重脑损伤症状；同时，患侧脑室也逐渐向缺损区扩张膨出或变形。

6．小儿颅骨缺损可随着脑组织的发育而变大，缺损边缘向外翻，凸出的脑组织也逐渐呈进行性萎缩及囊变，所以小儿更需要完整的颅骨保证脑的正常发育。

（三）手术治疗

颅骨缺损的治疗是施行颅骨修补成形术，但手术时机、方法和选用的材料，及适应证与禁忌证均需认真考虑，特别是患者要求修补颅骨缺损的目的，希望解决什么问题。因为单纯的颅骨成形术对脑外伤后功能性症状神经障碍和外伤性癫痫等表现的治疗效果是难以预测的。

1．手术指征

（1）颅骨缺损直径大于 3 cm^2 者。

（2）缺损部位有碍美观。

（3）引起长期头昏、头痛等症状，难以缓解。

（4）脑膜 - 脑瘢痕形成伴发癫痫者（需同时行痫灶切除术）。

（5）存在严重精神负担，影响工作与生活者。

2．手术时机 对于颅骨缺损，一般教科书主张在外伤手术 3 个月以后再进行颅骨修补，各家医院就修补的时机说法不一，有的主张 3 个月后，有的主张 6 个月后，但目前没有外伤手术后 3 个月内进行颅骨修补对人体有害的确切证据。北京博爱医院神经外科更提倡早期行颅骨修补术，即在颅骨缺损处由膨起变平或凹陷时就做修补，有的在 3 个月内，有的甚至在 1 个月内。早期颅骨修补术有如下好处：

（1）早期做颅骨修补有利于患者康复：颅骨缺损患者的颅骨缺损处压力是不断变化的，不仅随着心跳、呼吸在不停地波动，且在睡眠、平卧时缺损处会膨起，在站立活动时会塌陷，用力大便时也会膨起，脑皮层在膨起时会卡压在颅骨缺损边缘，塌陷时会随之下陷，如同电线一样反复折动，久而久之，产生功能损害；颅骨缺损处因缺乏颅骨保护，承受外界一个大气压，皮层血运在一定程度受到影响；血运减少，该处皮层功能会受到影响，如再行高压氧治疗，有加重脑皮层受压之虞。

早期颅骨修补不仅保护大脑避免意外伤害，减轻心理压力，而且避免脑皮层折返运动，改善皮层供血，有利于高压氧治疗，有利于患者功能康复。通常认为，颅骨修补手术的目的在于恢复颅骨完整性，对患者原发病引起的认知障碍、瘫痪、失语、精神障碍无治疗作用。我们在术前谈话中也是这样向患者家属强调的，以降低患者对手术的期望值，减少纠纷。据我们观察，部分患者在修补术后，脑功能有很大程度的提高，可表现在认知障碍改善、精神状态好转、言语障碍好转、运动功能改善。

有部分患者担心手术中断康复治疗，我们在围术期细节上做了改进，如术后 6 小时即进食水，1 天拔引流管，2 天后即可下床继续康复锻炼，可吸收线缝合，无须拆线等，不耽误康复治疗。

（2）早期做颅骨修补避免骨窗过度凹陷：随着时间延长，颅骨缺损处骨窗逐渐凹陷，严重者过度凹陷形成一“深坑”，“深坑”给颅骨修补手术造成很大麻烦，不做处理直接修补，往往术后出现修补材料下积液，硬膜下、脑内出血，癫痫发作等，从而使凹陷骨窗变平非常困难。早期修补避免骨窗过度凹陷，减少了术后并发症。

（3）早期做颅骨修补避免脑皮层功能倒退：有少数患者在 6 个月后行颅骨修补手术，出现肢体活动障碍加重或言语、认知障碍加重，几个月辛苦康复训练的疗效化为乌有，我们称之为脑皮层功能倒退。影像学检查没有积液、出血等并发症，理论上很难解释。分析脑皮层功能倒退可能的原因，我们认为有可能是脑皮层供血减少造成的。头皮的血管在没有颅骨的情况下可能与脑皮层血运相沟通，修补时剥离皮肌瓣，会切断吻合血管，造成皮层缺血功能倒退，这种情况在大面积颅骨缺损、大面积脑梗死去骨瓣减压、烟雾病做了颞肌贴敷的患者中，容易出现，修补手术做得越晚越容易出现。所以早期修补手术在颅内外血管交通之前手术，可能避免脑皮层功能倒退。修补后头皮血管仍可能通过钛板的网孔和颅内沟通，理论上有利于患者进一步康复。

（4）早期做颅骨修补有利于减少硬膜下积液：部分硬膜下积液和颅骨缺损有关，特别是大面积颅骨缺损，压力不均衡、脑组织重力作用下垂，硬膜下腔隙增宽形成积液，穿刺抽吸是无效的，做修补手术后，积液自然消失，有的硬膜下积液已经形成囊腔，与蛛网膜下腔不通，修补术中将囊腔打开，也可一次治愈积液。

（5）早期做颅骨修补避免颞肌萎缩：涉及颞骨的颅骨缺损，颞肌的附着点离断，时间越长越可能萎缩，颞肌萎缩明显的患者修补术后出现颞部明显隆起，与对侧不对称，不美观，家属往往报怨颅骨塑形不满意，其实是颞肌萎缩向下堆积造成的。早期修补避免颞肌萎缩，塑形美观满意。

（6）早期做颅骨修补有利于脑积水的治疗：有理论认为，颅骨缺损是形成脑积水的原因之一，早期修补可能避免颅骨缺损相关脑积水的形成。

慢性脑积水常常在伤后 1 ～ 2 个月出现，在颅骨缺损和脑积水同时存在的情况下，应先行颅骨修补术，且应早期手术，不然，随着脑积水的进展，脑室扩大，颅骨缺损处骨窗张力增高，骨窗隆起，处理变得棘手，修补手术已无法进行，不得已先做分流手术解决脑积水，同期或二期做修补手术，均增加了分流管堵塞和感染的风险。分流手术最好选用可调压分流管，避免过度分流引起骨窗凹陷，增加修补手术硬膜下出血、积液、脑内出血的风险，术前颅内压不能降得太低，骨窗应平或略凹陷，以利于皮下组织、钛板和脑膜的贴敷，减少皮下积液的发生，术后 1 周再调节分流管压力，进一步缓解脑积水。

3．延迟手术指征 颅骨缺损修补的时机，应视患者的全身和局部情况而定，在下列情况下应该考虑延迟手术。

（1）对初期清创不彻底、局部已感染、颅内存有病灶及颅内压增高的患者，暂勿施行颅骨成形术。

（2）部分全身情况差、神经缺损严重、不能生活自理者，特别是合并心肺并发症、贫血、糖尿病、营养不良、电解质紊乱者应延迟修补。

（3）缺损区头皮菲薄有大片瘢痕者，亦勿急于修补，可外盖局部头盔暂时保护，待条件成熟后再考虑成形手术。

（4）行动脉瘤夹闭、脑血管畸形、血管介入治疗者应复查血管影像检查，明确病灶已处理妥善，再考虑修补手术。

4．颅骨修补材料的选择 关于修补颅骨的材料，种类甚多，各有利弊。

（1）自体骨虽然组织反应小，但需在供骨区和植骨区两处施术，增加患者痛苦且整形效果较差。有人将大骨瓣减压所取下的骨片包埋在腹部皮下，作为日后修补之用；需做两处手术，而且骨片常常被吸收变小以致松动下凹。

（2）采用异体骨又因冷藏于骨库，增加了污染的机会，异物反应也较大，故均已少用。

（3）骨移植材料：理想的骨移植材料应具有良好的生物相容性和整合能力、化学性质稳定、术后长期维持其形状、不易滑脱移位、可预知其长期生物学性质、易于塑形、轮廓化方便、价格便宜。目前国内使用的颅骨修补材料为有机玻璃、硅橡胶、钛板、钛网，及其他有机材料，但都具有各自的优缺点。

①平板有机玻璃经加热塑形作为修补材料，具有方便易行的优点，但对整形要求较高的眼眶、鼻根等处则效果欠佳，同时，其抗冲压强度较差、容易碎裂，亦非理想材料。

②由高分子材料甲基丙烯酸甲酯与苯乙烯共聚物的粉剂加上甲基丙烯酸甲酯单体水剂互相混合制成的可塑性自凝材料，既有良好的塑形性能，又能自凝固化形成坚固稳定的永久性植片，具有强度适宜、组织相容性好、不易降解、不影响X线检查等优点。近年来有人在上述双组份材料中添加了制孔剂，研制出可塑性微孔人工颅骨材料。植入人体后，成纤维细胞可以长入植片的微孔，使植片与组织融为一体，且有钙化和骨化趋势，可谓较理想的颅骨修补材料。

③金属颅骨成形片如不锈钢板及网片、钽板或钛合金板，及网片均有较强抗压性能，组织相容性亦好，但钛网、钛板由于易导热、导电，造成患者术后在高温环境中有头部灼热感，钛网板价格亦昂贵，边缘锐利还容易穿破头皮，并有影响X线检查的缺点。

④硅橡胶颅骨修补材料虽然生物相容性较好，却存在强度偏低的问题。目前加网增强的硅橡胶颅骨板、羟基磷灰石或陶瓷材料所制成的新型颅骨植片则有较好的颅骨缺损修补术性能。

5．手术方法

（1）常规方法：在局麻或全麻下施术，头皮切口呈弧形，皮瓣基蒂部血供应充分保证。分离头皮时勿损伤深面的硬脑膜，以免术后积液。采用覆盖法修补时，骨缺损区周边无须修整，骨衣也不必切开，用稍大于缺损的植片覆盖在缺损区，四周用粗丝线固定在骨衣上即可。但必须使用强度大、质地好、周边薄的材料，才能与颅骨的形态和弧度相吻合。若采用镶嵌法则需沿骨缺损缘切开骨衣并修整，然后将剪裁合适的植片镶嵌在骨缺损处，周边钻孔用粗丝线固定在骨缘上。应注意在前额部行镶嵌法修补时，勿打开额窦，以免引起感染。术毕，应分层缝合头皮，不放引流，适当加压包扎。

（2）无模多点成形钛合金颅骨修复体的数字化设计与方法：采用数字化电脑塑形钛网进行额颞大面积颅骨缺损修补，其术后并发症明显少于手工塑形钛网，而且能很好地还原患者的头形容貌，是颅骨修补理想的选择（图10-28）。

颅骨缺损的部位、大小、形状各不相同，且术前及术中进行传统模具和手工制作与缺损区难以十分匹配，特别是塑形的钛板修复体与原缺损区生理曲度不符，成形后左右对称性欠佳，美容效果差。既往多数临床医生采用简单工具对钛网进行现场加工制作，医生在术前和术中反复设计、裁剪、

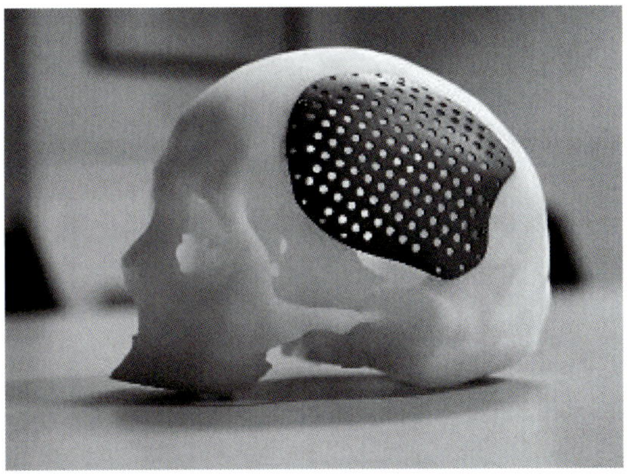

图 10-28　钛合金颅骨修补板

塑形，由于术者的经验和制作工具的影响，导致手术效果参差不齐，既延误了手术时间，往往又达不到对称的美容效果，而且 70% 以上的患者缺损区域在前额、眉弓轮廓，及相邻的额颞顶区域。美容效果直接影响到患者的心理和生理的健康。

无模多点成形技术应用于颅骨成形术，标志着颅骨修复体塑形已从手工时代进入了数字化时代。近年来，随着计算机和三维图像重建技术的应用以及采用自动模具制作钛板，使塑形更完美、更精确。目前，有一种钛合金颅骨修复体的数字化设计与制造技术，这种技术的优点是数字技术结合 CT 扫描三维成像，能使术前制成的修复体更精确。

（3）颅骨修补材料的个性化设计与方法：随着计算机辅助设计和快速成形技术的发展，颅骨修补材料的个性化设计制造成为可能。赵文旭等采用个性化预制医用树脂和羟基磷石灰复合材料完成 48 例颅骨缺损的修补，效果满意。利用组织工程技术修补颅骨缺损是近年来发展起来的新方向，在组织工程骨中快速建立血管尤为重要。徐松柏等采用血管内皮生长因子（VEGF）转基因组织工程骨对兔颅骨缺损模型进行修复，对转基因技术在颅骨组织工程方面的应用进行初步探讨，认为 VEGF 转基因组织工程骨能加快修复区的骨形成，可望为临床大块颅骨缺损修复提供有效方法。

七、脑外伤后昏迷、植物人的特殊手术治疗

脑外伤后昏迷、持续性植物状态，及后遗症的综合治疗，需要医生、护士、家属、护理员等的共同努力，甚至包括多学科的协作，更需要特殊治疗。

（一）脑起搏器

又称脑深部电刺激术，在脑内特定的神经核团植入电极，释放高频电刺激，抑制了这些因多巴胺能神经元减少而过度兴奋的神经元的电冲动，减轻了其过度兴奋的状态，从而减轻帕金森病症状（图 10-29）。治疗缓解帕金森病的 3 个主要症状 ：震颤、僵直和运动迟缓，尤其对中线症状有很好的改善作用，如起步和翻身困难等。脑起搏器是一套精致小巧的微电子装置，包括一个脉冲发生器、一根电极和一根延伸导线，这些部件均植入体内。植入体内的部件不会影响患者的日常生活。

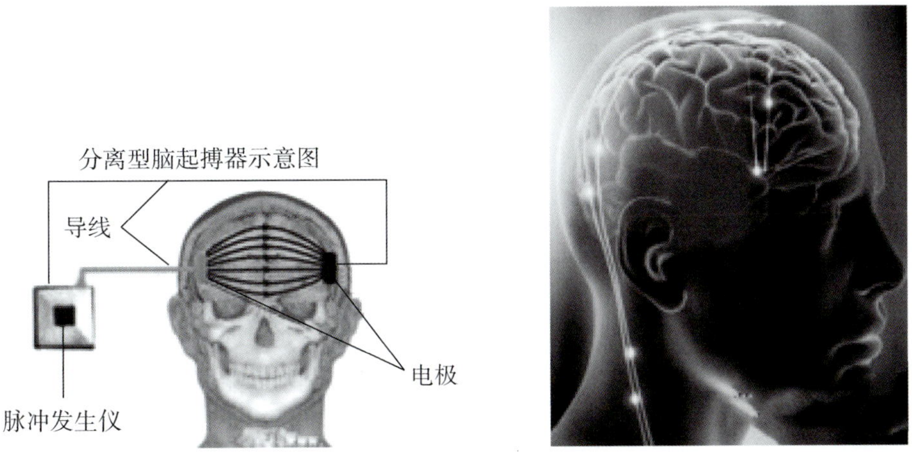

图 10-29　脑起搏器模式图

（二）高颈段脊髓电刺激促醒长期昏迷

1．概述 脊髓电刺激（spinal cord stimulation，SCS）是将电极植入脊柱椎管内，以脉冲电流刺激脊髓、神经治疗疾病的方法。最初由 Shealy 等于 1967 年首次临床应用脊髓电刺激治疗疼痛。随后闫晓明等的研究证实 SCS 能够改善外周血流量，于是 SCS 逐步应用于慢性神经源性疼痛、外周血管疾病和顽固性心绞痛，及脊髓损伤后功能康复等领域的治疗。随着硬膜外永久性埋植脊髓刺激系统的出现，硬膜外脊髓电刺激在更多领域的应用受到广泛重视。

目前，急重型颅脑创伤的救治已经取得了明显的进步，但是仍有相当一部分患者发展为长期昏迷状态，闭合性颅脑创伤出院后处于长期昏迷的占 14%。在美国至少有 10 万至 25 万成人长期昏迷患者，6 千至 1 万儿童长期昏迷患者。对于长期昏迷患者，促醒治疗是一个国内外医疗界的难题，常规的方法包括高压氧和中医治疗，但疗效欠佳。最近研究表明，高颈段脊髓电刺激（cervical spinal cord stimulation，cSCS）能够促进长期昏迷患者清醒。

高颈段脊髓电刺激术还能激活胆碱能上行网状系统。一般认为，在昏迷患者中检测到正常的睡眠电位如睡眠纺锤波及正常的睡眠周期，都是有利的预后征兆，而低幅波活动、暴发 - 抑制，及单调的高幅 δ 波活动则是预后不良的征兆。体感诱发电位在长期昏迷患者中常常表现为波幅变低和潜伏期的延长，P14 以上的电位一般认为是延髓的电位，是刺激正中神经在头皮记录到的躯体感觉皮层最早出现的电活动，在长期昏迷的患者中主要表现为潜伏期延长。对猫行高颈髓脊髓电刺激增加了 α 波、减少了慢波，反映了脑局部血流量的增加，同时激活了脑干上行激活系统。

SCS 能够增加外周血流量的观点得到普遍认可，鉴于 SCS 可以引起周围血管舒张，增加外周血流量，人们自然联想到 SCS 对中枢是否有同样的作用。随着研究的深入，动物实验发现颈段脊髓电刺激明显增加了脑血流量，并且能够显著阻止脑萎缩的进程；另外，脊髓电刺激能够显著减少大鼠脑水肿。而在临床上将电极放置在 C3 ～ C4 水平，发现颈部脊髓电刺激能够明显增加患者大脑半球血流量，改善大脑血流，增加糖代谢。这种机制可能与电刺激激活脑干网状结构中血管活性中枢有关，也可能与颈部脊髓电刺激降低交感神经紧张有关。三叉神经的二级神经元从脑干一直下降到 C1 ～ C2 水平，在此平面刺激脊髓就可以通过这一副交感传导通路来舒张血管，起调节作用；功能可逆性交感神经切除被看作是 SCS 作用于人的一种可能调节机制。有研究证实，颈部 SCS 能够显著增加昏迷患者的脑血流灌注，提高脑脊液中多巴胺、去甲肾上腺素水平（肾上腺素水平无改变），减少氧化应激，从而起到保护脑组织、促醒昏迷患者的作用。一系列研究证实 SCS 能够改善植物人的临床症状。

2．手术方法

（1）入院后完善相关术前检查，在全麻下行“高颈段脊髓电刺激植入术”。

（2）侧卧位，以颈 5 为中心，颈后正中入路，分离到棘突椎板，咬除颈 4 部分棘突和椎板，将美敦力外科板状电极植入到患者的颈 2 ～ 3 椎管内，并将电刺激发生器放置到患者右侧锁骨下窝皮下。术后第一天开启电刺激器，根据患者生命体征和肢体刺激活动情况，将刺激器电压设置为 1.2 V，脉宽 130 s，频率 30 Hz。刺激条件设置为：15 分钟开 /15 分钟关，白天刺激 10 小时，夜间关闭模式。开启刺激器后患者肌张力明显降低。

3．手术疗效评估方法

（1）脑电图：治疗期间每周监测患者短程脑电图、皮层，及脑干听觉诱发电位和经颅多普勒超声变化。患者术前脑电图显示全导联 3 ～ 4 Hz 低中幅慢波，提示皮层脑电活动广泛受到抑制。术后复查脑电图显示脑电节律逐渐增快，至术后 2 个月除个别导联散在少量慢波外，其余导联逐渐恢复 α 波节律，接近正常脑电活动。

（2）脑干听觉诱发电位：术前脑干听觉诱发电位显示Ⅲ波和Ⅴ波波幅下降，潜伏期延长；术前皮层诱发电位显示 N20 波幅下降，潜伏期延长，术后逐渐恢复。

（3）经颅多普勒超声波：术前经颅多普勒超声检测大脑中动脉、大脑前动脉，及颈内动脉血流，显示受检动脉频谱呈高阻波形，血流方向正常，根据术前、术后血管波动指数（PI）说明颅内血流明显增加。

第九节　脑外伤的重症专科监护

重症监护室（intensive care unit，ICU）是由高水平的医护人员，应用专业设备对疾病进行严密监测和有效治疗的场所。近年来，大型神经外科中心建立配套的神经外科重症监护病房（neuro-surgical intensive care unit，NSICU）已成为共识。NSICU 可针对神经系统疾病的变化特征，对中枢神经系统进行一体化的监护、治疗和护理，可避免一般 ICU 不能及时发现的神经系统损害，降低神经重症的死亡率（图 10-30）。与一般 ICU 不同的是，NSICU 在颅脑创伤的早期处理中，颅内压（ICP）监测、脑氧代谢状态的监测、脑血流量（CBF）监测、脑电活动监测、脑温监测、颅脑影像学监测等脑功能及代谢状态指标的监测已成为重要的诊治手段。

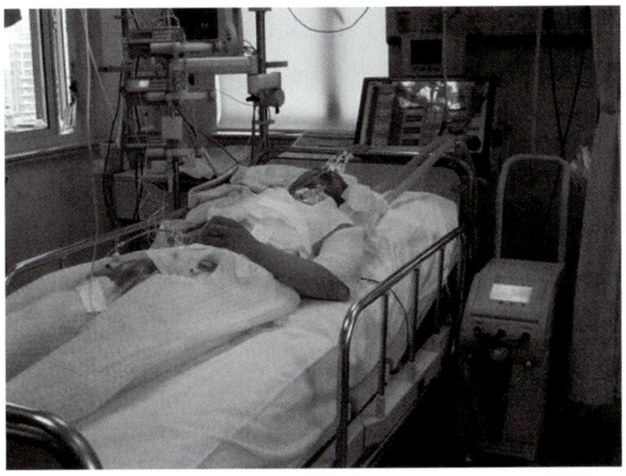

图 10-30　神经外科重症监护病房

一、颅内压的监测

（一）颅内压监测的意义

ICP 的正常范围为 0.80 ~ 1.6 kPa，2.0 kPa 即被认为 ICP 增高，达到 2.67 kPa 时必须采取降压措施，此时脑容量极少的增加即可造成 ICP 急剧上升。对具体患者来说，容积 - 压力关系可以有所不同，并取决于脑容量增加的速度和颅内缓冲代偿能力。作为对这种脑顺应性测试的一种方法，可以向蛛网膜下腔内注入或抽出 1 ml 液体，如 ICP 变化＞ 0.4 kPa，即表示颅内压缓冲机制已经衰竭而必须给予处理。正常的颅内压波形平直，在 ICP 升高的基础上可以观察到两种较典型的高 ICP 波形。一种为突然急剧升高的波，可达 6.67 ~ 13.33 kPa 并持续 5 ~ 20 分钟，然后突然下降，此称 A 型波。A 型波可能与脑血管突然扩张，导致脑血容量急剧增加有关。A 型波具有重要的临床意义，常伴有明显临床症状和体征变化。另一种为每分钟急剧上升到 2.67 kPa 的波型，称为 B 型波。B 型波的确切意义还不十分清楚，可能为 A 型波的前奏，提示脑顺应性降低。但也有人认为 B 型波可能与呼吸有关，而无特殊重要意义。

在临床上，可将 ICP 增高的发展过程分作 4 个阶段：①代偿期：此期颅腔内容物体积或容量的增加未超过其代偿能力，临床上可无症状。其持续时间取决于病变的性质、部位和发展速度。严重缺氧、缺血、急性颅内血肿等多为数分钟到数小时；而慢性颅内压增加如脑脓肿、肿瘤等可长达数天、数周乃至数月。②早期：此期颅内容物的体积已超过代偿能力，颅内压在 2.00 ~ 3.67 kPa，脑灌注压和脑血流量为平均动脉压和正常脑血流量的 2/3，有轻度脑缺血和缺氧的临床表现。此时如及时去除病因，脑功能容易恢复。③高峰期：病情发展到较严重阶段，颅内压几乎与动脉舒张压相等，脑灌注压和脑血流脑细胞生物电停放。临床表现为深昏迷、一切反射均消失、双瞳孔散大、去大脑强直、血压下降、心跳微弱、呼吸不规则，甚至停止。此期虽经努力抢救，但预后恶劣。脑灌注压和脑血流量仅为平均动脉压和正常脑血流量的 1/2，脑组织有较重的缺血和缺氧表现，并明显地急剧发展。此期如不及时采取有效治疗措施，往往出现脑干功能衰竭。④晚期：此时颅内压几近平均动脉压，脑组织几乎无血液灌流，脑细胞活动停止。

1951 年 Guilaume 通过侧脑室穿刺导管首先进行了颅内压的测量，1960 年 Lundberg 对颅内压进行了连续监测，并开始在临床上应用。随着颅内压监测的应用，多种压力转化器应运而生，出现了可用于脑室、硬膜下、硬膜外、脑实质内等多种类型的转换器，由于光纤系统的运用和可移动功能探头的研发推动了转换器的小型化发展。Zwienenberg 对脑室内、脑实质内，及脑池内光纤导管的监测进行了对比研究，认为脑室内监测可靠性大，脑实质内监测损伤性较大，而脑池内监测结果明显偏低。

颅内压监测有助于实时判断颅内压力改变，帮助判断颅脑损伤的程度，指导降低颅内压措施的选择和使用。对减少脑继发性损害，促进恢复改善预后有重要作用。Miller 指出，在无颅内压监测下盲目地使用甘露醇有害无益，颅内压监测是判断颅内高压的可靠措施，是应用脱水剂的良好指标。MC Grow 认为，ICP ＞ 25 mmHg 持续 10 分钟是紧急应用脱水剂的重要指征，颅内压的监测可以对颅内小血肿的手术提供指导。

（二）颅内压监测的方法

1．临床特征的观察与判断 颅内压增高的基本临床特征是头痛、呕吐、视乳头水肿、意识障碍和脑疝等。然而由于发病原因不同，根据其起病和临床经过可分为急性和慢性颅内压增高。

（1）头痛：慢性颅内压增高所致头痛多呈周期性和搏动性，常于夜间或清晨时加重，如无其他体征常易误诊为血管性头痛。如在咳嗽、喷嚏、呵欠时加重，说明颅内压增高严重。急性颅内压增高多是由外伤所致颅内血肿、脑挫伤、严重脑水肿等引起的脑室系统急性梗阻，因此头痛剧烈，而且不能被缓解，常很快发生意识障碍，甚至脑疝。

（2）呕吐：恶心和呕吐常是颅内压增高的征兆，尤其是慢性颅内压增高唯一的临床征象。伴剧烈头痛的喷射状呕吐则是急性颅内压增高的佐证。

（3）视神经乳头水肿：视神经乳头水肿是诊断颅内压增高的准确依据，但视乳头无水肿却不能否定颅内压增高的诊断。由于急性颅内压增高病情进展迅速，一般很少发生此种情况。反之，慢性颅内压增高则往往有典型的视乳头水肿表现，首先是鼻侧边缘模糊不清、乳头颜色淡红、静脉增粗、搏动消失；继而发展为乳头生理凹陷消失，乳头肿胀隆起，其周围有时可见“火焰性”出血。

（4）意识障碍：它是急性颅内压增高最重要的症状之一，系由中脑与脑桥上部的被盖部受压缺氧或出血，使脑干网状上行激活系统受损所致。慢性颅内压增高不一定有意识障碍，但随着病情进展，可出现情感障碍、兴奋、躁动、失眠、嗜睡等。

（5）脑疝：由于颅内压增高，脑组织在向阻力最小的地方移位时，被挤压入硬膜间隙或颅骨生理孔道中，发生嵌顿，称为脑疝。

有实验证明：颅内压高达 2.9 ～ 4.0 kPa 持续 30 分钟就可发生脑疝。脑疝发生后，一方面是被嵌入的脑组织发生继发性病理损害（淤血、水肿、出血、软化等），另一方面是损害邻近神经组织，阻碍和破坏脑脊液和血液的循环通路和生理调节，使颅内压更为增高，形成恶性循环，以致危及生命。

临床常见的脑疝有小脑幕裂孔疝和枕骨大孔疝。前者多发生于幕上大脑半球的病变，临床表现为病灶侧瞳孔先缩小后散大、意识障碍、对侧偏瘫和生命体征变化，如心率慢、血压高、呼吸深慢和不规则等；后者主要由于增高的颅内压传导至后颅凹或因后颅凹本身病变而引起。早期临床表现为后枕部疼痛、颈项强直。急性的枕骨大孔疝常表现为突然昏迷、明显的呼吸障碍（呼吸慢、不规则或呼吸骤停），心率加快是其特征。

2．有创 ICP 监测　虽然临床症状和体征可为 ICP 变化提供重要信息，但在危重患者，ICP 升高的一些典型症状和体征，有可能被其他症状所掩盖，而且对体征的判断也受检测者经验和水平的影响，因此是不够准确的。判断 ICP 变化最准确的方法是进行有创的 ICP 监测，实施的指征为：①所有开颅术后的患者；② CT 显示有可以暂不必手术的损伤，但 GCS 评分＜ 7 分，该类患者有 50% 可发展为颅内高压；③虽然 CT 正常，但 GCS ＜ 7 分，并且有下列情况两项以上者：A. 年龄＞ 40 岁；B. 收缩压＜ 11.0 kPa；C. 有异常的肢体姿态，该类患者发展为颅内高压的可能性为 60%.

实施有创 ICP 监测的方法有 4 种，ICP 监护的内容包括适应证、持续时间和压力、波形、振幅等。不同的波形常提示一定的临床意义。

（1）脑室内测压：在颅缝与瞳孔中线交点处行颅骨钻孔并行脑室穿刺，或在手术中置入细硅胶管，导管可与任何测压装置相连接（图 10-31）。也有人习惯通过 DOME 与血流动力学监测仪的测压系统相连接，结果非常满意。为便于引流脑脊液，可在 DOME 前端连接一个三通。如果没有电子测压装置，则改用玻璃测压管测压。

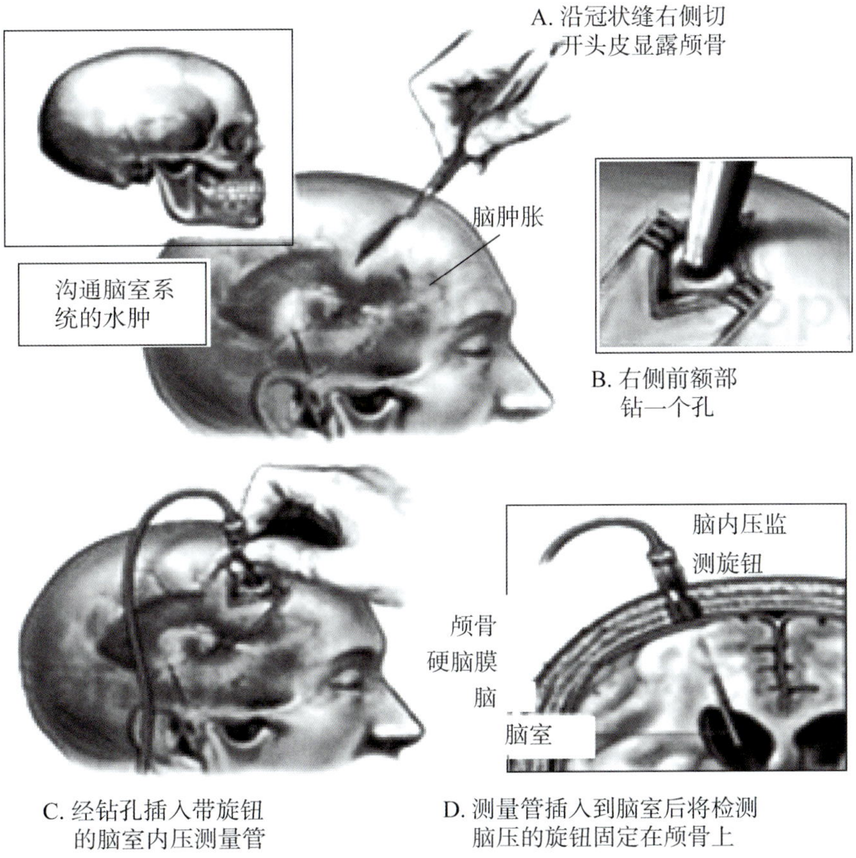

图 10-31　脑室内测压装置操作技术

脑室内测压最准确，且可通过引流脑脊液控制颅内压，但有损伤脑组织的风险，在脑严重受压而使脑室移位或压扁时也不易插管成功。此外，导管也容易受压或梗阻而影响测压的准确性。脑室内测压最严重的并发症是感染，因此管道内必须保持绝对无菌并防止液体反流。

（2）硬膜下测压：即将带有压力传感器的测压装置置于硬脑膜下、软脑膜表面，可以避免脑穿刺而损伤脑组织，但准确性较脑室内测压差，感染仍是主要风险。

（3）硬膜外测压：将测压装置放在内板与硬膜之间，无感染风险，但准确性最差。

（4）腰穿测压：在急性 ICP 升高，特别是未做减压术的患者不宜采用，因有诱发脑疝形成的可能。一旦脑疝形成后，脊髓腔内压力将不能准确反映 ICP。

3．无创颅内压检测 无创 ICP 监测没有上述操作复杂，也没有感染等并发症。但其准确性有待进一步研究，目前临床使用的主要方法为闪光视觉诱发电位监测、视网膜静脉压监测、鼓膜移位法和前囟测压法等，但目前已少用。

（1）闪光视觉诱发电位（flash visual evoked potentials，f-VEP）：f-VEP 是指由弥散的非模式光源刺激诱发出的视觉诱发电位，它可以反映 ICP 的改变，其原理是神经元及其纤维的兴奋与传导需要不断地从血液循环得到能量。颅脑创伤继发 ICP 升高时，神经元及其纤维发生缺血缺氧和能量代谢障碍，脑脊液 pH 下降，乳酸浓度增高，神经传导发生阻滞，电信号在脑内的传导速度减慢。这一减慢的电信号可被 f-VEP 捕捉到，f-VEP 波峰潜伏期延长，延长时间与 ICP 值呈正比。f-VEP 反映的是从视网膜到枕叶皮质视通路的完整性，受视敏度影响较小，不论患者合作与否均能完成检查，因此适合重症，特别是昏迷患者的监测。周翼英等对 f-VEP 和有创 ICP 监测的测量值进行比较，发现两者有良好的相关性。f-VEP 可以较准确、无创地监测 ICP，指导临床治疗，但目前尚存在许多不足：① f-VEP 主要通过 N2 波潜伏期的长短来计算 ICP 值，但脑水肿、血肿、局部缺氧缺血和乳酸堆积等多种因素均可引起 N2 波潜伏期延长，故 f-VEP 不能区分颅内高压的原因；② f-VEP 监测仪操作者选择 N2 波潜伏期的准确程度直接影响测量结果，而目前对 N2 波潜伏期的选择还没有统一的科学标准；③目前 f-VEP 的参数方程是基于脑积水患者建立起来的，但不同的疾病，如颅内感染、脑水肿、脑挫裂伤、脑积水和脑肿瘤等对神经传导速度的影响是否一致尚不可知；④年龄对神经传导速度也有影响，60 岁以上患者随着年龄的增高潜伏期会延长；⑤ f-VEP 也不适用于监测儿童 ICP 增高患者。

（2）前囟测压法（anterior fontanel pressure，AFP）：早在 1959 年，Davidoff 首次经前囟测得 ICP，但与有创监测相比精度较差。随后 Wealthall、Salmon 等对其仪器进行了改进，一定程度上降低了前囟软组织弹力的影响。目前，鹿特丹遥测传感器（Rotterdam teletransducer，RTT）是较可靠的测前囟压的仪器，它和有创 ICP 监测的相关性较好。AFP 主要用于新生儿和婴儿的 ICP 监测，但仍存在以下问题需要解决：① AFP 多以压平前囟为测压条件，仅适用于突出骨缘的前囟，对前囟凹陷的新生儿无效；②测压时压平外凸的前囟缩小了颅腔容积，在一定程度上会增高 ICP，对患儿不利，且测得的 ICP 值偏高。

（3）鼓膜移位（tympanic membrane displacement，TMD）：90% 正常人群 40 岁前耳迷路导管是开放的，鼓膜周围的液体压力直接反映颅内脑脊液的压力。ICP 变化时，外淋巴液的压力随之产生变化，使原本处于静止状态的镫骨肌和卵圆窗的位置发生改变，继而影响听骨链和鼓膜的运动，通过计算 ICP 改变前后的 TMD 值差别可估算 ICP。TMD 值的正常范围是 –200 ～ 200 nl，超过 200 nl 为颅内高压。Samuel 等比较了 8 例脑积水患儿 TMD 和有创 ICP 监测的测量值，TMD 诊断颅内高压的准确性为 80%，特异性为 100%。Frank 等亦发现耳声发射，尤其是有颅内畸变产物的耳声发射可作为一种无创监测 ICP 的方法。TMD 法的优点是能在一定范围内较精确地反映低颅内压，区分高颅内压和低颅内压所引起的头痛等症状；还可以鉴别 ICP 增高与梅尼埃病或迷路病变导致的眩晕、耳鸣等症状。但 TMD 也有许多缺陷：①不能用于连续监测；②周围环境过于嘈杂时，由于患者暂时性音阈改变而影响测量值；③因镫骨肌反射缺陷，不能用于脑干和中耳病变者；④老年人由于耳迷路导管已闭合，不能进行 TMD 监测。

（4）视网膜测压法（ophthalmodynamometry pressure，ODP）：生理状况下，视网膜静脉经视神经基底部回流到海绵窦，视网膜中央静脉压 ≥ ICP。颅脑创伤患者 ICP 增高时，视神经基底鞘部受压，导致视乳头水肿和视网膜静脉搏动消失。Firsching 等和 Motschmann 等分别对两组患者用负压式视网膜血管血压仪测量视网膜中央静脉压，并同时进行有创 ICP 监测，发现两种监测方法有良好的线性相关。ODP 测定 ICP 方便、实用、适用范围广，且可重复测定，但不适合长期监测。

二、脑氧代谢状态的监测

1. 组织氧饱和度 近红外线光谱仪可利用 650 ~ 1100 纳米波长红外线，透过颅骨测出皮层的静脉血氧饱和度，是一种非侵袭性监测手段。动态观察局部脑组织皮层静脉血氧饱和度可监测颅内疾病的进展，但在梗死、坏死的脑组织中，由于脑部已经没有新陈代谢，脑氧饱和度有可能接近正常，有关临床方面的大规模试验仍有待开展。

2. 局部脑组织氧分压 通过微探头置入脑内的方法可监测到局部脑组织的氧分压（PaO_2）、二氧化分压（$PaCO_2$），及酸碱度 pH。当局部脑组织发生缺血时，在其他监测数据尚无改变（如 ICP 正常）时已可通过脑组织监测 PaO_2 而早期发现缺血。目前认为局部脑组织 $PaO_2 < 10$ mmHg 时，即提示存在局部缺血。

3. 脑内微透析技术 微透析技术（microdialysis）是一种微创、连续的研究细胞间液生化和神经递质等活性物质变化的动态监测方法。20 世纪 80 年代已被用于动物实验。近来，微透析技术也应用于神经外科临床。国内外的研究表明，对于重型颅脑创伤患者，微透析技术监测脑细胞间液一些活性物质的变化，是一种安全有效先进的监测手段，可指导临床治疗。具体实施方法是将微透析导管分别插入患者脑创伤病灶相邻的半暗带区、相对正常区和腹部皮下组织，收集微透析液。灌流速度为 0.3 μl/min。每小时 1 管透析液，平均收集时间为 17 天。收集的透析液用生化分析仪测定谷氨酸（Glum）、葡萄糖（Glu）、乳酸（Ac）、丙酮酸（Pym）和甘油（Gly）。目前也有床边微透析技术设备（如 CMA SoMa、Sweden）应用于临床，具有方便、快速等优点，如 LPR 和 Gly 等升高提示在 11 ~ 23 小时会出现由于血管痉挛导致的迟发性缺血性损伤。

4. 颈静脉窦氧饱和度 将导管从颈静脉逆向置入颈静脉窦，经 X 线定位后，连续监测颈静脉窦氧饱和度（jugular bulb oxygen saturation，$SjvO_2$），反映脑部代谢情况。颈静脉窦氧饱和度代表整体性的脑组织氧饱和度，正常值为 55% ~ 75%，< 50% 提示脑组织缺血。

三、脑血流量监测

在脑损伤后，脑组织血液循环发生改变，如灌流不足或过度充血、颅内压升高、脑水肿、血管痉挛等都可能是灌流不足的原因。经颅多普勒超声（TCD）利用低频超声波穿过颅骨较薄的地方检测颅底大动脉血流速度，可根据动脉平均流速（mean velocity，MV）、搏动指数（pulsatility index，PI）的大小，及波型改变判断低脑血流、高脑血流、血管痉挛，及脑死亡等情况。正常人大脑中动脉平均血流速度为 65 ± 17 cm/s，重型颅脑伤患者大脑中动脉初始速度通常低于正常水平 65 ctrds。脑损伤越重，低血流速度持续时间越久。高血流速度并颈静脉氧饱和度（$SjvO_2$）增高是提示脑充血。高血流速度也是脑血管狭窄、大脑中动脉痉挛的反应。蛛网膜下腔出血患者平均血流速度可达 250 ~ 300 errds，在脑损伤后脑血管痉挛，血流速度增加则不甚显著，通常为 100 ~ 200 em/s。

TCD是全脑血流监测，有报道也可用于ICP无创监测，但其准确性不佳。也可运用激光多普勒，采用有创性颅内探头，持续监测局部脑血流（rCBF）变化情况。正常成人的平均脑血流量约为50±5 ml/100 g/min。静息状态下脑灰质的平均脑血流量为76±10 ml/100 g/min，而白质仅为20±4 ml/100 g/min。重度颅脑损伤患者在早期可见脑血流量减少，若恢复期见脑血流量增加，提示脑损伤康复可能有利。

四、脑电活动监测

1. 脑电图 重型颅脑损伤患者脑功能恢复情况与脑电图（electroen cephalogrphy，EEG）变化的严重程度有关。通过脑电图的监测能够较正确地估计预后。EEG的记录通常用国际标准10～20电极导联法。可记录具有解剖、生理意义的脑的各个部分电活动变化。1937年首次应用于麻醉过程监护。在重型颅脑损伤患者中，EEG对颅内高压、昏迷、外伤性癫痫，及判定脑死亡等有重要价值。近年来已有56导联、24小时脑电动态描记仪（EEG Hoter）等设备监测。利用自动处理脑电活动监测技术提高颅脑损伤的诊断和处理水平。目前可用的技术包括：脑功能监测（cerebral function monitor，CFM）、脑功能分析监测（cerebral function analysis monitor，CFAM）、脑电周期分析法、频谱分析法（spectrum analysis，SA）等。轻型颅脑损伤在24小时内的描记大部分正常，少数有弥漫性δ波或θ波。重型颅脑损伤时，少数病例在受伤后不久，甚至在昏迷状态可有正常的基础节律。若为完全和持久的电活动减少，则预后不佳。在受伤后不久若有持续的12～15 Hz电活动，亦提示预后较差。在重型颅脑损伤时基本节律可减慢至4～6 Hz，它出现的早晚具有预后意义。如在48小时内出现，则预后较差；若出现较晚，则预后较好。脑电双频谱指数监测是一种经处理过的EEG参数，可对颅脑损伤后患者的镇静、意识丧失，及催醒程度等进行监护。由于颅脑损伤后常有颅骨骨折和开颅手术等，EEG监测受到一定限制，脑磁图（MEG）监护就更显得有利，MEG对人体完全无接触、无侵袭、无损伤，故诊断方便。MEG记录的是神经元的突触后电位所产生的电流所形成的脑磁场信号，对脑功能测定、损伤判断、脑损伤评估和癫痫定位等有重要的参考价值。

2. 脑干诱发电位 脑干诱发电位（evoked potential，EP）可用以检查昏迷患者的中枢神经系统的功能水平，其波形与特殊解剖结构之间关系紧密，诱发电位监测不会受镇静药，甚至全身麻醉的影响，体感诱发电位（somatosensory evoked potential，SSEP）最常使用，依照振幅、时程的改变，可侦测出脑部缺血的发生，并可作为脑电图的补充。脑干听觉诱发反应（brain stem auditory evoked response，BAER）主要用以监测脑桥及中脑的病变，BAER的消失往往提示预后较差。视觉诱发电位（visual evoked potential，VEP）在闭合的眼睑上用强闪光刺激后于枕部头皮记录到。在VEP复合波中，P100振幅大，由视觉神经元产生。波形清晰，可作为视觉传导功能的指标。重型颅脑损伤患者多表现为各潜伏期及振幅的异常。可判断脑外伤及昏迷患者，对诊断及预后判断有重要的参考价值。

五、脑温监测

一般认为脑温与机体核心温度相接近。有许多部位可用来测定核心温度，如中耳、直肠、口腔、膀胱、食管、肺动脉或颈静脉等。但近年来的研究发现，脑温常高于核心温度，尤其是在异常温度范围时，其差距更大。对重型脑损伤患者的脑温和肛温进行持续监测研究发现，伤后脑温和肛温均明显升高，肛温比脑温低0.3～1.2℃，持续高体温可增加脑氧代谢，加重脑损伤。临床上采取亚低温治疗重型颅脑损伤时，早期肛温低于脑温约1℃，达到亚低温标准后，温差基本一致。

六、颅脑影像学监测

CT、MRI 和核医学检查可对颅脑损伤后的形态监测．尤其是 CT 更具有方便快速等优越性；而放射性核素脑显像、单光子发射断层扫描（PET）等方法还可对脑代谢等进行监护。上述监护多数为无创性，尤其是 PET，对新的治疗措施和患者预后判断相对于 MRI 等更具优越性。

第十节　颅脑损伤合并症及其防治

一、颅底骨折与脑损伤

在 20 世纪上半叶，曾经一度认为颅骨骨折是原发的，而脑损伤才是继发的，后来才明白尽管颅骨是坚硬的，但仍有一定韧性，足以承受造成脑损伤的打击而不发生颅骨骨折。因此，骨折的出现，尽管能粗略估计出脑组织承受作用力的大小，但是已不再认为是脑损伤的可靠指标。即使在致死性头外伤中，尸检仍显示 20% ~ 30% 的病例颅骨完整。相反，许多有颅骨骨折而不伴随严重的或持续的脑功能障碍患者至少部分原因是打击的力量被骨折分散。现代的趋势是主要考虑有无脑损伤存在而不是单纯注意颅骨本身的骨折。据统计，骨折合并脑损伤的概率为非骨折的 5 ~ 10 倍，伴有严重损伤时经常达到 20 倍，此外，骨折对于脑损害的严重程度及部位具有重要的意义，还能对颅神经麻痹作出解释，并且为细菌及空气进入颅内以及脑脊液的外流提供潜在的途径。在这一方面，颅底骨折具有特殊的意义（图 10-32）。

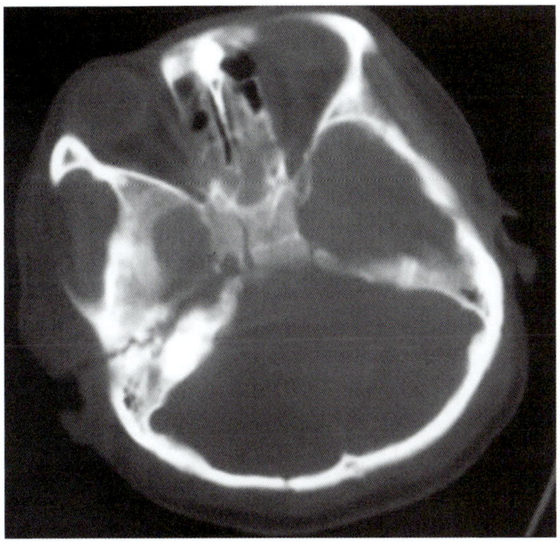

图 10-32　颅底骨折的 CT 像

二、颅底骨折与颅神经损伤

对于相关的颅底骨折，可以轻易地感觉到颅神经损伤的可能性。某些颅底骨折单凭颅骨平片往往很难确诊，而要根据患者表现出几个特征性的临床表现中的一种加以诊断。岩锥的骨折常常使外耳道出现畸形、撕破鼓膜，并伴有脑脊液耳漏，或血液聚集在完整的鼓膜后面而使鼓膜呈蓝色。如果骨折再向后延长一些，则会损伤乙状窦、耳后，及乳突上组织变松软并出现淤斑（Battle 征）。前颅底骨折可造成血液进入眶周组织，造成特征性“浣熊”或“熊猫”征。存在任何上述体征均需要进行采用骨窗设定的 CT 扫描。

颅神经损害征也常常提示存在颅底骨折，嗅神经、面神经、听神经是最容易受损的神经。但是包括第Ⅻ颅神经在内的任何神经均容易产生损害。

1．失嗅及明显味觉丧失（实际为芳香味觉丧失，基本味觉类型：咸、甜、苦、酸不受影响）为头外伤的常见后遗症，特别是头枕部坠落伤。其中大多数失嗅为永久性的，如为单侧则不易被患者察觉，其机制是通过筛板或筛板附近脑移位或嗅神经撕裂。

2．蝶鞍或附近骨折可撕裂垂体柄 引起尿崩症、阳痿及性欲减退、闭经。罕见情况下，这种骨折可以引起预先存在的垂体腺瘤出血，导致垂体脑卒中综合征。

3．蝶骨骨折可裂伤视神经 从一开始即失明。瞳孔对直接光反射消失，但对侧眼光刺激时患侧仍有反应（交感反射），数周后视乳头变苍白，为视乳头萎缩的表现，视神经部分性损伤则发生盲点以及视野模糊。完全性动眼神经损伤的特征为上睑下垂、患侧眼球外展并上斜视、眼球内侧，及垂直运动丧失、瞳孔固定和散大。复视在下视时加重。头部代偿性倾斜提示滑车神经损伤。另外，视神经和眼运动神经疾病应注意与直接损伤眼眶或眼运动肌造成的眼球移位相鉴别。三叉神经眼支及上颌支的损伤可由经过中颅凹的颅底骨折或直接损伤其颅外分支引起，神经分布区皮肤麻木、感觉减退或神经痛为损伤的后遗症。

4．岩骨骨折导致面神经损伤的方式有两种 ①岩骨的横行骨折，伤后立即发生面肌麻痹，这很可能与神经横断有关，在这种情况下，有时采取手术吻合神经能获得成功；②岩骨的纵向骨折为较常见的一型，面肌麻痹出现在 5 ～ 7 天后，这一过程有时被错误地解释为颅内损伤病变的进展。

岩骨骨折导致的第Ⅷ颅神经损伤，是伤后立即发生的听力丧失或位置性眩晕及眼球震颤。神经损伤所致的耳聋必须与耳蜗损伤引起的高调听力丧失以及与中耳出血、听骨链断裂（传导性耳聋）所致的耳聋相鉴别。眩晕也必须与创伤后头晕相鉴别。通过舌下神经管的骨折引起舌的一侧无力。应该记住对于上颈部的打击也可以引起下位颅神经麻痹，原因是直接损伤其周围分支，或颈动脉夹层的后果，或者是颅神经颈段和颅内段的损伤。

三、颈内动脉 - 海绵窦瘘

蝶骨的颅底骨折可撕裂颈内动脉或其海绵窦内分支，数小时或 1 ～ 2 天内，随着动脉血进入，引流静脉窦的眼上、下静脉膨胀，出现搏动性突眼，眼眶发紧并疼痛，眼球可部分或完全性固定，这是由于穿过海绵窦的眼运动神经受压所致。展神经最常受累，而第Ⅲ、Ⅳ颅神经受累少见。也可发生视力丧失，原因为视神经及视网膜缺血。视网膜静脉充血及青光眼是视力衰竭的其他原因。5% ～ 10% 的瘘可自发缓解，其余患者必须通过介入放射技术（如股动脉插管的可分离球囊）或直接手术修补瘘口（stern）。并非所有颈内动脉海绵窦瘘均为外伤性，偶尔发生于海绵窦囊性动脉瘤破裂病例或发生在 Ehlers-Danlos 病，后者为结缔组织缺陷病。另有一些原因不明。

四、气颅、气肿及鼻溢（脑脊液漏）

如果骨折处头皮撕裂，其下硬膜也撕裂，或骨折线通过鼻窦内壁，则细菌能进入颅腔，导致脑膜炎或脓肿。另外，脑脊液漏入鼻窦则表现为水样物流出（称为脑脊液鼻漏）。此水样物可通过使用尿糖试纸检测葡萄糖而鉴别（黏液中不含糖）；也可经腰穿注入荧光素或碘化水溶性染料，再往鼻腔放入棉拭子看其吸附情况加以证实。大多数急性期脑脊液鼻漏还可自然愈合。如果鼻漏持续或合并脑膜炎，则符合修补指征。对脑脊液鼻漏患者目前不提倡预防性应用抗生素防止脑膜炎，然而有些神经外科医师仍沿用，特别对于儿童患者。颅腔内积气常常发生在颅骨骨折或广泛性神经外科手术后，通常是（CT 表现）突面硬膜外或硬膜下或半球间，有可能是细菌进入颅内的潜在途径。小量积气通常可以吸收，无意外发生。但是，大量气体聚集引起占位效应，引起外伤后临床症状恶化（张力性气颅），吸入 100% 纯氧可暂时缓解，但如仍有临床体征则要针刺抽吸。

五、低钠血症

有研究发现，在重型颅脑损伤患者中低钠血症的发生率为 31.5%，平均发生在伤后 5 ~ 7 天，持续时间平均 5 天，平均血清钠浓度为（122.1 ± 9.7）mmol/L。抗利尿激素不适当分泌综合征（SIADH）、脑盐耗综合征（SCWS）和其他类型的低钠血症在恢复时间及治愈率方面差异均无统计学意义，而预后与病情轻重有密切关系，病情越重（GCS 评分越低），低钠血症发生率越高，低钠血症越严重，病死率越高。因此早期发现并鉴别低钠血症的类型，及时而有针对性地治疗低钠血症对改善预后具有重要意义。

六、尿崩症

有研究表明，颅脑损伤后发生尿崩症有显著意义的危险因素是 GCS 评分和颅底骨折。外伤后中枢性尿崩与脑损伤程度呈负相关，伤情越重，尿崩出现概率越高，尿崩持续时间越长；颅底骨折的出现使尿崩症发生的概率增加；年龄、颅脑损伤性质、致伤因素、视神经损伤不是脑外伤后尿崩的有显著意义的危险因素；颅脑损伤后中枢性尿崩一般是短暂性、部分性尿崩。也有迟发性尿崩症的个例报道，预后较差。

七、外伤性脑梗死

外伤性脑梗死（post-traumatic infarction，PTI/traumatic cerebral infarction，TCI）指颅脑外伤患者在颅脑外伤后微循环障碍和血管损伤造成的脑缺血和脑梗死表现，可发生于全年龄组，但多见于儿童组患者，患者一般均有明确的外伤史，伤后早期症状容易被掩盖，多于伤后 24 ~ 48 小时出现迟发性神经体征。若得不到及时有效的治疗，将使病情加重，死亡率及致残率增高。CT 及 MRI 扫描表现同一般缺血性脑梗死相似。外伤后脑梗死的出现直接影响着颅脑外伤患者的预后。

（一）发病机制

1. 脑血管损伤　外伤可导致脑内小血管断裂、闭塞，骨折碎片也可损伤脑血管。脑深部的穿支动脉血管远离主干，细长且走行纡曲，属终末分支，吻合支少，对血流动力学变化敏感，易受其影响。在儿童期血管内膜发育不完善，侧支循环少，变异多，并且与颈内动脉分支在解剖走行成直角，当不同外力作用于头部时，颅骨与脑组织、表面脑组织与深部脑组织之间发生相对运动，易造成穿支动脉牵拉、扭曲、移位，引起血管内膜或分支处的损伤或痉挛，继发形成血栓。同时，局部脑组织缺血、水肿，进一步压迫本已狭窄的供血动脉，使症状加重。此外，由于儿童自主神经功能发育不健全，血管调节能力差，也是造成儿童期外伤性脑梗死比较多见的原因之一。另外，由于颅内压增高，引起脑组织向天幕孔、大脑镰下疝出，伴有移位的供血动脉被嵌压、牵拉、扭曲，造成血管的狭窄、闭塞，及血管内膜的损伤，亦可形成血栓，如临床较常见的小脑幕孔下疝嵌压大脑后动脉所致的该侧枕叶梗死。

2．微循环障碍 脑微循环障碍参与急性脑梗死整个病理生理过程。脑微循环是指外径 300 μm（内径 100 μm）以下的血管系，即联通支动脉、软脑膜血管等小动脉系统的循环。局部脑缺血或再灌注时，脑微循环障碍则可导致诸如无复流现象、迟发性脑缺血后低灌注（delayed postischemic hypoperfusion，DPH）、再灌注损伤等。近年来受到基础研究和临床的关注。无复流现象是指脑缺血再灌注后在微小血管床内未能被示踪剂再灌注的状态。

（二）临床表现

外伤性脑梗死临床上可表现为两种类型。一种是以微循环障碍为主的脑梗死，发病时间多在 1 周内，梗死范围小，呈局灶性，常位于中线附近的脑白质或基底核区，为动脉深穿支供血区梗死，脑血管造影不易发现，临床诊断主要依据神经系统缺失症状和 CT 及 MRI 检查，若治疗及时，效果较好。但如伤情未能控制，1 周后出现的脑梗死，疗效较差。另一种是以主要供血动脉血栓形成的皮质性梗死，CT 及 MRI 检查梗死范围较大，中线结构移位明显。脑血管造影可发现闭塞部位，多为颈内动脉及其分支主干梗死，发病时间与创伤机制和程度有关，也与治疗过程是否顺利有关。颅脑外伤后 1 周内出现的脑梗死，多与创伤机制和程度有关，可称之为外伤后急性脑梗死。1 周后由于伤情未能控制或其他原因造成的脑梗死，可称之为外伤后迟发性脑梗死。

（三）诊断

诊断时应注意外伤前有无脑梗死症状，对颅脑外伤患者如确有脑梗死症状或出现某些无法用外伤解释的表现时，应及时行 CT 检查，如 CT 阴性，可复查 CT，行薄层扫描或应用磁共振液性衰减反转回复序列图像（FLAIA）检查。儿童期外伤性脑梗死多好发于一侧基底核区，多为单发腔隙性梗死，病灶呈圆形或卵圆形低密度区，直径多在 10 mm 以内，边界清楚，CT 值 8 ～ 24 Hu。MRI 检查可显示与 CT 扫描同样部位的异常信号，占位效应不明显。成人组梗死主要发生于同侧蛛网膜下腔出血（SAH）、脑挫裂伤或颅内血肿的患者，SAH 的主要部位同外伤性脑梗死发生的部位一致或有明显的相邻关系；出血量多的 SAH 患者，脑梗死的发生率较出血量少的患者要高。原有动脉硬化、高血压、嗜酒等自身因素引起的脑血管弹性差的患者，在严重颅脑外伤时，易出现大面积梗死。

（四）治疗及预后

灶状梗死以常规内科治疗为主，早期给予钙离子拮抗剂（calcium antagonist）和神经营养药物治疗，对范围稍大、病情较重的患者，可予小剂量脱水及激素治疗，恢复期应重点加强功能锻炼。儿童外伤性脑梗死多发生于基底核区，梗死范围较局限，同时儿童大脑侧支循环建立迅速，恢复供血能力强。因此预后较好，复查 CT 有时可见低密度灶消失。颅脑外伤合并大血管梗死将严重影响患者的预后，这主要取决于梗死灶内残存的脑血流量（CBF），一般 CBF 保持在 25 ml/(kg·min）时，恢复较好。因此，对梗死面积较大者应积极行抗脑水肿和改善微循环治疗，提高局部脑血流量，防止脑软化。对外伤性脑梗死患者采用溶栓治疗也可获得良好效果。治疗时机宜在发病后 3 ～ 6 小时内。外伤后的急性脑梗死患者，在除外颅内出血时，6 小时内行溶栓治疗，外伤后的迟发性脑梗死患者如能及时发现 24 小时内行溶栓治疗，也可改善症状。采用溶栓治疗外伤性脑梗死应十分慎重，特别是对溶栓过程中必须动态监测患者的凝血机制，观察意识状态、颅内压和神经系统症状体征变化，及时发现出血倾向，同时要维持人体内环境的稳定。

由于脑外伤颅内血肿合并大面积脑梗死的预后较差，所以应采取措施积极治疗。血肿较大时应尽早手术清除血肿，减轻颅高压，减轻脑组织压迫。手术中应操作仔细、轻柔。积极脱水、减压，解除血管痉挛。密切观察病情变化，适时复查 CT 了解病变情况，采取相应治疗，是预防脑梗死的有效措施。大面积脑梗死一旦发生，目前临床上暂无切实有效的治疗方法，一般可给予溶栓、降低颅内压等一些综合性治疗，因此预防大面积脑梗死是很重要的。

八、外伤性迟发性脑出血与凝血功能障碍

（一）TBI 患者发生凝血功能改变的机制

1．颅脑创伤后发生凝血功能改变的可能机制 脑组织，尤其是皮质组织，含有大量组织因子（tissue factor，TF），创伤后脑组织血管内皮破损暴露组织因子，通过外源性凝血途径激活凝血级联反应。发生凝血反应的速度取决于受损脑组织释放入血液的组织因子量，最终血栓形成，凝血因子、血小板、纤维蛋白，及凝血酶消耗。凝血过程的抑制调控因素包括：组织因子抑制物（tissue factor pathay inhibitor，TFPI）、蛋白 C 系统、抗凝血酶，及氨基葡聚糖。这些因子限制纤维蛋白形成，将凝血系统的激活局限在受损部位。当过多的组织因子释放时，调控失去作用，表现为凝血 - 纤溶指标的变化。

脑组织中特别富含凝血激酶，损伤时由于血脑屏障的破坏和应激作用，大量释放凝血激酶，从而启动外源性凝血，内源性凝血途径同时被激活，出现短暂的高凝状态和继发的纤溶亢进，高凝状态下血液黏稠、血流减缓，易引发血栓，造成脑组织微循环障碍，而纤溶亢进则可能造成继发性出血。凝血常规中 PT 是外源性凝血试验的综合检验指标，反映凝血系统中因子Ⅶ和组织因子质和量的异常；APTT 是内源性凝血系统的综合检验指标，APTT 延长提示凝血因子质和量的异常及循环抗凝物质的存在；TT 是内外源性凝血系统的共同途径，当血液中纤维蛋白原明显减少时 TT 延长；血小板降低的原因主要是高水平的凝血酶使纤维蛋白原转化为纤维蛋白，后者与血小板表面血小板膜糖蛋白结合介导血小板聚集，使得血小板消耗性减低。DD 是目前临床常用的纤溶系统激活的分子标记物，它是交联纤维蛋白原的特异性降解产物，是一种稳定的标志物，其血浆水平增高反映继发性纤溶活性增强，不受其他因素影响，可作为体内高凝状态和纤溶亢进的特异性分子标志物。文献报道 DD 反映凝血纤溶异常的特异性较强，是颅脑损伤早期可靠的预后指标。

2．临床研究中发现的机制 文献报道在颅脑损伤后凝血紊乱发生率在 3% ~ 64% 不等。有研究表明，患者在伤后很短时间内就会发生凝血障碍，通常在 1 小时之内，而且与患者损伤的严重性无关，但凝血功能的异常与患者的预后相关。也有研究显示死亡患者的 APTT、DD 明显长于生存组的患者，死亡患者的血小板虽然低于生存患者，但两组之间的差异没有统计学意义，FDP 在不同的检测时间变化较大；几乎所有患者血浆中的 dd 水平都有所升高，死亡患者要显著高于生存的患者。Hulka 研究了 TBI 患者伤后的凝血情况，他们将 149 例 TBI 患者根据患者的 CT 表现分为两组，结果表明，CT 正常者中有 25% 的患者存在凝血障碍，而 CT 扫描显示存在脑损伤的患者中却有 41% 的存在凝血损害，并且凝血功能异常患者的死亡率是正常者的 9 倍。Michael 等研究了 11 例重型单纯头部创伤（isolated head injury，IHI）患者的凝血指标，对患者的动静脉血及脑脊液检测研究，发现凝血因子在动静脉间呈经颅的梯度变化，推测凝血反应激活在伤后颅内阶段就已发生，而非全身系统循环时出现。Nekludov 等对 TBI 患者研究发现创伤后颅内出血患者血小板功能下降，低于其他部位创伤患者，血小板对花生四烯酸反应下降，推测可能与环氧合酶功能下降有关。

除创伤因素外，凝血功能不全可由血小板减少或凝血因子缺乏引起。失血、DIC、酸中毒，及低体温都会增加凝血功能不全的风险。

3．凝血 - 纤溶指标与颅脑创伤伤情的相关性 目前数项研究已经证实，凝血功能不全和脑损伤的严重程度正相关。Stein 等研究发现，即便轻微的脑损伤也可引起血管内凝血功能改变。虽然重型颅脑创伤患者出现凝血功能不全的可能性更大，且其凝血 - 纤溶指标改变更加显著，哪一项指标能更好地体现脑组织损伤的程度并且对预后作出预测目前存在争议。

（1）相关临床研究结果：Shahriar 等以国际标准化比率（INR）和部分凝血酶原时间（partial thromboplastin time，PTT）为指标，对 276 名 IHI 患者进行了研究，发现 TBI 组的凝血功能不全率远高于非颅脑创伤组（17.3%vs.5.8%），相对凝血功能不全风险是 2.9 倍。Ueda 等研究发现，颅脑 CT 上显示脑挫裂伤患者其纤维蛋白裂解产物（fibrinogen degradation product，FDP）较硬膜外血肿患者高，CT 上脑挫裂伤较重患者较轻度脑挫裂伤 FDP 值高，且在高水平持续时间更长。Aysegul 等报道了 60 例伤后 3 小时内就诊 IHI 患者，患者入院时 GCS 评分与就诊时凝血酶原时间（prothrombin time，PT）、FDP、D- 二聚体值负相关，与血浆纤维蛋白原正相关。Johanna 等对颅脑创伤患者凝血时间（clotting onset time，COT）检测，发现就诊时 COT 与 GCS 评分无关，但与患者伤后 3 个月预后相关，伤后早期的高凝状态可由 COT 检测发现，凝血时间延长程度反映了颅脑损伤的严重程度，预示着 DIC 及迟发性损伤，患者预后不良。颅脑外伤后血小板也会下降，并持续到伤后 2 ～ 3 天。在重型颅脑损伤患者中可能会出现组织因子过度释放，导致凝血系统迅速过度激活，出现弥散性血管内凝血（disseminated intravascular coagulation，DIC）。

（2）颅脑创伤后凝血功能不全的发生概率：一些研究报道，TBI 后凝血功能不全比例达到了 90%。文献报道凝血功能不全差异较大，这与近年来对凝血功能不全认识的变化及检验方法的改进有关。总体上，有 1/3 TBI 患者出现凝血功能不全，重型患者超过 60%，轻型小于 1%。

4．凝血 - 纤溶指标与 PHI 之间的关联 凝血功能不全不仅是颅脑创伤的结果，它的出现可能导致继发性脑损伤的发生。

Matthias 对 142 例闭合性颅脑创伤患者进行分析，有 60 例在就诊后出现 PHI。研究分析了凝血指标（PT、PTT，及血小板计数）及其他潜在导致 PHI 的因素，表明 PTT 值的增高为预测 PHI 的最佳指标。Stein 的研究稍有差异，结果表明，PT、PTT，及血小板值的增高均可预测 PHI。

Yokota 研究发现血友病因子 vWF 及血栓调节蛋白（thrombomodulin，TM）是脑血管内皮损伤的很好指示，TM 增高预示了迟发性脑损伤的发生。

Stein 等报道，出现迟发性颅脑损伤的患者中有 55% 出现了 PT、激活的部分凝血酶原时间（activated partial thromboplastin time，APTT），及血小板改变，尤其是 PT 及 APTT 显著延长。

其他研究显示颅脑创伤后 PHI 与 DIC 相关，此时 FDP、纤维蛋白原等指标相较 PT、PTT，及血小板计数更加可靠。

5．凝血 - 纤溶指标改变对 TBI 患者预后的影响 Aysegul 等分析 60 例伤后 3 小时内就诊的 IHI 患者，死亡患者组 APTT、PTT、FDP、D- 二聚体值较非死亡组明显增高，推断这些伤后 3 小时内的凝血 - 纤溶指标为预测患者预后的良好指标。

Harhangil 等发现 FDP 的增高预示了不良预后及病情恶化，凝血功能不全的 TBI 患者死亡率达 9.4%，不良预后率（GOS 评分 1 ～ 3 分）为 33.2%，相对无凝血功能不全患者死亡风险为 10 倍，不良预后风险为 30 倍。

Takahashi 等对 70 例 2 小时内就诊的 TBI 患者进行分析，当就诊时 D- 二聚体＞ 5 μg/ml 或纤溶酶 -α2 纤溶酶抑制物复合（α2-plasmininhibitor-plasmincomplex，PIC）＞ 15 μg/ml，92% 的患者死亡，无论其就诊时意识状态怎样。当 D- 二聚体＜ 1 μg/ml 或 PIC ＜ 2 μg/ml 时，所有患者预后良好，无死亡病例。研究同时发现，如果出现颅内血肿（任何类型），血肿的大小与纤溶指标无明确关联。

重度 TBI 中出现 DIC 在文献中均有报道。出现 DIC 的危害是显而易见的，可导致后期凝血功能低下、多器官梗死、多器官功能不全，甚至多脏器功能衰竭。

6．凝血 - 纤溶指标对临床治疗策略的意义 Ueda 等发现，颅脑 CT 上显示脑挫裂伤的患者其 FDP 较硬膜外血肿患者高，CT 上脑挫裂伤较重患者较轻度脑挫裂伤 FDP 值高，且处于高水平状态时间更长。Takahashi 等发现当 D- 二聚体＜ 1 μg/ml 或 PIC ＜ 2 μg/ml 时，所有患者预后良好，无死亡病例。研究同时发现，如果出现颅内血肿（任何类型），血肿的大小与纤溶指标无明确关联。

研究结论对外科治疗策略提供了很好的依据，如果颅脑创伤患者伴有明显颅内血肿，血肿占位效应明显，若其 FDP 或 D- 二聚体值较低，表明患者脑组织损伤并非严重，即便患者当时意识状态较差，在及时给予血肿清除后常能获得良好预后。如果患者就诊时 D- 二聚体值较高，表明脑损伤较重，即便患者当时意识状态良好、颅脑 CT 显示脑损伤较轻，也应积极给予去骨瓣减压术。

（二）目前针对凝血功能不全的干预治疗

1．凝血功能改变的两个时程 重型颅脑创伤可致早期获得性血液高凝状态，在伤后 24 小时内高凝状态可能居主要地位，这在女性中更加显著。创伤后高凝状态可导致器官缺血梗死，甚至出现多器官功能衰竭。当凝血因子及纤维蛋白原消耗殆尽后，导致的结果是凝血功能低下，持续时间可达伤后 3 天。目前，多数研究认为，凝血功能低下为迟发性脑损伤的危险因素之一，对其纠正可使颅内出血所引起的占位效应终止或减慢，为后续治疗与处理赢得时间。

创伤后凝血功能改变的两个时程是连续的，其时间界限取决于创伤严重程度及组织因子释放量，第一阶段高凝状态短，在数分钟达到高峰，最长在 4 小时结束进入下一阶段。此后，继发的凝血功能低下成为主要问题。当患者 INR ＞ 4.0 时，患者颅内出血的可能性将大大增加。

2．凝血功能不全的干预治疗

（1）针对早期高凝状态治疗：针对早期的高凝状态，很多学者提出干预治疗。控制高凝状态可以预防 DIC，减少凝血因子、血小板，及纤维蛋白原的消耗，对后期凝血功能低下的控制也是有益的，但理论上早期抗凝增加了凝血功能低下的危险性，这对于存在颅内出血的患者往往是不利的。

凝血酶为凝血过程关键酶，同时，在创伤过程中它有致炎症反应的作用，水肿形成及脑损伤修复过程均有它的参与。凝血酶的主要抑制剂是抗凝血酶，它可以抑制其他凝血因子。早期应用抗凝血酶Ⅲ，TBI 患者可以减少凝血不全的时程或阻止其出现。大多数的研究发现抗凝血酶替代治疗可以显著减少 DIC，尽管在感染性休克患者中大剂量的抗凝血酶治疗后患者获得了更好的预后，但没有证据证明能显著减少死亡率。抗凝血酶在 TBI 患者中的早期应用需要进一步的研究证实。

（2）针对凝血功能低下治疗：目前常用纠正凝血功能低下药物包括：冷凝集物、新鲜冰冻血浆、凝血酶，及重组活化凝血因子Ⅶ（rFⅦa）等。使用这些药物的主要担心在于是否会引起继发高凝状态，造成脑梗死、肺栓死等并发症。

对 TBI 患者凝血干预治疗的目的在于使凝血状态达到控制出血和栓塞并发症之间的平衡，达到这一点在临床上是困难的。用凝血指标来衡量凝血状态控制是否满意不合理，针对创伤患者情况不同，需进行个体化控制。White 及 Makris 均不推荐用新鲜冰冻血浆（fresh frozen plasma，FFP）纠正 TBI 患者凝血功能低下。Makris 认为 FFP 在纠正凝血功能低下方面作用有限。FFP 需要时间交叉配型，需要解冻，输入后发挥作用需要时间，而 TBI 患者往往病情危重，数小时内，短至数分钟内患者就会进入凝血功能低下阶段。此外，FFP 输注后带来的容量负担对 TBI 患者也是一项缺点。

Cartmill 推荐华法林相关的出血使用凝血酶原复合体浓缩物（PCC），可以在 15 分钟内纠正低凝状态，容量负荷较小，其后维持凝血功能较稳定，后续要给予维生素 K 配合治疗。

凝血酶本身有一些血管外效应，可能会对脑细胞造成损伤，其聚集炎症细胞、破坏血脑屏障，同时还有血管收缩作用，减少血流灌注。一项研究表明，当凝血块注入鼠脑后脑组织含水量增加，给予特殊的凝血酶抑制剂后水肿减轻。这些潜在的危险限制了凝血酶在 TBI 患者中的应用。

基因重组活化凝血因子Ⅶ（activated recombinant factor Ⅶ，rFⅦa）最早应用于血友病患者的治疗，目前在 TBI 患者中开始使用。优点是纠正低凝状态迅速，10 ～ 15 IU/kg 就可以减少术中出血，改善术中条件，短时显著疗效为手术及其他操作赢得了时间。rFⅦa 可以降低 INR，对于华法林相关的颅内出血也是安全的。White 认为 rFⅦa 是安全的，其致系统栓塞的概率小于 1%。最近一项 821 例受试者的随机三期对照试验证明其显著减小了血肿，但对致残率的改善没有帮助。rFⅦa 使用的合适时间窗也需要进一步研究，在早期使用理论上有致梗死的风险。

创伤后凝血功能改变提示临床上我们应根据凝血指标的监测指导止血药物的应用，立止血主要是在血管破损处促进凝血酶的生成，而对正常血管影响较小，所以对全身的凝血指标监测应该影响不大。多数研究表明，重型颅脑损伤早期即可发生高凝状态，至第 3 天左右向低凝状态转变，伤后 1 周逐步恢复正常。但夏志洁提出，急性单纯性颅脑损伤患者尤其是危重患者，早期纤溶系统活跃，故可尽早给予抗纤溶性药物治疗（如氨基己酸等）。对于重型颅脑损伤患者早期可应用止血药，但早期应慎重应用抗纤溶药。止血药疗程一般为 3 ～ 5 天，一般不超过 7 天。最好能动态监测凝血指标，以选择止血药及调整止血药的疗程；同时重视 DIC 前期的治疗，可提高重型颅脑损伤患者的救治率。

九、颅脑损伤后精神损伤

（一）脑外伤所致急性精神损伤

1．脑震荡综合征 脑震荡后出现短暂意识丧失，一般 30 分钟内恢复。醒后患者对受伤当时情景和伤前片刻情况不能回忆。患者可有头晕、疲乏、焦虑、失眠、对声光刺激过敏、易激惹、自我感觉不良、抑郁、情绪不稳、缺乏自信、注意涣散，自主神经症状如皮肤苍白、冷汗、血压下降、脉搏缓慢、呼吸浅慢等。患者的脑电图可异常，脑干诱发电位反应延迟，受伤后 4 ～ 8 周脑血流仍减慢。

2．脑外伤所致昏迷 脑外伤后会发生昏迷，昏迷至恢复清醒过程中，可有昏睡、浑浊、谵妄等。意识障碍时轻时重，呈波动性。

3．脑外伤所致谵妄 谵妄一般由昏迷或昏睡转来。有些患者在谵妄时的行为反映病前职业特点。许多患者表现抵抗、吵闹、不合作，另一些更具攻击性。可有恐怖性幻视，严重的患者可有混乱性兴奋，甚至强烈冲动性暴力行为。谵妄可被朦胧和梦样状态等其他意识障碍所代替。

4．脑外伤所致遗忘综合征 其最显著的特点是遗忘基础上的虚构，患者常易激惹。其持续时间比酒精中毒性遗忘综合征要短。

（二）脑外伤后重新适应损伤

1．对脑外伤的心理灾难性反应 主要对脑外伤所致的脑功能缺陷产生灾难性反应。由于在外伤之前缺乏心理准备，因此在面对无法解决的问题时，患者可变得焦虑、激动和茫然若失，有的愤怒、抑郁和情绪不稳，甚至突然痛哭流泪。一般说来，灾难反应并非患者意识到自己不能胜任工作所发生的反应，而是在面临工作束手无策时发生。患者变得易焦虑、愤怒。其后果为：

（1）变得孤独退缩，回避使自己感到为难，恐惧的环境。

（2）有时采取假装没有听懂指令的办法回避工作。

（3）或假装忙忙碌碌，使人难以启齿要他工作。

（4）有的患者变得过分刻板、谨慎、有序，以适应外伤后环境。

2．脑外伤后反应性改变 常为回避灾难反应的病理补偿行为，表现为对有关事物的反应性降低，注意涣散，而对无关刺激又比较过敏。对一般环境中出现的普通事物难以感受和理解，因此环境适应能力降低，常产生疑虑和焦虑不安。患者往往否认自己的残疾，难以根据自己实际情况进行调整，以适应外伤后环境。因反应性改变常出现病理惰性，表现为对某一刺激一旦发生反应，兴奋极易扩散，并持续较久。结果对事物的理解感到困难，模糊且不肯定。

3．脑外伤后抽象与具体应用能力障碍 患者不能对事物进行抽象概括和不能应用抽象概括得出的概念于实践中。例如患者能够拿着剪刀剪东西，但不能用空手模仿拿剪刀剪裁东西的动作。

（三）脑外伤后人格改变

1．脑外伤后人格改变常常是痴呆综合征的组成部分。额叶损伤引起的人格改变表现为不能客观地看待问题，对事物缺乏预见性和灵活性，如不能预见自己行为的后果。言语增多，内容夸张啰唆；有时在独处时表现迟钝、淡漠、嗜睡，对周围事物漠不关心。另一类人格改变表现为攻击性强，在儿童脑外伤后较多见。

2．脑外伤后原有人格病理表现 大多表现为波动性抑郁、焦虑、强迫性人格，及持久的易激惹。

3．脑外伤所致痴呆 表现注意涣散，记忆减退，智能损害，情感淡漠，反应迟钝。

4．脑外伤所致脑病 多见于拳击运动员，可能与大脑连续积累的多发性点状出血和坏死有关。患者精细动作技巧受损，动作缓慢，平衡不良，注意力不集中，记忆减退。讲话声音不清、不流畅；有时表现为精神欣快，多言多语，犹如醉态。痴呆严重者可达残疾的程度，主要取决于脑外伤的范围和严重程度。

（四）创伤后神经不稳定性综合征

这种令人痛苦的、常见的脑外伤后遗症，也称为脑外伤后或脑震荡后综合征、创伤后头痛、创伤性神经衰弱（symonds），及创伤后精神衰弱。头痛是本病的核心症状，可呈弥漫性，也可局限于受伤部位。具有许多不同的描述：刺痛、搏动性痛、冲击性痛、枪刺样痛或压迫性痛等。头痛及其他症状加剧的原因包括精神及躯体因素、紧张、蹲位，及已经提到的情感刺激，休息及安静状态可缓解。这种头痛可作为康复过程中的主要障碍。另一个主要症状为头晕，一般不是真性眩晕，只有眼花和头部轻飘感，患者感到不稳、眼花、虚弱、无力。然而，相当数量的患者叙述与耳迷路疾病一致的症状。注视周围物体瞬时移动，向上看或向一侧运动时可产生不平衡感，迷路测定有时可显示低反应性，但更常见的是无异常。McHugh 曾发现脑震荡者及颈部挥鞭样损伤者，眼震电图轻度异常的发生率较高，但其中有些数据难以解释。例外的是，眩晕可以伴发迷路及耳蜗（耳聋）的兴奋性降低，认为与直接损伤第Ⅷ对颅神经或听器官有关。创伤后神经不稳定患者不能耐受噪音、情绪激动，及拥挤。临床表现包括紧张、忙碌、不能集中注意力、神经质、疲劳、恐慌、忧虑以及不能耐受常量的乙醇，很类似于焦虑症及抑郁症。与这些主观症状相比，患者的记忆力及其他智能接近正常或正常，然而这点仍存在争论。创伤后神经不稳定这一综合征可发生于所有类别的颅脑外伤，不管轻度还是重度。一旦确诊，则可持续数月或数年，并且存在各种治疗抵抗，最终症状自行减轻。奇怪的是，这种疾病几乎不发生于儿童。本病特点是其持续时间和程度可因赔偿问题或官司而夸大，这提示有精神因素起作用。在这些问题不被关注的国家，创伤后综合征的发病率非常低。关于这种创伤后神经不稳综合征，患者的体格似乎更为重要。稳定、健康、能够吃苦的人可以大度地接受震荡性损伤，然而，敏感、紧张、抱怨类型的个体在遭受这种意外时可能压力过重，而不能从思想上排除。环境压力对于发病也有一定的重要性，假如在创伤后不久要求患者做太多的事情，易激惹、失眠和焦虑可能被强化。在“仅有一过性意识障碍的患者”的治疗部分对这种患者的进一步治疗提出了一种手段。

（五）创伤后认知及精神损伤

在所有大脑震荡性损伤者，从伤前至伤后均有一段时间长短不一的记忆空缺（创伤性遗忘），只有在患者被告知后才可弥补这段空白。一定程度的大脑皮层高级功能障碍在中、重度损伤后可持续数周（或呈持续性），甚至到能形成连贯记忆时仍存在。在精神错乱期内，最突出的特征是记忆障碍，因此有类似于酒精性 Korsakoff 遗忘状态。这种状态是创伤性精神疾病一段时期内的一个恒定特征，但有学者认为，它只强调了能进行记忆测验的患者。进行更加精细的检查时，其他认知障碍更加明显。处于创伤遗忘期的患者很少闲谈，常常不能提供事故发生的有关信息，这种异常在进入 Korsakoff 精神病慢性期的患者一般见不到。脑外伤者除对时间、地点定向力下降外，尚有注意力障碍、精神不集中、不能合成感觉资料，有时判断力障碍可以很严重。言语反复使其行动及思维受影响。一般情况下，Glasgow 昏迷评分较低，并且形成记忆障碍的间隔时间越长（逆行性遗忘），患者越容易伴有永久性的感知和人格变化。12% 的昏迷时间超过 24 小时的头部损伤患者存在脑部异常（Sazbon 等）。假如患者的呼吸和运动功能正常（除外早期去皮质姿态）并且不伴有颅外损伤的话，94% 的患者可以康复。据 Jennett 及 Bond 的观点，恢复良好者往往在 6 个月内达到最大程度。另有人对患者进行了长时间的更详细的反复精神测验，甚至对相对轻度脑损伤者也进行了测验，证明 12 ～ 18 个月后仍有一定的改善。另有更微妙型的精神及行为异常也属于脑外伤后遗症。随着创伤后痴呆消失，患者发现仍然不能工作或适应家庭环境，持续表现为言谈突兀、夸大、固执、偏见，及多疑，与上述的创伤性精神障碍不同，本病的表现并不一致，且随患者年龄、性格、过去经历，及所承受的环境压力而有改变，两个极端的年龄非常重要。Bowman 等描述，儿童最突出的行为异常为性格改变，变得冲动而不考虑行为后果、缺乏道德感，这点与刚从昏睡性脑炎恢复过来的患者非常相似。某些青少年或年轻成人缺乏自制并冲动，与额叶疾病有关。在老年患者佯装显贵是智能下降的表现。所有这些症状的发展趋势是缓慢消退，尽管不总是完全性的，即使对那些由事故诱发精神病暴发的患者也是这样（可为躁狂 - 抑郁、妄想型精神分裂症或神经官能症）。Adolf Meyer 首次对各种“创伤性精神病”的类型进行了认真的分析。总之，颅脑损伤精神障碍的基本问题既简单又复杂，简单是因为其病因明了，即头部受到打击；复杂是因为脑外伤后常并发许多综合征。单纯就外伤而言，并无特殊治疗，最大限度上可以对即刻发生的颅脑损伤进行充分估计，并对导致并发症和进一步病变的因素进行评价；重点便放在了对脑损伤后并发症的诊断及治疗上。了解颅脑损伤致精神障碍的发生机制、预后，及治疗，对于临床治疗脑外伤精神障碍有着重要的作用。

十、创伤后脑积水

创伤后脑积水是严重脑外伤的一个少见并发症，其发病表现为间歇性头痛、呕吐、错乱，及嗜睡，随后有放映迟钝、淡漠，及精神运动障碍，到这时其脑脊液压力已降至正常水平（正常压力脑积水）。尸检可见基底池粘连性蛛网膜炎。尽管偶尔在囊性动脉瘤破裂蛛网膜下腔出血的患者也可看到这类情况，但其发病机制相同，即血块阻塞导水管及第四腔室并基底脑膜纤维化。创伤性脑积水也可手术治疗；对脑室 - 腹膜分流术具有戏剧性的反应。Zander 及 Foroglou 在这方面有丰富的经验并总结了有价值的资料。

十一、脑外伤性脑萎缩

一般而言，脑外伤引起急性症状的病例占多数，临床表现比较明显，往往在受力集中的部位的脑组织破坏比较重，即使在疾病康复后，也会遗留各种并发症和后遗症，脑外伤性脑萎缩就是其中一种后遗症。

1. 临床表现 在颅脑损伤后遗症期，除一些局部定位症状如偏瘫、失语、感觉障碍、吞咽困难、视力下降、智力减退、癫痫发作等表现外，尚有头痛、头晕、耳鸣、多汗、失眠、心悸、情绪不稳等功能性症状出现，少数患者还可发展为外伤性痴呆。一般功能性症状多发生在一些脑震荡或轻度脑挫裂伤患者，而智力减退，癫痫发作则常是重度脑挫裂伤、硬膜下（外）血肿、开放性脑贯通伤等脑外伤的遗留症状。

2. 辅助检查 脑外伤后引起的脑萎缩多以局限性脑皮质萎缩为主要表现，由于病因明确，诊断比较容易。影像学检查具有确诊价值，在 CT 和 MRI 可以看到病侧脑沟变深，蛛网膜下腔增大，弥漫性脑萎缩者可有脑室扩大，有时还可看到蛛网膜囊肿、脑穿通畸形、各种脑积水、硬膜下血肿或积液等改变。脑电图常显示患侧局部脑电波异常，并可有癫痫样放电改变。

3. 治疗和预后 以保守治疗为主，如选择改善神经细胞代谢和促进血液循环的药物。如果发现有陈旧性血肿，囊肿或脑积水等对脑组织的机械压迫，可及时采取手术清除。遇到频繁癫痫发作者，可选择苯妥英钠 0.1 ~ 0.2 g，1 日 3 次，丙戊酸钠 0.25 g，1 日 3 次，卡马西平 0.1 ~ 0.2 mg，1 日 3 次服用，一般病情稳定后即症状相对固定，较少进行性发展。

其他还有一些少见的精神障碍并发症：如儿童重度脑外伤后缄默症、脑外伤后外地口音综合征合并癔症样发作、额颞叶脑挫伤后食欲异常、脑外伤致“美食者综合征”则偶有个案报道。

十二、创伤后锥体外系和小脑疾病

多年来，在颅脑创伤和帕金森综合征之间的因果关系问题一直是一个有争议的话题。一般认为其并不存在，它们之间的任何关系均比较肤浅而且是偶然的。多数患者很可能有帕金森综合征的早期症状，由于头外伤而更加明显。然而，在一些罕见的病例，例如 Doder 及其同事报道的病例，伤后 6 个月出现豆状核和尾状核的继发性坏死，主要以对侧帕金森体综合征为主，包括进行性减慢的震颤，并且对左旋多巴治疗无反应。例外情况可能是拳击运动员的帕金森综合征，表现为“拳击 - 醉酒”综合征。除非合并大脑缺氧或中脑深部以及大脑悲剧性出血，否则小脑性共济失调是颅脑损伤的罕见并发症。如果小脑性共济失调由外伤本身引起，则多累及单侧，原因为小脑上脚损伤。步态共济失调也可提示存在交通性脑积水。

十三、严重颅脑外伤后间脑发作

重型脑外伤患者中，15% ~ 33% 出现间脑发作，其初次发作时间从伤后 24 小时到数周。间脑发作的根本原因是交感神经系统活性的升高，尽管其确切机制尚不清楚。

（一）常见病因及机制

脑损伤后发作性自主神经功能障碍的常见原因为脑外伤、肿瘤、脑积水、颅内出血、蛛网膜下腔出血、缺氧性脑病，脑外伤是最常见的原因。目前其确切病理机制还不清楚。下丘脑是自主神经（植物神经、内脏神经）的较高级中枢，与大脑皮层、脑干、脊髓有广泛的纤维投射，参与自主神经功能、神经内分泌，及情绪反应的调节。有学者认为是下丘脑自主神经功能中枢功能损伤或与皮层、皮层下、脑干神经核团联系中断；或是脑干和间脑在失去皮层、皮层下结构控制后的释放现象。其详细机制有待进一步研究。

（二）临床表现

在临床中发现最多见、容易观察到的症状有多汗、呼吸急促、心动过速、发热、肌张力障碍，肌张力障碍明显发作者才出现躁动。有人建议脑损伤后发作性特点具有多汗、呼吸急促（20 次 / 分以上）、心动过速（100 次 / 分以上）、发热（37.5℃以上）、血压升高（140/90 mmHg）、肌张力障碍等中的 4 项就应该考虑该综合征。

Baguley 等认为典型的间脑发作常分为 3 期，第一期持续约 1 周，此时患者因镇静或肌肉松弛状况而无典型症状；第二期，平均于伤后 74 天出现间脑发作症状；第三期，症状消失。引发间脑发作的因素包括吸痰、翻身、环境感觉刺激、发热等。明确鉴别激发因素可以减少与之相关的发作次数。

（三）诊断标准及鉴别诊断

目前诊断标准没有统一，但鉴于其基本的临床症状：躁动（agitation）、多汗（diaphoresis）、高热（hyperthemia）、高血压（hypertension）、心动过速（tachycardia）、呼吸过促（tachypnea）、肌张力障碍（dystonia）或姿势异常（posturing），Baguley 等以具有上述 7 项中的 5 项作为诊断依据。Blackman 等拟定了更为严格的诊断标准，要求有严重脑损伤（Rancho Los Amigos 量表认知功能≤Ⅳ）、体温高于 38.5℃、脉搏 130 次 / 分以上、呼吸 20 次 / 分以上、躁动、多汗、肌张力障碍，上述症状每天最少发作 1 次、持续最少 3 天，并排除其他疾病。Baguley 认为需要满足 7 种临床表现中的 5 种同时出现，即心动过速、高血压、呼吸频数、高热、肌张力增高、固定体位、多汗，即可诊断为间脑发作。Rabinstein 认为该标准过于严格，漏诊的患者会因得不到相应处理而对预后不利。

在鉴别诊断方面，需要与感染（尤其是颅内感染）、间脑癫痫（脑电图有无癫痫、抗癫痫治疗效果等可区别）、颅内压升高、抗精神病药物引起的恶性综合征（多巴胺受体阻滞剂或激动剂）、脊髓损伤（T6 ~ 8 以上）后自主神经反射异常（尤其合并脑外伤时）、脑外伤后精神障碍、恶性高热、麻醉药物戒断、药物撤离综合征（如巴氯芬的减量过快或突然撤药）等鉴别。Strum 等认为，诊断间脑发作需除外自发性心动过速、高血压和高热。而当与上述疾病交织存在时诊断更加复杂，但上述疾病应首先给予排除，以免延误病情处理。

血儿茶酚胺和肾上腺素水平升高有助于明确诊断间脑发作，但是一般根据临床表现即可确诊。目前没有特异性的脑损伤类型或影像学特征提示间脑发作的可能性。一般认为癫痫与间脑发作有关，但是 Do 等报道对间脑发作患者行脑电图检查的结果，未检出癫痫波，证实间脑发作与癫痫无关。

尽管当前尚无检验学标准支持间脑发作的诊断，但仍有许多研究专注于间脑发作的原因。间脑发作常提示起源于颅内的神经源性变化，如新发的占位性病变或水肿、癫痫、甲状腺危象、深静脉栓塞、肺栓塞、感染、中枢性发热、成瘾性药物或酒精戒断。

（四）间脑发作的危害

间脑发作增加了继发性脑损害的危险性。常见脑组织氧降低、高血压、心律失常、高血糖、高热和高钠血症。如果患者持续处于高潮气量状态，导致血管收缩，会导致脑组织氧降低，在使用药物控制症状时，镇静或麻醉剂的使用可以即刻缓解症状，持续的高血压会增加脑血流，从而导致脑水肿加重、再出血、心功能障碍。一般而言，高血压不需控制，因为血压升高是代偿反应，一般不需干预，如血压持续居高不下，可施加药物干预。一般不需长程使用抗高血压药物。常见心律失常，包括心动徐缓、异位心搏、心律不规则、房颤、室上性心动过速，在心律失常出现明显症状时或威胁生命时，需要处置。长时间的间脑发作增加患者出现心肌梗死的危险。循环中儿茶酚胺增多引起呼吸系统体液负荷过重会导致神经源性肺水肿，其症状与成人呼吸窘迫综合征类似。机体代谢增高，可以升高体温，提高血糖水平，增加肌肉废用的危险和体重下降。在脑外伤患者，高热的原因多半来自感染，控制体温于正常范围是非常重要的，控制血糖于正常水平也很重要。机体代谢升高和多汗会引起高钠血症、肾功能不全、痰液黏稠等，所以要维持患者的能量供应以及水分平衡。

（五）药物治疗及评价

间脑发作的药物治疗主要是对症治疗，以减少持续性交感神经活性升高导致的副作用。药物选择取决于医生，有效药物往往需要经过多种尝试。抑制中枢神经系统兴奋性的药物均可用来抑制交感神经活性。2004 年 Blackman 和 Baguley 等分别对以往公开报道的文献进行回顾性分析指出，使用较多的几种药物有作用于多巴胺受体的溴隐停、美多巴、氯丙嗪、氟哌啶醇；GABA 受体的苯二氮䓬类药物咪哒唑仑（速眠安）、地西泮、氯硝西泮；阿片受体激动剂吗啡；α 受体的可乐定、哌唑嗪；β 受体阻滞剂普萘洛尔（心得安）；肌肉松弛剂丹曲林、巴氯芬等。吗啡和米达唑仑多用于早期，能迅速控制症状，但上述文献显示两者使用后增加心率和呼吸频率。溴隐停、普萘洛尔、巴氯芬则多用于后期康复阶段。近来文献报道，普萘洛尔、加巴贲丁（gabapentin）、鞘注巴氯芬有良好效果，尤其是巴氯芬泵的持续给药可明显改善患者的痉挛状态。鞘内注射巴氯芬及巴氯芬泵在国内使用尚不普遍，亦未见正式文献报道，鉴于国外报道的良好效果值得借鉴使用。

中医学认为其属“痉病”，邪壅经络、淤血内阻、伤津脱液、亡血失精乃致病之因，治则为祛邪清热、滋阴养血。

Fernamdez Ortega 等认为患者的自主神经功能障碍在 1 年内会自发消失，因而认为该综合征具有自限性，这需要进一步的临床观察。即便如此仍需及早进行干预治疗。

目前常用药物包括阿片肽受体拮抗剂、多巴胺拮抗剂、γ- 氨基丁酸拮抗剂、镇静剂。患者接受 ICU 治疗阶段，静脉使用吗啡、芬泰尼、咪达唑仑等，这些均为间脑发作治疗的一线药物。尽管静脉给药可以迅速起效，且可达到极量应用，但是会给患者带来呼吸抑制的危险。经胃肠道给药，常用来维持控制症状发作。

常用来配伍使用的药物是溴隐停和羟考酮：溴隐停是多巴胺受体拮抗剂，作用在下丘脑水平，可以降低温度阈值，减少多汗症状，并且可以降低血压。起始剂量是每 8 小时 2.5 ～ 5 mg，可以调整为每日 30 ～ 40 mg。羟考酮是阿片肽拮抗剂，对于对抗间脑发作也有良好效果。为达到有效血药浓度，初始剂量可以为每 4 小时 5 mg，可增加到每 4 小时 10 mg。用药期间慎用对乙酰氨基酚。

如果间脑发作出现高血压和心动过速，或者溴隐停和 β 受体羟考酮无明显疗效，可以加用 β 受体拮抗剂和 α 受体拮抗剂。普萘洛尔是非选择性 β 受体阻滞剂，可以抑制交感神经活性，同时可以降低血儿茶酚胺浓度，减少心脏负荷，直接作用于中枢神经系统控制中枢性高热。起始剂量可为 10 mg 每日 2 次，可增加到每日 640 mg。普萘洛尔会引起低血压和心动过缓，建议谨慎用于哮喘和支气管疾病患者中。如果普萘洛尔无明显效果，那么可以使用可乐定或拉贝洛尔。可乐定是 α2 受体阻滞剂，降低血肾上腺素和去甲肾上腺素水平。而拉贝洛尔是 α1、α2、β1 受体阻滞剂。极端高热可以用氯丙嗪治疗，氯丙嗪是多巴胺阻滞剂，可以静脉、肌肉或口服使用，能迅速降低体温。低剂量使用氯丙嗪可以降低下丘脑相关的血管收缩张力，从而降低体温，因其存在抗胆碱能和锥体外系副作用，不建议长期使用。对乙酰氨基酚和降温毯与氯丙嗪连用可以控制体温。高热会延长间脑发作时程，所以维持正常体温能够减少发作的频次和严重程度。在处理高热时，要除外脑膜炎、肺炎、尿路感染和深静脉栓塞。在患者出现持续痉挛或肌紧张时可以使用丹曲林，可以减少钙释放，促进骨骼肌松弛，有助于降低体温，对降低交感神经活性也有作用。见诸报道的药物治疗还包括巴氯芬、氨基丁酸拮抗剂，用于鞘内注射。有报道使用卡比多巴 / 左旋多巴治疗闭锁综合征患者。环丙甲羟二羟吗啡酮可用于间脑发作的辅助治疗，其他药物包括苯妥英、苯巴比妥、卡巴西平、美托洛尔、阿坦乐尔。理论上，任何抑制交感神经活性的药物均可使用。

总之，脑损伤后发作性自主神经功能障碍临床并不少见，尤其是创伤性脑损伤后，关键在于对其要有充分的认识并细心发现。因为它可以对患者预后造成不良影响，提醒我们加强颅脑外伤术后的内科观察和处理对患者的康复也很重要！ 虽然目前治疗上尚无单一药物可以很好地解决所有症状，但间脑发作患者需要即刻处置。应静脉使用药物，尽管效果很短暂。同时要用口服药物达到长期疗效。多种药物及剂量可选，直至生效。首先选择溴隐停和羟考酮，如高血压不能控制，则加用可乐定。治疗的目标是迅速控制交感神经过度活跃的症状，减少继发损害，促进患者恢复。每个患者都需要个体化用药。患者不需长期给药，但是何时停药，首先停何种药物均无固定模式。

十四、外伤性癫痫的诊断与治疗

外伤性癫痫（traumatic epilepsy）是继发于颅脑损伤后的癫痫发作，是颅脑损伤后一种常见的严重并发症。可发生于颅脑外伤后的任何时间，可在外伤后即刻发作，也可于外伤痊愈后数年发作。

（一）外伤性癫痫发生概率

由于各种文献的患者来源、入选标准、诊断标准，及样本大小等因素的差异，癫痫发生率有很大的不同，从 0.5% ~ 50% 不等。20 世纪的几次大规模的战争中，颅脑受伤患者的癫痫发病率为 30% 左右。总的来说，重度颅脑外伤的癫痫发病率比轻度颅脑外伤高，颅脑火器伤（30% ~ 50%）比一般的闭合性损伤（1% ~ 10%）高。

（二）外伤性癫痫分类

依据癫痫的始发时间，分为早期癫痫和晚期癫痫。但其时间界限各家报道不一，有以一周为界，也有以两周为界，也有以 1 个月为界。也有人将发生于颅脑外伤 24 小时内的癫痫称作即刻癫痫。早期癫痫约 2/3 是在受伤后 1 天内发生，这其中有 1/3 的患者是在伤后 1 小时内发生。文献报道有 57% 的癫痫是在伤后 1 年内发生，而 5 年之后其癫痫发生率和正常人群相似。

（三）外伤性癫痫发生机制

1．早期癫痫和以下因素有关：颅内血肿、凹陷性骨折、脑挫裂伤、脑水肿，及继发感染等，外伤后早期癫痫可作为脑损伤的证据之一，儿童比青少年及成人都易发生早期癫痫，儿童外伤后的早期癫痫有以下特征：①即使轻微脑损伤也可诱发癫痫发作；②即使脑损伤不重，也容易发生癫痫持续状态，其发生率达 22%，比成人高出 1 倍；③高危因素是 GCS 评分≤ 8 分、有昏迷史、CT 异常。

2．晚期癫痫是指癫痫发生于脑损伤 1 周以后，其发病时间长短不一，短者几个月内，长者可延迟到伤后 20 年，绝大部分是在伤后 6 个月至 3 年之间。Jone 统计指出，伤后第一年内患者发生癫痫的概率是正常人的 12.7 倍，随后 4 年是 4.4 倍，而 5 年以后是 1.4 倍，基本和正常人群相仿。外伤性癫痫的发生机制与以下因素有关：

（1）脑外伤后的脑挫伤、皮质裂伤和与之引起的红细胞外渗、红细胞溶解和含铁血黄素沉积于神经纤维网内，与癫痫的发生直接有关。这是人类脑外伤后的显著特点，许多学者发现，只要皮质组织内存在血液，就容易引起癫痫发生。这已在动物实验中证实，Moriwaki 等（1988）将铁或有血红素成分的产物注射到皮质内，可引起慢性的、反复的癫痫发作。至于铁沉积导致癫痫发作的具体过程，一般认为与自由基介导的脂质过氧化反应有关（Willmore）。脑外伤后，铁蛋白、转铁蛋白或出血至脑组织内或蛛网膜下腔的红细胞易释放出铁离子，铁的氧化是自发反应，并可产生超氧离子、过氧化氢等自由基，自由基作用于细胞膜，启动脂质过氧化反应，进一步产生自由基，这种脂质过氧化反应产物在癫痫的产生和传播过程中起重要作用。

（2）脑外伤后出现的瘢痕引起神经元突触机械扭曲，同时由于胶质增生的刺激和压迫，局部脑微循环和生化环境改变，血脑屏障破坏，都可引起神经元电生理过程的紊乱，表现为局部脑组织兴奋性增高。病理学研究发现，脑胶质瘢痕主要由胶原纤维、星形细胞纤维和周围血管组织构成，无神经细胞，底部的白质有胶质细胞增生。瘢痕与正常皮质间的中间区，只有软脑膜、硬膜动脉的吻合，缺乏毛细血管，并可见神经细胞和脑磷脂的破坏及神经元突触的再生，这种细胞再生现象是产生迟发性癫痫的重要原因。中间区的血流量只有正常脑区的1/50，缺血造成的缓慢进行性灰质萎缩，也是产生致痫灶的原因之一。胶质增生和瘢痕形成，将周围组织向瘢痕中心牵拉，加上血管搏动的作用，对中间区的神经元树突形成机械性张力。而树突对这种张力很敏感，促使中间区成为致痫灶。

动物实验也证实了瘢痕在癫痫发作中的重要作用。Hoeppner将铝粉注射到鼠大脑皮质制造了外伤性癫痫模型。在注入铝粉后，一组接受泼尼松龙治疗和维生素缺乏的饮食，以阻止瘢痕形成，一组接受生理盐水注射和正常饮食，作为对照。结果对照组出现了癫痫波，并常有局灶性发作，而治疗组癫痫活动明显减少。但是在癫痫已诱出后，再用泼尼松龙，则癫痫发作频率无明显改变。说明泼尼松龙通过阻止瘢痕形成来防止癫痫，却无抗癫痫作用。

（3）外伤后的代谢变化：脑外伤后血糖和有氧代谢发生变化，脑血流量下降，兴奋性氨基酸、K^+、乳酸等神经生化物质也有改变，造成脑组织的易感状态。继发性缺血、缺氧引起神经细胞膜的改变，致使细胞内外环境失衡，细胞内 Ca^{2+} 增加，激活 Na^+ 通道，使细胞膜去极化，降低了神经细胞兴奋阈值。同时神经胶质细胞损伤，使其丧失了对神经元和突触前末梢细胞外间隙中 K^+ 和二氧化碳浓度的调节作用，破坏了局部电解质和酸碱平衡，使病灶附近的神经元兴奋性提高，诱发癫痫。另外，在很多动物模型和临床监测中，都观察到兴奋性氨基酸浓度在癫痫发作前后有大幅度升高，故有人认为兴奋性氨基酸是癫痫发作的启动因素。颅脑损伤造成的乙酰胆碱结合力障碍、谷氨酸代谢降低、恢复和维持细胞内 K^+ 浓度能力障碍以及酸类物质代谢紊乱等都是形成致痫灶的因素。

（4）点燃效应：又称癫痫发作的易化作用。颅脑外伤后第一次发作有一个潜伏期，在这一时期内，神经元的兴奋性不断变化，逐步建立起内部关键性联系，形成足够大的致痫网络，导致癫痫发作。对动物大脑进行低强度刺激，可以产生局灶性后发放，脑部出现痫样发放，而不出现运动效应。如重复这种刺激，使每次刺激引起的痫样电活动不断强化，最终每次刺激都能产生阵挛发作。这种点燃效应一旦建立就会持续相当长的时间。目前，已在多种动物中建立了这种点燃模型。杏仁核为点燃效应最敏感区。前梨状区皮质是所谓的“风暴区”，是控制前脑及有关通路的各种癫痫发作的中心。Swartz（2006）在21例外伤性癫痫颞叶切除脑组织进行病理检查时发现所有标本都有胶质细胞增生，8例有含铁血黄素形成，6例有皮质的异位，94%的标本中有海马神经元丢失，其中齿状回门区细胞丢失最明显。严重时CA3区和CA1区也有细胞丢失。“点燃”效应对反复发作形成的癫痫通路有易化作用，是迄今为止对人类癫痫最有说服力的动物模型之一，也是人类外伤性癫痫发生、发展和治疗预防的理论依据之一。

外伤性癫痫的特点是局限性发作比全身性发作更多见，不同类型的癫痫发作可以发生在同一患者身上，额极部瘢痕周围起源的癫痫常无先兆，其形式多为全身性发作；中央-顶区病灶常引起对侧肢体运动或感觉性单纯部分性发作；内侧颞叶病灶常出现复杂部分性发作，这种发作常有腹部或听觉方面的先兆，表现为腹部有气流上升、恐惧感或幻听等；枕叶病灶常出现视觉先兆。癫痫发作以颞叶多见，可能原因是杏仁核和海马极易受脑外伤所致的缺血缺氧影响；另一个原因与外伤的特点有关，颞叶脑组织因颅底骨质不平易受挫伤或挫裂伤。枕叶癫痫少见。

外伤性癫痫脑电图特征：外伤后癫痫患者脑电图上可出现慢波、棘波、棘慢波等一般癫痫常见的局限性异常，但无特征性改变，有时脑电图也可正常。正常脑电图约占30%，异常EEG约占70%，其中局限性异常占异常脑电图的40%，广泛性异常占60%。半数以上的外伤性癫痫在10年内停止发作，约50%在5年内停止发作，这时脑电图也逐渐恢复正常。一般认为外伤后EEG异常有预后意义，EEG上的棘波、棘慢波、局限性慢波或阵发性慢波长期不消失，预示将可能发生癫痫。但Jennet等认为，脑电图对预测是否发生晚期癫痫的作用不大，Langendorf等认为，脑电图对早期外伤性癫痫的判断作用有限。

脑CT及MRI特征常表现有局部脑萎缩、软化灶、胶质瘢痕或囊肿形成，表现为脑室、蛛网膜下腔、脑池扩大，并因瘢痕收缩而将脑室牵引向病侧。异常多见于额颞区，而枕顶区少见。MRI可以发现CT不能发现的异常表现，并可清晰地显示解剖结构的异常，MRI的冠状位T2像及质子像可显示海马萎缩，MRS（磁共振波谱）通过测定海马内N-天门冬氨酸（NAA）和肌酐及胆碱的比值可发现海马硬化。Messori利用MKI评估外伤后脑的形态学特点发现，需要外科治疗的硬膜下血肿及脑挫伤形成的局灶性胶质瘢痕是外伤性癫痫的高危因素，此种患者发生癫痫的风险比不需要手术治疗或单纯因硬膜外血肿而手术的患者高4.38倍，出血性脑挫伤形成的周围包有不完整含铁血黄素的胶质增生灶也是高危因素之一，而含铁血黄素被增生的胶质细胞完整包裹的则不是高危因素，含铁血黄素被不完整包裹的胶质增生灶比完整包裹的胶质增生灶发生癫痫的风险高6.61倍，因此他认为外伤后的早期MRI追踪可以区分脑损伤后癫痫发生风险的高低。

（四）外伤性癫痫诊断

1．有明确的头部外伤史或手术史。

2．典型的癫痫发作表现对确定癫痫有决定性意义。

3．脑电图检查有癫痫样放电，包括常规头皮脑电图及长程（动态或视频）脑电图记录等。

4．脑CT或MRI扫描。CT和MRI可以发现脑的软化灶、脑萎缩、脑室牵引性畸形等征象，MRI比CT在显示脑结构性异常方面更为优越。MRS可发现海马硬化。

5．正电子发射扫描（PET）和单光子断层扫描（SPECT）可帮助确定致痫灶，用于癫痫定位。

6．脑磁图（MEG）可帮助癫痫灶的定位，是一种无创性检查。

以上第1点和第2点是必备条件，其余可作参考。

（五）外伤性癫痫的治疗

1．内科治疗 与其他种类的癫痫一样，外伤性癫痫首选药物治疗。在诊断明确后，要明确以下几个问题：

（1）需不需要应用抗癫痫药物：首先要考虑患者发作的次数，如果发作次数不超过每年2次，则服药的意义不大，因为服任何抗癫痫药物都有或多或少的副作用，且每天服药也让很多患者难以坚持。对于单纯感觉性部分性发作或发作范围不广的单纯运动性部分性发作，如果癫痫症状对日常生活和工作影响不大，或发作次数不多，权衡服用药物的利与弊，也可以不服用抗癫痫药物。

（2）如果需要服药，要考虑患者的依从性，能不能遵循医嘱坚持服药，如果患者没有认识到癫痫所带来的危害，或患者对癫痫所带来的身体或心理上的副作用没有深刻的认识，面对药物的不良反应及长期规律的服药，很多患者是很难坚持的。据文献报道，不能规律服药或发作服药、不发作就停药比不服用抗癫痫药物的危害更大，面对这种情况，医生不能随意开出抗癫痫药物。

（3）服用何种药物：这可根据医生的经验或发作的形式来决定。常用的抗癫痫药物有卡马西平、苯妥英、丙戊酸、扑米酮、苯巴比妥、乙琥胺、氯硝西泮、地西泮等，新药有氨己烯酸、拉莫三嗪、托比酯等。

（4）服用多久，何时停服：对于一般癫痫而言，在癫痫完全控制后 2 年可逐渐停药，但根据外伤性癫痫大部分能够自愈的特点，在癫痫完全控制后可以比一般癫痫早些停药，尤其是对于小孩不必拘泥于 2 年的限制。

2．外科治疗　外伤性癫痫具有自然痊愈的趋势，大约 50% 的患者于发病 5 ～ 10 年内有希望终止发作，大约 2/3 的患者在维持适当的抗癫痫药物浓度下，可得到较为满意的控制，因此对于外伤性癫痫选择手术时间应当慎重。一般认为对于外伤性癫痫经过正规抗癫痫药物治疗 2 ～ 3 年，仍控制不良的患者，可考虑外科治疗。对于发作频繁的患者或药物治疗后癫痫发作严重影响工作和日常生活的患者，可以早日手术治疗。虽然 Rasmussen 认为手术不应在初发后 3 ～ 4 年内进行，但也有研究者认为早日手术可以避免癫痫加重脑外伤损害，而这种损害又能加剧癫痫发作的恶性循环，因此手术对改善患者的智能，加快脑外伤的康复有帮助作用。

外伤性癫痫手术治疗主要是致痫灶的切除，手术的关键在于对致痫灶的精确定位，术前要进行 CT、MRI，及多次脑电图检查，必要时可进一步行 MRS、PET、MEG 检查，以帮助定位。术中可在皮层脑电图监测下寻找致痫灶。虽然颅脑损伤所致的脑膜 - 脑瘢痕是癫痫的主要原因，但瘢痕组织本身并不产生异常放电，致痫灶多在脑膜 - 脑瘢痕附近的皮质，手术时应将这部分组织充分切除。当致痫灶位于运动、语言等重要功能区时，术前需要了解瘢痕组织与功能区的关系，对青春发育前的儿童青少年来说，需要了解功能区的功能是否转移至对侧或其他部位，功能区与瘢痕增生组织是浸润关系或是压迫关系。切除范围以不加重神经功能损伤为原则，对切除瘢痕后仍有大量异常放电者，可行损伤处周围皮层软膜下横纤维切断术或电灼术。

手术后应继续服用抗癫痫药物 1 ～ 2 年，手术效果取决于手术的时机、病灶切除是否彻底等多种因素。经手术治疗的患者，约有半数可获得优良效果。Penfield 报道术后患者 62 例，22.5% 完全控制，22.5% 显著改善。Rasmussen 统计 625 例，病灶切除后平均观察 12 年，40% 发作完全停止，26% 明显减少。

（六）外伤性癫痫的预防

1．病因预防　尽量消除可能导致颅脑外伤后癫痫发作的各种因素，如开放性颅脑外伤创口的早期彻底清创、去除异物和骨折片、切除无生机的脑组织、清除颅内血肿、积极控制脑水肿、整复凹陷性骨折、缝合和修补硬膜、及时腰穿放出血性脑脊液、防止创口感染等。

2．预防性应用抗癫痫药物　预防性应用抗癫痫药物存在争论。1973 年 Rapport 等曾向 1354 位神经外科医生发出调查表，征求对药物预防治疗的态度，其中有 1 064 位作了回答，58% 的人主张预防性治疗，42% 的人不用任何药物，其中 20% 的人认为药物不良反应超过预防的效果，9% 的人则认为预防性治疗无效。美国物理医学与康复学院脑外伤小组（1998）对预防用药提出了如下建议：

（1）治疗标准：如无癫痫发作病史，不建议对非穿透性脑外伤预防性应用苯妥英钠、卡马西平、丙戊酸、苯巴比妥以阻止晚期癫痫发作。

（2）对高危患者可预防性使用苯妥英钠、卡马西平、苯巴比妥来阻止早期癫痫发作。

（3）不建议对穿透性脑外伤预防性应用苯妥英钠、卡马西平、丙戊酸、苯巴比妥以阻止晚期癫痫发作。

（4）对于具体的预防性用药时间长短的选择应权衡利弊，考虑药物效能 / 不良反应比，使治疗效果最佳，而不良反应发生风险小。血药浓度监测对实现这一目的是有帮助的。现普遍认为，对于存在高危因素的患者，在外伤后最初 1 周内预防性行抗癫痫治疗效果最佳，不良反应最少。

笔者所在医院的经验是针对不同脑外伤的情况用药，用药持续至病情稳定，主要是颅内情况稳定，包括颅内压基本正常，颅内水肿基本消退，因此重度脑外伤应用抗癫痫的时间则长于 1 周，有时长达 1 个月以上，而轻度脑外伤则几天即可。早期不能口服时应用苯巴比妥肌内注射（成人每次 0.1 ～ 0.2 g，8 小时一次，儿童青少年每次 15 ～ 30 mg/kg 体重，8 小时一次），能口服或鼻饲后改用卡马西平（得理多）、苯妥英钠或丙戊酸等。有条件者早期可用德巴金静脉注射。

（七）外伤性癫痫的预后

外伤性癫痫的预后较好，较易用药物控制，在血药浓度的监测下可进一步提高疗效。一半以上的患者即使不用药物，在几年内也可自行逐渐停止发作，脑电图也可恢复正常，75% 的早期癫痫经适当处理后不再发作，其余 25% 的患者发生晚期癫痫，约有一半的晚期癫痫可获持久缓解。Walker 报道 739 例，60% 的患者 10 年后不再发作，但也有部分患者发作越来越重，8% 成为难治性癫痫，死亡率较无癫痫的外伤患者高，寿命也较短。

影响外伤性癫痫预后的主要因素有：

1．闭合性颅脑损伤较开放性颅脑损伤引起的癫痫预后好。

2．脑外伤得以及时彻底治疗者预后较好。

3．发作频率低者预后较好。

4．癫痫能迅速控制者预后较好。

5．全身性发作比部分性发作者预后较好。

6．有早期癫痫者预后较好。

7．儿童比成人预后好。

8．潜伏期很长或很短都不是有利因素。

9．脑电图严重异常者预后差。

十五、脑外伤后上消化道溃疡与消化道出血

（一）概述

临床上常常看到，在一些脑外伤和颅脑手术后的患者中，出现消化道出血。此时做急诊胃镜检查，常可以见到胃黏膜有弥漫的出血点、糜烂，甚至大面积的浅溃疡，胃黏膜病理呈急性炎症改变。这些临床症状统称为“应激”。

应激性溃疡（stress ulcer，SU）1932 年由 Cushing 首先观察发现并提出，故又称 Cushing 溃疡，是机体在各种严重创伤、危重疾病，及严重的心理障碍等应激状态下，发生的急性胃、十二指肠黏膜糜烂、溃疡等病变，严重者可导致消化道出血、穿孔，并使原有疾病恶化。据相关资料报道，颅脑外伤后应激性上消化道病变的发生率高达 91%，出血发生率为 16% ～ 47%，出血后病死率可高达 50%。刘兴华等报道 180 例的资料中，GCS 为 13 ～ 15 分，出血率为 10%，GCS 下降至 9 ～ 12 分时，出血率升高至 47.1%。当 GCS 下降至 3 ～ 8 分时，出血率急剧升高达 92%。这充分说明 GCS 评分与出血率之间有统计学意义（$P < 0.001$），GCS 评分越低，伤情越重，昏迷越深，则上消化道出血的发生率也就越高。但据费舟等对 118 例重型颅脑损伤患者死亡原因进行分析，发现死于上消化道出血患者仅占 3.4%。由此可见，虽然颅脑损伤合并上消化道出血时病死率很高，但上消化道出血不是造成病死率高的原因，而颅脑损伤的轻重才是决定预后的关键因素。

患者入院时的血糖、年龄和 GCS 评分是消化道出血的危险因素。提示：入院时 GCS 评分越低，入院时高血糖且年龄大的 TBI 患者合并消化道出血的风险高。年龄＞ 60 岁的 TBI 患者合并消化道出血的风险增加。

（二）发生机制

一般认为，颅脑损伤后上消化道出血是丘脑下部及脑干自主神经中枢功能改变，神经体液平衡失调引起的多种因素共同作用的结果。多数认为颅脑损伤后上消化道出血和以下因素有关：①颅脑损伤后发生强烈应激反应，使交感神经 - 肾上腺髓质系统过度兴奋，以及原发和（或）继发的下丘脑、脑干、中枢神经系统内多巴胺神经元损伤，导致血中儿茶酚胺（CA）升高。体内儿茶酚胺增多引起胃黏膜血管强烈持续收缩，出现胃黏膜损害。②颅脑损伤后刺激副交感或抑制交感中枢的自主神经调节失衡，引起胃酸、胃蛋白酶分泌增加。梁维帮等检测 70 例脑外伤患者的基础胃酸，发现出血组显著高于非出血组（$P < 0.05$）。动物实验也证实，刺激丘脑下部某些区域时，胃酸分泌增加。过多分泌的胃酸进一步损害胃黏膜的屏障结构。以上①②在颅脑损伤后上消化道出血的发生过程中起到极其重要的作用。③在治疗中应用糖皮质激素，可能是上消化道出血的诱因之一。④凝血酶机制异常。脑组织损伤时可激活外源性凝血系统，导致血液凝固机制异常甚至 DIC。梁维帮等观察到脑外伤后上消化道出血组患者 FDP 水平较无出血组显著升高。FDP 是反映颅脑损伤后血凝异常最敏感的指标。故血凝机制异常可能在上消化道出血的发生中起一定的作用。

（三）应激性溃疡出血（stress ulcer bleeding，SUB）的诊断标准

SUB 分为显性出血与临床大出血。显性出血是指：呕血、血性或咖啡色的胃内抽出物、黑便、便血。

临床大出血是指显性出血伴随着下列情况之一：

1．24 小时血压下降 20 mmHg。

2．体位改变时，血压下降 10 mmHg 或心率每分钟增加 20 次。

3．24 小时内血红蛋白下降 20 g/L，需输 2 个单位的全血；需外科手术治疗的胃出血。

（四）预防和治疗

SUB 对患者危害大，死亡率高，为了提高救治率，降低死亡率，应采取积极的预防和治疗措施。SUB 的预防效果直接影响着原发病的预后，因而防治 SUB 是抢救重症患者的一个不可忽视的环节。具体方法如下。

1．全身支持及早期建立胃肠道营养，积极治疗原发病，及时纠正低血容量和酸碱失衡，是防治 SUB 的基础；纠正机体酸碱失衡及低血容量，可以增强胃黏膜上皮细胞的抗酸能力。

2．药物预防与治疗　胃黏膜保护剂：生理状况下，胃黏膜不断受到各种物理和化学因子的损伤，由于胃黏膜自身有一系列保护机制，包括黏膜前、黏膜和黏膜后保护，使得胃黏膜在形态和功能上能保持完整。胃黏膜保护机制受损害时，即使各种损害因子无增强，胃黏膜的形态和功能也可出现明显损害。胃黏膜保护剂能明显增强胃黏膜保护能力，有利于胃黏膜的修复，因此越来越受到临床医师的重视。近年来，随着人们对胃黏膜保护机制认识的加深，越来越多的胃黏膜保护剂应用于临床，使胃肠道疾病治疗水平有明显提高。

（1）传统胃黏膜保护剂

①前列腺素及其衍生物：前列腺素（PG）是由必需脂肪酸合成的二十碳的氧合脂肪酸。外源性 PG 对胃黏膜上皮细胞有直接保护作用，其主要机制有：促进黏液和 HCO_3^- 的分泌；增加胃黏膜血流量；刺激胃基底细胞向表面迁移，加快胃黏膜修复；提高黏膜磷脂含量，防止水溶性攻击因子对黏膜的损害；促进 Na^+、Cl^- 的转运，稳定细胞膜和溶酶体膜。目前上市的 PG 衍生物有米索前列醇（MPS）、沙前列醇（rosaprostol）、恩前列腺醇（enprostil）。

②铝剂：硫糖铝（sucralfate）为蔗糖八硫酸铝盐复合物，十二指肠溃疡和胃溃疡的 4 周愈合率和 H2 受体拮抗剂相似。对反流性食管炎、急性糜烂性胃炎的预防也有一定作用。硫糖铝水溶剂比片剂疗效更佳。硫糖铝的主要副作用是便秘，其发生率大约 4%。此外，硫糖铝可以影响 H2 受体拮抗

剂、四环素、地高辛、氨茶碱等药物的吸收，降低其生物利用度。

铝碳酸镁（hydrotalcite）是一种抗酸剂，同时也具有胃黏膜保护作用。铝碳酸镁的胃黏膜保护作用机制有：增加胃黏膜上皮细胞的内源性前列腺素合成，增加胃黏膜血流量；铝碳酸镁具有抗脂质过氧化作用、清除氧自由基的氧化作用，氧自由基在黏膜损伤和溃疡复发中起重要作用；增加胃黏膜上皮细胞 EGF 和 EGF 受体的表达，EGF 可以促进胃黏膜上皮细胞增殖。

③铋剂：枸橼酸铋钾（CBS）在酸性环境下，在溃疡基底部和溃疡肉芽组织形成一层坚固的氧化铋胶体沉淀保护膜，从而隔绝胃酸、胃蛋白酶对胃黏膜和溃疡的侵蚀作用。CBS 能刺激内源性前列腺素的释放，促进黏膜修复和溃疡愈合。此外，CBS 还能改善胃黏膜的血液循环，抑制和杀灭幽门螺旋杆菌。

④替普瑞酮（teprenone）：替普瑞酮为一种萜类物质，具有组织修复作用，特别能强化抗溃疡作用。

⑤伊索拉定（irsogladine）：化学名为 2,4- 二氨基 -6-（2,5- 二氯苯基）-1,3,5- 三嗪顺丁烯二酸。动物实验表明，伊索拉定对实验性胃黏膜损害（盐酸、乙醇、阿司匹林等所致）有明显的保护作用。伊索拉定通过强化胃黏膜上皮细胞间的结合，抑制上皮细胞的剥离、脱落和细胞间隙的扩大，增强黏膜细胞本身的稳定性，发挥黏膜防御作用，抑制有害物质透过黏膜。其作用机制与提高胃黏膜细胞内 cAMP、前列腺素、还原型谷胱甘肽及黏膜糖蛋白含量有关。

（2）新型胃肠道黏膜保护剂

①瑞巴派特（rebamipide）：是一种新型胃黏膜保护剂。临床研究证明，瑞巴派特可以使幽门螺杆菌相关性胃炎和非甾体类抗炎药物引起的胃炎的组织学明显改善。Fujioka 的一项 206 例多中心随机双盲对照研究表明，使用 12 周瑞巴派特使溃疡愈合处组织学积分明显优于未用瑞巴派特组，而对幽门螺旋杆菌的根除率未有影响。

②替丁类药物：目前常用的“替丁”类药物有西咪替丁（泰胃美）、雷尼替丁、法莫替丁、尼扎替丁和罗沙替丁。“替丁”类药物药理学上称之为 H2 受体拮抗剂，它们能竞争性地拮抗组胺与 H2 受体结合后引起的胃酸分泌，用于治疗消化性溃疡。传统的给药方法是一日剂量分次给药，如西咪替丁 200 mg 每天 4 次或 400 mg 每天两次；雷尼替丁 150 mg，每天两次；法莫替丁 20 mg，每天两次；尼扎替丁 150 mg，每天两次；罗沙替丁 75 mg，每天两次。

近年来新研究表明，组胺的分泌以夜间为主，并且夜间胃液酸度在消化性溃疡，特别是十二指肠溃疡发病中起重要作用。白天的胃酸分泌与乙酰胆碱、胃泌素相关，且胃酸排出量不但与溃疡的形成无关，而且能维持正常的消化过程，特别是蛋白质的消化；促进钙和铁的吸收；有利于保持胃内无菌环境，避免念珠菌、幽门螺杆菌感染引起的溃疡愈合延缓和溃疡病复发。因此认为，替丁类药物白天服用实无必要，而睡前将一日剂量一次给药，更有利于溃疡病的治疗，而且服用更为方便。临床观察证明了这种观点。目前已经在临床应用的替丁类药物一日剂量一次给药法为睡前服，西咪替丁 800 mg，雷尼替丁 300 mg，法莫替丁 40 mg，尼扎替丁 300 mg，罗沙替丁 150 mg。

③奥美拉唑（洛赛克）：奥美拉唑（omeprazole）是一种新型胃酸分泌抑制剂，可选择性非竞争性地抑制胃壁细胞中的质子泵 H^+-K^+-ATP 酶，从而阻断胃酸分泌终末关卡，产生强烈的抑制胃酸分泌作用，因此不论对基础分泌还是各种原因引起的应激性分泌均有强烈的抑制作用，使出血局部形成血栓，从而达到止血目的。为预防脑损伤后发生上消化道应激性溃疡出血，提倡伤后早期口服或经鼻饲管注入奥美拉唑。

每日早晨吞服 20 mg。胃内食物充盈时，可减少吸收，故应餐前或空腹口服。本品治疗十二指肠溃疡疗程通常为 2 ～ 4 周，治疗胃溃疡及反流性食管炎疗程为 4 ～ 8 周。

也可静脉滴注，即临用前将瓶中的内容物溶于 100 ml 0.9% 氯化钠注射液或 100 ml 5% 葡萄糖注射液中，本品溶解后静脉滴注时间应在 20 ～ 30 分钟或更长。当口服疗法不适用于十二指肠溃疡、胃溃疡和反流性食管炎的患者时，推荐静脉滴注本品的剂量为 40 mg，每日一次。

④生长抑素（somatostatin）：生长抑素的全称为生长激素释放抑制激素（施他宁），是存在于胃黏膜、胰岛、胃肠道神经、垂体后叶和中枢神经系统中的肽激素。具有抑制胃分泌和蠕动，及在下丘脑 / 垂体中抑制促生长素的释放。其主要药理学特点为：一方面它可以通过局部的反馈机制抑制促胃液素的分泌，同时抑制胃蛋白酶、组胺和促胃液素诱发的胃酸分泌，从而达到预防和治疗 SUB 的目的。另一方面可通过减少胃肠道血流量，抑制胃酸和多种消化酶的分泌，促进血小板凝集和血块收缩等作用，达到止血的目的。

用法：开始先静滴 250 μg（3 ～ 5 分钟），继以 250 μg/h 静滴，止血后应连续给药 48 ～ 72 小时。以往文献中已有用于术后 SUB 治疗的报道，近年来生长抑素用于预防 SUB 是对于该药的较新尝试。

⑤表皮生长因子（EGF）：主要存在于唾液腺中，也可由胰腺和十二指肠巴氏腺分泌产生，胃和小肠上皮细胞均有 EGF 受体，EGF 具有很强的生物学活性，可促进上皮细胞 DNA、RNA 和蛋白的合成，促进上皮细胞的分裂增殖，增强黏膜修复能力。EGF 还可以刺激内源性前列腺素释放，增加黏膜血流量、黏液和 HCO_3^- 的分泌，抑制胃酸分泌，有利于黏膜保护。动物实验表明，经口服或皮下注射人工合成的 EGF 均可显著增强大鼠胃黏膜对乙醇损伤的保护作用。

3．内镜介入治疗 内镜直视下各种止血技术的发展和完善使止血率明显提高，手术率下降，病死率下降，目前已被国内外专家推荐为首选方法。

（1）局部注射：高渗盐水和肾上腺素、硬化剂、凝血酶。

（2）热凝固止血：热探头、单极或多极电凝、激光、微波。

（3）局部喷洒：5% ～ 10% 孟氏液、凝血酶、去甲肾上腺素液、有机黏胶。

药物喷洒疗法适用于黏膜糜烂及浅小溃疡出血。方法简便，临床应用较多。常用药物有：

① 去甲肾上腺素可收缩胃内小动脉，减少局部血流而止血。常用浓度为 4 ～ 8 ml/100 ml，一般喷洒每次 20 ～ 40 ml。据报道，该药在肝灭活，不会对全身产生影响。有效率 80% ～ 86%。

② Monsell 液即碱式硫酸铁溶液，是一种强收敛剂，可使出血灶周围血管收缩甚至痉挛，并促使血液凝固。即刻止血率 90% ～ 100%，常用浓度为 5% ～ 10%。高浓度虽止血快，但会引起呕吐、腹泻等不适。有报道高浓度 Monsell 液致食管、贲门括约肌痉挛而使胃镜取出困难，通常每次喷洒 50 ～ 100 ml。

③凝血酶可促进生理性凝血过程。高效而无副作用，但形成的血凝块易脱落，故须注意再出血情况。据报道 1 分钟止血率达 98.8%。

（4）血管夹对小动脉出血总止血率达 70% ～ 90%。

（李建民　刘　刚　朱　军　付爱军）

第十一章

眼外伤的救治

第一节　眼的解剖结构和功能

最外面覆盖眼球的部分称为眼睑，即俗称的上、下眼皮。眼球由眼球壁和眼内容物组成。眼球壁又分 3 层：最外层所见到的白眼珠部分称为巩膜，黑眼珠部分称为角膜；在透明的角膜后面，可以看到位于中层的棕褐色的虹膜，它有孔圆盘状结构，圆盘中间的孔是瞳孔；与虹膜同在一层的是肉眼看不到的睫状体和脉络膜；眼球壁的最内层为视网膜。眼球内容物由前向后依次是透明的房水、晶状体和玻璃体。

眼球壁由外、中、内 3 层膜构成。外层包括角膜和巩膜，中层为葡萄膜，内层是视网膜。

一、外层

角膜位于眼球的最前端，约占眼外层纤维的 1/6，透明，无血管，有弹性，具有较大的屈光度，表面被泪膜覆盖。成年男性平均角膜横径为 11 ~ 12 mm，纵径为 10 ~ 11 mm，女性较男性略小。如直径小于 10 mm，称为病理性小角膜；大于 13 mm 的称为病理性大角膜。角膜前表面曲率半径为 7.8，后表面曲率半径为 6.8。角膜屈光系统的屈光力为 43.05 D。

角膜厚度随部位、年龄、病理状态等改变而有所不同。正常情况下，中央部最薄，平均为 0.5 mm，周边部最厚，平均为 1 mm。角膜厚度随年龄的增加有变薄的趋势，即儿童较成人厚，成人较老年人厚。

角膜是无血管的组织，它由前向后分为 5 层，依次为：上皮细胞层、前弹力层、基质层、后弹力层和内皮细胞层。其中上皮细胞层、后弹力层可以再生；前弹力层、基质层、内皮细胞层不可以再生。

角膜的生理功能有：维持眼球的完整及对眼内容物的保护，透过光线并参与屈光，感知环境及外界刺激。

巩膜构成眼外层纤维膜的后 5/6，主要由胶原纤维构成。外面是眼球筋膜囊，内层紧靠脉络膜。巩膜的厚度随部位、年龄等不同而不同。后部的巩膜最厚，肌肉附着点最薄。

巩膜的生理功能主要包括：与角膜、结膜等共同构成眼内容物的外屏障；避光；眼外肌的附着点。

二、中层

眼球壁的第二层膜是葡萄膜，是位于巩膜与视网膜之间的富含色素的血管性结构，因颜色像葡萄而得名葡萄膜，又称为色素膜，也称血管膜。葡萄膜自前向后分为虹膜、睫状体和脉络膜3个相连的部分。其中虹膜的中央有圆孔，称为瞳孔。瞳孔的大小随光线的强弱而改变（从1 mm到8 mm），它的平均直径为3 mm。

睫状体是葡萄膜的中间部分，前接虹膜根部，后端以锯齿缘为界移行于脉络膜。睫状体的最内层是无色素睫状上皮，无色素睫状上皮分泌房水，房水协助维持眼压，提供角膜后部、晶状体和小梁网代谢所需要的物质。房水也是屈光间质的组成部分。

脉络膜是葡萄膜的最后面部分，位于视网膜和巩膜之间，前端以锯齿缘为界，向后止于视神经周围，是一层富含血管的棕色膜。眼球内血液总量的90%在脉络膜，其中70%在脉络膜的毛细血管层。脉络膜毛细血管层营养视网膜神经上皮层的外层及视神经的一部分，并且通常是黄斑区中心凹唯一的营养来源。这是在视网膜中央动脉阻塞时能够看到黄斑区呈樱桃红点的原因[1]。

三、内层

内层即视网膜。视网膜是一层透明的膜，由内层的神经上皮和外层的色素上皮组成。其前界为锯齿缘，向后止于视乳头；内侧为玻璃体，外侧为脉络膜。视网膜上重要的标志是黄斑和视盘。

视网膜后极部上下血管弓之间的区域称为黄斑。因中央无血管的凹陷区富含叶黄素，使其外观色略黄而得名。距黄斑鼻侧约3 mm的地方有一个约1.5 mm×1.75 mm的橙红色圆形的盘状结构，称为视盘，是视神经穿出眼球的部位。视乳头中央的小凹陷区称为视杯。

视网膜的功能是既要捕捉外界的光，又要对光所引起的刺激进行处理。

眼球内容为房水、晶状体和玻璃体。房水的功能为维持眼内压、营养角膜、晶状体和玻璃体，并清除上述组织的代谢产物。晶状体是一个透明的双凸透镜，一生都处于不断增长中，是眼最主要的屈光介质之一。眼球在调节松弛状态下的总屈光力为58.64 D，当使用最大调节时为70.57 D，其中角膜屈光系统的屈光力为43.05 D，晶状体屈光系统的屈光力为19.11 D。所以在做准分子激光手术矫正屈光不正时选择在角膜上手术。晶状体具有调节功能，还可以吸收紫外线，保护视网膜，对光线的屏障作用降低了视网膜的光损伤。玻璃体是眼屈光介质的组成部分，具有黏弹性、渗透性和透明性，并对晶状体、视网膜等周围组织有支持、减震和营养作用。

第二节　眼外伤的分类与特征

一、特点

人类工作和生活的环境中各种机械性、物理性和化学性等因素直接作用于眼部，引起眼的结构和功能损害，均称为眼外伤。由于眼球的结构极为精细脆弱，而其位置又比较暴露，因此眼外伤还是比较多见的，而且往往会造成视力障碍、失明，甚至眼球丧失。因此，如何预防和正确处理外伤，对于保护和挽救视力具有重要的意义。

在临床上，眼外伤具有以下特点：

1．患者多为男性、青少年或壮年，多数为一眼外伤。由此造成劳动能力的损失，并给个人、家庭和社会带来各种负担。

2．眼球钝挫伤、眼球穿孔伤、眼内异物、酸或碱化学伤等是常见的，后果严重的眼外伤，可以造成眼球屈光间质的混浊或光感受器神经组织的变性坏死，引起视力丧失。

3．可同时造成眼的多种组织或结构的损伤。在矿难时可发生复合伤或多处伤，在平时的爆炸伤或车祸时，也会出现伤情非常复杂的情况。

4．伤后并发症多见，如创伤后眼内炎症、感染、增殖性病变，可继续威胁视功能和结构的康复。

5．正确的初期救治对挽救伤眼极为重要。眼球对药物的透入性有限。对神经组织的损伤目前尚无有效的治疗方法。

二、分类

1．按眼外伤的致伤因素 可将眼外伤分为机械性和非机械性两大类，还可根据伤情轻重、损伤部位等再分类。如：机械性眼外伤（含：挫伤、穿孔伤、异物伤）、非机械性眼外伤［含：热烧伤、化学伤（酸、碱）、辐射伤、毒气伤等］。

2．按眼外伤的程度 可分为轻、中、重3类。

轻度眼外伤包括眼睑擦伤及淤血、结膜下出血、结膜及角膜表面异物、角膜上皮擦伤、眼睑Ⅰ度热烧伤、刺激性毒气伤、电光性眼炎等。

中度眼外伤包括眼睑（及泪小管）撕裂伤、眼睑Ⅱ度烧伤、球结膜撕裂、角膜浅层异物等。

重度眼外伤包括眼睑广泛撕脱或缺损、眼睑Ⅲ度烧伤、眼球穿孔伤、眼内异物、眼球钝挫伤（伴眼内出血）、眼球Ⅱ度以上热烧伤或化学烧伤、辐射伤和严重的军事毒气伤、眼眶骨折等。

3．眼外伤标准分类[2] 1995年7月，国际眼外伤学会、美国眼外伤登记组织、美国眼科学会、匈牙利眼外伤登记组织、玻璃体学会、视网膜学会和眼外伤分类学组（眼外伤专家特别委员会）的重要代表汇集于Emory大学，共同签署了眼外伤分类的最终修订稿。

眼外伤分类：均以眼球作为参照，无须提及受累组织，便于描述损伤类型。当提及特定的组织时，便是指损伤的部位，而非损伤的类型。该分类体系对每一术语都提供了明确的定义，见表11-1及图11-1。

表 11-1　被推荐的眼外伤学术语义

术语	定义	备注
球壁	巩膜和角膜	技术上可将眼球壁在角膜缘以后分为 3 层；出于临床上考虑，最好将球壁这一概念限定为角膜和巩膜这种具有一定硬度的组织结构
闭合性眼外伤	球壁无全层伤口	巩膜或角膜无伤口（挫伤），或仅有非全层的伤口（板层裂伤）；挫伤和板层裂伤极少并存 *
开放性眼外伤	球壁有全层伤口	角膜和（或）巩膜全层损伤；依据致伤物特性和致伤环境可区别是破裂伤亦或穿通伤；脉络膜和视网膜可以受损，也可脱出或已损伤
破裂伤	钝器所致的球壁全层伤口；乃眼压瞬间增高产生由内向外作用力所致	眼球内充满不易压缩的液体；具有足够冲力的钝器通过一个较大的球壁接触区，将能量传递给眼球，使眼压显著增高；球壁则在其最薄弱处破裂，此处可以是直接受力点．也可以是间接受力点；而实际伤口是由从内向外的压力造成的；因此，组织嵌顿十分常见，而且可以很严重
裂伤	通常为锐器所致的球壁全层伤口；损伤发生在接触部分，其损伤机制是由外向里	进一步的分类则依据是否存在出口及眼内异物。偶尔，致伤物部分存留眼内仍可造成后部伤口（出口）
穿通伤	通常由锐器所致的单纯球壁裂伤	不存在出口；假如有一个以上的入口，则每一个入口均由不同的致伤物所致
眼内异物伤	眼内存有异物并导致入口处裂伤	眼内异物严格地说属于穿孔伤，但由于其临床上的特殊性（治疗方式、时机、眼内炎的发生率等），而被单列一类
贯通伤	球壁有两处全层伤口（进口＋出口），通常由锐器或投射物所致	两处伤口必须由同一致伤物引起

* 偶尔，损伤类型不典型，以至于很难归类；临床医师应根据此表的标准来作出最恰当的判断

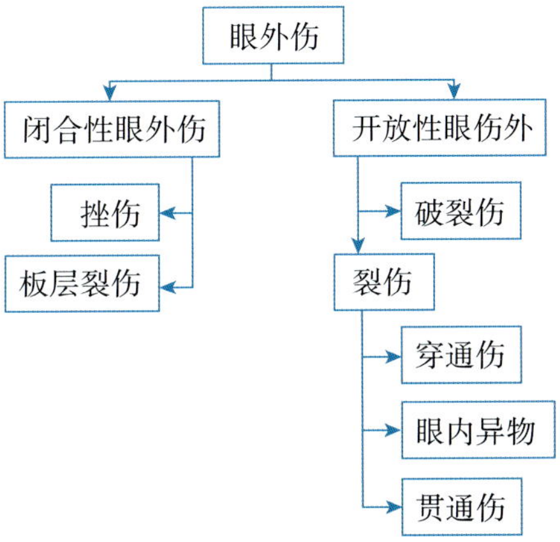

图 11-1　眼外伤分类

三、临床特征[3-4]

（一）机械性眼外伤

机械性眼外伤除眼组织损伤外，眼部出血、感染、异物存留同样对眼组织造成损害，有时可能造成更大的危害，如眼球穿通伤可引起交感性眼炎，导致双眼失明。

眼眶和头颅的挫伤可致眶骨骨折、颅骨骨折、脑损伤，眼球和视神经损伤常影响视力。眼球挫

伤可引起虹膜断裂，前房和玻璃体积血，视网膜出血、水肿、裂孔、脱离和继发性青光眼等。眼部挫伤、锐器伤和爆炸伤等机械性眼外伤可造成眼球穿通伤或破裂伤，严重损坏眼球组织。

异物进入角膜引起角膜混浊、溃疡和白斑，影响视力和外观。异物进入眼内，危害更大。眼内异物分为磁性异物和非磁性异物。磁性异物包括铁及其合金，非磁性异物包括铜、铝等无磁性金属和玻璃、石块、植物等。异物进入眼内除造成眼球各组织机械性损害外，如发生感染性眼内炎后果则更严重。金属异物形成的化学性损害（生锈），可严重破坏组织，植物性异物可引起眼内炎和眼球萎缩。

（二）非机械性眼外伤

非机械性眼外伤有化学烧伤、热烧伤、辐射性眼外伤和其他眼外伤。

1．化学烧伤系各种化学物品引起。最严重的是强酸、强碱引起的酸烧伤和碱烧伤，多发生在工厂、实验室、运输和生活中。化学烧伤致角膜、结膜坏死、血管形成和瘢痕存在，严重损害视力。

2．灼热的金属碎屑、熔化的金属或塑料、沸水、热油或火焰可引起眼部热烧伤，使眼组织坏死、眼球穿破，致睑球粘连和眼球萎缩。

3．电光性眼炎是常见的紫外线眼损伤，电焊、紫外线灯光、高原雪地，及水面反光可造成角膜上皮损伤，出现剧烈疼痛。

4．红外线性白内障多见于玻璃熔炉和其他高温作业。

5．日蚀性视网膜病变由观察日蚀或直接注视太阳引起。

6．X线、γ线等离子辐射性眼损害，多发生在头部放射治疗、放射性职业工作者或核泄漏、核爆炸中。

7．无线电波的特高频，造成微波眼损伤。这些辐射性眼外伤同样造成视力损害。

8．其他眼外伤还有冻伤、应激性眼外伤（如潜水员出水时的减压性损伤，飞机驾驶员发生的加速性损伤）和电击性白内障等。

第三节 眼外伤的检查

应根据眼外伤的轻重缓急和患者就诊时的条件，在不延误急救、不增加损伤、尽量减少患者痛苦的前提下，有重点地进行检查。应避免遗漏重要的伤情如眼内异物伤，以免贻误初期处理和挽回视力的时机。

一、病史

询问致伤原因、部位、时间，是否经过处理，以往的视力状况，及眼病史，有无全身性疾病等。通过询问病史鉴别为机械性或非机械性外伤，如为机械性伤，则进一步分清眼球挫伤、眼球穿通伤或附属器伤，有无眼球内或眶内、眼睑内异物存留；如为非机械性伤，则应区分为物理性、化学性等。对眼挫伤患者，应详查眼附属器及眼球前后各部。对眼球穿通伤患者，应详查伤口的大小、部位、深度，有无眼球内容物脱出、眼球运动障碍或异物存留，必要时绘图说明。热及化学烧伤应描述其范围和程度，磷烧伤时注意创面有无磷臭味，并应在暗处检查有无磷光。

二、全身情况

在压埋伤、爆炸伤、井下交通伤等有复合伤及多处伤的情况，注意有无重要脏器及其他器官损伤，有无休克及出血，合并全身外伤者，应由有关专科首先检查和处理。对局部检查必须轻巧，不可压迫眼球，必要时滴表面麻醉剂。如合并颅脑外伤时，未经神经科检查前不要散瞳。

三、视力

应尽可能准确地记录视力。如不能用视力表检查，可数手指、查光感等判断视力状态。检查眼的视力及功能时，除有明显眼球穿通伤外，应尽可能检查眼底，必要时散瞳检查。

四、外眼

在灯光照明下，记录眼睑、结膜、泪器和眼肌等损伤的部位、范围、程度、并发症如出血、感染、异物存留等情况，应描述、绘图，涉及整形时应照相记录。

五、眼部检查

眼球位置、突出度，有无破裂，角膜和前部巩膜情况，前房深度，有无眼内出血，及眼内结构损伤，眼底情况等。

六、影像学检查及其他辅助检查

如超声波、X 线照相、CT 或 MRI 检查，以确定球内或眶内异物存留，有无眼球后部破裂、眶骨骨折等。做视电生理检查以判定视功能情况。

七、健眼

注意健眼视力、眼球前后各部情况，有无交感性眼炎。

第四节　眼外伤的分级及急症处理原则

一、急症分类[5]

根据眼部受伤情况，按照眼外伤的分类可分为三级急症。

1．一级急症　角膜化学烧伤、热烧伤、军事毒剂伤、眼球穿通伤合并眼球内容物脱出等。患者到达急诊室后，必须分秒必争，立即进行抢救。

2．二级急症

（1）眼球穿通伤但眼内容物未脱出、眼部爆炸伤、眼睑撕裂伤。

（2）眼睑挫伤合并前房积血、晶体脱位、玻璃体积血、视网膜震荡、脉络膜裂伤。

（3）眼部挤压伤。

（4）角膜异物。

（5）外伤性角膜溃疡合并铜绿假单胞菌感染。

（6）眶蜂窝组织炎。

（7）眼内炎、全眼炎。

（8）交感性眼炎，急性辐射伤。

（9）颅脑或颌面外伤后出现的急剧视力下降。详询病史，进行必要的检查，制订治疗方案，在情况不明之前，切忌草率手术。

3．三级急症 结膜下出血、眼内血肿、眼内异物伤、眶骨骨折、急性眼球突出、裂孔位于上方之视网膜脱离原因不明的视力急剧下降。

属一般性急症，可在作出诊断后适当处理。

对眼外伤的处理原则是分秒必争，现场救护。一级急症如角膜化学烧伤、热烧伤、有毒气体伤等必须不受场地限制，采取积极的、分秒必争的抢救措施。然后再送医院冲洗、中和液冲洗、药物治疗、球结膜切开冲洗、前房穿刺或冲洗、应用激素。

对眼球穿通伤或破裂伤、眼内容物脱出等，必须立即送医院全面系统地探查伤口，不放过一个疑点，并彻底清除污染物，整复伤口，进行眼内组织损伤的处理，伤口的缝合、球结膜下注射抗生素、激素，结膜囊内涂抗生素眼膏，必要时用阿托品散瞳等治疗。

对二级、三级急症的治疗，必须详询病史，进行必要的检查，采取对症处理的原则。

二、分类治疗方案

眼外伤应作为急症处理。对眼部化学伤，应立即用清洁的水充分冲洗，然后再进一步详细检查。凡创口污染或创口较深者，应使用适量抗生素和注射破伤风抗毒素。

（一）眼部浅层损伤及表面异物处理

1．对眼球表面异物，可先冲洗结膜囊。如异物仍未去除，应在表面麻醉下用无菌操作方法取除，取时尽量勿伤及周围深部组织，滴入的荧光素等必须保持无菌，严防铜绿假单胞菌等污染。角膜深层异物，应做好内眼手术准备，必要时可由前房取出。多发性异物，原则上应分期将突出表面的挑出。

2．对眼睑或结膜撕裂伤，要彻底清洁，细致缝合，尽量保存皮肤和组织，不可随便切除。术后第 5 天拆线。

3．术后结膜囊内涂抗生素眼膏或磺胺眼膏，包盖伤眼，必要时包盖双眼。

4．疑有感染者，应予抗感染治疗。

（二）眼挫伤处理

1．伤情重者卧床休息，进半流食。

2．包扎伤眼。

3．眼睑结膜裂伤及角膜浅层擦伤处理同眼部浅层损伤，眼睑皮下出血初期冷敷，48 小时后改湿热敷。

4．泪小管断裂伤，对内眦部眼睑撕裂伤，应注意泪小管情况，如有断裂须及时修复。

5．前房积血，半卧位休息，可应用云南白药或维生素 C、安络血等止血药内服或肌内注射。有眼压升高或大片血凝块时，应使用降眼压药，必要时做前房穿刺及冲洗。

6．虹膜离断范围太宽或有单眼复视时，可行手术治疗（虹膜根部缝合术）。

7．晶体脱位

（1）晶体部分脱位：如无明显症状可不处理；如复视严重或无法解除，严重影响视力可考虑择期行摘除术。

（2）晶体全脱位：前脱位嵌顿于瞳孔或脱入前房，需急诊手术摘除；后脱位脱入到玻璃体内，可行玻璃体手术摘除晶状体。

8．外伤性青光眼

（1）由前房积血及晶体破裂或脱位引起者，针对病因治疗。

（2）挫伤性青光眼可先行药物治疗，应用降眼压药及皮质类固醇治疗虹膜和睫状体外伤性炎性反应；若反应消退后眼压仍不下降，可考虑减压手术或激光治疗。

9．外伤性低眼压　可散瞳及皮质类固醇治疗，如有器质性损伤，针对损伤情况手术，如睫状体分离缝合术。

10．眼底及玻璃体积血　应卧床休息，注意眼压，早期应用止血剂。长期不吸收，可考虑行玻璃体手术。

11．视网膜震荡　应滴散瞳剂，卧床休息，应用维生素 B_1、维生素 B_{12}、维生素 C，皮质类固醇等。

12．视网膜脱离　考虑手术治疗；如系玻璃体内机化物的牵引所致，可行玻璃体切割术及巩膜环扎术。

13．眼眶挤压综合征

（1）合并颅底骨折、脑脊髓液鼻漏者，或合并全身挤压伤者，应请有关专科会诊，先抢救患者生命，并防止由鼻窦或创口导入的感染。

（2）注意有无眶壁骨折，如经 X 线摄片、CT 或 B 超证明有眶骨骨折碎片或血肿压迫视神经而使视力锐降者，可酌情采取药物治疗或施行视神经减压手术。

（3）对无明显骨折，而以眼眶组织水肿及眼底缺血病变为主者，早期行脱水及皮质类固醇治疗，并用血管扩张剂和神经营养药物。

14．眼眶骨折　应请耳鼻喉科、颌面外科，及神经外科共同处理。有眼睑皮下气肿时，前筛窦受伤，可用绷带加压包扎。

三、眼球穿通伤处理[6-7]

1．急症手术，详查创口，如有异物嵌顿，立即取出；如有虹膜脱出，时间短、创口小而清洁者，可经稀释的抗生素液冲洗后还纳，否则应将脱出部稍拉出后剪除。如有睫状体和脉络膜组织脱出，应经抗生素液冲洗后送回。

2．角膜创口小于 3 mm 且无眼内容物嵌顿者，可不缝合；创口大者，应直接缝合。位于睫状体区以后的巩膜创口缝合后，为预防视网膜脱离，须在创口周围行凝固术或预防性巩膜外加压术。

3．外伤性白内障

（1）抗生素预防感染，滴散瞳剂，预防虹膜粘连，滴皮质类固醇液减轻炎症反应。

（2）晶体局限性混浊，无并发症，可暂不手术；如果全部混浊，可做白内障手术。

（3）皮质大量脱出，应早期手术，做角膜缘切口将晶体摘除。

4．眼球壁有较长裂伤和眼球破裂，应作伤口缝合术。眼压过低者可向玻璃体腔内注入消毒空气或黏稠剂。不提倡初期眼球摘除术：伤后无光感和预防交感性眼炎（发生率约0.2%），不应成为初期眼球摘除的理由。若眼球已无法修复，可考虑做眼球摘除。

5．复杂眼球穿通伤通常采取二次手术。初期伤口修复，应以恢复眼球完整性为主要目的。对各种并发症的处理可考虑行二期手术，如感染性眼内炎、脉络膜大出血、晶体破裂或脱入前房、球内铜质或铁质异物、视网膜破孔、视网膜脱离（直接损伤或牵拉性）、玻璃体积血等。根据病情，二期手术宜在伤后1～2周进行。在初期缝合后，应行眼部超声检查和视觉电生理检查，为再次手术作准备。

6．局部和全身应用抗生素及皮质类固醇。

四、眼球内异物处理 [8-9]

1．眼球内异物应尽早取出。

2．磁性异物应根据X线片或CT定位，可选择巩膜外磁铁吸出或玻璃体手术摘除。后者适用于眼后节及后球壁异物、非磁性异物，同时可处理玻璃体、视网膜并发症。

3．如属铜质异物，在前房角或虹膜表面者可由角巩缘切口用镊子夹出；嵌在虹膜中者，可用镊子夹出或连同虹膜一起切除；在晶状体内者，可连同做白内障囊内摘除术；在玻璃体内者，在手术显微镜下作玻璃体手术取出。

4．眼球内玻璃异物应用玻璃体手术取出。如果异物已嵌入眼球壁机化包裹或异物性质不活泼，无并发症，应权衡利弊，不勉强取出。

五、交感性眼炎处理

1．用1%阿托品滴眼散瞳，每日3次。

2．全身及局部用大量皮质类固醇药物，如泼尼松或地塞米松等。

3．全身或局部应用抗生素；口服吲哚美辛。

4．发病后摘除诱发眼并不能缓解病情，已不提倡做伤眼的摘除术。

六、眼部热烧伤处理

1．较重者应卧床休息 进半流食或普食，全身抗休克及抗感染。

2．局部处理

（1）防止感染，滴抗生素液及涂抗生素眼膏。

（2）清理创面：眼睑有坏死时，应进行中厚皮片游离植皮。角膜表面坏死，可用湿棉签轻轻拭除。戴软性角膜接触镜遮盖全角膜。角膜有穿孔时，可做结膜遮盖或角膜移植术。球结膜大片坏死，可以切除，行黏膜移植术或球结膜移植。

（3）散瞳：用1%～4%阿托品液滴眼，每日4～5次。

（4）抑制炎症反应和角膜血管新生：可应用皮质类固醇点眼，但角膜有溶解倾向时应停用。

（5）疼痛时可滴 0.5% 丁卡因或口服镇痛剂。

（6）结膜下注射维生素 C，口服维生素 A、维生素 D、维生素 B_1、维生素 C。

（7）防止睑球粘连：结膜囊内涂抗生素眼膏，每日用玻璃棒分离。创面大者可用塑料胶隔膜嵌入结膜囊内，或用羊膜、口腔黏膜等覆盖创面。

（8）自血疗法：用患者全血或血清滴眼，每日 4 ~ 6 次或结膜下注射，每日或隔日一次。

（9）眼睑畸形或睑球粘连等晚期病变，按整形手术处理。角膜白斑可行角膜移植术。

七、眼部化学伤处理[10]

1．立即用大量水不断冲洗，然后用生理盐水或中和液冲洗（酸性伤用 2% ~ 4% 碳酸氢钠液，碱性伤用 3% 硼酸水，至少冲洗 15 分钟）。彻底除去残留于睑结膜、上下穹窿结膜、半月皱襞，及角膜上的化学颗粒。

2．石灰烧伤应争取在 24 小时内用 0.37% 依地酸二钠溶液充分冲洗，然后用 0.5% ~ 2.5% 依地酸二钠溶液滴眼，每小时 1 次。

3．碱性烧伤可用维生素 C 50 ~ 100 mg，加适量 2% 普鲁卡因溶液做结膜下注射，每次 1 ml，可反复注射。

4．严重碱性烧伤，于伤后 4 ~ 8 小时内放射状切开球结膜，做结膜下冲洗，或按热烧伤清理创面，亦可做前房穿刺。

5．磷烧伤大量流水冲洗，并在暗处仔细检查有无磷块残存。皮肤创面可涂 5% 硫酸铜溶液，结膜囊滴 0.5% ~ 1% 硫酸铜溶液，亦可使用 2% 碳酸氢钠溶液湿敷。禁用软膏和油剂，以免促进磷的溶解和吸收。

6．伤后疼痛较剧者，局部可滴 0.5% 丁卡因。

7．其他治疗参照烧伤。

八、电光性眼炎及雪盲处理

1．涂 0.5% 丁卡因眼膏。

2．滴抗生素溶液或涂抗生素眼膏预防感染；亦可酌情加用皮质类固醇眼药水。

3．必要时戴有色眼镜。

（王林红　杨杉杉）

主要参考文献

[1] 王维兴．视网膜中央动脉阻塞．白求恩医科大学学报，1984，10（5）：531-534.

[2] 黄凯．眼外伤标准分类．眼外伤职业眼病杂志，1997，19（2）：156-158.

[3] 毛春节，艳华．机械性眼外伤临床特征及眼外伤评分应用．中华眼科杂志，2012，48（5）：992-994.

[4] 杨庆国，王平，岳军，等．成年眼外伤住院患者疾病特征及趋势分析．中华高血压杂志，2015，23（2）：94-95.

[5] 叶剑．眼外伤是如何确定急诊分级的？创伤外科杂志，2010，12（3）：217.

[6] 贾建芳，唐小三．眼球穿通伤一期处理的临床分析．微创医学，2011，6（2）：157-158．
[7] 胡椿枝．眼球穿通伤的早期处理．眼外伤与职业性眼病杂志，1983，1：55-57，26.
[8] 张文文．眼球内异物伤损伤机制及预后影响因素研究新进展．临床眼科杂志，2015，23（3）：280-282.
[9] 李山祥，郑 霄，赵刚平，朱敏．眼球内异物手术治疗的临床研究．国际眼科杂志，2012，12（7）：1392-1393.
[10] 谢祝斌，谭素芬．化学性眼外伤的早期护理．护士进修杂志，2004，19（8）：717-718.

第十二章

胸部损伤的救治

第一节　胸部损伤概述

胸部是呼吸循环重要器官所在的部位，胸腔内含有维持生命功能的两大重要器官：心脏和肺。胸腔负压是维持呼吸循环正常生理功能的重要条件，正常的胸部结构和功能对维持正常的循环、呼吸生理功能极其重要。一旦胸部受到严重损伤时，必然会影响正常呼吸、循环功能的维持，引起一系列的病理生理改变，导致呼吸循环功能紊乱，甚至衰竭。若没有及时正确地处理，后果极为严重，伤员可很快死亡。在急救处理时，按病情的轻重缓急，迅速果断地采取积极有效的措施，多数伤员均可解除危险而获得治愈，仅有 10% 的伤员需做开胸探查手术治疗。近年来，由于心血管外科的迅速发展和重症监护技术的不断提高，胸部外科的诊治水平也有了极大的提高，同时也积累了丰富的临床经验。

胸部创伤[1]（chest trauma）多见于工矿、交通、建筑等事故或自然灾害。战时胸部创伤发生率较高，据统计，在第二次世界大战中其发生率占总伤员的 80%，目前也是战伤死亡的主要原因。据山东 4 个煤矿的统计表明，胸部外伤患者占同期胸科住院病人的 1/5，高于一般文献的报道，这可能是工矿区创伤外科的重要特点。

一、分类

（一）按致伤原因和伤情分类

1．闭合性损伤（图 12-1） 此类损伤是胸部受暴力撞击或挤压所致的胸部组织和脏器损伤，但胸膜腔与外界大气不直接相通。常见的致伤原因有挤压伤、钝器打击伤、高空坠落伤、爆震伤等。轻者只有胸壁软组织挫伤或单纯性肋骨骨折，重者也可以引起气管、支气管、肺、血管、膈肌或心脏大血管的破裂，肺实质损伤时不仅出血、漏气，形成血气胸，影响呼吸功能，同时，广泛性肺实质挫伤还可引起肺内右向左的分流增加，造成动脉缺血缺氧。浮动胸壁是很多根多段肋骨骨折的结果，使胸壁顺应性降低，呼吸做功增加，呼吸肌疲劳而导致呼吸衰竭。爆震伤是爆炸产生的强大气流冲击波作用于胸部而引起胸内脏器（主要是肺脏）的损伤，主要见于战时，平时可见于工矿爆炸

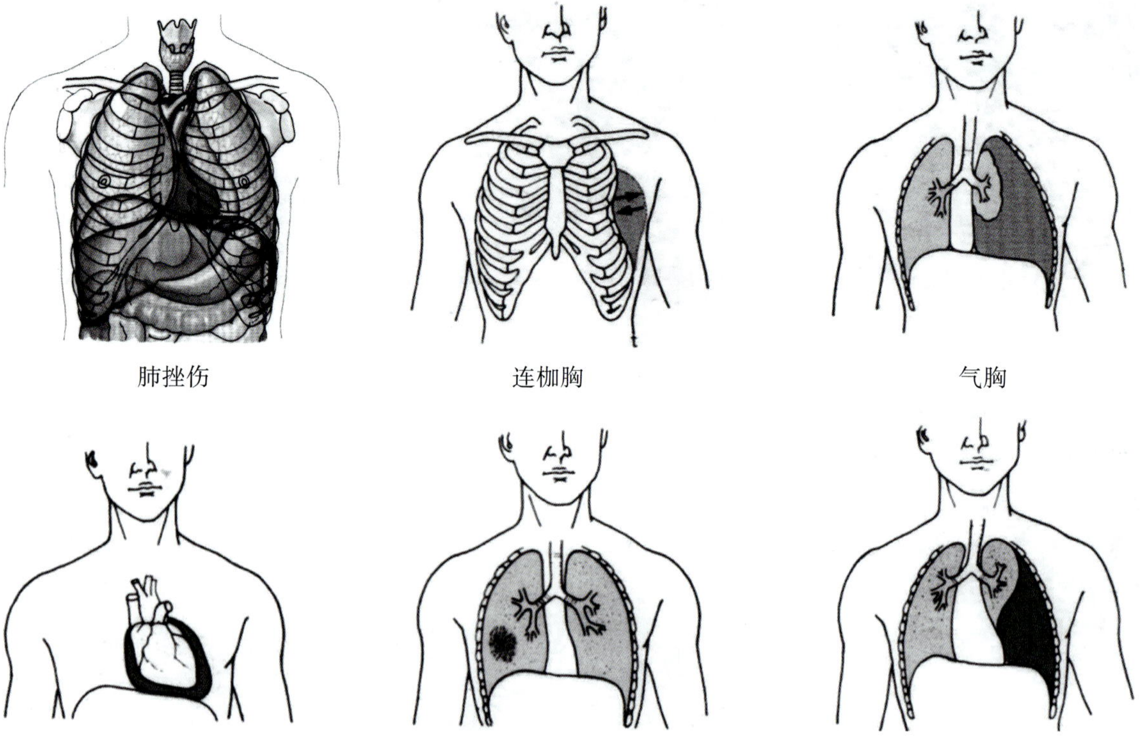

图 12-1 胸腔内闭合性损伤的类型

事故。偶可由于吸入火焰、高热气体或蒸气而伴有呼吸道烧伤。心脏挫伤是胸外伤中较严重的一种损伤，常常是胸外伤伤员意外死亡的原因之一。胸部闭合性损伤的严重程度取决于受伤组织或器官的数量和伤情，及有无胸外合并损伤。

2．开放性损伤 损伤穿破胸膜，使胸膜腔与外界相通，造成气胸、血胸或血气胸，有时还可穿破膈肌或伤及腹内脏器。主要见于战时的火器伤，在平时多为锐器刺伤。

（二）按损伤程度分类

1．非穿透伤 只伤及胸壁，而胸膜或纵隔完整无损。

2．穿透伤 损伤穿通胸膜腔或纵隔。

（三）按伤道情况分类

1．贯通伤 损伤既有入口又有出口，常伴有内脏损伤。

2．盲管伤 伤道只有入口而无出口，往往有异物存留，易致继发感染。

3．切线伤 伤道仅切过胸壁或胸膜腔周缘。

二、病理生理变化

（一）疼痛和胸廓完整性及胸廓运动协调性的破坏

胸廓是由具有一定活动性和弹性的骨性笼架（肋骨、胸骨和胸椎）与肋间肌所构成，既对胸内脏器和部分腹内脏器起保护作用，更主要的是通过呼吸肌活动配合膈肌的升降运动改变胸腔容量大小来完成呼吸功能。胸廓的完整性及运动协调性和保护作用又为与之紧密相连的锁骨、肩胛骨和多层强大肌肉所加强。胸壁损伤、肋骨骨折和胸骨骨折等，除引起疼痛、造成神经刺激和限制呼吸动度以外，可使胸廓运动的对称性和协调性破坏，从而导致通气功能障碍。尚可伴随胸内和腹内脏器损伤。特别是在发生多根肋骨双骨折，受伤的胸壁部分脱离胸廓整体，失去支持，形成浮游动胸壁，也称连枷胸。该部分胸壁在吸气时反而向内塌陷，使伤侧肺受压不能膨胀，并使伤侧胸膜腔内压力增高，纵隔向对侧移位，使对侧肺也受压缩，在呼气时该部分胸壁反而向外膨出，伤侧胸膜腔压力变小，肺膨胀，致使肺内二氧化碳不能排出，于是产生矛盾（反常）呼吸。其结果是肺通气量减少，残气量增加，二氧化碳蓄积，缺氧，纵隔摆动和扑动，回心血量减少，心搏出量减少。上述变化可导致呼吸循环功能的严重紊乱，甚至衰竭。

（二）失血

胸壁和胸内脏器的血管丰富，又有心脏和大血管。损伤后出血一方面可引起胸膜腔内或心包腔内积血，造成压迫，另一方面可使血容量减少，心排出量降低，严重时导致失血性休克。

（三）肺与纵隔受压

胸腔主要为左右两个闭合的胸膜囊及其中的肺所占据，胸膜腔为潜在的腔隙（相距约 10 μm），内含 1 ～ 2 ml 浆液，起润滑作用。由于胸腔大和肺富有弹性回缩能力，故而胸膜腔内发生积血和积气时，可造成压迫性肺不张和纵隔向对侧移位（图 12-2）。

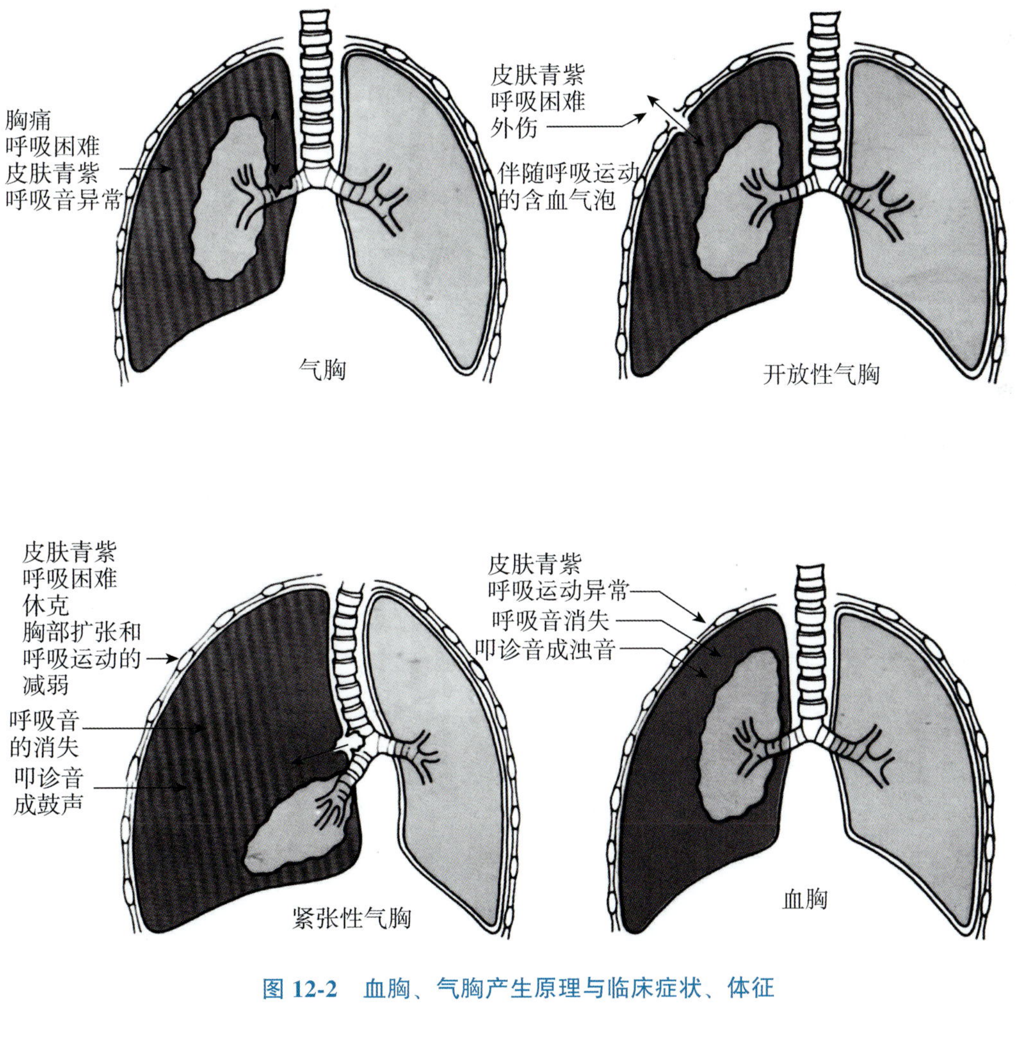

图 12-2　血胸、气胸产生原理与临床症状、体征

（四）胸腔负压受损

正常胸膜腔负压（–4 ～ –10 cmH_2O）的存在，对维持正常的呼吸运动，保持肺组织膨胀和肺的

表面张力都是很重要的。胸膜腔内为负压且两侧相等而使纵隔保持中位。肋骨的举落运动和膈肌的升降运动使胸腔内负压产生周期性增减变化，既是呼吸的动力来源，又促进静脉回心血流。若创伤使一侧胸膜腔负压受损，压力升高（血胸或气胸），不但伤侧肺受压萎陷，而且纵隔受压移向对侧，使对侧肺受压，心脏大血管亦受压和扭曲，若胸膜腔压力为正压时（张力性气胸），情况更为严重。若胸壁缺损使胸膜腔与外界直接相交通（开放性气胸），大气压可使伤侧肺萎陷和纵隔向健侧移位，同时，因对侧胸膜腔内仍为负压且仍随呼吸而周期性增减，致使纵隔随呼吸而左右来回移位，称为纵隔摆动，心脏大血管也受压和来回扭曲，静脉回心血流受阻碍，心排出量下降，加上纵隔和肺门神经丛受刺激，可迅速导致休克，称为胸膜肺休克。

（五）肺损伤

创伤所致肺损伤包括浅层的肺破裂、深达中层（含细、小支气管）的肺裂伤，及肺全层损伤如肺挫伤和肺爆震伤。肺损伤后可引起气胸、血胸和血容量减少、肺毛细血管通透性和表面活性物质的改变、通气和换气功能障碍、通气/灌注比值失调等，不仅导致全身血流动力学变化、缺氧和酸中毒，尚可引起全身细胞免疫和体液免疫功能降低、血管活性物质释放、白细胞和血小板形态和功能改变，及其炎性介质的释放等，这些全身性反应影响肺损伤后的病理生理演变，甚至导致 ARDS。

（六）气道阻塞

创伤后呼吸道和肺出血或有误吸，可致气道阻塞。由于神经反射作用引起支气管痉挛和分泌物增加，及缺氧所致毛细血管通透性增加，渗出液进入肺泡和间质，大量含蛋白质的液体积聚于肺泡和支气管内，引起下呼吸道梗阻、肺不张，继之发生感染，严重时导致创伤后 ARDS。

（七）膈肌功能与膈肌破裂

胸廓下口宽大，为穹隆状膈肌所封闭。膈下毗邻重要的腹内脏器。膈肌不仅将胸腹腔分隔开，还是主要的呼吸肌，能保证 2/3 的肺活量。膈肌运动时，与之毗邻的腹内器官也随之升降，在下胸部钝性或穿透性创伤时，可致膈肌破裂，形成胸腹联合伤，一方面影响呼吸功能，另一方面，当膈肌裂口较大时，腹内脏器可疝入胸腔，造成对肺和纵隔的压迫，引起呼吸和循环功能障碍。

（八）纵隔和心脏压塞

纵隔位于两侧胸膜囊之间，在此狭小区域内有许多器官和结构，复杂交错，排列紧密。它们虽然有较好的保护，但在严重创伤之下亦可受到损伤，伤情往往严重，死亡率高。纵隔内发生气肿和出血时容易沿其间的疏松结缔组织扩散，引起心脏和大血管受压（心包外心脏压塞）。心脏是纵隔内的最大器官，较其他结构更易遭受创伤。心包由浆膜层和纤维层构成，弹性较差，心包腔内快速积血 50 ml 即可使心脏舒缩功能受限，回心血量和心排出量锐减，引起急性心包填塞，积血 150 ~ 200 ml 就足以引起严重休克。中心静脉压 20 cmH_2O 为危险临界水平，此时，心包内再增加 10 ~ 20 ml 积血则可引起死亡，反之，若迅速抽出 30 ml 积血即可明显改善症状。

三、急救

（一）心肺复苏

对有严重呼吸循环障碍或已处于濒死状态者，应立即就地进行心肺复苏术。

（二）保持呼吸道通畅

及时清除口腔及气管内分泌物，如痰、血块、胃内容物等。可用手将口腔内分泌物挖出，紧急时可用口对口吸痰。在病情不重的清醒伤员，可给予适当止痛药或肋间神经阻滞处理以减轻疼痛后，鼓励做有效的咳嗽排痰。在伤势较重无力咳痰者，可用鼻导管插入气管内吸痰，或经喉镜气管镜吸痰，必要时行气管切开，以利吸痰。

（三）补充血容量

对失血性休克伤员要根据病情输入全血、血浆或代用品以补充血容量，纠正休克。

（四）尽快消除胸壁软化及反常呼吸运动

采用各种方法使软化胸壁固定以保持稳定，从而减轻或消除反常呼吸运动。如让伤员卧向受伤侧胸壁、软化胸壁用棉垫和绷带包扎或长宽胶布条重叠固定；局部沙袋压迫固定，用巾钳在胸壁肋骨做重力牵引固定等，病情严重者还可经气管插管或气管切开，应用人工呼吸机进行辅助呼吸通气。有时亦可通过手术行肋骨骨折的内固定（图 12-3）。

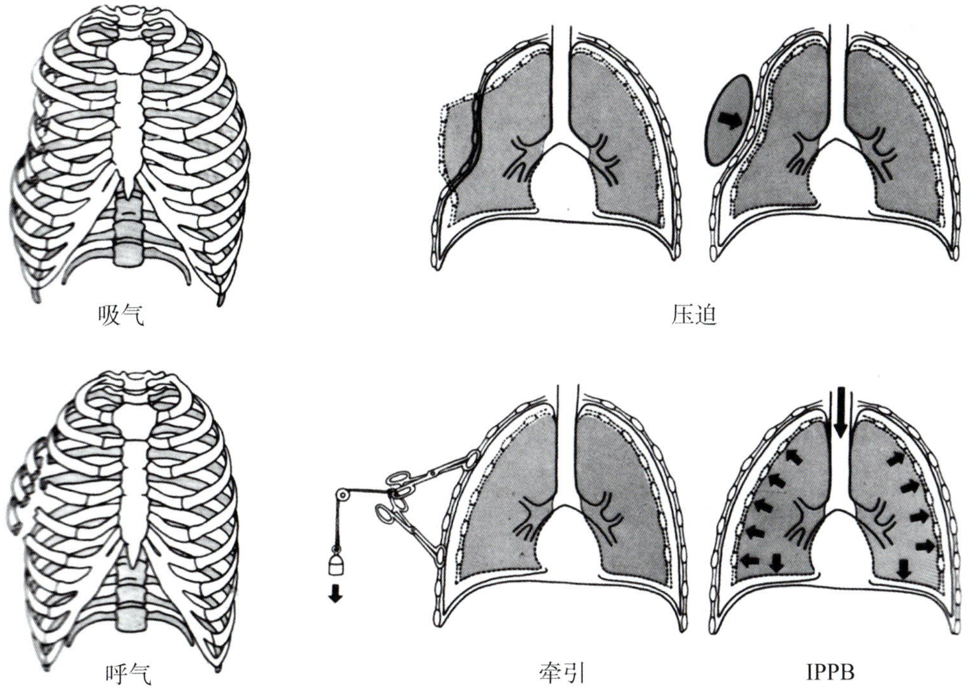

图 12-3　连枷胸的急救方法

（五）迅速解除胸内高压以恢复正常胸膜腔负压

对气胸特别是张力性气胸应立即行第 2 肋间的胸腔穿刺或胸腔闭式引流，以迅速减除胸内高压。对大量血胸或血气胸亦应采取胸腔穿刺或闭式引流予以减压。在胸腔闭式引流后，若持续不断有大量气体排出，患者呼吸困难不缓解，伤侧肺仍不能复张时，则常提示有严重的肺裂伤、支气管损伤或食管损伤。

（六）开放性气胸的急救

应立即用消毒的厚敷料（多层无菌的凡士林纱布，外加厚纱布或棉垫）覆盖封闭伤口，再用宽胶布绷带或胸带包扎固定，使开放性气胸变为闭合性气胸，然后按闭合性气胸进行处理。在伤员转运过程中应注意防止固定敷料的移位或滑脱。

（七）对血胸的处理

目前主张早期胸腔穿刺或胸腔闭式引流以排除胸内积血，以利于肺的膨胀及胸内负压的恢复，并可防止日后凝固性血胸、纤维胸，及胸腔继发感染形成脓胸等并发症的发生。在已放置胸腔闭式引流的血胸伤员，应密切观察胸腔引流血液的量和速度。若引流血量每小时超过 200 ml，持续 3 小时以上，则提示胸内有进行性的活动出血。

（八）对心包积血的处理

有心包填塞症状时应立即做心包穿刺减压，缓解心包填塞症状及引起的血流动力学改变，并积极做好开胸探查的手术准备。

（九）胸壁伤口的处理

在处理上述诸类紧急情况病情稳定后，根据胸壁伤口的污染程度和受伤时间，采取进一步的手术清创缝合或清创后延期缝合处理。受伤在 12 小时以内、污染不严重的伤口可在清创后一期缝合。该类伤员应常规给予破伤风抗毒素。

（十）开胸探查

手术的指征为：①进行性血胸；②严重的肺组织裂伤或气管、支气管损伤；③心脏大血管损伤引起的心包积血或心包填塞；④食管损伤或破裂；⑤膈肌损伤破裂或膈疝形成；⑥胸导管损伤；⑦胸腔内异物存留。

（十一）复合伤的处理

严重的胸部损伤常是复合伤，可同时合并头颅、腹盆腔、四肢脊柱等损伤，故应根据不同损伤的不同病情，分别予以处理，有时需要多专业、多学科的共同抢救治疗，避免顾此失彼或主次不分。

四、合并急性呼吸窘迫综合征的处置

详见第六章内容。

五、电视胸腔镜在胸部创伤中的应用

胸腔是人体重要器官所在，严重胸部损伤常引起呼吸循环功能障碍，伤员表现乏氧、呼吸困难，如不及时纠正，可迅速导致死亡。近年来随着影像学技术的发展，对胸外伤疾病认识加深，早期处理和术后进行有效监测，使胸部创伤患者成活率有了显著提高。但是胸外伤是复杂的，暴力撞击或挤压所致胸部闭合伤常伴有其他脏器损害。即使胸部穿透伤，每个病例损伤部位、伤情也不尽相同，给诊断带来困难，也难以有效地进行早期治疗。胸腔镜能以小的损伤换取直观地了解胸部心、肺、膈肌、纵隔等器官损伤部位、程度，确定损伤范围，而且也可以经胸腔镜对某些胸部脏器损伤完成手术治疗。

1946 年 Bronco 最早将胸腔镜技术用于胸外伤诊断，此后也有这方面的报道材料。1976 年 Jackson 和 Ferreira 对 11 例胸部穿透伤患者进行胸腔镜检查，发现 6 例膈肌破裂，剖腹手术完成膈肌修补；1981 年 Jones 等报道 36 例外伤胸腔内出血患者，在局麻下进行胸腔镜检查，准确判定出血原因和部位，使 16 名患者免去了剖胸手术。20 世纪 90 年代初，电视与内镜相结合产生了胸外科新的手术方法——电视胸腔镜手术。这种新技术扩大了胸腔镜使用范围，使胸腔镜应用由诊断跨入治疗阶段。1993 年 Smith 报道 24 例胸部外伤胸腔镜手术，其中有 10 例膈肌破裂、5 例胸腔内出血、9 例伤后凝固性血胸。除 1 例因胸膜腔粘连转为剖胸手术，其余 23 例经胸腔镜完成手术治疗。近年来，胸腔镜在诊断和治疗胸部外伤方面资料不断增加，取得了较好的近期效果。

（一）手术适应证

1．胸腔闭式引流术后，胸腔引流管有活动性出血。

2．胸外伤后胸引管持续漏气。

3．可疑膈肌损伤。

4．纵隔器官损伤。

5．早期凝固性血胸的探查和血块清除。

6．外伤后早期脓胸。

（二）手术禁忌证

1．血流动力学不稳定，因 VATS 准备时间较长，故应首选开胸探查。

2．可疑或已证实有心脏或大血管损伤者。

3．不能耐受单肺通气者。

4．不能耐受侧卧位者。

5．由于既往手术或感染而有严重胸膜粘连者。

6．既往有过开胸手术史者。

7．有紧急开胸或胸骨切开指征者。

第二节　肋骨骨折

肋骨骨折（fracture of ribs）是最常见的胸部损伤，骨折部位与胸壁的解剖结构及外力作用的方向密切相关。第 4 ～ 10 肋骨暴露广，易骨折；第 1 ～ 3 肋较短，且有肩胛骨和锁骨的保护，不易骨折；第 11 ～ 12 肋骨前端游离，亦不易骨折。一旦后两部分发生肋骨骨折，多提示受到严重暴力，创伤比较严重。在成年人及老年人，肋骨逐渐失去弹性，肋软骨亦常有骨化，容易骨折。在儿童和青少年时期，肋骨富有弹性，不易折断，极少发生肋骨骨折。

临床上常将胸壁有破口的肋骨骨折称为开放性肋骨骨折，胸壁无破口的肋骨骨折称为闭合性肋骨骨折；又根据骨折肋骨的多少分为单根或多根肋骨骨折，凡一侧两根或两根以上肋骨发生骨折，称为多发性肋骨骨折。每根肋骨骨折又可分为单处或多处肋骨骨折。

一、病因

肋骨骨折一般均为外来暴力所致，骨折部位可以发生在外力击打处，称为直接暴力骨折（图 12-4 A），也可发生在暴力击打以外的部位，称为间接暴力骨折（图 12-4 B）。此外，老年人由于骨质疏松，当胸部肌肉急剧而强烈收缩时，亦可造成肋骨骨折。当肋骨本身有病理变化时，如骨营养不良或有原发性或继发性肿瘤时，稍遇外力作用就可发生骨折，此类骨折称为病理性骨折。

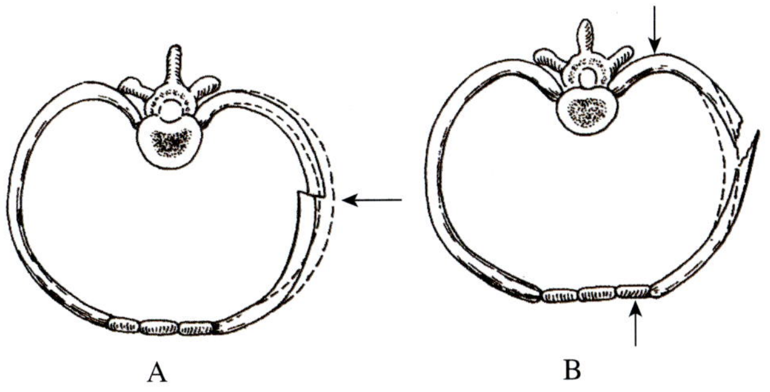

图 12-4　骨折部位与外来暴力的关系
A．直接暴力骨折；B．间接暴力骨折

（一）直接暴力骨折

当外力直接作用于胸壁时，受伤部位的肋骨向内弯曲而发生折断，骨折的一端易向内移位，严重者可造成两断端重叠畸形，骨折端可刺破胸膜、肺组织或肋间血管，产生气胸、血胸或血气胸。子弹或炸伤引起的肋骨骨折多为开放性粉碎性肋骨骨折。

（二）间接暴力骨折

在胸廓前后方受暴力挤压时，可造成肋骨过度向外弯曲，常常引起肋骨骨折，骨折处多在肋骨角或肋骨外侧，此种情况下常形成多发性肋骨骨折，骨折断端多为斜形，有时一端可以刺破胸壁裸露于伤口外。

二、病理生理

肋骨的上下缘均有肋间肌附着，单根或多根单处肋骨骨折后，如果骨折对位良好或移位不大时，胸廓的完整性一般不受到破坏，对呼吸功能影响不大。但胸壁软组织损伤和肋骨骨折引起的胸痛可使胸廓的活动度受到限制，从而影响呼吸功能，临床上表现为胸痛、憋闷和呼吸困难等，如果合并血胸、气胸或重要脏器损伤，则病情更加严重和凶险。

在多根多处或多处肋骨骨折时，可以造成胸廓的一部分在吸气时内陷，呼气时外凸，该部分称为浮动胸壁。吸气时，因胸腔内负压增加，软化的胸壁向内凹陷，使纵隔向健侧移位，伤侧肺吸入气体减少，呼气时，胸内负压减少，软化胸壁向外凸出，纵隔移向患侧，非但不能将残气呼出，反将健侧呼出的残气吸入，造成两侧支气管系统内的“摆动气体”，使肺的通气与血流比例失调，影响肺的呼吸功能。另有研究认为，胸壁反常运动仅导致潮气量降低而没有所谓的“摆动气体”现象。这种随呼吸运动与其他部位的胸壁运动方向相反的现象，称为反常呼吸运动或矛盾呼吸运动（图 12-5）。目前认为外伤后严重呼吸功能不全的主要原因是肺挫伤（pulmonary contusion），肺泡及间质内渗出增多，形成肺水肿，又称休克肺（shock lung），使通气 / 灌注比例失调，比浮动胸壁的程度

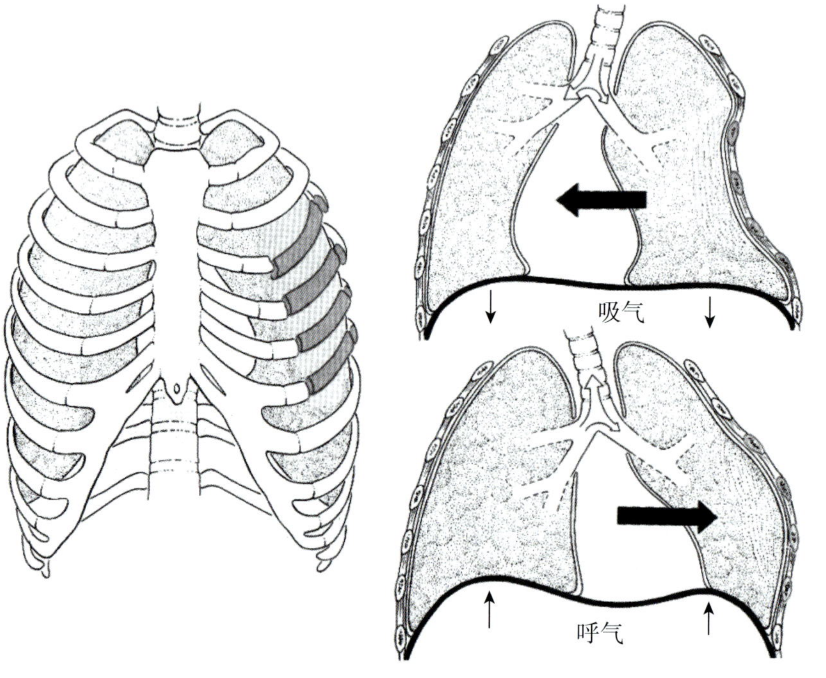

图 12-5 左侧多根多处肋骨骨折及在呼吸时产生的反常呼吸运动

更重，因这种病理生理变化已得到了广泛证实，故这一观点已被大多数人所接受。

三、临床表现和诊断

肋骨骨折从单一无移位的骨折到多发性肋骨骨折、多根多处肋骨骨折、粉碎性肋骨骨折和合并血胸或气胸的肋骨骨折，其轻重程度不一，临床表现各异。骨折最常发生的部位是第 3 ~ 10 肋骨。当足够的外力作用到胸壁引起肋骨骨折时，不可避免地造成邻近肺组织挫伤，特别是第 1、2 肋骨骨折、多发性肋骨骨折，多预示受到的暴力较大，提醒医生应该注意患者有多系统损伤的可能性。第 1、2 肋骨骨折常合并胸内大血管损伤，特别是主动脉、无名动脉和锁骨下动脉；下部肋骨骨折可合并肝、脾，及膈肌损伤；肩胛骨骨折是胸部严重损伤的标志，常合并臂丛神经及胸内大血管损伤。肋骨骨折的症状有疼痛、触痛，患者不敢深吸气和咳嗽，感觉胸闷和呼吸困难。如有多根多处肋骨骨折或合并胸骨骨折，可出现浮动胸壁，造成反常呼吸运动，临床表现为严重的呼吸困难及发绀。如并发肺组织挫裂伤，可有咯血、气胸、皮下气肿或血胸。

肋骨骨折的诊断并不困难，根据病史、体格检查和胸部 X 线检查即可确诊，但关键要评估患者受伤的程度、存在的风险，及有否合并气胸、血胸或其他脏器损伤。此外，无移位的肋骨骨折或肋骨与肋软骨交界处的骨折，在 X 线胸片上常不易看见，故只要临床确诊为肋骨骨折，不论 X 线检查能否证实，均应按照骨折进行处理。有报道发现，患者对肋骨骨折的耐受性差异较大，在 80 岁以上年龄组的患者中，单纯性肋骨骨折的死亡率是 20%，而在青年人，即使不治疗也不致引起严重后果。因此，以下 4 种类型患者存在潜在危险，需要观察治疗：①年老体衰者；②患有慢性肺疾病；③伤后早期动脉血气异常；④伤后早期胸膜腔渗出。

四、治疗

（一）闭合性单纯性肋骨骨折的治疗

单纯性肋骨骨折一般不需手术处理。其治疗原则是缓解疼痛、防止和治疗肺部并发症。治疗的关键在于有效地止痛，常用方法有胸壁制动、肋间神经封闭，及应用镇痛剂。如果疼痛不剧烈，无明显呼吸困难，可通过胸带或宽胶布固定，使胸壁制动，减小呼吸时肋骨的活动度，使疼痛减轻。如果疼痛剧烈，对呼吸功能影响较大，可采用肋间神经封闭法充分止痛。由于非甾体类解热止痛药具有缓解疼痛和肌肉痉挛周期的作用，故伤后早期使用有利于呼吸、咳嗽排痰和防止肺部并发症，必要时可应用强镇痛剂。防止肺部并发症的关键在于有效地止痛和鼓励患者咳嗽排痰，除非多发性肋骨骨折合并肺挫伤，预防性应用抗生素处于次要位置。但在老年人应注意观察呼吸功能及注重预防肺部并发症。

1．宽胶布固定法 胸壁剃毛后患者取坐位，伤侧上肢前伸，用 5 ~ 7 cm 的宽胶布，长度应超过前、后正中线，粘贴范围应包括断肋上、下各 1 ~ 2 条肋骨，在呼气末自脊柱侧向前粘贴，并超过前正中线，上一条胶布遮盖下一条的上 1/3，自下而上呈叠瓦状。固定时间为 2 周左右。该法只适用于第 4 肋以下的肋骨骨折，且无胸壁皮肤擦伤者。第 1 ~ 3 肋在呼吸时活动度较小，肋骨骨折后疼痛轻，因有肩胛骨和锁骨保护，一般不适合固定。

2．肋间神经封闭法 患者取坐位或健侧卧位，皮肤消毒后，在骶棘肌外侧缘处扪清断肋的下缘，用 1% 利多卡因 1 ~ 2 ml 在此点进行封闭；封闭范围还应包括骨折区上、下各一根正常肋骨的肋间神经。为了增强疗效，也可在骨折处进行封闭。必要时可在数小时之后进行重复封闭，1% 的利多卡因总用量每日不超过 30 ml，一般每日 1 ~ 2 次，可连续数日，不仅使患者感到舒服，也有利于深呼吸及咳嗽，防止肺部并发症。

（二）开放性肋骨骨折的治疗

开放性肋骨骨折不论单根单处或多根多处，均应进行彻底清创缝合术，切除损伤严重的胸壁软组织，清除异物及碎骨片，暴露于胸壁外的骨折残端，清创时应予以切除。如果有尖锐的骨折断端，应切除一小段，以防骨端摩擦疼痛；如有肋间血管出血，应予结扎或缝扎。在清创的同时，应仔细检查有否胸膜或胸内脏器损伤，如有胸膜损伤，形成气胸，则应行胸膜腔闭式引流；如有肺及血管损伤，则应扩大切口，进行缝合修补。

（三）多根多处肋骨骨折的治疗

由于对多根多处肋骨骨折造成浮动胸壁产生的病理生理学变化有争议，故治疗意见也不统一。传统的治疗原则主要集中在处理浮动胸壁方面，而目前认为多根多处肋骨骨折后呼吸功能不全的主要原因是深部的肺挫伤，而非反常呼吸引起的“摆动气体”现象；胸廓活动受限仅为次要原因。我们的处理原则是：①如有休克、张力性气胸或严重血胸等，应尽快做相应的急救处理；②固定浮动胸壁，消除或减轻反常呼吸运动；③如通过固定胸壁仍不能改善呼吸功能，则应及早使用呼吸机控制呼吸；④保证呼吸道通畅，通过有效的咳嗽、吸引或其他方法，排除呼吸道分泌物，以防窒息和呼吸道梗阻；⑤应用广谱抗生素预防感染。处理反常呼吸的常用方法有：

1．包扎固定法 在紧急情况下，可将棉垫或较厚的敷料放在浮动的胸壁上，再用胸带、胶布或绷带适当加压包扎，以减小反常呼吸运动。该法简单、实用、有效，患者痛苦小。

2．悬吊牵引法 局部麻醉后，在浮动胸壁的中部，用布巾钳夹住一根骨折肋骨，悬吊在床边滑动牵引架上，牵引重量以控制反常呼吸运动为准。使用该法治疗，患者常需卧床两周。

3．胸壁外固定牵引法 该法与悬吊牵引法类似，只是将骨折肋骨悬吊牵引在特制的胸壁外固定架上，然后调节螺丝松紧度，使胸廓复原。

4．切开复位内固定法 麻醉后，游离出骨折断端，复位后用不锈钢丝缠绕拧紧或用克氏针固定。一般只需固定后部肋骨骨折，如合并胸骨骨折，应行胸骨和肋骨内固定。术中应注意避免胸膜损伤，一旦损伤，应行胸膜腔闭式引流。手术的主要优点是及时控制了胸壁反常呼吸运动，同时减轻了疼痛，改善了呼吸功能。

5．呼吸机控制呼吸 呼吸机控制呼吸时患者不需要用力吸气，所以不存在反常呼吸运动，此外，肺的过度通气又可起到气体内固定的作用，其与胸壁外固定的作用相似。常用的呼吸机通气模式有：①容量控制，即给予一定的潮气量来保证肺的通气功能；②间歇强制加呼气末正压（PEEP）通气。呼吸机应用的时间不是持续通气直到胸壁稳定，而是到肺功能改善后应尽早脱离呼吸机，以减少持续机械通气的并发症。

第三节 胸骨骨折

胸骨骨折多发生于前胸直接暴力击打损伤，特别多见于高速行驶的汽车交通事故：减速时司机胸部撞到方向盘上。其可单独存在，亦可与肋骨骨折同时存在。胸骨骨折虽较少见，但常可合并心脏、大血管和肺的损伤，其 5% ~ 15% 的死亡率应引起重视。如合并多根多处肋骨骨折，常造成严重的胸廓反常呼吸运动和创伤后急性呼吸功能不全。

一、临床表现

胸骨骨折多发生于胸骨上 1/3，以胸骨横断骨折为多见，尤以胸骨柄、体分离更为常见。胸骨体横断骨折时，断端常有错位，一般上端向后下移位，下端向前上重叠（图 12-6）。骨折移位后，可压迫纵隔内大血管和气管，造成严重呼吸困难和发绀，而无移位的胸骨骨折易被忽视，其中仅有一小部分患者有呼吸功能不全。单纯胸骨横断骨折常有胸痛、胸闷、呼吸困难。病变局部可见畸形，触痛明显，触压时可扪及骨擦感。如合并心脏、大血管，及肺损伤，多有气胸、血胸或休克的表现。

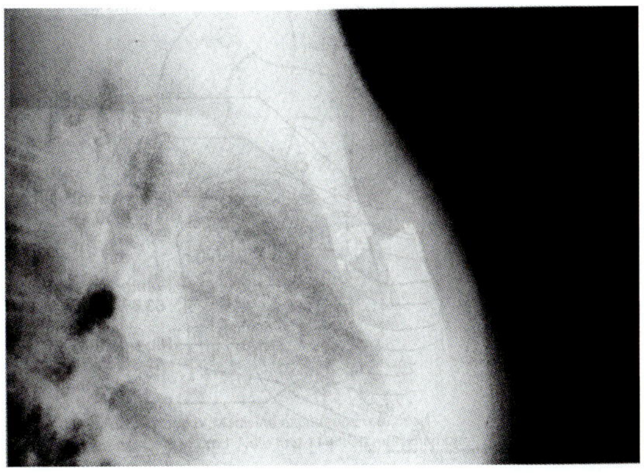

图 12-6　侧位 X 线胸片显示胸骨横断骨折及断端的情况

二、诊断

根据受伤情况、临床表现和检查，一般即可做出正确诊断。X 线胸部侧位片可帮助确诊（图 12-6）；胸部后前位 X 线片对诊断血胸、气胸和纵隔器官损伤有重要价值，故怀疑有胸骨骨折者，均应进行胸部正、侧位 X 线检查，以确定有否合并损伤，因为合并损伤常较胸骨骨折更需紧急处理。如发现纵隔增宽或轮廓异常，应紧急行主动脉造影术。心电图和心肌酶测定可以评价心肌损伤，故伤后早期持续心电图监测十分必要。心肌酶正常方可排除心肌挫伤。

三、治疗

胸骨骨折本身对生命并不构成威胁，但必须提醒医生应该注意其后方的心脏和大血管损伤的可能，所以胸骨骨折早期处理时需首先对多系统损伤做出评估。一旦患者并发性损伤的病情稳定，一般对错位骨折应进行切开复位内固定，因为错位骨折可形成具有疼痛和触痛的假关节。

单纯无移位的胸骨骨折治疗原则同单纯性肋骨骨折，如骨折有错位时，让患者取仰卧位，脊柱过伸，一般即可使骨折复位。如仍不能复位，则可采用牵引法或切开复位内固定，胸骨固定后 4 ~ 8 周即可愈合。值得注意的是并非所有胸骨错位骨折都要解剖复位，如移位的骨折端对纵隔内器官的功能无影响，又不明显影响美观，亦可不进行手术复位。

（一）牵引复位

局部麻醉后，用布巾钳夹住骨折端两侧，让患者后仰，脊柱过伸，稍用力牵拉两断端，即可拉出下陷的骨折上端，然后悬吊在床边滑动牵引架上，保持复位状态。该法的缺点是限制了患者的活动。

（二）切开复位内固定

在局麻或全麻下，经胸骨正中切口或于胸骨骨折部位做一横切口，游离出骨折端，用 2 ~ 3 条不锈钢丝穿过胸骨两断端，复位后拧紧固定。术中应注意保护纵隔内器官和胸廓内动脉，防止损伤。术后应给予大量广谱抗生素预防感染。

第四节 外伤性气胸和血胸

气胸（pneumothorax）在胸部损伤中很常见，而且常伴有肋骨骨折和血胸（hemothorax）。胸部损伤约有 60% 可发生气胸。临床上常将气胸分为 4 类：① 闭合性气胸，即胸膜腔与外界大气未直接相通，空气由胸内器官裂口进入胸膜腔；② 开放性气胸，即胸壁有伤口，通过胸壁伤口胸膜腔与外界大气直接相通；③ 张力性气胸，即损伤后的伤道组织具有活瓣作用，空气能进入胸膜腔但不能完全排出，致使气体在胸膜腔大量积聚，胸膜腔压力不断增高，形成张力性气胸；④ 外伤性血气胸，外伤后胸膜腔积血称为血胸，常与气胸同时出现，称为外伤性血气胸（traumatic hemopneumothorax）。

血胸、气胸和血气胸是外伤后胸膜完整性破坏的同一过程的不同结果，它们可以由胸壁穿透伤引起，也可继发于肺损伤时脏层胸膜破裂及食管或气管支气管损伤的纵隔胸膜破裂。外伤性血气胸最为常见，如果脏层器官损伤大或有心脏和大血管损伤时则以血胸为主。因有约 25% 的患者有胸膜粘连，故可产生局限性血胸、气胸或血气胸。如外伤后肺表面裂口或进气的通道自行封闭而停止漏气，此时胸腔内积气不多，压力不大，不产生纵隔移位，患者呼吸功能不受影响，临床上称为简单性气胸，可见于闭合性气胸，亦可见于开放性气胸，多不需特殊处理，气体可自行吸收。

一、闭合性气胸

（一）病因

闭合性气胸多为胸部钝性损伤所致，外伤使肺组织挫裂或外伤后肋骨骨折断端刺破肺组织，或医源性如针灸、胸膜腔穿刺和经皮肺穿刺活检刺破肺组织，气体自裂口进入胸膜腔。

（二）病理生理

胸部受到外伤后，肺组织破裂，气体进入胸膜腔，形成气胸。由于气胸的存在，肺组织受压而部分萎陷，肺表面裂口或进气的通道多可自行封闭而停止漏气。如胸内积气少，气体可逐渐被胸膜吸收，最后胸内压力恢复正常，萎陷的肺自行复张。如胸内积气较多，肺被大部分压缩，则影响肺的通气功能，患者可有胸闷、气短和呼吸困难（图 12-7）。

（三）临床表现和诊断

胸外伤后除疼痛外，因气胸压迫，肺组织萎陷，影响肺的通气功能，患者可出现不同程度的胸闷、气短和呼吸困难，体格检查可见气管轻度向健侧偏移，伤侧叩鼓音，呼吸音减弱。根据病史、症状和体征，气胸的诊断并不困难，胸部 X 线检查不仅可以确诊，而且可以了解气胸的范围、肺萎陷的程度和纵隔是否有移位（图 12-8）。

（四）治疗

闭合性气胸量小时一般无须特殊处理，数日后气体可自行吸收，肺组织复张，恢复正常。伤后早期应观察患者的呼吸状况，尤其对老年和既往有慢性肺疾患者更应注意，如有进行性呼吸困难，随时行胸部 X 线检查，以确定胸内气体量的变化，如余气超过 30%，患者有气急、呼吸困难时，可经锁骨中线第 2 肋间进行胸穿，抽出气体，必要时可行胸腔闭式引流排气，以促进肺及时复张。锁骨中线第 2 肋间是进行胸穿或闭式引流排气的常用部位，但有时为了美观，亦可在腋下第 3 肋间进行。

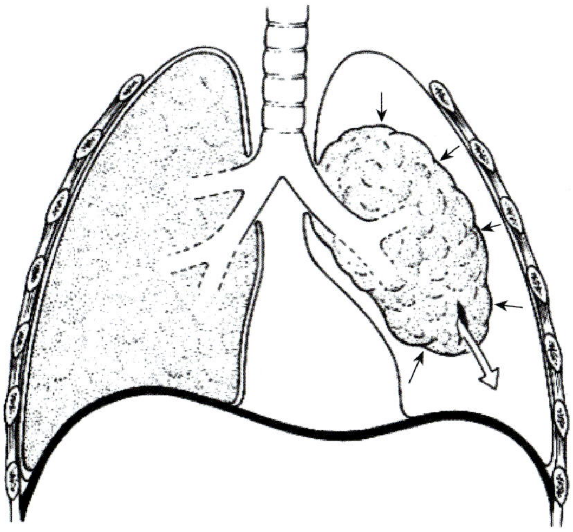

图 12-7 肺裂伤后的单纯性闭合性气胸

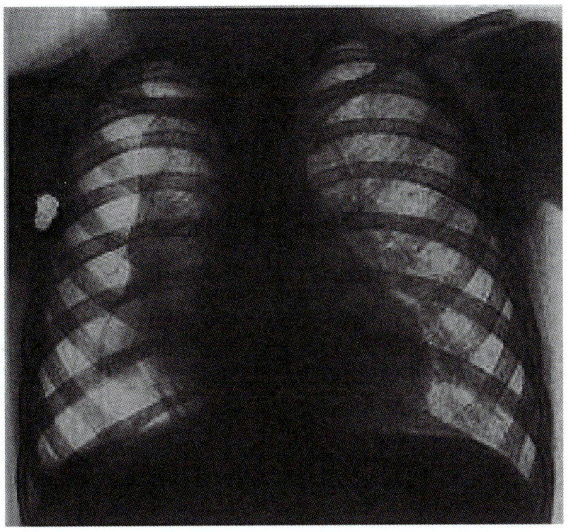

图 12-8 单纯性闭合性气胸后、前位胸部 X 线片，右侧气胸，纵隔无移位

二、开放性气胸

（一）病因

胸部损伤造成的开放性气胸（open pneumothorax）多见于战时，常为火器伤如枪弹或弹片伤。在平时多为刀、锥等锐器刺伤，少数为交通肇事、工矿意外事故造成的胸部软组织撕裂及缺损所致。枪弹伤可为贯通型或盲管型，有时可伴有胸腔脏器损伤和大出血。

（二）病理生理

由于胸壁伤口与胸膜腔直接相通，外界空气随呼吸运动经伤口自由出入，使呼吸循环功能受到严重影响，在胸部损伤中，开放性气胸的病情较为严重，是胸外伤早期死亡的主要原因之一。

1．胸膜腔负压消失 由于伤侧胸膜腔开放，外界空气进入胸膜腔，胸膜腔负压消失，肺被压缩萎陷，气体交换功能受到影响。同时纵隔向健侧移位，致使健肺扩张受限，功能受到影响。由于胸腔内负压消失，致使回心血量和心输出量减少。

2．纵隔摆动 因伤侧胸膜腔压力与大气压相等，而健侧胸膜腔仍保持负压，吸气时大量气体经伤口进入胸膜腔，伤侧肺完全萎陷，纵隔被挤压移向健侧；呼气时两侧压力差变小，纵隔又回复原位（图 12-9）。这种伴随呼吸运动的纵隔摆动不仅妨碍上、下腔静脉的回流，同时也刺激肺门及纵隔的神经，容易导致休克。

3．呼吸气体的变化 由于伤侧肺萎陷，肺的通气功能下降，致使肺动脉血未充分氧合就回流入左心，产生右向左分流效应，使动脉血氧分压及饱和度下降。此外，在吸气时，健侧肺扩张，吸入的空气不仅来自外界，也有一部分来自伤侧呼吸道；在呼气时，健肺内气体大部分呼出体外，同时亦有一部分进入伤侧呼吸道内；这种呼吸道内残气两侧对流现象可加重缺氧和二氧化碳蓄积，时间稍久，即可出现发绀及严重呼吸困难。胸壁缺损越大，其病情越严重，如不及时抢救，可导致死亡。

（三）临床表现和诊断

患者伤后除胸痛外，有极度呼吸困难、发绀，甚至呈休克状态。体格检查时可见胸壁有开放性伤口，随患者呼吸可闻及空气出入伤口的“嘶嘶”声，气管和心脏向健侧偏移，伤侧叩诊呈鼓音，听诊呼吸音明显减弱或消失。根据受伤病史、症状和体征，开放性气胸的诊断即可确立。胸部 X 线

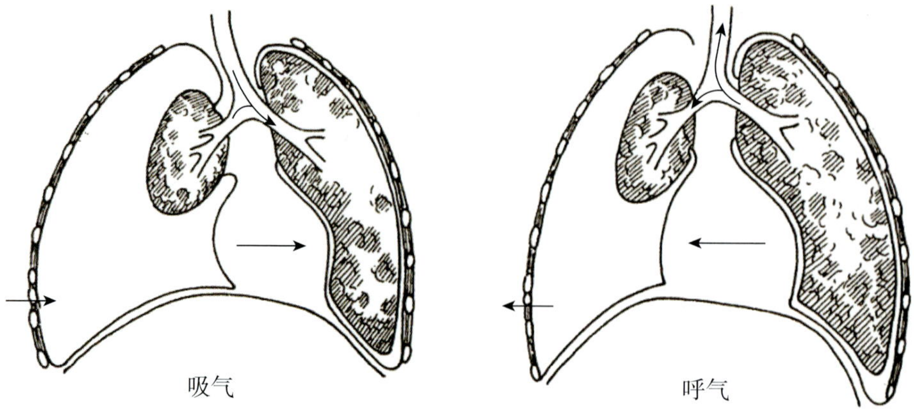

图 12-9 开放性气胸

检查可确定气胸的范围、血胸量和有否肋骨骨折。

（四）治疗

开放性气胸一经诊断，必须立即处理。首先将开放性气胸变为闭合性气胸，然后将患者迅速送往有条件的医院进行清创缝合术及胸腔闭式引流术。

1．急救处理 原则是迅速封闭胸壁伤口，阻断外界气体的进入，再按闭合性气胸进一步处理。现场抢救时可用无菌敷料或一般棉布垫等填塞或覆盖伤口，防止气体进出。如有进行性呼吸困难，应行胸膜腔穿刺减压，或间断开放伤口，在吸气时封闭伤口，呼气时开放伤口，以减小胸内压力。有条件时可予以吸氧、止痛和抗生素治疗，并争取时间送往有胸心外科的医疗中心进一步诊治。

2．医院内处理 开放性气胸的胸壁伤口处理越早越好，如有休克，应在抗休克治疗的同时早期对伤口进行彻底的清创缝合术，并安放胸腔闭式引流管，以阻断外界气体进入胸腔，排出胸内积气，促进肺尽早复张，大大减少伤后并发症。如胸壁伤口缺损较大，直接缝合困难时，可进行转移皮瓣修补缺损，尽量少用人工材料修补。当有粉碎性肋骨骨折时，可同时行骨折固定术。除非有胸内持续大量出血、重要脏器损伤或明显异物存留，一般不进行胸腔内手术。

3．手术步骤

（1）麻醉：根据伤情及是否有合并症，一般选择局部麻醉或气管插管全身麻醉。

（2）彻底清创：先用纱布堵住伤口，消毒周围皮肤，清洁伤口，去除伤口周围严重挫伤的皮肤、筋膜、肌肉，及异物，彻底止血。

（3）按解剖层次缝合肌肉层、筋膜层和皮肤组织。如伤口组织缺损较多，可试行松解周围胸壁皮瓣，直接缝闭伤口。如仍有困难，可用转移皮瓣修补皮肤缺损。

（4）于锁骨中线第 2 肋间安放胸腔闭式引流管，以促进肺尽早膨胀。

4．术后处理

（1）应用广谱抗生素控制感染，一般以第二、三代头孢类抗生素为首选。

（2）肌内注射破伤风抗毒素 1500 ～ 3000 IU。

（3）充分供氧，适当镇痛，从而改善患者呼吸功能。

（4）保持胸腔闭式引流管通畅。

三、张力性气胸

（一）病因与病理生理

张力性气胸（tension pneumothorax）又称高压性气胸，其是外伤性气胸的一种特殊类型，是一种很严重的胸部损伤，但亦可见于自发性气胸（多由肺大泡破裂引起）。外伤性张力性气胸的气体主要来源于严重的肺裂伤、支气管裂伤、食管裂伤或与胸膜腔相通的胸壁裂口，且形成活瓣。当吸气时胸腔内压力降低，活瓣开放，空气进入胸膜腔；呼气时活瓣关闭空气不能排出，在胸膜腔内气体不断增加，压力逐渐增高，形成张力性气胸。由于胸腔内压力急剧上升，伤侧肺受压萎陷，同时因为纵隔被推挤向健侧，健肺间接受压，致使肺的通气量大为减少；由于纵隔移位，使腔静脉扭曲及上、下腔静脉失去胸腔内负压的作用，回心血量明显减少；上述变化均可在短时间内导致呼吸循环衰竭（图 12-10）。此外，由于胸内压力增高，气体可以进入纵隔和胸壁软组织内，形成纵隔和胸部、颈部，及头面部皮下气肿。

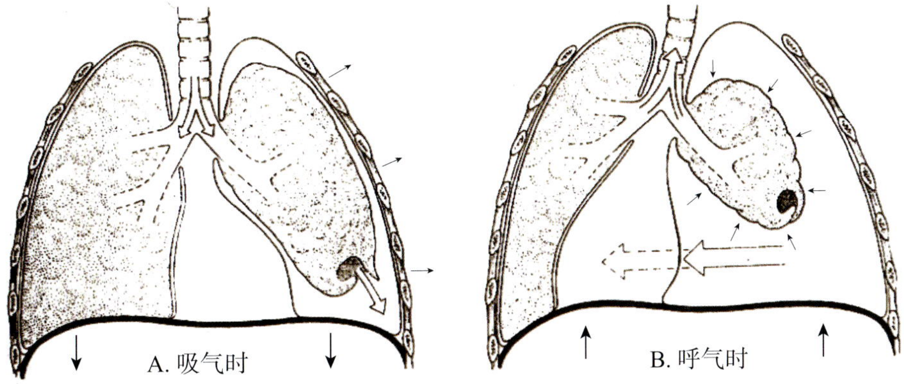

图 12-10　呼吸时张力性气胸的病理生理变化

（二）临床表现和诊断

患者在伤后短时间内即可出现极度呼吸困难、发绀，甚至休克。检查时可见伤侧胸廓饱满，呼吸运动明显减弱，常伴有皮下气肿和纵隔气肿，纵隔向健侧移位，伤侧叩诊呈鼓音，心脏浊音界移向健侧，听诊呼吸音消失。胸穿时有高压气体排出或抽出大量气体后短时间内呼吸困难又加重。胸部 X 线检查可见伤侧胸腔内有大量气体，肺被完全压缩至肺门，纵隔显著向健侧移位（图 12-11）。有时可伴有血胸。

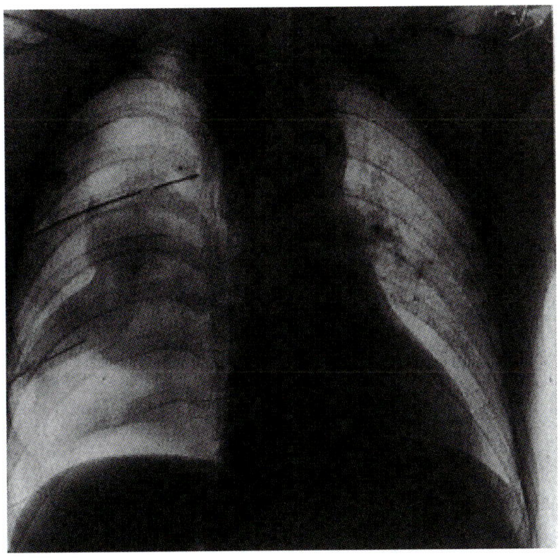

图 12-11　右侧张力性气胸引流不通畅，纵隔向左侧明显移位

根据病史、症状、体征、临床检查和胸部 X 线检查即可确定诊断。

（三）治疗

张力性气胸的治疗原则是迅速排出胸腔内积气，降低胸膜腔内压力，解除对肺和纵隔的压迫，改善呼吸及循环功能。如经反复胸穿抽气仍有张力时，则必

失血性休克的表现，患者可有烦躁不安、面色苍白、出冷汗、呼吸困难、脉搏细弱、贫血和血压下降等。积血压迫肺或纵隔，可影响呼吸及循环功能，出现呼吸困难和缺氧表现。查体可见伤侧胸廓饱满，气管可向健侧偏移，下胸部叩诊呈实音；如为血气胸，则上胸部叩诊呈鼓音，伤侧呼吸音减弱或消失。

（三）诊断要点

开放性或闭合性胸部损伤的患者，如有呼吸、循环功能障碍和内出血表现，首先应考虑血胸的可能。X线检查可见伤侧呈现一片均匀致密阴影，纵隔向健侧移位（图 12-13），血气胸时可见气液平面和明显的肺压缩边缘。根据受伤史、临床表现和 X 线检查即可做出正确诊断。胸穿抽出不凝血液即可确诊，但要同时进行腹部穿刺，以除外腹腔内大出血。此外还应注意观察病情变化，警惕迟发性血胸的发生。这类患者伤后并无血胸表现，但数日后可出现血胸表现，可能由骨折断端活动刺破肋间血管或已封闭的血管裂口处血凝块脱落引起，还可能与肺挫裂伤、胸壁小血管损伤等因素有关。因此，伤后 2 周内应注意定期或随时进行胸部 X 线检查。

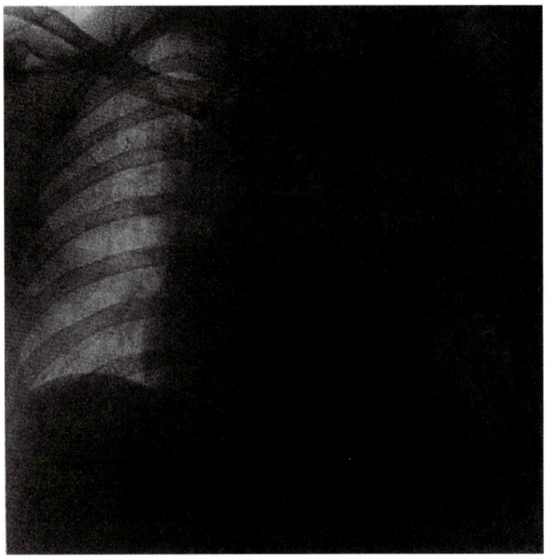

图 12-13　左侧血胸的 X 线胸片

（四）治疗

外伤性血胸的治疗原则主要是防治休克，对活动性出血进行止血，及时清除胸膜腔内积血，防治感染及处理血胸引起的并发症。

1．单纯性血胸或血气胸　少量血胸或血气胸一般不需特殊治疗，多数可自行吸收恢复正常。只有少数需反复进行胸腔穿刺，抽出积血或积气，使肺迅速膨胀。对中等量以上的血胸或血气胸则应及时进行胸腔闭式引流术，手术方法见本章第三节，插管部位多选在腋中线与腋后线之间第 7 肋或第 8 肋间。如血气胸以积气为主，积血量较少，则于锁骨中线第 2 肋间进行穿刺或闭式引流术。只有少数患者需要开胸手术止血。

血胸早期必须注意观察和判断是否有胸内活动性出血，如出现下列情况，说明有胸内活动性出血，应做紧急开胸准备，①在积极抗休克治疗及快速输血后患者情况改善不明显或出现呼吸、脉搏和血压继续恶化；②胸穿抽出血液很快凝固；③胸腔闭式引流血量较大，每小时超过 150 ~ 200 ml，持续 3 小时以上；④外周血红细胞计数和血红蛋白持续下降。

2．进行性血胸　当疑有或证明有进行性血胸时，应在输血、补充血容量和抗休克的同时，立即做好剖胸探查准备，及时手术止血。如有肺挫裂伤，应进行妥善修补，一般无须进行肺叶切除手术。如心脏或大血管损伤破裂，其出血来势凶猛，死亡率较高，必须争分夺秒，简化手术步骤，直达出血部位，快速有效止血，以挽救患者生命。

3．有感染的血胸　应及时进行胸膜腔闭式引流术或脓胸病灶廓清术。

4．凝固性血胸（clotted hemothorax）　小量凝固血胸通过理疗大多可以吸收，无须手术。但中等量以上的凝固血胸，除可继发感染外，尚可由于血胸机化而影响肺功能，因此，一旦病情稳定，应争取早期手术。一般在 2 周左右时手术较容易，如时间较久，血肿机化，胸膜纤维板形成，需要行胸膜纤维板剥脱术。手术时间以伤后 4 ~ 6 周为宜。

第五节　气管、支气管损伤

气管、支气管损伤可由颈、胸部穿通伤及钝性伤所引起，例如交通事故，厂矿施工中的撞击或挤压以及各种锐器伤、火器伤等。可单独发生或合并其他脏器的损伤，患者常出现严重的呼吸循环功能紊乱，病情重，死亡率高。早期诊断与急救，及时正确的手术治疗常能挽救伤员的生命，避免肺功能的丧失及其他并发症的发生。晚期病例亦应争取施行气管、支气管吻合重建，不张的肺常能恢复膨胀，肺功能得到恢复。

一、穿通伤

（一）病因

气管、支气管穿通伤由来自于管腔外和管腔内锐性暴力引起。腔外型外伤如锐物刺伤、火器伤、刀剑刺入或切割伤等均可导致开放性气管、支气管破裂。此类外伤大多同时合并颈部及纵隔内大血管和其他邻近脏器的损伤，如颈总动脉、颈内静脉、心脏、主动脉、食管、脊柱等的损伤，病情复杂、危重，伤者多死于现场或转送途中，临床很少见到。

腔内型外伤是由于气管、支气管内锐性异物，如义齿、钉子、扣针、螺丝等刺破管壁以及做支气管镜检查、麻醉插管时技术不熟或患者躁动等原因而穿破管壁，此类创伤多无其他脏器损伤发生，临床遇到者大多为此类患者。

（二）临床表现

最常见的症状是出现明显的纵隔及皮下气肿，并迅速向颈、肩、胸腹壁等处扩展。患者有不同程度的呼吸困难、发绀、咳嗽、咯血等表现，吸氧后呼吸困难常无缓解。外伤严重及出血者常有休克及昏迷表现。颈部气管穿孔伤可有吞咽痛、声音嘶哑、失语、呼吸窘迫等表现，检查可发现颈部伤口随呼吸运动有空气进出而发生的吸吮声。

开放性胸内大气道损伤多伴有复合伤存在，如胸段气管或主支气管损伤常伴有主动脉及食管损伤；2 ~ 4 级支气管损伤常伴有心脏等损伤。此类患者病情较颈部穿通伤更为严重，除纵隔及皮下气肿、呼吸困难，及咯血外，一般均有开放性或张力性气胸以及肋骨骨折、肺破裂、血胸等，引起严重呼吸及循环障碍，如不及时抢救，死亡率极高。腔内型创伤引起胸内大气道破裂时主要表现为纵隔及皮下气肿、呼吸困难、发绀等，若有纵隔胸膜破裂或伤及纵隔外支气管时则出现张力性气胸，胸腔引流有持续大量的漏气，肺膨胀不良。

（三）诊断要点

1．颈胸部有可能伤及气管支气管的穿通伤，颈胸部伤口有气流出入及吸吮声。

2．气管支气管异物，气管镜检查或颈胸部穿通伤后，出现明显的皮下气肿、呼吸困难、咳嗽、咯血等。

3．伤后出现张力性气胸或开放性气胸，胸腔引流有大量持续的漏气、肺膨胀不良者。

4．伤后胸部 X 线检查或 CT 扫描发现张力性气胸、纵隔气肿、肺萎陷不张等征象。

5．纤维支气管镜检查可以确定有无气管支气管损伤以及损伤的部位与程度等，若病情危重，极度呼吸困难而难以进行检查时，可以行气管切开，待呼吸困难缓解后再行气管镜检查，或在手术室进行此项检查。

6．伤后出现上述典型的临床表现，张力性气胸经引流后不能缓解，有持续大量漏气，病情紧急时可直接行开胸探查明确诊断并进行治疗。

（四）急救治疗

首先处理危及生命的症状及伴随伤，然后再进行根治性手术。急救措施包括紧急止血、保持呼吸道通畅（必要时行气管插管或气管切开）、吸氧、纠正休克等措施。

1．颈部穿通伤

（1）呼吸困难不严重时，应先探查颈部伤口进行止血，然后行气管切开；若呼吸困难不明显，也可不做气管切开。

（2）有严重呼吸困难时，应紧急行气管切开，吸出呼吸道内的血液及分泌物，保持呼吸道通畅。

（3）颈部伤口有严重出血或血肿扩展，组织肿胀压迫，导致呼吸困难时，应先行气管插管进行颈部止血手术，以防大量血液进入气管内造成窒息。术后再行气管切开，放置金属套管。

（4）同时给予输血、输液、吸氧等治疗措施，以纠正休克，改善一般状况。

（5）根据气管裂伤程度进行修补或对端吻合。合并咽喉部损伤者，应请耳鼻喉科医生协助处理。

2．胸部气管穿通伤

（1）紧急行气管切开并放置胸腔闭式引流，同时给予吸氧、输血、输液等纠正休克。若损伤严重，经气管切开及闭式引流呼吸困难仍不能缓解，或出现胸内大量进行性出血时，应紧急进行剖胸手术。

（2）气管支气管小的裂伤而无严重复合伤存在时，经气管切开、胸腔闭式引流、大剂量抗生素防治感染等措施，常可自行愈合。

（3）大的裂伤或完全断裂均应早期进行手术修补或对端吻合，若伤侧肺严重受损应行肺切除术。合并其他脏器损伤时应同时予以治疗。

（4）术后行气管切开，以减低呼吸道阻力，及时吸出分泌物，保持气管通畅。继续抗休克，纠正气管功能紊乱及改善患者全身状况。早期行雾化吸入以利排痰，全身应用大剂量抗生素控制感染。

（五）预后

气管、支气管腔外型穿通伤大多有严重复合伤存在，病情极为严重复杂，预后凶险，死亡率高。腔内型外伤多无伴随伤发生，如能及时确诊治疗，效果较好。

二、钝性伤

气管、支气管钝性损伤在临床上远较穿通伤常见，是胸部闭合性外伤早期死亡的原因之一。胸部遭受强力挤压或撞击，例如交通事故中车辆的碰撞、辗压伤，厂矿施工塌方造成的压伤、挤压伤、摔伤、爆炸伤等。尤其是近年来随着高速交通的发展及交通事故的增多，本病的发生也不断增多。国内文献报道其在胸部外伤住院患者中所占比例为 0.2% ～ 1.9%，平均为 1% 左右。

由于暴力的大小及作用方式不同，气管、支气管损伤可单独发生或为严重复合伤的一部分。急性呼吸道梗阻、胸腹部严重合并伤、大出血、休克等原因常使许多患者伤后早期数小时内死亡。其早期死亡率高达 30%，其中半数以上死于伤后 1 小时内。气管、支气管钝性伤患者中，能在伤后早期得到及时确诊及治疗者仅占 1/3 左右；不少患者由于医师经验不足、症状不典型等而延误诊断，直到后期才被发现。

（一）损伤机制

闭合性外伤引起气管、支气管破裂的机制尚不完全清楚，许多学者提出了不同的观点，主要有：

1．压力学说 1912 年首先由 Shonberg 提出，认为胸部受伤时，患者屏气，声门紧闭，膈肌固定，气管、支气管内压力突然升高，当压力超过管壁的耐受能力时，则发生气道破裂。这一学说被 Lloyd 等的动物实验和 Shaw 报道气管内插管时，气囊过度充气或麻醉气体在气管内爆炸所造成的气管破裂所证实，亦得到后来许多学者的支持。

2．牵拉学说　胸部受突然强力挤压时，胸廓前后径变小，横径增大，两肺向左右分离移位，这种向外分离的拉力超过一定的限度时，主支气管可发生破裂。

3．剪力学说　解剖学上，环状软骨和气管隆凸相对固定，当胸部受撞压时，肺被压向两后外侧，气管及主支气则受到脊柱的阻挡，对隆凸部附近内压力很高的主支气管产生一种剪切力而使其折断。

实际上，气管及主支气管破裂可能是上述诸因素综合作用的结果。不同的患者，暴力的大小，作用部位及方式不同，主要损伤机制则有所不同，可能以其中某一种因素为主，其他因素参与共同作用。

（二）损伤部位及合并伤

1．损伤部位　损伤部位最常见于距隆凸 3 cm 范围以内的部分。垂直裂伤多位于支气管膜部与软骨交界处和支气管分杈处。国内文献发生于距隆凸 3 cm 范围以内者约占 80% 以上，且完全性断裂者达 85%。

左右两侧主支气管裂伤发生的概率，国内文献以右侧为多，这是因为较直的右主支气管近隆凸处易于撕裂。国外文献亦有两侧裂伤相差不大的报道。

2．合并伤　气管、支气管破裂的合并伤以肋骨骨折最多见，主要为上三根肋骨骨折，第 5 肋以下骨折很少见到，上三根肋骨骨折的发生率几乎达 90% 以上；且肋骨骨折的发生率与患者年龄呈正比，30 岁以上发生率高，30 岁以后的青少年尤其是儿童胸廓富有弹性，肋骨骨折发生率较少。

外伤过于强烈时，不仅肋骨骨折发生率高，还可发生心脏大血管、食管、肺、腹腔脏器，及身体其他部位的严重损伤，常可引起患者即刻或早期死亡。

气管、支气管破裂的患者很少发现心脏及肺门大血管等损伤的原因，一是由于这些合并伤常导致伤员早期死亡而不被发现及确诊；二是这些器官的弹性较好，内压力低，不易破裂。受伤时气管、支气管的破裂使肺内高压气体逸出到胸腔内，进一步降低了其他器官损伤的机会。

（三）病理演变及分期

胸部闭合伤可造成气管、支气管各种程度的损伤，从小裂口伤至完全断裂以及范围广泛的复杂性裂伤等。气管、支气管断裂后仍可由疏松的周围袖式组织保持其连续性。多数患者断裂口与胸腔相通，症状明显；少数患者由于裂口小，无纵隔胸膜破裂或断处迅速被袖式组织、血凝块，及纤维素等封闭而与胸膜腔不通或仅有很小的通道，早期症状可较轻或不明显。气管、支气管损伤后不同时期，受伤局部及相应的肺组织将发生一系列病理变化并出现不同的临床表现。一般根据伤后时间长短分为以下 3 期：

1．早期　指伤后 1 周以内的伤者。支气管裂伤出现不同程度的出血、水肿、组织变性坏死，及浆液、白细胞和纤维素渗出，局部形成血肿、凝血块、纤维素沉着凝集等，堵塞和覆盖伤口。小的裂伤和通道可因此被封闭；完全断裂者，远侧肺出现萎陷不张；部分性断裂者肺可持续通气，直至延期或晚期形成狭窄及梗阻。

2．延期　指伤后 1 周至 1 个月期间。以肉芽生长，血肿机化，气管、支气管狭窄，梗阻，继发细菌感染等改变为主。完全断裂者，远侧肺仍持续萎陷不张；部分断裂者可出现迟发性肺不张，或由于支气管狭窄，分泌物潴留而继发感染，出现肺炎、肺脓肿、脓胸等。

3．晚期或慢性期　指伤后 1 个月以后，气管、支气管断裂处肉芽组织转化为瘢痕组织，形成瘢痕性狭窄及梗阻。部分性狭窄的患者远侧肺支气管炎症状进一步加重，可形成支气管扩张肺纤维化、实变等，肺功能永久性丧失。完全性断裂及梗阻者远侧肺与外界不通，常不易发生感染，重建气道后多能再膨胀恢复功能。

（四）临床表现

气管、支气管钝性伤多见于40岁以下成人及儿童，男多于女。国内资料中，年龄最小者3岁，最大者60岁；40岁以下者占92%，30岁以下者占74%。Burke等报道男女之比为3.1∶1，以青年人为最多。Krauss统计年龄在30岁以下者占65%。

1．早期症状与体征

（1）呼吸困难及发绀：呼吸困难是气管、支气管闭合性伤最突出的症状之 一。国内外文献报道几乎达90%以上。呼吸困难的主要原因是：裂伤引起的单侧或双侧气胸，呼吸道被血液、分泌物阻塞，肺不张以及肺实质的挫伤等。若不及时处理可因气胸和气道梗阻的发展而进行性加重。严重的呼吸困难导致机体缺氧，引起发绀。

（2）气胸：大多数气管、支气管损伤与胸腔相通，伤后立即出现气胸症状并且迅速发展为张力性气胸，若不及时排气减压可很快引起伤员死亡。少数病例出现双侧纵隔胸膜破裂、双侧气胸，亦有1例主支气管破裂出现对侧气胸的报道。有些病例因纵隔膜尚完整，仅出现皮下气肿而无气胸的表现，国外报道约占1/3，国内约占11.5%。

（3）纵隔及皮下气肿：单纯纵隔气肿需行X线检查方能发现，但多数迅速发展至颈部皮下而被触及。仔细检查发现心浊音界缩小及心音低钝；有的病例出现Hamman征，为心脏搏动时引起的剑突及胸骨后软组织内气体流动发出的嘎赤样声音。皮下气肿往往开始出现于颈前胸骨切迹上方，呈进行性发展，可迅速扩展到颈、肩、胸腹壁，其后达到上下肢及会阴部。

（4）咯血：不少患者伤后早期出现中、轻度咯血，有时为血痰或痰中带血。咯血的原因多为气管、支气管断端出血，很少有大量咯血的表现。咯血的症状一般在伤后3天左右逐渐停止，少数患者由于局部继发感染及肉芽组织增生等原因，咯血症状可持续较长时间。

（5）其他症状：支气管、肺部损伤后分泌物增多，继发感染可引起咳嗽、咳痰、发热等。胸壁合并伤、肋骨骨折等可引起胸痛、反常呼吸、外伤性窒息等。严重缺氧、颅脑损伤、大量失血可造成昏迷、休克等严重情况。

2．临床分型 气管、支气管钝性伤的分类不统一，由于伤情及临床表现复杂多样，难以用某一种分类方法来进行满意的概括。

Davies根据病理改变及临床表现，将一侧主支气管断裂分为两型：

Ⅰ型，主支气管断裂与胸膜腔相通，伤后立即出现气胸症状，并迅速发展为张力性气胸；

Ⅱ型，主支气管断裂口与胸膜腔不通或仅有极小的通道，即断裂口位于纵隔内而纵隔胸膜完整，或支气管断端被周围袖式组织、血凝块、纤维素迅速封闭，伤后可无气胸或有一般性气胸。除上述两型外，Garter等将本病分为部分型及完全裂伤两类，每一类又分为3型：

Ⅰ型，有纵隔气肿而无气胸；

Ⅱ型，有纵隔气肿及气胸；

Ⅲ型，有纵隔气肿及脓气胸。

3．延期及晚期临床表现 气管、支气管损伤后，若早期未能确诊，或由于其他原因未能早期手术治疗，病程超过1个月甚至1个月以上，则进入延期或晚期。其临床表现以呼吸功能低下及感染症状为主，表现为胸闷、憋气，活动后气短、发绀、咳嗽、咳痰、发热等症状。延期患者尚可遗留部分急性期表现，如气胸、皮下气肿及咯血等症状。呼吸功能低下的原因主要有：

（1）肺不张使呼吸面积减少。

（2）肺内存在右向左分流。

（3）支气管及肺内感染。有报道指出，一侧肺不张分流量可达 20% ~ 30%。炎症感染可进一步影响气体交换，加重分流，并使机体耗氧量增加。

部分性断裂者，支气管狭窄，气道仍有交通，但排痰受阻，远端分泌物积蓄，容易并发感染；如果不能及时处理将并发支气管扩张、肺化脓症，及纤维化等，导致不可逆性损害，肺功能丧失。

支气管完全断裂者，通气中断，形成完全性肺不张，远端与外界隔绝，很少并发感染。Burke 报道支气管断裂晚期发生狭窄的 72 例中，不完全狭窄者 25%，全部有化脓感染，而完全狭窄者却无 1 例发生肺内感染。

闭合性支气管断裂后，很少引起支气管胸膜瘘。其原因是：①原来支气管并无病理改变；②经胸腔闭式引流后，断端常很快被周围袖式组织、纤维素所填塞；③断端封闭较早，胸腔与远端肺不易感染。

4．X 线表现　X 线检查是诊断气管、支气管损伤，及其合并伤最常用且较有价值的检查方法。多数病例通过 X 线检查，结合病史及临床表现，可以确诊。

（1）早期 X 线表现

①气胸征象：多数为张力性气胸，纵隔明显移位；少数为单纯性气胸或血气胸。

②气肿征象：表现为纵隔积气增宽，皮下及软组织积气。早期颈胸椎侧位象可见脊柱前缘有透亮带；该征象是早期诊断的可靠指征。

③肺下垂征：一侧主支气管完全断裂，由于失去支气管的支持，受到气胸的压迫，肺萎陷不张并向心膈区坠落，称为肺下垂征。平卧时不能显示此特征。

④支气管断层或高电压拍片：一侧主支气管完全断裂后，患侧支气管发现连续性中断现象。

⑤气管、支气管断裂合并骨折：常合并上胸部，尤其是第 1 ~ 3 肋骨折以及锁骨骨折。

（2）延期及晚期 X 线表现

①延期病例：完全断裂者表现为持续性肺不张，肺下垂征象为主；部分性断裂、支气管狭窄者，可见肺化脓性炎症、脓气胸、纵隔炎等表现。部分病例尚可见少量气胸、纵隔气肿或胸腔积液等表现。

②晚期病例：支气管断端已闭合，气胸已经引流及吸收，可见纵隔移向患侧、肋间变窄、患侧胸廓塌陷、胸膜增厚等。萎陷肺垂落于心膈角处但不如早期清晰可见。支气管狭窄合并感染则表现为阻塞性炎症、支气管扩张、纤维化实变等。

（3）支气管断层或高电压拍片：可显示支气管狭窄及中断现象。

5．纤维支气管镜检查　纤维支气管镜检查可确定支气管断裂以及狭窄的部位、程度等，对于早期或晚期的病例都有肯定的价值，而阴性的检查结果可以排除支气管破裂的存在。凡胸部外伤出现上述临床表现而怀疑有气管、支气管破裂者，不论病期早晚，均应争取行此项检查。

延期及晚期病例行支气管镜检查从无非议，但急性期患者，过去多认为病情重，呼吸困难明显，难以做支气管镜检查。近年来，多数学者主张放宽支气管镜检查的指征。Amauchi 等报道 7 例伤后 24 小时之内经支气管镜检查证实的病例，认为支气管镜检查是早期诊断本病最重要的手段。在紧急病例，虽无做支气管造影及断层拍片的指征，但仍应做术前腔镜检查。对于较重的患者可在手术室内于手术开始前进行检查；已行气管切开者可经气管插管进行检查。只有少数病例，如大出血、休克或极度呼吸困难等危重情况，可免做此项检查。

6．CT 扫描　对气管、支气管损伤具有一定的诊断价值。对于可疑的患者以隆凸为中心进行深层扫描，发现气管、主支气管腔的狭窄及连续中断可以明确诊断。早期患者，有时只能发现气胸、肺不张、纵隔，及皮下气肿等表现，应结合临床及其他检查结果进行诊断。CT 扫描还可以发现或排除胸内其他伴随伤，如心包积液、膈肌破裂等。另外，CT 扫描是在平卧时进行检查，应用方便，对患者影响小，较重的患者、不能行立位平片检查者亦可做此项检查。

7．其他辅助检查

（1）支气管碘油造影：可以显示支气管断裂、狭窄或梗阻的部位、程度，及远侧支气管有无扩张等，具有诊断价值。但近年来，由于纤维支气管镜的广泛应用，支气管造影术现已很少用于诊断本病。

（2）胸部静电体层摄影：对于气管、支气管显示较一般 X 线检查更为清晰，对比度高，用于本病的诊断较普通的 X 线断层有一定的优越性。

（3）肺功能测定与血气分析：可以早期了解患者的缺氧及代谢紊乱情况，指导抢救治疗。对于晚期患者可测定其肺通气功能以及肺内分流情况等，用于术前对手术耐力的判断以及术后肺功恢复的监测。

（4）测定胸腔引流管与呼气时排出气体的二氧化碳含量：支气破裂时，引流出的气体二氧化碳含量较低而氧含量较高，若引流气体中二氧化碳的含量较呼出气体中为高，则说明无气管、支气管破裂，但存在肺实质的裂伤。

（五）诊断

气管、支气管断裂的早期病例，根据病史及临床表现，及时进行 X 线检查、CT 扫描，及支气管镜检查即可确诊。晚期病例，除病史外，主要依靠支气管断层摄影、碘油造影，及支气管镜检查明确诊断。

气管、支气管损伤并不多见，目前由于诊断技术及认识水平的提高，其早期确诊率已明显提高。但要求从胸部外伤伤员中及时而准确地发现支气管断裂患者，有时仍较困难。许多患者因伤情复杂、临床表现不典型、医师认识不足与重视不够等原因而延误诊断，甚至直到晚期才被发现。

1．误诊原因分析

（1）本病发病率低，临床较少遇到，若医师经验不足，对本病缺乏认识，常误诊为气胸、肺不张、凝固性血胸等而拖延治疗。

（2）纵隔内支气管裂伤与胸膜腔不通或部分相通而断裂处迅速被封闭，或支气管断裂后由周围袖式组织维持气流通道，肺仍持续通气，临床症状不典型或不明显。

（3）症状虽明显，但经胸腔闭式引流后，支气管近侧断端被袖式组织、血凝块、纤维素等填塞封闭，症状缓解。

（4）支气管未完全断裂，肺尚有部分通气未萎陷下垂，经保守治疗症状好转。

（5）伤情复杂，病情危重，支气管断裂症状被其他严重伤情所掩盖，未能早期引起重视。

（6）虽一侧肺萎陷，但患者逐渐适应，呼吸困难改善。

（7）晚期患者，由于裂伤处肉芽及瘢痕增生，引起管腔狭窄，远端肺继发感染，易误诊为肺炎、肺不张等。

支气管镜检查若忽视病史，有时可将晚期支气管腔内肉芽瘢痕组织误认为是肺癌。

2．诊断要点

（1）有胸部遭受突然而剧烈的撞击或挤压伤病史。

（2）伤后迅速出现呼吸困难、气胸、皮下气肿，及咯血症状。

（3）气胸经引流后，有持续性大量漏气，肺不能复张者。

（4）胸部 X 线检查发现气胸、纵隔气肿，及肺下垂征；合并第 1 ～ 3 肋骨骨折；颈胸椎侧位片显示脊柱前缘透亮带以及高电压或体层 X 线照片显示主支气管不连续或中断等征象。

（5）CT 扫描可显示气管主支气管的狭窄及不连续，发现气胸、肺不张、纵隔，及皮下气肿等表现。

（6）胸部外伤急性期过后，肺仍持续萎陷不张，患者有胸闷、气短、发绀等表现。

（7）伤后患者逐渐出现一侧肺内阻塞性炎症、脓疡形成或支气管扩张等。

（8）支气管碘油造影、断层拍片或纤维支气管镜检查发现支气管狭窄或阻塞不通，而曾有胸部外伤病史者。

（9）支气管镜检查可以明确有无气管、支气管损伤或断裂、狭窄与梗阻的部位、程度等，指导进行合理的治疗。

对胸部外伤患者均应想到有无气管、支气管损伤的可能性，并及时进行必要的辅助检查，尤其是纤维支气管镜检查，将有助于进一步提高本病的诊断水平，增加早期确诊率，使患者得到及时正确的处理。

（六）治疗

1．一般急救处理　严重创伤病例，应首先判断身体各处损伤情况，确定有无严重合并伤以及呼吸循环障碍、昏迷、休克等危及生命的病情，决定治疗顺序。急救治疗及其顺序：①保持呼吸道通畅和给氧，若有急性呼吸障碍，必须紧急行气管切开或气管插管；②对于张力性气胸，应及早行胸腔闭式引流；③输血输液纠正失血及创伤性休克；④同时处理其他严重合并伤，如颅脑伤、骨折、胸壁软化所引起的反常呼吸，腹腔脏器损伤等；⑤严重的纵隔气肿可于胸骨上窝处切开排气。

2．气管、支气管损伤的早期治疗

（1）适合于保守治疗的情况：①不足 1 cm 的小裂伤，经闭式引流、气管切开、控制感染等措施，能自行愈合，1 周左右拔管观察；②伤情复杂，病情危重经积极治疗后病情仍很重，不能负担开胸手术者，应得病情稳定，至延期或晚期再行手术治疗。

（2）手术适应证：气管、支气管损伤一经确诊，除少数适合保守治疗的情况外，都应立即手术修补及吻合；病情较重者，经胸腔闭引流、气管切开、抗休克等治疗，在全身情况好转后立即施行手术治疗。由于支气管断端粘连轻，易解剖及吻合，手术成功率高，术后不易发生吻合口狭窄。对于部分性断裂的病例，早期手术可防止肺部继发感染及肺功能丧失。

（3）术前准备与麻醉处理：术前应注意纠正患者的全身状况，对伴随伤进行适当的治疗；应用抗生素防止感染；纤维支气管镜检查对确定损伤部位与范围，决定治疗方案非常重要。开胸前必须保证胸腔引流的通畅，以免麻醉加压时引起严重的张力性气胸。

良好的麻醉是手术成功的必要条件。均采用全身麻醉。根据伤情不同，选用适当的气管插管。右侧施术时最好采用双腔插管，左侧手术者可采用较细长的单腔管插至右主支气管内行单侧肺通气，便于手术操作，待吻合完毕后，将插管退至隆凸以上再开始两肺通气。若无双腔插管，或事先未做准备时，在手术中可用海绵球或纱布条临时堵塞支气管近侧断端。待吻合快结束时将堵塞物取出。

（4）手术要点与术中注意事项：手术切口的选择根据受伤部位而定，颈部气管损伤可采用颈部横切口，若远侧断端缩入胸内则须劈开部分胸骨以暴露上纵隔；胸段气管及主支气管损伤，采用患侧后外侧剖胸切口，经第 5 肋床或肋间进胸。应仔细探查，结扎肺门部与胸内活动性出血点，发现并处理其他合并伤。剪开纵隔胸膜，右侧切断奇静脉，显露气管、隆凸与主支气管，寻找破裂口及退缩的支气管断端，缝以牵引线并适当游离、修整。吸除气管、支气管内，及局部的积血和分泌物。对于部分性断裂，给予间断缝合修补，若为完全断裂，应做对端吻合。根据术者的习惯不同，采用逐针间断缝合、多针缝好后一次结扎或连续缝合等吻合方法。要求对合准确整齐，严密可靠，针距与边距合适，血运良好，线结扎于腔外。吻合完毕用邻近组织或带蒂胸膜片覆盖于吻合口上，以促进愈合，充分游离胸膜粘连及肺下韧带以减轻吻合口张力。

有广泛的肺挫裂伤，肺动、静脉损伤，或一侧主支气管复杂撕裂伤无法缝合修复时，应行全肺除术。肺叶支气管裂伤，而肺组织及血管无严重损伤时可予以修补吻合；否则应做肺叶切除术。颈段气管创伤，解剖时宜紧贴气管壁进行。注意保护喉返神经和气管两侧纵行的血管链。部分性撕裂、清创后间断缝合、完全性断裂时，远侧断端常缩入纵隔内，需将其拉出行断端吻合。

（5）术后处理

①一般处理：手术结束后，待患者完全清醒，血压、呼吸、脉搏稳定后，一般可在手术室内拔除气管插管，由手术医师护送患者回病房。如怀疑术后有气管软化，或呼吸功能不全需机械辅助通气者，也可带气管插管回病房。搬运患者时注意避免颈部过度后仰，以免增加吻合口张力，使吻合崩裂。术后 6 小时即可进少量流质，术后 24 小时，待胃肠功能恢复后，即可进普通饮食。饮水、进食时要慢，以免误吸。

应选择广谱抗生素，或根据术前痰培养及药敏试验结果，选用有效抗生素。应用原则为联合用药、大剂量、短时间。

止痛剂宜选用作用快、副作用小、抑制呼吸轻和不易成瘾的药物，如布桂嗪等。尤其是老年人或呼吸功能不全者，吗啡、哌替啶一类的药物更应慎重。

术后早期，患者多有不同程度的缺氧。一般采用面罩持续低流量供氧（4 L/min），待缺氧症状缓解、呼吸平稳后，逐渐降低氧流量，最后停止供氧。

②保持呼吸道通畅：气管外科手术后，呼吸道的管理尤为重要。由于麻醉药物抑制咳痰、气管内插管的刺激、因疼痛不能有效咳痰、原有慢性支气管炎气道感染性疾患，或肿瘤长期阻塞致使远端肺组织引流不畅等，常有分泌物潴留。气管外科手术后，吻合口处充血、水肿、隆凸切除重建，大大降低了其排痰功能；或人工气管置换后，其内无气管黏膜上皮覆盖等，更增加了排痰的困难。因此，术后要采取得力措施，清除呼吸道分泌物，保持肺的通气功能，同时促进余肺扩张，消灭残腔。以下措施可供选用。

A．帮助患者做深呼吸及有效咳嗽：可在患者做深呼吸时，用手随呼吸按压两侧胸廓，以增加呼吸幅度。用手指轻压胸骨切迹上的气管，诱发咳嗽。一般每 1 小时做有效咳嗽 1 ～ 2 次，并做深呼吸 3 ～ 4 次。

B．超声雾化吸入：为增强雾化吸入的效果，可在雾化器中加入庆大霉素和 α 糜蛋白酶，每天雾化吸入 5 ～ 6 次。有支气管痉挛者，可加用氨茶碱等解痉药物，也可选用特布他林等喷雾剂，做局部喷雾，效果满意。

C．环甲膜穿刺，留置尼龙绳刺激咳嗽：用 12 号针头作套管，内置细尼龙绳。消毒后，用手摸清并固定好环状软骨下缘，将针头经环甲膜穿入气管中，然后将尼龙绳快速插入气管内，深度达隆凸附近，拔出针头，固定好尼龙绳。捻动尼龙绳可刺激患者剧烈咳嗽。此法简单、实用、创伤小，多数患者应用此法可达到有效咳嗽、清除痰液的目的。

D．喉头气管吸痰术：患者深呼吸时，将一根连接着吸引器的吸痰管经鼻孔插入气管中。如出现呛咳、声音嘶哑，说明导管已进入气管内，可上下来回缓慢抽动导管，刺激咳嗽并吸引痰液。但应注意对老年人或肺功能较差的患者，吸痰时间不宜太长，并应间断气管内供氧。如插管困难，可将患者舌头牵出，以抬高声门，便于置管（图 12-14）。

E．微型气管切开术：即用一细管（内径 4 mm）通过环甲膜插入气管内的方法。其操作方法：消毒后，用手摸清并固定好环状软骨下缘，局麻下，用尖刀纵行切开皮肤 1 cm，并向下切开环甲膜，

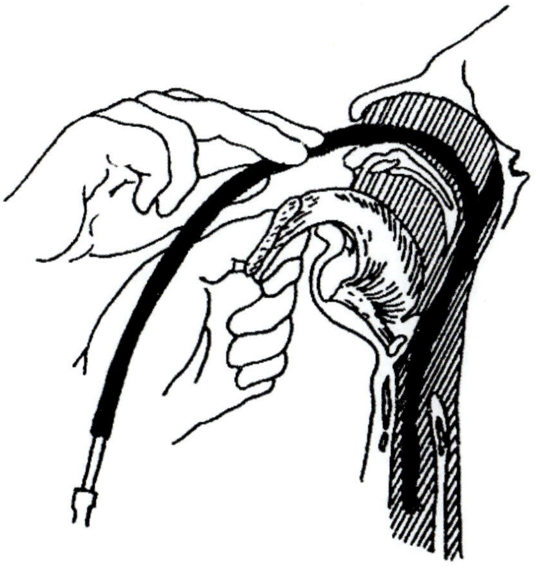

图 12-14　鼻导管吸痰术

迅速将细导管插入气管中，缝合皮肤一针并固定好导管（图 12-15）。

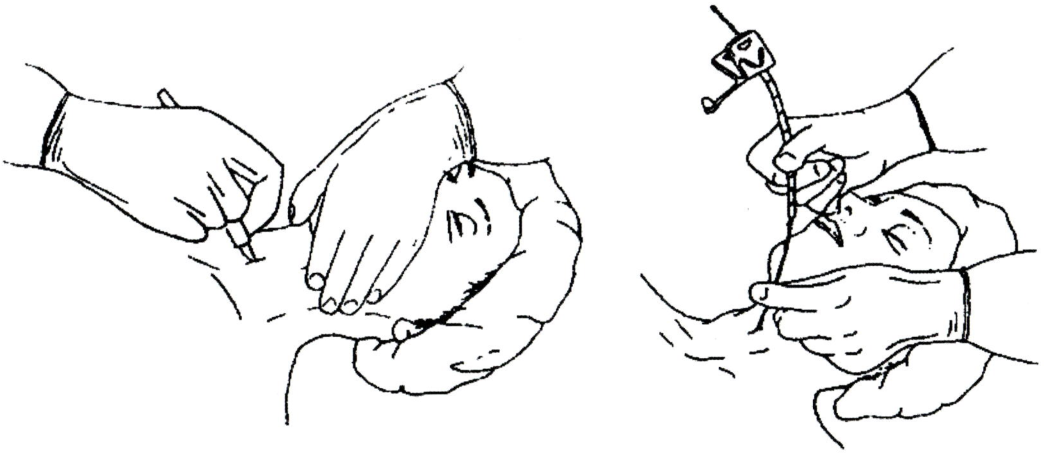

图 12-15　微型气管切开术

F．纤维支气管镜吸痰：鼻导管吸痰法及微型气管切开吸痰法，仅能吸除大气道内的痰液，若患者不能有效地咳嗽，则细支气管内的痰液不能排入大气道，排痰效果不佳。而纤维支气管镜不仅能吸除段、亚段支气管内痰液，还能对重点部位进行肺泡灌洗，使稠厚痰液变稀薄，易于咳出。同时，还能在气管腔内直接观察手术操作部位的愈合情况。故纤维支气管镜检查是术后保持呼吸道通畅，防止感染、窒息，发现吻合口瘘的重要措施，应将其列为术后处理的常规措施。

G．气管内插管吸痰：气管插管术后，用细导管自气管插管中插入气管内，刺激患者剧烈咳嗽，并用细导管吸痰。还可将气管插管连接于呼吸囊，可促使肺复张。

H．常规气管切开术：气管切开后在造口内吸痰，会刺激气道，易损伤吻合口，气道易干燥，痰液结痂，增加感染机会，另外，还会引起出血，造成窒息死亡，所以，气管切开不宜列为术后常规，但出现以下情况时，应及时做气管切开术：a．发生喉头梗阻，有严重呼吸困难；b．不能有效咳嗽，呼吸道内大量黏稠分泌物经各项措施不能去除者；c．发生呼吸衰竭，需行机械辅助呼吸者。

③体位：一般术后取平卧位，清醒后如血压、脉搏平稳，可取半卧位，以后宜经常改变体位，以利于排痰和余肺的扩张。术后 48 小时，拔除胸腔引流管，下床活动。做气管环形切除、对端吻合的患者，术后要采取颈前屈位，保持半个月左右，以后可稍活动，逐步增加伸展程度，3 个月后方能仰头。

④激素的应用：激素的应用各家意见不一，短期、中等剂量，有减轻气管、支气管炎症，及水肿，减少分泌物，扩张支气管，减少肉芽肿，及瘢痕形成的作用。但激素可影响纤维的形成而影响愈合。因此，要掌握剂量，一般用法为：术后 1 ~ 2 天用氢化可的松 100 mg 静脉滴注，以后改为口服泼尼松每日 15 mg，1 周后剂量递减，3 周内停药。

3．气管支气管损伤的延期及晚期治疗 延期或晚期气管支气管损伤病例，一般均需采用手术治疗，目的是争取切除狭窄，重建气道，使肺复张；或切除严重感染受损的肺组织，以消除症状。术前除应明确诊断外，尚须判明狭窄的部位、程度，及与周围器官的关系，了解肺部有无感染，决定手术方案。

对于支气管狭窄者，若无明显感染，应争取在伤后 1 个月内行手术治疗，彻底清除肉芽及瘢痕组织，做支气管缝合或切除狭窄，行对端吻合术，以防止继发感染，造成肺功能丧失。若已出现明显感染症状，远侧肺有不可逆损害时，应做肺切除术。

支气管完全断裂晚期，远侧肺多无感染。不论伤后多久，均应尽可能做重建手术，甚至在受伤数年后，肺仍可能复张，功能得到恢复，有伤后 9 ~ 15 年再行手术重建获得成功的报道。晚期手术常由于瘢痕粘连、解剖结构的改变和肺内陈旧性感染等问题而较为复杂和困难。手术成功的关键在于残端的显露与游离、伤侧肺组织功能的判断和吻合技术。

支气管两断端间常有一硬性瘢痕带相连，可以此作为寻找上下残端的线索，若远侧断端被瘢痕组织掩盖于肺内寻找困难时，应先解剖肺动脉直达肺叶分支处，即可触及较硬的支气管残端。防止盲目的解剖误伤支气管或血管。

支气管吻合前，应充分吸尽痰液，先切开远端支气管，吸净潴留的黏冻样分泌物，按摩肺叶以帮助吸引。以消毒的导管插入远侧支气管腔，充分使肺复张，但不宜过度加压充气，以免造成肺损伤。因长期肺不张，支气管内潴留的分泌物难以一次清除，加之肺水肿、顺应性减低等原因，不可能在术中将肺膨胀到满意程度。肺表面有纤维板形成者，须予以剥脱，以利于术后肺复张。

吻合前应充分切除两残端瘢痕组织，修剪残面达软骨环处，尽量使两断端管径相近，避免将残端游离过多，以防术后因瘢痕切除不彻底，血运不良，组织坏死而造成吻合口狭窄。

术中对萎陷肺能否保留的判断甚为重要，若肺组织失去弹性，远端支气管分泌物呈脓性，支气管内加压充气肺叶不能膨胀，应放弃支气管吻合而行肺切除术。术后处理与早期气管支气管裂伤一期吻合术相同。保持胸腔闭式引流管通畅对术后肺复张非常重要，有学者主张在第 2、第 8 肋间放置两个胸腔闭式引流管，效果更好。术后无须行气管切开，以减少感染的机会，早期雾化吸入有利于咳痰、肺扩张。对于咳痰无力者可应用纤维支气管镜吸痰。

关于晚期支气管重建后肺功能恢复问题，经过长期大量的观察发现：术后 X 线改变多在 3 个月左右恢复正常，肺功能的恢复常落后于 X 线改变。术后复张的肺，氧吸收功能较低，该肺血供较少，仍存在右向左的分流等。但总的肺功能会逐步好转，经过数月以至数年后，复张肺的功能可达到或接近正常水平。

（七）预后

气管支气管损伤的预后与创伤的严重程度、年龄、治疗是否及时等因素有关。创伤严重，伴有复合伤者预后差，死亡率高。年龄超过 50 岁或儿童患者死亡率高，Burke 报道 50 岁以上死亡率为 75%，儿童为 30%，20 ～ 50 岁死亡率为 16%。早期患者中，青壮年、无严重合并伤、较早得到确诊，及积极治疗者预后较好；延期或晚期患者，若能及时行手术治疗，多数病例仍可取得较好的效果。

第六节　肺 损 伤

肺部损伤（pulmonary injuries）一般分为肺挫伤、肺裂伤、肺血肿、创伤性湿肺和肺爆震伤。胸部的钝性伤、锐器的穿透伤或枪弹伤可引起肺的裂伤；锐器伤的结果常常是引起肺的撕裂伤；非穿透伤常产生肺的挫伤，枪弹伤则引起肺的裂伤和挫伤；而巨大的钝性暴力所引起的除肺挫伤、肺裂伤之外，尚有创伤性湿肺和肺爆震伤。

一、肺挫伤

胸部挤压伤、爆炸伤、火器伤等冲击伤可引起肺挫伤，其程度取决于暴力。轻度肺挫伤为局限性肺毛细血管损伤破裂，血液渗入或充溢肺实质，表现为胸痛、咳嗽、痰中带血，胸部 X 线片有局限性条索状、单个或多个散在结节或片状阴影。此种患者不需特殊处理，适当休息、止痛即可，抗生素预防感染，鼓励咳嗽咳痰，病灶可自行吸收。大多在 2 ～ 3 天内胸痛减轻，咯血停止。

严重肺挫伤可造成两侧广泛出血性肺实质病变，出现咳嗽、咯血、呼吸困难，甚至发绀。因疼痛而呼吸受限，不敢用力咳嗽，气管和支气管内分泌物和血液排泄不出，造成支气管阻塞、肺不张、肺炎，及肺化脓症等并发症。胸片示一叶、一侧或两侧广泛均匀实变阴影。

治疗：

1．半卧、安静、止痛。

2．辅助咳痰，雾化、湿化吸入，支气管内吸痰，保持呼吸道通畅。

3．止血药。

4．双侧病变，下呼吸道血液及分泌物潴留，严重呼吸困难者，宜早行气管切开，辅助呼吸，纠正呼吸衰竭。

5．有心力衰竭者强心治疗。

6．单侧肺叶严重挫伤，特别是火器伤，若保守治疗无效，则开胸探查，切除损伤严重的肺叶。

二、肺裂伤

肺部受挤压时，肺实质深部可发生裂伤，而肺表面尚属完整，因而在肺实质内有出血、积血，形成肺内血肿或肺内创伤性囊肿。然而，常见的肺裂伤往往同时伴有小支气管破裂和肺表面破裂，合并血气胸。

肺裂伤常有严重胸痛、咯血、呼吸困难；合并血气胸或张力性气胸者，出现严重呼吸困难、烦躁、发绀、休克等。胸片示肺的一叶、一侧或两侧有广泛片状或块状影，或呈张力空洞样阴影，同时伴气胸或液气胸。

小的肺内血肿及创伤性肺囊肿常在伤后 10 天左右被吸收，病变较大者也在伤后 3 个月内自行吸收，肺功能不受影响。在抗生素治疗下，一般不会感染。合并血气胸者，经闭式引流也能很快恢复。但肺内血肿有异物存留时，可形成肺脓肿。肺囊肿可发生感染，形成支气管胸膜瘘及脓胸。

肺裂伤所致的肺血肿和肺囊肿，特别是爆炸伤所致者，若出现长期持续咯血、感染，及其他并发症，应考虑开胸探查，去除病灶或行肺叶切除。

三、创伤性湿肺

胸部创伤时，肺和支气管受到损伤，胸壁损伤引起神经反射作用，毒气、蒸气吸入等，均可造成创伤性湿肺。其病理变化为广泛小支气管痉挛，支气管及肺泡分泌物骤然增多，造成末梢支气管及肺泡分泌物潴留，加之局部毛细血管通透性增加，引起组织间水肿，使换气面积减少，通气及换气功能障碍，继发肺炎、肺不张，严重者可危及生命。

（一）临床表现与诊断

胸外伤史，表现呼吸困难，痰多且不易咳出；呼吸困难依湿肺范围大小而异，轻者仅有憋气，重者极度呼吸困难、发绀，并出现喘息样呼吸。由于缺氧继续加重，患者呼吸急促，烦躁不安，出现濒死挣扎，频繁咳嗽，吐出大量泡沫或黏液样痰。若并发感染，则痰液呈脓性，并可混有血液。听诊可闻及肺部哮鸣音或粗糙的痰鸣音，重者有大片水泡音。

X 线检查示小块肺实变、炎性浸润及大片肺不张，也可伴胸腔积液、气胸或液气胸。

（二）预防和治疗

胸部创伤后有并发创伤性湿肺可能者，应使患者经常翻身，鼓励咳嗽及深呼吸。咳嗽时，医护人员要用手按压、固定伤处胸壁，以减轻咳嗽引起的疼痛。禁用吗啡、可待因等镇痛药，以免抑制咳嗽和呼吸，加重呼吸道梗阻。安定、苯巴比妥等药物对消除精神紧张和镇痛有一定作用，可适当应用。

若合并多发性肋骨骨折，应制动胸壁，保持胸廓的完整性。避免反常呼吸运动。

为减轻胸壁疼痛，可行肋间神经封闭。有气胸或（和）液胸时，根据情况应行胸腔穿刺，抽气抽液，必要时做胸腔闭式引流。吸氧时，氧气一定要经过湿化，可减轻支气管内干痂形成。为预防和减轻肺水肿，还可给予乙醇氧气吸入。痰多不易咳出时，应加强呼吸道管理，雾化、拍背、吸痰，必要时可用支气管镜吸痰。呼吸道梗阻、严重影响通气者，应及时果断地行气管切开，既解除气道梗阻，又便于吸痰。

选择有效抗生素，预防肺部继发感染，必要时应用氨茶碱、地塞米松、白蛋白、利尿剂等，以解除支气管痉挛，减少渗出，缓解肺水肿，利于呼吸功能恢复。颈部交感、迷走神经封闭，也是治疗和预防创伤性湿肺的有效措施，可减轻支气管痉挛，稳定胸内环境，有助于保持呼吸道通畅。具体操作如下：

1. 操作 患者仰卧位，头转向健侧，患侧垫一小枕。选胸锁乳突肌外缘与颈外静脉交界处为封闭进针点。局部常规碘酒、乙醇消毒，盖洞巾，在进针点以 0.5% 普鲁卡因做一皮丘，用手指将胸锁乳突肌及大血管推向内侧，然后以 19 ~ 20 号穿刺针（长 4 ~ 6 cm）自皮丘进针，并向脊柱方向缓缓进针（刺入），经皮肤、皮下组织和胸锁乳突肌后的颈筋膜到达第 6 颈椎横突，此时感到针尖刺到硬性骨质，将针退回 0.5 cm，再向内下方缓缓刺入，达椎体外侧，抽吸无回血，即可推入 0.5% 普鲁卡因 30 ~ 40 ml。根据病情可做单侧或双侧颈封。注射后 5 ~ 10 分钟出现霍纳综合征（Honer’s syndrome），是封闭有效的征象。

2．注意事项

（1）穿刺如伤及颈外静脉或颈动脉，可发生出血及血肿。局部压迫可自行停止。

（2）封闭范围过大可引起暂时性喉返神经麻痹，遇此情况无须处理，可自行恢复。

（3）如有上肢灼痛，是误伤臂丛神经所致，必要时可对症治疗，1 ～ 2 小时后可自行消失。

（4）注意穿刺点勿选择过低，也不要使针尖斜向下方，以免损伤胸膜和肺组织。一旦损伤胸膜和肺组织，可能发生血胸和气胸，应做相应处理。

（5）如误将普鲁卡因注入蛛网膜下腔，则发生呼吸障碍，应立即做人工呼吸抢救。

四、肺爆震伤

肺爆震伤是由能量巨大的气浪（空气冲击波）和水浪（水下冲击波）直接作用于胸部造成的原发损伤。肺爆震伤在井下瓦斯爆炸时极为多见。能量巨大的高爆炸力瓦斯爆炸时释放出的巨大能量使爆炸中心瞬间产生高温高压，使空气或水等周围媒介物质短时间内形成一种高速、高压的冲击波向周围传播，作用于人体，即引起直接损伤。另外，高压冲击波过后，爆炸中心瞬间产生负压，负压本身和负压引起的向爆炸中心移动的第二次冲击波也有一定的致伤作用。这种情况在平时也有发生，如炸药库、化工厂等意外事故。

（一）临床表现

1．肺出血　肺爆震伤多表现为不同程度的肺挫伤，其主要病理改变是肺出血、肺水肿和肺气肿，有时也可发生肺破裂，其中心、肺出血尤为重要。出血自斑点状到弥漫状不等，重而典型者可见肺表面有特征性的、相互平行的血性压痕，其位置与肋间隙一致。也可见到肺实质内血管破裂而形成血肿，也可有血凝块，甚至有血块堵塞喉头而致死的情况。

2．肺水肿　水肿轻者为间质性，或肺泡腔内有少量积液；重者有大量水肿液溢出到大支气管腔内。肺爆震伤发生的肺水肿有以下特点：①发生部位常与出血一致，即发生在出血区域周围或出血区域内；②水肿液内经常混有血液，呈黄色泡沫状；③水肿程度一般较出血为轻，如果早期发生严重肺水肿，表明伤情严重，预后不良。

3．肺气肿　肺爆震伤所致的肺气肿可分为间质性和肺泡性两种，重者脏层胸膜下出现含血和气的肺大泡。肺破裂在轻者为小的撕裂口，可自行愈合；重者裂口大，可导致血气胸和肺萎陷。

一般认为，较严重的爆震伤有如下 3 个临床特点：①同时多部位受伤；②外轻内重；③发展较快。肺爆震伤的临床表现因伤情而异。轻者仅有短暂的胸痛、胸闷或憋气；稍重者伤后 1 ～ 3 天内有咳嗽、咯血或血丝痰，少数有呼吸困难，听诊有变化不定的散在湿啰音或捻发音；严重者出现极度呼吸困难、发绀、咯血性痰等，有时发现局部叩实，听诊呼吸音减弱或呈管状呼吸音，及广泛的湿啰音。上述征象如未合并其他损伤或感染，一般数日后可逐渐消失。需提及的是肺爆震伤患者常有极度烦躁和发抖，不要误诊为神经官能症。患者如有心绞痛、心律失常或急性心衰，可能合并比较严重的心脏损伤。

肺爆震伤患者，下列辅助检查有临床意义：

（1）胸部 X 线片：轻者仅有肺纹理增加，重者可见片状或斑片状密度增高影，边缘模糊。伤后 6 小时病变不再加重，1 ～ 2 天开始吸收，两周内可完全消失。如果伤后 48 小时胸片异常阴影有所扩大或数周后仍留有大片状模糊影，应考虑合并其他疾病。

（2）B 超检查：对发现气胸、血胸、肺含气量减少和肺部出现渗出等有帮助。

（3）血气分析：较重的肺爆震伤可出现动脉血氧分压（PaO_2）下降，是胸廓和肺部损伤引起不同程度的通气、换气功能障碍，使通气 / 血流比值下降，肺内分流量增多的结果。这种情况多在伤后数天内逐渐恢复。严重者 PaO_2 进行性降低，直至死亡。

（4）心电图检查：心电图早期变化主要是低电压，QRS 值低平，心动徐缓，与合并不同程度的心肌损伤有一定关系。

（二）治疗

1．休息 休息可以减轻心肺负担，防止加重出血。伤后过早活动可能促使血肿破裂，或使已停止出血的血管再次出血，而加重病情。

2．保持呼吸道通畅 应及时确实地吸出气管和支气管内的分泌物和出血，若有严重上呼吸道阻塞或窒息危险，或气道管理有困难者，应早做气管切开；出现呼吸困难可半卧位，有小气道痉挛者可以用解痉药物治疗或做颈部迷走神经封闭。

3．吸氧 肺爆震伤患者早期多需吸氧治疗，要使吸氧确实有效，首先要加强呼吸道管理，彻底清除呼吸道内的异物和分泌物。面罩吸氧能比鼻导管吸氧获得更大的流量和更高的氧浓度，从而获得更满意的效果，应予以推荐。若吸氧后缺氧情况仍未见改善，氧分压不能回升，则需当机立断，采用人工机械辅助呼吸。

4．人工机械辅助呼吸 肺爆震伤患者的胸廓和肺组织顺应性降低，气道压力相对较高，为保证通气效果，以采用定容型呼吸器或定容呼吸模式为好。吸入氧浓度（FiO_2）一般控制在 50% 以下，进行间歇正压通气（IPPB），如能加用 5 cmH_2O 左右的呼吸终末正压（PEEP）以防止肺泡群萎陷，促使萎陷的肺泡群复张，减少肺的渗出和间质性水肿等，会收到更好的效果。但也有一种观点认为，肺爆震伤后立即进行正压机械通气可增加气栓发生率和死亡率，且易发生气胸。实际上正压通气时，用于使肺膨胀的压力的相当一部分消耗到克服支气管内阻力和弹性阻力上，肺泡内的压力变化较气道内的压力变化小，在充满血液和渗出液的肺泡内则压力变化更小，所以引起气栓的可能性也很小。当然正压通气时还要严密观察，如发现有局部神经症状和体征或心肌缺血的心电图改变，应考虑有脑或冠状动脉气栓的可能，应进行眼底检查，如发现视网膜动脉内有气栓，则立即停用机械通气。至于气胸问题，不应成为禁用正压通气的理由。因为即便发生，处理也较容易。

5．止血、防止感染和镇静止痛 伤后早期可使用止血剂以制止肺出血，并联用有效抗生素，以预防肺部并发感染。患者若疼痛，除口服或肌内注射止痛剂外，尚可采用肋间封闭等方法止痛。

6．肺爆震伤者如需输血补液，一定要注意补液的量和速度，避免输液过多过快，否则可加重肺水肿和右心负荷，甚至引起右心衰竭。

第七节 创伤性窒息

创伤性窒息（traumatic asphyxia，TA）是胸部闭合性损伤中较为少见的综合征，表现为头、颈、胸、上肢等上腔静脉所收集血液的区域广泛皮肤黏膜末梢毛细血管淤血及出血性损害，呈现青紫色淤斑，与窒息所致的青紫相似，故称创伤性窒息。

创伤性窒息主要由工程塌方、房屋倒塌和交通事故等所致的挤压伤引起。当胸部或胸腹部受到挤压，胸腔内压力骤然升高，压迫心脏和大血管的瞬间，伤者的声门也突然关闭，使气管和肺内的空气不能排出，胸腔内压力得不到缓冲而更加急剧攀升。因上腔静脉缺乏或无静脉瓣，突然的压力升高可使上腔静脉的血液逆流，并快速冲向无名静脉、颈静脉收纳的末梢区域，造成末梢小静脉及毛细血管扩张，血管壁暂时瘫痪或破裂，引起皮肤黏膜淤血或出血（图 12-16），尤其是局部组织比较疏松的眼睑及球结膜下表现最为明显，使胸部、上肢和头面部呈现淤血、青紫的临床特点。

创伤性窒息临床症状的轻重取决于是否合并胸腹腔其他脏器和神经系统的损伤，如无其他的合并伤，则临床症状很轻，甚至没有明显的呼吸困难，预后极佳。如合并其他损伤，则其临床症状和预后随合并伤的部位、器官不同而异，治疗的重点在合并损伤。

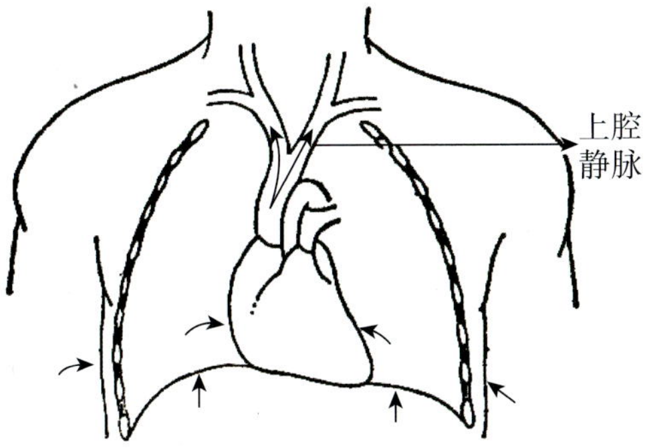

图 12-16　创伤性窒息示意图

一、临床表现

1．皮肤黏膜　头面部、颈部、上肢和上胸部皮肤青紫，出现紫红色淤斑，尤以眼眶周围为著，口腔黏膜也有淤斑。上述皮肤黏膜改变多在 10 天左右消退，不留任何痕迹。头面部软组织肿胀可在 3 ~ 5 天内消失。

2．眼部　球结膜下出血是本病的特征性改变，严重者结膜肿胀，眼球突出，一般在 2 ~ 6 周内好转。眼睑肿胀，有的瞳孔不等大，但对光反应存在。如有视网膜血管出血，可导致失明。

3．胸部表现　患者常伴有广泛胸壁软组织挫伤，多根或多段肋骨骨折，气胸、血胸或血气胸，呼吸困难或少量咯血。

4．神经系统　患者可出现暂时性意识障碍，多于短时间内恢复。有的出现谵妄、烦躁不安，有的出现四肢痉挛性抽搐，也可有暂时性臂丛神经麻痹。如有颅内静脉破裂，则患者出现昏迷，此时应与颅脑直接损伤相鉴别。此外，也有合并鼓膜出血斑及暂时性听力障碍者。

二、治疗

对创伤性窒息的患者，首先全面检查以发现胸壁、胸腹腔脏器和神经系统的合并伤。创伤性窒息的治疗主要是针对合并伤的治疗，因合并伤的部位、程度实施不同的治疗原则。其他章节已有叙述，故在此不再讲述。如确无合并伤的单纯创伤性窒息患者，看似危重，实则伤情较轻，对这一部分患者，仅在密切观察下采取吸氧、镇静、止痛和休息等对症措施便可治愈。

第八节　食管损伤

生活中，食管可遭受到各种形式的意外损伤，如自发性食管破裂、食管的穿通伤、钝性损伤、医源性损伤、化学性损伤和食管异物等。无论何种形式的损伤，创伤所造成的食管穿孔和（或）食管破裂才是最严重的后果。由于唾液和胃内容物自食管破口外溢，可迅速引起纵隔和（或）胸膜腔的急性化脓性感染，进而出现全身中毒症状，如救治不当常招致死亡。化学性食管灼伤除早期可引起食管穿孔外，后期必然的食管狭窄是又一较严重的并发症。因此提高对本病的认识，做到及时诊断和正确治疗是非常重要的。

一、自发性食管破裂

自发性食管破裂，也称 Boerhaave 综合征，常由剧烈呕吐引起的腹压突然升高所造成。因此有些学者曾反对“自发性”的命名，而提出呕吐后（postemetic）食管破裂。虽然自发性食管破裂多由呕吐引起，但“呕吐性食管破裂”之称谓仍不能包括全部自发性食管破裂的病例，更何况“自发性食管破裂”这个名称沿用已久，仍为大家所公认。自发性食管破裂也发生于腹部用力的情况下，如呕吐、分娩、癫痫抽搐、哮喘、举重和大便等使腹压突然增高，迫使胃内容物迅速冲向食管，使食管壁受压剧增而容易导致破裂。Benidict 曾叙述破裂先开始于食管壁肌层纵行裂开，黏膜自破裂处疝出，随即破裂。

食管自发性破裂的全过程是由于过高的胃内压突然进入食管腔，再加上环咽肌或食管下段以上某一处的痉挛，使进入食管内的压力失去缓冲，因此使全部压力都作用于食管壁的某一点；同时食管处于负压之胸腔，由于呕吐时膈肌下降更增加了胸腔负压，此时食管的跨壁压差瞬间增大；再加上食管相对游离，其周围支撑组织少，所以突然进入食管腔内的胃内高压的冲击容易导致食管壁破裂。破裂几乎都发生在食管下 1/3 的一侧，其原因是该部位食管以平滑肌为主，纵行肌纤维向下逐渐减少，肌层薄弱。

（一）症状

自发性食管破裂大都发生在呕吐、排便、分娩、咳嗽、举重，甚至伸腰，用力吞咽或狂笑等能使腹压增高的动作之后，尤以呕吐，特别是饱餐和酒后呕吐多见。患者可突然感到胸部或上腹部疼痛，而且这种疼痛呈持续性，难以忍受，可以放射至肩部、季肋部或背部。一般情况下呕吐常在疼痛开始时即停止。最常见的是呕吐物中带有咖啡样血性食物，偶尔带有鲜血，但呕大量鲜血者甚少。气短往往与疼痛同时发生，呼吸短促，频率逐渐加快，有的患者表现为呼吸困难、发绀，不能平卧。

如纵隔胸膜完整，食管破裂至纵隔内者，因气体、胃液和食物立即侵入纵隔组织，出现纵隔气肿的特征，向上发展可出现颈部、上胸部，甚至肩部和上肢的皮下气肿，在这些部位可扪及捻发感或握雪感。胃内容物可在短时间内刺激纵隔胸膜和纵隔软组织，产生炎性反应和组织水肿、坏死，形成液气纵隔。如破裂一开始即穿破纵隔胸膜，则纵隔炎并不明显，而胸腔因受到化学性污染物的刺激，产生化学和细菌性胸膜炎，从而出现疼痛、胸液、发热和呼吸困难。

（二）诊断

患者多在做过能使腹压急剧增高的动作之后，突发胸部或上腹部疼痛，同时伴有呼吸困难，或有面色苍白、出冷汗，甚至血压下降等循环衰竭症状。患者呼吸急促，患侧胸廓饱满，呼吸动度减弱。气管向健侧偏移，半数以上患者可在颈部触到捻发感或握雪感。患侧叩诊鼓音，或上鼓下实的液气胸体征。患侧听诊呼吸音减弱或消失。腹部体征变化较多，虽压痛和反跳痛不明显，但腹肌紧张较常见。Barrett（1947）将呼吸急促、腹部压痛和颈部皮下气肿称为自发性食管破裂三联征，是该症的特有症状和体征。

X 线检查是诊断自发性食管破裂的重要方法之一。立位胸透或胸片可发现一侧液气胸。如纵隔胸膜未破，则形成纵隔气肿或液气纵隔。食管造影如见到造影剂经食管破口流入胸腔或纵隔即可确定诊断。食管造影尚可确定食管破裂的部位和长度。Christaforidis 等（1957）将自发性食管破裂的 X 线征象总结为以下 4 点：①纵隔气肿，多为早期的体征；②皮下气肿，是纵隔气肿的延续，首先在锁骨上和胸骨上区深部出现；③一侧液气胸；④食管造影时可见到造影剂自食管腔外溢。

胸腔穿刺抽液有助于诊断。穿刺常抽出带有特殊酸味的咖啡样液或带有食物残渣的脓液。早期患者的胸液也可能为淡血性。胸液的淀粉酶测定常为阳性，不应因此而误诊为胰腺炎。有学者认为食管破裂的胸液中淀粉酶含量明显高于急性胰腺炎所致胸水中含有的淀粉酶。因为唾液中淀粉酶含量极高（80 000 U/100 ml），食管破裂后，部分咽下的唾液自破裂口流入胸腔。因此这些学者们提出，如胸液的淀粉酶增高而血清淀粉酶正常时，应考虑食管破裂而不是急性胰腺炎。对生命体征不稳定的重症患者，不易多加搬动进行 X 线检查，可口服甲苯胺蓝（亚甲蓝），如胸液也被蓝染则可确定诊断。

食管镜检查也是诊断食管破裂的可靠手段之一。通过食管镜检查可更直接地反映出裂口的部位和感染程度，但必须在患者全身情况允许并必要时方可进行此项检查。

自发性食管破裂的误诊率较高，原因之一是不少临床医生对本病缺乏全面认识，尤其对本病的发病机制和病理生理认识不足。其二是本病的临床症状缺乏特异性，与许多胸腹部急症相似。所以有人将本病误认为胃、十二指肠溃疡穿孔而行剖腹探查，甚至做胃大部切除。为此有人提出如果膈下有游离气体，剖腹探查又未发现空腔脏器穿孔，则要考虑到腹段食管破裂。

（三）治疗

自发性食管破裂的治疗方法和治疗效果与诊治是否及时有密切关系。现已公认，对早期患者，如无手术禁忌证，则应立即开胸缝合裂口。术后抗感染和支持治疗也实属重要。

术中应首先清创：使胸腔相对清洁，同时使破裂口成为新鲜创面。然后先间断缝合黏膜，务必使对合整齐，松紧适度，再以同样方法缝合肌层。最后以带蒂胸膜片或邻近裂口的其他可利用的组织覆盖创面（图 12-17）。Bolooki 等（1976）强调指出食管自发性破裂时，黏膜裂口一般比肌层长，所以缝合时一定要找到黏膜裂口的两端才能达到确实缝合的目的。

对延误诊断的患者，目前多数人仍主张手术治疗。手术可分两种情况：①与早期手术相同，清创后直接将黏膜和肌层分层缝合，带蒂胸膜片或邻近可用组织覆盖；②裂口本身不缝合。

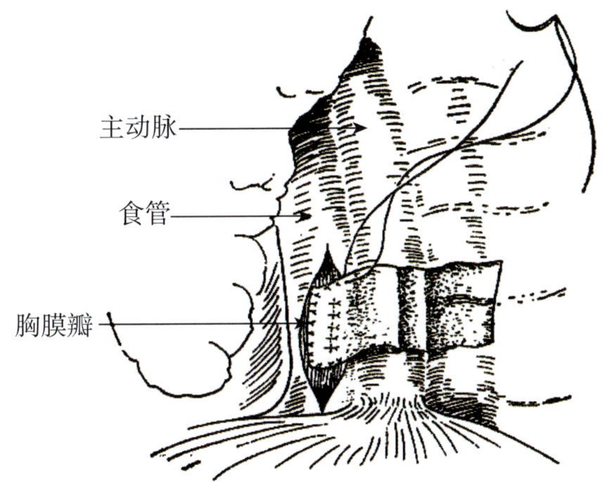

图 12-17　缝合食管裂孔后，以带蒂胸膜瓣遮盖，胸膜瓣的三边缝于食管壁上

图 12-18　Rao 法修补食管破裂，切取带蒂全层膈肌瓣遮盖缝合于裂口四周

若清创后裂口水肿，感染严重，如为下段食管破裂可采用肌瓣覆盖修补裂口（图 12-18），否则可用带蒂胸膜片包绕病段食管并缝于裂口四周修补（Grillo-Wilkins 法）（图 12-19A，B）。对于发病时间长，裂口局部感染坏死严重，重度营养不良，慢性食管炎及全身情况极差者，Abbott 等（1970）报道一种食管裂口引流法效果尚满意，即用特制的 T 形管自裂口放入食管腔内，另一头自胸腔引出做连续吸引，同时另置一管进行充分胸腔引流。待 20 天左右形成窦道后拔出 T 形管，窦道通过堵

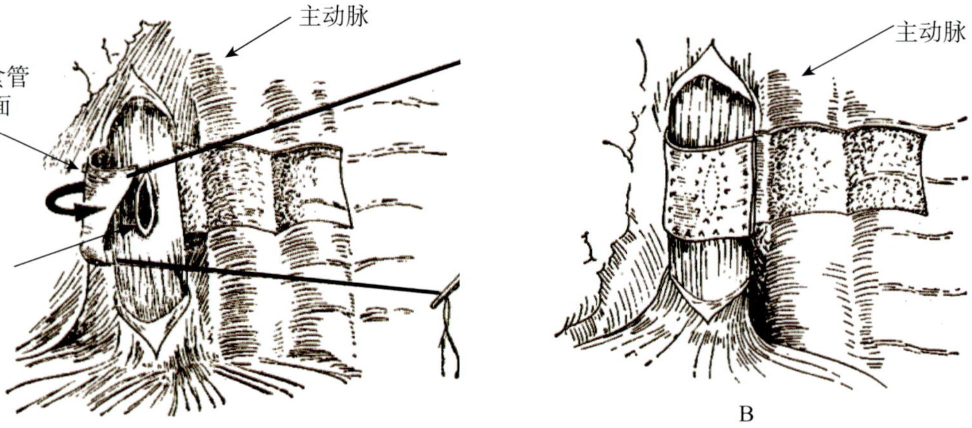

图 12-19 Grillo-Wilkins 法

塞，换药可愈合封闭（图 12-20）。另外，对于食管裂口小的晚期患者，使用带膜食管支架封堵裂口也不失为一种较理想的方法。自发性食管破裂的治疗效果受多种因素的影响，包括患者的一般状态、有无中毒性休克、食管反流的程度，及病期的早晚等。

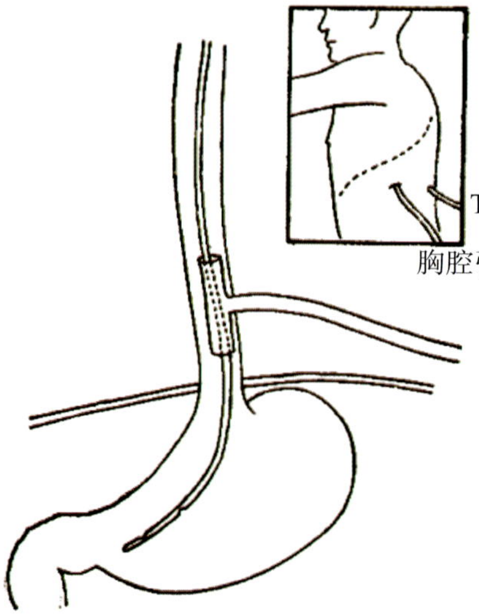

图 12-20 Abbott 法，用特制 T 形管自食管裂口送入食管腔，再自胸腔引至体外

二、外伤性食管穿孔

外伤性食管穿孔即食管的穿通性损伤，又称食管的管腔外型穿通伤，以区别于由器械操作或异物等引起的食管穿通伤。此型损伤多由火器和锐器等外界暴力引起，称直接损伤；也可由头、胸、腹受钝性暴力打击引起，称为间接性损伤。除此之外，尚有一种罕见的食管损伤，是由于突然释放出压力很高的气体从口腔进入食管而造成的食管撕裂伤。

（一）直接损伤

食管直接损伤也称贯通伤，由枪炮等火器伤和锐器刺伤所致。

食管直接损伤的概率并不高，尤其胸部食管，因其解剖位置居中央，又受到椎体、胸廓、心脏和主动脉等的保护，而且食管相对细小而紧密，这都是减少致伤概率的因素。颈部食管虽然也处于受到保护的位置，但比胸部食管更容易受到外来暴力的直接损伤。颈部食管损伤常伴有气管损伤、颈部大血管损伤和脊髓损伤。有时也可发生单纯的食管损伤，特别是薄利刃器所致的刺伤。但单纯的食管损伤仅 1/3 的病例发生皮下气肿，当皮下扪及捻发感时应想到可能合并气管损伤。

大多数情况下，胸部食管贯通伤是复合伤的一部分，损伤至少涉及胸壁和肺，甚至心脏、大血管、膈肌和腹部器官都可能受到损伤。

（二）间接损伤

食管间接损伤多为钝性暴力引起，而且暴力并非直接作用于食管引起损伤，而是先作用于食管以外的部位，通过某些机制使食管破裂或穿孔。这种损伤的发生率近几年有上升趋势，可能与机动车辆增多，交通事故多发有关。这类损伤常发生于机动车车祸、撞击或摔伤，其机制是前胸和腹部受到巨大压力，使腹腔内压力骤然增高，胃内容物和胃内气体猛烈冲击食管壁造成损伤。食管的间接损伤，后期有的可形成食管气管瘘，瘘口常位于食管前壁和气管膜部，其原因可能在胸骨和脊柱之间的挤压伤，受伤的食管局部发生坏死、感染，逐渐形成瘘管。

（三）特殊损伤

这类损伤临床上比较罕见，报道最多的是高压气体造成的食管破裂，主要由于高压气体突然冲入食管，将食管击破。这种高压气体引起的食管破裂，裂口一般较长，最长者有自主动脉弓一直裂到膈肌的报道。

外伤性食管穿孔的症状虽与其他类型的食管破裂类似，然而该类损伤因都有不同性质和程度的外伤史，多数伴有头颈部或胸腔其他组织、器官的损伤，而且这些脏器损伤的症状更明显，因此给外伤性食管穿孔，尤其胸部食管损伤的诊断带来一定困难。有外伤史同时伴有咽下困难或（和）有血性唾液，应高度怀疑食管损伤，当然也不是凡是食管损伤都有这一症状。部分食管损伤可有一侧或两侧胸腔积液，及纵隔和皮下气肿，然而这些也是胸部外伤的常见体征，所以食管损伤极易被忽略。如损伤后期形成食管气管瘘，则出现典型的咽下呛咳症状。

（四）治疗

外伤性食管穿孔多为复合伤，常伴有胸腔或其他部位脏器的损伤，如病情允许，应积极争取手术治疗，以便同时处理其他脏器损伤。

外伤性食管穿孔的手术治疗是以早期诊断、一期修补和充分引流为基础的。有相当一部分这类患者是因合并胸部其他器官损伤而早期手术探查才得以明确诊断。在早期诊断或探查的情况下，最理想的方法是食管穿孔的一期修补，有时也需不同程度的清创，用不吸收缝线间断缝合食管壁的全层以闭合穿孔，再在肌层做加强缝合，以带蒂胸膜片覆盖、固定，然后进行彻底的胸膜腔引流。另外，术后护理也很重要。

因为没有怀疑到食管损伤而延误了早期手术探查，或因食管壁广泛损伤伴有严重的并发症，或病情危重等失去早期手术机会者和不能耐受大手术者，食管穿孔的一期修补已不可能。在这种情况下，治疗目标应集中在充分胸腔引流、食管的转流或旷置，及抗生素、静脉高营养等 Popvsky（1976）所强调的方法。

三、医源性食管损伤

医源性食管损伤虽不多见，但应引起临床重视。这类损伤主要有器械损伤和手术损伤。

（一）器械损伤或器械性穿孔

在诊断或治疗过程中造成的食管穿孔，称为器械性穿孔或器械性损伤。此种损伤多发生于内镜检查和食管狭窄的扩张术。有学者报道，硬食管镜检查的穿孔发生率为 0.25% ~ 0.4%，其发生部位按发生率的下降顺序为食管上段环咽肌区、下段的食管裂孔上方、中段的主动脉弓和左主支气管水平，即好发于食管的 3 个狭窄处，其中以第一狭窄处发生率最高。在内镜检查过程中，当内镜通过上述部位时应提高警惕，避免粗暴操作，以减少或避免意外损伤的发生。近年来广泛采用纤维内镜，因器械检查发生的食管穿孔进一步减少。

食管扩张后穿孔与上述损伤机制相似，不管是以内镜扩张还是以气囊扩张，都因动作粗暴、勉强进镜和过度扩张造成食管的穿孔和撕裂；也有因食管异物取出时产生食管损伤者，笔者所在医院曾遇 1 例因鸡骨卡于食管内，在外院取出时食管损伤，形成食管气管瘘，应引以为戒。在取食管异物时一定要根据异物的形状、大小、位置和方向，因势利导，轻柔取出，切忌盲目、急躁、粗暴、强拉硬取。另外，气管内插管、下胃管或三腔两囊管、食管内支架或支架取出术等都有引起食管损伤或穿孔的可能，尽管可能性极小。

（二）手术误伤

手术误伤食管的情况并不常见。曾有报道在做甲状腺切除术和喉切除术时发生过颈部食管撕裂；也有做迷走神经切断术、食管裂孔疝修补术和肺切除术时损伤食管的报道。这些意外误伤，都是由于炎性病变严重粘连或肺癌浸润，使解剖关系不清，勉强分离切除造成的。

疼痛、呼吸困难和发热三联征，是穿孔的特有体征，应立即进行 X 线检查。胸部及颈部 X 线片可显示纵隔和颈部软组织气肿，如形成脓肿则出现气液平面。如穿破纵隔胸膜，一侧胸腔发生液气胸。食管碘油造影可以确诊，并能显示穿孔部位。手术误伤者大多术中可以发现并进行即时修补，如未及时发现则术后也可出现上述表现，或术后引流物可发生性质和量的改变，此时口服亚甲蓝，如引流物蓝染则可确诊。

医源性食管穿孔如能及时发现，即刻进行一期修补，多能获得成功。否则可产生食管穿孔的各种合并症，需根据个体化情况采取不同的治疗措施。在这诸多的措施中，置入带膜的食管支架封堵穿孔，不失为一种简单、有效的方法。

四、食管异物损伤

食管异物主要是误服引起，尤其多见于儿童、精神障碍者或精神错乱者，偶尔也因进食或吞咽不慎将异物吞下。这些异物可以是各式各样的物品，较常见的有骨头，尤其是鸡骨、鱼骨、小片贝壳、部分牙托、小塑料餐具和金属异物如打开的安全别针、钉子、易拉罐拉环等。这些异物大多可以顺利进入胃内，否则停留在食管内引起损伤。异物在食管内最常见的停留部位是食管的 3 个正常狭窄处，或者食管有病变的区域。食管的穿破可以由异物压迫、穿透而自发发生和（或）在取出异物时发生。

可根据病史、临床表现、体格检查和对各种患者组的高度怀疑因素而提出异物性穿孔的诊断。X 线检查可显示异物，但许多异物因密度太低而不显影。

食管异物穿孔一般应在受侵部位做适当引流，同时进行内镜检查除去异物。在任何异物不能经内镜取出时，都要当机立断，通过手术食管切开去除异物。异物穿孔的并发症发生率和死亡率依确诊时间的早晚和治疗恰如其分的程度而有不同。

五、食管的化学性损伤

食管的化学性损伤是吞服腐蚀性物质，如强酸、强碱等引起的食管烧伤。受伤人群以 5 岁以下儿童多见，皆属误服所致，也有企图自杀的成年人有意服下者。烧伤范围可以是口腔和食管全长，但常以食管的三个自然狭窄处最重，尤其是食管下段，原因是腐蚀性物质一般在这些部位停留接触的时间长。

食管化学性烧伤的病程可分为 3 个阶段。第一阶段是烧伤后最初几天，这期间烧伤的食管黏膜发生广泛性炎症、水肿和坏死，无法进食。第二阶段，炎症和水肿减轻，坏死组织脱落，有黏膜溃疡，同时出现肉芽样组织。这一阶段持续 3 ～ 4 周，是食管壁最薄弱的时期，但多能进点流食。第三阶段，瘢痕化和狭窄形成。坏死的食管黏膜、黏膜下层，甚至肌肉为瘢痕组织所取代，食管腔几乎消失，永久性地失去进食功能。

烧伤的最初症状和体征的严重程度与吞服腐蚀性物质的浓度和量有关。常有唾液分泌增加和吞咽困难，当烧伤扩展到会厌和喉部则会出现呼吸窘迫。严重者可在烧伤 1 小时内出现休克和危及生命的呼吸窘迫。

食管烧伤的治疗除一些对症和抢救措施外，其原则是缩小瘢痕形成和随后的狭窄形成的范围。通常在损伤的急性期用 3 ～ 6 周的皮质类固醇和抗生素，以降低狭窄形成的发生率和程度。对有狭窄形成的患者，早期推荐扩张术。对反复扩张无效的后期狭窄，尤其狭窄广泛者，则考虑外科手术。手术的目的是以结肠，或空肠，或胃代食管，恢复进食功能。

第九节　胸导管损伤

关于胸导管损伤造成淋巴瘘形成乳糜胸的大量研究工作是在 20 世纪 50 年代以前进行的。在胸导管损伤中诸如食管癌、心脏大血管等手术造成其损伤的概率远远高于创伤和其自发性破裂。在胸部开放伤中，因胸导管被刺伤或火器伤发生乳糜胸者甚为罕见，多因合并周围脏器伤而死亡。在胸部闭合伤中，常因胸导管相对固定于脊柱的前方，在脊柱突然过度伸展中，特别是在饱餐高脂肪食品后胸导管充盈，右膈肌脚呈剪式切割作用，可撕破胸导管。乳糜胸发生后，多数患者情况较为危重，如不及时诊断和恰当处理，可造成严重后果和危及生命。

一、胸导管解剖

正常人胸导管长 30 ～ 45 cm，口径 2 ～ 7 mm。外观呈灰白色，有光泽，具有一定弹性，全长可分为起始部、胸段和颈部 3 段。通常起自第 1 ～ 2 腰椎平面腹膜后的乳糜池（图 12-21），于第 12 胸椎平面穿过膈肌主动脉裂孔，在脊柱的右前方，食管的后方，上行于奇静脉与胸主动脉之间；至第 4 ～ 5 胸椎平面，逐渐从主动脉弓及食管的后方越过中线至脊柱的左前方，经食管左喉返神经的左侧，左锁骨下动脉之右侧，左迷走神经及左颈总动脉的后方继续上行，经胸廓上口至颈根部，然后在锁骨下动脉的后方向前下成一弓形注入左静脉角。该弓高出锁骨上方 3 ～ 5 cm，因此，当颈外伤和手术时伤及该部，可形成乳糜瘘或乳糜胸（图 12-21）。

胸导管分为 5 型（图 12-22）：

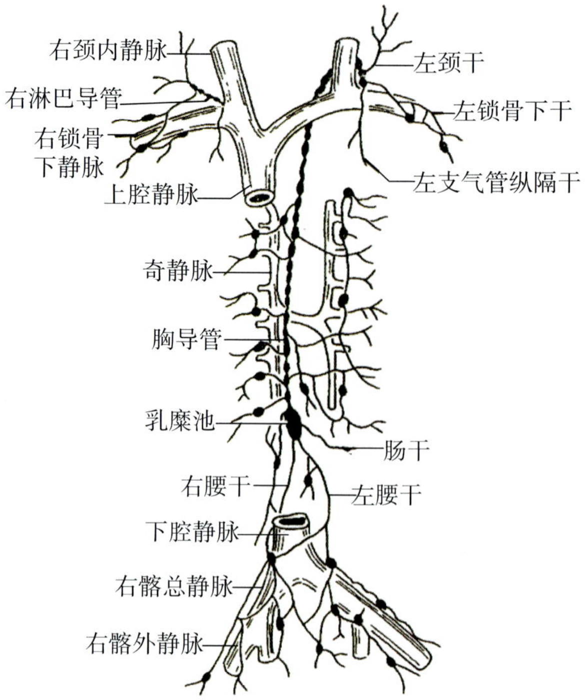

图 12-21 胸导管组成与解剖关系模式图

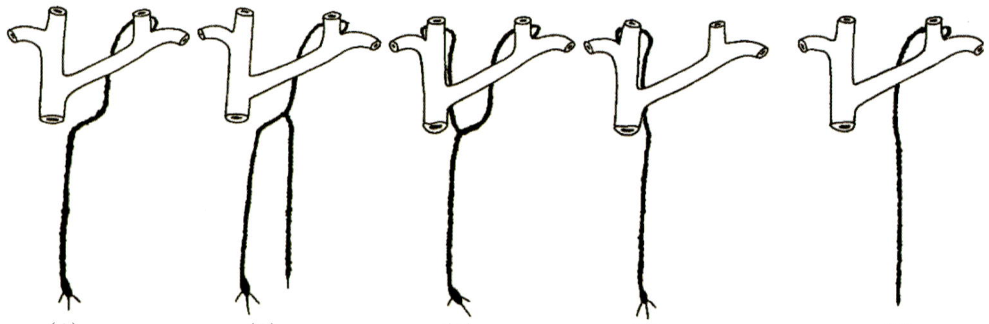

图 12-22 胸导管的形态类型

(1) 正常型；(2) 双干型；(3) 分叉型；(4) 右位型；(5) 左位型

二、外伤性乳糜胸的病因与分类

造成乳糜胸的因素很多，一般根据病因可分为外伤性和非外伤性。在非外伤性乳糜胸中，可分为先天性和后天性。先天性乳糜胸常见诸如婴幼儿胸导管缺如、闭锁、多发性淋巴管扩张、淋巴管瘤、胸导管气管瘘等胚胎期淋巴系统先天性发育异常。非外伤后天性乳糜胸常见于肿瘤、炎症、丝虫病等导致的胸导管受压、扭曲、狭窄、阻塞，致使乳糜液回流障碍以及一些原因不明的乳糜胸。

在外伤性乳糜胸中可分为手术性和非手术性。前者多见于食管、心脏大血管手术后造成的胸导管损伤。在非手术外伤性乳糜胸中又分为开放伤和闭合伤两种。

1．开放伤 胸导管位于后纵隔内，前后受到胸部和脊柱的保护，一般不易受损伤。但在胸、颈部锐器刺入，弹片、子弹穿入可直接损伤胸导管或其分支造成乳糜胸。第二次世界大战时 Berry 曾报道 2 例，Meade 分析 2811 例胸部损伤中只有 5 例。此种损伤常同血气胸同时存在，且常为其他脏器伤所掩盖，早期不易发现，多于伤后早期死亡。

2．闭合伤　多见于爆震伤、挤压伤、钝器打击、车祸所致之脊柱、肋骨、锁骨骨折，或由于举重，甚至剧烈咳嗽、呕吐等均可引起胸导管破裂，尤其在饱餐后，胸导管充盈状态下更易发生。因胸导管与脊柱紧贴，特别是以前有过损伤或炎症时，胸导管与脊柱粘连固定，当椎管内压力升高，脊柱过度伸展，或在下胸由于膈肌脚的剪切力易致胸导管撕裂。胸导管破裂后先在纵隔内形成一个乳糜囊肿，或称为“乳糜瘤”，逐渐增大到一定体积后破入胸膜腔而形成乳糜胸。从伤后到临床出现乳糜胸，一般间隔 2 ~ 10 天不等，亦有数月至半年者。此种患者的“乳糜瘤”极易误诊为后纵隔肿瘤或囊性占位。本院曾遇 1 例诊断为右后纵隔囊肿而行囊肿切除术，术后引起乳糜胸。虽经第二次手术行胸导管结扎而治愈，但该例提示：凡是后纵隔的囊性占位，临床上应高度怀疑“乳糜瘤”的可能。若术中发现其囊内容物为半透明胶冻状物，其胸导管破裂的诊断可以成立，必须进行胸导管结扎术。

三、乳糜胸的诊断

（一）病史

外伤性乳糜胸的受伤方式、部位、时间都有助于诊断；闭合伤所致胸导管撕裂容易发生在饭后 6 小时内，其临床特点：①有“间隔期”的延迟发作（受伤距临床发病有一个“间隔期”）；②突发性呼吸困难，出现程度不同的休克；③经胸穿或闭式引流症状迅速得以缓解；④短期内又重复出现。手术后乳糜胸多于进食后出现白色引流液，手术的种类和部位本身对诊断就是一种提示。

（二）胸腔引流液的性状与流量

典型的乳糜液呈乳白色，放置后出现乳脂层，加乙醚后脂肪溶解使牛奶样混浊变清澈，苏丹Ⅲ染色后显微镜下可见直径为 5 μm 的橘红色脂肪环，比重＞ 1.012，呈碱性反应，淋巴细胞、胆固醇、三酰甘油明显高于血浆。胸腔积液量＞ 1000 ml/d，具有上述特征者可肯定诊断。在外伤与术后乳糜胸中，胸腔引流液呈血性或浆液性，禁食时多呈清水样，苏丹Ⅲ染色阴性时早期诊断不易。若观察到胸腔引流量逐日增多，术后前 3 天平均引流量高于一般开胸术后，波动范围大，不能如期拔管，应高度怀疑乳糜胸。

某些结核，胆固醇性胸水及脓胸患者的脓液从外观上易与乳糜液相混淆，还有些肿瘤或感染引起的所谓假性乳糜液，含有磷脂蛋白复合物，也呈牛奶样，但加乙醚后不变清，比重＜ 1.012，苏丹Ⅲ染色阴性，淋巴细胞脂肪含量均低于真性乳糜液，在鉴别诊断中应加注意。

（三）X 线检查

除单侧或双侧广泛胸腔积液征象外，外伤后早期可有纵隔包裹性积液，某些肿瘤所致的乳糜胸在排空积液后，X 线可见肿块阴影，乳糜胸合并乳糜心包时，可见心影增宽。

（四）淋巴管造影

经下肢或精索淋巴管注入造影剂后定时摄片观察造影剂是否漏入胸腔。此法不仅可以确定漏口部位，且对治疗方案的确定、胸导管走行研究，及结扎胸导管后的改变均有重要意义，术前、术中、术后均可应用，但应注意此法可引起咳嗽、发热等不良反应，严重者可出现脂肪栓塞。

（五）胸腔内乳糜液染色

采用浓缩绿色煤焦油亲脂染料 D 或 C，混有 1/4 磅黄油或橄榄油口服或胃管注入，次日胸水可见绿色。若不明显可加入少量碱性液或乙醚，用玻璃棒搅拌后可见点在棒段的奶油物上有绿染。

（六）放射性同位素检查

同位素用于乳糜胸的诊断尚不普遍，由于 ^{131}I 标记在脂肪酸的分子链上，可不受禁食、胸腔引流量，及外观等因素的影响。可用于临床中确定胸导管是否损伤。术后早期患者在禁食状态下，乳糜液外观不典型或苏丹Ⅲ染色阴性时，用此法对乳糜液作定性诊断有一定价值。也可以用于其他原因不明的乳糜胸、乳糜心包、乳糜腹、乳糜尿，及某些胸水的鉴别诊断。临床应用细节有待进一步深入研究。

四、胸导管损伤的治疗

早期人们对胸导管能否结扎不清楚，仅采用胸腔穿刺、闭式引流和营养维持等保守治疗，结果外伤性乳糜胸近半数死亡。非外伤性乳糜胸几乎无一存活。为了防止大量蛋白丢失和周围组织水肿，有人主张将乳糜回收，输入自家静脉或胸骨内。此法在 20 世纪 40 年代早期曾被广泛采用过，以后 Whitcomb（1942）和 Peet（1943）均曾报道过静脉注射乳糜引起过敏性休克而猝死的病例。从此，此种治疗方法便被废弃。口服或直肠注入乳糜亦被采用过，证明并无裨益。1934 年 Heppener 提出胸导管瘘愈合的机制是瘘口周围胸膜腔的逐渐闭塞而非损伤胸导管的愈合。许多人采用胸部 X 线照射，胸腔注入无菌肉汤、偶氮氯氨、碘处理过的滑石粉、高渗糖液、氮芥等刺激物，及膈神经挤压等方法，希望能诱发粘连使胸膜腔闭合。由于这些治疗措施的真正效果不能肯定，已很少采用。

其他的保守治疗方法包括大口径胸腔闭式引流、避免多次反复胸腔穿刺、胸腔内注入纤维蛋白凝胶等，限制饮食，给予高蛋白、高碳水化合物、低脂或无脂食物，尤其是给予中链的脂肪酸三酰甘油，其优点为不经胸导管而直接由门静脉入血，既可增加充足的热量，又可减少乳糜液的漏出，有利于胸导管愈合。有人主张完全静脉营养，胃肠抽吸以减少胸导管引流量，但因价格昂贵，目前尚难普及。Kurth（1980）报道采用终末呼气正压通气（简称 peep ）治疗 1 例外伤性乳糜胸合并 ARDS 的患者获痊愈。经动物实验证实间歇性 peep 可促进肺膨胀，减低胸导管淋巴流。保守期间，应每日检测血浆蛋白、电解质、白细胞，并进行 X 线检查，必要时输入全血和血浆。

由于胸导管与奇静脉、肋间静脉之间相交通，结扎胸导管不至于引起生理紊乱，为手术治疗乳糜胸奠定理论基础。目前主张每日引流量在 500 ～ 1000 ml，支持疗法 1 周以上无明显好转，于两周内手术治疗；引流量每日 500 ml 以下者，延期手术治疗方案较为合理。

手术切口的选择关系到手术结扎胸导管操作难易的问题。目前大家普遍接受的主张为：单侧乳糜胸经有胸水侧进胸，双侧乳糜胸经右侧进胸为宜，因右侧进胸，于膈上结扎胸导管，此处胸导管走行较为恒定，便于显露，利于操作。

左侧入路：进入胸腔后吸净胸内乳糜液，仔细寻找渗出部位。渗出部位在主动脉弓上缘者，应将纵隔胸膜切开，牢固结扎，将食管向后牵引，在左锁骨下动脉后方寻找胸导管，发现破损部位后，在破口后上、下方用 7 号丝线将胸导管结扎。渗出部位在主动脉弓下方者，可将食管或食管和胃拉向前内，将主动脉拉向后方，在椎体前方寻找破口之胸导管。有些病例如术中难以寻找到破裂的胸导管，可在膈上阻断胸导管，或缝扎该部位之胸导管，对原因不明的乳糜胸大多数难以找到渗出部位，有时侧胸壁可见淋巴网状扩张，可用电凝烧灼，以达到减少乳糜漏出的效果；或直接结扎胸导管并切除壁层胸膜。

右侧入路：常采用右后外侧切口进胸。沿奇静脉切开纵隔胸膜，在主动脉和奇静脉之间寻找胸导管，如发现破口处，可于破口上、下端用 7 号丝线结扎胸导管。经反复检查确实未找到破裂之胸导管，特别是当纵隔胸膜已广泛浸渗乳糜液时，只缝合有乳糜液漏出的纵隔胸膜，同时在纵隔最低位结扎胸导管即可。胸导管移植于静脉或做成形手术以及其他方式吻合均无必要。

为了便于术中辨认胸导管及寻找瘘口，可试用的方法有：术前 3 ～ 4 小时口服牛奶或黄油，使乳糜流量增加，色泽变白；术前皮下注射生理盐水使胸导管充盈；术前口服或胃管注入含亲脂染料的橄榄油，观察胸导管口有无染色；术中胸腔置入干净生理盐水以便与漏出的白色乳糜液相区别；手术台上淋巴管造影等。方法虽多，但效果难以肯定，且由于操作步骤复杂临床难以推广。也有人认为若解剖熟悉，注射染料并无必要，高浓度染料在术中使用时，容易使周围组织着色，反而影响观察解剖结构。

第十节　创伤性膈肌破裂

一、发病率和病因学

创伤性膈肌破裂（traumatic rupture of the diaphragm）可由于穿通伤或钝性胸腹联合伤所致。任何严重的低位胸部损伤或上腹部损伤都应想到此诊断。因为创伤性膈肌破裂往往是严重复合伤的一部分，其表现可被其他部位或器官的严重损伤所掩盖，致使外科医生对该症的注意力不够，并忽视了术中对膈肌的探查而漏诊。

在钝性膈肌损伤中，交通肇事是主要致伤原因（占 80% 以上），其他原因还有高处坠跌、动物踢撞，及塌方所致的挤压伤等。然而在钝性损伤中，创伤性膈肌破裂并不常见。仅占创伤性膈肌破裂的 1% ～ 3%。钝性创伤性膈肌破裂多为突然损伤引起的膈肌中心腱根部撕裂，80% ～ 90% 发生在左半膈肌。

膈肌穿透伤多见于刀刺伤和枪弹伤。第 4 肋以下和脐以上范围的任何抛射物路径或刀刺伤都可能损伤膈肌。因为膈肌呈弓形，因而增加了各种穿通伤伤及膈肌的可能性。右侧膈肌的破裂可以被肝堵塞而漏诊。

二、膈肌破裂和膈疝形成的机制

左侧创伤性膈疝比右侧多见，分别为 95% 和 5%。创伤性膈肌破裂的确切机制尚不清楚。Childress 和 Grimes 认为车祸、高处坠跌和挤压伤等钝性损伤可引起腹内压急剧上升，并通过腹腔内脏传递到膈肌，导致膈肌损伤。肝和右肾保护右半膈肌的作用，比硕大的胃、肝左叶、脾和左肾对左半膈肌的保护作用要完善得多。腹腔内脏器周围韧带的柔韧性可使这些器官随体位的改变而改变，随着暴力作用的方向和部位不同而使这些脏器的缓冲区有所改变，这些均与患者的体位有关。这就可以解释膈肌破裂与否及破裂部位的多变性的特点。创伤性膈肌破裂并脏器损伤的发生率在 9% ～ 55%。Lucido and Wall 认为，大部分的创伤性膈肌破裂发生在膈肌的左后侧胚胎期的融合部位潜在薄弱的区域。在创伤时，腹内压升高，增加了这些薄弱点位置的压力，导致破裂。反对这一理论的作者认为膈肌破裂没有固定位置，具有不同的形状。

关于膈肌破裂的机制尽管没有得到公认，但是普遍认为一旦膈肌破裂，腹腔内脏器势必进入胸腔形成疝，即创伤性膈疝。Marchand 认为，当一个人在仰卧平静呼吸时，平均腹内压在 2 ～ 10 cmH_2O。

呼气时胸膜腔内压为 –5 cmH_2O，吸气时达 –10 cmH_2O，在胸膜腔和腹膜腔之间的压力阶差在 7 ~ 20 cmH_2O 之间，最大吸气时，可达 100 cmH_2O 以上。咳嗽时使腹内压升高，让声门反射性关闭，使胸膜腔内压相应增高以对抗腹内压力。当严重的腹部挤压伤时，腹腔压力骤升，声门却未及时关闭，胸腔内负压无法对抗骤升的腹内压，使胸腹腔内压力阶差瞬间剧增，造成膈肌破裂。并通过使腹腔内器官进入胸腔形成膈疝。

由于钝性损伤时，膈肌的裂伤范围往往较大，腹腔内脏器很容易进入胸腔形成膈疝。尽管膈肌的任何部位均可发生损伤，但以中心腱部位和膈肌与体侧壁的附着处最易发生破裂。创伤性膈疝的疝内容也可以通过食管裂孔疝入胸腔，但罕见。疝内容最常见的是胃，其次是结肠、小肠、脾和网膜。如果膈肌缺损较小，使胃幽门部嵌顿引起梗阻，导致急性胃扩张，有时能迅速致死。事实上，创伤性膈疝没有真正的疝囊，外科医生偶见有界限清楚的囊膜，实则为机化的血液和胸膜的渗出物沉着而形成，它并不是一个真正的囊。

三、临床表现

创伤性膈疝的症状与最初的相关损伤有关。膈肌破裂可由于胸膜渗出或腹腔内容物进入胸腔而引起呼吸窘迫，如果伴有疝入胸腔的空腔脏器损伤穿孔，则胃、肠内容物可进入胸膜腔引起胸腔感染，甚至中毒性休克，有的患者很快就出现呼吸困难、发绀、血压下降。如果患者是清醒的，他们可以主诉左季肋区、左下胸部疼痛和不同程度的气短。

小的膈疝胸部物理检查可以没有阳性体征，或至多叩诊在左侧胸腔较低位置呈浊音和呼吸音减弱。随着膈肌撕裂范围的增大和腹腔内容物的大部分疝入，左胸叩诊呈浊音或鼓音，呼吸音减弱或消失，有的可闻及肠鸣音。巨大膈疝的患者气管和心尖向右移位，心脏移位甚至可超过中线。

四、X 线表现

弓状阴影提示左侧膈肌升高、左侧膈肌模糊或不规则、膈肌水平之上出现新的异常影，如气泡或致密影（gas densities）毗邻弓状阴影提示肺膨胀不全，常为盘状（plate-line）。肺不张大量胸腔积液，左膈肌上有气液平面，心脏和中纵隔结构向右移位（图 12-23A，B），不透 X 线的标志物标记所有的皮肤伤口，有助于明确伤口之间或残存弹头之间的关系（图 12-24）。普通胸片也有助于观察任何存留弹头的类型、位置和状态。

左侧膈肌抬高的患者置入鼻胃管后，如果鼻胃管在胸腔内则表明是膈肌破裂（图 12-25），或通过口腔或鼻胃管注入造影剂（gastrografin）60 ~ 90 ml 可证实在左侧胸腔内是否有胃的存在（图 12-26）。如果病情允许，打入造影剂后，患者头低位 10 分钟更有助于诊断。如果诊断仍在怀疑，病情允许，用钡存留在结肠或胃的对比影像观察可明确膈疝的诊断。有时，创伤性膈疝胸内扩张的胃体在胸片上可以误诊为张力性气胸。插入鼻胃管可确定胸腔胃的存在并有助于减轻症状。疝入胸腔之胃、小肠和结肠如发生绞窄，将呈现大量胸腔积液或积脓。

任何具有严重的闭合性胸部和腹部创伤的患者，都应怀疑是否有创伤性膈肌破裂。在这些患者中可以通过临床症状、上述措施和仔细阅读胸片得到证实。

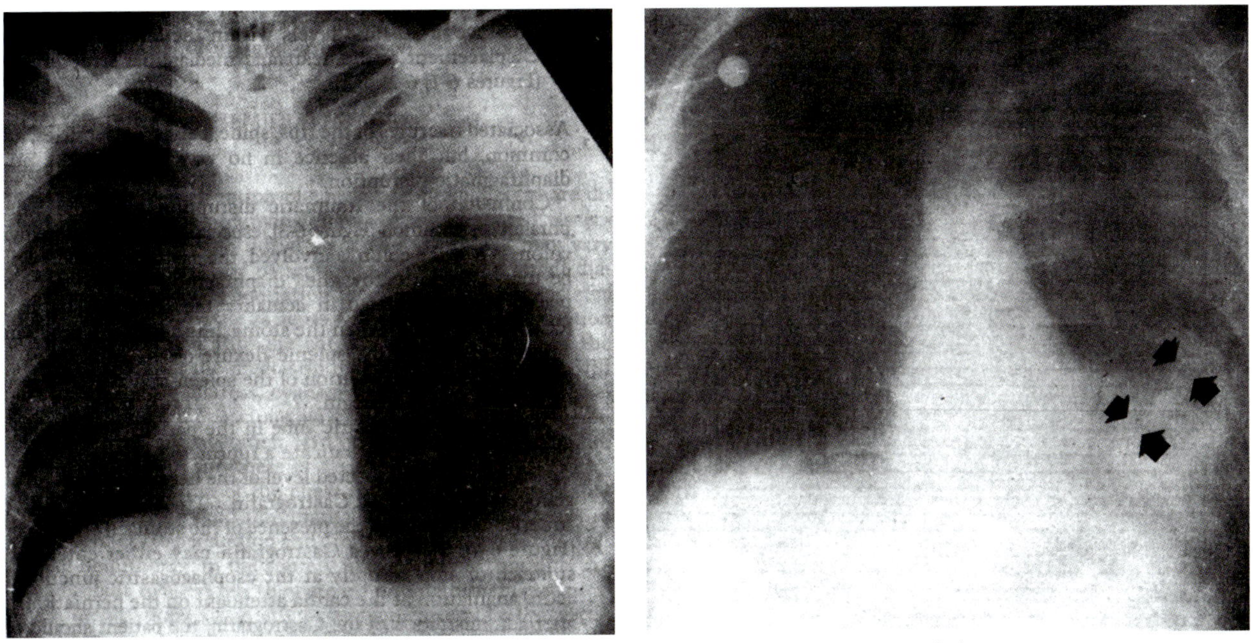

（A） （B）

图 12-23 （A）胸部前后位片；（B）胸部正位片（相同病人）

左侧膈肌升高向右移位，膈上见一胃泡影；胃进入胸腔（箭头为胃管影），心脏、中纵隔向左移位，同时伴有左侧胸膜渗出，膈肌破裂可伴有肋骨骨折，脊柱、盆腔、颅骨等骨折，但没有骨折也并不能排除膈肌破裂

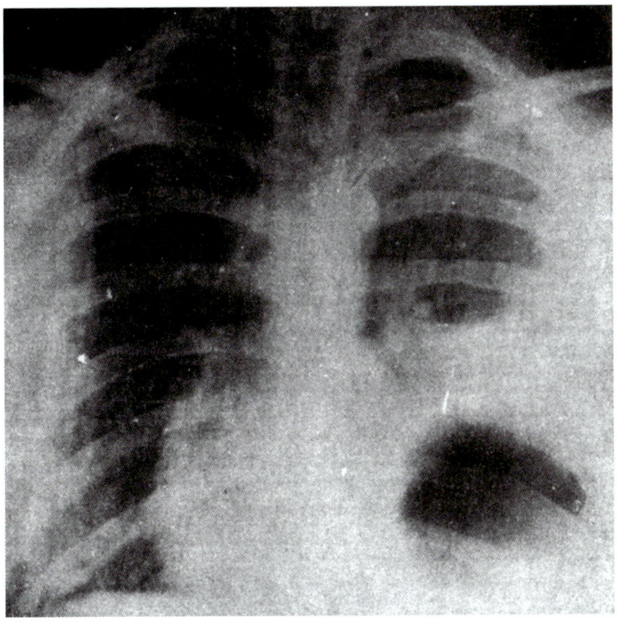

图 12-24 胸部前后位片

左侧膈肌升高，心脏向右移位，左侧膈上见胃泡影，左侧多根肋骨骨折及左胸膜渗出

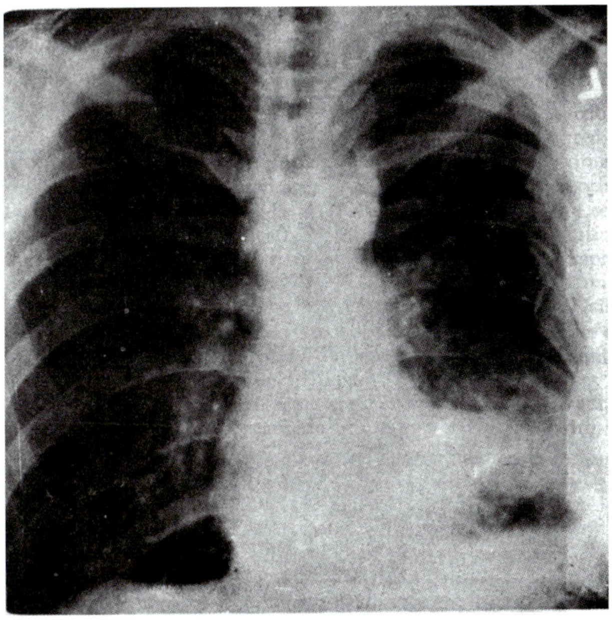

图 12-25 胸部前后位片

左侧多根肋骨骨折，左侧膈肌升高，左侧膈上气体影为胃和结肠

五、其他辅助检查

如果伤后早期左半膈升高而怀疑诊断时，下胸上腹部 CT 有时可以帮助诊断。在诊断膈肌损伤中

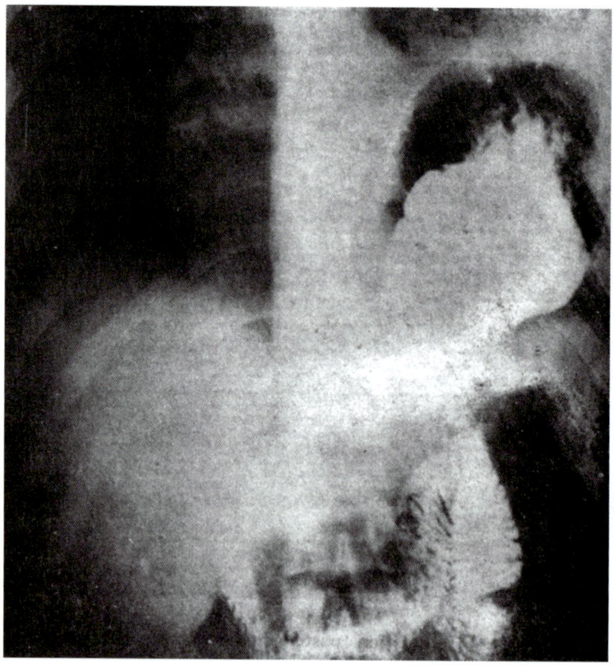

图 12-26 钡餐检查显示：胃进入胸腔

腹腔镜和胸腔镜显示了一定的前景。因为腹腔镜检需要注入气体到腹腔，应当预先置入胸腔闭式引流管。

六、治疗

膈肌修补尚无公认一致的方法，通常认为用粗大的可吸收线连续缝合可收到良好的效果。亦有人主张用不吸收线单层或双层缝合。左侧膈肌破裂，如果患者没有症状或延迟诊断，膈肌修补经胸或经腹均有效。如果患者有症状并可能存在腹内脏器绞窄缺血或穿孔，手术应经腹进行。必要时可在胸部加做一个小的前外侧切口以冲洗胸腔。同时应注意，如果术前未作出膈肌破裂的诊断，而又需要剖腹探查时，术中应常规仔细检查膈肌，某些膈肌破裂伤是微小的，并被膈肌皱褶所掩盖，这些皱褶在正压通气时可以扩张与塌陷。当找到破裂口后，应将疝入的器官还纳回腹腔，并仔细检查有无缺血坏死，然后修补膈肌裂口。右侧膈肌破裂一般认为经胸腔入路进行膈肌修补为佳。因为肝在右侧膈肌的下面妨碍了膈肌的经腹暴露。膈肌破裂较大时可用补片修补膈肌。创伤性膈疝修补后有少数患者复发。

第十一节 心脏和大血管损伤

一、心脏损伤

（一）概述

心脏损伤是现代创伤中仅次于脑外伤的重要死因，在战伤中占 12% ~ 16%，占战地阵亡伤员的 25%；在平时，占胸部损伤的 10% ～ 16%，占交通事故死亡的 15% ～ 75%。因病情重且发展快，60% ～ 81% 的患者于伤后短时间内在现场和运输途中死亡，能生存到达医院的患者主要表现为心脏压塞或出血性休克等症状，心内结构损伤常因为其他伤情掩盖而容易被忽略。在送到医疗机构的胸部外伤者中，心脏伤占 2% ～ 3%。这部分患者如能在短时间内得到院内救治，预后尚为乐观。

1．心脏创伤原因　心脏损伤分为钝性伤和穿透性（包括贯通性）伤。心脏钝性伤多由交通事故、挤压、坠落等压缩性暴力或高速减速引起。外来暴力可使位于胸骨与脊柱间的心脏突然挤压或通过心血管液压传导致伤。心脏穿透性损伤多以锐器刺伤为主，最常见者为刀刺伤，偶见牙签等异物经食管损伤[2]。心脏介入治疗过程中以及偶发的针灸治疗时损伤心脏者，一般都并入穿透性损伤范畴。

2．心脏损伤的分类

- 心脏损伤
  - 钝性心脏损伤
    - 心脏挫伤
    - 心包破裂
    - 冠状动脉裂伤或血栓形成
    - 心脏破裂
    - 冠状动脉损伤
  - 心脏穿透伤
    - 心脏异物
    - 心脏穿孔破裂
    - 外伤性室壁瘤
    - 冠状动静脉瘘
    - 外伤性室间隔穿孔
    - 外伤性瓣膜损伤

心脏破裂伤的临床病理分型：近年心脏破裂伤救治成功的临床经验表明，根据伤后临床表现进行恰当的临床病理分型，对指导早期救治，选择手术时机和地点有很大帮助。目前多主张分为急性失血性休克型、急性心脏压塞型和亚急性心脏压塞型[3]。急性失血性休克型患者心脏和心包破口往往较大，常合并肺裂伤、肋间血管破裂出血、膈肌破裂、腹腔脏器损伤等，短期内失血量较大，出血流入胸腔或腹腔。入院后伤者主要表现为失血性休克。急性心脏压塞型患者心包破口往往较小，血液潴留于心包腔内，造成心包腔内压力急剧升高，主要表现为体静脉回流受阻，颈静脉怒张明显，可在伤后短时间内发生心跳骤停。亚急性心脏压塞型患者心脏裂口较小，可被血凝块堵塞或心脏破裂口位于低位腔，虽然有明确的心前危险区穿透伤病史，但伤后血压、心率均平稳，处于一个相对正常状态，床边超声心动图检查可见心包腔积液或心脏局部运动受损，心包腔内积血往往小于 150 ml。

3．心脏损伤的临床表现　心前区疼痛，可伴有胸闷、心悸、呼吸困难、心包压塞、失血性休克等症状，心脏异常杂音。

4．心脏损伤辅助检查　心电图、胸部 X 线、心脏彩色超声、心包穿刺和心肌酶学检查。

5．心脏损伤治疗原则　连续密切观察，减少不必要的检查或无意义的搬动；必要时果断施行手术治疗；或情况危重，甚至心脏已停搏，亦应及时开胸手术。在平时应备有急症外科监护病房，有急诊手术设备、自体血回输装备、快速的体外循环装备，以便能在左心转流或全身体外循环下行急症手术。

（二）心脏挫伤

心脏挫伤（cardiac contusion）的诊断和治疗相当复杂。也许“心脏挫伤”这个名词应该被取消。

1．原因 多由前胸受重物、驾驶盘等撞击，或从高处坠落，猛烈震荡心脏所致；直接或间接暴力猛然将心脏推压于胸骨和脊柱之间而受损；突然的加速或减速亦可使悬垂的心脏碰撞胸骨或脊柱而致伤。

2．病理改变 心外膜、心内膜下出血或有广泛的心肌挫伤；有时右心室壁心外膜下有小的裂伤，甚或心肌局部血肿、水肿。组织学检查可见心肌纤维损伤或坏死，其后有白细胞浸润和瘢痕形成。

3．临床表现 轻者无明显症状，较重者出现胸闷或心前区疼痛，可伴有心悸、呼吸困难等。偶可闻及心包摩擦音。约1/4的患者右心或左心功能不全，表现为中心静脉压升高、动脉血压下降（非血容量不足引起）。

4．辅助检查

（1）诊断心肌挫伤尚无可以信赖的"黄金标准"。毫无疑问，钝性创伤可以挫伤心脏，尸解报告已经证实这一点。临床困难在于明确心脏挫伤的程度和预测伤后出现危重结局的高危患者。已经有人推荐了各种各样的诊断性试验，对于许多试验来说，阳性结果与绝大多数患者心肌挫伤的结局没有相关性。相反，阴性结果的患者仍有存在心肌挫伤并发症的可能。有人主张，心肌酶增高是诊断心肌挫伤的重要指标。

（2）心电图检查并无典型改变，有时正常心电图亦不能排除心肌挫伤。常见的心电图改变有阵发房性心动过速、传导阻滞、室性期前收缩、室性心动过速、复极障碍，甚至出现心肌梗死图形如ST段抬高、T波低平或倒置。

（3）放射性同位素扫描可显示室间隔和室壁运动状态，但对心脏挫伤的诊断价值仍不确定。

（4）超声心动图可以看出心包渗出，室间隔异常，心内分流，血管功能改变，对诊断心内结构的破坏性损伤如创伤性室间隔缺损、腱索断裂等有其他方法不可替代的价值，但诊断心脏挫伤的价值要大打折扣。

（5）食管超声可看出降主动脉的破口及心内结构和分流。

（6）动态监测心动图是最好的。

总之，诊断主要依据临床表现、心电图、UCG、胸片、超高速CT，及心肌酶学检查，但目前尚缺乏特异性诊断方法。血清磷酸肌酸激酶同工酶CPK-MB是心肌损伤特异而敏感的指标，在伤后6～24小时达到高峰，72小时逐渐恢复正常。CPK-MB > 200 U/L时可以确诊心肌损伤。血清肌钙蛋白cTn-T在伤后4小时明显升高，在伤后24小时升高最为明显，其敏感性比CPK-MB更高，持续时间更长，是目前最特异和敏感的指标。钝性伤所致的心肌破裂、心包破裂或急性心包压塞需要手术治疗。无心包压塞表现、循环稳定、超声心动图提示少量心包积液者可保守治疗，定期超声复查，但需警惕伤后1～2周后挫伤区软化坏死引起迟发性心脏破裂，或心包撕裂引发心脏嵌顿。长期心电图异常者应警惕创伤性室壁瘤形成的可能性。

5．治疗 卧床休息。心电图监护，密切观察。给氧纠正低氧血症。补足血容量维持动脉压。如发生心律失常，给予抗心律失常药物治疗。非低血容量低血压症需滴注多巴胺、肾上腺素等升压药物。心力衰竭应用利尿剂和洋地黄类药物。

6．预后 心肌损伤的预后视病情而异。立即死亡者，多发伤为致死原因之一。但如存活24小时以上，则在积极治疗下，有可能获得生存。

（三）心脏破裂

1．心脏破裂（cardiac rupture）**原因** 多由尖刀等锐器、子弹和弹片等穿透胸壁伤及心脏所致，少数则由暴力撞击前胸引起。

2．心脏破裂的发生率 钝性心肌破裂发生于各心腔的概率相等。心脏穿透伤可发生于任何一心腔，但最常见于右心室。因右心室位于前方，故最易伤及。其次为左心室和右心房，左心房和心包内大血管破裂则少见。Glinz 在 575 例心脏破裂的统计中（图 12-27），左心室、右心室和右心房外伤性破裂的机会相似，均为 28% 左右，左心房破裂则少见（19%）。虽然大多数损伤只罹及一个心腔，但多心腔损伤也是可能的。

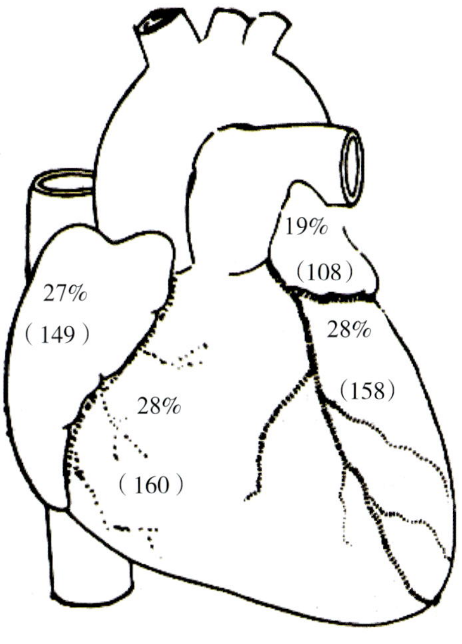

图 12-27　心脏各部位心肌破裂的发生率

3．临床表现　低血容量征象、急性心脏压塞征象或二者兼有。

（1）心包裂口保持开放畅通者，心脏出血外溢，从前胸伤口涌出或流入胸膜腔，临床上出现低血容量征象：如面色苍白、呼吸浅弱、脉搏细速、血压下降等，患者可快速陷入休克，因大出血而死亡。

（2）心包无裂口或裂口较小不甚通畅者，心脏出血不易排出而在心包腔内积聚，由于心包缺乏弹性，腔内急性少量积液（0.1 ~ 0.2 L），即可使心包腔内压力升高，压迫心房和腔静脉，并限制心室舒张，降低心房、心室压力阶差，从而减少回心血量和心排血量，致使静脉压升高，动脉压下降，产生急性循环衰竭，形成心脏压塞征。患者诉心前区闷胀痛、呼吸困难、烦躁不安、少尿或无尿、面色苍白、脉搏快弱，有时可扪及奇脉；血压下降或不能测出，但静脉压升高 > 1.47 kPa（15 cmH_2O）。

（3）心脏破裂也可能在当时或数日内被拟诊，足可见有可能在破裂之后因凝血块填塞裂口而暂时止血。如以后凝血块脱落出血，称为继发性破裂。

4．诊断

（1）临床工作中由于心包压塞多与大量失血并存，使经典的 Becks’ 三联征（低动脉压，高中心静脉压，心音遥远）出现的机会甚少。因此，胸部损伤尤其是心前区穿透伤后，即使无典型 Becks’ 三联征者，也要考虑到心脏血管损伤合并心包压塞的可能。出现下述情况时要格外警惕：与创伤程度不相符合的严重低血压；短时间内大量胸腔积血，胸腔闭式引流后仍不能减少；积极抗休克治疗不能提高血压；低血压伴中心静脉压升高，颈静脉怒张。

（2）急诊床旁超声心动图（ultrasonic cardiogram，UCG）检查在诊断中的地位：胸部 X 线片和心电图检查对心脏损伤的诊断都不具备特异性，UCG 能直观、实时地显示心脏的形态结构、瓣膜活动、心腔血流状态，及局部室壁运动，应作为疑诊心脏损伤病例的首选辅助检查 [4]。急诊床旁 UCG 检查时发现心包积液、心腔缩小、舒张期室壁运动塌陷即能快速明确心包压塞的诊断，并可同时了解心脏结构的异常，如腱索乳头肌断裂、瓣膜关闭失常和室间隔贯通等。如能在伤后数日内做动态观察则有利于避免漏诊。

（3）心包穿刺术在心脏损伤早期救治中的作用：对心包穿刺的作用，国内外均存在争议。有学者认为心包穿刺有诊断意义，即使只抽出少量积血亦可明显改善患者血流动力学状况，增加对麻醉和手术的耐受。心脏损伤的早期处理不宜进行心包穿刺，原因有三：心包穿刺术在不可视状态下施行，具有较大盲目性，难免造成医源性损伤。急性心脏压塞时极易发生心搏骤停，紧急心包切开能更迅速解除心脏压塞，提高抢救成功率，这种情况下选择心包穿刺术极有可能延误抢救时机。当心包内的血液凝结或者穿刺点正好有血块时，可能出现假阴性。如伤者病情稳定，UCG 明确心包有中到大量积液时，在 UCG 引导下进行心包穿刺术是可行的。

5．治疗　一经考虑本诊断，应毫不犹豫地进行手术探查。急性心包填塞往往病情危急，可先做心包腔穿刺减压，同时输血补液，争取剖胸抢救时间。

（1）急诊室开胸（emergency room thoracotomy，ERT）与手术室开胸（operative room thoracotomy，ORT）的选择：心脏破裂伤者由于本身的特殊性，入院时多处于休克、濒死状态，就地抢救、减少搬动是此过程中的关键之一。特别是确诊的心脏破裂伤者无论生命体征是否平稳，应尽可能减少搬动，在急诊室内就地行 ERT。Hall 等 [5] 认为在现场已无生命迹象（或生命体征）者，不应行 ERT；对有证据表明在急诊室内丧失生命体征者，应积极行 ERT（开放性颅脑外伤除外）；对现场有生命体征、到达急诊室前丧失者，穿透伤应行 ERT，钝性伤则否。故认为应该根据临床分型区别对待，急性失血型伤者应在积极抢救休克的同时急诊手术 [6]，对到达医院后处于濒死状态或心跳、呼吸停止者应果断行 ERT。急性心脏压塞型急诊解除心脏压塞是挽救伤者生命的最主要措施，也应行 ERT。ERT 不必过分强调场所和设备的完备，应立足于首先挽救生命，心肺复苏后应立即展开脑复苏。亚急性心脏压塞型有相对充裕的准备时间，宜行 ORT。

（2）手术方法

①麻醉：应取全身麻醉，气管插管，机械呼吸，快速输血。神志不清者可不用麻醉而迅速开胸，打开心包，解除心包压塞或控制出血再给予麻醉剂。

②切口：根据损伤部位选择切口。最常采用的是平卧位左侧垫高 30°，左胸前外侧切口经第 4 肋间进胸，进胸后于膈神经前方纵行切开心包进行手术。手术结束时，在膈神经后方行心包开窗引流。

③处理

A．有心包压塞者，一切开心包血液即涌出，患者血流动力学情况立即改善。此时应立即输血，扩大心包切口，清除血块，暴露心脏裂口，并用手指堵住，视具体情况进行修补。如在开胸过程中心脏停搏，应快速进胸，将左肺向前牵开，显露降主动脉，并暂时将其阻断，以增加冠状动脉和脑部血流。快速修补伤口后挤压心脏，心跳有力后再开放降主动脉。

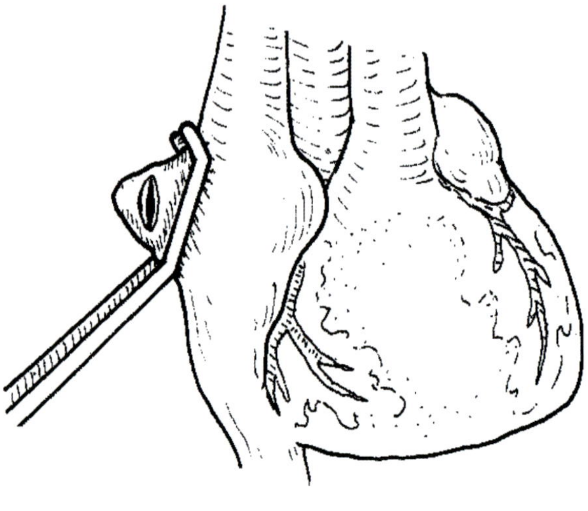

图 12-28　用血管钳控制心房裂伤，然后能够在无血手术野进行心房裂伤的修补

B．心房破裂者，用无创伤血管钳或心耳钳夹住破口，用 4-0 或 3-0 无创线连续缝合（图 12-28）。

C．心室破裂者，可用以下几种方法修补：

a．手指堵住裂口，用 2-0 或 3-0 无创线在指尖下方穿过全层心肌，手指下移，助手结扎缝线，然后再以同法结扎第 2 针、第 3 针等，直至将裂口完全缝合。

b．用手指堵住裂口，在裂口两侧平行各缝一针牵引线，将两根牵引线交叉后向相反方向牵拉，使裂口对合止血，然后间断缝合裂口，最后抽出牵引线或相互打结。

c．心室裂口过大不能直接缝合者，先用手指压迫止血，迅速建立体外循环后再进行修补。采用左前外侧切口者可在降主动脉或股动脉插供血管，经右室流出道或左肺动脉插入静脉引流管，开始体外循环后用补片修补缺损。如为枪弹伤，应将弹道周围坏死心肌切除后再行修补，以防术后出现室壁瘤。

（3）术后护理：术后应严密监测血流动力学指标，补足血容量并给予抗生素预防感染，保持引流管通畅。贯穿性损伤或其他部位有伤口者，应给予破伤风抗毒素。

（4）快速输液的利弊：心脏损伤早期急救时是否应快速输液，目前仍存在争议。部分学者认为，大量输入晶体液可能使静脉压力进一步增高，使心包腔的压力和心脏舒张期压力升高，反而容易使已经凝固的血块脱落，引发大出血。血液的迅速稀释也不利于血凝块形成。作者认为，首先应尽快建立中心静脉通路，既能快速输血输液，又能监测中心静脉压力。静脉通路需有入量 200 ~ 400 ml/min 的条件，以保证开胸后挤压心脏时心腔内有足够的充盈血量。根据临床分型情况，为提高血压并保证重要脏器的灌注，对失血性休克型可以快速输入液体。急性心脏压塞型应避免快速输液，解除心脏压塞是关键。亚急性心脏压塞者或相对稳定伤者，输液量应予以控制，保持血压相对稳定即可。心脏挫伤患者如出现低心排综合征表现，应考虑到心脏功能的损害，液体入量应予控制，同时辅助正性肌力药物。

（5）异物拔除的时机：多数观点认为，心脏外伤患者胸部伤口有异物存留时，不可随便拔除异物，以免突发不可控制的大出血而造成患者死亡，应该在开胸手术后有充分准备建立体外循环生命支持的情况下取出异物。这样可以有效控制出血。程邦昌等[7]则认为，胸内脏器如肺、纵隔、膈肌在不断运动，心脏亦按特定频率搏动，保留致伤器不仅不能压迫止血，反而极易导致继发损伤，主张除胸部贯通伤外露伤器固定无移动者外，其他心脏、胸部盲管伤或胸腹联合伤外露伤器均宜尽早拔除。

（6）介入治疗的应用：近几年介入治疗逐步开始应用于心脏大血管创伤，如创伤性室间隔穿孔和大血管损伤。心脏损伤合并室间隔穿孔时，急诊体外循环心内直视修补风险很大，室间隔缺损周围组织严重水肿，术后容易并发残余分流、心脏衰竭等。如果病情稳定可以待 2 ~ 3 个月后再择期行室间隔缺损介入治疗术[8]，临床效果良好。Akowuah 等[9]提出创伤性主动脉破裂者在血流动力学稳定的状态下也可以根据主动脉损伤位置进行内支架治疗，优点包括治疗时间缩短、创伤减少、用血量减少。而机械通气时间、ICU 留置时间和住院时间无显著差异。

（四）室间隔破裂

室间隔破裂（rupture of the ventricular septum）不但发生率高，且对血流动力学影响大。室间隔破裂多发生在近心尖处肌部室间隔，有时为多处破裂，并可损伤传导系统。如室间隔破口较大，分流量大，能导致肺充血和充血性左心衰。表现为呼吸困难、端坐呼吸、咳泡沫样痰等急性肺水肿的症状，或血压下降、休克、心脏骤停，胸骨左缘第 3、4 肋间可闻及粗糙喷射性全收缩期杂音，并伴有震颤。

心脏超声或心导管检查可明确诊断。

室间隔破裂者，室间隔破口大造成严重心功能不全时应在体外循环下急诊手术。但急诊手术的失败率较高，施行缺损修补术以病情稳定，伤后 2 ~ 3 个月为宜。

（五）瓣膜、腱索或乳头肌损伤

瓣膜、腱索或乳头肌损伤（injure to cardiac valves，chordae tendineae or papillary muscles）多发生在心室舒张期，以主动脉瓣破裂、二尖瓣腱索或乳头肌断裂居多。患者受伤后因产生瓣膜反流而导致心衰。根据心脏杂音和超声心动图可作出诊断。多需施行瓣膜成形或瓣膜置换术。

（六）瓣膜结构损伤

瓣膜损伤以主动脉瓣膜多见，其次是二尖瓣和三尖瓣。主动脉瓣的损伤多于瓣叶交界处的撕裂和瓣环撕脱，二尖瓣的损伤以乳头肌和腱索的断裂为主，三尖瓣的损伤也以腱索断裂多见。如果没有出现急性心力衰竭，建议 2 ~ 3 个月后手术为佳。主动脉瓣和二尖瓣的损伤如果出现心力衰竭，可以急诊体外循环下行手术治疗。手术方式以瓣膜置换术为主[10]。如果病情稳定，可以择期（2 ~ 3

个月后）行主动脉瓣和二尖瓣的修补术，修补成功率比较高。三尖瓣损伤一般不会引起心力衰竭，以择期修补手术为主。

（七）冠状动脉损伤

冠状动脉损伤（coronary artery injures）常为冠状动脉的分支而非主干，治疗可用心外膜覆盖之。如为主干断裂，只能进行主动脉冠状动脉搭桥术。

（八）冠状动静脉瘘

冠状动静脉瘘（coronary arteriovenous fistula）指冠状动脉与心脏静脉系统沟通。多无主观症状，有的 20 余年亦未出现心功能不全。体格检查时可闻及机械样杂音，只有进行冠状动脉造影才能确诊。

（九）心脏金属异物

1．病因 心脏金属异物（cardiac metal foreign body）均系外伤所致，如子弹、弹片、缝衣针、注射器、三棱针、粗铁丝、铆钉、铁（钢）片、火枪铁纱等。子弹、弹片（包括雷管爆炸弹片）伤最多见，部分伤员枪弹可从背部或肩部进入胸内。缝针、三棱针、粗铁丝等自心前区进入体内。缝针以自伤者为多，亦有他伤者。铁片（包括工人工作中失误）多为他伤或误伤。心脏受伤部位半数在右心室，可能与右心室位置居前、暴露面积较大，及异物可经血液循环进入右心室有关。

2．临床表现与诊断 患者多胸痛、气短、心慌、呼吸急促，有晕倒史或低血压。凡在受伤后有低血压、心音遥远、颈静脉怒张，脉压小、奇脉者，均应想到心脏损伤伴有心包填塞和异物存留的可能。根据病史、症状和 X 线检查可以确诊。

心脏内异物有随血液移动位置的特点，但可随异物重量的大小和伤及心脏的部位有所不同。异物位置浅者可在心包腔或心脏表面，深者可穿透心室壁或位于心腔。心脏搏动可使心脏金属异物改变位置。右心室内的异物可移动至肺动脉；注射针折断于静脉内，可随血液进入右心和肺静脉；有报道经 X 线检查位于右肺的金属异物，开胸探查却发现异物“失踪”，再检查已进入左心室，最后在体外循环下切开左心室，从二尖瓣下取出异物；异物在动静脉内顺血流移动的距离可能很远，亦可逆血流而游动，有右心室的子弹逆行进入肝静脉的报道；也有心室壁的缝针亦可穿过膈肌进入腹腔，最后由盆腔中取出的情况等。鉴于心脏异物的这一特点，手术前一天，甚至在上手术台前，应再透视确定异物位置，手术操作程序亦应考虑这一特点。

3．治疗 据异物的部位和临床分析，手术多可在常温麻醉下进行，有时需在低温麻醉或体外循环下进行。一般采用胸骨正中切口，有时根据异物位置也可采用伤侧剖胸切口。切开心包，摘除心包腔内或心肌浅表异物。注意有无伤及冠状血管。对嵌入心室壁或心腔内的异物，可先在异物两侧置带垫片褥式缝线 2 ～ 3 针；心房壁与大血管根部可先做好荷包缝线，以防摘除异物后大出血。必要时术者左手示指可由心耳伸入心腔，探查并固定异物，以便将其摘除。冠状血管附近的异物，应在冠状血管的底面穿过褥式缝线，结扎后保证血管通畅。

异物体积过小，估计术中难以寻找摘除，又无明显症状或感染征象者，可保守观察。对手术摘除不成功或仍有异物存留者，术后应定期随诊观察，注意异物有无移位，随机予以摘除。手术前后抗生素的应用不可缺少，以防术后发生细菌性心内膜炎。

二、胸内大血管损伤

（一）概述

胸内大血管包括主动脉及其三大分支、腔静脉和肺动、静脉。升主动脉与心脏相连，移动度较大；主动脉弓与其分支：无名动脉、左颈总动脉和左锁骨下动脉悬吊在上纵隔中，位置相对固定；

降主动脉于后纵隔中紧贴脊柱，最为固定。因此在高空垂直坠落时，或背部受到撞击，人体向前、心脏向头端移位时，均可发生主动脉破裂，而以主动脉峡部的凸面发生破裂者居多。开放伤可发生于主动脉，或在胸廓上口处，引起复杂的三大动脉分支的破裂。腔静脉的创伤，多发生在开放性胸部损伤中。肺血管损伤后由于压力低，出血不像主动脉那么凶猛，术前往往诊断为血心包或血胸，经剖胸探查方才证实。治疗时应争取修补，减少切肺。

1．胸内大血管损伤可分为钝性损伤和大血管穿透性损伤两大类。

- 胸内大血管伤
  - 钝性损伤
    - 主动脉破裂
    - 假性动脉瘤
  - 穿透伤
    - 主动脉裂伤
    - 主动脉弓上动脉伤
    - 大静脉伤
    - 主动脉 - 腔静脉瘘

钝性损伤能伤及主动脉及其弓降部分支，约 95% 的胸主动脉钝性撕裂的患者死于到达医院之前。在伤后初期尚生存的小部分患者，出血填充于主动脉周围及纵隔组织内。

无名动脉、左颈总动脉和左锁骨下动脉的假性动脉瘤是罕见的，可能与牵拉性损伤机制有关。这些血管更多见的损伤是从其主动脉的起始部断裂（图 12-29）。胸主动脉撕裂的位置多变，包括从升主动脉起点到膈肌的任何部位。在幸存抵达医院的病例中最常见的损伤部位是左锁骨下动脉起点远侧的动脉韧带处。此处为活动性主动脉弓与固定性的降主动脉的交界点，降主动脉被肋间动脉栓紧，主动脉进一步被动脉韧带栓紧。在突然减速机制下降主动脉随着身体的停止而停止，而心脏和主动脉弓继续向前运动，这两段主动脉之间产生的剪切力，造成主动脉撕裂，撕裂程度可为部分或完全撕裂，部分撕裂最常见部位在邻近动脉韧带处累及主动脉的后内侧。

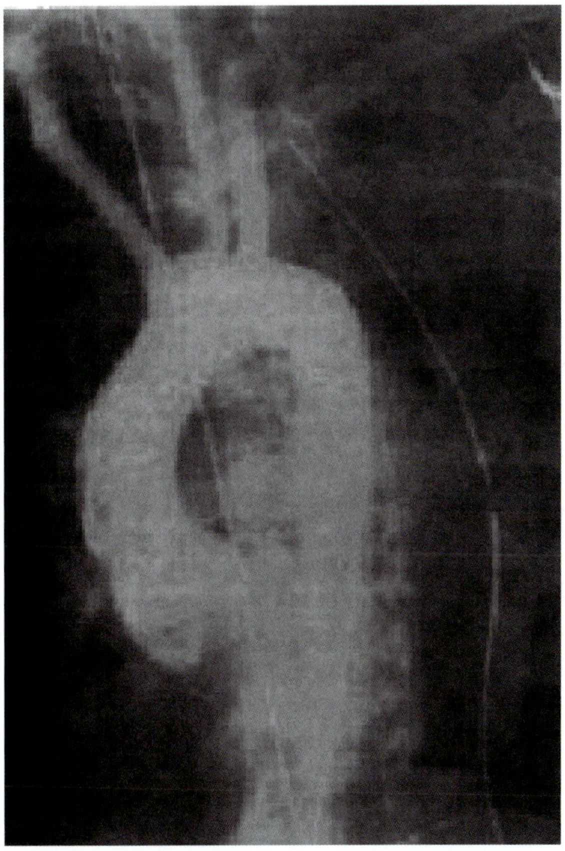

图 12-29　血管造影证实继发于钝性创伤后累及无名动脉和左颈总动脉的假性动脉瘤

左锁骨下动脉发源处的假性动脉瘤术前血管造影未发现，但术中证实，同时还存在左乳内动脉、左椎动脉起点和左假状颈干（图中未显示）的假性动脉瘤

钝性大血管损伤多涉及胸降主动脉；相反，大血管穿透伤则可发生于任何部位。许多胸内大血管损伤的伤道入口实际上在颈根部，尤其是刀伤可损伤无名动脉、锁骨下动脉或腋动脉，颈部的颈动脉一样可以伤及。颈根部刀伤也可损伤锁骨下静脉和无名静脉，这类损伤不如相邻的动脉那么严重，因其为压力较低的静脉系统且易于填塞止血。

胸部或颈根部穿透伤的许多患者，因大动脉损伤而大量出血，需紧急开胸。其他患者最初循环稳定而有大量血胸或进行性出血者，也是急诊开胸的适应证。虽然开胸前可以猜测血管损伤部位，但确定性诊断在手术中作出。

患隐伏的创伤性胸内大动脉假性动脉瘤的患者通常能稳定地送达医院。颈根部存在刀伤或弹道的稳定患者，应强调立即做血管造影检查，以排除血管损伤（图 12-30）。一个漏诊的损伤可能减压进入胸腔，带来灾难性的后果。

应该记住及时或早期正确治疗和有效的护理往往能使最严重类型的胸部损伤患者得到治愈。相反，许多相对小的胸部损伤患者却常常死于草率的初期管理。

（二）创伤性主动脉破裂（traumatic rupture of the aorta）

钝性主动脉损伤并不少见，在平时交通事故中占 15%，其中 0 ～ 20% 可以送到医院。由于出血凶猛，往往来不及手术，患者易死于出血。

1．病因

（1）减速加胸部挤压，多见于紧急刹车时减速和方向盘挤压造成驾驶员胸主动脉破裂。

（2）垂直减速，多见自 10 米以上高度的减速伤。

（3）直接撞击或挤压胸部。

（4）高处坠落或滑倒背部着地，多见于老年人。

行人被汽车撞击时，作用力近似垂直减速，因心脏、升主动脉，及主动脉弓相对游离，此时向头端移位，而降主动脉与动脉韧带、肋间动脉和壁层胸膜等相连，相对较固定，结果在主动脉峡部产生一较大切应力，造成破裂。少数病例因主动脉内血液的冲击作用，造成主动脉瓣损伤或升主动脉破裂。

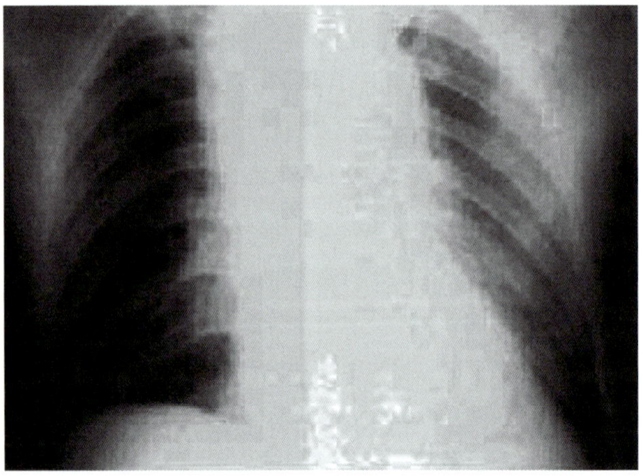

图 12-30 纵隔影增宽，主动脉结显示不清

裂伤的方向多数是横行的，可半折断或全断裂，少数呈星芒状。在主动脉外面有纵隔及胸膜覆盖，所以在破裂后一段时间内仍可存活；能存活到医院的多为部分裂伤。主动脉外膜可以防止血液溢出，形成假性动脉瘤，日后再继发性破裂。

2．临床表现 钝性主动脉损伤的症状依其破裂部位和程度而异。升主动脉破裂主要表现为急性心包填塞。在罕见情况下，钝性升主动脉损伤可致纵隔影增宽（图 12-30）。主动脉峡部和降主动脉破裂约占全部病例的 1/3，主要症状是胸部剧痛并向后背及肩胛部放射。由于患者多有复合伤，常处于休克状态。血肿压迫可导致呼吸困难、吞咽困难、霍纳（Horner）综合征和声音嘶哑。左右臂血压有差异，上肢血压较下肢血压高，或有脊髓缺血所致的截瘫或肾性少尿等。

3．辅助检查

（1）X 线所见：有纵隔增宽（纵隔血肿）> 8 cm，气管向右移位，血管向左胸腔破裂引起左侧血胸。在左顶区（apical area）存在血肿，第 1 或第 2 肋骨骨折，胸骨或锁骨骨折，左侧多发肋骨骨折，胸椎骨折错位，主肺动脉窗的缺失（loss of aortopulmonary window），侧位胸片支气管向前移位，气管向右偏移，主动脉结外形消失。摄片时由于取仰卧位，球管与 X 线片距离过近，前后位摄片时纵隔阴影较后前位摄片为宽；由于纵隔本身有血肿及胸椎旁血肿等因素，误差较大，因此有可能漏诊。也可能由于摄片技术失误，吸气不足或体位不妥所致（图 12-31）。

（2）逆行性主动脉造影：若高度怀疑主动脉破裂、全身情况又允许时可行逆行性主动脉造影。

常用的主动脉造影插管部位为股动脉，其次为右侧肱动脉。主动脉造影，除能明确诊断外，还可显示破口位置及范围，为制订手术方案提供依据。在造影时使用 β 受体阻滞剂减低后负荷，有助于改善 DP/PT。

（3）CT：为一种无创性检查方法，且更快速简捷；缺点是当 CT 诊断不清而需要血管造影时，将耗费更多时间而延迟了诊断。CT 的准确性亦存在问题，有人报道 CT 有很高的假阴性率，CT 不应作为上纵隔影增宽患者的筛选检查而常规使用。若疑问不强烈而胸片有上纵隔阴影增宽时可做 CT 检查。

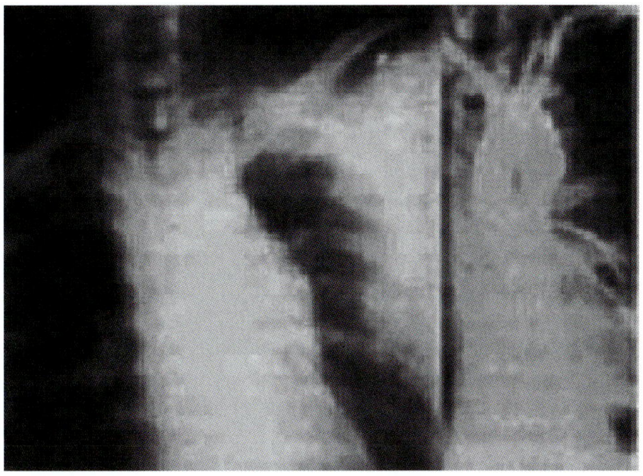

图 12-31　降主动脉损伤患者胸片和主动脉造影

显示：左主支气管受压，主动脉结轮廓消失，左肺尖血肿

（4）食道超声（TEE）：对诊断降主动脉裂口有优势，它适用于在手术室因血腹须紧急剖腹，同时纵隔增宽没有时间进行主动脉造影的患者。同样，在 ICU，TEE 有时也有用武之地。

4．治疗

（1）手术指征：主动脉损伤的严重程度差异颇大，应根据具体情况决定治疗方案。有出血性休克者应快速输血，同时紧急手术。病情较稳定者可详细检查，明确诊断后进行手术。以下三种情况应尽快手术，无须主动脉造影。

①怀疑主动脉破裂有迟发性左胸大量积血者，因堵塞主动脉破口的血块溶解或脱落，可在伤后不久、数日或数周出现血胸。一旦出现，应及时手术，否则伤员会因快速大量失血死亡。

②血胸或纵隔血肿短时间内进行性加重。

③血压下降或大量输血方能维持血压者。

（2）手术方法

①手术径路：主动脉峡部、降主动脉破裂者可采用左胸后外侧切口，经第 4 肋间或第 4 肋床进胸。升主动脉破裂需正中劈开胸骨径路，有时需体外循环下修补。

②阻断主动脉方法：修补主动脉峡部和降主动脉时需在破口两侧阻断主动脉。阻断主动脉有两个危险：近侧血压升高，加重颅内出血；远侧缺血，可导致脊髓和肾损伤。前者可用适当的麻醉剂和降压措施避免。

第十二节　胸腹联合损伤

胸腹部联合损伤是胸部损伤中表现最严重的损伤。其特点不仅与伴有严重休克的任何其他严重损伤相同，而且还受呼吸生理紊乱的危害。呼吸紊乱的原因为膈肌和胸部的损伤以及腹腔出血和继发于腹腔内损伤所致腹腔感染的影响。

虽然胸腔内和腹腔内脏器的损伤也可发生在胸腹挤压冲击伤所致膈肌破裂时，但与胸腹穿透伤相比，这些器官的损伤比较少见。

从性质上讲，穿透性胸腹联合伤一般更急。为了修补肠破裂、切除损伤的脾或控制严重的出血，常常需要立即或早期进行剖腹探查。就胸腔积液、积气而论，剖胸手术可能是必要的。但大多数情况下，胸腔穿刺术或行胸腔闭式引流术单纯排除胸腔内气体或液体，足以能恢复呼吸功能。由于未发现的或小的气胸、血胸可以突然加重并影响心肺功能，故常需重点观察胸部情况和病程变化。

致伤物首先进入腹腔，然后向上进入胸腔的胸腹联合伤患者，其预后更差。这种损伤如有肝、脾、腔静脉、门静脉、腹主动脉或腹主动脉的一主支严重损伤。

有时，致伤物向上穿膈肌并损伤心脏造成急性心包填塞。在这种情况下，为了解释严重休克的原因，外科医生常常开腹，但立即发现腹腔内没有损伤。

胸部损伤患者的死亡率较低，但在伴有膈肌和腹部损伤时则死亡率明显增高。通常，死亡率取决于腹部脏器损伤的性质和数量。除血管损伤外，腹腔单一器官损伤的死亡率大约 10%，2 ～ 3 个器官损伤则约为 30%，4 个器官以上损伤则死亡率接近 100%。

一、病因及分类

胸腹联合伤分为闭合性损伤和开放性损伤。前者平时常见于工农业生产意外事件（如高处坠落、钝器打击等）或交通事故（如暴力挤压、冲撞、急剧减速等）；后者则多见于战时的火器（如枪弹、弹片等）、刃器伤（图 12-32）。

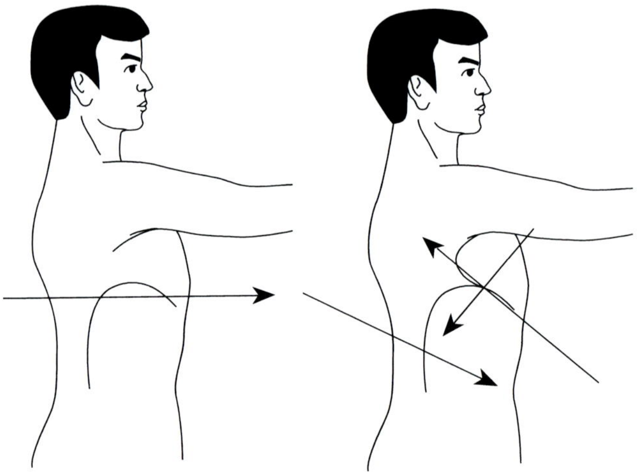

图 12-32　胸腹联合损伤

A．凡在第 4 肋间平面以下的伤道都有可能造成胸腹联合伤；B．上腹部的各种伤道都有可能造成胸腹联合伤

二、病理生理

开放性损伤是由于弹片、枪弹或刃器直接穿通胸壁、膈肌和腹壁，在伤道经过的全程，造成多种脏器同时损伤。闭合性损伤发生于下胸部或上腹部，突然强力挤压或撞击，使胸腔或腹腔内压力骤升，造成胸内或腹内脏器破裂。

不论开放性或闭合性胸腹联合伤，都可能发生心、肺、大血管损伤、膈肌破裂；肝、脾破裂；胃肠破裂等。上述损伤的结果，主要造成循环、呼吸功能紊乱和严重胸、腹腔污染。

三、临床表现

胸腹联合伤临床表现为严重的呼吸困难、发绀和休克，常兼有胸部和腹部的症状。胸部损伤的主要表现为血气胸、纵隔移位、咯血、皮下气肿等。若从胸部伤口见到粪便、胆汁、胃肠内容物、大网膜等即可诊断为胸腹联合伤。腹部损伤的主要表现为出血、呕血、便血、血尿、腹膜刺激症状，及血压下降、脉速、血红蛋白持续降低。胃肠等空腔脏器破裂时，有腹痛、恶心、呕吐、腹肌紧张、压痛及反跳痛。

四、辅助检查

1．实验室检查　实验室检查仍是最常用的基本诊断方法，但对指导紧急抢救的价值不大，可作为观察伤情变化的依据，按需要进行。如首次检查无明显异常，其诊断不明确而伤情必须立即手术探查者，则实验室检查可不列为常规。

伤后随着出血量的增加，患者的红细胞和血红蛋白值逐渐下降，出血量超过机体血容量 20% 时，则红细胞压积下降，这对诊断有参考价值。中性粒细胞数增高是机体对创伤的生理反应，增加数的多少，即反映有内出血或感染。个别患者可测定淀粉酶值，若血清或尿淀粉酶值持续升高，表示有胰腺损伤或十二指肠破裂。如能同时测定腹腔灌洗液或腹部伤口溢出液的淀粉酶值大于 150 U（Somogy 法），则诊断更可靠。

2．X 线检查　原则是伤情未稳定前不做此项检查。X 线检查对诊断胸部创伤的实用价值比腹部创伤大，前者常可及时显示胸内的心肺情况。如胸腔内有无积气、积液（气液平面），肺有无压缩，心脏阴影是否扩大，心搏动是否减弱，双侧膈肌的活动情况，纵隔、膈下、皮下，及腰大肌区有无游离气体等，都是诊断和筛选胸内脏器损伤的参考依据。

X 线检查如发现有低位肋骨骨折时，要警惕存在肝或脾损伤的可能。肝、脾阴影的大小、形状和位置的改变以及胃或结肠的移位，均有助于诊断。例如脾损伤后，因出血而致脾区阴影增大，脾的形态模糊，左侧膈肌升高，动度减弱，胃大弯向右向前移位，胃底及大弯处形成切迹。若腰大肌区可见游离气体，常表示有腹膜后十二指肠穿破。左侧外伤性膈疝则可见胃泡或肠管突入左侧胸腔。理论上腹腔内有游离气体超过 50 ml 时，即可在膈下显示出来，对诊断腹腔内空腔脏器穿破很有帮助，但实践证明，对腹部穿透伤，一是要排除体外气体进入体内的可能性，二是胃肠道穿破并非均有游离气体的出现。例如小肠内很少有气体存留，且其肠曲互相靠近，伤后小肠破口处的黏膜外翻或产生炎性纤维蛋白均可使其破口很快封闭。胃和结肠穿破后发生膈下游离气体者也只占半数左右，因此，即使膈下无游离气体，也不能完全否定空腔脏器穿破的存在，需结合致伤原因和受伤机制以及临床表现加以分析。

火器所致胸腹部盲管伤在手术前应尽可能做 X 线检查，以显示金属异物的数目、大小、形状和位置，既便于手术取出异物时的定位，也可依据它的位置和体表入口间的距离来估计异物在体内的走行方向和可能损伤的脏器。

X 线检查同时辅以对比剂造影检查是一项较好的诊断方法，此法可获得较为明确的诊断。例如口服造影剂（如碘油 20 ml）若溢入胸腔内，即可诊断食管损伤；溢入肝下右肾附近，多是十二指肠破裂；或自腹腔注入气体 500 ～ 1 000 ml 行立位检查，所见气体进入胸膜腔或显示其中有腹内脏器时，则膈肌破裂和膈疝的诊断即可成立。但是，对急性呼吸困难的患者禁用这种实验。因为腹腔和胸腔存在交通伤时，发生的气胸可以引起肺萎陷和肺功能不全，加重病情。闭合性腹部伤常出现阴性X线检查结果，若根据外伤史和临床表现已能确定为胸内或腹内的脏器损伤，尤以伴有出血、休克等而需迅速处理者，应先抓紧时间抢救而避免或延迟X线检查，以防加重伤情而延误治疗时机。

3．B型超声检查 本检查常用于胸内、腹内实质脏器损伤的检查，观察其形态、大小有无异常，有无血肿或积液及其部位，及胸腹腔和膈下有无积液（积血）、游离气体及其范围和部位。这种非伤害性检查法无痛、简便、快速，适应证广，诊断准确率高，可重复检查做伤情动态观察，并可在床旁进行。但其检查结果有时需要与其他结果联用，以确定诊断。

4．放射性核素扫描 常用 ^{99}mTc 扫描，能将脏器的大小、形态、位置用图形描绘出来，直观性强。

5．电子计算机X线断层扫描（CT） 本法的诊断率高，对筛选脏器损伤的敏感度和特异性较其他检查有优越性，CT多用于胸腹部闭合性创伤，能直接观察后腹部并可准确地测定肾损伤的范围。它对腹部检查能提供解剖细节，且不受肠内气体的影响，诊断实体脏器伤和膈肌破裂的准确率较高，也是一种无创性检查法，且优于B超。但CT检查对胰腺横断以外的急性胰腺损伤以及空腔脏器损伤诊断的可靠性不高，它尚不能完全代替X线检查和其他影像学检查，其结果也需结合临床资料，综合分析，才能减少诊断错误。CT同样不宜用于伤情危重的患者。

6．核磁共振成像（MRI） MRI是利用原子核在磁场中受到一种特定的射频脉冲激动时所发射出的无线电信号而成像的。它被用于临床诊断伤病只有十余年历史。在胸部，它不需要造影可显示大血管和心脏的异常，故优于CT；它也可识别纵隔和肺门部肿块的特征。在腹部，它甚至可区别肝肿瘤的良性和恶性，但诊断直径小于1.5 cm的肝癌，则不如B超灵敏。MRI对人体无损害，系一种无创性诊断方法，但其设备复杂，价格昂贵，成像时间长，故临床上创伤患者使用极少。

7．选择性血管造影检查 本法具有高度的特异性和准确性，可提供因损伤而引起血管和脏器异常的资料。它能较准确地反映胸内、腹内大血管损伤以及肝、脾、胰、肾等损伤的部位、性质和范围。如为血管破裂，则造影剂外溢或血管连续性中断。如为实体脏器损伤，可显示不同口径的动脉阻塞、动-静脉分流、血管移位、血管走行异常、血管像变形（有血肿），及不规则的实质缺损等影像。本法虽很少出现假阳性与假阴性的结果，但它系一种伤害性检查法，且检查费时，并存在一定的危险性，故只适用于伤情稳定而临床资料和其他各种检查结果均无助于诊断者，或多发性损伤同时怀疑胸内、腹内有大血管损伤者。

8．内镜检查 胸腔或腹腔内镜能直接观察到体腔内脏器损伤的确切部位和程度。它既有助于诊断，也可进行摄影、活体组织检查、电凝、外科手术等检查或治疗。这种有创性检查法只在伤情允许而有特殊需要时才用。纤维气管镜、纤维食管镜、纤维胃镜，及十二指肠镜检查对气管、支气管、食管或胃、十二指肠损伤的诊断有帮助，在伤情允许的条件下可以应用。

9．心包腔穿刺术 心包腔穿刺阳性有助于确诊心脏或心包内大血管损伤。它既是诊断技术，又是急性心脏压塞的急救措施，临床上较多应用。心包腔穿刺也可出现假阴性和假阳性，前者可能是心包内积物，主要为血块，不易抽出血液；后者可能是针头误入心腔。心包腔穿刺抽出的血量不能反映心包腔内积血的多少。进行心包腔穿刺时，患者可取仰卧位或低斜坡位。

10．胸膜腔穿刺术 本法简便、安全，是诊断胸内脏器损伤常见的基本技术，也是一种有效的急救措施和治疗方法。如为了排气，可在伤侧前胸壁锁骨中线第2肋间进行。如系抽液，则多在伤侧腋后线第7肋间进行（有时要根据叩诊最实部位或超声波检查定位）。伤者取半卧位或半侧卧位。根据抽出的内容物有时可作出相应的诊断，如抽出血液（血胸），多系心脏、大血管、肋间血管或肺损伤；若为气体（气胸），则考虑气管、支气管、肺或食管损伤；乳白色液体多系胸导管损伤；混浊带有腐败臭味的液体和气体，则系食管穿破伤或外伤性膈疝伴有胃肠破裂；混有胆汁的液体表示肝损伤同时伴有膈肌破裂。对怀疑胸内食管损伤者，在行胸腔穿刺前，可自食管注入1%亚甲蓝溶液5～10 ml，若抽出蓝色液体，即可确诊。如怀疑肺或支气管损伤者，可自伤侧胸腔注入同量的亚甲蓝液体，患者即可咯出蓝染的痰液。

11．腹膜腔穿刺术　本法是诊断腹内脏器损伤不可缺少的手段，操作简便、快速、安全，不需特殊设备，患者痛苦也小，且诊断较准确，阳性率可高达90%，被广泛用于腹部或邻近腹部闭合伤后疑有脏器损伤的患者。战时或基层医院更为适用。本法也用于胸部或邻近腹部的穿透伤而疑有腹内脏器损伤者，可在压痛明显处穿刺，所得阳性率较高。根据抽出液的性状，作为诊断的佐证。

12．诊断性腹膜腔灌洗术　1965年Root等在腹膜腔穿刺的基础上开展了诊断性灌洗术。它对诊断腹部伤特别是闭合性创伤造成的脏器损伤很有帮助，更多用在腹膜腔穿刺阴性而诊断不清时。对下胸部穿透伤怀疑并发腹内脏器伤而处于昏迷的患者，可行本法检查。由于灌洗液能使腹内少量积血或积液稀释播散，用较长而有多数侧孔的导管或腹膜透析管能送达积液的盆腔，且不易被肠管或网膜堵塞，因此便于吸取液体，使阳性率增高。本法检查结果阳性者，即为剖腹探查术的指征，其诊断准确率高达90%。

五、诊断

早期诊断是救治胸腹联合伤取得成功的关键。

胸腹联合伤一般认为，若胸部损伤出现腹部症状或腹部损伤出现胸部症状，应考虑胸腹联合伤。胸腹联合伤患者若胸、腹部症状同时或相继出现，则早期诊断较易确立。但常因胸部症状重、腹部症状轻，医生注意力集中于胸部而忽视腹部，或因合并伤（颅脑伤、四肢伤）严重，掩盖了腹部伤情。有人认为，胸部或腹部外伤之后，伤员出现严重呼吸功能紊乱，难以纠正的休克，大量胃肠内容物污染胸腔、腹腔，及腹内出血等，都是胸腹联合伤的可靠依据。

胸腹联合伤因并发肋骨骨折，肺、肝、脾、膈肌、胃肠等破裂，所以症状和体征各不相同，临床表现复杂，必须认真询问病史，详细进行体检和伤道检查，根据投射物的方向、伤员受伤时的姿势等，结合伤后的病理生理变化综合分析判断，并进行必要的辅助检查，明确诊断，及时处理。

对胸腹部联合性损伤的诊断，要综合伤史、伤情、受伤机制、全身情况、临床表现和检查结果加以分析。对伤情复杂、一时不能确诊者，除肯定有脏器损伤必须行急症手术外，应选做必要的辅助检查，并连续观察伤情的演变，前后对比，作出诊断。少数仍不能作出诊断而确属必要时，可进行剖胸或剖腹手术。

下列情况应高度警惕以防误诊和漏诊：

1．伤情复杂　有膈肌裂伤并有肝或脾损伤时，其出血可经膈肌裂口进入胸膜腔而表现为血胸；或并有胃或结肠损伤时，其气体自膈肌裂口进入胸腔而表现为气胸。

2．症状不典型　胸腹结合部穿透伤未伤到重要脏器，只有膈肌破裂而尚未形成外伤性膈疝时，临床上常无明确的症状和体征；或虽已形成膈疝甚至是小型嵌顿性膈疝的早期而其症状不典型时。

3．有严重的多发伤　如颅脑伤等的存在，可以掩盖胸腹联合伤的症状和体征。

4．对多部位的炸伤　在检查体表伤口时，若有粗疏或不全面，可以漏诊。

六、治疗

（一）急救处理

对胸腹联合伤的伤员，应依照医疗救治原则，选择适当的救治方法。如纠正呼吸功能紊乱，迅速改善呼吸功能；补充失血，尽快恢复有效血循环；加强抗感染治疗和合并症的治疗。应注意轻重缓急，有重点有步骤地进行。

1. 改善呼吸功能 给氧，采用斜坡卧位，保持呼吸道通畅。包扎胸部开放伤口，纠正反常呼吸运动。行肋间神经封闭或颈封。做胸腔闭式引流或胸腔穿刺减压。

2. 恢复有血效循环 输血、输液或输血浆代用品。行心包穿刺，解除心包填塞。控制出血。酌情使用升压药。

3. 预防和控制感染 使肺充分膨胀。行胃肠减压，防止加重感染，使用大剂量有效抗生素。

4. 处理合并伤 对合并颅脑损伤、四肢骨折等，进行适当的清理，如包扎和固定。

经过以上处理，伤员情况好转，可在监护下转上级医院。

（二）手术治疗

胸腹联合伤的伤员，除积极抢救休克、迅速纠正呼吸循环功能障碍外，还要根据合并伤的严重程度进行手术处理。手术目的主要是：①纠正威胁生命的出血；②缝合破裂的脏器；③清理挫伤严重的组织；④整复疝入胸内的腹腔脏器，修补破裂的膈肌；⑤闭合胸部伤口，解除呼吸功能障碍。

手术时，一定要优先考虑哪一个是危及心肺功能的过程。在存在开胸探查的特殊指征时，开胸探查要先于剖腹探查术。胸部损伤和累及膈肌、脾的创伤可通过左侧胸部切口容易处理。胃、脾、结肠和肝顶部的损伤经胸部切口也能进行有效的修补。

在许多患者，确定哪一种术式是最好的、能起到快而确实的效果是困难的。外科医生常常单用开胸术即可解决问题，必要时再行剖腹术。虽然开胸术在一定情况下可能是最好的，但在确信腹部探查不能通过胸部切口膈肌切开完成时，应施行剖腹探查术。

对剖腹探查的患者来讲，正中切口是最好的。这种切口可以很快地进入腹腔且出血最少。然而这种切口有一定的合并症，另外医生不可能确定膈肌裂伤的存在，而膈肌裂伤可导致以后的膈疝形成。这种切口对于膈肌损伤的确切缝合所需要的充分暴露是困难的。另外，由于膈肌损伤实际上是胸部的吸气性损伤，正中切口剖腹探查可导致空气进入胸膜腔，可以引起危及生命的气胸。

为了避免气胸这一合并症，对于需要剖腹探查的全部胸腹穿通性联合伤的患者，剖腹探查前应经肋间置胸腔闭式引流管。如果不预先这样做，则应在进入腹腔后立即找到膈肌破裂处，或用剖腹垫覆盖破裂处或进行缝合修补。经膈肌损伤处插入吸引器管进行吸引或将导管插入胸膜腔，至少暂时起到胸腔引流的作用，然后再经肋间安置引流管。这对防止致命性的张力性气胸是有效的根本方法。

另外，必须切记膈肌破裂处可允许血液、胆汁和肠内容物流入胸腔。这些液体反流到胸腔易于发展成脓胸。笔者曾遇到过 3 例这样的患者。由于这 3 例患者在剖腹探查时均未见到明显的结肠损伤，故其形成脓胸的原因不明。在脾区不能游离时则这种脓胸的原因是明显的。为了确定结肠是否损伤，需要游离移动脾区进行检查。

由小刀或短的凶器造成的右侧穿通性胸腹联合伤，紧急的腹部情况少于左侧胸膜联合伤，因为肝特别是大量的组织结构损伤需手术治疗的极少见，且此类损伤常常仅有腹部脏器的损伤。相反，左侧穿通性胸膜联合伤由于存在脾、肾、胃、结肠，及膈肌损伤的可能性，故从实际出发全部均需手术探查。

主动脉不完全破裂或破口被外膜包裹并复合伤者，应先处理危及生命的损伤。如合并气胸（尤其是张力性气胸）、心包填塞，应及时行胸腔闭式引流和心包引流；合并腹腔内和颅内出血者，应先剖腹、开颅止血，然后再行主动脉造影。合并不危及生命的复合伤如膀胱破裂、周围动脉损伤、开放性骨折等，可在主动脉造影后再处理。怀疑腹腔内出血者，先行腹腔穿刺，并留一引流管于腹腔内，确诊为腹腔内出血时应先处理。

七、并发症

胸腹联合伤手术后并发症发生率甚高，国内有资料报道达 25.9%。因伤情不同，并发症各异。常见的有膈下脓肿、脓胸、继发性腹膜炎、继发性出血等，均较为严重，应引起术中、术后注意。

第十三节　损伤控制在胸部损伤救治中的应用

随着交通、城市建设等不断发展，各种创伤患者也在不断增多，其中胸部创伤尤为常见，死亡率居高不下。严重胸部创伤可引起循环、呼吸功能障碍，如果处理不当，可在短时间内死亡，据报道，严重胸部创伤已成为仅次于颅脑创伤的第 2 位死因 [11]。因此，正确及时有效地处理胸部创伤就显得非常重要。

损伤控制性外科（damage control surgery，DCS）是近年来颇受关注的一种外科治疗新理念，既能有效控制原发性损伤，又能积极预防继发性损伤，是创伤外科发展过程中的里程碑，目前已发展为创伤外科领域里的一个重要原则，特别是在急诊时可减少手术前的观察时间，为后续治疗创造了条件，赢得了时间，防止疾病进一步恶化、致死三联征的发生 [12]。现在，欧美和日本等多已普遍采用这一原则，而我国对这一原则的认识和临床实践尚不普及，仅在近十年来才逐渐扩大了应用范围，几乎涉及外科各个领域。胸部损伤控制外科是指针对严重创伤患者进行的阶段修复性策略，能更好地救治患者。胸部损伤的控制应用往往包括急症开胸、心脏损伤、肺损伤、胸内血管损伤、气管和支气管损伤、食管损伤，及术中凝血功能障碍等方面的紧急处理。其目的是用尽可能短的时间和简单的手术操作进行快速止血和控制漏气，使再次行确定性手术处理患者的生理内环境和免疫功能抑制得到明显改善，从而通过损伤控制的应用将胸部损伤的救治成功率大大提高。

一、急症开胸的控制

胸部损伤往往存在胸腔内脏器官损伤或合并胸部的开放性伤口，所以病情常常危重，故所有胸部损伤的急症开胸损伤控制应用于急诊救治开始时。

急症开胸（emergency department thoracotom）损伤控制主要常见于以下情况：

1．明确有气道急性梗阻时，急症行气道导管置入或进行气道开放手术。

2．患者存在张力性气胸时，急症于腋前线第 5 肋间水平或第 2 肋间锁骨中线处置入胸腔闭式引流管，以缓解张力性气胸。

3．大量血胸紧急治疗时，急症行胸腔闭式引流或急症开胸手术治疗，治疗前应注意建立静脉通道和准备充足的新鲜血液。

4．对不能通过体格检查或影像学检查评价的胸部伤口的探查。

5．对致死性胸部穿透伤的紧急救治，一般指在10分钟内可能造成患者死亡的胸部穿透伤，我们应行急症开胸进行外科损伤控制治疗，其主要目的是进行心包填塞EDT释放、控制胸腔内的急性出血、控制大量空气栓塞或支气管胸膜瘘、允许开放的心脏压摩，及允许行胸主动脉的夹闭等。通过EDT方式，在最短的手术时间内应用最简便的手术方法，使患者大量出血、心包填塞、空气栓塞，及支气管胸膜瘘所造成的胸膜腔感染得到有效的控制，为患者能够进行ICU复苏治疗创造机会，从而提高胸部损伤的救治成功率。但临床上对胸部钝性损伤进行急症开胸损伤控制的收益很小，并不主张应用，除非在一些特定的情况下。

二、手术室的控制

患者进入手术室，取仰卧在手术台上头侧略低位，以利于静脉血液回流及重要器官供血。需行急症手术的患者应采取右侧斜卧位，躯体与手术床应保持45°，消毒铺巾的范围也应从颈部到膝部，以便在需要时截取大隐静脉。同时术中应用医用升温毯放置在患者后背及臀部，以减少热量损失及胸温。在手术前备好新鲜血液及血浆，同时进行有创血流动力学监测。这种患者通常不用双腔气管插管进行麻醉，以减少麻醉时间，但为了更好地手术操作，单腔管麻醉是必需的，特别是患者合并支气管阻塞时，麻醉师最好在纤维支气管镜可视下进行单腔管气管插管麻醉，这样更为稳妥。

三、心脏损伤的控制

心脏损伤（cardiac injury）患者失血量大，休克时间长，组织器官有不同程度的缺血、缺氧，很多患者因未能得到有效诊治而死亡。在所有穿透性胸部损伤患者当中，均应考虑有心脏损伤的可能，尤其不能忽略心肌后壁损伤的存在。

术中可采取以下两种方式进行探查：

1．将海绵垫放在心脏后壁，提起心脏，在直视下进行探查，但探查应注意不要妨碍静脉血的回流。

2．将弧形的无损伤钳钳夹心尖处的脂肪垫，轻微向前方牵引心脏，提供更好的后路视觉效果。心脏损伤在急症手术时可采用3.0或4.0可吸收缝合线进行姑息缝合止血，然后用聚四氟乙烯补片或心包修补伤口，以防止心肌缝合处撕裂。对心脏破裂口进行修补时尽量使用带垫片缝线缝合，尽量避免损伤左右冠状动脉干，缝线时应从血管下面穿过，避免阻断冠状动脉血流。心房、主动脉、腔静脉的损伤可以用侧壁钳控制出血，然后进行缝合。大的伤口偶尔需要压迫上腔静脉心房入口处阻断血液回流，然后修补[13]。若患者存在远端冠状动脉撕裂伤或者横断伤时，同样可以进行无损伤缝合。但若存在冠状动脉近端损伤，可能需要体外循环下进行修补，选用大隐静脉行旁路移植可以进行损伤修复。

四、肺损伤的控制

肺损伤（lung injury）是胸部创伤中最常见的损伤类型，损伤严重者可进一步发展为呼吸窘迫综合征（ARDS），在胸部损伤中不足20%的患者需要行肺部切除。肺部损伤的治疗方式包括肺修补、肺楔形切除、肺段切除、肺叶切除和全肺切除。肺修补或肺伤道缝合时可能仍会导致伤口的持续出血，甚至可能蔓延到正常肺，故术中使用损伤控制技术之前必须进行充分的止血。在肺边缘的小部分肺部组织损伤时我们可以选用一次性切割缝合器进行缝合修补。若处理伴有明显出血的肺部大创伤时，我们可在最初就夹闭肺门以控制肺部出血，同时这样也可以减少正压通气造成患者空气栓塞发生的概率[14]。如果夹闭肺门血管不能阻止持续出血，应进行肺段切除，以控制持续出血，以上操作均可通过使用一次性切割缝合器完成。术中我们应仔细检查肺伤口通道，充分进行血管结扎和漏气修补，保全更多的肺组织，避免肺叶切除和肺切除，同时增加患者的存活率。但如果损伤蔓延到肺门，必须进行肺叶切除或者全肺切除[15]。然而，在损伤控制中，可能需要放置一个大号切割缝合器在气管血管周围，进行快速的肺叶切除和肺切除。但如果可能，这种方式应该尽量避免，因为这样胸部损伤患者的存活率是 0 ～ 50%[16]。损伤控制的原则是应该尽量少选择这种手术。

五、胸内血管损伤的控制

胸部穿透性血管损伤治疗中的胸内血管损伤（intrathoracic vascularinjury）最佳方法是尽可能暴露血管，这样可便于控制出血血管的近端和远端，进行有效的出血控制。而进行损伤控制治疗的胸部损伤患者可能已经有一个前外侧的胸部切口，虽然通过此切口可以对近端血管进行很好的控制，但不能充分控制远端，特别是对胸骨正中或者锁骨上的血管损伤可能需要血管远端的暴露，不能进行有效的出血控制[17]。当难以进行远端控制时，可在其远端放置一个 Fogarty 球囊导管控制远端血管。也可以用一个球囊血管成形术导管放置在血管内，提供远端血管内腔填塞止血。对于 5 mm 以上的血管，应该用无损伤缝合线进行缝合。当初步修复没有达到效果时，应进行移植。如果患者状态很差并且没有充足的时间缝合移植的血管，可放置一个暂时的血管分流器，以便日后患者条件允许时再次进行修复。对于严重的锁骨下动脉损伤，如果没有时间放置分流器且患者处于垂死状态，应该对锁骨下动脉进行结扎，颈静脉或者无名静脉的损伤同样可以进行损伤血管结扎。对于心脏大血管损伤，必要时可在体外循环支持下行剖胸探查。应用主动脉腔内支架移植术救治胸主动脉损伤作为一项新兴的介入性技术，使一些危重和难以承受全麻和剖胸术者看到了希望[18]。对于大血管损伤形成假性动脉瘤的患者，只能获得暂时平稳，但随时可能破裂引起致死性大出血，故一经确诊应立即手术治疗。

六、气管、支气管损伤的控制

因为远端支气管位于胸腔内，故支气管树的损伤是很少见的，外伤性气管支气管断裂占胸部损伤 1.7% ～ 2.9%，其漏诊率、误诊率高达 35% ～ 68%。如果诊治不及时或不当可造成气道狭窄，影响肺功能，严重者危及生命。绝大部分气管、支气管损伤（tracheobronchialinjury），以钝性损伤最常见。就像前文所讨论的，这类患者急症开胸往往无效。另外，有大约 18% 的远端支气管损伤是穿透性创伤造成的。在紧急情况下，如果怀疑气管损伤，应该通过创口放置气管内插管以确保气道通畅。在气管损伤控制程序中，早期夹闭肺门可以阻止空气泄露。气管损伤可以进行无张力的修复，为了确保气管伤口的严密闭合，通常采用单丝缝合线进行贯穿缝合或者环绕缝合，线结应放于气管外，以防止形成肉芽和狭窄。对于近端气管损伤，应进行肺叶切除或者全肺切除。

七、食管损伤的控制

食管损伤（oesophageal injury）是严重的胸外科疾病，大多数食管损伤是由枪击造成的。食管损伤由于缺少典型临床表现，导致误诊率、病死率都很高。一般通过胸腔引流出食物残渣并伴有特殊气味、上消化道造影口服亚甲蓝等确诊。食管损伤控制主要包括修复、引流和切除[19]。在临床上如果损伤周长＜ 50%，就进行最基本的修复，通过缝合胸膜、肋间肌、心包、大网膜进行修复。如果损伤周长＞ 50%，可先进行颈部食管造口术，一旦生理功能恢复后，放置胃管，其余和其他治疗食管损伤的方法一样。食管损伤的患者进行确定性手术时，外科医生应依据手术持续时间、组织情况、周围炎症反应情况来决定是否进行基本的修复或者切除。无论是否进行食管修复，都应该放置胸腔引流管观察引流情况。

八、凝血功能障碍的控制

损伤后进行性的凝血功能障碍（intraoperative coagulopathy）是损伤控制性外科的基本问题之一，未能很好控制出血已成为目前创伤后死亡的主要原因。严重创伤后早期预防凝血的原则是：以最快的速度进行可靠的止血手术，不因进行较复杂的操作而延误转运患者。最佳的办法是一边转运一边操作，在获得可靠的止血前，实施“小容量复苏”和“允许性低血压”复苏策略。对危重患者不进行一期复杂手术，仅进行拯救生命的“损伤控制性手术”，遗留问题待后续处理，在完成可靠的止血后，开始进行完全复苏[20]。血栓弹力图（thrombela-storgraphy）能够反映全血的凝血和纤溶水平，是创伤性凝血功能障碍监测比较理想的方法，相对于传统的基于内外源性凝血途径的 PT、APTT 等检测手段，更能全面反映凝血全貌，同时也更为精确、快速。其次，在血栓弹力图指导下的目标导向性复苏策略，相对于按比例成分输血等损伤控制性复苏策略，更能及时有效地纠正凝血功能障碍，减少输血量，改善患者预后[21]。研究发现损伤后出血时，在补充和恢复缺失的凝血蛋白和血小板、采用标准止血法和药物治疗无效时使用重组活化Ⅶ因子（rFⅦa，NoveSeven）作为出血的辅助治疗[22]。对于胸部严重创伤患者而言，心肺的生理功能及其应激性决定了胸部损伤首先要解除心包和胸膜腔的压迫状态，因此，胸部损伤的替代控制方法必须采用手术止血。

九、临时闭胸的控制

损伤控制中胸部切开后的闭合是一个复杂的问题。一旦胸内持续出血解除，血液损失主要来源于胸壁血管损伤。低温或凝血功能障碍的患者，其外科或非外科的持续出血可能来源于胸壁血管的损伤。在严重时，巾钳可以临时放在切口外夹闭切口，以减少热量损失。然而，巾钳并不能对胸壁进行止血，并且可能会影响血管造影。第二种选择是如果生理条件允许，可以进行皮肤、肌肉缝合，这样对胸壁可提供更好的止血。以上这些胸壁缝合的方法，可能致使心输出量较低或者肺通气功能障碍的患者无法承受。在这种情况下，另一种方案是，使用 Bogota 袋临时覆盖胸腔而不对胸腔造成压力。损伤控制外科是胸部创伤救治观念上的一大变革，相信随着介入治疗、微创外科等对患者的早期处理，及重症监护（intensive care unit）危重症医学水平的不断提高，它在胸部损伤的救治中必将起到不可忽视的作用，给患者带来更多的获益。

（王国臣　白俊清）

主要参考文献

[1] 程爱国等主编，实用矿山医疗救护，北京：北京大学医学出版社，2007，P196-210.

[2] Liu YY，Tseng JH，Yeh CN，et al. Correct diagnosis and successful treatment for pericardial effusion due to toothpick injury：A case report and literature review. World J Gastroentero，2007，13（31）：4278-4281.

[3] 殷桂林，王荣平，胡建才，等．心脏破裂伤的急救．中华胸心血管外科杂志，2007，23（2）：104-106.

[4] 刘莹莹，谢明星，卢晓芳，等．心脏外伤的超声心动图特征及其诊断价值．中华超声影像学杂志，2007，16（8）：666-669.

[5] Hall BL，Buchman TG. Avisual，timeline based display of evidence for emergen cythoracotomy. J Trauma，2005，59（3）：773-777.

[6] 王荣平，殷桂林，胡建才，等．26 例心脏刀刺伤的急救．中华创伤杂志，2005，21（6）：467-468.

[7] 程邦昌，高尚志，黄杰，等．胸部穿透伤外露伤器拔除时机探讨．中华创伤杂志，2004，20（9）：516-518.

[8] Pedra CA，Pontes SC，Ped ra SR，et al. Percutaneous closure of postoperative and posttraumatic ventricular septal defects. J Invasive Cardiol，2007，19（11）：491-495.

[9] Akowuah E，Baumbach A，Wilde P，et al. Emergency repair of traumatic Aortic rupture：endovascular versus conventional open repair. J Thorac C ardiovasc Surg，2007，134（4）：897-901.

[10] Turk T，Vural H，Ata Y，et al. Acute aortic in sufficiency after blunt Chest trauma：a case report. J Card iovasc Surg（Torino），2007，48（3）：359-361.

[11] 麻晓林，李升旺，孙士锦，等．825 例胸部创伤诊治分析．创伤外科杂志，2011，213（5）：403-406.

[12] Carter J，Szabo R，Sim WW，et al. Fast track surgery：a clinical audit. Aust N Z J Obstet Gynaecol，2010，50（2）：159-163.

[13] 杨仁荣，曹金林，刘文滨，等．损伤控制与加速康复外科理念在心脏刀刺伤急救中应用．东南国防医药，2011，13（6）：488-490.

[14] Tsutani Y，Miyata Y，Nakayama H，et al. Appropriate sublobar resection choice for ground glass opacity-dominant clinical stage IA lung adenocarcinoma：wedge resection or segmentectomy. Chest，2014，145（1）：66-71.

[15] Lee SK，Son BS，Hwang JJ，et al. The use of neutrophil elastase inhibitor in the treatment of acute lung injury after pneumonectomy. J Cardiothorac Surg，2013，8（1）：69.

[16] Sachithanandan A，Fahmi PA，Faisal I，et al. Emergency thoracotomy and major lung resection for penetrating chest trauma：Lessons learnt from a review of three cases. Med J Malaysia，2013，68(3)：227-230.

[17] O'Connor JV，Scalea TM. Penetrating thoracic great vessel injury：impact of admission hemodynamics and preoperative imaging. J Trauma，2010，68（4）：834-847.

[18] Lin PH，Huynh TT，Kougias P，et al. Endovascular repair of ftraumatic thoracic aortic in juries：a critical appraisal. Asian Cardiovasc Thorac Ann，2008，16（4）：337-345.

[19] Ivatury RR，Moore FA，Biffl W，et al. Oesophageal injuries：Position paper，WSES，2013. World J

Emerg Surg，2014，9（1）：9.

[20] Michael TG，Jean-Francois P. New insights into acute coagulopathyin trauma patients. Best Practice Rese Clin An，2010，24（1）：15-25.

[21] Daniel B，Manfred DS，Kenichi AT. Principles and practice of thromboelastography in clinical coagulation management and transfusion practice. Transfus Med Revi，2012，26（1）：1-13.

[22] 李宁．损伤控制性外科中凝血功能障碍的治疗．中国实用外科杂志，2012，32（1）：2-5.

第十三章

腹部损伤的救治

第一节　闭合性腹部损伤的诊治概述

闭合性腹部损伤（blunt abdominal iujury，BAI）是腹部受外力冲击所致，据统计 75% 的 BAI 由车祸引起，其他包括高空坠落、暴力外伤等。多数 BAI 因涉及内脏损伤而病情严重，死亡率可达 10% ~ 20%[1]。由于 BAI 经常合并其他损伤，掩盖了腹部损伤的伤情，给诊治带来困难。

BAI 最常见的损伤外力是挤压力及撕扯力。挤压力通常来源于直接的外力冲击，如重物砸中腹部、车轮碾压，代表性的损伤有肝、脾破裂；而撕扯力常见于减速损伤，突然减速运动如急刹车，使腹腔内相对固定的器官与相对游离的器官在突然减速中不能协调一致地运动，引起器官与固定的韧带或器官与器官之间的撕扯，导致损伤。撕扯性损伤的常见病因为扭转、撕裂等暴力，代表性的损伤有安全带综合征引起的血管内膜撕裂、肠管扭转等[2]。

一、临床症状

一般来讲，BAI 的临床症状有非典型和典型两种。非典型症状包括恶心呕吐、腹胀，为损伤后一过性的消化道反射所致；典型的症状根据受损器官的不同而表现不一，肝、脾损伤一般早期出现出血性休克，而肠管破裂会引起腹膜炎表现，胰腺及后腹膜器官的早期损伤可无典型表现，后期也可能出现腹膜炎及休克等。值得注意的是，BAI 一般伤情重，存在多发伤和复合伤，腹部外的损伤往往掩盖腹部内的损伤，如颅脑损伤患者出现昏迷、脊柱和脊髓损伤时出现腹胀和休克，给询问病史及体格检查带来困难。此外，存在迟发型损伤的可能，如迟发型肝、脾破裂或肠穿孔。

部分 BAI 患者可见外伤引起的淤斑，根据损伤脏器的种类，体征也各不相同。空腔脏器穿孔引起腹膜炎时会出现腹膜刺激表现，伴有肠鸣音减弱；肝、脾损伤主要出现腹腔积血表现，如移动性浊音、肝浊音界缩小，有胆汁漏出时也可出现胆汁性腹膜炎的表现；胰腺及十二指肠降部损伤由于损伤位于后腹膜，早期体征不明显，刺激后腹膜神经丛可能引起肠蠕动减弱，导致腹胀。对于 BAI 患者，必须全面体检，除了检查腹部外，还应包括腰背部、会阴部，及直肠指检。

二、诊断

BAI 的常规检查首先是血、尿常规，同时做血型检测等以备输血。此外，育龄妇女建议检查尿人绒毛膜促性腺激素（HCG）。血转氨酶及淀粉酶升高常作为肝和胰腺损伤的指标。需要注意的是，部分实验室指标是非特异性的，如白细胞升高，临床上不能仅凭实验室检查作出判断，需结合体检和影像学检查来综合评价。如单纯血尿可能是泌尿系统挫伤，但有报道称血尿如伴有腹肌紧张，即使其血流动力学稳定，仍有 90% 的患者合并腹腔内脏器损伤[3]。血转氨酶只有高于 130 U/L 时，肝损伤诊断特异性才升高；血淀粉酶升高受时间因素影响，通常在胰腺创伤后 3 小时才出现。因此，对于清醒且血流动力学稳定的患者，除了实验室检查外，详细的病史询问、腹部体检，及其他影像学检查亦不可缺少。

（一）超声检查

超声检查是 BAI 的首选影像学初筛手段。近年来提出了腹部创伤重点超声检查（focusedabdominal sonography for trauma，FAST）的概念，FAST 指由临床医师操作，对创伤患者进行床旁超声快速检查，根据腹腔有无游离液体，判断是否存在腹部损伤。其操作简便快速，无放射性，在欧美和日本等广泛应用。但 FAST 也有部分不足之处，如不能鉴别腹水和积血，对部分实质性脏器损伤、肠管损伤、后腹膜器官损伤的诊断价值有限；此外，游离液体的检测也很大程度上取决于检测仪器的质量、腹腔积液量，及患者检测时的体位。为了弥补这些缺陷，近年来有学者使用超声血管造影和三维超声技术来提高诊断的准确率，但尚未大规模推广。

目前，国际上对于 FAST 的结果基本达成以下共识：

① 血流动力学不稳定的患者，如 FAST 有阳性发现，应立即剖腹探查；如 FAST 阴性，则应积极寻找腹腔内、外出血部位。

② 血流动力学稳定的患者，FAST 如为阳性，建议进一步行 CT 检查，部分患者也可于 6 小时后复查随访。

（二）CT 检查

目前，64 排以上的螺旋 CT 是 BAI 可靠的诊断手段之一，可观察腹腔内有无积液和游离气体，同时能较好地评估实质脏器、后腹膜脏器和血管的损伤情况。美国急诊医师学会（American College of Emergency Physicians，ACEP）认为，64 排螺旋 CT 检查对于肝、脾损伤具有相当高的特异性和灵敏度[4]。尽管如此，临床上不能过分依赖 CT 检查；放射科读片医师的水平和经验对诊断结果也有一定影响，尤其对于隐蔽的病灶。有学者指出不能单凭 CT 检查来诊断膈肌、胰腺尤其是空腔脏器的损伤[5]。空腔脏器损伤一直是诊断的难点，其在 CT 影像上很易被实质脏器损伤的表现所掩盖，导致误诊或漏诊。有研究认为，CT 影像出现以下几种征象时应高度怀疑空腔脏器损伤：① 肠壁增厚；②游离气体；③ 腹腔积液，但 CT 影像不显示实质脏器损伤和后腹膜血肿；④ 肠系膜撕裂或血肿。对 CT 影像上仅有腹腔积液且血流动力学稳定的患者，目前不主张立即剖腹探查，可先密切观察，必要时重复行诊断性腹腔穿刺并复查 CT。

（三）诊断性腹腔穿刺

随着 FAS 和 64 排螺旋 CT 等无创检查手段的出现，诊断性腹腔穿刺（diagnostic abdominal paracentesis，DAP）在 BAI 诊断中虽然逐渐退居二线，但其作用仍无可替代，且与其他影像学检查互补。DAP 操作简便、省时、特异度高，穿刺液性质的不同可提示相应的脏器损伤，穿刺液为胆汁提示肝损伤，为肠内容物提示消化道损伤。针对空腔脏器损伤的诊断，DAP 仍较其他检查手段有显著优势，有报道称其对于空腔脏器损伤的诊断灵敏度高达 97%，阴性预测值达 80%[6]，因此

DAP 在 BAI 诊断中仍为首选方法之一。如穿刺无法抽到液体，必要时也可行诊断性腹腔灌洗以提高检出率。

三、治疗

对于 BAI，主要根据血流动力学是否稳定而作出相应处理，具体可参照 Isenhour 等 [7] 设计的临床路径。

（一）肝、脾损伤的非手术治疗

脾损伤的保守治疗起初较多用于儿童，主要考虑儿童行脾切除术后可能影响其免疫功能而导致全身性暴发感染。医务人员在儿童非手术治疗中积累了经验，技术渐趋成熟，且伴随 CT 检查的普及，保守治疗随后应用于血流动力学稳定的成年人脾损伤的治疗中，其中最常用的辅助手段就是脾动脉栓塞（splenic angioembolisation，SAE）。最近的一项涉及 72 例脾损伤的报道中，非手术治疗成功率达 98%，该报道中 93% 的患者为脏器损伤分级（organ injury scale，OIS）3 ~ 5 级脾损伤，非手术治疗中主要采用的是 SAE [8]。从以往的观点来看这些患者是脾切除的绝对适应证，但并不是每个医疗中心都能达到如此理想的治疗效果。有报道认为，如患者未经筛选而盲目行 SAE，常会发生再出血和栓塞剂渗漏。目前认为，严重的撕裂伤、假性动静脉瘘等不适宜进行 SAE。SAE 本身也存在诸多并发症，包括脾梗死、脾脓肿、造影剂引起的肾功能不全和发热等。此外，SAE 后对于免疫功能的影响至今尚无确切结论。有研究显示，SAE 患者的免疫球蛋白和 B 细胞亚群水平与脾切除术后患者并无统计学差异 [9]；有人认为，非手术治疗主要适用于血流动力学稳定的 OIS 1 ~ 3 级脾损伤患者，SAE 可作为非手术治疗的补充。如患者是 OIS 4 ~ 5 级脾损伤或 SAE 出现栓塞剂渗漏、假性动静脉瘘、持续红细胞压积降低等情况时，建议手术治疗。

支持肝损伤采用非手术治疗的学者主要出于以下情况的考虑：① 相当一部分肝挫裂伤患者在手术探查时出血已自行停止；② 绝大部分死于严重肝损伤患者的直接致死原因是大出血，只要无活动性出血，保守治疗可能是安全的；③ 一些新技术的出现，如 ERCP、CT 或 B 超引导下肝穿刺引流，及血管介入栓塞，能很好地处理非手术治疗带来的并发症（如迟发性出血、肝脓肿、胆漏）。因此，相对脾损伤，肝损伤非手术治疗的适应证更宽。目前，很多学者甚至提倡在血流动力学稳定的情况下，所有的肝损伤患者都可采用非手术治疗，而事实也证明肝损伤非手术治疗完全可取得理想的效果，对 90% 以上的患者是安全、有效的 [10]。对于 OIS 4 ~ 5 级脾损伤伴血流动力学不稳定的患者，手术探查止血仍是首选，手术原则是以最快、最有效的手段止血。在目前损伤控制性剖腹手术（damage control laparotomy，DCL ）观念的倡导下，如纱布填塞能达到理想止血效果，就应直接先行填塞，止血后在麻醉下进行短时间的复苏治疗，然后取出填塞的纱布，对于小的出血可予以结扎或应用止血纱布等辅助止血材料，如还有较大出血，则继续填塞，完全没有必要在血流动力学不稳定甚至极不稳定的情况下加行其他复杂手术，以减少创伤。纱布填塞 48 小时后根据病情再做决定。

（二）肠道损伤的处理原则及方法

1. 肠道损伤的处理原则　由于肠道损伤分类不同，作用机制不同，损伤部位不同，其手术治疗的方式和术后临床效果也不同。目前对于腹部创伤患者的治疗理念逐步趋向于病情稳定下采取必要保守治疗而非必须手术治疗。Como 等 [11]、Cigdem 等 [12] 关于腹部穿通伤的研究表明，对于血流动力学稳定，完善 B 超、CT 等相关检查，没有明显出血和腹膜炎的患者，可观察 24 小时，若没有出现血流动力学不稳和腹膜炎等症状可考虑出院，这样可以减少不必要的剖腹探查术及给患者带来的痛苦。有一项多中心的研究也支持上述观点 [13]，认为这样能减少不必要的手术探查和医疗花费，同时减少手术的阴性率和不必要的手术创伤。诸多报道均指出，腹腔镜探查在腹部创伤中的地位逐渐的突显，认为病情稳定情况下行腹腔镜探查是必要的，可以减少不必要的剖腹探查术，减少手术应激水平，降低手术的阴性率及减少对患者的创伤，避免患者出现病情不稳定。腹膜炎等应予以积极手术治疗。危重患者特别是可能出现低血压、酸中毒、凝血障碍等行损伤控制性手术。严重腹部创伤患者的肠道损伤的处理，提倡采取简单、快捷、有效的方式，以减少手术对患者的打击，减少并发症和病死率等。

2．肠道损伤处理的方法

（1）剖腹探查术：传统剖腹探查术主要针对于病情危重、生命体征不稳、出现腹膜炎等紧急情况及观察期病情出现恶化的患者，也是行肠道损伤控制性手术的主要方式。其广泛运用，手术准备时间相对较短，在紧急情况下具有简单、快速、有效、暴露充分等优点，但是非紧急情况下的应用相对创伤大，且具有一定阴性手术风险，术后感染概率增高，给患者带来巨大的痛苦等缺点。

（2）经腹腔镜探查术：经腹腔镜下腹部小肠损伤的处理为小肠损伤的治疗提供了一个新的途径，也符合 FTS 的原则理念和要求。经腹腔镜探查具有早期诊断治疗、手术创伤小、应激程度低、住院时间短、也可减少阴性患者遭受探查手术带来的痛苦等优点，但是受到患者本身条件和设备的限制，也有可能中转开腹手术的可能。Sitnikov 等、Friese 等对腹腔镜运用于腹部创伤中具有的优点进行了共同的肯定，同时国外多中心临床研究也表明，腹腔镜运用于腹部探查具有明显的优势[13]，也是微创技术运用于急症外科的发展趋势，但是目前对于腹腔镜运用于腹部探查术并没有具体的手术指征，根据文献可以其归纳为[11,13]：可疑的腹部穿通伤；有腹部肌紧张、压痛、反跳痛等腹膜炎体征；可能发生实质脏器或者膈肌损伤；伴随胃肠及血管损伤。对于闭合性损伤的适应证：对怀疑有腹腔脏器损伤而需要行剖腹探查术前可行腹腔镜检查；保守治疗出现胆漏需要引流。其禁忌证为血流动力学不稳；急性肺损伤；无法纠正的凝血障碍；多发穿通伤；超过 3 个月的孕妇；合并慢性心血管疾病；腰背部损伤或者钝性物损伤等。

3．肠道各部位损伤的处理

（1）肠系膜血管损伤的处理

①肠系膜上动脉损伤：肠系膜上动脉的损伤是肠道血管损伤中最难处理的，病死率高，相关报道其病死率 33% ~ 67%[14]，也是外科腹部创伤救治中的难点与挑战。早期死亡最主要原因是肠系膜上动脉损伤所致的大量的失血，晚期死亡的原因主要是并发腹腔感染脓肿、多器官功能衰竭、肠道缺血坏死，甚至出现短肠综合征。肠系膜上动脉的损伤可以发生在不同平面，因此根据相关解剖分区对肠系膜上动脉损伤的救治能够明显提高救治效率。目前比较公认的是 Fullen 等根据肠系膜上动脉的解剖分为 4 区：一区肠系膜上动脉主干胰腺后方损伤；二区胰十二指肠动脉及结肠中动脉分支之间的损伤；三区结肠中动脉以下的损伤；四区空回肠、直肠末端动脉的损伤。治疗上对于一区损伤可选用 Glassman 肠钳横断胰腺来控制出血，或者将腹腔内左侧的内脏移至中线，用阻断钳直接阻断腹主动脉左侧发出的肠系膜上动脉起始部。二区损伤由于靠近胰腺及修补附近可能发生胰漏，使得这一区域损伤的处理与一区处理困难。血流动力学稳定的患者，可以用大隐静脉或者人工血管连接肠系膜远端与肾下腹主动脉吻合，并远离胰腺和上腹部受损组织。由于三、四区血管损伤后无法建立侧支循环，因此必须进行修复。肠系膜上动脉损伤往往伴随血流动力学的不稳定及可能出现“致死三联征”，其处理包括填塞和选择自清创处理后的肠系膜上动脉断端插入临时腔内转流器[15]。临时腔内转流器是非常适宜的做法，符合损伤控制的原则，但是也有人认为对于肠系膜上动脉损伤的治疗应该越快越好，以免加重肠道缺血，导致第二次打击。通过血管的置管转流可以明显缩短手术救治时间，符合损伤控制外科的原则，有利于提高患者的生存率，但是其运用于临床仍然有一定距离，

其临床应用价值及后期治疗评价仍然需要进一步的探讨。

②肠系膜上静脉损伤：肠系膜上静脉损伤也是致命的，多发损伤可以增加病死率。肠系膜上静脉损伤的治疗主要有结扎和修复两种方法。肠系膜上静脉结扎后可能导致回流障碍，肠道淤血，加重肠道的缺血缺氧和全身炎症反应。修复可能增加手术时间以及术后可能出现血管狭窄，特别是危重患者救治时延长手术时间而加重手术打击。有学者认为，对于病情不稳定的患者为有效控制出血和挽救生命提供宝贵时间，选择结扎是符合损伤控制的策略。Coimbra 等报道关于肠系膜上静脉损伤救治的文章认为结扎是安全的，在 33 例报道中行结扎患者的生存率为 85%，而 77 例静脉修补患者生存率为 64%。但肠系膜上静脉损伤特别是伴随肠系膜上动脉损伤的患者对于结扎和修复方法的安全性仍然没有定论，没有大宗的临床病例统计和前瞻性研究，两种方法适用时机仍然需要探讨。故认为，如果患者体征稳定应尽量考虑行早期修复，利于静脉回流，防止肠道淤血而加重肠道功能障碍。对于生命体征不稳定，为挽救生命应行结扎的损伤控制性手术。

（2）十二指肠损伤：十二指肠损伤的处理较复杂，术后并发症发生率较高。手术方式包括简单的清创缝合、十二指肠憩室化、Rou-en-Y、带蒂血管的空回肠、胃肌层浆膜层补片进行修复等。十二指肠损伤的修复需要根据其损伤的程度、部位，及救治时机而决定，尽量避免修复后再次出现吻合口裂开和吻合口瘘等并发症的发生。对于轻度损伤，一般主张初期简单缝合加大网膜覆盖。对于合并胰腺损伤的严重的十二指肠损伤（Ⅳ、Ⅴ级），一般选择初期修补，其术后病死率和发生肠瘘的发生率与重建相比并没有明显增加。对于合并胰腺损伤使得第一次缝合难以实现的可以选用 PyloriC 法、十二指肠憩室化、Rou-en-Y 者予以修复，或行十二指肠造瘘等。故有人认为对于早期简单损伤、感染相对较轻的一般选择早期修复，同时选择十二指肠三管引流，达到良好的临床效果，这也符合损伤控制原则和加速康复的原则。损伤时间长，感染相对较重的患者行损伤控制策略，选择损伤处近远端封闭、胃管引流、十二指肠管引流，手术相对快捷、方便、有效，

（3）空回肠损伤：空回肠损伤在腹部外伤中较常见，报道约占 57%，损伤主要表现为肠道的贯通伤、撕裂伤、肠系膜损伤、肠黏膜的血肿等。Ⅰ、Ⅱ级肠道损伤一般予以简单缝合，对于多发损伤，考虑修补后可能出现肠梗阻，可以考虑肠切除肠吻合。对于Ⅲ、IV 级损伤的肠道，生命体征稳定可行肠切除肠吻合术，对于血流动力学不稳，病情危重者行损伤控制性处理，在控制出血后对于空回肠可临时封闭或者结扎，复苏后再行确定性治疗。对于血供较差的肠管，无法判定其活性，最好的办法是将肠道放回腹腔，临时关腹，24 小时后再观察肠道血供，这样可以避免过多切除有活力的肠道，防止短肠综合征的发生。危重患者肠道损伤采用肠道结扎或者缝合，有利于缩短手术时间，但是临床发现肠道充气扩张，水肿明显。有学者认为，采用这种方法后形成肠道梗阻，加重肠道进一步血供障碍，肠道内菌群数量增加，加重缺血缺氧及肠道菌群移位，加重机体应激，导致对机体的进一步打击，全身性炎症反应综合征和多器官功能衰竭发生概率进一步增加。但是如果不予以封闭损伤处，将会造成严重的腹腔感染，或许在结扎的同时予以放置肠道内引流管行外引流术，可能会减轻肠道的细菌移位，减轻全身的炎症反应。

（4）结直肠损伤：结直肠的损伤在腹部穿通伤中较常见。结直肠损伤治疗大多数学者支持病情稳定下尽量选择简单手术处理，腹膜内损伤主张早期修复，而腹膜外损伤予以造口，病情不稳定的情况下选择快速、简洁、有效的损伤控制性手术：结扎、简单缝合和造口等。

近十年来，结肠损伤的一期修补已逐渐被越来越多的外科医师所采纳。一期结肠修补包括单纯修补和结肠切除吻合，能有效避免造口相关的并发症，同时也能避免回纳造口手术引起的并发症。2002 年的一项荟萃分析显示，一期结肠修补后腹腔感染、切口裂开、切口感染发生率均较造口手术低，两种手术的死亡率无统计学差异。一期修补或切除吻合的顾虑之一是，未经肠道准备是否会

引起术后吻合口漏，但分层分析证实，吻合口漏的发生率仅约2%，且腹腔感染的主要影响因素并不是吻合口漏，而是取决于创伤的程度、血流动力学状况，及腹腔内污染程度。此外，从损伤到手术间隔的时间窗也并非绝对的手术禁忌证。但从 DCL 的观念来看，一期行结肠修补也并非适合所有的患者，有学者提出，对于严重肠毁损的患者（肠管缺血或损伤超过肠管周径 50%）行延迟吻合（delayed anastomosis，DA）更安全，即在第 1 次 DCL 后 48 ~ 72 小时再行肠管吻合。但对于严重酸中毒、肠壁严重水肿毁损和腹腔严重污染出现脓肿复发的患者，直接结肠造口较 DA 和一期修补更安全[16]。

（三）损害控制性剖腹术（damage control laparotomy，DCL）

DCL 的概念由 Stone 在 1983 年首先提出，具体分为早期简化手术、复苏和二期修复手术 3 个阶段[17]。其概念的提出最初是基于抢救严重创伤合并大出血时的一系列病理生理变化。大出血时，患者因低血容量、麻醉导致周围血管舒张，引起机体低温，输注冷的液体或血液又可加重低体温的程度；严重失血时，全身组织持续性灌注不足，细胞代谢失常，无氧酵解取代有氧分解而导致代谢性酸中毒；大量补液、输血，及低体温又导致凝血功能障碍。低体温、酸中毒和凝血障碍 3 种因素互为因果，形成恶性循环，此即所谓的致命三联征。在这种恶性循环下，患者不能耐受长时间复杂的修复手术。大多数 BAI 患者可按常规手术方式处理，不需要采取 DCL。当患者生理功能临近或已达耗竭，出现致命三联征的征兆时，行大而复杂的外科手术会超过患者生理功能的极限，加重上述恶性循环，将导致患者死亡，此时推荐行 DCL。

损害控制（damage control，DC）是针对严重创伤患者进行阶段性处理的外科策略，1993 年 Rotondo 总结 13 例严重腹部穿透伤应用 DC 的成功经验，提出 DC 手术的概念，之后 DC 适用范围扩展到多发伤、骨关节创伤和胸部创伤等，但主要仍集中于腹部创伤，并且已成功地用于包括腹部脓毒症、手术中大出血和缺血性坏死性肠炎等非创伤的紧急普通外科危重患者，DCL 的概念也逐步被接受[18]。

1. 严重腹部损伤救治中 DCL 的地位 DC 旨在避免由于体温不升、凝血障碍、酸中毒互相促进形成致命性三联征（triad of death）而引起的不可逆的生理损伤，是通过减少由创伤导致的第一次打击和救治过程中的第二次打击的强度，降低创伤后炎症反应，选择最恰当的外科干预措施以提高救治成功率，显著降低死亡率。影响腹部损伤（包括以腹部损伤为主的多发伤 ）救治效果的主要因素包括缩短伤后确定性手术时间、DC、出血未控制患者的限制性复苏、致命性三联征的积极纠正、出血控制后的充分复苏等，其中 DC 只是重要环节之一。如果没有高质量完成其他环节的工作，则 DC 应用也不能产生明显效果，如伤后确定性手术时间延迟，则可导致失血量增加、脏器缺血低氧时间延长、腹腔污染时间延长，甚至发生感染等。

2. 腹部损伤中 DCL 适应证 DCL 除需多次手术、增加患者痛苦和经济费用外，也伴随较高的并发症发生率和再入院率，故应严格掌握 DCL 适应证。大多数严重腹部损伤患者可按非 DC 方式处理，只有少数生理潜能临近或已达极限的患者需采用 DCL，主要包括高能量躯干钝性伤或多发性躯干穿透伤。客观的参数包括体温、pH、输血数量、（估计）出血量、碱剩余水平和凝血参数等，如果患者体温＜ 35℃、碱剩余＞ 14 mmol/L 就应实施损害控制剖腹术。

凝血紊乱是采用 DCL 的绝对适应证。一般认为以下情况应实施 DCL：

（1）估计失血量＞ 4 L。

（2）收缩压＜ 70 mmHg。

（3）输血量＞ 10 U。

（4）手术室内血液置换＞ 4 L。

（5）所有手术室内液体置换＞ 10 L。

（6）出现致命性三联征，体温＜ 34 ～ 35℃，pH ＜ 7.10 ～ 7.30，碱剩余＞ 14 mmol/L，凝血功能障碍。

（7）估计手术时间＞ 90 分钟。

从损伤情况看，DCL 用于腹部损伤适应证包括[19]：①严重脏器损伤伴大血管损伤，如严重肝及肝周血管伤、骨盆血肿破裂等；②严重脏器损伤，如严重胰十二指肠伤等；③ 以腹部损伤为主的严重多发伤，损伤严重度计分（injury severity score，ISS）＞ 25。

3．腹部损伤中 DCL 的主要步骤　Scalea 概括了 DCL 的主要内容：早期仅控制出血，稍后解决胃肠道损伤引起的污染，但每项操作所花费的时间都比预期的长；不稳定患者进行匆忙的剖腹术可能遗漏某处损伤，低体温、酸中毒和凝血紊乱会导致病情进一步恶化，因此患者最好入住 ICU。

（1）初次手术包括 3 个方面：

①控制出血：这是在 DCL 期间必须达到的首要目标，根据具体情况采取结扎、缝合、切除、固定、栓塞和填塞等方法控制出血，应选择花费时间最短的方法。损伤血管结扎可能是唯一可选择的救命手术，脾、肾等导致的严重出血在 DCL 中应切除而不是修补，肝和血管损伤是 DCL 的主要适应证。来自非动脉源性（静脉渗出或凝血紊乱）的出血应首选填塞止血法。除腹主动脉、肠系膜上动脉根部、肝后腔静脉外，几乎所有腹部血管结构都能够耐受简单的结扎。管腔内分流器可能是不能结扎的血管损伤在面对严重生理紊乱和濒死时确定性修复的一种选择，已经应用于肠系膜上动脉、肾动脉和髂动脉损伤等，可留置 4 天而不需全身抗凝。

②控制污染：目的是控制消化道、泌尿道等导致的污染，而不是重建其连续性。通常采用夹闭、结扎、缝合、引流、修补或外置等方法，决定因素仍是所采用措施将花费的时间。

③简易关腹：腹部筋膜的常规关闭可能导致患者术后发生腹腔间隔综合征，通常需要早期再次手术，故常规关腹既无必要，又浪费时间，通常采用暂时性关闭。简易关腹的目的是限制和保护腹内脏器，控制腹部分泌液体，保持填塞区域的压力，防止体液和体热丢失，为最终最佳化关闭腹部奠定基础。单纯皮肤缝合法简便易行，但腹腔容积增加有限；采用合适的人工修复材料（人工补片、3 升袋 ）缝合关闭腹腔，可有效扩展腹腔容积，但有可能发生肠瘘等。值得推荐的是负压封闭辅助法，将海绵与筋膜层缝合，可有效扩展腹腔容积，通过持续负压吸引产生一相对密闭的空间和环境，并保持筋膜层一定的张力，减少其回缩，可准确定量引流液，减少护理工作量。

初次手术中致命性三联征的防治至关重要，临床医生必须警惕创伤失血、复苏和手术干预所诱导的创伤患者低体温（中心温度＜ 35℃）。低体温与凝血功能障碍间存在恶性联系，且与死亡率之间存在确定的直线关系，中心体温＜ 32℃者很少存活。防治措施包括避免不必要的暴露、缩短手术时间以减少开放体腔导致的热量丢失、任何给予的液体（输入静脉或腹腔冲洗）都应加热至体温等。除了导致热量丢失外，低温液体复苏还导致凝血因子和血小板的稀释，加上大量出血导致的凝血因子耗竭，此类患者通常存在严重的凝血功能障碍。防治措施包括升温、输入血小板、新鲜冰冻血浆和冷沉淀等。由于组织、脏器缺血低氧，酸性代谢物产生过多，常合并代谢性酸中毒，后者通过其心脏效应（室性心律失常、心肌收缩抑制和对儿茶酚胺收缩性无应答）增加死亡率，酸中毒独立地与弥散性血管内凝血（DIC）、部分凝血酶原时间（APTT）延长和 V 因子活性下降相关，防治措施主要是控制出血后的充分复苏。

（2）复苏和重症监护：DC 的重症监护强调多学科同时兼顾处理多种生理紊乱，争取在数十小时内达到最好的复苏，将可能的并发症控制到最少。基本原则是提供最佳恢复的生理支持，中心是逆转低血容量，确保足够的心输出量和氧输送。在 ICU 期间，低体温应通过提高室温、温暖的通气、温暖的静脉输注液体和血制品、外部加温装置等方法积极逆转。逆转休克就会纠正酸中毒，纠正凝血紊乱主要依靠积极合理的血液制品输注。

（3）再次手术：成功复苏、纠正低体温、凝血障碍和酸中毒后，通常在 24 ~ 48 小时患者可重回手术室做确定性处理。如果存在持续出血，必须迅速进行手术止血。未完全复苏就回到手术室可能导致患者不能耐受长时间的确定性手术，在肉眼污染存在时早期再手术有助于减少继发性感染的发生，在 72 小时后再回手术室的患者会有更高的脓肿发生率和死亡率。再次手术包括：

①再次探查，先取出填塞止血敷料，彻底冲洗腹腔并进行彻底探查以防遗漏损伤，检查初期手术时处理的损伤脏器的情况，对仍然存在的活动性出血进行彻底止血。

②确定性处理，包括实质脏器的修补、切除或部分切除，空腔器官损伤修补或切除吻合、血管损伤的修复等。

③腹壁切口关闭，手术顺利结束后，需要认真评估腹壁的张力情况，如果张力较高只简单缝合皮肤或者保持腹腔开放即可结束手术，遗留问题等待下一步处理。腹部切口开放有助于减少腹腔间隔综合征（ACS），但同时也带来了大的开放伤口、肠瘘等急性期问题。

四、医源性腹腔间隔室综合征的防治

在严重 BAI 救治的复苏阶段，极易导致医源性腹腔间隔室综合征（abdominal ompartment syndrome，ACS）[20]，其病理生理基础类似于缺血再灌注损伤：严重创伤休克或感染休克时，毛细血管通透性增高，此时若输注大量的晶体液进行复苏治疗，并不能改善灌注和组织供氧，反而导致大量的液体经毛细血管内皮间隙进入组织，造成广泛而严重的水肿，而肠道血管最易受休克导致的缺血及低灌注影响，在液体复苏时也是如此。因此，复苏时大量的液体灌注势必导致肠管壁水肿、蠕动功能减弱、肠黏膜功能紊乱、屏障功能降低和细菌繁殖，造成肠管积液、积气，形成腹腔内高压，最终导致医源性 ACS。 医源性 ACS 的严重程度主要与灌注液体的量、液体的性质、毛细血管通透程度和组织胶体渗透压有关。 医源性 ACS 与一般 ACS 的治疗基本类似，但对于医源性 ACS，预防远比治疗重要，可目前针对医源性 ACS 的预防仍无很好的措施。也就是说，医源性 ACS 在现有的治疗策略下是否难以避免？ 尽早纠正创伤休克可能阻止医源性 ACS 的发生；对于出血性休克患者，尽快止血比盲目补液、输血更能有效维持血容量。目前，已有研究针对灌注液体的配方和成分进行改良，同时加用维生素及一些炎症细胞因子拮抗剂或抗氧化剂来预防医源性 ACS。但这些研究成果尚未得到大规模的临床验证。

五、脊柱损伤合并 BAI

脊柱损伤合并 BAI 是常见的复合伤之一。近年来由于我国城市建设和发展，车祸伤、坠落伤有逐年增多趋势，脊柱损伤合并 BAI 的发生率也随之升高，其伤情重、救治难，死亡率可达 16%。因此，此种复合伤也成为近期的研究热点。数据显示，最常见的脊柱损伤部位是胸、腰椎结合部，而脾是最常见的腹部损伤器官。目前认为，对于脊柱骨折患者，如条件允许，必须做腹部 CT 检查，尤其是 CT 三维重建，既能了解脊柱的损伤类型，又可判断内脏损伤情况 [21]。除了影像学手段，脊柱骨折的类型也对 BAI 有提示作用，研究显示，伴有横突骨折的脊柱损伤容易并发腹部脏器损伤，近 50% 的横突骨折患者存在腹部脏器损伤，而非横突骨折患者腹部脏器损伤的发生率仅 6%，且横突骨折患者的创伤评分也较非横突骨折患者高。另一种特殊类型是 Chance 骨折，常见于安全带综合征，此类损伤极易引起主动脉内膜撕裂。车辆高速碰撞后快速减速，安全带作为旋转力的支点，引起脊柱过屈、主动脉受挤压，同时快速减速使肠系膜动脉对主动脉也会产生牵拉及撕扯，成年人由于存在粥样硬化等基础病变，动脉弹性差，更易发生此类损伤[22]。脊柱损伤合并BAI伤情一般较重，尤其伴随脊髓损伤是目前BAI治疗最棘手的情况，更强调多学科联合治疗，以有效提高救治的成功率。

BAI常见于工农业生产、交通和日常生活事故中。由于常伴有其他部位伤，如脑外伤、胸外伤和骨折等，掩盖了病史和体征，不易作出正确诊断。对BAI，必须密切观察、反复检查和妥善处理。随着新技术、新药物的出现，其治疗理念和方式也有了许多变化，但治疗原则仍以在最短时间内有效控制危及患者生命的损伤为核心，同时尽可能维持机体环境稳定；在此基础上，尽早修复损伤，保留或改善受损脏器的功能。

第二节　肝 损 伤

一、解剖概述

肝是腹腔内最大的实质性器官，具有重要生理功能。肝细胞对缺氧的耐受力较差，故有肝动脉和门静脉提供丰富的血液供应，并有大小胆管与血管伴行输送胆汁。它位于右上腹的深部，有下胸壁和膈肌的保护。但由于肝体积大，质地脆，一旦遭受暴力容易损伤，发生腹腔内出血或胆汁泄漏，引起出血性休克或胆汁性腹膜炎，后果严重，必须及时诊断和正确处理。

肝破裂占腹部损伤的15%～20%，肝因血运丰富，易发生失血性休克和胆汁性腹膜炎，病死率和并发症发生率仍然很高。据文献报道，单纯性肝外伤病死率约9%，而有合并伤者病死率可高达50%。及时诊断与选择合理治疗方法尤为重要。

二、病理改变

肝遭受钝性暴力后，根据暴力的大小可引起不同类型的肝裂伤。轻者为浅表裂伤，出血量少，有些可以自行停止；重者裂伤较深，有些呈不规则星状或严重碎裂，失去活力或脱落在腹腔内。这种损伤主要表现为腹腔内出血及出血性休克。血液对腹膜有一定的刺激性，可出现轻度腹膜刺激征，如合并胆管断裂，胆汁外漏则有较严重的胆汁性腹膜炎体征。若伤及肝静脉主干、下腔静脉肝后段、门静脉干支，可出现持续大量出血，很快发生休克，甚至迅速死亡。失去活力或散落在腹腔的肝组织将坏死分解，连同聚积的血液和胆汁可继发细菌感染，形成腹腔脓肿。肝包膜下裂伤由于包膜完整，肝实质破裂出血聚在包膜下形成血肿。轻的损伤出血少，形成的血肿小，有些可自行吸收；重伤则出血量多，可将肝包膜广泛分离形成大血肿，血肿的压迫尚可使其周围的肝细胞坏死。血肿也可继发感染形成脓肿。张力高的血肿可使包膜溃破转为真性裂伤。中央型肝裂伤主要为肝实质深部破裂，而肝包膜及浅层肝实质仍完整。这种裂伤可在肝深部形成大血肿，使肝体积增大，张力增高，血肿周围组织受压坏死。这种血肿可穿破入腹腔，形成内出血及腹膜炎，或穿入胆管表现为胆道出血，也可继发感染形成肝脓肿。

开放性、贯穿性损伤的严重性取决于肝受伤的部位和致伤物的穿透速度。子弹和弹片穿透肝组织时可将能量传递至弹道周围的组织，使之破坏。伤及肝门大血管时，肝实质损害可不严重，但由于持续大量出血，仍有较高的死亡率。除损伤的种类及伤情外，合并多脏器损伤是影响肝外伤死亡率的重要因素。伤及的脏器越多，伤情越重，治疗越难，死亡率也越高。

三、临床表现

肝损伤的临床表现主要是腹腔内出血和血液、胆汁引起的腹膜刺激征，按损伤类型和严重程度而有所差异。

（一）真性肝裂伤

轻微损伤出血量少并能自止，腹部体征也较轻。严重损伤有大量出血而致休克。患者面色苍白、手足厥冷、出冷汗、脉搏细速，继而血压下降。如合并胆管断裂，则胆汁和血液刺激腹膜，引起腹痛、腹肌紧张、压痛和反跳痛。有时胆汁刺激膈肌出现呃逆和肩部牵涉痛。

（二）肝包膜下裂伤

多数有包膜下血肿。受伤不重时临床表现不典型，仅有肝区或右上腹胀痛，右上腹压痛，肝区叩痛，有时可扪及有触痛的肝。无出血性休克和明显的腹膜刺激征。若继发感染则形成脓肿。由于继续出血，包膜下血肿逐渐增大，张力增高，经数小时或数日后可破裂，出现真性肝裂伤的一系列症状和体征。

（三）中央型肝裂伤

在深部形成血肿，症状表现也不典型。如同时有肝内胆管裂伤，血液流入胆道和十二指肠，表现为阵发性胆绞痛和上消化道出血。

四、诊断

开放性损伤可根据伤口的位置、伤道的深浅与方向，诊断肝损伤多无困难。闭合性真性肝裂伤若有明显腹腔内出血和腹膜刺激征，诊断也不难。唯对包膜下肝裂伤、包膜下血肿和中央型裂伤，症状与体征不明显时诊断肝裂伤可能有困难，必须结合伤情和临床表现做综合分析，并密切观察生命体征和腹部体征的变化。下列检查方法对诊断可能有帮助：

（一）诊断性腹腔穿刺

这种方法对诊断腹腔内脏器破裂，尤其是对实质性器官裂伤的价值很大。一般抽得不凝固血液可认为有内脏损伤。但出血量少时可能有假阴性结果，故一次穿刺阴性不能除外内脏损伤。必要时在不同部位、不同时间做多次穿刺，或做腹腔诊断性灌洗以帮助诊断。

（二）定时测定红细胞、血红蛋白和红细胞压积

观察其动态变化，如有进行性贫血表现，提示有内出血。

（三）影像学检查

B 超、CT 是诊断肝损伤的重要手段，它对肝外伤的诊断价值已被临床广泛公认。B 超检查是无创伤、无痛苦且价格低，并能反复进行，是诊断肝外伤的首选方法。CT 检查具有很高的特异性和敏感性，能准确地判断肝撕裂伤、肝内及被膜下血肿和肝周积血，同时还能观察邻近脏器情况，如胸腔有无积液积气，脾、胰、肾等实质脏器有无损伤等。CT 对判断肝外伤程度及腹腔积液量，对手术或保守治疗方式的选择均有重要价值。因此 CT 现已成为腹部外伤的理想检查方法。

肝外伤的影像学表现随肝外伤的类型不强化，随着时间的推移，病变密度逐渐减低，病灶不断

缩小。肝挫裂伤可以是单一或多发性，单一撕裂 CT 表现为裂隙状或条片状低密度，边缘较模糊，随时间而变化，低密度区边缘渐渐清楚。多发撕裂可呈星芒状，类似粉碎性改变。增强扫描后正常肝强化，撕裂处不强化，病变衬托更清楚。肝包膜下血肿 CT 见肝外缘呈新月形低密度影，边缘光滑锐利，肝表面受压变平或呈凹陷状。如果损伤面积小，CT 平扫呈等密度时可能漏诊。增强后扫描可提高肝挫裂伤的检出率，增强后正常肝组织明显强化，挫裂伤处呈条带状不强化的低密度影。增强扫描还可了解肝撕裂区的血供情况，强化好的肝组织说明血供良好，未增强的肝块提示该段动脉断裂或栓塞。

（四）肝放射性核素扫描

诊断尚不明确的闭合性损伤，疑有肝包膜下或肝内血肿者，伤情不很紧急，病员情况允许时可做同位素肝扫描。有血肿者肝内表现有放射性缺损区。

（五）选择性肝动脉造影

对一些诊断确实困难的闭合性损伤，如怀疑肝内血肿，伤情不很紧急者可选用此法。可见肝内动脉分支动脉瘤形成或造影剂外溢等有诊断意义的征象。但这是一种侵入性检查，操作较复杂，只能在一定条件下施行，不能作为常规检查。

合理运用辅助检查尤为重要，行 B 超、CT 检查或合并伤的检查，以便为治疗选择提供依据。由于肝破裂常合并其他脏器损伤或休克，因此要迅速建立静脉通道，积极抢救休克，当肝破裂在诊断与抢救上出现矛盾时，遵循“生命第一”的治疗原则，以患者的血流动力学稳定为前提，避免因辅助检查而延误抢救时机。笔者强调诊断性腹腔穿刺具有简单、可靠，及不受条件限制的优点，其阳性率高达 90% 以上，是临床诊断腹腔内出血的快速有效的方法。

五、肝外伤分级

Ⅰ级：血肿包膜下血肿，占肝表面＜ 10%，裂伤包膜下撕裂，实质深度＜ 1 cm。

Ⅱ级：血肿包膜下血肿，占据肝表面 10% ～ 50%，实质内血肿＜ 10 cm，裂伤深度 1 ～ 3 cm，长度＜ 10 cm。

Ⅲ级：血肿包膜下血肿，大于表面积 50% 或正在扩展；包膜下血肿破裂；实质内血肿＞ 10 cm 或正在扩张，裂伤实质深度＞ 3 cm。

Ⅳ级：裂伤实质破裂累及肝叶 25% ～ 75% 或者在一叶内累及 1 ～ 3 个肝段。

Ⅴ级：裂伤实质破裂累及肝叶＞ 75% 或在一叶内累及 3 个以上肝段血管伤，肝旁静脉损伤，如肝后腔静脉伤 / 中央主要肝静脉伤。

Ⅵ级：血管伤肝撕脱。

Ⅰ级和Ⅱ级属于轻伤，只需非手术治理。Ⅲ级到Ⅴ级属于严重损伤，常需要手术处理。Ⅵ级损伤罕见，几无存活可能。

六、治疗措施

（一）保守治疗

Hollands 等曾报道，281 例肝外伤患者行非手术治疗，无一例死亡。目前认为有下列指征可暂时行保守治疗：

1．闭合性损伤，症状轻微，血流动力学稳定。

2．无腹膜刺激征，入院后经补液，生命体征很快稳定。

3．CT 或 B 超提示浅表裂伤或直径小于 3 cm 的肝内或包膜下血肿，损伤分级在Ⅲ级以下。

4．无腹腔内其他脏器合并伤。

5．保守治疗过程中，B 超或 CT 监测发现肝损伤已稳定或有好转。注意在保守治疗过程中，如病情恶化，血流动力学不稳定，经积极处理无好转应果断改行手术治疗。

（二）手术治疗

肝裂伤的诊断明确后应争取早期手术治疗，伤员大多有内出血和出血性休克，有些还合并其他脏器损伤。术前抗休克处理很重要，可以提高伤员对麻醉和手术的耐受性。首先应建立可靠有效的输血途径，选择上腔静脉分支作为输血途径较为适宜，因有些外伤合并下腔静脉裂伤，从下肢输血可能受阻或外漏，达不到补充血容量的效果。有些严重肝外伤合并大血管破裂，出血量大，虽经积极快速大量输血仍未能使血压回升和稳定。此时应当机立断，在加紧抗休克治疗的同时进行剖腹，控制活动性出血，休克好转再作进一步手术处理。

肝外伤的手术处理原则是彻底止血、清除失去活力的碎裂肝组织和安置腹腔引流，防止继发感染。止血是处理肝外伤的关键，能否有效地控制出血直接影响肝外伤的死亡率。已失去活力的碎裂肝组织将坏死分解，聚积的血和胆汁最终都会继发感染而形成腹腔脓肿。

1．真性肝裂伤的处理 止血的方法很多，出血较多时可先阻断肝蒂，再按外伤的具体情况选用下列一种方法。

（1）肝外伤的微创治疗：肝外伤后，其问题的实质是出血与止血的问题，临床上，传统观点常采用外科手术方法治疗，由于创伤、手术，及麻醉的打击，患者死亡率在 15% ～ 20%。肝外伤损伤分级标准的采用、影像学技术的进步，及适时床旁超声波检测的广泛应用，为部分肝外伤患者的非手术与微创治疗提供了科学依据。微创技术是对 CT 及超声波确诊肝挫裂伤、AAST 损伤分级Ⅰ～Ⅲ级病例，采用经导管肝动脉栓塞止血，基本上可一次达到临床治愈的满意效果。由于该技术具有经济、方便、微创、效果满意等优点，在肝外伤的诊断与微创治疗中突显重要价值。

（2）单纯缝合法：适用于规则的线形肝裂伤。一般采用 4-0 号丝线或 1-0 号羊肠线穿细长的圆针做贯穿创底的“8”字形或褥式缝合。结扎时用力要轻巧柔和，以防缝线切割肝组织。针眼如有渗血，可用热盐水纱布压迫止血。

（3）清创术：创面大而深的肝裂伤，应先清除失去活力的肝组织，将创面的血管或胆管断端一一结扎，缩入肝组织的活动性出血点可做“8”字形缝扎止血。止血完成后，肝创面如合拢后在深部留有无效腔者不宜简单对合，可敞开，用带蒂大网膜覆盖或将网膜嵌入，消除无效腔后再对合，并安置引流。

（4）肝动脉结扎术：按上述方法止血仍未能奏效时，可考虑结扎肝固有动脉或伤侧肝动脉分支。源于肝动脉的出血可获良好止血效果。

（5）肝切除术：严重碎裂性肝损伤的出血常难以控制，可做肝切除术清除无活力的肝组织，以彻底止血。一般不必按照肝的解剖分区行规则性切除术。根据具体情况采用止血带、肝钳或手捏法控制出血，切除无活力的肝组织，切面上的血管和胆管分别结扎，用带蒂大网膜或邻近韧带覆盖肝切面，最后安置引流。

（6）填塞止血法：当采用缝合、肝动脉结扎、热盐水纱布垫压迫等方法处理仍有较广泛渗血或出血时，伤员情况比较危急，可用大块明胶海绵、止血粉或可溶纱布等填入创面压迫止血。如仍未能满意止血，可再填入大纱条或纱布垫加压止血。术后使用预防性抗生素和止血剂，待情况稳定 3 ～ 5 天后在手术室分次将纱布垫或纱条取出。填塞止血是一种应急办法，只能在各种止血措施都无效时使用。易继发感染，引起继发性出血或胆瘘等严重并发症。

2．肝包膜下血肿的处理　多数因裂伤的肝组织继续出血，肝包膜张力越来越大，终使包膜剥离面扩大或穿破。手术时应将包膜切开，清除积血，结扎或缝扎出血点，并缝合裂伤口，安置引流。

3．中央型肝裂伤的处理　这种损伤的肝包膜和浅层肝实质均完好无损，诊断较困难。手术探查如发现肝体积增大，包膜张力增高，即应怀疑肝中央型破裂的可能。一般可借助肝穿刺抽吸、术中穿刺造影或选择性肝动脉造影等帮助诊断。证实有大的无效腔和积血应予切开清创、止血和引流。如裂伤较严重，一般结扎、缝合止血不能奏效时，应考虑大网膜填塞后缝合或部分肝切除。

4．肝贯穿伤的处理　如非线形损伤，可用导管经入口或出口放入伤道吸引或用生理盐水冲洗，清除血块、异物和碎落的肝组织。若出血已止，伤口一般不必缝合，在进出口附近安置引流即可。如伤道内有较大无效腔和活动性出血，应切开清创、止血和引流。

5．肝后下腔静脉段或肝静脉干损伤的处理　一般出血量大并有空气栓塞的危险，但不易诊断，且直接缝合止血极为困难。在完成上述处理后仍有较大量的出血时，应考虑下腔静脉或肝静脉损伤的可能。手术可按下列程序进行：用纱布垫填压裂伤处以控制出血，向右第7、8肋间延长切口，翻起肝并显露第二肝门，阻断肝十二指肠韧带的血流和控制腔静脉裂口上、下方的血流，在直视下修补破裂的肝静脉干或下腔静脉，恢复被阻断的血流。

（三）手术方式的选择

1．把握治疗原则，合理选择手术方式　肝破裂的处理方法较多，对于Ⅰ、Ⅱ级肝破裂，可行单纯性肝修补术，注意不留无效腔，确切止血。对于Ⅲ级及部分Ⅳ级肝破裂病例，在控制入肝血流条件下，将创面失活的肝组织彻底清除，分别缝扎Glisson鞘内管道并将大网膜填塞后缝合修补。对于部分Ⅳ和Ⅴ级严重肝损伤患者，则采用尽可能行不过多切除正常肝组织的清创性肝切除术。秦锡虎等认为不规则肝切除既可有效控制出血，又能切除可能会引起并发症的失活肝组织，对肝大血管损伤无法修补者及肝粉碎性损伤者尤为适用。

对于某些严重肝损伤患者，或广泛的肝包膜下血肿并不断扩大者，患者一般情况多极差，凝血机制存在严重障碍，术野广泛出血，常规止血方法已难以奏效。此时，使用纱布填塞法能较快控制出血，挽救患者生命。笔者体会选用该法时，一定要果断，力求迅速而有效地完成手术；填塞时可先将大网膜覆盖在肝创面上，再用纱布填塞肝周，松紧适度，一般手术后3天始分次或分段取出。

此外，在肝破裂中值得引起重视的是合并近肝大静脉损伤的处理。近肝静脉包括腔静脉和肝静脉，由于血管壁薄，显露和修补困难，出血凶猛，死亡率高达83%；进腹后应迅速采用Pringle法阻断第一肝门，果断游离肝周韧带，防止牵拉肝时进一步撕裂血管破口，随后再行全肝血流阻断法，如阻断仍不充分，可经右胸腹联合切口切开心包，阻断膈上的腔静脉，以暴露静脉裂口而从容予以修补。如肝静脉裂口已无法修复，可采用血管直接缝扎止血；有文献报道，只要保留一条肝静脉通畅以及有完整的肝供血系统，肝并不会出现坏死。

2．重视合并伤的处理　创伤性肝破裂患者往往伤情复杂，既可合并腹内其他脏器损伤，又可合并颅脑、胸肺，及四肢脊柱骨折等多发伤。此类患者病情危急，有时处理十分困难；据报道，有合并伤者死亡率可高达50%；对于合并全身多器官多系统伤者，首诊医师应紧急召集相关科室，共同会诊制订治疗方案，原则是优先处理对生命威胁最大的损伤脏器，再处理危险性相对较小的器官系统。

（四）肝损伤修补术步骤

1．适应证

（1）肝裂伤及肝挫裂伤损伤面积不大，创口不深，组织坏死少者。

（2）肝损伤不合并肝门或肝内重要血管损伤者。

2．术前准备

（1）肝损伤诊断确定，应剖腹探查。对伴有休克者，在积极抗休克治疗的同时做好术前准备，尽早手术。

（2）给予抗生素、保肝药物、给氧、胃肠减压等。

3．麻醉 插管全麻。

4．手术步骤 右上腹经腹直肌切口，开腹后在快速吸引、清除积血及血块的同时，探明肝损伤情况。出血较凶猛时，宜先以乳胶管通过网膜孔穿过肝十二指肠韧带控制第1肝门，清理肝损坏创口，切除无生机组织，钳夹结扎活动性出血血管及胆管。对浅表的肝裂伤予以丝线间断褥式缝扎，缝线边距为1 cm，缝针要达裂口基底部，防止遗留无效腔，形成血肿或继发感染。如对拢不全或仍有出血，可取大网膜堵塞缝合。

严重的肝挫裂伤，尤其当伴有肝内较大血管损伤或有较多组织失活时，常需部分肝、肝段、肝叶或半肝切除。若病情危重不能耐受切除，或条件不允许时可行肝总动脉（发出胃右动脉后），肝左、右动脉，甚至肝固有动脉结扎，以达到止血目的；但上述结扎后造成肝坏死的危险也依次增加。对仍不能止血又很危重的患者，可采用长纱布条堵塞止血，从腹壁另造口引出。肝下应放置胶管作体位引流。

5．术中注意事项

（1）要尽量切除失去生机的组织，以防感染、再出血等。

（2）对中央型肝破裂要注意在腔内仔细止血，避免缝合后形成无效腔，防止继发肝内血肿、感染、胆道出血。对有活动性出血者，腔内可放置引流及胆总管T形管引流。

（3）裂口中较大血管及胆管应分别予以缝扎止血，以防术后出血及形成胆瘘。

（4）控制肝门时要注意计时，无肝硬化患者可阻断25分钟，有肝硬化时应以15分钟以内为宜。限定时间内未完成操作时，可放松10分钟局部压迫止血，再第二次阻断肝门。同时注意充分给氧。

（5）除外肝内一、二级血管损伤，否则尽量不做肝叶切除。

（6）若单纯修补术不能止血，病情又允许时，可行肝部分切除。尽量不采用纱布条堵塞的方法，因易继发出血和感染。必须用时，宜先垫一层网膜，以免纱布条与肝直接接触粘连，在拔出时引起出血。

（7）腹腔内积血混有胆汁时，除非有严重致命的休克，又无血源者，一般不宜用自家输血。

（8）为了显露术野，必要时可切断肝的诸韧带。

6．术后处理

（1）注意血压、脉搏及尿量，测定血红蛋白及红细胞比容，观察血容量补充情况。

（2）注意肝下引流液体的性质及量，观察有无继续出血及胆瘘形成。适时拔除引流管。

（3）测定肝功能及应用保肝药物，尤其对合并肝硬化或术中曾阻断肝门者。48小时内持续给氧，以利肝功能恢复。

（4）应用抗菌药物，防止膈下感染。

（5）引流液内为胆汁时，注意有无腹膜炎表现。注意充分引流。

七、并发症

最常见的并发症为感染，余为胆瘘、继发性出血和急性肝、肾衰竭。

（一）感染性并发症

有肝脓疡、膈下脓肿和切口感染等。彻底清除失去活力的肝组织和污染物，妥善止血，并安置可靠有效的引流是预防感染的有效措施。一旦脓肿形成，应及时引流。

（二）肝创面胆漏

可致胆汁性腹膜炎或局限性腹腔脓肿，也是一种较严重的并发症。预防胆漏的方法是手术时细心结扎或缝扎断裂的大小胆管并安置引流管。发生胆漏后，在胆总管安置“T”形管引流，可降低胆道内压力，促进愈合。

（三）继发性出血

多因创面处理不当，留有无效腔或坏死组织而继发感染，使血管溃破或结扎线脱落而再出血。出血量大时，需再次手术止血，并改善引流。

（四）急性肝、肾、肺功能障碍

是极为严重而又难处理的并发症，预后不佳。多继发于严重复合性肝损伤、大量失血后长时间休克、阻断向肝血流时间过长、严重腹腔感染等。因此，及时纠正休克，注意阻断向肝血流时间，正确处理肝创面，安置有效的腹腔引流，预防感染是防止这种多器官衰竭的重要措施，也是目前对多器官衰竭最好的治疗。

第三节　脾　损　伤

一、解剖与功能

脾是人体中最大的淋巴器官，位于左上腹部。脾的主要功能是过滤和储存血液。脾质地较脆且血运丰富，因此一旦受到强大外力打击，很容易破裂，脾破裂会导致严重的大出血，是能够致死的腹部急症之一。

脾是一个人体中最大的淋巴器官，富于血供，呈实质性，质软而脆。脾位于人体左上腹内，位于左季肋区后外方肋弓深处，与 9 ～ 11 肋相对，长轴与第 10 肋一致。膈面与膈肌和左肋膈窦相邻，前方有胃，后方与左肾、左肾上腺毗邻，下端与结肠脾沟相邻，脾门与胰尾相邻。脾大小约为 125 mm^3 × 75 mm^3 × 50 mm^3，平均重量约为 150 g，由胃脾韧带、脾肾韧带、膈脾韧带和脾结肠韧带等将其“悬挂”在上腹部。脾是机体最大的免疫器官，占全身淋巴组织总量的 25%，含有大量的淋巴细胞和巨噬细胞，是机体细胞免疫和体液免疫的中心。在正常状态下一般摸不到脾，如果仰卧或右侧卧位能触摸到脾边缘，说明脾大。

一般来讲，脾有三大功能：首先，它是人体的“血库”，当人体休息、安静时，它贮存血液，当处于运动、失血、缺氧等应激状态时，它又将血液排送到血循环中，以增加血容量；其次，脾犹如一台“过滤器”，当血液中出现病菌、抗原、异物、原虫时，脾中的巨噬细胞、淋巴细胞就会将其吃掉；此外，脾还可以制造免疫球蛋白、补体等免疫物质，发挥免疫作用。脾是血循环中重要的滤过器，能清除血液中的异物、病菌，及衰老死亡的细胞，特别是红细胞和血小板。因此，脾功能亢进时可能会引起红细胞及血小板的减少。脾还有产生淋巴细胞的功能。

脾代表 25% 的网状内皮系统。每分钟灌注血液 200 ml，这些血的 90% 迫使经过 Billroth 索，那儿有固定不变的巨噬细胞吞噬特别的物质，这样脾如一个大的免疫滤器。它的第 2 个作用是免疫因子，即产生 IgM。这些重要的调理作用起到了吞噬血管内抗原的主要作用。最后，有证据证明，脾可以调整辅助 T 细胞和抑制 T 细胞的比率。

脾切除术后患者免疫功能低下，并终身增加对严重感染的易感性，易发生急性暴发性感染、败血病和脑膜炎。婴幼儿脾切除术后更易发生感染性并发症。脾切除后要注意加强防止感染，包括保暖、饮食卫生、个人卫生、适当锻炼等。脾不是唯一的免疫器官，术后通过一段时间的调整，机体免疫能得到一定恢复，它的部分免疫功能会被其他免疫器官替代，当然，完全恢复如常人不太可能。

二、伤因

任何病史都包含着脾损伤，以钝性腹部损伤为例，脾是腹内器官最常见损伤的器官，反之，在穿透性损伤中，脾的损伤少于 10%。局限于左上腹或左下胸损伤，以及第 10 或第 11 肋骨骨折或血尿的患者，应怀疑脾损伤。延迟低血压偶尔发生在钝性损伤，这是由于持续的、缓慢的脾出血或脾周血肿破裂所致。

三、临床表现

（一）症状

症状的轻重取决于脾损伤的程度、就诊的早晚、出血量的多少，及合并伤的类型。脾包膜下破裂的患者主要是左上腹疼痛，呼吸时加剧。经一中间缓解期后再度发生腹痛的多提示脾由不完全破裂发展到完全破裂，疼痛可放射至左腹部或左肩，病情严重者出现休克，且有烦躁、口渴、心慌、心悸、呼吸急促等症状。值得注意的是合并严重昏迷或脊椎损伤时，以上症状极为模糊。

（二）体征

体格检查可发现患者脉搏细速，血压下降。血压的下降与出血速度有关，如果出血较缓慢，虽然腹腔内已有多量积血（甚至 1000 ml 以上），收缩压仍可维持在正常范围；出血速度快者短期收缩压可降至 80 mmHg 以下。全腹有明显压痛，以左上腹最为显著，腹部叩诊有移动性浊音。左上腹有血凝块，叩诊可呈固定浊音，肠鸣音减弱。

四、诊断

（一）体检与辅助检查

脾损伤的诊断，病史和体格检查是主要的。Kehr’s 征，即左肩疼痛，常常在头低脚高位仰卧时疼痛加重，半数以上的脾破裂患者存在此征。单纯脾破裂大出血的患者根据有无出血性休克、腹痛、左上腹压痛，及腹膜刺激征能很快做出诊断。但在复合伤甚至昏迷或截瘫情况下，做出脾破裂的诊断需要以下检查：

1．实验室检查 发现红细胞、血红蛋白和红细胞压积进行性降低，提示有内出血。

2．诊断性腹腔穿刺 这是简单易行、安全的方法，阳性率的高低和腹腔内液体多少有关，如果穿刺阴性，常需多部位、多点、多时间段反复穿刺，以提高阳性率。

3．B 超检查 B 超可以观察脾包膜完整性、脾实质的裂隙暗带、脾周围，及腹腔液性暗区情况，进而诊断脾破裂。B 超探查方便，无创、移动性好，可随时到床旁检查，有利于动态观察。

4．CT 检查 CT 能清晰地显示脾外形和解剖结构，确定有无腹内脏器合并伤，诊断脾破裂阳性率可达 90% 以上。主要缺点是对血肿异常密度与脾实质缺乏明确的对比。

（二）脾损伤分类

1．开放性脾损伤 凡因瓦斯爆炸、井下矿石、设备碎片等飞溅招致左侧第 6 肋以下的创口都应考虑到有脾损伤和腹内其他脏器损伤的可能。

2．闭合性损伤 左上腹钝性损伤，外力撞击左肋弓，使脾受挤压而破裂，外力也可直接作用于脾某一部位，使该部位发生急骤的应力变化，超过脾组织弹性限度发生脾破裂。脾由周围韧带固定于脾窝，若外力以切线方向经过脾窝，脾的移动受到限制，可导致间接性脾损伤。

（三）脾破裂分级

Schackford（1981）将脾破裂分为 5 级，Feliciano（1985）加以改良，并提出各种分级手术适应证。

1 级 包膜撕裂或轻度的脾实质裂伤——缝合修补。

2 级 包膜撕脱——缝合修补和局部应用止血剂。

3 级 严重脾实质破裂或穿透性损伤——缝合修补或脾切除。

4 级 严重的实质星状破裂或横断或脾门损伤——部分脾切除或全脾切除。

5 级 脾粉碎性或多发性损伤——脾切除。

夏穗生（1996，脾脏外科新进展）认为脾外伤分级的关键在于断裂血管的识别，夏氏分级为：

Ⅰ级：损伤仅有脾包膜撕裂，可用各种凝固法或黏合法。

Ⅱ级：实质撕裂，脾段或其下属分支离断，可用单纯缝合或黏合法。

Ⅲ级：实质撕裂，脾叶血管离断，则施行部分脾切除。

Ⅳ级：脾动脉主干或全分叶动脉离断，施行脾切除。

五、治疗

过去由于片面地认为“脾并非生命必需的器官”，且脾血供丰富，组织脆弱，止血困难，很长时间以来，脾切除是治疗各种类型脾破裂的唯一选择。然而，现代脾研究证明，脾具有多种功能，特别是对脾切除术后凶险性感染（OPSI）风险的认识，使外科医生逐步形成了“保脾”的概念，并确立了脾外伤的处理原则：①抢救生命第一，保留脾第二；②年龄越小越倾向于保脾手术；③保留脾的质和量须具备足够的脾功能；④根据损伤的类型和程度选择恰当的保脾术式或联合应用几种术式。

（一）保守治疗

对于一些包膜下或浅层脾破裂的患者，如出血不多，生命体征稳定，又无合并伤，可在严密的动态观察下行保守治疗。具体适应证为：

1．按 AAST 分级（或我国脾外科学组分级）标准为Ⅰ级。

2．年龄小于 50 岁。

3．无腹腔内其他脏器的合并伤。

4．除外病理性脾破裂，无凝血功能异常。

5．血流动力学稳定，输血量不超过 400 ～ 800 ml。

6．影像学（B 超、CT）动态监测血肿不扩大，积血不增加，或脾动脉造影无或极少量造影剂外溢。

7．具备中转手术与重症监护的条件。在上述适应证中，血流动力学稳定是最为重要的内容，也是决定是否行保守治疗的先决条件。

近年来，随着经验的积累，发现部分 AAST Ⅱ级脾损伤也可通过非手术治愈，年龄也可放宽至 55 岁甚至更高。但对脾外伤的保守治疗仍有必要采取慎重态度，尤其在监测手段与抢救措施不够完备的中小医院，不宜过分提倡，即便在条件具备的大型医院，也应严格掌握适应证。因为就抢救生命而言，脾外伤手术治疗比保守治疗的把握更大，风险更小。保守治疗的主要措施包括：绝对卧床，禁食、水，胃肠减压，输血补液，应用止血药与抗生素等。2 ~ 3 周后可下床轻微活动，恢复后 3 个月内应避免剧烈活动。

（二）保脾手术

保脾手术方法较多，术者需根据脾外伤的病情、所在医院的条件，术者本人的经验等做出具体选择。应尽量保留不低于正常人的 1/3 脾体积和良好血运，才能有效地维持脾的正常功能。

1．局部物理或生物胶止血技术 对那些裂口小而浅的Ⅰ级脾外伤，在开腹后可采用吸收性明胶海绵填塞破裂处压迫止血，也可用生物胶黏合止血、微波或氩气凝固止血、脾破裂捆扎、网罩止血术等。如适应证选择得当，不失为是确实可靠、简便可行的处理方法。

2．缝合修补术 对裂口小，未伤及大血管的Ⅰ、Ⅱ级脾破裂可进行缝合修补术。理由是脾破裂口多为横形，与脾内大血管方向一致，不是伤及叶间血管主干而是小梁血管。因此对于裂口小、局部物理或生物胶止血技术无效，且又无血流动力学改变的脾外伤患者，应用缝合修补技术进行止血比较安全有效。但此术式要视患者术中出血情况、有无其他合并伤，及急诊手术条件而定，对病情危重，缝合止血效果不好，手术技术又差，不强调缝合修补，否则会因失血过多危及患者生命。

3．脾动脉结扎或术中栓塞术 脾动脉结扎可使脾动脉压力下降 50 ~ 60 mmHg，脾体积变小，具有一定韧性，便于缝合，达到更有效的止血目的。脾动脉结扎后，一般不会引起脾梗死，这是由于其血运可由周围韧带的血管进行代偿之故。但亦有研究发现，脾动脉主干结扎后，脾不能从血流中清除肺炎球菌，患者仍有发生凶险性感染的可能。术中脾动脉栓塞术由于栓塞范围不易控制，且有发生异位栓塞与脾梗死、感染等并发症的可能，临床应用很少。至于 X 线透视下经股动脉穿刺置管的脾动脉栓塞术（SAE），又称内科性脾切除术，应属于保守治疗的范畴。近年来，在治疗脾外伤方面虽然积累了一些成功的经验，但出血、感染等并发症的发生率仍较高，且多需栓塞脾动脉主干才能有效止血。

4．部分脾切除术 适用于Ⅱ级、部分Ⅲ级脾破裂，部分脾血运良好者。尤其适合于脾某一部分破裂严重，难以保留者。开腹后按脾段分布将脾损伤部分的血管游离结扎，与正常的组织间即显现一清晰的分界线，用大号针及可吸收缝线，在分界处贯穿正常脾组织边缘行间断或连续交锁缝合结扎，然后用解剖刀或电刀、激光器、超声吸引装置（CUSA）等切除失活之部分脾，对断面上遇到的出血应予确切止血，最后用一块大网膜组织覆盖切面。近年来采用微波组织凝固技术在脾的预定切除线形成一凝固带，然后用手术刀分离、切除外伤或病变的部分脾，方法简单，止血确切，效果满意，有推广应用价值。

5．腹腔镜保脾术 腹腔镜不仅可以明确诊断，而且便于判定损伤程度。常规二氧化碳持续气腹，压力维持在 12 ~ 14 mmHg，先了解脾损伤的程度和腹内其他脏器的病变，然后吸尽脾周围积血，显露脾。对于Ⅰ、Ⅱ级的破裂，可用生物胶喷洒、电凝止血并加止血海绵填塞止血；对于Ⅲ级脾破裂，则应采用综合止血方法，可在裂口内填入带血管大网膜，再行缝扎。止血后观察 15 分钟，若无出血可以于脾周围置引流管 1 枚，结束手术。腹腔镜保脾术主要适用于年龄轻、临床表现，及相关检查认定脾损伤较轻、血流动力学稳定、无复合或多脏器损伤的腹部闭合性损伤患者。需要强调的是，对损伤严重且出血量大的Ⅳ级以上脾破裂采用腹腔镜保脾止血是不明智的，手术的成功率极低。

6．自体脾组织移植　并非所有的脾外伤可通过保脾手段获得成功，仍有大约 60% 的脾外伤必须行脾切除术方能控制出血，挽救生命。对于不能保留全脾、脾粉碎、脾门撕裂伤、脾门血块，及脾修补失败的单纯性脾损伤者，合并腹内实质脏器和空腔脏器伤污染较轻者，Ⅲ级、Ⅳ级非病理脾破裂者，均可施行自体脾移植而使脾功能得到补偿。脾组织移植可分为网膜囊内、脾床内、腹膜皱褶内、腹直肌内等多种类型，甚至有脾细胞门静脉或肝内注射。其中网膜囊内移植最为常用，方法是将切下的脾切成一定大小的薄片，一般为 2.0 cm × 2.0 cm × 0.5 cm 左右，固定于网膜血管丰富区，再将网膜游离缘折叠制成网膜囊，周边缝合数针。脾片一次可用 5 ～ 6 块或更多，一般认为移植正常脾的 1/4 ～ 1/3 以上方能有效。需要指出的是，脾组织移植虽然能发挥一定的免疫功能，但其功能远不如正常脾。因此，对脾外伤破裂患者在保命的前提下，尽可能保留脾，只有对必须行脾切除的患者，才考虑行自体脾组织移植。

（三）全脾切除术

保脾术与脾切除术相比，操作相对复杂，有术后再出血的可能。在“先保命，后保脾”的原则下，全脾切除术不失为治疗脾破裂较安全的手术方案。全脾切除术的指征：①Ⅳ型以上的脾破裂；②老年患者；③伤情危重、尽快结束手术；④保脾术仍不能有效止血；⑤术者对保脾手术操作欠熟练或缺乏经验，没有把握。

正确的术前准备对于手术的疗效关系颇大。如术前无明显休克现象，脉搏不超过 100 次 / 分，收缩压不低于 100 mmHg 者，没必要过早地予以大量输血；因考虑其血压升高过多，有促使血凝块脱落致再度大出血的危险，仍应做好输血准备，在切开腹壁时较快地滴入。如术前已有休克现象，则一方面须准备紧急手术，一方面应迅速地给予输血补液，以纠正休克和改善循环，待血压恢复至 80 ～ 100 mmHg 时随即进行手术。如患者已有休克，而输血 400 ～ 800 ml 后仍不能使血压上升或脉搏转佳时，则表示严重的内出血仍在进行；此时应采取动脉输血的办法，加压急速输血，同时应毫不迟疑地及早进行手术，不必等待休克的“好转”。因大出血患者往往只有在进腹止血以后，才能有真正转机；如一定要等到情况“好转”以后再进行手术，可能会导致严重后果。

手术时，在切除脾制止出血以后，尚需检查其他脏器有无损伤，以免遗漏而影响预后。如腹内无其他脏器损伤，则腹内的积血经收集过滤后，仍可输入作为自身输血之用。

（四）脾破裂合并多发伤的手术处理原则

1．合并颅脑损伤　多数患者可伴有意识障碍或病史叙述不清楚或腹部体征表达不准确，颅内高压时，血压、脉搏或呼吸变化可呈现假象，而且又不宜行腹腔镜检查等，给诊断和处理带来了难度，特别是包括脾损伤在内的腹腔内脏损伤，极易误诊漏诊。需指出，昏迷伴低血压或颅脑损伤处理后不能纠正的低血压或不宜纠正的休克，在单纯性颅脑损伤并不常见，应高度警惕脾破裂等腹内脏器或其他部位内出血的可能。

在处理上，需结合病情全面考虑，如：①不伴脑疝者，应先处理脾破裂、腹内出血，及时行开腹探查和脾切除术，各种保脾术不宜采用，在处理腹内损伤的同时采取防治脑水肿的措施；②呈现脑疝或 CT、MRI、B 超等见颅内血肿或其在扩展者，应先行开颅术再行开腹术，也可开颅术和开腹术同时进行，但如能先行脑室引流、减压，颅内病变尚稳定者，可先处理腹内损伤，继之行开颅术。

2．合并胸腔内脏损伤　脾破裂合并胸腔内脏损伤，可涉及心脏、大血管、肺、气管、食管、胸导管等。这些脏器或组织损伤的后果多较严重，如可发生迅速的大出血、失血性休克，往往来不及抢救或死于现场；也可发生开放性或张力性气胸或反常呼吸或心包填塞等，导致一系列严重危及生命的呼吸、循环功能紊乱或呼吸心搏骤停等。

因此，处理严重的腹部损伤或脾破裂者应警惕可能同时存在的胸腔内脏损伤。同样，诊治胸部损伤也不可忽视存在腹部内脏损伤或脾破裂的可能性。需知，膈肌破裂伤或胸腹联合伤是不易明确诊断的；存在膈肌破裂时，确定血胸或血腹的来源也并非容易。在监测血流动力学指标中，中心静脉压（CVP）测定值易受合并胸腔内脏损伤的影响而不准确，可导致判断的失误。临床上，遇到下列情况时都应考虑同时存在腹内脏器损伤的可能性，如：①左胸部损伤位于前胸第 4 肋、侧胸第 6 肋和后胸第 8 肋以下，特别是伴膈肌破裂；②贯穿伤出入口在胸或腹部；③火器伤（子弹或弹片）从胸或腹部进入而相应停留在胸或腹部，其伤道经过脾；④左下胸部受伤伴腹内出血、失血性休克等。病情允许时，酌情选用普通 X 线、B 超、CT 等影像学检查（胸、腹部），及胸或腹腔镜检查，协助诊断。

处理脾破裂合并胸腔内脏损伤时，首先，要针对处理紧急而又危及生命的胸部损伤，如：①维护气道的通畅，防治窒息；②封闭开放性胸腔损伤，并控制已存在的反常呼吸，采用闭式引流缓解和治疗张力性气胸；③心包填塞的引流以及采用人工呼吸和心脏按压术等处理呼吸、心脏骤停；④其他如采用抗休克措施等。其次，权衡胸腹部等多发伤的伤情，分清轻重缓急，确定优先施行开胸术还是开腹术抑或开胸、开腹术同时进行。一般来说，大多数胸腔内脏损伤，可首先采用胸腔闭式引流处理。当考虑手术指征时，确定手术顺序时应优先处理腹腔内脏，尤其是脾破裂、腹内出血等。换言之，即在及时行胸腔闭式引流处理后，应优先施行开腹术，处理腹腔内出血，切除破裂的脾。随后，如有手术指征，再确定行开胸术。但是，倘若胸腔内大出血不止（闭式引流血量 $>$ 200 ml/h），尤其是肺受压 $>$ 80% 时，应先行开胸术或与开腹术同时施行。在怀疑有腹腔内脏损伤，而胸腔损伤有明确的手术指征时，可优先开胸处理胸内脏伤，对腹腔可做彩色多普勒（DPL）或 CT、B 超等检查协助判断，确定开腹的指征。

需指出，只有在病情允许、手术指征明确的前提下，才经胸腹联合切口或经腹切开膈肌，分别有秩序地探查胸、腹腔病变。

3．合并腹内脏多发伤 脾损伤虽是最常见者，但统计资料表明，在腹部外伤中，单独脾破裂仅占 30%，合并其他腹内脏损伤者并不少见，如肝、腹部大血管、肠系膜、大网膜等损伤所致的腹腔内出血，腹膜后脏器或组织损伤所致的腹膜后血肿以及胃肠道等空腔脏器损伤破裂所致的腹膜炎等。

处理原则是先控制出血性损伤（肝、脾、大血管等的止血），后处理胃肠道穿破性损伤；先处理污染重的消化道（如下消化道）破裂伤，再处理污染轻者（如上消化道）。需强调，实施开腹探查术应有秩序地进行，杜绝术中遗漏损伤。沿血块聚集或积血多的部位，寻找出血性损伤或以手摸，确定实质脏器脾、肝等破裂伤。控制活动性出血后，再全面探查腹腔脏器。腹腔内有游离气体、胆汁、肠内容物、粪便或高淀粉酶，及炎性渗出液，提示合并空腔脏器破裂伤，应检查全部胃肠道（包括位于腹膜后的十二指肠、升、降结肠等）、胆道和泌尿系统等。沿脓苔、纤维蛋白素沉着处或脓汁多、大网膜移行的部位寻找空腔脏器破裂伤。对首先发现者可暂时夹闭，待全面探查完成后，再酌情处理。腹内探查可按顺序检查：①胃、十二指肠、空肠、回肠，及其系膜，升、横结肠和其系膜，降结肠和直肠、肾；②盆腔脏器（膀胱、输尿管，女性尚有子宫、附件等）；③沿胆囊、小网膜孔、肝十二指肠韧带探查肝外胆道、肝动脉和门静脉；④切开胃结肠韧带显露小网膜囊，检查胃后壁、胰腺；⑤行 Kocher 切口，并切开升结肠侧腹膜，必要时另行切开降结肠侧腹膜，探查腹膜后脏器和组织，如胰腺头、钩突部，十二指肠二、三、四段，肾、输尿管，腹主动脉及其分支，下腔静脉及其属支等。

关于合并腹膜后血肿的处理：外伤性腹膜后血肿，50% ~ 60% 来自骨盆和脊柱骨折，其次为腹膜后脏器损伤（胰、十二指肠、肾、膀胱）以及肌肉和血管等组织损伤。由于缺乏典型的症状和体征，且常伴其他脏器损伤，其临床征象可被掩盖。因此，不仅诊断较为困难，而且对其处理，尤其是切开探查的抉择，有时亦非易事。腹膜后血肿本身有一定的压迫作用，在不伴需手术处理的脏器损伤时，予以切开，可引发不易控制的出血；而如果不切开探查则可能导致漏诊腹膜后脏器损伤（约占 50%），造成不能及时处理的后果。临床上可根据其征象和检查结果作出判断，如：①腹部外伤后出现不易纠正的低血容量性休克，生命体征不稳定，不能用腹内脏器损伤解释，特别是腹腔渗出血较少者；②腹膜后血肿呈扩展趋势，或呈搏动性，或已破裂，或伴气体、黄染，或粪便、尿液外渗；③ B 超、CT、MRI 显示伴腹膜后脏器损伤（胰、十二指肠等）或选择性血管造影显示腹膜后主要血管损伤等，都是切开探查的指征。近年来，根据腹膜后血肿的分区进行处理，颇有实用价值。

腹膜后间隙可分成 3 个区。第一区位于正中，上起食管、主动脉的膈肌裂孔，下至骶骨岬，其内容有腹主动脉、下腔静脉，及其分（属）支、胰腺和十二指肠等。该区血肿常来自胰腺和（或）十二指肠及大血管损伤，需切开探查。第二区位于第一区的外侧，上起膈肌，下至髂嵴，内有肾和结肠的腹膜后部分。该区血肿常提示肾或结肠的损伤。其处理原则上应予以切开探查，尤其是伴有捻发音或粪便污染、尿外渗者。只有在明确诊断为肾损伤无尿外渗，血流动力学稳定者，才可不切开探查。第三区包括全部盆腔，前方位于膀胱下方，后方和侧方分别位于骶骨岬和髂嵴下方，骨盆骨折是造成该区腹膜后血肿最常见的原因。出血可来自骨折断面、髂血管，及其分支损伤，多可自行停止。该区血肿极少需手术或切开探查，但需高度警惕伴有直肠或膀胱等损伤的可能。腹膜后血肿的位置不同，其手术探查的方法亦不同。第一区可采用 Koeher 切口，切开十二指肠侧方后腹膜，向前游离十二指肠和胰腺头部，探查下腔静脉、腹主动脉，及胰腺头部和十二指肠。经切开胃结肠韧带，伸入小网膜囊可显露胰腺、脾门。切开胰腺上或下缘后腹膜，可探查胰腺背面、肠系膜上血管和腹主动脉等。第二区探查可经左或右侧结肠的侧方，切开后腹膜游离并探查降或升结肠以及输尿管等。探查右肾可将结肠肝曲游离向下牵拉，升结肠和十二指肠牵向内侧；探查左肾可切开脾肾韧带，将脾和降结肠向内牵拉显露。如需探查第三区，在切开腹膜后血肿之前，需先控制肾下方的腹主动脉、下腔静脉，及损伤远侧的髂血管，或可先结扎髂内血管。腹膜后血肿经仔细探查未发现大血管等损伤时，对创面广泛渗出血可采用纱条填塞压迫止血，并引出腹外，术后待病情稳定，于 5 ~ 7 天后分次逐渐取出。对伴直肠或膀胱损伤的盆底腹膜外血肿行切开探查术，可切开直肠周围筋膜进行。发现膀胱裂口可行修补并留置导尿管处理。对直肠损伤，需清理损伤创面后行修补，多需加行横结肠或乙状结肠造口术，骶前间隙应放置引流。

腹膜后大血管（腹主动脉、下腔静脉等）损伤，绝大多数为穿透性损伤所致。多数伤员在现场死亡，能护送到医院者，也多处于濒死状态，需考虑采用控制损伤处理原则进行救治。抗休克的同时立即剖腹压迫出血处或于胃小弯、肝左叶间阻断膈肌处主动脉，暂时控制出血，每次持续数分钟，肾动脉以下损伤可稍延长时间（10 ~ 15 min）。进一步探查，必须有良好的显露。可切开右侧结肠外侧腹膜，向上沿着十二指肠外侧腹膜，在腹膜后游离，将右侧结肠、十二指肠和胰头部牵向左侧，可较充分地显露下腔静脉和腹主动脉。如受伤的腹主动脉处于胰腺后或其上方，则可切开降结肠外侧腹膜，向上切开脾肾韧带，沿左肾前方游离，将脾、胰、胃和结肠脾曲向右方翻转，必要时改为胸腹联合切开，可获得更好的显露。判明伤情后，可在破损处的远近侧用 Satinsky 钳夹控并酌情予修补、吻合或血管移植。血管穿透性损伤应将血管前后壁修补，可先修补后壁再修补前壁。下腔静脉损伤不能修补，可在肾静脉平面以下予结扎处理，但高位者需行血管修补或移植术。疑有下腔静脉损伤则宜建立上肢静脉通道、予以补液等处理。

实践中，腹腔或腹膜后血管出血，行结扎或缝扎是最为可靠的止血方法，但由于会影响其血供，对某些血管宜谨慎从事。如结扎肝总、胃左、脾、左结肠、痔上、胃十二指肠动脉可不致引起相应器官或组织的血供障碍；结扎右肝或左肝、肝固有动脉，其危险性＜10%；结扎左或右肾动脉，则危险性＞90%；结扎肠系膜上动脉＞95%；结扎远侧肠系膜上动脉或结扎髂总动脉＞50%；结扎肠系膜下动脉＜5%，可供参考。

关于合并胰十二指肠损伤的处理：脾外伤合并胰十二指肠损伤，特别是合并胰腺尾部损伤并非少见：①胰十二指肠深部出现脂肪坏死，或呈现捻发音，或渗液淀粉酶明显升高；②腹膜后血肿位于横结肠根部、结肠肝曲、脾曲或十二指肠空肠曲等部位；③伴肝、肾、下腔静脉损伤；④术中胰管造影或内镜检查发现胰管或十二指肠损伤。需指出，严重腹部损伤，在不能除外胰十二指肠损伤时，只要病情允许均应切开十二指肠侧腹膜和胃结肠韧带，切断 Treitz 韧带以及游离结肠肝曲和横结肠系膜根部等，对胰十二指肠各部做全面细致的检查。在行脾切除术时，应避免损伤胰腺，特别是胰腺尾部损伤。

手术方法的选择应根据病情（特别是血流动力学是否稳定）、伤情并结合损伤时间和条件而确定。通常对伴胰腺或十二指肠损伤者，可采用单纯修复术、带蒂空肠管 Roux-en-Y 修补或转流术，及部分胰腺或十二指肠切除术等处理。但对伴胰腺和十二指肠多发性损伤者，病情复杂严重，常伴血流动力学不稳定，在处理上颇为困难。有时需要果断地采用控制损伤处理原则予以治疗。只在病情允许时，才可酌情选用修复术、Roux-en-Y 术、病变切除术，及十二指肠憩室化或幽门隔外术等。选用胰十二指肠切除术应谨慎。需强调，术中应加强预防胰瘘的措施，如：①规范化手术操作，妥善处理胰腺断端和十二指肠破裂伤（血供良好、无张力修补、横向缝合等）；②常规放置有效的腹腔引流，并酌情行十二指肠腔内减压术、胃造瘘术、胆管引流术，及饲食性空肠造瘘术等。

4．合并颌面、颈部损伤及脊柱、骨盆、四肢骨折的处理 首先处理腹部脾破裂损伤，行开腹探查术，对骨折部位予以简单包扎、固定。妥善处理腹部损伤后，再依据病情由相关专科医生会诊处理。但有需急救处理的情况，包括维护气道通畅等，应优先抢救，如气管插管、气管切开等。

开放性损伤伴大出血者，可先行清创术，控制出血或加压包扎伤口，或用止血带临时处理。如情况紧急，又不妨碍开腹术的实施，也可与开腹术同时处理。伴截瘫或不稳定脊柱骨折等情况时，应防止造成再次损伤或导致副损伤。在需行椎管探查减压、固定术者，原则上应待开腹处理脾破裂后，由专科医生会诊处理。截瘫患者，腹部症状可受到掩盖或表现不典型，判断时应予注意。

5．合并胸腹壁损伤的处理 首要任务是行急症手术，开腹探查，处理脾损伤。只有在妥善处理脾损伤且病情稳定后，方可处理胸腹壁损伤。但若为开放性损伤且伴伤口活动性出血，可酌情先探查并控制伤口出血或与开腹术同时进行。通常不经原外伤伤口行剖腹术，宜另行切口（上腹正中切口），或可有助于减少腹内污染和更方便腹内探查。伴皮肤擦伤、挫伤、淤血斑或血肿等，其处理和其他部位软组织损伤相同。以物理治疗（早期冷敷，24 ～ 48 h 后改热敷）为主，必要时予以止痛药物或肋间神经阻滞法处理。血肿扩大或进展，应行切开探查，清除血肿，结扎出血点，缝合断裂的肌肉创面。

肋骨骨折可用胶布或胸带外固定，消除反常呼吸，并鼓励排痰，防止肺不张和肺炎。

开放性外伤伤口，应行清创术，一期或延期缝合伤口，必要时置放引流。受伤短于 12 小时或污染不重者，多可行一期缝合伤口。穿透性损伤，尤其是火器伤，污染较严重，易发生感染和形成窦道，且常有伤口皮肤缺损，不能直接缝合，可行转移皮瓣覆盖，若缺损过大亦可用网膜或 Marlex 网片修补，待长出肉芽后再植皮。日后形成腹壁疝，可于 3 ～ 12 个月后行修补术。

六、预后

据统计，脾破裂的病死率，在开放性损伤＜1%；闭合性损伤为5%～15%；合并其他脏器损伤为15%～40%。腹部火器伤及1个脏器损伤病死率为5.7%；2个脏器损伤为13.5%；3个脏器为20.7%；4个脏器为40%。可见致伤因素和损伤脏器的数目对预后有明显的影响，合并多发或复合伤更有较高的病死率。此外，诊断和处理是否及时、有效等，也与预后密切相关。Moore提出的腹部穿透伤指数的概念，可作为判断其预后的参考。在脾，依伤情定其损伤的危险系数为3，损伤严重程度分为5级，分别为1～5分，将危险系数乘以严重程度之积为其得分，分数越高，预后越差。在腹部开放性多发伤时，各脏器危险系数：胰、十二指肠为5；大血管、肝，及结肠为4；肾、肝外胆道和脾相同为3；胃、小肠、输尿管为2；膀胱、骨和小血管为1。依各脏器损伤严重程度从轻到重分别定为1～5分。同样，危险系数乘以严重程度得分即为该脏器评分。将所有受伤脏器的评分相加，可算出该患者的腹部穿透伤指数，总分≥25时，其病死率和并发症发生率数倍乃至10数倍于25分以下者。

单纯脾破裂者，只要抢救及时，术前准备完善，手术选择正确，操作细致，自能最大限度降低病死率。

七、外伤性延迟性脾破裂的早期诊断及治疗

外伤性延迟性脾破裂（DRS）是指脾实质破裂、包膜起初尚完整、在受伤48小时后突然破裂而产生临床大出血症状者，DRS症状隐匿，容易误诊漏诊，常导致严重后果，临床上尤其是在门急诊环节应高度重视。

（一）延迟性脾破裂的原因

外伤是延迟性脾破裂的主要原因，病理性脾大如门脉高压引起的脾大、脾肿瘤、血液病患者并发脾大等是脾受外伤后易破裂的另一原因，尽管有时外力轻微。

（二）临床表现

DRS患者脾损伤后当时已有出血，但都有48小时以上无症状期，然后突然出现腹腔内出血的临床症状和体征。本病多发生于中青年，受伤部位多为左上腹或左季肋部，往往在剧烈运动、劳动、咳嗽等引起腹内压增加之后突然发生，常伴有左侧第8～10肋一根或多根肋骨骨折。

（三）诊断

文献报道，DRS病死率较一般性脾破裂为高，且术后并发症多 。由于DRS症状出现时间距受伤时间有一定间隔，易造成误诊和漏诊。因而，有腹痛、休克等临床表现的患者应仔细询问2～3周内的腹部外伤史，有左上腹、左季肋区、左腰背部外伤史的患者应严密观察，进行必要的检查：①诊断性腹腔穿刺抽出不凝血可确诊，阳性率可达90%以上，但腹穿阴性并不能排除脾破裂，对高度怀疑的病例可反复多点穿刺，并注意严密观察；②B超检查简单而无损伤，对脾破裂诊断正确性高且可重复检查对比，当脾外伤时可见脾边缘不整或脾周围液性暗区；③CT检查脾损伤诊断率高分辨力清晰，速度快；④胸腹部X线检查可见左上腹密度增加、脾阴影增大、轮廓模糊、左侧膈肌抬高、活动受限等，胸部可发现肋骨骨折。

（四）治疗

DRS一旦确诊应行以脾切除为主的手术治疗，为了避免脾切除术后出现急性暴发性感染（OPSI），各种保脾手术相继采用。但任何保脾治疗必须以“抢救生命为首要、保留脾组织为第二”

的原则。为了保留脾部分功能，脾切除后脾片移植术已成为常用的方法，本组病例有 17 例采用脾切除 + 脾片大网膜内移植术，无术后并发症。对脾包膜下血肿，若血肿不大和近期内无迅速增大者，可在临床、B 超或 CT 监护下采用非手术疗法，如禁食、使用止血药等，观察期至少 2 周以上。否则须尽早手术治疗，因一旦发生 DRS，将增加手术并发症和失去原位保脾的机会。

八、脾切除后暴发性感染

脾切除后暴发性感染（overwhelming post splenectomy sepsis，OPSS）典型的症状是突然发热、寒战、恶心、呕吐，接着有轻微上呼吸道感染。此过程持续 12 ~ 24 小时，然后突然暴发败血症伴休克、播散性血管内凝血（disseminated intravascular coagulation，DIC）和肾上腺功能不全。死亡率从 40% ~ 70% 不等。50% 的患者在脾切除后 1 年内发生，曾有报道在脾切除术后 37 年发生。包膜微生物是最常见的病原菌，如肺类球菌 50%；脑膜类球菌 12%；大肠埃希菌 11%；葡萄球菌 8%；链球菌 7% 等，也曾归罪于无包膜细菌、病毒和原虫。

第四节 胰腺损伤

胰腺是位于上腹部腹膜后的器官，因受到良好的保护，故损伤机会较少，仅占腹部损伤的 2% ~ 5%，但并发症为 19% ~ 55%，死亡率为 20% ~ 35%。

一、损伤机制

胰腺损伤可分开放性和闭合性两种。胰腺钝性伤的发生机制是：①当暴力来自椎体右方时，挤压胰头部引起胰头挫伤，常合并肝、胆总管和十二指肠的损伤；②上腹正中的暴力作用于横跨椎体的胰腺，常引起胰体部横断伤；③来自左方的暴力常易引起胰尾部损伤，可合并脾破裂。

二、临床表现

胰腺损伤的主要临床表现是内出血及胰液性腹膜炎，尤其在严重胰腺损伤或主胰管破裂时，可出现上腹剧烈疼痛，放射至肩背部，伴恶心、呕吐和腹胀，肠鸣音减弱或消失，且因内出血和体液大量丢失而出现休克、脐周皮肤变色（cullen）征等。

三、诊断

开放性胰腺损伤的诊断并不难，当受到瓦斯爆炸伤害者的上腹部或靠近脐部有开放伤时，则应考虑到有胰腺损伤的可能性。闭合性胰腺损伤的诊断甚难，术前获得正确诊断者不足半数，其主要原因是：①胰腺部位较深，给人以虚假的安全感，以致很少考虑到胰腺损伤；②胰腺损伤常同时合并腹内脏器及大血管损伤，其表现易被掩盖；③在胰腺损伤的早期，出血和胰液外渗常局限于腹膜后，症状和体征较轻微，且缺乏特异性，少数待假性囊肿形成才被确诊。因此，遇有任何上腹部损伤，即使是轻微的损伤，也应严密观察，以排除胰腺损伤的可能。

腹腔穿刺：一般在损伤后短期内，腹腔液体较少，穿刺往往阴性，待主胰管断裂时，可得到阳性结果。腹腔液测淀粉酶对诊断有一定的价值。

胰淀粉酶测定：在胰腺损伤患者中，约半数有血清淀粉酶水平升高，但其升高程度与胰腺损伤的严重性并不一致，20% 胰腺横断伤患者的血清淀粉酶值会表现正常，可见血清淀粉酶测定的敏感性并不高。

特殊检查：腹部 X 线平片可显示腹膜后肿块、十二指肠襻增宽，及胃和横结肠异常移位。其他检查如 B 超和 CT 检查、选择性腹腔动脉造影、逆行胰胆管造影、胰腺放射性核素扫描，虽然可确定胰实质损伤、腹内血管破裂、胰管损伤和假性囊肿形成等，但在紧急情况下难以做到，且无必要。

剖腹探查是最简单的早期诊断方法。凡有腹腔内出血或腹膜炎者，就有剖腹探查的指征。术中探查确定胰腺损伤至关重要，遗漏诊断则引起严重后果。术中如发现腹膜有皂化斑、上腹区腹膜后血肿、横结肠系膜根部血肿，均应切开胃结肠韧带探查胰腺，并用 Kocher 切口显露胰头和十二指肠第 1、2 部，然后显露胰体、尾部。脾损伤时，不可忽略胰尾的检查；十二指肠损伤时，不要忽略同时存在的胰头损伤。

术中确定胰腺损伤的部位和程度后，还需正确判断胰管是否损伤。胰腺中央穿透伤、严重辗碎和深部裂伤常并发胰管损伤。不能明确胰头损伤时有无胰管损伤，可切开十二指肠，经乳头注入造影剂或染料，这是发现胰管损伤一个简单而又实用的方法。

四、治疗

胰腺损伤的治疗方法主要取决于胰腺损伤的部位和程度，特别是主胰管的完整性以及有无十二指肠及其他脏器合并伤。

彻底止血，处理合并的脏器伤，切除失活的胰腺组织和充分引流，是治疗胰腺损伤的主要原则。具体方法如下：

对浅表胰组织挫伤、裂伤，及不伴有胰管损伤者，可单纯修补和充分引流，最好的引流物是硅胶双套管。

胰体、尾部横断伤，及伴胰管损伤的严重撕裂伤，可切除远段胰腺，其中胰管予以结扎，断面双层缝合，然后外用大网膜包绕，胰床用双套管引流。术后并发症的发生率为 7%，死亡率为 14%。切除胰腺组织 80% 以下者并不会引起胰内、外分泌功能不足。如胰腺中段严重损伤，需切除胰腺组织 90% 以上时，术后则有发生胰腺功能不足之虞。可于清创后，取胰腺两断端各做空肠吻合术，但操作稍复杂。至于胰管修补术，操作不易，术后胰管狭窄的发生率高，不宜采用。

胰尾严重损伤的最简单方法是胰尾切除，如合并脾破裂，可同时切除脾。

伴主胰管损伤的胰头部撕裂伤或胰、十二指肠严重合并伤的处理最为棘手，通常需施行胰十二指肠切除术，死亡率高达 45%。胰头合并十二指肠损伤时，倘若十二指肠仍有生机，可考虑十二指肠憩室化手术。此手术为 Berne 等（1968）所提出，包括十二指肠损伤壁修补、胃窦切除和结肠前胃空肠吻合、迷走神经切断、十二指肠造口、胆总管 T 管引流，最后以双套管引流损伤区。近年来 Jordan 改进了操作，仅切开胃窦，用可吸收缝线做腔内缝合，以闭合幽门，胃窦切口与空肠侧侧吻合，可明显缩短手术时间。术后数周幽门处缝线吸收后，胃十二指肠腔可再通。若胰头和十二指肠广泛损伤或合并胆总管损伤或胆总管或壶腹部出血无法控制，则需行胰十二指肠切除术，但死亡率可高达 60%。

值得指出，对合并多脏器损伤的手术步骤，胰腺损伤应放在最后处理。胰床引流乃是最重要的措施。

胰腺损伤术后并发症的发生率甚高，最常见的是胰瘘，一般在 6 ~ 8 周后可自行愈合，少数则延至几个月，但仍有 10% 的胰瘘需再次手术。其他常见的并发症是胰腺脓肿、胰腺炎和假性胰腺囊肿。

第五节 胃 损 伤

由于胃活动度大，且受肋弓保护，单纯胃损伤的发生率在腹部钝性伤中仅占腹内脏器伤的 1% ~ 5%；也由于解剖的关系，胃损伤常合并其他内脏的损伤。

一、临床表现

胃损伤的临床表现取决于损伤的范围、程度，及有无其他脏器损伤。胃壁部分损伤可无明显症状。胃壁全层破裂，胃内容物具有很强的化学性刺激，进入腹腔后引起剧烈腹痛和腹膜刺激征象，可呕吐血性物，肝浊音界消失，膈下有游离气体。

二、诊断

胃后壁或不全性胃壁破裂，症状和体征可不典型，早期不易诊断。可放置胃管吸引，以了解胃内有无血液，还可注入适量气体或水溶性造影剂进行摄片，以协助诊断。

三、治疗

一旦确诊应及时手术，手术时应注意有无其他脏器合并伤，防止漏诊。胃前壁伤容易发现，但胃后壁、胃底，及贲门部不完全性胃壁损伤可能被遗漏，故探查应详尽。1/3 病例的胃前、后壁都有穿孔，应切开胃结肠韧带，显露胃后壁，特别注意大小网膜附着处，谨防遗漏小的穿孔。虽经胃管注入气体或亚甲蓝溶液，有助于术中定位诊断，但有加重腹腔污染之虞，需慎用。

胃损伤按其损伤部位、程度和性质分别加以处理。

胃损伤仅涉及黏膜层，并于术前确诊，出血量小，又无其他脏器合并伤，可经非手术治疗。如发生失血性休克，以手术治疗为宜。单纯胃黏膜撕裂伤，出血量也可多达 2 L，需手术切开胃壁在直视下寻找撕裂部位的出血点，缝扎胃黏膜血管或加用鱼肝油酸钠、明胶海绵压迫止血，然后缝合撕裂的胃黏膜。

胃壁血肿可能伴有“透壁性穿孔”，应切开血肿边缘浆膜层，清除血肿，止血，并根据胃壁损伤的深浅，采用胃壁全层或浆肌层缝合修补。

整齐的裂口，止血后可直接缝合，边缘组织有挫伤或已失去生机者，宜修整后缝合。除非胃壁毁损广泛、严重，一般不采用胃切除术。

对其他合并伤应根据其损伤情况给予相应的处理。

关腹前，应彻底吸净腹腔内的胃内容物，并用大量盐水冲洗。单纯胃损伤无须置引流。

术后继续应用抗生素，维持营养和水、电解质平衡。

第六节 十二指肠损伤

矿山创伤中偶尔可出现十二指肠损伤。由于十二指肠特殊的解剖位置，处理十分困难。到目前为止，十二指肠损伤仍然是死亡率较多的一种腹部损伤。

一、发生机制

井下瓦斯爆炸是一种复合伤，其致伤因素不仅有冲击伤，还有继发的机械损伤。其发生机制如下：①十二指肠活动度小，当暴力突然从前腹壁挤向坚硬的脊柱时，可直接造成撕裂伤；②暴力通过前腹壁传至脊柱形成一种剪切力，使十二指肠第二、三段，及胰头部向脊柱右侧移位，而第一、四段，及胰头部向脊柱左侧移位，造成十二指肠活动部位与胆总管进入十二指肠部位和十二指肠 Treitz 韧带处的损伤；③受暴力时，幽门及十二指肠 - 空肠曲暂时收缩关闭，形成十二指肠闭袢，腔内压力突然增高，使十二指肠前外、前下缘薄弱部分破裂穿孔。爆炸时飞溅的钝性物体也可造成十二指肠损伤。

二、损伤特点

十二指肠具有独特的解剖结构和生理功能，日通过消化液多达 7000 ml，一旦发生损伤，伤情多严重复杂，具有以下特点：

（一）脏器合并伤

十二指肠位置深在，一旦受伤多为暴力致伤，十二指肠与胰腺、胆道、肝、胃、右肾、门静脉、下腔静脉相邻，暴力常招致合并伤的出现。

（二）严重腹膜炎

十二指肠日通过消化液量较多，十二指肠破裂后含有多种消化酶的消化液溢出，引起腹膜炎。由于腹膜腔严重炎症的广泛渗出，再加上本身消化液的直接丢失，可造成大量液体丢失，水、电解质紊乱和酸碱平衡失调，血容量不足。

（三）诊断困难，误漏诊率高

其原因有：①发生率低，医生缺乏诊断经验；②十二指肠位置深在，往往合并腹腔其他脏器损伤，常被其他损伤所掩盖；③十二指肠损伤无明显特异性体征，尤其在十二指肠腹膜后损伤的早期，腹膜炎表现较轻，腹膜腔积液少，容易忽视；④并发症多，死亡率高。早期死亡原因主要为合并伤所致休克死亡，而后期死亡的主要原因为感染、消化道瘘和多器官衰竭。

死亡率的高低可能与下列因素有关：①是否合并多脏器损伤：合并其他脏器严重损伤者死亡率增高；②十二指肠本身的损伤程度与部位：损伤越重死亡率越高，越靠近十二指肠乳头的损伤其死亡率越高；③与受伤至确定有效治疗的时间长短有关；④与治疗中是否出现并发症有关。

三、诊断

开放性十二指肠破裂，伤口内常伴有胆汁样内容物流出，剖腹探查时沿伤道方向对十二指肠进行检查，一般诊断并不困难。闭合性十二指肠损伤、腹膜后肠段型者，症状体征不典型，诊断困难，但有下列情况时应想到有十二指肠损伤的可能：①有上腹部外伤史，伤后几小时内出现高热；②右上腹或右腰部疼痛，疼痛向肩胛、会阴部、大腿内侧或右侧睾丸放射及阴茎异常勃起者；③伤后背部、肾区渐出现压痛水肿者；④上腹部受伤而直肠指诊于骶前可触及捻发音；⑤伴有休克表现。对怀疑十二指肠损伤者应行腹部 X 线检查：右肾上方或腰大肌周围有气泡影时，更支持十二指肠破裂的诊断。CT 检查可以在十二指肠损伤者发现积气，甚至可以见到气液平。超声检查、腹腔穿刺淀粉酶测定对诊断价值不大。

四、治疗

十二指肠损伤一般均需要手术治疗，使用何种方式，应根据损伤的部位、程度、范围、有无其他脏器损伤，及患者情况而定。由于十二指肠破裂术前很难诊断，剖腹探查时发现十二指肠附近腹膜后及横结肠系膜有血肿、气肿、胆汁样液时，应切开后腹膜，探查十二指肠。常采用 Kocher 法将十二指肠侧腹膜切开，充分暴露十二指肠第一、二段，也可用 Cattell 法，将横结肠肝曲周围游离，显露十二指肠第三、四段，同时可探查胰腺、胆总管，及腹膜后大血管。手术方法常采用以下几种：

（一）缝合修补术

适用于十二指肠小的破裂伤，对于伤后时间短（小于 10 小时）、破口不大（小于 1/3 周径）的第一、四段破裂，创缘整齐，局部污染轻，血运良好，缝合无张力者，可行缝合修补术。

（二）肠吻合术

适用于十二指肠第二、三段大部断裂或横断伤、撕裂伤者。十二指肠肠壁薄，没有系膜，游离后直接吻合，常有张力；为了减少张力，保证愈合，常需将十二指肠断裂伤口远端肠腔关闭，近端与空肠做 ROUX-EN-Y 式吻合。若损伤严重，也可将远端十二指肠切除，做近端与空肠吻合。吻合更推荐端侧方式，因不破坏血运，有利于吻合口愈合。

（三）补片术

这是过去常用的方法。十二指肠破口较大，破裂处组织挫伤严重，清创后组织缺损较大，不能直接缝合或缝合后肠腔狭窄。利用带血管蒂的胃浆肌瓣、胃壁瓣或血管蒂的小肠浆肌瓣、小肠壁瓣修补缺损，是一种可以选择的方法，但由于术后出现并发症的机会仍较多，目前已较少采用。

（四）十二指肠憩室化术

此手术运用于十二指肠较严重损伤或合并胰头严重损伤而无主胰管损伤、受伤时间较长者。手术方法：修补十二指肠损伤，切除胃窦行胃空肠吻合，行十二指肠残端造口、胆总管造口，及充分腹腔引流。此术式的目的是将消化液从损伤区转流，有利于损伤愈合。改良术式如：将十二指肠损伤修补后，在胃窦大弯侧前壁纵行切开约 7 cm，经胃切口用可吸收缝线将幽门前后壁缝合关闭，然后利用胃壁切口与空肠做结肠前胃 - 空肠吻合。

（五）胰头十二指肠切除术

在十二指肠胰头部粉碎性破裂无法保留者，可行胰头 - 十二指肠切除，然后重建消化道。手术适应证为：①十二指肠广泛撕裂，无法修复者；②胰头碎裂，主胰管损伤，难以控制的大出血；③累及近端胰管和（或）胆总管十二指肠的联合伤；④胰头十二指肠严重损伤影响到血液供应，组织失去活力者。该手术时间长、损伤大、操作复杂、死亡率高，有合并损伤者更是难以保证成功；遇此情况，宁愿运用损伤控制理念，先止血，充分引流消化液、腹腔渗液，待患者情况好转后再行确定性手术。

十二指肠损伤的死亡率及并发症发生率都高。为了提高治愈率，除了及时正确的诊断、合理适中的手术方式外，还应建立有效的十二指肠减压，运用抑酸、抑酶制剂，促进胃肠功能恢复，加强营养，适时运用肠道外或内高营养，保证十二指肠无张力或低张力愈合。

第七节　小肠损伤

小肠在腹腔内占据的位置最大、分布最广，相对表浅，缺少骨骼的保护，所以容易受到损伤。腹部的任何损伤需要检查时，均要认真、细致、规律地进行小肠损伤的检查。

一、伤因

小肠损伤是由直接暴力和间接暴力所致。井下瓦斯爆炸时，强大的冲击力可以使工人直接受伤，也可因爆炸产生时的物体飞溅将工人直接击伤，也可因冲击波作用将工人击倒时摔伤。总之，井下瓦斯爆炸时小肠损伤的机制是复杂的，可以分为几种情况：

1．闭合性损伤

（1）直接暴力致伤：腰、骶椎生理前曲较其他脊椎更接近腹壁，直接暴力作用于腹壁，并向腰骶椎方向传导，会造成小肠或包括系膜受到伤害。在强大的外力作用下，肠管被挤压于腹壁与脊柱或骶骨岬之间造成小肠的挫裂伤，严重的可直接切断小肠。来自脐周围正中部位的损伤多伤及空、回肠，有时伴有肠系膜的断裂、挫伤、出血。腹部受到大面积暴力作用时，可因十二指肠空肠曲和回肠下段同时关闭，使空肠上段形成闭袢，肠腔内的压力骤增而破裂。这种破裂穿孔多发生在远离受暴力挤压部位肠内容充盈段的小肠侧壁。

（2）侧方暴力致伤：冲击力或二次伤害外力也可沿体轴斜切的方向作用于腹部，使肠管连同系膜向一侧方迅速移动，当移动的范围超过固定肠管系膜或韧带的承受能力时，就可能造成肠管自附着处的撕裂，好发部位常见于空肠起始部靠近 Treitz 韧带附着或被腹膜返折固定的回肠末端，同样，各种原因造成的腹腔病理性粘连、来自侧方暴力也可造成一段局部肠管内的压力骤增，原已充盈胀气的肠管来不及疏散外力或在曲折充盈的肠袢间一时没有回旋余地，当肠腔内流体压力急剧增高时，可在远离外力作用处的肠管发生爆裂或小的穿孔，这种损伤容易在排查时遗漏。

（3）间接暴力致伤：多发生在对抗肠管惯性运动的受力机制下，强大的冲击力可让伤者高速摔倒，甚至坠落、骤停时肠管或系膜抗御不了这种位置突然改变所施予的压力，通过传导造成小肠断裂或撕裂。这种伤害多发生在小肠两端固定处，如附着于后壁的空、回肠两端附近和游离度最大的空、回肠交接部位，多见于含大量食糜、处于充溢状态的小肠。

2．开放性损伤　主要由瓦斯爆炸时矿石或机器设备碎片击伤所致。开放性损伤必须有异物进入或经过腹腔，有可能是单次单创口受伤，也可能是多次多创口受伤。受损害的肠管可以远离创口部位，常可造成多发的肠破裂或复合性损伤。

二、病理与病理生理改变

小肠损伤的病理改变决定于小肠的受力程度和部位以及有无合并损伤等。

（一）闭合性肠损伤

闭合性肠损伤的病理表现为肠壁的挫伤、血肿和破裂。

轻微的肠壁挫伤时，受伤的肠管仅有局部充血、水肿，肠壁的组织连续性没有受到破坏，血液供应良好，多能自行愈合，不发生明显的临床症状，也无后遗症；严重的挫伤，局部缺血的范围超过侧支循环代偿的程度，最终发展为溃疡，肠壁坏死，出现穿孔，引起腹膜炎。因此对较重的肠壁挫伤，尽管早期没有出现严重的并发症，为防止其隐患的存在，还必须强调治疗上的主动性。

小肠在腹腔内较其他器官游离，发生血管损伤造成血肿的机会相对较少，但空肠上段及回肠末段的肠管较为固定，系膜短，缺乏缓冲能力，受到外力直接作用后可损伤肠系膜上动静脉或肠系膜下动静脉及其分支血管，形成血肿，威胁肠管血运，继发肠溃疡、穿孔、腹腔脓肿、腹膜炎，发展到一定程度，血肿可突破浆膜或黏膜，严重的可出现失血性休克或死亡。

（二）开放性小肠损伤

开放性小肠损伤的特点是腹壁和肠管同时受伤，有时可见肠内容物经由腹壁伤口流出，严重的损伤可能经由腹壁创口流出血液或受损的肠管、网膜等组织。开放性小肠损伤的病理改变主要为腹膜炎。

三、临床表现

小肠损伤的临床表现决定于损伤的程度、受伤的时间，及是否伴有其他脏器损伤。

肠壁挫伤或血肿一般在受伤初期可有轻度或局限性腹膜炎症状，随着血肿的吸收或挫伤的修复，腹部体征可以消失，另一种情况是病理变化加重造成肠壁坏死、穿孔，出现腹膜炎。

肠破裂穿孔时，患者表现为剧烈的腹痛，伴有恶心、呕吐，查体可见患者皮肤厥冷、脉搏微弱、呼吸急促、血压下降，可有全腹压痛、反跳痛、腹肌紧张、移动性浊音阳性，及肠鸣音消失。随着受伤时间的推移，感染中毒症状加重。

小肠破裂后只有部分患者出现气腹，这是因为小肠损伤后裂口不大或受食物残渣、纤维蛋白素或突出的黏膜堵塞，肠内气、液不能溢出，患者可能几小时或十几小时内不出现腹膜炎表现。

四、诊断

具有上述典型症状、体征者小肠穿孔破裂诊断并不困难，小肠闭合性损伤的早期诊断较困难，至晚期诊断容易，但预后相对不好。对怀疑有小肠穿孔的病例，应根据受伤部位和伤情，反复检查腹部体征，应注意有无剧烈腹痛，疼痛范围是否逐渐扩大和呈持续性，腹胀进行性加重和肠鸣音减弱或消失，是否有腹膜炎症状，腹穿可否抽出不凝血或混有肠内容物的血性液，同时借助合理的辅助检查。

常用的辅助检查措施有以下几项：

1．腹腔穿刺 对疑有小肠破裂者可先行腹腔穿刺，腹腔穿刺对小肠破裂的确诊率达 70% ～ 90%，穿刺部位只要不损伤胆囊、膀胱、粘连在腹壁上的肠管，原则上可以在腹部任何部位。穿刺时应选择有足够长度和口径的注射针头，若抽出混浊、脓性液体，肉眼可见的肠内容物或镜检白细胞

计数超过 5×10^{8}/L，即可做出诊断。

2．X 线检查　立位或侧卧位进行腹部 X 线透视或摄片，出现膈下游离气体或侧腹部游离气体是诊断小肠闭合性损伤合并穿孔的最有力证据。

3．CT 检查　CT 对早期发现腹腔游离气体的检出率可高达 48% ～ 70%，同时对腹腔内液体诊断准确性高于超声。目前多层螺旋 CT 扫描速度快、诊断率高，尤其适合大批伤员的快速检查。

4．超声检查　超声对人体没有损害，设备简单，费用低廉，可以反复在床旁进行，也可指导具体的穿刺部位，对腹部损伤的诊断有重要作用。

五、治疗原则

一旦腹膜炎或腹腔内出血诊断确立，应立即选择开腹探查手术。

术前应注意的事项：①进行有效的液体复苏；②放置胃、尿管并保持通畅引流；③尽早使用抗生素，针对肠道细菌选用广谱抗生素；④选择适当的麻醉。

（一）手术指征

1．有腹膜炎体征，或开始不明显，但随着时间的进展腹膜炎症状加重，肠鸣音逐渐减弱或消失。

2．腹腔穿刺阳性。

3．X 线平片或 CT 发现有气腹者。

4．有典型受伤史，呈现腹胀、休克者，应积极创造条件进行手术探查。

（二）手术探查

开腹探查一般取右旁正中切口或经右腹直肌的切口，切口的中点平脐，必要时可向上、向下延伸。

进腹后若发现大量积血，应注意合并实质脏器或系膜血管损伤，大量积血块常提示出血部位，只有在出血得到控制后，才能重点寻找并处理肠道损伤。探查时不能忽视和遗漏肠系膜内或隐蔽在血肿中的穿孔。

肠系膜撕裂可造成大出血，控制住出血后应仔细观察肠袢色泽的变化和血液供应情况，若肠壁呈紫色，经热盐水包敷不能恢复则反映肠管血运障碍已不可逆，须按坏死肠袢予以切除。对系膜内的血肿有进行性增大者均需纵行切开，消除血凝块，结扎出血点，观察肠管血运。在有较大的血管损伤时应修复缝合，必须防止大块结扎系膜根部血管造成肠管广泛坏死。

对小肠的探查应有序，可以从 Treitz 韧带开始也可以从回盲部开始，在直视下认真、仔细、逐段地进行探查，注意细小的破裂和隐蔽的小穿孔。

（三）手术原则与方法

1．肠修补术　适用于创缘新鲜的小穿孔或线状裂口，缝合前应进行彻底的清创术，剪除破裂口周围已失活的组织，整理出血运良好的肠壁，防止术后肠破裂或肠瘘的发生。

2．肠切除术　适合于①肠壁破裂口的缺损大，创面不整齐，污染严重以及缝合后可能发生肠腔狭窄的纵行裂伤；②在小段肠管内有多处不规则穿孔；③肠管严重挫裂伤；④肠管系膜缘血肿挫伤、撕裂，肠壁血肿致肠壁血运障碍；⑤肠管严重挤压伤，不能排除肠管会继发坏死者。手术中注意断端血液循环，防止局部供血障碍，认真处理肠壁和肠系膜的出血点。

3．空肠造瘘术　在穿孔或破裂时间过长、腹腔污染特别严重、生命体征极不平稳等情况时可考虑行肠外造瘘术，待术后机体完全恢复，腹腔条件好转再行造瘘还纳术。

无论何种术式，除彻底消除污染物和液体外，还应使用至少 5 ～ 8 升的温生理盐水反复冲洗腹腔。

六、需要强调的问题

（一）空、回肠损伤是腹部损伤中常见的疾病，发生率高

尽量争取早诊断，早治疗，以下几项有助于诊断：①腹部有明确外伤史；②自发腹痛持续存在；③腹痛位置固定或范围扩大；④有腹膜刺激征；⑤腹部症状加重但无内出血征；⑥局限性小肠气液平；⑦腹部平片或 CT 发现膈下游离气体；⑧腹腔穿刺有肠内容物或混浊血性液。

（二）对于瓦斯爆炸伤害腹部损伤

①重视询问受伤机制，注意局部体征；②专人负责动态观察，及时发现病情变化；③合理应用腹腔穿刺技术；④选择有效的影像学检查。

（三）手术时应注意

①处理小肠损伤前处理活动性出血，抢救休克，纠正水和电解质平衡紊乱；②探查肠管，有序进行，避免遗漏和重复，已发现的损伤进行标记并制止肠内容物继续外渗；③记录肠管切除长度，避免切除范围过大；④手术方式以穿孔修复及破裂肠段切除为原则；⑤注意对合并损伤的处理。

第八节　结肠损伤

结肠损伤是较常见的腹内脏器损伤，其发生率占腹部外伤的 10% ～ 20%。结肠损伤有以下的特点：①结肠壁薄，血液循环差，愈合能力弱；②结肠内充满大便，含有大量细菌，一旦肠管破裂，腹腔污染严重，易造成感染；③结肠腔内压力高，术后常发生肠胀气而至缝合处或吻合口破裂；④升降结肠较固定，后壁位于腹膜外，伤后易漏诊而造成严重的腹膜后感染；⑤结肠损伤的合并伤和穿透伤多。结肠损伤多不立即危及生命，但由感染而致的后期死亡率较高，单纯结肠损伤的死亡率为 4% ～ 10%，但在煤矿瓦斯爆炸时常合并其他部位的损伤，其并发症和死亡率均显著增加。

一、伤因

（一）开放性损伤

煤矿井下瓦斯爆炸时主要为飞溅的矿石、设备碎片、螺钉等刺伤。

（二）闭合性损伤

剧烈的气浪可直接造成结肠损伤，也可继发于爆炸伤后的摔伤、坠落伤、腹部挤压伤等。

（三）继发于血管损伤的结肠延期穿孔

极少数腹部轻微顿挫伤者，在结肠系膜血管损伤的同时常合并其他脏器的损伤和休克等，而且腹部症状和体征又不明显，在专注救治并发伤或休克后，结肠的血运可发生障碍，从而引起结肠坏死、穿孔。

二、损伤严重度分级

根据结肠的损伤程度及患者有无休克分为 3 级（Flint 分级法）

Ⅰ级：损伤局限于结肠，破口较小，腹腔污染较轻，无休克。

Ⅱ级：结肠破口较大，中度腹腔污染，轻度休克。

Ⅲ级：结肠破口较大，有严重的组织缺损或血运障碍，重度污染腹腔，重度休克。

三、病理与病理生理变化

结肠损伤分为肠壁挫伤、系膜损伤性血肿、肠壁不全破裂，及全层破裂等。

结肠壁挫伤表现为肠壁肿胀、淤血，但肠壁完整。结肠壁的轻微挫伤通常可自行愈合，但严重的挫伤可继发坏死而引起穿孔，导致腹膜炎。

系膜损伤常合并系膜血管损伤，使系膜形成血肿，受累肠管发生血运障碍，造成迟发性结肠穿孔。

结肠壁不全破裂通常指浆膜层或浆肌层的破裂，而黏膜及黏膜下层仍保留其完整性。不全破裂多数形成粘连而愈合。肠壁完全破裂后，小的破口可见黏膜外翻呈唇状，可以由肌肉收缩黏膜外膨，破口暂时被封而无临床症状。较大的破裂或完全断裂者，有大量粪便进入腹腔而引起弥漫性腹膜炎。

四、临床表现

结肠破裂的内容物溢出，刺激腹膜，引起腹膜炎，这与其他空腔脏器破裂的临床表现一致，只是结肠内容物不同于胃、小肠内容物，对腹膜刺激较轻，症状体征发展缓慢，往往得不到及时诊治，这在井下瓦斯爆炸后成批伤员出现时更应警惕。

闭合性结肠损伤临床表现复杂，腹痛是常见症状，但少数可没有腹痛，多见于左侧结肠损伤，因左侧结肠内容物为固体肠内容物，不易进入腹腔，对腹膜刺激小。迟发性结肠破裂后常表现为腹痛一度好转又再出现。腹膜外结肠损伤早期，腹痛和腹膜炎症状均不明显。腹膜后间隙感染明显时，侧腹壁或后腰部有压痛，有时可触及皮下气肿。恶心、呕吐也是常见的症状。低位结肠损伤可有便血或果酱样便。体温升高是腹膜炎的晚期表现。

五、诊断

（一）病史及临床表现

开放性损伤根据伤口部位、方向，及腹膜炎表现可以做出诊断。闭合性结肠损伤诊断困难，如伤后出现进展迅速的弥漫性腹膜炎伴有中毒性休克或下腹部疼痛进展为腹膜炎并有膈下游离气体，应考虑有结肠损伤。

（二）诊断性腹膜穿刺

简单易行，根据穿刺物的性质进一步判断，但对结肠损伤的诊断无特异性。

（三）腹部 X 线检查

部分患者发现膈下游离气体，对诊断结肠损伤有帮助。

结肠闭合性损伤术前诊断困难，有以下指征应积极手术：①有腹膜炎体征；②腹腔穿刺液成脓性或混浊血性，镜检可见脓细胞或大量白细胞者；③腹部平片有膈下游离气体；④腹胀进行性加重，排除腹膜后血肿、电解质紊乱等内科疾患，术中结肠损伤的判定容易。

六、治疗

结肠损伤的处理原则为做好术前准备，早期手术清除坏死肠段，彻底冲洗腹腔，充分引流。手术方法的选择应根据受伤部位、性质、就诊时间、腹腔污染程度、患者一般状况及有无合并伤而定。

（一）一期缝合修补

1．适合于单纯结肠小穿孔。

2．术前无严重休克。

3．腹腔污染轻。

4．无广泛的腹壁缺损。

5．无严重合并伤。具体方法为清除破口边缘坏死组织，常采用间断全层缝合再间断浆肌层加强。

（二）一期切除吻合的适应证为

1．单纯结肠损伤，伤口较大。

2．相距很近的结段有多个裂伤。

3．腹腔污染轻。

4．无严重休克。

5．无严重合并伤。

（三）损伤肠管修补后外置术

损伤结肠一起修补后将该肠袢外置于腹壁外、手术后 6 ～ 14 天修补处愈合将其还纳腹腔，本法适用于修补不可靠或患者一般状况差、不能确保修补能一期愈合者；若不能愈合，即时改为造瘘。

（四）肠段切除两断端造瘘或近端造瘘远端封闭

适用于肠段损伤严重、腹腔污染严重，合并严重休克或合并伤多且重的患者。在煤矿瓦斯爆炸往往为复合伤的情况下，本法是很好的办法，对降低死亡率大有益处。

第九节　直肠肛管损伤

直肠肛管为消化道的终末部分，受伤机会较少，然而其合并伤多，临床处理困难，后期并发症多。直肠肛管损伤有如下特点：①直肠内容物为粪便，细菌含量多，易感染；②直肠周围组织疏松感染易扩散；③常伴有其他损伤，如骨盆骨折、尿道断裂大出血等；④后期并发症多，如畸形、各种瘘、肛门狭窄，及大便失禁等。

一、伤因

（一）穿透性损伤

井下木桩、铁条、矿石突出，瓦斯爆炸冲击力让矿工高速蹲伤或由高处坠下，特殊情况可造成肛门插入伤，伴有肛门括约肌损伤。

（二）钝性暴力伤

可引起骨盆骨折，骶骨、髋臼的骨折碎片可刺破直肠，也可以矿石瞬间挤压腹部，乙状结肠内的气体冲入直肠，由于肛门处于闭锁状态，使直肠成为闭袢，而造成腹膜外直肠破裂，此种损伤破口大、污染重。

二、病理与病理生理变化

肛门插入伤范围广泛且性质严重，不但造成肠壁的完全性破裂，广泛的括约肌损伤，常伴有膀胱、尿道、骨盆的损伤。若伴有大血管和骶前静脉损伤，可引起大出血而发生休克。腹膜返折以上的直肠损伤常引起化脓性腹膜炎，腹膜返折以下的直肠损伤可引起周围间隙感染。直肠外瘘、直肠膀胱瘘常为直肠损伤的并发症。肛管损伤可造成肛管狭窄和肛门失禁。

三、临床表现

因损伤部位、范围，有否合并伤及致伤原因不同而有不同的临床表现。

1．休克 比较常见，合并骨盆骨折时，休克发生率高，且严重。

2．腹膜炎 腹膜返折以上的直肠损伤可出现腹膜炎。严重程度和损伤范围、肠腔内容物溢出多少与合并伤有明显关系。

3．肛门区疼痛 损伤累及肛提肌以下的肛管出现肛门区剧烈疼痛。

4．肛门流血 直肠肛管损伤常伴有肛门流血，有时出血量很大。

5．伤口流粪 内脏脱出，开放性损伤，伤口有粪样物质流出。某些严重的直肠损伤，在会阴部或肛管内有大网膜或小肠脱出。

6．直肠周围感染 位于腹膜返折以下、肛提肌以上的损伤，因支配直肠的自主神经元痛觉定位不准确，故只出现坠胀感，炎症刺激可有里急后重，最后局部严重感染，脓肿形成。

四、诊断

腹膜返折下方直肠肛管开放性损伤，诊断不难；闭合性损伤腹膜返折以上直肠损伤的诊断类似于结肠损伤诊断腹膜返折以下者，易延误。

1．病史及临床表现 根据下腹部外伤史，肛门插入伤及直肠后，患者出现腹痛、腹膜炎、肛门流血、伤口有粪便流出或直肠周围感染等应考虑直肠、肛管外伤。

2．伤道 凡伤口在下腹骶尾部、会阴部或臀部等处的外伤均可伤及直肠。横跨骨盆的闭合伤，或有膀胱、尿道损伤时，尽管无伤道，也应考虑有直肠损伤的可能性。

3．直肠指诊 这是最有价值的检查方法，指诊可发现伤口部位、伤口大小。损伤部位较高时，指套染血常提示直肠损伤。指诊尚可判断肛门括约肌损伤情况。

4．肛门直肠镜检查 此检查不应作为常规，病情允许时可检查，可发现损伤部位范围及严重程度。

5．腹腔穿刺 抽出粪水样液体应想到结直肠损伤的可能。

6．X 线检查 腹膜返折以上直肠损伤有时出现膈下游离气体，CT 发现盆壁软组织中气体影，腹膜外直肠破裂的诊断可确定。

五、治疗

直肠肛管损伤的治疗包括直肠、肛管伤，及合并伤的处理两方面。原则上手术越早越好，按损伤部位和范围，选用不同方案。

1．腹膜内直肠损伤 可参照结肠损伤的治疗。损伤范围不大，腹腔污染轻，可缝合修补。损伤范围大，污染严重者必须加近端结肠造瘘。

2．腹膜返折以下的直肠、肛管损伤

（1）对高位轻度直肠损伤，如经腹手术，可切开盆底腹膜，缝合损伤部位，但手术较困难。更为实用的是近端结肠造瘘及直肠周围间隙引流，破损多可自行愈合。

（2）离肛门较近的直肠损伤：可麻醉后扩肛，经直肠腔内止血、修补裂口，直肠周围间隙充分引流。

（3）严重的会阴损伤：直肠及肛门括约肌几乎全部破坏者，可行经腹会阴联合切除广泛损伤的直肠、肛门后，做乙状结肠永久性造瘘。

（4）肛提肌以下损伤：单纯括约肌断裂，可按层次一期修补，并放置引流。如损伤及污染严重，应清创引流，近端结肠造瘘，为二期修补创造条件。

3．手术中需注意的问题

（1）粪便转流：乙状结肠造瘘是直肠肛管严重损伤最常用的治疗措施。下列情况应行乙状结肠造瘘：①直肠、肛管损伤严重；②合并腹内脏器损伤；③伴骨盆骨折、膀胱破裂等有可能造成严重污染者；④受伤时直肠内充盈饱满者；⑤伤后延误治疗者。

（2）骶前引流：直肠损伤后粪便污染直肠周围间隙，可迅速发展为难以控制的感染。骶前引流可预防或减少感染的发生。方法为在肛门与尾骨之间弧形切开皮肤，用血管钳钝穿盆腔进入骶前间隙，放置引流，引流管必须达到破裂处。

（3）直肠冲洗：直肠冲洗是腹膜外直肠损伤的主要措施，尤其是直肠充盈状态下的破裂，直肠冲洗可减少污染机会，及感染等并发症。

（张国志　陈建立）

主要参考文献

[1] Demetriades D，Murray J，Brown C，et al. High-level falls：type and severity of injuries and survival outcome according to age. J Trauma，2005，58（2）：342-345.

[2] Briassoulis G，Fitrolaki MD，Spanaki AM. Cerebral venous thrombosis associated with seat belt syndrome. J Trauma，2009，67（6）：1450.

[3] Richards JR，Derlet RW. Computed tomography and blunt abdominal injury：patient selection based on examination，haematocrit and haematuria . Injury，1997，28（3）：181-185.

[4] Diercks DB，Mehrotra A，Nazarian DJ，et al. Clinical policy：critical issues in the evaluation of adult patients presenting to the emergency department with acute blunt abdominal trauma. Ann Emerg Med，2011，57（4）：387-404.

[5] Joseph DK，Kunac A，Kinler RL，et al. Diagnosing blunt hollow viscus injury：is computed tomography the answer？ . Am J Surg，2013，205（4）：414-418.

[6] Williams MD，Watts D，Fakhry S. Colon injury after blunt abdominal trauma：results of the EAST Multi-Institutional Hollow Viscus Injury Study. J Trauma，2003，55（5）：906-912.

[7] Isenhour JL，Marx J. Advances in abdominal trauma. Emerg Med Clin North Am，2007，25（3）：713-733.

[8] Skattum J，Gaarder C，Naess PA. Splenic artery embolisation in children and adolescents-An 8 year experience. Injury，2012. [Epub ahead of print].

[9] Nakae H，Shimazu T，Miyauchi H，et al. Does splenic preservation treatment（embolization，splenorrhaphy，and partial splenectomy）improve immunologic function and long-term prognosis after splenic injury. J Trauma，2009，67（3）：557-563；discussion 563-564.

[10] Bouras AF，Truant S，Pruvot FR. Management of blunt hepatic trauma. J Visc Surg，2010，147（6）：e351-e358.

[11] Como JJ，Bokhari F，Chiu WC，et al. practice management guidelines for selective nonoperative management of penetrating abdominal trauma. JTrauma，2010，68（3）：721-733.

[12] Cigdem MK，Onen A，Siga M，et al. Selective nonoperative Management of penetrating abdominal injuries in children. J Trauma，2009，67（6）：1284-1290.

[13] Biffi WL，Kaups KL，Cothren CC，et al. Management o fpatients With anterior abdominal stab wounds：a Westem Trauma Association multieenter trial. J Trauma，2009，66（5）：1294-1301.

[14] Asensio JA，Britt LD，Borzotta A，et al. Multi-institutional Experience with the management of superior mesenteric artery in juries. . JAillCollSurg，2001，193（3）：354-356.

[15] Ding W，Wu X，Li J. et al. Time course study on the use of Temporary intravascular shunts as adamage control adjunct in a superior Mesenteric artery injury model. J Trauma，2010，68（2）：409-414.

[16] Ordonez CA，Pino LF，Badiel M，et al. Safety of performing a delayed anastomosis during damage control laparotomy in patients with destructive colon injuries. J Trauma，2011，71（6）：1512-1517；discussion 1517-1518.

[17] Stone HH，Strom PR，Mullins RJ. Management of the major coagulopathy with onset during laparotomy. Ann Surg，1983，197（5）：532-535.

[18] Lee JC，Peitzman AB. Damage control laparomy. Current Opinion in Critical Care，2006，12（4）：346-350.

[19] 张连阳. 重视严重多发伤救治中的损害控制外科细节. 中华创伤杂志，2008，24（2）：83-85.

[20] Powers KA，Zurawska J，Szaszi K，et al. Hypertonic resuscitation of hemorrhagic shock prevents alveolar macrophage activation by preventing systemic oxidative stress due to gut ischemia/reperfusion. Surgery，2005，137（1）：66-74.

[21] Sixta S，Moore FO，Ditillo MF，et al. Screening for thoracolumbar spinal injuries in blunt trauma：an Eastern Association for the Surgery of Trauma practice management guideline. J Trauma Acute Care Surg，2012，73（5）：S326-S332.

[22] Freni L，Barbetta I，Mazzaccaro D，et al. Seat belt injuries of the abdominal aorta in adults--case report and literature review. Vasc Endovascular Surg，2013，47（2）：138-147.

第十四章

泌尿生殖系统损伤

由于解剖原因，肾、输尿管、膀胱，及后尿道受到周围组织和器官的保护，一般不易受伤，泌尿系统损伤大多是胸、腹、腰部或骨盆严重损伤的合并伤。当瓦斯爆炸、冒顶塌方等引发上述部位严重损伤时，应注意有无泌尿系统损伤；确诊泌尿系统损伤时一定注意有无其他脏器损伤。

泌尿系统损伤以男性尿道损伤最为多见，肾、膀胱次之，输尿管损伤最少见。主要临床表现为出血和尿外渗。大出血可引起休克、血肿和尿外渗，可继发感染、脓毒血症，形成脓肿，晚期可形成尿瘘或尿道狭窄。及早诊断，正确处理，对泌尿系统损伤预后极为重要。

第一节　肾 损 伤

肾位于腹膜后脊柱两侧，位置较深，周围受到骨骼及较厚肌肉组织的保护，但在遭受直接或间接暴力打击下，脆弱的肾可发生程度不同的损伤（图 14-1）。肾外伤在泌尿生殖器损伤中较为常见，轻者仅表现为镜下血尿，重者大出血并发休克，危及生命。当合并其他脏器损伤时容易误诊。据报道，在各类损伤病例中，泌尿生殖系损伤占 2% ~ 3%，其中肾损伤占 1% ~ 2%；在腹部损伤的病例中，有近 10% 的病例合并肾损伤。国内报道，腹部损伤病例中肾损伤占 14.1%，且大多数是闭合伤，占 60% ~ 70%。

一、肾损伤的分类

根据损伤的肾是否通过皮肤与外界相通可分为开放伤和闭合伤两大类。开放伤常为锐器刺戳伤；闭合伤最常见于煤层崩裂、巷道坍塌、装备毁损，致使煤块等作用于人体。有病变的肾更易遭受外伤。肾损伤常合并其他脏器损伤，应注意合并伤的诊治。肾损伤的分类尚无统一意见，但大多倾向于按损伤病理分为挫伤、裂伤、碎裂伤、肾蒂伤。目前国内多主张分轻（挫伤、小裂伤）、中（裂伤）、重度（破裂伤和肾蒂伤），以指导临床诊断和治疗。而美国创伤外科协会将肾外伤分 5 级：Ⅰ级，肾挫伤或包膜下血肿；Ⅱ级，肾周围血肿局限在腹膜后或肾皮质裂伤小于 1.0 cm，无尿外渗；Ⅲ级，肾皮质裂伤大于 1.0 cm，无尿外渗；Ⅳ级，肾实质裂伤超过皮髓交界处，并进入集合系统，

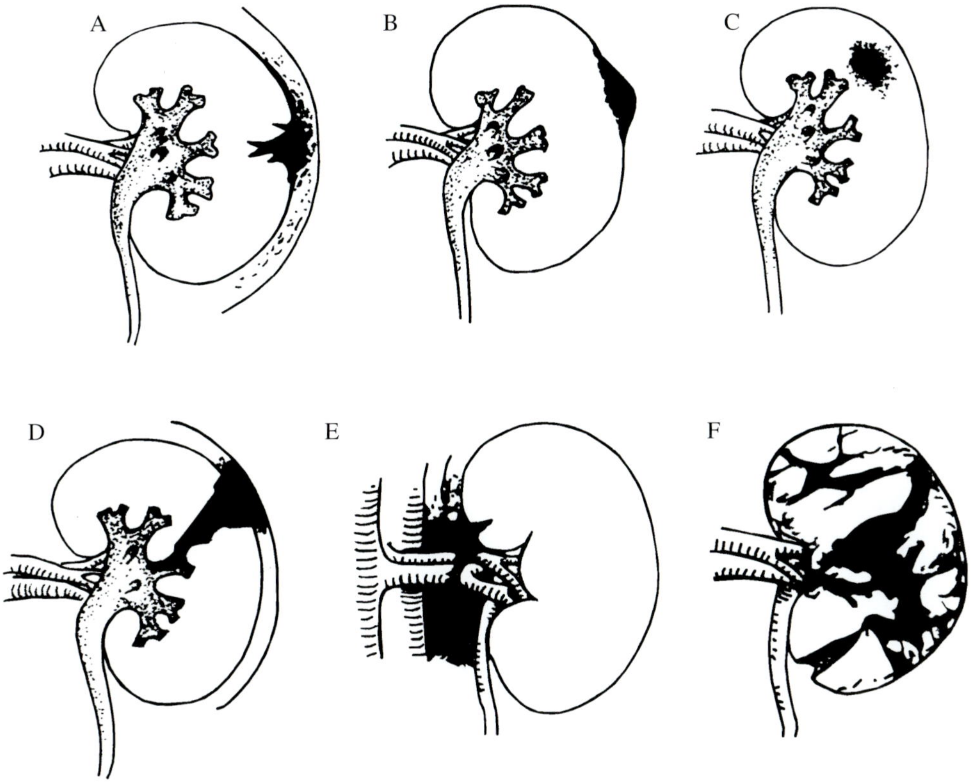

图 14-1 肾损伤

轻度肾损伤：A．表浅撕裂伤；B．包膜下血肿；C．肾挫伤；
重度肾损伤：D．肾实质撕裂伤；E．肾动静脉撕裂伤；F．肾粉碎伤

肾段动静脉损伤；Ⅴ级，肾碎裂伤，肾蒂撕裂，肾动脉血栓形成。

二、临床表现

患者的临床表现和损伤的病理类型密切相关。其主要症状有休克、血尿、疼痛、腰腹部肿块、发热等。

（一）休克

严重肾裂伤、肾蒂裂伤或合并其他脏器损伤时，因损伤和出血常发生休克，可危及生命。出现休克要极为重视，在抗休克的同时做相应的检查。

（二）血尿

血尿为肾损伤最常见的症状，多为肉眼血尿。昏迷休克者导尿、无血尿或为镜下血尿者，要想到输尿管断裂、血块堵塞等情况，密切注意病情变化。

（三）疼痛

腰痛及肾区叩痛，常伴侧腹痛，多为钝痛，或因血块刺激输尿管而出现绞痛。

（四）腰腹部肿块

血液、尿液渗入肾周围组织可使局部肿胀，形成肿块，有明显触痛和肌强直。

（五）发热

由于血肿、尿外渗易继发感染，甚至导致肾周脓肿或化脓性腹膜炎，伴有全身中毒症状。

三、诊断

（一）病史与体检

任何腹部、背部、下胸部外伤的患者，无论是否有典型的腰腹部疼痛、肿块、血尿等，均要注意肾损伤的可能。有时症状与肾损伤的严重程度并不平行。

（二）化验

尿中含多量红细胞。血红蛋白与红细胞比容持续降低提示有活动性出血。血白细胞增多应注意是否存在感染灶。

（三）X 线平片

可见肾影增大、边缘模糊、腰大肌阴影消失、脊柱弯向伤侧等表现。

（四）尿路造影

是肾损伤患者的主要检查方法。但造影常无明显异常或只是显影不良，肾周围情况也不能直接显示，仅在有肾盂肾盏裂伤时，可见造影剂向实质内甚至肾周外渗。偶尔由于肾内血肿，可见肾盂肾盏受压变形。

（五）血管造影

如有血管断裂时，血管造影动脉区可显示血管内造影剂外渗。有肾实质裂伤时，肾实质区可见肾呈不规则带状缺损或离解成碎块；如有肾内血肿可见血管分支移位；包膜下血肿则见包膜动脉与肾分离，肾实质轮廓呈弧形压迹。血管造影还可证实创伤后动脉瘤和动静脉瘘。

（六）B 超表现

①肾挫伤：可有肾轮廓轻度肿大，肾实质浅层出现局限性高回声带或较小的低回声区。肾包膜下小血肿可产生相应回声。②肾裂伤：肾多有弥漫性肿大，肾包膜向外膨出，包膜下为无回声区，肾实质内显示边缘不规则的低回声区。肾窦可变形、扩大、与肾皮质分界不清，肾盂内有积血，显示肾盂、肾盏不同程度的分离、扩张。完全性断裂或断裂成数块者，与肾脂囊内血肿和血凝块混合在一起，结构模糊不清。③肾蒂损伤：输尿管在与肾盂交界处断裂，大量尿液积聚在肾门，形成低回声区，但有时 B 超对断裂口不易显示。B 超可对肾损伤的形态改变和后腹膜有无积液做出准确的诊断，而且快捷方便，可反复检查，适合急诊肾外伤的筛选。

（七）CT 表现

肾挫伤可显示肾大，增强后实质强化延迟或不强化。肾部分裂伤或完全裂伤，CT 可清楚显示裂伤部位、范围，及有无血肿。新鲜血肿为高密度，尿外渗为低密度。根据位置，可区分血肿在肾内、肾包膜下或肾周。后者由于肾周间隙内纤维间隔和脂肪的存在，可呈混杂密度。增强后扫描若见造影剂外渗，提示裂伤延及收集系统。伤后数天，由于血红蛋白逐渐吸收，血肿变为低密度。肾包膜下或肾周血肿常显示为由肾包膜或肾周筋膜包围的肾外新月形或半月形低密度影。肾外尿囊肿也可显示相似的肾外低密度影。CT 对肾损伤程度的判断准确，可确定血肿、尿外渗的范围、肾组织损伤的程度，并可以了解对侧肾、肝、脾及大血管的情况，所以是诊断肾损伤的重要手段，是选择治疗方案的重要依据。有资料报道对肾损伤定性诊断达 100%，优于 IVU 和 B 超。

（八）MRI 表现

诊断原则基本相似，但亚急性和慢性血肿的表现比 CT 更具特征性。

四、治疗

肾外伤的类型、程度不同，治疗方法也不相同，但总的治疗原则是：首先保全患者的生命，其次是最大限度地保留肾组织。

（一）紧急治疗

肾损伤紧急处理是尽早预防及治疗休克，病情稳定时在密切观察血压、脉搏变化的同时，尽快明确损伤程度及有无合并其他器官损伤。失血严重时，应先输血、输液，维持血压，再做进一步检查及治疗。

（二）保守治疗

确诊为肾挫伤、轻度肾裂伤，无其他脏器合并伤的，可行非手术治疗，包括绝对卧床休息，密切观察病情，持续监护生命体征、血红蛋白含量，及红细胞比积变化、血尿程度的变化。镇静止痛，给予止血剂和抗生素，鼓励多饮水。若病情好转，应继续绝对卧床两周以上，3 个月内不参加重体力劳动和激烈运动，以防肾裂口再次破裂及继发性出血。

（三）手术治疗

1．具有以下情况时，应及时行手术治疗。

（1）静脉尿路造影或增强 CT 扫描有造影剂明显外溢或肾不显影者。

（2）并发腹腔脏器损伤者。

（3）非手术治疗过程中肾区肿块不断增大，疼痛加剧，肉眼血尿持续不止，短期内出现严重贫血者。

（4）经抗休克治疗后血压不能回升或升而复降，特别是输血 1000 ml 以上血压仍不能稳定者，提示有活动性大出血，需紧急手术。

（5）肾周感染、积脓，有高热、败血症表现者。

（6）开放性损伤。

2．手术方法

（1）肾裂伤修补术：肾裂伤较局限，伤口整齐，伤后时间不长，开放伤无明显污染，整个肾血液循环良好者适用于本术式。

（2）肾动脉栓塞术：适用于重度挫伤或裂伤伴有严重血尿。检查发现血管段损伤（segmental arterial injury）者或肾裂伤迟发性大出血已难以手术处理者，先行肾动脉造影，确定出血血管后，用暂时性血管栓塞剂做选择性肾动脉栓塞。

（3）肾周围引流术：主要是清除肾周围血肿、外渗的尿液，及污染坏死组织。

（4）肾部分切除术：肾一级严重碎裂伤无法修补可行肾部分切除术。

（5）肾切除术：肾严重碎裂伤，尤其是贯通火器伤、大出血无法控制危及生命者，严重肾蒂伤如破裂、血栓形成，肾缺血时间过长，功能无法恢复或血管无法重建者，在确定对侧肾功能正常的情况下，可行肾切除术。

（6）肾血管重建术：肾蒂损伤明确诊断较早、伤肾缺血时间在 12 小时以内、对侧肾功能情况不明确时，可考虑伤肾肾血管重建术。

（7）自体肾移植：对于孤立肾或对侧肾功能不明的情况下，要尽全力保留伤肾，甚至可将伤肾切除，于低温下工作台手术修补完成后于髂窝内行自体肾移植。

第二节　膀胱损伤

一、概述

膀胱是贮存、排泄尿液的器官。随着贮存尿液的多少而呈膨起或空虚。在婴儿儿童时期，膀胱高出于耻骨弓而位于下腹部。在成年男性，膀胱介于耻骨与直肠之间。其下与前列腺部尿道相通，后面为精囊和输精管壶腹部。膀胱与直肠之间是直肠膀胱陷凹。女性膀胱之后方为子宫，两者之间是子宫膀胱陷凹，故女性膀胱的位置较男性靠前和较低。而覆盖于膀胱后壁的腹膜返折，因与子宫相连，故较男性者为高。脐尿管以下的膀胱壁直接与腹前壁相接触，其间无腹膜覆盖，故膀胱空虚时，仅在其上缘为腹膜遮盖，膀胱的前下方和侧壁下面的部分则无腹膜遮盖。当膀胱充盈膨胀时，膀胱上升到腹下部，覆盖于膀胱顶部的腹膜也随之升高。可见膀胱的位置与周围脏器的关系可因年龄、性别和尿液充盈程度不同而异。膀胱这种解剖和生理的特点与其损伤的类型、部位和范围均有密切关系（图 14-2）。

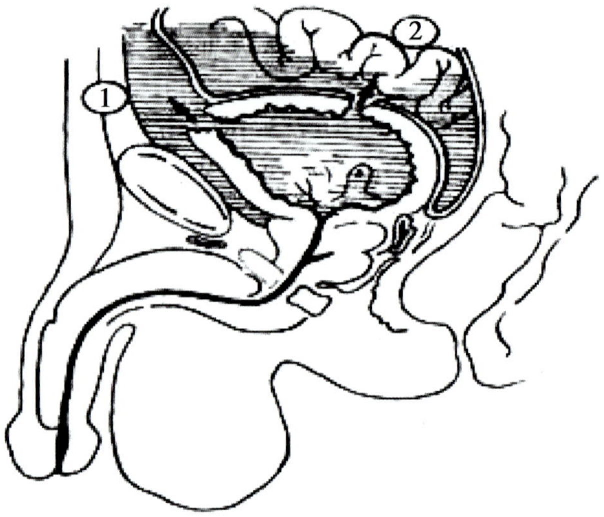

图 14-2　膀胱毗邻关系

成人膀胱在排空时位于骨盆内，由于有骨盆及周围肌组织的保护一般不易受到损伤；充盈时膀胱顶部上升超出耻骨联合之上而与前腹壁相贴附，从而失去了骨盆的保护作用，同时因充盈膀胱体积增大、膀胱壁变得薄而紧张，故而容易受到损伤，尤其是患有下尿路梗阻性疾病造成膀胱潴留者。儿童膀胱位置较高，骨盆相对较浅，膀胱稍有充盈即可突出至下腹部而无骨盆保护，故更易于损伤。膀胱挫伤的损伤较轻，可无症状或轻微腹痛及血尿，一般不需要特殊处理；膀胱破裂可导致休克、腹痛、排尿困难、血尿、尿瘘等严重症状，并常合并骨盆或腹部脏器的损伤，属复合损伤，应及时手术治疗。流行病学 Waterhouse 统计 251 例泌尿系损伤中，膀胱损伤占 38 例（15.14%）。Ochsner 统计 1096 例战伤中，泌尿系损伤 79 例，其中膀胱损伤 10 例（12.66%）。膀胱破裂的发生与骨盆骨折关系密切，在 1798 例骨盆骨折病例报道中，181 例（10%）伴有膀胱破裂。有严重移位的骨盆骨折或有游离骨碎片者最易引起膀胱损伤。Cass 报道 1080 例骨盆骨折中，膀胱破裂有 93 例（8.6%）。

二、病因学

膀胱损伤大多数发生在尿液充满膀胱时，此时膀胱壁紧张，膀胱面积增大且高出耻骨联合处而成为一腹部器官，故易遭受损伤。膀胱排空时位于骨盆深处，受到周围筋膜、肌肉、骨盆，及其他软组织的保护，故除贯通伤或骨盆骨折外，很少为外界暴力所损伤。根据致伤的病因，膀胱损伤可分成 3 类：

（一）闭合性损伤

过度充盈或有病变（如肿瘤、溃疡、炎症、憩室）的膀胱易受外界暴力损伤而发生破裂。多见于猛击、踢伤、坠落或意外交通事故。当骨盆骨折时，骨折碎片亦可刺破膀胱。酒醉是引起膀胱破裂的因素之一。酒醉时膀胱常膨胀充盈，腹部肌肉松弛，故易受损伤。任何可以引起尿潴留的疾病，如尿道狭窄、膀胱结石或肿瘤、前列腺肥大，神经源性膀胱也都可成为膀胱破裂的诱因。酒醉或膀胱已有病变时，甚至可无明显外界暴力作用时即可发生膀胱破裂，称之为自发性破裂。自发性膀胱破裂几乎均为腹膜内型膀胱破裂。

1．直接暴力　大多在膀胱膨胀时，膀胱高出于耻骨上方，直接暴力作用于下腹部发生膀胱损伤，如踢伤、拳击伤、碰撞伤等。由于膀胱充盈状态时，外力作用于膀胱内均等地传向各个部位，按照流体力学作用于膀胱最为薄弱的部位，大多为腹膜覆盖的膀胱顶部形成破裂，此处破裂多为腹膜内型膀胱破裂。尿液即流入腹腔，形成尿性腹膜炎，患者即有剧烈腹痛，难以忍受。笔者曾遇到1例尿潴留的患者，进行导尿后嫌尿流出速度太慢，用手在耻骨上予以按摩施压，患者突然感到腹部剧痛，原来的膨胀膀胱突然消失，经手术证实膀胱顶部破裂，尿液流入腹腔。

2．间接暴力　常发生于骨盆骨折时，约占80%。有时多为复合伤，可合并发生其他脏器损伤，如交通事故、地震、车祸、高处坠落、辗压伤、战伤、工伤等。骨盆骨折时，骨折断端或游离骨片刺破膀胱，此时膀胱损伤多为腹膜外膀胱破裂，破裂部位多在膀胱底部。亦有发生后尿道断裂或腹腔脏器、血管损伤，骨盆粉碎骨折，有尿外渗，严重失血、休克等表现；也可有腹膜内、腹膜外膀胱破裂（混合型、复合伤），伤势甚重。如有1例患者，自拖拉机上摔下，造成耻骨支、坐骨支骨折，膀胱前壁破裂，尿外渗。经抢救，膀胱修补，尿外渗引流后，恢复顺利，痊愈出院。平时遇到的膀胱损伤以间接暴力所致者最多。

3．自发性破裂　这种膀胱破裂大多数是由于膀胱原有病变，如结核、炎症、溃疡、憩室等，已有膀胱壁较薄弱部位，遇到下腹部暴力或增加腹压，即使力量不甚大，也很易发生膀胱破裂。近年来有些人喝啤酒过量，有的短期内喝啤酒5000～6000 ml，大量入水，人又处于沉醉状态，意识模糊，膀胱极度膨胀，稍有不慎即可致膀胱破裂，这种破裂几乎全是腹膜内型。酗酒原因引起的膀胱破裂，膀胱内可无原发病变。

（二）开放性损伤

主要见于战时，由火器和锐器所致，常合并其他脏器损伤，如直肠损伤和骨盆损伤。一般而论，从臀部、会阴或股部进入的弹片或刺伤所并发的膀胱损伤多为腹膜外型，经腹部的贯通性创伤所引起的则多为腹膜内型。

（三）手术损伤

见于膀胱镜检、碎石、膀胱腔内B超检查、经尿道前列腺切除、膀胱颈部电切除、经尿道膀胱癌电切除、分娩、盆腔和阴道手术，甚至腹股沟疝（膀胱滑疝）修补时也可发生。主要原因是操作不当，而膀胱本身病变更增加了这类损伤的机会。

近年来，各种器械操作中膀胱镜、膀胱内碎石、经尿道膀胱内的各种操作及治疗，如电灼、电切等，均可致膀胱穿孔。以上大多因膀胱病变需行膀胱镜检查，有的适应证掌握不当，如膀胱容量太小，将膀胱镜送入时即可造成膀胱穿孔。行膀胱肿瘤电切时，切得过深或在观察不满意时，膀胱又处于膨胀状态，膀胱壁较薄，施行电切时极易造成膀胱穿孔，如在顶部即可造成腹膜内膀胱穿孔，其他部位则成腹膜外膀胱破裂（穿孔）。膀胱内注入腐蚀剂、化学药物或硬化剂等均可使膀胱损伤。又如盆腔手术、妇科手术、产科手术、直肠手术、疝修补手术等均可致膀胱损伤。孕妇在分娩时，胎儿头已入盆腔，第2产程较长，有压迫膀胱时，常可致膀胱三角区、阴道壁、尿道等软组织受压，致缺血缺氧而坏死，脱落形成膀胱阴道瘘或尿道阴道瘘。尤其是因滞产合并尿潴留时，此时膀胱因膨胀壁较薄，更易受压，造成缺血坏死，形成瘘。此种“瘘”一般不在分娩后立即发生，而是在产后 1 周或更长时间发生。

产科手术不当如胎头吸引术、产钳术、碎胎、剖宫产，及人工剥离胎盘术等均可由于操作不当而形成膀胱（尿道）阴道瘘。旧法接生时接生婆乱用剪刀、手、钩子等，损伤较为多见。剖宫产时，膀胱向下推离不够，子宫下段纵切口时易误伤膀胱壁或在胎儿胎盘娩出，子宫出血，在血泊中忙乱操作可误伤膀胱壁，如未能及时发现，日后感染坏死，亦可成膀胱阴道瘘。由于膀胱底与子宫下段及阴道上部是紧密相连的，子宫下段破裂时即可累及膀胱，引起膀胱宫颈阴道瘘。Raghavaiah（1975）报道子宫破裂的病例中，有 22% 合并膀胱损伤，其中 14% 为膀胱表层损伤，8% 为膀胱全层损伤。

妇科手术引起膀胱损伤而成尿瘘的，约占全部尿瘘的 5.4%（294/5465）。但由于妇科手术数量增多，而手术损伤膀胱的比例相对升高，如能及时发现进行修补，尿瘘的发生率相对降低。近年来，应用带针缝合针线，可在术中严密缝合或请泌尿外科医师协助缝合，尿瘘的发生率大大下降。在行阴道子宫切除术、阴道成形术、经阴道输卵管结扎术等经阴道的手术应特别注意膀胱与子宫、宫颈有致密粘连，分离时要格外小心，切勿损伤膀胱。近年来，有报道应用金属避孕环穿破子宫和膀胱的病例。

膀胱结石、盆腔感染、结肠癌、小肠癌、宫颈癌、阴道癌等，及放射治疗，膀胱腔内或腔外注入腐蚀剂、硬化剂、无水乙醇等均可致膀胱组织坏死、溃疡，穿透膀胱而致膀胱阴道瘘、膀胱结肠（小肠）瘘等。

三、病理改变

作用于膀胱的原因多种多样，但从膀胱损伤的程度及与腹膜间的关系又可分成以下几种情况：

（一）膀胱挫伤

占膀胱损伤的 50% ～ 80%。外伤后，膀胱仅在黏膜层和肌层出现不同程度的挫伤，膀胱壁并未破裂。可出现血尿，但无尿外渗，一般不引起严重后果。

（二）膀胱破裂

膀胱壁连续性遭到破坏，有尿外渗，并出现相应症状。膀胱破裂按破裂口与腹膜位置的关系，又可分为 3 类：

1．腹膜外型膀胱破裂 膀胱壁破裂，但腹膜完整。常为骨盆骨折合并症，破裂口多位于膀胱底部，尿液外渗到膀胱周围组织及耻骨后间隙并延伸到前腹壁的皮下，沿骨盆筋膜到盆底，或沿输尿管周围疏松组织蔓延到肾区。损伤部位多见于膀胱之前壁。腹膜外型膀胱破裂多数伴有骨盆骨折。有一组 1798 例骨盆骨折，其中 181 例（10%）发生膀胱破裂；而另一组由骨盆骨折引起膀胱破裂的 259 例中，212 例（82%）为腹膜外型破裂，47 例（12%）为腹膜内型。

2．腹膜内型膀胱破裂 多于膀胱充盈时薄弱的膀胱顶部破裂，膀胱壁破裂伴腹膜破裂，膀胱壁裂口与腹腔相通，尿液流入腹腔，引起腹膜炎。其损伤部位多见于膀胱的后壁和顶部。在一组 100 例膀胱破裂病例中，50% 为腹膜外型，30% 为腹膜内型，20% 两型兼有。外渗尿液进入腹腔引起尿性腹膜炎（图 14-3）。

3．混合型膀胱破裂 同时兼有以上两种类型，一般伤势严重，且常合并其他多种脏器损伤。

在一组 100 例膀胱破裂病例中，50% 为腹膜外型，30% 为腹膜内型，20% 两型兼有。

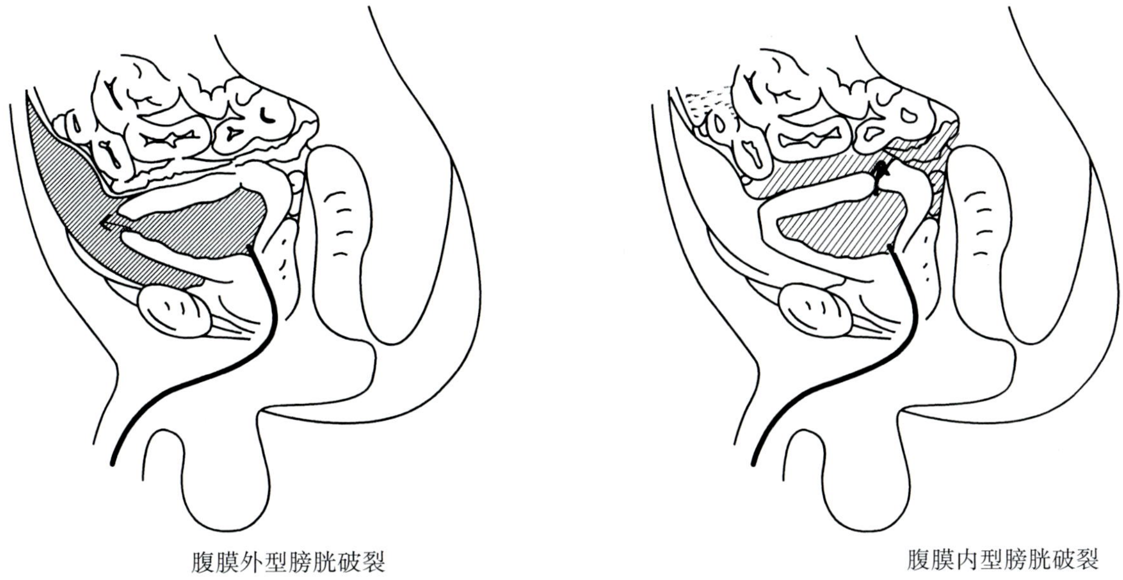

图 14-3　腹膜内外膀胱破裂

四、临床表现

膀胱损伤的程度不同，其临床表现不尽相同。

（一）膀胱挫伤的临床表现

膀胱挫伤的损伤较轻，由于膀胱壁的连续性未受到破坏，可无明显症状，或仅有下腹部的隐痛不适及轻微血尿，有时由于膀胱黏膜受到刺激而出现尿频症状，一般短期内可自愈。

（二）膀胱破裂的临床表现

1．休克　膀胱破裂合并其他脏器损伤或骨盆骨折出血严重者，易发生失血性休克；发生腹膜内型膀胱破裂时，外渗尿液刺激腹膜引起腹膜炎，产生剧烈腹痛，感染性尿液刺激作用更强烈，亦可导致休克。有人统计了 57 例膀胱破裂病例，结果发现有 34 例（60%）出现休克症状。

2．腹痛　腹膜内型膀胱破裂时，尿液渗入腹腔，疼痛由下腹部开始随着尿液扩散至全腹，并出现腹肌紧张、压痛、反跳痛等腹膜炎体征。腹膜外型膀胱破裂时外渗尿液与血液一起积于盆腔内膀胱周围，患者下腹部膨胀，疼痛位于骨盆部及下腹部，并出现压痛及肌紧张，有时疼痛可放射至直肠、会阴，及下肢。伴有骨盆骨折时疼痛更加剧烈。

3．排尿困难、血尿　膀胱破裂患者出血常和尿液一起自破裂口外溢，外渗尿液刺激膀胱可出现尿意频繁，但一般不能自尿道口排出尿液或仅能排出少量血尿，很少出现大量血尿。

4．尿瘘　开放性膀胱损伤患者可见尿液从伤口流出，若同时见伤口处有气体逸出或粪便排出，或者直肠或阴道内有尿液流出，则说明同时合并膀胱直肠瘘或膀胱阴道瘘。

5．晚期症状　尿液自伤口溢出，或经膀胱直肠瘘或膀胱阴道瘘自肛门或阴道排出。膀胱容易缩小，有尿频、尿急症状，并可有反复尿路感染症状。

五、实验室检查

血常规检查提示白细胞增高；尿常规提示红细胞满视野，尿潜血试验阳性。由于尿液吸收，血生化检查示尿素氮、肌酐值增高。

六、辅助检查

（一）膀胱内注水试验

导尿时发现膀胱空虚或仅有少量血尿。经导尿管向膀胱内注入一定量的无菌生理盐水（100 ~ 150 ml），稍等片刻后再抽出；若抽出液体量明显少于或多于注入量，则提示有膀胱破裂的可能。

（二）膀胱造影

向膀胱内注入造影剂 300 ~ 400 ml，于前后位、斜位或排出造影剂时摄片，根据造影剂的外漏，可明确膀胱破裂的诊断以及破裂的类型和程度。

（三）膀胱镜检查

可明确膀胱挫伤的诊断。

（四）B 型超声检查

可以探测膀胱形状，如无膀胱破裂，可探测到完整膀胱；如有膀胱破裂，膀胱既不能充盈，形态也会改变。如配合注水试验，可探测膀胱能否充盈以及液体流入何处，对膀胱损伤的类型也会有一定帮助。探测腹腔有“腹水”时，对腹膜内型膀胱破裂也有一定帮助。

（五）腹腔穿刺抽液检查

患者有腹膜（水）炎体征或经上述膀胱造影疑有腹膜内型膀胱破裂者可行腹腔穿刺，如患者腹胀较显，穿刺应慎重，以免伤及肠管。穿刺取到液体时，可做常规检查，也可测定尿素氮含量（可与血、尿中尿素氮相比较，以判定是否尿液流入腹腔）。

（六）计算机 X 线体层扫描（CT）检查

CT 检查具有图像清晰、密度分辨力高的特点，对脑、胸、腹，及盆腔各脏器的轮廓、结构，及损伤（病变）能清晰显示出来；对组织器官的形态、大小、部位与邻属关系等，能准确和立体地判断，尤其是复合伤时对多器官损伤能作出全面、及时的诊断。CT 检查是一种安全、无创伤的检查。根据患者受伤情况可以选择检查部位，如怀疑肝、脾损伤的可扫描肝、脾部位；有尿路损伤的，可行肾、膀胱的检查。一般膀胱应在充盈时检查。如无尿，可插尿管注水检查或注入造影剂检查。可以观察膀胱形状，膀胱周围结构，有无尿外渗。CT 检查可以区分组织结构密度，对尿外溢范围也可作出判断。若仅有下腹部损伤，除行骨盆或腹部平片外，一般不做 CT 检查。如上述膀胱造影尚有疑虑，则可考虑行 CT 检查。

（七）磁共振成像（MRI）检查

MRI 提供的信息量不但大于医学影像学中的其他成像术，而且没有 X 线辐射，参与成像的参数是人体组织中氢原子核的质子密度和质子的弛豫时间常数（T_1、T_2），即质子的运动特征。MRI 仍属于计算机成像，所有成像都是体层图像。MRI 的优点是：①可以直接做出横断面、矢状面、冠状面和各种斜面图像；②没有 CT 图像中所存在的伪影；③没有电离辐射，对机体无不良影响；④不须注射造影剂，即可使心腔和血管腔、尿路、神经系统等显影。对尿路而言，可以不注射造影剂，做 MRI 水成像检查，即可清楚显示似静脉尿路造影样的影像。如有尿外渗，血管损伤以及其他部位的损伤，特别是有脏器、血管、神经系损伤时，及时作出诊断。MRI 是一种较好的检查方法。

七、诊断

（一）病史

患者常有明确的外伤史，如骨盆部或下腹部的暴力或刺伤史，伤后出现腹痛，有尿意但不能排尿或仅能排出少量血尿。严重时患者可出现休克。自发性膀胱破裂虽无明确外伤史，但有膀胱原发疾病史或下尿路梗阻史，且多在用力排尿、排便等使腹压急剧升高的情况下发生。医源性膀胱损伤亦会有相应病史。

（二）体格检查

膀胱挫伤患者常无明显体征。膀胱破裂者在体检时会发现相应体征。触诊下腹部压痛、肌紧张，叩诊呈移动性浊音，直肠指诊触到直肠前壁饱满感，则提示腹膜外型膀胱破裂。全腹压痛及反跳痛提示腹膜内型膀胱破裂。发现尿液自伤口处流出，则提示开放性膀胱损伤。

八、鉴别诊断

（一）尿道损伤

常因骨盆骨折或骑跨伤所致。患者可有休克、排尿困难、尿道滴血症状，但无腹痛、腹胀、肠麻痹、腹肌紧张等症状。体格检查膀胱充盈，导尿或耻骨上区穿刺抽尿检查示尿液清亮，无血尿。骨盆骨折导致膜部尿道断裂时，直肠指检可触到前列腺尖部后移，有飘浮感。以上可与单纯膀胱损伤相鉴别。

（二）急性腹膜炎

有腹痛、腹肌紧张、压痛，及反跳痛，与尿液漏入腹腔引起的腹膜刺激症状有相似之处。但急性腹膜炎无外伤史，常继发于胃、十二指肠溃疡穿孔，急性阑尾炎，急性胆囊穿孔等疾病。一般先有原发病的临床表现，以后再发展成急性腹膜炎。无排尿困难、血尿症状，通过导尿、膀胱内注水试验或膀胱造影可予以鉴别。

（三）腹腔脏器损伤

主要为肝、脾破裂，表现为腹痛、出血性休克等危急症状。有明显的腹膜刺激症状和体征。无排尿困难和血尿症状。腹腔穿刺抽出血性液体，尿液检查无红细胞。行导尿、膀胱内注水试验或膀胱造影将有助于鉴别诊断。

（四）卵巢破裂

多见于 14 ～ 30 岁之间的女性，主要表现为剧烈下腹痛，下腹坠胀伴尿意及里急后重感。可出现腹膜刺激症状和体征。严重者可引起出血性休克。该病多发生于排卵期和排卵后，无停经史，无排尿困难、血尿，及尿外渗表现。经导尿、膀胱内注水试验或膀胱造影检查可予以鉴别。

（五）卵巢囊肿或肿瘤蒂扭转

表现为突发性剧烈腹痛、局限性肌紧张等腹膜刺激症状和体征；与膀胱破裂尿液漏入腹腔引起的腹膜刺激症状相似。但卵巢囊肿或肿瘤蒂扭转多由于体位改变或妊娠期子宫位置改变而引起，无外伤或手术史，无排尿困难、血尿或尿外渗表现。妇科检查可发现明显压痛、张力较大的肿块。经导尿、膀胱内注水试验或膀胱造影检查可予以鉴别。

九、并发症

膀胱损伤常合并骨盆或腹部脏器的损伤，属复合损伤，不易立即确诊，往往因注意力集中于腹部重要脏器或血管、骨盆等损伤而忽略了膀胱损伤的可能性。尤其是腹膜内型膀胱破裂的患者，若有诊断不能确定，腹膜炎的发生率明显升高，病死率亦随之增加，据统计约在 10% 以上。

十、治疗措施

膀胱破裂的早期治疗包括综合疗法、休克的防治、紧急外科手术和控制感染。晚期治疗主要是膀胱瘘修补和一般支持性的处理。

（一）非手术治疗

膀胱挫伤一般无须特别处理，嘱多饮水，适当休息，严重者可尿道插管引流尿液，必要时给予抗生素。

对腹膜外膀胱破裂的患者，50 年前就有用单纯经尿道插管治疗的方法，后因并发症多，逐渐被人遗忘。自 20 世纪 70 年代起，临床报道又日渐增多。一般认为，腹膜外膀胱破裂，无论男女，裂口大小，渗出多少，皆可如此处理。然而 Kotkin 等治疗的 29 例患者中，26% 发生了并发症，包括膀胱延期愈合、尿外渗感染和盆腔血肿感染并发脓毒血症。失败的主要原因是，尿路感染未预防性应用抗生素和尿管引流欠佳。

鉴于此，有些医师提出，对腹膜外膀胱破裂以单纯尿液引流法治疗时应严格选择适应证，并注意以下事项：①诊断必须在 12 小时内做出；②无须手术探查的其他并发伤；③无尿路感染的既往史；④裂口不大，且无明显出血者；⑤插入导尿管口径要够大，成人不应小于 24 F，并保持引流通畅，若开始 24 ~ 48 小时不能达此目的者，应改用手术探查；⑥密切观察病情，若有指征随时手术；⑦预防性应用广谱抗生素，特别是针对革兰氏阴性杆菌的药物。

（二）手术治疗

手术的主要目标为尿液的引流、出血的控制、膀胱裂口的修补和外渗液的彻底引流。若腹腔内其他器官也有损伤，应同时给予适当的处理。

开放性膀胱损伤应迅速手术探查，手术探查不仅能够了解膀胱损伤情况，还可了解其他并发伤。对腹膜内膀胱破裂者，手术修补较为安全。已经明确有腹部并发伤的患者，手术探查的同时处理膀胱乃顺理成章之举。手术处理原则包括充分清理膀胱周围和其他部位外渗的尿液，修补膀胱壁缺损，远离损伤部位行尿流改道。除非因其他并发伤需特殊切口外，一般取耻骨上中线切口即可，必要时向上延长。切开腹直肌前鞘，分开腹直肌，即见膀胱周围之血肿。先切开腹膜，探查有无腹腔脏器损伤，如果并发腹内器官损伤时，适当处理后再探查膀胱。对腹膜内型膀胱破裂者，以 3-0 或 4-0 肠线分 2 层或 3 层缝合膀胱裂口，吸净腹腔尿液，缝合腹膜。若为腹膜外型膀胱破裂，切开膀胱前壁，在膀胱内探查裂口部位、大小和数目，并于其内进行修补，且莫在外行广泛分离寻找裂口。探查过程中，要密切注意双侧输尿管开口，尤其在火器伤者。如有疑问，可静脉注射 0.4% 靛胭脂 5 ml，5 ~ 8 分钟可见其开口有蓝色尿液排出，说明输尿管未发生损伤；也可向有疑问的输尿管内插入输尿管导管，经管流出清亮尿液时，亦表明输尿管无损伤。缝合靠近膀胱颈裂口时要特别小心，以免伤及括约肌。不论何种膀胱破裂，术后均应行耻骨上膀胱造瘘，膀胱周围放置引流。

手术步骤：耻骨上正中切口，依次切开下层筋膜并分离及牵开腹直肌以显露膀胱前间隙。腹膜外型和腹膜内型膀胱破裂分别处理如下：

1．腹膜外型膀胱破裂　在膀胱前间隙可见大量血液和尿外渗，吸尽后显示膀胱前壁。骨折的耻骨不必细究。如骨折碎片或异物刺破腹壁下血管或膀胱可去除此碎片，结扎出血的血管以止血。必要时切开膀胱前壁探查膀胱内部，证实破裂部位及大小。去除无生机的组织后，裂口内层黏膜必须用可吸收缝线缝合。缝合时应注意避免缝扎输尿管。如病情危重，裂口近膀胱颈部而难以仔细缝合时，勿需勉强修补，做耻骨上膀胱造口术并彻底引流膀胱前间隙后，裂口可自行愈合。膀胱裂口修复后，留置导尿管 1 周左右后再拔除。如腹壁、腰部、坐骨直肠窝、会阴、阴囊，甚至股部有尿外渗时，必须彻底切开引流，以免继发感染。

2．腹膜内型膀胱破裂　切开腹膜，吸尽腹腔内的液体，探查膀胱圆顶和后壁以确定裂口，同时可在腹膜反折下切开膀胱前壁并观察膀胱内部。修复裂口后如无腹腔内脏损伤，即缝合腹膜。在膀胱前壁作一高位造瘘，并引流膀胱前间隙。

3．膀胱破裂伴有膜部尿道损伤的处理　创伤所致膀胱与尿道同时破裂者并不少见，其发生率为 10% ～ 29%。①后尿道损伤伴有骨盆骨折的患者，经若干小时后，耻骨上仍摸不到膨胀的膀胱，患者亦无明显低血压，应考虑膀胱破裂之可能；②骨盆骨折伴随尿道损伤及多处损伤的患者，也应注意同时有膀胱破裂的存在；③下腹挤压伤后，尿道外口有血或有血尿的患者，应积极安排尿路造影；④骨盆骨折合并尿道损伤者，若无明显脱水征，亦无肾病既往史，但血尿素氮（BUN）升高者应怀疑有腹膜内膀胱破裂的可能；⑤骨盆骨折伴尿道损伤的患者，因腹内伤需手术探查时，应探查膀胱，特别是膀胱内；⑥一经确诊，单经尿道插管，或经耻骨上插管易发生严重并发症。手术时最好先将膀胱破裂处给予修补，至于后尿道破裂，选择相应的方法予以治疗。

（三）晚期治疗

主要是处理膀胱瘘，必须待伤员一般情况好转和局部急性炎症消退后才可进行。长期膀胱瘘可使膀胱发生严重感染和挛缩，应采取相应的防治措施。手术主要步骤是切除瘘管和瘘孔边缘的瘢痕组织，缝合瘘孔并做高位的耻骨上膀胱造瘘术。结肠造口应在膀胱直肠瘘完全修复愈合后才关闭。膀胱阴道瘘与膀胱子宫瘘应进行修补，在耻骨上膀胱另造瘘口，并引流膀胱前间隙。

十一、预后

膀胱的愈合能力极强，如果处理及时得当，很少发生并发症。伤后早期可能会有尿急、尿频或发生不稳定膀胱，随着时间的延长，将逐渐恢复正常。由导管所致膀胱感染，以适当的抗生素治疗，效果也较满意。只要尿道不存在梗阻，耻骨上造瘘管拔除后，极少形成尿瘘。膀胱损伤的病死率仍然较高，据报道为 15.6% ～ 22%，主要是由并发伤所致。

十二、护理

（一）一般护理

膀胱损伤患者术后给予心电、脉搏、血氧饱和度监测，持续低流量吸氧（2 L/min），严密观察生命体征及病情变化，并严格记录 24 小时出入量，保持水电解质平衡。术后继发出血的观察：注意观察伤口的渗血及短时间内引流袋有无大量血液引出，并且注意腹部的变化情况。术后避免剧烈的咳嗽，频繁严重地打嗝可导致钛夹脱落及结扎的血管松动，引起大出血。如果出血量少，生命体征稳定可非手术治疗；如果大量出血，应做好随时手术的准备。

（二）心理护理

膀胱损伤患者由于对腹腔镜膀胱全切正位回肠新膀胱术缺乏必要的了解，过分注重手术预期效果的不确定性，对术后尿控功能的恢复缺乏信心，损伤后患者恐惧、焦虑，担心预后。针对这些心理特点，运用沟通技巧，从腹腔镜手术的微创优势入手，从生活上关心、照顾患者，使其感到舒适。向患者做好安慰解释工作，争取患者的主动配合以及增强战胜疾病的信心。

第三节 尿道损伤

一、解剖与特征

男性尿道为一肌肉黏膜管，长约 20 cm，可分为前后两段，以尿生殖膈为界。前尿道为海绵体部，包括阴茎头部、阴茎部和球部，共长 15 cm；后尿道包括膜部和前列腺部，长约 5 cm。男性尿道有耻骨下和耻骨前两个弯曲。耻骨下弯曲基本固定，而耻骨前弯曲在阴茎背贴于下腹部时即消失。尿道背面较腹面短，且为固定。当阴茎在弛缓状态时，尿道腹面有多数皱襞。尿道黏膜富有腺体，本质柔软；黏膜下层组织血供丰富。男性尿道因解剖上的特点，易遭受损伤，男性尿道损伤是泌尿科常见的急症，可产生尿外渗、感染、尿道狭窄和瘘管等并发症。女性尿道短而很少被损伤，但难产时，胎头压迫或施放产钳可致损伤而产生尿道阴道瘘。

尿道是泌尿系统最容易损伤的部位，主要发生在男性青壮年时期。女性很少，仅占 3%。男性尿道由生殖膈分为前后两部分。前尿道即海绵体尿道，尤以球部损伤较多，主要为骑跨伤所致。后尿道位于盆腔内，主要由骨盆骨折引起。病理上可分为挫伤、部分裂伤，及大部或完全断裂。尿道损伤若不及时处理或处理不当，极易形成尿道狭窄、尿流不畅，造成严重后果。

二、病因

（一）尿道闭合性损伤

1．尿道内损伤绝大多数是在应用经尿道器械操作或排出异物（如结石）时发生损伤。少数性变态、酒醉或精神病人用发针、铁丝、玻璃之类的异物插入尿道而引起损伤，误注某些化学药物如硝酸银、硫酸铜、石炭酸等可引起化学灼伤。经尿道行电切除术时可致尿道电灼伤。

2．会阴骑跨伤 多由高处跌下或摔倒时，会阴部骑跨于硬物上或会阴部被猛烈踢伤所致，受伤部位多为球部尿道，少数可伤及球膜部尿道。球部尿道位于耻骨联合下方比较固定，会阴部骑跨于硬物上，球部尿道被压榨于硬物与耻骨联合之间，因而易于致伤。这类损伤一般不合并发生骨盆骨折。

3．骨盆骨折 最常见于交通事故、工伤事故或自然灾害时的骨盆骨折伤合并尿道损伤，几乎都发生在后尿道。骨盆骨折所致的后尿道损伤，多为骨折引起的尿道撕裂（断）伤，少数为骨折断端刺伤。由于耻骨前列腺韧带固定于耻骨联合后下方，膜部尿道穿过尿生殖膈并被其固定，当骨盆骨折导致骨盆环前后径增大、左右径变小，或前后径变小、左右径增大时，耻骨前列腺韧带受到急剧的牵拉，连同前列腺突然移位，致使前列腺尿道与膜部尿道交界处撕裂或断裂；或因骨折致尿生殖膈撕裂，致使穿过其中的膜部尿道被撕裂或断裂。

（二）尿道开放性损伤

多见于利器伤或火器伤，偶见于牲畜咬伤及牛角刺伤等，受伤部位大多在球、膜部，海绵体部和前列腺部则少见。也常并发阴茎及会阴部的损伤或缺失，伤情复杂。

（三）医源性损伤

常因尿道器械操作不当所致，多发生在尿道外口、球部尿道、膜部尿道或前列腺部尿道。尿道有病变特别是有梗阻时较易发生损伤。损伤程度和范围不一，可仅为黏膜挫伤，也可穿破尿道，甚至可穿入直肠。

根据损伤部位将尿道损伤分为：

1．前尿道损伤，多见于骑跨伤，损伤在尿道球部。

2．后尿道损伤，多见于骨盆骨折造成尿道断裂，可与膀胱同时损伤。

三、病理机制

尿道损伤可仅伤及黏膜或为尿道壁挫伤，但大多伤及全层而致尿道破裂，这种破裂可为纵行也可为横断、可为部分裂伤也可完全割断而使断端上下回缩，两端之间有一空隙和错位。尿道全层裂伤后可有血尿外溢。血尿外渗的范围视尿道损伤的部位和程度不同而各不相同，熟悉会阴部的解剖对了解血尿外渗的范围有很大的帮助。临床上，尿道外伤后的尿外渗有三种类型：

（一）茎部尿道损伤外渗（阴茎筋膜完整）（图 14-4）

当尿道破裂在前尿道部在尿生殖膈之前时，如阴茎深筋膜尚完整，则尿外渗仅限于阴茎。

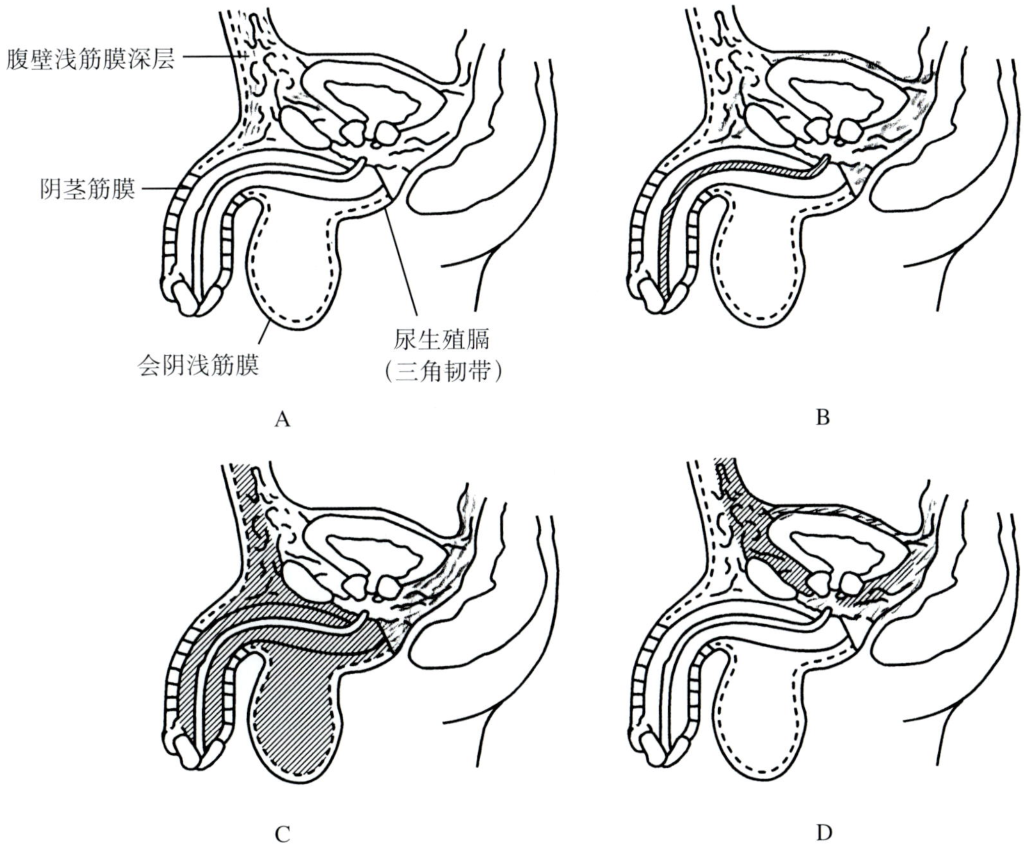

图 14-4 尿道损伤后尿外渗

A．正常阴茎、阴囊、筋膜解剖；B．阴茎部尿道损伤外渗（阴茎筋膜完整）；C．球部尿道损伤尿外渗（阴茎筋膜破裂）；D．前列腺部尿道损伤外渗

（二）球部尿道损伤尿外渗（阴茎筋膜破裂）（图 14-5）

前尿道损伤时，如阴茎固有筋膜也破裂，则尿液沿阴茎、阴囊、腹壁下浅筋膜外渗到阴囊、阴茎、会阴浅层和腹部。因腹壁浅筋膜固定于腹股沟韧带处，故尿液不会外渗到两侧股部。此种情况最为常见。

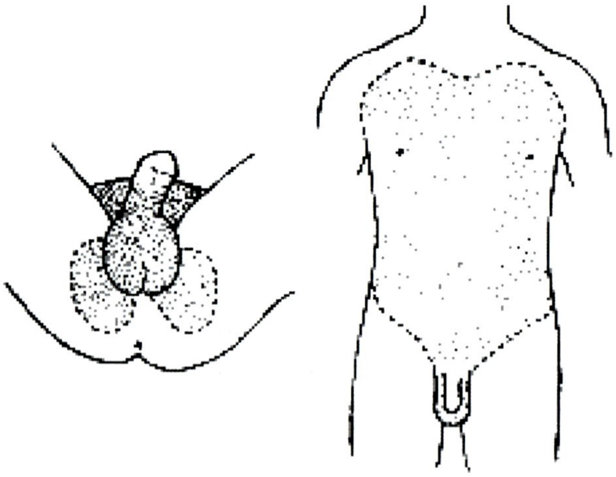

图 14-5 球部尿道损伤尿外渗的范围

（三）前列腺部尿道损伤外渗

当尿道破裂发生在后尿道即尿生殖膈两层之间或此膈之后，尿液沿前列腺炎处而外渗到耻骨后间隙和膀胱周围。膀胱主要由膜部尿道固定于尿生殖膈。若尿道完全断裂时，膀胱常被外渗的血液和尿液推向上方，使尿道两断端相距一大间隙。如急诊时不及时复位固定，势必给后期修复带来困难。

四、临床表现

尿道破裂可并发尿道周围脓肿和尿瘘。晚期由于纤维瘢痕的形成，可产生尿道狭窄。尿道损伤临床表现的症状取决于损伤的病因，损伤的部位，尿道损伤的程度、范围和伴发的其他脏器损伤情况。常见的症状有：

（一）休克

骨盆骨折后尿道损伤休克发生率高，约 40%。单纯骑跨伤一般不发生休克。

（二）尿道出血

如损伤在尿道膜部的远端，即使不排尿时也可见尿道外口滴血。如损伤在后尿道，则出血多见于排尿时，于排尿前或后有少量血液滴出。

（三）疼痛

局部常有疼痛及压痛，有排尿痛并向阴茎头及会阴部放射。

（四）排尿困难和尿潴留

尿道完全断裂时患者有尿潴留。尿道挫裂伤时可因疼痛而致括约肌痉挛而有排尿困难和尿潴留。

（五）血肿及淤斑

骑跨伤局部皮下可见淤斑及血肿，并可延至会阴部，使阴囊、会阴部皮肤肿胀，呈青紫色。

（六）尿外渗

尿道损伤后是否发生尿外渗及尿外渗的部位，取决于尿道损伤的程度及部位，尿道破裂或断裂且有频繁排尿者，多发生尿外渗。膀胱周围尿外渗可出现直肠刺激征及下腹部腹膜刺激征，尿外渗如未及时处理或继发感染，可导致组织坏死、化脓，严重者可出现全身中毒症状；局部感染或坏死可形成尿瘘。

五、并发症

（一）前尿道损伤

海绵体损伤可在会阴部或尿道口出现大出血。压迫会阴部出血部位可控制出血。当出血难以控制时，需急诊手术。尿外渗的并发症主要是感染及败血症。出现感染后需彻底清创，充分引流。损伤部发生狭窄是常见的并发症，但不一定需要手术重建，除非严重狭窄，尿流率明显降低。

（二）后尿道损伤

狭窄、阳痿和尿失禁是前列腺膜部尿道损伤最严重的并发症。一期修补及吻合后出现的狭窄可见于半数病例。若先行耻骨上膀胱造瘘而稍后行修补术，那么狭窄的发生率可减少 5%。一期修补术后出现阳痿见于 30% ~ 80% 的患者，平均约 50%。然而推迟做尿道重建仅先行耻骨上引流，可使阳痿发生率减少 10% ~ 15%。一期行重建吻合术者约 1/3 出现尿失禁，推迟重建术使之减少到 5% 以下。

六、诊断

尿道损伤的诊断应依据外伤史、症状和体征，注意解决以下问题：①确定尿道损伤的部位；②估计尿道损伤的程度；③有无其他脏器合并伤，对严重创伤所致骨盆骨折后尿道损伤的患者，特别是休克者应注意检查有无其他脏器损伤，以免遗漏威胁生命的重要组织器官损伤。

七、鉴别诊断

（一）膀胱破裂

腹膜外膀胱破裂也常合并骨盆骨折，也可出现耻骨后间隙、膀胱周围间隙尿外渗，出现排尿困难、无尿等症状，但腹膜外膀胱破裂时，膀胱往往不充盈，呈空虚状态。导尿管可顺利插过尿道，插入后无尿液或仅有少许血尿引出，直肠指检无前列腺移位和压痛，必要时可行膀胱尿道造影，以资鉴别。

（二）尿道肿瘤

有排尿困难症状，也常伴有血尿或尿道内流出血性分泌物，但无外伤史，排尿困难往往呈进行性加重。沿尿道触诊或肛门指检，可触及尿道局部肿块伴压痛。尿道造影或尿道海绵体造影可显示尿道充盈缺损。

（三）尿道结石

突然出现排尿困难及尿痛，常伴尿频、尿急，及血尿症状。既往可有肾绞痛史或尿道排石史，但无外伤史。有时沿前尿道触诊或直肠指检可触及局部硬结伴压痛。尿道探通术可触及异物感；X 线检查可发现尿道不透光阴影；尿道镜检查可直接窥见结石。

（四）脊髓损伤

腰部外伤后出现排尿困难或急性尿潴留时，有时须与尿道损伤相鉴别。脊髓损伤时，除出现排尿困难症状外，往往还伴有神经系统症状和体征，如会阴部感觉减退、肛门括约肌松弛等表现。

八、治疗

（一）前尿道损伤

1．一般措施 骑跨伤往往不会大出血，否则在进行复苏术时，还需局部压迫，控制出血。

2．特殊治疗

（1）尿道挫伤：尿道挫伤患者无尿外渗表现，尿道保持完整。行尿道造影后，可嘱患者排尿，若排尿正常不伴出血或疼痛，无须进一步治疗。若有持续出血，可用导尿管引流。

（2）尿道裂伤：尿道造影后应避免行器械检查，取下腹部正中小切口，暴露膀胱颈部以便于留置膀胱造瘘管，在尿道裂伤愈合期间应将尿液完全改道引流，当然也可行经皮膀胱造瘘。若尿道造影发现仅少量外渗，可在耻骨上导管引流 7 天后行排尿检查，观察有无外渗。若损伤更为广泛，在行排尿检查前，需经耻骨上导管引流 2 ~ 3 周，损伤愈合后可发生狭窄，多数狭窄并不严重，无须手术重建。证实无尿外渗后，可拔除膀胱造瘘管，随后测尿流率，判断有无狭窄引起的梗阻。

（3）尿道裂伤伴广泛尿外渗：重度裂伤后尿外渗可波及会阴、阴囊和下腹部。需对这些部位进行引流，同时行耻骨上膀胱造瘘术。出现感染、脓肿者，行有效的抗菌治疗。

（4）急诊修补：尿道裂伤可以行急诊修补，但手术操作困难，且术后狭窄发生率高。

3．并发症的治疗 损伤处狭窄范围广泛者需推后行重建术。

（二）后尿道损伤

1．急诊处理 处理休克，控制出血。

2．手术治疗 避免行导尿术。

（1）膀胱造瘘：如膀胱膨胀可做耻骨上膀胱穿刺造瘘，如膀胱不充盈或合并膀胱破裂时需做探查处理。膀胱造瘘 3 个月后，如发生尿道狭窄或闭锁，二期做尿道狭窄的手术治疗。

（2）尿道会师术：方法是耻骨上切开膀胱，用示指从膀胱颈伸入后尿道，将从尿道外口插入尿道的探子引入膀胱，在探子尖套上 1 支尿管，拔出探子，将导尿管引出尿道外口，然后用丝线把它与 F18-20 气囊导管的尖端连在一起拉入膀胱，充盈气囊，作尿道支架及引流尿液用，适当牵拉尿管，以助近端尿道复位。留置尿管 4 ~ 5 周，多数病例排尿通畅，可避免二期尿道狭窄手术。

（3）窥视下尿道复位：在窥视下尿道镜进至损伤部位，以后尿道断端经后尿道进入膀胱，留尿道镜之半环鞘于原位退出尿道镜，经半环鞘插入 Foley 尿管，充盈尿管球囊，尿管留置 3 ~ 5 周。这种方法在早期恢复尿道连续性，多数病例恢复满意。

（4）后尿道修补术：经耻骨上、会阴部联合切口，找到两断端后行尿道吻合术。这种方法在切开血肿后可发生难以控制的出血及并发感染，日后尿道狭窄及阳痿发生率较高，现较少采用。

3．并发症的治疗 二期尿道成形术后约 1 个月，拔除导尿管并行排尿期膀胱尿道造影。若造影剂无外渗可拔除耻骨上造瘘管；若有外渗或狭窄，则需保留造瘘管。若发生狭窄亦往往很短，易在直视下行尿道内切开，愈合也快。二期尿道成形术后可出现数月之久的阳痿，2 年后仍有阳痿者宜行阴茎假体置入手术，二期尿道成形术后很少有尿失禁，通常可慢慢恢复。

九、预后

尿道狭窄是主要并发症，多数不需手术重建，若狭窄消除后尿流率低且有感染及尿瘘表现时，需考虑手术重建。若能避免并发症预后尚佳。

十、预防

注意生活安全，无其他有效预防措施。

女性尿道损伤

女性尿道前有耻骨联合，后为阴道前壁，位置较隐蔽，创伤机会较少。女性尿道损伤常见的致伤原因有骨盆骨折伤、刺伤，及切割伤、医源性手术误伤和分娩损伤。

1．诊断要点

（1）伤后尿道及阴道出血，局部疼痛，排尿困难或尿失禁。重者有休克。

（2）阴道检查：可发现阴道前壁破损及尿道破裂，或尿道口破裂，可见尿液溢出。

（3）导尿管或尿道探子检查：自尿道口插入导尿管或尿道探子，在阴道前壁可见到或插入阴道内，或探子经过创伤部位进入膀胱。

2．治疗原则

（1）全身治疗：防治休克，抗感染，积极处理腹腔、盆腔脏器和骨盆骨折等合并伤。

（2）局部治疗：目的在于恢复尿道的完整性和排尿功能。一般行尿道修补或尿道吻合术，同时行耻骨上膀胱造瘘术使尿流暂时改道，促使尿道损伤早期愈合。

第四节　会阴部损伤

下腹会阴损伤多由高处坠跌、骑跨撞坐于硬物上，或被踢打撞击损伤，也有因犬咬伤、牛角伤、挤压伤等。女性会阴损伤常由分娩时撕裂或侧切引起。

矿山瓦斯爆炸、冒顶塌方等事故致会阴部组织损伤，一般多合并其他多处脏器损伤。会阴部损伤包括阴茎、阴囊和它的内容物（精索和睾丸）损伤。在处理完危及患者生命的受损脏器后，应同期处理会阴部损伤。

阴茎组织血运丰富，愈合能力强，因此初期外科处理阴茎裂伤时，尽可能保留一切有生机的组织，尽量保留海绵体。断裂的海绵体可以缝合其白膜。若伴有尿道伤，须先插入尿管作为内支架。如果阴茎皮肤缺失多，清创后可将阴茎埋藏于阴囊中，露出阴茎头，3 ~ 4 周后行整形手术，减少畸形。阴囊伤可在初期处理后即时缝合，留置低位引流。睾丸伤只有在精索动脉断阻、睾丸有可能陷入坏死，或受到严重损伤、破裂到无法保留时才考虑切除。部分裂伤时，可切除破碎部分，彻底止血后放入阴囊。如阴囊破损到不能包容睾丸时，可将残存睾丸埋藏于会阴部或大腿内侧皮下，留待日后处理。

【典型病例 1】 男性，27 岁，因井下外伤后意识障碍 1 小时，尿道滴血 2 小时入院。患者入院 2 小时前在煤矿井下工作时突遇瓦斯爆炸，被气流冲倒，会阴部恰骑跨在炭块上，且出现意识障碍。被救起后送医院途中患者清醒，诉头痛与会阴部疼痛，继而发现尿道外口不断有鲜血滴出。查体：心率 80 次 / 分，血压 120/90 mmHg。神智清楚，应答切题。心、肺（–）。下腹部膨隆。阴囊会阴部青紫，阴囊明显肿大，球尿道部触痛，试行导尿失败。颅脑 MR 考虑轻微脑挫伤，骨盆平片未见异常。入院诊断：1．外伤性尿道球部断裂；2．脑挫裂伤。在硬膜外麻醉下紧急手术。术中见尿道球部完全断裂，行尿道端端吻合，耻骨上膀胱穿刺造瘘。术后 3 周去尿管，去尿管后 2 天夹闭膀胱造瘘管，自行排尿通畅，治愈出院。

【典型病例 2】 男性，35 岁，因井下瓦斯爆炸致伤 2 小时急诊入院。入院 2 小时前在井下劳作时瓦斯爆炸致伤，伤后感头颈部疼痛，呼吸困难伴刺激性咳嗽、声音嘶哑，排肉眼血尿 1 次，被紧急送往医院治疗。查体：心率 100 次 / 分，呼吸 20 次 / 分，血压 120/80 mmHg。神情烦躁不安，头颈部浅二度烧伤面积约 5%。肺部听诊：两肺呼吸音弱，可闻及哮鸣音。腹部平坦，腹肌稍紧，全腹部有压痛，肠鸣音弱。两侧肾区有叩击痛。腹部 CT 示腹膜后血肿，两肾挫裂伤，右肾包膜下血肿。入院诊断：1．头颈部烧伤；2．吸入性损伤；3．闭合性肾损伤。住院后立即建立静脉通道，补液、抗休克、留置尿管、气管切开、吸氧，对烧伤部位采用暴露疗法等，患者病情逐渐平稳。留置尿管 1 周，肉眼血尿消失，予以去除。气管套管留置 2 周予以拔除。入院 3 周头颈部烧伤基本愈合。入院 1 个月复查 CT 示腹膜后血肿完全吸收，两肾未见异常。

（曹凤宏　李晓强）

第十五章

脊柱脊髓损伤

随着现代工业、交通运输业、建筑业和体育事业的发展，意外事故发生率上升，脊柱骨折并脊髓损伤亦日趋增多。据统计，脊柱骨折占全身骨折 5% ~ 6%，胸腰段（T10 ~ L2）最常见，颈椎次之。创伤性脊髓损伤（traumatic spinal cord injury，TSCI）是外伤引起的脊髓横贯性损害，造成损害平面以下的脊髓神经功能（运动、感觉、括约肌，及自主神经功能）障碍。严重的脊柱创伤常造成神经损害，颈椎创伤中约 40% 合并不同程度的脊髓损伤，高于胸腰段骨折。

脊柱脊髓损伤是危害人类健康的高致残率疾病，其具有高发生率（在平时，约占全身损伤的 0.3%，而在战时发生率为 10% ~ 25%）、高致残率（30% ~ 45%）、高消耗、高需求（人力、物力）的特点。据统计，美国每年新增约 1 万名脊柱脊髓损伤患者，每年在脊柱脊髓损伤患者治疗上需要花费 10 亿美元[1]。我国的脊柱脊髓损伤发生率目前尚缺乏具体的统计数据，但不会低于这个数字。在矿难时，脊柱脊髓损伤比例将大幅增加，其高致残率、高消耗、高需求的特点不仅造成严重的人员伤害，还给救援医疗工作带来巨大压力。当前的治疗主要着眼于恢复椎体正常序列和稳定性、解除髓外压迫，疗效非常有限。改进脊柱脊髓损伤的治疗方案、降低患者的伤残率，成为临床治疗的迫切需求，也是困扰科学家和临床医生的难题和研究热点[2-3]。

第一节　脊柱骨折脱位与脊髓损伤的分类

一、临床常用的分类方法

从分析病情、损伤严重程度以及确定治疗方针的角度，临床上根据脊柱骨折的稳定性、致伤机理、损伤部位等有以下几种分类方法[4]：

（一）根据骨折后的稳定性可分为

1．稳定型　椎体压缩高度未超过 50%；单纯横突骨折。

2．不稳定型　椎体高度压缩超过 50%；椎体畸形角 > 20°；伴脊髓神经功能损害；骨折伴脱位；压缩骨折伴棘突或棘间韧带断裂等。

（二）根据受伤时暴力作用的方向可分为

1．屈曲型 最常见。受伤时暴力使身体猛烈屈曲，椎体互相挤压使其前方压缩，常发生于胸腰段交界处的椎骨，可合并棘上韧带断裂。暴力水平分力较大时就产生脱位。

2．伸直型 少见。高空仰面落下时背部被物阻挡，使脊柱过伸，前纵韧带断裂，椎体横行裂开，棘突互相挤压而断裂，或上椎体向后移位。

3．屈曲旋转型损伤 暴力使脊柱不仅屈曲且伴有旋转，除了可发生椎骨骨折外，常有关节突骨折及脱位。

4．垂直压缩型 暴力与脊柱纵轴方向一致，垂直挤压椎骨，使椎骨裂开，骨折块常突向椎管压迫脊髓。

（三）Armstrong-Denis 三柱分类

是目前国内外通用的分类。根据三柱理论将脊柱分为前、中和后柱。前柱包括前纵韧带、椎体，及椎间盘的前半部；中柱包括椎体及椎间盘的后半部及后纵韧带；后柱包括椎体附件及其韧带。共分为：

1．压缩骨折 椎体前柱受压，椎体前缘高度减小而中柱完好。

2．爆裂骨折 脊柱的前中柱受压爆裂可合并椎弓根或椎板纵行骨折。椎体前缘及后缘的高度皆减小，椎体的前后径及椎弓根间距增宽。

3．后柱断裂 脊柱后柱受张力作用断裂，致棘间韧带或棘突水平横断；并可延伸经椎板、椎弓根、椎体的水平骨折，即 Chance 骨折。故可累及中柱损伤。

4．骨折脱位 脊柱三柱受屈曲、旋转或剪力作用完全断裂，前纵韧带可能保持完好。

5．旋转损伤 旋转暴力经椎间盘的损伤，使椎间盘明显狭窄而椎体高度无明显改变。损伤间盘的上下椎体边缘有撕脱骨折。

6．压缩骨折合并后柱断裂 不同于后柱断裂，因中柱未受张力作用损伤。

7．暴裂骨折合并后柱断裂

（四）按部位分类

可分为颈椎、胸椎、腰椎骨折或脱位。按椎骨解剖部位又可分为椎体、椎弓、椎板、横突、棘突骨折等。

（五）颈椎骨折脱位类型

1．屈曲型损伤 是前柱压缩、后柱牵张损伤的结果。临床上常见的有：

（1）前方半脱位（过屈型扭伤）：可以有 30% ~ 50% 的迟发性脊椎畸形及四肢瘫痪发生率，因此是一种隐匿型颈椎损伤。

（2）双侧脊椎间关节脱位：因过度屈曲后中后柱韧带断裂，暴力使脱位的脊椎关节突超越至下一个节段小关节的前方与上方。椎体脱位程度至少要超过椎体前后径的 1/2，脱位椎体的下关节突移位于下一个节段上关节突的前方。

（3）单纯性楔形（压缩性）骨折：较为多见。X 线侧位片为椎体前缘骨皮质嵌插成角，或为椎体上缘终板破裂压缩，多见于骨质疏松者。

2．垂直压缩所致损伤

（1）第一颈椎双侧性前、后弓骨折：又名 Jefferson 骨折，X 线片上很难发现骨折线，CT 检查最为清楚，可以清晰地显示骨折部位、数量，及移位情况。

（2）爆裂型骨折：为下颈椎椎体粉碎性骨折，一般多见于 C5、C6 椎体，破碎的骨折片不同程度凸向椎管内，因此瘫痪发生率可以高达 80%。

3．过伸损伤

（1）过伸性脱位：最常发生于高速驾驶汽车时急刹车或撞车，由于惯性作用，头部撞于挡风玻璃或前方座椅的靠背上，并迫使头部过度仰伸，接着又过度屈曲，颈椎发生严重损伤。

损伤的结果：使颈椎向后移动，并有脊柱后凸，使脊髓夹于皱缩的黄韧带和椎板之间而造成脊髓中央管周围损伤。部分病例，特别是年老者，原有的下颈椎后方的骨刺可以撞击脊髓，使受损脊髓的平面与骨折的平面不符合。特征性体征：额面部有外伤痕迹。

（2）损伤性枢椎椎弓骨折：此型损伤的暴力来自颏部，使颈椎过度仰伸，在枢椎的后半部形成强大的剪切力量，枢椎的椎弓不堪忍受而发生垂直状骨折。以往多见于被缢死者，故又名缢死者骨折；目前多发生于高速公路上的交通事故。

（六）外伤性无骨折脱位型脊髓损伤

多发生于儿童和中老年患者，特点是影像学检查无骨折脱位。它和儿童脊柱生理解剖特性有关。中老年则多伴有颈椎病、发育性椎管狭窄等。

二、颈椎骨折、脱位分类

（一）Magerl 脊柱骨折脱位分类

颈椎骨折脱位的分类共有 7 型。

1．泪滴样型　如 C5 压缩性骨折合并椎体上角有泪滴样撕裂的骨折块，属前柱稳定性骨折；严重者，如在枢椎椎体呈撕脱性骨折，脊髓受压，为不稳定骨折。

2．不完全性压缩性骨折型　如 C5 椎体前缘粉碎性骨折，骨折处通过椎体上终板及部分下终板，一般累及椎管较少，属中前柱稳定性骨折。

3．完全性压缩性骨折型　如 C5 骨折处通过椎体上下终板，椎体后方骨皮质未断裂，椎管内硬脊膜受压，属中前柱不稳定性骨折。

4．椎体暴破型骨折型　椎体呈粉碎性骨折，向椎体前后突出，上下终板及椎间盘破坏，椎管内硬脊膜明显受压，属中前柱不稳定性骨折。

5．屈曲型　如 C4 是由屈曲及椎体分离的 Chance 骨折（楔形骨折），前、中、后三柱受累，若能复位及内固定，属稳定性骨折。

6．伸展型　如 C3、C4 伸展与轴性载负荷力量的损伤导致，伴多节段椎板骨折，属三柱不稳定性骨折。

7．小关节脱位交锁型　如 C4、C5 是由颈椎后方向前的力量作用于上位椎体上，小关节囊破裂，关节突跳跃而致小关节交锁。

Francis 分类：1981 年 Francis 按照 White 和 Panjabi 的下颈椎稳定性标准把 Hangman 骨折分为 5 级。Ⅰ级骨折是稳定性骨折，Ⅱ～Ⅴ级骨折是不稳定性骨折，不稳定程度逐级递增。该分类未考虑损伤机制，未被临床广泛接受。

（二）Effendi 等根据骨折的移位及稳定性将其分为 3 型

Ⅰ型：稳定骨折，骨折线可以涉及椎弓的任何部位，C2、C3 椎体间结构正常。

Ⅱ型：不稳定骨折，枢椎椎体显示屈曲或伸展的成角或明显的向前滑脱，C2、C3 椎体间结构已有损伤。

Ⅲ型：移位的骨折，枢椎椎体向前移位并有屈曲，C2、C3 小关节突关节发生脱位或交锁。

（三）齿状突骨折分类

1．依照齿状突骨折的 3 个部位分为 3 型

A 型：齿突尖部骨折。

B 型：齿突尖部与齿突体部连接处齿突腰部骨折。

C 型：齿突根部与枢椎体连接处，齿突基底部骨折。

A 型骨折是稳定骨折，B、C 型是不稳定骨折，常合并较严重的神经损伤。

2．按照 X 线征象分型

Ⅰ型：齿突尖端翼状韧带附着部的斜行骨折。

Ⅱ型：齿突与枢椎椎体连结处的骨折。

Ⅲ型：枢椎体部骨折，这一部分相当于胚胎时期前寰椎与尾侧枢椎椎体节融合处。

3．按照 CT 三维重建分型

Ⅰ型：齿突尖端翼状韧带附着部的斜行骨折。

Ⅱ型：齿突与枢椎椎体连结处的骨折，又分为 3 个亚型。

Ⅱ-A 型：骨折线走向为水平方向；

Ⅱ-B 型：骨折线走向为前上向后下；

Ⅱ-C 型：骨折线走向为后上向前下。

Ⅲ型：枢椎体部骨折，这一部分相当于胚胎时期前寰椎与尾侧枢椎椎体节融合处。Ⅲ型骨折分为两个亚型：

Ⅲ-A 型：骨折线位置高；

Ⅲ-B 型：骨折线位置低。

（四）外伤性颈椎脱位分类存在的问题与改进

1．原来分类存在的问题

（1）全脱位与半脱位不分：如寰齿间隙（ADI）成人超过 3 mm，儿童超过 5 mm 可诊断为寰枢关节脱位，而寰枢关节旋转性半脱位中的 Fielding Ⅱ型、Ⅲ型 ADI 均大于 3 mm，仍诊断为寰枢关节半脱位。

（2）无明确的量化指标：如 ADI 在 3 ～ 5 mm 之间和大于 10 mm 均称为寰枢关节脱位，但其病理改变却不大相同，前者可无任何脊髓受压症状，后者却可能瘫痪。

（3）上下颈椎对应性不强：如上颈椎有寰枢关节旋转性半脱位，而下颈椎称为单侧关节突交锁；下颈椎有颈前半脱位，而上颈椎却无寰椎前半脱位之称。

2．改进的寰枢关节脱位分类 寰枢关节脱位分为直向脱位和旋转脱位两型，每一型中又分 4 ～ 6 个亚型。

（1）寰枢关节直向脱位：分为 6 个亚型。Ⅰ型：寰齿间隙 ADI（atlas-dens interval）在 3 ～ 5 mm 之间（儿童在 5 ～ 7 mm 之间）的寰椎直向前脱位。主要病理改变为单纯寰椎横韧带断裂。由于此平面脊髓有约 1 cm 的缓冲间隙，故脊髓一般不会受压，临床一般无症状。Ⅱ型：寰齿间隙（ADI）在 5 ～ 10 mm 之间的寰椎直向前脱位，其主要病理改变除寰椎椎横韧带断裂外，尚有翼状韧带断裂，脊髓可能受压。Ⅲ 型：寰齿间隙（ADI）超过 10 mm 的寰椎直向前脱位，主要病理改变为寰枢之间的一切韧带均断裂，脊髓必然受压。Ⅳ型：不伴齿状突骨折的寰椎直向后脱位。其病理改变为寰椎前弓跨越齿突尖向后移位，脊髓在寰椎前弓后缘与枕骨大孔后缘或枢椎椎板之间受卡压。Ⅴ型：伴齿状突骨折的寰椎前脱位，其病理改变为齿状突骨折近端处后方的脊髓有效间隙（space available for the spinal cord，简称 SAC）减少，脊髓易受压损伤，但较后脱位相对轻。Ⅵ型：伴齿状突骨折的寰椎后脱位，其主要病理改变为齿状突骨折后其远折端向后移位，以致脊髓后方的有效间隙明显减少，相邻颈髓受压，病死率以及四肢瘫痪率较高。

（2）寰枢关节旋转脱位：按 Fielding 分型法分为 4 个亚型。Ⅰ型：寰椎以齿状突为旋转轴心，一侧寰椎侧块向前旋转，另一侧块向后旋转，寰椎横韧带完整，寰齿间隙（ADI）正常。Ⅱ型：寰椎横韧带破坏，以一侧寰枢椎间关节为旋转轴心，另一寰椎侧块向前旋转移位，ADI 在 3 ~ 5 mm 之间。Ⅲ型：为Ⅰ型的加重状态，寰椎双侧关节面均向前移位，两侧移位程度不同，ADI 大于 5 mm。Ⅳ型：为一侧寰椎侧块向后旋转移位，通常伴有齿状突骨折。

3．改进的下颈椎脱位分类　下颈椎脱位亦分为直向脱位和旋转脱位两型，每型又可分为 4 个亚型。

（1）下颈椎直向脱位：Ⅰ型：在屈曲暴力作用下，上位颈椎向前移位，双侧关节突尚未达到交锁或栖息状态（我们称之为嵌顿状态），即国内文献所谓的颈前半脱位。其病理改变为双侧关节突关节的半脱位，可伴有椎间盘及关节囊、韧带损伤，表现为椎体有少许移位，并可伴有脊髓、神经根的刺激症状或项痛。相当于 Allen 分类中的牵张屈曲型Ⅰ型，此型将有近 1/3 ~ 1/2 撕裂韧带不愈合，易发生颈椎不稳。Ⅱ型：在屈曲暴力作用下，上位颈椎向前移位，双侧上、下关节突形成顶对顶状态（栖息状态）或上（下）关节突骨折后形成的嵌插状态，其病理表现为椎体移位一般小于椎体矢状径的 1/2，脊髓无明显损伤或只有部分损伤。Ⅲ型：在屈曲暴力作用下，上位颈椎向前移位，双侧下关节突超过下位颈椎的上关节突，形成背靠背状态（交锁状态），伴或不伴关节突骨折。相当于 Allen 分类中的牵张屈曲型Ⅲ度，其主要病理改变为椎体移位超过椎体矢状径的 1/2，损伤单元的全部韧带，包括前纵、后纵、棘间韧带均撕裂，椎间盘亦破裂，可造成截瘫或神经根痛。Ⅳ型：下位颈椎向后直向脱位，其损伤机制往往为伸展暴力所致，其病理改变一般表现为脊髓中央管症候群，即上肢重于下肢的四肢瘫痪、感觉分离等。

（2）下颈椎旋转脱位：Ⅰ型：单侧椎间关节的嵌顿状态。Ⅱ型：单侧椎间关节的栖息状态或嵌插状态。Ⅲ 型：单侧椎间关节的交锁状态，椎体移位约占椎体矢状径的 1/4，不超过 1/3，通常无脊髓损伤，但有 1/3 的患者在脱位处有神经根受压。Ⅳ型：上位颈椎以一侧椎间关节为旋转轴心向后旋转，致另一侧椎间关节分离。

三、胸腰椎骨折分类

（一）根据损伤病程分类

由于损伤后病程长短不同、处理方式有异，故临床上将其分为：

1．急性期损伤　在 1 周以内，损伤病理过程仍处于进行性发展中，损伤反应在 72 小时最重，一般持续 7 天，1 周后逐渐缓解并趋于平稳。

2．早期脊柱损伤　损伤 3 周以内，此期出血、水肿等组织反应趋于消退，脊髓未丧失的功能开始恢复，瘢痕粘连尚未形成，为损伤修复的最佳时期。

3．陈旧性脊柱损伤　损伤 3 周以上，主要表现为急性过程的消退及修复过程，软组织已获初步愈合，损伤脊髓内瘢痕形成。

（二）根据损伤部位分类

此分类方法较为直观、方便，对治疗有直接指导意义，临床沿用至今。

1．胸椎损伤　胸椎活动幅度较小，加之有胸廓的保护，胸椎损伤相对少见。但由于胸椎椎管狭窄，关节间活动范围小，容易发生脊髓损伤。根据解剖部位分为：①上胸椎损伤：T1 ~ T3；②中胸椎损伤：T4 ～ T10；③下胸椎损伤：T11 ～ T12。

2. 腰椎损伤 腰椎小关节呈矢状，伸屈活动灵活，但其他活动受到限制，且是身体上部负荷的主要承受者，因而容易损伤。根据解剖部位分为：①上腰椎损伤：L1 ～ L3；②下腰椎损伤：L4 ～ L5。

3. 胸腰椎损伤 由于解剖结构上的改变，T11、T12 前面无胸骨柄，两侧为游离肋，稳定性也较其他胸椎差；而胸椎是后凸弯曲，腰椎是前凸弯曲，这样易使脊柱的受力下传。一般来说，T12 ～ L2 骨折占脊柱骨折的 60%，T11 ～ L4 骨折占脊柱骨折的 90%。所以，通常所说的胸腰椎骨折指 T11 ～ L4 骨折。

（三）根据脊柱稳定程度分类

随着三柱概念的建立和其分类的逐步完善，对脊柱稳定性有了较统一的认识：脊柱是否稳定取决于中柱，而非后方的复合结构，中柱破坏则脊柱不稳定。区别脊柱是否稳定对选择治疗方案极有意义。

1. 稳定性损伤 按 Denis 对胸腰椎稳定性的分类方法，稳定性损伤是指：①所有的轻度骨折，如横突骨折、关节突骨折或棘突骨折；②椎体轻度或中度压缩骨折。

2. 不稳定损伤 包括以下 3 种情况（Denis）：①在生理负荷下可能发生脊柱弯曲或成角者属于机械性不稳定，包括严重的压缩骨折和安全带型骨折；②未脱位的爆裂骨折继发的晚期神经损伤；③骨折脱位及严重爆裂骨折合并神经损伤。

此外，还有人将神经功能已有或有潜在的、可导致椎体晚期塌陷和慢性腰痛的损伤、脊柱结构破坏严重者列为不稳定损伤；胸椎损伤稳定多见，而同样损伤发生于腰椎，则往往不稳定。

（四）根据损伤累及的范围分类

三柱结构分类：Denis 将脊柱理解成 3 条纵行的柱状结构，即：①前柱，包括脊柱前纵韧带、椎体，及椎间盘的前 2/3 部分；②中柱，由椎体及椎间盘后 1/3 和后纵韧带组成；③后柱，由椎弓、椎板等附件，及黄韧带、棘间、棘上韧带组成。

（五）根据生物力学和损伤机制分类

1. 屈曲压缩骨折 屈曲压缩骨折（bending compression fracture）为临床最常见的一种类型，约占胸腰椎损伤的一半。脊柱处于屈曲位时，由纵轴的超负荷引起前柱的压缩和后柱的张力造成脊柱损伤。其损伤机制的特点是：前柱承受压力，后柱承受张力，中柱作为支点，椎体后缘高度不变。根据外力方向不同，又可分为前屈型及侧屈型，前者常发生于 T11 ～ L1，后者以 L2、L3 为多。椎体压缩常＜ 50%，如＞ 50% 则后柱受累。压缩骨折以椎体上终板受累多见，下终板较少。Ferguson 根据稳定性不同将屈曲压缩骨折分为 3 型：Ⅰ型：为单纯椎体前方楔形压缩，压缩不超过 50%，中柱与后柱完好；Ⅱ型：为椎体楔变伴后柱韧带复合结构破坏，并有棘突间距加宽、关节突骨折或半脱位，前、后柱损伤，中柱完好；Ⅲ型：为椎体压缩，椎体后上缘骨折，骨折片突入椎管，前、中、后柱均损伤。

2. 爆裂性骨折

（1）概念：脊椎爆裂性骨折（bursting fracture）是椎体压缩骨折的一种特殊形式，是随着 CT 在临床中的应用而逐渐开始认识的，约占脊椎骨折的 20%。最早由 Holdworth 于 1963 年首先提出，指轴向压力加上不同程度的屈曲和（或）旋转力作用于脊椎，使椎间盘的髓核疝入椎体，导致椎体内压急骤升高而引起椎体自内向外的骨折，即椎体粉碎骨折。脊椎爆裂性骨折最显著的特点是脊柱中柱受损。伤椎前柱与中柱均崩溃，椎体后缘高度降低并向四周分散，两侧椎弓根距离增大，椎体后缘骨折片连同椎间盘组织膨出或突入椎管，常致硬膜囊受压，后纵韧带大多受损。

脊柱爆裂性骨折虽可以发生于颈、胸、腰椎，但以胸腰段最常见，特别是胸腰结合部损伤占骨折的 40%，仅 L1 的爆裂性骨折即占脊柱爆裂性骨折的半数以上，原因可能是此区无胸廓保护，并且胸椎小关节在此由冠状方向转为矢状方向。

（2）分类：Altas 在总结 Denis 和 McAfee 等关于脊椎爆裂性骨折的基础上，根据 CT 图像上椎体矢状骨折、附件骨折、椎弓根间距、椎体前缘楔变程度、椎管狭窄范围，及是否合并其他部位脊椎骨折，将脊椎爆裂性骨折分为 5 个主要类型：A 型：椎体上下终板骨折，椎体呈一致性压缩，椎体后缘突入椎管，常见于下腰椎；B 型：椎体上半部压缩楔变并向后突出，椎体下终板完整，此型最常见，占 54.7%，以胸腰段多见；C 型：椎体下半部压缩楔变并向后突出，椎体上终板完整，此型较少见；D 型：骨折的椎体发生旋转、脱位，表现为后柱骨折。又可分为两个亚型：D1 型，骨折伴侧方移位；D2 型，骨折伴矢状移位；E 型：又称侧屈型，发生于腰椎侧屈时，轴线压缩力引起前中柱单侧受累，骨折的椎体呈明显侧方楔变，当后柱受累时，可有单侧小关节脱位，不稳定，常伴有神经症状。

（3）稳定性：Altas 将不稳定脊椎爆裂性骨折 CT 表现概括为：①椎管移位；②椎体压缩高度超过 50%；③附件骨折；④椎弓根间距增宽。

O'callaghan 把下述小关节变化定为不稳定：①椎体半脱位伴小关节前交锁；②椎体侧脱位伴小关节外侧脱位；③急性脊椎后凸畸形伴椎体轻度半脱位及小关节脱位。

3．安全带型损伤　安全带型损伤（seat-belt type injury）又称屈曲牵开型损伤，此型损伤常见于乘坐高速汽车腰系安全带，在撞车的瞬间患者躯体上部急剧前移并屈曲，以前柱为枢纽，后柱与中柱受到牵张力而破裂张开。骨折线横行经过伤椎棘突、椎板、椎弓根与椎体，后部结构的棘上、棘间，及黄韧带断裂，暴力大者可同时伴有后纵韧带及椎间盘纤维环断裂，也可有椎体后缘的撕脱骨折。根据损伤平面不同，此型可分为损伤通过骨组织的水平骨折（Channce 骨折）和损伤通过韧带组织、造成椎间分离的脱位两种类型。Channce 骨折在正位 X 线片可见两侧椎弓根和棘突呈水平分离或棘间明显增宽。侧位片可见从椎板和椎弓直至椎体后部的水平骨折线。典型病例可见到椎体后缘高度增加，椎间隙后部张开。CT 扫描可发现 X 线平片易漏诊的椎弓根骨折。此型损伤轻者可无神经症状，但严重骨折和脱位常伴有难以恢复的神经损伤。

4．骨折脱位型　在压力、张力、旋转，及剪式应力的共同作用下，脊柱产生骨折并伴有脱位或半脱位。此型损伤后果严重，前、中、后柱常同时受损。依外力作用方向的不同又可分为 2 个亚型。

（1）屈曲旋转型：较常见，前纵韧带及骨膜可从椎体前缘剥离，前柱受到压缩力与旋转力，中柱与后柱受到牵张力与旋转力，常导致关节突骨折、椎体间脱位或半脱位。若经椎间盘水平脱位则椎体高度正常，棘间距增宽；若经椎体脱位则产生切片样损伤。X 线平片常显示不清，断层片可见单位上关节突移位，可有多根横突及肋骨骨折，脊柱呈节段性旋转。CT 显示上、下两节椎体间旋转、小关节跳跃，及骨折、骨折片突入椎管。该类损伤极不稳定，几乎均伴有脊髓或马尾损伤，发生进行性畸形加重。

（2）剪力型脱位：又可称为平移性损伤，椎体可向前、后或侧方移位。前、中、后三柱均受累。常因过伸使前纵韧带断裂，椎间盘前方撕裂，发生脱位而无明显椎体骨折。

（六）有无伴发脊髓损伤的分类

各种暴力造成脊柱骨折脱位，通常合并不同程度和类型的脊髓损伤。可以分为：①脊椎损伤伴脊髓永久性损伤；②脊椎损伤伴一过性脊髓损伤；③无脊髓损伤的脊椎损伤，这种类型损伤对伤者来说是幸运的，故又称之为幸运的脊椎损伤。

（七）脊柱复合伤

脊柱复合伤（complex injuries of the spine）指伴有其他组织、器官损伤，该类损伤机制、病情复杂，Blauth（1998）主张早期处理，强调 1 日内手术，并将复合性脊柱损伤分为 3 型：Ⅰ型：多阶段相邻或非相邻不稳定损伤，发生率为 2.5%；Ⅱ型：伴有胸腔或腹腔脏器损伤的脊柱损伤，其中超过 50% 伴有肺损伤。CT 扫描确诊率高，前期（伤后 2 周内）前路手术效果差；3% ~ 4% 伴有腹部损伤，可累及任何器官，典型损伤是并发上腹部器官损伤和脊柱牵拉伸展损伤的安全带综合征；Ⅲ型：伴有多发创伤的脊柱损伤，占多发创伤的 17% ~ 18%，在经手术治疗的胸腰椎结合部损伤患者中，6.2% 是多发创伤。

（八）根据椎管狭窄或受堵程度分类

Wolter 将椎管经 CT 扫描的横断面分成三等分，并用 0，1，2，3 表示其狭窄及受堵的指数。①椎管无狭窄或无受堵者指数为 0；②椎管受压或狭窄占横断面 1/3 者指数为 1；③椎管受压或狭窄占横断面 2/3 者指数为 2；④椎管完全受压或完全受堵为 3。上述三种分类中，单纯外伤机制分类不能完全反映脊柱受累范围，Denis 三柱结构分类可表达脊柱受累范围及稳定性，但不能反映椎管受累情况。因此，我们建议综合分类，即将外伤机制、累及范围，及椎管情况融合一体，对制订治疗方案和预后判断更具有临床指导意义。综合分类方法为：将单纯压缩骨折以“C”代表，爆裂骨折以“B”代表，安全带型损伤以“S”代表，骨折脱位以 F 代表；前、中、后柱分别以 a，m，p 代表；0，1，2，3 为椎管受压指数。例如：患者男性，36 岁，车祸，经 X 线检查显示 T12 ~ L1 骨折脱位，CT 扫描显示椎管有 1/3 受压，骨折累及三柱，其综合分类以符号代表则为 Fa，m，p；1（T12-L1）。

四、脊髓损伤的神经和功能分类

（一）截瘫指数法

评定指标包括感觉、运动、括约肌功能三项。每项分为 0，1，2 三级，也就是截瘫指数 0 为正常，6 代表完全性截瘫，1 ~ 5 分为不完全性截瘫。

（二）ASIA 脊髓损伤分级

制订脊髓损伤的神经和功能分类对判断脊髓损伤程度、评估疗效，及临床和科研工作者进行正确的交流都具有十分重要意义。目前被公认和被广泛采用的为 1992 年美国脊髓损伤学会（ASIA）根据 Frankel 分级修订的分级。Frankel 法其将损伤平面以下感觉和运动存留情况分为 5 个级别：A．完全性损伤。在脊髓损伤平面以下，包括骶段（S4 ~ S5）损伤平面以下深浅感觉完全消失，肌肉运动功能完全消失，无任何感觉和运动的功能保留。B．不完全性损伤。在损伤神经平面以下包括骶段（S4 ~ S5）运动功能完全消失，仅存某些包括骶区感觉。C．不完全性损伤。在损伤神经平面以下存在某些感觉和运动功能，但大部关键肌的肌力在 3 级以下，无有用功能存在。D．不完全性损伤。损伤平面以下肌肉功能不完全，可扶拐行走。E．深浅感觉、肌肉运动，及大小便功能良好，可有病理反射。

（三）功能独立性评定

为了充分描述脊髓损伤对个体的影响及检测或评估治疗效果，必须有一评定生活能力的标准。功能独立性测定（functional independence measure，FIM）是一种功能评定方法，它已广泛用于美国，并正在获得国际上的公认。FIM 测量 6 个方面的功能，即①自我料理；②大小便控制；③移动能力；④运动能力；⑤交流；⑥社交。在每个方面要评价 2 个或 2 个以上活动或项目，总共 18 项，每项按功能的独立性评定，分为 7 级。7 级，完全独立，活动在规定时间内安全地完成，不用辅助设施及帮助，且无须矫正。6 级，独立性减弱。活动不能在规定时间内安全地完成，需用辅助具独立。5 级，监护或示范。不需要体力帮助，但需要提示、指导，及示范。4 级，最低限度帮助。限于扶助，患者在活动中用力程度大于 75%。3 级，中等帮助。患者在活动中主动用力程度为 50% ~ 75%。2 级，最大帮助。患者活动量的 25% ~ 50% 为主动用力。1 级，完全依赖，患者活动量主动用力在 25% 以下。

五、对脊柱脊髓损伤分类的评价

（一）对脊柱骨折分类的评价

颈椎骨折 Allen-Ferguson 分类可理解为受伤机制的分类。由伤后颈椎形态学的变化推断出受伤的机制，从而结合受伤机制和形态学改变来推断脊髓损伤的程度，并在神经学检查中得到证实。Denis 分类也属胸腰椎骨折的形态学分类，其三柱概念的提出进一步深化了人们对脊柱的结构及其功能单位的认识，构建了其后的胸腰椎骨折分类的框架。A0 分类在国外常被称为 Margel 分类，是在两柱理论的基础上提出了“3-3-3”的分类系统，按受伤机制分为压缩、牵张和旋转，是一种更为程式化、细分化和便于统计分析的分类；其优点在于理论的系统性和传统的延续性好，涵盖面广，但分类过于纷繁复杂，临床医师在掌握精细的分类时有一定难度。上述三种分类的共同特点之一是对治疗的指导性差，以致出现先治疗、研究时再分类的情况。

2005 美国脊柱创伤研究会提出依据骨折形态、后方韧带复合结构的完整性，及神经功能状态各项分别评分，每项由轻到重评为 0 ~ 3 分（但不全神经损伤为 3 分），相加后得到严重度总评分，建议≥ 5 分者手术治疗；≤ 3 分者非手术治疗；4 分者根据具体情况可选择手术或非手术治疗。负载分担法分类对手术方式选择有一定借鉴意义，它在术前 X 线片和 CT 检查基础上对骨折粉碎程度进行量化，评分 6 分及以下者后路短节段椎弓根固定效果较好；在无移位的胸腰段骨折（无骨折脱位），评分 7 分及以上者使用前路短节段固定融合；只有在骨折脱位的情况下使用后路长节段固定；同时存在移位或脱位和骨折粉碎 7 分以上时采取前后路联合手术。由于后路复位固定后，椎体前柱出现“蛋壳样变”的骨缺损，近年来一些医师开始将经皮椎体成形术（PVP）和经皮球囊扩张椎体后凸成形术（PKP）融合于创伤性胸腰椎骨折的治疗中。远期疗效还有待观察。

手术与否及手术方式的选择还必须考虑医师的技术擅长和医院的条件，特别是对没有脊髓受压的不稳定骨折，不必在条件不适合的情况下勉强手术。因为对脊髓损伤患者而言，手术的重要意义是恢复脊柱的稳定性和运动功能，使患者早期投入康复训练，卧床的患者能乘轮椅，乘轮椅的患者能在帮助下站起，而不是个别医师所报道的手术能治疗脊髓损伤。

（二）对无骨折脱位脊髓损伤的评价

无骨折脱位型脊髓损伤（spinal cord injury without radiographic abnormality，SCIWORA）是一种传承的说法，实际是指无放射影像学异常的脊髓。随着 MRI 的出现，人们发现此类病例多有非放射影像学异常，如脊柱前方的出血、前纵韧带或棘间韧带的断裂等，多发生在颈椎，偶见于胸腰椎。因为此分类决定着手术与否、手术方式。尽管有许许多多文献报道的结论几乎都是手术治疗优于保守治疗，甚至个别报道的疗效还属显效。殊不知，这种可比性本身就不科学，因为凡接受手术患者的术前状态就较重，而未接受手术患者的术前状态就较轻。再有就是预后的决定因素是事故瞬间脊髓损伤的程度，而不是治疗方式。所以对手术与非手术疗效的认识要客观，不能简单地把手术等同于“积极治疗”，并与良好疗效建立因果关系。否则，对无脊髓受压变形和脊柱不稳者，手术不但无助于脊髓损伤恢复，反而可能造成医源性损伤。

（三）对脊髓损伤的分类与评估

目前国际通用标准是脊髓损伤神经学分类国际标准（international standard for neurological classification of spinal cord injury，ISNCSCI）。美国脊髓损伤学会（american spinal injury association，ASIA）于 1982 年推出脊髓损伤神经学分类标准，其第 4 版（1992 年）开始被国际脊髓学会（international spinal cord society，ISCOS，原 IMSOP）认定为 ISNCSCI。ASIA 标准第 6 版（2000 年）内容包括基本概念、神经学评分、ASIA 残损分级（ASIA impairment scale，AIS）和临床综合征，并引入定量指标，在第 7 版（2011 年）修订后更加严密精确。它分基本概念、感觉、运动评分和残损分级三部分，分别对截瘫、四肢瘫，感觉平面、运动平面、神经平面和损伤平面的概念，感觉、运动节段的判定方法和评分，完全或不完全损伤的确定及残损分级标准等都作了明确的规定。

回顾我国文献，特别是 SCIWORA 疗效评估，单独采用 JOA 评分者居多，后者是由日本整形外科协会在 1987 年推出的脊髓型颈椎病的评价标准，虽有小部分神经学查体内容，主体还属于功能性评价，关注手部功能、步行状态和二便情况，没有脊髓损伤平面的概念。脊髓受压逐渐加重的情况下可能有 JOA 各种分值的阶段性临床表现。但对于脊髓损伤这类“一步到位”的损伤，JOA 的尺度就显得粗略了。对比 JOA 和 ASIA 标准后发现，脊髓损伤后的恢复，如果没达到手功能改善和步行状态提高，JOA 的运动评分应是无明显变化的。如果没能改善二便功能，JOA 的排泄评分也不会明显提高，如此看来，脊髓损伤病例，虽然伤后运动功能会有部分改善（增加 ASIA 运动评分 2 ~ 5 分），但能撼动 JOA 评分者应为少数。所以一些 JOA 评分大幅增加的学术报道是需慎重刊出的。

另外，我国多数医生对 ASIA 标准临床应用的理解上也存在问题：SIA 标准的残损分级（AIS）由 Frankel 分级修订而来，其第 6 版（2000 年）中对 C、D 级分别进行了定量规定：确诊 C 级要具备以下两项之一：“① voluntary anal sphincter contraction；② sacral sensory sparing with sparing of motor function more than three levels below the motor level for that side of the body。”第二项中的“more than three levels”被翻译成“超过三个节段”不为错误。但对“超过三个节段”可能有两种理解：“运动功能残存神经节段在运动平面之下数目上超过三个”和“在运动平面之下相隔超过三个节段以远处有运动功能残存的神经节段（无论一个或几个节段）”。因为三个节段内的功能残留可用神经根逃逸解释，而向下相隔三个节段以远处存在运动功能，说明脊髓内锥体系功能的残留，为运动不完全损伤，即残损 C 级或以上。所以后者才是正确的。

解剖学上，圆锥是指脊髓末端骶髓变细部分（S3 ~ S5）。骨科临床中圆锥、马尾往往笼统地一并提及，不作细分。但 ASIA 标准中的圆锥综合征与马尾综合征在分类上是完全不同的。圆锥综合征受累范围包括骶髓和腰段神经根，而马尾综合征是指单纯马尾神经部位的损伤。所以 ASIA 标准内不存在“圆锥马尾综合征”。圆锥综合征的诊断至少包括：①胸腰段脊柱爆裂骨折或脱位；②脊髓休克期后，仍存在下肢（包括鞍区）不同程度的感觉、运动功能丧失，球海绵体反射消失；③ MRI 影像中圆锥部有异常信号。这三点相互依存，在诊断上缺一不可。

另外，ASIA 标准在胸腰段脊柱创伤致脊髓损伤的分类上没有细化。比如一个平面在下胸髓而以圆锥综合征为主体的病例，在临床上占有较大的比例，但在 ASIA 标准中的分类目前仍存有争议而没有解决办法。

第二节　脊柱脊髓损伤的诊断

一、脊髓损伤病理及类型

（一）脊髓休克

脊髓损伤早期多伴有脊髓休克，表现为损伤平面以下感觉、运动、括约肌功能完全丧失。单纯脊髓休克可在数周内自行恢复。球海绵体反射的出现或深腱反射的出现是脊髓休克终止的标志。

（二）脊髓挫裂伤

可以是轻度出血和水肿，也可以是脊髓完全挫灭或断裂。后期可出现囊性变或萎缩。

（三）脊髓受压

由于突入椎管的移位椎体、碎骨块、椎间盘等组织直接压迫脊髓，导致出血、水肿、缺血变性等改变。

上述病理所致的脊髓损伤临床表现，根据损伤程度可以是完全性瘫痪，也可以是不完全瘫痪。

二、临床表现

（一）脊柱骨折

1．有严重外伤史，如高空落下、重物打击头颈或肩背部、塌方事故、交通事故等。

2．患者感到受伤局部疼痛，颈部活动障碍，腰背部肌肉痉挛，不能翻身起立。骨折局部可扪及局限性后突畸形。

3．由于腹膜后血肿对自主神经刺激，肠蠕动减慢，常出现腹胀、腹痛等症状。

（二）合并脊髓和神经根损伤

脊髓损伤后，在损伤平面以下的运动、感觉、反射，及括约肌和自主神经功能受到损害。

1．感觉障碍 损伤平面以下的痛觉、温度觉、触觉，及本体觉减弱或消失。

2．运动障碍 脊髓休克期，脊髓损伤节段以下表现为软瘫，反射消失。休克期过后若是脊髓横断伤则出现上运动神经元性瘫痪，肌张力增高，腱反射亢进，出现髌阵挛和踝阵挛及病理反射。

3．括约肌功能障碍 脊髓休克期表现为尿潴留，系膀胱逼尿肌麻痹形成无张力性膀胱所致。休克期过后，若脊髓损伤在骶髓平面以上，可形成自动反射膀胱，残余尿少于100 ml，但不能随意排尿。若脊髓损伤平面在圆锥部骶髓或骶神经根损伤，则出现尿失禁，膀胱的排空需通过增加腹压（用手挤压腹部）或用导尿管。大便也同样出现便秘和失禁。

4．不完全性脊髓损伤 损伤平面远侧脊髓运动或感觉仍有部分保存时称为不完全性脊髓损伤。临床上有以下几型：

（1）脊髓前部损伤：表现为损伤平面以下的自主运动和痛觉消失。由于脊髓后柱无损伤，患者的触觉、位置觉、振动觉、运动觉和深压觉完好。

（2）脊髓中央性损伤：在颈髓损伤时多见。表现为上肢运动丧失，但下肢运动功能存在或上肢运动功能丧失明显比下肢严重。损伤平面的腱反射消失而损伤平面以下的腱反射亢进。

（3）脊髓半侧损伤综合征（brown-sequard symdrome）：表现为损伤平面以下的对侧痛温觉消失，同侧的运动功能、位置觉、运动觉和两点辨觉丧失。

（4）脊髓后部损伤：表现为损伤平面以下的深感觉、深压觉、位置觉丧失，而痛温觉和运动功能完全正常。多见于椎板骨折伤员。

三、辅助检查

（一）X线检查

常规摄脊柱正侧位片，必要时照斜位片。阅片时测量椎体前部和后部的高度，与上下邻椎相比较；测量椎弓根间距和椎体宽度；测量棘突间距及椎间盘间隙宽度并与上下邻近椎间隙相比较。测量正侧位上椎弓根高度。X 线片基本可确定骨折部位及类型。

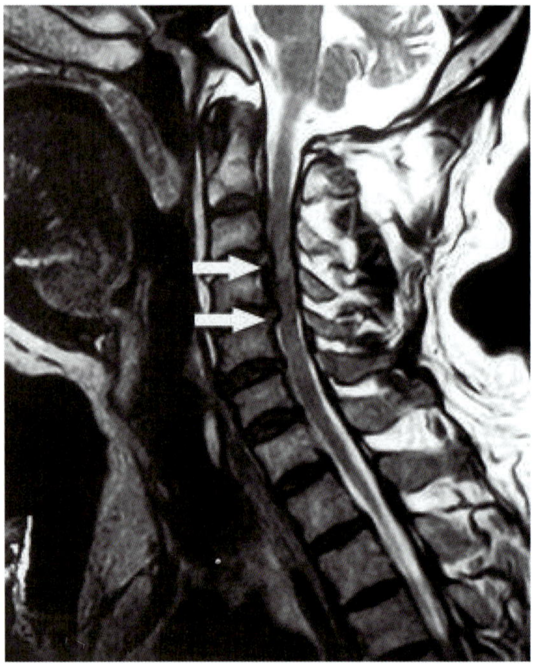

图 15-1 颈椎损伤的 MRI 征象

（二）CT 检查

有利于判定移位骨折块侵犯椎管程度和发现突入椎管的骨块或椎间盘。

（三）MRI（磁共振）检查

对判定脊髓损伤状况极有价值。MRI 可显示脊髓损伤早期的水肿、出血，并可显示脊髓损伤的各种病理变化：脊髓受压、脊髓横断、脊髓不完全性损伤、脊髓萎缩或囊性变等（图 15-1）。

（四）SEP（体感诱发电位）检查

SEP 检查是测定躯体感觉系统（以脊髓后索为主）的传导功能的检测法。对判定脊髓损伤程度有一定帮助。现在已有 MEP（运动诱导电位）。

（五）颈静脉加压试验和脊髓造影

颈静脉加压试验对判定脊髓受伤和受压有一定参考意义。脊髓造影对陈旧性外伤性椎管狭窄的诊断有意义。

四、鉴别诊断

由于本病腹膜后血肿对自主神经的刺激，肠蠕动减慢，常出现腹胀、腹痛等症状，有时需与腹腔脏器损伤相鉴别。另外还需注意，脊柱骨折脱位、爆裂骨折，发生脊髓水肿、出血和断裂的概率较高，单纯性压缩骨折发生脊髓损伤的概率较低，但仍并发脊髓损伤，甚至有的脊柱没有发现骨折却有脊髓损伤。因此当临床症状严重但与 X 线、CT 检查不相符时，应及时做 MRI 检查，以观察了解脊髓情况。

五、并发症

本病患者由于机体抵抗力较弱，且多不能下床移动，可有以下的一些并发症：

1．褥疮 这是由于局部长期受压，导致该处血液循环障碍造成的。

2．泌尿系统感染 脊髓损伤患者由于留置的尿管长期在体内刺激，导致膀胱防御机制减退，其感染率相当高。

3．关节僵硬和畸形

4．呼吸道感染

5．自主神经系统功能紊乱

6．便秘

7．应激性溃疡 多发生于创伤较大的患者，由于刺激大，可能会使自主神经功能改变，消化功能紊乱，从而发生胃及十二指肠应激性溃疡、上消化道出血。

8．下肢静脉血栓形成 患者创伤后血液处于高凝状态，静脉回流缓慢，长期卧床极易造成下肢静脉血栓。

第三节　脊柱脊髓损伤的治疗选择

一、早期脊柱脊髓损伤综合救治策略

成都军区昆明总医院全军脊髓损伤治疗中心[5]提出的早期脊柱脊髓损伤综合救治新策略值得借鉴。

该中心针对早期脊柱脊髓损伤提出了急性脊柱脊髓损伤“保护、减残”的救治理念，创立了院前急救搬运、脊柱脊髓联合手术、康复训练和疗效评价标准为一体的综合救治新策略，明显降低了脊髓损伤导致的残疾发生率，减轻了残损程度，提高了战创伤救治水平，减少了脊髓损伤伤员的医疗费用和住院时间。现将这一综合治疗新策略介绍如下。

（一）研制成功可用于搬运脊柱脊髓伤员的新型担架——创伤急救搬运毯

在脊髓损伤中有25%的患者是由于脊柱损伤后搬运不当导致的[6]，预防和挽救这部分患者有着重要的意义。进行脊柱制动和有效固定是脊柱脊髓伤现场救治中的关键，一旦在搬运过程中没有使脊柱制动，极易引起二次损伤，进一步破坏脊柱的稳定性，使椎管有效储备空间减少，血流损害加重及发生其他继发性损害，导致或加重脊髓损伤。在现场应尽力尽快进行全脊柱制动及固定，保持躯干及四肢的神经位，防止因骨性结构不稳定加剧而导致神经损伤进一步加重。

目前国际上尚无能达到全脊柱制动及固定的担架，较为先进的真空担架也不能达到颈部制动，难以满足脊柱脊髓损伤患者的需求。该中心首次成功研制了利用发泡技术的新型担架——创伤急救搬运毯。该搬运毯可按脊柱脊髓损伤伤员身体进行塑形，达到全脊柱固定的效果[7]（图15-2）。

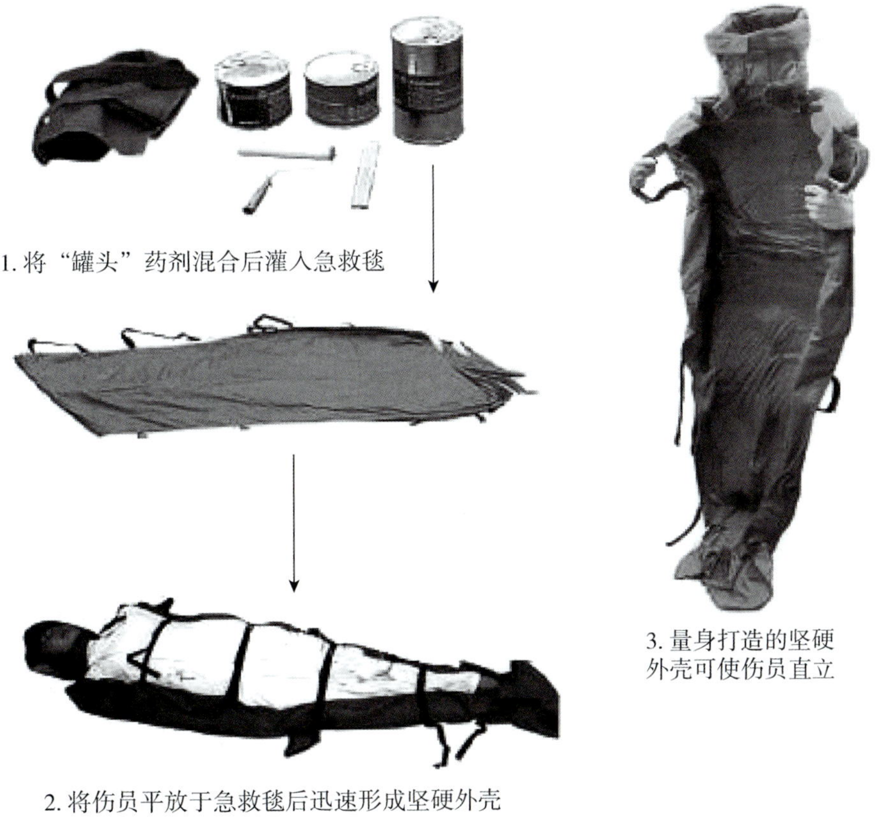

图 15-2　急救搬运毯

创伤急救搬运毯的成功研制首次将硬性担架微型化。其外形变为软性人形布毯，并将布毯、发泡剂、滚筒放在一个军用挎包内，总重量约 4 kg。单人可以肩挎 4 个，而且不影响上肢的运动，达到了易携带的目的。

创伤急救搬运毯在普通担架的基础上实现了诸多功能的叠加，集搬运、固定、疏水阻燃等功能为一体，在各种复杂情况下，可因地制宜地采用多种方式搬运伤员，以利于联勤一体化保障要求，克服伤员流动障碍，减少流动距离。避免了搬运过程中易出现的二次损伤，提高了复杂环境下对伤员的搬运水平，降低了致残率，缩短了伤病员的住院时间，减少了治疗经费，提高了伤员的归队率，更加适应未来高技术局部战争的卫勤保障需求。

（二）脊柱脊髓联合手术的理念

该中心首创的手术方式是在恢复脊柱稳定性、解除骨性压迫进行椎板减压的同时，探查和切开脊髓坏死软化灶，清除已坏死的脊髓组织[8,9]。具体手术步骤如下：首先经后入路行骨折椎体椎弓根钉棒系统、侧块或钢板复位、内固定。椎板减压，清除硬脊膜外血肿及碎骨片。根据术前 MRI 影像表现确定脊髓损伤节段及损伤范围，悬吊并纵向切开硬脊膜，术中在肉眼及显微镜下探查脊髓损伤范围，有无蛛网膜粘连、硬脊膜下小血肿、碎骨片或脊髓挫伤情况。若脊髓挫伤较轻，可分离蛛网膜粘连，恢复脑脊液循环；若脊髓表面挫伤无软化灶，为避免加重脊髓损伤，不做脊髓切开探查减压；对于脊髓挫裂伤较重区，脊髓外观呈淡黄或苍白色、局部增粗、血管减少或消失，脊髓内小血肿、碎骨片压迫脊髓，脑脊液循环梗阻，可松解蛛网膜粘连，于脊髓挫伤液化坏死的无血管薄弱区纵行切开长 0.3 ～ 0.5 cm 的切口，清除液化、坏死组织，达到髓内减压的目的；对于脊髓挫裂伤，硬脊膜、蛛网膜、软脊膜破损，可见大量液化、坏死组织，像“挤牙膏”一样涌出，应予以清除，分离蛛网膜粘连，放出血性脑脊液，并用生理盐水反复冲洗。最后，缝合或修补硬脊膜，放置多侧孔引流管，逐层缝合切口。

本术式和二次世界大战期间曾报道的“脊髓后正中切开减压”是不同的。首先，我们强调一定要松解蛛网膜粘连，解除脑脊液循环梗阻，使脊髓恢复波动，脑脊液循环重新建立。其次，要注意清除硬脊膜下血肿、蛛网膜囊肿，及硬脊膜下碎骨片、弹片等，解除以上病理现象对脊髓的压迫，使脊髓基本恢复生理状态。在完成上述手术步骤后，并非无选择地都做脊髓后正中切开减压，而是视脊髓的情况选择清除脊髓坏死组织的术式，严重的脊髓挫裂伤者在打开硬膜后，可见大量坏死、液化的组织像“挤牙膏”一样自行涌出，此时只需将坏死组织吸除，并用生理盐水冲洗，即可达到脊髓内减压的目的。蛛网膜、脊髓表面完整时，则需要仔细探查脊髓表面，如发现脊髓肿胀、表面血管减少区，即用剥离子轻触，若有囊性感，表明此处存在由坏死组织积存形成的软化坏死区，纵行切开长 0.3 ～ 0.5 cm 的切口，清除灶内坏死组织，特别要提醒的是，腔内压力有时很高，液化组织会像“挤牙膏”一样自行涌出，压力减低，涌出停止，用剥离子轻触腔内，囊腔内还会继续流出坏死组织，反复流出停止后，用生理盐水多次冲洗囊腔，直至流出的盐水色泽清亮。此术式的优点是清除坏死组织最直接，脊髓内压力减低最彻底，可防止扩张和自溶现象持续发展、损伤平面上升，更好地保护残存的神经纤维——是真正意义上的脊髓髓内减压。

二、急性脊髓损伤的药物治疗选择

脊柱骨折引起的脊髓损害产生于两种机制：即刻的机械性损伤和随之发生的继发性损害。被认为有减轻或阻止继发损害、保护或促进脊髓功能恢复的药物很多，目前主要有以下三类。

1．大剂量甲泼尼龙 在伤后 8 小时内应用，30 mg/kg 静脉滴注 15 分钟，间隔 45 分钟，以

5.4 mg/（kg · h）维持 23 小时，可改善脊髓血流，减轻细胞水肿，抑制脂质过氧化，改善脊髓损伤后的神经功能。但损伤 8 小时后应用，不仅效果欠佳，且并发症增加。现在认为既往皮质激素治疗无效，是用药剂量不够所致。在治疗药物中甲泼尼龙的疗效是最为肯定的，且最常被选用。

2．神经节苷脂　它在正常神经元的发育和分化中起重要作用，实验研究表明，外源性神经节苷脂能促进神经轴突生长，增加损伤部位轴突存活数目。目前已应用于临床。据最近国内外报道，在急性脊髓损伤后 48 ～ 72 小时给予神经节苷脂 GM-1 100 mg/d，持续几周，有一定的促进神经功能恢复的作用。

3．抗氧化剂和自由基清除剂　目前已有多种抗氧化剂和自由基清除剂被应用于脊髓损伤的治疗，如维生素 E、维生素 C、硒、超氧化物歧化酶（SOD）等。最近有报道，21- 胺类固醇如 U-74006F 能促进神经功能恢复，而其作用是甲泼尼龙 100 倍，被认为是一种极有希望的治疗药物。

三、手术与非手术治疗选择

脊柱骨折后首先要确定的问题有二。

1．是否合并椎管受压并伴有脊髓或神经损伤　若合并脊髓损伤应判明脊髓损伤的程度，是完全性损害还是非完全性，但在损伤急性期伴脊髓休克时，脊髓损伤程度难以辨明。脊髓休克的存在既可预示脊髓功能永久性丧失，也可能是脊髓功能暂时丧失。脊髓休克结束后脊髓功能可有不同的预后。因而在脊髓损伤早期应反复地动态观察患者：仔细观察足趾有否自主性微动，刺激足底时足趾有无缓慢地伸屈；足趾有否残留的位置感觉，有无肛门微弱反射，是否存在有海绵体反射，特别是鞍区是否有感觉、肛门指诊括约肌是否有收缩。以上任何一项存在仍为不完全性截瘫。如急性期检查无球海绵体反射，一旦该反射出现意味着脊髓休克已经结束。

2．是否存在不稳定　Denis 认为，含有椎体后壁的中柱对骨折的不稳定及脊髓损伤有较大的意义，三柱结构中有两柱受累一般被视为不稳定。脊柱骨折不稳定可分为三度，一度为机械性不稳定，如前柱与后柱受累或中柱与后柱受累，可逐渐发生后凸畸形；二度为神经性不稳定，如 B 型爆裂骨折中柱受累，在急性期或晚期损伤后椎体常进一步塌陷，脊柱向后成角而致椎管狭窄，使无神经症状者发生神经症状；三度为兼有机械性及神经性不稳定，为三柱受累，如骨折脱位。因此，根据脊柱骨折分类判断脊柱稳定性及根据影像学明确脊髓有无受压及压迫部位、程度，及范围是制订治疗方案的主要依据。一般来讲，椎管无压迫或轻度压迫，而无神经损伤的稳定性骨折或相对稳定性骨折，为非手术治疗的适应证。如单纯压缩骨折、轻度爆裂骨折或安全带型损伤可卧硬板床，积极进行腰背肌功能练习，4 ～ 6 周后给予外固定，使患者早期离床活动，这类骨折经保守治疗均可获得良好的结果。近年来，大多数学者对脊柱不稳定骨折或伴有神经损伤者，主张及时手术治疗。

四、手术入路选择

手术入路选择取决于骨折的类型、骨折部位、骨折后时间，及术者对入路熟悉程度。

（一）后路手术

解剖较简单，创伤小，出血少，操作较容易，适用于大多数脊柱骨折。对来自椎管前方压迫小于 50% 的胸腰椎骨折，如正确使用后路整复器械，可使骨块达到满意的间接复位。椎管后方咬除椎弓根可获得椎管后外侧减压，或行椎体次全切除获得半环状或环状减压。对爆裂骨折后路手术主要是恢复椎体轮廓和高度，由于缺乏前路支撑，复位固定后可能会出现迟发性后凸畸形、疼痛或神经症状，严重的爆裂骨折或伤后两周以上的陈旧性爆裂骨折后路手术常有困难。

（二）前路手术

爆裂骨折累及中柱，致脊髓前方受压、椎管压迫超过 50%，或椎管前方有游离骨块者，由于神经组织被覆盖于突出骨块后方，间接复位如不能使骨块前移，采用后路过伸复位或“压中间撬两头”的复位方法会造成脊髓的过度牵拉或进一步损伤，因而以下情况应考虑前路手术。

1．脊髓损伤后有前脊髓综合征者。

2．有骨片游离至椎管前方的严重爆裂骨折或陈旧性爆裂骨折并不全瘫者。

3．后路手术后，前方致压未解除者。

4．前方致压的迟发性不全瘫者。

脊柱脊髓损伤前路手术是近些年来新的进展，它在直视下充分进行椎管前侧减压，同时矫正畸形和固定融合。胸腰椎骨折最常见的骨折部位是 T12、L1，胸腰椎移行部的前路手术常用经胸腹联合切口，一般选择损伤较重的一侧，自棘突旁 3 ~ 4 cm 沿 T10 或 T11 肋骨床向前下至肋软骨处，需要时再向内沿腹直肌鞘下行，然后加深切口，切除肋骨，将留存的肋软骨纵行劈开，向腹侧分离，其下为腹膜后腔，用钝方法将膈下充分游离，腹膜后腔被证实后沿选定肋骨远端下缘向下切断腹内、外斜肌，及腹横肌，此时露出腹膜外脂肪，自腹膜外向中线钝性剥离，直至椎体；再根据需要经胸或胸膜外，显露下胸段。

若横膈膜影响椎体显露时，可切开横膈，显露出椎体侧方，分离出节段性血管，切断结扎。椎体充分显露后，根据需要进行矫形，减压、支撑植骨、固定与融合。除上述入路外，最近有作者报道，经骶棘肌腰方肌间隙行胸腰段脊柱脊髓损伤侧前方减压，该入路简捷、损伤小，出血少，能最大限度保存脊柱原有稳定性，又可减少脊髓损伤和胸膜损伤等并发症，是值得尝试的入路。

五、内固定器械选择

（一）后路器械

后路手术器械可用于各种类型的胸腰椎骨折脱位、不稳定骨折或伴有截瘫的切开复位内固定。可分为：①长节段器械，如 Harrington、Luque 器械。单纯 Harrington 器械整复固定依赖于前纵韧带的完整，否则易发生过牵，其整复着力点只在上、下钩两处，缺乏横向及前后向矫正力；单纯 Luque 器械主要不足是缺乏伸张力，不能对抗纵向压力将塌陷压缩椎体复位并维持其高度，而 Harri-Luque 手术，即在一侧用 Harrington 撑开棍，另一侧用 Luque 棍行椎板下钢丝固定，可克服上述两种手术各自的不足而兼得其优点。但目前在脊柱骨折已较少应用长节段固定，特别是下腰椎骨折不宜行长节段固定。②短节段器械，如经椎弓根螺钉固定系统、Roy-Camille 椎弓根螺钉钢板、Steffee 椎弓根螺钉钢板、Dick 钉、RF 器械、AF 器械等经椎弓根螺钉固定系统，其固定节段短，复位力强，属三维固定的后路器械。该类手术有两个关键点，一是椎弓根定位，二是骨折整复。一般是采用该脊椎上关节突外缘垂直延长线与横突中轴水平线的交点，该处椎板外缘有一典型的骨嵴，紧靠骨嵴的外上方，即为定点标志。在腰椎也可以棘突基底上缘水平线与同一椎体上关节突外缘垂直延长线的交点为椎弓根中心，从解剖上看椎弓根外上方是安全区，因椎弓根内侧与硬脊膜仅有 2 ~ 3 mm 的间距，而神经根紧靠椎弓根下切迹而行，故椎弓根内下侧是危险区。整复的关键首先是牵引，恢复椎体高度，然后再行整复，恢复力线。RF、AF 是这一系统较好的器械。此外，CD 脊柱后路内固定是由置于椎体后附件的棒、多个钩和两根横向牵引器连接组成，为一矩形结构，增加了坚固性，可达到三维固定。该系统可在钩之间起到撑开、加压和去旋转的作用，但该系统操作复杂，一般脊柱骨折应用较少。

（二）前路器械

常用的前路内固定器械有 Kaneda 器械、CASF 器械（Armstrong 钢板）、U 形椎体钉，及前路自锁钢板系统（ALPS），其中 Kaneda 及 ALPS 装置固定更坚强。

第四节　脊柱脊髓损伤治疗与康复中存在的问题

一、脊柱脊髓损伤外科治疗中的几个问题

脊柱脊髓损伤手术治疗的目的主要有二：一是重建脊柱的稳定性，使患者能早期活动，减少并发症，并为全面康复训练创造条件；二是恢复或扩大受损的椎管管径，为脊髓或神经恢复创造条件。因而外科治疗包括对骨折的整复矫形、椎管减压或扩容，同时进行坚强内固定与植骨融合。

（一）复位与矫形

这是外科治疗的主要目的之一。用手术方法准确复位，矫正脊柱畸形，恢复压缩椎体的高度，恢复脊柱的正常力线及椎管管径，才能为神经恢复创造条件，准确复位本身即为有效减压。无论用任何器械，复位方法首先是牵引，撑开（防止过牵），牵引后再行侧向或前后向整复。过度重视新器械的应用而忽视复位这一基本内容，是手术治疗效果不佳的常见原因。

（二）椎管扩容与减压

术前应判明椎管有无压迫，压迫来自何方，因它关系到治疗方法及手术入路的选择。过去不管何种致压的截瘫，均行椎板切除减压的方法，既达不到真正减压的目的，又破坏了原后柱的稳定性，是不可取的。椎管减压入路的选择取决于：①骨折的平面，如 L1 以下腰椎骨折伴不全瘫，行前路、后路手术均可，而以后路为宜；②致压物的部位：根据不同类型骨折、X 线检查，及 CT 显示压迫部位如为胸椎前方受压，如严重爆裂骨折，以前路减压为安全。

（三）固定与融合

坚强的内固定有利于重建脊柱的稳定性，减少卧床时间，减少护理量及并发症，可为早期康复创造条件。但内固定的矫形与固定只是暂时的，永久性稳定要靠自身骨融合。因而在固定区或损伤节段做植骨融合是减少迟发性腰背痛、神经症状出现、矫正度丢失、畸形加大、内固定折断、松脱等并发症的有效措施。那种只行内固定不植骨融合的做法是晚期并发症增多的重要因素。

二、脊髓损伤的康复与恢复问题

医学概念上，康复和恢复有明确的区别：恢复即解剖和功能回到原有状态，康复是消除和减轻患者的功能障碍。迄今还没有办法使脊髓损伤局部解剖完全恢复，大部脊髓损伤患者在伤后约 1 个月时表现出来的感觉、运动和排尿排便功能障碍是不可逆的，而这些才是康复的对象。脊髓独立性评定（SCIM Ⅲ）适用于脊髓损伤的功能评定。不同节段脊髓损伤有不同的康复目标，简单说就是预防并发症，提高生活自理能力、移动能力。在颈髓是前两者为主，颈髓以下损伤以后者为主。让患者了解自己的病情和康复目标十分重要。例如，C7 完全损伤的患者，肩、肘关节，及伸腕肌力是好的，但如果不接受康复训练，长期卧床会出现肩肘关节活动受限和畸形；不了解目标会使患者消极

等待恢复；手功能丧失又使患者认为生活不能自理而完全依靠他人。但接受康复训练后一切都会有改观：坐位、站立训练能使患者逐渐克服体位性低血压，预防骨质疏松，重获平衡能力；上肢功能训练使患者保持良好的关节活动度、增强肌力，从而能翻身，坐起，直至完成床—轮椅—坐便间的移乘并滑动轮椅；ADL方面，在腕辅具的帮助下进食、洗漱；每个进步又会使他增加自信，从而与家属、周围人良好交流，维持家庭稳定，逐渐参与社会活动。

（一）昆明步行训练法

当前国内外对于脊髓损伤患者的各种康复训练方法多为患者接受康复人员帮助的被动肢体康复训练，患者缺乏主动性。该中心首创的“昆明步行训练法”仅利用简单的康复器具达到了循序渐进训练步行功能、使其行动能力得到逐步提高的效果。目前国际上最常用的脊髓损伤步行指数（WISCI）标准存在着诸如级别排序大小无法反映患者在环境中独立性的高低、分级标准比较繁琐、医护人员不易掌握等问题。该中心制订的“昆明步行分级标准”使得训练方式和评定级别一致，临床实用性强，简单明确，易于掌握，已得到国际脊髓损伤组织命名——kunming locomotor scale（KLS），并开始在国外多家医院推广应用。

1．“昆明步行训练法”的具体内容 具体训练方法如下：

Ⅰ：坐轮椅；

Ⅱ：扶助行车站立，需要一人扶双膝；

Ⅲ：扶助行车独立站立；

Ⅳ：扶助行车行走，需要一人用绷带拉住双膝；

Ⅴ：扶助行车，独立行走；

Ⅵ：扶四角架独立行走；

Ⅶ：拄双拐独立行走；

Ⅷ：拄四点拐独立行走；

Ⅸ：蹒跚步态，独立行走。

训练过程中分阶段进行，循序渐进，当患者能较好地完成一个阶段的训练内容后方可进入下一阶段的训练。

2．昆明步行分级标准 具体分级标准如下：

Ⅰ级：仅能坐轮椅；

Ⅱ级：扶助行车站立，需要一人扶双膝；

Ⅲ级：扶助行车独立站立；

Ⅳ级：扶助行车，需要一人用绷带拉住双膝行走；

Ⅴ级：扶助行车，独立行走；

Ⅵ级：扶四角架独立行走；

Ⅶ级：拄双拐独立行走；

Ⅷ级：拄四点拐独立行走；

Ⅸ级：蹒跚步态，独立行走；

Ⅹ级：正常行走。

（二）脊柱脊髓损伤临床及康复治疗路径实施方案[10-11]

脊髓损伤是一种极为严重的中枢神经系统损伤，通常具有不可恢复性（或恢复的有限性）。轻罹患者失去劳动能力，严重者日常生活不能自理。脊髓损伤后几乎累及人体的每一个系统，并发症多，因此治疗具有复杂、困难、时间长、费用高，及效率低等特点。中国康复研究中心的住院患者资料

（内部资料统计）显示，脊髓损伤最初的 4 周内医疗费用在 8 ～ 10 万元（不包括高位脊髓损伤使用呼吸机患者），随后的 3 个月临床及康复治疗费用在 10 ～ 12 万元。在北京地区，医疗保险和工伤康复准予的最长治疗时间是脊髓损伤后（或手术后）6 个月。因此无论从治疗时间，还是医疗资源消耗来看，脊柱脊髓损伤无疑是高消耗医疗资源的疾病之一。通过脊柱脊髓损伤临床康复路径实施来达到这样一个目的，即在不降低医疗质量的前提下，降低医疗资源消耗，提高效费比，以中国康复研究中心 7 家康复医疗机构进行了尝试性的探讨。本临床路径实施分两部分：急性期的外科治疗（伤后 2 周内）和亚急性期及后期的脊髓损伤临床康复治疗（伤后 2 周～ 6 个月）（表 15-1）。

临床路径的实施是医学发展过程中面对不断升高的医疗费用采取的一个策略。这些路径用于提供一个标准化的医疗服务流程，为患者提供高标准的医疗服务，同时确保节省医疗成本。但是由于疾病的多样性、病情变化的复杂性，决定了每一个患者的治疗都具有特殊性。很明显，临床路径目的不是把所有疾病和个体都囊括到一套标准治疗体系中，而应该是那些常见病，病情和病程相对简单的疾病，基于这一思路，制订的临床路径方能具有统一性，方能按照标准化治疗程序进行。在同一种疾病中，首先应该选择病情和病程相对简单的个体实施临床路径管理，总结经验教训，随后推广到复杂的个体。因此我们选取了胸、腰段的脊柱脊髓损伤患者，这些患者没有其他严重的并发症，生命体征一般相对平稳，特别是呼吸系统的并发症少，康复的远期目标也明确，至少是生活自理。在时间上也能统一按进度进行康复治疗。脊髓损伤并发症很多，特别是颈髓损伤，并发症更多，任何并发症都会导致治疗复杂程度增加，通常需要更多的特殊及个体化治疗，也意味着需要治疗费用增加和治疗时间延长。因此具有严重并发症患者都不纳入，这样可增加路径实施的一致性；在纳入后出现严重并发症的患者，我们要求排除。本路径制订的另一特点是：路径实施进程是基于时间依赖性框架的，同时也考虑到康复训练阶段性，一旦达到预期目标，患者就可以根据个体情况从一个阶段进入到下一阶段。因此在治疗上，存在一定的可变性，推荐的时间是急性期 2 周，康复期 6 个月，在国外推荐的康复期为 3 个月，我们没有实施 3 个月康复时间，因为考虑我国社区和家庭康复条件落后。在国外，3 个月康复治疗后，患者离开康复机构，仍可接受系统康复治疗，这与我国的国情不同。

此标准是参照国外经验及中国康复研究中心对脊髓损伤患者治疗经验基础上制订的。路径分两部分，可独立实施，也可连贯实施，在具体实施过程中，有些标准可能在地方康复机构缺少条件，而难于达到，因此在标准中提供替代方案，如尿流动力学检查可用测残余尿代替。这一标准有待完善，特别是需进一步的前瞻性研究，我们希望在不久的将来完善这套路径。我们的临床路径是在多个临床科室的医生、护士、康复人员、工程技术人员和经常参与脊髓损伤患者的辅助服务人员的一致努力下制订的。该路径目的是使医疗规范化、提高服务效率、减少不必要的医疗消耗。本路径主要使用于胸、腰，及骶椎范围的脊柱脊髓损伤，无严重的并发损伤及并发症患者。颈髓损伤，或具有严重并发损伤、并发症的患者，治疗具有复杂性，难于标准化，应在推广试用中总结经验，使该标准日趋完善、实用。

表 15-1 脊髓损伤的康复临床路径

患者姓名：_______性别：__ 年龄：____门诊号______ 住院号：______ 住院日期：_____年__月__日 出院日期：_____年__月__日 临床治疗时间__(天/月)

时间	住院第1天	第2天或住院当天(手术日)	术后第1天	术后第2天	术后第3天	术后第4天
主要诊疗工作	□询问病史及体格检查 □完成病历书写 □根据化验和相关检查结果，对患者的手术风险进行评估 □必要时请相关科室会诊 □上级医师查房与术前评估 □根据病史、体检、平片、CT/MRI等，行术前讨论，确定手术方案 □完成术前准备与术前评估 □完成术前小结、上级医师查房记录等病历书写 □签署手术知情同意书、自费用品协议书、输血同意书 □向患者及家属交待病情及围手术期注意事项查单	□手术 □术者完成手术记录 □完成术后病程 □上级医师查房 □注意神经功能变化 □向患者及家属交代病情及术后注意事项	□上级医师查房，注意术后病情变化 □完成病历书写 □注意引流量 □注意观察体温 □注意神经功能变化	□上级医师查房 □完成常规病历书写 □根据引流情况，明确是否拔除引流管 □注意观察体温 □注意神经功能变化 □注意伤口情况	□上级医师查房 □完成常规病历书写 □注意观察体温 □注意神经功能变化 □注意伤口情况	□上级医师查房，进行手术及伤口评估，确定有无手术并发症和切口愈合不良情况
重点医嘱	**长期医嘱：** □骨科护理常规 □二级护理 □饮食 □患者既往基础用药 **临时医嘱：** □术前医嘱：常规准备急诊手术在全麻行前路或后路手术 □术前禁食水 □抗生素皮试 □配血 □一次性导尿包 □备皮 □术前晚灌肠 □术前保留尿管 □术前抗生素	**长期医嘱：** □麻醉后护理常规 □胸腰段骨折术后护理常规 □一级护理 □六小时后进流食 □轴线翻身 □伤口引流记量 □留置尿管 □抗生素 □激素 □神经营养药物 **临时医嘱：** □心电血压、血氧监护 □吸氧 □补液 □复查血常规，急诊生化其他特殊医嘱	**长期医嘱：**同前 **临时医嘱：** 复查血沉和CRP 一些特殊情况	**长期医嘱：** □麻醉后护理常规 □术后护理常规 □一/二级护理 □饮食 □留置尿管 □抗生素 □神经营养药物 □脱水(根据情况) □消炎止痛药物 □拔除引流，停引流记量(根据情况) □停激素 **临时医嘱：** □换药 □其他特殊医嘱	**长期医嘱：** □麻醉后护理常规 □术后护理常规 □一/二级护理 □饮食 □神经营养药物 □脱水(根据情况) □消炎止痛药物 □停抗生素 □根据情况停尿管 **临时医嘱：** □拍摄术后胸腰段的平片 □复查CT及MRI	**长期医嘱：** □麻醉后护理常规 □术后护理常规 □一/二级护理 □饮食 □神经营养药物 □脱水(根据情况) □消炎止痛药物 **临时医嘱：** 复查血沉和CRP □一些特殊情况
病情变异记录	□无 □有，原因： 1. 2.	□无 □有，原因： 1. 2.	□无 □有，原因： 1. 2.	□无 □有，原因： 1. 2.	□无 □有，原因： 1. 2.	□无 □有，原因： 1. 2.

续表

时间	术后第7天	术后第14天	伤后2~3周	伤后3周~3个月	伤后3~6个月
主要诊疗工作	□上级医师查房 □完成常规病历书写 □注意观察体温 □注意神经功能变化 □注意伤口情况	□上级医师查房，进行手术及伤口评估，确定有无手术并发症和切口愈合等不良情况	□询问病史及体格检查 □完成病历书写 □入院常规化验检查（尿常规、尿培养、血常规、肝肾功能、血电解质、血糖、凝血功能、D-二聚体、感染性疾病筛查等） □辅助诊断检查（心电图、肺功能、肝胆胰脾B超检查、膀胱输尿管肾B超检查、双下肢静脉彩超、肌电图、体感诱发电位检查、运动诱发电位检查（可选择）、尿流动力学检查 □影像检查（胸片、全脊柱正侧位片、骨盆正位片，损伤部CT、脊髓MRI） □专科神经系统检查 □测量残余尿 □三级医师查房 □向患者及家属交待病情、签署康复知情同意书、自费用品协议书 □第一次康复评价 □康复实施	□三级查房，病程记录1次/3天 □血常规、尿常规、尿培养监测：1次/2周 □肝肾功能、血电解质、血糖、凝血功能、D-二聚体监测：1次/4周 □骨折脊柱正侧位片、损伤部CT及脊髓MRI检查评估：1次/3个月 □膀胱、输尿管、肾B超检查，1次/4周 □肝胆胰脾B超、肺功能、超声心动图（老年人或既往有相关病史者）监测：1次/3个月 □尿流动力学检查，1次/3个月 □专科神经系统检查 □康复治疗：康复训练及治疗时间4-6小时/日 □第二次康复评价（伤后3个月）	□三级查房，病程记录1次/3天 □血常规、尿常规、尿培养监测：1次/2周 □肝肾功能、血电解质、血糖、凝血功能、D-二聚体监测：1次/4周 □骨折脊柱正侧位片、损伤部CT及脊髓MRI检查评估：1次/3月 □膀胱、输尿管、肾B超检查，1次/4周 □肝胆胰脾B超、肺功能、超声心动图（老年人或既往有相关病史者）监测：1次/3个月 □尿流动力学检查，1次/3个月 □专科神经系统检查 □康复治疗：康复训练及治疗时间4-6小时/日 □第三次康复评价（伤后6个月）
重点医嘱	**长期医嘱：** □麻醉后护理常规 □术后护理常规 □一/二级护理 □饮食 □神经营养药物 □脱水（根据情况） □消炎止痛药物 **临时医嘱：** □换药 复查血沉和CRP □一些特殊情况 其他特殊医嘱	**长期医嘱：** □麻醉后护理常规 □术后护理常规 □一/二级护理 □饮食 **临时医嘱：** □伤口拆线 复查血沉和CRP □一些特殊情况	**长期医嘱：** □ADL二级护理 □普食 □留置尿管 □促神经生长药物 □患者既往基础用药 □康复训练项目医嘱 **临时医嘱：** □入院常规检查医嘱 □临时治疗医嘱	**长期医嘱：** □ADL二级护理 □普食 □间歇导尿 □促神经生长药物 □患者既往基础用药 □康复训练项目医嘱 **临时医嘱：** □常规监测检查医嘱 □临时治疗医嘱	**长期医嘱：** □ADL二级护理 □普食 □间歇导尿 □患者既往基础用药 □康复训练项目医嘱 **临时医嘱：** □常规监测检查医嘱 □临时治疗医嘱
病情变异记录	□无 □有，原因： 1. 2.	□无 □有，原因： 1. 2.	□无 □有，原因： 1. 2.	□无 □有，原因： 1. 2.	□无 □有，原因： 1. 2.

（赵文国 张 岩）

主要参考文献

[1] Winter R B. Congenital kyphosis. Bridwell K H. Textbook of Spinal Surgery. 2nd ed. Philadelphia：Lippincott Raven，1997：3-7.

[2] Korovessis P，Baikousis A，Zacharatos S，et al. Combined anterior anterior plus posterior stabilization versus posterior short-segment instrumentation and fusion for mid-lumbar（L2-L4）burst fractures. Spine，2006，31（8）：859-868.

[3] Wild MH，Glees M，Plieschnegger C，et al. Five-year follow-up examination after purely minimally invasive posterior stabilization of thoracolumbar fractures：a comparison of minimally invasive percutaneously and conventionally open treated patients. Arch Orthop Trauma Surg，2007，127（5）：335-343.

[4] 程爱国，张柳，白俊清主编．实用矿山医疗救护，北京：北京大学医学出版社，2007.

[5] 朱辉．早期脊柱脊髓损伤综合救治新策略．解放军医药杂志，2012，24（1）：1-4

[6] Ball P A．Critical care of spinal cord injury. Spine，2001，26（24 Suppl）：S27-S30.

[7] 封亚平，朱辉，刘艳生，等．急性脊柱脊髓损伤急救搬运毯的研制．中华创伤杂志，2009：11.

[8] Zhu H，Feng Y P，Young W，et al. Early neurosurgical intervention of spinal cord contusion：an analysis of 30 cases. Chin Med J，2008，121（24）：2473-2478.

[9] 朱辉，封亚平，刘艳生，等．脊髓损伤早期手术及康复训练的疗效分析．中华神经外科疾病研究杂志，2011，10（5）：408-412.

[10] 杨明亮，李建军，李强，等．脊柱脊髓损伤临床及康复治疗路径实施方案．中国康复理论与实践，2012，18（8）：791-793.

[11] 中国康复医学会脊柱脊髓损伤专业委员会．《新鲜胸腰段落脊柱脊髓损伤评估与治疗》的专家共识．中国脊柱脊髓杂志，2011，21（4）：963-968.

第十六章

骨折的救治

第一节　骨折的定义、成因与分类

一、定义

骨的完整性或连续性中断时称骨折（fracture）。

二、成因

1．直接暴力　骨折发生在暴力直接作用的部位。

2．间接暴力　暴力通过传导、杠杆或旋转作用使远处发生骨折。

3．肌拉力　肌肉突然猛烈收缩，可拉断肌附着处的骨质。

4．积累性劳损　长期、反复、轻微的直接或间接伤力（例如远距离行军）可集中在骨骼的某一点上发生骨折，如第二、三跖骨及腓骨干下 1/3 的疲劳性骨折。骨折无移位，但愈合慢。

5．骨骼疾病　以上 4 种均系健康骨骼受各种不同暴力的作用而断裂，称为外伤性骨折。有病骨骼（例如骨髓炎、骨肿瘤等）遭受轻微外力即断裂时，称为病理性骨折。

三、分类

不同类型的骨折，治疗方法也有所不同。

（一）根据骨折处是否与外界相通可分为

1．闭合性骨折　骨折处皮肤或黏膜完整，不与外界相通。

2．开放性骨折　骨折附近的皮肤或黏膜破裂，骨折处与外界相通。

（二）根据骨折的程度及形态可分为

1．不完全骨折　骨的完整性或连续性仅有部分中断。

（1）裂缝骨折：像瓷器上的裂纹，常见于颅骨、肩胛骨等处。

（2）青枝骨折：多发生于儿童。骨虽断裂，但因儿童骨质较韧性强，不易完全断裂，与青嫩的树枝被折时的情况相似。

2．完全骨折 骨的完整性或连续性全部中断，管状骨骨折后形成远近两个或两个以上的骨折段，在X线片上可见骨折线。根据骨折线可分为（图16-1）：

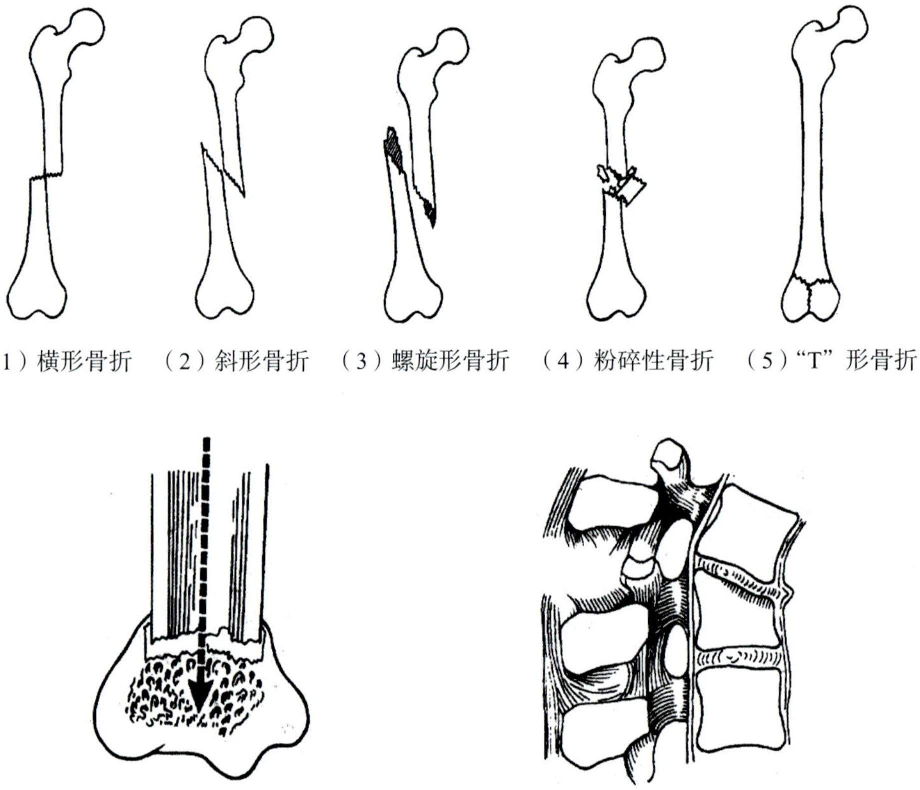

（1）横形骨折 （2）斜形骨折 （3）螺旋形骨折 （4）粉碎性骨折 （5）“T”形骨折

（6）嵌插骨折 （7）压缩性骨折

图16-1 骨折的分类

（1）横形骨折：骨折线几与骨纵轴垂直。

（2）斜形骨折：骨折线与骨纵轴斜交。

（3）螺旋形骨折：骨折线呈螺旋形。

（4）粉碎性骨折：骨碎裂成两块以上，称为粉碎性骨折。

（5）骨折线呈“T”形或“Y”形时，又称“T”或“Y”形骨折。通过骨骺的骨折，骨骺的断面可带有数量不等的骨组织，又称为骨骺分离。

（6）嵌插骨折：发生在长管骨干骺端坚质骨与松质骨交界处。骨折后，坚质骨嵌插入松质骨内。可发生在股骨颈和肱骨外科颈等处。

（7）压缩性骨折：松质骨因压缩而变形，如椎骨及跟骨等。

（8）有时骨折片局部下陷，称为凹陷性骨折：多见于颅骨。

（三）根据骨折端稳定程度分为

1．稳定性骨折

2．不稳定性骨折

上述各种骨折的骨折端不易移位，复位后不易发生再移位者称稳定性骨折，如裂缝骨折、青枝骨折、嵌插骨折、横骨折等。骨折端移位或复位后易于发生再移位者称不稳定性骨折，如斜形骨折、螺旋形骨折、粉碎性骨折等。

四、骨折段的移位

大多数骨折均有不同程度移位，其发生因素有：①暴力的大小、作用方向及性质；②肢体远侧段的重量；③肌牵拉力，此种力量经常存在，可因疼痛而增强；④搬运及治疗不当。有 5 种不同的移位，临床上常合并存在（图 16-2）。

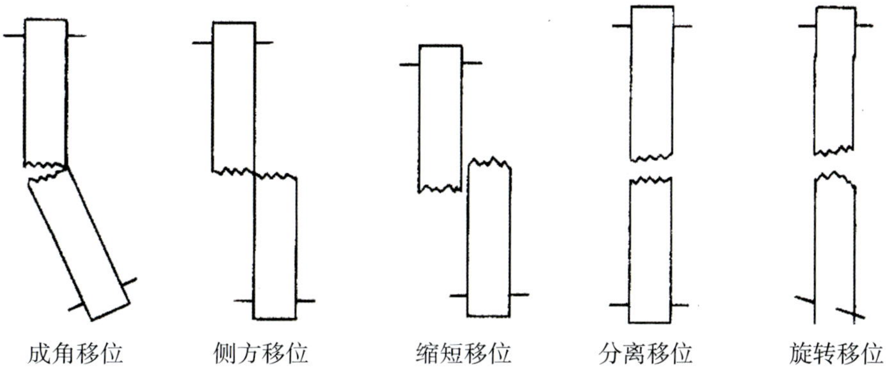

图 16-2　骨折段的移位

1．成角移位　两骨折段之轴线交叉成角，以角顶的方向称为向前、向后、向内或向外成角。

2．侧方移位　远侧骨折端移向侧方。一般以近端为基准，以远端的移位方向称为向前、向后、向内或向外侧方移位。

3．缩短移位　又称重叠移位。骨折段互相重叠或嵌插，骨之长度因而缩短。

4．分离移位　骨折段在同一纵轴上互相分离。

5．旋转移位　骨折段围绕骨之纵轴而旋转。

第二节　骨折的临床表现

一、全身表现

（一）休克

多见于多发性骨折、股骨骨折、骨盆骨折、脊椎骨折和严重的开放性骨折。患者常因广泛的软组织损伤、大量出血、剧烈疼痛或并发内脏损伤等引起休克。

（二）体温

一般骨折后体温正常，只有在严重损伤如股骨骨折、骨盆骨折有大量内出血，血肿吸收时，体温略有升高，通常不超过 38℃。开放性骨折伤员体温升高时，应考虑感染。

二、局部表现

骨折的局部表现可分为两类：

（一）专有体征

1．畸形 骨折段移位后，受伤体部的形状改变。

2．反常活动 在肢体没有关节的部位，骨折后可有不正常的活动。

3．骨擦音或骨擦感 骨折端互相摩擦时，可听到骨擦音或有骨擦感。

以上三种体征只要发现其中之一，即可确诊。但未见此三种体征时，也可能有骨折，例如嵌插骨折、裂缝骨折等。骨折端间有软组织嵌入时，可以没有骨擦音或骨擦感。反常动骨骨擦音或骨擦感两项症状只可于检查时加以注意，不可故意摇动患肢使之发生，以免增加患者的痛苦，或使锐利的骨折端损伤血管、神经，及其他软组织，或使嵌插骨折松脱而移位。

（二）骨折的其他表现

1．疼痛与压痛 骨折处均感疼痛，在移动患肢时疼痛加重，经妥善固定后即可减轻或逐渐消失。扪诊时，骨折处有局限性压痛。

2．局部肿胀与淤斑 骨折时，骨髓、骨膜，及周围软组织内的血管破裂出血。在闭合性骨折周围形成血肿，在开放性骨折血液可以由创口流出。软组织亦因受伤而发生水肿，患肢显著肿胀。皮肤可发亮，产生张力性水疱。严重时可阻碍静脉回流，使骨筋膜室内压力增高，甚至可阻碍动脉血液循环。表浅部位的骨折如胫骨、尺骨等骨折，血肿表浅，受伤 1 ~ 2 日后，由于血红蛋白的分解，皮下淤斑可变为紫色、青色或黄色。

3．功能障碍 骨折后由于肢体内部支架的断裂和疼痛，使肢体丧失部分或全部活动功能（嵌插骨折及裂缝骨折等不完全骨折仍可有部分活动功能）。

以上三项可见于新鲜骨折，也可见于软组织损伤及炎症。但有时骨折仅有这些临床表现，此时必须用 X 线检查才能确定诊断。

第三节　骨折的并发症

患者受暴力打击后，除发生骨折外，还可能有各种全身或局部的并发症。有些并发症可于短时间内影响患者生命，必须紧急处理；另一些需要与骨折治疗同时处理，有的则需待骨折愈合后处理。因此，对骨折患者必须做周密的全身检查，确定有无并发症，然后决定处理方法。

1．休克

2．感染 开放性骨折有发生化脓性感染和厌氧菌感染的可能。

3．内脏损伤

（1）肺损伤：肋骨骨折可能合并肺实质损伤或肋间血管破裂，引起闭合性、开放性或张力性气胸、血胸或血气胸。

（2）肝、脾破裂：暴力打击胸壁下段时，除可造成肋骨骨折外，还可能发生肝或脾破裂，特别在有脾大时更易破裂，形成严重内出血和休克。

（3）膀胱、尿道、直肠损伤：骨盆骨折可损伤后尿道和膀胱。骶尾骨骨折可能刺破直肠，而致下腹部疼痛，肛门指检时可有血染指套。

4．重要动脉损伤 伸直型肱骨髁上骨折的近折端可能伤及肱动脉，股骨髁上骨折的远折端可能伤及腘动脉，胫骨上段骨折可能伤及胫前或胫后动脉，或该两动脉的腘动脉分支处。

5．脊髓损伤　多发生在颈段和胸、腰段脊柱骨折和（或）脱位时，形成损伤平面以下的截瘫。

6．周围神经损伤　较多见的有上肢骨折可能损伤桡神经、正中神经和尺神经。腓骨小头、腓骨颈骨折时，跨越腓骨颈部的腓总神经常同时受伤。

7．脂肪栓塞　若骨干骨折处髓腔内血肿张力过大，骨髓被破坏，脂肪滴进入破裂的静脉窦内，可以引起肺脂肪栓塞、脑脂肪栓塞等。

8．坠积性肺炎　骨折患者若长期卧床不起，可以发生坠积性肺炎。应注意功能锻炼，使患者及早起床行动。对老年患者尤应注意。

9．褥疮　截瘫和严重外伤的患者，长期卧床，若护理不周，骨隆突处如骶骨部、足跟部等长期受压，局部软组织发生血液供应障碍，易形成褥疮。

10．伤性骨化（骨化性肌炎）　关节扭伤、脱位及关节附近的骨折，特别是肘关节，骨膜剥离后，形成骨膜下血肿。若处理不当，血肿较大，经机化、骨化后，在关节附近的软组织内可有广泛的骨化，影响关节活动功能。

11．创伤性关节炎　关节内骨折若未准确复位，畸形愈合后，因关节面不平整，可引起创伤性关节炎。

12．关节僵硬　受伤肢体经长时间固定而不注意功能锻炼时，将使静脉搏血和淋巴液回流不畅，患肢组织中有浆液纤维性渗出物和纤维蛋白沉积，可使关节内、外组织发生纤维粘连；同时由于关节囊及周围肌肉的挛缩，关节活动可有不同程度的障碍，称为关节僵硬。

13．缺血性骨坏死　骨折发生后，骨折段的血液供应被切断而致坏死时，称为缺血性坏死。常见的有股骨颈骨折后股骨头缺血性坏死。

14．缺血性肌挛缩　是骨筋膜室综合征的严重后果。上、下肢的重要动脉损伤后，肢体血液供应不足或因包扎过紧超过一定时限，肢体肌群因缺血而坏死，终致机化，形成瘢痕组织，逐渐挛缩面形成特有畸形，如“爪”形手或爪形足，造成严重残疾。

第四节　骨折的治疗原则及分类

骨折治疗的目的是要在最符合解剖学的位置上获得愈合，同时使患肢恢复最大的功能。由于外科手术不可避免地会对肢体造成进一步的损伤，所以必须选择对软组织及骨组织仅造成最小限度额外破坏的手术。为求得解剖学复位而付出完全破坏骨折段血供的代价，这样的手术无论从计划还是从实施的角度来讲都不是很好的。对拟施加于肢体的机械应力和计划进行的内固定也必须加以考虑。任何形式的内固定或外固定都不过是短期的夹板样装置。因此，如果骨折生物学受到严重干扰以致骨折不能愈合，那么任何内植物或外植物的重建都注定要失败。

在综合评价外科医师的能力、设备和物力，及患者具体情况的基础上，对骨折及伴随软组织损伤的范围和类型进行分类可以让医生确定最佳的治疗方案。分析骨折的类型能显示肢体接受能量的大小和骨折复位后的稳定性，并能使外科医师对高危损伤类型有所警惕。分类也可使外科医生能够追踪手术的结果，并将自己的治疗结果与其他外科医师及研究者的治疗结果进行比较；同时进行分类，也为新治疗模式的评价提供了基础。

扩展的 OTA（orthopaedic trauma association）分类法（图 16-3）将骨折的编码与广义的 ICD-9 码相对应，以利于诊断和治疗。该分类法尽可能地将普遍认可的分类系统，如髋臼骨折的 Judet 和

Letournel[1] 分类以及肱骨近端骨折的 Neer 分类并入其中。已制订了标准的随访评价格式以便进行一致的术后评估。

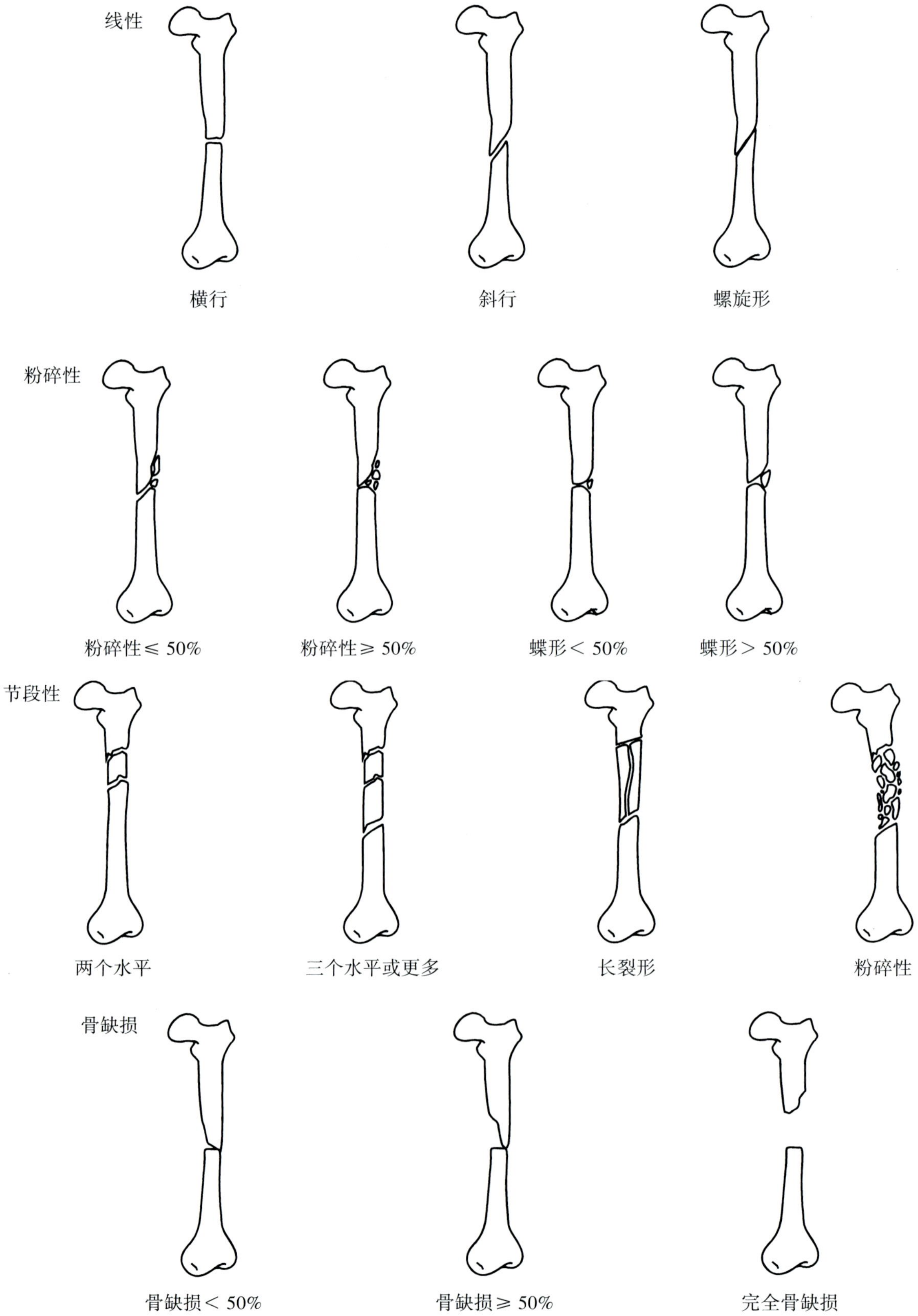

图 16-3 长骨骨折 OTA 分类法

Muller 等 [2] 发表的 A0 字母数字式分类法是由许多学者以从“A0 文献中心”所获得的信息和每个人自己的临床经验为基础完成的。该分类系统是根据骨折的形态特征和位置而制订的。这一 A0 分类系统已被用在了 2700 例与此系统观念相对应的、经手术治疗的骨干骨折上，并在 400 例胫骨或腓骨骨干骨折中进行了专门的评价。当骨折类型的严重度增加时，所造成的损坏与类型和组别的分类相关。所有这些分类系统都是详细而又复杂的，详细的讨论请读者参阅参考文献。

Tayor 和 Martin 提出了一种骨骺骨折（SUD）的分类方法，在该方法中主要骨折特点被分类为稳定（S）、不稳定（U）或向骨干延伸（D）3 型（图 16-4）。这些又分为 3 个亚型：0．关节外；1．移位小于 2 mm；2．移位大于 2 mm。按照 Taylor 和 Martin 的意见，当骨折由 S 型进展到 D 型时，治疗就要转向外固定而不做切开复位，相反，当骨折从亚型 0 进展到亚型 2 时，就适合做切开复位。

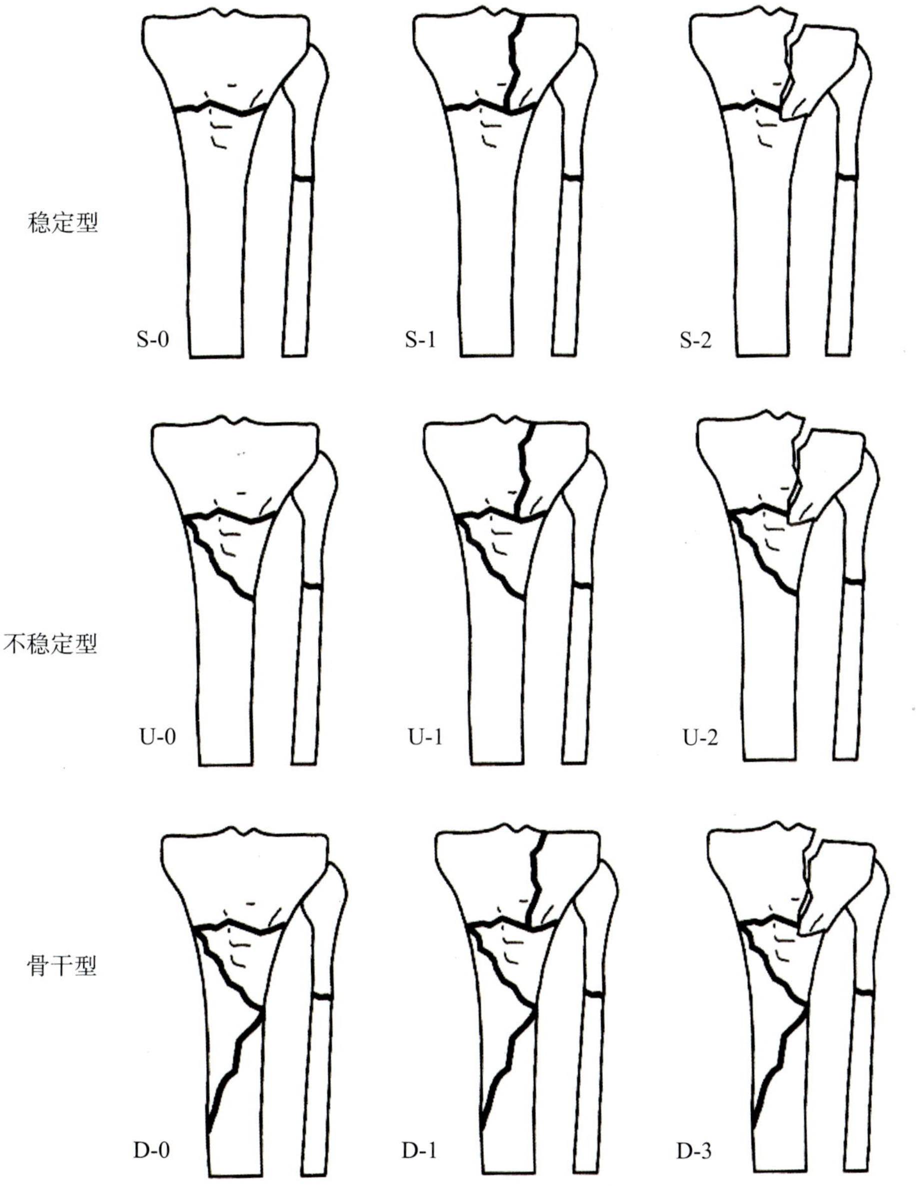

图 16-4　骨骺骨折的 SUD 分类法

第五节 骨折的愈合及影响愈合的因素

骨折愈合是指骨折断端间的组织修复反应，这种反应表现为愈合过程，最终结局是恢复骨的正常结构与功能。这一过程与软组织愈合的不同点在于，软组织主要通过纤维组织完成愈合过程，而骨折愈合还需使纤维组织继续转变为骨来完成骨愈合过程。近年来，虽然应用了一些新方法，如放射性核素示踪、电子显微镜观察、组织化学分析等，对骨的愈合机制进行了大量研究，对愈合过程中的某些环节有了一定的认识，但有些机制尚未完全明了。

一、管状骨的愈合

（一）原发性骨痂反应

管状骨骨折后，局部骨髓、骨膜和邻近软组织，及活骨本身均受到损伤，加之骨折区微循环改变，使这些组织中的某些细胞死亡，因而在骨折端会发生一定范围的骨坏死，故在骨折早期，骨折端不能直接愈合，而是先由坏死骨邻近活骨增殖新的组织，把它们连接起来，有人称之为原发性骨痂反应，这种初期反应，无论周围或外界环境如何变化以及局部有无制动都会发生。但其以后的发展是有限制的，在有利的条件下，反应会继续下去，使骨折端发生连接；在不利的环境或条件下，如骨折端间的间隙过大，制动不良，或远段是被截除的残端，虽然原发性反应相同，但骨痂不会继续形成。此种原发性骨痂反应，是来自骨内的特殊细胞。

（二）内、外骨痂的形成和连接

在原发性骨痂反应进行的同时，来自骨折端邻近的非特殊性结缔组织的成骨细胞也在开始活动，它们的活动几乎是均匀地分布于骨折区，而不只是发生于接近骨折端的细胞。因为特别在骨折早期，骨痂的血液供给，不是来自骨，而是来自软组织（Rhinelanaer，1974）。成纤维细胞变为骨母细胞，在组织培养中早已成功（Bassett，1961）。此种现象容易说明机械因素对成骨作用发生的影响。在骨愈合程序中，这些骨痂的形成大致可分为 4 期：

1．肉芽组织修复期（图 16-5A、B） 骨折后，除骨的正常结构被破坏外，周围软组织也有损伤，骨外膜被掀起或撕裂，与骨表面分离；同时经骨外膜进入骨内的血管、骨营养动脉，及中央管断裂，大量的血液聚集在骨折端。出血量依损伤程度和部位有所不同，例如股骨骨折出血量约为 1000 ml，骨盆骨折出血量在 1000 ml 以上。髓腔内和被掀起的骨膜下以及邻近的软组织内形成血肿，6 ~ 8 小时内形成含有纤维蛋白网架的血凝块，纤维蛋白网架被认为是纤维细胞长大血肿的支架。血肿周围的吞噬细胞、毛细血管和幼稚的结缔组织很快长入血肿，后者主要分化为产生胶原纤维的成纤维细胞。一般认为，血肿的形成对骨折的修复是有利的，也有人认为作用不大而仅是损伤后的必然规律，甚至有人认为血肿有碍骨折愈合。

当髓腔内的血液被吸收时，骨折端有限范围的骨坏死区逐渐变得明显。在出血和坏死区周围，很快发生无菌创伤性炎症。小血管扩张和组织充血范围常超出骨折区。多形核白细胞、巨噬细胞侵入骨坏死区，将骨折端渗出的红细胞、血红蛋白、胶原，及骨碎片等物质清除。在这一阶段，骨端出现破骨细胞，死骨被破骨细胞清除。破骨细胞一般存活几周甚至几个月。随着血肿被清除、机化，新生血管长入和血管周围大量间质细胞增生，使形成的肉芽组织将骨折端初步连接在一起，这一过程在骨折后 2 ~ 3 周内完成。

有人认为，组织损伤释放出组胺、乙酰胆碱和激肽等物质，造成局部血管扩张和充血，同时组织细胞坏死后释放出二氧化碳，使血肿内酸性达到较高浓度，使骨折端钙质溶解于血肿内。因此，骨折端出现吸收现象，也有人认为，这种现象并非是脱钙，而是坏死骨吸收的结果。

2．原始骨痂形成期（图 16-5C、D、E） 骨折后的新骨形成，开始于骨折后 7 ～ 10 天，至少要延续到骨愈合完成之后。

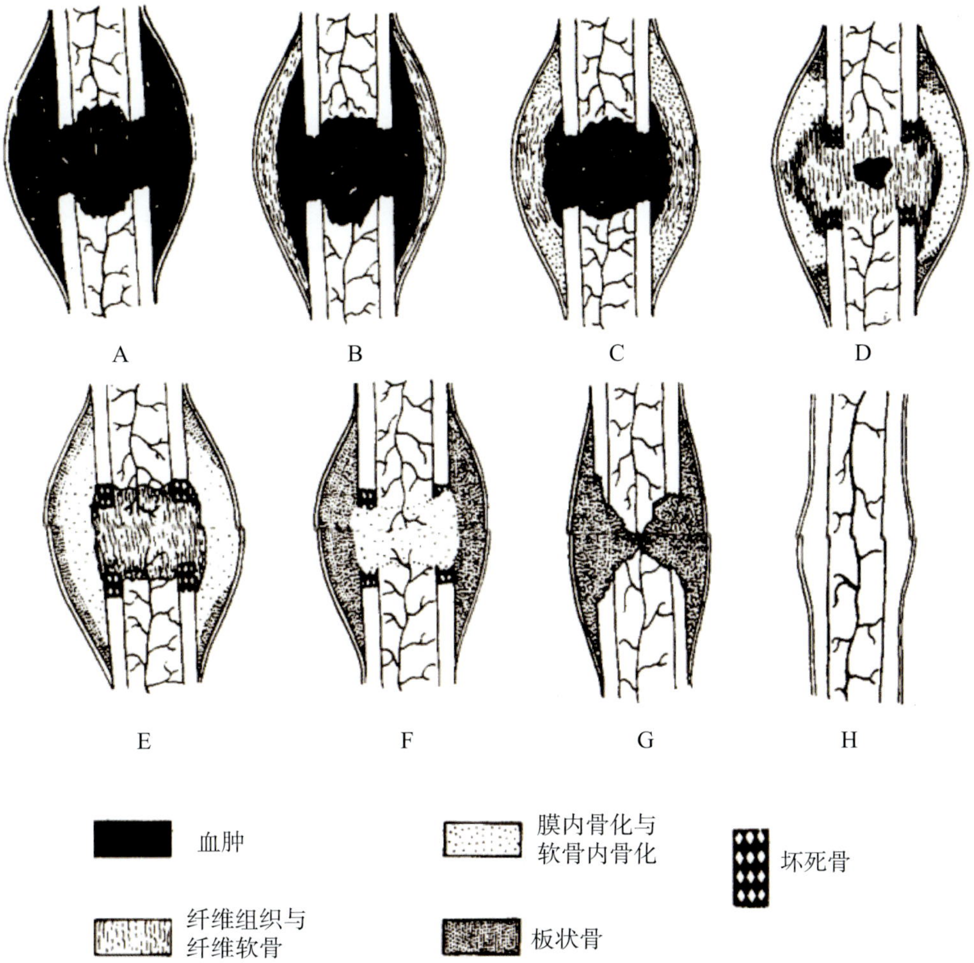

图 16-5 骨折的修复过程示意

A、B．肉芽组织修复期；C、D、E、F．延迟骨痂期；G．成熟骨板期；H．塑形期

骨折区损伤组织刺激细胞增生，在骨折端形成一团在结构上和来源上都是复合性的组织，称为骨痂。从部位来说，骨痂可分骨外膜骨痂、桥梁骨痂、连接骨痂和封闭骨痂。从参与骨痂细胞的主要来源来说，可分为内骨痂和外骨痂。包绕于骨折外围来自骨外膜的膜内骨化及部分软骨内骨化的新生骨称为外骨痂；包绕于髓腔内层，来自骨内膜的膜内骨化及软骨内骨化的新生骨称为内骨痂。在血肿机化之前，来自骨外膜的成骨细胞只能绕过血肿，沿其外围与骨折线两端的外骨痂相连的骨痂称为桥梁骨痂。随着血肿的机化，纤维组织经软骨骨化，使内、外骨痂相连的称之为连接骨痂。大约在 2 周内，髓腔损伤区大部分被成纤维细胞样的肉芽组织充填，逐渐转化为海绵质骨，由海绵质骨形成的新骨，从骨折两端开始，横过髓腔，称之为闭封骨痂。

在这一阶段中，每一种组织都由纤维组织演变而来，同时，纤维组织的增生和成熟，加速了骨生成的活性，当骨折端存在不稳定因素时，这一过程难以进行，骨端会发生纤维化等反应。

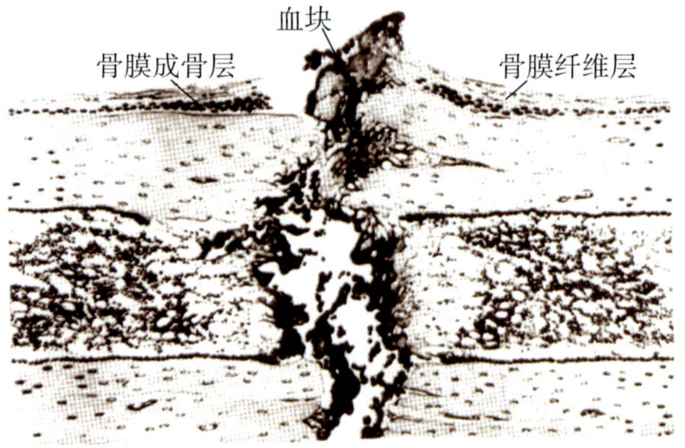

图 16-6 兔肋骨骨折 48 小时纵切面愈合情况，骨外膜已有细胞增殖

骨折后 24 小时内，骨折端附近的外骨膜开始增生、肥厚，以后骨膜血管网弯曲扩张，新生血管伸入骨膜深层，开始膜内成骨。外骨膜对骨折愈合起重要作用，通过形成的桥梁骨痂具有稳定骨折端的能力。因此，当应用髓内针造成髓腔破坏，暂时性骨连接在针周围骨髓组织和血管形成之前，只有通过外骨膜成骨来完成，外骨膜的成骨细胞增殖较快，主要在外骨膜深层，从远离骨折断端的部位开始，最初仅为一薄层细胞，很快形成一层很厚的成骨细胞增殖层，在此层外是纤维层（图 16-6）。在几天之内，外骨膜深层细胞在靠近骨折线处形成明显的环状物，成骨细胞继续分化，在血供适当的情况下，可转变为骨母细胞和骨小梁，并牢固地贴附于骨折断端活的或死的皮质骨上（图 16-7）。在此同时，毛细血管也发生增殖，但环状物内的成骨细胞增殖较快，超过了毛细血管的增殖，因而发生血供相对不足，使成骨细胞转变为软骨母细胞或软骨细胞。一般认为，这与软骨对生存的需求较低，软骨细胞代谢需氧量很少或不需氧有关。结果在环状物外层形成了软骨。环状物可分为 3 层：深层为紧贴附于骨的骨小梁，中层为软骨，外层为增殖细胞，软骨和深层骨小梁与外层增殖细胞掺杂在一起。骨折两端的环状物逐渐增厚，互相接近并融合，形成桥状连接，完成初步愈合（图 16-8）。

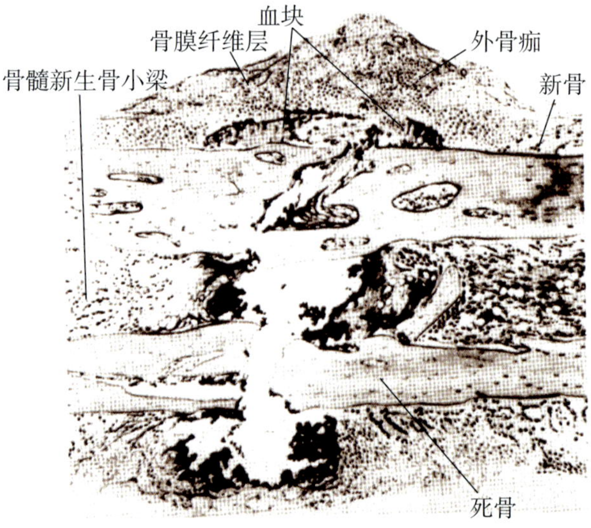

图 16-7 兔肋骨骨折 1 周纵切面愈合情况，已有外骨痂形成

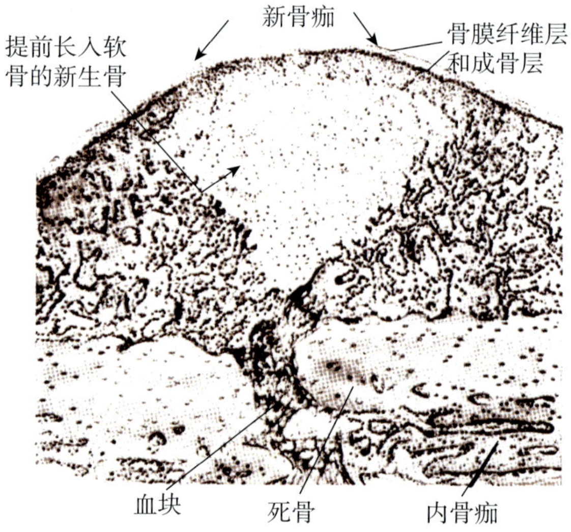

图 16-8 兔肋骨骨折 2 周纵切面愈合情况，已完成初步骨愈合

外骨膜成骨细胞增殖，在软组织丰富区较明显，特别在肌肉附着处，因为这是骨痂血运的来源，这不难解释胫骨骨折时，前侧无外骨痂，而后侧和其他部位有外骨痂存在的原因。骨痂血管造影也说明了这一点，外骨痂的血供，绝大部分起源于骨膜外组织，特别是骨端周围的肌肉。当骨膜撕裂时，骨痂的增殖不能完全被纤维组织囊包围，小的新骨生成灶，有时可在周围组织甚至在肌纤维间看到，外骨痂的生成量取决于骨膜损伤程度和完整性。

与此同时，骨折断端髓腔内的骨内膜和骨髓的成骨细胞也以同样的方式进行增殖，由于血运没有骨外膜丰富，生长较慢。骨内膜和骨髓成骨在骨愈合中很重要，产生内骨痂，是骨折端愈合的主要来源，特别是在没有外骨膜成骨的松质骨愈合中。最初几天，骨折端髓内血管增生，毛细血管和新生的营养血管长大，同时有间叶类型的细胞浸润，这是骨母细胞前体转变为骨母细胞后，产生不成熟的骨小梁和一些纤维软骨，使骨折端连接。充填于骨折端和被剥离的骨膜下，由血肿机化而形成的纤维组织大部分转变为暂时存在的软骨，最终被骨代替。软骨细胞经过增生、变性、骨化与成骨的过程，称之为软骨内骨化。软骨在远离骨折区不形成，而在骨折区形成。年幼动物的软骨量比老动物多。剪性应力的影响，能促使软骨成熟和骨痂增殖，制动差的不稳定性骨折，软骨和骨痂比制动好的稳定性骨折生成要多。软骨内骨化是从软骨块周围开始，最初由含有骨母细胞的组织侵入，发生软骨细胞死亡、基质钙化、软骨组织进行性减少等改变。软骨被周围侵入的海绵质骨分为若干个小结节，最终所有的软骨被细嫩的海绵质骨替代，小的钙化软骨残存仍能在骨小梁间看到。

同时，由于骨外、骨内膜增殖成软骨细胞而释放出磷酸酶，使血肿内的磷酸酶含量剧增，它可以水解血浆内有机结合的磷酸，释放出磷酸盐，与原溶解于血肿内的钙结合为磷酸钙，沉积后的骨样组织转变为骨组织，由于钙的沉积，此时形成的骨样组织，在 X 线片上可显影。

内外骨痂与桥梁和连接骨痂的融合，即意味着原始骨痂的形成，这一阶段需要 6 ～ 12 周完成，使骨折断端被幼稚的网质骨松散地连接起来，断端活动逐渐减少，而达到所谓“临床愈合”阶段。

3．成熟骨板期（图 16-5G） 在这一阶段，新生的骨小梁渐增，排列渐趋规则，骨折端的坏死骨部分经过血管、成骨细胞和破骨细胞的侵入，完成清除死骨和爬行替代过程。由膜内和软骨内骨化形成的骨痂，是幼稚的网质骨，硬度和强度不足，还需改建成更成熟的结构，逐渐清除破骨细胞，被板状骨替代，即由原始的骨痂改建为有力的板状骨，这一过程需 8 ～ 12 周完成。

最初板状骨与幼稚网质骨小梁结合，使骨小梁变粗，缩小了网质骨结构之间的空隙，细嫩的骨松质最终变为结实的密质骨，骨髓腔也被封闭，形成坚固的骨性连接。通过这种方式，在变窄的血管通道内形成了初期骨单位时，血管通道成为中央管。并不是所有的网质骨一次被清除，网质骨在骨密质内仍存在一段时间，和新形成的骨单位并存，甚至在骨愈合后，在新构成的骨皮质内的初期骨单位之间，仍可见残留的网质骨灶。塑形继续进行，在中央管间隙内的初期骨单位被破骨细胞清除，新生板状骨继而沉积，被二次形成的骨单位替代。这个过程和胚胎形成与其后发生过程相似。

4．塑形期（phase of remodeling）（图 16-5H） 骨的塑形主要受应力的影响，是成骨细胞和破骨细胞共同活动的结果。破骨细胞先在骨痂上钻一小孔，以后有血管长大，随之成骨细胞便形成新的骨单位。应力最大的部位有更多的新骨沉积，不足的部位通过膜内化骨而得到补充，而机械功能不需要多余的骨痂则被吸收。根据人体的需要，骨的结构按照力学原则改建为正常结构。Sevitt 认为这种骨折愈合之后，骨结构和外形根据需要而塑形的过程，受局部自身调节自馈机制的影响，即机械应力激发了局部反馈机制，使塑形过程得以进行。这符合 Wolff[3] 1863 年提出的定律：骨的机械强度取决于骨的结构，正常和异常骨结构随着功能需要而发生变化。机械应力对维持和改变骨的结构是很重要的。

骨折愈合过程中塑形，在骨愈合过程中已开始，在骨折愈合后，仍持续较长的一段时间，最初塑形较快，当骨折牢固愈合后逐渐变慢。使骨折愈合处塑造结实，髓腔再通，骨髓组织恢复，骨折线消失，恢复以前的正常结构，通常要几个月至几年。

当骨折对位好，梭形骨痂被清除，而不是代替。如果骨折被骨皮质嵌入形成愈合，部分梭形骨痂变为骨密质，形成新的骨皮质，而剩余部分被吸收，在新生成骨皮质深面的大量老骨皮质也被吸收，转变为新的骨小梁结构。

成人严重成角畸形、重叠、骨短缩等愈合，经塑形是难以纠正的，但在小儿经长时间塑形能部分和完全纠正。旋转畸形，不论在成人和小儿均难改善。

从上述一系列变化看，骨折愈合是一个连续不断的过程，一面破坏清除，一面再生修复。坏死骨的归宿，与其所在的解剖学位置有关，在畸形愈合的骨折，当一个骨折端插入软组织后，乃因无保留的必要而被吸收，但若位于有用的解剖学部位，则并不急于被吸收，而因塑形作用恢复其血循环。为了叙述方便而将骨折愈合分为 4 个阶段，实际上各阶段之间紧密联系，互相交错，是不能截然分开的。

骨松质的结构不同于骨皮质，骨松质的骨小梁相对较细，骨小梁之间的间隙较大，血运比较丰富，因此骨细胞可以借扩散作用获得营养，而管状骨的骨皮质主要靠髓腔的营养动脉供给血运，约占骨皮质内的 2/3，仅外部的 1/3 靠骨外膜的血管营养。

由于结构的不同，骨松质骨折后的愈合过程也不同于骨皮质，没有包绕骨折端的血肿。因此，通过骨折端血肿机化，软骨内成骨的作用微弱，缺少骨痂的形成或骨痂产生较少。骨折断端间仅有部分血块，很快由邻近骨的直接扩散而发生机化、钙化等一系列改变。由于骨松质血运丰富，愈合过程较管状骨快，除特殊部位的骨折外，断端发生骨坏死程度轻，甚至无坏死发生，通过骨小梁直接接触，骨愈合的发生较快。与管状骨另一不同的特点是，在关节内的骨折，由于骨松质无外骨膜，不显现外骨痂，有的骨松质有外骨膜，但成骨能力差，膜内化骨弱，仅有少量外骨痂形成，有的外骨膜仅为一层结缔组织，没有成骨组织，不会产生外骨痂，因此这些部位的骨愈合，只有依赖骨髓的成骨作用。这一特征最先由 Schmorl（1924）发现，例如股骨颈、膑骨、舟状骨和其他腕骨的骨膜均缺乏成骨组织。由于骨松质缺乏骨痂，骨折部位的骨小梁间的直接愈合不够坚固，由于重力和应力的作用可发生压缩而变形，因此不适宜过早负重。

二、牢固内固定中的骨愈合

Danis（1949）、Hagby（1958），及 Hicks（1959）采用牢固内固定后发现骨折端 X 线摄影无骨痂，形成无外骨痂的骨愈合，Charn-ley 等（1952）对膝关节融合采用加压装置也证实了这一点，Danis 最初描述这种无外骨痂的骨愈合为自体焊接（autogenousweld），后来 Schenk 和 Willenegger（1967）称为一期愈合（primary union）或直接愈合（direct union），而把通常发生的骨愈合称为二期愈合（secondary union）或间接愈合（indi-rect union）。Pritchard（1964）的实验发现稳定性骨折的间隙，首先被骨膜骨痂形成的软骨充填，以后由骨髓形成的骨小梁进入骨折间隙而形成愈合。在不稳定性骨折，则先由纤维骨膜增殖的纤维组织充填骨折断端，持续一段时间后，最终由骨化的骨膜骨痂形成的骨小梁侵入骨折间隙而完成愈合。因此，骨折的稳定程度决定了它们愈合的方式。

一期愈合与二期愈合的不同点在于：一期骨愈合是在骨折断端的间隙极为微小时，新生骨单位可由一个骨折端直接进入另一骨折端（图 16-9，图 16-10）。二期愈合的方式为间接性的，即在骨折端无接触或间隙较大的情况下，预先形成合成骨组织的肉芽组织和暂时性的骨痂，其后骨痂塑形。暂时性愈合转变为永久性愈合。一期愈合的方式是直接的，没有肉芽组织的形成，直接由软骨内骨化完成骨愈合，以后很少需要塑形。在骨松质的线形骨折，当骨折断端稳定，对合好，无移位时，不附加机械性固定就能一期愈合。而大多数骨折，只有通过牢固的内固定，才能达到一期愈合。实际上，牢固的内固定在早期可以消除骨折断端的活动，抑制了骨膜骨痂的形成，但有利于原发反应性

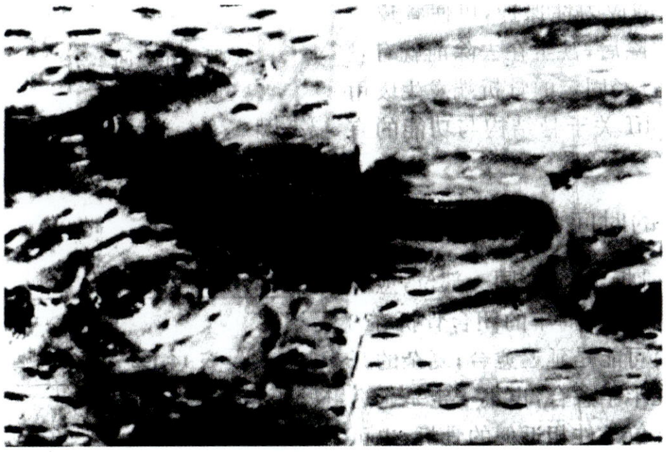

图 16-9　骨折端组织学切片①
显示牢固内固定后骨折端接触紧密，骨单位直接长过骨折端，形成一期愈合

图 16-10　骨折端组织学切片②
显示骨折间隙先由平行于骨折面的板状骨充填

骨痂的形成，有利于骨髓循环通过骨折端，有利于骨髓成骨组织通过骨折端，保证了骨髓愈合，促进了骨皮质愈合或骨折的连接。

关于坚固内固定下完成的骨折一期愈合是否为最好的愈合方式，仍有争议。因为牢固的固定使骨折端应承受的局部应力消失，使骨折受到了过度的应力性保护，可使骨皮质强度变弱，固定去除后，甚至在去除前就有发生再骨折的可能。经固定的骨折端发生失用性萎缩，符合 Wolff 关于骨结构与功能的有关定律。

三、骨愈合的时间

不同条件的骨折，即使在同一部位，愈合时间也可有很大差别。简单的闭合骨折在 3 个月尚未愈合，有可能是延迟愈合；复杂的开放性骨折，即使在半年愈合，也不一定是延迟愈合。就是同一部位条件近似的骨折，也可因个体和年龄的差异而有所不同。因此判断骨折的愈合，主要根据临床体征和 X 线所见，要有时间的概念，但只能作为参考。

根据临床需要，一般将骨折愈合分为临床愈合与牢固愈合两阶段。前者是指骨折断端由网质骨连接，X 线片显示明显的连续骨痂，仍可见骨折线，断端无异常活动，承受轻微应力时疼痛，骨痂仍然不结实，虽然可以去除外固定，但不允许负重；后者是指骨折断端的网质骨被牢固的板状骨替代，X 线显示骨折线完全消失，愈合牢固，承受应力时无疼痛，允许肢体负重。

四、影响骨折愈合的因素

影响骨折愈合的全身因素是间接性的次要因素。主要有年龄，例如新生儿股骨骨折的愈合时间为 1 个月，15 岁时为 2 个月，50 岁时为 3 ～ 4 个月。其他因素有营养不良、全身衰竭和某些疾病，如骨软骨病（成人佝偻病）、糖尿病、坏血病、梅毒，及老年性骨质疏松等，被认为抑制骨的生成。维生素 C 的缺乏抑制胶原和骨的形成；维生素 D 的缺乏影响新骨的钙化过程；维生素 A 过多，会使破骨细胞的吸收作用过强，使骨干变细，骨皮质变薄，骨的脆性增加。在缺乏维生素 D 和钙的动物，Lindholm（1974）发现多为纤维和纤维软骨组织。

（一）局部血液供应

影响骨折愈合最根本的因素是局部的血液供应。一切影响血液供应的因素，都会直接影响骨折愈合过程。骨折时造成经骨外膜进入骨内的营养血管及中央管断裂，断端血运不良，不但影响骨折端修复组织生长，而且造成断端骨坏死，直接影响骨的愈合过程。由于长骨两端的骨松质血运丰富，发生骨断端坏死程度轻，愈合也较容易，而在骨干部位的骨折，有时会造成远侧一段或二段血运部分障碍（如胫骨干中部骨折或双段骨折），断端发生骨坏死较重（图 16-11）。在一些特殊部位的骨折（如腕舟状骨骨折近端），会造成血运完全障碍，发生整块骨的坏死（图 16-12）。只有活骨才有可能产生骨痂，而死骨只有通过爬行替代过程来完成骨愈合。因此，骨断端血运障碍影响骨断端修复组织生长，加重骨坏死，造成愈合速度减慢或者发生骨不愈合。

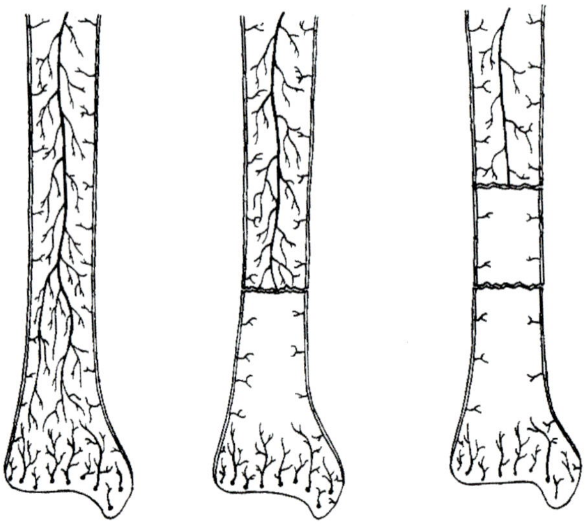

图 16-11　胫骨骨折对血运的影响

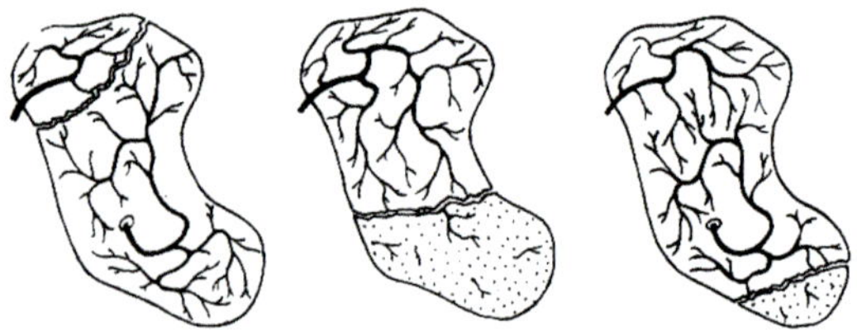

图 16-12　腕舟状骨对血运的影响

（二）局部损伤程度

损伤严重的骨折，周围软组织损伤也重，骨折多有移位、粉碎或开放，骨膜的撕裂损伤较重，对周围组织和骨折端血运影响较大，加重了骨断端的坏死程度，使骨断端和周围软组织新生血管形成减慢，侵入血肿形成机化的时间延长，局部损伤重时，骨断端形成的血肿和出血坏死区大，局部创伤性炎症改变较重，持续时间较长。较大的血肿，造成局部循环障碍，影响骨断端修复组织增殖，还影响骨折两端由骨外膜产生的成骨细胞顺血肿外围相互连接的过程，膜内成骨和软骨内成骨过程均可受到影响，使骨折愈合过程减慢。

外骨痂的形成取决于骨膜的成活与完整性，骨膜的广泛撕裂会造成骨膜坏死，加重骨端缺血坏死，影响骨愈合。骨膜的完整性对保护骨折的稳定性较为重要，同时有利于膜内成骨。外骨痂的形成常在骨膜完整的一侧出现，并由骨膜形成的纤维组织囊包围，阻止了骨痂的增殖和向周围组织内扩散，对骨折愈合是有利的。一些特殊部位的骨折，除血运不良的因素外，骨膜无成骨组织，因而无膜内成骨过程，外骨痂难以形成（如股骨颈、腕舟状骨等），也是影响骨愈合的因素之一。

（三）骨折端的接触

骨折端的紧密接触和接触面积对骨折的愈合有较明显的影响，嵌入性骨折、骨松质的线形骨折，即使不附加固定，也有一期愈合的可能，骨干骨折当使用加压内固定，使骨断端紧密接触，经一期愈合的方式较快地完成骨愈合。如果断端有软组织嵌入、分离、缺损等因素，愈合则有困难，甚至不愈合。

在骨断端互相接触的基本条件下，斜行和螺旋形骨折比横断性骨折容易愈合，这是因为骨折端面积大，就会有较大范围的血管区来供给骨痂的生长，有利于骨愈合。同时，通过膜内和软骨内成骨产生的骨痂量也多，断端间愈合较牢固。因肌肉牵拉或过度牵引造成的断端分离，即使有 0.5 cm 宽的间隙，就足以使骨折愈合时间延长或发生骨不愈合。过度牵引对骨愈合的影响与时间有关，如果过度牵引不是在骨折后的几天之内，而是在几周之后，可使已发生血肿机化内的新生毛细血管变窄或撕裂，使新形成的修复组织撕裂，发生已形成的外骨痂缺血与坏死。持续几天或几周的过度牵引对骨愈合更为有害。

（四）固定不当

骨折断端存在旋转和剪式应力是影响骨断端修复组织顺利生长的重要因素。当外固定范围不够，位置不正确以及髓内针过细和固定后松动，都难以阻止旋转和剪式应力对骨折端的影响。固定时间太短，过早地活动和不正确的功能锻炼，都可使骨折端遭受旋转、成角和剪式应力，损伤断端修复组织，造成髓内新生毛细血管和已形成的骨痂断裂，发生断端缺血坏死，促使断端纤维组织和软骨形成，发生骨折延迟愈合。最易受旋转和剪式应力影响的部位是尺骨下端、肱骨下端、股骨颈、腕舟状骨，因而骨不愈合在这些部位发生率高。Anderson（1964）的实验表明，较紧的髓内针固定，完全消除了骨断端的活动，外骨痂形成少，骨折愈合较快。当髓内针固定松动或以后发生了松动，骨断端活动不能消除，尽管外骨痂丰富，在骨断端仍是纤维性桥状组织，有些形成裂隙，有带绒毛的滑膜组织长大，形成了假关节。

（五）感染

感染是影响骨折愈合的另一因素。使骨断端髓腔被脓细胞充填，并向两端延伸，延长了局部充血的时间，断端逐渐被含有淋巴细胞、浆细胞和多形核白细胞的炎性肉芽组织所充填。骨折本身会发生不同程度的断端骨坏死，感染还可加重骨坏死程度，使骨折愈合过程受到干扰，当同时存在固定不当、骨缺损等因素时，更容易发生骨折延迟愈合和不愈合。另外，反复多次粗暴的手法复位、局部过多的 X 线照射、不必要的或粗糙的切开复位造成局部血运损害、骨膜过多的剥离，及开放骨折中过多的去除碎骨片而导致骨缺损，均可影响骨折的愈合过程。

五、影响骨折愈合的药物

（一）吲哚美辛和水杨酸盐类

骨折愈合早期的炎症反应与前列腺素有密切关系，前列腺素可引起骨折断端血管扩张等一系列炎症反应，吲哚美辛这类抗炎药物可抑制前列腺素合成，同样，前列腺素在炎症情况下的血管扩张作用被抑制，局部血流受到控制，组织缺氧缺血，继而影响骨折愈合。这一作用在不少动物实验中已得到证实。例如 Allen（1970）等在大鼠桡骨骨折实验中观察不同剂量吲哚美辛及阿司匹林对骨折愈合的影响，发现这些抗炎药物都可以引起骨折愈合延迟，甚至假关节形成。造成骨折延迟愈合的情况同样也可在临床骨折病例中出现。Sudmann（1976）已经发现内踝骨折、腓骨干骨折病例经石膏固定后持续服用吲哚美辛（25 mg，每日 3 次）9 周，可引起骨折纤维愈合。

（二）四环素族

四环素族药物可以沉积在牙齿，造成变色及牙釉质发育不全，这已被人们所熟悉，但其可以永久性结合进钙化组织，可引起动物和人类胚胎骨骼的生长迟缓，并引起骨髓及干髓部位骨小梁的变形甚至折裂，对骨折愈合也会有影响。Engesaeter 等的动物实验表明，给幼年大鼠土霉素 2 周，治疗结束时，体重减轻（7%），骨骼显著缩短（1% ~ 2%），两胫骨干的抗弯强度显著减低（9%），两股骨的抗弯强度显著减低（22%），证明土霉素可使骨骼的脆性增加，其作用主要是通过影响骨的钙化过程和影响胶原的合成。

（三）皮质酮

皮质酮可以影响骨的生长、骨的转换，及骨损伤以后的修复，长时间服用皮质酮治疗的患者，发生全身性骨质疏松，甚至发生病理性骨折的病例并不少见。在骨折修复过程中，应用皮质酮可以造成明显的影响，这是由于皮质酮可以对骨折修复的各个步骤都产生作用。骨折以后血肿应该逐步吸收，并被机化形成肉芽组织，皮质酮使血肿的吸收明显缓慢，肉芽组织形成受到抑制。血管的发生和膜内成骨、软骨内成骨也同样受到影响。对应用皮质酮治疗的骨折，进行骨的生物力学测定，可以发现其抗张强度明显减低。

（四）抗凝剂

抗凝剂影响骨折愈合是因为减少了凝血激酶的浓度，使骨断端纤维蛋白血块减少，并降低了局部钙浓度。肝素是一个黏多糖，而且与硫酸软骨素相似，可以通过竞争机制，替代或改变正常基质中的黏多糖，使骨折局部黏多糖量减少，从而阻止钙化基质的形成，影响了骨折愈合。Minola 等在家兔桡骨骨折实验中，发现肝素及双香豆素可以使骨折部位产生一个持续性血肿，形成一个显著的、持续的软骨骨痂阶段，从而延迟了骨折愈合。Stinchfield 等在临床实践中，对 4 例并发血栓性静脉炎的骨折病例应用抗凝剂，结果 4 例骨折均不愈合。

（五）环磷酰胺

环磷酰胺除了有细胞毒素作用外，还有影响结缔组织修复的作用，所以环磷酰胺对皮肤及骨骼均有影响。应用环磷酰胺后，大鼠长骨由于骨髓软骨板细胞受到损伤，而使其纵向生长受到影响，股骨干纵向生长减少 70% ~ 80%，骨骼的机械强度也同样受到影响，股骨干的抗弯强度可减少 35%。基于同样的原因，在大鼠及家兔的骨折愈合中，由于环磷酰胺延迟新骨形成及骨断端的再吸收，使骨折愈合延迟。此外，不少实验证实，生长激素、促甲状腺激素、雄激素、甲状腺素、苯妥英钠等药物对骨折愈合有促进作用。

六、电流对骨折愈合的影响

实验与临床均证实，电流能促进骨折愈合，其机制尚未完全明了。有人认为电刺激造成局部组织氧消耗和氢增多，低氧张力能刺激有些细胞分化为软骨母细胞和成骨细胞而成骨。目前常用的电刺激方法有 3 种：①半埋入型，经皮置入一至数个电极；②埋入型，将微型电流刺激器埋在组织中；③非损伤型，外面使用电磁场治疗。一般认为，电流量小于 5 μA，无成骨作用，5 ~ 20 μA 逐渐有骨形成，大于 20 μA 可显示细胞坏死，无骨形成。对不同部位和不同类型的骨不愈合，临床应用电刺激治疗所报道的成功率为 85% ～ 98%。作者所研制的全置入微型脉冲电流刺激器，在实验和临床应用中，都起到了良好作用。

七、氧张力对骨折愈合的影响

实验证实，骨折愈合过程中，在局部相对缺氧和机械刺激情况下，软骨形成。同样，骨生成所需的氧张力较低，而局部氧浓度高时，成骨过程被抑制。Ninikoski 和 Hunt（1972）发现，在软骨骨痂和新生骨中，氧张力较低，最初 3 ～ 4 周，在 2.93 ～ 5.33 kPa（22 ～ 40 mmHg）之间。以后，随着髓腔再通，骨内氧张力水平上升，接近骨干和血中的水平。这可能是尽管周围血运丰富，而对氧的摄取较低，或者与局部氧的消耗量大有关。

八、促进骨折愈合的其他几种物质

（一）骨形态生成蛋白

Senn（1889）报道脱钙骨在临床应用充填骨无效腔。由于骨基质脱钙方法在不同的研究中有差异，手术效果难以阐明和对比。至 20 世纪 60 年代，Urist 等认为这种脱钙骨中含有一种诱导因子，在时间、温度、酸性环境的控制下，有持续的骨诱导作用，并认为是一种糖蛋白，将其命名为骨形态生成蛋白（bone morphogenic protein，BMP）。Coldnabar 应用孔径 0.45 μm 大小的膜也证实了 BMP 的存在。BMP 能诱发组织修复，使周围未分化的间叶细胞增殖，进而形成软骨母细胞和骨母细胞，因而可促进骨愈合。可从兔、羊、猪、牛、鼠的正常骨组织中提取，在人和鼠的成骨肉瘤中含量也不少，已能从人骨中部分地提纯。人和牛的 BMP 分子量为 18 000，具有酸性蛋白的特性，由于人的骨基质不易得到，多从牛骨中提取，认为抗原性较小。在实验和临床证实能促进骨愈合。因而，BMP 是很有前途的加速新骨形成的一种物质，目前，它已能提炼出可溶性和非可溶性两种类型，即将作为商品促使新骨形成。

（二）骨源性生长因子

Peck 和 Banks（1977）在体外研究中发现，培养的骨细胞能释放出一种调节骨生长的因子，称为骨源性生长因子（bone-derived growth factor，BDGF），这种因子在鼠的颅骨培养基质中发现，可分离出两种互相无关的因子，一种类似生长转移因子，另一种为胰岛素样生长因子。Canalis（1985）发现 BDGF 对骨没有特异性，不但刺激骨细胞增殖和胶原合成，而且刺激软骨的合成，增加软骨细胞的复制，在培养中，诱导正常鼠肾成纤维细胞有丝分裂的活性。

（三）骨生长因子

Farley 和 Baylin（1982）从人和鸡骨中分离出一种较重要的骨生长因子（skeletal growth factor，SGF），SGF 不同于 BMP，不是刺激一般的纤维母细胞生长，而是刺激甲状旁腺分泌，因而在骨形成和吸收中起连接作用。人的 SGF 是分子量为 11 000 的小分子蛋白。

（四）软骨源性因子

在含有软骨细胞的提取液中发现某些因子。因为软骨和骨同时发生，关系密切，在发生上是相互关联。因而，各自的生长因子又互相影响，这种因子称为软骨源性因子（cartilage-de-rived factor），分子量为 11 000，与骨生长因子相似。在培养中促进有丝分裂和蛋白合成的特性与骨源性生长因子相似，它们之间的关系尚未明了。Suzuki 和 Kato（1982）的实验证实，软骨源性因子具有促进骨生长的特性。

（五）血小板源性生长因子

血小板源性生长因子（platelet-derived growth factor，PDGF）是一种分子量为 30 000 的双链蛋白质，是血小板分泌的主要有丝分裂物质，是一种重要的循环生长因子（circulating growthfactor），能促进间叶细胞生长和正常细胞的增殖和分化。PDGF 在组织损伤区血块形成的过程中释放出来，而且骨母细胞也能够合成。已有资料表明，在骨基质中的含量为每克骨 50 ng。

（六）生长转移因子 B

生长转移因子 B（transforming growth factor B，TGF B）是近来发现的一种分子，在软琼脂培养中能刺激正常细胞生长，由许多正常细胞和肿瘤细胞产生。血小板是一种丰富的来源，骨含量高达每克骨 200 ng，可在胎牛骨的骨母细胞和骨细胞中和其周围发现。Bentz 等（1987）发现，提纯的软骨诱导因子和等量的 TGF B 与去除了所有活性的骨基质混合，置入鼠的皮下，l4 天后有骨形成。

（七）骨髓

1934 年 Megaw 和 Harbin 最先证实骨髓（bone marrow）有成骨活性，他们单独用骨髓修复狗的腓骨缺损并与未用移植的缺损进行对比性研究，发现单用骨髓移植者缺损被骨充填。骨髓的成骨活性已追踪到骨髓的基质和骨内细胞上，已证实有两种类型的骨间质细胞（osteoprogenitor cell），一种诱导产生骨间质细胞，另一种决定产生骨间质细胞。前者几乎存在于所有的结缔组织中，认为是一种未分化的间叶细胞，后者仅在骨髓发现，为已分化的生骨系（bone-producing line）。因为骨髓是唯一含有丰富的决定性和诱导性骨先质细胞的组织，作为移植组织是符合逻辑的。近年来，Paley[4]（1986）等应用自体骨髓注射治疗兔骨缺损和骨折取得满意的实验结果。Aspenberg（1986）应用脱钙骨加自体骨髓混合，治疗兔骨缺损，发现 2 周后骨生长明显优于单用骨髓移植的动物。Salama[5]（1983）应用自体骨髓和异体骨混合，治疗骨缺损、骨不愈合、脊柱融合、关节融合、胫骨平台骨折等 98 例，取得满意的效果。

第六节　矿山创伤性四肢骨折的特点与现代治疗

一、特点与致伤机制

20 世纪 90 年代，煤矿创伤中身体各部位损伤按发生率高低依次为：四肢（63%）、头颈（25.1%）、胸腹（6%）、脊柱（4%）、骨盆（1.9%）。骨折的发生率最高，占 40% ~ 60%。致伤原因以煤石砸压、矿车撞挤为最多，其次为重物撞击、高处坠落和爆炸致伤。在肢体伤中以下肢为多，1/3 为开放伤，且软组织损伤均较重。

在 21 世纪的现代，随着机械化程度的进步以及两种生产体制的交错（国有煤矿和民营煤矿并存），四肢骨折的发生和类型与致伤原因、机械化程度密切相关。不过总的趋势是属于多发性伤中的多发骨折在增多，矿车撞挤伤在增多。

矿车撞挤伤的致伤过程包括伤员与车辆或固定物体的直接碰撞、伤员倾倒和被车碾轧挤压 3 种方式。其骨折形成的基本机制主要有 4 类：①碰撞机制：矿工被矿车碰撞致伤，外伤多发生在被碰撞的部位。另外也包括被矿车直接碰撞后倾倒下落时，身体与地面等物体的碰撞等。②不协调运动：矿车速度突变时，若车内人员身体一部分与车体结合紧密，如握抓矿车的手，其身体另一部分的惯性作用可能导致人体的不协调运动，应力集中于这两部分之间的部位使之致伤，如扭转应力致肱骨干螺旋型骨折。被矿车碰撞在倾倒下落过程中，四肢反射性保护动作也常形成不协调运动，导致骨折的发生，如肱骨髁部和大结节的撕脱骨折。③碾轧挤压机制：在矿车倾覆时，矿工可受到重物的挤压，除导致局部直接暴力骨折外，常伴有大面积的皮肤脱套伤。在上述三种机制中，碰撞是矿车伤最常见、最基本的致伤机制。但事实上绝大部分伤是多种致伤机制共同作用的结果。

二、救治特点与急救程序

（一）救治特点

由于四肢骨折大多为多发伤中的一种损伤，所以往往伤情复杂，在其急救过程中，首要的任务是从复杂的各部位创伤中分辨出对伤员生命威胁最重的创伤，优先予以处理。通常危及伤员生命的危险因素依次为呼吸障碍、循环障碍和中枢神经系统损伤等。

（二）为了更快捷、更全面地发现对生命威胁最大的创伤，紧急诊治可按以下工作程序进行

1．ABCDEF 程序

A（airway）气道：指呼吸道是否通畅。

B（breathing）呼吸：指有无胸部影响呼吸功能。

C（circulation）循环：包括对周围循环血容量（大出血）的判断及心泵功能（心包填塞）的估计两个方面。

D（disability）神经系统障碍：包括对颅脑损伤的估计和脊柱脊髓损伤的判断两个部分。

E（expose）暴露：指在上述工作程序完成后，充分暴露伤员全身，检查和发现除上述部位以外的重要脏器创伤。

F（fracture）骨折：四肢骨折的判断。

2．CRASH PLAN（诊断计划）的思维和思维程序　Cardinac（心脏），respiratory（呼吸），abdomen（腹部），spine（脊柱），head（头颅），pelvis（骨盆），limb（肢体），arterise（动脉）nerves（神经）。

由于各部位创伤对全身情况均有不同程度的影响，由此在对全身性创伤实施急救的过程中，应尽早开展各部位伤的救治工作。

三、骨折的现代治疗

四肢是最常见的创伤部位之一，其救治工作必须在首先处理危及生命的严重合并伤和并发症的前提下实施。对开放性损伤和骨折的伤员应该在全身情况基本稳定的情况下，不失时机地尽早开展救治工作。感染的发生与创面的开放有关，脂肪栓塞综合征的发生则与四肢骨折制动的早晚有明确关系，四肢骨折的早期制动也有利于休克等并发症的防治和伤员的搬运。对于感染的防治，首先应加强此方面的认识，自接诊之时就要明确其感染并发症发生率较高的特点，具备防治感染的意识，尽早清创，视情况适时地闭合创面。在四肢骨折的制动方面，除常用的石膏或夹板超关节固定方法外，近来发展的各式简易骨外固定器技术简便、安全、有效，在四肢骨折的治疗中有明显的优越性。

（一）四肢长骨干骨折的外固定器

用骨外固定器治疗骨折由来已久。近年来，随着外固定器械的改进、完善，及应用技术的提高，

外固定技术广泛地应用于交通伤骨折的治疗。应用于临床的外固定器可分为3种：①单边式；②双边式；③多边式。由于双边及多边式外固定架的固定针要穿骨骼及其两侧软组织，有损伤血管、神经等重要组织的潜在危险，且不利于功能活动。故近年来单侧外固定器以其结构简单、能万向调节、创伤小等优点而得到越来越广泛的应用，单侧多功能外固定器是在吸取国内外先进外固定器特点的基础上，结合机械制造方面的新工艺，经多方改进研制而成的一种系列性的骨外固定装置，经多家医院临床应用效果满意。该固定器设计合理，采用球形万向关节，能做360°旋转，多向调节，结构简单实用，操作使用方便，能够整复各种骨折的移位，并发症少，易推广。单侧多功能外固定器经过动物实验和研究证明，其稳定性好，固定牢固，承重力大，符合生物力学要求。其固定针为螺纹针，具有很强的抗拔力，防止固定针松动。该固定器具有很强的灵活性，其调节装置可进行延长或压缩，以维持肢体长度，对骨端的加压能使骨端获得牢固的稳定性。当骨痂形成后，外固定支架去动力加压化，增加骨折端生理应力刺激，加速骨折愈合。外固定架用途广泛，适用于任何四肢长管状骨骨折，可用单侧角度外固定器，这种简单的术式后，患者可相对较早地进行功能锻炼，特别是老年伤员和一般状况不佳的患者尤为适合。

（二）带锁髓内钉技术

髓内钉固定是20世纪治疗骨折取得的最大进展之一，德国骨科医生KUNTSCHER（1960—1972）以其毕生精力从事髓内钉设计、研究，及临床应用工作，为髓内钉的发展作出了巨大的贡献，为现代发展的带锁髓内钉及闭合穿钉技术奠定了牢固的基础。带锁髓内针的突出优点是扩大了原髓内钉的手术指征，原股骨髓内钉只适用于中上1/3横形或短斜形骨折，而带锁髓内钉扩大至中下段任何类型骨折。提高了骨折愈合率，并降低了感染率。近年来带锁肱骨髓内钉相继问世。不需扩髓，直径较小的实心胫骨髓内钉可急症应用于开放性小腿骨折，取得了满意的治疗效果。锁钉或拉力螺钉指向股骨头方向的设计，使股骨干中上段粉碎骨折、合并股骨颈或转子间骨折的股骨骨折的髓内固定手术一次完成。X线影像增强设备的改进及推广，手术器械及骨科手术台的更新，更加突出了这一治疗方法的优势，因而引起人们的再次关注。近年来，锁钉导向器械日益精确，使患者及术者可避免X线的接触。C臂激光导向装置将替代X线器械，闭合穿钉技术将变得更加完善、安全。

第七节　开放性骨折的分类与治疗

开放性骨折是创伤骨科的常见病、多发病，随着社会的发展，现代化高速工具的使用，所造成的开放性骨折日趋严重，病情越发复杂，治疗更加困难。

一、分类

对开放性骨折的分类关系着治疗方法的选择和评估预后。

Anderson[6] 依据软组织损伤的程度将开放性骨折分为3型。Ⅰ型：伤口不超过1 cm，伤缘清洁；Ⅱ型：撕裂伤长度超过1 cm，但无广泛软组织损伤或皮肤撕脱；Ⅲ型；有广泛软组织损伤包括皮肤或皮瓣的撕裂伤、多段骨折、创伤性截肢，及任何需要修复血管的损伤。

1984年Gustilo[7] 在临床应用中发现此种分类的不足，又将Ⅲ型分为3个亚型；即ⅢA：骨折处仍有充分的软组织覆盖，骨折为多段或为粉碎性；ⅢB：软组织广泛缺损，骨膜剥脱，骨折严重粉碎，广泛感染；ⅢC：包括并发的动脉损伤或关节开放脱位。Anderson-Gustilo的分类法是目前国际上最常用的方法之一。

王亦璁[8]根据创伤机制分类，按开放伤口形成的原因将开放性骨折分为：①自内而外的开放性骨折；②自外而内的开放性骨折；③潜在性开放性骨折。

朱通伯[8]则按创口大小，软组织损伤的轻重、污染程度和骨折端外露情况，将开放性骨折分为3度。Ⅰ度开放性骨折：皮肤被自内向外的骨折端刺破，创口在3 cm以下，软组织挫伤轻微，无明显污染和骨折端外露；Ⅱ度开放性骨折：创口长3 ~ 15 cm，骨折端外露，有中等程度的软组织损伤，污染明显；Ⅲ度开放性骨折：创口在15 cm以上，骨折端外露，软组织毁损，常合并神经、血管损伤，污染严重。

另外，还有将新鲜开放性骨折按骨折局部伤情特点进行3级分类：Ⅰ级开放性骨折：骨折处伤口小于3 cm，伤口污染轻；Ⅱ级开放性骨折：骨折处伤口大于3 cm，伤口污染重，或有骨折端外露，或有皮肤撕脱、皮肤缺损；Ⅲ级开放性骨折：开放性骨折合并血管、神经损伤。

总之，不论如何分类，都是为了更好地指导临床治疗；因此只有准确地掌握开放性骨折临床上的不同特点，才能做出合理的治疗方法选择。

二、治疗

开放性骨折的治疗既要保证骨折的愈合，又要避免伤口的感染，还要尽快地恢复肢体的功能。这一直是创伤骨科的难题。开放性骨折的治疗包括清创、骨折固定、伤口闭合，及抗生素的应用等几个主要方面。

（一）彻底清创

清创是治疗开放性骨折的基础，彻底清创是预防感染的关键。对污染的新鲜开放性骨折，在细菌繁殖和侵入组织的潜伏期内（伤后6 ~ 8小时）施行清创术，彻底切除染菌的创面、失活的组织和异物，清洗干净后将创口闭合，可以避免发生感染。遗留少数细菌通常能被健康组织消灭。因此，朱通伯提出清创术时限问题，他指出：在6 ~ 8小时以内的新鲜伤口经过彻底清创闭合术后，绝大多数可以一期愈合；在8 ~ 10小时时以后，感染的可能性增大；24小时后感染就难以避免了。因此必须努力争取在6 ~ 8小时内施行清创闭合术；在8 ~ 24小时之间的创口仍可做清创术，但早期是否闭合应根据创口情况而定；超过24小时的创口通常不宜做清创术。因为这时细菌已大量繁殖，创口已感染，清创可摧毁已形成的肉芽组织屏障，使感染更加扩散，有害无益。可敞开创口换药，清除明显坏死组织和异物，使引流通畅，严密观察，根据情况再决定处理方法。

现代清创术特别强调应用喷射生理盐水或喷射脉冲冲洗法冲洗创面，它可使异物和污染物松动，容易清除，清创效果要比其他方法高出数倍。冲洗后创口还应先后使用术毕泰、双氧水浸泡，以利于进一步杀灭致病菌。预防性深筋膜纵行切开也是现代清创术要求之一，它可以防止术后可能发生的骨筋膜室综合征。

（二）骨折的处理

骨折固定是治疗开放性骨折的中心环节。骨折固定除具有维持骨折复位、保障骨折愈合、实现肢体早期锻炼、促进功能恢复的一般作用外，对开放性骨折来说更具有消除骨折端对皮肤的威胁，减少污染扩散，便于重要软组织（血管、神经、肌腱）修复，利于伤口闭合的特殊意义。

开放性骨折的固定，20世纪60年代以前基本上是以外固定为主，主要是石膏固定；20世纪60年代初以后开始逐渐使用内固定，但当时被视为违反原则。由于内固定所取得的良好疗效，使人们信服，到20世纪70年代内固定治疗开放性骨折已被人们接受。但内固定治疗开放性骨折也同时出现不少难以解决的问题。20 世纪 70 年代中期以后金属架外固定器治疗开放性骨折迅速发展起来，它大大地充实了治疗开放性骨折的手段，明显地提高了开放性骨折的治愈率。

治疗开放性骨折不同于闭合性骨折，它容易发生感染和坏死。因此处理开放性骨折要求迅速，尽量减少对组织的再损伤。骨折的固定方法应以简单、迅速、有效为原则。李文锋、梁进等指出：石膏、夹板、骨牵引虽然简单、迅速，但不能达到骨折的有效固定，骨折端的异常活动不仅威胁伤口皮肤的愈合，更能增加污染扩散的机会；内固定方法由于操作复杂，对严重污染创伤者感染的发生率也将因内固定手术而大大增加。外固定器操作迅速简便、固定可靠、调节容易，且便于局部创面的处理，故在处理开放性骨折中具有独特的优越性。李起鸿认为，骨折固定方法的选择，应根据患者全身情况、伤口能否安全闭合，及骨折类型来判断：Ⅰ型骨折可考虑Ⅰ期闭合伤口和骨折内固定；Ⅱ型和Ⅲ型骨折应优先选用外固定器行骨外固定，后者具有方法简便、创伤小，并兼有骨折固定和便于观察处理伤口的优点。朱通伯在开放性骨折的处理中强调，若未在 6 ～ 8 小时内做清创术，则污染的细菌已经渡过潜伏期，而到了按对数增殖阶段，清创术已不可能做到非常彻底；对软组织损伤和污染严重的Ⅲ度开放性骨折清创也难有绝对把握。在这种情况下，内固定手术将异物植入损伤区内，对其异物表面的细菌，机体抵抗力和有效的治疗都难以充分发挥作用，因此增加了发生感染的危险。如果发生感染，这些金属固定物都将成为与机体难于相容的异物，形成感染不愈的因素，异物不除，感染不止。应用外固定架能兼顾骨折固定和方便创口治疗。他主张：Ⅲ型开放性骨折，超过 6 ～ 8 小时清创的Ⅱ度开放性骨折，严重的粉碎性骨折或有骨缺损的Ⅱ、Ⅲ度开放性骨折，及已感染的开放性骨折应采用外固定架治疗。

（三）伤口的处理

将伤口闭合，争取一期愈合，使开放性骨折转化为闭合性骨折是清创术的主要目的。伤口一期处理是否得当，与感染的发生有着密切关系。经过彻底清创后的伤口原则上应一期闭合。伤口的闭合也应以最简单有效的方法为基础：直接缝合、减张缝合、游离皮片移植、转移皮瓣等都是常用的伤口闭合方法。对脱套伤及潜在剥离的皮肤，不可直接原位缝合，应将其切下做“反取皮”处理后再植。应该强调指出的是一期闭合伤口必须在无张力下进行，绝对不可勉强直接缝合，否则创口内部张力增大，血液供应受阻造成皮肤边缘及深部组织缺血坏死，使发生感染的危险增加。对来院较晚，污染严重的病例，我们主张清创后用邻近组织覆盖裸露的血管、神经、肌腱，及骨骼，敞开伤口以无菌湿敷料覆盖创面，严密观察，必要时 2 日后在严格无菌条件下再次清创，1 周内如无坏死感染发生，则以游离植皮、转移邻近带蒂皮瓣、筋膜皮瓣、肌皮瓣等闭合伤口。这种延期一期闭合伤口的方法，实践证明安全性强，手术时间短，避免了皮肤坏死和感染，效果好。尽管现代显微外科的发展大大丰富了闭合伤口的手段，但由于开放性骨折创口周围组织都有不同程度的创伤反应，软组织缺损时吻合血管的游离组织瓣移植易于失败，因此不宜选用。

（四）抗生素的应用

在开放性骨折的治疗中，预防感染的关键是早期及时彻底地清创以及清创术中的严格无菌操作。但即便如此，仍会有一定数量的细菌生长，因此抗生素的应用仍属必要。特别是对那些来院较晚，损伤污染严重，估计清创不可能彻底的病例，抗生素的应用意义更大。预防性抗生素的应用其效果与用药时机、用药途径、创口局部抗生素浓度及细菌，对抗生素的敏感程度等因素有关。研究证实，术前 2 小时内及术中用药，效果优于术后。给药途径以静脉给药最适宜。局部给药创口抗生素浓度可以达到全身给药的 100 ～ 200 倍。由于局部浓度高，即使某些在全身用药时对细菌不敏感的抗生素，在局部高浓度药物作用下仍可达到杀菌或抑菌的效果。同时在局部，抗生素以静脉途径给药，除维持局部高浓度具有较强杀菌作用外，由于抗生素液是在一定压力下由健康组织向污染组织流动，这样就有可能将创缘组织中小静脉内可能存在的污染和菌栓冲出。这种冲洗方法显然要比从创口直接冲洗的效果要好，由于抗生素液的这一冲洗作用，使清创时难以达到的一些无效腔内也有足量的抗生素，而这些部位又常是感染的发源地。为准确选用抗生素，现代清创术要求清创前后必须采样进行细菌培养及药敏试验，这对预防和治疗感染有着重要意义。近年来，国内外学者均提倡在清创术后，创口内各层中放置抗生素缓释剂，如庆大霉素明胶微珠、庆大霉素胶原海绵，作为常规用药。实践证明它对预防和治疗局部感染安全有效。开放性骨折的治疗，既要保证骨折的愈合又要防止伤口的感染，一直是个棘手的难题，国内外各家对开放性骨折治疗效果的报道差异很大。作者认为，提高开放性骨折治疗效果的关键是要及时正确地进行一期处理。有作者在认真分析伤情的基础上，将开放性骨折进行 3 级分类，以 3 级分类为标准，对 3 级不同损伤进行相应处理的程序疗法，其实质就是抓住一期处理这一环节，旨在使临床一线青年医师面对各种四肢开放性骨折，做到心中有数，在治疗上形成一个标准化程序概念，处理时能做到得心应手，及时准确，保证疗效。

（梁春雨　赵晓燕）

主要参考文献

[1] Letournel E，Jedet R. Fractures of the acetabulum. ed2，Berlin，Springer-Verlag，1993，165-231.

[2] Muller ME，Nazarian S，Koch P. The comprehensive classification of fractures of the long bones．New York：Springer Verlag，1990：118.

[3] Wolff J. Das Ges etz der Trans formtion der knochen．Berlin：Hirschwald，1892，11-13.

[4] Dror Paley，M. Christine Young，a. Murray Wiley，et al. Percutaneous bone marrpw grafting of fractures and bone defects．(an experimental study in rabbits)，Clin Orthop，1986，208：300.

[5] Salama R. Xenogenie bone grafting in hmunas. Clin Orhtp，1983，APr：(174)：113-121.

[6] Anderson JT，Gustito RB. Immediate internal fixation in openfractures. Orthop clin North American，1980，11（3）：569-578.

[7] Gustito RB，Mendoza RM，Williams DN. Problems in the manage-ment of type（severe）open fractures；A new Classification of type open fractures. J Trauma，1984，24（8）：742-726.

[8] 王亦璁．如何掌握开放骨折的治疗原则．中华骨科杂志，1997，17（7）：467-469.

[9] 朱通伯．处理开放性骨折及关节创伤的新观点．中华骨科杂志，1995，15（6）：393-396.

第十七章

骨盆骨折的救治

第一节　骨盆的解剖及生物力学

骨盆位于人体躯干基底，支撑头胸腹部并连接躯干及下肢，支持体重。其结构坚固，适应在站立负重及活动时的生物力学要求。故骨盆骨折多继发于交通事故伤、高处坠落伤等严重暴力，且多为全身多发伤的一部分。骨盆骨折发生率占全身骨折总数的 1% ～ 3%，其中 7% ～ 10% 为不稳定型骨折[1]。即使能够存活下来，患者畸形愈合、创伤性关节炎、双下肢不等长等并发症的发生率也很高，文献报道为 50% ～ 60%[2]。随着对骨盆骨折治疗的不断深入研究，不同学者主张对不稳定型骨盆骨折采取不同的手术固定方式，以期降低死亡率和致残率。

一、解剖

骨盆由左右的髋骨与骶骨、尾骨借左右骶髂关节、耻骨联合和骶尾联合，及骶棘韧带、骶结节韧带连接成盆状，位于躯干和下肢的结合部。骶骨岬和两侧髂骨弓状线、耻骨梳和耻骨结节形成一环状线，线上部分无骨性前壁称为大骨盆；线下为骨性的小骨盆。骶髂关节属滑膜微动关节，由骶骨及尾骨的耳状关节面构成。骶髂关节囊薄弱，但关节周围有 6 条不同走向的韧带，组成稳定关节的坚韧结构，分别为骶髂前韧带、骶髂后韧带、骶髂骨间韧带、髂腰韧带、骶结节韧带、骶棘韧带。其中骶髂后韧带和骶髂骨间韧带的结构类似于悬吊式桥梁的钢索，将前宽厚窄的骶骨悬吊固定于两髂骨之间，是骶髂关节后方的主要稳定机制。除此之外，骶骨上宽下窄，卡于两髂骨之间，如拱门结构，负重越大嵌合越紧。由于有特殊的骨解剖形态和多条韧带加强，骶髂关节极为稳固，只有在高能量暴力作用下，才能损伤。耻骨联合位于左右耻骨联合面之间，联合面上被覆透明软骨，借纤维软骨板连接，称为耻骨联合。其周围有耻骨上韧带、耻骨前韧带、耻骨后韧带，及两侧耻骨下支之间的弓状韧带加固。小骨盆上下口之间为盆腔。盆腔分为盆腹膜腔、盆腹膜下腔和皮下腔 3 个层次。其中盆腹膜腔内容纳部分直肠、结肠和回肠，在女性还有子宫、附件，及阴道的最上部。盆腹膜外腔容纳直肠、膀胱的腹膜外部、输尿管的盆部，及盆内动静脉、神经。此外，男性的前列腺、精囊、输精管，女性的子宫颈和阴道上部也位于此间隙中。盆皮下腔前部有尿道及女性阴道，后部为直肠末端。

二、生物力学

左右髋骨和骶骨借助双侧骶髂关节和前方的耻骨联合连成一体，形成一完整的骨盆环。两侧髋臼连线将骨盆环分为前后两部分。骨盆后部是主要的承重部分，称为承重弓，其由股骶弓（站立位时）和坐骶弓（坐位时）组成，临床称之为后环。骨盆前部由双侧耻骨上下支与耻骨联合构成的弓状结构联结两侧承重弓称为联结弓，临床上称为前环。

前环的作用是防止后环向中线移位或分离，是稳定和加强后环的力学因素。前环和后环骨骼内部骨小梁的排列与作用与弓的力线一致，但后环结构较前环更为坚强。对骨盆的稳定性来讲，前环包括耻骨联合和坐骨支提供骨盆环稳定性的 40%，而后环结构骶髂复合体、骶棘韧带和骶结节韧带提供骨盆环稳定性的 60%。故当骨盆环遭受外力时，相对薄弱的前环就可发生骨折，而当遭受强大暴力时，后环破裂的同时，往往前环也有损伤。

第二节　骨盆骨折的伤因与病理

一、发病率

据外国文献报道，骨盆骨折的发病率在 20 ~ 35.2/（10 万・年），占骨关节损伤的 1% ~ 11%，占住院患者的 1.5% ~ 3.4%，但休克的发生率可高达 19% ~ 50%，不仅合并伤多（膀胱伤 6% ~ 11%、尿道伤 4% ~ 14%、直肠伤 1.2% ~ 3.4%、骨盆神经伤 10% ~ 15%、血管伤 2.4% ~ 20%、在女性生殖道伤为 13.6% ~ 17%），而且常伴有颅脑、胸、腹或骨与关节的损伤。特别是重度骨盆骨折，因容易引发脂肪栓塞综合征、凝血障碍、全身炎症反应综合征、感染、器官功能不全综合征、血栓 - 栓塞症等并发症，多危及伤员的生命，其死亡率可高达 5% ~ 20%，开放性的骨盆骨折更可达到 30% ~ 50%。而我国的有关报道为，在所有骨折中，骨盆骨折占 1% ~ 3%。在因交通事故死亡的患者中，骨盆骨折是第三位死亡原因。骨盆骨折的发生率有两个年龄段高峰：20 ~ 40 岁；65 岁以后。

二、致伤原因

大致可分为两大类型：一类是低能量伤，大部分为稳定性骨折，如发生在青年的因肌肉骤然用力收缩而致的撕脱骨折，常见的有髂嵴骨骺、髂前上棘、坐骨结节撕脱骨折；发生在老年人的因跌倒所致单纯髂骨或耻骨、坐骨骨折。此类骨盆骨折处理相对简单，予以休息、止痛、牵引等治疗，患者很快即可恢复正常活动。第二类是由高能量致伤，特别是交通事故造成的损伤，此类骨盆骨折常伴有严重的软组织损伤及其他骨骼的骨折，且骨盆骨折本身大多为不稳定性骨折。骨盆的稳定有赖于骨盆前、后弓，特别是后弓的完整性，在整个后弓的构件中，位于骶椎外侧块和骶椎体之间的骶神经通道是潜在的薄弱部位，此部位常易损伤而造成骨盆不稳定性骨折。通常，临床工作中将高能量外力致伤的、骨盆环失去稳定性、多有合并伤或伴多发伤者称为重度骨盆骨折。此类骨折处理十分困难，困难不在于骨折本身，而在于其引起复杂的并发症。

骨盆骨折的致伤机制多系直接暴力所致，其中骨盆左、右侧面与前、后面被机动车辆或倒塌重物挤压是最常见的外伤。骨盆由侧面受到挤压时，损伤多局限于耻骨支和耻骨联合处，骨折可能包括一侧耻骨单支或上、下支骨折，或两侧耻骨上、下支骨折，有时可伴有一侧髂骨骨折。骨盆由前、后受到挤压，如患者被车辆撞挤于固定物上，则将造成耻骨部和髂骨部联合骨折，其损伤可能包括耻骨联合分离合并骶髂关节脱位，或耻骨联合分离合并髂骨骨折，或一侧耻骨上、下支骨折合并同侧骶髂关节脱位或髂骨骨折。间接暴力致伤如肌肉突然收缩引起的髂前上棘撕脱骨折、跌倒后引起的尾骨骨折等。

骨盆位于躯干与下肢之间，是负重的主要结构；同时盆腔内有许多重要脏器，骨盆对之起着保护作用。因此骨盆骨折有两大主要后果，一是可能造成骨骼系统功能障碍，即失去躯干与下肢之间的桥梁作用；二是可能造成盆腔内重要脏器损伤，导致相应部位功能障碍。

三、合并症

在1890年之前，骨盆骨折的死亡率为84%，到1905年下降至50%；在1905—1916年大约为40%；在20世纪30年代，大约为30%；在近20年，由于诊疗器械的发展、应用扩充血容量、早期外科技术的应用、各种监测技术等广泛的开展，骨盆骨折的死亡率下降至5% ~ 20%。在死亡的病例中，虽然年轻人较易遭受高能创伤，但老年人还是占死亡病例的大多数。早期死亡原因主要是出血性休克、多器官功能衰竭，及败血症；另外与骨盆骨折的严重度、是否合并有脑外伤、胸外伤、腹部外伤，及是否及时送往医院等有关。

骨盆骨折的主要危险在于其合并症，其中骨折引起的出血性休克是导致死亡的第一位因素。出血的危险性不仅仅是指大的动、静脉受损，还包括骨折表面的渗血不止及静脉丛受损，有时甚至几种出血源同时存在。骨盆中有4组血管，即后中环包括髂腰动静脉、骶外侧动静脉、臀上动静脉，主要供应骨盆后部的骨组织血运，当骨盆后段骨折如骶髂关节骨折脱位、骶骨和髂骨骨折时，可损伤后中环血管；前中环包括闭孔动静脉（在耻骨后方经越闭孔）、阴部内动静脉、髂外动静脉及其分支，当耻骨、坐骨，及耻骨联合骨折分离时，可伤及前中环血管；两侧侧环为髋臼部，为双侧闭孔动静脉及分支，髋臼骨折可伤及。此外，盆腔内还有异常丰富的静脉丛，为动脉面积的10 ~ 15倍，主要围绕盆腔内壁，且相互通连，构成“血管湖”。在严重复杂的骨盆骨折，可致数组血管同时受损，并伤及静脉丛，当骨折为开放性时更会引起不可控制的大出血而致死亡。在骨盆盆腔内还有诸多脏器，依其内容可分为3层，即骨盆腹膜腔，其内有直肠、小肠、结肠；骨盆腹膜下腔，其上为腹膜，下为盆筋膜，腔内有膀胱和直肠的腹膜外部分，女性还有子宫和阴道；骨盆皮下腔，位于盆筋膜下面和皮肤之间，相当于会阴部，前有泌尿生殖器官，后为直肠末端。骨盆骨折可引起相应部位的内脏损伤。在盆腔内还有重要的神经丛及神经干，主要有骶丛等贴于骶髂关节和骶骨盆面，当骶髂关节部骨折脱位时，可损伤神经丛；神经干有坐骨神经，可受到骨折端的牵拉、挫伤，当骶骨骨折错位时可伤及骶神经根，闭孔神经在耻骨上、下支骨折时也可受损。

第三节　骨盆骨折的分类

一、一般分类

由于解剖上的复杂性，骨盆骨折有多种分类。

1．依骨折部位分为坐骨骨折、髂骨骨折、耻骨支骨折、坐骨支骨折等。

2．依骨折的稳定性或是否累及骨盆负重部位而分为稳定性与不稳定性骨折。

3．依致伤机制及外力方向分为前后受压及侧方受压骨折。

4．依骨折是否与外界交通分为开放性或闭合性骨折。

二、Watson-Jones 分类法

1938 年，Watson-Jones 将骨盆骨折脱位分为 3 型：

Ⅰ型：因肌肉骤然猛力收缩引起的撕脱骨折。

Ⅱ型：因撞击引起的骨盆环的骨折脱位。

Ⅱ-a：单独的髂骨损伤成骶髂半脱位；

Ⅱ-b：骨盆环的复合损伤，包括耻骨部分两处以上损伤和髂骨、耻骨的复合损伤。

Ⅲ型：骶、尾骨损伤。

三、Peltier 分类法

1965 年，Peltier 根据骨折部位是否通过骨盆负重区将骨盆骨折分为 2 型：

Ⅰ型：为不影响骨盆负重的骨折，占 47%。包括：①骨盆撕脱骨折；②单发性髂骨翼骨折（Duverney 骨折）：系髂骨翼受到直接打击所致，临床上常见，腹壁强直、压痛，诊断上易与急腹症等混淆，需摄 X 线片以明确诊断；③一侧或双侧耻骨支骨折，常伴有生殖道损伤。

Ⅱ型：影响骨盆负重的骨折，占 53%，包括：①单一骶骨骨折；②髋臼骨折或髋关节中央脱位；③耻骨联合分离；④半骨盆骨折，即 Malgaigne 骨折。

四、Conolly 和 Hedberg 分类法

1969 年，Conolly 和 Hedberg 将累及从脊柱到髋臼这条负重线的骨盆骨折或耻骨双侧同时上下支骨折归为严重骨盆骨折，其余的骨盆骨折为不严重骨折。严重骨折包括髋臼骨折、耻骨支双侧骨折、耻骨联合分离和骶骨骨折；不严重骨折包括单侧耻骨支骨折、髂骨单一骨折、骨盆各部的撕脱骨折。

五、Key 和 Conwell 分类法

1951 年，Key 和 Conwell 提出的分类方法较合理明了，将骨盆骨折分为 4 型，各型又有几个亚型。

Ⅰ型：为骨盆环的完整性不受破坏的单一骨的骨折，其中有：①撕脱骨折；②耻骨或坐骨骨折；③髂骨翼骨折；④骶骨骨折；⑤尾骨骨折脱位。

Ⅱ型：为骨盆环单处断裂的骨折，其中有：①一侧耻骨上、下支骨折；②耻骨联合分离；③骶髂关节分离或其附近骨折。

Ⅲ型：为骨盆环双处断裂的骨折，其中有：①一侧耻骨上、下支骨折合并同侧骶髂关节脱位或髂骨骨折；②耻骨联合分离合并一侧骶髂关节脱位或髂骨骨折；③两侧耻骨上、下支骨折；④耻骨

联合分离合并一侧耻骨上、下支骨折；⑤骨盆环多处骨折。

Ⅳ型：为髋臼骨折（移位和不移位）。

六、Tmnkey 分类法

1974 年，Tmnkey 按粉碎性、不稳定、稳定三方面将骨盆骨折分为 3 型：

Ⅰ型：为粉碎性骨折，即骨盆前后环 3 处以上骨折，常不稳定，约占 25%。

Ⅱ型：为同侧前后环骨折移位，即 Malgaigne 骨折，为不稳定型，需要固定或牵引以减轻出血或维持负重部的位置，此型骨折占 32%。

Ⅲ型：是骨盆孤立性骨折，骨盆环无破坏，为稳定型，占 43%。

七、Pennal 分类法

从 1980 年 Pennal 的分类法出现以后，现代的分类方法开始更加注重受伤机制、血流力动学和骨骼的稳定性。Pennal 提出按外力方向分为 3 种类型：

Ⅰ型：为由前后方向压力造成的骨折，又分为 2 个亚型：

Ⅰ-a：开书式骨折即耻骨联合的破裂，常伴骶髂前韧带断裂，后韧带一般完整，属稳定性骨折；

Ⅰ-b：骑跨伤：即双侧耻骨上、下支骨折。

Ⅱ型：为由侧方压力挤压骨盆，使该侧半骨盆内旋，产生各种不同的骨折，有 4 个亚型：

Ⅱ-a：包含同侧前、后部位损伤，通常为一侧耻骨支骨折伴同侧骶骨、髂骨或骶髂关节骨折；

Ⅱ-b：包含一侧后部损伤对侧前部损伤，如一侧耻骨支骨折伴对侧骶髂部损伤，常可致肢体短缩内旋；

Ⅱ-c：双侧耻骨上、下支骨折并骶髂骨骨折；

Ⅱ-d：混杂性骨折，包含单一耻骨支骨折并髋臼骨折，单独的一侧耻骨上、下支骨折。

Ⅲ型：为由垂直剪切力如沿身体纵轴的暴力（高空坠下等）或高速车辆事故造成的骨折，包含耻骨联合分离或耻骨支骨折合并后部的骨折，如骶骨、髂骨骨折或骶髂关节分离。常伴有伤侧骨盆向后上移位。

八、Tile 分类法

1988 年，Tile[3] 在 Pennal 分类的基础上，提出了稳定性的概念。根据骨盆骨折的稳定程度将骨盆骨折分为稳定骨折（A 型）、旋转不稳定，垂直稳定骨折（B 型）、旋转及垂直均不稳定骨折（C 型）（表 17-1）。贾健 [4] 认为该分型方法有以下优点：①有助于制订个体化治疗方案。A 型骨折一般采取保守治疗。B1 型骨折可采用外固定支架或前方钢板固定。B2、B3 型骨折较稳定者保守治疗，卧床休息；不稳定者应对前后环固定治疗。C 型骨折前环可用外固定架或前路钢板固定，后环根据情况可采用骶髂螺钉、钢板、骶骨棒固定治疗。②与损伤严重度评分（injury severity score，ISS）有一定关联性。③强调骨折移位方向及稳定性。④可间接反映软组织损伤情况。⑤在一定程度上提示远期疗效。

同年 Cryer 进一步修改完善这个分类法。根据受伤后急诊所摄骨盆前后位 X 线平片，按骨折移位程度及裂缝宽度分类。将不稳定性骨折定义为骨盆环上任何部位（前、后部位或髋臼）骨折有 0.5 cm 以上的移位或裂缝者。其余为稳定性骨折。他在一组 245 例骨盆骨折病例中，发现依改进后的分类标准，能对临床救治起指导作用；不稳定型骨折伴腹内损伤的可能性较大，动脉损伤率较高，出血量大；出血量在 4 个或 5 个单位以上者占 50% ~ 69%，出血量在 10 个单位以上者占 30% ~ 49%，有腹内损伤者占 36% ~ 55%，盆腔动脉损伤者占 6% ~ 18%。在稳定型骨折中，其出血量在 4 个单位及以上者仅占 0 ~ 2%。

表 17-1 骨盆骨折的分型（Tile 分型）

A	B	C
A 型：	B 型：旋转不稳、垂直稳定的骨盆环伤	C 型：旋转和垂直不稳定的骨盆环伤
Al：骨折未累及环，撕脱伤	B1：外旋不稳定，开书损伤	C1：单侧伤
Al-1：髂前上棘	B1-1：单侧伤	C1-1：骨折通过髂翼
Al-2：髂前下棘	B1-2：移位＜ 2.5 cm	C1-2：骶髂关节脱位和骨折移位
Al-3：坐骨结节	B1-3：移位＞ 2.5 cm	C1-3：骶骨骨折
A2：稳定、轻微移位	B2：内旋不稳定，侧方挤压伤	C2：双侧伤，一侧旋转不稳，一侧旋转和垂直
A2-1：髂骨翼骨折	B2-1：同侧前后环伤	C3：双侧伤，两侧旋转或垂直均不稳
A2-2：仅前环骨折	B2-2：一侧前环和对侧后环伤	
A2-3：骨盆环稳定、无移位或轻微移位	B2-3：双侧后环旋转不稳	
A3：骶骨或尾骨骨折无移位		
A3-1：骶骨横骨折无移位		
A3-2：有移位的骶骨横骨折		
A3-3：尾骨骨折		

Young 和 Burgess 在 Tile 分型的基础上，结合患者损伤机制提出了 Young-Burgess 分型。他们将骨盆骨折按暴力方向分为侧方暴力损伤（lateral compression，LC）、前后暴力损伤（anterior-posterior compression，APC）、垂直暴力损伤（vertical shear，VS）、复合暴力损伤（complex mechanismof injury，CMI）[5]。该分类方法①注重暴力的传播途径及骨折发生的先后顺序；②注意骨折局部及伴发伤的存在，并采取相应的复苏措施；③根据患者全身情况结合骨折的具体表现选择适当治疗方法。

九、Burgess 分类法

1990 年 Burgess 和 Young 在总结 Pennal 和 Tile 分类的基础上，提出了一个更全面的分类方案。将骨盆骨折分为：① 侧方压缩型（lateral compression，LC）；② 前后压缩型（anteroposterior compression，APC）；③ 垂直压缩型（vertical shear，VS）；④混合型（combinedmechanical，CM）。

此分类系统对临床处理上有 3 点意义：①提醒临床医师注意勿漏诊，特别是后环骨折；②注意受伤局部与其他部位合并伤的存在并预见性地采取相应的复苏手段；③能使得临床医师根据伤员总体情况和血流动力学状况以及对病情的准确认识，选择最适当的治疗措施，从而降低发病率和死亡率。

以下详细叙述该分类系统。

Ⅰ型：侧方压缩型（LC），又有 3 个亚型，属于内向爆炸的一种。致伤机制：侧向暴力直接或通过股骨近端和髂嵴作用于一侧骨盆，使之发生骨折，同时该受伤侧骨盆向中线旋转。可造成腹侧骨盆韧带包括骶髂腹侧韧带、骶结节韧带、骶棘韧带和局部血管短缩，严重者骨折端可刺破相应血管。当出血发生时，骨盆环上未受损韧带可起到防止骨盆过度松散和压迫止血作用。LC 骨折前部可以是单侧、双侧或数支耻骨支骨折，但总有 1 支耻骨支为横断型骨折。后部情况则各亚型不一样。① LC-a 型：前部为典型的 LC 型骨折并伤侧骶骨压缩骨折。当临床上在一前后位骨盆 X 线平片上发现一侧耻骨支骨折时，经仔细阅读 X 线片，可见骶孔轮廓变形，边缘不平滑，表明同时存在骶骨压缩骨折。② LC-b 型：即为前部的横断骨折并同侧髂骨翼内旋骨折。机制为外侧暴力作用使骶髂关节前缘或附近髂骨翼骨折，髂骨其余部分在骨折的同时向内侧旋转，留下通过强大的背侧骶髂韧带牢固附于骶骨的后半部分髂骨，在 X 线片上表现为半月形状髂骨，称为半月形骨折。此半月形状由两个缘组成，相对直的一边是前部的骨折线，弯曲的一边包括骶髂后大半部，髂后上、下棘，及坐骨大切迹顶的大部。③ LC-c 型：具有 LC-a、LC-b 型骨折特点，同时伴有对侧“开书式”（APC）损伤。特征为暴力过于强大，受打击的一侧半骨盆向内旋转而对侧半骨盆向外侧旋转。常见于行人受高速行驶车辆撞击且车辆碾过骨盆而造成此种损伤。

Ⅱ型：前后压缩型（APC），也有 3 个亚型。致伤机制为前、后向暴力挤压骨盆，使骨盆前、后部发生骨折脱位。特点是耻骨联合分离或耻骨支垂直方向骨折，没有半侧骨盆向头侧移位，伴有骶髂关节不同程度的分裂（各亚型不尽相同）。临床上如果最初发现 X 线片上有耻骨联合分离或耻骨支纵向（垂直）骨折，应仔细观察双侧骶髂关节，一般可发现一侧或双侧骶髂关节分离。如果创伤力量较小，仅骶髂腹侧韧带断裂，则表现为前部分骶髂关节分离；如果暴力过大，则所有骶髂部韧带均断裂，表现为整个骶髂关节分离（但无纵向移位）。依据骶髂关节分离程度将 APC 型骨盆骨折分为以下 3 个亚型：① APC-a 型：此型少见，受前或后方暴力撞击，造成耻骨联合分离（1 ～ 2 cm）可能同时伴一侧骶髂关节轻度分离，但双侧骶髂韧带、骶结节韧带、骶棘韧带无断裂（也可能有少许拉长），骨盆分离挤压试验阴性；② APC-b 型：受前或后方暴力撞击，同一侧骶髂前韧带、骶结节韧带、骶棘韧带均撕裂，耻骨联合分离的同时伴骶髂关节前部分离，呈“开书式”骨折特征，X 线片上骶髂关节前部分离的特性可作为软组织严重损伤及与骶髂关节紧密相邻的脏器如髂内血管和腰骶神经丛损伤的影像学标志；③ APC-c 型：这是严重的 APC 型骨折，半侧骨盆包括对侧髋骨和骶骨完全从剩下的骨盆环上分离。前部是完全的耻骨联合分离，后部是包括骶髂关节（包括前后部）完全分离。其与严重的垂直压缩型骨折的不同在于半侧骨盆无垂直方向移位，而且是前后方向暴力撞击致伤。此型骨折由于后部韧带完全断裂，可有严重的脏器和血管损伤。另外，当大量出血时，由于后部韧带断裂失去“止血带”样作用，使得后腹膜腔变成巨大的空间，出血无法停止。

Ⅲ型：垂直压缩型（VS），由上、下方向的暴力致伤，例如从高处跌落双下肢伸直位着地等。造成单侧或双侧前部的耻骨联合分离或耻骨支纵向骨折，后部的骶髂关节分离，偶伴有髂骨翼和（或）骶骨骨折。特征在于有半侧骨盆的纵向移位，前后位 X 线平片可看到此特征，但以骨盆出口片看向头侧移位更加清楚，以骨盆入口片看向后侧移位也较清楚。

Ⅳ型：混合型（CM），由多个不同方向的暴力混合造成骨盆不同部位骨折，移位方向不尽相同。CM 型骨折通常由两个方向以上的暴力如前后与侧方暴力同时作用，具有 APC 型与 LC 型骨折的特点。

第四节　临床表现与诊断

一、临床表现

（一）全身表现

骨盆骨折的全身表现主要与受伤情况、合并伤、骨折本身的严重程度，及并发症等的不同而不尽相同。

低能量致伤的骨盆骨折，如肌肉骤然用力所致的骶前上棘撕脱骨折、跌倒后单纯髂骨翼骨折等，由于外力轻、无合并重要脏器损伤、骨折程度轻，及无并发症发生，则全身情况平稳。高能量致伤的骨盆骨折，特别是在交通事故中，由于暴力强大，受伤当时可能合并颅脑、胸部、腹部脏器损伤，且骨折呈不稳定型，并发血管、盆腔脏器、泌尿生殖道、神经等损伤，此类伤员可出现全身各系统损伤的症状体征。如合并颅脑胸部伤时可有脑外伤、胸外伤的症状体征。合并腹部脏器伤时可有腹内出血、腹膜刺激症状、移动性浊音阳性、肝浊音界消失、肠鸣音消失等症状体征。严重的骨盆骨折可造成大出血，此时主要是出血性休克的表现，程度轻重不一。骨折损伤尿道及膀胱时出现排尿困难、血尿、会阴部及下肢部可有尿液外渗，下腹部有腹膜刺激症状，试插导尿管可发现血尿或导尿管无法插入，尿道逆行造影可发现尿道断裂或膀胱破裂。直肠、肛管受损时肛门指诊可发现破裂口。女性生殖道损伤时阴道指诊可有与肛指相似的发现。骨折端损伤盆腔内神经丛或神经干时可有相应的表现，如腰、骶丛，坐骨神经受损可出现下肢运动感觉障碍，马尾神经受损可有大、小便障碍，及会阴部感觉丧失。

（二）局部表现

不同部位的骨盆骨折可有不同的症状体征，下面分 3 个部分叙述：

1．骨盆前部骨折的症状体征　骨盆前部骨折包括耻骨上、下支骨折，耻骨联合分离、坐骨支骨折、坐骨结节撕脱骨折。此部分骨折脱位时腹股沟、会阴部耻骨联合部，及坐骨结节部疼痛明显，活动受限，患者不能站立和行走，会阴部、下腹部可出现淤血斑，伤侧髋关节活动受限，过伸、外展髋关节可使疼痛加重，不能自动抬高伤侧肢体，耻骨部、坐骨部明显压痛，可触及异常活动及骨擦音。骨盆分离、挤压试验呈阳性。

2．骨盆外侧部骨折的症状体征　骨盆外侧部骨折包括髂骨骨折，髂前上、下棘撕脱骨折。症状体征有骨折局部肿胀、疼痛、伤侧下肢因疼痛而活动受限，被动活动伤侧肢体可使疼痛加重，局部压痛明显，可触及骨折异常活动及骨擦音。髂骨骨折时骨盆分离，挤压试验呈阳性，髂前下棘撕脱骨折可有“逆行性”运动，即不能向前移动行走，但能向后倒退行走。

3．骨盆后部骨折的症状体征　骨盆后部骨折包括骶髂关节脱位、骶骨骨折、尾骨骨折脱位。症状体征有骶髂关节及骶骨处肿胀、疼痛，活动受限，不能坐立翻身，严重者疼痛剧烈，局部皮下淤血明显，肢体不能活动，骨盆变形，两侧不对称，伤侧髂嵴升高、下肢短缩、局部压痛明显。“4”字试验、骨盆分离挤压试验呈阳性（尾、骶骨骨折者可阴性）。骶髂关节完全脱位时脐棘距（髂前上棘至肚脐的距离）不等。骶骨横断及尾骨骨折者肛门指诊可触及尾、骶骨异常活动。

二、诊断

（一）外伤史

骨盆伤常由交通事故、高处坠落、重物压砸等导致，亦可由行走滑倒、肌肉骤然收缩等造成。在病史询问中，须弄清受伤的时间、受伤方式、受伤原因。如果伤员意识清醒，应询问受伤后即刻的处理方式、伤后液体摄入情况，大小便情况，女性应询问月经史、是否妊娠等。

（二）症状

见上述临床表现。

（三）检查

1．一般检查 仔细检查患者全身情况，明确是否存在出血性休克、盆腔内脏器损伤，是否合并颅脑、胸部、腹内脏器伤。

2．骨盆部检查

（1）视诊

①骨盆是否平衡：骨盆是将躯干重力均衡地传至下肢的重要环节，骨盆的平衡是整个人体姿势的基础，因而检查时应首先注意骨盆的平衡问题。

A．骨盆前后倾斜：正常人站立时，寰枕关节、肩关节、髋关节、膝关节与踝关节等的横轴都在一个垂直平面上，此时骨盆入口平面与水平面形成 60° 角，此角 > 60° 即骨盆前倾，< 60° 时为后倾（图 17-1）。

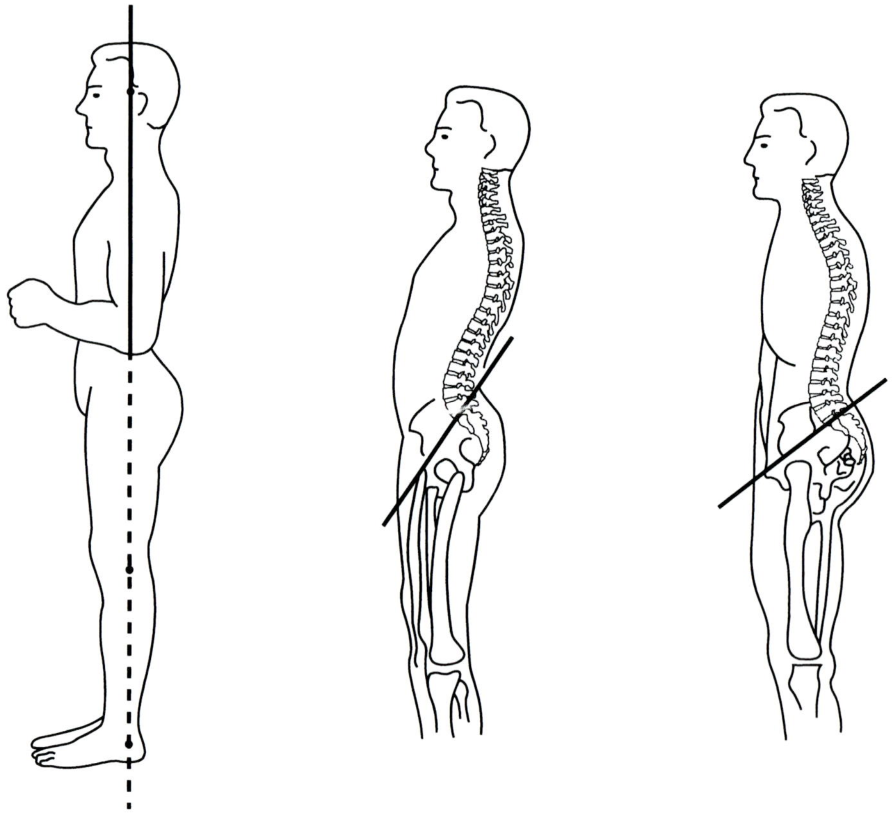

图 17-1 骨盆前倾和骨盆后倾

B．骨盆左右倾斜：正常骨盆两侧髂嵴应在同一水平线上，否则即表示有骨盆倾斜现象。导致骨盆倾斜的原因很多，除骨盆环本身骨折、脱位外，常继发于脊柱侧弯、臀肌麻痹、内收肌痉挛，及双下肢不等长、关节强直等。

C．测量方法：测量骨盆有无移位畸形的方法如下。

a．剑突至髂前上棘的长度：比较两侧自剑突至髂前上棘之长度，若不等长，则表示有骨盆倾斜。

b．划线法：即自两侧髂嵴最高点作一连线，再沿躯干纵轴作一线。正常时两线相交成直角。如一侧呈明显锐角则表示对侧骨盆上移，可能为骶髂关节及耻骨联合同时向上脱位或髂骨体部及耻骨坐骨支同时骨折向上移位的结果（图 17-2）。

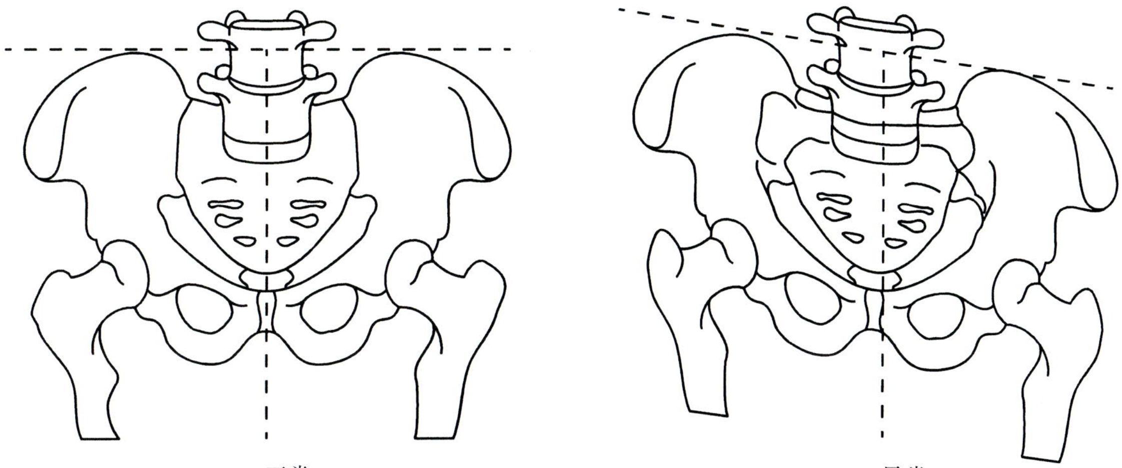
A．正常　　B．异常

图 17-2　划线法了解骨盆左右倾斜

②两侧髂后上棘有无向后凸出畸形：骶髂关节脱位时，由于髂肋肌往上牵引，患侧之髂骨向上、后移位。

③外伤患者：伤员活动受限，局部皮肤挫裂伤及皮下淤血斑存在，应特别注意腹股沟及大腿内侧股生殖皱襞部有无肿胀及淤血斑，耻骨骨折此种现象极为常见。如疑有尿道或膀胱损伤时，宜进行导尿检查。

④坐位腰部运动：骶髂关节轻度损伤患者坐位时常将患侧臀部掀起，身体偏向健侧（图 17-3）。作腰前屈时，由于骨盆相对固定，其疼痛及活动限制范围比站立时减轻，甚至无限制。

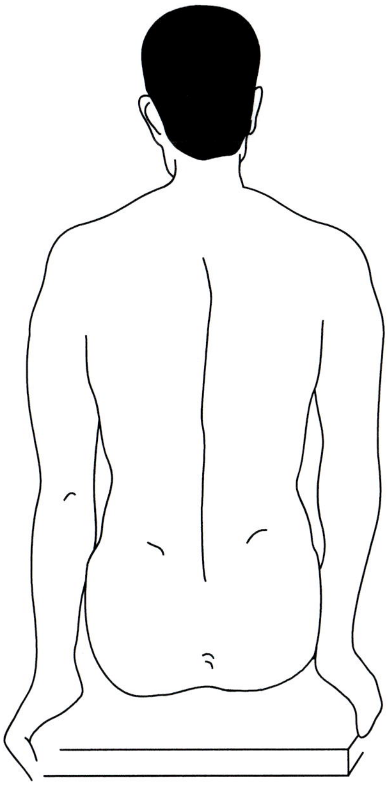
图 17-3　坐位腰部运动

（2）触诊

①骨盆骨性标志和表面解剖：为便于正确地描述和记录以及正确认识骨盆正常结构，首先应该明白骨盆的骨性标志和表面解剖。

骨盆系数个扁骨连结组成的盆形骨环。它由后部的骶、尾骨，及侧方和前方的髂骨、耻骨、坐骨联合构成。左右耻骨体在前方正中连结构成耻骨联合，耻骨联合上、外侧有耻骨结节。髂骨上缘宽厚部分为髂嵴，呈弧形，髂嵴前方骨性突起为髂前上棘，其下方的管性突起即髂前下棘因位置较深常难以触及，髂嵴后方的骨性突起为髂后上棘。站立时，从髂后上棘至髂前上棘连一线，

位情况、内固定物位置是否恰当，及骨折愈合的进展情况。

7．核素扫描 适用于骨盆环骨折后存在骨盆后部及髋部疼痛的患者，以发现疼痛的原因，对骨质疏松引起的骶骨骨折的诊断特别有帮助。本法不适用于高能量外力所造成的骨盆伤。

8．MRI 适用于发现骨盆骨折的并发损伤如盆内血管的损伤、脏器的破裂等，骨盆骨折急性期则少选用。

9．数字减影技术（DSA） 对骨盆骨折并发大血管伤特别适用，可发现并同时栓塞部分出血血管，既可明确出血原因及部位，又可起到治疗作用。

第五节　急救与治疗

一、ABCDEF 救治方案

在 20 世纪 80 年代初，Mcmurty 等针对有多发伤的骨盆骨折伤员，提出了 ABCDEF 救治方案，具有普遍性的意义。

A（气道）：通畅呼吸道，注意胸部损伤、气管插管、闭式引流等。

B（出血）：扩充血容量，重者输 O 型血，输注 5 L 液体和血液后给予新鲜冻干血浆 2 ~ 3 个单位（1 个单位 = 200 ml）和血小板 ~ 8 个单位（1 单位 = 400 ml 全血制备），使用抗休克裤，监测凝血功能。

C（中枢神经系统）：过度通气，保持 $PaCO_2$ 在 30 ~ 35 mmHg（1 mmHg = 0.133 kPa），应用肾上腺皮质激素。

D（消化）：腹腔内脏器损伤，脐上腹腔内灌洗。

E（排泄）：尿道、膀胱损伤。

F（骨折）：其他部位骨与关节损伤。

二、现场急救

伤员遭受急性严重创伤后发生死亡有 3 个高峰时间：第一个高峰发生在伤后 1 小时内，多因严重的脑外伤或心血管损伤致死；第二个高峰发生在伤后 1 ~ 4 小时内，死因多为不可控制的大出血；第三个高峰发生在伤后数周内，多因严重的并发症致死。急救主要是抢救第一、二高峰期内的伤员。

抢救人员在到达事故现场后，首先应解脱伤员，去除压在伤员身上的一切物件，注意勿将伤员从压砸物下拖拉而出，以免遭受进一步损伤。随后应快速检测伤员情况并作应急处理。一般按以下顺序进行：①气道情况：判断气道是否通畅，有无呼吸道梗阻，气道不畅或梗阻常由舌后坠或气道异物引起，应予以解除，保持气道通畅，条件允许时行气管插管以保持通气；②呼吸情况：如果伤员气道通畅仍不能正常呼吸，则应注意胸部的损伤，特别注意有无张力性气胸及连枷胸存在，可对存在的伤口加压包扎及固定胸部，条件允许时可给予穿刺抽气减压；③循环情况：判断心跳是否存在，必要时行胸外心脏按压，判明大出血部位，直接用手指或敷料按压，有条件者可应用抗休克裤加压止血；④骨折情况：初步判定骨盆骨折的严重程度，以宽绷带或多头带包扎骨盆，双膝双踝之间夹以软枕，把两腿捆在一起，然后将患者抬到担架上，并用布带将膝上、下部捆住，固定在硬担架上，如发现有开放伤口，应用干净敷料覆盖；⑤后送伤员：一般现场抢救要求在10分钟之内完成，而后将伤员送到附近有一定抢救条件的医院，运送途中注意平稳、舒适、迅速、不倾斜、少震动，臀部两旁可衬以软垫或衣物，避免震动，减少疼痛。

三、急诊室内的抢救

一般说伤员从事故现场到达急诊室即进入第二个死亡高峰时间，可死于低血容量休克。在急诊室内的抢救可以说是抢救的黄金时间，如果措施得力，复苏有效，往往能挽救患者的生命。急诊室内的抢救一般包括3个阶段：①初期评价；②复苏；③二次评价和进一步治疗。

（一）初期评价

应充分暴露患者全身，快速从头至脚进行重点检查。处理内容包括：

1．气道　明确上呼吸道是否通畅，如不通畅，应抬起下颌使之向上、向前，清除一切污物、呕吐物、义齿或撕裂的软组织，以解除气道阻塞。必要时可行口咽或鼻咽插管，紧急时应果断行气管内插管或气管切开术。在此过程中应注意颈部损伤并对其进行相应处理。

2．呼吸　如果确定气道已通畅，但呼吸不充足或有呼吸困难，则仔细检查胸部，是否存在肺不张、气胸或连枷胸。张力性气胸可危及生命，应立即减压：用一大号针头从第2肋间锁骨中线处刺入胸膜腔临时减压，一旦抢救工作告一段落，即应于第5肋间腋中线处行胸腔闭式引流术，置管以替代穿刺针头。胸部吸吮性伤口应立即予以闭合，有连枷胸时应立即行气管内插管并人工正压通气。同时予以吸氧并急查血气分析。

3．循环　准确及时控制明显的外出血，可用大量敷料加压包扎或直接按压出血血管近端，严重者应用抗休克裤止血。迅速检查血压、脉搏、心率，并同时开始快速静脉输液输血扩容。如果有明显的胸外伤且快速输液后血压仍不能维持以及存在颈静脉怒张和奇脉，提示存在心包填塞，立即用大号长针头或导管从剑突下插入心包，紧急减压。

处理完上述内容后，对伤员的全身情况进行快速有效的检查，是否并发腹部损伤及四肢骨折等。

（二）复苏

应于保持呼吸道通畅、呼吸通气恢复后即开始，首先应给予吸氧并快速通过1～2条静脉输液通道输入平衡液，当输入2 000～3 000ml液体后血压仍不稳定，即应开始输血。同时应行中心静脉压（central venous pressure，CVP）监测，低血容量休克时颈静脉塌陷，CVP低于正常。如果颈静脉怒张且CVP增高，应排除张力性气胸和心包填塞。如果心功能良好而血压在输血后仍不能维持，应积极寻找出血点并予以处理。在严重休克者可应用压力性抗休克裤，先充气加压裤套下部分并观察患者的反应，以确定下一步采取的措施；相反，放松裤套时也应逐步放松，以免引起血压突然下降。复苏期间不断观察呼吸、脉率、血压、血气分析、尿量等，以确定复苏效果。

（三）二期评价及进一步治疗

经过初期评价及复苏，患者病情趋于稳定，此时可对患者进行全面检查，一般从头、颈、胸、腹至四肢、骨盆进行检查，及做肛门指诊，在15分钟之内完成。拍摄骨盆及相应受伤部位的X线片、B超，及CT扫描检查等。试插导尿管，如果并发泌尿道损伤则应行耻骨上膀胱造瘘，行腹腔穿刺或腹腔灌洗以进一步明确腹腔内脏器伤并区别腹腔内出血和腹膜后血肿。进一步的治疗将取决于二次评价的结果。伤后24～48小时之内患者仍有可能发生致命的并发症，如严重休克、ARDS、脂肪栓塞综合征、感染、多器官功能衰竭等。而初期急救所采取的一切措施将起到关键性的预防作用。

在院前或伤员刚到达急诊科时，下列各项应作为骨盆骨折的危险因素：①机动车伤，坑道作业矿车伤，高能量的外力撞击，砸压骨盆部位的外力；②被覆骨盆部位的皮肤和软组织有受力的痕迹或创口；③骨盆周围肿胀，有皮下出血或血肿；④骨盆挤压、分离试验或伸膝伸髋试验阳性。而下列体征应视为不稳定骨盆骨折的高危因素：①无下肢损伤者，但下肢不等长或有旋转畸形；②两侧脐与髂前上棘的距离不等长；③两侧耻骨结节间隙增宽、移位或变形；④双骶髂关节后方外形不对称；⑤肉眼可见骨盆变形。对有骨盆骨折危险因素和高危因素者，特别是并发休克的伤员，应以抗休克裤固定骨盆并尽早摄骨盆前后位 X 线片和骨盆 CT 或 MRI，以确定骨盆骨折的有无、骨折的类型、骨折的移位情况，及软组织的损伤情况。

四、出血性休克的救治

高能量外力致伤的骨盆骨折可发生致命的大出血，出血量多少与骨折的严重程度一致，休克在伤后很快出现。严重的出血性休克为骨盆骨折死亡的主要原因，应尽早诊断、尽快处理，以挽救生命。

（一）出血来源

1、骨折断端渗血 构成骨盆的诸骨大部分为松质骨，如髂骨、骶骨等，血运丰富，骨折后断端可大量渗血，其量多少与骨折严重度呈正比，这种渗血不易止住，是发生出血性休克的一个重要出血源。

2．骨盆壁及邻近软组织撕裂出血 这也是重要的出血源。

3．盆腔内脏器破裂出血 盆腔内脏器如膀胱、直肠、女性的子宫和阴道被骨折端刺伤撕裂可引起严重的出血。

4．骨盆内动脉血管损伤出血 骨盆内血管从大的动脉主干到小的血管分支，纵横交错，与骨盆关系密切。骨盆前部骨折可伤及闭孔动静脉、阴部动静脉、耻骨动静脉、髂外动静脉分支，有时甚至伤及髂外动静脉主干；骨盆侧部骨折可伤及闭孔动静脉；骨盆后壁骨折可伤及腰动静脉、髂腰动静脉、骶外侧动静脉、骶中动静脉、骶正中动静脉、臀上动静脉。在高能量致伤中，骨盆为几个部分同时骨折，故可能造成上述几组血管同时受损，发生大出血。

5．盆腔内静脉丛损伤出血 围绕盆腔内壁具有异常丰富互相通连的静脉丛，面积约为动脉的 10 ～ 15 倍，形成“血管湖”。静脉丛血管壁薄，收缩性差，周围又多为疏松组织，无压迫止血作用，当骨盆骨折时，极易伤及静脉丛，引起大出血。

（二）诊断

1．病史 有明确的外伤史如车辆撞击、碾压或高处坠落史，患者除主诉骨折部位疼痛外，还有腹部、腰部疼痛。

2．体征

（1）一般状况：患者可有面色苍白、出冷汗、躁动不安、肢体发冷、口渴、脉快、少尿或无尿、收缩压下降、脉压减少等。

（2）局部体征：下腹部、腰部、会阴部，及大腿中上段可见皮肤青肿、皮下淤血斑，有时可触及明显的皮下血肿。

（3）腹膜刺激征：出现腹痛、腹胀、腹部压痛、反跳痛、腹肌紧张，并有肠蠕动减弱等现象，注意与腹腔内脏器破裂、出血相鉴别。

3．X 线表现 在 X 线片上可见骨盆环有两处以上骨折，或骨盆后部骨折脱位或骨盆粉碎性骨折。

4．腹膜后血肿与腹腔内出血、脏器破裂的鉴别　详见表 17-2。

表 17-2　腹膜后血肿与腹腔内出血、脏器破裂的鉴别表

	腹膜后血肿	腹腔内出血、脏器破裂
腹膜刺激征	较轻，单侧	显著，全腹
肝浊音界	存在	可消失
移动性浊音	无	有
腹腔穿刺	阴性或少量血水	全血或黄色混浊液体
腹腔灌注	阴性	含有胃肠内容物，白细胞计数超过 $0.5 \times 10^9/L$，红细胞计数超过 $1 \times 10^8/L$。涂片发现大量细菌
腹部平片	腰大肌阴影模糊	腰大肌阴影清楚
CT 扫描	可发现后腹膜血块	可发现实质及空腔脏器破裂
MRI	可发现主干血管及较大分支损伤，确诊腹膜后血肿	可发现实质、空腔脏器损伤
DSA	具体确诊出血部位	明确具体脏器损伤出血部位

（三）救治

1．快速有效补充血容量　对出血性休克的治疗第一步就是及时足量地扩充血容量，初期可快速输入 2000 ~ 3000 ml 平衡液，随后应用红细胞悬液以及全血，一般总液体量可达到 5000 ~ 9000 ml 以上，应确保有 3000 ml 以上的全血（最好是新鲜全血），另外可加用血浆、右旋糖酐等以补充血容量。如果后腹膜腔完整，一般输血输液 5000 ~ 6000 ml 能达到借助后腹膜腔血肿压迫止血的目的。如果患者血压稳定、CVP 正常、神志清楚、脉搏有力、心率减慢，说明扩容有效，维持一定量的液体输入即可。如果经输液输血后仍不能维持血压或血压上升但在液体减慢后又下降，说明仍有活动性出血，应继续输液，特别是胶体液输入；全血是最好的胶体液。应尽可能实施紧急手术止血。

在大量扩容的同时应考虑到其不利的一面。过多地输入晶体液可导致急性肺水肿的发生；而过多库存血输入后可降低体温而影响休克复苏；在全身器官组织缺血一定时间后，经大量扩容而获得重新灌注，应考虑其发生再灌注损伤，可在扩容复苏的同时予以氧自由基清除剂等，以保护器官组织加。

2．应用抗休克裤　20 世纪 60 年代起应用抗休克裤于骨盆骨折大出血患者，取得一定的效果。抗休克裤在 20 世纪 70 年代被广泛应用，优点在于能对骨盆及下肢进行非创伤性的固定，能迅速应用而且可以重复使用。缺点在于不能使用过久，持续 4 小时以上即可引起受压组织缺氧、酸性代谢产物增加，有导致酸中毒的危险，另外可引起接触抗休克裤部分的身体受伤并降低肺扩张，能引起呼吸障碍，还会导致低灌注的下肢发生筋膜间隔综合征，故只能短期应用。止血机制在于固定骨盆，缩小血管裂口，减少失血量，同时将膈以下的血液转移至膈以上，增加有效血容量。应用方法：包含两下肢和躯干下部，下肢充气 6.7 kPa，腹部充气 5.3 kPa。若使用 2 小时仍不能获得血流动态稳定者，即提示有大动脉损伤。

3．急诊骨盆骨折外固定　骨盆骨折断端的活动可加重损伤，导致出血不止，及时复位固定是有效的止血方法。只要病情允许，在抗休克或行剖腹探查等治疗的同时，即可行骨折复位固定，对旋转不稳定但垂直方向稳定的骨折特别能起固定作用。

4．动脉造影并栓塞止血　抗休克裤和骨盆外固定虽均有固定骨盆、控制出血的效果，但难以控制骨盆内动脉损伤造成的大出血，因此对积极进行液体复苏和固定骨盆后仍处于休克状态的伤员，在除外胸、腹内出血的前提下，应行经股动脉插管髂动脉造影术。若发现动脉出血，立即对出血血管行栓塞术。方法为应用DSA技术，行血管造影，明确出血血管及部位后，应用明胶海绵等栓塞出血部位，达到止血目的。本法不适用于骨盆骨折并发多处活动性出血者。并发症有整个髂内动脉栓塞后引起的臀部坏死、脱皮、坐骨神经或股神经麻痹、膀胱壁坏死、栓子转移至正常血管等。

5．髂内动脉结扎术 可酌情选用。

6．髂外动脉损伤的处理 骨盆前部骨折脱位有时可伤及髂外动脉，应行紧急修复，尽快恢复血流通畅。

五、泌尿道损伤的救治

泌尿道损伤是骨盆前环骨折的常见并发症。发生率各家报道不一，一般在3.5% ~ 28.8%之间。其与骨折类型有密切关系，在一侧耻骨支骨折伤员中，其发生率约为15.5%，而双侧者则可高达40.8%。

（一）前尿道损伤

骨盆骨折并发前尿道损伤不常见，在所谓的“桶柄式”骨盆骨折中可见到，机制是受伤时前尿道被外力挤压于耻骨两弓之下，外力造成耻骨骨折而损伤前尿道，可为部分或完全断裂。

1．诊断 根据外伤史、体格检查、尿道逆行造影不难诊断。询问病史可发现有上述特征性受伤机制，患者主诉有尿急，但排不出尿，出现尿潴留，阴茎及阴囊部胀痛。体格检查可发现会阴部有血迹。深阴茎筋膜（Buck筋膜）完整者可见阴茎部尿液外渗，Buck筋膜被穿破则可见下腹壁、阴囊、会阴部尿液外渗，试插导尿管失败或肛门指诊发现前列腺移位者为尿道完全断裂。尿道逆行造影可明确诊断。

2．治疗 治疗原则：①引流外渗的尿液和血液；②尿流改道；③恢复尿道的连续性。不完全尿道断裂可试插导尿管，导尿管插入后可留置数日，并局部冷敷，全身应用抗生素。一般3 ~ 4周可愈。完全断裂者，须行耻骨上膀胱造瘘，留置管2 ~ 4周，随后手术修复。

（二）后尿道损伤

尿生殖膈及其上部后尿道损伤是耻骨联合严重分离及耻骨支骨折最常见的并发症。膜部尿道比前列腺部更易受损。从解剖上看，膜部尿道由于附于尿生殖膈上而相对固定，而前列腺部尿道相对游离。致伤机制：骨盆遭受横向撞击时发生骨折，横径缩短，前后径增长，膜部尿道随周围软组织一起被拉伸延长，这时往往在前列腺尖部这个最薄弱点断裂，此时耻骨前列腺韧带一并断裂。由于失去耻骨前列腺韧带固定作用及受到外渗的尿液、血液的压迫，膀胱颈与前列腺被推向上、后方，引起前列腺向后移位，直肠指诊可触及。撕裂的尿道两端，随骨折端移位而移位。

后尿道断裂后尿液外渗入骨盆内可导致严重的感染，并发弥漫性脓肿、尿道，及周围组织坏死，损伤后的尿道可发生狭窄、尿瘘、尿失禁，及阳痿，还可有尿路结石形成。故后尿道断裂应及时诊治。

1．诊断 任何发生骨盆骨折特别是耻骨支骨折的患者，均应考虑存在尿道损伤。询问外伤史以明确受伤机制。由于尿液外渗积聚于膀胱、前列腺周围，患者常自觉会阴及下腹部胀痛，有尿意但不能排尿，此时应警告患者不能企图排尿，以免出现或加重尿液外渗。如为不全断裂则有血尿，尿道口流血或有血迹。体检可发现会阴部、下腹部、阴囊部的尿液外渗，试插导尿管受阻，肛门指诊发现前列腺向后上回缩，可触及柔软有波动感肿块（表17-3）。尿道膀胱逆行造影可明确诊断。

表 17-3　后尿道断裂与腹膜外膀胱破裂的鉴别

	后尿道断裂	腹膜外膀胱断裂
伤后膀胱	充盈，尿潴留	空虚
试插导尿管	于后尿道受阻	顺利插入膀胱
肛门指诊	前列腺位置向后上回缩	前列腺位置正常

2. 治疗　治疗原则：①耻骨上膀胱造瘘以使尿流改道；②应用尿道会师法重建断裂尿道外形及连续性；③引流膀胱周围及耻骨后间隙外渗尿液。

近年来，许多医师主张早期膀胱造瘘，择期行尿道修复，其优点有：①简化早期处理；②明显降低尿道狭窄的发生率；③病情稳定，便于手术。

（三）膀胱破裂

在骨盆骨折中的发生率约为 4%。致伤机制在于骨折端刺破膀胱或充盈的膀胱突然受外伤力的压迫而破裂。膀胱充盈较之空虚时更易破裂。空虚的膀胱除了外骨盆环完整性遭受严重破坏外，不易受损；而充盈的膀胱在下腹部突然受压，可发生腹膜内破裂，而与骨盆骨折严重度无关。

膀胱破裂可以是腹膜内或腹膜外破裂，或两者同时存在，也可与尿道损伤同时发生。充盈的膀胱在下腹部突然遭受外力打击时，可在其结构薄弱处膀胱顶部破裂，也可发生在膀胱后壁，一般连同覆盖其上的腹膜一并破裂，此时大量尿液流入腹膜腔，引起严重的腹膜炎。空虚的或含少量尿液的膀胱破裂，多由于骨盆前环破裂包括双侧耻骨上下支骨折、耻骨联合分离，及 Mdgaigne 骨折，其骨折端刺破膀胱或骨折后引起耻骨膀胱韧带及骨盆筋膜撕裂，导致膀胱破裂，破裂处通常在接近膀胱颈部的前外侧壁，外渗的尿液进入耻骨后膀胱周围，向上可渗到结肠沟，可通过坐骨切迹到达臀部，可流过腹股沟通道进入阴囊。晚期可引起腹膜外盆腔蜂窝组织炎。膀胱破裂的并发症：主要是败血症；腹腔内或腹膜外骨盆腔隙内的脓肿及蜂窝织炎可导致骨盆骨髓炎的发生；膀胱颈纤维化及膀胱内结石形成后期亦不少见。

1. 诊断　有明确的外伤史，X 线片显示前环较严重骨折。下腹部疼痛、伤前较长时间未排尿而伤后有尿意但排不出，有血尿或尿道口有血迹。早期可无腹膜刺激征，但稍后出现明显的腹膜刺激征，下腹部有明显压痛、反跳痛、肌紧张，此点可与腹腔内其他器官破裂鉴别，腹腔内其他器官破裂早期即可出现腹膜刺激征。下腹部未触及充盈膀胱。试插导尿管顺利，但无尿液或仅有少量血尿导出，此时可向内注射少量无菌生理盐水，而后若未能回抽出或回抽量明显少于注入量，则表明膀胱破裂（表 17-4）。可行膀胱造影确诊。

2. 治疗　膀胱破裂一经确诊，应即刻手术修复。包括行耻骨上膀胱造瘘、术前术后耻骨后膀胱周围间隙引流外渗尿液及血液、修复破裂的膀胱壁。

表 17-4　腹膜内外膀胱破裂的鉴别

鉴别要点	腹膜内破裂	腹膜外破裂
伤后膀胱情况	多充盈	多空虚
腹膜刺激征	扩散快而广泛	扩散慢而局限
移动性浊音	（+）	（-）
腹腔穿刺	可抽出血尿	抽不出血尿
膀胱造影	造影剂进入腹腔	造影剂局限于膀胱周围

（四）输尿管损伤

骨盆骨折并发输尿管损伤罕见。在骨盆碾挫伤或腰椎过度后伸、输尿管紧张时突然遭受外力打击，可发生输尿管撕裂或断裂。输尿管损伤后可有尿外渗入骨盆上口的腹膜后间隙。临床表现为无明显其他原因的感染中毒症状及腹侧面触及有波动感的肿块，无血尿或仅有镜下血尿，静脉肾盂造影时发现输尿管不显影，插入输尿管导管不在正常输尿管位置表明输尿管损伤，可行逆行输尿管造影确诊。治疗上应及时行输尿管吻接，其他包括输尿管成形、引流外渗尿液、尿液改道（如肾造口术、输尿管造口术）。

（五）女性生殖道损伤

女性由于骨盆骨性结构较男性短而宽、骨质较为疏松，其骨盆内器官拥挤固定，子宫及阴道位置隐蔽，前有膀胱、尿道，及耻骨联合，后有直肠及骶尾部，当直接暴力作用于骨盆，骨盆被碾压而粉碎或严重变形时，易发生子宫阴道及周围脏器联合伤。诊断上有明确外伤史，X 线片示严重骨盆骨折，下腹部、会阴部疼痛，非月经期阴道流血，体检发现下腹部、会阴部的皮下淤血、局部血肿，阴道指诊触痛明显、触及骨折端及阴道破裂伤口，直肠指诊触及骨端。B 超下腹部有时发现子宫破裂、下腹部血肿。治疗上应及时有效控制出血，及时手术探查，修复破裂子宫及阴道。合并其他器官损伤者可一并修复。

六、直肠损伤的治疗

直肠从第 3 骶椎开始，全长约 12 cm，上连乙状结肠，下接肛管，直肠上 1/3 在腹膜内，中 1/3 仅其前面有腹膜覆盖，下 1/3 全在腹膜外。骨盆骨折合并直肠损伤并不多见，多由骶骨骨折端直接刺伤直肠，少数亦可因骶骨、坐骨骨折移位使之撕裂。直肠损伤有 4 种类型：①从痔环处至直肠中段的内膜撕裂；②腹膜外前部直肠撕裂，常伴有后尿道破裂；③腹膜内直肠破裂；④肛门直肠撕裂伴有直肠突入坐骨凹或直肠脱垂。在临床上骨盆骨折后出现肛门出血为主要症状，可有下腹痛及里急后重感。腹膜外破裂常发生肛周感染，腹腔内破裂早期则有腹膜刺激征。肛门指诊指套上有血迹，可触及骨折端。治疗上应早期手术探查，行结肠造口使粪便改道，以利于伤口愈合，充分引流肛周及直肠周围间隙，尽可能闭合直肠裂口，并及时全身应用抗生素。

七、神经损伤的治疗

骨盆骨折合并神经损伤比较少见，且常为骨及软组织的严重损伤所掩盖，不能得到及时的诊断。损伤多由神经行径部位的骨折脱位所致。如骶骨骨折应考虑骶 1、骶 2 神经根损伤；严重的半侧骨盆移位者，应考虑腰丛或骶丛损伤；髂骨或坐骨切迹骨折应想到坐骨神经损伤的可能性；髋臼骨折、耻骨部骨折有损伤闭孔神经的可能。神经损伤后主要表现为该神经支配区运动、感觉障碍。该种损伤多系牵拉伤或血肿压迫致伤，多数采用保守治疗，症状多可逐渐好转或消失。少数情况下需手术解除对神经的牵拉和压迫，以尽早促进神经恢复。

八、常见合并伤的救治

（一）颅脑外伤

经 CT 扫描如发现存在进行性增大的血肿，有颅内压增高、发生脑疝的危险时，应在伤情略为稳定的条件下进行血肿清除手术，以挽救生命。

（二）胸部外伤

发生多根肋骨骨折时应予以胸廓固定，有血气胸特别是张力性血气胸存在时应紧急行闭式引流，有心包填塞时应紧急行心包减压。

（三）腹部外伤

骨折常合并腹腔内脏器损伤，应在病情稳定后行急诊剖腹探查。实质脏器损伤出血予以止血修复，空腔脏器破裂予以修补或待二期处理。

九、开放性骨盆骨折的救治

开放性骨盆骨折的死亡率在 30% ～ 50% 之间，多系高能量外力致伤。一般包括两种类型：一是外伤后骨折端通过阴道、直肠、会阴部或其他撕裂的皮肤直接与外界相通；二是骨折本为闭合，但随后通过各个间隙置放的引流物而与外界相通。需要急救的是第一种类型。

（一）诊断

对于有广泛性皮肤撕裂及存在会阴部伤口者，诊断不难。但对仅有小的阴道或直肠撕裂口的骨盆骨折，则需仔细检查才能发现，X 线片或 CT 扫描发现的软组织中存在气体有助于诊断。有时简单的直肠指诊即可确诊。

（二）治疗

1．大出血的处理　除了常规止血及抗休克处理外，在碾压性创伤的患者情况紧急时，可行广泛的软组织清除，甚至行半骨盆切除术以挽救生命。

2．软组织撕裂的处理　彻底清创，去除污染物及失活组织，伤口不做一期缝合，充分引流，待二期再缝合伤口或行皮瓣转位以覆盖创面。对会阴部、臀部深处伤口，做膀胱造瘘或结肠造口术，二期闭合伤口。

3．膀胱、尿道撕裂伤的处理　行耻骨上膀胱造瘘，一期修复破裂膀胱，二期修复断裂尿道。

4．直肠撕裂　行结肠造口术，二期修复直肠伤口。

5．阴道撕裂　彻底清创后一期修复。

6．骨折的处理　急诊行骨折外固定，情况许可时可行内固定治疗。

第六节　骨盆骨折的治疗

骨盆骨折除了对上述合并症以及一些危及生命的并发伤进行急救处置之外，还应及早针对骨折本身进行治疗，以免造成一些影响功能的后遗症，如骨盆畸形、骨折延期愈合或不愈合、骨盆不稳定、疼痛、双下肢不等长等。

骨盆骨折传统上多采用非手术治疗，方法简单、无创伤、恢复好，许多类型的骨盆骨折仍采用非手术治疗。从 20 世纪 70 年代以来，对骨盆骨折特别是不稳定骨折采用手术治疗有了很大进展，主要有急诊使用外固定架及开放复位内固定术。

一、非手术治疗

（一）卧床休息

大多数骨盆骨折仅通过卧床休息数周即可获得痊愈。如单纯髂骨翼骨折，只需卧床休息至疼痛消失即可下地活动；稳定性耻骨支骨折及耻骨联合轻度分离者卧床休息数天至疼痛消失可逐步负重活动。卧床期间，腰下置以软垫，保持髋关节于屈曲位；髂前上、下棘撕脱骨折卧床 3 ～ 4 周，卧床期垫高腰部，保持髋关节适当屈曲位以松弛肌肉；坐骨结节撕脱骨折应保持伸髋屈膝位卧床 3 ～ 4 周；骶椎及尾骨横断骨折无移位者也仅需卧床数周，坐位时加用气圈保护；骶髂关节无移位者卧床休息数周即可。

（二）牵引

1．牵引方法 牵引在骨盆骨折的治疗中应用最为广泛。牵引可解痉止痛、改善静脉回流、减少局部刺激、纠正畸形、固定肢体、促进骨折愈合，并方便护理。骨盆骨折中应用牵引治疗，一般牵引重量较大，占体重的 1/7 ～ 1/5，牵引时间较长，一般 6 周之内不应减重，时间在 8 ～ 12 周，过早去掉牵引或减重可引起骨折再移位。牵引方法一般采用双下肢股骨髁上或胫骨结节骨牵引，可以更好地使骨盆固定，防止骨盆倾斜，并根据骨折情况采用双侧重量不等。

垂直压缩型骨折可先用双侧胫骨结节或股骨髁上牵引以固定骨盆，并纠正上、下移位，向上移位侧的牵引可加大重量，3 ～ 5 日后摄 X 线片复查，待上、下移位纠正后，加用骨盆兜带交叉牵引以矫正侧向移位，维持牵引 8 ～ 12 周。前后压缩型骨折基本方法同上，但须注意防止过度向中线挤压骨盆，造成相反的畸形。侧方压缩型骨折，应用双下肢牵引，加用手法整复，即用手掌自髂骨嵴内缘向外按压，以矫正髂骨内旋畸形；或用“4”字整形手法矫正，即将髋关节屈曲、外展，膝关节屈曲，患侧足置于对侧膝关节前面，两腿交叉呈“4”字形，术者一手固定骨盆，一手向下按压膝关节，使之向外旋转复位，然后再行骨牵引。如为平侧骨盆单纯外旋，同时向后移位，可采用三个 90° 牵引法，即在双侧股骨髁上做牵引，将髋、膝、踝三个关节皆置于 90° 位，垂直向上牵引，利用臀肌做兜带，使骨折复位，优点在于方便护理，减轻骶部压迫，防止褥疮发生。

2．牵引并发症及其处理

（1）穿针部位感染：主要在预防，加强无菌操作，针道每天涂碘酊或乙醇 2 ～ 3 次。

（2）牵引不当：过度牵引、重量不当、方向不准等导致骨折畸形连接、不连接，及延迟连接，应适当增加牵引重量、正确支托肢体，及牵引与反牵引的合并应用等。

（3）损伤神经：患肢位置不当等可导致该处神经压迫，应注意调整肢体及牵引针、弓位置。

（4）长期牵引而并发泌尿系统、呼吸系统感染，肢体肌肉萎缩，关节强直功能障碍，应加强活动部位的功能锻炼，并适当应用药物预防治疗长期卧床的并发症。

（三）石膏外固定

骨盆骨折亦可用石膏外固定，有缩短住院时间的优点。一般多用双侧短髋“人”字形石膏，自下胸部到膝上，石膏带使用次序为腰带、两侧后带，及两侧前带。一般应用石膏卷带法较为方便。固定时间一般为 10 ～ 12 周。

二、手术治疗

虽然大部分骨盆骨折可采用非手术治疗，但由于非手术治疗时间长、骨折无法精确复位、卧床时间长，可引起诸多并发症及后遗症，如骨折不愈合、延迟愈合、骶髂关节骨关节炎、骨盆畸形、双下肢不等长等。使许多学者提出对骨盆骨折特别是不稳定骨折进行手术治疗。手术治疗包括骨盆骨折外固定术与切开复位内固定术两种。

（一）骨盆骨折外固定术

自20世纪70年代以来，外固定术在骨盆骨折治疗中的应用越来越广泛，能对旋转不稳定型骨折提供足够的稳定以促使骨折愈合。对垂直剪切型不稳定骨折配合牵引、内固定等也能提供早期负重所需的稳定。

1．骨盆骨折外固定术在骨盆骨折中的主要作用

(1) 复苏：在初期复苏阶段应用外固定术可稳定骨折减少出血。减轻患者痛苦、术后可早期活动，便于护理和减少术后合并症，有利于多发伤和骨盆骨折同时恢复。

(2) 临时固定：在骨盆骨折中临时应用外固定术，能起到对伤员暂时制动作用，以便转运伤员、进行其他必要检查，使伤员减少不适、减轻疼痛。在旋转不稳定骨盆骨折或并有髋臼骨折的病例中，还能同时起到稳定骨盆及髋臼的作用。

(3) 外固定术：最适用于移位不明显、不需要复位的垂直稳定而旋转不稳定的骨折，如开放型骨折及侧方压缩型骨折。

稳定性开放型骨折最适于应用外固定术。虽然其耻骨联合分离可以应用开放复位及钢板内固定，但外固定术可避免手术损伤、潜在的出血可能和膀胱穿破等并发症，还可避免因耻骨上留置导尿管而带来的细菌感染。如骨折为开放性并伴有腹腔污染，应用外固定术不仅能稳定骨折，而且能降低感染危险性。可以应用一简单的外固定架来固定骨折，并可留置3个月，经检查确认后环稳定，即可带架于术后10 ~ 14日下床活动。

侧方压缩型骨折通常是内旋不稳定型骨折。可将患者俯卧于骨科手术台上，麻醉下先复位，注意纠正伤侧半骨盆内旋，在影像增强器监视下确定已复位后进行外固定，在患者自觉无不适后可用健侧负重，6周后患侧可负重，外固定架保留至少3个月以待骨折愈合。

2．外固定的方法 以下介绍两种有代表性的Ganz式、Johnson式外固定架。

(1) Ganz外固定：患者取俯卧位，双侧髂后上棘与髂前上棘连线上旁开髂后上棘3 ~ 4指处为进针点（图17-7A），注意勿偏离，以免伤及臀部血管、坐骨神经。于双侧进针点分别击入斯氏针，并确定外固定梁上两侧臂能自由滑动（图17-7B），将斯氏针击入骨质约1 cm深（图17-7C），将两侧臂向中间滑动至螺栓顶端，沿着斯氏针一直接触到骨质，拧紧双侧螺栓，对不稳定半骨盆起加压作用，从而纠正骨盆分离并稳定后环（图17-7D）。

此外固定架也可倾斜放置。将一侧斯氏针置于稳定侧半骨盆的髂前上棘，当拧紧螺栓时，不稳定侧产生一个直接向前的力量，可促使后侧骨盆复位。安装外固定架后，其他的治疗措施可照样施行。如需行剖腹探查时，可将外固定架推向足侧避开腹部；反之需于股部施术时可将其推向腹部，避开施术部位。另外，需行内固定术时可先将外固定架取下而保留斯氏针，待术后再行安装。

(2) Johnson外固定：患者取俯卧位，先牵引、旋转使得骨盆与下肢在一条直线上。于髂前上棘后约一横指处向髋臼方向钻入一斯氏针，于进针位置外侧探入一钝直的克氏针，探查骨盆外壁以取得进针的合适角度，或做一皮肤切口，用手指沿骨盆外壁探入确定进针角度。针的角度为向内侧成30°角，向远侧成40°角，始终与髂嵴垂直。于进针位置做一2 cm长横切口，向髂嵴方向钻入一直径4 mm带有外鞘的钻头，进入髂嵴；并在髂骨内、外皮质间按选好的角度向髂嵴内钻一深约4 mm骨孔，而后沿着这钻好的、带有外销的骨孔内钻入直径5 mm、螺纹长50 mm、全长190 mm的半针，将这带有自攻功能的螺纹针向髂骨板内加压钻入，直至螺纹全部钻入骨质内。如果针插入合适，则不会在骨内摇摆。在后外侧髂嵴依上法插入第二枚带螺纹针，第二枚针在第一枚针后5 ~ 7 cm。当

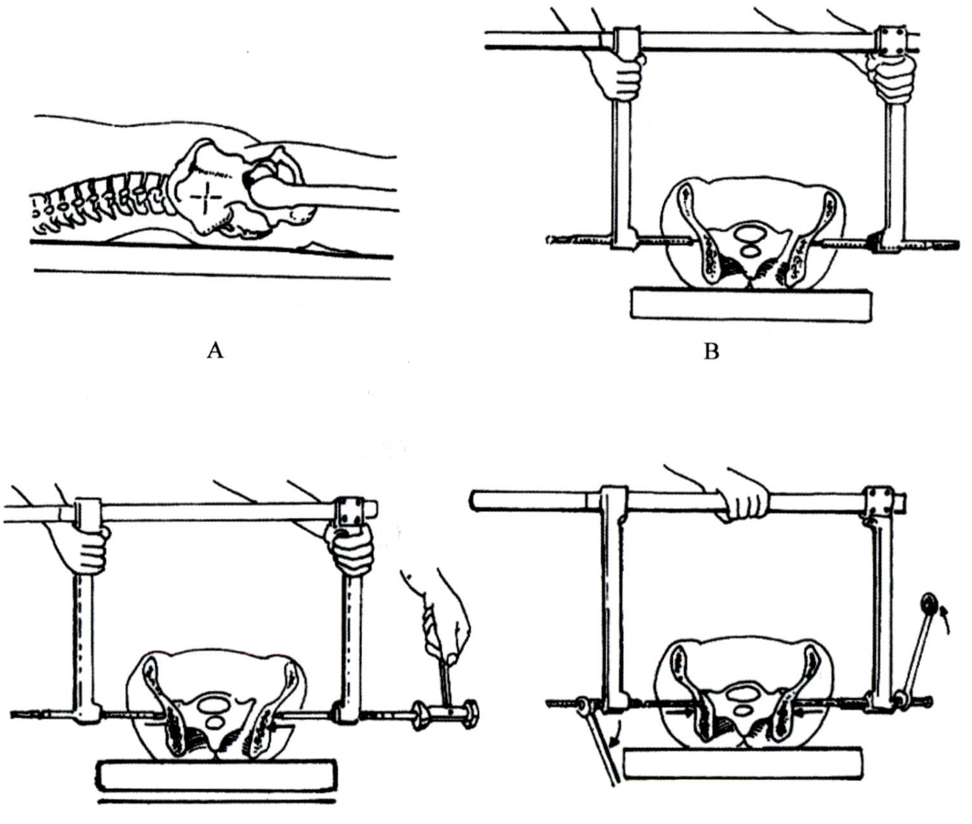

图 17-7 Ganz 外固定器的应用

两侧共 4 枚针插好后，每枚针上固定好一个支架，而后在支架上固定一个弧形环，紧固各部螺丝及螺栓，使得弧形环离皮肤仅两指宽，并使各部件间无一丝松动。当这些弧形环牢固地固定在骨折部位上时，可通过手法复位骨折。如有耻骨联合分离则很容易复位。前后平面旋转有时可使复位更好。然后将外固定架固定于弧形环上，当骨折完全复位后，将外固定架紧固。单或双外固定连接杆的安装根据骨折类型决定。对开书型骨折及侧方压缩型骨折，单一连杆外固定架已足够，但对更复杂的骨折，如骨折向后移位、垂直剪切移位骨折，应用双连杆外固定架可使得固定更稳固。

骨折复位固定后，进针位置皮肤应予减张，于进针位置和弧形环之间紧紧缠绕一层纱布以减少皮肤滑动，并将整个支架各部件紧固。

术后处理：根据骨折类型和复位情况，外固定架可放 8 ~ 12 周。垂直剪切型骨折常不易维持准确复位，因为患者经常在床上活动。对这些复杂性骨折，如果复位不注意，则伤后 3 ~ 6 日可考虑改行内固定术或重新手法复位并做骨牵引治疗。

3．外固定术合并其他治疗

（1）纵轴牵引加外固定术治疗：单侧或双侧垂直剪切型骨折，可先做双下肢股骨髁上牵引，待骨折复位后，行外固定术，可缩短牵引及住院时间。

（2）侧方牵引加外固定术：适用于耻骨联合分离或耻骨支、坐骨支粉碎骨折并发一侧髋臼骨折，及中心脱位者。先安装骨盆外固定器，然后在伤侧股骨大粗隆处行侧方牵引。6 ~ 8 周后经摄 X 线片证实股骨头已复位即可去牵引，带外固定器下地，患肢不负重，8 ~ 10 周后除去外固定器。

（3）手术治疗加外固定术：一些旋转方向及垂直方向均不稳定的骨折，一般后部行切开复位内固定术，骶髂关节用 2 ～ 3 枚螺钉或钢板加螺钉内固定。前部用外固定架加压固定耻骨联合分离或耻骨支骨折。术后 3 ～ 4 周可带外固定架下床活动。

4．外固定术的合并症

(1) 针道感染：最常见，轻者仅波及皮肤及皮下组织，重者造成髂骨感染。原因为存放钢针时水中污染或术后针道周围软组织受压迫坏死或由伤口细菌侵入而感染。预防在于术后 3 日内不宜过多翻身，4 周左右可带架下地但次数不能过多，术后 1 周内使用抗生素，保持针道周围皮肤干燥。处理：可加强抗生素应用，感染针孔滴 75% 乙醇，必要时去除钢针，改用其他方法。

(2) 断针：为金属疲劳所致。预防在于需对骨断端进行轴向加压，使骨断端紧密接触，由骨断端吸收压应力，可避免断针。

(3) 皮肤压迫性坏死：应扩大皮肤针孔，在局部肿胀时尤应注意。

(4) 骨折不愈合或延迟愈合：应准确复位，并随着骨折愈合进程可逐渐降低骨外固定的强度。

5．神经与血管损伤　在操作时注意避开血管、神经。

（二）骨盆骨折的开放复位内固定术

1．手术指征　后环不稳定或移位 > 1 cm 的骨折，包括骶骨、髂骨、骶髂关节骨折，及脱位，证实有韧带的完全性断裂；耻骨联合分离 > 3 cm 或耻骨联合脱位伴有不稳定的后部损伤；分离或移位明显的耻骨支骨折。

2．手术时机　骨盆骨折内固定大多数不在伤后急性期内进行。一般在患者全身情况稳定的 2 ～ 3 日内施术。如果患者施行急诊剖腹探查术，则一部分耻骨支骨折或耻骨联合分离可同时进行。这种早期内固定有利于获得初期复位及骨折稳定。

3．手术方式

(1) 骶骨骨折及骶髂关节脱位的后路螺丝钉内固定术（Matta 和 Saucedo 术式）：患者俯卧于骨科手术台上（图 17-8A），旁开棘突 2 cm 处取标准后路垂直切口，将臀肌从髂骨后翼上剥离，从骶骨上剥离臀大肌起点，暴露坐骨大切迹以确定复位情况，分开多裂肌，暴露骶骨后板的骨折。

对骶髂关节脱位，从骶骨至髂骨翼置放复位钳，触摸坐骨大切迹或直接观察复位情况。在影像增强器监控下，从髂骨翼垂直拧入一螺钉，跨过骶髂关节进入骶骨翼（图 17-8B），最后螺钉头端拧入骶 1 椎体。在操作过程中需多次进行前后位、向头（尾）侧成像，以确保进针位置的准确。

对骶骨骨折，基本手术方法同上。触摸或直接观察骶骨后板以确定复位情况。从髂骨翼外侧面向骶 1 椎体拧入 1 ～ 2 枚螺钉。如果需要，可再在骶骨后部坐骨大切迹上方两髂骨间置放一弹性钢板。最后闭合伤口，放置引流物。

术后处理：预防性应用抗生素 48 ～ 72 小时，术后 48 小时去除引流物。如果是单侧损伤，在患者无不适时即可行步态训练，术后 4 ～ 7 日患侧肢体开始进行 15 kg 的负重训练，术后 6 ～ 8 周循序渐进锻炼。如果是后部双侧不稳定骨折，允许进行轮椅训练，术后 6 ～ 8 周不能负重。

(2) 垂直剪切骨折的后路开放复位内固定术（Ward，Thomasin 和 Vandergriend 术式）：患者俯卧或侧卧，患侧肢体不予固定以便水中牵引及骨折复位。首先复位固定后环骨折，因为前环固定后侧骨盆即不能移动而影响后环复位，如果前环已放置外固定架，则必要时可拆卸部分设备，以利于后环复位。

如果骨折累及骶髂关节和髂骨，则在骶髂关节外侧做一垂直切口；如果骨折累及骶髂关节及骶骨，则切口在内侧。将臀大肌起点从骶骨及髂骨翼后部剥开，显露破裂的后方骶韧带，从上到下显露整个骶髂关节和髂骨翼。检查骶髂关节并清除残留的撕裂的前、后骶部韧带，直视下复位，防止损伤可能嵌入骨折端的神经根。触摸骶髂关节下缘，如为平滑连续的曲线，则证实向头侧移位的半

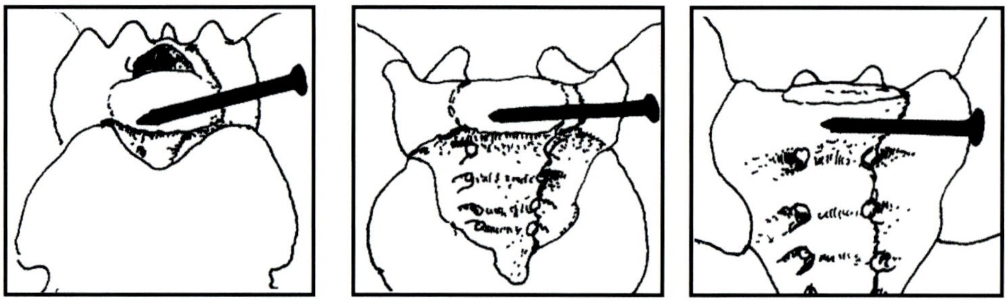

A

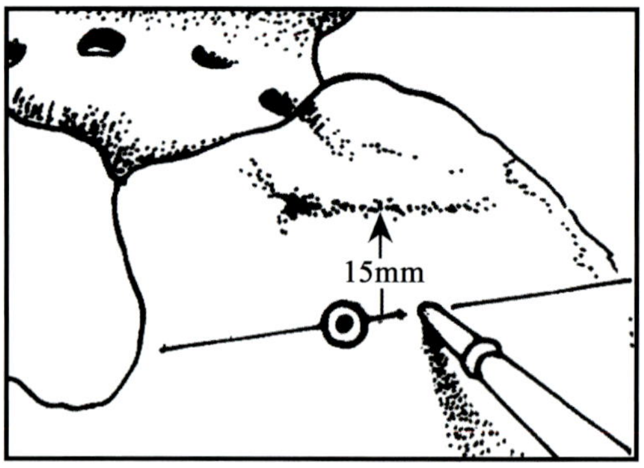

B

图 17-8 Matta 和 Saucedo 术式

侧骨盆已复位（图 17-9A），触摸骶髂关节前部，如为平滑紧密则证明旋转及向后移位已纠正。摄前后 X 线片确证复位。如果需要，在拧入螺钉时可同时应用克氏针维持复位。沿髂后上棘前方近 3 cm 处垂直用摇钻钻孔并拧入螺钉，显露出第 2、第 3 骶骨后孔并插入牵开器，以标志出骶骨前孔的水平及存在的骶神经根（图 17-9B）。以牵开器为标志，于两牵开器间向骶骨体内拧入螺钉，避开骶骨孔及前方的骶神经根。用 3 ~ 4 枚直径 6.5 mm 带有垫圈的松质骨螺钉，或用短钢板替代垫圈，螺钉横跨骶髂关节，长度 40 ~ 50 mm 即可达到足够的固定，如骨折线波及骶骨，螺钉长度需达到 45 ~ 60 mm。如骨折线从骶髂关节延伸到髂骨，则在髂骨翼加用钢板。最后，闭合伤口，放置引流物。此时处理前环骨折，可将患者翻身置于仰卧位，前环骨折应用外固定架、内固定等方式处理。

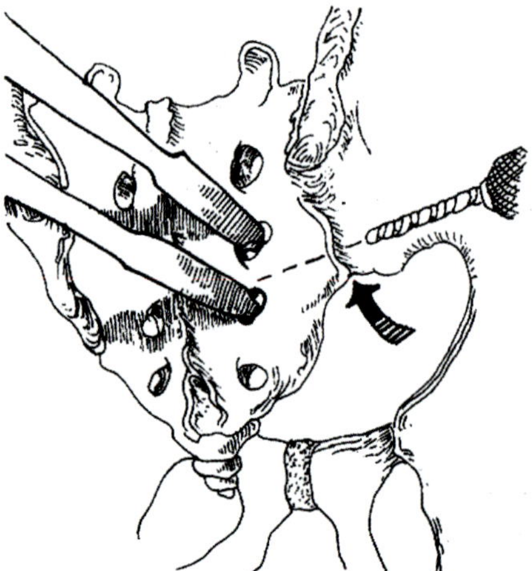

A

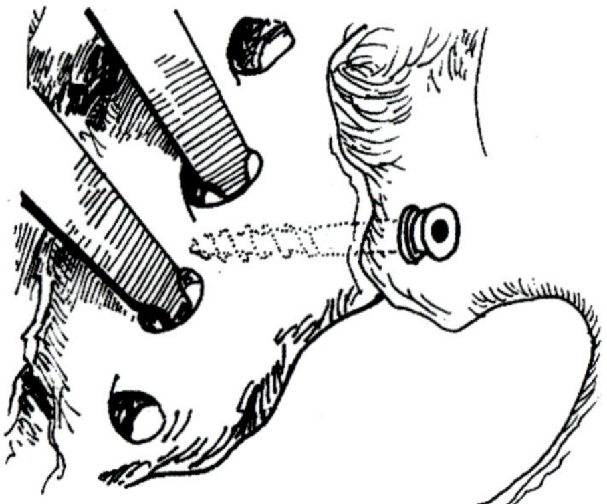

B

图 17-9 Ward，Thomasin 和 Vandergrend 术式

术后处理：48 小时后拔除引流，术后 7 ～ 10 日可扶拐不负重，12 周后可负重行走。

（3）骶髂关节前路稳定术（Simpson 术式）：患者仰卧，沿髂嵴取 S-P 切口上半部。向上扩大切口至髂嵴上方部分，向下至髂前下棘。骨膜下剥离髂骨内板肌并连同腹内容物一起向内侧牵开，显露骶髂关节。小心勿伤及骶髂关节内侧 2 ～ 3 cm 处的腰 5 神经根。向骶骨翼插入两把牵开器，将腹内容物向内侧牵开，牵引应间歇，以避免引起髂腹股沟及腰骶神经根神经痛。显露骶髂关节，进行半骨盆复位（图 17-10A），复位时患侧肢体应予牵引，并内旋半骨盆。勿清除关节内的软骨面。复位后，将骶骨翼与髂骨用 2 块 2 孔自身加压钢板和 4.5 mm 直径螺钉固定（图 17-10B），逐层关闭切口，放置引流物，前环骨折应用矩形外固定架固定。

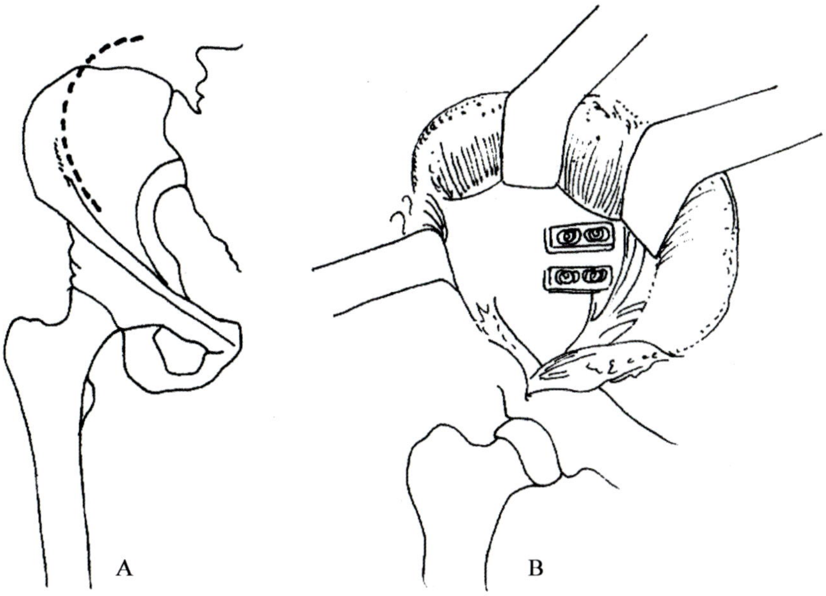

图 17-10　Simpson 术式

术后处理：卧床 2 ～ 7 日，扶拐不负重行走。

（4）耻骨联合分离的钢板螺钉内固定术（Webb 术式）：沿耻骨联合部做一垂直或横形切口，显露耻骨联合分离处，并骨膜下分离、显露耻骨上部，及内侧面，直视下压迫双侧髂骨复位分离的耻骨联合，复位时用手触摸耻骨联合盆腔侧，确认无膀胱颈及尿道挤压。用 2 孔钢板横置，2 枚 6.5 mm 直径螺钉从前上向后下拧入耻骨，固定耻骨联合（图 17-11）。冲洗并逐层关闭切口，放置引流物。

术后处理：如无其他部分骨盆骨折，则术后 2 日即可让患者开始从床到椅的转移训练，根据骨折愈合情况，逐渐锻炼负重。

（5）骶骨骨折髂骨间棒固定（Müller 术式）：患者俯卧，从髂前上棘至髂后上棘间于髂嵴外侧做一长 6 cm 的纵形切口（双侧）。切开皮肤、皮下组织，分离肌肉，显露约 6 cm 长的髂骨，应用影像增强器确证复位后，用导针穿过两侧髂骨做临时固定。将一直径为 8 ～ 10 mm 的带螺纹斯氏针从一侧髂骨的外侧面穿过到对侧髂骨外侧面（图 17-12A），两端拧上螺帽（可带或不带垫圈）并加压。此处不用螺钉以防伤及骶神经根。向远侧约 1.5 cm 处与第一根棒平行击入第二根棒（图 17-12B）。影像增强器监控或摄前后位 X 线片证实复位。冲洗并逐层关闭切口，放置引流物。如果需要，将患者翻身仰卧，于前部应用内或外固定，处理骨折脱位。

术后处理：24 ～ 48 小时去除引流，术后 24 ～ 48 小时可进行从床到椅转移训练，当患者能控制肢体并能松腿时，即可进行扶拐行走训练，严禁负重，术后 8 ～ 12 周待骨折愈合后可正常行走。

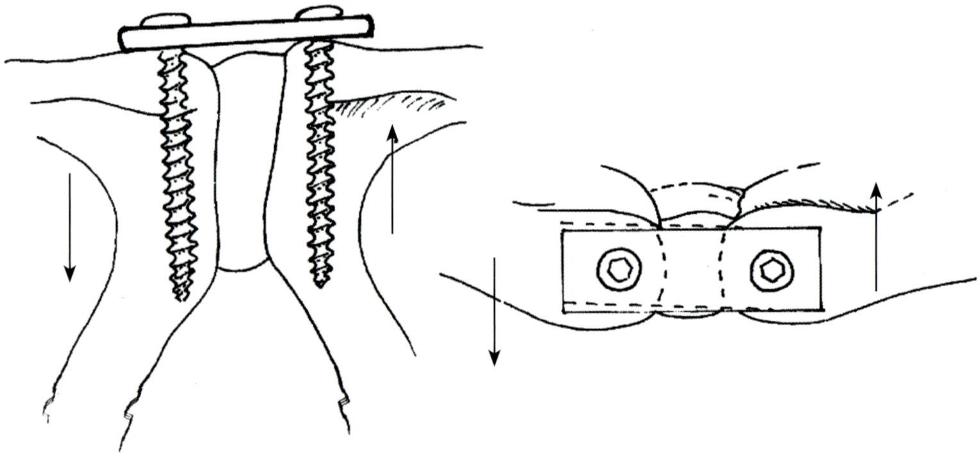

图 17-11 Webb 术式

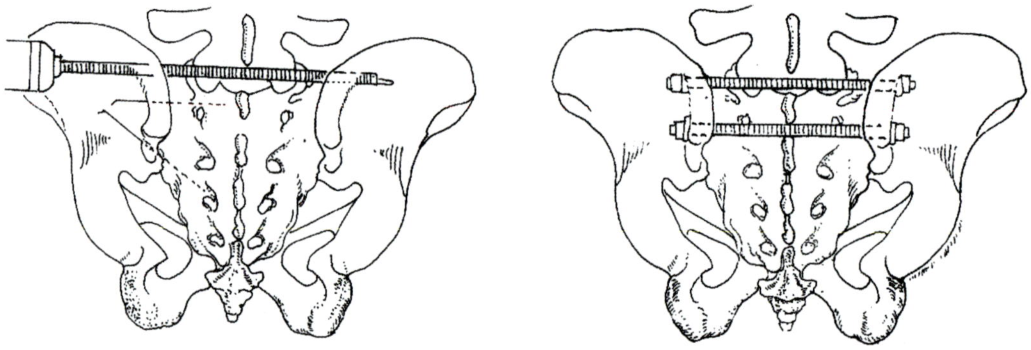

A B

图 17-12 Müller 术式

第七节 髋臼骨折

尽管髋臼属于骨盆的一部分，但由于其解剖结构、骨折类型、治疗方法的特殊性，故单列一节加以论述。

一、应用解剖

髋臼是容纳股骨头的深窝，开口向前、外、下方。由髋骨、坐骨和耻骨三部分的臼部组成。

骨性髋臼可人为分为前柱、后柱，及臼顶。

（一）前柱

由耻骨上方的臼部构成，上至髂前下棘下部，为闭孔的上界，高超的臼缘称为前唇，前下缘为前壁（图 17-13）。

（二）后柱

由坐骨支的臼部构成，向上延伸至髂骨后下部及坐骨切迹，该处有坐骨神经及臀上血管、神经束穿出，下部为闭孔的后上界，高超的臼缘称为后唇，其下为后壁（图 17-13）。

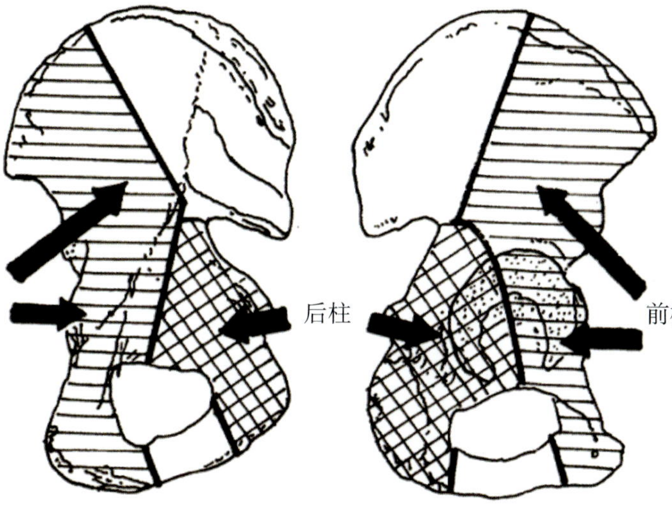

图 17-13　髋臼前柱及后柱的范围

（三）臼顶

由髂骨下部构成，横跨于前、后柱之间，是髋臼的主要负重区，臼顶大部分偏前，臼口朝向外侧并向下倾斜，因此臼后缘比臼前缘高，上缘比下缘高。骨性髋臼中央为髋臼窝，骨质较薄，易发生粉碎性骨折（图 17-14）。

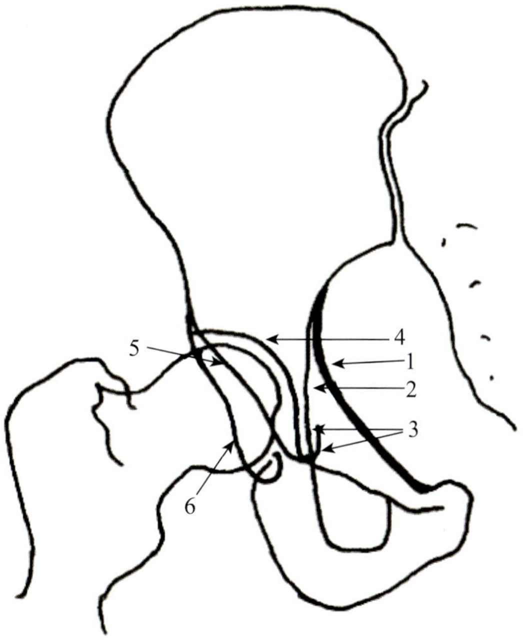

图 17-14　髋关节前后位 X 线所见

1．髂耻线　2．髂坐线　3．X 线“U”形线　4．髋臼顶　5．髋臼前缘　6．髋臼后缘

髋臼窝之外是鞍形软骨覆盖的关节面。在髋臼的内下方软骨缺如，形成髋臼切迹。切迹有横韧带封闭，两者间留有间隙，为血管的通道。髋臼边缘的骨性唇状突起，可对抗股骨头在人体直立时所产生的压力和屈髋时产生的应变力。骨唇上有坚韧而可动的纤维性软骨盂唇紧贴，该软骨盂唇呈环状与横韧带相连。软骨盂唇的存在使髋臼加深加宽，单纯骨性髋臼只能容纳股骨头的 2/5，而软骨盂唇本身则包绕股骨头 1/4 以上，两者共同使髋臼紧抱股骨头 1/2 以上，增加了髋关节的稳定性。软骨盂唇在后上方加厚并有滑膜覆盖，但在外上方则有一定的可动性。

二、伤因及受伤机制

髋臼骨折系高能量、挤压或损伤所致，绝大多数由直接暴力引起，例如人从高空坠地、行人被车撞倒，暴力撞击股骨大粗隆，经股骨颈、头传达至髋臼发生骨折。根据受伤时髋关节所处的不同位置，可以发生不同类型的骨折。如受伤时大腿轻度外展并内旋或外旋，暴力沿股骨头作用于髋臼后壁或前壁，则可产生后柱、后壁骨折或者前柱前壁骨折；如受伤时，大腿处于轻度外展、中立位时，暴力通过股骨头作用于髋臼中心即可发生髋臼横形、T（Y）形或粉碎形骨折。少数由间接暴力所致损伤机制亦相似，视当时髋关节所处位置不同，可发生不同类型之髋臼骨折。如髋屈曲 90° 时，暴力作用于髋臼后缘，则产生髋臼后缘骨折；如髋关节屈曲 90°，大腿外旋内收时，可产生髋臼顶负重区骨折。另外，骨盆受到挤压时，也可发生髋臼骨折。

以上无论是直接暴力还是间接暴力，均系股骨头直接撞击髋臼或骨盆及髋臼受到挤压的结果，因此，除髋臼骨折外，股骨头、坐骨神经也可同时伴有不同程度的损伤，发生股骨头中央型脱位。

三、骨折的分类

传统上将髋臼骨折分为两大类：髋臼中央型骨折和髋臼骨折伴髋关节脱位。现在根据 Letournel 与 Judet 的分类法，将髋臼骨折分为简单骨折和复合骨折两类 10 种。该分类法几乎包括所有类型的髋臼骨折，对于评估损伤程度、髋关节功能，及预后、评价和比较各种治疗方式的效果等都有着重要的意义，同时对于手术方式及手术入路的选择均有指导作用。该分类法是在良好的 3 个体位的 X 线片基础上进行区分的。

（一）简单骨折

简单骨折是指髋臼一个柱或壁的部分或全部骨折。

1．前柱骨折　骨折线由前柱经臼底弯向下方，如伴同侧耻骨上、下支骨折，骨折片可向盆腔移位，股骨头发生中心脱位，骨盆正位 X 线片可见髂耻线中断或错位（图 17-15）。

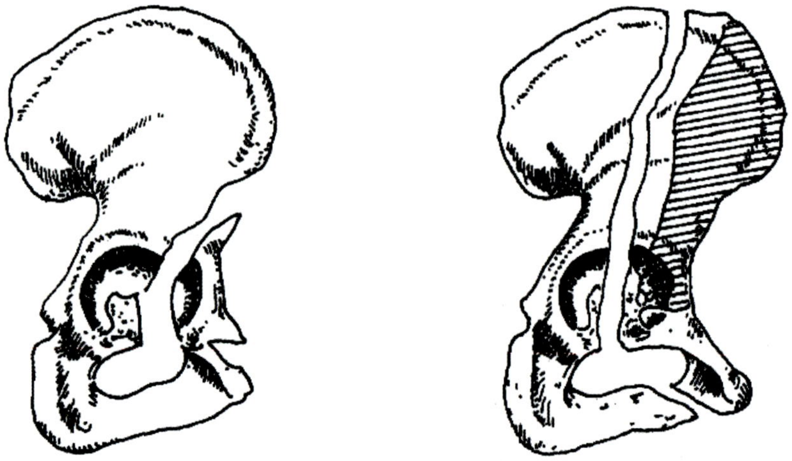

图 17-15　前柱骨折

2．前壁骨折　系臼前壁与前缘大块骨折，包括关节软骨，但不涉及前柱盆面的骨皮质，股骨头可向前、向内脱位（图 17-16）。

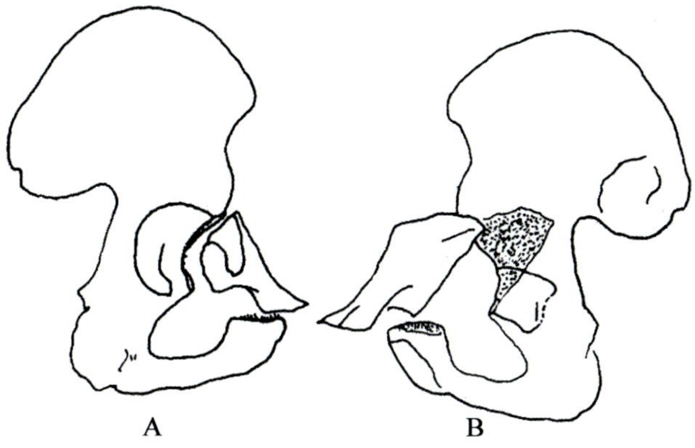

图 17-16　前壁骨折

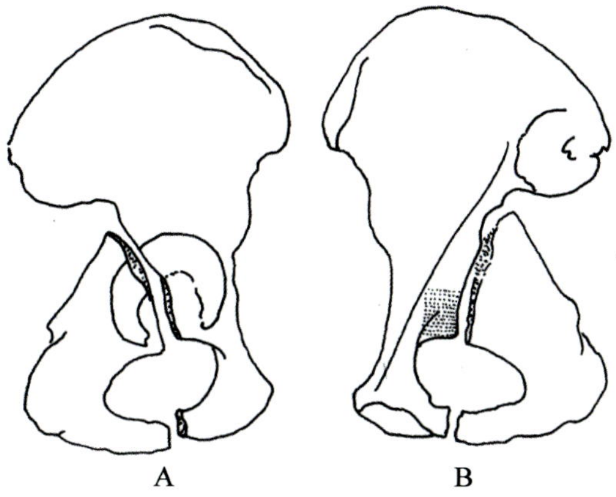

图 17-17　后柱骨折

3．后柱骨折　骨折线由后柱经臼底弯向下方，由于后柱比较坚实，当引起骨折的暴力较大时，常伴有同侧耻骨下支或坐骨支骨折，骨折块向内上方移位，股骨头呈中心脱位致坐骨大孔变小，有时可损伤坐骨神经，骨盆X线正位片可见髂坐线中断或错位（图 17-17）。

4．后壁骨折　系臼后壁及后缘的大块骨折，包括关节软骨，但不涉及后柱盆面的骨皮质。骨折块向后上移位，股骨头亦随之脱位，但上移不多，在正位X线片上可见一块骨影与脱位股骨头重叠，臼后缘线缺如。这种骨折与髋关节后脱位伴髋臼后缘骨折不同：①前者骨块大，多在 3.5 cm × 1.5 cm 以上，后者骨块小；②前者无弹性固定，只需将伤肢伸直外展即可复位，但屈曲内收，可再次脱出，后者手法复位后较稳定（图 17-18）。

5．横形骨折　骨折线通过髋臼将骨横劈成两块：上块为髂骨，下块为坐骨耻骨部分；臼可在任何水平被劈开，但通常在臼顶连接处（图 17-19）。

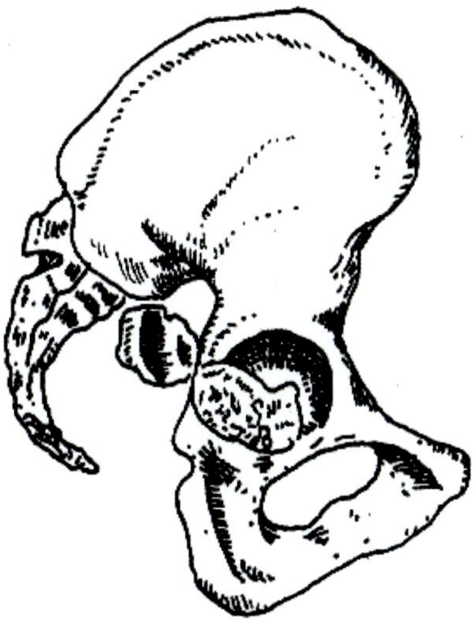

图 17-18　后壁骨折

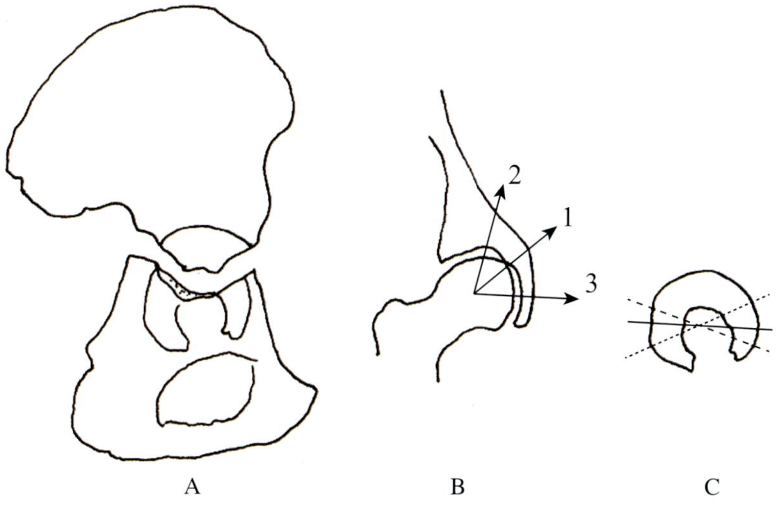

图 17-19　横形骨折

（二）复合骨折

复合骨折是指含有两种以上简单骨折形式的骨折。包括：

1．后柱合并后壁骨折（图 17-20）

2．横形合并后壁骨折（图 17-20，图 17-21）

3．T 形骨折 即横形骨折合并远折段的纵形骨折，其横形、纵形骨折线均可发生于不同平面，多伴同侧耻骨上、下支骨折和股骨头中心脱位，因纵形骨折线被前柱影像重叠看不清，故 X 线平片表现与横形骨折相似。

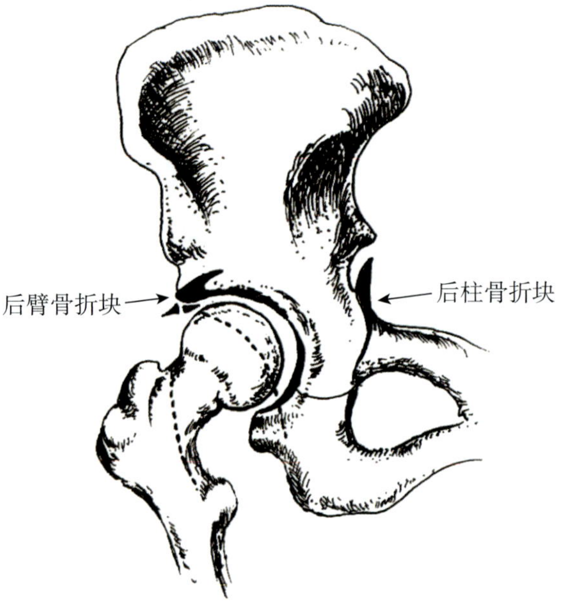

图 17-20 后壁合并后柱骨折

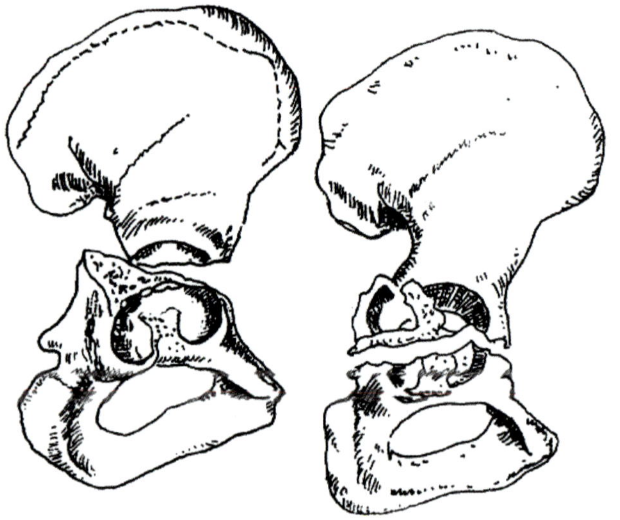

图 17-21 横形或横形加后壁骨折

4．前柱或前壁合并后半横形骨折（图 17-22）

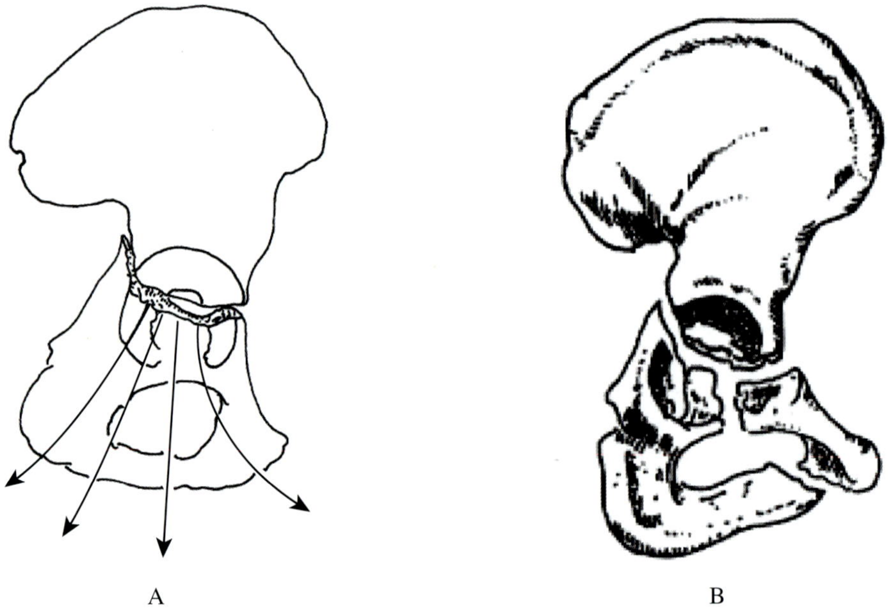

图 17-22 前柱 T 形骨折

5．双柱（前柱，后柱）骨折（图 17-23） 髋臼骨折（图 17-24）常可同时伴有股骨头中心脱位。脱位程度可分为 3 度。

Ⅰ度脱位：股骨头向中心轻微脱位，头顶部仍在臼顶负重区之下，不论复位完全与否，髋关节功能可基本保持。

Ⅱ度脱位：股骨头突入骨盆内壁。头顶部离开臼顶负重区，正在内壁与日顶之间的骨折线内，如不复位，髋关节功能受到严重破坏。

Ⅲ度脱位：股骨头大部或全部突入骨盆壁之内，如不复位，则髋关节功能完全丧失。移位的髋臼骨折也常累及臼顶负重区，如不及时复位，对髋关节功能影响较大。髋臼负重顶受累，情况估计可根据测量髋臼内弧顶角、髋臼前弧顶角，及髋臼后弧顶角来判定，若内弧顶角＜30°、前弧顶角＜40°、后弧顶角＜50°，则说明髋臼负重顶有受累，反之若内弧顶角≥30°、前弧顶角≥40°、后弧顶角≥50°，则说明髋臼负重顶是完整的。弧顶角的测量方法：在三个不同体位的X线片上，从髋臼几何中心画一条通过髋臼顶的垂线，另画一条通过髋臼几何中点和髋臼顶部骨折折断点的连线，两线的交角称为弧顶角，在前后位X线片上测得的弧顶角为内弧顶角，类推在闭孔斜位X线片上测得的弧顶角称为前弧顶角，在髂骨斜位X线片上测得的弧顶角称为后弧顶角。

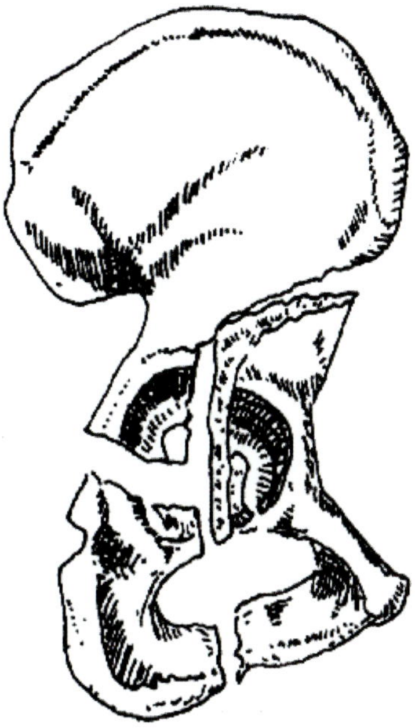

图 17-23　前壁或前柱骨折合并后半侧横形骨折

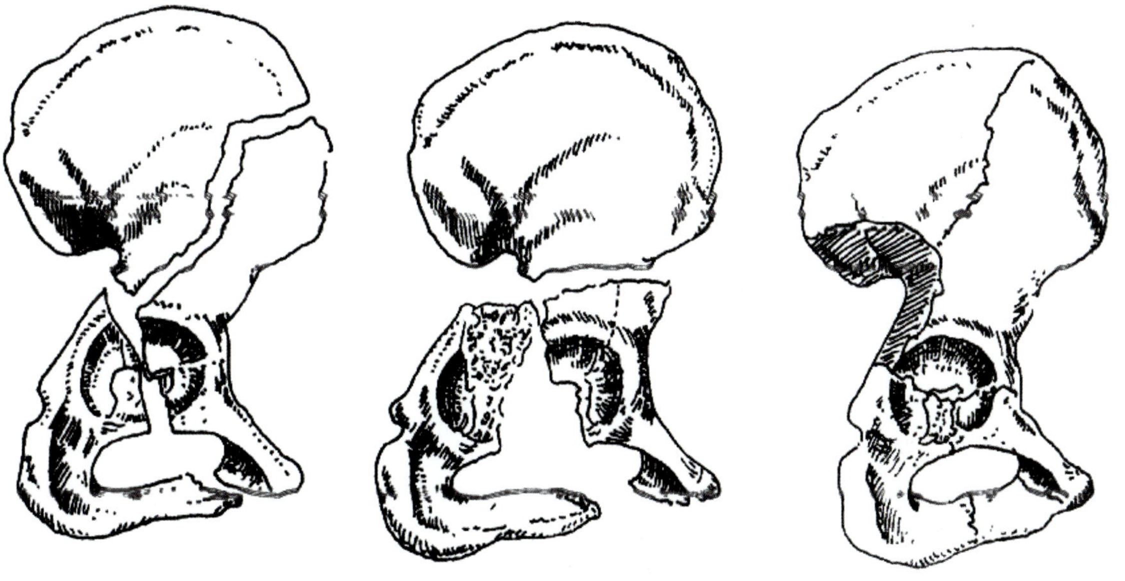

A．前柱骨折波及髂骨嵴　B．前柱骨折线延伸到髂骨前缘　C．骨折线波及骶髂关节

图 17-24　髋臼骨折

四、诊断

（一）补摄X线片

有明确外伤史、髋部肿胀疼痛、主动和被动活动髋关节受限，应考虑有髋臼骨折的可能。X线检查为诊断髋臼骨折的主要依据。对有明显外伤的所有患者都应拍摄骨盆前后位X线片。对怀疑有或已知有髋臼骨折的患者尚应补摄以下X线片：

1．患髋前后位 X 线片

2．闭孔斜位 X 线片 患髋旋向 X 线球管，骨盆倾斜 4° 的 X 线片（图 17-25）。

3．髂骨斜位 X 线片 患髋旋转，远离 X 线球管，骨盆倾斜 45°X 线片（图 17-26）。

4．对 4 个标准 X 线片审阅后，可再行骨盆 CT 检查和 X 线片断层摄片。

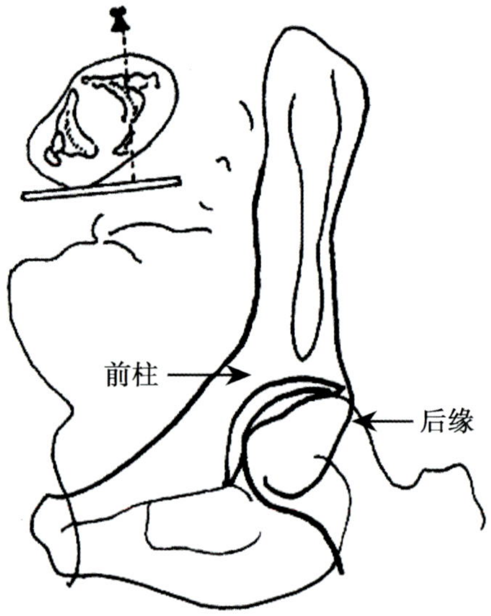

图 17-25 骨盆的闭孔斜位

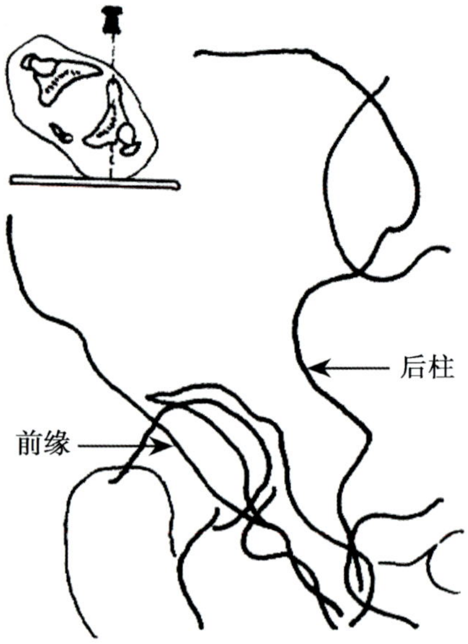

图 17-26 髂骨斜位

（二）读片注意点

1．髋臼前后位片 在骨盆和损伤髋关节的标准前后位片上，应注意观察 5 条线的改变。

（1）髂耻线：为前柱的内缘线，如该线中断或错位，表示前柱骨折。

（2）髂坐线：为后柱的后外缘线，如该线中断或错位，则表示后柱骨折。

（3）后唇线：在平片上位于最外侧，为臼后缘的游离缘形成，如该线中断或大部分缺如提示后唇或后壁骨折。

（4）前唇线：位于后唇线之内侧，由臼前缘的游离缘构成，如该线中断或大部分缺如，提示臼前唇或前壁骨折。

（5）臼顶线和白内壁线：为臼顶和臼底构成，如该线中断，表示臼顶骨折；如臼顶线和后唇线均破坏，表示后壁骨折；如臼顶线和前唇线均破坏，表示前壁骨折；如臼底线中断，则表示臼中心骨折。

2．髂骨斜位片 可清晰显示从坐骨切迹到坐骨结节的整个后柱，其中尤以后柱的后外缘更清楚。因此，该片可以鉴别后柱及后壁骨折，如为后壁骨折，髂坐线仍完整；如为后柱骨折则该线中断或错位。

3．闭孔斜位片 能清楚地显示伤侧自耻骨联合到髂前下棘的整个前柱，特别是前内缘和前唇。

（三）其他

CT 扫描检查不仅可进一步描绘出骨折线，确定关节内游离骨块大小、移位程度，有助于制订治疗计划，而且对于非手术（牵引）治疗后，骨折块是否真正复位，提供准确影像。

X 线断层摄片多用于髋臼中心粉碎性骨折和移位较小、涉及关节面的骨折，有助于估计骨碎片的位置及数目。

总之，根据外伤病史，结合髋部体征 3 种体位的 X 线片及 CT 检查，可以明确髋臼骨折的诊断。

五、治疗

髋关节是全身最大的球窝关节，其椭圆形股骨头与髋臼的月状软骨面非常适应。当髋臼骨折移位后，使月状关节面参差不齐，如果关节不经切开复位和内固定使其准确复位，头与臼必然不相适应进而发生创伤性髋关节炎。因此治疗的目的是使股骨头回位到臼顶负重区之下，并恢复髋臼关节面的平整。

治疗可分为保守牵引治疗和开放手术复位内固定治疗两种。

（一）保守牵引治疗

对于无移位的及除臼顶骨折以外的 I 度脱位的各型骨折，可采用保守牵引治疗。将患肢向下及向外牵引，即股骨髁上牵引向下，大粗隆下牵引向外，两者重量相等，使股骨头顶部保持在正常臼顶负重区。髋臼骨折部不再发生移位。前柱或后柱骨折，都是髋臼的非负重区，将股骨头向外牵引，其与臼内壁之间，由于骨折出血机化，形成纤维膜经股骨头活动，逐渐形成纤维软骨，可保持平滑并防止股骨头内移。牵引 4 ～ 6 周骨折愈合后，患者可在牵引下起坐活动。但要持续牵引 3 个月，以使内壁纤维膜充分形成。对于严重髋臼粉碎性骨折、估计术中很难复位固定者，保守牵引治疗不失为一种较为理想的治疗方式。

（二）开放手术复位内固定治疗

像大多数关节内骨折一样，手术有效的复位和固定，使得关节早期活动和摩擦，促进关节内软骨愈合，对减少并发症的发生是十分有效和必要的。仅满足于脱位股骨头复位是不够的，髋臼骨折非手术治疗效果不佳的原因不是脱位的股骨头复位不好，而是由于不能使髋臼骨折理想地复位，且通过牵引治疗方法很难将髋臼骨折达到解剖复位。另外，早期手术治疗有移位的髋臼骨折为有必要行二期人工关节置换提供了有利的条件。Letournel.E 认为在病情稳定及手术并发症发生率控制在最小的情况下，髋臼骨折的手术治疗应尽早施行。他们根据从髋臼受伤到接受手术治疗的时间，将髋臼骨折、手术治疗分为 3 个时间段（从受伤当天至伤后 21 日，从伤后 21 日至伤后 120 日，伤后超过 120 日）进行了临床对比，研究认为，内固定术在 2 周以内完成的髋臼骨折其治疗效果优良率超过 80%；如果时间超过 21 日，因为有明确的病理改变出现在髋臼的周围软组织中，增加了手术显露、复位和固定的难度，影响了术后效果。因此，众多学者认为，最佳手术时间应在伤后 2 ～ 10 日以内进行。术前牵引好处有限，而且决不要在股骨近端牵引。股骨头后脱位必须立即复位，不能复位或复位后不稳定是急诊手术指证之一。

1．手术指征　①凡经髋臼负重顶的骨折，移位＞ 3 mm 者；②关节腔内有游离骨片阻碍，股骨头复位不良者；③骨折块占整个后壁 40% 以上的后壁骨折，以及后柱骨折导致关节不稳者；④合并有坐骨神经损伤需及时手术探查者。

2．髋臼骨折常用的手术入路

（1）后方手术途径（Kocher-langenbeck 入路）（图 17-27）：患者俯卧位，切口起于髂后上棘下外 3 cm 处，远端沿股骨大转子外侧垂直下降 5 cm 止。切口中心位于股骨大转子的上部。其适用于后壁和后柱骨折、横形和 T 形骨折，或用于坐骨神经的探查，此切口最为实用。

（2）前方手术途径（髂腹股沟入路）（图 17-28）：患者仰卧位，切口起自髂嵴前 1/3 部，至髂前上棘弧形向前，止于耻骨联合上方 2 cm 处，适用于前柱、前壁骨折，也能显露后柱。

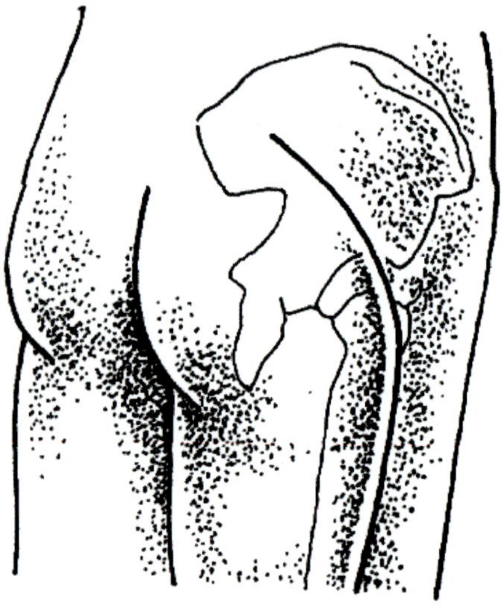

图 17-27 Kocher-Langenbeck 切口

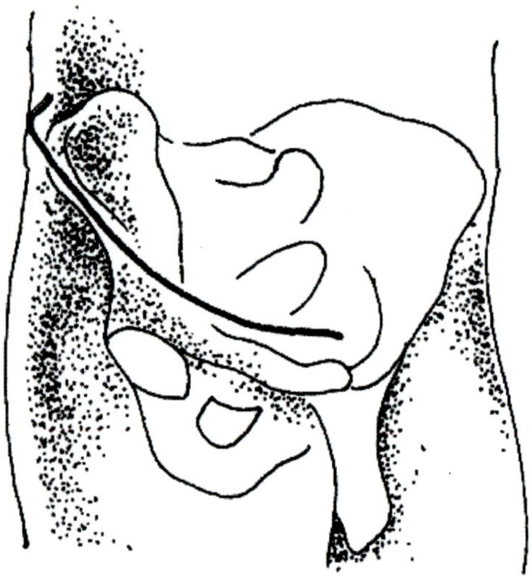

图 17-28 髂腹股沟入路切口

（3）延长的髂股切口（延长的 S-P 切口）（图 17-29）：患者侧卧，将 S-P 切口近端延长至患侧整个髂嵴。该切口主要显露髂骨的外板，同时也能很好地显露前、后两柱。虽然显露前柱不如髂腹股沟入路理想，但剥离髂骨内窝可从不同方向进入髋臼骨，延长的髂股切口，由于可以前后显露，因此，对陈旧性骨折及必须要切除骨痂或需截骨时更为有用。

（4）直外侧切口（图 17-30）：患者侧卧位，切口起至髂嵴最高点，通过大粗隆的一条直外侧切口，止于大粗隆下 6 cm 处，直外侧切口可显露后柱、髋臼顶和半个髂骨翼，并且对前柱也能部分显露。

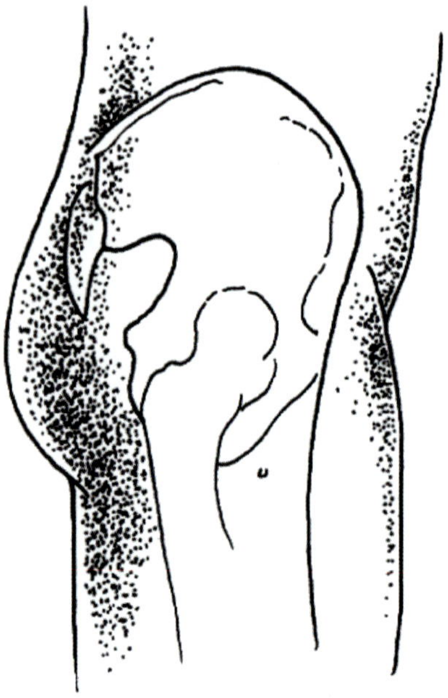

图 17-29 延长的 S-P 切口

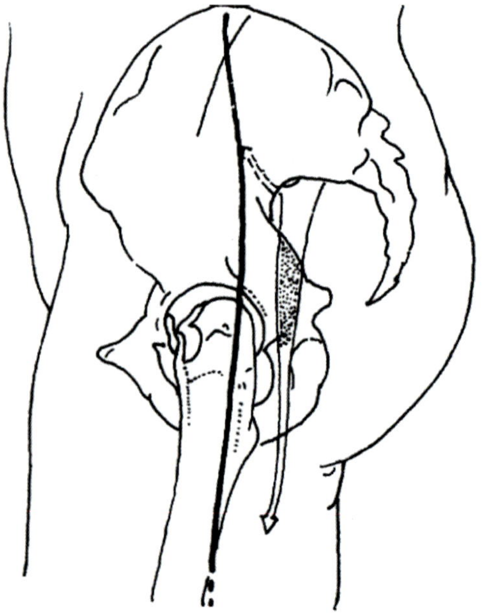

图 17-30 直外侧切口

一般说来，一个切口即可完成骨折的复位与固定，但骨科医师应熟悉几个入路，从而可选择最适于某一个骨折类型的切口。以上 4 个手术入路足以满足有经验的骨科医师治疗髋臼骨折的需要。

3．不同类型髋臼骨折的手术方式

（1）前柱或前壁骨折：一般选择前方手术途径，沿髂嵴切口向下延长至腹股沟，显露骨盆内壁、臼内壁，及耻骨上支。从骨折处可观察髋关节的股骨头软骨面，将积血抽吸干净。在手术台上保持患肢向下向外牵引，有利于骨折、脱位的复位。将骨折复位（如盆内壁骨折线能完全复位）常表示髋臼内面复位良好。术中摄关节正位 X 线片，明确复位情况，视前柱骨折块的长短，可以用螺丝钉向耻骨支及髂骨固定，也可用钢板将骨折固定于髂骨及耻骨支。

（2）后柱或后壁骨折：选择后方手术途径，显露坐骨支髋臼后壁及髂骨后面。髋臼内处理以及复位后以钢板固定髂骨与坐骨支。注意勿使螺丝钉进人髋臼内（图 17-31）。

（3）横形骨折或横形骨折加后壁骨折：对大多数此类骨折可采用后方手术入路或外侧直切口。延长的髂股入路对单纯的横形骨折是有用的，而对横形骨折同时合并髋臼后壁骨折者则困难（图 17-32）。手术时应选择移位较大、骨折线不整齐的一侧。因不易观察到对侧复位情况，复位后以钢板固定。后柱较粗大，安置内固定较易。

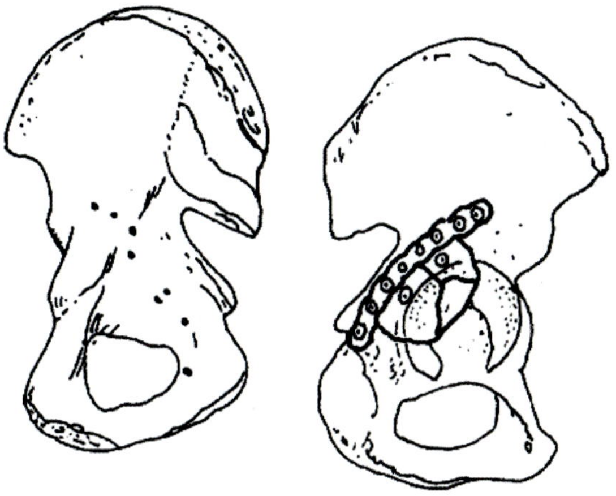

图 17-31　采用 Kocher-Langenbeck 入路后壁骨折的固定

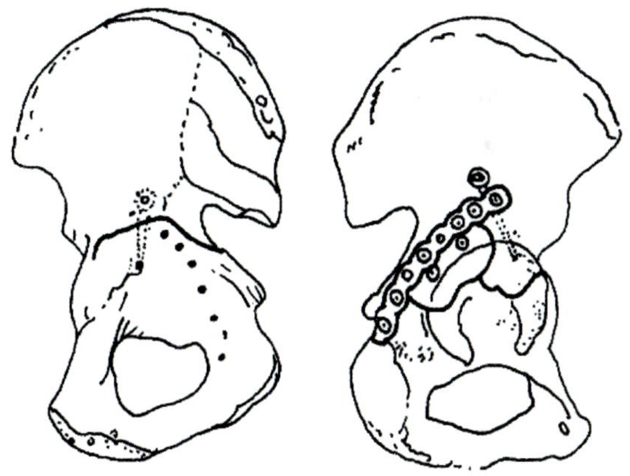

图 17-32　采用 Kocher-Langenbeck 入路进行横形和后壁骨折的内固定

（4）T 形骨折：对这些类型的骨折一般可使用后方手术入路，也可使用直外侧切口。但是如果术前估计到手术有相当困难时，则应选用延长的髂股切口。

（5）前壁或前柱骨折加上后半侧横形骨折：选用髂腹股沟入路（图 17-33）。

（6）骨折波及前后两柱，顶部不与完整的髂骨相连：选用髂腹股沟入路和延长的髂股入路（图 17-34）。

（7）臼顶粉碎骨折：可选用前方手术入路，自髂骨骨折处整复骨折，使髋臼内关节面平整，在髂骨适合处以螺丝钉固定。

4．复位和固定技术　髋臼手术时最有用的器械是骨盆复位钳、Farabeuf 复位钳和各种大小的尖端复位钳（图 17-35）。一种称之为顶棒（ball-spike）的器械可以用来顶住骨折块使其复位。Schanz 螺钉及其把手或股骨头螺旋拨出器可用于坐骨，以控制后柱的旋转。骨盆复位钳和 Farabeuf 复位钳用于固定各骨折块的螺钉。复位巾钳可直接用于骨表面、通过骨皮质的浅钻孔，或用于塑料环和塑料钩以助复位。

为使髋臼复位，常常需要分步骤进行。首先复位并固定单一的骨折块。然后再将其他的骨折块与已固定的骨折块相固定。为了保证复位关节面平整，每一步操作都必须达到准确复位。在复位固定操作中也应同时包括关节外骨折块的准确复位。沿髂嵴、骨盆缘或在坐骨大切迹内有时可以发现

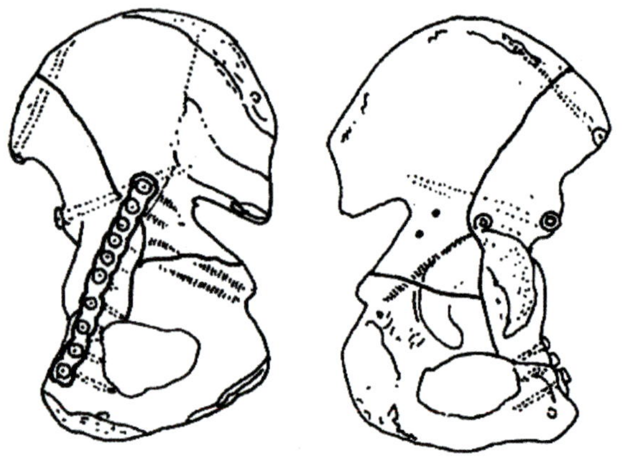

图 17-33 采用髂腹股沟入路行前柱和后半横形骨折的内固定

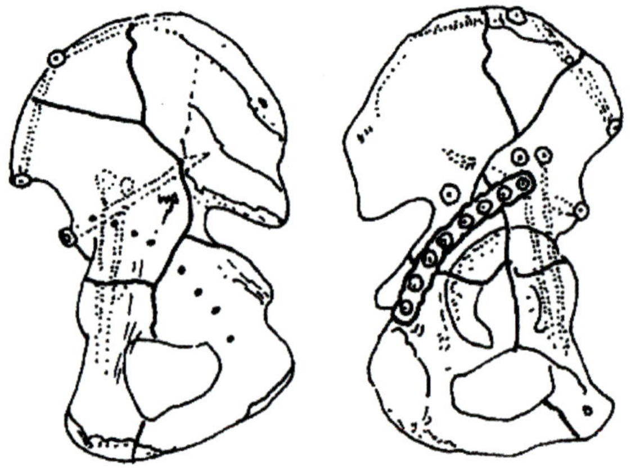

图 17-34 使用延长的髂股入路行双柱骨折的内固定

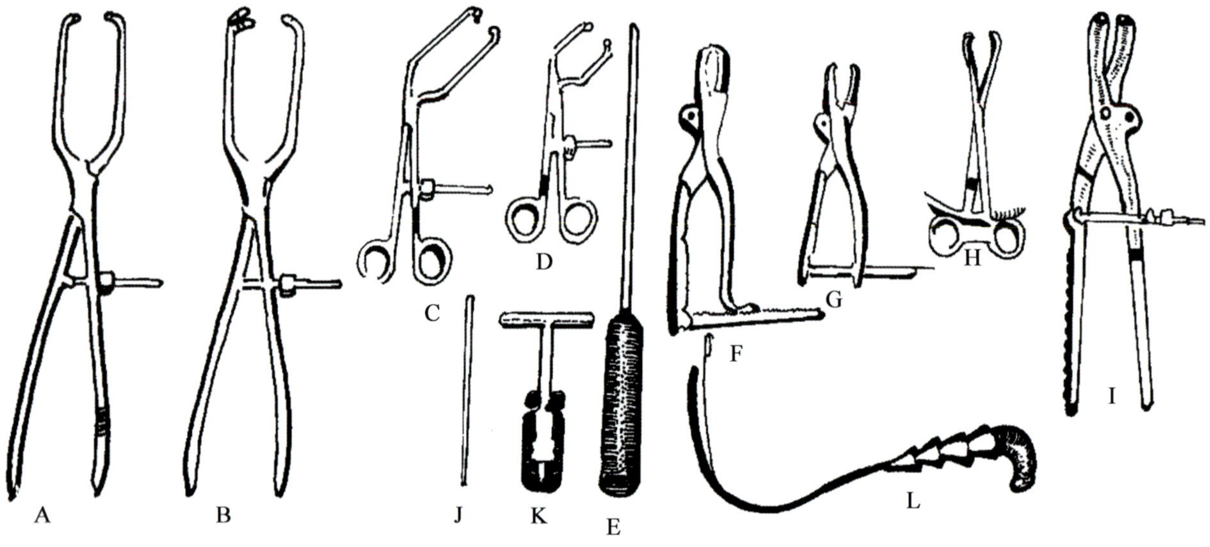

图 17-35 复位髋臼的各种器械

A．双爪复位钳；B．三爪复位钳；C．大号弯头复位钳；D．小号弯头复位钳；E．顶棒；F．大复位钳；G．小复位钳；H．复位巾钳；I．骨盆复位钳；J．Schanz 螺钉；K．通用 T 形手柄；L．坐骨神经牵开器

关节外的骨折块。这些骨块可以作为最后复位好坏的线索，也有助于达到骨折复位后的稳定。关节面是否已达到准确复位最好是直视检查。如果为了直视检查关节面的复位情况，尚需进行不必要的软组织和关节囊的剥离时，则最好采用检查髋臼骨皮质的复位情况，间接判断关节面的复位好坏。骶髂关节脱位或移位的骶骨骨折，一般需要在处理骨折之前先行复位与固定。先使用拉力螺钉固定（3.5 mm，4.5 mm，6.5 mm），然后去除复位器械。如果需要时，可再加钢板固定。3.5 mm 直的重建钢板和弯曲的 3.5 mm 骨盆钢板是最适宜的固定器械。钢板固定之前必须准确地塑形。

使用 Kocher-Langenbeck 入路时，钢板正常放置在髋臼后方。在延长的髂股切口和直外侧切口时也是如此。而且也可将钢板固定在髂骨翼上，这是使用髂腹股沟入路时最常放置钢板的位置。

3.5 mm 和 4.5 mm 弯曲的、直的重建钢板，超长的 3.5 mm、4.5 mm 和 6.5 mm 螺钉是沿骨盆缘的上面。有时骨折可以只用拉力螺钉固定。但是在大多数情况下，拉力螺钉必须有 1 枚或多枚钢板辅助。长拉力螺钉用于髂骨骨块间固定或沿前、后柱长轴固定时效果好（图 17-36）。

5．术后处理　软组织和伤口认真缝合以后，常规放置负压吸引 24 ～ 72 小时。术后不必制动，卧床休息即可，数日内可开始髋关节被动活动。如果患者感觉良好，一般术后 5 日即可开始主动活动，2 周以后可以扶拐不负重步行锻炼。10 ～ 12 周以后可以开始完全负重。术后 3 日可以进行局部的理疗。抗生素一般用至术后 4 ～ 8 日即可。

图 17-36　固定髋臼骨折的内固定物

6．术后并发症　可分为早期和晚期两种。

（1）早期并发症：髂动脉血栓、败血症、关节内感染、坐骨神经损伤麻痹等。

（2）晚期并发症：骨不连、骨不愈合、股骨头缺血性坏死、髋关节骨性关节炎、髋关节周围骨化性肌炎等。

对以上可能出现的并发症，临床医师应有足够的认识。手术前后应严格遵循手术治疗原则，防止此类并发症的发生。

7．术后疗效的评价　对髋臼骨折来说，无论以何种手术方式行开放复位内固定术，骨折复位程度的判定都按 Matta 标准：在 3 个 Judet 位 X 线片上骨折移位＜ 1 mm 为解剖复位，1 ～ 3 mm 为满意复位，＞ 3 mm 为不满意复位。但其真正的治疗效果，应该通过术后 1 年以上的随访观察，根据一定的主、客观疗效评估指标进行科学的评价（表 17-5 和表 17-6）。

根据表 17-5 和表 17-6 的主客观指标，能够科学地评价髋臼骨折手术治疗的实际效果，这对髋臼骨折治疗的认识和水平的提高是十分有益的。

表 17-5　X 线评估标准

X 线片分级	X 线片表现
优秀	正常 X 线表现
良好	X 线片轻微改变，细小的关节狭窄（1 mm），小的骨刺，细小的骨硬化（象牙化）
一般	X 线片内外侧改变，中等度关节狭窄（＜ 50%），中等度骨刺，中等度骨硬化（象牙化）
差	X 线片有明显改变，重度骨刺。关节狭窄（＞ 50%），严重的骨硬化（象牙化），股骨头塌陷或剥脱，髋臼剥脱

表 17-6　临床症状、体征评分标准

疼痛程度	6 分：完全不痛
	5 分：轻微间隙性疼痛
	4 分：运动后疼痛，休息后消失
	3 分：中等度疼痛，但可运动
	2 分：疼痛严重，不能运动
运动程度	6 分：运动正常
	5 分：不用拐杖，轻微跛行
	4 分：长距离行走需扶用拐杖或支具
	3 分：运动受限需支撑

续表

	2 分：运动非常受限	
	1 分：不能运动	
关节活动范围	右	左
伸屈	–	–
外展	–	–
内收	–	–
外旋	–	–
内旋	–	–
总合	–	–
伤髋占正常髋部活动范围的百分比		
6 分：95% ～ 100%		
5 分：80% ～ 95%		
4 分：70% ～ 80%		
3 分：60% ～ 70%		
2 分：≤ 50%		
临床症状、体征、评估总分（疼痛＋运动＋活动范围）		
优秀：18 分	良好：15 ～ 17 分	
一般：13 ～ 14 分	差：＜ 13 分	

第八节　不稳定型骨盆骨折的诊疗及固定方式

一、诊断

（一）不稳定型骨盆骨折的诊断

一般根据病史、体格检查，及必要的辅助检查如骨盆平片、CT 等检查可确诊骨盆骨折。但需要注意的是严重不稳定型骨盆骨折多伴发严重颅脑损伤、胸部外伤，及腹部重要脏器损伤所致的出血性休克，这些严重的多发损伤往往更能引起注意，从而致不稳定型骨盆骨折的诊断被遗漏或延迟诊断。故对严重多发损伤患者来说，仔细全面的体格检查、配合必要的 X 线及 CT 扫描检查对骨盆骨折的诊断有重要意义。目前常用的骨盆骨折诊断的影像学检查主要有以下几种：

1．骨盆 X 线检查　能显示骨盆骨性结构的整体图像，常包括正位片、入口位片、出口位片。正位片能显示不稳定型骨盆骨折的基本征象。入口位片利于观察骨盆环的完整性、半骨盆环的前后移位情况，其中骶臀线连续性中断、坐骨结节的撕脱、骶髂关节骨折和脱位，向后方或后上方移位 ≥ 1 cm，为不稳定的征象，提示骶髂后韧带及骨间韧带全部损伤。出口位片可显示骶骨、髂骨翼、髋臼，及髂耻粗隆的骨折。腰 5 横突骨折、髂骨翼骨折≥ 5 mm、耻骨联合≥ 2.5 mm 为不稳定征象。

2．CT 扫描检查　能在多个平面上显示骨盆骨与骨盆内软组织情况，发现普通 X 线片上不能发现的骶骨骨折、骨折碎片、骨折，及骶髂关节的轻度移位，利于指导骨盆骨折分型，指导治疗，但其显示骨折整体性较差。文献提示：9% ～ 85%X 线片未能显示的损伤可被 CT 发现，特别对于涉及骨盆后环及髋臼的骨折。

3．螺旋 CT 扫描　是利用各种重建技术将 CT 扫描得到的数据，经特殊软件处理，形成清晰逼真的三维图像，并且得到的图像可以在任何角度旋转，可以使临床医生得到完整、直观、立体的骨盆图像，并从最佳角度观察骨折病变部位。故在骨盆骨折的诊断中有广泛的应用前景。

二、治疗及固定方式选择

（一）不稳定型骨盆骨折的治疗

不稳定型骨折多为严重暴力导致，常伴发颅脑损伤、胸腹部重要脏器损伤，及身体其他部位骨折。患者入院时往往因创伤失血性休克而致生命体征不稳定。Starr 等[6] 报道休克状态下的骨盆骨折患者死亡率高达 57%。故对多发损伤伴不稳定型骨盆骨折患者，Murtry[7] 主张急救原则为：①首先救治危及生命的失血性休克；②在抗休克的基础上处理其他合并伤；③对骨盆骨折严重出血患者迅速用外固定支架固定，病情稳定后行骨盆骨折手术治疗。

近年来，随着骨科损伤控制（damage control orthopaedics DCO）理论的进展，越来越多的临床医生开始在此理论的指导下对多发伤、复合伤患者进行救治。

不稳定型骨盆骨折多由强大暴力直接作用、挤压或撞击骨盆所致，往往合并其他部位的损伤，如腹腔脏器、血管、神经损伤，及其他部位的骨折，常出现大出血或休克，从而引发低体温、凝血功能障碍和代谢性酸中毒“致命三联征”，如救治不及时或方法不当可危及生命。这类患者如早期进行复杂的修复、重建手术，会进一步加重患者生理功能的紊乱，造成损害进一步恶化，因此应用 DCO 理论指导治疗不稳定型骨盆骨折非常必要[8]。

DCO 是 Giannoudis[9] 首先提出的。此理念是对复杂外科问题进行应急分期处理的新理念，如何在纠正早期休克的同时，恰当地针对不稳定型骨盆骨折及合并的重要脏器损伤开展损伤控制性处理，对于提高抢救成功率起着至关重要的作用。损伤控制分三阶段进行：第一阶段对患者的伤情进行评估，初期手术以临时骨折固定、控制出血和抢救生命的手术为主，骨折多采用简单固定，如外固定架固定等；第二阶段将患者送至重症病房进行监护和复苏治疗，重点是维持生命体征平稳和处理并发症，并对病情进行再评估；第三阶段待病情稳定后行骨折的最终固定和康复治疗以及其他合并症的处理[10]。此类患者早期可出现大出血，其中髂血管和营养骨盆脏器血管损伤出血是造成失血休克的重要因素，因此早期救治以控制血液丢失和维持循环系统的血流动力学稳定为主[11]。

输液或输血过多过快可能会引起血流动力学的不稳定，因此限制性容量复苏较以往传统的复苏更为合理，将平均动脉压（MAP）维持在 80 ～ 90 mmHg 之间，可在有效改善休克期组织灌注的同时，减少血压过高导致的出血量增加，同时组织氧供又因血液不被过度稀释而能得到充分保障，避免过分扰乱机体一系列的代偿机制和内环境，避免或减轻酸中毒。与此同时应积极预防创伤性凝血病的发生，早期输血，以 1∶1 的比例输注浓缩红细胞和冰冻血浆，并密切监测复苏的效果。

骨盆骨折时骨盆环破裂增加了骨盆容积，会引起“负吸效应”，造成不断出血，而且，骨折块活动移位可破坏凝血块或刺伤血管，进一步增加出血量，所以应尽早进行骨盆骨折的复位与固定，临时稳定骨盆，实现骨盆容积控制。骨盆外固定架适用于骨盆前环骨折的复位和固定，C 形钳可在骨盆后环处提供加压，提高骨盆后环骨折的稳定性；前后环均不稳定的 C 形骨折患者行外固定支架固定结合单侧或双侧股骨髁上持续骨牵引治疗。复位后的骨盆骨折可通过骨折断端加压和保护血管来控制出血。对骨盆已经得到固定，经积极正确的扩容措施后休克仍无好转，血红蛋白、红细胞计数，及红细胞压积进一步下降，而无其他出血原因者，应根据个体情况考虑采用包括选择性血管造影栓塞、骨盆填塞、单侧或双侧髂内动脉结扎术等急救措施。王延斌等 [12] 报道的一组患者中，3 例采用选择性血管造影栓塞，3 例腹膜外骨盆填塞，2 例单侧髂内动脉结扎，最终均控制了出血，挽救了生命，为再手术提供了机会。所有患者经第一阶段处理后即送入 ICU，对患者进行全面的生命体征的监护和支持，并监测处理可能出现的并发症，为下一步确定性手术做准备 [13]。

Tile B 型骨折经骨盆外固定支架固定后多数不需要再行确定性手术治疗 [14]；而对于 Tile C 型骨折通常需要行切开复位接骨板或（和）空心钉内固定。但需注意，伤后 2 ~ 4 天进行最终固定往往是不安全的，在此期间机体正进行剧烈的免疫反应，组织损伤明显，此时的外科干预就可能成为“二次打击”，导致机体状况恶化。近期一项回顾性研究表明，多发伤患者在伤后 2 ~ 4 天的术后炎症反应要明显高于第 6 ~ 8 天进行最终固定的患者。确定性手术的必备条件为低温状态纠正、凝血功能恢复正常，出血已经控制，无威胁生命的其他因素存在。王延斌等 [12] 报告，部分 Tile B 型、所有 Tile C 型病例均在入院 7 ~ 10 天行确定性手术，手术效果良好。超过 2 周再行手术，解剖复位的难度显著增加，会导致许多患者复位不充分，从而影响到下肢功能的恢复。

（二）不稳定型骨盆骨折的固定方式选择

不稳定型骨盆骨折经一期稳定生命体征及血流动力学后，及时行二期手术固定，有利于恢复骨盆的解剖结构和稳定性，恢复生理负重状态下的下肢力线，恢复行走时正常的步态。不稳定型骨盆骨折的手术治疗仍需遵循 AO 的骨折治疗原则：解剖复位、牢固固定、减少周围软组织损伤，及早期功能锻炼。手术固定方式有外固定支架固定和切开复位内固定。根据骨折不稳定类型分为前环固定、后环固定、前后环固定。

（三）外固定支架固定

自 20 世纪 70 年代中期 Slfyis 和 Karaharju 将骨盆外固定架运用到临床上来，使不稳定型骨折的治疗有了较大的发展。Riemer[15] 报道创伤早期应用外固定支架可以使患者死亡率从 22% 下降到 8%。目前临床上应用的外固定支架大致有 12 种 [16]。外固定支架主要应用于以下情况：

1．在血流动力学不稳定的患者，外固定支架可以重建骨盆环稳定性，减小骨盆容积，控制出血和疼痛，同时可以减少后期在搬动时可能造成的二次损伤。

2．Tile B1 型骨折即开书样骨折，由于后方骶髂关节及韧带完整性存在，是外固定支架固定的最佳适应证；

3．作为 Tile B 型及 Tile C 型骨折的辅助治疗方法，外固定支架固定增加骨盆环的稳定性。外固定支架治疗骨盆骨折的优点主要有：①损伤小，操作简单；②操作灵活性大，并发症少，可在急诊或手术室实施；③早期可控制出血，利于抢救及平稳生命体征；④可作为最终治疗手段，也可作为临时固定，病情稳定后再进一步治疗。而针道感染、护理繁琐、体积大，不利于患者翻身等活动则是常见问题。

（四）切开复位内固定

不稳定型骨盆骨折的切开复位内固定，仍需遵循 AO 的骨折治疗原则。Tile[17] 提出内固定的指征有：①垂直不稳定型骨折；②合并髋臼骨折；③外固定后残留移位；④韧带损伤导致骨盆环不稳定；⑤闭合复位后位置不良；⑥无会阴污染的开放性后部损伤，Matta[18] 认为骨盆后环结构损伤移位超过 1 cm 或耻骨骨折移位合并骨盆后环不稳定的，患肢短缩超过 1.5 cm 以上的也应手术治疗；⑦耻骨联合分离大于 2.5 cm 的。

1．前环的固定 前环的固定主要是针对耻骨联合及耻骨支骨折。耻骨联合分离大于 2.5 cm 及耻骨支骨折移位合并后环不稳定是手术指征。如果耻骨联合分离是 Tile B1 型骨折的一部分时，可用 2

孔或 3 孔动力加压钢板或重建钢板置于耻骨联合上方固定。如果耻骨联合分离是 Tile C 型骨折的一部分时，后方损伤不能固定时，则建议在耻骨联合上方及前方使用双钢板固定。对耻骨支的骨折可采用重建钢板或长螺钉固定。

行前环钢板固定者，采用耻骨联合上方近侧横行的 Pfannenstiel 切口显露耻骨联合或向一侧延长的 Pfannenstiel 切口、髂腹股沟切口（男性注意保护精索，女性保护子宫圆韧带），显露耻骨联合或耻骨支，复位，重建钢板放置于耻骨联合或耻骨支的上方固定。切口内放置负压引流管，术后 24 ～ 48 小时内根据引流液体量拔出引流管（图 17-37）。

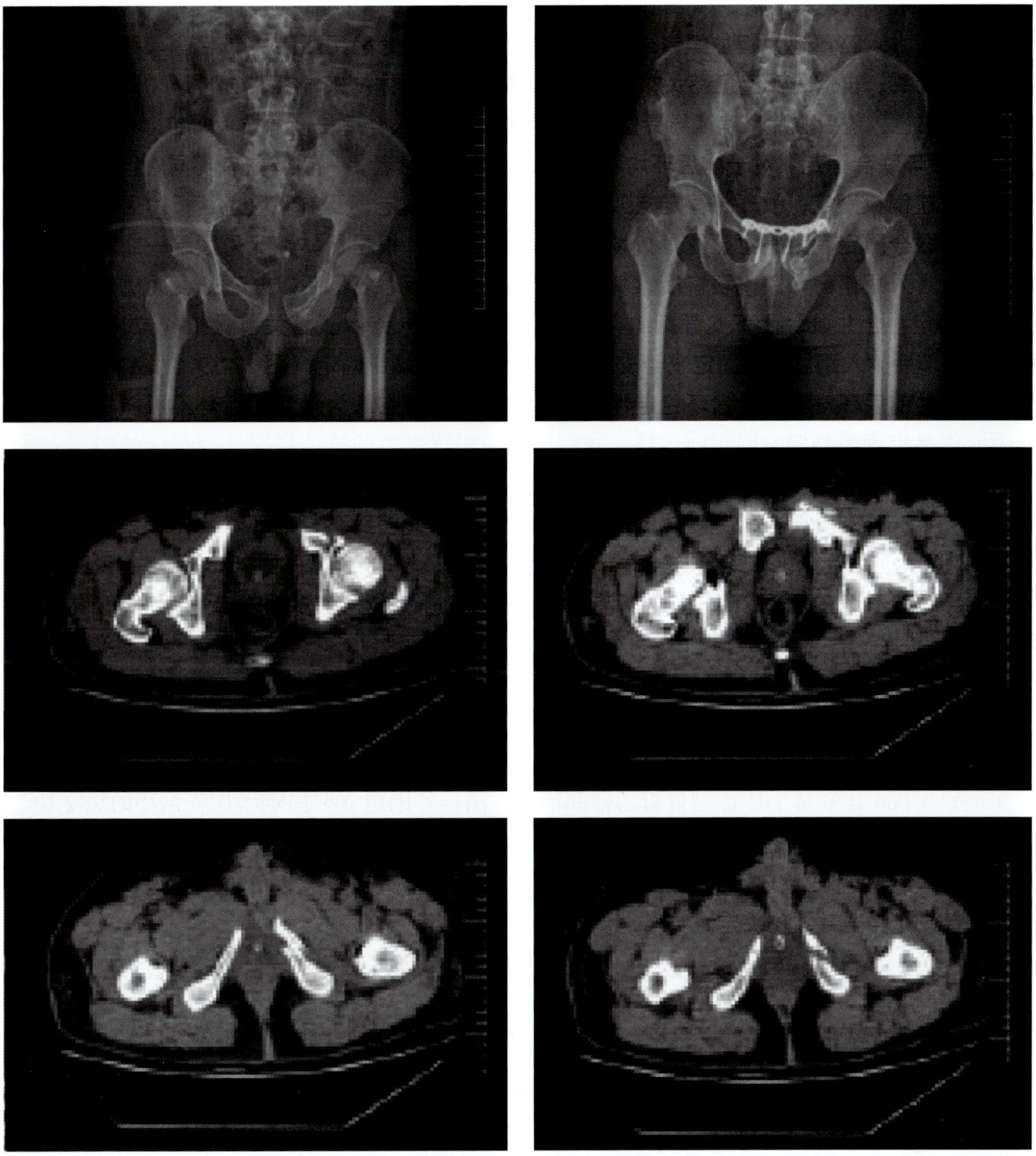

图 17-37　Tlie B 型骨折左耻骨下支骨折并耻骨联合分离

2．后环的固定　后环的固定主要是针对涉及骨盆环稳定性的髂骨及骶髂关节复合体的固定。固定方法主要有前入路骶髂钢板固定；后入路骶髂钢板固定、骶髂螺钉固定、骶骨棒固定，及

Schildhauer[19] 等提出的将脊柱 - 骨盆固定系统复合骶髂螺钉或骶骨钢板横向固定治疗骨盆骨折的三角固定技术。Simonian[20] 研究了骶髂钢板、骶髂螺钉，及骶骨棒三种固定方式对骨盆环的稳定性的影响后认为骶髂螺钉的固定效果最好。而 Schildhauer[21] 的生物力学研究显示：对不稳定型骶骨骨折，三角固定的强度优于骶髂螺钉。

后环经前方入路重建钢板固定者，采用髂腹股沟入路或髂股入路，显露髂骨内板及同侧骶髂关节前方，重建钢板经塑形后置于髂骨内板前方，螺钉固定。对髂骨的固定，尽量将钢板放置于接近髂嵴的地方，因该处骨质较厚，有利于螺钉的牢固固定。对骶髂关节的固定，为避免损伤腰 5 神经根，骶骨侧只用一枚螺钉固定。

后环经后方入路重建钢板加螺钉或单纯骶髂螺钉固定者，采用骶髂关节后侧入路，显露骶髂关节后侧及髂骨翼。自髂骨翼经骶髂关节、骶 1 侧块向骶 1 椎体打入导针，C 形臂 X 线透视下（骨盆入口位、出口位、前后位片）确认导针位置及长度合适后旋入合适长度的拉力螺钉（图 17-38）。

3. 前后环联合固定 对于前后环均不稳定需要固定的患者，一期行前后环同时固定。固定方式有前后环重建钢板固定、前环外固定支架加后环重建钢板固定，及前环重建钢板加后环骶髂螺钉固定。前后环联合固定者为满意显露骨折端，维持良好复位，根据具体情况采用单一或联合入路，有髂骨板骨折者采用髂棘入路，切口沿髂棘走形，显露髂骨板，复位后以合适长度的重建钢板经塑形后行螺钉固定；合并耻骨上下支骨折的，可采用髂腹股沟入路；骶髂关节骨折脱位、骶骨骨折者，采用骶髂关节后侧入路行钢板固定或经皮有限切开空心拉力螺钉固定（图 17-39、图 17-40）。

由于骨盆前后环对整个骨盆环稳定性都很重要，且有观点认为骨盆前后环不可能发生孤立的损伤，因此很多患者需要同时固定前后环。故临床上应根据患者的具体情况选择相应的固定方式。近年来，随着微创理念的发展及计算机导航技术的进步，使骨盆骨折的治疗进入一个新的发展阶段。Rubel[22] 等和 Zobrist[23] 等在研究尸体解剖的基础上，在内镜辅助下行前环经皮钢板固定，Stockle[24] 等对 30 例患者应用计算机辅助导航技术行骨盆骨折手术，均取得较好的临床效果。这说明微创及计算机辅助导航技术正在逐渐成为骨盆骨折治疗的一种理念，为越来越多的临床骨科医师所接受。

三、术后处理

患者术后均卧床休息，定时翻身。麻醉清醒后由流质饮食过渡到正常饮食，术后预防性应用抗生素、根据病情应用止痛、止血、抗凝、营养神经等药物。术后 48 小时内根据负压引流液体情况拔除引流管。指导患者行床上功能锻炼。外固定支架针眼定时乙醇护理。术后定期复查 X 线，外固定支架根据复查骨痂生长情况择期去除。术后 4 ~ 6 周患者可适当坐起，负重及下地行走时间根据骨折愈合情况及全身合并损伤决定。

四、评价标准

骨盆骨折术后疗效评价标准很多，但目前尚无统一标准或公认标准。常用的评价标准有：Majeed 评分方法[25-26]、Cole 评分方法[27]、Harris 评分法等。Majeed 评分从疼痛、工作、坐、站，及性生活 5 个方面评价患者骨盆骨折术后状况。但由于骨盆骨折患者多伴发全身其他脏器损伤或其他部位骨折，这些伴发的损伤对上述 5 个方面的最终评分都有一定影响，且在实际随访中对性生活的评分难以做到精准（表 17-7）。

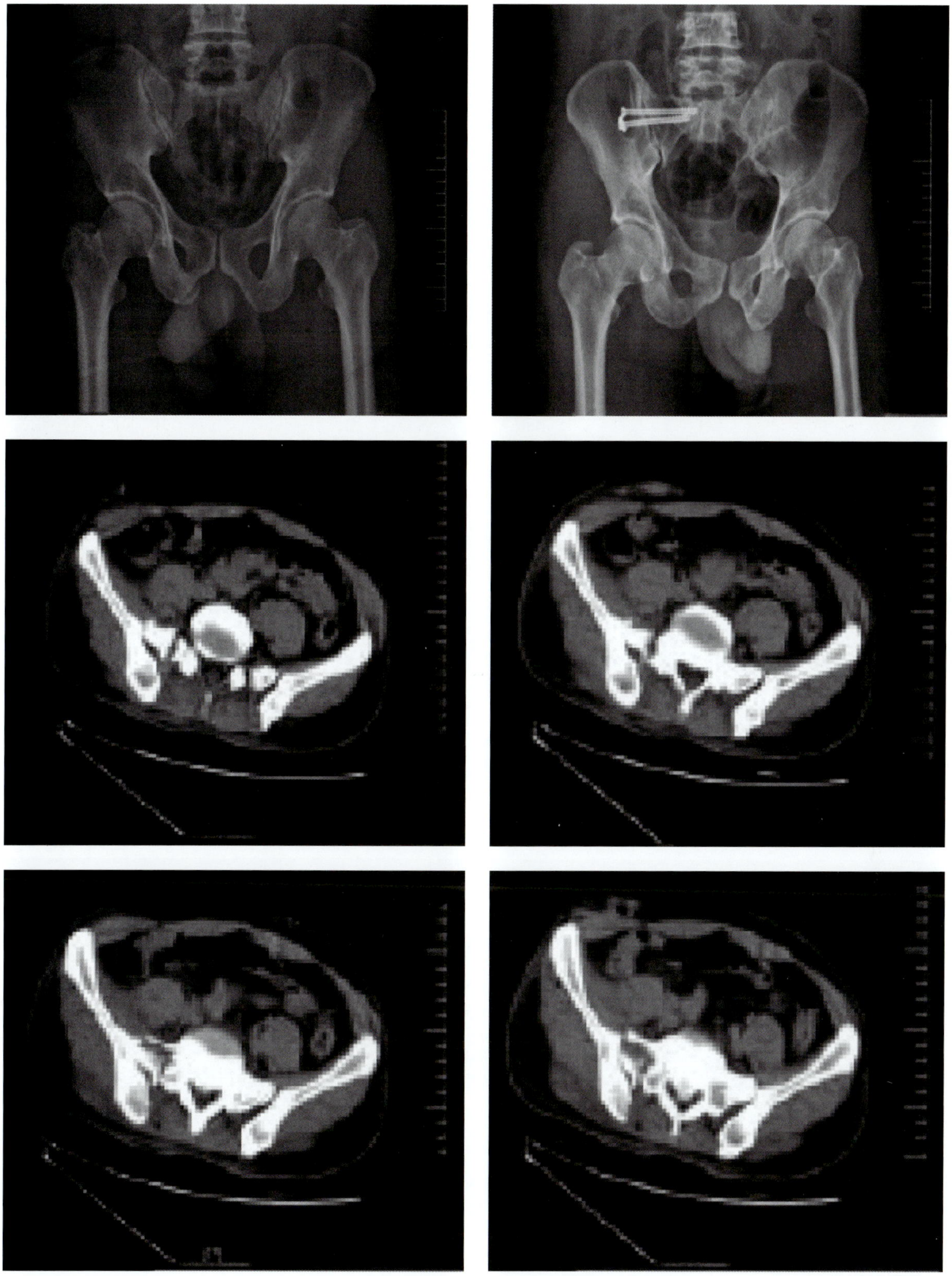

图 17-38　Tile C 型骨折：右侧骶骨、坐骨、耻骨骨折

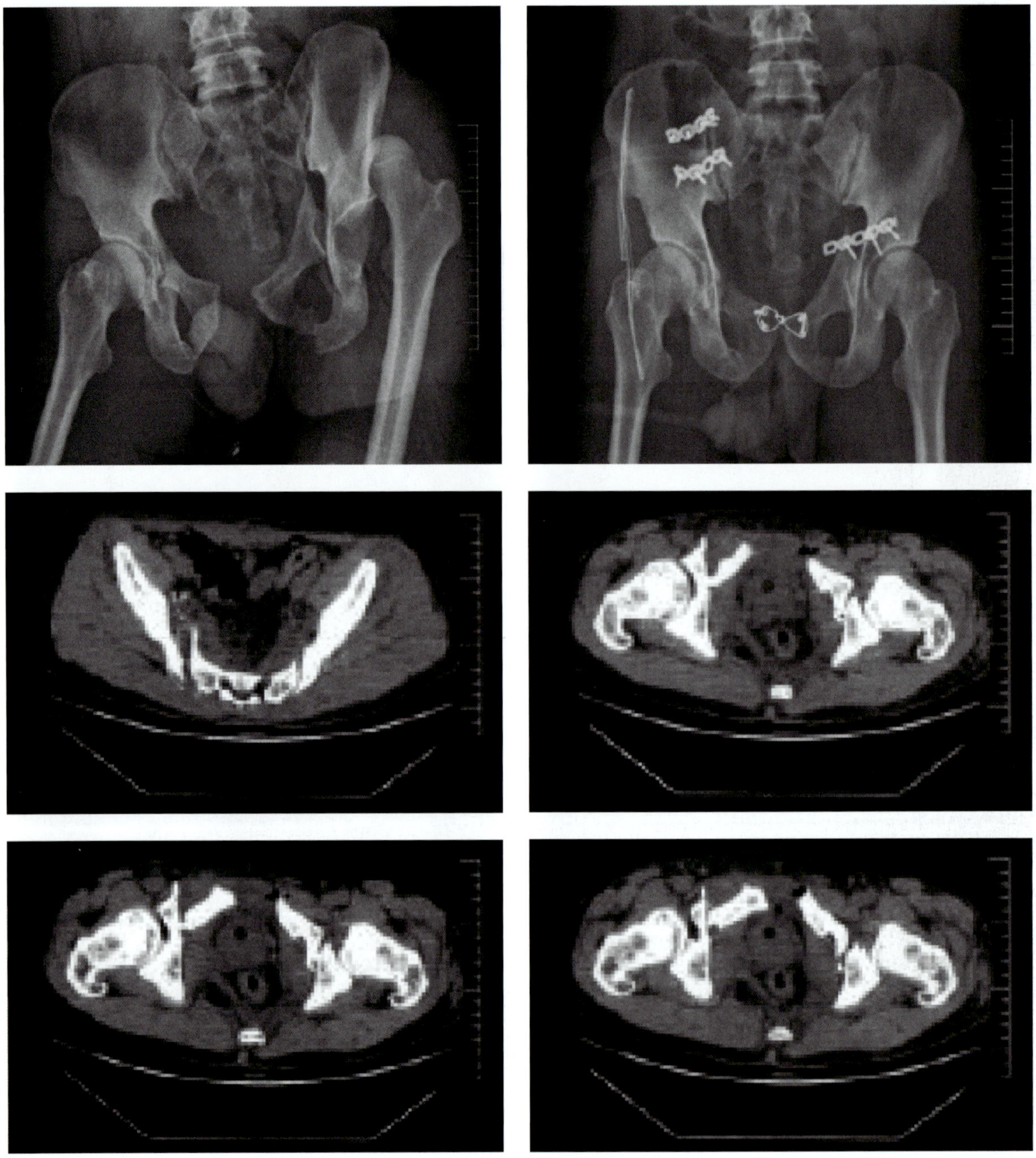

图 17-39 Tile C 型骨折：双侧耻骨上支、双坐骨支骨折；右骶髂关节、耻骨联合分离前后联合入路前后环固定（耻骨联合螺钉钢丝固定；右骶髂关节前路重建钢板）

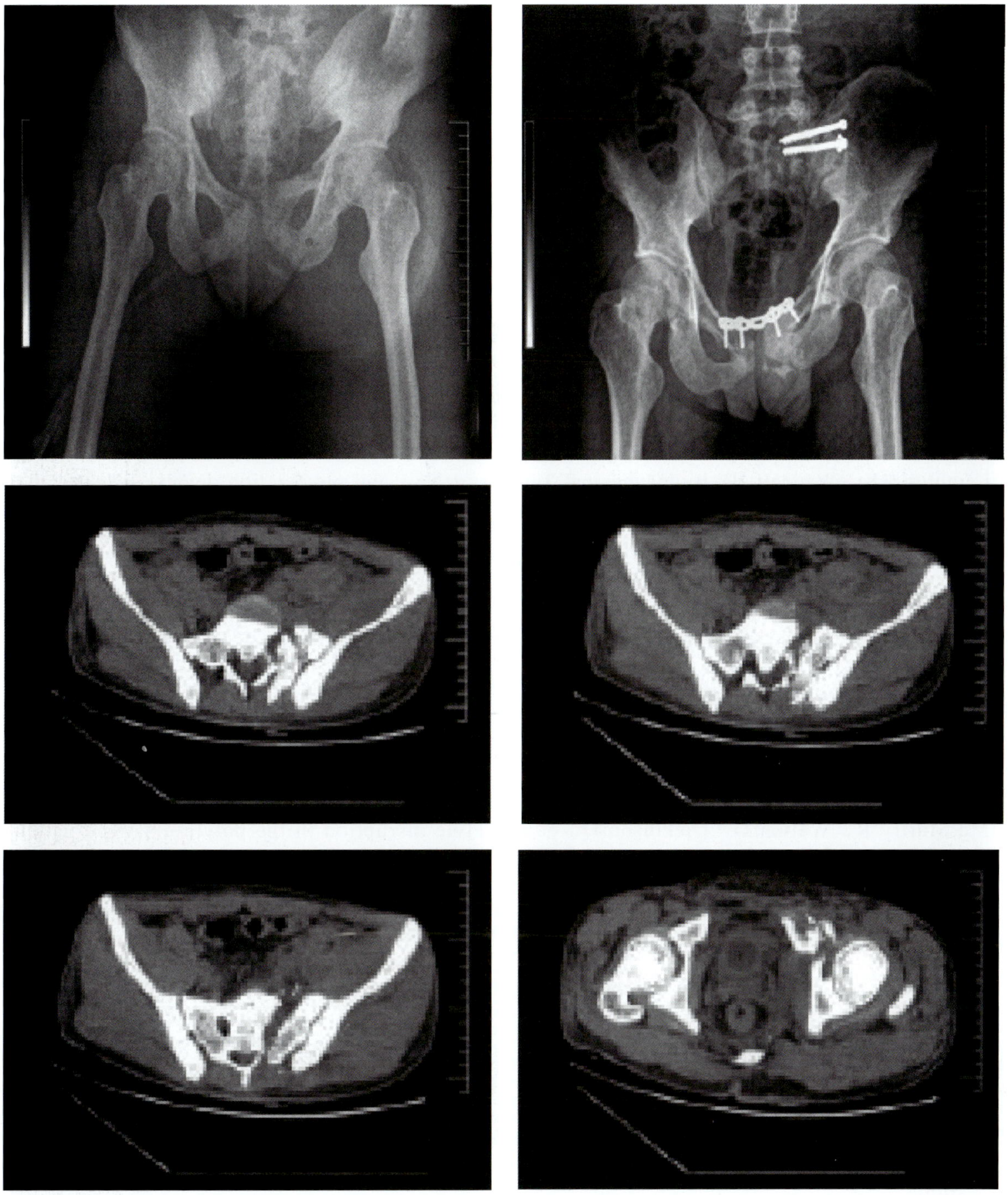

图 17-40　Tile C 型骨折：左骶骨、左侧耻骨骨折；耻骨联合分离前后联合入路前后环固定（耻骨联合重建钢板固定；左骶髂螺钉固定）

表 17-7　Cole 骨盆骨折评分表	
优	肢体等长，下肢无旋转，步态正常，患处无疼痛
良	肢体不等长 < 2 cm，下肢无旋转，步态基本正常，患处无疼痛
可	肢体不等长 2 ~ 4 cm，下肢旋转 < 15°，行走略跛，患处微痛
差	肢体不等长 > 4 cm，下肢旋转 > 15°，明显跛行，患处疼痛

随着医学模式的转变，医学救治理念的更新完善，医学科学技术的发展，骨科医生对骨盆骨折的治疗，特别是不稳定型骨盆骨折的治疗采取一种较以往更加积极的态度。骨科损伤控制（damage control orthopaedics，DCO）理论的进展、计算机辅助导航或 CT 引导下经皮微创螺钉植入稳定骨盆环技术日渐成熟，及一些新技术如应用快速成形技术建立与骨盆骨折真实情况完全相同的骨盆模型可以使临床医生直观准确地判断伤情及骨折类型，为进一步采取合理的治疗方案提供直接依据。由此我们有理由相信，不稳定型骨盆骨折的治疗将日渐有效、规范，及微创化。

（顾定伟　赵晓燕）

主要参考文献

[1] 裴国献．骨盆骨折的诊疗进展．中华创伤骨科杂志，2001，3（2）．

[2] Leighton RK，Waddell JP. Biomechanical Testing of New and old fixation devices forvertical shear fractures of the pelvices. J Orthop Trauma，1991，5（3）：313-317.

[3] Tile M. Pelvic ring fractures：should they be fixed？ J Bone Joint Surg，1988，70B：1-12.

[4] 贾健．骨盆骨折的分类及内固定治疗．中华骨科杂志，2002，22（11）：695-698.

[5] Burgess AR，Eastridge BJ，Young JW，et al. Pelvicringdisruptions：effective Classification system and treatment protocols．J Trauma，1990，30：848-856.

[6] Starr AJ，Griffin DR，Reinert CM，et al. Pelvic ring disruptions：prediction of associated injuries，transfusion requirement，pelvic arteriography，complications and mortality．J Orthop Trauma，2002，16：553-561.

[7] Mc Murtry R，Walton D，Dickinson D，et al. Pelvic disruption in the polytraumatized patient：a management protocol. Clin Orthop RelatRES，1980，（151）：22-30.

[8] Stawicki SP，Brooks A，Bilski T，et al. The concept of damage control：extending the paradigm to emergency general surgery. Injury，2008，39：93-101.

[9] Giannoudis PV. Surgical priorities in damage control in polytrauma. J Bone JointSurg（Br），2003，85：478-483.

[10] Mannion SJ. Damage control in orthopaedic injufies. HoapMed，2005，66（2）：87-88.

[11] 王敬博，金鸿宾．损伤控制理论在创伤骨科救治领域的应用．中国骨伤，2009，22（7）：564.

[12] 王延斌，蒲志超，谢伟勇，等．损伤控制骨科理论在不稳定型骨盆骨折救治中的应用．实用医学杂志，2014，30（8）：1281-1283.

[13] 冯斌，姚爱明，孟杨．损伤控制在不稳定骨盆骨折中的应用．徐州医学院学报，2010，30（12）：870.

[14] 王鸥．自制多功能组合式外固定架治疗不稳定型骨盆骨折．实用医学杂志，2003，19（1）：77-78.

[15] Riemer BL，Butlerfield SL，Diamond DL，et al. Acute mortality associated with injuries to the pelvic ring：the role of early patient mobilization and external fixation，J Trauma，1993，35：671-675.

[16] Ponson KJ，Hoek van Dijke GA，Joosse P，et al. Improvement of external fixator performance in type C pelvic ring injuries by plating of the pubic symphysis：an experimental study on 12 external fixation．J Trauma，2002，53：907-913.

[17] Tile M. Pelvic ring fractures：should they be fixed. Bone Joint Surg，1988 70B：1-12.

[18] Matta JM，Tornetta P 3rd. Internal fixation of unstable pelvic ring injuries. Clin Orthop，1996，(329)：129.

[19] Schildhauer TA，Ledoux WR，Chapman JR，et al. Triangular osteosynthesis and iliosacral screw fixation for unstable sacral fractures：a cadaveric and biomechanical evaluation under cyclic loads. J Orthop Trauma，2003，17：22-31.

[20] Simonian PT，Rout ML Jr. Biomechanics of pelvic fixation. Orthop Clin North America，1997，28 (3)：351.

[21] Schildhauer TA，Ledoux WR，Chapman JR，et al. Triangular osteosynthesis and iliosacral screw fixation for unstable sacral fractures：a cadaveric and biomechanical evaluation under cyclic loads. J Orthop Trauma，2003，17：22-31.

[22] Rubei IF，Seligson D，MuddL，et al. Endoscopy for anterior pelvis fixation. J Orthop Trauma，2002，16 (7)：507-514.

[23] Zobrist R，Messmer P，Scott LL，et al. Endoscopic-assisted，minimally invasive anterior pelvic ring stabilization：a new technique and case report. J Orthop Trauma，2002，16 (7)：515-519.

[24] Stockle U，Konig B，Schaffer A，et al. Clinical experience with the siremobil Iso-C (3D) imaging system in pelvic surgery. Unfallchirurg，2006，109 (1)：30-40.

[25] Majeed SA. External fixation of the injured pelvic. The functional outcome. Bone Joint Surg (Br)，1990，72 (5)：612-614.

[26] Majeed SA. Grading the outcome of pelvic fractures. Bone Joint Surg (Br)，1989，71 (4)：304-306.

[27] 张勇. Orthofix 外固定支架治儿童不稳定骨盆骨折. 中华创伤杂志，2008，7：540-542.

附录一　低血容量性休克复苏指南（中华医学会重症医学分会）

（一）引言

低血容量休克是指各种原因引起的循环容量丢失而导致的有效循环血量与心排血量减少、组织灌注不足、细胞代谢紊乱和功能受损的病理生理过程。近 30 年来，低血容量休克的治疗已取得较大进展，然而，其临床病死率仍然较高。低血容量休克的主要死因是组织低灌注以及大出血、感染和再灌注损伤等原因导致的多器官功能障碍综合征（MODS）。目前，低血容量休克缺乏较全面的流行病学资料。创伤失血是发生低血容量休克最常见的原因。据国外资料统计，创伤导致的失血性休克死亡者占创伤总死亡例数的 10% ～ 40%。低血容量休克的主要病理生理改变是有效循环血容量急剧减少，导致组织低灌注、无氧代谢增加、乳酸性酸中毒、再灌注损伤以及内毒素易位，最终导致 MODS。低血容量休克的最终结局自始至终与组织灌注相关，因此，提高其救治成功率的关键在于尽早去除休克病因的同时，尽快恢复有效的组织灌注，以改善组织细胞的氧供，重建氧的供需平衡和恢复正常的细胞功能。本指南旨在根据低血容量休克的最新循证医学进展，推荐临床诊断、监测以及治疗的共识性意见，以利于低血容量休克的临床规范化管理（表 1）。

表 1　推荐级别依据分级法

推荐级别	
A	至少有 2 项Ⅰ级研究结果支持
B	仅有 1 项Ⅰ级研究结果支持
C	仅有Ⅱ级研究结果支持
D	仅有Ⅳ级或Ⅴ级研究结果支持
E	
研究文献的分级	大样本、随机研究、结论确定
Ⅰ	假阳性或假阴性错误的风险较低
Ⅱ	小样本、随机研究、结论不确定
	假阳性和（或）假阴性错误的风险较低
Ⅲ	非随机，同期对照研究
Ⅳ	非随机，历史对照研究和专家意见
Ⅴ	系列病历报道，非对照研究和专家意见

推荐意见 1：应重视临床低血容量休克及其危害（E 级）

（二）病因与早期诊断

低血容量休克的循环容量丢失包括显性丢失和非显性丢失。显性丢失是指循环容量丢失至体外，失血是典型的显性丢失，如创伤、外科大手术的失血、消化道溃疡、食管静脉曲张破裂及产后大出血等疾病引起的急性大失血等。显性丢失也可以由呕吐、腹泻、脱水、利尿等原因所致。非显性容量丢失是指循环容量丢失到循环系统之外，主要为循环容量的血管外渗出或循环容量进入体腔内以及其他方式的不显性体外丢失。

低血容量休克的早期诊断对预后至关重要。传统的诊断主要依据为病史、症状、体征，包括精神状态改变、皮肤湿冷、收缩压下降（< 90 mmHg 或较基础血压下降> 40 mmHg，1 mmHg = 0.133 kPa）或脉压减少（< 20 mmHg）、尿量< 0.5 mmHg/（kg・h）、心率> 100 次 / 分、中心静脉压（CVP）< 5 mmHg 或肺动脉楔压（PAWP）< 8 mmHg 等指标。然而，近年来，人们已经充分认识到传统诊断标准的局限性。发现氧代谢与组织灌注指标对低血容量休克早期诊断有更重要参考价值。有研究证实，血乳酸和碱缺失在低血容量休克的监测和预后判断中具有重要意义。此外，人们也指出了在休克复苏中每搏量（SV）、心排量（CO）、氧输送（DO_2）、氧消耗（VO_2）、胃黏膜 CO_2 张力（$PgCO_2$）、混合静脉血氧饱和度（SvO_2）等指标也具有一定程度的临床意义，但尚需进一步循证医学证据支持。低血容量休克的发生与否及其程度，取决于机体血容量丢失的量和速度，以失血性休克为例估计血容量的丢失（表 2）。成人平均估计血容量占体重的 7%（或 70 ml/kg），70 kg 体重的人约有 5 L 的血液。血容量随着年龄和生理状况而改变，以占体重的百分比为参考指数时，高龄者的血容量较少（占体重的 6% 左右），儿童的血容量占体重的 8% ～ 9%，新生儿估计血容量占体重的 9% ～ 10%。可根据失血量等指标将失血分成 4 级。大量失血可以定义为 24 小时内失血超过病人的估计血容量或 3 小时内失血量超过估计血容量的一半。

推荐意见 2：传统的诊断指标对低血容量休克的早期诊断有一定的局限性（C 级）。

推荐意见 3：低血容量休克的早期诊断，应该重视血乳酸与碱缺失检测（E 级）。

表 2　失血的分级（以体重 70 kg 为例）

分级	失血量 ml	失血量占血容量比例 %	心率（次 / 分）	血压	呼吸频率	尿量（ml/h）	神经系统症状
Ⅰ	< 750	< 15	≤ 100	正常	14 ～ 20	> 30	轻度焦虑
Ⅱ	750 ～ 1500	15 ～ 30	> 100	下降	> 20 ～ 30	> 20 ～ 30	中度焦虑
Ⅲ	> 1500 ～ 2000	> 30 ～ 40	> 120	下降	> 30 ～ 40	5 ～ 20	萎靡
Ⅳ	> 2000	> 40	> 140	下降	> 40	无尿	昏睡

（三）病理生理

有效循环血容量丢失触发机体各系统器官产生一系列病理生理反应，以保存体液，维持灌注压，保证心、脑等重要器官的血液灌流。低血容量导致交感神经 - 肾上腺轴兴奋，儿茶酚胺类激素释放增加并选择性地收缩皮肤、肌肉，及内脏血管。其中动脉系统收缩使外周血管总阻力升高以提升血压；毛细血管前括约肌收缩导致毛细血管内静水压降低，从而促进组织间液回流；静脉系统收缩使血液驱向中心循环，增加回心血量。儿茶酚胺类激素使心肌收缩力加强，心率增快，心排血量增加。

低血容量兴奋肾素 - 血管紧张素Ⅱ- 醛固酮系统，使醛固酮分泌增加，同时刺激压力感受器促使垂体后叶分泌抗利尿激素，从而加强肾小管对钠和水的重吸收，减少尿液，保存体液。

上述代偿反应在维持循环系统功能相对稳定，保证心、脑等重要生命器官的血液灌注的同时，也具有潜在的风险。这些潜在的风险是指代偿机制使血压下降在休克病程中表现相对迟钝和不敏感，导致若以血压下降作为判定休克的标准，必然贻误对休克时组织灌注状态不良的早期认识和救治；同时，代偿机制对心、脑血供的保护是以牺牲其他脏器血供为代价的，持续的肾缺血可以导致急性肾功能损害，胃肠道黏膜缺血可以诱发细菌、毒素易位。内毒素血症与缺血 - 再灌注损伤可以诱发大量炎性介质释放入血，促使休克向不可逆发展。

机体对低血容量休克的反应还涉及代谢、免疫、凝血等系统，同样也存在对后续病程的不利影响。肾上腺皮质激素和前列腺素分泌增加与泌乳素分泌减少可以造成免疫功能抑制，病人易于受到感染侵袭。缺血缺氧、再灌注损伤等病理过程导致凝血功能紊乱并有可能发展为弥散性血管内凝血。

（四）组织氧输送与氧消耗

组织细胞缺氧是休克的本质。休克时微循环严重障碍，组织低灌注和细胞缺氧，糖的有氧氧化受阻，无氧酵解增强，三磷腺苷（ATP）生成显著减少，乳酸生成显著增多并组织蓄积，导致乳酸性酸中毒，进而造成组织细胞和重要生命器官发生不可逆性损伤，直至发生 MODS。

推荐意见 4：应当警惕低血容量休克病程中生命体征正常状态下的组织细胞缺氧（E 级）。

低血容量休克时，由于有效循环血容量下降，导致心输出量下降，因而 DO_2 降低。对失血性休克而言，DO_2 下降程度不仅取决于心输出量，同时受血红蛋白下降程度影响。在低血容量休克、DO_2 下降时，VO_2 是否下降尚没有明确结论。由于组织器官的氧摄取增加表现为氧摄取率（O_2ER）和动静脉氧分压差的增加，当 DO_2 维持在一定阈值之上，组织器官的 VO_2 能基本保持不变。DO_2 下降到一定阈值时，即使氧摄取明显增加，也不能满足组织氧耗。血红蛋白下降时，动脉血氧分压（PaO_2）对血氧含量的影响增加，进而影响 DO_2。因此，通过氧疗增加血氧分压应该对提高氧输送有效。

有学者在外科术后高危病人及严重创伤病人中进行了以超高氧输送为复苏目标的研究，结果表明可以降低手术死亡率。但是，也有许多研究表明，与以正常氧输送为复苏目标相比，超高氧输送并不能降低死亡率。有研究认为两者结果是相似的，甚至有研究认为可能会增加死亡率。Kem 等回顾了众多的研究发现，在出现器官功能损害前，尽早复苏可以降低死亡率，对其中病情更为严重的病人可能更有效。

推荐意见 5：低血容量休克早期复苏过程中，要在 MODS 发生之前尽早改善氧输送（C 级）。

（五）监测

有效的监测可以对低血容量休克病人的病情和治疗反应做出正确、及时的评估和判断，以利于指导和调整治疗计划，改善休克病人的预后。

1．一般临床监测 包括皮温与色泽、心率、血压、尿量和精神状态等监测指标。然而，这些指标在休克早期阶段往往难以表现出明显的变化。皮温下降、皮肤苍白、皮下静脉塌陷的严重程度取决于休克的严重程度。但是，这些症状并不是低血容量休克的特异性症状。心率加快通常是休克的早期诊断指标之一，但是心率不是判断失血量多少的唯一条件，如较年轻病人可以很容易地通过血管收缩来代偿中等量的失血，仅表现为轻度心率增快。

血压的变化需要严密地动态监测。休克初期由于代偿性血管收缩，血压可能保持或接近正常。有研究支持对未控制出血的失血性休克维持“允许性低血压”。然而，对于允许性低血压究竟应该维持在什么标准，由于缺乏血压水平与机体可耐受时间的关系方面的深入研究，至今尚没有明确的结论。目前一些研究认为，维持平均动脉压（mean arterial pressure，MAP）在 60 ~ 8 mmHg 比较恰当。

尿量是反映肾灌注较好的指标，可以间接反映循环状态。当尿量＜ 0.5 ml/（kg · h）时，应继续进行液体复苏。需注意临床上病人出现休克而无少尿的情况，如高血糖和造影剂等有渗透活性的物质造成的渗透性利尿。体温监测亦十分重要，一些临床研究认为低体温有害，可引起心肌功能障碍和心律失常，当中心体温＜ 34℃时，可导致严重的凝血功能障碍。

2．有创血流动力学监测

（1）MAP 监测有创动脉血压（IBP）较无创动脉血压（NIBP）高 5 ～ 20 mmHg。持续低血压状态时，测压难以准确反映实际大动脉压力，而有创动脉测压较为可靠，可保证连续观察血压和即时变化，此外，还可提供动脉采血通道。

（2）CVP 和 PAWP 监测：CVP 是最常用的、易于获得的监测指标，与 PAWP 意义相近，用于监测前负荷容量状态和指导补液，有助于了解机体对液体复苏的反应性，及时调整治疗方案。CVP 和 PAWP 监测有助于对已知或怀疑存在心功能不全的休克病人的液体治疗，防止输液过多导致的前负荷过度。近年来有较多研究表明，受多种因素的影响，CVP 和 PAWP 与心脏前负荷的相关性不够密切。

（3）CO 和 SV 监测休克时，CO 与 SV 可有不同程度降低。连续监测 CO 与 SV，有助于动态判断容量复苏的临床效果与心功能状态。

除上述指标之外，目前的一些研究也显示，通过对失血性休克病人收缩压变化率（SPV）、每搏量变化率（SVV）、脉压变化率（PPV）、血管外肺水（EVLW）、胸腔内总血容量（ITBV）的监测进行液体管理，可能比传统方法更为可靠和有效。应该强调的是，任何一种监测方法所得到的数值意义都是相对的，因为各种血流动力学指标经常受到许多因素的影响。单一指标的数值有时并不能正确反映血流动力学状态，必须重视血流动力学的综合评估。在实施综合评估时，应注意以下 3 点：结合症状、体征综合判断；分析数值的动态变化；多项指标的综合评估。

推荐意见 6：低血容量休克的病人需要严密的血流动力学监测并动态观察其变化（E 级）。

推荐意见 7：对于持续低血压病人，应采用有创动脉血压监测（E 级）。

3．氧代谢监测 休克的氧代谢障碍概念是对休克认识的重大进展，氧代谢的监测进展改变了对休克的评估方式，同时使休克的治疗由以往狭义的血流动力学指标调整转向氧代谢状态的调控。传统临床监测指标往往不能对组织氧合的改变具有敏感反应，此外，经过治疗干预后的心率、血压等临床指标的变化也可在组织灌注与氧合未改善前趋于稳定。因此，给予低血容量休克的病人同时监测和评估一些全身灌注指标（DO_2、VO_2、血乳酸、SVO_2 或 $SCVO_2$ 等）以及局部组织灌注指标如胃黏膜内 pH 值（Phi）与 $PgCO_2$ 等具有较大的临床意义。

（1）脉搏氧饱和度（SpO_2）：主要反映氧合状态，可在一定程度上表现组织灌注状态。低血容量休克的病人常存在低血压、四肢远端灌注不足、氧输送能力下降或者给予血管活性药物的情况，影响 SpO_2 的精确性。

（2）动脉血气分析：根据动脉血气分析结果，可鉴别体液酸碱紊乱性质，及时纠正酸碱平衡，调节呼吸机参数。碱缺失可间接反映血乳酸的水平。当休克导致组织供血不足时碱缺失下降，提示乳酸血症的存在。碱缺失与血乳酸结合是判断休克组织灌注较好的方法。

（3）DO_2、SVO_2 的监测：DO_2、SVO_2 可作为评估低血容量休克早期复苏效果的良好指标，动态监测有较大意义。DO_2、SVO_2 有一定的相关性，前者已经被大量研究证实是指导严重感染和感染性休克液体复苏的良好指标。但是，DO_2、SVO_2 对低血容量休克液体复苏的指导价值缺少有力的循证医学证据。

（4）动脉血乳酸监测：动脉血乳酸浓度是反映组织缺氧的高度敏感的指标之一，动脉血乳酸增高常较其他休克征象先出现。持续动态的动脉血乳酸以及乳酸清除率监测对休克的早期诊断、判定组织缺氧情况、指导液体复苏及预后评估具有重要意义。但是，血乳酸浓度在一些特别情况下如合并肝功能不全难以充分反映组织的氧合状态。研究显示，在创伤后失血性休克的病人，血乳酸初始水平及高乳酸持续时间与器官功能障碍的程度及死亡率相关。

（5）PHi 和 $PgCO_2$ 的监测：PHi 和 $PgCO_2$ 能够反映肠道组织的血流灌注情况和病理损害，同时能够反映出全身组织的氧合状态，对评估复苏效果和评价胃肠道黏膜内的氧代谢情况有一定的临床价值。

推荐意见 8：对低血容量休克病人，应监测血乳酸以及碱缺失水平与持续时间（C 级）。

4．实验室监测

（1）血常规监测：动态观察红细胞计数、血红蛋白（Hb）及红细胞压积（HCT）的数值变化，可了解血液有无浓缩或稀释，对低血容量休克的诊断和判断是否存在继续失血有参考价值。有研究表明，HCT 在 4 小时内下降 10% 提示有活动性出血。

（2）电解质监测与肾功能监测：对了解病情变化和指导治疗十分重要。

（3）凝血功能监测：在休克早期即进行凝血功能的监测，对选择适当的容量复苏方案及液体种类有重要的临床意义。常规凝血功能监测包括血小板计数、凝血酶原时间（PT）、活化部分凝血活酶时间（APTT）、国际标准化比值（INR）和 D- 二聚体。此外，还包括血栓弹力描记图（TEG）等。

（六）治疗

1．病因治疗 休克所导致的组织器官损害的程度与容量丢失量和休克持续时间直接相关。如果休克持续存在，组织缺氧不能缓解，休克的病理生理状态将进一步加重。所以，尽快纠正引起容量丢失的病因是治疗低血容量休克的基本措施。创伤或失血性休克的相关研究较多，对于创伤后存在进行性失血需要急诊手术的病人，多项研究表明，尽可能缩短创伤至接受决定性手术的时间能够改善预后，提高存活率。另有研究表明，对医生进行 60 分钟初诊急救时间限制的培训后，可以明显降低失血性休克病人病死率。大样本的回顾分析发现：在手术室死亡的创伤失血病人主要原因是延迟入室，并且应该能够避免。进一步研究提示，对于出血部位明确的失血性休克病人，早期进行手术止血非常必要，一项包括 271 例的回顾对照研究提示，早期手术止血可以提高存活率。对于存在失血性休克又无法确定出血部位的病人，进一步评估很重要。因为只有早期发现、早期诊断才能早期进行处理。目前的临床研究提示，对于多发创伤和以躯干损伤为主的失血性休克病人，床边超声可以早期明确出血部位从而早期提示手术的指征；另有研究证实，CT 检查比床边超声有更好的特异性和敏感性。

推荐意见 9：积极纠正低血容量休克的病因是治疗的基本措施（D 级）。

推荐意见 10：对于出血部位明确、存在活动性失血的休克病人，应尽快进行手术或介入止血（D 级）。

推荐意见 11：应迅速利用包括超声和 CT 手段在内的各种必要方法，检查与评估出血部位不明确，存在活动性失血的病人（D 级）。

2．液体复苏 液体复苏治疗时可以选择晶体溶液（如生理盐水和等张平衡盐溶液）和胶体溶液（如白蛋白和人工胶体液）。由于 5% 葡萄糖溶液很快分布到细胞内间隙，因此不推荐用于液体复苏治疗。

（1）晶体液：液体复苏治疗常用的晶体液为生理盐水和乳酸林格液。在一般情况下，输注晶体液后会进行血管内外再分布，约有 25% 存留在血管内，而其余 75% 则分布于血管外间隙。因此，低血容量休克时若以大量晶体液进行复苏，可以引起血浆蛋白的稀释以及胶体渗透压的下降，同时出现组织水肿。另外，生理盐水的特点是等渗但含氯高，大量输注可引起高氯性代谢性酸中毒；乳酸林格液的特点在于电解质组成接近生理，含有少量的乳酸。一般情况下，其所含乳酸可在肝脏迅速代谢，大量输注乳酸林格液应该考虑到其对血乳酸水平的影响。高张盐溶液的复苏方法起源于20世纪80年代。一般情况下高张盐溶液的钠含量为400 ~ 2400 mmol/L。

近年来研究的高张盐溶液包括高渗盐右旋糖酐注射液（7.5%+6% dextran70）、高渗盐注射液（7.5%、5%或3.5%氯化钠）及11.2%乳酸钠等高张溶液，其中以前两者为多见。荟萃分析表明，休克复苏时HSD扩容效率优于HS和生理盐水，但是，对死亡率没有影响。迄今为止，没有足够循证医学证据证明高张盐溶液作为复苏液体更有利于低血容量休克。一般认为，高张盐溶液通过使细胞内水进入循环而扩充容量。有研究表明，在出血情况下，应用HSD和HS可以改善心肌收缩力和扩张毛细血管前小动脉。其他有关其对微循环以及炎症反应等影响的基础研究正在进行中，最近一项对创伤失血性休克病人的研究，初步证明高张盐溶液的免疫调理作用。对存在颅脑损伤的病人，有多项研究表明，由于可以很快升高平均动脉压而不加剧脑水肿，因此高张盐溶液可能有很好的前景，但是，目前尚缺乏大规模的颅脑损伤高张盐溶液使用的循证医学证据。一般认为，高张盐溶液主要的危险在于医源性高渗状态及高钠血症，甚至因此而引起脱髓鞘病变，但在多项研究中此类并发症发生率很低。

（2）胶体液：目前有很多不同的胶体液可供选择，包括白蛋白、羟乙基淀粉、明胶、右旋糖酐和血浆。临床上低血容量休克复苏治疗中应用的胶体液主要有羟乙基淀粉和白蛋白。羟乙基淀粉（HES）是人工合成的胶体溶液，不同类型制剂的主要成分是不同分子质量的支链淀粉，最常用的为6%的氯化钠溶液，其渗透压约为773.4 kPa（300 mosm/L）。输注1 L HES能够使循环容量增加700 ~ 1000 ml。天然淀粉会被内源性的淀粉酶快速水解，而羟乙基化可以减缓这一过程，使其扩容效应能维持较长时间。HES在体内主要经肾清除，分子质量越小，取代级越低，其肾清除越快。有研究表明，平均分子质量越大，取代程度越高，在血管内的停留时间越长，扩容强度越高，但是其对肾功能及凝血系统的影响也就越大。在使用安全性方面应关注对肾功能的影响、对凝血的影响以及可能的过敏反应，并且具有一定的剂量相关性。目前关于应用HES对凝血的影响缺乏大规模的随机的研究，多项小规模研究表明，分子质量小和取代级稍小，但C2/C6比率高的可能对凝血功能影响较小。

目前临床应用的人工胶体还包括明胶和右旋糖酐，都可以达到容量复苏的目的。由于理化性质以及生理学特性不同，它们与羟乙基淀粉的扩容速度和维持时间略有差距，而在应用安全性方面，关注点是一致的。

推荐意见12：应用人工胶体进行复苏时，应注意不同人工胶体的安全性问题（C级）。

白蛋白是一种天然的血浆蛋白质，在正常人体构成了血浆胶体渗透压的75% ~ 80%，白蛋白的分子质量约66 ~ 69 KU。目前，人血白蛋白制剂有4%、5%、10%、20%和25%几种浓度。作为天然胶体，白蛋白构成正常血浆中维持容量与胶体渗透压的主要成分，因此在容量复苏过程中常被选择用于液体复苏。但白蛋白价格昂贵，并有传播血源性疾病的潜在风险。

（3）复苏治疗时液体的选择：胶体溶液和晶体溶液的主要区别在于胶体溶液具有一定的胶体渗透压，胶体溶液和晶体溶液的体内分布也明显不同。研究表明，应用晶体液和胶体液滴定复苏达到同样水平的充盈压时，它们都可以同等程度地恢复组织灌注。多个荟萃分析表明，对于创伤、烧伤和手术后的病人，各种胶体溶液和晶体溶液复苏治疗并未显示对病人病死率的不同影响。其中，分析显示，尽管晶体液复苏所需的容量明显高于胶体液，两者在肺水肿发生率、住院时间和28天病死率方面差异均无显著性意义。现有的几种胶体溶液在物理化学性质、血浆半衰期等方面均有所不同。截止到目前，对于低血容量休克病人液体复苏时不同人工胶体溶液的选择尚缺乏大规模的相关临床研究。

临床上对于白蛋白的争论和相关研究也从未间断过。20 世纪末，一些研究认为，应用白蛋白可以增加病死率。这之后的两项荟萃分析认为，应用白蛋白对于低白蛋白血症病人有益，可以降低病死率。研究又显示，对于合并颅脑创伤的病人白蛋白组的病死率明显高于生理盐水组。与白蛋白相比，分子质量大的人工胶体溶液在血管内的停留时间长，扩容效应可能优于白蛋白，但目前尚缺乏人工胶体液与白蛋白或晶体液应用于低血容量休克复苏比较的大规模临床研究。

推荐意见 13：目前，尚无足够的证据表明晶体液与胶体液用于低血容量休克液体复苏的疗效与安全性方面有明显差异（C 级）。

（4）复苏液体的输注：静脉通路的重要性：低血容量休克时进行液体复苏刻不容缓，输液的速度应快到足以迅速补充丢失液体，以改善组织灌注。因此，在紧急容量复苏时必须迅速建立有效的静脉通路。中心静脉导管以及肺动脉导管的放置和使用应在不影响容量复苏的前提下进行。

推荐意见 14：为保证液体复苏速度，必须尽快建立有效静脉通路（E 级）。

容量负荷试验：一般认为，容量负荷试验的目的在于分析与判断输液时的容量负荷与心血管反应的状态，以达到既可以快速纠正已存在的容量缺失，又尽量减少容量过度负荷的风险和可能的心血管不良反应。容量负荷试验包括以下 4 方面：液体的选择；输液速度的选择；时机和目标的选择和安全性限制。后两方面可简单归纳为机体对容量负荷的反应性和耐受性，对于低血容量休克血流动力学状态不稳定的病人应该积极使用容量负荷试验。

3．输血治疗 输血及输注血制品在低血容量休克中应用广泛。失血性休克时，丧失的主要是血液，但是，在补充血液、容量的同时，并非需要全部补充血细胞成分，也应考虑到凝血因子的补充。同时，应该认识到，输血也可能带来的一些不良反应甚至严重并发症。

（1）浓缩红细胞：为保证组织的氧供，血红蛋白降至 70 g/L 时应考虑输血。对于有活动性出血的病人、老年人以及有心肌梗死风险者，血红蛋白保持在较高水平更为合理。无活动性出血的病人每输注 1 单位（200 ml 全血）的红细胞其血红蛋白升高约 10 g/L，血细胞压积升高约 3%。输血可以带来一些不良反应如血源传播疾病、免疫抑制、红细胞脆性增加、残留的白细胞分泌促炎和细胞毒性介质等。资料显示，输血量的增加是预测病人不良预后的独立因素。目前，临床一般制订的输血指征为血红蛋白≤ 70 g/L。

（2）血小板：血小板输注主要适用于血小板数量减少或功能异常伴有出血倾向的病人。血小板计数＜ 50×10^9/L，或确定血小板功能低下，可考虑输注。对大量输血后并发凝血异常的病人联合输注血小板和冷沉淀可显著改善止血效果。

（3）新鲜冰冻血浆：输注新鲜冰冻血浆的目的是为了补充凝血因子的不足，新鲜冰冻血浆含有纤维蛋白原与其他凝血因子。有研究表明，多数失血性休克病人在抢救过程中纠正了酸中毒和低体温后，凝血功能仍难以得到纠正。因此，应在早期积极改善凝血功能。大量失血时输注红细胞的同时应注意使用新鲜冰冻血浆。

（4）冷沉淀：内含凝血因子Ⅴ、Ⅷ、Ⅻ、纤维蛋白原等，适用于特定凝血因子缺乏所引起的疾病、肝移植围术期以及肝硬化食道静脉曲张等出血。对大量输血后并发凝血异常的病人及时输注冷沉淀可提高血循环中凝血因子及纤维蛋白原等凝血物质的含量，缩短凝血时间，纠正凝血异常。

推荐意见 15：对于血红蛋白＜ 70g/L 的失血性休克病人，应考虑输血治疗（C 级）。

推荐意见 16：大量失血时应注意凝血因子的补充（C 级）。

4．血管活性药与正性肌力药 低血容量休克的病人一般不常规使用血管活性药，研究证实，这些药物有进一步加重器官灌注不足和缺氧的风险。临床通常仅对于足够的液体复苏后仍存在低血压或者输液还未开始的严重低血压病人，才考虑应用血管活性药与正性肌力药。

（1）多巴胺：这是一种中枢和外周神经递质，去甲肾上腺素的生物前体。它作用于3种受体：血管多巴胺受体、心脏β1受体和血管A2受体。1～3 μg/（kg·min）时主要作用于脑、肾和肠系膜血管，使血管扩张，增加尿量；2～10 μg/（kg·min）时主要作用于β2受体，通过增强心肌收缩能力而增加心输出量，同时也增加心肌氧耗；> 10 μg/（kg·min）时以血管α-受体兴奋为主，收缩血管。

（2）多巴酚丁胺：多巴酚丁胺作为β1、β2受体激动剂可使心肌收缩力增强，同时产生血管扩张和减少后负荷。近期研究显示，在外科大手术后使用多巴酚丁胺，可以减少术后并发症和缩短住院日。如果低血容量休克病人进行充分液体复苏后仍然存在低心排血量，应使用多巴酚丁胺增加心排血量。若同时存在低血压可以考虑联合使用血管活性药。

（3）去甲肾上腺素、肾上腺素和新福林：仅用于难治性休克，其主要效应是增加外周阻力来提高血压，同时也不同程度地收缩冠状动脉，可能加重心肌缺血。

推荐意见17：在积极进行容量复苏状况下，对于存在持续性低血压的低血容量休克病人，可选择使用血管活性药物（E级）。

5．纠正酸中毒 低血容量休克时的有效循环量减少可导致组织灌注不足，产生代谢性酸中毒，其严重程度与创伤的严重性及休克持续时间相关。一项前瞻性、多中心的研究显示，碱缺失降低明显与低血压、凝血时间延长、高创伤评分相关。碱缺失的变化可以提示早期干预治疗的效果。有作者对3791例创伤病人回顾性死亡因素进行分析发现，80%的病人有碱缺失，BE < –15 mmol/L，病死率达到25%。研究乳酸水平与MODS及病死率的相关性发现，低血容量休克血乳酸水平24～48小时恢复正常者，病死率为25%，48小时未恢复正常者病死率可达86%，早期持续高乳酸水平与创伤后MODS发生明显相关。

快速发生的代谢性酸中毒可能引起严重的低血压、心律失常和死亡。临床上使用碳酸氢钠能短暂改善休克时的酸中毒，但不主张常规使用。研究表明，代谢性酸中毒的处理应着眼于病因处理、容量复苏等干预治疗，在组织灌注恢复过程中酸中毒状态可逐步纠正，过度的血液碱化使氧解离曲线左移，不利于组织供氧。因此，在失血性休克的治疗中，碳酸氢盐的治疗只用于紧急情况或pH < 7.20。

推荐意见18：纠正代谢性酸中毒，强调积极病因处理与容量复苏；不主张常规使用碳酸氢钠（D级）。

6．肠黏膜屏障功能的保护 失血性休克时，胃肠道黏膜低灌注、缺血缺氧发生得最早、最严重。胃肠黏膜屏障功能迅速减弱，肠腔内细菌或内毒素向肠腔外转移机会增加。此过程即细菌易位或内毒素易位，该过程在复苏后仍可持续存在。近年来，人们认为肠道是应激的中心器官，肠黏膜的缺血再灌注损伤是休克与创伤病理生理发展的不利因素。保护肠黏膜屏障功能，减少细菌与毒素易位，是低血容量休克治疗和研究工作重要内容。

7．体温控制 严重低血容量休克常伴有顽固性低体温、严重酸中毒、凝血障碍。失血性休克合并低体温是一种疾病严重的临床征象，回顾性研究显示，低体温往往伴随更多的血液丢失和更高的病死率。低体温（< 35℃）可影响血小板的功能、降低凝血因子的活性、影响纤维蛋白的形成。低体温增加创伤病人严重出血的危险性，是出血和病死率增加的独立危险因素。但是，在合并颅脑损伤的病人控制性降温和正常体温相比显示出一定的积极效果，荟萃研究显示，对颅脑损伤的病人可降低病死率，促进神经功能的恢复。另一个荟萃分析显示，控制性降温不降低病死率，但对神经功能的恢复有益。入院时GCS评分4～7分的低血容量休克合并颅脑损伤病人能从控制性降温中获益，应在外伤后尽早开始实施，并予以维持。

推荐意见19：严重低血容量休克伴低体温的病人应及时复温，维持体温正常（D级）。

（七）复苏终点与预后评估指标

1．临床指标 对于低血容量休克的复苏治疗，以往人们经常把神志改善、心率减慢、血压升高和尿量增加作为复苏目标。然而，在机体应激反应和药物作用下，这些指标往往不能真实地反映休克时组织灌注的有效改善。有报道高达 50% ～ 85% 的低血容量休克病人达到上述指标后，仍然存在组织低灌注，而这种状态的持续存在最终可能导致病死率增高；因此，在临床复苏过程中，这些传统指标的正常化不能作为复苏的终点。

推荐意见 20：传统临床指标对于指导低血容量休克治疗有一定的临床意义，但是，不能作为复苏的终点目标（D 级）。

2．氧输送与氧消耗 人们曾把心脏指数＞ 4.5 L/(min・m^2)、氧输送＞ 600 ml/(min・m^2) 及氧消耗＞ 170 ml/(min・m^2) 作为包括低血容量休克在内的创伤高危病人的复苏目标。然而，有研究表明，这些指标并不能够降低创伤病人的病死率，发现复苏后经过治疗达到超正常氧输送指标的病人存活率较未达标的病人无明显改善。然而，也有研究认为，复苏早期已达到上述指标的病人，存活率明显上升。因此，严格地说，该指标可作为一个预测预后的指标，而非复苏终点目标。

3．混合静脉血氧饱和度（SVO_2） SVO_2 的变化可反映全身氧摄取，在理论上能表达氧供和氧摄取的平衡状态。River 等以此作为感染性休克复苏的指标，使病死率明显下降。目前，缺乏 SVO_2 在低血容量休克中研究的证据，除此以外，还缺少 SVO_2 与乳酸、DO_2 和 PHi 作为复苏终点的比较资料。

4．血乳酸 血乳酸的水平持续时间与低血容量休克病人的预后密切相关，持续高水平的血乳酸（＞ 4 mmol/L）预示病人的预后不佳。血乳酸清除率比单纯的血乳酸值能更好地反映病人的预后。以乳酸清除率正常化作为复苏终点优于 MAP 和尿量，也优于以 DO_2、VO_2 和 CI。以达到血乳酸浓度正常（≤ 2 mmol/L）为标准，复苏的第一个 24 小时血乳酸浓度恢复正常（≤ 2 mmol/L）极为关键，在此时间内血乳酸降至正常的病人，在病因消除的情况下，病人的存活率明显增加。

推荐意见 21：动脉血乳酸恢复正常的时间和血乳酸清除率与低血容量休克病人的预后密切相关，复苏效果的评估应参考这两项指标（C 级）。

5．碱缺失 碱缺失可反映全身组织酸中毒的程度。碱缺失可分为：轻度（–2 ～ –5 mmol/L），中度（＜ –5 ～≥ –15 mmol/L），重度（＜ –15 mmol/L）。碱缺失水平与创伤后第一个 24 小时晶体液和血液补充量相关，碱缺失加重与进行性出血大多有关。对于碱缺失增加而似乎病情平稳的病人须细心检查有否进行性出血。多项研究表明，碱缺失与病人的预后密切相关，其中包括一项前瞻性、多中心的研究发现，碱缺失的值越低，MODS 发生率、病死率和凝血障碍的发生率越高，住院时间越长。

推荐意见 22：碱缺失的水平与预后密切相关，复苏时应动态监测（级）。

6．PHi 和 $PgCO_2$ PHi 反映内脏或局部组织的灌流状态，对休克具有早期预警意义，与低血容量休克病人的预后具有相关性。已有研究证实 $PgCO_2$ 比 PHi 更可靠。当胃黏膜缺血时，$PgCO_2$ ＞ $PaCO_2$，P（g-a）CO_2 差别大小与缺血程度有关。$PgCO_2$ 正常值＜ 6.5kg，P（g-a）CO_2 正常值＜ 1.5 kPa，$PgCO_2$ 或 P（g-a）CO_2 值越大，表示缺血越严重。PHi 复苏到＞ 7.30 作为终点，并且达到这一终点的时间＜ 24 小时与超正常氧输送为终点的复苏效果类似，但是比氧输送能更早、更精确地预测病人的死亡和 MODS 的发生。然而，最近一项前瞻性、多中心的研究发现，胃黏膜张力计指导下的常规治疗和在胃黏膜张力计指导下的最大程度改善低灌注和再灌注损伤的治疗，结果发现病人的病死率、MODS 发生率、机械通气时间和住院天数的差异并没有显著性意义。

7．其他 皮肤、皮下组织和肌肉血管床可用来更直接地测定局部细胞水平的灌注。经皮或皮下氧张力测定、近红外线光谱分析及应用光导纤维测定、氧张力测定等新技术已将复苏终点推进到细胞和亚细胞水平。但是，缺乏上述技术快速准确的评价结果及大规模的临床验证。

（八）未控制出血的失血性休克复苏

未控制出血的失血性休克是低血容量休克的一种特殊类型，常见于严重创伤（贯通伤、血管伤、实质性脏器损伤、长骨和骨盆骨折、胸部创伤、腹膜后血肿等）、消化道出血、妇产科出血等。未控制出血的失血性休克病人死亡的原因主要是大量出血导致严重持续的低血容量休克甚至心跳骤停。大量基础研究证实，失血性休克未控制出血时早期积极复苏可引起稀释性凝血功能障碍；血压升高后，血管内已形成的凝血块脱落，造成再出血；血液过度稀释，血红蛋白降低，减少组织氧供；并发症和病死率增加。因此提出了控制性液体复苏（延迟复苏），即在活动性出血控制前应给予小容量液体复苏，在短期允许的低血压范围内维持重要脏器的灌注和氧供，避免早期积极复苏带来的副反应。动物试验表明，限制性液体复苏可降低病死率、减少再出血率及并发症。

有研究比较了即刻复苏和延迟复苏对躯体贯通伤的创伤低血压病人（收缩压＜ 90 mmHg）病死率和并发症的影响，即刻复苏组病死率显著增高，急性呼吸窘迫综合征、急性肾衰、凝血障碍、严重感染等的发生率也明显增高。回顾性临床研究表明，未控制出血的失血性休克病人现场就地早期复苏病死率明显高于到达医院延迟复苏的病人。另一项临床研究也发现活动性出血早期复苏时将收缩压维持在 70 mmHg 或 100 mmHg 并不影响病人的病死率，其结果无差异可能与病人病例数少、病种（钝挫伤占 49%，穿透伤占 51%）、病情严重程度轻和研究中的方法学有关，其限制性复苏组的平均收缩压也达到 100 mmHg。另外，大量的晶体液复苏还增加继发性腹腔室间隔综合征的发生率。对于非创伤性未控制出血的失血性休克，有研究显示在消化道出血的失血性休克病人，早期输血组再出血率明显增加。但早期限制性液体复苏是否适合各类失血性休克，需维持多高的血压，可持续多长时间尚未有明确的结论。然而，无论何种原因的失血性休克，处理首要原则必须是迅速止血，消除失血的病因。

对于颅脑损伤病人，合适的灌注压是保证中枢神经组织氧供的关键。颅脑损伤后颅内压增高，此时若机体血压降低，则会因脑血流灌注不足而继发脑组织缺血性损害，进一步加重颅脑损伤。因此，一般认为对于合并颅脑损伤的严重失血性休克病人，宜早期输液以维持血压，必要时合用血管活性药物，将收缩压维持在正常水平，以保证脑灌注压，而不宜延迟复苏。允许性低血压在老年病人应谨慎使用，在有高血压病史的病人也应视为禁忌。

推荐意见 23：对出血未控制的失血性休克病人，早期采用控制性复苏，收缩压维持在 80 ~ 90 mmHg，以保证重要脏器的基本灌注，并尽快止血；出血控制后再进行积极容量复苏（D 级）。

推荐意见 24：对合并颅脑损伤的多发伤病人、老年病人及高血压病人应避免控制性复苏（E 级）。

附录二　急性肺损伤 / 急性呼吸窘迫综合征诊断和治疗指南（2006）

Guidelines for the diagnosis and treatment of acute lung injury/acute respiratory distress syndrome

中华医学会重症医学分会

前言

急性肺损伤（ALI）/ 急性呼吸窘迫综合征（ARDS）是一种常见危重症，病死率极高，严重威胁重症患者的生命并影响其生存质量。尽管我国重症医学已有了长足发展，但对 ALI/ARDS 的认识和治疗状况尚不容乐观。中华医学会重症医学分会以循证医学证据为基础，采用国际通用的方法，经广泛征求意见和建议，反复认真讨论，达成关于成人 ALI/ARDS 诊断和治疗方面的共识，以期对成人 ALI/ARDS 诊断和治疗进行规范。中华医学会重症医学分会以后还将根据循证医学证据的发展及新的共识对 ALI/ARDS 诊断和治疗指南进行更新。

指南中的推荐意见依据 2001 年国际感染论坛（ISF）提出的 Delphi 分级标准（表 1）[1]。将指南中涉及的文献按照研究方法和结果分成 5 个层次，推荐意见的推荐级别分为 A ~ E 级，其中 A 级为最高。但需要说明的是推荐等级并不代表特别建议，而只是文献的支持程度。

表 1　推荐级别与研究文献的分级

推荐级别	
A	至少有 2 项 Ⅰ 级研究结果支持
B	仅有 1 项 Ⅰ 级研究结果支持
C	仅有 Ⅱ 级研究结果支持
D	至少有 1 项 Ⅲ 级研究结果支持
E	仅有 Ⅳ 级或 Ⅴ 级研究结果支持
研究文献的分级	
Ⅰ	大样本、随机研究，结论确定，假阳性或假阴性错误的风险较低
Ⅱ	小样本、随机研究，结论不确定，假阳性和（或）假阴性错误的风险较高
Ⅲ	非随机，同期对照研究
Ⅳ	非随机，历史对照研究和专家意见
Ⅴ	系列病例报道，非对照研究和专家意见

一、ALI/ARDS的概念与流行病学

ALI/ARDS是在严重感染、休克、创伤及烧伤等非心源性疾病过程中，肺毛细血管内皮细胞和肺泡上皮细胞损伤造成弥漫性肺间质及肺泡水肿，导致的急性低氧性呼吸功能不全或衰竭。以肺容积减少、肺顺应性降低、严重的通气/血流比例失调为病理生理特征，临床上表现为进行性低氧血症和呼吸窘迫，肺部影像学上表现为非均一性的渗出性病变[2]。

流行病学调查显示ALI/ARDS是临床常见危重症。根据1994年欧美联席会议提出的ALI/ARDS诊断标准[1]，ALI发病率为每年18/10万，ARDS为每年13～23/10万。2005年的研究显示，ALI/ARDS发病率分别在每年79/10万和59/10万[3]。提示ALI/ARDS发病率显著增高，明显增加了社会和经济负担，这甚至可与胸部肿瘤、AIDS、哮喘或心肌梗死等相提并论[4]。

多种危险因素可诱发ALI/ARDS，主要包括①直接肺损伤因素：严重肺部感染、胃内容物吸入、肺挫伤、吸入有毒气体、淹溺、氧中毒等；②间接肺损伤因素：严重感染、严重的非胸部创伤、急性重症胰腺炎、大量输血、体外循环、弥漫性血管内凝血等[2]。

病因不同，ARDS患病率也明显不同。严重感染时ALI/ARDS患病率可高达25%～50%[5]，大量输血可达40%，多发性创伤达到11%～25%，而严重误吸时，ARDS患病率也可达9%～26%[6-7]。同时存在两个或三个危险因素时，ALI/ARDS患病率进一步升高。另外，危险因素持续作用时间越长，ALI/ARDS的患病率越高，危险因素持续24、48及72小时时，ARDS患病率分别为76%、85%和93%[8]。

虽然不同研究对ARDS病死率的报道差异较大，总体来说，目前ARDS的病死率仍较高。对1967—1994年国际正式发表的ARDS临床研究进行荟萃分析，3 264例ARDS患者的病死率在50%左右[9]。中国上海市15家成人ICU 2001年3月至2002年3月ARDS病死率也高达68.5%[10]。不同研究中ARDS的病因构成、疾病状态和治疗条件的不同可能是导致ARDS病死率不同的主要原因。

二、ALI/ARDS病理生理与发病机制

ALI/ARDS的基本病理生理改变是肺泡上皮和肺毛细血管内皮通透性增加所致的非心源性肺水肿。由于肺泡水肿、肺泡塌陷导致严重通气/血流比例失调，特别是肺内分流明显增加，从而产生严重的低氧血症。肺血管痉挛和肺微小血栓形成引发肺动脉高压。

ARDS早期的特征性表现为肺毛细血管内皮细胞与肺泡上皮细胞屏障的通透性增高，肺泡与肺间质内积聚大量的水肿液[11]，其中富含蛋白及以中性粒细胞为主的多种炎症细胞。中性粒细胞黏附在受损的血管内皮细胞表面，进一步向间质和肺泡腔移行，释放大量促炎介质，如炎症性细胞因子、过氧化物、白三烯、蛋白酶、血小板活化因子等，参与中性粒细胞介导的肺损伤[1]。除炎症细胞外，肺泡上皮细胞以及成纤维细胞也能产生多种细胞因子，从而加剧炎症反应过程。凝血和纤溶紊乱也参与ARDS的病程，ARDS早期促凝机制增强，而纤溶过程受到抑制，引起广泛血栓形成和纤维蛋白的大量沉积[12-13]，导致血管堵塞以及微循环结构受损。ARDS早期在病理学上可见弥漫性肺损伤，透明膜形成及I型肺泡上皮或内皮细胞坏死、水肿，II型肺泡上皮细胞增生和间质纤维化等表现[13-14]。

少数ALI/ARDS患者在发病第1周内可缓解，但多数患者在发病的5～7天后病情仍然进展，进入亚急性期。在ALI/ARDS的亚急性期，病理上可见肺间质和肺泡纤维化，II型肺泡上皮细胞增生，部分微血管破坏并出现大量新生血管[15]。部分患者呼吸衰竭持续超过14天，病理上常表现为严重的肺纤维化，肺泡结构破坏和重建。

三、ALI/ARDS 的临床特征与诊断

一般认为，ALI/ARDS 具有以下临床特征：①急性起病，在直接或间接肺损伤后 12 ~ 48 小时内发病；②常规吸氧后低氧血症难以纠正；③肺部体征无特异性，急性期双肺可闻及湿啰音，或呼吸音减低；④早期病变以间质性为主，胸部 X 线片常无明显改变。病情进展后，可出现肺内实变，表现为双肺野普遍密度增高，透亮度减低，肺纹理增多、增粗，可见散在斑片状密度增高阴影，即弥漫性肺浸润影；⑤无心功能不全证据。

目前 ALI/ARDS 诊断仍广泛沿用 1994 年欧美联席会议提出的诊断标准：①急性起病；②氧合指数（PaO_2/FiO_2）≤ 200 mmHg [不管呼气末正压（PEEP）水平]；③正位 X 线胸片显示双肺均有斑片状阴影；④肺动脉嵌顿压≤ 18 mmHg，或无左心房压力增高的临床证据。如 PaO_2/FiO_2 ≤ 300 mmHg 且满足上述其他标准，则诊断为 ALI[2]。

四、ALI/ARDS 的治疗

（一）原发病治疗

全身性感染、创伤、休克、烧伤、急性重症胰腺炎等是导致 ALI/ARDS 的常见病因。严重感染患者有 25% ~ 50% 发生 ALI/ARDS，而且在感染、创伤等导致的多器官功能障碍（MODS）中，肺往往也是最早发生衰竭的器官。目前认为，感染、创伤后的全身炎症反应是导致 ARDS 的根本原因[16]。控制原发病，遏制其诱导的全身失控性炎症反应，是预防和治疗 ALI/ARDS 的必要措施。

推荐意见 1：积极控制原发病是遏制 ALI/ARDS 发展的必要措施（推荐级别：E 级）

（二）呼吸支持治疗

1. 氧疗 ALI/ARDS 患者吸氧治疗的目的是改善低氧血症，使动脉血氧分压（PaO_2）达到 60 ~ 80 mmHg[17]。可根据低氧血症改善的程度和治疗反应调整氧疗方式，首先使用鼻导管，当需要较高的吸氧浓度时，可采用可调节吸氧浓度的面罩或带贮氧袋的非重吸式氧气面罩。ARDS 患者往往低氧血症严重，大多数患者一旦诊断明确，常规的氧疗常常难以奏效，机械通气仍然是最主要的呼吸支持手段[18]。

推荐意见 2：氧疗是纠正 ALI/ARDS 患者低氧血症的基本手段（推荐级别：E 级）

2. 无创机械通气 无创机械通气（NIV）可以避免气管插管和气管切开引起的并发症，近年来得到了广泛的推广应用。尽管随机对照试验（RCT）证实 NIV 治疗慢性阻塞性肺疾病和心源性肺水肿导致的急性呼吸衰竭的疗效肯定，但是 NIV 在急性低氧性呼吸衰竭中的应用却存在很多争议。迄今为止，尚无足够的资料显示 NIV 可以作为 ALI/ARDS 导致的急性低氧性呼吸衰竭的常规治疗方法。

不同研究中 NIV 对急性低氧性呼吸衰竭的治疗效果差异较大，可能与导致低氧性呼吸衰竭的病因不同有关。2004 年一项荟萃分析显示，在不包括慢性阻塞性肺疾病和心源性肺水肿的急性低氧性呼吸衰竭患者中，与标准氧疗相比，NIV 可明显降低气管插管率，并有降低 ICU 住院时间及住院病死率的趋势。但分层分析显示 NIV 对 ALI/ARDS 的疗效并不明确[19]。

最近 NIV 治疗 54 例 ALI/ARDS 患者的临床研究显示，70% 患者应用 NIV 治疗无效。逐步回归分析显示，休克、严重低氧血症和代谢性酸中毒是 ARDS 患者 NIV 治疗失败的预测指标[20]。一项 RCT 研究显示，与标准氧疗比较，NIV 虽然在应用第一小时明显改善 ALI/ARDS 患者的氧合，但不能降低气管插管率，也不改善患者预后[21]。可见，ALI/ARDS 患者应慎用 NIV。

当 ARDS 患者神志清楚、血流动力学稳定，并能够得到严密监测和随时可行气管插管时，可以尝试 NIV 治疗。Sevransky 等建议，在治疗全身性感染引起的 ALI/ARDS 时，如果预计患者的病情能够在 48 ～ 72 小时内缓解，可以考虑应用 NIV[22]。

应用 NIV 可使部分合并免疫抑制的 ALI/ARDS 患者避免有创机械通气，从而避免呼吸机相关肺炎（VAP）的发生，并可能改善预后。目前两个小样本 RCT 研究和一个回顾性研究结果均提示，因免疫抑制导致的急性低氧性呼吸衰竭患者可以从 NIV 中获益。对 40 名实体器官移植的急性低氧性呼吸衰竭患者的 RCT 研究显示，与标准氧疗相比，NIV 组气管插管率、严重并发症的发生率、入住 ICU 时间和 ICU 病死率明显降低，但住院病死率无差别[23]。而对 52 名免疫抑制合并急性低氧性呼吸衰竭患者（主要是血液系统肿瘤）的 RCT 研究也显示，与常规治疗方案比较，NIV 联合常规治疗方案可明显降低气管插管率，而且 ICU 病死率和住院病死率也明显减低[24]。对 237 例机械通气的恶性肿瘤患者进行回顾性分析显示，NIV 可以改善预后[25]。因此，免疫功能低下的患者发生 ALI/ARDS，早期可首先试用 NIV。

一般认为，ALI/ARDS 患者在以下情况时不适宜应用 NIV[26-27]：①神志不清；②血流动力学不稳定；③气道分泌物明显增加而且气道自洁能力不足；④因脸部畸形、创伤或手术等不能佩戴鼻面罩；⑤上消化道出血、剧烈呕吐、肠梗阻和近期食管及上腹部手术；⑥危及生命的低氧血症。应用 NIV 治疗 ALI/ARDS 时应严密监测患者的生命体征及治疗反应。如 NIV 治疗 1 ～ 2 小时后，低氧血症和全身情况得到改善，可继续应用 NIV。若低氧血症不能改善或全身情况恶化，提示 NIV 治疗失败，应及时改为有创通气。

推荐意见 3：预计病情能够短期缓解的早期 ALI/ARDS 患者可考虑应用无创机械通气（推荐级别：C 级）

推荐意见 4：合并免疫功能低下的 ALI/ARDS 患者早期可首先试用无创机械通气（推荐级别：C 级）

推荐意见 5：应用无创机械通气治疗 ALI/ARDS 应严密监测患者的生命体征及治疗反应。神志不清、休克、气道自洁能力障碍的 ALI/ARDS 患者不宜应用无创机械通气（推荐级别：C 级）

3．有创机械通气

（1）机械通气的时机选择：ARDS 患者经高浓度吸氧仍不能改善低氧血症时，应气管插管进行有创机械通气。ARDS 患者呼吸功明显增加，表现为严重的呼吸困难，早期气管插管机械通气可降低呼吸功，改善呼吸困难[28]。虽然目前缺乏 RCT 研究评估早期气管插管对 ARDS 的治疗意义，但一般认为，气管插管和有创机械通气能更有效地改善低氧血症，降低呼吸功，缓解呼吸窘迫，并能够更有效地改善全身缺氧，防止肺外器官功能损害。

推荐意见 6：ARDS 患者应积极进行机械通气治疗（推荐级别：E 级）

（2）肺保护性通气：由于 ARDS 患者大量肺泡塌陷，肺容积明显减少，常规或大潮气量通气易导致肺泡过度膨胀和气道平台压过高，加重肺及肺外器官的损伤。目前有 5 项多中心 RCT 研究比较了常规潮气量与小潮气量通气对 ARDS 病死率的影响[29-33]。其中 Amato 和 ARDSnet 的研究显示，与常规潮气量通气组比较，小潮气量通气组 ARDS 患者病死率显著降低，另外 3 项研究应用小潮气量通气并不降低病死率。进一步分析显示，阴性结果的 3 项研究中常规潮气量组和小潮气量组的潮气量差别较小，可能是导致阴性结果的主要原因之一[34-35]。

气道平台压能够客观反映肺泡内压，其过度升高可导致呼吸机相关肺损伤。在上述 5 项多中心 RCT 研究中，小潮气量组的气道平台压均 $< 30\ cmH_2O$，其中结论为小潮气量降低病死率的 2 项研究中，对照组气道平台压 $> 30\ cmH_2O$，而不降低病死率的 3 项研究中，对照组的气道平台压均＜ 30 cmH_2O[30-32]。若按气道平台压分组（＜ 23 cmH_2O、23 ～ 27 cmH_2O、27 ～ 33 cmH_2O、＞ 33 cmH_2O），随气道平台压升高，病死率显著升高（$P = 0.002$）。而以气道平台压进行调整，不同潮气量通气组（5 ～ 6 ml/kg、7 ～ 8 ml/kg、9 ～ 10 ml/kg、11 ～ 12 ml/kg）病死率无显著差异（$P = 0.18$），并随气道平台压升高，病死率显著增加（$P < 0.001$）[29-33]。说明在实施肺保护性通气策略时，限制气道平台压比限制潮气量更为重要。

由于 ARDS 肺容积明显减少，为限制气道平台压，有时不得不将潮气量降低，允许动脉血二氧化碳分压（$PaCO_2$）高于正常，即所谓的允许性高碳酸血症。允许性高碳酸血症是肺保护性通气策略的结果，并非 ARDS 的治疗目标。急性二氧化碳升高导致酸血症可产生一系列病理生理学改变，包括脑及外周血管扩张、心率加快、血压升高和心输出量增加等。但研究证实，实施肺保护性通气策略时一定程度的高碳酸血症是安全的[36]。当然，颅内压增高是应用允许性高碳酸血症的禁忌证。酸血症往往限制了允许性高碳酸血症的应用，目前尚无明确的二氧化碳分压上限值，一般主张保持 pH 值＞ 7.20，否则可考虑静脉输注碳酸氢钠[33]。

推荐意见 7：对 ARDS 患者实施机械通气时应采用肺保护性通气策略，气道平台压不应超过 30 ～ 35cmH_2O（推荐级别：B 级）

（3）肺复张：充分复张 ARDS 塌陷肺泡是纠正低氧血症和保证 PEEP 效应的重要手段。为限制气道平台压而被迫采取的小潮气量通气往往不利于 ARDS 塌陷肺泡的膨胀，而 PEEP 维持肺复张的效应依赖于吸气期肺泡的膨胀程度。目前临床常用的肺复张手法包括控制性肺膨胀、PEEP 递增法及压力控制法（PCV 法）[37]。其中实施控制性肺膨胀采用恒压通气方式，推荐吸气压为 30 ～ 45cmH_2O、持续时间 30 ～ 40 秒。临床研究证实肺复张手法能有效地促进塌陷肺泡复张，改善氧合，降低肺内分流。一项 RCT 研究显示，与常规潮气量通气比较，采用肺复张手法合并小潮气量通气，可明显改善 ARDS 患者的预后[29]。然而，ARDSnet 对肺复张手法的研究显示，肺复张手法并不能改善氧合，试验也因此而中断[33]。有学者认为，得到阴性结果可能与复张的压力和时间不够有关。

肺复张手法的效应受多种因素影响。实施肺复张手法的压力和时间设定对肺复张的效应有明显影响，不同肺复张手法效应也不尽相同。另外，ARDS 病因不同，对肺复张手法的反应也不同，一般认为，肺外源性的 ARDS 对肺复张手法的反应优于肺内源性的 ARDS；ARDS 病程也影响肺复张手法的效应，早期 ARDS 肺复张效果较好。

值得注意的是，肺复张手法可能影响患者的循环状态，实施过程中应密切监测。

推荐意见 8：可采用肺复张手法促进 ARDS 患者塌陷肺泡复张，改善氧合（推荐级别：E 级）

（4）PEEP 的选择：ARDS 广泛肺泡塌陷不但可导致顽固的低氧血症，而且部分可复张的肺泡周期性塌陷开放而产生剪切力，会导致或加重呼吸机相关肺损伤。充分复张塌陷肺泡后应用适当水平 PEEP 防止呼气末肺泡塌陷，改善低氧血症，并避免剪切力，防治呼吸机相关肺损伤。因此，ARDS 应采用能防止肺泡塌陷的最低 PEEP。

ARDS 最佳 PEEP 的选择目前仍存在争议。通过荟萃分析比较不同 PEEP 对 ARDS 患者生存率的影响，结果表明 PEEP ＞ 12 cmH_2O，尤其是＞ 16 cmH_2O 时明显改善生存率[38]。有学者建议可参照肺静态压力 - 容积（P-V）曲线低位转折点压力来选择 PEEP。Amato 及 Villar 的研究显示，在小潮气量通气的同时，以静态 P-V 曲线低位转折点压力＋ 2 cmH_2O 作为 PEEP，结果与常规通气相比 ARDS 患者的病死率明显降低[29,39]。若有条件，应根据静态 P-V 曲线低位转折点压力 +2 cmH_2O 来确定 PEEP。

推荐意见 9：应使用能防止肺泡塌陷的最低 PEEP，有条件情况下，应根据静态 P-V 曲线低位转折点压力 +2cmH_2O 来确定 PEEP（推荐级别：C 级）

（5）自主呼吸：自主呼吸过程中膈肌主动收缩可增加 ARDS 患者肺重力依赖区的通气，改善通气血流比例失调，改善氧合。一项前瞻对照研究显示，与控制通气相比，保留自主呼吸的患者镇静剂使用量、机械通气时间和 ICU 住院时间均明显减少[40]。因此，在循环功能稳定、人机协调性较好的情况下，ARDS 患者机械通气时有必要保留自主呼吸。

推荐意见 10：ARDS 患者机械通气时应尽量保留自主呼吸（推荐级别：C 级）

（6）半卧位：ARDS 患者合并 VAP 往往使肺损伤进一步恶化，预防 VAP 具有重要的临床意义。机械通气患者平卧位易发生 VAP。研究表明，由于气管插管或气管切开导致声门的关闭功能丧失，机械通气患者胃肠内容物易反流误吸进入下呼吸道，导致 VAP。低于 30° 角的平卧位是院内获得性肺炎的独立危险因素。前瞻性 RCT 研究显示，机械通气患者平卧位和半卧位（头部抬高 45° 以上）VAP 的患病率分别为 34% 和 8%（$P = 0.003$），经微生物培养确诊的 VAP 患病率分别为 23% 和 5%（$P = 0.018$）[41]。可见，半卧位可显著降低机械通气患者 VAP 的发生。因此，除非有脊髓损伤等体位改变的禁忌证，机械通气患者均应保持半卧位，预防 VAP 的发生[42]。

推荐意见 11：若无禁忌证，机械通气的 ARDS 患者应采用 30° ～ 45° 半卧位（推荐级别：B 级）

（7）俯卧位通气：俯卧位通气通过降低胸腔内压力梯度、促进分泌物引流和促进肺内液体移动，明显改善氧合[43]。一项随机研究采用每天 7 小时俯卧位通气，连续 7 天，结果表明俯卧位通气明显改善 ARDS 患者氧合，但对病死率无明显影响。然而，若依据 PaO_2/FiO_2 对患者进行分层分析结果显示，$PaO_2/FiO_2 < 88$ mmHg 的患者俯卧位通气后病死率明显降低。此外，依据简化急性生理评分（SAPS）II 进行分层分析显示，SAPS II 高于 49 分的患者采用俯卧位通气后病死率显著降低[44]。最近，另外一项每天 20 小时俯卧位通气的 RCT 研究显示，俯卧位通气有降低严重低氧血症患者病死率的趋势[45]。可见，对于常规机械通气治疗无效的重度 ARDS 患者，可考虑采用俯卧位通气。

严重的低血压、室性心律失常、颜面部创伤及未处理的不稳定性骨折为俯卧位通气的相对禁忌证。当然，体位改变过程中可能发生如气管插管及中心静脉导管意外脱落等并发症，需要予以预防，但严重并发症并不常见[46]。

推荐意见 12：常规机械通气治疗无效的重度 ARDS 患者，若无禁忌证，可考虑采用俯卧位通气（推荐级别：D 级）

（8）镇静镇痛与肌松：机械通气患者应考虑使用镇静镇痛剂，以缓解焦虑、躁动、疼痛，减少过度的氧耗。合适的镇静状态、适当的镇痛是保证患者安全和舒适的基本环节。

机械通气时应用镇静剂应先制订镇静方案，包括镇静目标和评估镇静效果的标准，根据镇静目标水平来调整镇静剂的剂量。临床研究中常用 Ramsay 评分来评估镇静深度、制订镇静计划，以 Ramsay 评分 3 ～ 4 分作为镇静目标[47]。每天均需中断或减少镇静药物剂量直到患者清醒，以判断患者的镇静程度和意识状态。RCT 研究显示，与持续镇静相比，每天间断镇静患者的机械通气时间、ICU 住院时间和总住院时间均明显缩短，气管切开率、镇静剂的用量及医疗费用均有所下降[47-49]。可见，对机械通气的 ARDS 患者应用镇静剂时应先制订镇静方案，并实施每日唤醒。

危重患者应用肌肉松弛药后，可能延长机械通气时间、导致肺泡塌陷和增加 VAP 发生率，并可能延长住院时间。机械通气的 ARDS 患者应尽量避免使用肌肉松弛药物。如确有必要使用肌肉松弛药物，应监测肌肉松弛水平以指导用药剂量，以预防膈肌功能不全和 VAP 的发生[50]。

推荐意见 13：对机械通气的 ARDS 患者，应制订镇静方案（镇静目标和评估）（推荐级别：B 级）

推荐意见 14：对机械通气的 ARDS 患者，不推荐常规使用肌肉松弛剂（推荐级别：E 级）

4．液体通气　部分液体通气是在常规机械通气的基础上经气管插管向肺内注入相当于功能残气量的全氟碳化合物，以降低肺泡表面张力，促进肺重力依赖区塌陷肺泡复张。研究显示，部分液体通气 72 小时后，ARDS 患者肺顺应性可以得到改善，并且改善气体交换，对循环无明显影响。但患者预后均无明显改善，病死率仍高达 50% 左右 [51-52]。近期对 90 例 ALI/ARDS 患者的 RCT 研究显示，与常规机械通气相比，部分液体通气既不缩短机械通气时间，也不降低病死率，进一步分析显示，对于年龄＜ 55 岁的患者，部分液体通气有缩短机械通气时间的趋势 [53]。部分液体通气能改善 ALI/ARDS 患者气体交换，增加肺顺应性，可作为严重 ARDS 患者常规机械通气无效时的一种选择。

5．体外膜氧合技术（ECMO） 建立体外循环后可减轻肺负担、有利于肺功能恢复。非对照临床研究提示，严重的 ARDS 患者应用 ECMO 后存活率为 46% ～ 66%[54-55]。但 RCT 研究显示，ECMO 并不改善 ARDS 患者预后 [56]。随着 ECMO 技术的改进，需要进一步的大规模研究结果来证实 ECMO 在 ARDS 治疗中的地位。

（三）ALI/ARDS 药物治疗

1．液体管理 高通透性肺水肿是 ALI/ARDS 的病理生理特征，肺水肿的程度与 ALI/ARDS 的预后呈正相关 [57]，因此，通过积极的液体管理，改善 ALI/ARDS 患者的肺水肿具有重要的临床意义。

研究显示液体负平衡与感染性休克患者病死率的降低显著相关 [58]，且对于创伤导致的 ALI/ARDS 患者，液体正平衡使患者病死率明显增加。应用利尿剂减轻肺水肿可能改善肺部病理情况，缩短机械通气时间，进而减少呼吸机相关肺炎等并发症的发生。但是利尿减轻肺水肿的过程可能会导致心输出量下降，器官灌注不足。因此，ALI/ARDS 患者的液体管理必需考虑到二者的平衡，必须在保证脏器灌注前提下进行。

最近 ARDSnet 完成的不同 ARDS 液体管理策略的研究显示 [59]，尽管限制性液体管理与非限制性液体管理组病死率无明显差异，但与非限制性液体管理相比，限制性液体管理（利尿和限制补液）组患者第 1 周的液体平衡为负平衡（-136ml vs +6992 ml），氧合指数明显改善，肺损伤评分明显降低，而且 ICU 住院时间明显缩短。特别值得注意的是，限制性液体管理组的休克和低血压的发生率并无增加。可见，在维持循环稳定，保证器官灌注的前提下，限制性的液体管理策略对 ALI/ARDS 患者是有利的。

ARDS 患者采用晶体还是胶体液进行液体复苏一直存在争论。最近的大规模 RCT 研究显示，应用白蛋白进行液体复苏，在改善生存率、脏器功能保护、机械通气时间及 ICU 住院时间等方面与生理盐水无明显差异 [60]。但值得注意的是，胶体渗透压是决定毛细血管渗出和肺水肿严重程度的重要因素。研究证实，低蛋白血症是严重感染患者发生 ARDS 的独立危险因素，而且低蛋白血症可导致 ARDS 病情进一步恶化，并使机械通气时间延长，病死率也明显增加 [61]。因此，对低蛋白血症的 ARDS 患者，有必要输入白蛋白或人工胶体，提高胶体渗透压。最近两个多中心 RCT 研究显示，对于存在低蛋白血症（血浆总蛋白＜ 50 ～ 60g/L）的 ALI/ARDS 患者，与单纯应用速尿相比，尽管白蛋白联合速尿治疗未能明显降低病死率，但可明显改善氧合、增加液体负平衡，并缩短休克时间 [62,63]。因此，对于存在低蛋白血症的 ARDS 患者，在补充白蛋白等胶体溶液的同时联合应用速尿，有助于实现液体负平衡，并改善氧合。人工胶体对 ARDS 是否也有类似的治疗效应，需进一步研究证实。

推荐意见 15：在保证组织器官灌注前提下，应实施限制性的液体管理，有助于改善 ALI/ARDS 患者的氧合和肺损伤（推荐级别：B 级）

推荐意见 16：存在低蛋白血症的 ARDS 患者，可通过补充白蛋白等胶体溶液和应用利尿剂，有助于实现液体负平衡，并改善氧合（推荐级别：C 级）

2．糖皮质激素 全身和局部的炎症反应是 ALI/ARDS 发生和发展的重要机制，研究显示，血浆和肺泡灌洗液中的炎症因子浓度升高与 ARDS 病死率成正相关 [64]。长期以来，大量的研究试图应用糖皮质激素控制炎症反应，预防和治疗 ARDS。早期的 3 项多中心 RCT 研究观察了大剂量糖皮质激素对 ARDS 的预防和早期治疗作用，结果糖皮质激素既不能预防 ARDS 的发生，对早期 ARDS 也没有治疗作用 [65～67]。但对于过敏原因导致的 ARDS 患者，早期应用糖皮质激素经验性治疗可能有效。此外感染性休克并发 ARDS 的患者，如合并有肾上腺皮质功能不全，可考虑应用替代剂量的糖皮质激素 [68]。

持续的过度炎症反应和肺纤维化是导致 ARDS 晚期病情恶化和治疗困难的重要原因。糖皮质激素能抑制 ARDS 晚期持续存在的炎症反应，并能防止过度的胶原沉积 [64]，从而有可能对晚期 ARDS 有保护作用。小样本 RCT 试验显示，对于治疗 1 周后未好转的 ARDS 患者，糖皮质激素治疗组的病死率明显低于对照组，感染发生率与对照组无差异，高血糖发生率低于对照组 [69]。然而，最近 ARDSnet 的研究观察了糖皮质激素对晚期 ARDS（患病 7 ～ 24 天）的治疗效应 [70]，结果显示，糖皮质激素治疗［甲基泼尼松龙 2 mg/（kg・d），分 4 次静脉点滴，14 天后减量］并不降低 60 天病死率，但可明显改善低氧血症和肺顺应性，缩短患者的休克持续时间和机械通气时间。进一步亚组分析显示，ARDS 发病＞ 14 天应用糖皮质激素会明显增加病死率。可见，对于晚期 ARDS 患者不宜常规应用糖皮质激素治疗。

推荐意见 17：不推荐常规应用糖皮质激素预防和治疗 ARDS（推荐级别：B 级）

3．一氧化氮（NO）吸入　NO 吸入可选择性扩张肺血管，而且 NO 分布于肺内通气良好的区域，可扩张该区域的肺血管，显著降低肺动脉压，减少肺内分流，改善通气血流比例失调，并且可减少肺水肿形成 [71]。临床研究显示，NO 吸入可使约 60% 的 ARDS 患者氧合改善，同时肺动脉压、肺内分流明显下降，但对平均动脉压和心输出量无明显影响。但是氧合改善效果也仅限于开始 NO 吸入治疗的 24 ～ 48 小时内 [71,72]。两个 RCT 研究证实 NO 吸入并不能改善 ARDS 的病死率 [72-73]。因此，吸入 NO 不宜作为 ARDS 的常规治疗手段，仅在一般治疗无效的严重低氧血症时可考虑应用。

推荐意见 18：不推荐吸入 NO 作为 ARDS 的常规治疗（推荐级别：A 级）

4．肺泡表面活性物质　ARDS 患者存在肺泡表面活性物质减少或功能丧失，易引起肺泡塌陷。肺泡表面活性物质能降低肺泡表面张力，减轻肺炎症反应，阻止氧自由基对细胞膜的氧化损伤。因此，补充肺泡表面活性物质可能成为 ARDS 的治疗手段。但是，早期的 RCT 研究显示，应用表面活性物质后，ARDS 患者的血流动力学指标、动脉氧合、机械通气时间、ICU 住院时间和 30 天生存率并无明显改善 [74]。有学者认为阴性结果可能与表面活性物质剂量不足有关。随后的小样本剂量对照研究显示，与安慰剂组及肺泡表面活性物质 50mg/kg 应用 4 次组比较，100 mg/kg 应用 4 次和 8 次，有降低 ARDS 28 天病死率的趋势（43.8%、50% vs 18.8%、16.6%，$P = 0.075$）[75]。2004 年有两个中心参加的 RCT 研究显示，补充肺泡表面活性物质能够短期内（24 小时）改善 ARDS 患者的氧合，但并不影响机械通气时间和病死率 [76]。最近一项针对心脏手术后发生 ARDS 补充肺泡表面活性物质的临床研究显示，与既往病例比较，治疗组氧合明显改善，而且病死率下降 [77]。目前肺泡表面活性物质的应用仍存在许多尚未解决的问题，如最佳用药剂量、具体给药时间、给药间隔和药物来源等。因此，尽管早期补充肺表面活性物质，有助于改善氧合，还不能将其作为 ARDS 的常规治疗手段。有必要进一步研究，明确其对 ARDS 预后的影响。

5．前列腺素 E_1　前列腺素 E_1（PGE_1）不仅是血管活性药物，还具有免疫调节作用，可抑制巨噬细胞和中性粒细胞的活性，发挥抗炎作用。但是 PGE_1 没有组织特异性，静脉注射 PGE_1 会引起全身血管舒张，导致低血压。静脉注射 PGE_1 用于治疗 ALI/ARDS，目前已经完成了多个 RCT 研究，但无论是持续静脉注射 PGE_1[78]，还是间断静脉注射脂质体 PGE_1[79-81]，与安慰剂组相比，PGE_1 组在 28 天病死率、机械通气时间和氧合等方面并无益处。有研究报道，吸入型 PGE_1 可以改善氧合，但这需要进一步 RCT 研究证实[82]。因此，只有在 ALI/ARDS 患者低氧血症难以纠正时，可以考虑吸入 PGE_1 治疗。

6. N- 乙酰半胱氨酸和丙半胱氨酸 抗氧化剂 N- 乙酰半胱氨酸（NAC）和丙半胱氨酸（procysteine）通过提供合成谷胱甘肽（GSH）的前体物质半胱氨酸，提高细胞内 GSH 水平，依靠 GSH 氧化还原反应来清除体内氧自由基，从而减轻肺损伤。静脉注射 NAC 对 ALI 患者可以显著改善全身氧合和缩短机械通气时间[83]。而近期在 ARDS 患者中进行的Ⅱ期临床试验证实，NAC 有缩短肺损伤病程和阻止肺外器官衰竭的趋势，不能减少机械通气时间和降低病死率[84-85]。丙半胱氨酸的Ⅱ、Ⅲ期临床试验也证实不能改善 ARDS 患者预后。因此，尚无足够证据支持 NAC 等抗氧化剂用于治疗 ARDS。

7. 环氧化酶抑制剂 布洛芬等环氧化酶抑制剂，可抑制 ALI/ARDS 患者血栓素 A_2 的合成，对炎症反应有强烈抑制作用。小规模临床研究发现布洛芬可改善全身性感染患者的氧合与呼吸力学[86]。对严重感染的临床研究也发现布洛芬可以降低体温、减慢心率和减轻酸中毒，但是，亚组分析（ARDS 患者 130 例）显示，布洛芬既不能降低危重患者 ARDS 的患病率，也不能改善 ARDS 患者 30 天生存率[87]。因此，布洛芬等环氧化酶抑制剂尚不能用于 ALI/ARDS 常规治疗。

8. 细胞因子单克隆抗体或拮抗剂 炎症性细胞因子在 ALI/ARDS 发病中具有重要作用。动物实验应用单克隆抗体或拮抗剂中和肿瘤坏死因子（TNF）、白细胞介素（IL）-1 和 IL-8 等细胞因子可明显减轻肺损伤，但多数临床试验获得阴性结果。近期结束的两项大样本临床试验，观察抗 TNF 单克隆抗体（afelimomab）治疗严重感染的临床疗效，尤其是对于 IL-6 水平升高患者的疗效，但结果也不一致[88-89]。其中 MONARCS 研究（n = 2634）显示，无论在 IL-6 高水平还是低水平的严重感染患者，Afelimomab 治疗组的病死率明显降低[89]。但另一项研究并不降低病死率。细胞因子单克隆抗体或拮抗剂是否能够用于 ALI/ARDS 的治疗，目前尚缺乏临床研究证据。因此，不推荐抗细胞因子单克隆抗体或拮抗剂用于 ARDS 治疗。

9. 己酮可可碱及其衍化物利索茶碱 己酮可可碱（Pentoxifylline）及其衍化物利索茶碱（Lisofylline）均可抑制中性粒细胞的趋化和激活，减少促炎因子 TNFα、IL-1 和 IL-6 等释放，利索茶碱还可抑制氧自由基释放。但目前尚无 RCT 试验证实己酮可可碱对 ALI/ARDS 的疗效。一项大样本的Ⅲ期临床试验（n = 235）显示，与安慰剂组相比，应用利索茶碱治疗 ARDS，28 天病死率并无差异（利索茶碱 31.9%，安慰剂 24.7%，$P = 0.215$），另外，28 天内无需机械通气时间、无器官衰竭时间和院内感染发生率等亦无差异[90]。因此，己酮可可碱或利索茶碱不推荐用于 ARDS 治疗。

10. 重组人活化蛋白 C 重组人活化蛋白 C（rhAPC 或称 Drotrecogin alfa）具有抗血栓、抗炎和纤溶特性，已被试用于治疗严重感染。Ⅲ期临床试验证实，持续静脉注射 rhAPC 24 μg/(kg·h) × 96 h 可以显著改善重度严重感染患者（APACHE Ⅱ > 25）的预后[91]。基于 ARDS 的本质是全身性炎症反应，且凝血功能障碍在 ARDS 发生中具有重要地位，rhAPC 有可能成为 ARDS 的治疗手段。但 rhAPC 治疗 ARDS 的Ⅱ期临床试验正在进行。因此，尚无证据表明 rhAPC 可用于 ARDS 治疗，当然，在严重感染导致的重度 ARDS 患者，如果没有禁忌证，可考虑应用 rhAPC。rhAPC 高昂的治疗费用也限制了它的临床应用。

11. 酮康唑 酮康唑是一种抗真菌药，但可抑制白三烯和血栓素 A2 合成，同时还可抑制肺泡巨噬细胞释放促炎因子，有可能用于 ARDS 治疗。但是由 ARDSnet 完成的大样本（n = 234）临床试验显示，酮康唑既不能降低 ARDS 的病死率，也不能缩短机械通气时间[92]。在外科 ICU 患者中预防性口服酮康唑，治疗组的 ARDS 患病率明显降低，提示在高危患者中预防性应用酮康唑可能有效，但仍需要进一步临床试验证实[93]。因此，目前仍没有证据支持酮康唑可用于 ARDS 常规治疗，同时为避免耐药，对于酮康唑的预防性应用也应慎重。

12．鱼油 鱼油富含ω-3脂肪酸，如二十二碳六烯酸（DHA）、二十碳五烯酸（EPA）等，也具有免疫调节作用，可抑制二十烷花生酸样促炎因子释放，并促进 PGE_1 生成。研究显示，通过肠道给 ARDS 患者补充 EPA、γ- 亚油酸和抗氧化剂，可使患者肺泡灌洗液内中性粒细胞减少，IL-8 释放受到抑制，病死率降低[94]。对机械通气的 ALI 患者的研究也显示，肠内补充 EPA 和 γ- 亚油酸可以显著改善氧合和肺顺应性，明显缩短机械通气时间，但对生存率没有影响[95]。新近的一项针对严重感染和感染性休克的临床研究显示，通过肠内营养补充 EPA、γ- 亚油酸和抗氧化剂，明显改善氧合，并可缩短机械通气时间与 ICU 住院时间，减少新发的器官功能衰竭，降低了 28 天病死率[96]。此外，肠外补充 EPA 和 γ- 亚油酸也可缩短严重感染患者 ICU 住院时间，并有降低病死率的趋势[97]。因此，对于 ALI/ARDS 患者，特别是严重感染导致的 ARDS，可补充 EPA 和 γ- 亚油酸，以改善氧合，缩短机械通气时间。

推荐意见 19：补充 EPA 和 γ- 亚油酸，有助于改善 ALI/ARDS 患者氧合，缩短机械通气时间（推荐级别：C 级）

主要参考文献

[1] Dellinger RP，Carlet JM，Masur H，et al. Surviving Sepsis Campaign guidelines for management of severe sepsis and septic shock. Intensive Care Med，2004,30：536-555.

[2] Bernard GR，Artigas A，Brigham KL，et al. The American-European Consensus Conference on ARDS，definitions，mechanisms，relevant outcomes，and clinical trial coordination. Am J RespirCrit Care Med，1994，149：818-824.

[3] Rubenfeld GD，Caldwell E，Peabody E，et al. Incidence and outcomes of acute lung injury. N Engl J Med，2005，353：1685-1693.

[4] Lewandowski K，Lewandowski M. Epidemiology of ARDS. Minerva Anestesiol，2006，72：473-477.

[5] Hughes M，Mackirdy FN，Ross J，et al. Acute respiratory distress syndrome：an audit of incidence and outcome in Scottish intensive care units. Anaesthesia，2003，58：838-845.

[6]] Bersten AD，Edibam C，Hunt T，et al. Incidence and mortality of acute lung injury and acute respiratory distress syndrome in three Australia states.Am J Respir Crit Care Med，2002，165：443-448.

[7] Hudson LD，Milberg JA，Anardi D，et al. Clinical risks for development of the acute respiratory distress syndrome. Am J RespirCrit Care Med，1995，151：293-301.

[8] Iribarren C，Jacobs DR，Sidney S，et al. Cigarette smoking，alcohol consumption，and risk of ARDS：a 15-year cohort study in a managed care setting. Chest，2000，117：163-168.

[9] Kafft P，Fridrich P，Pernerstorfer T，et al. The acute respiratory distress syndrome：definitions，severity and clinical outcome，an analysis of 101 clinical investigations. Intensive Care Med，1996，22：519-529.

[10] Lu Y，Song Z，Zhou X，et al. A 12-month clinical survey of incidence and outcome of acute respiratory distress syndrome in Shanghai intensive care units. Intensive Care Med，2004，30：2197-2003.

[11] Ware LB，Matthay MA. The acute respiratory distress syndrome. N Engl J Med，2000，342：1334-1349.

[12] Idell S，Peters J，James KK，et al. Local abnormalities of coagulation and fibrinolytic pathways that

promote alveolar fibrin deposition in the lungs of baboons with diffuse alveolar damage. J Clin Invest, 1989, 84: 181-193.

[13] Esteban A, Fernandez-Segoviano P, Frutos-Vivar F, et al. Comparison of clinical criteria for the acute respiratory distress syndrome with autopsy findings. Ann Intern Med, 2004, 141: 440-445.

[14] Tomashefski JF Jr. Pulmonary pathology of acute respiratory distress syndrome.Clin Chest Med, 2000, 21: 435-466.

[15] Moloney ED, Evans TW. Pathophysiology and pharmacological treatment of pulmonary hypertension in acute respiratory distress syndrome.Eur Respiratory J, 2003, 21: 720-727.

[16] Baudouin SV. Manipulation of inflammation in ARDS: achievable goal or distant target? Thorax, 2006, 61: 464-465.

[17] Delluc A, L' Her E. Acute respiratory distress. Rev Part, 2006, 56: 737-745.

[18] Cardenas VJ Jr, Lynch JE. Mechanical ventilation and acute respiratory distress syndrome. SeminThoracCardiovascSurg, 2006, 18: 8-12.

[19] Keenan SP, Sinuff T, Cook DJ, et al. Does non-invasive positive pressure ventilation improve outcome in acute hypoxemic respiratory failure? A systemic review. Crit Care Med, 2004, 32: 2516-2523.

[20] Rana S, Jenad H, Gay PC, et al. Failure of non-invasive ventilation in patients with acute lung injury: observational cohort Study. Critical Care 2006, 10: R79.

[21] Delclaux C, L' Her E, Alberti C, et al. Treatment of acute hypoxemic nonhypercapnic respiratory insufficiency with continuous positive airway pressure delivered by a face mask: A randomized controlled trial. JAMA, 2000, 284: 2352-2360.

[22] Sevransky JE, Levy MM, Marini JJ. Mechanical ventilation in sepsis-induced acute lung injury/acute respiratory distress syndrome: an evidence-based review. Crit Care Med, 2004, 32: S548-553.

[23] Antonelli M, Conti G, Bufi M, et al. Noninvasive ventilation for treatment of acute respiratory failure in patients undergoing solid organ transplantation: a randomized trial. JAMA, 2000, 283: 235-241.

[24] Hilbert G, Gruson D, Vargas F, et al. Noninvasive ventilation in immunosuppressed patients with pulmonary infiltrates, fever and acute respiratory failure. N Eng J Med, 2001, 344: 481-487.

[25] Azoulay E, Alberti C, Bornstain C, et al. Improved survival in cancer patients requiring mechanical ventilatory support: Impact of noninvasive mechanical ventilatory support. Crit Care Med, 2001, 29: 519-525.

[26] Mehta S, Hill NS. Noninvasive Ventilation.Am J RespirCrit Care Med, 2001, 163: 540-577.

[27] Brochard L, Mancebo J, Elliott MW. Noninvasive ventilation for acute respiratory failure. EurRespir J, 2002, 19: 712-721.

[28] Marini JJ, Lamb VJ. External work output and force generation during synchronized intermittent mechanical ventilation: Effect of machine assistance on breathing effort. Am Rev Respir Dis, 1988, 138: 1169-1179.

[29] Amato MB, Barbas CS, Medeiros DM, et al. Effect of protective-ventilation strategy on mortality in the acute respiratory distress syndrome. N Engl J Med, 1998, 338: 347-354.

[30] Stewart TE, Meade MO, Cook DJ, et al. Evaluation of a ventilation strategy to prevent barotraumas in patients at high risk for acute respiratory distress syndrome. Pressure- and volume-limited ventilation strategy group. N Engl J Med, 1998, 338: 355-361.

[31] Brochard L，Roudat-Thoraval F，Roupie E，et al. Tidal volume reduction for prevention of ventilator-induced lung injury in acute respiratory distress syndrome.The multicenter trial group on tidal volume reduction in ARDS. Am J Respir Crit Care Med，1998，158：1831-1838.

[32] Brower RG，Shanholtz CB，Fessler HE，et al. Prospective randomized，controlled clinical trial comparing traditional versus reduced tidal volume ventilation in acute respiratory distress syndrome patients. Crit Care Med，1999，27：1492-1498.

[33] The acute respiratory distress syndrome network：Ventilation with lower tidal volumes as compared with traditional tidal volumes for acute lung injury and the acute respiratory distress syndrome. N Engl J Med，2000，342：1301-1308.

[34] Brower RG，Fessler HE. Mechanical ventilation in acute lung injury and acute respiratory distress syndrome. Clin Chest Med，2000，21：491-510.

[35] Eichacker PQ，Gerstenberger EP，Banks SM，et al. Meta-analysis of acute lung injury and acute respiratory distress syndrome trials testing low tidal volumes. Am J RespirCrit Care Med，2002，166：1510-1514.

[36] Bidana A，Cardenas VJ，Zwischenberger JB. Permissive hypercapnia in acute respiratory failure. JAMA，1994，272：957-962.

[37] Lim SC，AdamaAB，Simonson DA，et al. Intercomparison of recruitment maneuver efficacy in three models of acute lung injury. Crit Care Med，2004，32：2371-2377.

[38] Barbaas CS，Dematos GF，Pincelli MP，et al. Mechanical ventilation in acute respiratory failure：recruitment and high positive end-expiratory pressure are necessary. Curr Opin Crit Care，2005，11：18-28.

[39] Villar J，Kacmarek RM，Perez-Mendez L，et al. A high positive end-expiratory pressure，low tidal volume ventilatory strategy improves outcome in persistent acute respiratory distress syndrome：a randomized，controlled trial. Crit Care Med，2006，34：1311-1318.

[40] Putensen C，MutzNJ，Putensen-Himmer G，et al. Spontaneous breathing during ventilatory syndrome. Am J Respir Crit Care Med，1999，159：1241-1248.

[41] Drakulovic M，Torres A，Bauer TT，et al. Supine body position as a risk factor for nosocomial pneumonia in mechanically ventilated patients：a randomized trial. Lancet，1999，354：1851-1858.

[42] American Thoracic Society and the Infectious Diseases Society of American. Guidelines for the management of adults with hospital-acquired，ventilator-associated，and healthcare-associated pneumonia. Am J Respir Crit Care Med，2005，171：388-416.

[43] Lamm WJ，Graham MM，Albert RK. Mechanism by which the prone position improves oxygenation in acute lung injury. Am J Respir Crit Care Med，1994，150：184-193.

[44] Gattinoni L，Tognoni G，Pesenti A，et al. Effect of prone positioning on the survival of patients with acute respiratory failure. N Engl J Med，2001，345：568-573.

[45] Mancebo J，Fernandez R，Gordo F，et al. Prone vs supine position in ARDS patients：Results of a randomized multicenter trial. Am J RespirCrit Care Med, 2003，167：A180.

[46] Gainnier M，Michelet P，Thirion X，et al. Prone position and positive end-expiratory pressure in acute respiratory distress syndrome. Crit Care Med，2003，31：2719-2726.

[47] Kress JP，Pohlman AS，O'Connor MF，et al. Daily interruption of sedative infusions in critically ill

patients undergoing mechanical ventilation. N Engl J Med 2000，342：1471-1477.

[48] Kollef MH，Levy NT，Ahrens TS，et al. The use of continuous IV sedation is associated with prolongation of mechanical ventilation. Chest, 1998，114：541-548.

[49] Brook AD，Ahrens TS，Schaiff R，et al. Effect of a nursing-implemented sedation protocol on the duration of mechanical ventilation.Crit Care Med, 1999，27：2609-2615.

[50] Rudis MI，Sikora CA，Angus E，et al. A prospective，randomized，controlled evaluation of peripheral nerve stimulation versus standard clinical dosing of neuromuscular blocking agents in critically ill patients.Crit Care Med, 1997，25：575-583.

[51] Hirschl R，Pranikoff T，Wise C，et al. Initial experience with partial liquid ventilation in adult patients with the acute respiratory distress syndrome. JAMA，1996，275：383-389.

[52] Hirschl R，Conrad S，Kaiser R，et al. Partial liquid ventilation in adult patients with ARDS：A multicenter phase Ⅰ-Ⅱ trial. Adult PLV study group. Ann Surg，1998，228：692-700.

[53] Hirschl DB，Croce M，Gore D，et al. Prospective，randomized，controlled pilots study of partial liquid ventilation in adult acute respiratory distress syndrome. Am J Respir Crit Care Med，2002，165：781-787.

[54] Lewandowski K，Rossaint R，Pappert D，et al. High survival rate in 122 ARDS patients managed according to a clinical algorithm including extracorporeal membrane oxygenation. Intensive Care Med,1997，23：819-835.

[55] Zwischenberger JB，Conrad SA，Alpard SK，et al. Percutaneous extracorporeal arteriovenous CO_2 removal for severe respiratory failure. Ann ThoracSurg，1999，68：181-187.

[56] Morris AH，Wallace CJ，Menlove RL，Et al. Randomized clinical trial of pressure-controlled inverse ratio ventilation and extracorporeal CO2 removal for adult respiratory distress syndrome. Am J Respir Crit Care Med，1994，149：295-305

[57] Sakka SG，Reinhart K，Meier-Hellmann A. Prognostic value of the indocyanine green plasma disappearance rate in critically ill patients. Chest，2002，122：2080-2086.

[58] Alsous F，Khamiees M，DeGirolamo A，et al. Negative fluid balance predicts survival in patients with septic shock：A retrospective pilot study. Chest，2000，117：1749-1754.

[59] The national heart，lung，and blood institute acute respiratory distress syndrome（ARDS）clinical trials network. Comparison of two fluid- management strategies in acute lung injury. N Engl J Med，2006，354：2564-2575.

[60] The SAFE Study Investigators. A comparison of albumin and saline for fluid resuscitation in the intensive care unit. N Engl J Med，2004，350：2247-2256.

[61] Mangialardi RJ，Martin GS，Bernard GR，et al. Hypoproteinemia predicts acute respiratory distress syndrome development，weight gain，and death in patients with sepsis. Ibupron in sepsis study group. Crit Care Med，2000，28：3137-3145.

[62] Martin GS，Mangialardi RJ，Wheeler AP，et al. Albumin and furosemide therapy in hypoproteinemic patients with acute lung injury. Crit Care Med，2002，30：2175-2182.

[63] Martin GS，Moss M，Wheeler AP，et al. A randomized，controlled trial of furosemide with or without albumin in hypoproteinemic patients with acute lung injury. Crit Care Med，2005，33：1681-1687.

[64] Meduri GU，Headley S，Kohler G，et al. Persistent elevation of inflammatory cytokines predicts a poor

outcome in ARDS. Plasma IL-1 beta and IL-6 levels are consistent and efficient predictors of outcome over time. Chest，1995，107：1062-1073.

[65] Luce JM，MontgomeryAB，Marks JD，et al. Ineffectiveness of high-dose methylprednisolone in preventing parenchymal lung injury and improving mortality in patients with septic shock. Am Rev Respir Dis，1988，138：62-68.

[66] Bone RC，Fisher CJ，Clemmer TP，et al. Early methylprednisolone treatment for septic syndrome and the adult respiratory distress syndrome. Chest，1987，92：1032-1036.

[67] Bernard GR，Luce JM，Sprung CL，et al. High-dose corticosteroids in patients with the adult respiratory distress syndrome. N Engl J Med, 1987，317：1565-1570.

[68] Annane D，Sebille V，Charpentier C，et al. Effect of treatment with low doses of hydrocortisone and fludrocortisone on mortality in patients with septic shock. JAMA, 2002，288：862-871.

[69] Meduri GU，Headley AS，Golden E，et al. Effect of prolonged methylprednisolone therapy in unresolving acute respiratory distress syndrome：A randomized controlled trial. JAMA, 1998，280：159-165.

[70] Steinberg KP，Hudson LD，Goodman RB，et al. Efficacy and safety of corticosteroids for persistent acute respiratory distress syndrome. N Engl J Med，2006，354：1671-1684.

[71] Rossaint R，Falke KJ，Lopez F，et al. Inhaled nitric oxide for the adult respiratory distress syndrome. N Engl J Med, 1993，328：399-405.

[72] Dellinger RP，Zimmerman JL，Taylor RW，et al. Effects of inhaled nitric oxide in patients with acute respiratory distress syndrome：Results of a randomized phase II trial. Inhaled Nitric Oxide in ARDS Study Group. Crit Care Med，1998，26：15-23.

[73] Lundin S，Mang H，Smithies M，et al. Inhalation of nitric oxide in acute lung injury：Preliminary results of a European multicenter study. Intensive Care Med，1997，23：S2.

[74] Suwabe A，Otake K，Yakuwa N，et al. Artificial surfactant（Surfactant TA）modulates adherence and superoxide production of neutrophils. Am J Respir Crit Care Med，1998，158：1 890-1899.

[75] Anzueto A，Baughman RP，Guntupalli KK，et al. Aerosolized surfactant in adults with sepsis-induced acute respiratory distress syndrome. N Engl J Med，1996，334：1417-1421.

[76] Gregory TJ，Steinberg KP，Spragg R，et al. Bovine surfactant therapy for patients with acute respiratory distress syndrome. Am J RespirCrit Care Med，1997，155：1309-1315.

[77] Spragg RG，Lewis JF，Walmrath H，et al. Effect of recombinant surfactant protein C - based surfactant on the acute respiratory distress syndrome. N Engl J Med，2004，351：884-92.

[78] Bautin A，Khubulava G，Kozlov I，et al. Surfactant therapy for patients with ARDS after cardiac surgery. J Liposome Res，2006，16：265-72.

[79] Bone RC，Slotman G，Maunder R，et al. Randomized double-blind，multi-center study of prostaglandin El in patients with the adult respiratory distress syndrome. Chest，1989，96：114-119.

[80] Abraham E，Park YC，Covington P，et al. Liposomal prostaglandin E1 in acute respiratory distress syndrome：a placebo-controlled，randomized，double-blind，multicenter clinical trial. Crit Care Med，1996，24：10-15.

[81] Abraham E，Baughman R，Fletcher E，et al. Liposomal prostaglandin E1（TLC C-53）in acute respiratory distress syndrome：a controlled，randomized，double-blind，multicenter clinical trial. TLC

C-53 ARDS Study Group. Crit Care Med，1999，27：1478-1485.

[82] Vincent JL，Brase R，Santman F，et al. A multi-centre，double blind，placebo-controlled study of liposomal prostaglandin E1（TLC C-53）in patients with acute respiratory distress syndrome. Intensive Care Med，2001，27：1578-1583.

[83] Meyer J，Theilmeier G，Van AkenHV,et al. Inhaled prostaglandin E1 for treatment of acute lung injury in severe multiple organ failure. AnesthAnalg，1998，86：753-758.

[84] Suter PM，Domenighetti G，Schaller MD，et al. N-acetylcysteine enhances recovery from acute lung injury in man. A randomized，double-blind，placebo-controlled clinical study. Chest，1994，105：190-194.

[85] Domenighetti G，Suter PM，Schaller MD，et al. Treatment with N-acetylcysteine during acute respiratory distress syndrome：a randomized，double-blind，placebo-controlled clinical study. J Crit Care，1997，12：177-182.

[86] Bernard GR，Wheeler AP，Arons MM，et al. A trial of antioxidants N-acetylcysteine and procysteine in ARDS.The Antioxidant in ARDS Study Group. Chest，1997，112：164-172.

[87] Bernard GR，Reines HD，Halushka PV，et al. Prostacyclin and thromboxane A2 formation is increased in human sepsis syndrome. Effects of cyclooxygenase inhibition. Am Rev Respir Dis，1991，144：1095-1101.

[88] Bernard GR，Wheeler AP，Russell JA，et al. The effects of ibuprofen on the physiology and survival of patients with sepsis.The Ibuprofen in Sepsis Study Group. N Engl J Med，1997，336：912-918.

[89] Reinhart K，Menges T，Gardlund B，et al. Randomized，placebo-controlled trial of the anti-tumor necrosis factor antibody fragment afelimomab in hyperinflammatory response during severe sepsis：The RAMSES Study. Crit Care Med，2001，29：765-769.

[90] Panacek EA，Marshall JC，Albertson TE，et al. Efficacy and safety of the monoclonal anti-tumor necrosis factor antibody F（ab'）2 fragment afelimomab in patients with severe sepsis and elevated interleukin-6 levels. Crit Care Med，2004，32: 2173-2182.

[91] The ARDS clinical trials network. Randomized，placebo-controlled trial of lisofylline for early treatment of acute lung injury and acute respiratory distress syndrome. Crit Care Med，2002，30: 1-6.

附录三 《新鲜胸腰段脊柱脊髓损伤评估与治疗》的专家共识

（中国康复医学会脊柱脊髓损伤专业委员会）
中国脊柱脊髓杂志 2011 年第 21 卷第 11 期 963-968.

为规范新鲜胸腰段脊柱脊髓损伤的评估和治疗，针对目前国内外存在的相关难点和争议，经过细致的文献检索和分析，结合循证医学的证据，综合多年国内外的经验，中国康复医学会脊柱脊髓损伤专业委员会组织国内脊柱脊髓领域专家进行讨论，由北京军区总医院起草本《专家共识》。分别于 2010 年 2 月底，组织北京军区总医院内专家讨论并修改；2010 年 5 月中旬，由侯树勋主任委员牵头，在北京组织国内相关骨科、康复、泌尿专业的专家进行再次讨论和修改；2010 年 7 月南京学组会上进行专题讨论，并针对共识的条目进行解读，评估推荐等级；针对专家意见再次修改后，于 2011 年 9 月广州全国脊柱脊髓大会上再次进行了专题讨论，最终形成并颁布本《新鲜胸腰段脊柱脊髓损伤评估与治疗》的专家共识。

概述

1．本共识涵盖伤后 3 周内新鲜的外伤性 T11 ～ L2 骨折和（或）脱位，伴或不伴有脊髓、马尾神经、神经根损伤的患者。不包括未成年人、无骨折脱位胸腰段脊髓损伤、病理性及伴发强直性脊柱炎的骨折脱位。

院前急救

2．对胸腰段脊柱脊髓可疑损伤的患者，应现场给予脊柱制动，在患者的搬运、转送等过程中，应至少由 3 人完成，并运用平移、轴向翻转等正确的方式，迅速转送至附近Ⅱ级及以上医院；这虽然不被更高等级的证据支持[1]，却是依据解剖和力学的原理，为减少因不稳定所造成的脊髓二次损伤，而且经过了时间和历史的考验。

评估与诊断评估

3．应通过病史、查体、影像学检查对患者损伤形态、后方韧带复合体状态、神经功能三方面进行综合评估。

病史

4．应详细采集病史，了解致伤因素、暴力程度、受伤机制，了解神经损伤的演变过程，了解其治疗的内容及效果。

局部查体

5．应观察有无皮下出血和胸腰段后凸畸形，常规触诊各个棘突及棘突间隙，判断有无棘突间隙空虚及棘突间距增大，棘突间有无台阶感等。

神经功能检查

6．应依据 ASIA 标准进行神经功能检查，并使用 ASIA 残损分级（Frankel 方法）对脊髓损伤神经功能障碍进行分级，常规行肛门感觉及肛门括约肌检查。

应用 ASIA 标准对患者进行分类时推荐使用以下顺序：(1) 确定左右两侧的感觉平面；(2) 确定左右两侧的运动平面；(3) 确定神经平面；(4) 确定损伤的程度；(5) 确定 ASIA 残损分级。

感觉平面是指身体两侧具有正常感觉功能的最低脊髓神经分布节段。运动平面指身体两侧具有正常运动功能的最低脊髓神经分布节段，应根据肌力至少为 3 级的那块关键肌来确定，要求该平面以上节段支配的关键肌肌力必须是 5 级。神经平面是指身体两侧有正常的感觉和运动功能的最低脊髓神经分布节段。

不完全性损伤是指神经平面以下包括最低位的骶段保留部分感觉或运动功能。骶部感觉包括肛门黏膜皮肤交界处和肛门深部的感觉。骶部运动功能检查是通过肛门指诊检查肛门外括约肌有无自主收缩；完全性损伤指最低骶段的感觉和运动功能完全消失。

7．在应用 ASIA 标准的同时，对患者应进行全面详细的神经方面查体。尤其对于肌力检查，不应局限于关键肌；由于 ASIA 标准对于运动的评定局限于 10 对关键肌，有些肌肉虽不是关键肌，但能影响到患者功能的恢复，比如上肢的屈腕肌和下肢的缝匠肌，所以对于肌力的检查应尽可能详细[2]。

8．需行反复多次神经学检查以了解神经功能演变的过程，尤其应在病人转运、搬动、牵引、闭合复位后重复进行神经学检查。神经学检查重复的频率应根据病人的情况个体化，但伤后前 3 天每天至少应进行 1 次[3]。

影像学检查

9．应常规进行 X 线、CT 检查和（或）三维重建，判断损伤的形态，间接反映后方韧带复合体的状态。应测量椎体压缩程度、后凸角度、椎管累及程度等，观察骨折在矢状面、水平面的粉碎程度；观察椎间隙、棘突间、椎弓根间、椎体间、关节突间相对关系的变化。

10．对于多发伤及高能量损伤（高于 3m 的坠落伤或车祸伤等），容易导致多节段脊柱损伤，故应行全脊柱 X 线片[4]；Ⅱ级证据证明[5]神志不清是脊柱脊髓损伤漏诊的重要原因，对此类患者，应常规行全脊柱的 X 线检查。

11．当存在神经功能障碍时应常规行 MRI 检查，观察脊髓、马尾神经、神经根的状态；Ⅰ级证据[6]表明较 X 线和 CT 检查，MRI 能提高椎间盘及脊柱韧带损伤的检出率，当 X 线及 CT 检查怀疑有椎间盘及后方韧带复合体损伤时应行 MRI 检查。

综合评估

12．损伤形态分为压缩骨折、爆裂骨折、旋转损伤、剪力损伤及牵张损伤；还可用 AO 及 Denis 分型对骨折进行分类。

压缩骨折由轴向压缩和屈曲应力引起椎体压缩，但未造成椎体后壁骨折；随着应力增加引起椎体后壁骨折且未造成后方韧带复合体断裂时，称为爆裂骨折。旋转损伤由旋转应力引起，典型表现为损伤头尾侧节段棘突和椎弓根的旋转，矢状位 CT 重建可见关节突关节跳跃或骨折，轴位 CT 可见椎体间的旋转。剪力损伤主要由剪切应力引起，表现为椎体间侧方和前后方的平移，可通过侧位片和矢状位 CT 重建来确定。由牵张应力引起损伤头尾侧脊柱正常结构的分离为牵张损伤，牵张损伤可通过韧带或骨性结构，也可同时通过以上两种结构。其典型表现为后方韧带复合体的断裂、棘突间距增宽、关节突关节分离、椎间隙增宽等[7]。

13．后方韧带复合体的状态分为无损伤、不完全损伤、完全断裂。后方韧带复合体（posterior ligamentous complex，PLC）包括棘上韧带、棘间韧带、黄韧带及小关节囊。后方韧带复合体已经作为胸腰段损伤稳定性判断的独立参考指标，并越发受到重视。PLC 的状态可根据查体、X 线、CT 及 MRI 等各项检查综合评定。PLC 完全断裂的典型表现为棘突间距增宽和关节突关节脱位及半脱位[8]，当查体出现棘突间空虚感和台阶感，X 线片或 CT 重建出现棘突间距增大、椎体间前后移位和旋转时可以诊断 PLC 的完全断裂。MRI 尤其是 T2 抑脂像可大大提高其诊断的敏感性[9]。MRI 中若存在 PLC 信号的中断可诊断为 PLC 完全断裂。若没有棘突间距增大、MRI 信号中断等 PLC 完全断裂的征象，但又存在 MRI 信号异常时可定义为不完全损伤。

14．神经功能评估包括神经损伤部位、程度、平面。神经损伤部位分为脊髓损伤、马尾神经损伤、神经根损伤；神经损伤程度分为无损伤、不完全损伤、完全性损伤；神经损伤的平面包括感觉平面、运动平面、神经平面。

诊断

15．胸腰段脊柱脊髓损伤的诊断应包括脊柱损伤的部位和形态，神经损伤的部位、程度和神经平面。以胸 12 爆裂骨折伴不完全脊髓损伤（AISA D 级）为例，应诊断为“①胸 12 爆裂骨折；②不完全性脊髓损伤（AISAD 级、神经平面 L1）”。

治疗

16．治疗原则：尽早制动，正确搬运和转送，减少脊髓二次损伤；充分解除神经压迫，合理重建脊柱稳定性，早期康复，为神经修复创造合适的内外环境，促进功能恢复，减少并发症的发生，使患者尽早的重返社会。

药物治疗

17．大剂量甲基强的松龙（methylprednisolone，MP）冲击治疗不作为一种常规的治疗方案，可作为一种治疗选择。大剂量 MP 冲击治疗是唯一被美国 FDA 批准的治疗脊髓损伤的药物，NASCIS 三次 RCT 的 I 级研究[10-12]证实了脊髓损伤后 8 小时内应用大剂量 MP 冲击治疗的效果，其治疗方案为：30 mg/kg 静脉点滴 15 分钟，45 分钟后维持 5.4 mg/(kg·h) 静脉点滴 23 小时。但近些年，对于 NASCIS 研究质疑声不断，从研究设计、数据采集、统计分析等不同方面进行了批驳。另外，大量的 I 级证据证实[13-17]该治疗方法副作用较多，效果并不明确，到目前为止，还没有充分的证据支持将其作为一种标准的治疗方案，但由于其对部分病例确实有效，故可以将其作为一种治疗选择。

18．大剂量 MP 冲击治疗的绝对禁忌证包括：胸腰段损伤无神经功能障碍；脊髓连续性中断的脊髓损伤；损伤时间超过 8 小时。相对禁忌证包括：存在消化道出血或溃疡病史；已存在感染疾病或严重心脏疾患。

19．大剂量 MP 冲击治疗中，应严格控制时间窗（< 8 小时），并准确测量体重计算剂量，正确维持静脉点滴的速度；同时应注意预防消化道出血、感染，注意监测和控制血糖。

20．大剂量 MP 治疗过程中，神经症状完全缓解的患者，应尽早停用 MP，以减少副作用的发生。

21．对受伤 48 小时后的脊髓损伤患者，可使用神经节苷脂（GM1）、神经生长因子等药物治疗。但缺少大样本多中心前瞻性临床研究报道，但由于副作用较小，可作为一种治疗选择。

手术与非手术治疗的选择

22．推荐使用美国脊柱脊髓损伤研究小组制订的胸腰段脊柱脊髓损伤程度评分系统（thoracolumbar injury classification and severity score，TLICS）选择手术与非手术治疗，其他评分标准可辅助 TLICS 系统进行判断。

TLICS 系统包括三个方面：损伤形态、后方韧带复合体状态及神经功能。根据不同伤情评定不同分值，三部分总分可作为选择治疗的依据。损伤形态：压缩骨折（1 分）、爆裂骨折（2 分）、旋转 / 剪力损伤（3 分）、牵张损伤（4 分）；后方韧带复合体状态：无损伤（0 分）、不完全损伤（2 分）、完全断裂（3 分）；神经功能：无损伤（0 分），神经根损伤（2 分），不完全性（ASIA B、C、D 级）脊髓损伤（3 分），完全性（ASIA A 级）脊髓损伤（2 分），马尾神经损伤（3 分）。TLICS 评分≤ 3 分，建议保守治疗；TLICS=4 分，可选择手术 / 保守治疗；TLICS ≥ 5 分，建议手术治疗[7]。

非手术治疗

23．单纯压缩骨折，可行闭合复位、卧床休息并作腰背肌功能锻炼 4 ～ 6 周后佩带支具下地活动，支具固定 6 ～ 8 周后可去除。

24．爆裂骨折不伴神经损伤，且后凸畸形＜ 25° 时，可行闭合复位过伸胸腰骶（TLSO）支具固定。Ⅰ～Ⅱ级证据[18-19]表明对此类患者采取保守治疗，其术后的功能和疼痛与手术治疗无明显的差异。但在复位、支具固定过程中应注意神经功能的变化，并定时拍片观察椎体高度和后凸畸形，若出现神经功能障碍应及时改变治疗方式。

手术治疗

25．手术治疗的目的在于解除神经压迫、复位骨折脱位、恢复力线、稳定脊柱。手术需待全身情况稳定、排除手术禁忌、具备手术条件后实施。

手术时机

26．不完全性脊髓及马尾神经损伤呈进行性加重时，需行急诊手术治疗。

Ⅰ级证据[20-21]认为对任何进展性的神经功能损伤均为积极手术治疗的绝对手术指征，对进行性神经损害行减压后可改善神经功能。

27．Ⅰ级证据[20-22]表明，有脊髓及马尾神经损伤患者应尽可能在 48 小时内手术治疗。

28．无脊髓及马尾神经损伤，在条件允许的情况下，尽早手术治疗。

Ⅰ级证据表明[23]对无神经损伤的胸腰段骨折患者行早期手术可实现早期翻身，减少并发症，缩短住院时间，减少总体医疗费用。

手术入路

29．手术入路选择原则：应根据患者后方韧带复合体和神经功能状态、医疗设备及技术条件，从简单到复杂，尽可能在单一入路下完成手术目的。

30．无神经损伤患者，无论后方韧带复合体断裂与否，选择后路手术。

31．有神经损伤无后方韧带复合体断裂可选择前路手术。

32．有神经损伤伴后方韧带复合体断裂时可行后路或后前路手术，为减少手术创伤，也可经后路手术行前路的减压重建。

33．存在明确的脱位，应选择后路或后前路手术，以便于脱位的复位。

手术减压固定融合

34．无神经损伤患者，无需行减压术。

减压手术可增加手术时间、术中出血，及医源性神经损伤的风险。且有研究[24-25]表明，在后纵韧带完整的情况下，借助撑开等骨折复位手段可使突入椎管的爆裂骨折块复位。另外，在局部稳定的情况下，也会存在骨块吸收和椎管的重塑[26]。

35．有神经损伤者，应根据压迫方向准确减压；在解除神经压迫的基础上，应注意保留稳定脊柱的结构。

36．术中应使用内固定重建胸腰椎的稳定性。Ⅱ级证据[27]证明大多数固定技术，尤其是后路短节段固定，存在术后后凸矫正丢失的倾向，但并不影响治疗效果。

37．椎体爆裂骨折同时累及上下终板，横截面上骨折粉碎程度较重，术中需矫正的后凸畸形＞100，应同时行前柱的支撑重建。

根据 McCormack 等[28]提出的载荷分享分类法（load sharing classification），其是基于椎体粉碎程度和后凸严重程度进行分类并量化，以判断椎体承担前方载荷的能力，判断是否需要行前方重建。而对上述情况需行前路支撑重建。

38．对骨折脱位，骨折伴有椎间盘损伤，后方韧带复合体断裂及骨折复位不理想者，为防止晚期局部不稳，术中应行植骨融合术；Ⅱ级证据[27]证实经椎弓根椎体内植骨不能有效地防止术后后凸畸形矫正的丢失。

主要并发症的防治

并发症的防治既是多学科综合治疗脊髓损伤策略的重要组成部分，也是康复治疗的重要内容，本专家共识主要涉及胸腰段脊髓损伤早期常见的主要并发症，及其评估和防治方法。

急性期泌尿系处理

胸腰段脊髓损伤后急性期泌尿系处理的目的主要是预防膀胱过度膨胀；预防泌尿系感染；预防结石形成；预防上尿路损害。

39．急性胸腰段脊髓损伤造成排尿功能障碍时，应立即给予留置导尿，每 1 ～ 2 周更换；当合并尿道损伤等留置导尿的禁忌证时，可行耻骨上膀胱造瘘[3]。

40．当血流动力学稳定、出入量平衡时，可停止留置导尿，开始间歇导尿，每 4 ～ 6 小时 导尿一次。当存在尿道狭窄、膀胱颈部梗阻、尿道或膀胱损伤（尿道出血、血尿）、膀胱容量小于 200 ml，及认知障碍等情况时应推迟间歇导尿，待上述情况处理后可继续间歇导尿[29]。

41．间歇导尿后，当残留尿量小于 100 ml 时，进行系统的膀胱训练，锻炼反射性排尿；寻找刺激排尿反射的触发点，如扣击耻骨上区、摩擦大腿内侧等，若自发性排尿反射出现，可停止间歇导尿。

42．应定期行尿常规、细菌培养检查，一旦发生感染，即可根据已知的敏感药物进行治疗。

直肠管理

43．应尽早评估患者直肠功能，观察粪便性状、排便次数和频率，判断直肠功能障碍的类型（反射性直肠和迟缓性直肠）。反射性直肠由 S2 ～ S4 以上的脊髓损伤造成，因排便反射存在，可通过反射自主排便，但缺乏主动控制能力；迟缓性直肠由 S2 ～ S4 以下的脊髓损伤（包括 S2 ～ S4）及马尾神经损伤造成，无排便反射。

44．反射性直肠因排便反射存在，可通过反射自主排便，手指刺激可诱发出圆锥调节的反射性直肠蠕动波，轻叩中腹的方法可促进排便；迟缓性直肠，无排便反射，脊髓损伤早期可使用栓剂，必要时行手工排便；服通便药物应个体化，长期使用可产生剂量依赖性，如腹绞痛、腹泻、电解质紊乱等，故不推荐长期使用[30]。

深静脉血栓

深静脉血栓是脊髓损伤后的常见并发症，常在脊髓损伤后 2 周内发生，脱落后常引起致命肺栓塞，是这一时期死亡的主要原因之一。由于伤后瘫痪、活动减少，尤其是交感神经系统损害导致血管调节机能受损引起静脉血流淤滞，因而，最常见于小腿，但大腿和腹股沟处的深静脉血栓更为危险。

45．伤后应尽早使用机械加压装置进行预防，如梯度压力弹力袜、足底静脉泵（VFP）、间歇充气加压装置（IPC）等。

Ⅰ～Ⅱ级证据表明[31-33]伤后早期使用机械性加压装置可以加快静脉血流，减少静脉淤滞，且措施安全，适合于所有的脊髓损伤患者，但应用过程中应注意保护和观察皮肤。

46．可应用低分子肝素预防深静脉血栓；由于增加了出血风险，故不建议单独使用小剂量普通肝素。当存在颅内出血、脊髓周围血肿、血胸及血流动力学不稳时，禁止使用抗凝药物。

Ⅰ级证据证实[34]，脊髓损伤患者使用低分子肝素预防深静脉血栓是安全可行的，能够明显降低深静脉血栓的发生率。

47. 抗凝过程中需手术时，低分子肝素应在择期手术 24 小时前停用；必须行紧急手术时，可利用鱼精蛋白拮抗部分低分子量肝素的作用。当手术出血得到控制，低分子量肝素可在术后 24 小时内恢复。

压疮

48. 做好患者和家属的宣教，使其了解保护皮肤完整的重要性，定时查压疮的好发部位，评估皮肤状态。

49．加强皮肤护理，至少每 2 小时翻身 1 次，早期合理应用减压床垫等设备，保持受压皮肤清洁干燥，避免温度过高；防止各种原因引起的皮肤损伤；注意保持皮肤的完整性，尤其注意外固定覆盖的皮肤。

50. 压疮一旦发生，应定期换药，改善全身营养状态，借助各种理疗方法促进压疮的愈合；对长期不愈合、伴有骨关节感染、窦道形成的Ⅲ、Ⅳ度压疮建议手术治疗。

康复

51. 康复治疗的目的是预防并发症，保留患者现存功能，促进患者顺利过渡到下一康复阶段。其原则是尽早开始、全面康复、个体化康复。

52. 康复治疗应尽早介入，生命体征稳定后即可开始。

53. 应进行患者躯体、心理功能和社会适应能力的全面康复。内容主要包括：①物理治疗；②心理治疗等。

物理治疗包括体位摆放及姿势训练；关节活动范围练习；肌力练习；软组织牵拉练习；坐起练习；斜床站立练习等。心理治疗主要包括行为干预、心理支持；必要时在专业医生的指导下使用抗焦虑及抑郁的药物治疗。

54．康复措施应个体化。重点根据患者损伤的部位、类型及程度，结合其生活、职业及实际需求，制订个体化的康复措施，满足患者出院后的实际需要。比如旋转损伤患者，翻身时应注意轴性翻身。

主要参考文献

[1] Toscano J. Prevention of neurological deterioration before admission to a spinal cord injury unit. Paraplegia，1988，26（3）：143-150.

[2] 胥少汀．提高脊髓损伤神经功能评定方法的科学性．中国脊柱脊髓杂志，2006，(S1)：7-9.

[3] Consortium for Spinal Cord Medicine. Early acute management in adults with spinal cord injury：a clinical practice guideline for health-care professionals. J Spinal Cord Med，2008，31（4）：403-479.

[4] Winslow JE 3rd，Hensberry R，Bozeman WP，et al. Risk of thoracolumbar fractures doubled in victims of motor vehicle collisions with cervical spine fractures. J Trauma，2006，61（3）：686-687.

[5] Davis JW，Phreaner DL，Hoyt DB，et al. The etiology of missed cervical spine injuries. J Trauma，1993，34（3）：342-346.

[6] Qaiyum M，Tyrrell PN，McCall IW，et al. MRI detection of unsuspected vertebral injury in acute spinal trauma：incidence and significance. Skeletal Radiol，2001，30（6）：299-304.

[7] Vaccaro AR，Lehman RA Jr，Hurlbut RJ，et al. A new classification of thoracolumbar injuries：the importance of injury morphology，the integrity of the posterior ligamentous complex，and neurologic status. Spine，2005，30（20）：2325-2333.

[8] Schweitzer KM，Vaccaro AR，Harrop JS，et al. Interrater reliability of identifying indicators of posterior ligamentous complex disruption when plain films are indeterminate in thoracolumbar injuries. J Orthop Sci，2007，12（5）：437-442.

[9] Rihn JA，Yang N，Fisher C，et al. Using magnetic resonance imaging to accurately assess injury to the posterior ligamentous complex of the spine：a prospective comparison of the surgeon and radiologist. J Neurosurg Spine，2010，12（4）：391-396.

[10] Bracken MB，Collins WF，Freeman DF，et al. Efficacy of methylprednisolone in acute spinal cord injury. JAMA，1984，251（1）：45-52.

[11] Bracken MB，Shepard MJ，Collins WF，et al. A randomized，controlled trial of methylprednisolone or naloxone in the treatment of acute spinal-cord injury：results of the second National Acute Spinal Cord Injury study. N Engl J Med，1990，322（20）：1405-1411.

[12] Bracken MB，Shepard MJ，Holford TR，et al. Administration of methylprednisolone for 24 or 48 hours or tirilazad mesylate for 48 hours in the treatment of acute spinal cord injury：results of the third National Acute Spinal Cord Injury randomized controlled trial. National Acute Spinal Cord Injury Study?. JAMA，1997，277（20）：1597-1604.

[13] Akhtar AZ，Pippin JJ，Sandusky CB. Animal studies in spinal cord injury：a systematic review of methylprednisolone. Altern Lab Anim，2009，37（1）：43-62.

[14] Hurlbert RJ. Strategies of medical intervention in the management of acute spinal cord injury. Spine，2006，31（11 Suppl）：S16-S21.

[15] Tator CH. Review of treatment trials in human spinal cord injury：issues，difficulties，and recommendations. Neurosurgery，2006，59（5）：957-982.

[16] Sayer FT，Kronvall E，Nilsson OG. Methylprednisolone treatment in acute spinal cord injury：the myth challenged through a structured analysis of published literature. Spine J，2006，6（3）：335-343.

[17] Bracken MB. Methylprednisolone and acute spinal cord injury：an update of the randomized evidence. Spine，2001，26（24 Suppl）：S47-54.

[18] Thomas KC，Bailey CS，Dvorak MF，et al. Comparison of operative and nonoperative treatment for thoracolumbar burst fractures in patients without neurological deficit：A systematic review. J Neurosurg Spine，2006，4（5）：351-358.

[19] Wood K，Buttermann G，Mehbod A，et al. Operative compared with nonoperative treatment of a thoracolumbar burst fracture without neurological deficit：aprospective，randomized study. J Bone Joint Surg Am，2003，85-A（5）：773-781.

[20] Fehlings MG，Perrin RG. The timing of surgical intervention in the treatment of spinal cord injury：a systematic review of recent clinical evidence. Spine，2006，31（11 Suppl）：S28-S35.

[21] Cengiz SL，Kalkan E，Bayir A，et al. Timing of thoracolomber spine stabilization in trauma patients；impact on neurological outcome and clinical course：areal prospective（rct）randomized controlled study. Arch Orthop Trauma Surg，2008，128（9）：959-966.

[22] La Rosa G，Conti A，Cardali S，et al. Does early decompression improve neurological outcome of spinal cord injured patients ：appraisal of the literature using a meta-analytical approach. Spinal Cord，2004，42（9）：503-512.

[23] Rutges JP，Oner FC，Leenen LP. Timing of thoracic and lumbar fracture fixation in spinal injuries：a systematic review of neurological and clinical outcome. Eur Spine J，2007，16（5）：579-587.

[24] Whang PG，Vaccaro AR. Thoracolumbar fracture：posterior instrumentation using distraction and ligamentotaxis reduction. J Am Acad Orthop Surg，2007，15（11）：695-701.

[25] Moon MS，Choi WT，Sun DH，et al. Instrumented ligamentotaxis and stabilization of compression and burst fractures of dorsolumbar and mid-lumbar spine. J Indian Orthop，2007，41（4）：346-353.

[26] Mumford J，Weinstein JN，Spratt KF，et al. Thoracolumbar burst fractures：the clinical efficacy and outcome of nonoperative management. Spine，1993，18（8）：955-970.

[27] Verlaan JJ，Diekerhof CH，Buskens E，et al. Surgical treatment of traumatic fractures of the thoracic and lumbar spine：A systematic review of the literature on techniques，complications，and outcome. Spine，2004，29（7）：803-814.

[28] McCormack T，Karaikovic E，Gaines RW. The load sharing classification of spine fractures. Spine，1994，19（15）：1741-1744.

[29] Zermann D，Wunderlich H，Derry F，et al. Audit of early bladder management complications after spinal cord injury in first-treating hospitals. Eur Urol，2000，37（2）：156-160.

[30] 徐青，高飞，王磊，等. 脊髓损伤后肠道功能障碍：美国临床实践指南解读. 中国康复理论与实践，2010，16（1）：83-86.

[31] Aito S，Pieri A，D'Andrea M，et al. Primary prevention of deep venous thrombosis and pulmonary embolism in acute spinal cord injured patients. Spinal Cord，2002，40（6）：300-303.

[32] Winemiller MH，Stolp-Smith KA，Silverstein MD，et al. Prevention of venous thromboembolism in patients with spinal cord injury：effects of sequential pneumatic compression and heparin. J Spinal Cord Med，1999，22（3）：182-191.

[33] Geerts WH，Pineo GF，Heit JA，et al. Prevention of venous thromboembolism：the Seventh ACCP Conference on Antithrombotic and Thrombolytic Therapy. Chest，2004，126（3 Suppl）：338S-400S.

[34] Spinal Cord Injury Thromboprophylaxis Investigators. Prevention of venous thromboembolism in the acute treatment phase after spinal cord injury：a randomized，multicenter trial comparing low-dose heparin plus intermittent pneumatic compression with enoxaparin. J Trauma，2003，54（6）：1116-1124.

中英文专业词汇对照索引

E

F

G

H

J

T

W

X

Y

Z